中国电源产业与技术发展路线图
&GaN Systems杯第六届高校电力电子应用设计大赛

中国电源产业与技术发展路线图规划讨论会

徐德鸿理事长主持产业发展路线图讨论会

设计大赛决赛参赛队报告现场

决赛合影

中国电源学会监事长、大赛组委会副主席
章进法博士致辞

华中科技大学电气与电子工程学院副院长
林磊教授主持开幕式

GaN Systems杯第六届高校电力电子应用设计大赛

冠名赞助企业GaN Systems公司中国区总经理
李锐先生致辞

决赛现场测试

为获奖队颁发证书和奖金

为竞赛冠名单位GaN Systems颁奖

为联合赞助单位宁波希磁科技颁奖

为大赛测试设备指定商艾德克斯颁奖

2020国际电力电子创新论坛

2020国际电力电子创新论坛现场互动

第四届电气化交通前沿技术论坛

2020电力电子与变频电源“十四五规划”路线学术论坛

第二届教学育人与科研实践经验交流会
—知名专家与青年教师面对面

用心启迪，追梦PE
—中国电源学会电气女科学家论坛

高品质电源电磁兼容性高级研讨班

功率变换器磁技术分析、测试与应用高级研修班

高效率高功率密度电源技术与设计高级研讨班

功率半导体器件
——技术、封装、驱动与应用高级研修班

高品质电源电磁兼容性高级研讨班（第二期）

培训班现场实验演示

中国电源行业年鉴 2021

中国电源学会　编著

机 械 工 业 出 版 社

《中国电源行业年鉴（2021）》由中国电源学会编著，对电源行业整体发展状况进行了综合性、连续性、史实性的总结和描述，是电源行业权威的资源性工具书。本年度《年鉴》共分为八篇，前两篇为政策法规、宏观经济及相关行业运行情况，主要介绍了与电源行业相关领域的政策法规、宏观经济及相关行业运行情况，为行业发展和各单位的决策提供指导和参考；后六篇是电源行业发展报告及综述、电源行业新闻、科研与成果、电源标准、主要电源企业简介、电源重点工程项目应用案例及相关产品，从各个方面介绍了2020年电源行业的发展状况。

《中国电源行业年鉴2021》可供相关政府职能部门、生产企业、高等院校、科研院所、采购单位、检测服务机构和电源工程技术人员参考。

图书在版编目（CIP）数据

中国电源行业年鉴．2021/中国电源学会编著．—北京：机械工业出版社，2021.8

ISBN 978-7-111-69007-8

Ⅰ.①中…　Ⅱ.①中…　Ⅲ.①电源-电力工业-中国-2021-年鉴　Ⅳ.①TM91-54

中国版本图书馆CIP数据核字（2021）第174241号

机械工业出版社（北京市百万庄大街22号　邮政编码100037）
策划编辑：林春泉　责任编辑：林春泉　朱　林
责任校对：李　伟　封面设计：鞠　杨
责任印制：李　昂
北京捷迅佳彩印刷有限公司印刷
2021年10月第1版第1次印刷
210mm×297mm・34.75印张・7插页・1489千字
标准书号：ISBN 978-7-111-69007-8
定价：298.00元

电话服务　　网络服务
客服电话：010-88361066　机　工　官　网：www.cmpbook.com
010-88379833　机　工　官　博：weibo.com/cmp1952
010-68326294　金　书　网：www.golden-book.com
封底无防伪标均为盗版　机工教育服务网：www.cmpedu.com

《中国电源行业年鉴 2021》编辑委员会

（排名不分先后）

职务	姓名	单位	职称/职务
主　任：	徐德鸿	中国电源学会	理事长
		浙江大学	教授
副主任：	韩家新	中国电源学会	副理事长
		国家海洋技术中心	主任
	罗　安	中国电源学会	副理事长
		中国工程院	院士
		湖南大学	教授
	张　波	中国电源学会	副理事长
		华南理工大学	教授
	曹仁贤	中国电源学会	副理事长
		阳光电源股份有限公司	董事长
	陈成辉	中国电源学会	副理事长
		科华数据股份有限公司	董事长
	刘进军	中国电源学会	副理事长
		西安交通大学	教授
	阮新波	中国电源学会	副理事长
		南京航空航天大学	教授
	汤天浩	中国电源学会	副理事长
		上海海事大学	教授
	张　磊	中国电源学会	秘书长
委　员：	于　玮	中国电源学会	常务理事
		易事特集团股份有限公司	副总裁
	马　皓	中国电源学会	常务理事
		浙江大学伊利诺伊大学厄巴纳香槟校区联合学院	副院长/教授
	王　聪	中国电源学会	常务理事
		中国矿业大学（北京）	教授
	邓建军	中国电源学会	常务理事
		中国工程院	院士
		中国工程物理研究院流体物理研究所	总工程师
	史平君	中国电源学会	常务理事
		西安四维电气有限责任公司	总经理
	吕征宇	中国电源学会	常务理事
		浙江大学	教授
	刘程宇	中国电源学会	常务理事
		深圳科士达科技股份有限公司	董事长
	刘　强	中国电源学会	常务理事
		深圳市中自网络科技有限公司	董事长
	孙　跃	中国电源学会	常务理事
		重庆大学自动化学院	教授

孙耀杰	中国电源学会	常务理事
	复旦大学	教授
李崇坚	中国电源学会	常务理事
	冶金自动化研究设计院	原总工程师
李耀华	中国电源学会	常务理事
	中国科学院电工研究所	所长
肖　曦	中国电源学会	常务理事
	清华大学电机系	教授
吴煜东	中国电源学会	常务理事
	株洲中车时代半导体有限公司	执行董事
张卫平	中国电源学会	常务理事
	北方工业大学	教授
张庆范	中国电源学会	常务理事
	山东大学	教授
张　兴	中国电源学会	常务理事
	合肥工业大学	教授
陈　为	中国电源学会	常务理事
	福州大学	教授
陈亚爱	中国电源学会	常务理事
	北方工业大学	教授
陈道炼	中国电源学会	常务理事
	青岛大学电气工程学院	院长/教授
卓　放	中国电源学会	常务理事
	西安交通大学	教授
周志文	中国电源学会	常务理事
	广东志成冠军集团有限公司	执行董事长/总裁
周雒维	中国电源学会	常务理事
	重庆大学	教授
查晓明	中国电源学会	常务理事
	武汉大学电气与自动化学院	副院长/教授
耿　华	中国电源学会	常务理事
	清华大学	副所长/副教授
徐殿国	中国电源学会	常务理事
	哈尔滨工业大学	教授
高　勇	中国电源学会	常务理事
	西安工程大学	教授
盛　况	中国电源学会	常务理事
	浙江大学电气工程学院	院长/教授
康　勇	中国电源学会	常务理事
	华中科技大学	教授
彭　伟	中国电源学会	常务理事
	国家海洋技术中心	副主任
傅　鹏	中国电源学会	常务理事
	中国科学院等离子体物理研究所	副所长
谢少军	中国电源学会	常务理事
	南京航空航天大学	教授

主　编： 韩家新

副主编： 李占师　阮新波

《中国电源行业年鉴 2021》编辑部

主　任：陈国珍

编　辑：杨乃芬　胡　珺　陈　帆　崔凌云　贾志刚　耿　越　谢倩男

前　言

《中国电源行业年鉴》（简称《年鉴》）是由中国电源学会编著的电源行业权威的资料性工具书，每年出版一期，对上一年度电源行业整体发展状况进行综合性、连续性、史实性的总结和描述，为政府有关部门，为行业科研、生产、采购和应用提供服务和参考。

中国电源学会成立于1983年，是国家一级社团法人，以促进我国电源科学技术进步和电源产业发展为己任，既团结了全国电源界的专家学者和广大科技人员，也汇聚了众多的电源企业。中国电源学会经过30余年的努力和奋斗，为我国电源科技进步和产业发展做出了重要贡献，对电源行业发展状况有着深入和全面的了解，是编辑出版《年鉴》的最具权威性的单位。

本期《年鉴》共分为八篇，整体内容划分为两个部分。

第一部分是前两篇：政策法规、宏观经济及相关行业运行情况，主要介绍与电源行业相关的国家政策法规和宏观经济环境及相关行业运行情况，为电源行业的发展和各个单位的决策提供指导和参考。

第二部分是后六篇：电源行业发展报告及综述、电源行业新闻、科研与成果、电源标准、主要电源企业简介、电源重点工程项目应用案例及相关产品，从各个方面介绍了2020年度电源行业的发展状况。

电源行业发展报告及综述篇，进一步丰富了市场分析的细分领域，同时增加了对于相关领域技术发展的综述性文章。

电源行业新闻篇，包括学会大事记及行业要闻，记录2020年度电源及相关领域重大事件。

科研与成果篇包括第六届中国电源学会科学技术奖获奖成果介绍及2020年国家重点研发计划电源及相关领域重点专项项目，同时通过学会渠道广泛征集更新了我国电源及相关领域科研团队信息及研究项目信息。

电源标准篇，学会团体标准建设综述，包含了学会团体在2020年同时推进的三批团体标准的各阶段工作情况介绍，以及学会2020年发布的11项团体标准的节选内容。

主要电源企业简介篇，对企业按照地区和主要产品进行分类索引，方便读者查阅。

电源重点工程项目应用案例及相关产品篇，以目录形式收录了更多电源重点工程项目应用案例及新产品，以便读者把握行业发展态势，同时仍选择优秀产品进行了整版介绍。

在本期《年鉴》编辑过程中，中国电源学会信息系统供电技术专业委员会、中国电源学会直流电源专业委员会、中国电源学会无线电能传输技术及装置专业委员会、中自产业服务集团、深圳英飞源技术有限公司、广东省古瑞瓦特新能源有限公司、深圳市汇川技术股份有限公司等撰写了相关行业发展报告及技术综述。学会各专业委员会、会员企业、高等院校、科研院所为《年鉴》提供了内容素材，东莞市石龙富华电子有限公司、山特电子（深圳）有限公司、深圳市永联科技股份有限公司、东莞铭普光磁股份有限公司、江西艾特磁材有限公司、六和电子（江西）有限公司等单位为《年鉴》的出版提供了经费的支持，在此一并表示感谢。

《年鉴》是资料性工具书，是电源行业发展的历史记录，希望电源界各个方面，包括企业、高等院校、科研机构、标准制定和咨询服务机构等提供资料，撰写文章，使《年鉴》更全面地反映行业发展情况。

由于《年鉴》出版时间较短，编辑出版水平有待提高，希望社会各界多提意见和建议，对本期《年鉴》的疏漏、错误之处，敬请批评指正。

《中国电源行业年鉴》编辑部

2021年5月

中国电源学会简介

中国电源学会（以下简称学会）成立于1983年，以电源科技界、学术界和企业界的凝聚优势，团结组织电源科技工作者，促进电源科学普及与技术发展，促进产学研相结合。

学会汇聚了全国电源界的科技工作者及众多的电源企业，目前有个人会员9000余人，他们当中有院士、科学家、工程技术人员、企业高管、教师及学生；有企业会员464家，其中副理事长单位8家，常务理事单位26家，理事单位60家，包含了国内外知名的电源企业。同时，学会与几千家企业保持着联系，形成了覆盖全国的服务和信息网络。

学会下设直流电源、照明电源、特种电源、变频电源与电力传动、元器件、电能质量、电磁兼容、磁技术、新能源电能变换技术、信息系统供电技术、无线电能传输技术及装置、新能源车充电与驱动、电力电子化电力系统及装备、交通电气化共14个专业委员会，以及学术、组织、专家咨询、国际交流、科普、编辑、标准化、青年、女科学家、会员发展共10个工作委员会。另外还有业务联系的10个具有法人资格的地方电源学会。

学会每年举办各种类型的学术交流会。两年一届的大型学术年会至今已经成功举办了23届，会议规模超过1600人，是国内电源界水平最高、规模最大的学术会议。每四年举办一届国际电力电子技术与应用会议暨博览会（IEEE International Power Electronics and Application Conference and Exposition，简称：IEEE PEAC），是中国电源领域首个国际性会议。此外，学会每年还举办各种类型的专题研讨会。

中国电源学会的主要出版物有：《电源学报》（中文核心期刊）、《电力电子技术及应用英文学报》（CPSS-TPEA）、《中国电源行业年鉴》、电力电子技术英文丛书、《中国电源学会通讯》（电子版）、学会微信公众号等。同时，学会还组织编辑出版系列中文丛书、技术专著以及各种学术会议论文集。

学会于2011年设立“中国电源学会科学技术奖”，奖励在我国电源领域的科学研究、技术创新、新品开发、科技成果推广应用等方面做出突出贡献的个人和单位。电源科技奖于2020年由每两年评选一次调整为每年评选一次。

学会每年举办高校电力电子应用设计大赛，加强国内高校电力电子相关专业学生的相互交流，提高学生创造力及工程实践能力。

学会于2016年正式启动团体标准工作，本着“行业主导、需求为先、系统规划、务实高效”的原则，大力推动团体标准建设，以满足行业发展需要，促进电源行业技术进步、自主创新和产业升级。

学会积极开展继续教育活动，每年举办不同主题的培训班。同时，开展一系列行业服务活动，如：科技成果鉴定、技术服务、技术咨询、参与工程项目评价等。

学会地址：天津市南开区黄河道467号大通大厦16层　　邮编：300110
电话：022-27680796　27634742　　传真：022-27687886
网站：www. cpss. org. cn　　邮箱：cpss@ cpss. org. cn

中国电源学会组织机构名单

主要领导人名单

理 事 长： 徐德鸿

副理事长： 韩家新　罗　安　张　波　曹仁贤　陈成辉　刘进军　阮新波　汤天浩

秘 书 长： 张　磊

副秘书长： 陈　敏

常务理事名单

于　玮、马　皓、王　聪、邓建军、史平君、吕征宇、刘程宇、刘进军、刘　强、汤天浩、阮新波、孙耀杰、孙　跃、李崇坚、李耀华、肖　曦、吴煜东、张　波、张　磊、张庆范、张卫平、张　兴、陈　为、陈成辉、陈道炼、陈亚爱、卓　放、罗　安、周雒维、周志文、查晓明、耿　华、徐德鸿、徐殿国、高　勇、曹仁贤、盛　况、康　勇、彭　伟、韩家新、傅　鹏、谢少军

理 事 名 单

于吉永、于　玮、马季军、马俊礼、马　皓、马新群、王兴贵、王明彦、王念春、王建国、王映波、王　聪、王懿杰、车延博、牛新国、邓建军、卢　刚、叶德智、史平君、丘东元、白小青、白　维、吕征宇、朱国锭、朱忠尼、刘　扬、刘进军、刘　芳、刘树林、刘晓东、刘晓宇、刘程宇、刘　强、汤天浩、许建平、阮新波、孙向东、孙　跃、孙耀杰、苏义鑫、杜　雄、李永东、李武华、李　虹、李崇坚、李耀华、杨玉岗、杨成林、杨　旭、杨　耕、肖　飞、肖　曦、吴汉熙、吴煜东、何春华、佟为明、余克壮、汪之涵、沈国桥、张卫平、张文学、张代润、张庆范、张　兴、张纯江、张　波、张承慧、张剑波、张　淼、张　磊、陆一星、陆益民、陈一逢、陈子颖、陈　为、陈永真、陈亚爱、陈成辉、陈国荣、陈桥梁、陈海荣、陈　敏、陈道炼、陈冀生、茆美琴、林　桦、卓　放、易扬波、罗　安、周世兴、周志文、周京华、周　波、周维来、周雒维、郑大鹏、孟海军、赵成勇、赵志刚、赵希峰、赵善麒、胡先红、胡家兵、查晓明、柏子平、段卫垠、侯振义、姚飞平、袁小明、袁宝山、耿　华、钱　平、徐世六、徐仲周、徐国卿、徐殿国、徐德鸿、高大庆、高　勇、高　峰、涂春鸣、黄敏超、曹仁贤、盛　况、崔纳新、康劲松、康　勇、彭　伟、韩家新、韩　雁、程　泽、傅　鹏、焦海波、舒　杰、温旭辉、谢少军、蔡　旭、戴永军、戴瑜兴、鞠文耀

分支机构及主任委员名单

工作委员会：

学术工作委员会	马　皓
组织工作委员会	王　萍
编辑工作委员会	阮新波
科普工作委员会	章进法
国际交流工作委员会	刘进军
标准化工作委员会	康　勇

青年工作委员会　杜　雄
女科学家工作委员会　李　虹
会员发展工作委员会　汤天浩
专家咨询工作委员会　张　磊（兼）

专业委员会：

直流电源专业委员会　张卫平
特种电源专业委员会　邓建军
元器件专业委员会　高　勇
电磁兼容专业委员会　张　波
磁技术专业委员会　陈　为
变频电源与电力传动专业委员会　李崇坚
照明电源专业委员会　徐殿国
电能质量专业委员会　卓　放
新能源电能变换技术专业委员会　曹仁贤
信息系统供电技术专业委员会　谢少军
无线电能传输技术及装置专业委员会　孙　跃
新能源车充电与驱动专业委员会　徐德鸿
电力电子化电力系统及装备专业委员会　袁小明
交通电气化专业委员会　李永东

地方学会及理事长名单

（按学会名称汉语拼音顺序排序）

重庆市电源学会　徐世六
福建省电源学会　陈道炼
广东省电源学会　张　波
陕西省电源学会　杨　旭
上海电源学会　蔡　旭
四川省电源学会　许建平
天津市电源学会　程　泽
武汉市电源学会　裴雪军
西安市电源学会　侯振义
浙江省电源学会　吕征宇

中国电源学会理事单位名单

（按单位名称汉语拼音顺序先行后列排序）

副理事长单位

广东志成冠军集团有限公司
华为技术有限公司
科华数据股份有限公司
山特电子（深圳）有限公司
深圳市航嘉驰源电气股份有限公司
深圳市禾望电气股份有限公司
深圳市汇川技术股份有限公司
台达电子企业管理（上海）有限公司
阳光电源股份有限公司
伊顿电源（上海）有限公司
中兴通讯股份有限公司

常务理事单位

安徽博微智能电气有限公司
安徽中科海奥电气股份有限公司
安泰科技股份有限公司非晶制品分公司
北京动力源科技股份有限公司
成都航域卓越电子技术有限公司
东莞市奥海科技股份有限公司
东莞市石龙富华电子有限公司
弗迪动力有限公司电源工厂
广东省古瑞瓦特新能源有限公司
广州金升阳科技有限公司
航天柏克（广东）科技有限公司
合肥华耀电子工业有限公司
合肥科威尔电源系统股份有限公司
鸿宝电源有限公司
华东微电子技术研究所
华润微电子有限公司
连云港杰瑞电子有限公司
南京国臣直流配电科技有限公司
宁波赛耐比光电科技有限公司
普尔世贸易（苏州）有限公司
厦门市三安集成电路有限公司
山克新能源科技（深圳）有限公司
深圳华德电子有限公司
深圳科士达科技股份有限公司
深圳市必易微电子股份有限公司
深圳市迪比科电子科技有限公司
深圳市皓文电子有限公司
深圳市英威腾电源有限公司
深圳市永联科技股份有限公司
深圳威迈斯新能源股份有限公司
深圳英飞源技术有限公司
石家庄通合电子科技股份有限公司
万帮数字能源股份有限公司
温州大学
温州现代集团有限公司
无锡芯朋微电子股份有限公司
西安爱科赛博电气股份有限公司
先控捷联电气股份有限公司
新疆金风科技股份有限公司
易事特集团股份有限公司
浙江东睦科达磁电有限公司
中国电子科技集团公司第十四研究所
株洲中车时代半导体有限公司

理事单位

艾德克斯电子有限公司
爱士惟新能源技术（江苏）有限公司
北京大华无线电仪器有限责任公司
北京纵横机电科技有限公司

长城电源技术有限公司
成都金创立科技有限责任公司
重庆荣凯川仪仪表有限公司
东莞铭普光磁股份有限公司
东莞市冠佳电子设备有限公司
佛山市杰创科技有限公司
佛山市顺德区冠宇达电源有限公司
固纬电子（苏州）有限公司
广东电网有限责任公司电力科学研究院
广西电网有限责任公司电力科学研究院
广州回天新材料有限公司
广州致远电子有限公司
国充充电科技江苏股份有限公司
国网山西省电力公司电力科学研究院
国网浙江省电力有限公司电力科学研究院
杭州博睿电子科技有限公司
杭州飞仕得科技有限公司
核工业理化工程研究院
惠州志顺电子实业有限公司
江苏宏微科技股份有限公司
江苏普菲克电气科技有限公司
江西艾特磁材有限公司
江西大有科技有限公司
立讯精密工业股份有限公司
龙腾半导体股份有限公司
罗德与施瓦茨（中国）科技有限公司
明纬（广州）电子有限公司
南通新三能电子有限公司
宁波生久柜锁有限公司
宁波希磁电子科技有限公司
宁夏银利电气股份有限公司
派恩杰半导体（杭州）有限公司
青岛鼎信通讯股份有限公司
青岛海信日立空调系统有限公司
赛尔康技术（深圳）有限公司
山顿电子有限公司
上海超群无损检测设备有限责任公司
上海电气电力电子有限公司
上海科梁信息工程股份有限公司
上海临港电力电子研究有限公司
上海强松航空科技有限公司
上海维安半导体有限公司
深圳超特科技股份有限公司
深圳供电局有限公司
深圳可立克科技股份有限公司
深圳罗马仕科技有限公司
深圳欧陆通电子股份有限公司
深圳青铜剑技术有限公司
深圳市铂科新材料股份有限公司
深圳市瀚强科技股份有限公司
深圳市京泉华科技股份有限公司
深圳市洛仑兹技术有限公司
深圳市商宇电子科技有限公司
深圳市瓦特源检测研究有限公司
深圳市英可瑞科技股份有限公司
深圳市智胜新电子技术有限公司
深圳市中电熊猫展盛科技有限公司
四川爱创科技有限公司
苏州东灿光电科技有限公司
溯高美索克曼电气（上海）有限公司
田村（中国）企业管理有限公司
无锡新洁能股份有限公司
西安伟京电子制造有限公司
西安翌飞核能装备股份有限公司
厦门赛尔特电子有限公司
厦门市爱维达电子有限公司
英飞凌科技（中国）有限公司
英飞特电子（杭州）股份有限公司
浙江德力西电器有限公司
浙江嘉科电子有限公司
浙江榆阳电子有限公司
郑州椿长仪器仪表有限公司
中国船舶工业系统工程研究院
中国电力科学研究院有限公司武汉分院
中冶赛迪工程技术股份有限公司
珠海格力电器股份有限公司
珠海朗尔电气有限公司

目　　录

第四篇　电源行业新闻

第五篇 科研与成果

第六篇 电源标准

第七篇　主要电源企业简介（同类企业按单位名称汉语拼音字母顺序排序）

第八篇　电源重点工程项目应用案例及相关产品

第一篇 政策法规

中共中央关于制定国民经济和社会发展第十四个五年规划和二〇三五年远景目标的建议

（2020年10月29日中国共产党第十九届中央委员会第五次全体会议通过）

“十四五”时期是我国全面建成小康社会、实现第一个百年奋斗目标之后，乘势而上开启全面建设社会主义现代化国家新征程、向第二个百年奋斗目标进军的第一个五年。中国共产党第十九届中央委员会第五次全体会议深入分析国际国内形势，就制定国民经济和社会发展“十四五”规划和二〇三五年远景目标提出以下建议。

一、全面建成小康社会，开启全面建设社会主义现代化国家新征程

1. 决胜全面建成小康社会取得决定性成就。“十三五”时期是全面建成小康社会决胜阶段。面对错综复杂的国际形势、艰巨繁重的国内改革发展稳定任务特别是新冠肺炎疫情严重冲击，以习近平同志为核心的党中央不忘初心、牢记使命，团结带领全党全国各族人民砥砺前行、开拓创新，奋发有为推进党和国家各项事业。全面深化改革取得重大突破，全面依法治国取得重大进展，全面从严治党取得重大成果，国家治理体系和治理能力现代化加快推进，中国共产党领导和我国社会主义制度优势进一步彰显；经济实力、科技实力、综合国力跃上新的大台阶，经济运行总体平稳，经济结构持续优化，预计二〇二〇年国内生产总值突破一百万亿元；脱贫攻坚成果举世瞩目，五千五百七十五万农村贫困人口实现脱贫；粮食年产量连续五年稳定在一万三千亿斤以上；污染防治力度加大，生态环境明显改善；对外开放持续扩大，共建“一带一路”成果丰硕；人民生活水平显著提高，高等教育进入普及化阶段，城镇新增就业超过六千万人，建成世界上规模最大的社会保障体系，基本医疗保险覆盖超过十三亿人，基本养老保险覆盖近十亿人，新冠肺炎疫情防控取得重大战略成果；文化事业和文化产业繁荣发展；国防和军队建设水平大幅提升，军队组织形态实现重大变革；国家安全全面加强，社会保持和谐稳定。“十三五”规划目标任务即将完成，全面建成小康社会胜利在望，中华民族伟大复兴向前迈出了新的一大步，社会主义中国以更加雄伟的身姿屹立于世界东方。全党全国各族人民要再接再厉、一鼓作气，确保如期打赢脱贫攻坚战，确保如期全面建成小康社会、实现第一个百年奋斗目标，为开启全面建设社会主义现代化国家新征程奠定坚实基础。

2. 我国发展环境面临深刻复杂变化。当前和今后一个时期，我国发展仍然处于重要战略机遇期，但机遇和挑战都有新的发展变化。当今世界正经历百年未有之大变局，新一轮科技革命和产业变革深入发展，国际力量对比深刻调整，和平与发展仍然是时代主题，人类命运共同体理念深入人心，同时国际环境日趋复杂，不稳定性不确定性明显增加，新冠肺炎疫情影响广泛深远，经济全球化遭遇逆流，世界进入动荡变革期，单边主义、保护主义、霸权主义对世界和平与发展构成威胁。我国已转向高质量发展阶段，制度优势显著，治理效能提升，经济长期向好，物质基础雄厚，人力资源丰富，市场空间广阔，发展韧性强劲，社会大局稳定，继续发展具有多方面优势和条件，同时我国发展不平衡不充分问题仍然突出，重点领域关键环节改革任务仍然艰巨，创新能力不适应高质量发展要求，农业基础还不稳固，城乡区域发展和收入分配差距较大，生态环保任重道远，民生保障存在短板，社会治理还有弱项。全党要统筹中华民族伟大复兴战略全局和世界百年未有之大变局，深刻认识我国社会主要矛盾变化带来的新特征新要求，深刻认识错综复杂的国际环境带来的新矛盾新挑战，增强机遇意识和风险意识，立足社会主义初级阶段基本国情，保持战略定力，办好自己的事，认识和把握发展规律，发扬斗争精神，树立底线思维，准确识变、科学应变、主动求变，善于在危机中育先机、于变局中开新局，抓住机遇，应对挑战，趋利避害，奋勇前进。

3. 到二〇三五年基本实现社会主义现代化远景目标。党的十九大对实现第二个百年奋斗目标作出分两个阶段推进的战略安排，即到二〇三五年基本实现社会主义现代化，到本世纪中叶把我国建成富强民主文明和谐美丽的社会主义现代化强国。展望二〇三五年，我国经济实力、科技实力、综合国力将大幅跃升，经济总量和城乡居民人均收入将再迈上新的大台阶，关键核心技术实现重大突破，进入创新型国家前列；基本实现新型工业化、信息化、城镇化、农业现代化，建成现代化经济体系；基本实现国家治理体系和治理能力现代化，人民平等参与、平等发展权利得到充分保障，基本建成法治国家、法治政府、法治社会；建成文化强国、教育强国、人才强国、体育强国、健康中国，国民素质和社会文明程度达到新高度，国家文化软实力显著增强；广泛形成绿色生产生活方式，碳排放达峰后稳中有降，生态环境根本好转，美丽中国建设目标基本实现；形成对外开放新格局，参与国际经济合作和竞争新优势明显增强；人均国内生产总值达到中等发达国家水平，中等收入群体显著扩大，基本公共服务实现均等化，城乡区域发展差距和居民生活水平差距显著缩小；平安中国建设达

到更高水平，基本实现国防和军队现代化；人民生活更加美好，人的全面发展、全体人民共同富裕取得更为明显的实质性进展。

二、“十四五”时期经济社会发展指导方针和主要目标

4. “十四五”时期经济社会发展指导思想。高举中国特色社会主义伟大旗帜，深入贯彻党的十九大和十九届二中、三中、四中、五中全会精神，坚持以马克思列宁主义、毛泽东思想、邓小平理论、“三个代表”重要思想、科学发展观、习近平新时代中国特色社会主义思想为指导，全面贯彻党的基本理论、基本路线、基本方略，统筹推进经济建设、政治建设、文化建设、社会建设、生态文明建设的总体布局，协调推进全面建设社会主义现代化国家、全面深化改革、全面依法治国、全面从严治党的战略布局，坚定不移贯彻创新、协调、绿色、开放、共享的新发展理念，坚持稳中求进工作总基调，以推动高质量发展为主题，以深化供给侧结构性改革为主线，以改革创新为根本动力，以满足人民日益增长的美好生活需要为根本目的，统筹发展和安全，加快建设现代化经济体系，加快构建以国内大循环为主体、国内国际双循环相互促进的新发展格局，推进国家治理体系和治理能力现代化，实现经济行稳致远、社会安定和谐，为全面建设社会主义现代化国家开好局、起好步。

5. “十四五”时期经济社会发展必须遵循的原则。

——坚持党的全面领导。坚持和完善党领导经济社会发展的体制机制，坚持和完善中国特色社会主义制度，不断提高贯彻新发展理念、构建新发展格局能力和水平，为实现高质量发展提供根本保证。

——坚持以人民为中心。坚持人民主体地位，坚持共同富裕方向，始终做到发展为了人民、发展依靠人民、发展成果由人民共享，维护人民根本利益，激发全体人民积极性、主动性、创造性，促进社会公平，增进民生福祉，不断实现人民对美好生活的向往。

——坚持新发展理念。把新发展理念贯穿发展全过程和各领域，构建新发展格局，切实转变发展方式，推动质量变革、效率变革、动力变革，实现更高质量、更有效率、更加公平、更可持续、更为安全的发展。

——坚持深化改革开放。坚定不移推进改革，坚定不移扩大开放，加强国家治理体系和治理能力现代化建设，破除制约高质量发展、高品质生活的体制机制障碍，强化有利于提高资源配置效率、有利于调动全社会积极性的重大改革开放举措，持续增强发展动力和活力。

——坚持系统观念。加强前瞻性思考、全局性谋划、战略性布局、整体性推进，统筹国内国际两个大局，办好发展安全两件大事，坚持全国一盘棋，更好发挥中央、地方和各方面积极性，着力固根基、扬优势、补短板、强弱项，注重防范化解重大风险挑战，实现发展质量、结构、规模、速度、效益、安全相统一。

6. “十四五”时期经济社会发展主要目标。锚定二〇三五年远景目标，综合考虑国内外发展趋势和我国发展条件，坚持目标导向和问题导向相结合，坚持守正和创新相统一，今后五年经济社会发展要努力实现以下主要目标。

——经济发展取得新成效。发展是解决我国一切问题的基础和关键，发展必须坚持新发展理念，在质量效益明显提升的基础上实现经济持续健康发展，增长潜力充分发挥，国内市场更加强大，经济结构更加优化，创新能力显著提升，产业基础高级化、产业链现代化水平明显提高，农业基础更加稳固，城乡区域发展协调性明显增强，现代化经济体系建设取得重大进展。

——改革开放迈出新步伐。社会主义市场经济体制更加完善，高标准市场体系基本建成，市场主体更加充满活力，产权制度改革和要素市场化配置改革取得重大进展，公平竞争制度更加健全，更高水平开放型经济新体制基本形成。

——社会文明程度得到新提高。社会主义核心价值观深入人心，人民思想道德素质、科学文化素质和身心健康素质明显提高，公共文化服务体系和文化产业体系更加健全，人民精神文化生活日益丰富，中华文化影响力进一步提升，中华民族凝聚力进一步增强。

——生态文明建设实现新进步。国土空间开发保护格局得到优化，生产生活方式绿色转型成效显著，能源资源配置更加合理、利用效率大幅提高，主要污染物排放总量持续减少，生态环境持续改善，生态安全屏障更加牢固，城乡人居环境明显改善。

——民生福祉达到新水平。实现更加充分更高质量就业，居民收入增长和经济增长基本同步，分配结构明显改善，基本公共服务均等化水平明显提高，全民受教育程度不断提升，多层次社会保障体系更加健全，卫生健康体系更加完善，脱贫攻坚成果巩固拓展，乡村振兴战略全面推进。

——国家治理效能得到新提升。社会主义民主法治更加健全，社会公平正义进一步彰显，国家行政体系更加完善，政府作用更好发挥，行政效率和公信力显著提升，社会治理特别是基层治理水平明显提高，防范化解重大风险体制机制不断健全，突发公共事件应急能力显著增强，自然灾害防御水平明显提升，发展安全保障更加有力，国防和军队现代化迈出重大步伐。

三、坚持创新驱动发展，全面塑造发展新优势

坚持创新在我国现代化建设全局中的核心地位，把科技自立自强作为国家发展的战略支撑，面向世界科技前沿、面向经济主战场、面向国家重大需求、面向人民生命健康，深入实施科教兴国战略、人才强国战略、创新驱动发展战略，完善国家创新体系，加快建设科技强国。

7. 强化国家战略科技力量。制定科技强国行动纲要，健全社会主义市场经济条件下新型举国体制，打好关键核心技术攻坚战，提高创新链整体效能。加强基础研究、注重原始创新，优化学科布局和研发布局，推进学科交叉融合，完善共性基础技术供给体系。瞄准人工智能、量子信息、集成电路、生命健康、脑科学、生物育种、空天科技、

深地深海等前沿领域，实施一批具有前瞻性、战略性的国家重大科技项目。制定实施战略性科学计划和科学工程，推进科研院所、高校、企业科研力量优化配置和资源共享。推进国家实验室建设，重组国家重点实验室体系。布局建设综合性国家科学中心和区域性创新高地，支持北京、上海、粤港澳大湾区形成国际科技创新中心。构建国家科研论文和科技信息高端交流平台。

8. 提升企业技术创新能力。强化企业创新主体地位，促进各类创新要素向企业集聚。推进产学研深度融合，支持企业牵头组建创新联合体，承担国家重大科技项目。发挥企业家在技术创新中的重要作用，鼓励企业加大研发投入，对企业投入基础研究实行税收优惠。发挥大企业引领支撑作用，支持创新型中小微企业成长为创新重要发源地，加强共性技术平台建设，推动产业链上中下游、大中小企业融通创新。

9. 激发人才创新活力。贯彻尊重劳动、尊重知识、尊重人才、尊重创造方针，深化人才发展体制机制改革，全方位培养、引进、用好人才，造就更多国际一流的科技领军人才和创新团队，培养具有国际竞争力的青年科技人才后备军。健全以创新能力、质量、实效、贡献为导向的科技人才评价体系。加强学风建设，坚守学术诚信。深化院士制度改革。健全创新激励和保障机制，构建充分体现知识、技术等创新要素价值的收益分配机制，完善科研人员职务发明成果权益分享机制。加强创新型、应用型、技能型人才培养，实施知识更新工程、技能提升行动，壮大高水平工程师和高技能人才队伍。支持发展高水平研究型大学，加强基础研究人才培养。实行更加开放的人才政策，构筑集聚国内外优秀人才的科研创新高地。

10. 完善科技创新体制机制。深入推进科技体制改革，完善国家科技治理体系，优化国家科技规划体系和运行机制，推动重点领域项目、基地、人才、资金一体化配置。改进科技项目组织管理方式，实行“揭榜挂帅”等制度。完善科技评价机制，优化科技奖励项目。加快科研院所改革，扩大科研自主权。加强知识产权保护，大幅提高科技成果转移转化成效。加大研发投入，健全政府投入为主、社会多渠道投入机制，加大对基础前沿研究支持。完善金融支持创新体系，促进新技术产业化规模化应用。弘扬科学精神和工匠精神，加强科普工作，营造崇尚创新的社会氛围。健全科技伦理体系。促进科技开放合作，研究设立面向全球的科学研究基金。

四、加快发展现代产业体系，推动经济体系优化升级

坚持把发展经济着力点放在实体经济上，坚定不移建设制造强国、质量强国、网络强国、数字中国，推进产业基础高级化、产业链现代化，提高经济质量效益和核心竞争力。

11. 提升产业链供应链现代化水平。保持制造业比重基本稳定，巩固壮大实体经济根基。坚持自主可控、安全高效，分行业做好供应链战略设计和精准施策，推动全产业链优化升级。锻造产业链供应链长板，立足我国产业规模优势、配套优势和部分领域先发优势，打造新兴产业链，推动传统产业高端化、智能化、绿色化，发展服务型制造。完善国家质量基础设施，加强标准、计量、专利等体系和能力建设，深入开展质量提升行动。促进产业在国内有序转移，优化区域产业链布局，支持老工业基地转型发展。补齐产业链供应链短板，实施产业基础再造工程，加大重要产品和关键核心技术攻关力度，发展先进适用技术，推动产业链供应链多元化。优化产业链供应链发展环境，强化要素支撑。加强国际产业安全合作，形成具有更强创新力、更高附加值、更安全可靠的产业链供应链。

12. 发展战略性新兴产业。加快壮大新一代信息技术、生物技术、新能源、新材料、高端装备、新能源汽车、绿色环保以及航空航天、海洋装备等产业。推动互联网、大数据、人工智能等同各产业深度融合，推动先进制造业集群发展，构建一批各具特色、优势互补、结构合理的战略性新兴产业增长引擎，培育新技术、新产品、新业态、新模式。促进平台经济、共享经济健康发展。鼓励企业兼并重组，防止低水平重复建设。

13. 加快发展现代服务业。推动生产性服务业向专业化和价值链高端延伸，推动各类市场主体参与服务供给，加快发展研发设计、现代物流、法律服务等服务业，推动现代服务业同先进制造业、现代农业深度融合，加快推进服务业数字化。推动生活性服务业向高品质和多样化升级，加快发展健康、养老、育幼、文化、旅游、体育、家政、物业等服务业，加强公益性、基础性服务业供给。推进服务业标准化、品牌化建设。

14. 统筹推进基础设施建设。构建系统完备、高效实用、智能绿色、安全可靠的现代化基础设施体系。系统布局新型基础设施，加快第五代移动通信、工业互联网、大数据中心等建设。加快建设交通强国，完善综合运输大通道、综合交通枢纽和物流网络，加快城市群和都市圈轨道交通网络化，提高农村和边境地区交通通达深度。推进能源革命，完善能源产供储销体系，加强国内油气勘探开发，加快油气储备设施建设，加快全国干线油气管道建设，建设智慧能源系统，优化电力生产和输送通道布局，提升新能源消纳和存储能力，提升向边远地区输配电能力。加强水利基础设施建设，提升水资源优化配置和水旱灾害防御能力。

15. 加快数字化发展。发展数字经济，推进数字产业化和产业数字化，推动数字经济和实体经济深度融合，打造具有国际竞争力的数字产业集群。加强数字社会、数字政府建设，提升公共服务、社会治理等数字化智能化水平。建立数据资源产权、交易流通、跨境传输和安全保护等基础制度和标准规范，推动数据资源开发利用。扩大基础公共信息数据有序开放，建设国家数据统一共享开放平台。保障国家数据安全，加强个人信息保护。提升全民数字技能，实现信息服务全覆盖。积极参与数字领域国际规则和标准制定。

五、形成强大国内市场，构建新发展格局

坚持扩大内需这个战略基点，加快培育完整内需体系，把实施扩大内需战略同深化供给侧结构性改革有机结合起

来，以创新驱动、高质量供给引领和创造新需求。

16. 畅通国内大循环。依托强大国内市场，贯通生产、分配、流通、消费各环节，打破行业垄断和地方保护，形成国民经济良性循环。优化供给结构，改善供给质量，提升供给体系对国内需求的适配性。推动金融、房地产同实体经济均衡发展，实现上下游、产供销有效衔接，促进农业、制造业、服务业、能源资源等产业门类关系协调。破除妨碍生产要素市场化配置和商品服务流通的体制机制障碍，降低全社会交易成本。完善扩大内需的政策支撑体系，形成需求牵引供给、供给创造需求的更高水平动态平衡。

17. 促进国内国际双循环。立足国内大循环，发挥比较优势，协同推进强大国内市场和贸易强国建设，以国内大循环吸引全球资源要素，充分利用国内国际两个市场两种资源，积极促进内需和外需、进口和出口、引进外资和对外投资协调发展，促进国际收支基本平衡。完善内外贸一体化调控体系，促进内外贸法律法规、监管体制、经营资质、质量标准、检验检疫、认证认可等相衔接，推进同线同标同质。优化国内国际市场布局、商品结构、贸易方式，提升出口质量，增加优质产品进口，实施贸易投资融合工程，构建现代物流体系。

18. 全面促进消费。增强消费对经济发展的基础性作用，顺应消费升级趋势，提升传统消费，培育新型消费，适当增加公共消费。以质量品牌为重点，促进消费向绿色、健康、安全发展，鼓励消费新模式新业态发展。推动汽车等消费品由购买管理向使用管理转变，促进住房消费健康发展。健全现代流通体系，发展无接触交易服务，降低企业流通成本，促进线上线下消费融合发展，开拓城乡消费市场。发展服务消费，放宽服务消费领域市场准入。完善节假日制度，落实带薪休假制度，扩大节假日消费。培育国际消费中心城市。改善消费环境，强化消费者权益保护。

19. 拓展投资空间。优化投资结构，保持投资合理增长，发挥投资对优化供给结构的关键作用。加快补齐基础设施、市政工程、农业农村、公共安全、生态环保、公共卫生、物资储备、防灾减灾、民生保障等领域短板，推动企业设备更新和技术改造，扩大战略性新兴产业投资。推进新型基础设施、新型城镇化、交通水利等重大工程建设，支持有利于城乡区域协调发展的重大项目建设。实施川藏铁路、西部陆海新通道、国家水网、雅鲁藏布江下游水电开发、星际探测、北斗产业化等重大工程，推进重大科研设施、重大生态系统保护修复、公共卫生应急保障、重大引调水、防洪减灾、送电输气、沿边沿江沿海交通等一批强基础、增功能、利长远的重大项目建设。发挥政府投资撬动作用，激发民间投资活力，形成市场主导的投资内生增长机制。

六、全面深化改革，构建高水平社会主义市场经济体制

坚持和完善社会主义基本经济制度，充分发挥市场在资源配置中的决定性作用，更好发挥政府作用，推动有效市场和有为政府更好结合。

20. 激发各类市场主体活力。毫不动摇巩固和发展公有制经济，毫不动摇鼓励、支持、引导非公有制经济发展。深化国资国企改革，做强做优做大国有资本和国有企业。加快国有经济布局优化和结构调整，发挥国有经济战略支撑作用。加快完善中国特色现代企业制度，深化国有企业混合所有制改革。健全管资本为主的国有资产监管体制，深化国有资本投资、运营公司改革。推进能源、铁路、电信、公用事业等行业竞争性环节市场化改革。优化民营经济发展环境，构建亲清政商关系，促进非公有制经济健康发展和非公有制经济人士健康成长，依法平等保护民营企业产权和企业家权益，破除制约民营企业发展的各种壁垒，完善促进中小微企业和个体工商户发展的法律环境和政策体系。弘扬企业家精神，加快建设世界一流企业。

21. 完善宏观经济治理。健全以国家发展规划为战略导向，以财政政策和货币政策为主要手段，就业、产业、投资、消费、环保、区域等政策紧密配合，目标优化、分工合理、高效协同的宏观经济治理体系。完善宏观经济政策制定和执行机制，重视预期管理，提高调控的科学性。加强国际宏观经济政策协调，搞好跨周期政策设计，提高逆周期调节能力，促进经济总量平衡、结构优化、内外均衡。加强宏观经济治理数据库等建设，提升大数据等现代技术手段辅助治理能力。推进统计现代化改革。

22. 建立现代财税金融体制。加强财政资源统筹，加强中期财政规划管理，增强国家重大战略任务财力保障。深化预算管理制度改革，强化对预算编制的宏观指导。推进财政支出标准化，强化预算约束和绩效管理。明确中央和地方政府事权与支出责任，健全省以下财政体制，增强基层公共服务保障能力。完善现代税收制度，健全地方税、直接税体系，优化税制结构，适当提高直接税比重，深化税收征管制度改革。健全政府债务管理制度。建设现代中央银行制度，完善货币供应调控机制，稳妥推进数字货币研发，健全市场化利率形成和传导机制。构建金融有效支持实体经济的体制机制，提升金融科技水平，增强金融普惠性。深化国有商业银行改革，支持中小银行和农村信用社持续健康发展，改革优化政策性金融。全面实行股票发行注册制，建立常态化退市机制，提高直接融资比重。推进金融双向开放。完善现代金融监管体系，提高金融监管透明度和法治化水平，完善存款保险制度，健全金融风险预防、预警、处置、问责制度体系，对违法违规行为零容忍。

23. 建设高标准市场体系。健全市场体系基础制度，坚持平等准入、公正监管、开放有序、诚信守法，形成高效规范、公平竞争的国内统一市场。实施高标准市场体系建设行动。健全产权执法司法保护制度。实施统一的市场准入负面清单制度。继续放宽准入限制。健全公平竞争审查机制，加强反垄断和反不正当竞争执法司法，提升市场综合监管能力。深化土地管理制度改革。推进土地、劳动力、资本、技术、数据等要素市场化改革。健全要素市场运行机制，完善要素交易规则和服务体系。

24. 加快转变政府职能。建设职责明确、依法行政的政府治理体系。深化简政放权、放管结合、优化服务改革，全面实行政府权责清单制度。持续优化市场化法治化国际

化营商环境。实施涉企经营许可事项清单管理，加强事中事后监管，对新产业新业态实行包容审慎监管。健全重大政策事前评估和事后评价制度，畅通参与政策制定的渠道，提高决策科学化、民主化、法治化水平。推进政务服务标准化、规范化、便利化，深化政务公开。深化行业协会、商会和中介机构改革。

七、优先发展农业农村，全面推进乡村振兴

坚持把解决好“三农”问题作为全党工作重中之重，走中国特色社会主义乡村振兴道路，全面实施乡村振兴战略，强化以工补农、以城带乡，推动形成工农互促、城乡互补、协调发展、共同繁荣的新型工农城乡关系，加快农业农村现代化。

25. 提高农业质量效益和竞争力。适应确保国计民生要求，以保障国家粮食安全为底线，健全农业支持保护制度。坚持最严格的耕地保护制度，深入实施藏粮于地、藏粮于技战略，加大农业水利设施建设力度，实施高标准农田建设工程，强化农业科技和装备支撑，提高农业良种化水平，健全动物防疫和农作物病虫害防治体系，建设智慧农业。强化绿色导向、标准引领和质量安全监管，建设农业现代化示范区。推动农业供给侧结构性改革，优化农业生产结构和区域布局，加强粮食生产功能区、重要农产品生产保护区和特色农产品优势区建设，推进优质粮食工程。完善粮食主产区利益补偿机制。保障粮、棉、油、糖、肉等重要农产品供给安全，提升收储调控能力。开展粮食节约行动。发展县域经济，推动农村一二三产业融合发展，丰富乡村经济业态，拓展农民增收空间。

26. 实施乡村建设行动。把乡村建设摆在社会主义现代化建设的重要位置。强化县城综合服务能力，把乡镇建成服务农民的区域中心。统筹县域城镇和村庄规划建设，保护传统村落和乡村风貌。完善乡村水、电、路、气、通信、广播电视、物流等基础设施，提升农房建设质量。因地制宜推进农村改厕、生活垃圾处理和污水治理，实施河湖水系综合整治，改善农村人居环境。提高农民科技文化素质，推动乡村人才振兴。

27. 深化农村改革。健全城乡融合发展机制，推动城乡要素平等交换、双向流动，增强农业农村发展活力。落实第二轮土地承包到期后再延长三十年政策，加快培育农民合作社、家庭农场等新型农业经营主体，健全农业专业化社会化服务体系，发展多种形式适度规模经营，实现小农户和现代农业有机衔接。健全城乡统一的建设用地市场，积极探索实施农村集体经营性建设用地入市制度。建立土地征收公共利益用地认定机制，缩小土地征收范围。探索宅基地所有权、资格权、使用权分置实现形式。保障进城落户农民土地承包权、宅基地使用权、集体收益分配权，鼓励依法自愿有偿转让。深化农村集体产权制度改革，发展新型农村集体经济。健全农村金融服务体系，发展农业保险。

28. 实现巩固拓展脱贫攻坚成果同乡村振兴有效衔接。建立农村低收入人口和欠发达地区帮扶机制，保持财政投入力度总体稳定，接续推进脱贫地区发展。健全防止返贫监测和帮扶机制，做好易地扶贫搬迁后续帮扶工作，加强扶贫项目资金资产管理和监督，推动特色产业可持续发展。健全农村社会保障和救助制度。在西部地区脱贫县中集中支持一批乡村振兴重点帮扶县，增强其巩固脱贫成果及内生发展能力。坚持和完善东西部协作和对口支援、社会力量参与帮扶等机制。

八、优化国土空间布局，推进区域协调发展和新型城镇化

坚持实施区域重大战略、区域协调发展战略、主体功能区战略，健全区域协调发展体制机制，完善新型城镇化战略，构建高质量发展的国土空间布局和支撑体系。

29. 构建国土空间开发保护新格局。立足资源环境承载能力，发挥各地比较优势，逐步形成城市化地区、农产品主产区、生态功能区三大空间格局，优化重大基础设施、重大生产力和公共资源布局。支持城市化地区高效集聚经济和人口、保护基本农田和生态空间，支持农产品主产区增强农业生产能力，支持生态功能区把发展重点放到保护生态环境、提供生态产品上，支持生态功能区的人口逐步有序转移，形成主体功能明显、优势互补、高质量发展的国土空间开发保护新格局。

30. 推动区域协调发展。推动西部大开发形成新格局，推动东北振兴取得新突破，促进中部地区加快崛起，鼓励东部地区加快推进现代化。支持革命老区、民族地区加快发展，加强边疆地区建设，推进兴边富民、稳边固边。推进京津冀协同发展、长江经济带发展、粤港澳大湾区建设、长三角一体化发展，打造创新平台和新增长极。推动黄河流域生态保护和高质量发展。高标准、高质量建设雄安新区。坚持陆海统筹，发展海洋经济，建设海洋强国。健全区域战略统筹、市场一体化发展、区域合作互助、区际利益补偿等机制，更好促进发达地区和欠发达地区、东中西部和东北地区共同发展。完善转移支付制度，加大对欠发达地区财力支持，逐步实现基本公共服务均等化。

31. 推进以人为核心的新型城镇化。实施城市更新行动，推进城市生态修复、功能完善工程，统筹城市规划、建设、管理，合理确定城市规模、人口密度、空间结构，促进大中小城市和小城镇协调发展。强化历史文化保护、塑造城市风貌，加强城镇老旧小区改造和社区建设，增强城市防洪排涝能力，建设海绵城市、韧性城市。提高城市治理水平，加强特大城市治理中的风险防控。坚持房子是用来住的、不是用来炒的定位，租购并举、因城施策，促进房地产市场平稳健康发展。有效增加保障性住房供给，完善土地出让收入分配机制，探索支持利用集体建设用地按照规划建设租赁住房，完善长租房政策，扩大保障性租赁住房供给。深化户籍制度改革，完善财政转移支付和城镇新增建设用地规模与农业转移人口市民化挂钩政策，强化基本公共服务保障，加快农业转移人口市民化。优化行政区划设置，发挥中心城市和城市群带动作用，建设现代化都市圈。推进成渝地区双城经济圈建设。推进以县城为重要载体的城镇化建设。

九、繁荣发展文化事业和文化产业，提高国家文化软实力

坚持马克思主义在意识形态领域的指导地位，坚定文化自信，坚持以社会主义核心价值观引领文化建设，加强社会主义精神文明建设，围绕举旗帜、聚民心、育新人、兴文化、展形象的使命任务，促进满足人民文化需求和增强人民精神力量相统一，推进社会主义文化强国建设。

32. 提高社会文明程度。推动形成适应新时代要求的思想观念、精神面貌、文明风尚、行为规范。深入开展习近平新时代中国特色社会主义思想学习教育，推进马克思主义理论研究和建设工程。推动理想信念教育常态化制度化，加强党史、新中国史、改革开放史、社会主义发展史教育，加强爱国主义、集体主义、社会主义教育，弘扬党和人民在各个历史时期奋斗中形成的伟大精神，推进公民道德建设，实施文明创建工程，拓展新时代文明实践中心建设。健全志愿服务体系，广泛开展志愿服务关爱行动。弘扬诚信文化，推进诚信建设。提倡艰苦奋斗、勤俭节约，开展以劳动创造幸福为主题的宣传教育。加强家庭、家教、家风建设。加强网络文明建设，发展积极健康的网络文化。

33. 提升公共文化服务水平。全面繁荣新闻出版、广播影视、文学艺术、哲学社会科学事业。实施文艺作品质量提升工程，加强现实题材创作生产，不断推出反映时代新气象、讴歌人民新创造的文艺精品。推进媒体深度融合，实施全媒体传播工程，做强新型主流媒体，建强用好县级融媒体中心。推进城乡公共文化服务体系一体建设，创新实施文化惠民工程，广泛开展群众性文化活动，推动公共文化数字化建设。加强国家重大文化设施和文化项目建设，推进国家版本馆、国家文献储备库、智慧广电等工程。传承弘扬中华优秀传统文化，加强文物古籍保护、研究、利用，强化重要文化和自然遗产、非物质文化遗产系统性保护，加强各民族优秀传统手工艺保护和传承，建设长城、大运河、长征、黄河等国家文化公园。广泛开展全民健身运动，增强人民体质。筹办好北京冬奥会、冬残奥会。

34. 健全现代文化产业体系。坚持把社会效益放在首位、社会效益和经济效益相统一，深化文化体制改革，完善文化产业规划和政策，加强文化市场体系建设，扩大优质文化产品供给。实施文化产业数字化战略，加快发展新型文化企业、文化业态、文化消费模式。规范发展文化产业园区，推动区域文化产业带建设。推动文化和旅游融合发展，建设一批富有文化底蕴的世界级旅游景区和度假区，打造一批文化特色鲜明的国家级旅游休闲城市和街区，发展红色旅游和乡村旅游。以讲好中国故事为着力点，创新推进国际传播，加强对外文化交流和多层次文明对话。

十、推动绿色发展，促进人与自然和谐共生

坚持绿水青山就是金山银山理念，坚持尊重自然、顺应自然、保护自然，坚持节约优先、保护优先、自然恢复为主，守住自然生态安全边界。深入实施可持续发展战略，完善生态文明领域统筹协调机制，构建生态文明体系，促进经济社会发展全面绿色转型，建设人与自然和谐共生的现代化。

35. 加快推动绿色低碳发展。强化国土空间规划和用途管控，落实生态保护、基本农田、城镇开发等空间管控边界，减少人类活动对自然空间的占用。强化绿色发展的法律和政策保障，发展绿色金融，支持绿色技术创新，推进清洁生产，发展环保产业，推进重点行业和重要领域绿色化改造。推动能源清洁低碳安全高效利用。发展绿色建筑。开展绿色生活创建活动。降低碳排放强度，支持有条件的地方率先达到碳排放峰值，制定二〇三〇年前碳排放达峰行动方案。

36. 持续改善环境质量。增强全社会生态环保意识，深入打好污染防治攻坚战。继续开展污染防治行动，建立地上地下、陆海统筹的生态环境治理制度。强化多污染物协同控制和区域协同治理，加强细颗粒物和臭氧协同控制，基本消除重污染天气。治理城乡生活环境，推进城镇污水管网全覆盖，基本消除城市黑臭水体。推进化肥农药减量化和土壤污染治理，加强白色污染治理。加强危险废物医疗废物收集处理。完成重点地区危险化学品生产企业搬迁改造。重视新污染物治理。全面实行排污许可制，推进排污权、用能权、用水权、碳排放权市场化交易。完善环境保护、节能减排约束性指标管理。完善中央生态环境保护督察制度。积极参与和引领应对气候变化等生态环保国际合作。

37. 提升生态系统质量和稳定性。坚持山水林田湖草系统治理，构建以国家公园为主体的自然保护地体系。实施生物多样性保护重大工程。加强外来物种管控。强化河湖长制，加强大江大河和重要湖泊湿地生态保护治理，实施好长江十年禁渔。科学推进荒漠化、石漠化、水土流失综合治理，开展大规模国土绿化行动，推行林长制。推行草原森林河流湖泊休养生息，加强黑土地保护，健全耕地休耕轮作制度。加强全球气候变暖对我国承受力脆弱地区影响的观测，完善自然保护地、生态保护红线监管制度，开展生态系统保护成效监测评估。

38. 全面提高资源利用效率。健全自然资源资产产权制度和法律法规，加强自然资源调查评价监测和确权登记，建立生态产品价值实现机制，完善市场化、多元化生态补偿，推进资源总量管理、科学配置、全面节约、循环利用。实施国家节水行动，建立水资源刚性约束制度。提高海洋资源、矿产资源开发保护水平。完善资源价格形成机制。推行垃圾分类和减量化、资源化。加快构建废旧物资循环利用体系。

十一、实行高水平对外开放，开拓合作共赢新局面

坚持实施更大范围、更宽领域、更深层次对外开放，依托我国大市场优势，促进国际合作，实现互利共赢。

39. 建设更高水平开放型经济新体制。全面提高对外开放水平，推动贸易和投资自由化便利化，推进贸易创新发展，增强对外贸易综合竞争力。完善外商投资准入前国民待遇加负面清单管理制度，有序扩大服务业对外开放，依法保护外资企业合法权益，健全促进和保障境外投资的法律、政策和服务体系，坚定维护中国企业海外合法权益，

实现高质量引进来和高水平走出去。完善自由贸易试验区布局，赋予其更大改革自主权，稳步推进海南自由贸易港建设，建设对外开放新高地。稳慎推进人民币国际化，坚持市场驱动和企业自主选择，营造以人民币自由使用为基础的新型互利合作关系。发挥好中国国际进口博览会等重要展会平台作用。

40. 推动共建“一带一路”高质量发展。坚持共商共建共享原则，秉持绿色、开放、廉洁理念，深化务实合作，加强安全保障，促进共同发展。推进基础设施互联互通，拓展第三方市场合作。构筑互利共赢的产业链供应链合作体系，深化国际产能合作，扩大双向贸易和投资。坚持以企业为主体，以市场为导向，遵循国际惯例和债务可持续原则，健全多元化投融资体系。推进战略、规划、机制对接，加强政策、规则、标准联通。深化公共卫生、数字经济、绿色发展、科技教育合作，促进人文交流。

41. 积极参与全球经济治理体系改革。坚持平等协商、互利共赢，推动二十国集团等发挥国际经济合作功能。维护多边贸易体制，积极参与世界贸易组织改革，推动完善更加公正合理的全球经济治理体系。积极参与多双边区域投资贸易合作机制，推动新兴领域经济治理规则制定，提高参与国际金融治理能力。实施自由贸易区提升战略，构建面向全球的高标准自由贸易区网络。

十二、改善人民生活品质，提高社会建设水平

坚持把实现好、维护好、发展好最广大人民根本利益作为发展的出发点和落脚点，尽力而为、量力而行，健全基本公共服务体系，完善共建共治共享的社会治理制度，扎实推动共同富裕，不断增强人民群众获得感、幸福感、安全感，促进人的全面发展和社会全面进步。

42. 提高人民收入水平。坚持按劳分配为主体、多种分配方式并存，提高劳动报酬在初次分配中的比重，完善工资制度，健全工资合理增长机制，着力提高低收入群体收入，扩大中等收入群体。完善按要素分配政策制度，健全各类生产要素由市场决定报酬的机制，探索通过土地、资本等要素使用权、收益权增加中低收入群体要素收入。多渠道增加城乡居民财产性收入。完善再分配机制，加大税收、社保、转移支付等调节力度和精准性，合理调节过高收入，取缔非法收入。发挥第三次分配作用，发展慈善事业，改善收入和财富分配格局。

43. 强化就业优先政策。千方百计稳定和扩大就业，坚持经济发展就业导向，扩大就业容量，提升就业质量，促进充分就业，保障劳动者待遇和权益。健全就业公共服务体系、劳动关系协调机制、终身职业技能培训制度。更加注重缓解结构性就业矛盾，加快提升劳动者技能素质，完善重点群体就业支持体系，统筹城乡就业政策体系。扩大公益性岗位安置，帮扶残疾人、零就业家庭成员就业。完善促进创业带动就业、多渠道灵活就业的保障制度，支持和规范发展新就业形态，健全就业需求调查和失业监测预警机制。

44. 建设高质量教育体系。全面贯彻党的教育方针，坚持立德树人，加强师德师风建设，培养德智体美劳全面发展的社会主义建设者和接班人。健全学校家庭社会协同育人机制，提升教师教书育人能力素质，增强学生文明素养、社会责任意识、实践本领，重视青少年身体素质和心理健康教育。坚持教育公益性原则，深化教育改革，促进教育公平，推动义务教育均衡发展和城乡一体化，完善普惠性学前教育和特殊教育、专门教育保障机制，鼓励高中阶段学校多样化发展。加大人力资本投入，增强职业技术教育适应性，深化职普融通、产教融合、校企合作，探索中国特色学徒制，大力培养技术技能人才。提高高等教育质量，分类建设一流大学和一流学科，加快培养理工农医类专业紧缺人才。提高民族地区教育质量和水平，加大国家通用语言文字推广力度。支持和规范民办教育发展，规范校外培训机构。发挥在线教育优势，完善终身学习体系，建设学习型社会。

45. 健全多层次社会保障体系。健全覆盖全民、统筹城乡、公平统一、可持续的多层次社会保障体系。推进社保转移接续，健全基本养老、基本医疗保险筹资和待遇调整机制。实现基本养老保险全国统筹，实施渐进式延迟法定退休年龄。发展多层次、多支柱养老保险体系。推动基本医疗保险、失业保险、工伤保险省级统筹，健全重大疾病医疗保险和救助制度，落实异地就医结算，稳步建立长期护理保险制度，积极发展商业医疗保险。健全灵活就业人员社保制度。健全退役军人工作体系和保障制度。健全分层分类的社会救助体系。坚持男女平等基本国策，保障妇女儿童合法权益。健全老年人、残疾人关爱服务体系和设施，完善帮扶残疾人、孤儿等社会福利制度。完善全国统一的社会保险公共服务平台。

46. 全面推进健康中国建设。把保障人民健康放在优先发展的战略位置，坚持预防为主的方针，深入实施健康中国行动，完善国民健康促进政策，织牢国家公共卫生防护网，为人民提供全方位全周期健康服务。改革疾病预防控制体系，强化监测预警、风险评估、流行病学调查、检验检测、应急处置等职能。建立稳定的公共卫生事业投入机制，加强人才队伍建设，改善疾控基础条件，完善公共卫生服务项目，强化基层公共卫生体系。落实医疗机构公共卫生责任，创新医防协同机制。完善突发公共卫生事件监测预警处置机制，健全医疗救治、科技支撑、物资保障体系，提高应对突发公共卫生事件能力。坚持基本医疗卫生事业公益属性，深化医药卫生体制改革，加快优质医疗资源扩容和区域均衡布局，加快建设分级诊疗体系，加强公立医院建设和管理考核，推进国家组织药品和耗材集中采购使用改革，发展高端医疗设备。支持社会办医，推广远程医疗。坚持中西医并重，大力发展中医药事业。提升健康教育、慢病管理和残疾康复服务质量，重视精神卫生和心理健康。深入开展爱国卫生运动，促进全民养成文明健康生活方式。完善全民健身公共服务体系。加快发展健康产业。

47. 实施积极应对人口老龄化国家战略。制定人口长期发展战略，优化生育政策，增强生育政策包容性，提高优生优育服务水平，发展普惠托育服务体系，降低生育、养育、教育成本，促进人口长期均衡发展，提高人口素质。

积极开发老龄人力资源，发展银发经济。推动养老事业和养老产业协同发展，健全基本养老服务体系，发展普惠型养老服务和互助性养老，支持家庭承担养老功能，培育养老新业态，构建居家社区机构相协调、医养康养相结合的养老服务体系，健全养老服务综合监管制度。

48. 加强和创新社会治理。完善社会治理体系，健全党组织领导的自治、法治、德治相结合的城乡基层治理体系，完善基层民主协商制度，实现政府治理同社会调节、居民自治良性互动，建设人人有责、人人尽责、人人享有的社会治理共同体。发挥群团组织和社会组织在社会治理中的作用，畅通和规范市场主体、新社会阶层、社会工作者和志愿者等参与社会治理的途径。推动社会治理重心向基层下移，向基层放权赋能，加强城乡社区治理和服务体系建设，减轻基层特别是村级组织负担，加强基层社会治理队伍建设，构建网格化管理、精细化服务、信息化支撑、开放共享的基层管理服务平台。加强和创新市域社会治理，推进市域社会治理现代化。

十三、统筹发展和安全，建设更高水平的平安中国

坚持总体国家安全观，实施国家安全战略，维护和塑造国家安全，统筹传统安全和非传统安全，把安全发展贯穿国家发展各领域和全过程，防范和化解影响我国现代化进程的各种风险，筑牢国家安全屏障。

49. 加强国家安全体系和能力建设。完善集中统一、高效权威的国家安全领导体制，健全国家安全法治体系、战略体系、政策体系、人才体系和运行机制，完善重要领域国家安全立法、制度、政策。健全国家安全审查和监管制度，加强国家安全执法。加强国家安全宣传教育，增强全民国家安全意识，巩固国家安全人民防线。坚定维护国家政权安全、制度安全、意识形态安全，全面加强网络安全保障体系和能力建设。严密防范和严厉打击敌对势力渗透、破坏、颠覆、分裂活动。

50. 确保国家经济安全。加强经济安全风险预警、防控机制和能力建设，实现重要产业、基础设施、战略资源、重大科技等关键领域安全可控。实施产业竞争力调查和评价工程，增强产业体系抗冲击能力。确保粮食安全，保障能源和战略性矿产资源安全。维护水利、电力、供水、油气、交通、通信、网络、金融等重要基础设施安全，提高水资源集约安全利用水平。维护金融安全，守住不发生系统性风险底线。确保生态安全，加强核安全监管，维护新型领域安全。构建海外利益保护和风险预警防范体系。

51. 保障人民生命安全。坚持人民至上、生命至上，把保护人民生命安全摆在首位，全面提高公共安全保障能力。完善和落实安全生产责任制，加强安全生产监管执法，有效遏制危险化学品、矿山、建筑施工、交通等重特大安全事故。强化生物安全保护，提高食品药品等关系人民健康产品和服务的安全保障水平。提升洪涝干旱、森林草原火灾、地质灾害、地震等自然灾害防御工程标准，加快江河控制性工程建设，加快病险水库除险加固，全面推进堤防和蓄滞洪区建设。完善国家应急管理体系，加强应急物资保障体系建设，发展巨灾保险，提高防灾、减灾、抗灾、救灾能力。

52. 维护社会稳定和安全。正确处理新形势下人民内部矛盾，坚持和发展新时代“枫桥经验”，畅通和规范群众诉求表达、利益协调、权益保障通道，完善信访制度，完善各类调解联动工作体系，构建源头防控、排查梳理、纠纷化解、应急处置的社会矛盾综合治理机制。健全社会心理服务体系和危机干预机制。坚持专群结合、群防群治，加强社会治安防控体系建设，坚决防范和打击暴力恐怖、黑恶势力、新型网络犯罪和跨国犯罪，保持社会和谐稳定。

十四、加快国防和军队现代化，实现富国和强军相统一

贯彻习近平强军思想，贯彻新时代军事战略方针，坚持党对人民军队的绝对领导，坚持政治建军、改革强军、科技强军、人才强军、依法治军，加快机械化信息化智能化融合发展，全面加强练兵备战，提高捍卫国家主权、安全、发展利益的战略能力，确保二〇二七年实现建军百年奋斗目标。

53. 提高国防和军队现代化质量效益。加快军事理论现代化，与时俱进创新战争和战略指导，健全新时代军事战略体系，发展先进作战理论。加快军队组织形态现代化，深化国防和军队改革，推进军事管理革命，加快军兵种和武警部队转型建设，壮大战略力量和新域新质作战力量，打造高水平战略威慑和联合作战体系，加强军事力量联合训练、联合保障、联合运用。加快军事人员现代化，贯彻新时代军事教育方针，完善三位一体新型军事人才培养体系，锻造高素质专业化军事人才方阵。加快武器装备现代化，聚力国防科技自主创新、原始创新，加速战略性前沿性颠覆性技术发展，加速武器装备升级换代和智能化武器装备发展。

54. 促进国防实力和经济实力同步提升。同国家现代化发展相协调，搞好战略层面筹划，深化资源要素共享，强化政策制度协调，构建一体化国家战略体系和能力。推动重点区域、重点领域、新兴领域协调发展，集中力量实施国防领域重大工程。优化国防科技工业布局，加快标准化通用化进程。完善国防动员体系，健全强边固防机制，强化全民国防教育，巩固军政军民团结。

十五、全党全国各族人民团结起来，为实现“十四五”规划和二〇三五年远景目标而奋斗

实现“十四五”规划和二〇三五年远景目标，必须坚持党的全面领导，充分调动一切积极因素，广泛团结一切可以团结的力量，形成推动发展的强大合力。

55. 加强党中央集中统一领导。贯彻党把方向、谋大局、定政策、促改革的要求，推动全党深入学习贯彻习近平新时代中国特色社会主义思想，增强“四个意识”、坚定“四个自信”、做到“两个维护”，完善上下贯通、执行有力的组织体系，确保党中央决策部署有效落实。落实全面从严治党主体责任、监督责任，提高党的建设质量。深入总结和学习运用中国共产党一百年的宝贵经验，教育引导广大党员、干部坚持共产主义远大理想和中国特色社会主

义共同理想，不忘初心、牢记使命，为党和人民事业不懈奋斗。全面贯彻新时代党的组织路线，加强干部队伍建设，落实好干部标准，提高各级领导班子和干部适应新时代新要求抓改革、促发展、保稳定水平和专业化能力，加强对敢担当善作为干部的激励保护，以正确用人导向引领干事创业导向。完善人才工作体系，培养造就大批德才兼备的高素质人才。把严的主基调长期坚持下去，不断增强党自我净化、自我完善、自我革新、自我提高能力。锲而不舍落实中央八项规定精神，持续纠治形式主义、官僚主义，切实为基层减负。完善党和国家监督体系，加强政治监督，强化对公权力运行的制约和监督。坚持无禁区、全覆盖、零容忍，一体推进不敢腐、不能腐、不想腐，营造风清气正的良好政治生态。

56. 推进社会主义政治建设。坚持党的领导、人民当家做主、依法治国有机统一，推进中国特色社会主义政治制度自我完善和发展。坚持和完善人民代表大会制度，加强人大对“一府一委两院”的监督，保障人民依法通过各种途径和形式管理国家事务、管理经济文化事业、管理社会事务。坚持和完善中国共产党领导的多党合作和政治协商制度，加强人民政协专门协商机构建设，发挥社会主义协商民主独特优势，提高建言资政和凝聚共识水平。坚持和完善民族区域自治制度，全面贯彻党的民族政策，铸牢中华民族共同体意识，促进各民族共同团结奋斗、共同繁荣发展。全面贯彻党的宗教工作基本方针，积极引导宗教与社会主义社会相适应。健全基层群众自治制度，增强群众自我管理、自我服务、自我教育、自我监督实效。发挥工会、共青团、妇联等人民团体作用，把各自联系的群众紧紧凝聚在党的周围。完善大统战工作格局，促进政党关系、民族关系、宗教关系、阶层关系、海内外同胞关系和谐，巩固和发展大团结大联合局面。全面贯彻党的侨务政策，凝聚侨心、服务大局。坚持法治国家、法治政府、法治社会一体建设，完善以宪法为核心的中国特色社会主义法律体系，加强重点领域、新兴领域、涉外领域立法，提高依法行政水平，完善监察权、审判权、检察权运行和监督机制，促进司法公正，深入开展法治宣传教育，有效发挥法治固根本、稳预期、利长远的保障作用，推进法治中国建设。促进人权事业全面发展。

57. 保持香港、澳门长期繁荣稳定。全面准确贯彻“一国两制”、“港人治港”、“澳人治澳”、高度自治的方针，坚持依法治港治澳，维护宪法和基本法确定的特别行政区宪制秩序，落实中央对特别行政区全面管治权，落实特别行政区维护国家安全的法律制度和执行机制，维护国家主权、安全、发展利益和特别行政区社会大局稳定。支持特别行政区巩固提升竞争优势，建设国际创新科技中心，打造“一带一路”功能平台，实现经济多元可持续发展。支持香港、澳门更好融入国家发展大局，高质量建设粤港澳大湾区，完善便利港澳居民在内地发展政策措施。增强港澳同胞国家意识和爱国精神。支持香港、澳门同各国各地区开展交流合作。坚决防范和遏制外部势力干预港澳事务。

58. 推进两岸关系和平发展和祖国统一。坚持一个中国原则和“九二共识”，以两岸同胞福祉为依归，推动两岸关系和平发展、融合发展，加强两岸产业合作，打造两岸共同市场，壮大中华民族经济，共同弘扬中华文化。完善保障台湾同胞福祉和在大陆享受同等待遇的制度和政策，支持台商台企参与“一带一路”建设和国家区域协调发展战略，支持符合条件的台资企业在大陆上市，支持福建探索海峡两岸融合发展新路。加强两岸基层和青少年交流。高度警惕和坚决遏制“台独”分裂活动。

59. 积极营造良好外部环境。高举和平、发展、合作、共赢旗帜，坚持独立自主的和平外交政策，推进各领域各层级对外交往，推动构建新型国际关系和人类命运共同体。推进大国协调和合作，深化同周边国家关系，加强同发展中国家团结合作，积极发展全球伙伴关系。坚持多边主义和共商共建共享原则，积极参与全球治理体系改革和建设，加强涉外法治体系建设，加强国际法运用，维护以联合国为核心的国际体系和以国际法为基础的国际秩序，共同应对全球性挑战。积极参与重大传染病防控国际合作，推动构建人类卫生健康共同体。

60. 健全规划制定和落实机制。按照本次全会精神，制定国家和地方“十四五”规划纲要和专项规划，形成定位准确、边界清晰、功能互补、统一衔接的国家规划体系。健全政策协调和工作协同机制，完善规划实施监测评估机制，确保党中央关于“十四五”发展的决策部署落到实处。

实现“十四五”规划和二〇三五年远景目标，意义重大，任务艰巨，前景光明。全党全国各族人民要紧密团结在以习近平同志为核心的党中央周围，同心同德，顽强奋斗，夺取全面建设社会主义现代化国家新胜利！

新能源汽车产业发展规划（2021—2035年）

发布单位：国务院办公厅
发布日期：2020年10月20日

发展新能源汽车是我国从汽车大国迈向汽车强国的必由之路，是应对气候变化、推动绿色发展的战略举措。2012年国务院发布《节能与新能源汽车产业发展规划（2012—2020年）》以来，我国坚持纯电驱动战略取向，新能源汽车产业发展取得了巨大成就，成为世界汽车产业发展转型的重要力量之一。与此同时，我国新能源汽车发展也面临核心技术创新能力不强、质量保障体系有待完善、基础设施建设仍显滞后、产业生态尚不健全、市场竞争日益加剧等问题。为推动新能源汽车产业高质量发展，加快建设汽车强国，制定本规划。

第一章　发展趋势

第一节　新能源汽车为世界经济发展注入新动能

当前，全球新一轮科技革命和产业变革蓬勃发展，汽车与能源、交通、信息通信等领域有关技术加速融合，电动化、网联化、智能化成为汽车产业的发展潮流和趋势。新能源汽车融汇新能源、新材料和互联网、大数据、人工智能等多种变革性技术，推动汽车从单纯交通工具向移动智能终端、储能单元和数字空间转变，带动能源、交通、信息通信基础设施改造升级，促进能源消费结构优化、交通体系和城市运行智能化水平提升，对建设清洁美丽世界、构建人类命运共同体具有重要意义。近年来，世界主要汽车大国纷纷加强战略谋划、强化政策支持，跨国汽车企业加大研发投入、完善产业布局，新能源汽车已成为全球汽车产业转型发展的主要方向和促进世界经济持续增长的重要引擎。

第二节　我国新能源汽车进入加速发展新阶段

汽车产品形态、交通出行模式、能源消费结构和社会运行方式正在发生深刻变革，为新能源汽车产业提供了前所未有的发展机遇。经过多年持续努力，我国新能源汽车产业技术水平显著提升、产业体系日趋完善、企业竞争力大幅增强，2015年以来产销量、保有量连续五年居世界首位，产业进入叠加交汇、融合发展新阶段。必须抢抓战略机遇，巩固良好势头，充分发挥基础设施、信息通信等领域优势，不断提升产业核心竞争力，推动新能源汽车产业高质量可持续发展。

第三节　融合开放成为新能源汽车发展的新特征

随着汽车动力来源、生产运行方式、消费使用模式全面变革，新能源汽车产业生态正由零部件、整车研发生产及营销服务企业之间的“链式关系”，逐步演变成汽车、能源、交通、信息通信等多领域多主体参与的“网状生态”。相互赋能、协同发展成为各类市场主体发展壮大的内在需求，跨行业、跨领域融合创新和更加开放包容的国际合作成为新能源汽车产业发展的时代特征，极大地增强了产业发展动力，激发了市场活力，推动形成互融共生、合作共赢的产业发展新格局。

第二章　总体部署

第一节　总体思路

以习近平新时代中国特色社会主义思想为指引，坚持创新、协调、绿色、开放、共享的发展理念，以深化供给侧结构性改革为主线，坚持电动化、网联化、智能化发展方向，深入实施发展新能源汽车国家战略，以融合创新为重点，突破关键核心技术，提升产业基础能力，构建新型产业生态，完善基础设施体系，优化产业发展环境，推动我国新能源汽车产业高质量可持续发展，加快建设汽车强国。

第二节　基本原则

市场主导。充分发挥市场在资源配置中的决定性作用，强化企业在技术路线选择、生产服务体系建设等方面的主体地位；更好发挥政府在战略规划引导、标准法规制定、质量安全监管、市场秩序维护、绿色消费引导等方面作用，为产业发展营造良好环境。

创新驱动。深入实施创新驱动发展战略，建立以企业为主体、市场为导向、产学研用协同的技术创新体系，完善激励和保护创新的制度环境，鼓励多种技术路线并行发展，支持各类主体合力攻克关键核心技术、加大商业模式创新力度，形成新型产业创新生态。

协调推进。完善横向协同、纵向贯通的协调推进机制，促进新能源汽车与能源、交通、信息通信深度融合，统筹推进技术研发、标准制定、推广应用和基础设施建设，把超大规模市场优势转化为产业优势。

开放发展。践行开放融通、互利共赢的合作观，扩大高水平对外开放，以开放促改革、促发展、促创新；坚持“引进来”与“走出去”相结合，加强国际合作，积极参与国际竞争，培育新能源汽车产业新优势，深度融入全球产业链和价值链体系。

第三节　发展愿景

到2025年，我国新能源汽车市场竞争力明显增强，动力电池、驱动电机、车用操作系统等关键技术取得重大突破，安全水平全面提升。纯电动乘用车新车平均电耗降至12.0千瓦时/百公里，新能源汽车新车销售量达到汽车新车销售总量的20%左右，高度自动驾驶汽车实现限定区域和特定场景商业化应用，充换电服务便利性显著提高。

力争经过15年的持续努力，我国新能源汽车核心技术达到国际先进水平，质量品牌具备较强国际竞争力。纯电动汽车成为新销售车辆的主流，公共领域用车全面电动化，燃料电池汽车实现商业化应用，高度自动驾驶汽车实现规模化应用，充换电服务网络便捷高效，氢燃料供给体系建设稳步推进，有效促进节能减排水平和社会运行效率的提升。

第三章 提高技术创新能力

第一节 深化"三纵三横"研发布局

强化整车集成技术创新。以纯电动汽车、插电式混合动力（含增程式）汽车、燃料电池汽车为"三纵"，布局整车技术创新链。研发新一代模块化高性能整车平台，攻关纯电动汽车底盘一体化设计、多能源动力系统集成技术，突破整车智能能量管理控制、轻量化、低摩阻等共性节能技术，提升电池管理、充电连接、结构设计等安全技术水平，提高新能源汽车整车综合性能。

提升产业基础能力。以动力电池与管理系统、驱动电机与电力电子、网联化与智能化技术为"三横"，构建关键零部件技术供给体系。开展先进模块化动力电池与燃料电池系统技术攻关，探索新一代车用电机驱动系统解决方案，加强智能网联汽车关键零部件及系统开发，突破计算和控制基础平台技术、氢燃料电池汽车应用支撑技术等瓶颈，提升基础关键技术、先进基础工艺、基础核心零部件、关键基础材料等研发能力。

专栏1 新能源汽车核心技术攻关工程
实施电池技术突破行动。开展正负极材料、电解液、隔膜、膜电极等关键核心技术研究，加强高强度、轻量化、高安全、低成本、长寿命的动力电池和燃料电池系统短板技术攻关，加快固态动力电池技术研发及产业化。 实施智能网联技术创新工程。以新能源汽车为智能网联技术率先应用的载体，支持企业跨界协同，研发复杂环境融合感知、智能网联决策与控制、信息物理系统架构设计等关键技术，突破车载智能计算平台、高精度地图与定位、车辆与车外其他设备间的无线通信（V2X）、线控执行系统等核心技术和产品。 实施新能源汽车基础技术提升工程。突破车规级芯片、车用操作系统、新型电子电气架构、高效高密度驱动电机系统等关键技术和产品，攻克氢能储运、加氢站、车载储氢等氢燃料电池汽车应用支撑技术。支持基础元器件、关键生产装备、高端试验仪器、开发工具、高性能自动检测设备等基础共性技术研发创新，攻关新能源汽车智能制造海量异构数据组织分析、可重构柔性制造系统集成控制等关键技术，开展高性能铝镁合金、纤维增强复合材料、低成本稀土永磁材料等关键材料产业化应用。

第二节 加快建设共性技术创新平台

建立健全龙头企业、国家重点实验室、国家制造业创新中心联合研发攻关机制，聚焦核心工艺、专用材料、关键零部件、制造装备等短板弱项，从不同技术路径积极探索，提高关键共性技术供给能力。引导汽车、能源、交通、信息通信等跨领域合作，建立面向未来出行的新能源汽车与智慧能源、智能交通融合创新平台，联合攻关基础交叉关键技术，提升新能源汽车及关联产业融合创新能力。

第三节 提升行业公共服务能力

依托行业协会、创新中心等机构统筹推进各类创新服务平台共建共享，提高技术转移、信息服务、人才培训、项目融资、国际交流等公共服务支撑能力。应用虚拟现实、大数据、人工智能等技术，建立汽车电动化、网联化、智能化虚拟仿真和测试验证平台，提升整车、关键零部件的计量测试、性能评价与检测认证能力。

第四章 构建新型产业生态

第一节 支持生态主导型企业发展

鼓励新能源汽车、能源、交通、信息通信等领域企业跨界协同，围绕多元化生产与多样化应用需求，通过开放合作和利益共享，打造涵盖解决方案、研发生产、使用保障、运营服务等产业链关键环节的生态主导型企业。在产业基础好、创新要素集聚的地区，发挥龙头企业带动作用，培育若干上下游协同创新、大中小企业融通发展、具有国际影响力和竞争力的新能源汽车产业集群，提升产业链现代化水平。

第二节 促进关键系统创新应用

加快车用操作系统开发应用。以整车企业需求为牵引，发挥龙头企业、国家制造业创新中心等创新平台作用，坚持软硬协同攻关，集中开发车用操作系统。围绕车用操作系统，构建整车、关键零部件、基础数据与软件等领域市场主体深度合作的开发与应用生态。通过产品快速迭代，扩大用户规模，加快车用操作系统产业化应用。

专栏2 车用操作系统生态建设行动
适应新能源汽车智能化应用需求，鼓励整车及零部件、互联网、电子信息、通信等领域企业组成联盟，以车用操作系统开发与应用为核心，通过迭代升级，提升操作系统与应用程序的安全性、可靠性、便利性，扩大应用规模，形成开放共享、协同演进的良好生态。

推动动力电池全价值链发展。鼓励企业提高锂、镍、钴、铂等关键资源保障能力。建立健全动力电池模块化标准体系，加快突破关键制造装备，提高工艺水平和生产效率。完善动力电池回收、梯级利用和再资源化的循环利用体系，鼓励共建共用回收渠道。建立健全动力电池运输仓储、维修保养、安全检验、退役退出、回收利用等环节管理制度，加强全生命周期监管。

专栏3 建设动力电池高效循环利用体系
立足新能源汽车可持续发展，落实生产者责任延伸制度，加强新能源汽车动力电池溯源管理平台建设，实现动力电池全生命周期可追溯。支持动力电池梯次产品在储能、备能、充换电等领域创新应用，加强余能检测、残值评估、重组利用、安全管理等技术研发。优化再生利用产业布局，推动报废动力电池有价元素高效提取，促进产业资源化、高值化、绿色化发展。

第三节 提升智能制造水平

推进智能化技术在新能源汽车研发设计、生产制造、仓储物流、经营管理、售后服务等关键环节的深度应用。加快新能源汽车智能制造仿真、管理、控制等核心工业软件开发和集成，开展智能工厂、数字化车间应用示范。加快产品全生命周期协同管理系统推广应用，支持设计、制造、服务一体化示范平台建设，提升新能源汽车全产业链智能化水平。

第四节 强化质量安全保障

推进质量品牌建设。开展新能源汽车产品质量提升行动，引导企业加强设计、制造、测试验证等全过程可靠性技术开发应用，充分利用互联网、大数据、区块链等先进技术，健全产品全生命周期质量控制和追溯机制。引导企业强化品牌发展战略，以提升质量和服务水平为重点加强品牌建设。

健全安全保障体系。落实企业负责、政府监管、行业自律、社会监督相结合的安全生产机制。强化企业对产品安全的主体责任，落实生产者责任延伸制度，加强对整车及动力电池、电控等关键系统的质量安全管理、安全状态监测和维修保养检测。健全新能源汽车整车、零部件以及维修保养检测、充换电等安全标准和法规制度，加强安全生产监督管理和新能源汽车安全召回管理。鼓励行业组织加强技术交流，梳理总结经验，指导企业不断提升安全水平。

第五章 推动产业融合发展

第一节 推动新能源汽车与能源融合发展

加强新能源汽车与电网（V2G）能量互动。加强高循环寿命动力电池技术攻关，推动小功率直流化技术应用。鼓励地方开展V2G示范应用，统筹新能源汽车充放电、电力调度需求，综合运用峰谷电价、新能源汽车充电优惠等政策，实现新能源汽车与电网能量高效互动，降低新能源汽车用电成本，提高电网调峰调频、安全应急等响应能力。

促进新能源汽车与可再生能源高效协同。推动新能源汽车与气象、可再生能源电力预测预报系统信息共享与融合，统筹新能源汽车能源利用与风力发电、光伏发电协同调度，提升可再生能源应用比例。鼓励“光储充放”（分布式光伏发电—储能系统—充放电）多功能综合一体站建设。支持有条件的地区开展燃料电池汽车商业化示范运行。

第二节 推动新能源汽车与交通融合发展

发展一体化智慧出行服务。加快建设涵盖前端信息采集、边缘分布式计算、云端协同控制的新型智能交通管控系统。加快新能源汽车在分时租赁、城市公交、出租汽车、场地用车等领域的应用，优化公共服务领域新能源汽车使用环境。引导汽车生产企业和出行服务企业共建“一站式”服务平台，推进自动代客泊车技术发展及应用。

构建智能绿色物流运输体系。推动新能源汽车在城市配送、港口作业等领域应用，为新能源货车通行提供便利。发展“互联网+”高效物流，创新智慧物流营运模式，推广网络货运、挂车共享等新模式应用，打造安全高效的物流运输服务新业态。

第三节 推动新能源汽车与信息通信融合发展

推进以数据为纽带的“人—车—路—云”高效协同。基于汽车感知、交通管控、城市管理等信息，构建“人—车—路—云”多层数据融合与计算处理平台，开展特定场景、区域及道路的示范应用，促进新能源汽车与信息通信融合应用服务创新。

打造网络安全保障体系。健全新能源汽车网络安全管理制度，构建统一的汽车身份认证和安全信任体系，推动密码技术深入应用，加强车载信息系统、服务平台及关键电子零部件安全检测，强化新能源汽车数据分级分类和合规应用管理，完善风险评估、预警监测、应急响应机制，保障“车端—传输管网—云端”各环节信息安全。

第四节 加强标准对接与数据共享

建立新能源汽车与相关产业融合发展的综合标准体系，明确车用操作系统、车用基础地图、车桩信息共享、云控基础平台等技术接口标准。建立跨行业、跨领域的综合大数据平台，促进各类数据共建共享与互联互通。

专栏4 智慧城市新能源汽车应用示范行动
开展智能有序充电、新能源汽车与可再生能源融合发展、城市基础设施与城际智能交通、异构多模式通信网络融合等综合示范，支持以智能网联汽车为载体的城市无人驾驶物流配送、市政环卫、快速公交系统（BRT）、自动代客泊车和特定场景示范应用。

第六章 完善基础设施体系

第一节 大力推动充换电网络建设

加快充换电基础设施建设。科学布局充换电基础设施，加强与城乡建设规划、电网规划及物业管理、城市停车等的统筹协调。依托“互联网+”智慧能源，提升智能化水平，积极推广智能有序慢充为主、应急快充为辅的居民区充电服务模式，加快形成适度超前、快充为主、慢充为辅的高速公路和城乡公共充电网络，鼓励开展换电模式应用，加强智能有序充电、大功率充电、无线充电等新型充电技术研发，提高充电便利性和产品可靠性。

提升充电基础设施服务水平。引导企业联合建立充电设施运营服务平台，实现互联互通、信息共享与统一结算。加强充电设备与配电系统安全监测预警等技术研发，规范无线充电设施电磁频谱使用，提高充电设施安全性、一致性、可靠性，提升服务保障水平。

鼓励商业模式创新。结合老旧小区改造、城市更新等工作，引导多方联合开展充电设施建设运营，支持居民区多车一桩、临近车位共享等合作模式发展。鼓励充电场站与商业地产相结合，建设停车充电一体化服务设施，提升公共场所充电服务能力，拓展增值服务。完善充电设施保险制度，降低企业运营和用户使用风险。

第二节 协调推动智能路网设施建设

推进新一代无线通信网络建设，加快基于蜂窝通信技术的车辆与车外其他设备间的无线通信（C—V2X）标准制定和技术升级。推进交通标志标识等道路基础设施数字化改造升级，加强交通信号灯、交通标志标线、通信设施、智能路侧设备、车载终端之间的智能互联，推进城市道路基础设施智能化建设改造相关标准制定和管理平台建设。加快差分基站建设，推动北斗等卫星导航系统在高精度定位领域应用。

第三节　有序推进氢燃料供给体系建设

提高氢燃料制储运经济性。因地制宜开展工业副产氢及可再生能源制氢技术应用，加快推进先进适用储氢材料产业化。开展高压气态、深冷气态、低温液态及固态等多种形式储运技术示范应用，探索建设氢燃料运输管道，逐步降低氢燃料储运成本。健全氢燃料制储运、加注等标准体系。加强氢燃料安全研究，强化全链条安全监管。

推进加氢基础设施建设。建立完善加氢基础设施的管理规范。引导企业根据氢燃料供给、消费需求等合理布局加氢基础设施，提升安全运行水平。支持利用现有场地和设施，开展油、气、氢、电综合供给服务。

专栏 5　建设智能基础设施服务平台
统筹充换电技术和接口、加氢技术和接口、车用储氢装置、车用通信协议、智能化道路建设、数据传输与结算等标准的制修订，构建基础设施互联互通标准体系。引导企业建设智能基础设施、高精度动态地图、云控基础数据等服务平台，开展充换电、加氢、智能交通等综合服务试点示范，实现基础设施的互联互通和智能管理。

第七章　深化开放合作

第一节　扩大开放和交流合作

加强与国际通行经贸规则对接，全面实行准入前国民待遇加负面清单管理制度，对新能源市场主体一视同仁，建设市场化、法治化、国际化营商环境。发挥多双边合作机制、高层对话机制作用，支持国内外企业、科研院所、行业机构开展研发设计、贸易投资、基础设施、技术标准、人才培训等领域的交流合作。积极参与国际规则和标准制定，促进形成开放、透明、包容的新能源汽车国际化市场环境，打造国际合作新平台，增添共同发展新动力。

第二节　加快融入全球价值链

引导企业制定国际化发展战略，不断提高国际竞争能力，加大国际市场开拓力度，推动产业合作由生产制造环节向技术研发、市场营销等全链条延伸。鼓励企业充分利用境内外资金，建立国际化消费信贷体系。支持企业建立国际营销服务网络，在重点市场共建海外仓储和售后服务中心等服务平台。健全法律咨询、检测认证、人才培训等服务保障体系，引导企业规范海外经营行为，提升合规管理水平。

第八章　保障措施

第一节　深化行业管理改革

深入推进“放管服”改革，进一步放宽市场准入，实施包容审慎监管，促进新业态、新模式健康有序发展。完善企业平均燃料消耗量与新能源汽车积分并行管理办法，有效承接财政补贴政策，研究建立与碳交易市场衔接机制。加强事中事后监管，夯实地方主体责任，遏制盲目上马新能源汽车整车制造项目等乱象。推动完善道路机动车辆生产管理相关法规，建立健全僵尸企业退出机制，加强企业准入条件保持情况监督检查，促进优胜劣汰。充分发挥市场机制作用，支持优势企业兼并重组、做大做强，进一步提高产业集中度。

第二节　健全政策法规体系

落实新能源汽车相关税收优惠政策，优化分类交通管理及金融服务等措施。推动充换电、加氢等基础设施科学布局、加快建设，对作为公共设施的充电桩建设给予财政支持。破除地方保护，建立统一开放公平市场体系。鼓励地方政府加大对公共服务、共享出行等领域车辆运营的支持力度，给予新能源汽车停车、充电等优惠政策。2021 年起，国家生态文明试验区、大气污染防治重点区域的公共领域新增或更新公交、出租、物流配送等车辆中新能源汽车比例不低于 80%。制定将新能源汽车研发投入纳入国有企业考核体系的具体办法。加快完善适应智能网联汽车发展要求的道路交通、事故责任、数据使用等政策法规。加快推动动力电池回收利用立法。

第三节　加强人才队伍建设

加快建立适应新能源汽车与相关产业融合发展需要的人才培养机制，编制行业紧缺人才目录，优化汽车电动化、网联化、智能化领域学科布局，引导高等院校、科研院所、企业加大国际化人才引进和培养力度。弘扬企业家精神与工匠精神，树立正向激励导向，实行股权、期权等多元化激励措施。

第四节　强化知识产权保护

深入实施国家知识产权战略，鼓励科研人员开发新能源汽车领域高价值核心知识产权成果。严格执行知识产权保护制度，加大对侵权行为的执法力度。构建新能源汽车知识产权运营服务体系，加强专利运用转化平台建设，建立互利共享、合作共赢的专利运营模式。

第五节　加强组织协同

充分发挥节能与新能源汽车产业发展部际联席会议制度和地方协调机制作用，强化部门协同和上下联动，制定年度工作计划和部门任务分工，加强新能源汽车与能源、交通、信息通信等行业在政策规划、标准法规等方面的统筹，抓紧抓实抓细规划确定的重大任务和重点工作。各有关部门要围绕规划目标任务，根据职能分工制定本部门工作计划和配套政策措施。各地区要结合本地实际切实抓好落实，优化产业布局，避免重复建设。行业组织要充分发挥连接企业与政府的桥梁作用，协调组建行业跨界交流协作平台。工业和信息化部要会同有关部门深入调查研究，加强跟踪指导，推动规划顺利实施。

新时期促进集成电路产业和软件产业高质量发展的若干政策

发布单位：国务院

发布日期：2020年7月27日

集成电路产业和软件产业是信息产业的核心，是引领新一轮科技革命和产业变革的关键力量。《国务院关于印发鼓励软件产业和集成电路产业发展若干政策的通知》（国发〔2000〕18号）、《国务院关于印发进一步鼓励软件产业和集成电路产业发展若干政策的通知》（国发〔2011〕4号）印发以来，我国集成电路产业和软件产业快速发展，有力支撑了国家信息化建设，促进了国民经济和社会持续健康发展。为进一步优化集成电路产业和软件产业发展环境，深化产业国际合作，提升产业创新能力和发展质量，制定以下政策。

一、财税政策

（一）国家鼓励的集成电路线宽小于28纳米（含），且经营期在15年以上的集成电路生产企业或项目，第一年至第十年免征企业所得税。国家鼓励的集成电路线宽小于65纳米（含），且经营期在15年以上的集成电路生产企业或项目，第一年至第五年免征企业所得税，第六年至第十年按照25%的法定税率减半征收企业所得税。国家鼓励的集成电路线宽小于130纳米（含），且经营期在10年以上的集成电路生产企业或项目，第一年至第二年免征企业所得税，第三年至第五年按照25%的法定税率减半征收企业所得税。国家鼓励的线宽小于130纳米（含）的集成电路生产企业纳税年度发生的亏损，准予向以后年度结转，总结转年限最长不得超过10年。

对于按照集成电路生产企业享受税收优惠政策的，优惠期自获利年度起计算；对于按照集成电路生产项目享受税收优惠政策的，优惠期自项目取得第一笔生产经营收入所属纳税年度起计算。国家鼓励的集成电路生产企业或项目清单由国家发展改革委、工业和信息化部会同相关部门制定。

（二）国家鼓励的集成电路设计、装备、材料、封装、测试企业和软件企业，自获利年度起，第一年至第二年免征企业所得税，第三年至第五年按照25%的法定税率减半征收企业所得税。国家鼓励的集成电路设计、装备、材料、封装、测试企业条件由工业和信息化部会同相关部门制定。

（三）国家鼓励的重点集成电路设计企业和软件企业，自获利年度起，第一年至第五年免征企业所得税，接续年度减按10%的税率征收企业所得税。国家鼓励的重点集成电路设计企业和软件企业清单由国家发展改革委、工业和信息化部会同相关部门制定。

（四）国家对集成电路企业或项目、软件企业实施的所得税优惠政策条件和范围，根据产业技术进步情况进行动态调整。集成电路设计企业、软件企业在本政策实施以前年度的企业所得税，按照国发〔2011〕4号文件明确的企业所得税“两免三减半”优惠政策执行。

（五）继续实施集成电路企业和软件企业增值税优惠政策。

（六）在一定时期内，集成电路线宽小于65纳米（含）的逻辑电路、存储器生产企业，以及线宽小于0.25微米（含）的特色工艺集成电路生产企业（含掩模版、8英寸及以上硅片生产企业）进口自用生产性原材料、消耗品，净化室专用建筑材料、配套系统和集成电路生产设备零配件，免征进口关税；集成电路线宽小于0.5微米（含）的化合物集成电路生产企业和先进封装测试企业进口自用生产性原材料、消耗品，免征进口关税。具体政策由财政部会同海关总署等有关部门制定。企业清单、免税商品清单分别由国家发展改革委、工业和信息化部会同相关部门制定。

（七）在一定时期内，国家鼓励的重点集成电路设计企业和软件企业，以及第（六）条中的集成电路生产企业和先进封装测试企业进口自用设备，及按照合同随设备进口的技术（含软件）及配套件、备件，除相关不予免税的进口商品目录所列商品外，免征进口关税。具体政策由财政部会同海关总署等有关部门制定。

（八）在一定时期内，对集成电路重大项目进口新设备，准予分期缴纳进口环节增值税。具体政策由财政部会同海关总署等有关部门制定。

二、投融资政策

（九）加强对集成电路重大项目建设的服务和指导，有序引导和规范集成电路产业发展秩序，做好规划布局，强化风险提示，避免低水平重复建设。

（十）鼓励和支持集成电路企业、软件企业加强资源整合，对企业按照市场化原则进行的重组并购，国务院有关部门和地方政府要积极支持引导，不得设置法律法规政策以外的各种形式的限制条件。

（十一）充分利用国家和地方现有的政府投资基金支持集成电路产业和软件产业发展，鼓励社会资本按照市场化原则，多渠道筹资，设立投资基金，提高基金市场化水平。

（十二）鼓励地方政府建立贷款风险补偿机制，支持集成电路企业、软件企业通过知识产权质押融资、股权质押融资、应收账款质押融资、供应链金融、科技及知识产权保险等手段获得商业贷款。充分发挥融资担保机构作用，积极为集成电路和软件领域小微企业提供各种形式的融资担保服务。

（十三）鼓励商业性金融机构进一步改善金融服务，加大对集成电路产业和软件产业的中长期贷款支持力度，积极创新适合集成电路产业和软件产业发展的信贷产品，在风险可控、商业可持续的前提下，加大对重大项目的金融支持力度；引导保险资金开展股权投资；支持银行理财公司、保险、信托等非银行金融机构发起设立专门性资管产品。

（十四）大力支持符合条件的集成电路企业和软件企业在境内外上市融资，加快境内上市审核流程，符合企业会计准则相关条件的研发支出可作资本化处理。鼓励支持符合条件的企业在科创板、创业板上市融资，通畅相关企业原始股东的退出渠道。通过不同层次的资本市场为不同发展阶段的集成电路企业和软件企业提供股权融资、股权转让等服务，拓展直接融资渠道，提高直接融资比重。

（十五）鼓励符合条件的集成电路企业和软件企业发行企业债券、公司债券、短期融资券和中期票据等，拓宽企业融资渠道，支持企业通过中长期债券等方式从债券市场筹集资金。

三、研究开发政策

（十六）聚焦高端芯片、集成电路装备和工艺技术、集成电路关键材料、集成电路设计工具、基础软件、工业软件、应用软件的关键核心技术研发，不断探索构建社会主义市场经济条件下关键核心技术攻关新型举国体制。科技部、国家发展改革委、工业和信息化部等部门做好有关工作的组织实施，积极利用国家重点研发计划、国家科技重大专项等给予支持。

（十七）在先进存储、先进计算、先进制造、高端封装测试、关键装备材料、新一代半导体技术等领域，结合行业特点推动各类创新平台建设。科技部、国家发展改革委、工业和信息化部等部门优先支持相关创新平台实施研发项目。

（十八）鼓励软件企业执行软件质量、信息安全、开发管理等国家标准。加强集成电路标准化组织建设，完善标准体系，加强标准验证，提升研发能力。提高集成电路和软件质量，增强行业竞争力。

四、进出口政策

（十九）在一定时期内，国家鼓励的重点集成电路设计企业和软件企业需要临时进口的自用设备（包括开发测试设备）、软硬件环境、样机及部件、元器件，符合规定的可办理暂时进境货物海关手续，其进口税收按照现行法规执行。

（二十）对软件企业与国外资信等级较高的企业签订的软件出口合同，金融机构可按照独立审贷和风险可控的原则提供融资和保险支持。

（二十一）推动集成电路、软件和信息技术服务出口，大力发展国际服务外包业务，支持企业建立境外营销网络。商务部会同相关部门与重点国家和地区建立长效合作机制，采取综合措施为企业拓展新兴市场创造条件。

五、人才政策

（二十二）进一步加强高校集成电路和软件专业建设，加快推进集成电路一级学科设置工作，紧密结合产业发展需求及时调整课程设置、教学计划和教学方式，努力培养复合型、实用型的高水平人才。加强集成电路和软件专业师资队伍、教学实验室和实习实训基地建设。教育部会同相关部门加强督促和指导。

（二十三）鼓励有条件的高校采取与集成电路企业合作的方式，加快推进示范性微电子学院建设。优先建设培育集成电路领域产教融合型企业。纳入产教融合型企业建设培育范围内的试点企业，兴办职业教育的投资符合规定的，可按投资额30%的比例，抵免该企业当年应缴纳的教育费附加和地方教育附加。鼓励社会相关产业投资基金加大投入，支持高校联合企业开展集成电路人才培养专项资源库建设。支持示范性微电子学院和特色化示范性软件学院与国际知名大学、跨国公司合作，引进国外师资和优质资源，联合培养集成电路和软件人才。

（二十四）鼓励地方按照国家有关规定表彰和奖励在集成电路和软件领域做出杰出贡献的高端人才，以及高水平工程师和研发设计人员，完善股权激励机制。通过相关人才项目，加大力度引进顶尖专家和优秀人才及团队。在产业集聚区或相关产业集群中优先探索引进集成电路和软件人才的相关政策。制定并落实集成电路和软件人才引进和培训年度计划，推动国家集成电路和软件人才国际培训基地建设，重点加强急需紧缺专业人才中长期培训。

（二十五）加强行业自律，引导集成电路和软件人才合理有序流动，避免恶性竞争。

六、知识产权政策

（二十六）鼓励企业进行集成电路布图设计专有权、软件著作权登记。支持集成电路企业和软件企业依法申请知识产权，对符合有关规定的，可给予相关支持。大力发展集成电路和软件相关知识产权服务。

（二十七）严格落实集成电路和软件知识产权保护制度，加大知识产权侵权违法行为惩治力度。加强对集成电路布图设计专有权、网络环境下软件著作权的保护，积极开发和应用正版软件网络版权保护技术，有效保护集成电路和软件知识产权。

（二十八）探索建立软件正版化工作长效机制。凡在中国境内销售的计算机（含大型计算机、服务器、微型计算机和笔记本电脑）所预装软件须为正版软件，禁止预装非正版软件的计算机上市销售。全面落实政府机关使用正版软件的政策措施，对通用软件实行政府集中采购，加强对软件资产的管理。推动重要行业和重点领域使用正版软件工作制度化规范化。加强使用正版软件工作宣传培训和督促检查，营造使用正版软件良好环境。

七、市场应用政策

（二十九）通过政策引导，以市场应用为牵引，加大对集成电路和软件创新产品的推广力度，带动技术和产业不断升级。

（三十）推进集成电路产业和软件产业集聚发展，支持信息技术服务产业集群、集成电路产业集群建设，支持软件产业园区特色化、高端化发展。

（三十一）支持集成电路和软件领域的骨干企业、科研院所、高校等创新主体建设以专业化众创空间为代表的各类专业化创新服务机构，优化配置技术、装备、资本、市场等创新资源，按照市场机制提供聚焦集成电路和软件领域的专业化服务，实现大中小企业融通发展。加大对服务于集成电路和软件产业的专业化众创空间、科技企业孵化器、大学科技园等专业化服务平台的支持力度，提升其专业化服务能力。

（三十二）积极引导信息技术研发应用业务发展服务外包。鼓励政府部门通过购买服务的方式，将电子政务建设、数据中心建设和数据处理工作中属于政府职责范围，且适合通过市场化方式提供的服务事项，交由符合条件的软件和信息技术服务机构承担。抓紧制定完善相应的安全审查和保密管理规定。鼓励大中型企业依托信息技术研发应用业务机构，成立专业化软件和信息技术服务企业。

（三十三）完善网络环境下消费者隐私及商业秘密保护制度，促进软件和信息技术服务网络化发展。在各级政府机关和事业单位推广符合安全要求的软件产品和服务。

（三十四）进一步规范集成电路产业和软件产业市场秩序，加强反垄断执法，依法打击各种垄断行为，做好经营者反垄断审查，维护集成电路产业和软件产业市场公平竞争。加强反不正当竞争执法，依法打击各类不正当竞争行为。

（三十五）充分发挥行业协会和标准化机构的作用，加快制定集成电路和软件相关标准，推广集成电路质量评价和软件开发成本度量规范。

八、国际合作政策

（三十六）深化集成电路产业和软件产业全球合作，积极为国际企业在华投资发展营造良好环境。鼓励国内高校和科研院所加强与海外高水平大学和研究机构的合作，鼓励国际企业在华建设研发中心。加强国内行业协会与国际行业组织的沟通交流，支持国内企业在境内外与国际企业开展合作，深度参与国际市场分工协作和国际标准制定。

（三十七）推动集成电路产业和软件产业“走出去”。便利国内企业在境外共建研发中心，更好利用国际创新资源提升产业发展水平。国家发展改革委、商务部等有关部门提高服务水平，为企业开展投资等合作营造良好环境。

九、附则

（三十八）凡在中国境内设立的符合条件的集成电路企业（含设计、生产、封装、测试、装备、材料企业）和软件企业，不分所有制性质，均可享受本政策。

（三十九）本政策由国家发展改革委会同财政部、税务总局、工业和信息化部、商务部、海关总署等部门负责解释。

（四十）本政策自印发之日起实施。继续实施国发〔2000〕18号、国发〔2011〕4号文件明确的政策，相关政策与本政策不一致的，以本政策为准。

关于促进非水可再生能源发电健康发展的若干意见

发布单位：财政部　国家发展和改革委员会　国家能源局
发布日期：2020 年 1 月 20 日

各省、自治区、直辖市财政厅（局）、发展改革委、物价局、能源局，新疆生产建设兵团财政局、发展改革委，国家电网有限公司、中国南方电网有限责任公司：

非水可再生能源是能源供应体系的重要组成部分，是保障能源安全的重要内容。当前，非水可再生能源发电已进入产业转型升级和技术进步的关键期，风电、光伏等可再生能源已基本具备与煤电等传统能源平价的条件。为促进非水可再生能源发电健康稳定发展，提出以下意见。

一、完善现行补贴方式

（一）以收定支，合理确定新增补贴项目规模。根据可再生能源发展规划、补助资金年度增收水平等情况，合理确定补助资金当年支持新增项目种类和规模。财政部将商有关部门公布年度新增补贴总额。国家发展改革委、国家能源局在不超过年度补贴总额范围内，合理确定各类需补贴的可再生能源发电项目新增装机规模，并及早向社会公布，引导行业稳定发展。新增海上风电和光热项目不再纳入中央财政补贴范围，按规定完成核准（备案）并于 2021 年 12 月 31 日前全部机组完成并网的存量海上风力发电和太阳能光热发电项目，按相应价格政策纳入中央财政补贴范围。

（二）充分保障政策延续性和存量项目合理收益。已按规定核准（备案）、全部机组完成并网，同时经审核纳入补贴目录的可再生能源发电项目，按合理利用小时数核定中央财政补贴额度。对于自愿转为平价项目的存量项目，财政、能源主管部门将在补贴优先兑付、新增项目规模等方面给予政策支持。价格主管部门将根据行业发展需要和成本变化情况，及时完善垃圾焚烧发电价格形成机制。

（三）全面推行绿色电力证书交易。自 2021 年 1 月 1 日起，实行配额制下的绿色电力证书交易（以下简称绿证），同时研究将燃煤发电企业优先发电权、优先保障企业煤炭进口等与绿证挂钩，持续扩大绿证市场交易规模，并通过多种市场化方式推广绿证交易。企业通过绿证交易获得收入相应替代财政补贴。

二、完善市场配置资源和补贴退坡机制

（四）持续推动陆上风电、光伏电站、工商业分布式光伏价格退坡。继续实施陆上风电、光伏电站、工商业分布式光伏等上网指导价退坡机制，合理设置退坡幅度，引导陆上风电、光伏电站、工商业分布式光伏尽快实现平价上网。

（五）积极支持户用分布式光伏发展。通过定额补贴方式，支持自然人安装使用“自发自用、余电上网”模式的户用分布式光伏设备。同时，根据行业技术进步、成本变化以及户用光伏市场情况，及时调整自然人分布式光伏发电项目定额补贴标准。

（六）通过竞争性方式配置新增项目。在年度补贴资金总额确定的情况下，进一步完善非水可再生能源发电项目的市场化配置机制，通过市场竞争的方式优先选择补贴强度低、退坡幅度大、技术水平高的项目。

三、优化补贴兑付流程

（七）简化目录制管理。国家不再发布可再生能源电价附加目录。所有可再生能源项目通过国家可再生能源信息管理平台填报电价附加申请信息。电网企业根据财政部等部门确定的原则，依照项目类型、并网时间、技术水平等条件，确定并定期向全社会公开符合补助条件的可再生能源发电项目清单，并将清单审核情况报财政部、国家发展改革委、国家能源局。此前，三部委已发文公布的 1-7 批目录内项目直接列入电网企业可再生能源发电项目补贴清单。

（八）明确补贴兑付主体责任。电网企业依法依规收购可再生能源发电量，及时兑付电价，收购电价（可再生能源发电上网电价）超出常规能源发电平均上网电价的部分，中央财政按照既定的规则与电网企业进行结算。

（九）补贴资金按年度拨付。财政部根据年度可再生能源电价附加收入预算和补助资金申请情况，将补助资金拨付到国家电网有限公司、中国南方电网有限责任公司和省级财政部门，电网企业根据补助资金收支情况，按照相关部门确定的优先顺序兑付补助资金，光伏扶贫、自然人分布式、参与绿色电力证书交易、自愿转为平价项目等项目可优先拨付资金。电网企业应切实加快兑付进度，确保资金及时拨付。

（十）鼓励金融机构按照市场化原则对列入补贴发电项目清单的企业予以支持。鼓励金融机构按照市场化原则对于符合规划并纳入补贴清单的发电项目，合理安排信贷资金规模，切实解决企业合规新能源项目融资问题。同时，鼓励金融机构加强支持力度，创新融资方式，加快推动已列入补贴清单发电项目的资产证券化进程。

四、加强组织领导

促进非水可再生能源高质量发展是推动能源战略转型、

加快生态文明建设的重要内容，各有关方面要采取有力措施，全面实施预算绩效管理，保障各项政策实施效果。各省级发改、财政、能源部门要加强对本地区非水可再生能源的管理，结合实际制定发展规划。各省级电网要按照《中华人民共和国可再生能源法》以及其他政策法规规定，通过挖掘燃煤发电机组调峰潜力、增加电网调峰电源、优化调度运行方式等，提高非水可再生能源电力消纳水平，确保全额保障性收购政策落实到位。

关于《关于促进非水可再生能源发电健康发展的若干意见》有关事项的补充通知

发布单位：财政部 国家发展和改革委员会 国家能源局

发布日期：2020年9月29日

各省、自治区、直辖市财政厅（局）、发展改革委、能源局，新疆生产建设兵团财政局、发展改革委，国家电网有限公司，中国南方电网有限责任公司：

为促进可再生能源高质量发展，2020年1月，财政部、发展改革委、国家能源局印发了《关于促进非水可再生能源发电健康发展的若干意见》（财建〔2020〕4号，以下简称4号文），明确了可再生能源电价附加补助资金（以下简称补贴资金）结算规则。为进一步明确相关政策，稳定行业预期，现将补贴资金有关事项补充通知如下：

一、项目合理利用小时数

4号文明确，按合理利用小时数核定可再生能源发电项目中央财政补贴资金额度。为确保存量项目合理收益，基于核定电价时全生命周期发电小时数等因素，现确定各类项目全生命周期合理利用小时数如下：

（一）风电一类、二类、三类、四类资源区项目全生命周期合理利用小时数分别为48000小时、44000小时、40000小时和36000小时。海上风电全生命周期合理利用小时数为52000小时。

（二）光伏发电一类、二类、三类资源区项目全生命周期合理利用小时数为32000小时、26000小时和22000小时。国家确定的光伏领跑者基地项目和2019、2020年竞价项目全生命周期合理利用小时数在所在资源区小时数基础上增加10%。

（三）生物质发电项目，包括农林生物质发电、垃圾焚烧发电和沼气发电项目，全生命周期合理利用小时数为82500小时。

二、项目补贴电量

项目全生命周期补贴电量=项目容量×项目全生命周期合理利用小时数。其中，项目容量按核准（备案）时确定的容量为准。如项目实际容量小于核准（备案）容量的，以实际容量为准。

三、补贴标准

按照《可再生能源电价附加补助资金管理办法》（财建〔2020〕5号，以下简称5号文）规定纳入可再生能源发电补贴清单范围的项目，全生命周期补贴电量内所发电量，按照上网电价给予补贴，补贴标准=（可再生能源标杆上网电价（含通过招标等竞争方式确定的上网电价）-当地燃煤发电上网基准价）/（1+适用增值税率）。

在未超过项目全生命周期合理利用小时数时，按可再生能源发电项目当年实际发电量给予补贴。

按照5号文规定纳入可再生能源发电补贴清单范围的项目，所发电量超过全生命周期补贴电量部分，不再享受中央财政补贴资金，核发绿证准许参与绿证交易。

按照5号文规定纳入可再生能源发电补贴清单范围的项目，风电、光伏发电项目自并网之日起满20年后，生物质发电项目自并网之日起满15年后，无论项目是否达到全生命周期补贴电量，不再享受中央财政补贴资金，核发绿证准许参与绿证交易。

四、加强项目核查

发展改革委、国家能源局、财政部将组织对补贴项目有关情况进行核查。其中，价格主管部门负责核查电价确定和执行等情况；电网企业负责核查项目核准（备案）和容量等情况，能源主管部门负责制定相关核查标准；财政主管部门负责核查补贴发放等情况。

电网企业应建立信息化数据平台，对接入的可再生能源发电项目装机、发电量、利用小时数等运行情况进行连续监测，对电费和补贴结算进行追踪分析，确保项目信息真实有效，符合国家制定的价格、项目和补贴管理办法。

（一）项目纳入可再生能源发电补贴清单时，项目业主应对项目实际容量进行申报。如在核查中发现申报容量与实际容量不符的，将按不符容量的2倍核减补贴资金。

（二）电网企业应按确定的项目补贴电量和补贴标准兑付补贴资金。如在核查中发现超标准拨付的情况，由电网企业自行承担。

特此通知。

可再生能源电价附加补助资金管理办法

发布单位：财政部　国家发展和改革委员会　国家能源局

发文日期：2020 年 1 月 20 日

第一条　为规范可再生能源电价附加补助资金管理，根据《中华人民共和国预算法》、《中华人民共和国可再生能源法》等，制定本办法。

第二条　可再生能源电价附加补助资金（以下简称补助资金）属于可再生能源发展基金，是国家为支持可再生能源发电、促进可再生能源发电行业稳定发展而设立的政府性基金。补助资金由可再生能源电价附加收入筹集。

第三条　按照中央政府性基金预算管理要求和程序，由财政部按照以收定支的原则编制补助资金年度收支预算。

第四条　享受补助资金的可再生能源发电项目按以下办法确定：

（一）本办法印发后需补贴的新增可再生能源发电项目（以下简称新增项目），由财政部根据补助资金年度增收水平、技术进步和行业发展等情况，合理确定补助资金当年支持的新增可再生能源发电项目补贴总额。国家发展改革委、国家能源局根据可再生能源发展规划、技术进步等情况，在不超过财政部确定的年度新增补贴总额内，合理确定各类需补贴的可再生能源发电项目新增装机规模。

（二）本办法印发前需补贴的存量可再生能源发电项目（以下简称存量项目），需符合国家能源主管部门要求，按照规模管理的需纳入年度建设规模管理范围，并按流程经电网企业审核后纳入补助项目清单。

第五条　国家发展改革委、国家能源局应按照以收定支原则，制定可再生能源发电项目分类型的管理办法，明确项目规模管理以及具体监管措施并及早向社会公布。有管理办法并且纳入国家可再生能源发电补贴规模管理范围的项目，相应给予补贴。

第六条　电网企业应按照本办法要求，定期公布、及时调整符合补助条件的可再生能源发电补助项目清单，并定期将公布情况报送财政部、国家发展改革委、国家能源局。纳入补助项目清单项目的具体条件包括：

（一）新增项目需纳入当年可再生能源发电补贴总额范围内；存量项目需符合国家能源主管部门要求，按照规模管理的需纳入年度建设规模管理范围内。

（二）按照国家有关规定已完成审批、核准或备案；符合国家可再生能源价格政策，上网电价已经价格主管部门审核批复。

（三）全部机组并网时间符合补助要求。

（四）相关审批、核准、备案和并网要件经国家可再生能源信息管理平台审核通过。

国家电网有限公司、南方电网有限责任公司分别负责公布各自经营范围内的补助项目清单；地方独立电网企业负责经营范围内的补助项目清单，报送所在地省级财政、价格、能源主管部门审核后公布。

第七条　享受补助资金的光伏扶贫项目和公共可再生能源独立电力系统项目按以下办法确定：

（一）纳入国家光伏规模管理且纳入国家扶贫目录的光伏扶贫项目，由所在地省级扶贫、能源主管部门提出申请，国务院扶贫办、国家能源局审核后报财政部、国家发展改革委确认，符合条件的项目列入光伏扶贫项目补助目录。

（二）国家投资建设或国家组织企业投资建设的公共可再生能源独立电力系统，由项目所在地省级财政、价格、能源主管部门提出申请，财政部、国家发展改革委、国家能源局审核后纳入公共独立系统补助目录。

第八条　电网企业和省级相关部门按以下办法测算补助资金需求：

（一）电网企业收购补助项目清单内项目的可再生能源发电量，按照上网电价（含通过招标等竞争方式确定的上网电价）给予补助的，补助标准=(电网企业收购价格-燃煤发电上网基准价)/(1+适用增值税率)。

（二）电网企业收购补助项目清单内项目的可再生能源发电量，按照定额补助的，补助标准=定额补助标准/（1+适用增值税率）。

（三）纳入补助目录的公共可再生能源独立电力系统，合理的运行和管理费用超出销售电价的部分，经省级相关部门审核后，据实测算补助资金，补助上限不超过每瓦每年 2 元。财政部将每两年委托第三方机构对运行和管理费用进行核实并适时调整补助上限。

（四）单个项目的补助额度按照合理利用小时数核定。

第九条　每年 3 月 30 日前，由电网企业或省级相关部门提出补助资金申请。

（一）纳入补助目录的可再生能源发电项目和光伏扶贫项目，由电网企业提出补助资金申请。其中：国家电网有限公司、南方电网有限责任公司向财政部提出申请；地方独立电网企业由所在地省级财政、价格、能源主管部门向财政部提出申请。

（二）纳入补助目录的公共可再生能源独立电力系统，由项目所在地省级财政、价格、能源主管部门向财政部提出申请。

（三）电网企业和省级相关部门提出的新增项目补助资金必须符合以收定支的原则，不得超过当年确定的新增补贴总额。

第十条　财政部根据电网企业和省级相关部门申请以及本年度可再生能源电价附加收入情况，按照以收定支的原则向电网企业和省级财政部门拨付补助资金。电网企业按以下办法兑付补助资金：

（一）当年纳入国家规模管理的新增项目足额兑付补助资金。

（二）纳入补助目录的存量项目，由电网企业依照项目类型、并网时间、技术水平和相关部门确定的原则等条件，确定目录中项目的补助资金拨付顺序并向社会公开。

光伏扶贫、自然人分布式、参与绿色电力证书交易、自愿转为平价项目等项目可优先兑付补助资金。其他存量项目由电网企业按照相同比例统一兑付。

第十一条　电网企业因收购可再生能源发电量产生的其他合理费用，以及按要求对补助资金进行核查产生的合理费用，由财政部审核后通过补助资金支持。

第十二条　各级财政部门收到补助资金后，应尽快向本级独立电网企业或公共可再生能源独立电力系统项目单位分解下达预算，并按照国库集中支付制度有关规定及时支付资金。

电网企业收到补助资金后，一般应当在 10 个工作日内，按照目录优先顺序及结算要求及时兑付给可再生能源发电企业。电网企业应按年对补助资金申请使用等情况进行全面核查，必要时可聘请独立第三方，核查结果及时报送财政部、国家发展改革委、国家能源局。国家发展改革委、国家能源局、财政部需适时对项目开展核查，核查结果将作为补贴发放的重要依据。核查结果不合格的项目，电网企业应暂停发放补贴。

光伏扶贫项目补助资金应及时兑付给县级扶贫结转账户。

第十三条　补助资金实施绩效管理。国家能源局会同国家发展改革委、财政部根据绩效管理要求确定年度绩效目标和评价要求。年度结束后，电网企业和省级能源主管部门应开展绩效自评，自评结果报国家能源局、国家发展改革委，国家能源局会同国家发展改革委汇总后将补助资金整体绩效评价结果报财政部。财政部将适时组织对补贴政策执行情况开展重点绩效评价，强化评价结果应用，根据绩效评价结果及时调整完善政策、优化预算安排。

第十四条　电网企业和可再生能源发电企业存在违反规定骗取、套取补助资金等违法违纪行为的，按照《中华人民共和国预算法》、《财政违法行为处罚处分条例》等有关规定进行处理。

第十五条　各级财政、发改、能源等部门及其工作人员在补助资金审核、分配工作中，存在违反规定分配资金、向不符合条件的单位（个人）分配资金、擅自超出规定的范围或者标准分配或使用补助资金等，以及其他滥用职权、玩忽职守、徇私舞弊等违法违纪行为的，按照《中华人民共和国预算法》、《中华人民共和国公务员法》、《中华人民共和国监察法》、《财政违法行为处罚处分条例》等有关规定进行处理。

第十六条　本办法由财政部会同相关部门按职责分工进行解释。

第十七条　本办法自印发之日起施行。2012 年 3 月 14 日印发的《可再生能源电价附加补助资金管理暂行办法》（财建〔2012〕102 号）同时废止。

清洁能源发展专项资金管理暂行办法

发布单位：财政部

发布日期：2020年6月12日

第一条　为规范和加强清洁能源发展专项资金管理，提高资金使用效益，根据《中华人民共和国预算法》、《中华人民共和国可再生能源法》等有关法律法规规定，制定本办法。

第二条　清洁能源发展专项资金（以下简称专项资金），是指通过中央一般公共预算安排，用于支持可再生能源、清洁化石能源以及化石能源清洁化利用等能源清洁开发利用的专项资金。

第三条　专项资金实行专款专用，专项管理。

第四条　专项资金实施期限为2020-2024年。到期后按照规定程序申请延续。

第五条　专项资金由财政部会同有关主管部门管理。

第六条　财政部主要职责如下：

（一）会同相关部门制订专项资金管理制度以及相关配套文件；

（二）负责编制专项资金预算，根据部门提出的资金安排建议和年度预算规模，统筹确定专项资金安排方案；

（三）及时拨付专项资金并组织实施全过程绩效管理。

第七条　国务院有关部门主要职责如下：

（一）按照有关法律规定，制订清洁能源相关行业工作方案；

（二）根据清洁能源发展实际情况，提出资金年度安排建议；

（三）组织实施清洁能源开发利用工作，负责监督检查工作执行及完成情况；

（四）按照预算绩效管理要求做好绩效管理工作。

第八条　地方财政部门和相关主管部门主要职责如下：

（一）负责本地区专项资金的分配、拨付并制定具体操作规程；

（二）组织申报专项资金，核实并提供相关材料；

（三）负责对相关工作实施、任务完成以及专项资金使用情况进行监督检查；

（四）按照预算管理绩效要求对本地区专项资金实施全过程绩效管理，强化绩效目标管理，做好绩效运行监控，开展绩效自评及项目的绩效评价，加强绩效结果应用。

第九条　专项资金支持范围包括下列事项：

（一）清洁能源重点关键技术示范推广和产业化示范；

（二）清洁能源规模化开发利用及能力建设；

（三）清洁能源公共平台建设；

（四）清洁能源综合应用示范；

（五）党中央、国务院交办的关于清洁能源发展的其他重要事项。

第十条　专项资金分配结合清洁能源相关工作性质、目标、投资成本以及能源资源综合利用水平等因素，可以采用竞争性分配、以奖代补和据实结算等方式。

采用据实结算方式的，主要采用先预拨、后清算的资金拨付方式。

第十一条　使用专项资金对“十三五”期间农村水电增效扩容改造给予奖励，采用据实结算方式，按照改造后电站装机容量（含生态改造新增）进行奖励，标准为东部700元/千瓦、中部1000元/千瓦、西部1300元/千瓦。

以河流为单元的给予奖励资金不得超过总投资（生态改造费用纳入改造总投资）的50%。

奖励资金可以由地方统筹使用。

第十二条　使用专项资金对煤层气（煤矿瓦斯）、页岩气、致密气等非常规天然气开采利用给予奖补，按照“多增多补”的原则分配。超过上年开采利用量的，按照超额程度给予梯级奖补；未达到上年开采利用量的，按照未达标程度扣减奖补资金；对取暖季生产的非常规天然气增量部分，按照“冬增冬补”原则给予奖补。

第十三条　计入奖补范围的非常规天然气开采利用量按照以下方式确定：

非常规天然气开采利用量=页岩气开采利用量+煤层气开采利用量×1.2+致密气开采利用量与2017年相比的增量部分

第十四条　非常规天然气开采利用奖补资金计算公式如下：

某地（中央企业）当年奖补气量=上年开采利用量+（当年取暖季开采利用量-上年取暖季开采利用量）×1.5+（当年开采利用量-上年开采利用量）×对应的分配系数

某地（中央企业）当年奖补气量≤0时，按0计算。

某地（中央企业）当年补助资金=当年非常规天然气奖补资金总额/全国当年奖补气量×某地（中央企业）当年奖补气量

第十五条　非常规天然气开采利用奖补资金分配系数按照以下方式确定：

（一）对超过上年产量以上部分，按照超额比例确定分配系数：

对超过上年产量0~5%（含）的，分配系数为1.25；

对超过上年产量5%~10%（含）的，分配系数为1.5；

对超过上年产量10%~20%（含）的，分配系数为1.75；

对超过上年产量20%以上的，分配系数为2。

（二）对未达到上年产量的，按照未达标比例确定分配系数：

对未达标部分为上年产量0～5%（含）的，分配系数为1.25；

对未达标部分为上年产量5%～10%（含）的，分配系数为1.5；

对未达标部分为上年产量10%～20%（含）的，分配系数为1.75；

对未达标部分为上年产量20%以上的，分配系数为2。

（三）每年取暖季（每年1-2月，11-12月）生产的非常规天然气增量部分，分配系数为1.5。

第十六条　非常规天然气开采利用奖补资金采取先预拨、后清算的方式。地方和中央企业按照有利于非常规天然气开采的原则统筹分配奖补资金，并用于非常规天然气开采利用的相关工作。

第十七条　其他符合本办法第九条的支持事项，具体资金分配办法由财政部会同有关主管部门另行确定。

第十八条　财政部会同中央有关主管部门组织地方和中央企业申请专项资金。

第十九条　各省、自治区、直辖市（以下统称各省）水利、财政部门汇总本地区农村水电增效扩容改造奖励资金申请，按照规定时间向财政部和水利部报送相关申请材料和数据，并对报送材料和数据的真实性、准确性负责。

水利部根据各省报送的材料和数据以及奖励标准，向财政部提出资金拨付建议。

财政部依据水利部提出的资金拨付建议，按照预算管理有关规定下达预算。

第二十条　地方企业向各省财政部门申请非常规天然气开采利用奖补资金，并报送相关材料和数据。各省财政部门审核报送的材料和数据，汇总企业上年实际开采量和当年预计开采量，其中上年实际开采量由财政部当地监管局签署意见后，按照规定时间一并上报财政部、国家能源局。

中央企业汇总所属企业上年实际开采量和当年预计开采量，其中上年实际开采量由财政部当地监管局签署意见后，按照规定时间上报财政部、国家能源局。

申报企业应当对报送数据的真实性、准确性负责。

国家能源局按职责分工对各省和中央企业申报数据进行审核，并将审核结果函告财政部。

财政部依据国家能源局、财政部各地监管局和申请企业提供的数据测算，按照预算管理有关规定下达预算。

第二十一条　专项资金支付应当按照国库集中支付制度有关规定执行。

涉及政府采购的，应当按照政府采购有关法律制度规定执行。

第二十二条　省级财政部门会同有关部门按照职责分工，将本年度专项资金安排使用和项目实施情况及时报财政部和中央有关主管部门备案。

第二十三条　财政部各地监管局应当按照工作职责和财政部要求，对专项资金实施监管。

第二十四条　财政部会同有关主管部门对专项资金开展全过程绩效管理，强化绩效目标管理，组织开展绩效评价，加强评价结果应用。

第二十五条　任何单位或个人不得截留、挪用专项资金。

各级财政、水利、能源等部门及其工作人员在专项资金审核、分配工作中，存在违反规定分配资金、向不符合条件的单位（个人）分配资金、擅自超出规定的范围或者标准分配或使用专项资金等，以及其他滥用职权、玩忽职守、徇私舞弊等违法违纪行为的，按照《中华人民共和国预算法》、《中华人民共和国公务员法》、《中华人民共和国监察法》、《财政违法行为处罚处分条例》等有关规定追究责任。构成犯罪的，依法追究刑事责任。

第二十六条　本办法由财政部商有关主管部门按职责分工负责解释。

第二十七条　本办法自发布之日起施行。财政部印发的《可再生能源发展专项资金管理暂行办法》（财建〔2015〕87号）、《关于〈可再生能源发展专项资金管理暂行办法〉的补充通知》（财建〔2019〕298号）同时废止。

智能汽车创新发展战略

发布单位：国家发展和改革委员会　中央网信办　科技部　工业和信息化部　公安部　财政部　自然资源部　住房城乡建设部　交通运输部　商务部　市场监管总局

发布日期：2020年2月10日

当今世界正经历百年未有之大变局，新一轮科技革命和产业变革方兴未艾，智能汽车已成为全球汽车产业发展的战略方向。为加快推进智能汽车创新发展，制定本战略。

一、发展态势

智能汽车是指通过搭载先进传感器等装置，运用人工智能等新技术，具有自动驾驶功能，逐步成为智能移动空间和应用终端的新一代汽车。智能汽车通常又称为智能网联汽车、自动驾驶汽车等。

（一）智能汽车已成为全球汽车产业发展的战略方向。

从技术层面看，汽车正由人工操控的机械产品逐步向电子信息系统控制的智能产品转变。从产业层面看，汽车与相关产业全面融合，呈现智能化、网络化、平台化发展特征。从应用层面看，汽车将由单纯的交通运输工具逐渐转变为智能移动空间和应用终端，成为新兴业态重要载体。从发展层面看，一些跨国企业率先开展产业布局，一些国家积极营造良好发展环境，智能汽车已成为汽车强国战略选择。

（二）发展智能汽车对我国具有重要的战略意义。

发展智能汽车，有利于提升产业基础能力，突破关键技术瓶颈，增强新一轮科技革命和产业变革引领能力，培育产业发展新优势；有利于加速汽车产业转型升级，培育数字经济，壮大经济增长新动能；有利于加快制造强国、科技强国、网络强国、交通强国、数字中国、智慧社会建设，增强新时代国家综合实力；有利于保障生命安全，提高交通效率，促进节能减排，增进人民福祉。

（三）我国拥有智能汽车发展的战略优势。

中国特色社会主义制度和国家治理体系能够集中力量办大事，国家制度优势显著。我国汽车产业体系完善，品牌质量逐步提升，关键技术不断突破，发展基础较为扎实。互联网、信息通信等领域涌现一批知名企业，网络通信实力雄厚。路网规模、5G通信、北斗卫星导航定位系统水平国际领先，基础设施保障有力。汽车销量位居世界首位，新型城镇化建设快速推进，市场需求前景广阔。

二、总体要求

（一）指导思想。

全面贯彻党的十九大和十九届二中、三中、四中全会精神，以习近平新时代中国特色社会主义思想为指导，牢固树立新发展理念，统筹推进“五位一体”总体布局，协调推进“四个全面”战略布局，充分发挥集中力量办大事的制度优势和超大规模的市场优势，以供给侧结构性改革为主线，以发展中国标准智能汽车为方向，以建设智能汽车强国为目标，以推动产业融合发展为途径，开创新模式，培育新业态，提升产业基础能力和产业链水平，满足人民日益增长的美好生活需要。

（二）基本原则。

统筹谋划，协同推进。强化智能汽车发展顶层设计，营造支持创新、鼓励创造、宽松包容的发展环境。加强部门协同、行业协作、上下联动，形成跨部门、跨行业、跨领域协调发展合力。

创新驱动，平台支撑。建立开源开放、资源共享合作机制，构建智能汽车自主技术体系。充分调动社会各界积极性，推动智能汽车创新发展平台建设，增强战略实施保障能力。

市场主导，跨界融合。充分发挥市场配置资源的决定性作用，激发智能汽车发展活力。打破行业分割，加强产业融合，创新产业体系、生产方式、应用模式。

开放合作，安全可控。统筹利用国内外创新要素和市场资源，构建智能汽车开放合作新格局。强化产业安全和风险防控，建立智能汽车安全管理体系，增强网络信息系统安全防护能力。

（三）战略愿景。

到2025年，中国标准智能汽车的技术创新、产业生态、基础设施、法规标准、产品监管和网络安全体系基本形成。实现有条件自动驾驶的智能汽车达到规模化生产，实现高度自动驾驶的智能汽车在特定环境下市场化应用。智能交通系统和智慧城市相关设施建设取得积极进展，车用无线通信网络（LTE-V2X等）实现区域覆盖，新一代车用无线通信网络（5G-V2X）在部分城市、高速公路逐步开展应用，高精度时空基准服务网络实现全覆盖。

展望2035到2050年，中国标准智能汽车体系全面建成、更加完善。安全、高效、绿色、文明的智能汽车强国愿景逐步实现，智能汽车充分满足人民日益增长的美好生活需要。

三、主要任务

（一）构建协同开放的智能汽车技术创新体系。

1. 突破关键基础技术。开展复杂系统体系架构、复杂环境感知、智能决策控制、人机交互及人机共驾、车路交互、网络安全等基础前瞻技术研发，重点突破新型电子电气架构、多源传感信息融合感知、新型智能终端、智能计算平台、车用无线通信网络、高精度时空基准服务和智能汽车基础地图、云控基础平台等共性交叉技术。

2. 完善测试评价技术。建立健全智能汽车测试评价体系及测试基础数据库。重点研发虚拟仿真、软硬件结合仿真、实车道路测试等技术和验证工具，以及多层级测试评价系统。推动企业、第三方技术试验及安全运行测试评价机构能力建设。

3. 开展应用示范试点。开展特定区域智能汽车测试运行及示范应用，验证车辆环境感知准确率、场景定位精度、决策控制合理性、系统容错与故障处理能力，智能汽车基础地图服务能力，“人－车－路－云”系统协同性等。推动有条件的地方开展城市级智能汽车大规模、综合性应用试点，支持优势地区创建国家车联网先导区。

（二）构建跨界融合的智能汽车产业生态体系。

4. 增强产业核心竞争力。推进车载高精度传感器、车规级芯片、智能操作系统、车载智能终端、智能计算平台等产品研发与产业化，建设智能汽车关键零部件产业集群。加快智能化系统推广应用，培育具有国际竞争力的智能汽车品牌。

5. 培育新型市场主体。整合优势资源，组建产业联合体和联盟。鼓励整车企业逐步成为智能汽车产品提供商，鼓励零部件企业逐步成为智能汽车关键系统集成供应商。鼓励人工智能、互联网等企业发展成为自动驾驶系统解决方案领军企业，鼓励信息通信等企业发展成为智能汽车数据服务商和无线通信网络运营商，鼓励交通基础设施相关企业发展成为智慧城市交通系统方案供应商。

6. 创新产业发展形态。积极培育道路智能设施、高精度时空基准服务和智能汽车基础地图、车联网、网络安全、智能出行等新业态。加强智能汽车复杂使用场景的大数据应用，重点在数据增值、出行服务、金融保险等领域，培育新商业模式。优先在封闭区域探索开展智能汽车出行服务。

7. 推动新技术转化应用。开展军民联合攻关，加快北斗卫星导航定位系统、高分辨率对地观测系统在智能汽车相关领域的应用，促进车辆电子控制、高性能芯片、激光/毫米波雷达、微机电系统、惯性导航系统等自主知识产权军用技术的转化应用，加强自动驾驶系统、云控基础平台等在国防军工领域的开发应用。

（三）构建先进完备的智能汽车基础设施体系。

8. 推进智能化道路基础设施规划建设。制定智能交通发展规划，建设智慧道路及新一代国家交通控制网。分阶段、分区域推进道路基础设施的信息化、智能化和标准化建设。结合5G商用部署，推动5G与车联网协同建设。统一通信接口和协议，推动道路基础设施、智能汽车、运营服务、交通安全管理系统、交通管理指挥系统等信息互联互通。

9. 建设广泛覆盖的车用无线通信网络。开展车用无线通信专用频谱使用许可研究，快速推进车用无线通信网络建设。统筹公众移动通信网部署，在重点地区、重点路段建立新一代车用无线通信网络，提供超低时延、超高可靠、超大带宽的无线通信和边缘计算服务。在桥梁、隧道、停车场等交通设施部署窄带物联网，建立信息数据库和多维监控设施。

10. 建设覆盖全国的车用高精度时空基准服务能力。充分利用已有北斗卫星导航定位基准站网，推动全国统一的高精度时空基准服务能力建设。加强导航系统和通信系统融合，建设多源导航平台。推动北斗通信服务和移动通信双网互通，建立车用应急系统。完善辅助北斗系统，提供快速辅助定位服务。

11. 建设覆盖全国路网的道路交通地理信息系统。开发标准统一的智能汽车基础地图，建立完善包含路网信息的地理信息系统，提供实时动态数据服务。制作并优化智能汽车基础地图信息库模型与结构。推动建立智能汽车基础地图数据和卫星遥感影像数据共享机制。构建道路交通地理信息系统快速动态更新和在线服务体系。

12. 建设国家智能汽车大数据云控基础平台。充分利用现有设施和数据资源，统筹建设智能汽车大数据云控基础平台。重点开发建设逻辑协同、物理分散的云计算中心，标准统一、开放共享的基础数据中心，风险可控、安全可靠的云控基础软件，逐步实现车辆、基础设施、交通环境等领域的基础数据融合应用。

（四）构建系统完善的智能汽车法规标准体系。

13. 健全法律法规。开展智能汽车“机器驾驶人”认定、责任确认、网络安全、数据管理等法律问题及伦理规范研究，明确相关主体的法律权利、义务和责任等。推动出台规范智能汽车测试、准入、使用、监管等方面的法律法规规范，促进《道路交通安全法》等法律法规修订完善。完善测绘地理信息法律法规。

14. 完善技术标准。构建智能汽车中国标准体系。重点制定车载关键系统、智能汽车基础地图、云控基础平台、安全防护、智能化基础设施等技术标准和规范，以及“人-车-路-云”系统协同的车用无线通信技术标准和设备接口规范。建立智能汽车等级划分及评估准则，制定智能汽车产品认证、运行安全、自动驾驶能力测试标准，完善仿真场景、封闭场地、半开放场地、公共道路测试方法。制定人机控制转换、车路交互、车车交互及事件记录、车辆事故产品缺陷调查等标准。

15. 推动认证认可。建立健全企业自评估、报备和第三方技术检验相结合的认证认可机制，构建覆盖智能汽车全生命周期的综合认证服务体系。开展关键软硬件功能性、可靠性、安全性认证，制定面向不同等级智能汽车的认证规范及规则。推动测试示范区评价能力和体系建设。

（五）构建科学规范的智能汽车产品监管体系。

16. 加强车辆产品管理。完善智能汽车生产、准入、销售、检验、登记、召回等管理规定。研究制定智能汽车相关产品安全审核和管理办法。加强智能汽车产品研发、生产制造、进出口等监管，构建质量安全、功能安全防控体系，明确安全责任主体，完善智能汽车道路交通违法违规行为取证和处置、安全事故追溯和责任追究相关规定。明确车用无线通信设备型号核准和进网许可办理流程。完善智能汽车场地测试标准和管理办法，加强公共道路测试审核和监管，推进运行安全和自动驾驶能力测试基地建设。

17. 加强车辆使用管理。颁布智能汽车标识管理办法，强化智能汽车的身份认证、实时跟踪和事件溯源。建立公开透明的智能汽车监管和事故报告机制，完善多方联动、信息共享、实时精准的运行监管体系。加强道路基础设施领域联网通信设备进网许可管理。制定智能汽车软硬件升级更新、售后服务、质量担保、金融保险等领域管理规定，积极推进智能汽车商业化应用。

（六）构建全面高效的智能汽车网络安全体系。

18. 完善安全管理联动机制。严格落实国家网络安全法律法规和等级保护，完善智能汽车网络安全管理制度，建立覆盖汽车制造企业、电子零部件供应商、网络运营商、服务提供商等产业链关键环节的安全责任体系，建立风险评估、等级测评、监测预警、应急响应等机制，定期开展网络安全监督检查。

19. 提升网络安全防护能力。搭建多层纵深防御、软硬件结合的安全防护体系，加强车载芯片、操作系统、应用软件等安全可靠性设计，开展车载信息系统、服务平台及关键电子零部件安全检测，强化远程软件更新、监控服务等安全管理。实施统一身份权限认证管理。建立北斗系统抗干扰和防欺骗安全防护体系。按照国家网络安全等级保护相关标准规范，建设智能汽车网络安全态势感知平台，提升应急处置能力。

20. 加强数据安全监督管理。建立覆盖智能汽车数据全生命周期的安全管理机制，明确相关主体的数据安全保护责任和具体要求。实行重要数据分类分级管理，确保用户信息、车辆信息、测绘地理信息等数据安全可控。完善数据安全管理制度，加强监督检查，开展数据风险、数据出境安全等评估。

四、保障措施

（一）加强组织实施。

贯彻落实党中央、国务院决策部署，加强统筹协调，推进智能汽车创新发展重大政策、重大任务、重大工程实施，及时解决重大问题。充分发挥国家制造强国建设领导小组车联网产业发展专项委员会等工作机制作用，按照部门职责，落实工作任务，形成发展合力。培育智能汽车创新发展平台等新型市场主体，推动落实战略确定的各项任务。组织相关领域知名专家学者和机构开展咨询服务，加强智力保障。

（二）完善扶持政策。

研究制定相关管理标准和规则，出台促进道路交通自动驾驶发展的政策，引导企业规范有序参与智能汽车发展。利用多种资金渠道，支持智能汽车基础共性关键技术研发和产业化、智能交通及智慧城市基础设施重大工程建设等。强化税收金融政策引导，对符合条件的企业按现行税收政策规定享受企业所得税税前加计扣除优惠，落实中小企业和初创企业的财税优惠政策。利用金融租赁等政策工具，重点扶持新业态、新模式发展。

（三）强化人才保障。

建立重大项目与人才引进联动机制，加大国际领军人才和骨干人才引进力度。推动汽车与信息通信、互联网等领域人才交流，加快培养复合型专家和科技带头人。深化产教融合，鼓励企业与高等院校合作开设相关专业，协同培养创新型中青年科技人才、工程技术人才、高级技工和管理人才。

（四）深化国际合作。

鼓励国内外企业加强产业合作，联合开展基础研究、技术开发和市场化应用。支持国内企业加快国际市场布局，增强海外研发能力。鼓励外资企业积极参与智能汽车产业发展。充分利用多双边合作和高层对话机制，搭建国际产业合作平台。深度参与国际标准、区域标准制定与协调，加强认证认可结果国际互认和采信。积极开展智能汽车法律法规国际交流合作。

（五）优化发展环境。

加强产业投资引导，鼓励社会资本重点投向智能汽车关键技术研发等领域，严禁以发展智能汽车为名，新建或扩大汽车整车生产能力。加大质量、安全、环保、反不正当竞争等监管执法力度，规范智能汽车市场秩序。加强知识产权保护，健全技术创新专利保护与标准化互动支撑机制。完善智能汽车领域信用规范，营造诚实守信市场环境。加强智能汽车科普宣传和舆论引导，提高社会认知度。

关于废止《集成电路设计企业认定管理办法》的通知

发布单位：工业和信息化部　国家发展和改革委员会　财政部　国家税务总局

发布日期：2020 年 1 月 20 日

按照党中央、国务院深化“放管服”改革部署，为深入推进行政审批制度改革，工业和信息化部、发展改革委、财政部、税务总局决定废止《集成电路设计企业认定管理办法》（工信部联电子〔2013〕487 号）。

特此通知。

附件：关于废止《集成电路设计企业认定管理办法》的通知

工业和信息化部
国家发展和改革委员会
财　　　政　　　部
国家税务总局
文件

工信部联电子〔2020〕28 号

工业和信息化部 国家发展和改革委员会 财政部 国家税务总局关于废止《集成电路设计企业认定管理办法》的通知

各省、自治区、直辖市及计划单列市工业和信息化主管部门、发展改革委、财政厅（局）、税务局，新疆生产建设兵团工业和信息化局、发展改革委、财政局：

按照党中央、国务院深化“放管服”改革部署，为深入推进行政审批制度改革，工业和信息化部、发展改革委、财政部、税务总局决定废止《集成电路设计企业认定管理办法》（工信部联电子〔2013〕487 号）。

特此通知。

— 1 —

工业和信息化部　国家发展和改革委员会　财政部　国家税务总局

2020 年 1 月 20 日

信息公开属性：依申请公开

抄送：工业和信息化部办公厅、政策法规司。

工业和信息化部办公厅　　2020 年 2 月 25 日印发

— 2 —

第二篇　宏观经济及相关行业运行情况

中华人民共和国
2020 年国民经济和社会发展统计公报（节选）

中华人民共和国国家统计局
2021 年 2 月 28 日

2020 年是新中国历史上极不平凡的一年。面对严峻复杂的国际形势、艰巨繁重的国内改革发展稳定任务特别是新冠肺炎疫情的严重冲击，以习近平同志为核心的党中央统揽全局，保持战略定力，准确判断形势，精心谋划部署，果断采取行动，付出艰苦努力，及时作出统筹疫情防控和经济社会发展的重大决策。各地区各部门坚持以习近平新时代中国特色社会主义思想为指导，全面贯彻党的十九大和十九届二中、三中、四中、五中全会精神，按照党中央、国务院决策部署，沉着冷静应对风险挑战，坚持高质量发展方向不动摇，统筹疫情防控和经济社会发展，扎实做好“六稳”工作，全面落实“六保”任务，我国经济运行逐季改善、逐步恢复常态，在全球主要经济体中唯一实现经济正增长，脱贫攻坚战取得全面胜利，决胜全面建成小康社会取得决定性成就，交出一份人民满意、世界瞩目、可以载入史册的答卷。

一、综合

初步核算，全年国内生产总值 1015986 亿元，比上年增长 2.3%。其中，第一产业增加值 77754 亿元，增长 3.0%；第二产业增加值 384255 亿元，增长 2.6%；第三产业增加值 553977 亿元，增长 2.1%。第一产业增加值占国内生产总值比重为 7.7%，第二产业增加值比重为 37.8%，第三产业增加值比重为 54.5%。全年最终消费支出拉动国内生产总值下降 0.5 个百分点，资本形成总额拉动国内生产总值增长 2.2 个百分点，货物和服务净出口拉动国内生产总值增长 0.7 个百分点。分季度看，一季度国内生产总值同比下降 6.8%，二季度增长 3.2%，三季度增长 4.9%，四季度增长 6.5%。预计全年人均国内生产总值 72447 元，比上年增长 2.0%。国民总收入 1009151 亿元，比上年增长

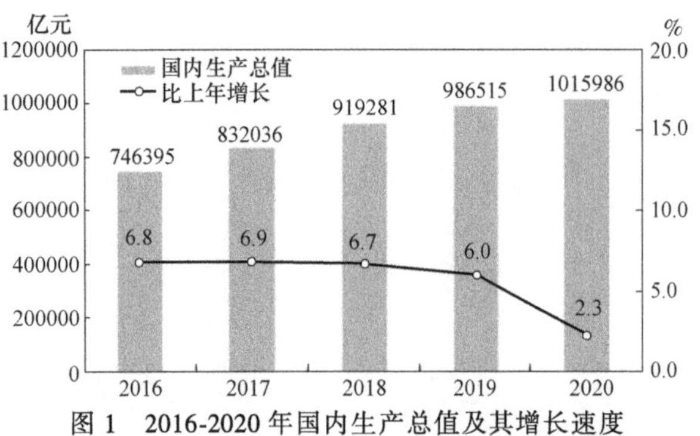

图 1 2016-2020 年国内生产总值及其增长速度

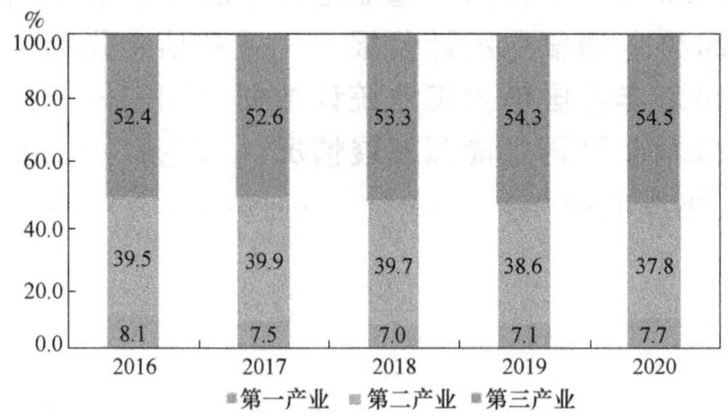

图 2 2016-2020 年三次产业增加值占国内生产总值比重

1.9%。全国万元国内生产总值能耗比上年下降 0.1%。预计全员劳动生产率为 117746 元/人，比上年提高 2.5%。

全年居民消费价格比上年上涨 2.5%。工业生产者出厂价格下降 1.8%。工业生产者购进价格下降 2.3%。农产品生产者价格上涨 15.0%。12 月份，70 个大中城市新建商品住宅销售价格同比上涨的城市个数为 60 个，下降的为 10 个。

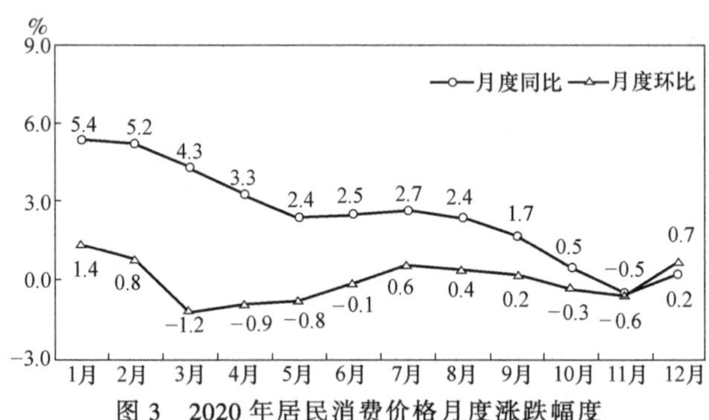

图 3 2020 年居民消费价格月度涨跌幅度

表 1 2020 年居民消费价格比上年涨跌幅度

单位：%

指标	全国	城市	农村
居民消费价格	2.5	2.3	3.0
其中：食品烟酒	8.3	7.8	9.6
衣着	-0.2	-0.2	-0.3
居住	-0.4	-0.4	-0.5
生活用品及服务	0.0	0.1	-0.1
交通和通信	-3.5	-3.6	-3.2
教育文化和娱乐	1.3	1.4	1.1
医疗保健	1.8	1.7	2.0
其他用品和服务	4.3	4.4	4.1

新产业新业态新模式逆势成长。全年规模以上工业中，高技术制造业增加值比上年增长 7.1%，占规模以上工业增加值的比重为 15.1%；装备制造业增加值增长 6.6%，占规模以上工业增加值的比重为 33.7%。全年规模以上服务业中，战略性新兴服务业企业营业收入比上年增长 8.3%。全年高技术产业投资比上年增长 10.6%。全年新能源汽车产量 145.6 万辆，比上年增长 17.3%；集成电路产量 2614.7 亿块，增长 29.6%。全年网上零售额 117601 亿元，按可比口径计算，比上年增长 10.9%。全年新登记市场主体 2502 万户，日均新登记企业 2.2 万户，年末市场主体总数达 1.4 亿户。

城乡区域协调发展稳步推进。年末常住人口城镇化率超过 60%。分区域看，全年东部地区生产总值 525752 亿元，比上年增长 2.9%；中部地区生产总值 222246 亿元，增长 1.3%；西部地区生产总值 213292 亿元，增长 3.3%；东北地区生产总值 51125 亿元，增长 1.1%。全年京津冀地区生产总值 86393 亿元，比上年增长 2.4%；长江经济带地区生产总值 471580 亿元，增长 2.7%；长江三角洲地区生产总值 244714 亿元，增长 3.3%。粤港澳大湾区建设、黄河流域生态保护和高质量发展等区域重大战略深入实施。

三、工业和建筑业

全年全部工业增加值 313071 亿元，比上年增长 2.4%。规模以上工业增加值增长 2.8%。在规模以上工业中，分经济类型看，国有控股企业增加值增长 2.2%；股份制企业增长 3.0%，外商及港澳台商投资企业增长 2.4%；私营企业增长 3.7%。分门类看，采矿业增长 0.5%，制造业增长 3.4%，电力、热力、燃气及水生产和供应业增长 2.0%。

图 4　2016-2020 年全部工业增加值及其增长速度

全年规模以上工业中，农副食品加工业增加值比上年下降 1.5%，纺织业增长 0.7%，化学原料和化学制品制造业增长 3.4%，非金属矿物制品业增长 2.8%，黑色金属冶炼和压延加工业增长 6.7%，通用设备制造业增长 5.1%，专用设备制造业增长 6.3%，汽车制造业增长 6.6%，电气机械和器材制造业增长 8.9%，计算机、通信和其他电子设备制造业增长 7.7%，电力、热力生产和供应业增长 1.9%。

表 2　2020 年主要工业产品产量及其增长速度

产品名称	单位	产量	比上年增长(%)
纱	万吨	2618.3	-7.4
布	亿米	460.3	-17.1
化学纤维	万吨	6126.5	4.1
成品糖	万吨	1431.3	3.0
卷烟	亿支	23863.7	0.9
彩色电视机	万台	19626.2	3.3
其中:液晶电视机	万台	19247.2	3.0
家用电冰箱	万台	9014.7	14.0
房间空气调节器	万台	21035.3	-3.8
一次能源生产总量	亿吨标准煤	40.8	2.8
原煤	亿吨	39.0	1.4
原油	万吨	19476.9	1.6
天然气	亿立方米	1925.0	9.8
发电量	亿千瓦小时	77790.6	3.7
其中:火电	亿千瓦小时	53302.5	2.1
水电	亿千瓦小时	13552.1	3.9
核电	亿千瓦小时	3662.5	5.1
粗钢	万吨	106476.7	7.0
钢材	万吨	132489.2	10.0
十种有色金属	万吨	6188.4	5.5
其中:精炼铜(电解铜)	万吨	1002.5	2.5
原铝(电解铝)	万吨	3708.0	5.6
水泥	亿吨	24.0	2.5
硫酸(折 100%)	万吨	9238.2	1.3

（续）

产品名称	单位	产量	比上年增长（%）
烧碱（折 100%）	万吨	3673.9	6.2
乙烯	万吨	2160.0	5.2
化肥（折 100%）	万吨	5496.0	-4.1
发电机组（发电设备）	万千瓦	13226.2	38.3
汽车	万辆	2532.5	-1.4
其中：基本型乘用车（轿车）	万辆	923.9	-10.2
运动型多用途乘用车（SUV）	万辆	905.0	2.6
大中型拖拉机	万台	34.6	23.0
集成电路	亿块	2614.7	29.6
程控交换机	万线	702.5	-11.1
移动通信手持机	万台	146961.8	-13.3
微型计算机设备	万台	37800.4	10.6
工业机器人	万台（套）	21.2	20.7

年末全国发电装机容量 220058 万千瓦，比上年末增长 9.5%。其中，火电装机容量 124517 万千瓦，增长 4.7%；水电装机容量 37016 万千瓦，增长 3.4%；核电装机容量 4989 万千瓦，增长 2.4%；并网风电装机容量 28153 万千瓦，增长 34.6%；并网太阳能发电装机容量 25343 万千瓦，增长 24.1%。

全年规模以上工业企业利润 64516 亿元，比上年增长 4.1%。分经济类型看，国有控股企业利润 14861 亿元，比上年下降 2.9%；股份制企业 45445 亿元，增长 3.4%，外商及中国港澳台商投资企业 18234 亿元，增长 7.0%；私营企业 20262 亿元，增长 3.1%。分门类看，采矿业利润 3553 亿元，比上年下降 31.5%；制造业 55795 亿元，增长 7.6%；电力、热力、燃气及水生产和供应业 5168 亿元，增长 4.9%。全年规模以上工业企业每百元营业收入中的成本为 83.89 元，比上年减少 0.11 元；营业收入利润率为 6.08%，提高 0.20 个百分点。年末规模以上工业企业资产负债率为 56.1%，比上年末下降 0.3 个百分点。全年全国工业产能利用率为 74.5%，其中一、二、三、四季度分别为 67.3%、74.4%、76.7%、78.0%。

五、国内贸易

全年社会消费品零售总额 391981 亿元，比上年下降 3.9%。按经营地统计，城镇消费品零售额 339119 亿元，下降 4.0%；乡村消费品零售额 52862 亿元，下降 3.2%。按消费类型统计，商品零售额 352453 亿元，下降 2.3%；餐饮收入额 39527 亿元，下降 16.6%。

全年限额以上单位商品零售额中，粮油、食品类零售额比上年增长 9.9%，饮料类增长 14.0%，烟酒类增长 5.4%，服装、鞋帽、针纺织品类下降 6.6%，化妆品类增长 9.5%，金银珠宝类下降 4.7%，日用品类增长 7.5%，家用电器和音像器材类下降 3.8%，中西药品类增长 7.8%，文化办公用品类增长 5.8%，家具类下降 7.0%，通信器材类增长 12.9%，建筑及装潢材料类下降 2.8%，石油及制品类下降 14.5%，汽车类下降 1.8%。

全年实物商品网上零售额 97590 亿元，按可比口径计算，比上年增长 14.8%，占社会消费品零售总额的比重为 24.9%，比上年提高 4.0 个百分点。

图 5　2016-2020 年社会消费品零售总额

六、固定资产投资

全年全社会固定资产投资 527270 亿元，比上年增长 2.7%。其中，固定资产投资（不含农户）518907 亿元，增长 2.9%。分区域看，东部地区投资比上年增长 3.8%，中部地区投资增长 0.7%，西部地区投资增长 4.4%，东北地区投资增长 4.3%。

在固定资产投资（不含农户）中，第一产业投资 13302 亿元，比上年增长 19.5%；第二产业投资 149154 亿元，增长 0.1%；第三产业投资 356451 亿元，增长 3.6%。民间固定资产投资 289264 亿元，增长 1.0%。基础设施投资增长 0.9%。

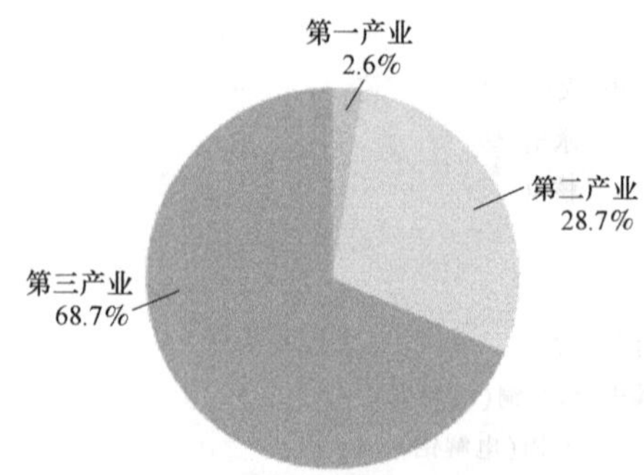

图 6　2020 年三次产业投资占固定资产投资（不含农户）比重

表 3　2020 年分行业固定资产投资（不含农户）增长速度

行业	比上年增长(%)	行业	比上年增长(%)
总计	2.9	金融业	-13.3
农、林、牧、渔业	19.1	房地产业	5.0
采矿业	-14.1	租赁和商务服务业	5.0
制造业	-2.2	科学研究和技术服务业	3.4
电力、热力、燃气及水生产和供应业	17.6	水利、环境和公共设施管理业	0.2
建筑业	9.2	居民服务、修理和其他服务业	-2.9
批发和零售业	-21.5	教育	12.3
交通运输、仓储和邮政业	1.4	卫生和社会工作	26.8
住宿和餐饮业	-5.5	文化、体育和娱乐业	1.0
信息传输、软件和信息技术服务业	18.7	公共管理、社会保障和社会组织	-6.4

表 4　2020 年固定资产投资新增主要生产与运营能力

指标	单位	绝对数
新增 220 千伏及以上变电设备	万千伏安	22288
新建铁路投产里程	公里	4933
其中：高速铁路	公里	2521
增、新建铁路复线投产里程	公里	3380
电气化铁路投产里程	公里	5480
新改建高速公路里程	公里	12713
港口万吨级码头泊位新增通过能力	万吨/年	30562
新增民用运输机场	个	3
新增光缆线路长度	万公里	428

七、对外经济

全年货物进出口总额 321557 亿元，比上年增长 1.9%。其中，出口 179326 亿元，增长 4.0%；进口 142231 亿元，下降 0.7%。货物进出口顺差 37096 亿元，比上年增加 7976 亿元。对“一带一路”沿线国家进出口总额 93696 亿元，比上年增长 1.0%。其中，出口 54263 亿元，增长 3.2%；进口 39433 亿元，下降 1.8%。

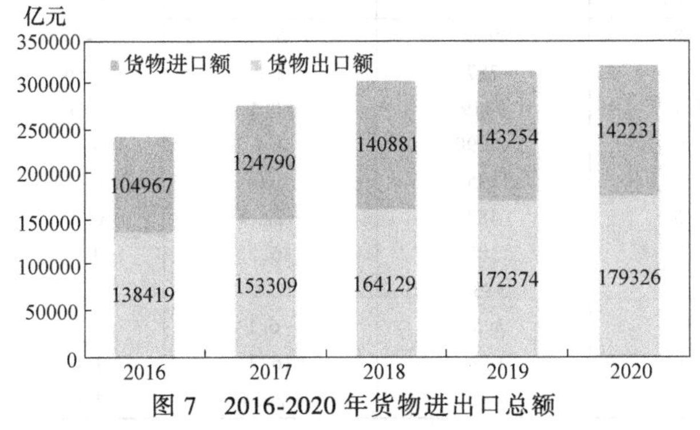

图 7　2016-2020 年货物进出口总额

表 5　2020 年货物进出口总额及其增长速度

指标	金额(亿元)	比上年增长(%)
货物进出口总额	321557	1.9
货物出口额	179326	4.0
其中：一般贸易	106460	6.9
加工贸易	48589	-4.2
其中：机电产品	106608	6.0
高新技术产品	53692	6.5
货物进口额	142231	-0.7
其中：一般贸易	86048	-0.7
加工贸易	27853	-3.2
其中：机电产品	65625	4.8
高新技术产品	47160	7.2
货物进出口顺差	37096	—

表 6　2020 年主要商品出口数量、金额及其增长速度

商品名称	单位	数量	比上年增长(%)	金额(亿元)	比上年增长(%)
钢材	万吨	5367	-16.5	3151	-14.8
纺织纱线、织物及制品	—	—	—	10695	30.4
服装及衣着附件	—	—	—	9520	-6.0
鞋靴	万双	740137	-22.4	2454	-20.9
家具及其零件	—	—	—	4039	12.2

（续）

商品名称	单位	数量	比上年增长（%）	金额（亿元）	比上年增长（%）
箱包及类似容器	万吨	201	-34.7	1429	-23.9
玩具	—	—	—	2317	7.7
塑料制品	—	—	—	5902	20.0
集成电路	亿个	2598	18.8	8056	15.0
自动数据处理设备及其零部件	—	—	—	14599	12.0
手机	万台	96640	-2.8	8647	0.4
集装箱	万个	198	-17.9	508	10.5
液晶显示板	万个	126747	-15.9	1370	-7.1
汽车（包括底盘）	万辆	108	-13.2	1090	-3.2

表7　2020年主要商品进口数量、金额及其增长速度

商品名称	单位	数量	比上年增长（%）	金额（亿元）	比上年增长（%）
大豆	万吨	10033	13.3	2743	12.5
食用植物油	万吨	983	3.1	515	17.7
铁矿砂及其精矿	万吨	117010	9.5	8229	17.8
煤及褐煤	万吨	30399	1.5	1411	-12.1
原油	万吨	54239	7.3	12218	-26.8
成品油	万吨	2835	-7.2	818	-30.4
天然气	万吨	10166	5.3	2315	-19.4
初级形状的塑料	万吨	4063	10.1	3628	-1.2
纸浆	万吨	3063	12.7	1088	-7.6
钢材	万吨	2023	64.4	1165	19.8
未锻轧铜及铜材	万吨	668	34.1	2988	33.4
集成电路	亿个	5435	22.1	24207	14.8
汽车（包括底盘）	万辆	93	-11.4	3242	-3.5

表8　2020年对主要国家和地区货物进出口金额、增长速度及其比重

国家和地区	出口额（亿元）	比上年增长（%）	占全部出口比重（%）	进口额（亿元）	比上年增长（%）	占全部进口比重（%）
东盟	26550	7.0	14.8	20807	6.9	14.6
欧盟	27084	7.2	15.1	17874	2.6	12.6
美国	31279	8.4	17.4	9319	10.1	6.6
日本	9883	0.1	5.5	12090	2.1	8.5
韩国	7787	1.8	4.3	11957	0.0	8.4
中国香港	18830	-2.2	10.5	482	-22.9	0.3
中国台湾	4163	9.5	2.3	13873	16.2	9.8
巴西	2417	-1.5	1.3	5834	5.8	4.1
俄罗斯	3506	2.1	2.0	3960	-6.1	2.8
印度	4613	-10.5	2.6	1445	16.7	1.0
南非	1055	-7.5	0.6	1422	-20.4	1.0

全年服务进出口总额45643亿元，比上年下降15.7%。其中，服务出口19357亿元，下降1.1%；服务进口26286亿元，下降24.0%。服务进出口逆差6929亿元。

全年外商直接投资（不含银行、证券、保险领域）新设立企业38570家，比上年下降5.7%。实际使用外商直接投资金额10000亿元，增长6.2%，折1444亿美元，增长4.5%。其中“一带一路”沿线国家对华直接投资（含通过部分自由港对华投资）新设立企业4294家，下降23.2%；对华直接投资金额574亿元，下降0.3%，折83亿美元，下降1.8%。全年高技术产业实际使用外资2963亿元，增长11.4%，折428亿美元，增长9.5%。

全年对外非金融类直接投资额7598亿元，比上年下降0.4%，折1102亿美元，下降0.4%。其中，对“一带一路”沿线国家非金融类直接投资额178亿美元，增长18.3%。

表 9 2020 年外商直接投资（不含银行、证券、保险领域）及其增长速度

行业	企业数（家）	比上年增长（%）	实际使用金额（亿元）	比上年增长（%）
总计	38570	-5.7	10000	6.2
其中：农、林、牧、渔业	493	-0.4	40	4.9
制造业	3732	-30.8	2156	-10.8
电力、热力、燃气及水生产和供应业	260	-11.9	217	-9.4
交通运输、仓储和邮政业	592	0.2	347	12.1
信息传输、软件和信息技术服务业	3521	-18.0	1133	13.3
批发和零售业	10812	-21.9	819	33.3
房地产业	1190	13.3	1407	-12.5
租赁和商务服务业	7513	30.1	1838	22.6
居民服务、修理和其他服务业	447	23.8	21	-42.4

表 10 2020 年对外非金融类直接投资额及其增长速度

行业	金额（亿美元）	比上年增长（%）
总计	1101.5	-0.4
其中：农、林、牧、渔业	13.9	-9.7
采矿业	50.9	-32.3
制造业	199.7	-0.5
电力、热力、燃气及水生产和供应业	27.8	10.3
建筑业	51.6	-39.4
批发和零售业	160.7	27.8
交通运输、仓储和邮政业	26.5	-52.3
信息传输、软件和信息技术服务业	67.1	9.6
房地产业	27.3	-43.4
租赁和商务服务业	417.9	17.5

全年对外承包工程完成营业额 10756 亿元，比上年下降 9.8%，折 1559 亿美元，下降 9.8%。其中，对“一带一路”沿线国家完成营业额 911 亿美元，下降 7.0%，占对外承包工程完成营业额比重为 58.4%。对外劳务合作派出各类劳务人员 30 万人。

九、居民收入消费和社会保障

全年全国居民人均可支配收入 32189 元，比上年增长 4.7%，扣除价格因素，实际增长 2.1%。全国居民人均可支配收入中位数 27540 元，增长 3.8%。按常住地分，城镇居民人均可支配收入 43834 元，比上年增长 3.5%，扣除价格因素，实际增长 1.2%。城镇居民人均可支配收入中位数 40378 元，增长 2.9%。农村居民人均可支配收入 17131 元，比上年增长 6.9%，扣除价格因素，实际增长 3.8%。农村居民人均可支配收入中位数 15204 元，增长 5.7%。城乡居民人均可支配收入比值为 2.56，比上年缩小 0.08。按全国居民五等份收入分组，低收入组人均可支配收入 7869 元，中间偏下收入组人均可支配收入 16443 元，中间收入组人均可支配收入 26249 元，中间偏上收入组人均可支配收入 41172 元，高收入组人均可支配收入 80294 元。全国农民工人均月收入 4072 元，比上年增长 2.8%。

全年全国居民人均消费支出 21210 元，比上年下降 1.6%，扣除价格因素，实际下降 4.0%。其中，人均服务性消费支出 9037 元，比上年下降 8.6%，占居民人均消费支出的比重为 42.6%。按常住地分，城镇居民人均消费支出 27007 元，下降 3.8%，扣除价格因素，实际下降 6.0%；农村居民人均消费支出 13713 元，增长 2.9%，扣除价格因素，实际下降 0.1%。全国居民恩格尔系数为 30.2%，其中城镇为 29.2%，农村为 32.7%。

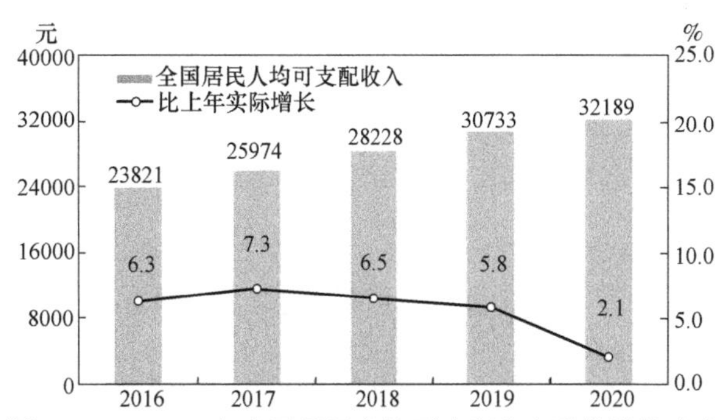

图 8 2016-2020 年全国居民人均可支配收入及其增长速度

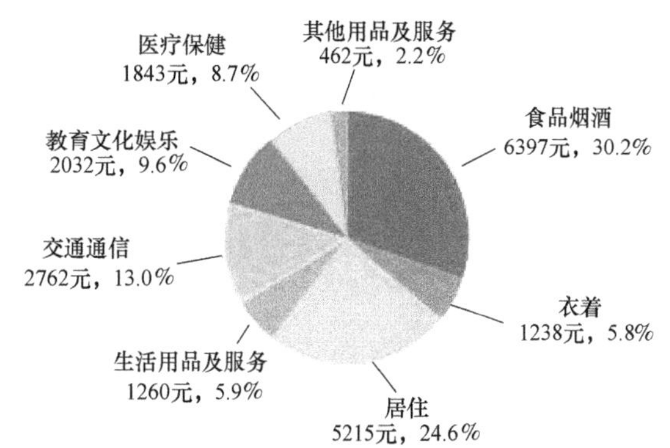

图 9 2020 年全国居民人均消费支出及其构成

十二、资源、环境和应急管理

初步核算，全年能源消费总量 49.8 亿吨标准煤，比上年增长 2.2%。煤炭消费量增长 0.6%，原油消费量增长 3.3%，天然气消费量增长 7.2%，电力消费量增长 3.1%。煤炭消费量占能源消费总量的 56.8%，比上年下降 0.9 个百分点；天然气、水电、核电、风电等清洁能源消费量占能源消费总量的 24.3%，上升 1.0 个百分点。重点耗能工业企业单位电石综合能耗下降 2.1%，单位合成氨综合能耗上升 0.3%，吨钢综合能耗下降 0.3%，单位电解铝综合能耗下降 1.0%，每千瓦时火力发电标准煤耗下降 0.6%。全国万元国内生产总值二氧化碳排放下降 1.0%。

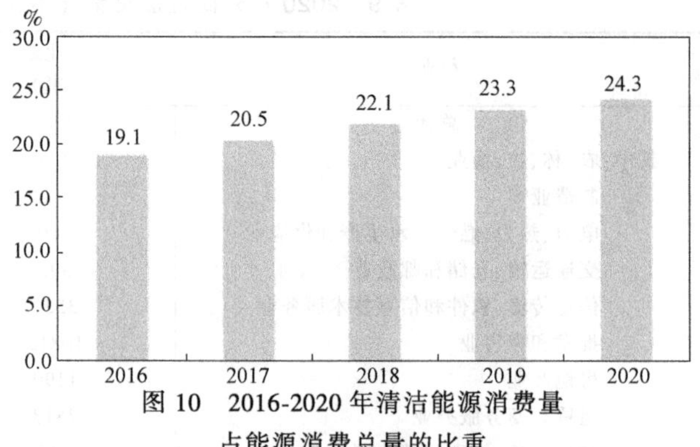

图 10 2016-2020 年清洁能源消费量占能源消费总量的比重

2020年电子信息制造业运行情况

来源：工业和信息化部

一、总体情况

2020年，规模以上电子信息制造业增加值同比增长7.7%，增速比上年回落1.6个百分点。12月份，规模以上电子信息制造业增加值同比增长11.4%，增速比上年回落0.2个百分点。

2020年，规模以上电子信息制造业出口交货值同比增长6.4%，增速比上年加快4.7个百分点。12月，规模以上电子信息制造业出口交货值同比增长17.3%，增速比上年加快15.4个百分点。

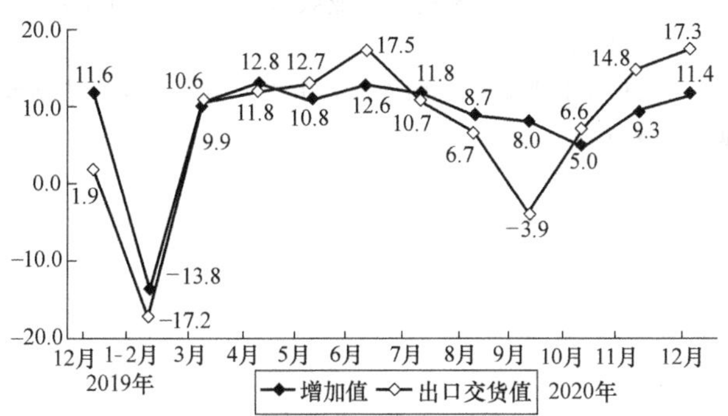

图1　2019年12月以来电子信息制造业增加值和出口交货值分月增速（%）

2020年，规模以上电子信息制造业实现营业收入同比增长8.3%，增速同比提高3.8个百分点；利润总额同比增长17.2%，增速同比提高14.1个百分点。营业收入利润率为4.89%，营业成本同比增长8.1%。12月末，全行业应收票据及应收账款同比增长11.8%。

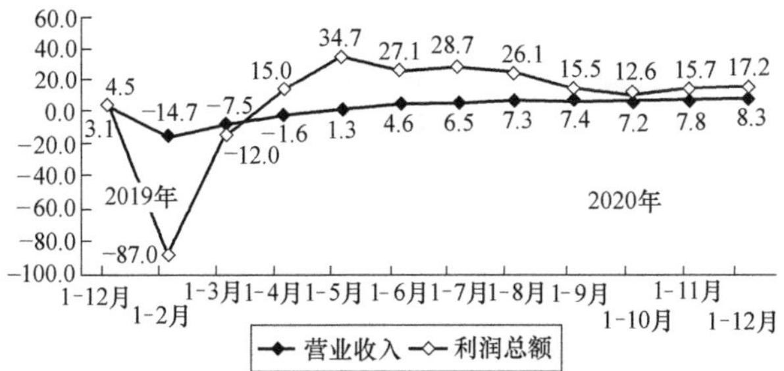

图2　2019年1-12月以来电子信息制造业营业收入、利润增速变动情况（%）

2020年，电子信息制造业生产者出厂价格同比下降1.5%。12月，电子信息制造业生产者出厂价格同比下降2.0%，降幅比上月扩大0.1个百分点。

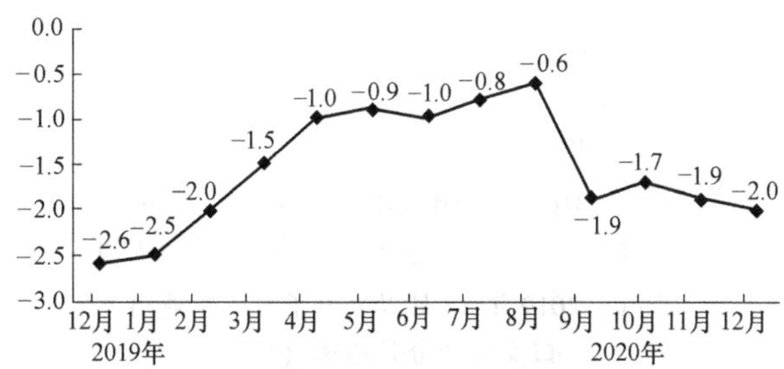

图3　2019年12月以来电子信息制造业PPI分月增速（%）

2020年，电子信息制造业固定资产投资同比增长12.5%，增速同比降低4.3个百分点，比上半年加快3.1个百分点。

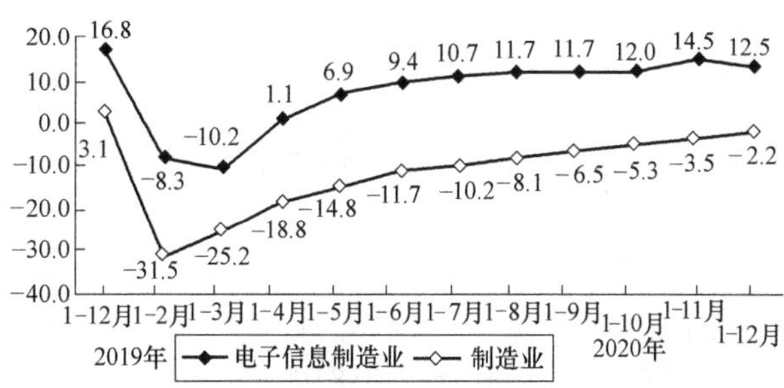

图4　2019年12月以来电子信息制造业固定资产投资增速变动情况（%）

二、主要分行业情况

（一）通信设备制造业

12月，通信设备制造业出口交货值同比增长13.7%。主要产品中，手机产量同比下降2.6%，其中智能手机产量同比增长6.2%。

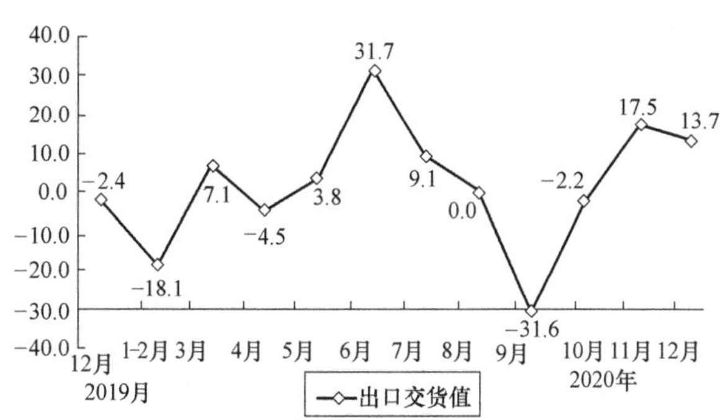

图5　2019年12月以来通信设备制造业出口交货值分月增速（%）

2020年，通信设备制造业营业收入同比增长4.7%，利润同比增长1.0%。

（二）电子元件及电子专用材料制造业

12月，电子元件及电子专用材料制造业出口交货值同比增长22.8%。主要产品中，电子元件产量同比增长37.1%。

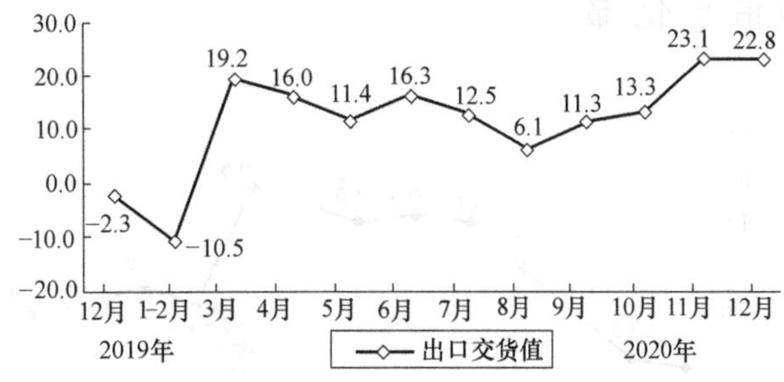

图6　2019年12月以来电子元件行业出口交货值分月增速（%）

2020年，电子元件及电子专用材料制造业营业收入同比增长11.3%，利润同比增长5.9%。

（三）电子器件制造业

12月，电子器件制造业出口交货值同比增长14.1%。主要产品中，集成电路产量同比增长20.8%。

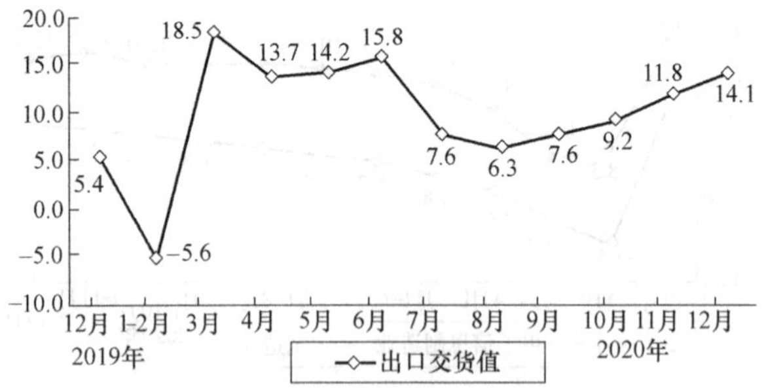

图7　2019年12月以来电子器件行业出口交货值分月增速（%）

2020年，电子器件制造业营业收入同比增长8.9%，利润同比增长63.5%。

（四）计算机制造业

12月，计算机制造业出口交货值同比增长18.1%。主要产品中，微型计算机设备产量同比增长42.3%；其中，笔记本电脑产量同比增长68.6%。

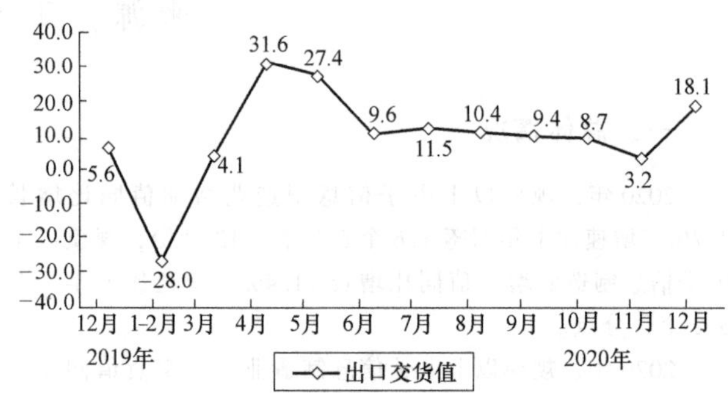

图8　2019年12月以来计算机制造业出口交货值分月增速（%）

2020年，计算机制造业营业收入同比增长10.1%，利润同比增长22.0%。

（文中统计数据除注明外，其余均为国家统计局数据或据此测算）

2020年通信业统计公报

来源：工业和信息化部

2020年，面对新冠肺炎疫情的严重冲击，我国通信业坚决贯彻落实党中央、国务院决策部署，全力支撑疫情防控工作，积极推进网络强国建设，实现全国所有地级城市的5G网络覆盖，新型信息基础设施能力不断提升，为加快数字经济发展、构建新发展格局提供有力支撑。

一、行业保持平稳运行

（一）电信业务收入增速回升，电信业务总量较快增长

经初步核算，2020年电信业务收入累计完成1.36万亿元，比上年增长3.6%，增速同比提高2.9个百分点。按照上年价格计算的电信业务总量1.5万亿元，同比增长20.6%。

图1　2015-2020年电信业务收入增长情况

（二）固定通信业务较快增长，新兴业务驱动作用明显

2020年，固定通信业务实现收入4673亿元，比上年增长12%，在电信业务收入中占比达34.5%，占比较上年提高2.8个百分点，占比连续三年提高。

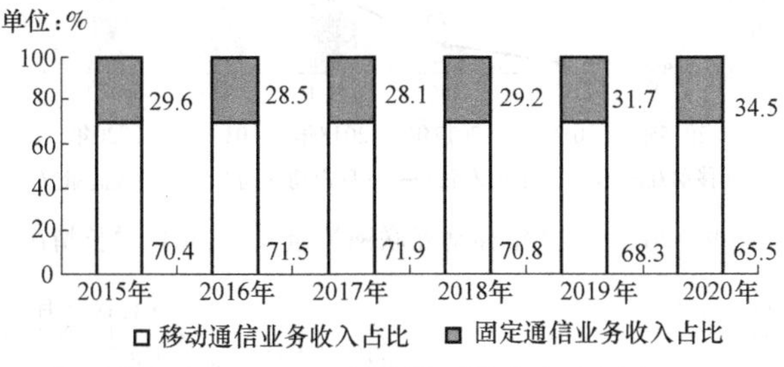

图2　2015-2020年移动通信业务和固定通信业务收入占比情况

应用云计算、大数据、物联网、人工智能等新技术，大力拓展新兴业务，使固定增值及其他业务的收入成为增长第一引擎。2020年，固定数据及互联网业务实现收入2376亿元，比上年增长9.2%，在电信业务收入中占比由上年的16.6%提升至17.5%，拉动电信业务收入增长1.53个百分点，对全行业电信业务收入增长贡献率达42.9%；固定增值业务实现收入1743亿元，比上年增长26.9%，在电信业务收入中占比由上年的10.5%提升至12.9%，拉动电信业务收入增长2.82个百分点，对收入增长贡献率达79.1%。其中，数据中心业务、云计算、大数据以及物联网业务收入比上年分别增长22.2%、85.8%、35.2%和17.7%；IPTV（网络电视）业务收入335亿元，比上年增长13.6%。

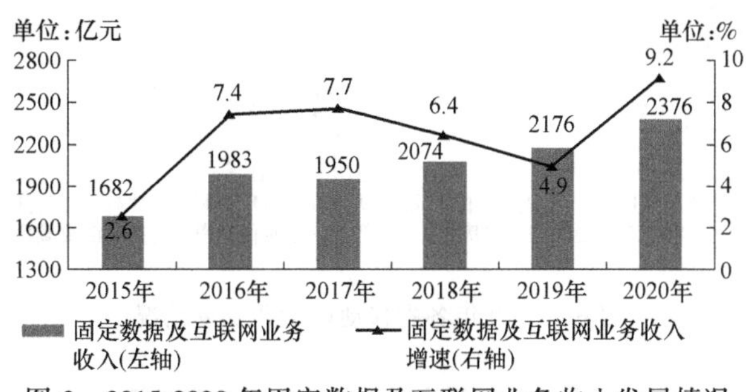

图3　2015-2020年固定数据及互联网业务收入发展情况

（三）移动通信业务占比下降，数据及互联网业务仍是重要收入来源

2020年，移动通信业务实现收入8891亿元，比上年下降0.4%，在电信业务收入中占比降至65.5%，比2017年峰值时回落6.4个百分点。其中，移动数据及互联网业务实现收入6204亿元，比上年增长1.7%，在电信业务收入中占比由上年的46.6%下滑到45.7%，拉动电信业务收入增长0.79个百分点，对收入增长贡献率为22.3%。

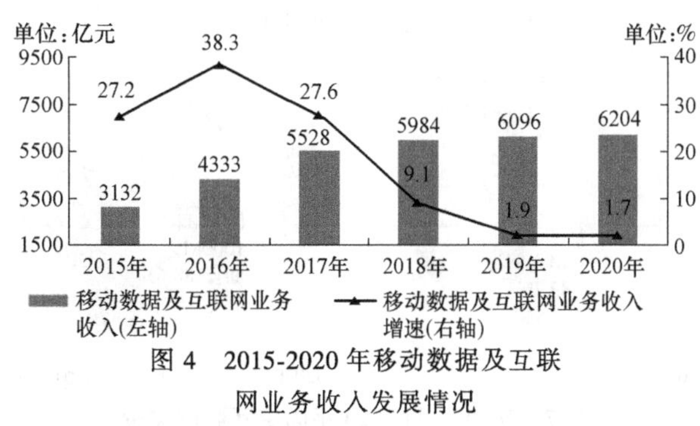

图4　2015-2020年移动数据及互联网业务收入发展情况

二、网络提速和普遍服务向纵深发展

（一）移动电话用户规模小幅下降，4G用户渗透率超八成

2020年，全国电话用户净减1640万户，总数回落至17.76亿户。其中，移动电话用户总数15.94亿户，全年净减728万户，普及率为113.9部/百人，比上年末回落0.5

部/百人。4G 用户总数达到 12.89 亿户，全年净增 679 万户，占移动电话用户数的 80.8%。固定电话用户总数 1.82 亿户，全年净减 913 万户，普及率降至 13 部/百人。

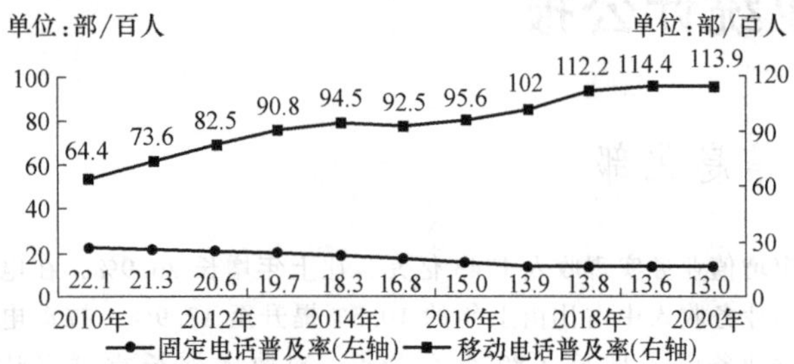

图 5 2010-2020 年固定电话及移动电话普及率发展情况

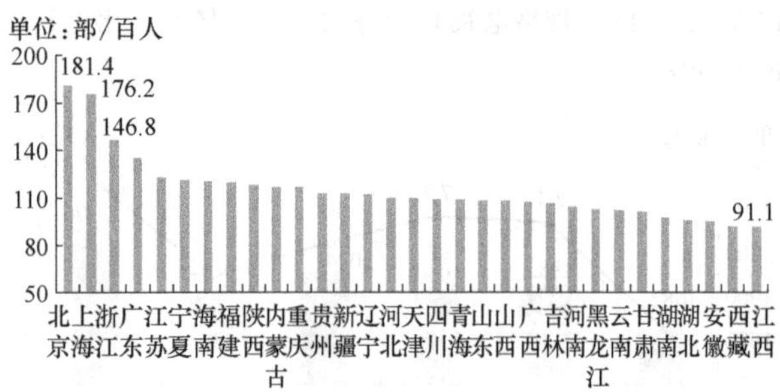

图 6 2020 年各省移动电话普及率情况

（二）百兆宽带已近九成，加快向千兆宽带接入升级

网络提速步伐加快，千兆宽带服务推广不断推进。截至 2020 年底，三家基础电信企业的固定互联网宽带接入用户总数达 4.84 亿户，全年净增 3427 万户。其中，100Mbps 及以上接入速率的固定互联网宽带接入用户总数达 4.35 亿户，全年净增 5074 万户，占固定宽带用户总数的 89.9%，占比较上年末提高 4.5 个百分点；1000Mbps 及以上接入速率的用户数达 640 万户，比上年末净增 553 万户。

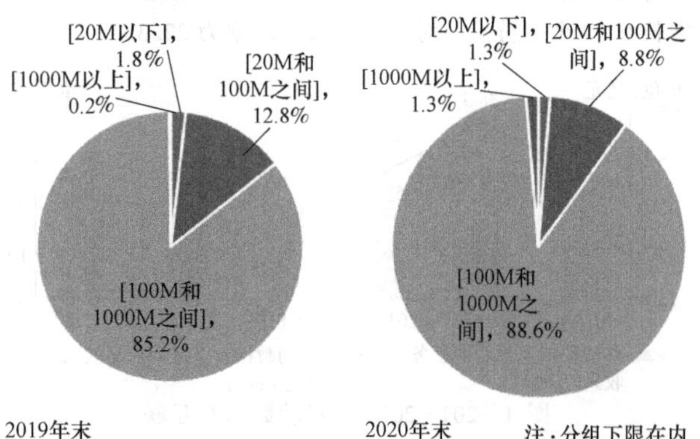

图 7 2019 年和 2020 年固定互联网宽带各接入速率用户占比情况

（三）电信普遍服务持续推进，农村宽带用户较快增长

截至 2020 年底，全国农村宽带用户总数达 1.42 亿户，全年净增 712 万户，比上年末增长 5.3%。全国行政村通光纤和 4G 比例均超过 98%，电信普遍服务试点地区平均下载速率超过 70M，农村和城市实现“同网同速”。

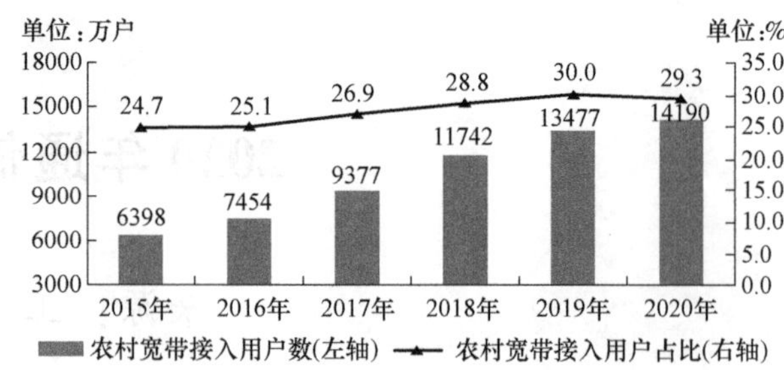

图 8 2015-2020 年农村宽带接入用户及占比情况

（四）新业态加快发展，蜂窝物联网用户数较快增长

促进转型升级，加快 5G 网络、物联网、大数据、工业互联网等新型基础设施建设，推动新一代信息技术与制造业深度融合，成效进一步显现。截至 2020 年底，三家基础电信企业发展蜂窝物联网用户达 11.36 亿户，全年净增 1.08 亿户，其中应用于智能制造、智慧交通、智慧公共事业的终端用户占比分别达 18.5%、18.3%、22.1%。发展 IPTV（网络电视）用户总数达 3.15 亿户，全年净增 2120 万户。

三、移动数据流量消费规模继续扩大

（一）移动互联网流量较快增长，月户均流量（DOU）跨上 10GB 区间

受新冠肺炎疫情冲击和“宅家”新生活模式等影响，移动互联网应用需求激增，线上消费异常活跃，短视频、直播等大流量应用场景拉动移动互联网流量迅猛增长。2020 年，移动互联网接入流量消费达 1656 亿 GB，比上年增长 35.7%。全年移动互联网月户均流量（DOU）达 10.35GB/户·月，比上年增长 32%；12 月当月 DOU 高达 11.92GB/户·月。其中，手机上网流量达到 1568 亿 GB，比上年增长 29.6%，在总流量中占 94.7%。

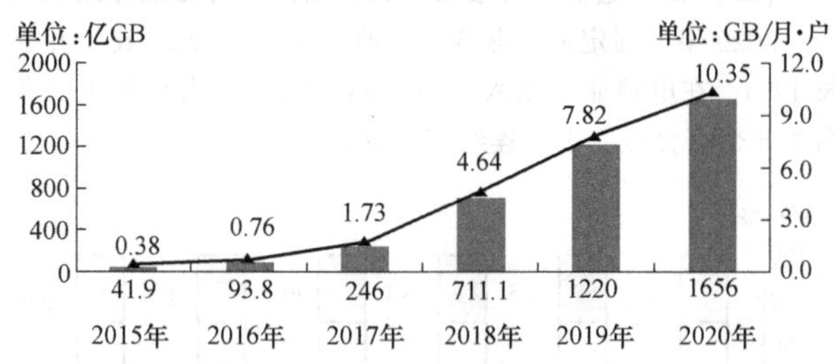

图 9 2015-2020 年移动互联网流量及月 DOU 增长情况

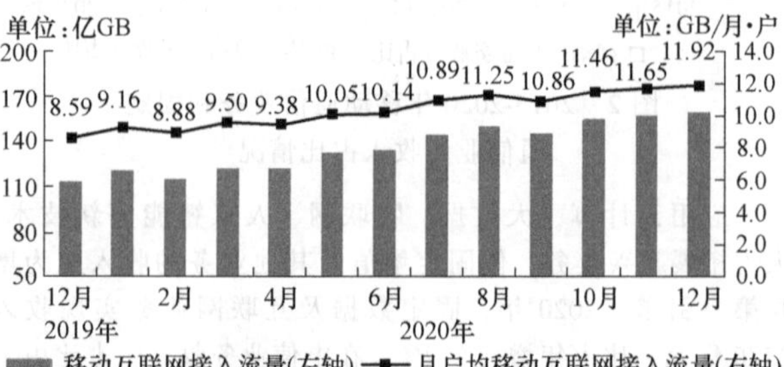

图 10 2020 年移动互联网接入当月流量及当月 DOU 情况

（二）移动短信业务量收仍不同步，话音业务量继续下滑

2020 年，全国移动短信业务量比上年增长 18.1%，增速较上年下降 14.1 个百分点；移动短信业务收入比上年增长 2.4%，移动短信业务量收增速差从上年的 33%下降至 15.7%。互联网应用对话音业务替代影响继续加深，2020 年全国移动电话去话通话时长 2.24 万亿分钟，比上年下降 6.2%。

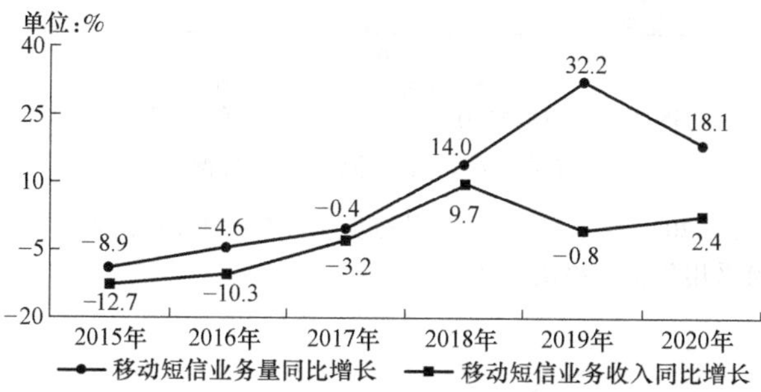

图 11　2015-2020 年移动短信业务量和收入增长情况

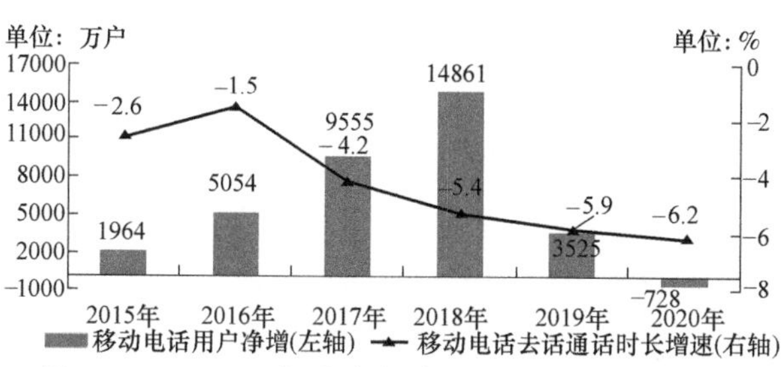

图 12　2015-2020 年移动电话用户和通话量增长情况

四、网络基础设施能力持续升级

（一）固定资产投资较快增长，移动投资比重持续上升

2020 年，三家基础电信企业和中国铁塔股份有限公司共完成固定资产投资 4072 亿元，比上年增长 11%，增速同比提高 6.3 个百分点。其中，移动通信的固定资产投资稳居首位，投资额达 2154 亿元，占全部投资的 52.9%，占比较上年提高 5.1 个百分点。

（二）网络基础设施优化升级，5G 网络建设稳步推进

加快 5G 网络建设，不断消除网络覆盖盲点，提升网络质量，增强网络供给和服务能力，新一代信息通信网络建设不断取得新进展。2020 年，新建光缆线路长度 428 万公里，全国光缆线路总长度已达 5169 万公里。截至 2020 年底，互联网宽带接入端口数量达到 9.46 亿个，比上年末净增 3027 万个。其中，光纤接入（FTTH/0）端口达到 8.8

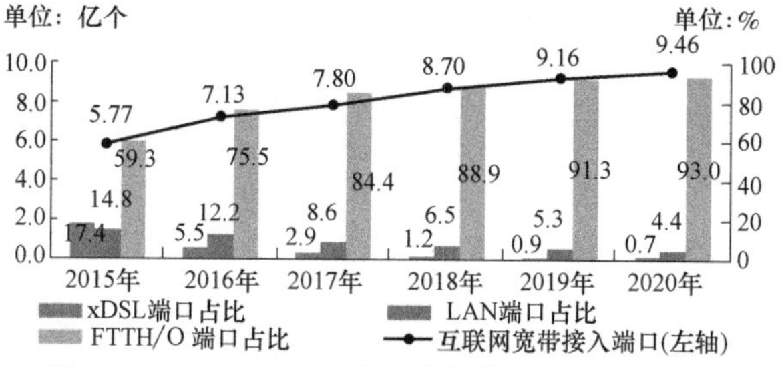

图 13　2015-2020 年互联网宽带接入端口发展情况

亿个，比上年末净增 4361 万个，占互联网接入端口的比重由上年末的 91.3%提升至 93.0%。xDSL 端口数降至 649 万个，占比降至 0.7%。

2020 年，全国移动通信基站总数达 931 万个，全年净增 90 万个。其中 4G 基站总数达到 575 万个，城镇地区实现深度覆盖。5G 网络建设稳步推进，按照适度超前原则，新建 5G 基站超 60 万个，全部已开通 5G 基站超过 71.8 万个，其中中国电信和中国联通共建共享 5G 基站超 33 万个，5G 网络已覆盖全国地级以上城市及重点县市。

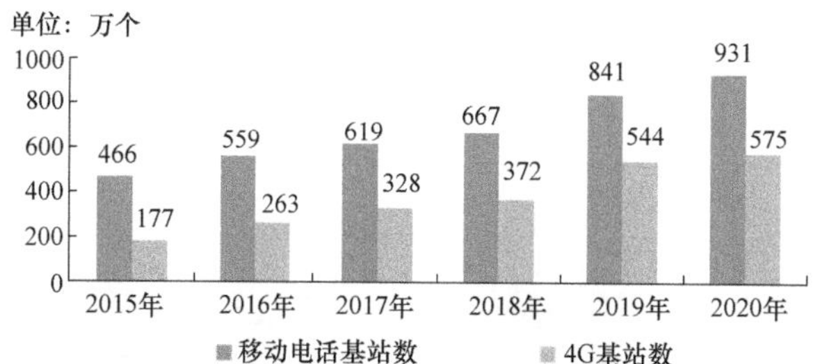

图 14　2015-2020 年移动电话基站发展情况

五、东中西部地区协调发展

（一）分地区电信业务收入份额较为稳定

2020 年，东部、西部地区电信业务收入占比分别为 51.0%、23.8%，均比上年提升 0.1 个百分点；中部占比为 19.6%，与上年持平；东北部地区占比为 5.6%，比上年下滑 0.2 个百分点。

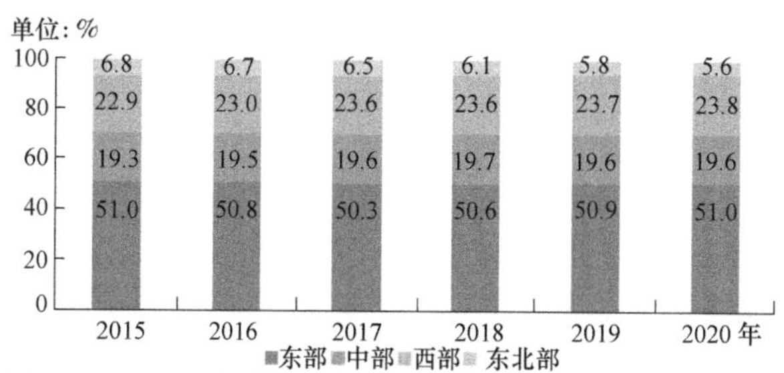

图 15　2015-2020 年东、中、西、东北部地区电信业务收入比重

（二）东北地区百兆及以上固定互联网宽带接入用户占比领先

截至 2020 年底，东、中、西、东北部地区 100Mbps 及以上固定互联网宽带接入用户分别达到 18618 万户、10838 万户、11386 万户和 2620 万户，在本地区宽带接入用户中占比分别达到 88.9%、90.8%、90.3%和 91.2%，占比较上年分别提高 2.8 个、4.9 个、7 个和 3.7 个百分点。

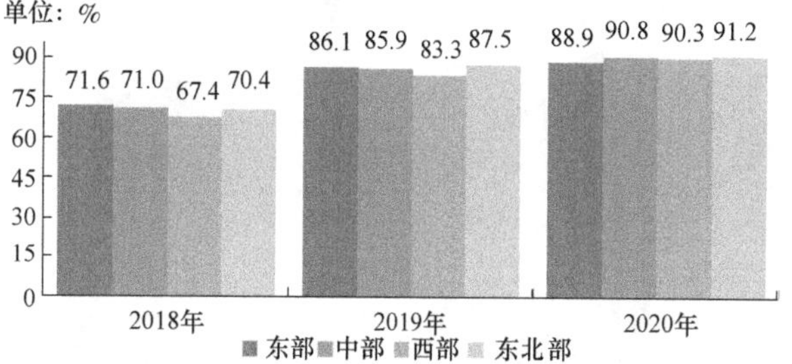

图 16　2018-2020 年东、中、西、东北部地区 100Mbps 及以上固定宽带接入用户渗透率情况

（三）西部地区移动互联网流量增速全国领先

2020年，东、中、西、东北地区移动互联网接入流量分别达到700亿GB、357亿GB、505亿GB和93.4亿GB，比上年分别增长31.9%、36.5%、42.3%和29%，西部增速比东部、中部和东北增速分别高出10.4个、5.8个和13.3个百分点。12月当月，西部当月户均流量达到13.81/户·月，比东部、中部和东北分别高2.02GB、3.25GB和3.78GB。

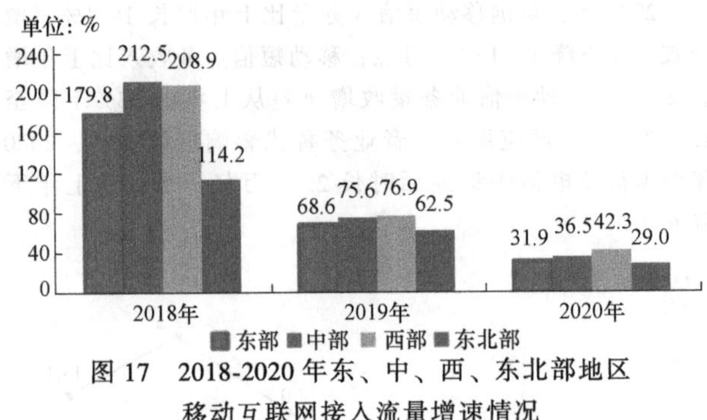

图17 2018-2020年东、中、西、东北部地区移动互联网接入流量增速情况

（2020年采用12月快报初步核算数，2019年及之前年份采用年报年终决算数据）

2020年全国电力工业统计数据

来源：国家能源局

1月20日，国家能源局发布2020年全国电力工业统计数据。

表1　全国电力工业统计数据一览表

指标名称	计算单位	全年累计	
		绝对量	同比增长
全国全社会用电量	亿千瓦时	75110	3.1
其中：第一产业用电量	亿千瓦时	859	10.2
第二产业用电量	亿千瓦时	51215	2.5
工业用电量	亿千瓦时	50297	2.5
第三产业用电量	亿千瓦时	12087	1.9
城乡居民生活用电量	亿千瓦时	10949	6.9
全口径发电设备容量	万千瓦	220058	9.5
其中：水电	万千瓦	37016	3.4
火电	万千瓦	124517	4.7
核电	万千瓦	4989	2.4
风电	万千瓦	28153	34.6
太阳能发电	万千瓦	25343	24.1
6000千瓦及以上电厂供电标准煤耗	克/千瓦时	305.5	-0.9＊
全国线路损失率	%	5.62	-0.31▲
6000千瓦及以上电厂发电设备利用小时	小时	3758	-70＊
其中：水电	小时	3827	130＊
火电	小时	4216	-92＊
电源基本建设投资完成额	亿元	5244	29.2
其中：水电	亿元	1077	19.0
火电	亿元	553	-27.3
核电	亿元	378	-22.6
电网基本建设投资完成额	亿元	4699	-6.2
发电新增设备容量	万千瓦	19087	81.8
其中：水电	万千瓦	1323	197.7
火电	万千瓦	5637	27.4
风电	万千瓦	7167	178.7
太阳能发电	万千瓦	4820	81.7
新增220千伏及以上变电设备容量	万千伏安	22288	-6.4
新增220千伏及以上输电线路回路长度	千米	35029	-2.5

注：1. 全社会用电量为全口径数据。

2. “同比增长”列中，标＊的指标为绝对量；标▲的指标为百分点。

2020年可再生能源发展情况
（节选自国家能源局2021年一季度网上新闻发布会）

来源：国家能源局

2020年，国家能源局深入贯彻党中央、国务院关于统筹疫情防控和经济社会发展的决策部署，紧紧围绕“四个革命、一个合作”能源安全新战略和碳达峰碳中和目标实现，以壮大清洁能源产业为重点，着力加强行业管理，着力发挥市场机制作用，不断优化可再生能源产业发展布局，努力推动可再生能源高质量发展。

可再生能源装机规模稳步扩大。截至2020年底，我国可再生能源发电装机达到9.34亿千瓦，同比增长约17.5%；其中，水电装机3.7亿千瓦（其中抽水蓄能3149万千瓦）、风电装机2.81亿千瓦、光伏发电装机2.53亿千瓦、生物质发电装机2952万千瓦。

可再生能源发电量持续增长。2020年，全国可再生能源发电量达22148亿千瓦时，同比增长约8.4%。其中，水电13552亿千瓦时，同比增长4.1%；风电4665亿千瓦时，同比增长约15%；光伏发电2605亿千瓦时，同比增长16.1%；生物质发电1326亿千瓦时，同比增长约19.4%。

可再生能源保持高利用率水平。2020年，全国主要流域弃水电量约301亿千瓦时，水能利用率约96.61%，较上年同期提高0.73个百分点；全国弃风电量约166亿千瓦时，平均利用率97%，较上年同期提高1个百分点；全国弃光电量52.6亿千瓦时，平均利用率98%，与去年平均利用率持平。

1. 水电建设和运行情况

2020年，全国新增水电并网容量1323万千瓦，新增装机较多的省份为四川413万千瓦，云南340万千瓦和安徽136万千瓦，占全部新增装机的67.13%。

2020年，全国水电发电量排名前五位的省（区）依次为四川3541亿千瓦时、云南2960亿千瓦时、湖北1647亿千瓦时、贵州831亿千瓦时和广西614亿千瓦时，其合计水电发电量占全国水电发电量的70.79%。2020年，全国水电平均利用小时数为3827小时，同比增加130小时。

2020年，全国主要流域弃水电量约301亿千瓦时，较去年同期减少46亿千瓦时。弃水主要发生在四川省，其主要流域弃水电量约202亿千瓦时，较去年同期减少77亿千瓦时，主要集中在大渡河干流，约占全省弃水电量的53%；青海省弃水较去年有所增加，弃水约40亿千瓦时，比去年同期增加18.5亿千瓦时；其他省份弃水电量维持较低水平。

2. 风电建设和运行情况

2020年，全国风电新增并网装机7167万千瓦，其中陆上风电新增装机6861万千瓦、海上风电新增装机306万千瓦。从新增装机分布看，中东部和南方地区占比约40%，“三北”地区占60%。到2020年底，全国风电累计装机2.81亿千瓦，其中陆上风电累计装机2.71亿千瓦、海上风电累计装机约900万千瓦。

2020年，全国风电平均利用小时数2097小时，风电平均利用小时数较高的省区中，福建2880小时、云南2837小时、广西2745小时、四川2537小时。

2020年，全国平均弃风率3%，较去年同比下降1个百分点，尤其是新疆、甘肃、蒙西，弃风率同比显著下降，新疆弃风率10.3%、甘肃弃风率6.4%、蒙西弃风率7%，同比分别下降3.7、1.3、1.9个百分点。

3. 光伏发电并网运行情况

2020年，全国光伏新增装机4820万千瓦，其中集中式光伏电站3268万千瓦、分布式光伏1552万千瓦。从新增装机布局看，中东部和南方地区占比约36%，“三北”地区占64%。

2020年，全国光伏平均利用小时数1160小时，平均利用小时数较高的地区为东北地区1492小时，西北地区1264小时，华北地区1263小时，其中蒙西1626小时、蒙东1615小时、黑龙江1516小时。

2020年，全国平均弃光率2%，与去年同期基本持平，光伏消纳问题较为突出的西北地区弃光率降至4.8%，同比降低1.1个百分点，尤其是新疆、甘肃弃光率进一步下降，分别为4.6%和2.2%，同比降低2.8和2.0个百分点。

4. 生物质发电建设和运行情况

2020年，全国生物质发电新增装机543万千瓦，累计装机达到2952万千瓦，同比增长22.6%；2020年生物质发电量1326亿千瓦时，同比增长19.4%，继续保持稳步增长势头。累计装机排名前五位的省份是山东、广东、江苏、浙江和安徽，分别为365.5万千瓦、282.4万千瓦、242.0万千瓦、240.1万千瓦和213.8万千瓦；新增装机较多的省份是山东、河南、浙江、江苏和广东，分别为67.7万千瓦、64.6万千瓦、41.7万千瓦、38.9万千瓦和36.0万千瓦；年发电量排名前五位的省份是广东、山东、江苏、浙江和安徽，分别为166.4亿千瓦时、158.9亿千瓦时、125.5亿千瓦时、111.4亿千瓦时和110.7亿千瓦时。

第三篇　电源行业发展报告及综述

2020 年中国电源学会会员企业 30 强名单

序号	企　业	主要产品领域
1	阳光电源股份有限公司	光伏逆变器、风能变流器、储能变流器等
2	深圳市汇川技术股份有限公司	变频器、伺服驱动器、PLC、HMI、伺服/直驱电机、传感器、一体化控制器及专机、工业视觉、机器人控制器、电动汽车电机控制器等
3	台达电子企业管理(上海)有限公司	通信电源及系统、UPS、计算机及网络设备用交换式电源供应器、计算机及消费电子适配器、直流模块电源、照明及背光电源、变频器及工业自动化系统,太阳能、风能变换器及新能源发电系统、新能源汽车车载
4	科华数据股份有限公司	信息化设备用 UPS 电源、工业动力 UPS 电源系统设备、建筑工程电源、数据中心产品、新能源产品、配套产品等
5	易事特集团股份有限公司	UPS 电源、EPS 电源、分布式发电、电动汽车充电桩
6	天宝集团控股有限公司	通信电源、照明电源、通用开关电源、模块电源、蓄电池
7	深圳麦格米特电气股份有限公司	变频器、伺服驱动器、驱动系统、车用电机控制器、光伏逆变器等
8	深圳市航嘉驰源电气股份有限公司	PC 电源、机箱、电源适配器、移动电源、电源转换器、充电器等
9	深圳科士达科技股份有限公司	UPS、光伏逆变器、储能等
10	深圳市禾望电气股份有限公司	风电变流器、光伏逆变器、模块及配件业务等
11	深圳市英威腾电气股份有限公司	变频器、UPS 电源、电机控制器、光伏逆变器、新能源车电控系统等
12	长城电源技术有限公司	服务器电源、PC 电源、通信电源、LED 电源、工控电源、移动电源、手机适配器、机顶盒电源、TV 电源等
13	深圳欧陆通电子股份有限公司	电源适配器、工业电源等
14	弗迪动力有限公司电源工厂	轨道交通、充电桩/站、新能源
15	杭州中恒电气股份有限公司	通信电源等
16	伊戈尔电气股份有限公司	LED 驱动电源、变压器等
17	深圳可立克科技股份有限公司	开关电源、LED 驱动电源、磁性器元件、新能源产品等
18	北京动力源科技股份有限公司	交直流电源、高压变频器及综合节能等
19	英飞特电子(杭州)股份有限公司	LED 驱动电源、开关电源等
20	广州金升阳科技有限公司	AC/DC、DC/DC、隔离变送器、IGBT 驱动器、LED 驱动器等系列产品
21	深圳市迪比科电子科技有限公司	UPS 电源、移动电源、适配器、无线充电器、储能产品及储能方案等
22	北京新雷能科技股份有限公司	模块电源、厚膜工艺电源及电路、逆变器、特种电源等
23	广东志成冠军集团有限公司	UPS、EPS、蓄电池、磷酸铁锂电池、锂电池等
24	深圳市盛弘电气股份有限公司	UPS 电源、特种电源、新能源电源、变频电源、模块电源、充电机、滤波器等
25	深圳威迈斯新能源股份有限公司	车载充电机、车载直流变换器、车载集成充电系统、电动汽车通信控制器(EVCC)、电动汽车无线充电系统(WEVC)、电动汽车 PTC 控制器等
26	常州市创联电源科技股份有限公司	LED 显示屏电源、景观亮化电源、防水驱动电源、工业控制电源等
27	鸿宝电源有限公司	稳压电源、EPS、UPS 电源、风力发电机、风光互补并网逆变系统、光伏供电系统、光伏控制器、LED 路灯、蓄电池、变频器、软起动器、充电器、逆变器、变压器、断路器、建筑电气等
28	合肥华耀电子工业有限公司	工业开关电源、LED 驱动电源、军品电源、新能源充电机等
29	合肥博微田村电气有限公司	变压器、电感器
30	佛山市顺德区冠宇达电源有限公司	电源适配器、充电器、内置电源等

备注:

1. 此名单以会员企业提供的 2020 年企业销售数据、上市公司年报等数据为依据得出,未提供数据的会员企业未进行排行。
2. 此名单中仅对主要产品为电源整机的会员企业进行了排行,主要产品为蓄电池、锂电池、功率器件等配套产品的会员企业未列入其中。
3. 同时涉及电源产品以外其他产品的会员企业,根据电源部分的经营数据进行排行。

2020年度中国电源行业发展报告

中自产业服务集团

一、调研背景

（一）调查对象

在承继历届电源研究及调查优势与成功经验的基础上，2020年中国电源产业调查的范围延伸到了电源市场的各个板块，包括业内专家学者、厂商、传统渠道商、IT渠道商、系统集成等企业和机构。具体包括：最终用户、产品供应商、维护与支持提供商、渠道商、系统集成商。

（二）数据来源与调查方法

本届调查主要采取了电话呼叫、问卷调查、线上调查、公开渠道搜集等方式收集信息，并辅助以焦点小组讨论，以及专家集中评审等多种方式，以期更加全面、科学地调查和评估中国电源产业发展状况、电源产品市场与企业的基本状况。在抽样过程中，综合运用了双重抽样、逐次抽样、分阶段抽样、分层抽样、整群抽样、等距抽样等多种方法，以确保调查数据的精确度，综合衡量其优劣。

（三）样本分布

2020年中国电源调查样本部分区域分布见表1。

表1 2020年中国电源调查样本部分区域分布

区域	数量占比(%)
华北12(北京8、天津2、河北2)	11.32
华东47(上海6、江苏11、浙江12、安徽7、山东4、福建5、江西2)	44.34
华南38(广东38)	35.85
华中3(湖北1、湖南2)	2.83
东北1(辽宁1)	0.94
西南2(重庆1、四川1)	1.89
西北3(陕西2、宁夏1)	2.83
合计(106家)	100

数据来源：中国电源学会；中自集团2021年5月

（四）合作机构介绍

1. 中国电源学会

中国电源学会成立于1983年，是在国家民政部注册的国家一级社团法人，业务主管部门是中国科学技术协会。中国电源学会的专业范围包括：通信电源、不间断电源（UPS）、通用交流稳定电源、直流稳压电源、变频电源、特种电源、蓄电池、变压器、元器件、电源配套产品等。

中国电源学会下设直流电源、照明电源、特种电源、变频电源与电力传动、元器件、电能质量、电磁兼容、磁技术、新能源电能变换技术、信息系统供电技术、无线电能传输技术及装置、新能源车充电与驱动、电力电子化电力系统及装备、交通电气化共14个专业委员会，以及学术、组织、专家咨询、国际交流、科普、编辑、标准化、青年、女科学家、会员发展共10个工作委员会。另外还有业务联系的10个具有法人资格的地方电源学会。

学会每年举办各种类型的学术交流会。两年一届的大型学术年会至今已经成功举办了23届，会议规模超过1600人，是国内电源界水平最高、规模最大的学术会议。每四年举办一届国际电力电子技术与应用会议暨博览会（IEEE International Power Electronics and Application Conference and Exposition，IEEE PEAC），是中国电源领域首个国际性会议。此外，学会每年还举办各种类型的专题研讨会。

中国电源学会的主要出版物有：《电源学报》（中文核心期刊）、《电力电子技术及应用英文学报》(CPSS-TPEA)、《中国电源行业年鉴》、电力电子技术英文丛书、《中国电源学会通讯》（电子版）、学会微信公众号等。同时，学会还组织编辑出版系列中文丛书、技术专著以及各种学术会议论文集。

学会设立“中国电源学会科学技术奖”，奖励在我国电源领域的科学研究、技术创新、新品开发、科技成果推广应用等方面做出突出贡献的个人和单位。

学会每年举办高校电力电子应用设计大赛，加强国内高校电力电子相关专业学生的相互交流，提高学生创造力及工程实践能力。

学会于2016年正式启动团体标准工作，本着“行业主导、需求为先、系统规划、务实高效”的原则，大力推动团体标准建设，以满足行业发展需要，促进电源行业技术进步、自主创新和产业升级。

学会积极开展继续教育活动，每年举办不同主题的培训班。同时，开展一系列行业服务活动，如：科技成果鉴定、技术服务、技术咨询、参与工程项目评价等。

2. 中自产业服务集团

中自产业服务集团（以下简称中自集团）是集杂志、网站、会议、研究及数字移动媒体为一体的中国自动化产业链整合传播、营销、咨询和投资服务机构，拥有网刊会及数字移动合一的专业平台以及政府部门、行业组织、专家学者、企业家、用户、投资机构等各种社会资源。旗下有《变频器世界》《智慧工厂》（原《PLC&FA》杂志）、《智能机器人》等品牌期刊，历经20年的发展，奠定了其在业界的权威地位，在国内外享有较高声誉。更有中自网www.ca168.com、中自移动数字传媒www.cadmm.com等专业网站。中自集团通过传媒优势，整合各种资源，与国内外著名自动化组织、企业建立了广泛的联系和交流，每年举办数十个论坛和研讨会。其中“变频器行业企业家论坛”“电力电子论坛”“自动化大会”已成为每年一度的行业权威盛会，对推动中国自动化行业持续发展起到了积极的作用。

近20年来，中自集团致力于为中国自动化产业发展提供专业的传播、营销和咨询服务，推动这一市场持续快速发展。并随着企业对于跨越式发展的追求，于2009年涉足对这一产业的投融资服务，为业内高成长性企业对接资本市场提供专业支持。中自集团先后开展了一系列服务，协助十多家企业登陆资本市场，也为国际企业在中国市场实现成功并购提供专业咨询，典型案例包括但不限于：指导并协助多家企业获得国家发展和改革委员会、科学技术部及工业和信息化部的专项基金支持，为上市打好坚实基础；为证监会发审委提供行业研究报告及相关企业业绩证明；为某企业引进投资、解决用地问题，协助登陆资本市场；参与并促成业内几宗大的并购；为业内企业上市及融资提供专业支持。

目前，中国自动化及新能源领域的高成长性企业不断涌现，经过集团筛选的适合投资的企业也达到数十家。中自集团拟从种子期的培育、发展期的投资以及上市前的包装等各个阶段提供服务。同时，由于国内资本市场竞争激烈以及同一行业上市容量有限等因素，部分企业将选择海外上市等渠道；另一方面，海外有实力的企业也将在中国寻求并购等，以快速进入这一全球最大的市场。因此，中自集团也在与海外有关专业机构合作，为相关企业提供多渠道、多形式的投融资服务。

中自集团现已拥有1000余家企业合作伙伴，常年企业合作伙伴300余家，粉丝级合作伙伴100余家，拥有庞大数据的读者俱乐部、企业家俱乐部及媒体联盟，秉承铁肩担道义的传媒使命，经过近15年发展，中自集团已由单一媒体成功转型为中国自动化产业立体传播、营销、咨询和投资服务机构。除了一如既往做好整合传播和全产业链营销工作，在新的历史机遇面前，中自集团整合各种优质资源，打造创新服务平台，借此推进企业与高校、资本以及供应链的深入对接，加快创新成果转化，共建技术协作平台，借助资本推动，为业内成长性企业腾飞提供实质性保障，并以期联合更多相关机构为产业持续发展做出更大贡献。

二、2020年电源行业市场概况分析

（一）2020年中国电源行业市场规模分析

2020年是“十三五”规划的收官之年，更是极不平凡的一年，面对新型冠状病毒肺炎疫情的巨大冲击和复杂严峻的国内外环境，电源行业经历了一次异常严峻的大考。随着5G（第五代移动通信技术）时代来临，2020年我国将建立包括云计算、物联网、大数据、产业互联网和工业互联网在内的“万物智联”的生态系统。云计算、物联网、大数据、产业互联网、工业互联网、轨道交通、新能源电动汽车等都瞄准新一代信息技术、高端装备等战略重点产业，成为电源行业新的增长点。

十九大报告中提出“加快建设制造强国，推动互联网、大数据、人工智能和实体经济深度融合，在中高端消费、创新引领、绿色低碳、共享经济、现代供应链、人力资本服务等领域培育新增长点、形成新动能”，明确了经济新动力主要方向。

“十三五”能源规划的提出，以新能源为支点的我国能源转型体系正加速变革，大力发展新能源已上升到国家战略高度。国家出台了一系列政策措施积极扶持新能源产业，风电、光伏发电、微网储能、分布式能源等成为新能源发展的重点，新能源行业已进入发展的快车道。

新能源电动汽车领域迎来了快速发展的机遇期。根据统计，自2008年以来，我国共计出台新能源汽车产业国家及地区政策200余项，已逐步形成了较为完善的政策体系，从宏观统筹、推广应用、行业管理、财税优惠、技术创新、基础设施等方面全面推动了我国新能源汽车产业快速发展，并初步实现了引领全球的龙头作用。根据《“十三五”国家战略性新兴产业发展规划》要求，到2020年，纯电动汽车和插电式混合动力汽车生产能力达200万辆、累计产销量超过500万辆，燃料电池汽车、车用氢能源产业与国际同步发展。仅2018年前10个月，国家出台了20项与新能源汽车相关的政策，引导新能源汽车健康有序的发展。

2020年中央提出加快新型基础设施建设，电源行业未来将充分享受政策红利的释放。基建的重心不再是房地产，而是城际交通、物流、市政基础设施，以及5G、人工智能、工业互联网等新型基础设施建设。“新基建”有以下几个方向：①5G基站建设；②特高压；③城际高速铁路和城市轨道交通；④新能源汽车充电桩；⑤大数据中心；⑥人工智能；⑦工业互联网。上述几个方向中的特高压、铁路和轨道交通、新能源汽车充电桩等均为电源产品提供了广泛的应用场景，势必带动市场规模激增。

随着上述应用行业的高速发展，2019年中国电源产业呈现出良好的发展态势，产值规模同比2018年增长率为9.68%，总产值达2697亿元。因2020年初新型冠状病毒肺炎疫情而封城，第一季度经济几乎停滞。虽然4月开始，部分企业复工复产，但大多企业还都是在五一假期以后才开始复工。2020年上半年企业营收同比大幅下降，电源行业也受到相应的影响。尽管受疫情影响，行业整体业绩低于预期，但随着政策的持续回暖，以及行业自身市场化的推进及盈利能力的提升，下半年开始行业已逐步复苏。2020年增长率为21.91%，总产值达3288亿元。

中国电源行业的规模分析主要指产值，包含国内销售、出口、OEM/ODM等几个部分，本报告涉及的数值如未特意表明均指产品产值（不包含中国香港、澳门、台湾地区，以下相同）；另外，报告分析的电源行业仅指电子电源，不包括化学电源和物理电源。2015-2020年中国电源产业产值规模见表2，如图1所示。

（二）2020年中国电源行业市场特征分析

1. 中国电源行业进入门槛分析

（1）技术壁垒

电源技术是采用半导体功率器件、电磁元件、电池等元器件，运用电气工程、自动控制、微电子、电化学、新

能源等技术，将粗电加工成高效率、高质量、高可靠性的交流、直流、脉冲等形式的电能的一门多学科交叉的科学技术。高性能电源产品具有高效率、高可靠性、高功率密度、优良的电磁兼容性等要求，需要专精于电路、结构、软件、工艺、可靠性等方面的技术人员构成的团队共同进行研发，其中高端电源领域对制造工艺、可靠性设计等方面的要求更高，需要长期、大量的工艺技术经验积累和研发投入。按照国际行业标准建立开发、测试的管理平台，需要更高水平的知识产权识别和管理能力，同时需要投入大量满足国际标准的测试仪器设备。

表 2　2015-2020 年中国电源产业产值规模

年份	2015 年	2016 年	2017 年	2018 年	2019 年	2020 年
产值（亿元）	1924	2056	2321	2459	2697	3288
增长率（%）	6.10	6.90	12.90	5.95	9.68	21.91

数据来源：中国电源学会；中自集团 2021 年 5 月

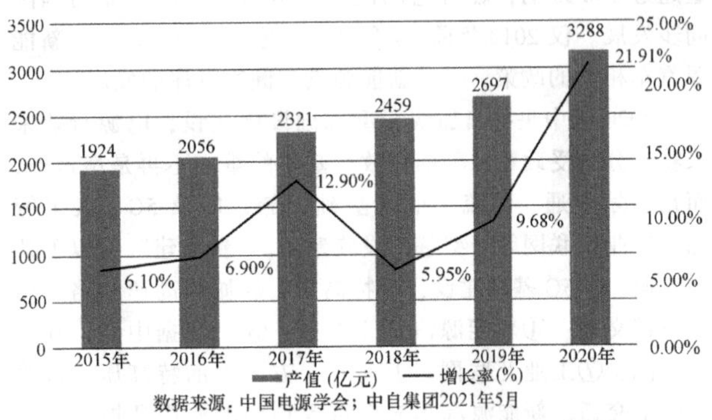

图 1　2015-2020 年中国电源产业产值规模

（2）企业资质认证壁垒

通信、航空、航天、国防、铁路等领域的设备制造商需要对电源厂家的资产规模、管理水平、历史供货情况、生产能力、产品性能、销售网络和售后服务保证能力等方面进行综合评审，只有通过设备厂商的资质认定，电源厂家才能进入其采购范围。为获得以上所述行业设备厂商的资质认证，企业一般需要先行通过行业或管理机构的第三方认证。国防军工行业客户一般要求 GJB9000 军工产品质量管理体系认证等资质；国际通信客户一般要求 ISO 9000、ISO 14000 等资质；新能源汽车客户一般要求 ISO/TS 16949、ISO 14000、ISO 9000、ISO 26262 等资质。

（3）规模效应壁垒

电源产品所选用的电子元器件及配套材料具有很强的通用性，因此可以形成规模效应。电源生产企业只有形成规模效应，通过批量生产产品，才能有效地降低产品成本，取得价格优势，获得相应的市场份额。

2. 中国电源行业市场集中度与竞争分析

电源产业在欧美发达国家技术较为成熟，中国市场发展相对较晚。近年来，随着国际产业转移、中国信息化建设的不断深入以及航空、航天及军工产业的持续发展，下游行业快速发展对电源行业的有力拉动，中国电源产业市场迎来了前所未有的商机。

中国电源企业主要分布在三个区域——华东长江三角洲：上海、江浙、安徽、山东、福建一带；华南珠江三角洲：广州、深圳、东莞、珠海、佛山、广西等地；华北：北京及周边地区，比如河北。武汉、西安、成都等地也有一定分布。这三大区域经济发展最快，轻重工业均较发达，信息化建设和科技研发水平较高，为技术密集型的电源行业的研发、生产、销售提供了充分的条件和便利的场所。中国电源行业已形成了高度市场化的状态，生产电源产品的厂商数量众多，市场集中度较低，且企业规模普遍差别很大。

除去国外企业以及国内一流电源企业，多数电源供应商由于研发能力、制造水平、服务响应能力有限，以生产单一类型的中低端电源产品为主，产品的技术含量和附加值较低，市场竞争尤为激烈，纷纷采用降低产品价格等手段维持一定的销售份额，导致该部分企业的盈利能力逐渐下降，市场的应变能力以及抵抗外部风险的能力减弱。中国电源供应器分类见表 3。

表 3　中国电源供应器分类

名称	具体内容	应用范围
开关电源	利用现代电力电子技术，控制开关负责开通和关闭的时间比率，维持稳定输出电压的一种电源。从变换形式上来讲，通常是指交流输入电压变换成直流输出电压，或者直流输入电压变换成直流输出电压	工业自动化控制、军工设备、科研设备、LED 照明、工控设备、通信设备、电力设备、仪器仪表、医疗设备、半导体制冷制热、空气净化器、电子冰箱、液晶显示器、视听产品、安防、计算机机箱、数码产品等
UPS 电源	即不间断电源，将蓄电池（多为铅酸免维护蓄电池）与主机相连接，通过主机逆变器等模块电路将直流电转换成市电，利用变换器、控制部件和储能部件，实现为电子设备提供储备、稳定、不间断电能供应的系统设备。主要用于备用电源，防止重要设备突然断电带来的重大损失。分为后备式、在线式、在线互动式三种，其中在线式 UPS 占据整体规模 80%左右	数据中心、办公场所、工业生产、交通等

（续）

名称	具体内容	应用范围
线性电源	将交流电经过变压器降低电压幅值，再经过整流电路整流后，得到脉冲直流电，后经滤波得到带有微小纹波电压的直流电压线性电源的电压。线性电源由于体积比较大，效率偏低且输入电压范围要求高，在很多场合已经被体积小、结构简单、成本低而效率高的开关电源所取代	科研、工矿企业、电解、电镀、充电设备等
逆变电源	将直流电能（电池、蓄电瓶）转化为交流电（一般为 220V、50Hz 正弦波），由逆变桥、控制逻辑和滤波电路组成。逆变器主要包含光伏逆变器、便携式逆变器、车载逆变器等类型，其中光伏逆变器随着绿色能源的兴起将会保持较高速度的增长	空调、家庭影院、电动砂轮、电动工具、缝纫机、计算机、电视、洗衣机、抽油烟机、冰箱、录像机、按摩器、风扇、照明等
变频器电源	应用变频技术、微电子技术、电力半导体器件的通断作用，将工频电源变换为另一频率，通过改变电机工作电源频率方式来控制交流电动机的电能控制设备。变频器主要分为低压变频器和中高压变频器，传统的起重行业、电梯行业以及注塑机等行业增长速度虽然有所减缓，但数字城市和智能交通的高速建设和发展将带动变频器细分产品的平稳	钢铁、有色金属、石油石化、化工化纤、纺织、机械电子、建材、煤炭、医药、造纸、电梯、行车、城市供水、中央空调及家用电器等
其他电源	除以上电源外，具有特定功能的电源	—

具有较强研发实力的电源企业，产品工艺水平不断取得突破，能够满足客户对新产品新工艺的要求，产品利润仍能保持在较高的水平；同时，通信、航空、航天、军工、铁路、电力以及节能环保新能源等多个领域的深度开拓对这部分企业的盈利能力也产生了积极的影响。近年来，全球的电源行业正逐步向中国台湾和中国大陆转移，国内电源企业的生产工艺及技术水平与国际先进水平差距逐步缩小，国内技术水平较高的电源企业开始拓展海外市场，并与国外厂商展开竞争。

（1）开关电源

开关电源又称交换式电源、开关变换器，是一种高频化电能转换装置，是电源供应器的一种。其功能是将一个位准的电压，透过不同形式的架构转换为用户端所需求的电压或电流。开关电源的输入多半是交流电源（例如市电）或是直流电源，而输出多半是需要直流电源的设备。

开关电源的研究和应用开始于 20 世纪 50 年代。20 世纪 60 年代，开关电源技术基本成型。第一民用标准化开关电源诞生于 20 世纪 70 年代，并于 20 世纪 80 年代中期出现了符合全球通用规格的开关电源。随着上游元器件技术水平和电力电子关键技术的不断发展，开关电源技术取得了飞速发展，迅速成长为电子工业的重要基础产品。开关电源的研究应用历程如图 2 所示。

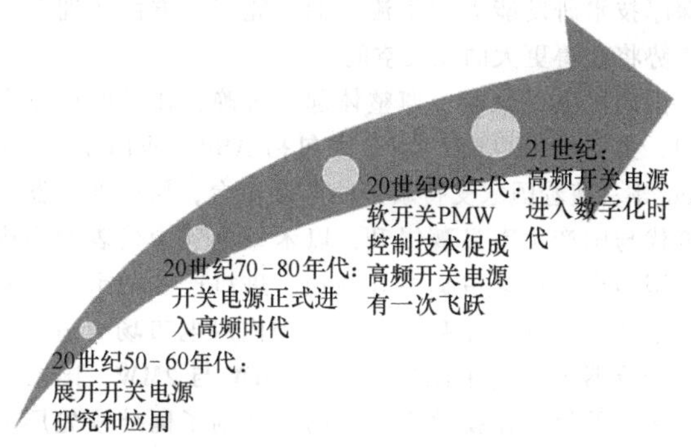

图 2　开关电源的研究应用历程

中国开关电源行业市场化程度较高，呈现完全竞争的市场格局。开关电源主要的原材料是变压器、功率器件、电感器、电抗器等。开关电源属于电子工业的基础产品，下游涉及国民经济众多领域，包括电信、邮政、银行、证券、铁路、民航、税务、工商、石油、海运、航空、航天、军队等。

目前，开关电源行业已形成了完善的产业链，上游国际主流元器件供应商控制了开关电源 IC 芯片的制造技术，中游电源制造商根据其掌握的不同水平的电源制造专业技术和生产能力为下游客户提供不同技术水平、类型的电源产品。开关电源行业下游为行业用户，主要包括：工业自动化控制、军工设备、科研设备、LED 照明、工控设备、通信设备、电力设备、仪器仪表、医疗设备、半导体制冷制热、空气净化器、安防监控等；其他个人、家庭产品包括：电子冰箱、液晶显示器、LED 灯具及灯袋、通信设备、视听产品、计算机机箱、数码产品和仪器类等。开关电源上下游如图 3 所示。

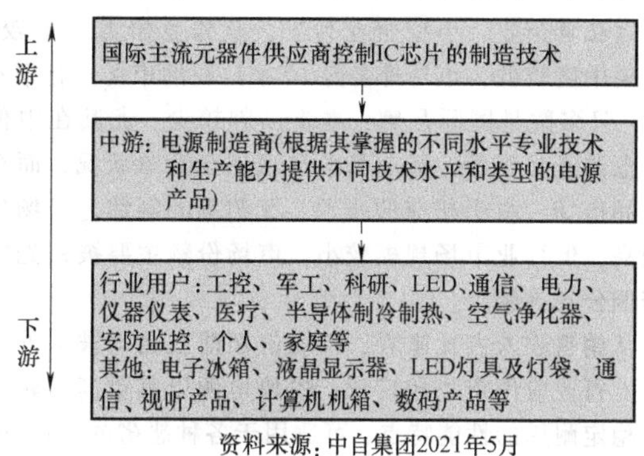

图 3　开关电源上下游

我国开关电源在发展的过程中呈现出小型化、薄型化、轻量化、高频化趋势。因为，随着开关电源应用领域的不断拓展，用户对开关电源便携性要求越来越高。而在一定范围内，开关频率的提高，不仅能有效地减小电容、电感及变压器的尺寸，而且还能够抑制干扰，改善系统的动态性能，因此小型化、薄型化、轻量化、高频化将是开关电源的主要发展方向。

开关电源作为用电设备中必不可少的重要组成设备，应用领域众多，且不存在替代设备，因此其市场规模庞大。数据显示，近年来中国开关电源销售额保持持续稳定的增长。

（2）UPS电源

国内市场总体销售额由2018年的83亿元上升至2019年的109亿元，连续五年增长。但从细分产品来看，容量在20kVA以下的中小功率市场规模持续缩水。一方面，是中小功率的UPS产品价格相对较为低廉；另一方面，是UPS市场持续向大功率（电容量在20kVA以上的UPS产品）迁移，主要运用在电信、工业、金融、政府等行业的大型数据中心和高端市场。近年来国家在公路、轨道交通等交通方面加大投资，电力、医疗、海洋等附属设施和信息化建设方面大规模投资，带动了大功率UPS产品的应用。因此，从行业分布来看，电信、互联网、政府、银行、制造是UPS市场销售额前五行业。

而大部分发展中国家的市场成熟度较低，小功率UPS市场需求巨大，在线式UPS中高端产品市场尚处于培育期，跨国UPS巨头对当地市场介入程度不深，本土制造厂商缺乏竞争实力。因此，市场竞争以经销商进口产品为主，市场呈自由竞争格局。鉴于发展中国家市场潜力巨大，发展迅速，且市场进入门槛不高，本土公司可采取与当地知名经销商合作的策略，扩大中低端市场份额，确立差异化竞争优势，逐步树立自有品牌形象，并在中高档产品方面发挥比较成本优势，积极与跨国企业展开竞争。

（3）模块电源

在模块电源领域，行业集中度较低，外资企业凭借较高的技术水平、品牌优势和遍及全球的营销网络等迅速抢占国内市场份额，而内资企业则相对逊色，技术含量不高，市场占有率低，尤其是在中大功率领域，模块电源效率低、体积大，不能满足要求。我国有模块电源生产厂家约几百家，以私营企业、小型企业为主，整体竞争力水平较低，行业集中度较低，市场排名前10家厂商的市场占有率不到60%，且多数是国际品牌，本土品牌较少。尤其在中低端模块电源产品市场，行业基本呈现完全竞争状况，而在高端产品市场，由于相应的技术、工艺等的制约，市场集中度较高，但行业市场规模较小，市场份额主要被领先的国际跨国公司占领。

从销售收入占比来看，市场份额前三名均被国外企业占领。行业应用市场较广泛，模块电源以其更高的转换效率，稳定耐用的性能特点，可适用于各种恶劣的工作环境，使用方便、易于维护，广泛应用于铁路、通信、航空、航天、军工、船舶、电子信息、电力、新能源、工控、仪器仪表、电讯、交通车载等领域。而电子信息产业、航空、航天、新能源等应用领域是国家计划优先鼓励发展的产业，受到国家政策扶持，尤其是在高可靠和高技术领域发挥着不可替代的重要作用。从模块电源产品的上游行业技术发展来看，随着电子、纳米以及新材料技术的进步，以及尖端设备和用户的需求，模块电源将会继续向小型化、系统化、片式化、高集成、高精密、高性能、高可靠性、高抗辐射和低功耗等方向发展。

产业上游竞争分散，下游市场集中度较高。模块电源产业链主要包括原材料供应商、电源制造商、设备制造商和行业应用客户。原材料供应商处于产业链上游，提供控制芯片、功率器件、变压器、PCB等电子器件；电源生产企业处于产业链中游，主要完成对电源产品的研发、生产和销售；下游主要为设备制造商，这些设备制造商负责根据行业用户对相关产品的需求，采购相应型号、规格的电源产品。

从产业链各环节竞争局势来看，模块电源产业链的上游较为分散，除芯片领域外，基本处于完全竞争；下游集中度相对较高，且以大客户为主。模块电源位于产业链中游，向上面临人工成本上行和原材料价格波动的风险，向下面临产品降价的压力。因此，从长期来看，通过研发投入保证技术持续升级和产品迭代更新是模块电源厂商的核心竞争优势。现阶段，虽然我国模块电源厂商众多，但是技术水平大多数比较落后。模块电源上下游如图4所示。

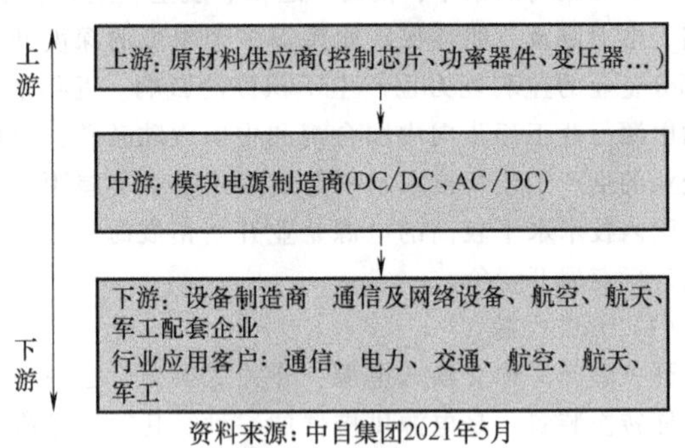

图4　模块电源上下游

（4）新能源电源

随着国内光伏逆变器市场表现出巨大的潜力，逆变器市场竞争更为激烈，逆变器价格越来越接近盈利临界点。大型光伏逆变器企业间并购整合与资本运作日趋频繁，更低的价格对光伏逆变器生产厂商的技术研发水平、产品生产实力等方面都提出极高的要求。缺乏自主研发技术，以购买元器件组装为主的中小逆变器生产企业将面临生存考验，难以获得持续发展。而注重技术积累和技术创新、具有深厚技术研发能力的主流厂商，凭借各方面所拥有的综合优势将获得更大的发展空间。

国内风电变流器厂商整体起步较晚，在风电行业发展初期，主要的风电变流器厂商包括ABB、西门子、Converteam等。随着国家支持政策的陆续出台，风电变流器的进口替代与国产化率显著提升，以禾望电气为代表的国内产品在国内市场逐渐占据主导地位，进口产品的市场占有率逐年下滑，部分企业甚至淡出了国内风电市场竞争。国内风电变流器市场的主流产品为1.5MW与2MW，国内厂商通过多年的研发在技术实力上已经达到了国外领先厂商的水平。

（5）变频器电源

国内大部分本土企业成立时间不长，产品进入市场的时间也较短，因此在产品成熟度和知名度方面还很难与国外品牌媲美，与国外品牌仍存在一定差距。

低压变频器市场集中度有所下降，除了两大巨头 ABB、西门子占据 21%的市场份额，3~10 名的市占率相差不大，外资品牌在国内变频器市场的占有率仍维持在 60%~70%。而国产品牌今年内虽有上升趋势，但是市占率提升方面仍不明显，如汇川市占率为 6%，位列第三位；英威腾市占率为 4%，跻身前十大低压变频器厂商。

国内品牌如汇川技术等，与国际品牌 ABB、西门子的差距日渐缩小。ABB、西门子等以中高端市场为主，产品应用主要集中在起重、冶金、建材、机床和食品饮料等项目型市场；而处于第二阵营的汇川、台达、施耐德等则主要专注于中低端的 OEM 和高端风机泵类市场。从市场份额来看，汇川技术目前牢牢占据低压变频器市场份额第三的位置。

（三）2020 年中国电源行业市场结构分析

（1）中国电源产品结构分析

由于电源产品覆盖的产品种类众多，同时还大量存在各种非标准化的定制化电源产品。根据中国电源学会长期跟踪研究，对 UPS 电源、通信电源、电力电源等重点电源进行了重点的分析研究。当前，对于电源的分类，还没有形成统一的口径，我们的研究主要从以下几个维度进行细分：

按功率变换形式分类，目前的输入功率主要有：交流电源（AC）和直流电源（DC）两类，负载要求也主要有 AC 和 DC 两类。所以，电力电子电源产品有四大类：AC-DC 电源转换产品；DC-DC 电源转换产品；DC-AC 电源转换产品；AC-AC 电源转换产品。

按电源产品功能和效果分类，主要有：开关电源（包含通信电源，照明电源、PC 电源、服务器电源、适配器、电视电源、家电电源等）；不间断电源（简称为 UPS 电源，包含 AC UPS 和 DC UPS 等）；逆变器（包含光伏逆变器，车载逆变器等）；线性电源（包含电镀电源、高端音响电源等）；其他（包含变频器、特种电源等）。

按照电源生产的商业模式不同，可分为：定制电源和标准电源；定制电源是利用电力电子器件、相关自动化控制技术及嵌入式软件技术对电能进行变换及控制，并为满足客户特殊需要而定制的一类电源。按照行业的细分又可以划分为消费类定制电源和工业类定制电源两大类。标准电源是根据国内外的电源标准和要求制造的电源，标准电源针对的是所有需求的用户，是统一、标准化的产品，不是仅针对满足某些特定需求的用户而定制的产品。

根据中国电源学会的研究表明，规模较大的电源类型有 IT 及消费类电源、通信电源、照明电源、UPS 电源、变频器、逆变器等。

开关电源应用十分广泛，主要使用于工业自动化控制、军工设备、科研设备、LED 照明、工控设备、通信设备、电力设备、仪器仪表、医疗设备、半导体制冷制热、空气净化器、电子冰箱、液晶显示器、视听产品、安防、计算机机箱、数码产品和仪器类等领域。目前除了对直流输出电压的纹波要求极高的场合外，开关电源已经全面取代了线性稳压电源，主要用于小功率场合。在许多中等容量范围内，开关电源逐步取代了相控电源，例如：通信电源领域、电焊机、电镀装置等的电源。

其中照明电源又可以分为镇流器、LED 驱动电源以及其他三类。计算机电源主要指传统 PC 电源和一体化 PC 电源两类，传统 PC 电源基本趋于饱和，增长乏力，但是一体化 PC 电源成长性非常好。通信类电源主要包含通信电源、直放站电源等，随着国家 4G 的落实和 5G 的启动，预计“十三五”期间通信电源会保持较好的增长势头。

逆变器主要包含光伏逆变器、便携式逆变器、车载逆变器等类型。其中，光伏逆变器随着绿色能源的兴起，成为最重要的逆变器品类，取得了快速的增长。

UPS 主要分为后备式、在线式和在线互动式三个种类，其中在线式 UPS 占据整体规模的 80%左右。UPS 主要应用在数据中心、办公场所、工业生产、交通等领域和行业。随着数据中心在中国的快速发展，UPS 的市场规模也会持续发展。

变频器主要分为低压变频器和中高压变频器，当前以低压变频器为主，但高压变频器的市场潜力更大一些。传统的起重行业、电梯行业以及注塑机等行业增长速度虽然有所减缓，但数字城市和智能交通的高速建设和发展将带动变频器细分产品的平稳增长。

线性电源主要应用在研究机构、工矿企业以及其他工业领域，需求比较平稳，每年市场规模变化不大。

受益于国家相关政策的推动，新能源汽车充电站、充电桩以及相关驱动控制器市场出现暴发式增长，市场规模日渐扩大。再加上 2019 年提出的“新基建”，未来应该有大幅的需求增长。

同时 2020 年的经济在上半年受新型冠状病毒肺炎疫情影响几乎处于停滞状态，但在国家针对疫情的各项政策指导下在下半年开始好转，这势必影响 2020 全年的产值和市场规模，从而影响企业的销售收入、回款、现金流。综合来看，预计 2021 以后市场反馈和增幅应该从逐渐回暖到快速增长。

（2）2020 年中国电源区域结构分析

从中国电源产业的区域分布结构来看，目前大部分的电源仍在华南、华东两大区域生产，这些区域也正是中国制造业最为发达和集中的区域。根据对中国电源学会会员企业资料统计分析，华南占比最大，华东次之，然后是华北，2020 年中国电源部分区域结构分析结果见表 4。

（3）2020 年中国电源行业结构分析

随着新兴行业的快速发展，以往占市场比重不大的行业如新能源汽车、新能源、LED 驱动、IT 通信等对电源的需求将呈现出快速增长的势头，增长速度相对较快，很多公司进入这些领域。因此，很多公司的产品跨若干领域。从具体市场结构来看，工业控制、新能源、轨道交通和电信基站占应用市场前列，占比分别约为 27.32%、19.36%、13.79%、11.41%；然后是 IT 及消费电子占比为 9.28%，照明占比为 8.49%。2020 年中国电源行业结构示意图如图 5 所示。

表 4 2020 年中国电源部分区域结构分析结果（以会员企业为样本）

区域	数量占比（%）	市场占比（%）
华北 12(北京 8、天津 2、河北 2)	11.32	2.07
华东 47(上海 6、江苏 11、浙江 12、安徽 7、山东 4、福建 5、江西 2)	44.34	61.27
华南 38(广东 38)	35.85	35.18
华中 3(湖北 1、湖南 2)	2.83	0.23
东北 1(辽宁 1)	0.94	0.43
西南 2(重庆 1、四川 1)	1.89	0.21
西北 3(陕西 2、宁夏 1)	2.83	0.61
合计(106 家)	100	100

数据来源：中国电源学会；中自集团 2021 年 5 月

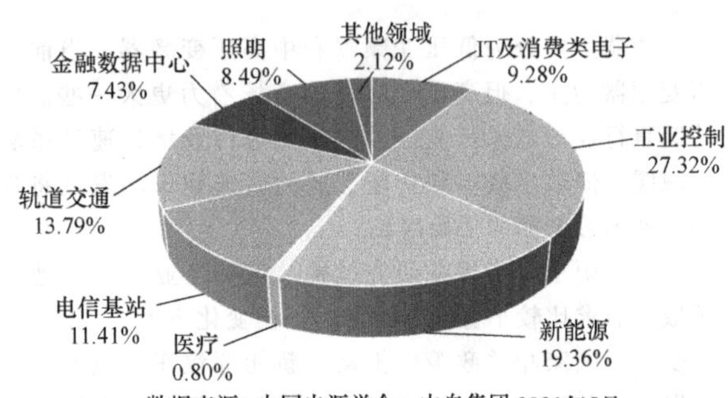

图 5 2020 年中国电源行业结构示意图

三、2020 年中国电源企业整体概况

（一）2020 年中国电源企业数量分布

由于电源产业相关产品的多样性以及产品应用的广泛性，使得电源产业中相关的电源企业数量相对较多。同时，由于电源产品制造的技术门槛以及资金要求都不是太高，这也客观上导致了电源产品相关研发和生产的企业数量众多。但随着近年来电源产品标准化程度和竞争程度不断提高，以及市场对产品技术水平的要求日益提升，一些缺乏核心技术和开发能力的中小企业生存环境日趋严苛，电源产业显现出由分散向相对集中转变的态势。2019 年中国电源企业数量约 2.2 万家，2020 年增幅不大，约 2.3 万家。2015-2020 年中国电源企业数量分析见表 5，如图 6 所示。

表 5 2015-2020 年中国电源企业数量分析

年份	2015 年	2016 年	2017 年	2018 年	2019 年	2020 年
企业数量（千家）	17.8	17.1	16.0	15.9	22.15	23.03
增长率（%）	0.89	-3.93	-6.43	-0.62	39.31	3.97

数据来源：中国电源学会；中自集团 2021 年 5 月

（二）2020 年中国电源企业区域分布

中国电源企业主要分布在三个区域，一是珠江三角洲，主要是深圳、东莞、广州、珠海、佛山等地；二是长江三角洲，主要是上海、苏南、杭州、合肥一带；三是北京及周边地区；武汉、西安、成都等地也有一定的分布。这三大区域经济发展最快，轻重工业均较发达，信息化建设和科技研发水平较高，为技术密集型的电源行业的研发、生产以及销售提供了充分的条件和便利的场所。2020 年中国电源企业区域分布示意图如图 7 所示。

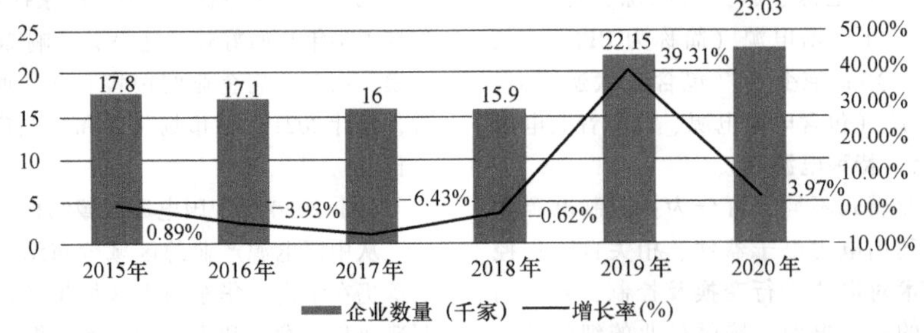

图 6 2015-2020 年中国电源企业数量分析（单位：千家）

（三）2020 年中国电源企业类型分布

我国电源市场经过历练得到了长足的发展，形成了较完整的产业链，各产品领域发展已先后进入竞争激烈期，企业数量大都增长缓慢，甚至出现负增长。根据中国电源学会会员企业资料，2020 年中国电源企业细分领域分布如图 8 所示。

四、2020 年电源市场产品结构分析

电源是向电子设备提供功率的装置，也称电源供应器，是能够将电力能源的形式进行控制、转换的装置。电源产品覆盖的种类众多，同时还大量存在各种非标准化的定制化电源产品，当前对于电源的分类，还没有形成统一的口径，根据中国电源学会长期跟踪研究，主要从以下几个维度进行细分：

1）按转换类型的不同，可细分如下：①根据转换的形式分为：AC-AC、AC-DC、DC-DC、DC-AC；②根据转换的方法分为：线性电源和开关电源；③根据调控的效果分为：

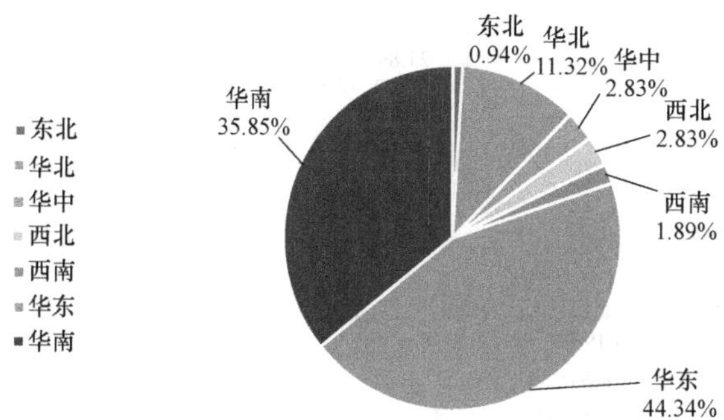

图 7 2020 年中国电源企业区域分布示意图

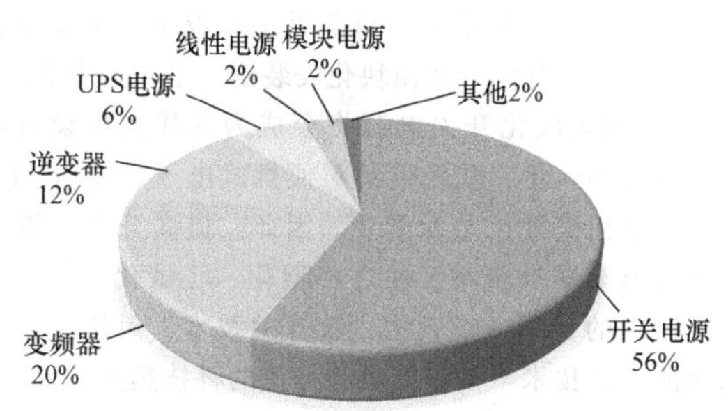

图 8 中国电源企业细分领域分布

稳压、恒流、调频、调相。但电源应用范围广泛，电源产品种类繁多，同时还大量存在各种非标准化的定制化电源产品。

2）按电源功能的不同，可分为：①开关电源（包含通信电源、照明电源、PC 电源、服务器电源、适配器、电视电源、家电电源等）；②不间断电源（简称为 UPS 电源，包含 AC UPS 和 DC UPS 等）；③逆变器（包含车载逆变器、光伏逆变器等）；④变频器和其他电源等。2020 年电源产品类型市场结构分布如图 9 所示。

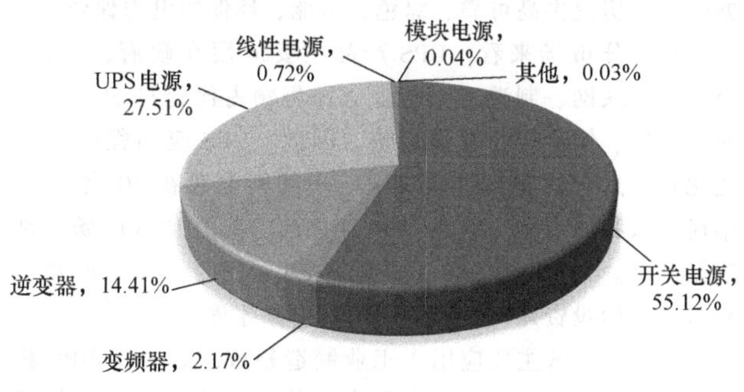

图 9 2020 年电源产品类型市场结构分布

根据统计的便利性，下面按电源功能分类进行产品结构分析：

（1）开关电源市场分析

近年来，我国开关电源市场稳定增长，由于其具有小体积、重量轻、高功率密度、高效率、低功耗、高可靠性、稳定输出等众多优势，广泛应用于各大领域。开关电源可分为标准化产品和非标准化产品，标准化产品主要应用在消费电子及 PC 电源领域，非标准化产品主要应用在工业、新能源、通信等领域。根据下游应用行业发展情况，预计开关电源行业当前的销售额平均每年有 7%～10% 的幅度增长。

线性电源功率器件工作在线性状态，功率器件一直在工作，导致功耗大、转换效率低、发热量大、体积大等缺点。开关电源因其体积小、电流大、效率高等优点，在 21 世纪初逐渐取代了线性电源成为电源市场的主流品类。开关电源上电过程中会有大的浪涌电流从输入端流向向输出端，如果输出端持续短路，短路电流经同步续流管，热量积累会导致芯片损坏。因此不能直接将市电转化为电路所用的小电压，而需要分成两级甚至多级降压，有时候在最后一级也会使用线性电源。

根据电源学会对会员企业的统计分析，包括占市场份额较大的 TDK-Lambda（无锡东电化兰达电子有限公司）、台达、可立克、茂硕等。其中 TDK-Lambda 立足中国超过 20 年，保持全球工业电源最大市场占有率。2020 年开关电源市场整体增长率约为 21.89%，市场规模约为 1900 亿元。2015-2020 年中国开关电源产品市场分析见表 6，2015-2020 年开关电源市场规模变化趋势如图 10 所示。

表 6 2015-2020 年中国开关电源产品市场分析

年份	2015	2016	2017	2018	2019	2020
开关电源（亿元）	1149.8	1215.3	1323.3	1429.5	1503	1832
增长率（%）	5.10	5.70	8.89	8.03	5.14	21.89

数据来源：中国电源学会；中自集团 2021 年 5 月

从我国开关电源的应用领域来看，目前我国开关电源主要集中在工业领域，占比达 53.94%，其次为消费类电子领域，占比达 33.05%。二者总占比超过 85%以上，行业需求领域集中度非常高。未来，随着一些新兴行业的快速发展，预计以往占市场比重不大的行业如电力、交通、新能源等对开关电源的需求将呈现出快速增长的势头，增长速度相对较快。中国开关电源按应用领域细分市场分布图如图 11 所示。

全国开关电源的供应商主要分布在华北、华东和华南，分布在其他区域的企业只有 26%。从产业集群来看，主要形成了珠三角地区、长三角地区，以及北京、天津、河北附近的首都经济圈地区三大产业区，另外，在西安、武汉也有少量开关电源企业分布。

中国开关电源行业发展趋势分析：

1）高频化技术的发展：目前，社会的快速发展无疑也对开关电源技术的发展提出了新的要求。现阶段，开关变换器的开关频率已经比以往有着较大程度的提高。与此同时，随着频率的日益提高，开关变换器的体积也处于不断

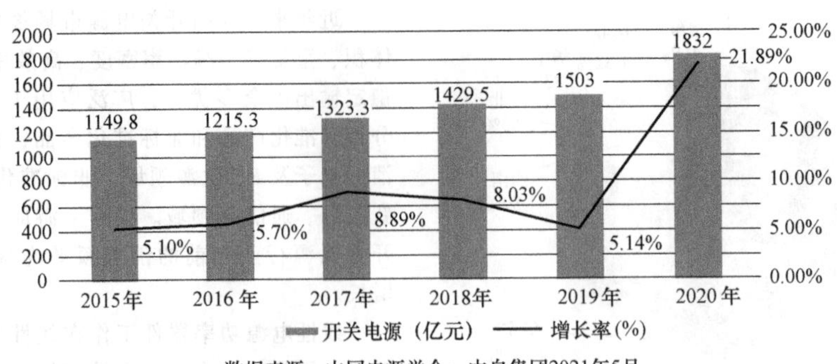

图 10 2015-2020 年开关电源市场规模变化趋势（亿元,%）

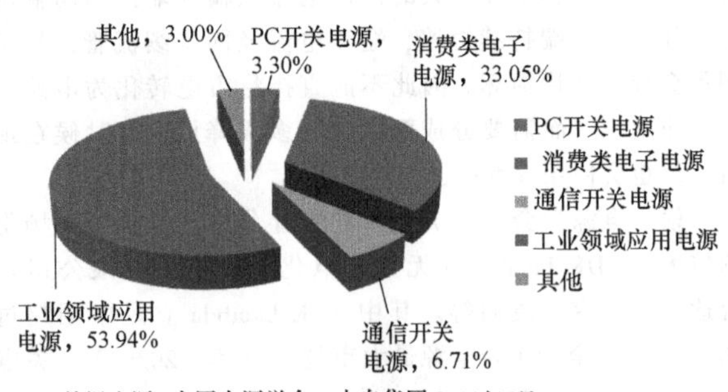

图 11 中国开关电源按应用领域细分市场分布图（单位:%）

减少的态势之中，所以也为开关电源技术的不断完善提供了机遇。然而，高频化开关电源技术的出现，无疑也会加速开关内部元器件的损耗程度，并且也会引发一系列问题的出现。

2）数字化技术的发展：对于传统开关电源而言，模拟信号对控制部分的工作起到引导作用。现阶段，数字化控制已经是绝大部分设备所采用的控制方式，而开关电源同样也是数字化技术今后应用的主要领域。现阶段，数字化电源技术的研究已经成为科研人员攻关的主要方向，并且也收获了很多的科研成果，这无疑对推动开关电源数字化技术的发展起到了关键的推动作用。数字化电源将成为市场追逐的热点之一。数字化电源开关与数字芯片的智能控制相结合，能运用适当的算法对电压、电流进行调节。与模拟电源相比，数字化电源对电流误差的校正和检测将会更为精确。

3）低输出电压技术的发展：众所周知，半导体在开关电源中有着极为重要的作用，并且半导体技术的快速发展，将直接对开关电源技术的发展起到积极的作用。现阶段，对于微型处理器以及便携电子设备而言，其工作电压的稳定程度对于设备的使用方面有着关键作用，所以要求今后半导体装置变换器可以用更低的电压来确保微型处理器以及电子设备可以得到高质量的工作，同时也为开关电源技术的发展再一次明确了方向。

4）模块化技术的发展：这里的模块化技术，可以分为两个方面去解读，一方面是功率器件，另一个方面是电源单元。通过模块化技术，可以极大地减少开关电源的体积，但为了在不损失电源系统的可靠性的情况下，需要整合所有的硬件，以芯片的形式模块化安装到一个单元中去。

5）小型集成化开关电源将会成为现代供电设备的主流：电源的小型化、减轻重量对便携式电子设备（如移动电话、数字相机等）尤为重要。因此，提高开关电源的功率密度和电源转换效率，使之小型化、轻量化，是人们不断努力追求的目标。高频化、软开关技术、模块化是电源小型化的主要技术手段，将成为行业的科技热点。

6）节能低碳环保产品成为市场追逐的热点：随着各领域节能环保目标的确定，绿色化的开关电源产品将得到广泛的应用，具体体现在开关电源产品具有显著的节能性能和不对公用电网产生污染的特点。国家产业政策将会继续利好开关电源的发展。低碳经济已逐渐成为全球经济发展的共识，中国在调整经济结构的同时，更是将低碳、环保提升到一个新的高度。从另一个角度来看，也促进了开关电源的发展。

（2）不间断电源市场分析

UPS是不间断电源的简称，主要作用是在计算机系统停电之后继续工作一段时间以使用户能够紧急存盘，不致因停电而影响工作或丢失数据。因此，UPS 产品广泛应用于现代信息技术发展的各行业数据中心机房，为各行业数据中心机房提供高可靠、绿色、节能、环保的电力保障。

从细分市场来看，UPS 产品主要应用在政府、电信、金融、互联网、制造五大行业，销售额占比超过 50%，交通、医疗、保险行业增速最快。因此，UPS 应用程度与工业化和信息化程度高度正相关。不间断电源在 20 世纪 70 年代进入我国市场，但在 1990 年之前，我国 UPS 市场主要依靠进口。在 1991 年以后，随着国外领先的 UPS 厂商开始纷纷在中国投资建厂，我国不间断电源才逐步发展起来。

过去，UPS 主要应用于工业制造领域，近几年 UPS 新增市场空间主要来自国内各行业的信息化建设。2017 年随着“互联网+”时代的到来，IT 技术的迅速发展，移动互联网、物联网、云计算等数据业务需求呈现爆炸式增长。我国作为一个发展中的新兴数据中心市场，近几年保持 40%左右的增速发展，从而带动 UPS 产品的需求快速增长。而且随着电信、轨道交通等领域信息化加大建设，以及由资源共享需求和绿色节能驱动规模化、集约化大型数据中心建设，中大功率 UPS（≥10kVA）市场份额逐步提升，已逐渐取代小功率 UPS 成为市场的主角。

目前，我国大数据发展如火如荼，5G 商业化渐行渐近，智慧城市建设不断提速，UPS 作为其中必不可少的基础设备，市场需求仍将持续快速释放。未来随着各行业智能化、信息化升级，以及云计算等新技术的促进，UPS 市场前景持续向好。

从行业发展前景来看，我国 UPS 行业具有如下两个方面的利好因素。

首先，国内信息化建设提速。2016 年 7 月 27 日，中共中央办公厅、国务院办公室印发《国家信息化发展战略纲要》，纲要明确了信息化应贯穿我国现代化始终，在生态、法治、军队、教育、工业等各领域建设都要起到关键作用。可以预见，未来很长一段时间国家将进一步加大在各行业特别是金融、教育等领域信息化建设的投资。UPS 作为信息化建设基础设施的重要组成部分，受益颇多。

其次，互联网数据中心业务市场暴发。数据中心是云计算的基础设施，互联网数据中心业务（IDC）牌照放开后，阿里云、腾讯云、华为等巨头进入市场。数据显示，2020 年全球公有云服务整体市场规模（IaaS/PaaS/SaaS）达到 3124.2 亿美元，同比增长 24.1%，中国公有云服务整体市场规模达到 193.8 亿美元，同比增长 49.7%，为全球各区域中增速最高。IDC 预计，到 2024 年，中国公有云服务市场的全球占比将从 2020 年的 6.5%提升为 10.5%以上。

云计算的加速发展助推了数据中心的不断升级和扩容。由于 IDC 是高速互联网调控中心，用户对信息资源的远程处理、存储和转送的时效性要求极高，即使是几秒钟的停机也会给整个互联网的安全运行和用户的生产经营带来无法估量的损失，因此 UPS 是 IDC 建设不可或缺的部分，UPS 行业将会因此而受益。

新型冠状病毒肺炎疫情刺激了全球公有云服务市场，特别是 IaaS 市场的快速增长，2020 年全球 IaaS 市场达到 671.9 亿美元，同比增长 33.9%。AWS、Microsoft、阿里巴巴、Google、IBM 位居市场前五，共同占据 77.1%的市场份额。此外，腾讯、华为、中国电信、百度、金山也已占据重要的市场地位。

在需求持续释放下，UPS 行业市场规模迎来稳步增长。根据中国电源学会对市场主要企业（占市场份额 60%左右）的分析统计，2020 年 UPS 的市场增长率约为 7.01%，销售额约为 103.83 亿元。2020 年全球 UPS 市场规模达到了 126 亿美元，预计 2027 年将达到 181 亿美元，年复合增长率（CAGR）为 5.34%。2010-2020 年中国 UPS 产品销售额及增长率见表 7，如图 12 所示。中国 UPS 应用领域结构图如图 13 所示。

表 7　2010-2020 年中国 UPS 产品销售额及增长率

年份	2010	2011	2012	2013	2014	2015	2016	2017	2018	2019	2020
UPS 销售额(亿元)	34	37.2	38.3	41	47.6	57	68.4	73.4	83	97.03	103.83
增长率(%)	7.26	9.41	2.96	7.05	16.10	19.75	20.00	7.31	13.08	16.9	7.01

数据来源：中国电源学会；中自集团 2021 年 5 月

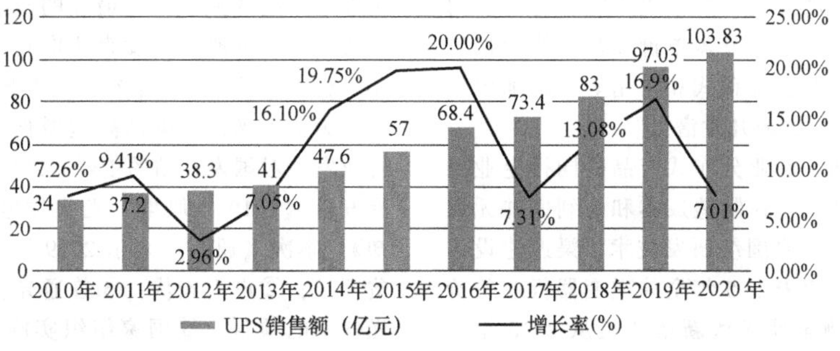

数据来源：中国电源学会；中自集团2021年5月

图 12　2010-2020 年中国 UPS 销售额及增长率（单位：亿元,%）

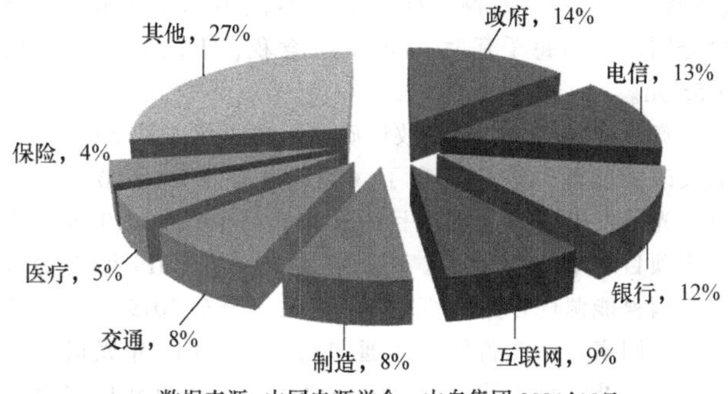

数据来源：中国电源学会；中自集团 2021年5月

图 13　中国 UPS 应用领域结构图（单位：%）

UPS 行业发展趋势分析：

1）发展方向为节能低耗与绿色环保：节能低耗与绿色环保已经成为 UPS 产业的发展方向。随着国家能源战略和信息化战略的逐步推进，UPS 作为信息化建设的关键设备，UPS 的高效、节能、低耗和环保将是主力厂商的研究与开发方向。

2）客户一体化需求：随着科学技术的进步，用户已经不再满足于单一 UPS 的电能保障功能，开始关心整个电能供应系统的可靠性与可用性、关心支持整个数据中心的物理基础设施及其运营效率。下游客户对 UPS 厂商的产品和服务的一体化需求，将引导设备提供商提供相应的解决方案。未来的 UPS 主力厂商，不再仅是单一的 UPS 供应商，而是成为电能质量整体解决方案的提供商。

3）与上下游的合作：参与全球市场的竞争，UPS 厂商必须加强上下游资源的整合，优化现有营销网络。通过加强与上游的合作，将提升企业的资源整合能力，并在质量保证、价格同盟、协同生产等方面提升公司的竞争优势。通过加强与下游渠道商和行业客户的合作，将自有营销服务网络和当地的销售渠道紧密结合起来，将更能了解客户的需求，并更好地适应用户的需求变化。上下游合作的加强，将使主力厂商的市场影响力不断扩大，从而获得更加广阔的市场空间。

4）行业集中度将进一步提高：随着 UPS 行业竞争的加剧，优胜劣汰的自然规律将迫使一部分装备水平差、管理水平低、缺乏核心竞争力的企业退出市场，起到了加速行业洗牌的作用，同时也使具有较强技术研发实力、较大生产规模和品牌优势厂商获得更大的扩张机遇和市场空间，UPS 行业集中度未来将进一步提高。

5）同源技术在新能源领域应用日益扩大：UPS 采用的核心技术是逆变技术，可以将不稳定的电能转换为稳定的电能。与 UPS 逆变技术同源的太阳能逆变技术、风能发电机组变流技术目前应用日益广泛，是国家积极鼓励发展的“新能源、节能环保”绿色技术，符合未来的发展潮流，可以预见，未来 UPS 领域的核心逆变技术应用范围将日益扩大。

（3）逆变器市场分析

我国逆变器在全球产业链中的优势，没有电池、组件环节那么明显，2019 年我国逆变器产量占全球市场的 80% 以上，出口量占全球 45% 以上，但前 6 家中国企业营收只占全球的 30%。原因是国产逆变器多数集中在低价的国内市场和海外地面电站市场，主要覆盖单价和盈利能力最底部的赛道。而面向海外工商业分布式和户用等高附加值的蓝海市场，我国企业仍有巨大的开发潜力。

比较目前海外户用和工商业分布式产品的同行企业的财务数据可以发现，中外企业在制造成本和毛利率并无明显的差异，未来的竞争将主要围绕研发技术、渠道建设以及费用控制能力展开。展望未来 5 年全球逆变器行业的价格趋势和需求，我们预测全球光伏新增装机从 2020 年的 122GW 增长到 2025 年的 346GW（CAGR13%），相应地，光伏逆变器市场规模从 458 亿元增长至 1096 亿元。

在企业方面，逆变器经过自身不断地投入和研发，从传统的海外大品牌 ABB、SMA、TMEIC 等手中抢下大片江山，形成了以华为、阳光电源、锦浪科技位列前三的一批龙头企业。这三家企业出口占比达 30%，前五大逆变器企业出口额超过 10 亿美元。固德威、爱士惟（原 SMA 中国）、古瑞瓦特等紧随其后。

中国逆变器军团在全球市场上的表现非常抢眼，不管是出货量，还是销售额占比，都占据了显赫的位置。前十大公司依次是：阳光电源、华为、SMA、Power Electronics、Fimer、上能电气、SolarEdge、古瑞瓦特、TMEIC、锦浪科技。这些厂商中，一半为中国公司。需要留意的是，由于 SMA 公司在 2018 年进行了股权重组，其中国区板块独立出来并更名为爱士惟，因此 2019 年开始，SMA 出货量及以下各地区排名均可能包含爱士惟的出货。而固德威、Fronius、Ingeteam、特变电工、科士达、正泰电源系统等也名列前茅。阳光电源、华为、SMA 当之无愧是全球前三大逆变器巨头，但以上能电气、古瑞瓦特、锦浪科技、固德威、爱士惟、正泰电源系统等为代表的中国逆变器厂商，上升势头十分明显。尽管中国逆变器厂家经历了 2018 年光伏发展的艰难时期，但依然保持了旺盛的增长态势。

逆变器于 2020 上半年出现明显的洗牌效应，阳光电源与逆变器巨头 SMA 因分别取得中、南部大型项目订单，纷纷进入逆变器排行前五名；逆变器大厂 SolarEdge 表现依旧亮眼，连续 3 年排名稳定；KACO 于 2019 年被西门子收购后挟带渠道优势，继 2017 年后再次重回排行榜前十。

据统计，光伏逆变器主要企业 2020 年第一季度逆变器出口金额达 5.51 亿美元（包括光伏、离网光伏、车用、逆变器电源、储能逆变器等产品，不含中国品牌在海外工厂出货）。其中，核心光伏逆变器企业出口 3.96 亿美元，前十占比高达 95%。SolarEdge 表现依旧亮眼，出口 0.75 亿美元，占比达到 19%。阳光电源出口 0.608 亿美元、华为 0.572 亿美元、Enphase0.49 亿美元、锦浪科技 0.37 亿美元。自主品牌出口金额排名方面，分别是阳光电源、华为、锦浪科技、古瑞瓦特和固德威。出口超过 1000 万美元的国家和地区有 11 个，占比为 76.49%。其中美国为 18.34%、荷兰为 15.39%、巴西为 8.47%、德国为 7.37%、印度为 6.88%、澳大利亚为 5.22%、中国香港为 3.89%、波兰为 3.06%、日本为 2.81%、越南为 2.55%和韩国为 2.50%。

逆变器是光伏发电系统的大脑，将组件所发的直流电转化成交流电，并跟踪光伏阵列的最大输出功率，将其能量以最小的变换损耗、最佳的电能质量馈入电网。除了负责将太阳能电池板所发直流电转换为交流电，光伏逆变器还对整个电站系统的运行状态起监控、调节和记录的作用。

为推动光伏发电从高速增长向高质量发展转变，降低行业发展对国家补贴的依赖，2019 年 5 月 30 日，国家能源局发布《2019 年风电、光伏发电项目建设有关事项的通知》。本次《通知》表示 2019 年光伏项目分为：①光伏扶贫项目；②户用光伏；③普通光伏电站；④工商业分布式光伏发电项目；⑤国家组织实施的专项工程或示范项目。其中光伏扶贫项目的补贴政策按照国家政策执行，户用光伏项目采用固定补贴方式对应补贴预算 7.5 亿元，新建户用光伏为 350 万千瓦；其余补贴竞价项目按 22.5 亿元补贴（不含光伏扶贫）总额进行竞价。新增集中式光伏电站指导价分别确定为每千瓦时 0.40 元（含税，下同）、0.45 元、0.55 元。

竞价指标落地，装机放量确定。2019 年 5 月 20 日，国家发改委能源局联合发布了《关于公布 2019 年第一批风电、光伏发电平价上网项目的通知》，公布了 2019 年平价光伏项目名单，光伏装机容量为 14.78GW。2019 年 7 月 11 日，国家能源局官方网站发布了《关于公布 2019 年光伏发电项目国家补贴竞价结果的通知》，公布 2019 年光伏发电项目国家补贴竞价结果，3921 个项目纳入 2019 年国家竞价补贴范围，总装机容量为 22.79GW。

竞价项目引入显著降低度电补贴，平价上网需求促进系统成本下降。根据纳入 2019 年光伏发电国家竞价补贴范围的项目申报电价，各省市普通光伏电站竞价项目的加权竞价申报上网电价在 0.32~0.5 元/kW · h 之间，均低于各类资源区的上网指导电价，补贴电价为 0.03~0.12 元/kW · h。在当前上网电价下，项目收益率为 8%时，各省市系统成本在 3.52~4.88 元/kW 之间，若实现平价上网 irr=8%，则系统成本需降低至 2.78~4.02 元/kW 之间，降幅最高达 30%，对应的度电成本在 0.25~0.44 元/kW · h 之间。

1500V 光伏电站系统已成为国际主流，预计 2019 年 DC1500V 逆变器份额增至 74%。在全球范围内，1500V 已成为大型光伏项目的必要条件。除中国外 2017 年 DC1500V 逆变器占全球光伏市场三相逆变器出货量的 40%，2018 年提升至 62%，全面超越 DC1000V。预计未来两年内全球 1500V 光伏电站规模将突破 100GW，2020 年占比突破 80%。

逆变器按照适用场所分为集中式逆变器、集散式逆变器、组串式逆变器以及微型逆变器。2019 年，光伏逆变器市场仍然主要以集中式逆变器和组串式逆变器为主，微型和集散式逆变器占比较小。随着分布式光伏市场的快速增大及集中式光伏电站中组串式逆变器占比的增高，组串式逆变器在 2019 年的市场占比达到了 60.2%。集散式逆变器相比集中式逆变器提升 MPPT 控制效果，且相比组串式逆变解决方案拥有较低的建造成本。因此，市场份额呈现出逐年上升的趋势。2018-2025 年不同类型逆变器的市场份额预测如图 14 所示。

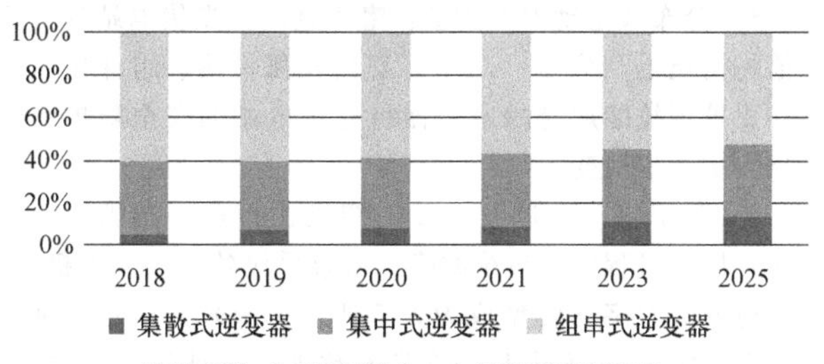

数据来源：中国电源学会；中自集团2021年5月

图 14　2018-2025 年不同类型逆变器的市场份额预测

2019 年，集中式逆变器的中国效率平均在 98.45%左右，集散式逆变器在 98.43%左右，组串式逆变器在 98.48%左右。逆变器内部的功率半导体器件以及磁性器件在工作过程中所产生的损耗是影响逆变器效率的重要因素。随着未来硅半导体功率器件技术指标的进一步提升，碳化硅等新型高效半导体材料工艺的日益成熟，磁性材料单位损耗的逐步降低，并结合更加完善的电力电子变换拓扑和控制技术，逆变器效率将有进一步提升的空间。图 15 给出了 2018-2025 年不同类型逆变器中国效率变化趋势。

未来几年，全球越来越多地使用更高的平均额定功率，例如 1MW 以上的电表，以及更多直流耦合或混合逆变器，可以处理住宅应用中的太阳能和储能。交流耦合解决方案仍然是改造的首选解决方案。但是，在预测期内，预计大型直流耦合逆变器将越来越多地安装在美国和中国等前端市场，因为能源存储越来越多地与太阳能共存。另一方面，由于存储装置的广泛地理分布以及越来越多的新供应商进入市场，能量存储逆变器领域的竞争格局仍然“高度不稳定”。因此，合并、收购和退出的数量将继续增加。其他领先的供应商，如 Dynapower，正在与 SMA 和 Raychem 等某些供应商合作，以帮助其在美国和印度等市场销售直流耦合逆变器。

我国光伏产业继续保持稳增长态势。一是产业规模保持增长。多晶硅、硅片、电池片、组件产量均保持不同程度的同比增长。二是技术水平不断提升。在内外部环境的共同推动下，我国光伏企业加大工艺技术研发力度，生产工艺水平不断进步。三是对外贸易平稳增长。在产品价格继续下滑的情况下，受全球光伏市场继续增长以及我国海外基地产能逐步释放的拉动，我国光伏产品出口量继续增长，各环节出口量再创新高。四是国内市场保持平稳。2020 年逆变器产品销售额为 133.8 亿元人民币，同比增长 22.11%。2015-2020 年中国逆变器销售额及增长率见表 8，如图 16 所示。

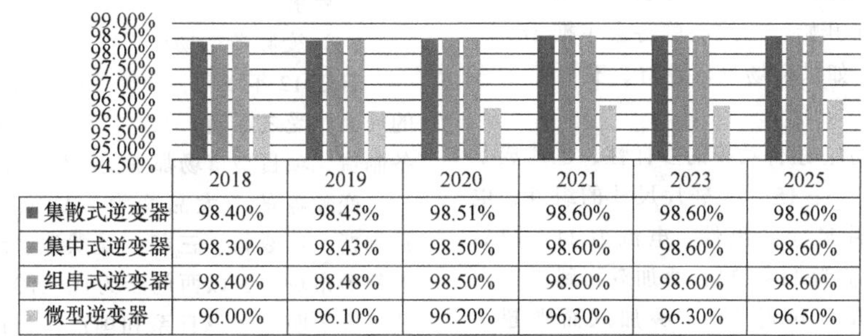

	2018	2019	2020	2021	2023	2025
集散式逆变器	98.40%	98.45%	98.51%	98.60%	98.60%	98.60%
集中式逆变器	98.30%	98.43%	98.50%	98.60%	98.60%	98.60%
组串式逆变器	98.40%	98.48%	98.50%	98.60%	98.60%	98.60%
微型逆变器	96.00%	96.10%	96.20%	96.30%	96.30%	96.50%

数据来源：中国电源学会；中自集团2021年5月

图 15　2018-2025 年不同类型逆变器中国效率变化趋势

表 8　2015-2020 年中国逆变器销售额及增长率

年份	2015 年	2016 年	2017 年	2018 年	2019 年	2020 年
逆变器销售额(亿元)	50.49	60.08	71.5	85.08	109.57	133.8
增长率(%)	19.99	18.99	19.01	18.99	28.78	22.11

数据来源：中国电源学会；中自集团 2021 年 5 月

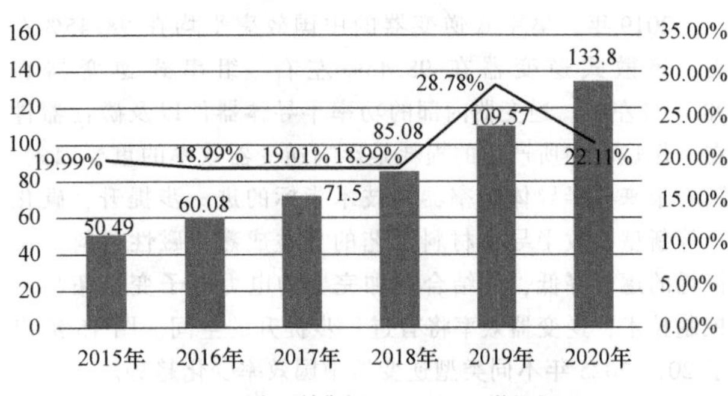

数据来源：中国电源学会；中自集团2021年5月

图 16 2015-2020 年中国逆变器销售额及增长率（单位：亿元，%）

逆变器行业的现有问题：

1）上游产能阶段性过剩严重：经过 2020 年 7 月硅片、10 月玻璃掐脖子事件后，光伏组件大厂包括晶澳、天合、晶科等纷纷扩产硅片、电池片等，210 尺寸和 182 尺寸两个阵营大打出手，互不相让，纷纷扩大产能实现垂直一体化，以求降低成本、不受制于人，增加竞争优势。可以预期，2021 年硅片、电池片、组件产能将超过 300GW，远远超过 2021 年世界预计光伏组件的需求量。预计在 2021 年 6 月之后，将迎来残酷的价格战，组件有可能降到 1.2 元/瓦以下。

2）组件功率及尺寸仍然无法统一：2021 年光伏市场将会出现 280～600W 以及 600W 以上的组件，几十种组件在市场上流动。以协鑫为代表的多晶硅组件，156.75 和 158.75 硅片尺寸，组件功率在 280～360W 之间，由于成本低，设备不需要更新换代，明年估计还可以继续生存；部分二线品牌组件厂，2019 年底或者 2020 年初刚升级为 166 硅片尺寸，组件功率在 340～360W，440～470W 之间，目前 210 硅片和 182 硅片尚不明朗，这些厂家不会马上站队，切换到大硅片组件；2021 年开始，一线品牌将会主推 182 硅片和 210 片硅片的组件，如果市场反应良好，有可能会占据主流。

3）组件电流千差万别：组件功率的多样性，也造成了组件电流的多样性。156.75、158.75 硅片尺寸的组件，电流在 10A 以下；166 硅片尺寸的组件，电流为 11～12A；210 硅片尺寸的组件，电流为 11～12A，叠加双面到 13A 左右；182 组件工作电流单面接近 13A，叠加双面则超过 15A；如果是 600W 以上的大组件，电流接近 18A。

4）国内平价上网成主流：2020 年由于组件上涨，很多竞价平价项目将会延期到 2021 年，而 2021 年又是去补贴的第一年。央企是市场的投资主体，大型地面电站将占据主流。因此，2021 年上半年重点是竞价项目，下半年重点是平价上网项目，尤其是地面电站项目。1500V、200kW 以上的逆变器将有可能是市场主流。

逆变器行业发展趋势分析：

1）组串式逆变器成为主流：组串式智能解决方案高效、高可用率、多路 MPPT，带来更高发电量的同时，无易损件、无熔丝设计大幅降低初始投资和运营成本，增加系统可靠性，系统 BOS 成本每瓦可节省 4.5 分。

2）1500V 成为行业主流：从系统端着眼，兼具降本与增效的 1500V 系统逐渐成为大型地面电站的主流方案，尤其是新兴市场，印度、中东非、拉美市场已全面切换至 1500V 系统。相比 1100V，1500V 系统以更高的电压、更长的组串长度，大幅减少设备成本、线缆成本及施工成本，系统 BOS 成本每瓦至少降低 5 分。全球低电价及无补贴光伏项目均采用 1500V 方案设计。据统计，全球 2018 年大型地面场景 1500V 发货量已经超越 62%（除中国）。从 2011 年开始，历经 7 年时间的概念期、新品期、验证期，2018 年包括逆变器在内的 1500V 设备已大规模发货，成为大型地面电站迈过平价的首选方案。

3）双面+跟踪+组串逆变器：随着双面组件、跟踪支架系统的普及与应用，与之匹配的双面逆变器升级成为必然。双面跟踪智能逆变器一手降低组串失配损失，一手融合跟踪支架控制、供电、通信管理，可大幅度提高系统发电量。

4）光储系统：储能对于光伏等新能源大规模并网的重要性不言而喻。尽管掣肘于成本因素，光储产业化仍处于示范效应及补贴驱动发展阶段，但市场化步伐正加速落地。而光储系统的应用，进一步驱动逆变器向电站能源管理中心演进。

5）分布式主动安全防护：毫无疑问，光伏电站的一切价值均构建于“安全”之上。直流拉弧检测、组件快速关断和保护等技能加身的逆变器将光伏电站的安全防护由被动型向主动型演变。

6）数字化、智能化，AI 使能光伏行业：光伏行业在高速发展的过程中，传统的降本增效手段效果已接近极限，光伏行业的数字化转型成为大势所趋。未来光伏行业都将建立在数字化的基础上，随着大数据、云计算、物联网、移动互联等相关技术的不断发展实现管理可视化、运维高效化等要求。

（4）变频器市场分析

自 2012 年以来，我国传统经济面临着去库存与调结构的局面。受之影响，工业自动化产品所服务的下游 OEM 设备制造、项目型市场都承受着较大的转型压力。

变频器的十大品牌为：ABB、台达、安川、西门子、丹佛斯、英威腾、三菱、爱默生、施耐德、汇川。在国内变频器市场中，以西门子为代表的欧系品牌在技术和品牌认可度上明显超越日系和国产，目前欧系品牌变频器仍然占据主要地位，2020 年一季度欧系品牌占比达 56%，日系和国产则分别占比 13%、31%，国产品牌主要集中在 OEM 市场，在产品技术实力和品牌认可度上仍有较大的提升空间。

变频器市场通常细分为中高压和低压两个部分，低压变频器是其中最重要的细分市场。低压变频器调速范围广、操作简单，能够实现工艺调节、节能、软起动、改善效率等功能，低压变频器下游较为分散，在电梯、纺织机械、起重机械、电力、冶金等领域均有应用。

低压变频器市场在经过 2017 年的快速增长以后，近两年市场增速明显放缓。2019 年中国低压变频器同比呈现小幅度下滑。2019 年上半年，受社会融资增速放缓、中美贸易战焦灼不下、3C 产品销售市场低迷、汽车行业持续下行等因素的影响，低压变频器市场同比出现明显滑坡。三季度开始，随着项目型市场的活跃，以及部分 OEM 行业的回暖，抑制了 2019 年全年低压变频器市场的下滑幅度，我国低压变频器整体市场有望在新的一年出现转机。然而，2020 年开年，一场突如其来的新型冠状病毒肺炎疫情，一时让大部分行业陷入停滞，工厂的生产与制造，产业供应链的供给与需求，以及消费端等都造成了不小的负面影响。在新变化形势下，中国低压变频器机遇与挑战并存的市场亟待探究。MIR 报告从以下三大亮点模块洞悉市场现状及未来走向：

1）从本土、日韩、欧美三大系别供应商来看，欧美厂商市场份额有所增长，本土品牌快速扩张的势头有所抑制，日韩企业继续下行。2019 年之前，本土品牌增长较快，势头向好，欧美厂商、日韩厂商都承受着一定的压力，而 2019 年项目型市场出现明显回暖迹象，欧美企业在此市场优势明显，市场份额有所增长，日韩企业大多以传统 OEM 市场为主，2019 年市场份额进一步萎缩，本土企业份额在多年持续扩大的背景下，首次出现“熄火”现象，国产几大厂商发展都不及预期，增速放缓严重。

2）从通用型、工程型、专用型变频器来看，专用型变频器开始广受市场青睐，份额持续上升。目前市面上，汇川的电梯一体化专机、空压机一体机 CP700 都取得了较好的成绩，专用型变频器成为近年来各大厂商纷纷角逐的领域，各厂商新品的发布也逐步向专用性布局，例如，西门子针对风机泵领域推出新产品 G120X、G120XA，严格来讲不是专用型变频器，却是西门子的所有低压变频器产品系列中，专用性较强的产品系列，另外，工程型变频器与项目型市场的发展息息相关，存在周期性变化，而通用型变频器市场增长乏力，随着市场对定制化需求的逐步提升，专用型变频器或将成为市场的主要拉动力。

3）从机械负载、提升负载、风机水泵三大运用领域来看，风机水泵成为近年来的热点话题。除了西门子的 G120X、G120XA 以外，汇川针对水泵领域也开始试水水泵一体机，风机水泵市场依然是各大厂商重点布局所在，增长较为稳定，另外提升负载中典型的电梯和起重机械行业整体较为平稳。

近几年我国低压变频器由于下游应用于增速较稳定的 OEM 市场，因此比中高压变频器表现好，但近三年低压变频器市场规模整体有所下滑。中高压变频器则主要应用于项目型市场，主要为外资垄断，中压市场主要应用于煤炭行业，竞争厂商少，汇川技术为国产品牌领导者。

高压变频器下游大多为高耗能的国有大中型企业，需求旺盛；同时在环保、节能等趋势下，一系列政策为我国高压变频器市场提出了指导方向，“十三五”规划也强调“实施全民节能行动计划”。高压变频器应用领域涉及电力等多种行业，我国高压变频器市场一直保持稳定增长。2020 年变频器整体市场规模为 303.8 亿元，同比增长 20.59%。

近年来，在变频器市场中，我国自主研发能力有所提升，特别是高压变频器在 2017 年的专利申请数稳定在 160 项以上。同时，在实体经济的拉动作用下，变频器将冲入新能源领域，在冶金、煤炭、石油化工等工业领域将保持稳定增长，在城市化率提升的背景下，变频器在市政、轨道交通等公共事业领域的需求也会继续增长，从而促进市场规模扩大，预计到 2025 年我国变频器市场规模将达 883 亿元。2012-2020 年中国变频器市场规模及增长率见表 9，如图 17 所示。

表 9　2012-2020 年中国变频器市场规模及增长率

年份	2012 年	2013 年	2014 年	2015 年	2016 年	2017 年	2018 年	2019 年	2020 年
变频器(亿元)	234.65	237.76	231.3	208.03	176	195.5	202.8	251.93	303.8
增长率(%)	-14.36	1.33	-2.72	-10.06	-15.40	11.08	3.73	24.23	20.59

数据来源：中国电源学会；中自集团 2021 年 5 月

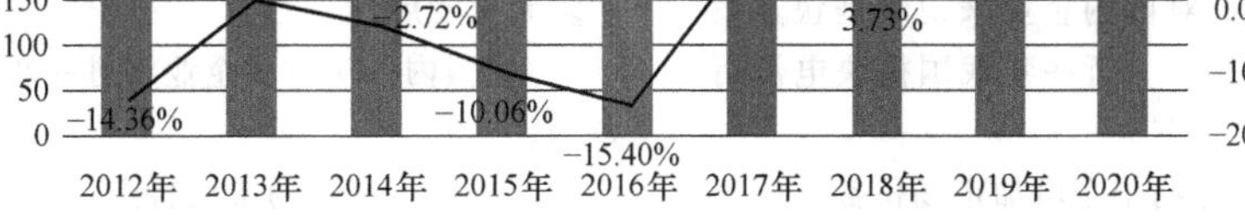

图 17　中国变频器市场规模及增长率（单位：亿元,%）

（5）模块电源市场分析

按输入输出电压方式划分，中国模块电源市场主要包括 DC-DC 模块电源市场和 AC-DC 模块电源市场两部分。其中市场主流产品是 DC-DC 模块产品，占据了市场 90%以上的市场份额。AC-DC 模块电源在通信领域很少运用，主要是用在电力、铁路等其他行业监控系统等领域，目前市场规模较小，但发展速度较快。

DC-DC电源中主要包括隔离式电源和非隔离式电源。隔离式电源是传统常用产品，其价格远远高于非隔离式电源，因此，目前从市场销售额来看，隔离式电源占据绝对市场主导地位，市场份额超过85%。然而，由于非隔离式电源顺应半导体技术低压大电流的发展趋势，效率较高，发展速度较快，随着用户对配电成本控制的需求越来越高，在电源系统的末端，当用户采用分布式架构的配电方式且配电路数很多或功率较大时，隔离的DC-DC电源产品正在逐步被非隔离的DC-DC产品替代。

模块电源作为新一代的电源产品，应用领域广泛：如民用、工业和军用等众多领域。包括交换设备、接入设备、移动通信、微波通信以及光传输、路由器等通信领域和汽车电子、航空、航天等。其中，通信电源领域、国防领域、新能源汽车领域是模块电源行业主要应有的三大领域。由于采用模块组建电源系统具有设计周期短、可靠性高、系统升级容易等特点，模块电源的应用越来越广泛。尤其近几年由于数据业务的飞速发展和分布式供电系统的不断推广，再加上5G、军民融合政策及新能源扶持政策的多起利好事件，让模块电源行业在通信、国防及新能源汽车等领域的应用进一步渗透，模块电源发展十分迅速。市场规模稳步增长，行业竞争日趋激烈。

目前，国内电源模块行业的竞争相当激烈，大量新晋电源厂商的涌入，以及客户对电源产品性价比的日益追求，加速了产品价格战的“白热化”，企业之间的兼并战也愈演愈烈，很多传统电源模块公司被收购、并购，行业经历着不断的“洗牌”和重建。在国际上，国际模块电源跨国公司通过投资兼并与重组在其他国家设立合资子公司、控股子公司，扩大其业务范围，利用原公司的销售渠道等抢占市场份额，降低其市场拓展成本。在国内，我国模块电源企业倾向通过并购切入下游军工领域。例如2019年4月和7月，航天长峰和航锦科技的两次并购，其目的均是加强在下游军工电子领域的竞争力。

数据显示，近年来，我国模块电源市场需求呈现稳步上升的态势，行业发展迅速，2018年模块电源的需求量约为80亿元，2019年约为85.9亿元，2020年则约为103.38亿元，增长率为20.35%。2021-2020年中国模块电源市场规模及增长率见表10，如图18所示。

表10 2010-2020年中国模块电源市场规模及增长率

年份	2010年	2011年	2012年	2013年	2014年	2015年	2016年	2017年	2018年	2019年	2020年
模块电源销售额(亿元)	32	34	35	39	45	51	60	64.7	80	85.9	103.38
增长率(%)	3.23	6.25	2.94	11.43	15.38	13.33	17.65	7.83	23.65	7.38	20.35

数据来源：中国电源学会；中自集团2021年5月

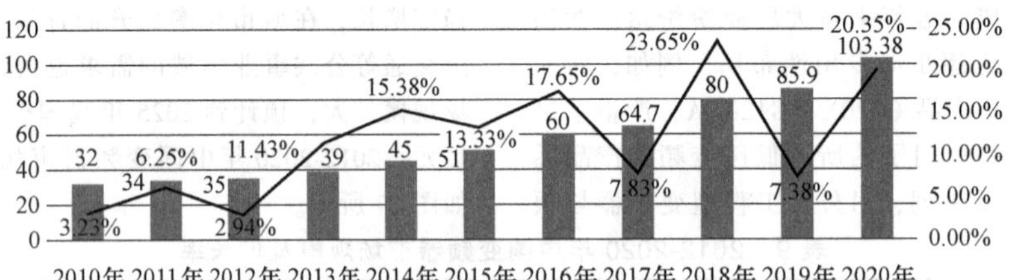

图18 2010-2020年中国模块电源市场规模及增长率（单位：亿元,%）

中国市场成为国际输配电巨头盈利的重要来源，中国长期发展的前景还将继续吸引国外同行。国际跨国企业的技术、品牌处于绝对优势地位，预计在行业处于调整时还将有大量的外资并购发生，这对国内企业来说既是快速发展的活力，也是面临的强大压力。近些年我国模块电源行业并购主要呈现出三大特点：

1）外资企业将继续通过并购华企增加市场份额。一般而言，外资企业进入新兴市场考虑到便捷性，刚开始多以成立合资公司方式。但进入中国市场之后为占领更大的中国市场，投资形式从以合资为主逐渐转向独资或合资控股为主。

2）外资企业通过混合并购实现多元化发展。进入中国的电源企业，如艾默生、爱立信等，模块电源只是其在华投资的一部分，以艾默生为例，其在华投资不仅包括模块电源，还延伸至家用电器、空调、流体、工业、通风、密封以及汽车和精密电机等领域。目前，艾默生的业务遍布世界范围的100多个国家和地区，在绝大多数国家都实行了多元化发展。

3）国内模块电源企业将进一步加强在下游军工领域的布局。

中国模块电源的市场特点：

1）季节性特点逐步减弱：由于模块电源寿命较长、损坏率较低，模块电源市场大部分来自行业用户对新设备的采购需求，用于电源折旧更换的部分很少。模块电源生产商直接面对的下游客户是通信及网络设备制造商、航空航天及军工配套企业、铁路电力设备制造商。设备厂商多采用集中采购的模式，比如：通信及网络设备制造商，以往每年度招投标一次，对模块电源生产企业的产品价格、技术、质量等方面进行比较，选择入围企业。因此，模块电源市场随着行业集采的淡旺季具有一定的周期性、季节性，往往第三、四季度属于销售旺季。然而近两年，我国正在大力推动5G、宽带接入、高速铁路、智能电网、光伏等行业的发展，需求的持续增加带动了模块电源市场供给的持续扩大，行业集采招标会频率加大，每一年或半年就举行一次，模块电源行业的周期性、季节性有所减弱。

2）技术集成壁垒较高：模块电源高功率密度、高可靠性、优良的电磁兼容性发展要求，需要技术结构完备的人才队伍进行研发和生产，特别是在高端模块电源领域，具有较强的技术集成及一定的技术壁垒。电源生产企业如果仅掌握一两种技术，而不具备技术集成的综合实力，则无法达到用户的需求，尤其是高端用户需求。模块电源关键技术在于：

① 频率前馈补偿技术：通过调节开关频率，使得功率变换状态趋于更加合理，同时为同步整流提供了良好的驱动条件。

② 磁集成技术：通过选择合适的电路拓扑，把变压器、电感、谐振电容集成到一个磁心上。该工艺属于新兴的大功率混合集成技术和电力电子技术相结合的边缘科学，能大幅提高模块电源的功率密度，降低设计成本，非常适合于低压大电流的应用场合。

③ 有源钳位技术：利用变压器的电感和寄生在功率开关管上的电容，采用特殊的控制技术，使高频功率开关管工作在准零电压导通的工作模式，大幅降低开关功率损耗，提高转换效率。

④ 同步整流技术：利用功率MOS低内阻的特点，采用与原边功率开关管同步驱动的技术，使原边功率开关管与副边的整流管同步开通与关断，降低整流管的导通损耗，替代肖特基整流二极管，非常适合于低电压大电流的应用场合，采用同步整流技术与肖特基二极管整流技术相比，模块的整体效率可以提升6%以上。

⑤ 数字控制：使用数字信号控制（DSC）技术对电源的闭环反馈实施控制，并形成与外界的数字化通信接口，采取数字控制技术的模块电源是模块电源行业未来发展的新趋势，目前产品还很少，多数模块电源企业不掌握数字控制的模块电源技术，因此国际、国内市场均没有进入大量应用阶段。

⑥ 多层板技术：部分高功率密度产品使用超过10层的多层PCB，优化产品的布线和散热，并最终使模块电源的电磁兼容特性得到优化。

3）上下游产业关联性较强：与上游行业的关联性主要体现在成本控制方面。上游行业主要包括结构件加工行业和电子元器件行业。近两年，国际金融危机导致电子原材料供应紧张，工业原材料价格上涨，这直接影响到电源行业生产商的生产制造成本控制，利润空间缩小，加大了对规模较小的电源生产商的生存危机，对电源产业的发展造成一定的不利影响。然而，随着全球经济的复苏，原材料供求关系将会得到相应的改善。下游行业对本行业的发展具有较大的牵引、拉动作用，其需求变化直接影响本行业未来的发展状况。近些年，通信、航空、航天、军工、电力、铁路、新能源等行业受国家政策的影响，行业投资规模持续扩大，进而带动这些行业设备制造商的需求增加，将使模块电源行业维持较长时期的景气周期。

模块电源行业发展趋势分析：

1）高功率、高密度、小型化：现在的电子产品、通信技术、设备、集成模块等，对电子元件的体积要求越来越高。网络设备的下沉、功耗及算力的持续提升，电源的高密小型化已成必然。因此，模块电源继续将减小体积、提高效率、提高功率密度等相互结合。高频、磁集成、封装、模组化等技术的逐步成熟也将加速电源小型化的进程。

2）数字化：传统的功率部件将逐渐数字化，并实现“部件级、设备级、网络级”智能化管理。比如，服务器电源云管理，实现数据可视可管，设备状态可视可控、能效AI优化等远程智能化管理来提升整个供电系统的可靠性。

3）芯片化、智能化：板载电源模块已逐渐由原来的PCBA形态演进到塑封形态，未来，基于半导体封装技术和高频磁集成技术，电源将由独立硬件向软硬件耦合的方向发展，即电源芯片化。不仅功率密度可提升约2.3倍，还可以提升可靠性及环境适应能力，使能设备智能化升级。

4）超续航能力的超级快充：智能化设备应用越来越广泛，手机、PAD、便携机等智能终端设备逐渐深入到生活的每一个角落，比如：会议、直播、购物、视频、手游等。应用的多样化导致耗电量大幅增加，加上充电时间和场景的不确定性，人们对智能终端的续航能力的焦虑日益凸显，随时随地超级快充成为一种迫切需求。

5）低压大电流：集成电路对微处理器信赖度很高，它负责功能模块的主要数据的处理，是整个产品的核心功耗消费者。随着现代微处理器的工作电压不断下降，模块电源的输出电压也不断下降，从5V到3.3V，再到1.8V。据业内预测，电源输出电压还将降到1.0V以下。因此，若要微处理器保持较高的运行效能，电压的下降则要求电流需要比原有加大到一定级别。对于模块电源而言，低压大电流从来就是行业的技术难点，它对技术、电子元件、工艺等方面的要求都越来越高。

6）硬件可靠、软件安全：除了硬件可靠性持续提升外，功率器件的数字化、管理云化也带来潜在的网络安全威胁，电源的软件安全也成为新的挑战，系统韧性、安全性、隐私性、可靠性、可用性成为必要的要求。电源产品一般不是攻击的最终目标，但对电源产品的攻击会增强对整个系统的破坏性。

7）绿色环保：20世纪80年代，计算机、电子领域全面采用了开关电源，率先完成计算机电源换代。从此，开关电源技术相继进入了电子、电器设备领域。随着电子产品的普及，对能源的需求也呈现逐级上升的趋势。要想保证行业的健康持续发展，意味着绿色用电将是行业的主流——高效省电。目前效率为75%的200W开关电源，自身要消耗50W的能源。根据美国环境保护署1992年6月17日“能源之星”计划规定，个人计算机或相关的外围设备，在睡眠状态下的耗电量若小于30W，就符合绿色计算机的要求，提高电源效率是降低电源消耗的根本途径。

五、2020 年中国电源市场应用行业结构分析

作为服务于各个领域的基础行业，电源行业的发展受下游拉动的影响很大，如果下游行业的政策利好发展迅猛，电源行业会得到相应的快速拉动。随着中国通信网络设施的建设升级，中国航空、航天及军工产业的投入持续加大，高速铁路建设的速度加快，以及“十三五”期间中国战略性新兴产业的大力发展，预计未来几年中国电源市场仍将继续增长。

（一）IT 及消费电子行业

1. 通信行业分析

在国内市场，电源的重要应用领域之一是通信设备领域，主要用于基站通信设备、光通信网络设备、宽带通信设备、程控和网络交换机、环境及监控设备等为设备提供电源保障。因此，通信设备等通信固定资产的投资规模很大程度上反映了电源的消费规模。

“十三五”期间，我国将加快光纤宽带网络、下一代互联网和新一代移动通信基础设施建设，基本建成宽带、融合、泛在、安全的新一代通信基础设施。通信业将推动电信普遍服务从“行政村通”延展到“自然村通”，普遍服务内容逐步从语音业务扩展到互联网业务，基本实现村村通宽带。

中国的通信行业正在经历走出去的历史阶段，广阔的海外市场同时拉动了中国通信企业的发展。此外，除了传统的通信电源市场，基于 IP 的增值应用设备和新兴的无线通信技术所用电源也展现出了巨大的发展潜力。随着高可靠、小体积智能电子设备的普及应用，电源在新兴行业的市场需求得以逐渐挖掘。综上所述，信息产业的发展为国内通信设备制造商的发展提供了良好的发展契机，同时也带动了电源行业的快速发展。

通信设备等通信固定资产的投资规模很大程度上反映了电源的消费结构。根据工业和信息化部《通信业统计公报》，2018 年全国净增移动通信基站 29 万个，总数达到 648 万个；2019 年全国净增移动通信基站 174 万个，总数达到 841 万个；2020 年全国移动通信基站总数达到 931 万个，全年净增 90 万个。其中 4G 基站总数达到 575 万个，城镇地区实现深度覆盖。5G 网络建设稳步推进，按照适度超前原则，新建 5G 基站超 60 万个，全部已开通 5G 基站超过 71.8 万个，其中中国电信（0728 HK）和中国联通（600050 CH）共建共享 5G 基站超过 33 万个，5G 网络已覆盖全国地级以上城市及重点县市。2020 年中国通信电源产品市场规模达到 158 亿元，同比增长 15.33%。2020 年，三家基础电信企业和中国铁塔股份有限公司共完成固定资产投资 4072 亿元，比上年增长 11%，增速同比提高 6.3 个百分点。2015-2020 年中国通信电源行业市场规模及增长率见表 11，如图 19 所示。

表 11　2015-2020 年中国通信电源行业市场规模及增长率

年份	2015 年	2016 年	2017 年	2018 年	2019 年	2020 年
通信电源(亿元)	85	102	120	128	137	158
增长率(%)	21.43	20.00	17.65	6.67	7.03	15.33

数据来源：中国电源学会；中自集团 2021 年 5 月

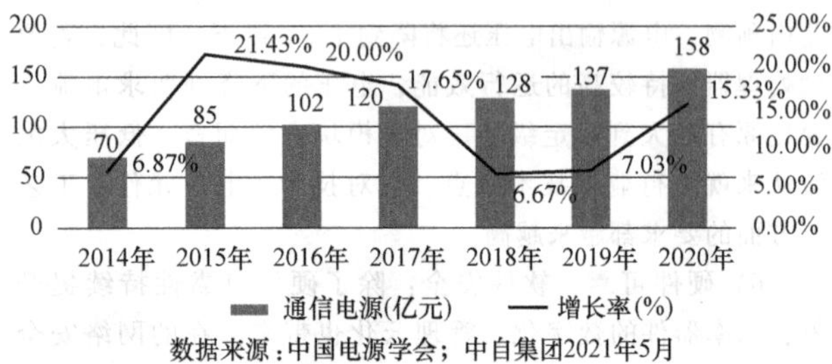

图 19　2015-2020 年中国通信电源行业市场规模及增长率

2018 年政府工作报告将 5G 规划进“中国制造 2025”，我国有望率先实现 5G 商用引领全球，5G 时代即将到来。中国联通公布了最新 5G 商用时间表：2018 年进行 5G 规模试验，2019 年进行 5G 预商用、2020 年正式商用 5G。

2019 年作为 5G 元年，真正的建设时间实际不足半年，因为在前半年，基本上大家都处于观望态度，即便是三大通信运营商在做年度工作规划时，对 5G 也未有充分重视，只说做好实验网的测试工作。但没想到 5G 商用牌照提前至 6 月 6 日正式发放，而且国家推动 5G 快速发展的意志越来越坚定，故下半年整个产业链呈现快马加鞭的发展情况。据通信主管部门数据，截至 2019 年底，全国共建 5G 基站数已超过 13 万个。

据 GSMA 预测，到 2025 年，全球将有 12 亿个 5G 连接，中国将占据其中约 1/3 的份额，领先欧洲的 19% 和美国的 16%。根据中国信息通信研究院（工信部电信研究院）2017 年 6 月发布的《5G 经济社会影响白皮书》，5G 商用将开启运营商的网络大规模建设高峰，尤其是初期，设备制造商将成为最大的经济产出单位（受益者）。2020 年电信运营商在 5G 网络设备商的投资将超过 2200 亿元。且随着 5G 商用的持续深入，其他行业在 5G 设备上的支出将稳步增长，到 2030 年，预计各行业各领域在 5G 设备上的支出将超过 5200 亿元，设备制造企业在总收入中的占比接近 69%。通信电源作为网络设备运行不可或缺的配套设备，销售额也将随之增长。运营商和各行业 5G 网络设备收入预计（亿元）如图 20 所示。

通信电源行业市场竞争的特点：

1）通信电源行业内部竞争加剧的原因有如下几种。

① 行业增长缓慢，对市场份额的争夺激烈。

② 竞争者数量较多，竞争力量大抵相当。

③ 竞争对手提供的产品或服务大致相同，或者至少体现不出明显的差异。

④ 某些企业为规模经济的利益，扩大生产规模，市场均势被打破，产品大量过剩，企业开始诉诸削价竞销。

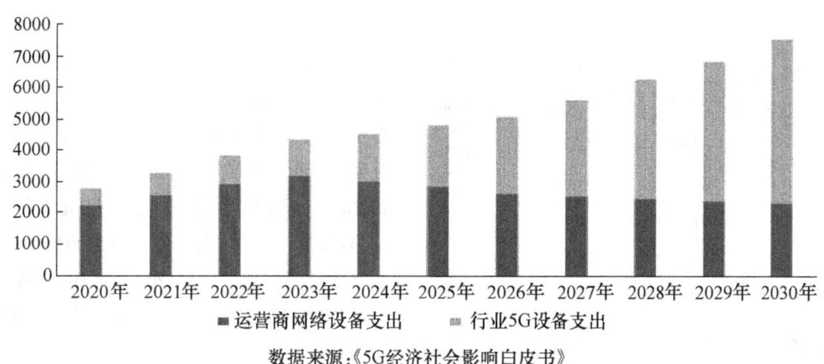

图 20　运营商和各行业 5G 网络设备收入预计（亿元）

2）通信电源行业顾客的议价能力：行业顾客可能是行业产品的消费者或用户，也可能是商品买主。其议价能力表现在能否促使卖方降低价格、提高产品质量或提供更好的服务。

3）通信电源行业供货厂商的议价能力：表现在供货厂商能否有效地促使买方接受更高的价格、更早的付款时间或更可靠的付款方式。

4）通信电源行业潜在竞争对手的威胁：潜在竞争对手指那些可能进入行业参与竞争的企业，它们将带来新的生产能力，分享已有的资源和市场份额，结果是行业生产成本上升、市场竞争加剧、产品售价下降、行业利润减少。

5）通信电源行业替代产品的压力：是指具有相同功能，或能满足同样需求从而可以相互替代的产品竞争压力。

市场竞争是市场经济的基本特征，在市场经济条件下，企业从各自的利益出发，为取得较好的产销条件、获得更多的市场资源而竞争。通过竞争，实现企业的优胜劣汰，进而实现生产要素的优化配置。

2. 数据中心分析

互联网数据中心（Internet Data Center，IDC）是集中计算和存储数据的场所，是为了满足互联网业务以及信息服务需求而构建的应用基础设施，可以通过与互联网的连接，凭借丰富的计算、网络及应用资源，向客户提供互联网基础平台服务（服务器托管、虚拟主机、邮件缓存、虚拟邮件）以及各种增值服务（场地的租用服务、域名系统服务、负载均衡系统、数据库系统、数据备份服务等）。

全球进入“互联网+”时代，万物互联、云计算、AI、大数据等技术在各行各业广泛渗透，并伴随着 5G 时代即将来临，数据的产生、处理、交换、传递呈几何级增长，从而驱动数据中心产业加速发展。

5G 时代，超大型云计算 IDC 和小型的边缘计算 IDC 有望成为未来数据中心的主要发展方向。5G 时代，更高速大容量的网络有望带来更多的数据，全新的网络架构（边缘计算 MEC）以及新增的应用场景需求（低延时高可靠通信）有望带动运营商边缘数据中心的建设。根据中国联通的统计，供电基础设施建设和运营成本分别占数据中心 CAPEX 和 OPEX 的 50%和 28%，未来高效的供电技术方案发展潜力巨大。目前，主流的数据中心电源系统有 UPS（Uninterruptible Power System）和 HVDC（High Voltage Direct Current）两种。相较于 UPS，HVDC 具有运行效率高、占地面积少、投资成本和运营成本低的特点，有望成为未来市场主流。

目前，数据中心供电系统有 UPS 和 HVDC 两种方案：UPS 为不间断电源，是一种输入和输出均为交流电的电源。当市电输入正常时，将其稳压后供应给设备使用；当市电中断后，将电池的直流电能转换为交流电供给设备（负载）使用。HVDC 为高压直流电源（相对传统的-48V 直流通信电源而言，有 240V 和 336V 两种制式），是一种输入市电交流电，输出直流电的电源。相较于 UPS，HVDC 在备份、工作原理、扩容以及蓄电池挂靠等方面存在显著的技术优势，因而具有运行效率高、占地面积少、投资成本和运营成本低的特点。

数据中心规模，按标准机架数量，可分中小型（$n<3000$）、大型（$3000\leq n<10000$）和超大型（$n\geq 10000$）。数据中心可用性，可按《GB 50147-2017 数据中心设计规范》分为 A 级、B 级和 C 级，业内也常按 TIA-942 标准分为 T1、T2、T3 和 T4。也有数据中心服务商的宣传材料中，宣称级别为“n 星级”或者“Tn+”，均为非标准说法。

整体行业在绿色节能的主题背景下，高密度场景应用需求、能耗、资源整合等多方面的挑战给当前的数据中心产业提出更高的要求，在此市场需求推动下，数据中心将朝着模块化、集约化、规模化的趋势发展：模块化的数据中心能实现快速部署、柔性扩充等方面的建设需求；集约化数据中心部署可以节省数据中心之间的交互成本，有利于降低部署和运维成本；规模化的数据中心则可以充分满足海量数据的处理需求。2014-2020 年，全球 IDC 市场规模不断提升，到 2020 年持续增长到 6783 亿元，同比增长率为 35.03%。2014-2020 年全球数据中心市场规模见表 12，如图 21 所示。

表 12　2014-2020 年全球数据中心市场规模

年份	2014 年	2015 年	2016 年	2017 年	2018 年	2019 年	2020 年
数据中心规模(亿元)	2019.86	2369.14	3118.11	3689.43	4444.6	5032.2	6783
增长率(%)	-17.42	17.29	31.61	18.32	20.47	13.02	35.03

数据来源：中国电源学会；中自集团 2021 年 5 月

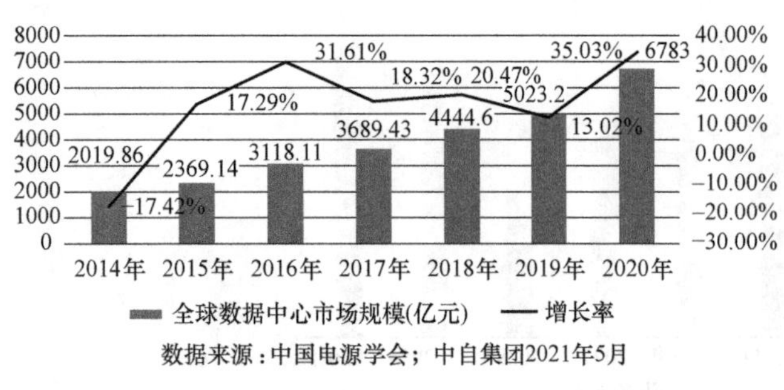

图 21　2014-2020 年全球数据中心市场规模

2019 年中国数据中心保有量约为 7 万个，总面积约为 2650 万 m^2。到 2020 年底，中国数据中心保有量将超过 7.5 万个，总面积将超过 3000 万 m^2。2017-2019 年中国数据中心机架数量逐年上升，2019 年数据中心机架数量达到 227 万架。2014-2020 年，我国 IDC 市场规模也随之不断提升，到 2020 年持续增长到 1785 亿元，同比增长率为 18.35%。2014-2020 年中国数据中心在全球占比逐年递增，仅次于排名第一的美国。2014-2020 年中国数据中心市场规模见表 13，如图 22 所示。2014-2020 年中国数据中心全球市场占比如图 23 所示。

表 13　2014-2020 年中国数据中心市场规模

年份	2014 年	2015 年	2016 年	2017 年	2018 年	2019 年	2020 年
中国数据中心市场规模(亿元)	372.14	518.51	714.5	946.1	1277.2	1508.3	1785
增长率(%)	41.80	39.33	37.80	32.41	35.00	18.09	18.35

数据来源：中国电源学会；中自集团 2021 年 5 月

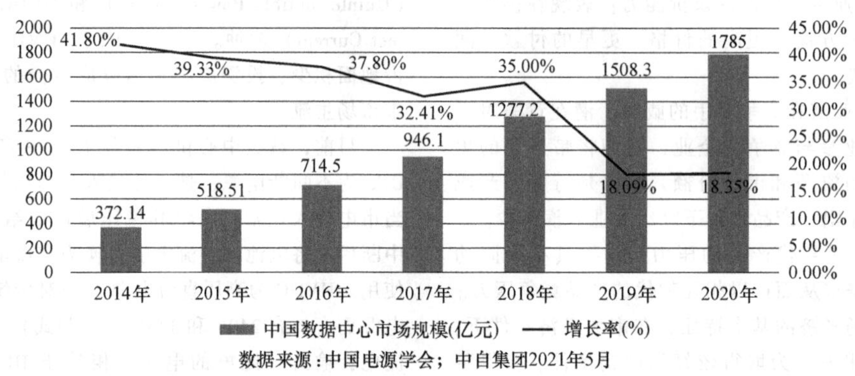

图 22　2014-2020 年中国数据中心市场规模

图 23　2014-2020 年中国数据中心全球市场占比

在过去的几年中，我国政府大力推动云计算、大数据、5G 等现代信息产业发展，对于信息产业基础设施建设提出了较高的要求：

1）2012 年，工信部电信管理局发布了《关于进一步规范因特网数据中心（IDC）业务和因特网接入服务（ISP）业务市场准入工作的实施方案》，鼓励符合条件的企业进入 IDC 和 ISP 领域。在 2016 年的 IDC 服务大会上，中国信息通信研究院院长刘多女士表示，截至 2016 年 10 月底，国家已经发出 327 张跨地区的 IDC 业务经营许可证和 844 张省内 IDC 的经营许可证。

2）2017 年初，工信部信软司发布《大数据产业发展规划（2016-2020 年）》解读，其中提到大数据产业的健康发展，是国家做出的重大战略部署，是实施国家大数据战略、实现我国从数据大国向数据强国转变的重要举措。而在其中提到的 7 项重点任务中，完善大数据产业支撑体系、合理布局大数据基础设施建设等被单独作为一项重点任务提及。并在《规划》中提出，总体目标方面，到 2020 年，大数据产业体系基本形成，大数据相关产品和服务业务收入突破 1 万亿元，年均复合增长率保持 30%左右。市场巨大的大数据产业，30%稳定复合增速的目标，政策鼓励的支持，都有望带动底层基础设施的发展，引领 IDC 行业的前进方向。

3）2017 年 11 月，中共中央办公厅、国务院办公厅印发《推进互联网协议第六版（IPv6）规模部署行动计划》，要求推进 IPv6 规模部署，高效支撑移动互联网、物联网、工业互联网、云计算、大数据、人工智能等新兴领域快速发展。在 2018 年 5 月工业和信息化部发布的关于贯彻落实《推进互联网协议第六版（IPv6）规模部署行动计划》的通知中提到，推进应用基础设施 IPv6 改造，落实配套设施保障措施。数据中心作为其中一环，担任着重要任务。

4）随着移动互联网的迅速发展，加上在此次新型冠状病毒肺炎疫情防范中对云和数据的应用，国家已享受到早期新型基础建设的红利，这也客观上促进了政府对新基建的重视程度。在 2020 年 4 月，官方明确给出了新基建的范围，其中包括数据中心。这将对数据中心整体利好，但也带来了阿里巴巴、腾讯等大型互联网公司，以及更多国企的高举高打，原有小型且低端的数据中心不仅难以吃到红利，而且会加快淘汰出局。

IDC 行业市场规模较大，在国内仍处于发展期，且作为新兴信息产业最重要的基础设施之一，需求方兴未艾、潜力尚有较大空间。未来，国内的 IDC 服务商也将向产业链上下游延伸。由于 IDC 上游市场格局相对成熟，向下游延伸更加符合企业发展方向。对于外资云计算企业来讲，该规定增加了行业进入门槛，但是对于国内 IDC 服务商来讲，反而迎来了政策红利，因为帮助外资云落地国内，合作开展云计算业务成为一种新机遇。此外，国内具有一定技术实力的 IDC 服务商也可顺应市场发展趋势，开展云计算业务。IDC 产业链如图 24 所示。

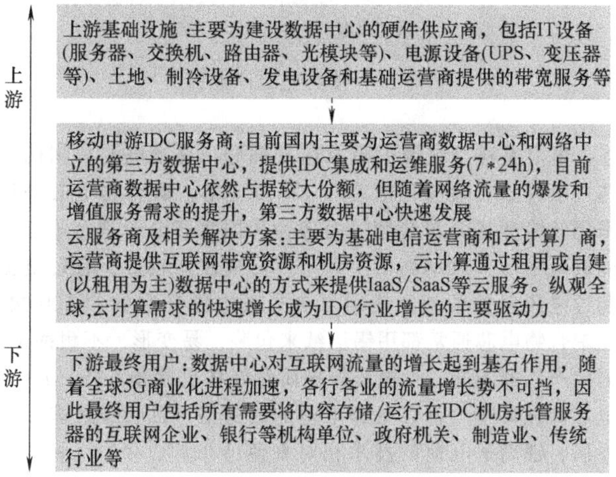

上游

上游基础设施：主要为建设数据中心的硬件供应商，包括IT设备(服务器、交换机、路由器、光模块等)、电源设备(UPS、变压器等)、土地、制冷设备、发电设备和基础运营商提供的带宽服务等

移动中游IDC服务商：目前国内主要为运营商数据中心和网络中立的第三方数据中心，提供IDC集成和运维服务(7*24h)，目前运营商数据中心依然占据较大份额，但随着网络流量的爆发和增值服务需求的提升，第三方数据中心快速发展
云服务商及相关解决方案：主要为基础电信运营商和云计算厂商，运营商提供互联网带宽资源和机房资源，云计算通过租用或自建(以租用为主)数据中心的方式来提供IaaS/SaaS等云服务。纵观全球，云计算需求的快速增长成为IDC行业增长的主要驱动力

下游

下游最终用户：数据中心对互联网流量的增长起到基石作用，随着全球5G商业化进程加速，各行各业的流量增长势不可挡，因此最终用户包括所有需要将内容存储/运行在IDC机房托管服务器的互联网企业、银行等机构单位、政府机关、制造业、传统行业等

数据来源：中自集团2021年5月

图 24　IDC 产业链

互联网数据中心行业发展趋势：

1）5G 即将部署扩展应用场景，进一步挖掘流量需求：2019 年 6 月 6 日，工业和信息化部向三大运营商中国移动、中国联通、中国电信和中国广播电视网络有限公司正式发放 5G 牌照，批准这四家企业经营“第五代数字蜂窝移动通信业务”。2019 年 10 月，工业和信息化部向华为颁发中国首个 5G 无线电通信设备进网许可证，2019 年 10 月 31 日举行的 2019 年中国国际信息通信展览会上，工业和信息化部与三大运营商举行 5G 商用启动仪式。中国移动、中国联通、中国电信正式公布 5G 套餐和全国首批 50 个 5G 商用城市名单，并于 11 月 1 日正式上线 5G 商用套餐。结合 5G 的主要应用方向以及 5G 的部署，大流量场景将继续增加，带动全球网络数据量激增，数据中心的重要地位进一步彰显。

2）专业 IDC 服务商发展空间巨大：目前，国内存量数据中心市场中，电信基础运营商仍占绝对主导地位，跟美国早期市场较为相似。由于运营商在 IDC 运营中，人员成本、客户响应能力等方面不具备比较优势，而且运营商机房网络一般具有排他性，因此随着产业的发展，运营商市场地位会逐渐削弱，随着客户结构日益复杂和对运营服务需求的提升，国内专业 IDC 服务商的优势将更加凸显。

3）传统 IDC 同质化竞争激烈，向云计算数据中心升级是未来趋势：IDC 市场竞争日渐激烈，传统单纯 IDC 服务利润率较低，IDC 服务商需要在服务器托管的传统业务基础上拓展更多的增值服务。随着越来越多的企业进军 IDC 领域，传统 IDC 服务的同质化日渐严重，单纯 IDC 服务商利润率越来越低，因此传统 IDC 服务商需要在原有业务的基础上开发更多的增值服务，提高产品的毛利率。云计算数据中心中托管的不再是客户的设备，而是计算能力和 IT 可用性。数据在云端进行传输，云计算数据中心为其调配所需的计算能力，并对整个基础构架的后台进行管理。从软件、硬件两方面运行维护，软件层面不断根据实际的网络使用情况对云平台进行调试，硬件层面保障机房环境和网络资源正常运转调配。数据中心完成整个 IT 的解决方案，客户可以完全不用操心后台，就有充足的计算能力可以使用。传统 IDC 只有向云计算数据中心升级才能在激烈的同质化竞争中脱颖而出，增加客户黏性的同时提升业务盈利水平。

4）我国公有云互联网巨头独大，私有云未来增长空间明显：我国公有云市场保持高速增长。2018 年我国云计算整体市场规模达到 962.8 亿元，增速为 39.2%。其中，公有云市场规模达到 437 亿元，相比 2017 年增长 65.2%，预计 2019-2022 年仍将处于快速增长阶段，到 2022 年市场规模将达到 1731 亿元。公有云服务收入主要由公有云服务商龙头提供，包括阿里巴巴、百度、腾讯等大型互联网企业。其中阿里云自 2014 年以来营业收入暴发增长，已经连续 6 个季度保持三位数增长。2018 年私有云市场规模达到 525 亿元，较 2017 年增长 23.1%，预计未来几年将保持稳定增长，到 2022 年市场规模将达到 1172 亿元。由于广大的中小金融机构在资金、人才和经验等方面都存在很多不足，大型金融机构将大概率自建私有云，并对中小金融机构提供金融行业云服务，进行科技输出；中型金融机构核心系统自建私有云，外围系统采用金融行业云作为补充，私有云市场潜力巨大，具有明显的增长空间。

5）一线城市周边成为 IDC 新建热点区域：金融机构、互联网企业主要集中在一线城市，对于数据中心访问时延、运维便捷以及安全性有较高的要求，伴随数据量的持续增加，数据中心需求持续上升。而一线城市土地、电力资源稀缺，加之政策监管趋严，数据中心的供给已经达到天花板。供需失衡导致一线城市数据中心缺口较大，在一线城市有资源储备的专业 IDC 服务商机柜利用率高、议价能力强，将获得更多的行业红利。

3. 移动智能终端行业

智能硬件是继智能手机之后的一个科技概念，通过软硬件结合的方式，对传统设备进行改造，进而让其拥有智能化的功能，智能硬件又称智能终端产品。智能穿戴、智能手机等产业的兴起使得作为其动力源的电池技术的地位愈发重要，移动电源在当前的生活中已经广泛应用在智能终端等设备中作为后备动力源。随着智能穿戴、智能手机等产业的兴起，移动电源的应用会更加广泛，成为最重要的补充动力来源之一。移动电源作为一个处于快速增长且每年都有大量企业进入的新产业，近年在移动互联网和智能手机的带动下呈现出了稳定发展的状态。

智能硬件终端的功能：①硬件智能化之后，具备连接的能力，实现互联网服务的加载，形成“云+端”的典型架构，具备了大数据等附加价值；②软件应用连接智能硬件，操作简单，是企业获取用户的重要入口。

移动智能终端配件，是指使用智能手机、平板计算机等移动智能终端时适配的附件产品，主要包括壳套保护类、电源配件类、耳机视听类、外设拓展类、饰品配件类等。移动电源（俗称“充电宝”）是一种个人可随身携带、自身能储备电能、可为移动式设备尤其是手持式设备（如手机、平板计算机等）充电的电源产品。移动电源通常应用在没有外部电源供应的场合，其主要组成部分包括存储电能的电池、充电管理电路、放电管理电路等，典型产品为直流 5V 输入、直流 5V 输出。

受智能手机终端等移动设备销量增长放缓的影响，作为终端配件之一的移动电源同样面临增长乏力的困境。但因消费者对移动智能终端的更换周期较短，出货量依旧会处在一个很高的水平。而且行业处于创新阶段，新产品新技术不断涌现，如可穿戴设备、AR/VR 等领域。

移动数码产品的发展趋势一是外观追求小型化，二是功能追求多样化。外观小型化必然要减小电池体积（容量）；功能多样化，特别是使用彩色 LCD 显示屏时，会加速电池能量的消耗，大幅度缩短移动设备的工作时间，在未来相当长的时间内，要大幅度提高电池容量几乎是不可能的。统计数据表明，电池容量每 10 年才提高 20%。因此，如何随时随地为移动数码产品充电、供电，延长移动数码产品的使用时间，是目前和未来移动数码产品用户所面临的最大问题。移动电源可作为数码产品的充电电源或外接电源使用，既可对数码产品进行多次充电，也可对数码产品进行长时间连续供电，可解决数码产品在户外条件下无法充电和不能长时间工作的问题。移动电源产品未来的市场潜量很大，但目前尚处于进入市场的初期导入期。一旦市场被启动，成长速度会很快，会立即进入高速成长期。

移动电源一般由 IC 芯片、电芯、电容和连接器组成，其作为移动设备的配套设备得到了广泛的应用。移动电源产业链如图 25 所示。

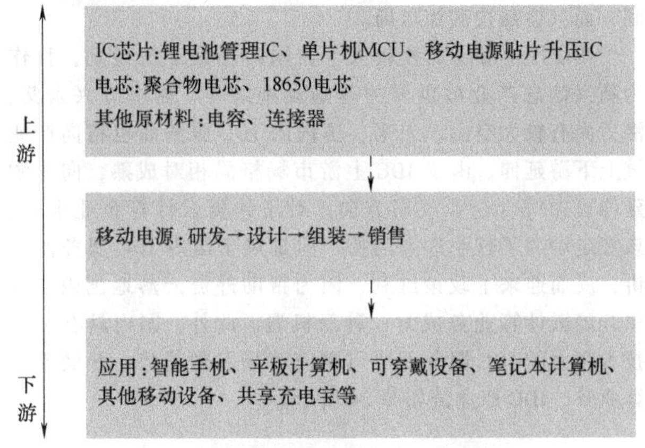

图 25 移动电源产业链

电芯是移动电源的重要组成部分，移动电源常用的电芯一般可分为聚合物电芯和 18650 电芯。聚合物电芯一般采用软铅塑复合封装膜。内部为半固状高分子聚合物。性能放电平稳、效率高、内阻小。安全性能较好，有过电流和过电压保护装置。使用寿命充放电循环次数约 500 次。但聚合物电芯通常都用锡箔纸来包装，易变形、不耐撞击，因生产厂家不同，过电压保护质量好坏也参差不齐。18650 电芯即锂离子电池，是锂电池的改进型产品，经过多年的发展，锂离子电池的技术相对来说已非常成熟，批量生产已使其制造成本很低廉。所以，锂离子电池在价格上要比锂聚合物电池更具优势。

我国移动电芯的生产能力十分强劲，以 18650 电芯即锂离子电池为例，2015-2019 年其产量不断增长。2019 年，我国锂离子电池产量为 157.22 亿只，同比增长 12.40%。2020 年在新型冠状病毒肺炎疫情的影响下，我国锂离子电池仍然实现了 188.45 亿只的高额产量，较 2019 年同期增长 19.86%。2015-2020 年中国锂离子电池产量如图 26 所示。

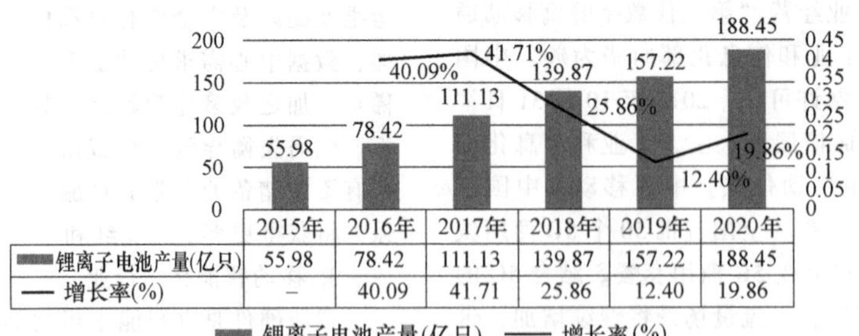

	2015年	2016年	2017年	2018年	2019年	2020年
锂离子电池产量(亿只)	55.98	78.42	111.13	139.87	157.22	188.45
增长率(%)	–	40.09	41.71	25.86	12.40	19.86

图 26 2015-2020 年中国锂离子电池产量

在芯片方面，由于移动电源技术含量不高，一般由一个 8 位 MCU 就能做主控芯片，加上充放电管理和升压模块即可告成。根据不同的产品要求，一般把移动电源管理 IC 芯片分为锂电池管理 IC、单片机 MCU 和移动电源贴片升压 IC 三种类型进行应用。近年来，我国 IC 芯片生产规模不断扩大。据国家统计局统计，2012-2019 年，我国 IC 芯片产量逐年增加。从 2014 年 1052 亿个、2015 年 1087 亿个、2016 年 1318 亿个，到 2017 年增长到 1565 亿个，再到 2018 年 1740 亿个。2019 年全国 IC 芯片产量达到 2018 亿个，同比增长 15.98%，产量创下新高。

移动电源的工作原理较为简单，在能找到外部电源供应的场合预先为内置的电池充电，即输入电能，并以化学能形式预先存储起来，当需要时，即由电池提供能量及产生电能，以电压转换器（DC-DC 转换器）达至所需电压，由输出端子（一般是 USB 接口）输出供给所需设备提供电源作充电或其他用途。移动电源的工作原理如图 27 所示。

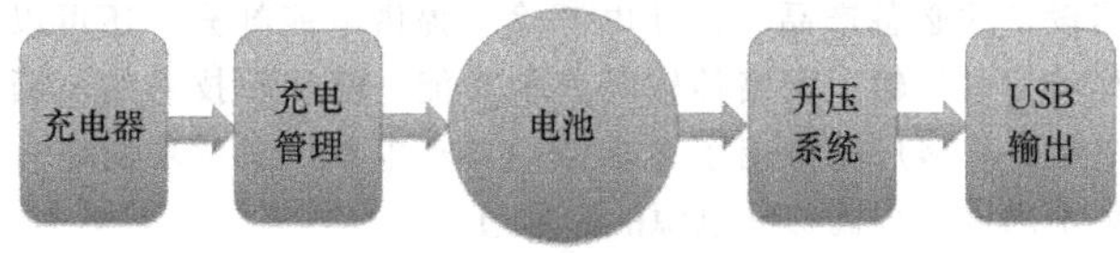

资料来源：中自集团2021年5月

图 27　移动电源的工作原理

产业下游有共享充电宝和移动设备等。共享充电宝即移动电源自助租赁服务。近年来，大量企业布局共享充电宝行业，共享充电宝产品快速渗透。2017-2019 年，共享充电宝交易规模逐年增长。共享充电宝交易规模从 2017 年约 9.9 亿元，到 2018 年约 32.8 亿元，再到 2019 年约为 79.1 亿元，行业增速达到 141.15%。2020 年市场规模将超过 90 亿元。

移动电源是移动设备的重要配套产品，移动电源的市场容量与移动设备的普及程度和出货情况息息相关。近年来，人们常用的主要移动设备——智能手机的出货量由于市场的饱和出现大幅下滑，自 2016 年的 52200 万部降至 2019 年的 37200 万部。据中国工业和信息化部数据显示，2020 年前三季度中国手机出货量为 21800 万部，同比下降 41.4%。平板计算机和可穿戴设备的出货量虽有所增长，但相较于智能手机下滑的出货量而言，可以说是杯水车薪。2020 年一季度中国平板计算机出货量为 373 万台，中国可穿戴设备出货量为 1762 万台。好在 5G 强势登场，智能手机出货量未来或将由于产品更新换代而有所回升。但从 2020 年上半年我国智能手机出货量的变化情况（实现 14900 万部，较 2019 年同期下滑 16%）来看，这一转折点尚未到来。移动电源市场在近期也或将因此受到一定的下行压力。

目前，市面上的移动电源类型很多，主要品类多功能性产品基本都配置标准的 USB 输出，能够满足目前市场常见的移动设备手机、MP3、MP4、PDA、PSP、蓝牙耳机、数码相机等多种数码产品。移动电源可按电池类型分为普通锂离子电池和高级锂聚合物电池；也可按充电方式分为线性充电和无线充电。

据统计，2018 年全球移动电源行业市场规模为 84.9 亿元，从移动电源的容量大小来看，3000mA 以下移动电源市场规模为 13.3 亿美元，3001～8000mA 移动电源市场规模为 24.6 亿美元，8001～20000mA 移动电源市场规模为 29.3 亿美元，20000mA 以上移动电源市场规模为 17.7 亿美元。中国移动电源市场规模稳步上升，2020 年约为 370 亿元，同比增长率约为 4.5%。2014-2020 年中国移动电源产品市场规模见表 14，如图 28 所示。

表 14　2014-2020 年中国移动电源产品市场规模

年份	2014 年	2015 年	2016 年	2017 年	2018 年	2019 年	2020 年
移动电源(亿元)	268.3	284.9	301.1	320.4	336.5	351.7	367.5
增长率(%)	4.40	6.19	5.69	6.41	5.02	4.52	4.49

数据来源：中国电源学会；中自集团 2021 年 5 月

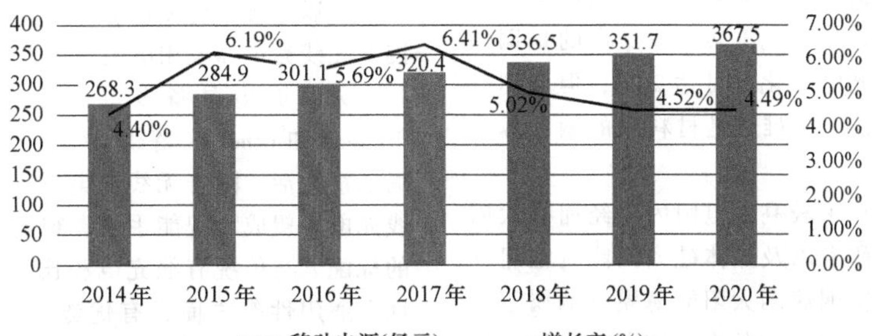

数据来源：中国电源学会；中自集团2021年5月

图 28　2014-2020 年中国移动电源产品市场规模

从移动电源产品的结构来看，锂电池、电路板和外壳是移动电源的主要组成部分。安全事故的多发部件是锂电池，作为移动电源的储电单元，锂电池的容量越大，相同空间内的能量密度越高，一旦发生爆炸，破坏力也会越大。

移动电源的电路板主要起控制作用，包括充电保护、放电保护、温度保护等。一些山寨小作坊的电路板会偷工减料，该类电路板在发生故障时无法及时监控到异常，不能立即切断电路，任由异常情况继续，进而发生起火爆炸等事故。某些不良商家甚至使用性能低劣的“垃圾”电芯或水泥电芯，简单包装后蒙混过关，应用在全新的移动电源产品内。这些劣质的电芯多数在车站、街边售卖，消费者购买这些产品，完全得不到该有的充电效果，还给自身带来安全隐患。

根据历年来的抽检结果，移动电源主要的不合格项目包括：输出容量、标记和说明、常温外部短路（内部电池）、过充电（内部电池）、材料阻燃、自由跌落等。从 2014 年起，我国陆续有相关协会或监管部门对移动电源进行了抽检，在一定程度上反映了移动电源产品的整体质量。据国家市场监督管理总局发布的 2019 年抽检情况显示，对移动电源 61 批次产品进行检验，发现 25 批次产品不合格，不合格发现率为 41.0%。从历年来不同单位组织的监督抽查结果可以看到，移动电源产品的不合格率居高不下，我国移动电源行业亟需有效监管。移动电源行业的现存问题如图 29 所示。

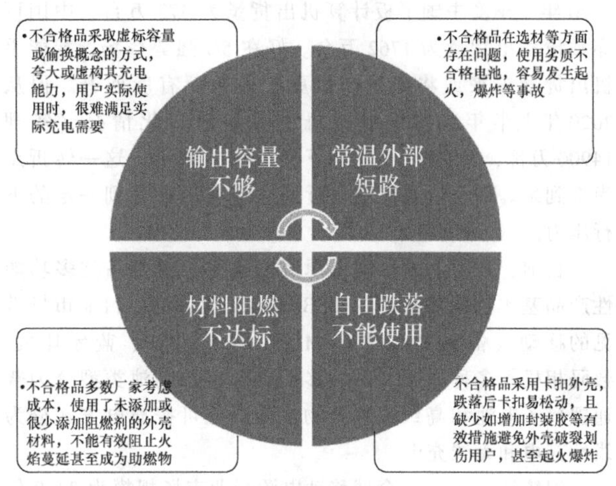

数据来源：中自集团 2021年5月

图 29　移动电源行业的现存问题

在移动互联网时代，移动设备一个很重要的性能指标就是其待机或可使用时间，无论其拍照或处理器的性能多么优异，若使用一会儿就没电的话，手机、平板计算机或其他电子产品也无法充分发挥其功能，因此必须依靠高质量的移动电源补充电能。根据现有的技术特点及发展趋势，预计移动电源行业将会有如下新的发展方向：

（1）太阳能薄膜电池的应用

移动电源要想取得更大的突破，首先必须在储能部件，比如锂电池上下功夫。目前国内移动电源使用锂电池的居多，使用太阳能薄膜电池的很少。太阳能薄膜电池生产成本较低，技术也比较成熟。当前光电转化率最高的是铜铟镓硒太阳能薄膜电池，其光电转化率可达 20%，但与超过 30% 的理论值仍相距甚远，主要难题是材料中的铟和镓分布和比例难以达到理想值。

尽管薄膜电池的技术要求较高，但国内已经拥有太阳能薄膜电池组件的生产、研发以及晶体硅太阳能电池组件的生产能力，目前生产的铜铟镓硒太阳能薄膜电池属于第二代光伏技术中光电转换效率最高的太阳能薄膜电池，很适合应用在移动电源产品上。太阳能应用的效率和清洁性毋庸置疑，太阳能薄膜电池的实际使用，对于移动设备的使用扩展将起到非常明显的推动作用。太阳能应用如果能在移动电源电芯上取得突破，那么该行业无疑将取得更大的发展。

（2）突破接口限制的无线充电

随着苹果手机及更多的手机支持无线充电，手机配件领域紧跟技术前沿，出现了可以无线充电的移动电源，无线充电因其独特的充电方式，在充电效率、安全保护等方面都会有特殊的限制。目前，主流的充电技术为“Qi”，带有“Qi”标识的各企业不同品牌的手机直接放在移动电源上就可以完成充电。无线充电的移动电源还能自动识别不同的设备和能量需求，适时启用快充模式。

目前，国内市场上已经出现了无线充电的各种移动电源，但还有诸多问题尚待解决，例如与手机兼容性的问题、接口限制的问题、转换效率的问题。这些问题全部解决好以后，无线充电的移动电源才能受到广大消费者的欢迎。

（3）移动电源的多功能化

多功能化也是未来移动电源的发展方向之一，作为智能设备的必备产品，移动电源除了提供电能补充，还可以集成信息传输、网络传输等其他功能。随着新技术的不断兴起，很多厂家推出了多功能的移动电源，通过功能整合集中的方式提高移动电源的附加值。

比如，移动电源增加了 Wi-Fi 模块，就可以当作随身 Wi-Fi 路由器、无线网卡使用，既能充电也能为用户提供稳定可靠的无线网络连接。其实这些功能只是在传统移动电源的基础上，加入相应的功能模块。类似的多功能整合是一个很好的技术思路，让移动电源不再只是单一的充电储能产品，应该说移动电源未来整合其他功能的空间还很大。

（4）移动电源的轻便化和共享化

因为移动电源要随身携带，其重量就是一个必须考虑的因素，轻薄化是移动电源发展的另一主要方向。摒弃笨重的 18650 圆柱电池，改为采用更轻、更薄、更具可塑性的软包装锂电池已是大势所趋。另外，由于互联网技术和共享商业模式的日趋火热，无需购买、可以随租随用的共享移动电源（俗称“共享充电宝”）也将有很好的发展前景。

4. 无线充电

无线充电技术又称感应充电技术或非接触式感应充电技术，源于无线电力输送技术，指有电池的装置无需借助导电线，利用电磁波感应原理或其他相关交流感应技术，在接收端和发送端使用响应的设备来发送和接收产生感应的交流信号而进行充电的一项技术。由于充电器与用电装置之间以电感耦合传送能量，二者之间无需使用电线连接，因此无线充电器及用电装置可以做到无导电接点外露。

无线充电具备多重优势，未来市场空间广阔。在 iPhone8 和 iPhoneX 搭载无线充电技术后，全球无线充电市场已被激活。随着无线充电方案技术瓶颈的不断突破，无线充电有望成为智能手机、智能家居乃至整个物联网设备的标配。与传统有线充电相比，无线充电在安全性、灵活性和通用性等方面具有优势，在智能手机、可穿戴设备、汽车电子、家用电器等领域具有广阔的应用前景，市场空间巨大。预计到 2024 年，支持无线充电的智能手机每年出货量将超过 12 亿台。全球无线充电市场规模在 2016 年约为 30 亿美元，2019 年攀升到将近 90 亿美元，预计到 2022 年会增长至 140 亿美元，年均增长率约达 27%。目前已有的无线充电技术包括电磁感应式、磁共振式、无线电波式、超声波式、红外激光式和电场耦合式。2015-2020 年全球无线充电市场规模如图 30 所示。

伴随着行业龙头苹果、三星等手机厂商的主力推进无线充电功能，无线充电技术将加快普及速度，逐步从智能手机向平板计算机、笔记本计算机、医疗设备等多方面渗透，带动行业整体发展。利好产业链无线充电方案设计、电源芯片企业、磁性材料、FPC、模组封装企业。

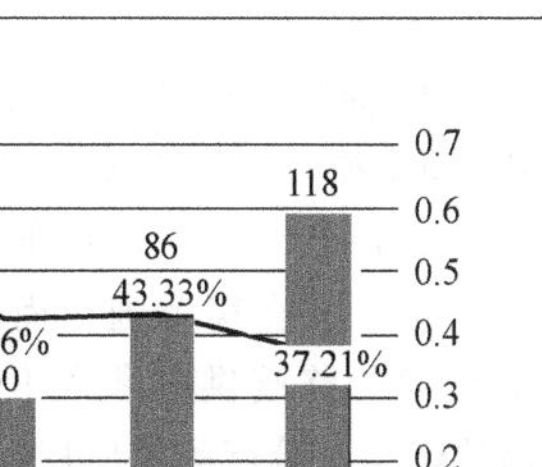

	2015年	2016年	2017年	2018年	2019年	2020年
全球无线充电(亿美元)	17	27	42	60	86	118
增长率 (%)	–	58.82	55.56	42.86	43.33	37.21

全球无线充电（亿美元） —— 增长率(%)

数据来源：中国电源学会；中自集团 2021年5月

图 30 2015-2020 年全球无线充电市场规模（单位：亿美元）

我国无线充电市场发展落后于国外，无论在智能手机还是在新能源汽车领域，整体应用仍处于推广阶段，产品存在充电效率低、充电距离短、标准混乱等问题，市场规模较小。2014-2016 年，我国无线充电技术市场保持了高速增长，市场应用以智能手机无线充电器为主，2020 市场规模超过 13 亿元，同比增长近 150%。2015-2020 年中国无线充电市场规模分析见表 15，如图 31 所示。

表 15 2015-2020 年中国无线充电市场规模分析

年份	2015 年	2016 年	2017 年	2018 年	2019 年	2020 年
中国无线充电(亿元)	0.8	1.5	2.4	2.43	5.38	13.38
增长率(%)	150	87.50	60.00	1.25	121.40	148.70

数据来源：中国电源学会；中自集团 2021 年 5 月

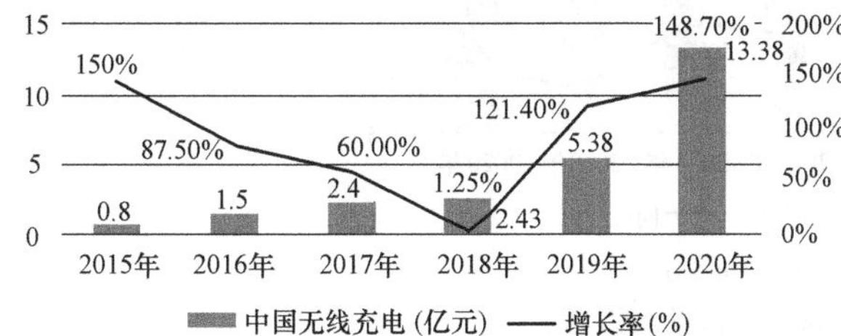

图 31 2015-2020 年中国无线充电市场规模分析

（1）行业发展的有利因素

1）良好的政策环境：2016 年 4 月，国家发改委、国家能源局联合印发《能源技术革命创新行动计划（2016-2030 年）》。《计划》提出，到 2020 年，我国能源技术创新体系初步形成；到 2030 年，能源产业可支撑我国能源产业与生态环境协调可持续发展，进入世界能源技术强国行列。该行动计划部署了现代电网关键技术创新等 15 项重点任务，明确提出，到 2020 年，能源自主创新能力大幅提升，一批关键技术取得重大突破，能源技术装备、关键部件及材料对外依存度显著降低。无线充电技术在汽车领域的应用多次被提及，其中，包括现代电网关键技术创新的重要任务——突破电动汽车无线充电技术。可见无线充电技术的发展有着良好的政策环境。

2）无线充电市场潜力巨大：无线充电在消费电子领域市场巨大。近年来，消费电子巨头纷纷推出具有无线充电功能的产品，除运用于智能手机之外，无线充电技术还将用于智能手表等可穿戴设备、平板计算机等诸多消费电子终端产品，随着科技的进步，后续将有更多配备无线充电功能的消费电子产品推出，未来有很大的市场空间，潜力巨大。

（2）行业发展的不利因素

1）面临的技术挑战：目前，无线充电技术在发展过程中面临着诸多问题与挑战，不论是电磁感应技术还是电磁共振技术均存在未能克服的技术缺陷与困扰。一是电磁波辐射对人体健康的影响。联合国人类环境大会已把电磁辐射列为四大公害之一，其对人体有诸多影响。因此，无线充电技术必须保证电磁波只辐射到电子设备接收部分，而不会影响人体健康。二是电能转化率低，与节能时代的前进方向不符。目前，基于电磁感应、电磁共振技术的无线充电器，即便近距离充电，转化率也只能达到 70%～80%。三是无法克服充电距离问题。市场上的无线充电器大部分利用电磁感应原理，充电时必须与充电器接触才能满足充电要求，并非真正意义上的无线充电。

2）国际竞争力不足：从全球来看，日本是无线充电专利布局规模最大的国家，全球约四分之一的专利在日本申请，其次是美国、中国和韩国。日本、美国对全球市场的争夺非常激烈，相较而言，虽然我国的专利申请总量并不少，但是专利保护体系不够完善，重点关注国内市场，鲜见在国外的专利申请。无线充电主要专利申请人中，松下电器位居榜首，是无线充电技术的领先企业；丰田汽车排名第二，是汽车行业中的佼佼者；排名第三、第四位的分别是韩国科学技术院和三星电子。在全球专利申请人排名前 40 位的企业中，日本占 26 家，而我国无一企业上榜，相比之下，我国的研发实力较弱，国际竞争力不足。

3）缺乏统一的标准：我国目前还缺乏统一的无线充电产品标准，国外主要的无线充电标准有 Qi、AirFuelAlliance 和 TIRJ2954。Qi 是全球首个无线充电技术组织 WPC（无线充电联盟）所推出的无线充电标准。英特尔牵头的 AirFuelAlliance 无线充电标准由 PMA 和 A4WP 两大无线充电组织合并后推出。美国汽车工程师协会（SAE）发布了无线充电准则 TIRJ2954。无线充电技术在全球范围内尚未能形成一个通用的标准，不同运营商的终端供电参数不同，造成无线充电技术只能在局部地区、部分产品中应用。

（二）交通行业

1. 新能源汽车行业

据中汽协数据显示，2018 年，新能源汽车产销分别完成 127 万辆和 125.6 万辆，比上年同期分别增长 59.9% 和 61.65%。其中纯电动汽车产销分别完成 98.6 万辆和 98.4 万辆，比上年同期分别增长 47.9% 和 50.8%；插电式混合动力汽车产销分别完成 28.3 万辆和 27.1 万辆，比上年同期分别增长 122% 和 118%；燃料电池汽车产销均完成 1527 辆。

2019 年，我国新能源汽车产销分别完成 124.2 万辆和 120.6 万辆，同比分别下降 2.3% 和 3.98%。其中：纯电动汽车生产完成 102 万辆，同比增长 3.4%，销售完成 97.2 万辆，同比下降 1.2%；插电式混合动力汽车产销分别完成 22.0 万辆和 23.2 万辆，同比分别下降 22.5% 和 14.5%；燃料电池汽车产销分别完成 2833 辆和 2737 辆，同比分别增长 85.5% 和 79.2%。中国汽车工业协会数据显示，2020 年 1 月～12 月，新能源汽车产销分别完成 136.6 万辆和 136.7 万辆，同比分别增长 9.98% 和 13.35%。2011-2020 年中国新能源汽车销售见表 16，如图 32 所示。

表 16　2011-2020 年中国新能源汽车销量（单位：万辆）

年份	2011 年	2012 年	2013 年	2014 年	2015 年	2016 年	2017 年	2018 年	2019 年	2020 年
中国新能源汽车销售(万辆)	0.8159	1.2791	1.7642	7.4763	33.1092	50.6	77.7	125.6	120.6	136.7
同比(%)	—	56.77	37.93	323.78	342.86	52.83	53.56	61.65	-3.98	13.35

数据来源：中国电源学会；中自集团 2021 年 5 月

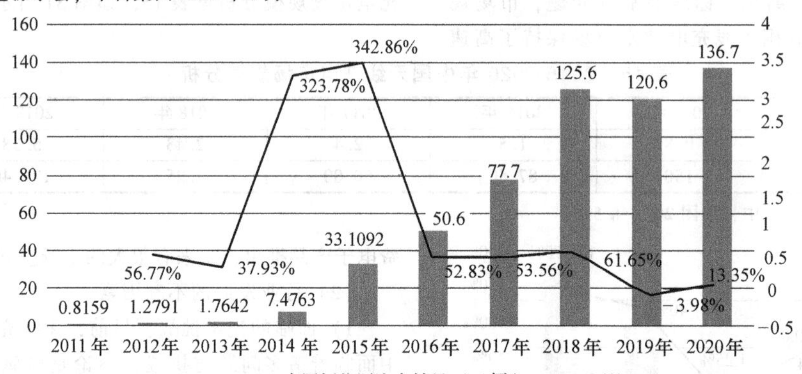

图 32　2011-2020 年中国新能源汽车销量（万辆）

全球新能源汽车销售量从 2011 年的 8159 辆增长至 2019 年的 120.6 万辆，7 年时间销量增长 150 多倍。未来随着支持政策持续推动、技术进步、消费者习惯改变、配套设施普及等因素影响不断深入，预计 2022 年全球新能源汽车销量将达到 600 万辆，全球电动汽车锂电池需求量将超过 325GW·h。新能源汽车“三电系统”如图 33 所示。

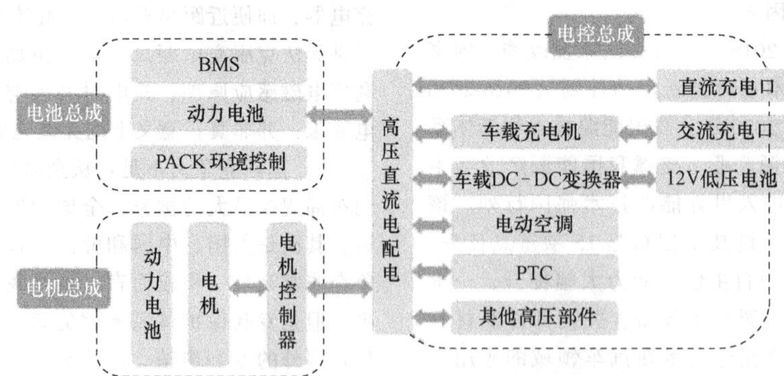

图 33　新能源汽车“三电系统”

车载充电机是新能源汽车必不可少的核心零部件，其市场规模随着新能源汽车市场的快速增长而扩大。2019 年，电动汽车车载充电机市场规模约为 60 亿元，未来几年随着新能源汽车产量的逐年提升，预计到 2020 年国内电动汽车车载充电机市场规模将达到 77 亿元。2015-2020 年中国车载充电机市场规模如图 34 所示，车载充电机、交流/直流充电桩如图 35 所示。

2. 充电站/桩

目前，我国的充电桩行业尚处在基础设施完善的初期，除了几个一线城市之外，人们很少能找到比较明显的充电

图 34　2015-2020 年中国车载充电机市场规模（亿元）

图 35　车载充电机、交流/直流充电桩

站。但随着这几年国家的大力支持，近几年我国的充电桩企业与充电桩与日俱增，发展速度迅速。

据能源局披露的数据显示，截至 2017 年底，我国各类充电桩达到 45 万台，其中全国私人专用充电桩 24 万台，公共充电桩 21 万台，保有量位居全球首位，是 2014 年的 14 倍。尽管目前建设数量较大，但仍然滞后新能源汽车发展，目前新能源汽车车桩比约为 3.5∶1，远低于 1∶1 的建设目标。随着整个新能源汽车产业链的逐渐成熟以及市场需求的逐步释放，充电桩等配套基础设施建设提速已成燃眉之急。而且目前公共充电桩利用率不足 15%，由于布局不合理、维护不到位，部分地区出现了不少的故障和僵尸桩。

截至 2018 年底，共有公共类充电桩 30 万台，其中交流充电桩 19 万台、直流充电桩 11 万台、交直流一体充电桩 0.05 万台。2018 年 12 月较 2018 年 11 月，公共类充电桩增加了 1 万台。2018 年 12 月同比增长 40.1%。与 2017 年底数据相比，2018 年公共类充电桩新增 8.6 万台。2018 年月均新增公共类充电桩 7154 台，2017 年月均新增公共类充电桩 6054 台，增速提高了 18.2%。

运营商方面，截至 2018 年底，30 万台公共充电基础设施中，特来电运营 12.1 万台、国家电网运营 5.7 万台、星星充电运营 5.5 万台、上汽安悦运营 1.5 万台、中国普天运营 1.4 万台，这五家运营商占总量的 87.2%，其余的运营商占总量的 12.8%。

从我国充电基础设施促进联盟了解到，截至 2019 年 12 月，联盟内成员单位总计上报公共类充电桩 51.6 万台，其中交流充电桩 30.1 万台、直流充电桩 21.5 万台、交直流一体充电桩 488 台。2019 年 12 月较 2019 年 11 月公共类充电桩增加 2.1 万台，2019 年 12 月同比增长 55.9%。

其中，全国充电运营企业所运营充电桩数量超过 1 万台的共有 8 家，分别为：特来电运营 14.8 万台、星星充电运营 12 万台、国家电网运营 8.8 万台、云快充运营 4 万台、依威能源运营 2.5 万台、上汽安悦运营 1.8 万台、中国普天运营 1.4 万台，深圳车电网运营 1.3 万台。这 8 家运营商占总量的 90.2%，其余的运营商占总量的 9.8%。

根据国家发改委在《电动汽车充电基础设施发展指南（2015-2020 年）》中提出的目标，到 2020 年，新增集中式充换电站超过 1.2 万座，分散式充电桩超过 480 万台，以满足全国 500 万辆电动汽车的充电需求。目前慢充充电桩单价约为 1 万元，快充充电桩价格约为 10 万元，按照北京目前 7∶3 的建造比例来计算，我国 2020 年充电桩行业规模大约为 1800 亿元。

充电桩的建设和运营仍保持较高的集中度，特来电、国家电网、星星充电、中国普天等四大运营商的市场占比约为 86%。其中国家电网投资 63.3 亿元，建设 42304 台，占比 61%；特锐德投资 30 亿元，建设 97559 台，占比 29%；万帮新能源投资 8.1 亿元，建设 28521 台，占比 8%；中国普天投资 2.1 亿元，建设 14660 台，占比 2%。

（三）光伏行业分析

我国光伏市场热度不退。户用光伏因其具有见效快、投资小、并网简单、补贴及时等优点，是目前最具发展潜力的领域。2017 年底，户用光伏已达到 50 万套；2018 年约 80 万套。考虑到屋顶资源丰富，户用光伏具有没有指标瓶颈、“隔墙售电”突破限制、电网代收电费不用再担心违约问题等有利因素。同时，当前光伏扶贫政策作为精准扶贫的重要组成部分将持续开展，光伏扶贫有不拖欠补贴和保证消纳等优势，且有政策风险很小、补贴资金及时到位等优点。

进入 2018 年，产业链各环节新增产能与技改产能逐步释放，而需求侧新增市场规模增速预计会放缓，此消彼长的局面将导致光伏市场供需失衡，上下游各环节产品价格将进一步下跌，企业将会承受较大的压力。同时，企业间分化迹象加剧，各个环节竞争激烈，没有品质和成本优势的企业将会出局。

2019 年，宏观政策和行业政策突变的后遗症加剧，中美博弈带来的经济下行压力，财政部门主观的不想为和客观的不作为以及行业内部的产业变革都给行业带来太多的压力。受惠于国外市场的井喷，民营经济占据主导的中国光伏企业艰难地渡过了史无前例的这一年。很多人认为，2019 年最抢眼的关键字是一个“难”字，高压政策影响下的成本、资金都逼至了极限。

2008 年全球组件出货量突破 10GW，当年组件价格大于 20 元/W；2019 年组件出货量超过 120GW，而当下组件价格小于 1.8 元/W。十多年间出货量增加十余倍，但组件价格也只有当年的不到十分之一，很多人把光伏产业当作成长行业来看待，但它其实是周期性行业，过去几年一些公司的成长性来自于产业格局的变迁以及行业集中度的提高，并非行业自身的成长。

过去四年真正受益的玩家是辅材：硅料、硅片、电池、组件，这四个主序产业环节轰轰烈烈的技术革命带来的是效率提升、产能革新、成本下滑，最终的结果是一轮又一轮的价格厮杀。硅料从 2017 年的 160 元下滑到现在的 70 元；硅片从 2017 年的 6 元下滑到现在的不到 3 元；电池从 2017 年的 2 元下滑到 0.9 元，而辅材整体价格并未有显著下滑，辅材在组件中的成本占比越来越高，光伏辅材才是过去几年真正的成长行业。辅材厂过去几年的好日子本质上是来自硅料、硅片、电池片的自我牺牲，轰轰烈烈的价格战带动行业需求的快速增长，进而给辅材企业带来了一段幸福甜蜜的日子，而2020年平平淡淡的光伏产业也会使得辅材厂的日子归于平静。

（四）医疗行业分析

医疗设备与现代医疗诊断、治疗关系日益密切，任何医疗设备都离不开高效稳定的电源，一台医疗设备在医院是否能够发挥最大效能，除了与机器本身的技术性能有直接的关系外，还与供电电源的质量有着极其密切的关系，电源品质的好坏，将直接影响医疗设备运行的稳定性和可靠性。随着全球人口数量的持续增加、社会老龄化程度的提高以及健康保健意识的不断增强，全球医疗设备市场在近几年保持持续增长。随着世界经济的一体化发展，发达国家逐渐将其医疗设备等高端设备制造业向中国转移，为我国医疗设备电源行业的发展提供了良好的机遇。

我国人口老龄化速度正在加快。根据数据，2018年我国65岁以上老龄人口将超过1.5亿，占总人口比例的11%，预计到2030年，中国65岁以上老龄人口将超过2.4亿，占中国人口总量的17.1%，占全球老龄人口的四分之一。全球医疗器械行业持续增长，推动医疗设备电源需求。

随着全球人口增长，老龄化程度提高，发达国家对于医疗设备的配备相对完善，然而发展中国家经济增长，对医疗健康行业的消费需求持续提升，带动了全球医疗设备市场继续保持增长。2017年，全球医疗器械市场规模为4030亿美元，较上年增长4.13%；2018年为4250亿美元，较上年增长5.46%；2019年市场规模已达4519亿美元，同比增长6.33%。而2020年新型冠状病毒肺炎疫情对于部分医疗设备如呼吸机、监护仪等的大量需求导致2020年全球医疗设备行业规模上升到约5000亿美金，远高于以往水平。2012-2020年全球医疗器械市场规模如图36所示。

而中国区域可以说是增速最快的区域，2017年，我国医疗器械市场规模为5233亿元，同比增长8.39%；2019年约为6000亿元，同比增长7%左右；2019年我国医疗器械生产企业主营收入约为6380亿元。由于2020年新型冠状病毒肺炎疫情的原因，医疗设备行业规模增速上升，约为8000亿元，这不仅是国内对于医疗设备需求的大量增加，更是出口量高于以往水平引起的。2012-2020年中国医疗器械市场销售收入及增长率如图37所示。

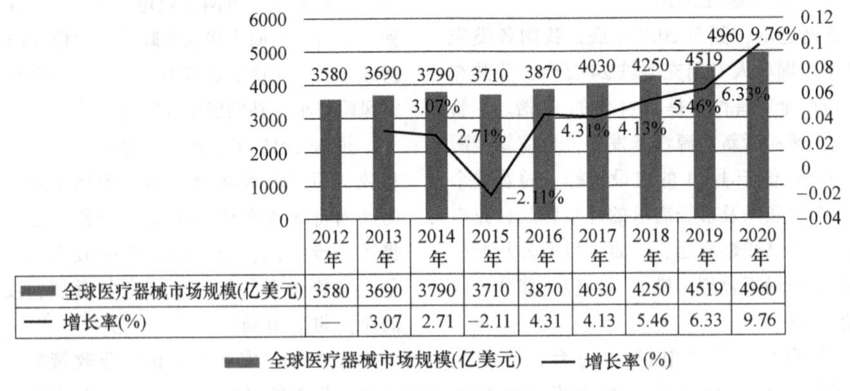

	2012年	2013年	2014年	2015年	2016年	2017年	2018年	2019年	2020年
全球医疗器械市场规模(亿美元)	3580	3690	3790	3710	3870	4030	4250	4519	4960
增长率(%)	—	3.07	2.71	−2.11	4.31	4.13	5.46	6.33	9.76

数据来源：中国电源学会；中自集团2021年5月

图36　2012-2020年全球医疗器械市场规模（单位：亿美元）

	2012年	2013年	2014年	2015年	2016年	2017年	2018年	2019年	2020年
中国医疗器械销售收入(亿元)	2219	2767	3336	4019	4828	5233	5600	5992	7938
增长率(%)	15.60	24.70	20.56	20.47	20.13	8.39	7.01	7.00	32.48

数据来源：中国电源学会；中自集团2021年5月

图37　2012-2020年中国医疗器械市场销售收入及增长率（单位：亿元）

未来，医疗器械行业发展将呈现如下趋势：

1）医疗器械行业在经济发展的新周期中表现抢眼。随着国家经济新周期的到来，政府的大部制改革，重新明确了政府各个部门的职责，各项政策对研发、注册、采购、生产、配送、销售、质量、代理等各个环节责任也进行了重新定位。医疗器械上市许可持有人制度（MAH）的试点和推行，更是从“责任”的角度明确产品持有人的责任，行业发展面临着前所未有的机遇。

2）政策和产业规划引导医疗器械行业集中度提高，兼并重组整合在未来的2~3年中将加剧，集中度快速提升。医疗器械行业整体较为分散，未来将趋于集中，随着“两票制”“营改增”“94号文”“行业整风”等政策的推行，以及新版GSP对企业采购、验收、储存、配送等环节做出更高要求的规定，行业整合加剧，集中度在未来的2~3年中将快速提升。

3）国家对行业的监管愈加严格，不规范企业被淘汰，行业市场环境将会逐步改善；大力度的飞行检查，肃清行业不正之风。2018年政策合规管控的力度加大，规范经营和财务成为对传统营销模式的考验，打击垄断、行政干预、商业贿赂政策持续发力。据预测，合规企业才是未来的希望，违法企业将会逐渐被淘汰，行业环境将会逐步改善。

4）新技术能为医疗服务机构与患者创造效率、节省费用，还能够让医疗器械企业在预防、诊断、治疗和护理等方面发挥更广泛的作用。预测未来3~5年，医疗器械行业将引入大量的创新产品，传统诊断和治疗将根本性颠覆。

5）“互联网+医疗”助力行业发展，互联网与器械行业紧密结合，全行业的信息化程度将普遍提升，实现产品的信息可追溯，用信息化手段进行医疗器械生产、流通全过程的监管。随着5G时代的到来，万物互联将大大提高医疗器械的广泛应用。目前医疗器械领域的信息追溯机制、体系、编码等还不够完善，有待于进一步的提高。

6）在市场和临床应用方面将催生新的“药品+器械一体化”的模式。药品和器械在医疗机构的诊疗和患者健康保健中发挥着协同的作用，近年来，部分生产企业探索“药械一体化”的融合式营销模式，并取得了成功，如乐普医疗和阿斯利康等；部分医药商业企业也从器械中找寻发展的突破点，形成“药品+器械共同发展”的模式。

7）资本助力医疗器械行业的跨台阶发展。国际国内器械领域兼并重组方兴未艾，2019年资本向着高质量的投资方向发展，给予医疗器械企业发展的无限动力。

8）人工智能应用服务将飞速发展。人工智能技术、医用机器人、大型医疗设备、应急救援医疗设备、生物三维打印技术和可穿戴设备等方面将出现突破性的进步。2018年4月25日，《关于促进“互联网+医疗健康”发展的意见》（国办发〔2018〕26号）由国务院办公厅印发，明确提出：“推进‘互联网+’人工智能应用服务。研发基于人工智能的临床诊疗决策支持系统，开展智能医学影像识别、病理分型和多学科会诊以及多种医疗健康场景下的智能语音技术应用，提高医疗服务效率”；“加强临床、科研数据整合共享和应用，支持研发医疗健康相关的人工智能技术、医用机器人、大型医疗设备、应急救援医疗设备、生物三维打印技术和可穿戴设备等”。从政策层面为人工智能医疗的发展提供了保障。

（五）LED照明行业

随着全球各国日益关注节能减排，作为最具优势的新型高效节能照明产品LED成为世界各国节能照明的重点推广产品，使得全球LED照明市场迅速发展。纵观全球经济形势，世界仍难现明显的复苏迹象，全球贸易增长缓慢，整体处于结构调整阶段，但我国LED照明产业一直保持着稳定的增长，总体呈上升态势。近年来，产业整体规模在经历了连续以超20%的增长率高水平发展后进入普遍的放缓期，LED照明产品出口增速依旧高于全国各行业出口平均水平。

LED照明产品系利用发光二极管作为光源制造出来的照明器具，具有高效、节能、环保、易维护等显著特点，是实现节能减排的有效途径。在全球能源短缺的背景下，LED照明将逐渐成为照明领域的主流产品，引领照明史上继白炽灯、荧光灯之后的又一场照明光源的革命。2014-2016年国内LED照明应用产值增长速度较快，LED照明产品国内市场渗透率（LED照明产品国内销售量/照明产品国内总销售量）达到42%，较2015年上升10%。LED对传统照明市场的替代效应极大激发了半导体照明市场的需求，国内半导体照明产业有望迎来关键的发展机遇。

LED驱动电源是把电源供应转换为特定的电压电流以驱动LED发光的电源转换器，通常情况下：LED驱动电源的输入包括高压工频交流（即市电）、低压直流、高压直流、低压高频交流（如电子变压器的输出）等。而LED驱动电源的输出则大多数为可随LED正向压降值变化而改变电压的恒定电流源。

随着LED的应用日益广泛，LED驱动电源的性能将越来越适合LED的要求。2020年，全球LED照明产业规模超7000亿元，而中国市场规模则提升到超过5000亿元。LED已经广泛应用于商业照明、家居照明和户外照明。2016-2020年中国LED照明产业市场规模及增长率如图38所示，2015-2020年全球LED照明产业规模及增速如图39所示。

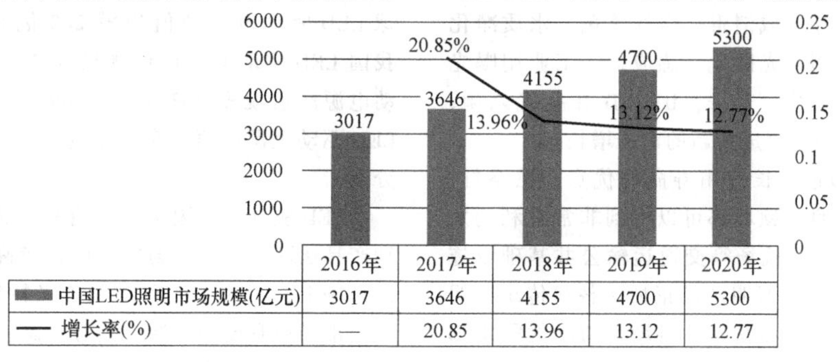

	2016年	2017年	2018年	2019年	2020年
中国LED照明市场规模(亿元)	3017	3646	4155	4700	5300
增长率(%)	—	20.85	13.96	13.12	12.77

中国LED照明市场规模(亿元)　增长率(%)

数据来源：中国电源学会；中自集团2021年5月

图38　2016-2020年中国LED照明产业市场规模及增长率

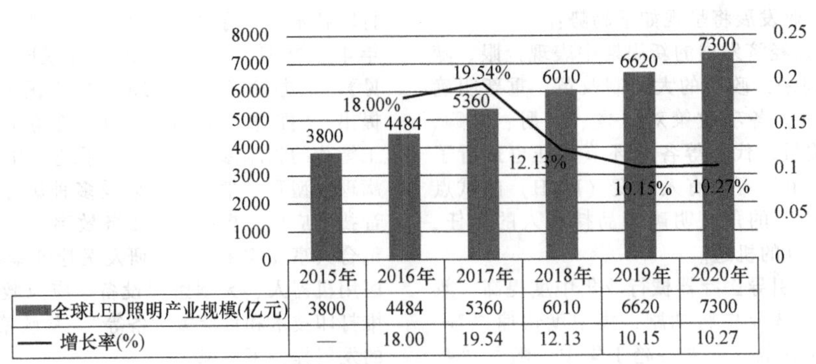

	2015年	2016年	2017年	2018年	2019年	2020年
全球LED照明产业规模(亿元)	3800	4484	5360	6010	6620	7300
增长率(%)	—	18.00	19.54	12.13	10.15	10.27

数据来源：中国电源学会；中自集团2021年5月

图 39　2015-2020 年全球 LED 照明产业规模及增速

近年来，工业生产领域面临着降低单位能耗、提高资源利用率的深刻变革，高光效、低功耗的新型 LED 照明产品正在工业生产中不断替代传统灯具。以 LED 工业照明产品中最主要的 LED 工矿灯为例，其使用寿命可达 5 万小时以上，比传统工矿灯节电约 60%，具有节能环保、寿命长、易于调光等显著优势，成为工矿灯的首选，其更新替换和新建的市场需求都呈现不断地增长趋势。2017 年中国 LED 工矿灯产值规模为 63.2 亿元，2018 年中国 LED 工矿灯产值规模达 72.3 亿元，同比增长 14.5%；2015-2018 年年均复合增长率达 18.9%，预计 2020 年 LED 工矿灯的产值规模将达到 89.8 亿元的规模。未来市场空间广阔。

LED 照明产品除在室内照明、户外照明等照明应用领域正大规模应用之外，其在 LED 植物照明和 UVLED 等新兴领域的应用也处于快速拓展阶段。主要搭配中大功率 LED 驱动电源应用的 LED 植物照明，以及光固化、工业用曝光相关的 UVLED 应用均具有较大的潜在市场空间。

在 LED 植物照明领域，目前其全球的市场渗透率仍处于相对较低的阶段，并且市场目前仍主要集中在日本、美国、荷兰等少数国家和地区。2018 年，我国 LED 植物照明灯具产值规模达到 17 亿元，同比增长 31%；2019 年，我国 LED 植物照明灯具产值规模将达到 21 亿元，同比增长 23%；2020 年，我国 LED 植物照明灯具产值规模将达到 28 亿元的规模。

在 UVLED 领域，根据产品的波长属性不同，UVLED 可广泛应用于光固化、感应器、工业用曝光、光照射医疗类、生物蛋白分析、医疗区域消毒、空气杀菌、水质净化等领域。目前，主要应用于光固化、感应器、工业用曝光的 UVLED 的市场增速较快。未来，UVLED 在空气杀菌、水质净化等领域的应用也有望成为新的市场增长点。

LED 照明产品高节能、长使用寿命的优点，在路灯、隧道灯、高杆灯等户外照明领域都可以得到非常有利的发挥。在公路、桥梁、隧道、机场等交通运输公共基础设施等具体应用领域，户外 LED 照明产品正加速替代传统照明产品，其更新替换存量市场和新建项目增量市场的需求都呈现不断增长的趋势。因此，户外 LED 驱动电源行业也具有良好的市场需求发展空间。2018 年，我国户外 LED 功能性照明驱动电源产值规模达到 62 亿元，同比增长 21.6%，2015-2018 年，年均复合增长率为 23.4%；预计到 2021 年，我国户外 LED 功能性照明驱动电源的产值规模将达到 93 亿元，2019-2021 年仍将保持超过 12%的年均复合增长水平。

LED 驱动电源作为 LED 应用产品的核心部件之一，可简称为 LED 电源。LED 电源与 LED 光源、LED 光学、LED 散热这些关键的配套部件一样，也是影响 LED 照明产品稳定性的主要因素。随着全球 LED 制造产业链的发展，我国在 LED 配套行业越来越细分，越来越专业，总数量上估计超过 5000 家。全球 LED 照明市场的快速增长推动了 LED 照明驱动电源行业的不断发展。在 LED 照明应用市场的快速增长推动下，国内 LED 驱动电源的市场需求也呈增长趋势。2015 年我国 LED 驱动电源产值为 172 亿元，2018 年我国 LED 驱动电源产值为 280 亿元，2017 年和 2018 年同比增长率分别达到 23.74% 和 14.3%。伴随着 LED 照明市场的持续快速发展，国内 LED 驱动电源市场成长空间广阔。预计到 2021 年，我国 LED 驱动电源的市场需求规模有望达到 384 亿元。

LED 驱动电源的销售市场主要集中在中国、欧洲、美国和日本市场等区域。我国是 LED 驱动电源的主要生产基地，也是全球 LED 驱动电源产业的聚集地，特别是珠三角和长三角地区，由于电子配套产业链完善，并且劳动力成本（包括研发人员成本）相对较低，已成为全球 LED 驱动电源行业的主要集聚地。2015 年全球接近 69% 的 LED 驱动电源由我国大陆企业生产，销售额达 24.50 亿美元；2015 年，我国 LED 驱动电源产值规模为 172 亿元，占全球 LED 驱动电源产值规模 288 亿元的 59.7%；2018 年，我国 LED 驱动电源产值规模为 280 亿元，占全球 LED 驱动电源产值规模 403 亿元的 69.5%；2015-2018 年，我国 LED 驱动电源产值在全球市场占有率提升了将近 9.8 个百分点。

LED 驱动电源因为其具有较高的技术壁垒、品牌壁垒和产品认证壁垒，市场集中度比较高。在全球 LED 驱动电源市场上，明纬、飞利浦和英飞特等企业占据领导地位，国内市场还有茂硕电源、上海鸣志、崧盛电子、健森科技、广州凯盛、石龙富华等。随着行业竞争不断加剧，价格竞争日趋激烈，特别是中小功率市场，很多公司的毛利率已经降至 15%左右。

在市场渗透率方面，目前中大功率LED驱动电源所主要匹配的户外和工业LED照明应用的市场渗透率仍相对较低。未来，随着户外和工业LED照明应用市场渗透率的上升以及新应用领域的不断拓展，中大功率LED驱动电源潜在市场需求的增速会相对较快。

在市场竞争格局方面，由于中、大功率LED驱动电源主要配套用于户外、工业等LED照明领域，产品在恒压、恒流技术方面，以及在高可靠性与安全性和应对恶劣应用环境等方面的要求较高，其技术壁垒和行业相对较高，且市场集中度和行业利润空间也相对较高。

1. 我国LED照明产业发展趋势

1）绿色节能环保是行业未来的发展趋势：绿色照明工程旨在发展和推广高技术LED照明产品，节约电能、保护环境、改善照明质量，通过科学的可持续照明设计，采用高效、节能、环保、安全和性能稳定的LED照明产品，改善人居环境，提高生活质量，创造一个安全、舒适、经济、适宜的环境。绿色照明工程以政府的充分重视和宏观指导为前提，以完善的法规政策和管理体制为保证，以科学的照明专项规划为指导，以高效的节能环保照明产品为基础，以先进的现代照明技术为手段，以满足人民群众日益增长的提高照明质量和水平的需要以及以节约能源、保护环境和促进国民经济可持续发展为目的，建立高效节能、安全经济、有效管理、有益环境的照明系统全过程。绿色照明工程是促进经济可持续发展的需要，是提高照明质量和水平的保证，是实现节能和环保的有效途径。

2）到2020年我国绿色照明工程需要实现的总体目标为：

① 通过照明节电实现大幅度的节能减排，促进社会可持续发展，为2020年全面建成小康社会提供绿色照明产品支持，为2050年建成现代化国家提供具备中华文化特色的照明。

② 大幅度降低千流明能耗，将照明产业建设成为节能环保型战略新兴产业。重点发展半导体照明产业，在特种照明产品上有所突破。普及智能控制，实现低碳照明。

③ 实现我国由绿色照明产品的制造大国向创新和制造强国的转变，实现量到质的转变，促进高效照明领域自主创新、掌握核心技术、提升装备水平。

2008年北京奥运会、2010年广州亚运会、2010年上海世博会、2011年深圳大学生运动会是绿色照明工程的成功范例，均取得了显著的社会效益和经济效益。照明工程行业被称为永远的“朝阳行业”，绿色照明工程是照明工程行业发展的趋势和潮流。

3）以文化旅游夜景照明为代表的城市文化照明引领行业潮流：“城市文化照明”旨在将城市的地域文化与功能性照明有机结合，通过提取能够代表当地人文特征和地域特色的文化元素，并将其用于照明方案的设计，实现城市照明功能性和艺术性的完美结合，使城市照明设施不仅体现鲜明的地方色彩，而且有力地增强了当地市民的民族文化自豪感。

文化旅游夜景照明不仅是传统景观照明的复合型升级，更是城市宣传的名片，有利于提升和塑造城市形象，对激发城市新的经济活力具有重要的意义。一方面，快速增长的城镇人口将推动该地区夜间商业活动，从而初步推动景观灯光需求。另一方面，城镇化进程都伴随着文化建设，当地居民会对景观灯光提出更高的观赏要求，当地市政府也会通过景观灯光来表达和传递城市的文化魅力和独特风格，渐渐衍生出文化旅游形态夜景照明，如动态灯光秀、水景喷泉、人光互动、3D表演等文旅科技复合型产品，激发城市新空间、带来新体验、创造新价值，开创文化旅游概念的经济新模式。

我国的城镇化率不断提升，截至2015年底，中国城镇化率达到56.10%，预测到2030年，我国城镇化率将达65%~70%。随着国民经济的发展与人民生活水平的提高，城市照明已不再是简单的功能性照明，而是基于心理体验的艺术创造活动。像以文化旅游夜景照明具有代表性的“城市文化照明”恰好通过照明将艺术技艺与城市文化特征融为一体，以照明作为艺术表现手段，通过城市照明方案展现最具代表性的地域文化，构建或重塑独特的城市形象，激发新的经济活力。

随着越来越多的城市开始注重城市照明的个性化设计，城市文化照明通过文旅夜景照明的形式将在越来越多的城市照明方案中得以体现。因此，以文化旅游夜景照明为代表的城市文化照明也因其兼具文化艺术体验和功能照明技艺结合的多重优势而成为城市照明发展趋势所在。

4）LED照明发展速度强劲，其应用领域持续扩大：随着环保节能以及绿色照明等概念的逐渐深入和渗透，兼具高效低耗、安全可靠、方便管理、使用寿命长等诸多优势的LED照明技术已经在近些年被广泛地应用于照明行业的方方面面，且正随着行业自身的发展扩充到更广阔的领域。同时，国家绿色照明工程以及相关政策直接推动着LED照明市场快速向前发展，LED照明产品将保持强劲的发展势头，全面替代其他现有照明产品。

5）企业加速优胜劣汰：随着行业的不断发展，企业会加速优胜劣汰，缺乏技术优势、经验积累的小企业会被逐渐淘汰，政府也会通过加强引导行业标准建设来促进行业的整合和企业的优胜劣汰，如科技部对“十城万盏”参与企业、国家发改委和住建部对可以参与获得补贴的示范推广项目的企业都进行了资格目录管理，政府引导功能非常明确，会加强对现有企业的整合，扶持龙头企业做强做大。

2. 我国LED驱动电源发展趋势及痛点

智能化电源产品市场化已经从LED路灯加速发展，下一步是向商用照明及家居照明普及。在物联网还不成熟的背景下，这中间还需一段时间，但电源企业需要做好足够的技术及专利贮藏静待市场暴发。LED推广及快速普及过程中扮演着非常重要的角色，素有LED照明灯具心脏之称的驱动电源，其发展也随着照明产品需求不时改变。当前，高性价比、智能化是照明应用终端最大的诉求，为此企业不时推出光引擎技术和智能化电源产品。光引擎和智能化已经成为驱动电源的两大主流趋势。特别是智能照明被誉为LED照明下一个“风口”，为出现更人性化、更高能效的照明形式，营造出一种崭新的光环境。因此，LED电源技术也必顺应此发展趋势，朝着更高能效、更轻薄，以及智能控制的方向发展。

智能照明庞大的市场空间也将推动智能化驱动电源的快速发展。智能化成驱动电源新风口，智能电源成为电源企业一大新的市场发力点。目前，在智能照明前景被普遍看好的背景下，知名电源企业纷纷推出了智能控制、调光调色的电源产品，并不时加大市场布局。

LED 光源以其特有的优势，随着设施农业的快速发展，以及对植物照明研究的深入，其植物照明领域的应用前景可期。LED 技术与应用发展到 21 世纪的今天，在一些领域仍然具备十足的发展潜力，值得关注。智能照明这个概念自 20 世纪 90 年代开始，至今国内也并未完全普及，主要源于面对的三大痛点：包括 ZigBee、Wi-Fi2.4G、BLE、Mesh 等。

1）选择何种协议，没有统一的行业规范。智能照明现有多种协议共存。让很多企业为此烦恼，纷繁的技术构筑壁垒阻碍了智能照明的发展。所以，行业急切需要一项主导的全球性协议。

2）智能照明并没有真正达到智能水平，消费者接受度不高。限于目前智能照明产品的发展水平。智能照明产品大多局限于调光、调色的初级阶段。所以，消费者接受度不甚理想也是情理之中。

3）产品性价比不高。智能照明产品的功能性并未完全赶上它较高的售价。

这些痛点随着产业的不时推进将会得到解决。然而，智能照明的普及是毋庸置疑的，国内外多家企业在智能照明都有布局，科技巨头与激进照明企业的合作也将成为常态。随着物联网、机器学习、云技术、大数据等多项技术的发展，智能照明也会迎来更大的发展空间。

六、2020 年中国电源市场区域结构分析

中国电源企业主要分布在三个区域，一是珠江三角洲，主要是广东的深圳、东莞、广州、珠海、佛山等地；二是长江三角洲，主要是上海、苏南、杭州、山东和安徽一带；三是北京及周边地区；武汉、西安、成都等地也有一定的分布。这三大区域经济发展最快，轻重工业均较发达，信息化建设和科技研发水平较高，为技术密集型的电源行业的研发、生产以及销售提供了充分的条件和便利的场所。中国电源行业已形成了高度市场化的状态，生产电源产品的厂商数量众多，市场集中度较低，且企业规模普遍差别很大。

（一）华东区域分析

华东区域正在向“国际制造业基地”发展。其工业生产总值不仅占据全国重要地位，而且增长率也高于全国水平。作为国内最具综合经济实力、人口密集度最高、最富裕、市场购买力最强的区域之一，华东区域历来被企业视为重点布局区域。华东区域包含上海市、江苏省、浙江省、安徽省、山东省、福建省、江西省等省市。第一类：常州、嘉兴、无锡、上海、舟山、南京、苏州、宁波、绍兴、湖州等地区，其中常州、嘉兴、无锡、上海、舟山为一子类，南京、苏州、宁波、绍兴、湖州为一子类。华东区域总体上已经进入工业化中期，工业化总体水平高于全国平均水平，工业化发展速度也快于全国平均速度。第二类：泰州、杭州、扬州。导致华东区域工业化进程差异的原因是地区之间经济发展水平（指标为人均收入水平），产业结构（指标为：三次产业占 GDP 的比重）依靠发展第二产业是迅速推进工业化的重要手段。华东区域各省市的各地级市工业化进程也不均衡。从华东区域各地级市的工业化进程来看，各地级市之间的工业化进程差异也很大。上海市工业化水平最高，处于后工业化阶段，内部差异小。

（二）华南区域分析

华南区域一般包含广西壮族自治区、广东省、海南省等。珠江三角洲经济区，简称珠三角经济区，是组成珠江的西江、北江和东江入海时冲击沉淀而成的一个三角洲，面积为 1 万多平方公里。一般来说它的最西点定义在三水。2009 年 1 月 8 日，《珠江三角洲地区改革发展规划纲要（2008-2020 年）》规划范围以广东省的广州、深圳、珠海、佛山、江门、东莞、中山、惠州和肇庆市为主体，辐射泛珠江三角洲区域。

（三）华北区域分析

华北区域包括北京市、天津市、河北省、山西省、内蒙古自治区。华北区域有发展经济得天独厚的条件，两大直辖市北京、天津作为华北经济圈的核心城市，130 公里的超近距离，使二者联系起来极为便利，且河北省的一些城市穿插其间，构成了区域特色。北京作为中国的首都，是全国政治、文化中心和圈际交流中心，又是全国公路、铁路枢纽，有全国最大的航空港，具有特殊的区位优势；北京高新技术产业发达、资金雄厚、人力资源丰富，有中国其他城市无法比拟的优越性。天津是老工业基地，轻工业比较发达，并且是国际性现代化港口城市；天津的滨海新区有 2270 平方公里的土地资源。河北省面积为 18.8 万平方公里，在空间地理位置上构成北京、天津的腹地，为其提供充足的土地和劳动力等生产要素，也是北京、天津产业转移的大后方。

（四）其他区域分析

西部大开发的范围包括重庆、四川、贵州、云南、西藏、陕西、甘肃、青海、宁夏、新疆、内蒙古、广西 12 个省、自治区、直辖市，面积 685 万平方公里，占全国的 71.4%。2002 年末人口 3.67 亿人，占全国的 28.8%。2016 年国内生产总值 156529.19 亿元，占全国的 21%。西部区域资源丰富、市场潜力大、战略位置重要。但由于自然、历史、社会等原因，西部区域经济发展相对落后，人均国内生产总值仅相当于全国平均水平的三分之二，不到东部区域平均水平的 40%，迫切需要加快改革开放和现代化建设步伐。当前和今后一段时期，是西部区域深化改革、扩大开放、加快发展的重要战略机遇期。要重点抓好基础设施和生态环境建设；积极发展有特色的优势产业，推进重点地带开发；发展科技教育，培育和用好各类人才；国家要在投资项目、税收政策和财政转移支付等方面加大对西部区域的支持，逐步建立长期稳定的西部开发资金渠道；着力改善投资环境，引导外资和国内资本参与西部开发；西部区域要进一步解放思想，增强自我发展能力，在改革

开放中走出一条加快发展的新路。

七、中国电源产业发展趋势

（一）上下游产业发展对未来电源行业成本价格影响分析

电源产业链上中下游分别为原材料供应商、电源制造商、整机设备制造商、行业应用客户。

1）上游主要为控制芯片、功率器件、变压器、PCB 等电子器件供应商。

2）中游主要为模块电源、定制电源、大功率电源及系统制造商。

3）下游主要为通信设备、航空、航天及军工整机、铁路设备等制造商。

1. 供应商议价能力

根据前面电源行业原材料市场分析和财务报表中应付账款及资产周转率等可以得出，现阶段电源行业原材料供应商对电源行业的议价能力较弱。电源行业供应商议价能力分析见表 17。

表 17　电源行业供应商议价能力分析

指标	表现	结论
企业数量	电源行业各类原材料供应商数量众多，市场呈现完全竞争状态	企业数量较多，议价能力较弱
产品独特性	电源需要的原材料基本为普通材料，没有太多的特殊要求。因此，产品独特性较低	同质化导致其议价能力较低
前向一体化能力	电源行业需要的原材料为一些基本材料，与电源制造差距较大。因此，材料供应商实现前向一体化的能力较弱	运营商前向一体化能力较弱

2. 购买商议价能力

综合来看，电源行业主要实行定制的生产模式，且存在较大的转换成本。因此，电源购买商对电源行业的议价能力较强。电源行业购买商议价能力分析见表 18。

表 18　电源行业购买商议价能力分析

指标	表现	结论
用户数量	电源产品广泛应用于通信、电力、轨道交通、计算机、医疗等多领域，客户数量众多	用户数量多，市场大，议价能力较弱
购买数量	电源产品在下游产品中所占的比重较小，用户购买数量较小	议价能力较弱
转换成本	应用于不同领域的电源产品差异性较大，产品异质性较高，转换成本较高	议价能力较强
同质化程度	应用于不同领域的电源产品差异性较大，产品异质性较高，且大多下游企业要求电源生产企业为其定制相应的产品	议价能力较强
应收账款周转天数	大多数上市企业总资产周转率都在 1 之下，应收账款周转天数同比增长，回款几乎都在 3 个月到 1 年	议价能力较强

3. 替代品威胁

电源作为用电设备中必不可少的设备，不存在替代品。因此，替代品威胁较小。但是，随着下游市场对所需的电源产品越来越专业，技术、环保等各方面的要求越来越高，将会存在高端产品对中低端产品的替代。

4. 总结

综合行业五方面力量对比，可以看出整体的竞争强度较大、竞争激烈、原材料价格上涨、人工成本近年来不断上升，决定了电源的生产成本出现大幅下降的可能性不大。而行业技术日益成熟，产品供给不断增加，电源产品的价格呈现下降趋势。

（二）未来行业发展趋势分析

首先，电源产品将呈现绿色化、高频化。21 世纪的节电和环境保护，将使多种智能开关技术广泛应用，电源供电结构由集中式向分布式发展。分布供电方式具有节能、可靠、经济、高效和维护方便等优点。该方式不仅被现代通信设备采用，而且已为计算机、航空、航天、工业控制系统等采纳，还是超高速型集成电路的低电压电源的最理想的供电方式。在大功率场合，比如电镀、电解电源、电力机车牵引电源、中频感应加热电源、电动机驱动电源等领域也有广阔的应用前景。同时，电源已由传统集中供电制向分布供电制发展。采用分布供电制后，单模块电源的容量一般较小，因而可以实现高频化。

而随着产品性能发展到一定阶段后，人性化设计显得尤为重要，为了让用户更轻松、更自如地应用产品，产品的使用方便性、全自动功能、环境适用功能、环保和节能功能越来越多，为用户的安装和使用提供了方便。

对电源企业而言，未来要更多地直接与用户接触，了解用户需求，使产品设计更加适合用户需求，推动电源产品的发展，使得产品更加的成熟，从产品结构而言，一体化、多元化的电源产品将是未来发展的趋势。因此，设计服务将是电源最重要的增值服务之一，尤其是为客户提供实际的解决方案，在行业技术要求比较强的定制电源制造业，从 OEM 到 ODM 在价值链上增加了设计环节，向产业链上游延伸，逐步占领高端增值环节。

此外，电源产品由于其产品的多样性以及应用的广泛性，使得未来电源企业在销售的渠道模式上将不能简单采取某种固定的渠道模式。未来的渠道销售模式，一定是根据产品自身的特点以及产品应用的行业特征，来进行一种多样性的渠道策略组合，即采用网络销售、体验式销售、垂直营销等相结合的多种销售渠道。

（三）未来电源产业市场发展预测

近年来，全球经济体动荡不安，多国经济下滑，受经济和市场下行的影响，行业需求持续疲软，尤其是出口受到重创。但国内宏观经济持续稳步发展和全球产业加速转移，我国在全球电源市场发展占比稳步提升，成长起来一批在细分领域具有一定规模和核心竞争力的企业。同时，随着国内宏观经济的持续发展，尤其是国内对新能源汽车、光伏发电、数据中心、LED照明等产业的持续性投入，进一步推动了国内电源产业的迅速增长。

根据电源行业历史数据，以及相关因素影响分析，2019-2023年中国电源产业产值增长速度预测如图40所示。

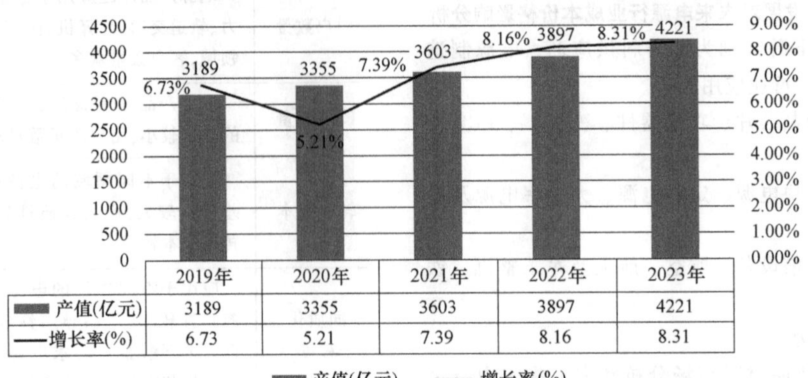

	2019年	2020年	2021年	2022年	2023年
产值(亿元)	3189	3355	3603	3897	4221
增长率(%)	6.73	5.21	7.39	8.16	8.31

数据来源：中国电源学会；中自集团2021年5月

图40 2019-2023年中国电源产业产值增长速度预测

八、鸣谢单位

（按中国总部所在地区拼音首字母排序）

东北辽宁朝阳航天长峰朝阳电源有限公司
华北北京安泰科技股份有限公司非晶制品分公司
华北北京中国船舶工业系统工程研究院
华北北京大华无线电仪器有限责任公司
华北北京航天星瑞电子科技有限公司
华北北京力源兴达科技有限公司
华北北京森社电子有限公司
华北北京新雷能科技股份有限公司
华北北京纵横机电科技有限公司
华北河北石家庄通合电子科技股份有限公司
华北河北石家庄先控捷联电气股份有限公司
华北天津东文高压电源（天津）股份有限公司
华北天津市鲲鹏电子有限公司
华东安徽合肥博微田村电气有限公司
华东安徽合肥华耀电子工业有限公司
华东安徽合肥科威尔电源系统股份有限公司
华东安徽宁国市裕华电器有限公司
华东安徽合肥安徽博微智能电气有限公司
华东安徽合肥安徽中科海奥电气股份有限公司
华东安徽合肥阳光电源股份有限公司
华东福建厦门赛尔特电子有限公司
华东福建厦门市爱维达电子有限公司
华东福建厦门市三安集成电路有限公司
华东福建厦门科华数据股份有限公司
华东福建厦门中航太克（厦门）电力技术股份有限公司
华东江苏常州华威电子有限公司
华东江苏常州市创联电源科技股份有限公司
华东江苏理士国际技术有限公司
华东江苏连云港杰瑞电子有限公司
华东江苏南京国臣直流配电科技有限公司
华东江苏南京时恒电子科技有限公司
华东江苏南京研旭电气科技有限公司
华东江苏太仓电威光电有限公司
华东江苏无锡芯朋微电子股份有限公司
华东江苏苏州普尔世贸易（苏州）有限公司
华东山东青岛威控电气有限公司
华东山东济南山东艾诺仪器有限公司
华东山东济南山东华天科技集团股份有限公司
华东山东青岛鼎信通讯股份有限公司
华东上海柏拉图（上海）电力有限公司
华东上海台达电子企业管理（上海）有限公司
华东上海电气电力电子有限公司
华东上海临港电力电子研究有限公司
华东上海唯力科技有限公司
华东上海责允电子科技有限公司
华东浙江大华技术股份有限公司
华东浙江杭州飞仕得科技有限公司
华东浙江杭州祥博传热科技股份有限公司
华东浙江江苏中科君芯科技有限公司
华东浙江宁波博威合金材料股份有限公司
华东浙江宁波赛耐比光电科技有限公司
华东浙江宁波生久柜锁有限公司
华东浙江派恩杰半导体（杭州）
华东浙江英飞特电子（杭州）股份有限公司
华东浙江湖州浙江东睦科达磁电有限公司
华东浙江嘉科电子有限公司
华东浙江温州鸿宝电源有限公司
华东江西大有科技有限公司
华东江西宜春江西艾特磁材有限公司
华南广东东莞市必德电子科技有限公司
华南广东东莞市冠佳电子设备有限公司
华南广东佛山市顺德区冠宇达电源有限公司
华南广东佛山市欣源电子股份有限公司
华南广东佛山市新辰电子有限公司

华南广东广州德珑磁电科技股份有限公司
华南广东广州金升阳科技有限公司
华南广东广州旺马电子科技有限公司
华南广东广州致远电子有限公司
华南广东惠州志顺电子实业有限公司
华南广东深圳可立克科技股份有限公司
华南广东深圳蓝信电气有限公司
华南广东深圳欧陆通电子股份有限公司
华南广东深圳市必易微电子股份有限公司
华南广东深圳市迪比科电子科技有限公司
华南广东深圳市航嘉驰源电气股份有限公司
华南广东深圳市皓文电子有限公司
华南广东深圳市普德新星电源技术有限公司
华南广东深圳市斯康达电子有限公司
华南广东深圳市英威腾电源有限公司
华南广东深圳市知用电子有限公司
华南广东深圳威迈斯新能源股份有限公司
华南广东深圳欣锐科技股份有限公司
华南广东深圳英飞源技术有限公司
华南广东中山市电星电器实业有限公司
华南广东珠海朗尔电气有限公司
华南广东珠海山特电子有限公司
华南广东东莞立讯精密工业股份有限公司
华南广东东莞易事特集团股份有限公司
华南广东佛山航天柏克（广东）科技有限公司
华南广东惠州山顿电子有限公司
华南广东深圳弗迪动力有限公司电源工厂
华南广东深圳山克新能源科技（深圳）有限公司
华南广东深圳长城电源技术有限公司
华南广东志成冠军集团有限公司
华南香港天宝集团控股有限公司
华中湖北武汉武新电气科技股份有限公司
华中湖南长沙明卓电源科技有限公司
华中湖南长沙湖南汇鑫电力成套设备有限公司
西北宁夏银利电气股份有限公司
西北陕西西安爱科赛博电气股份有限公司
西北陕西西安龙腾半导体股份有限公司
西南四川成都航域卓越电子技术有限公司
西南重庆荣凯川仪仪表有限公司

2020 年中国电源上市企业年报分析

中国电源学会

2020 年是极不平凡的一年，受席卷全球的新型冠状病毒肺炎疫情的影响，全球经济受到沉重的打击。中国快速且有效控制疫情，率先走出经济形势的低谷。电源行业作为国民经济的重要支撑产业，在国家加速布局新能源及实现“碳中和”的大背景下，表现出优秀的抗压韧性和强劲的发展活力，市场规模进一步扩大。2020 年全年增长率为 21.91%，总产值达 3288 亿元。

另一方面，2020 年，中国资本市场迎来三十岁生日，虽然疫情影响下有大开大合的波动，但总体向好。2020 年 12 月 30 日，沪深两市总市值突破了 85 万亿元，达到 85.27 万亿元的高位。2020 年，英杰电气、欧陆通两家电源企业成功登陆深交所创业板，相比 2018 年欣锐电气花开一朵、2019 年电源行业零 IPO 的状况已经有所改善。截至 2020 年底，沪深两市电源上市企业数量共 27 家。

这里统计的电源上市企业是指以生产、销售电源整机为主营业务的沪深交易所上市企业。（考虑公司上市的稳定性，此次统计不包括新三板挂牌企业以及 2019 年推出的科创板注册的企业）电源企业产品包括不间断电源（UPS）、开关电源、LED 驱动电源、模块电源、充电桩/充电电源、电机控制器、光伏逆变器、变频器、特种电源等；不包括为电源企业生产或研发配套产品的企业，如功率器件及半导体芯片、集成电路、滤波器、电阻、电容器、变压器、磁性材料等厂商；另外，电源业务只占小部分的综合型上市企业，因无法准确剥离电源相关业务数据，也未统计在内。

总体来看，电源上市企业数量虽然不多，但其公司规模、市场占有率、财务表现、研发投入等多项指标均领跑电源行业，是产业发展以及技术创新的风向标。本文通过解读其 2020 年度财务报告，并对比最近几年财务数据，希望在一定程度上反映电源行业的发展情况，为电源企业提供参考。

一、总体情况概述

（一）电源企业上市板块及所属主要行业情况

报告中列出的电源上市企业共 27 家，其中上证主板 3 家，深证中小板 10 家，深证创业板 14 家（见图 1）。

按照证监会规定的行业分类，其中 22 家企业属于电气机械和器材制造业，另外 5 家企业属于计算机、通信和其他电子设备制造业。

按照申万标准分类，12 家属于电源设备，6 家属于电气自动化设备，3 家属于电子制造，另有 6 家企业分别属于电机、高低压设备、光学光电子、其他电子行业和汽车零部件行业、光伏设备。

按照全球行业分类，17 家属于资本品行业，9 家属于技术硬件与设备行业，1 家属于汽车与汽车零部件行业。

具体情况见表 1（同一板块中上市企业按上市时间排序，本报告中图表无特殊说明，排序同表 1）。

表 1　电源企业上市板块及所属主要行业

上市板块	企业名称	证券代码	上市时间	所属主要行业（证监会分类）	所属主要行业（申万分类）	全球行业分类
上证主板	动力源	600405	2004/4/1	计算机、通信和其他电子设备制造业	电源设备	资本品
	鸣志电器	603728	2017/5/9	电气机械和器材制造业	电源设备	资本品
	禾望电气	603063	2017/7/28	电气机械和器材制造业	电源设备	资本品
深证中小板	科陆电子	002121	2007/3/6	电气机械和器材制造业	电气自动化设备	资本品
	奥特迅	002227	2008/5/6	电气机械和器材制造业	电源设备	资本品
	英威腾	002334	2010/1/13	电气机械和器材制造业	电气自动化设备	资本品
	科华数据	002335	2010/1/13	电气机械和器材制造业	电气自动化设备	资本品
	中恒电气	002364	2010/3/5	电气机械和器材制造业	电气自动化设备	资本品
	科士达	002518	2010/12/7	电气机械和器材制造业	电源设备	资本品
	茂硕电源	002660	2012/3/16	计算机、通信和其他电子设备制造业	电子制造	技术硬件与设备
	可立克	002782	2015/12/22	计算机、通信和其他电子设备制造业	电子制造	资本品
	麦格米特	002851	2017/3/6	电气机械和器材制造业	电子制造	技术硬件与设备
	伊戈尔	002922	2017/12/29	电气机械和器材制造业	其他电子	资本品

（续）

上市板块	企业名称	证券代码	上市时间	所属主要行业（证监会分类）	所属主要行业（申万分类）	全球行业分类
深证创业板	合康新能	300048	2010/1/20	电气机械和器材制造业	电气自动化设备	资本品
	汇川技术	300124	2010/9/28	电气机械和器材制造业	电气自动化设备	技术硬件与设备
	阳光电源	300274	2011/11/2	电气机械和器材制造业	电源设备	资本品
	易事特	300376	2014/1/27	电气机械和器材制造业	电源设备	资本品
	通合科技	300491	2015/12/31	电气机械和器材制造业	电源设备	技术硬件与设备
	蓝海华腾	300484	2016/3/22	电气机械和器材制造业	高低压设备	资本品
	英飞特	300582	2016/12/28	计算机、通信和其他电子设备制造业	光学光电子	技术硬件与设备
	新雷能	300593	2017/1/13	电气机械和器材制造业	电源设备	技术硬件与设备
	英搏尔	300681	2017/7/25	电气机械和器材制造业	电机	资本品
	盛弘股份	300693	2017/8/22	电气机械和器材制造业	电源设备	技术硬件与设备
	英可瑞	300713	2017/11/1	电气机械和器材制造业	电源设备	资本品
	欣锐科技	300745	2018/5/23	电气机械和器材制造业	汽车零部件	汽车与汽车零部件
	英杰电气	300820	2020/2/13	电气机械和器材制造业	光伏设备	技术硬件与设备
	欧陆通	300870	2020/8/24	计算机、通信和其他电子设备制造业	电源设备	技术硬件与设备

*说明：原“科华恒盛”于2021年1月正式更名为“科华数据”，本报告中均采用最新名称。

从表1中也可以看出，相对其他成熟行业，电源行业的上市历程依然处于起步阶段，发展速度也较为缓慢。从2004年第一家电源企业——动力源登陆上证主板到2016年的13年间，电源上市企业数量逐步增加到16家。2017年，一方面电源作为重要支撑产业的战略地位提升；另一方面IPO审核加速，电源企业上市步伐明显开始加快，一年新增8家。2018年，由于资本市场经济、政策环境的变化，全年只新增1家。2019年，电源行业无企业在主板、中小板及创业板首发上市。2020年情况有所改善，英杰电气、欧陆通两家电源企业成功登陆创业板。

数据显示，2010年也较为特殊，这一年新增电源上市企业6家。这与当时国内外经济环境和资本市场政策也有关系。走过2008年、2009年金融风暴的低谷，世界经济企稳复苏，中国经济继续保持平稳而繁荣的增长态势，投资者信心逐步恢复，中国企业上市及融资热情高涨。同时由创业板开闸引起的企业上市浪潮仍在持续，全年共有347家企业在境内资本市场上市，融资额为720.59亿美元，上市数量和融资额均刷新2007年记录。这6家电源上市企业也是当年上市大军的一部分。

除此以外，2010年电源企业集中上市也是国内电源行业阶段性发展的结果。当年上市的几家企业科华数据、科士达、英威腾、合康新能、汇川技术、中恒电气集中在UPS、变频器、通信电源领域。这些产品标准化程度较高，有利于企业开展规模化经营并率先在资本市场取得突破。

电源行业历年上市企业数量统计如图2所示。

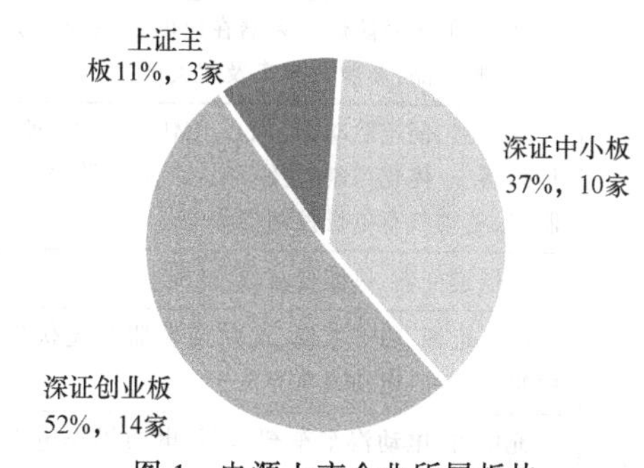

图1　电源上市企业所属板块

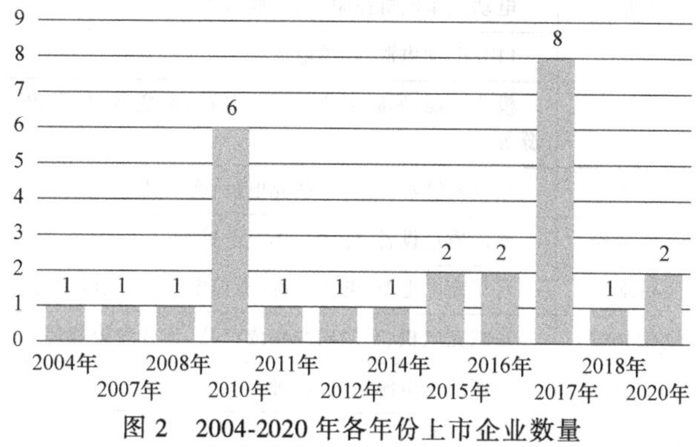

图2　2004-2020年各年份上市企业数量（家）（未标记年份为0）

（二）电源企业主要产品及业务情况

本次报告所摘录的电源企业主体业务主要分布在新能源、新能源汽车、电力、工业自动化控制、轨道交通、节能环保、通信等行业，与国家近几年的基础建设投资及政策重点关注行业领域高度一致。各企业主要产品及业务情况见表2。

这27家企业，按照其重点产品可以进一步归类（这里的重点产品是指近两年内销售收入占企业营业收入40%以上的产品，无重点产品的企业归入多元产品一类），具体见表3。电源上市企业主要产品分类如图3所示。

表 2 电源上市企业主要产品及业务情况

企业名称	主营产品和服务
动力源	交直流电源、高压变频器及综合节能等
鸣志电器	控制电机及其驱动系统、LED 控制与驱动类
禾望电气	风电变流器、光伏逆变器、模块及配件业务
科陆电子	智能电网、综合能源管理及服务、储能
奥特迅	不间断电源、电动汽车充电电源、电能质量治理装置
英威腾	变频器、UPS 电源、电机控制器等
科华数据	信息化设备用 UPS 电源、工业动力 UPS 电源系统设备、建筑工程电源、数据中心产品、新能源产品、配套产品
中恒电气	通信电源等
科士达	UPS、光伏逆变器、储能
茂硕电源	开关电源、LED 驱动电源、光伏逆变器
可立克	开关电源磁性元件等
麦格米特	变频器、伺服驱动器、驱动系统、车用电机控制器、光伏逆变器等
伊戈尔	LED 驱动电源、变压器等
合康新能	高、中低压及防爆变频器在内的全系列变频器产品、伺服产品、新能源汽车及相关产品
汇川技术	变频器、伺服驱动器、PLC、HMI、伺服/直驱电机、传感器、一体化控制器及专机、工业视觉、机器人控制器、电动汽车电机控制器等
阳光电源	光伏逆变器、风能变流器、储能变流器等
易事特	UPS 电源、EPS 电源、光伏逆变器及光伏发电系统集成产品、电动汽车充电桩
通合科技	充电桩、电动汽车车载电源、电力操作电源模块和电力操作电源系统
蓝海华腾	电动汽车电机控制器、中低压变频器
英飞特	LED 驱动电源、开关电源等
新雷能	模块电源、厚膜工艺电源及电路、逆变器、特种电源等
英搏尔	电机控制器为主,车载充电机、变换器等
盛弘股份	电能质量设备、电动汽车充电桩等
英可瑞	汽车充电电源、电力电源、通信电源、工业电源等
欣锐科技	车载充电机、车载电源集成产品、车载变换器等
英杰电气	功率控制电源系统、特种电源
欧陆通	电源适配器

(三) 2020 年电源上市企业规模分析

营业收入、资产总额和企业人数是一个企业的基础数据，也是反映企业规模的主要指标。27 家电源上市企业 2020 年的营业收入（包括主营业务收入和非主营业务收入）、资产总额、企业人数见表 4。

继 2019 年阳光电源首次突破百亿营收以后，2020 年度电源上市企业百亿军团再增一员——汇川技术，营收 115.10 亿元；而冠军阳光电源营收已接近 200 亿元，以 192.91 亿元的业绩遥遥领先。除了这两家电源企业，电源上市企业营收均在 50 亿以下，10 亿元以上共有 16 家，2~10 亿元有 9 家。其中科华数据以 41.67 亿元的营收位列第三。25 家电源上市企业 2020 年的营业收入总额为 701.85 亿元。相比 2019 年 563.87 亿元，同比上升 24.17%。电源上市企业 2016-2020 年度营业总收入如图 4 所示。

2020 年 27 家电源上市企业资产总额总计 1274.79 亿元，其中资产总额 100 亿元以上的有 3 家（相比上年减少 2 家），50~100 亿元的有 3 家（较上年增加 1 家）；10~50 亿元的有 19 家（较上年增加 3 家）。10 亿元以下的有 2 家（与去年持平）。阳光电源以 280 亿元的资产总额排在第一位。

表 3 电源上市企业按重点产品分类
（同类别企业按上市时间先后排序）

重点产品	上市企业	企业数（家）	占比（%）
开关电源（包括通信电源、LED 驱动电源、电源适配器等）	动力源、中恒电气、茂硕电源、可立克、英飞特、伊戈尔、欧陆通	7	26
不间断电源（UPS）	奥特迅、科华数据、科士达	3	11
变频器	英威腾、合康新能、汇川技术	3	11
充电桩/充电电源	通合科技、英可瑞、盛弘股份、欣锐科技	4	15
电机控制器、驱动系统	蓝海华腾、鸣志电器	2	7
新能源电源	阳光电源、禾望电气	2	7
模块电源	新雷能	1	4
智能电网	科陆电子	1	4
多元产品	易事特、麦格米特、英搏尔、英杰电气	4	15
总计	—	27	100

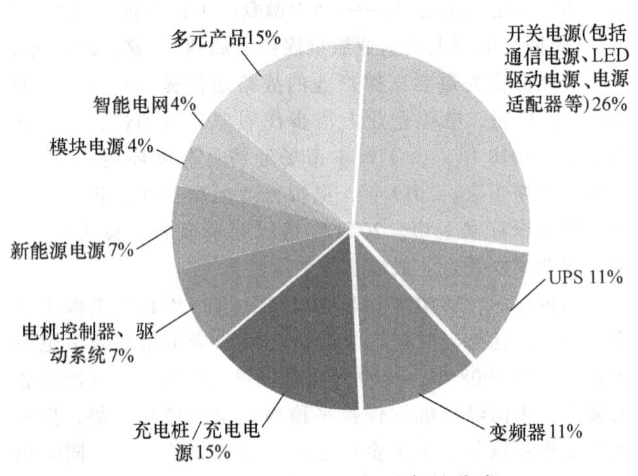

图 3 电源上市企业主要产品分类

表 4　电源上市企业 2020 年的营业收入、资产总额、企业人数（按 2020 年度营业收入排序）

企业名称	证券代码	营业收入（亿元）	资产总额（亿元）	企业人数（人）
阳光电源	300274	192.91	280	4492
汇川技术	300124	115.10	186.5	12867
科华数据	002335	41.67	90.1	3554
易事特	300376	41.66	133	1696
麦格米特	002851	33.75	52.06	3481
科陆电子	002121	33.37	92.79	3454
科士达	002518	24.23	41.34	2896
禾望电气	603063	23.40	42.47	1196
英威腾	002334	22.86	28.48	3245
鸣志电器	603728	22.13	27.58	3000
欧陆通	300870	20.82	24.58	4370
中恒电气	002364	14.33	34.48	1911
伊戈尔	002922	14.05	23.13	2457
可立克	002782	12.78	19.42	3908
合康新能	300048	12.57	26	1224
茂硕电源	002660	12.35	17.32	2249
动力源	600405	12.16	25.11	2468
英飞特	300582	10.53	19.8	873
新雷能	300593	8.43	16.68	1780
盛弘股份	300693	7.71	12.42	835
英搏尔	300681	4.21	10.91	879
英杰电气	300820	4.21	13.97	573
蓝海华腾	300484	4.01	10.48	366
欣锐科技	300745	3.54	14.17	970
奥特迅	002227	3.23	13.44	553
通合科技	3000491	3.20	9.297	652
英可瑞	300713	2.66	9.262	497
总计		701.87	1274.79	66446

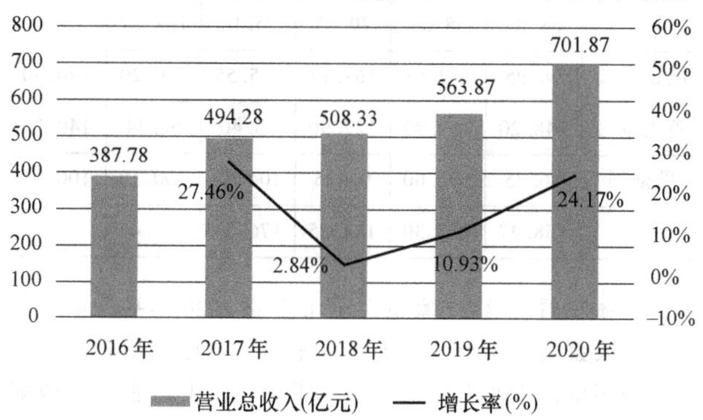

图 4　电源上市企业 2016-2020 年度营业总收入（亿元）

2020 年 27 家电源上市企业在职总人数是 66448 人，其中人员规模在 1000 人以上的有 18 家，300～1000 人的有 9 家，汇川技术以 12867 人排名第一。

按照国家统计局发布的《统计上大中小微型企业划分办法（2017）》中工业类大中小企业划分标准，27 家电源上市企业中有 22 家属于大型企业，5 家属于中型企业，无小型企业。

值得注意的是，27 家电源上市企业中，23 家营业收入都在 40000 万元以上，高于大型企业营业收入的最低标准，英博尔、盛弘股份、英杰电气、蓝海华腾、新锐科技这 5 家企业都是由于企业人数低于 1000 人，下划一档归入中型企业。这也是由于电源上市企业大部分技术装备程度比较高，所需劳动力或手工操作的人数比较少。

电源行业有 2.3 万多家企业，大部分都是中小型企业。从表 4 可以看出，电源上市企业是行业中规模较大、实力较强的龙头企业。

二、财务数据分析

通过年报数据对电源上市企业分析，主要通过以下四个方面进行，分别是营运能力（包括总资产周转率、应收账款周转天数、存货周转天数三个指标）；获利能力（包括毛利率、净利率、加权净资产收益率、每股收益四个指标）；偿债能力（包括流动比率、速动比率、资产负债率三个指标）；发展潜力（包括营业收入增长率、净利润增长率两个指标）。

（一）营运能力指标分析

企业的营运能力是指企业充分利用现有资源创造价值的能力，主要是从企业资金使用的角度来进行的。营运能力的强弱关键取决于周转速度。

本报告从总资产周转率、应收账款周转天数、存货周转天数三个指标进行一一列举分析。

1. 总资产周转率

总资产周转率是综合评价企业全部资产的经营质量和利用效率的重要指标，通常被定义为营业收入与平均资产总额之比。周转率越大，说明总资产周转越快，销售能力越强。2016-2020 年电源上市企业总资产周转率见表 5。

根据深交所发布的《上市公司 2020 年报实证分析报告》，2020 年深市公司总资产周转率为 0.6 次，近几年波动不大，整体保持稳定。

从表 5 中可以看出，2020 年，欧陆通、英威腾、鸣志电器、可立克的资产周转率在电源上市企业中排名靠前，分别为 1.20 、0.83、0.82、0.82；而 2016-2020 五年平均值（欧陆通为四年平均值），排在前三位的是欧陆通、鸣志电器、伊戈尔，分别为 1.42 、0.94 和 0.93。这些企业在同行业中资产周转速度快，资产利用率较高。

总体来看，2016-2020 年，电源上市企业的五年平均总资产周转率呈现逐年下降的趋势，说明市场竞争日趋激烈，行业赚钱越来越难。2016-2020 年平均总资产周转率如图 5 所示。

表 5 2016-2020 年电源上市企业总资产周转率（单位：次）

公司名称	2016	2017	2018	2019	2020	平均
动力源	0.51	0.44	0.33	0.48	0.47	0.45
科陆电子	0.28	0.32	0.26	0.27	0.34	0.29
奥特迅	0.36	0.35	0.32	0.28	0.25	0.31
科华数据	0.43	0.43	0.50	0.50	0.52	0.48
英威腾	0.57	0.73	0.67	0.74	0.83	0.71
合康新能	0.34	0.28	0.27	0.33	0.40	0.32
中恒电气	0.42	0.33	0.38	0.45	0.47	0.41
汇川技术	0.53	0.56	0.61	0.59	0.69	0.60
科士达	0.65	0.82	0.74	0.69	0.59	0.70
阳光电源	0.65	0.64	0.60	0.63	0.76	0.66
茂硕电源	0.63	0.76	0.71	0.75	0.73	0.72
易事特	0.77	0.73	0.41	0.31	0.32	0.51
可立克	0.83	0.85	0.98	0.97	0.82	0.89
通合科技	0.41	0.37	0.29	0.40	0.36	0.37
蓝海华腾	0.99	0.55	0.37	0.33	0.42	0.53
英飞特	0.51	0.48	0.64	0.61	0.57	0.56
新雷能	0.69	0.52	0.45	0.56	0.55	0.55
麦格米特	0.90	0.80	0.87	1.00	0.74	0.86
鸣志电器	1.30	0.96	0.82	0.80	0.82	0.94
英搏尔	0.92	0.78	0.61	0.29	0.41	0.60
禾望电气	0.47	0.38	0.36	0.45	0.55	0.44
盛弘股份	1.07	0.71	0.63	0.65	0.67	0.75
英可瑞	1.22	0.61	0.32	0.29	0.28	0.54
伊戈尔	1.10	1.05	0.81	0.94	0.75	0.93
欣锐科技	0.87	0.49	0.50	0.36	0.24	0.49
英杰电气	0.48	0.56	0.62	0.59	0.39	0.53
欧陆通	—	1.52	1.54	1.44	1.20	1.42
平均	0.69	0.63	0.58	0.58	0.56	—

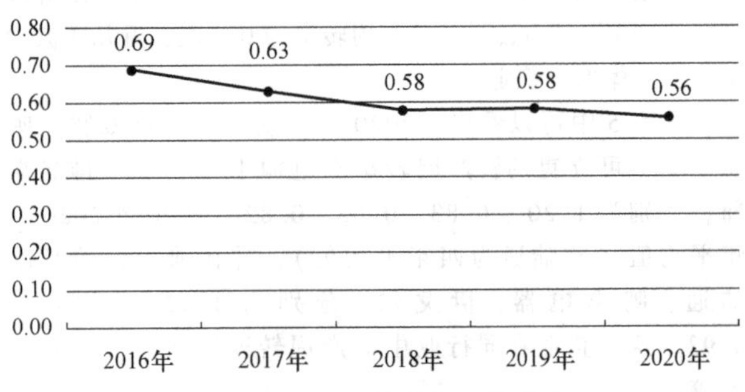

图 5 2016-2020 年平均总资产周转率（%）

2. 应收账款周转天数

应收账款周转天数 = 360/应收账款周转率。应收账款周转率是指企业的应收账款在一定时期内周转的次数，是销售收入与应收账款平均值的比率，用来估计营业收入变现的速度和管理的效率。应收账款周转率越高，或应收账款周转天数越短，表明公司收账速度快，平均收账期短，坏账损失少，资产流动快，偿债能力强。2016-2020 年电源上市企业应收账款周转天数见表 6，2016-2020 年平均应收账款周转天数如图 6 所示。

表 6 2016-2020 年电源上市企业应收账款周转天数（天）

公司名称	2016 年	2017 年	2018 年	2019 年	2020 年	平均
动力源	265.49	277.42	323.06	234.75	259.40	272.02
科陆电子	270.62	243.57	272.23	231.10	186.60	240.82
奥特迅	273.40	264.87	268.60	255.51	247.40	261.96
科华数据	163.52	145.55	137.31	144.92	145.00	147.26
英威腾	97.53	103.04	138.73	119.55	107.10	113.19
合康新能	234.54	274.65	298.41	243.07	243.80	258.89
中恒电气	246.29	276.71	272.90	265.67	251.50	262.61
汇川技术	94.04	96.07	103.82	107.20	89.06	98.04
科士达	149.80	129.36	161.53	157.13	143.70	148.30
阳光电源	204.30	178.43	197.18	179.75	137.80	179.49
茂硕电源	150.14	116.44	126.82	133.53	165.60	138.51
易事特	162.51	156.13	249.28	302.82	282.70	230.69
可立克	89.92	90.48	86.00	99.42	95.95	92.35
通合科技	138.06	204.71	285.87	231.57	321.10	236.26
蓝海华腾	117.64	184.35	290.01	289.74	179.80	212.31
英飞特	71.48	80.69	67.49	77.25	110.90	81.56
新雷能	97.83	118.24	126.71	104.65	197.90	129.07
麦格米特	86.37	88.51	83.96	69.28	90.96	83.82
鸣志电器	79.81	85.19	78.65	75.84	94.14	82.73
英搏尔	136.23	123.04	126.21	200.96	108.00	138.89
禾望电气	329.90	342.89	309.67	242.30	186.10	282.17
盛弘股份	171.54	187.72	181.18	171.34	181.10	178.58
英可瑞	140.63	221.51	343.09	327.99	330.00	272.64
伊戈尔	63.29	58.59	70.85	75.14	108.80	75.33
欣锐科技	98.95	142.65	167.17	235.55	310.20	190.90
英杰电气	248.20	169.80	127.90	95.40	62.34	140.73
欧陆通	96.75	102.60	96.25	104.60	100.10	100.06
平均	158.47	165.30	184.85	176.89	175.45	—

总体来看，这 27 家电源上市企业 2020 年平均应收账款周转天数是 175.45 天，5 年来平均应收账款周转天数最短的一年也在 158 天以上，远高于近些年上市企业应收账款 60 天左右的平均值。一方面，这与行业本身生产周期长、设备安装复杂、产品投入运营时间长等特点有关，另

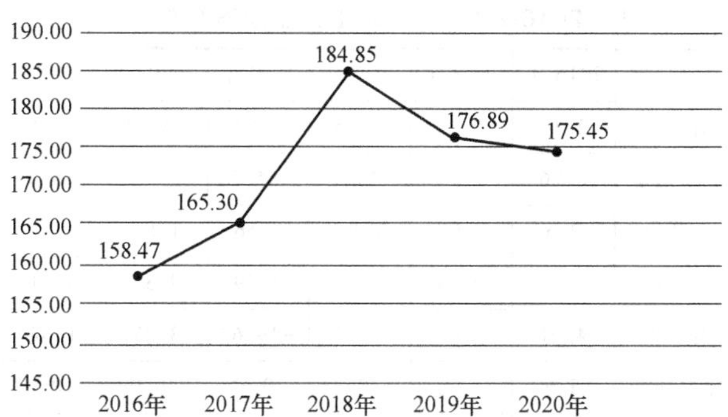

图 6 2016-2020 年平均应收账款周转天数（天）

一方面也反映出电源企业在产业链中缺乏足够的议价能力。

不过，相对于 A 股资本市场的总体情况，电源上市企业 2020 年回款速度有所改善，也实属不易。根据数据宝发布的《A 股应收账款榜》，2020 年受新型冠状病毒肺炎疫情的影响，A 股 4151 家上市公司周转天数中位数超 75 天，同比增加 1 天以上，平均回款速度为近 10 年最低水平，超七成行业回款速度变慢。仅机械设备、综合和电气设备等 6 个行业周转速度加快。机械设备、综合和电气设备也是大多数电源上市企业所在行业。从 2018-2020 年，电源行业的回款速度已经连续两年下降。

3. 存货周转天数

存货周转天数 = 360/存货周转率。存货周转率是营业成本与存货平均总额的比率。存货周转天数是反映企业销售能力强弱、存货是否过量和资产流动能力的一个指标，也是衡量企业生产经营各环节中存货运营效率的一个综合性指标。周转天数越少，说明存货变现的速度越快。存货占用资金时间越短，存货管理工作的效率越高。2016-2020 年电源上市企业存货周转天数见表 7，2016-2020 年平均存货周转天数如图 7 所示。

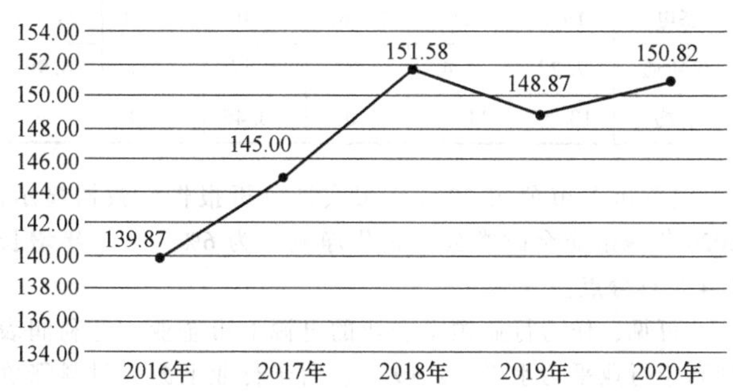

图 7 2016-2020 年平均存货周转天数（天）

27 家电源上市企业的 2020 年存货周转天数平均值为 147.23，同比略有上升。有统计显示，2020 年全部上市企业存货周转天数为 137.4 天。由此可见，电源上市企业在存货管理和利用效率尚有提升空间。

（二）获利能力分析

对电源上市企业获利能力的分析，本报告从毛利率、净利率、加权净资产收益率和每股收益四个指标进行。2016-2020 年电源上市企业毛利率见表 8，净利率见表 9，平均毛利率、净利率如图 8 所示。

表 7 2016-2020 年电源上市企业存货周转天数（天）

公司名称	2016 年	2017 年	2018 年	2019 年	2020 年	平均
动力源	132.91	127.53	171.64	121.75	118.00	134.37
科陆电子	151.67	144.11	164.01	180.93	154.80	159.10
奥特迅	342.62	387.90	336.20	342.44	307.90	343.41
科华数据	83.56	58.76	56.48	60.56	53.62	62.60
英威腾	149.45	126.99	141.33	123.62	103.00	128.88
合康新能	221.87	217.77	265.86	234.94	170.40	222.17
中恒电气	196.01	174.78	163.94	129.73	160.80	165.05
汇川技术	125.81	122.35	120.85	116.15	105.80	118.19
科士达	101.34	74.62	73.09	71.45	75.66	79.23
阳光电源	105.81	103.37	111.62	105.35	87.51	102.73
茂硕电源	68.00	56.50	56.85	48.55	50.74	56.13
易事特	39.55	36.57	56.97	53.59	69.32	51.20
可立克	53.03	52.93	51.00	47.46	51.21	51.13
通合科技	96.08	95.45	144.06	137.35	171.50	128.89
蓝海华腾	104.59	149.01	218.31	266.41	262.40	200.14
英飞特	59.20	83.89	84.45	76.73	88.77	78.61
新雷能	236.19	258.03	279.04	227.29	295.10	259.13
麦格米特	152.14	145.54	139.76	113.35	125.00	135.16
鸣志电器	77.48	82.89	86.10	92.25	89.97	85.74
英搏尔	165.34	140.20	125.09	237.73	222.60	178.19
禾望电气	262.30	207.99	182.03	188.71	174.10	203.03
盛弘股份	129.53	155.41	136.08	124.14	114.90	132.01
英可瑞	112.49	112.11	170.17	188.58	193.00	155.27
伊戈尔	78.43	74.89	76.58	59.92	64.04	70.77
欣锐科技	116.53	198.40	174.64	221.79	295.00	201.27
英杰电气	361.20	477.60	458.10	395.30	419.20	422.28
欧陆通	53.25	49.28	48.32	53.42	47.78	50.41
平均	139.87	145.00	151.58	148.87	150.82	—

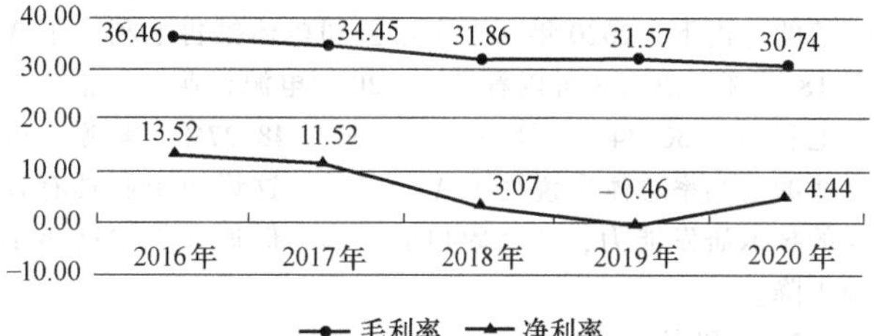

图 8 2016-2020 年平均毛利率、净利率（%）

1. 毛利率

毛利率是毛利与销售收入（或营业收入）的百分比，反映的是一个商品经过生产转换内部系统以后增值的那一部分。

表 8 2016-2020 年电源上市企业毛利率（%）

公司名称	2016 年	2017 年	2018 年	2019 年	2020 年	平均
动力源	32.87	31.98	30.82	32.47	30.48	31.72
科陆电子	31.86	29.89	26.44	29.45	31.12	29.75
奥特迅	33.21	40.88	31.79	33.32	25.11	32.86
科华数据	36.9	33.72	29.96	31.02	31.84	32.69
英威腾	39.52	37.79	37.26	35.70	36.11	37.28
合康新能	35.57	22.43	27.87	29.29	19.86	27.00
中恒电气	44.45	32.97	33.2	33.65	29.44	34.74
汇川技术	48.12	45.12	41.81	37.65	38.96	42.33
科士达	36.81	32.84	29.74	35.87	36.87	34.43
阳光电源	24.59	27.26	24.86	23.81	23.07	24.72
茂硕电源	22.2	19.64	18.96	22.88	21.11	20.96
易事特	17.26	19.23	25.52	29.76	29.34	24.22
可立克	23.8	22.1	23.44	22.63	24.11	23.22
通合科技	40.35	35.44	36.2	44.01	43.47	39.89
蓝海华腾	44.75	39.85	37.45	34.89	31.72	37.73
英飞特	35.28	32.3	33.53	37.50	37.97	35.32
新雷能	47.69	45.23	42.71	41.28	48.27	45.04
麦格米特	33.77	31.33	29.49	25.88	28.39	29.77
鸣志电器	39.17	38.14	34.99	37.87	40.17	38.07
英搏尔	28.4	31.86	23.98	11.43	19.50	23.03
禾望电气	55.43	57.46	44.95	36.40	35.85	46.02
盛弘股份	51.34	49.99	46.00	47.90	48.19	48.68
英可瑞	43.58	40.57	37.5	31.70	33.04	37.28
伊戈尔	29.94	28.3	22.76	23.99	20.46	25.09
欣锐科技	44.56	38.68	26.74	18.10	2.28	26.07
英杰电气	42.1	45.78	44.44	42.46	41.62	43.28
欧陆通	20.88	19.38	17.69	21.55	21.59	20.22
平均	36.46	34.45	31.86	31.57	30.74	—

证券时报财经数据库数据显示，在新型冠状病毒肺炎疫情的冲击下，2020 年 A 股上市公司整体销售毛利率下降至 18.52%。由表 8 可以看出，2020 年电源行业上市企业平均毛利率为 30.74%，最高值新雷能为 48.27%。电源上市企业的毛利率总体来说处于 A 股高位，这说明企业具有较强的技术研发能力，产品附加值较高。但近几年在逐年小幅下降。

2. 净利率

净利率是在毛利率的基础上，考虑了企业期间费用、税负等因素的净利润与营业收入的比值，更进一步反映了企业真实的经营状况和费用控制水平。

2020 年电源行业上市企业净利率为正的有 24 家，净利率为负的有 3 家，平均值为 4.44%。如果剔除欣锐科技 -80.52 的异常值，其余 26 家企业的平均净利率为 8.27%。

表 9 2016-2020 年电源上市企业净利率（%）

公司名称	2016 年	2017 年	2018 年	2019 年	2020 年	平均
动力源	2.14	1.7	-30.57	0.84	-3.84	-5.95
科陆电子	8.76	9.04	-32.09	-84.26	5.90	-18.53
奥特迅	2.5	4.08	2.94	3.56	1.83	2.98
科华数据	10.18	18.26	2.65	5.59	9.37	9.21
英威腾	4.91	10	7.98	-19.62	3.42	1.34
合康新能	15.69	4.08	-23.27	-0.87	-49.99	-10.87
中恒电气	18.2	6.8	7.22	6.25	5.55	8.80
汇川技术	26.78	22.84	20.58	13.67	18.95	20.56
科士达	17.15	13.61	8.53	12.32	12.55	12.83
阳光电源	9.1	11.41	7.88	7.01	10.24	9.13
茂硕电源	1.07	1.51	-20.42	5.21	5.10	-1.51
易事特	8.97	9.75	12.46	10.91	11.51	10.72
可立克	7.09	6.21	7.77	2.01	16.10	7.84
通合科技	18.43	4.94	-8.74	10.84	12.94	7.68
蓝海华腾	22.91	22.15	6.1	-47.72	13.21	3.33
英飞特	10.23	3.28	7.28	10.52	15.35	9.33
新雷能	12.65	10.28	7.84	9.70	17.20	11.53
麦格米特	13.07	10.44	10.76	10.25	11.95	11.29
鸣志电器	10.64	10.2	8.8	8.48	9.12	9.45
英搏尔	16.04	15.72	8.11	-24.91	3.13	3.62
禾望电气	32.45	26.49	8.89	4.62	11.11	16.71
盛弘股份	14.30	10.20	9.13	9.76	13.76	11.43
英可瑞	25.13	22.14	5.04	-9.03	8.43	10.34
伊戈尔	8.09	6.78	3.66	4.36	3.39	5.26
欣锐科技	21.58	18.65	11.5	4.53	-80.52	-4.85
英杰电气	19.8	26	27.61	25.05	24.84	24.66
欧陆通	7.23	4.4	5.31	8.57	9.31	6.96
平均	13.52	11.52	3.07	-0.46	4.44	—

《深市上市公司 2020 年报实证分析报告》数据显示，2020 年深市非金融类公司销售净利率为 6%，较上年增长 1.4 个百分点。

可见，作为行业领军企业的电源上市企业，毛利润表现高于行业平均水平。2019 年，由于行业上游原材料涨价以及人工成本增加等，电源净利润空间被严重压缩。2020 年，尽管面对突如其来的疫情和复杂多变的形势，电源上市企业总体业绩盈利可观。

3. 加权净资产收益率

加权净资产收益率是指报告期内净利润与平均净资产的比率，强调经营期间净资产赚取利润的结果，是一个动态的指标，反映的是企业的净资产创造利润的能力。一般来说，企业净资产收益率越高，企业自有资本获取收益的能力越强，运营效果越好，对企业投资人、债务人的保证程度越高。2016-2020 年电源上市企业加权净资产收益率见表 10，平均加权净资产收益率如图 9 所示。

表 10　2016-2020 年电源上市企业加权净资产收益率（%）

公司名称	2016 年	2017 年	2018 年	2019 年	2020 年	平均
动力源	3.3	1.8	-22.46	1.02	-4.09	-4.09
科陆电子	11.01	10.96	-29.63	-98.67	14.06	-18.45
奥特迅	1.16	1.85	1.28	1.38	0.77	1.29
科华数据	7.02	13.1	2.22	6.44	12.04	8.16
英威腾	3.94	12.94	12.66	-17.33	8.42	4.13
合康新能	7.47	2.74	-10.04	1.04	-25.82	-4.92
中恒电气	9.96	2.74	3.38	3.59	3.92	4.72
汇川技术	21.49	20.98	19.99	13.79	21.70	19.59
科士达	16.07	17.72	9.89	12.82	11.26	13.55
阳光电源	12.6	15.47	11.05	10.93	20.36	14.08
茂硕电源	-0.21	1.51	-35.4	11.30	9.71	-2.62
易事特	20.31	17.86	12.23	8.14	8.25	13.36
可立克	7.41	6.99	10.39	2.74	19.60	9.43
通合科技	10.26	2.62	-3.41	4.97	5.95	4.08
蓝海华腾	32.02	19.57	3.47	-24.39	9.08	7.95
英飞特	16.06	2.73	7.37	10.61	14.12	10.18
新雷能	13.02	6.75	6.28	10.61	17.04	10.74
麦格米特	17.27	10.06	13.92	20.02	17.89	15.83
鸣志电器	22.46	12.93	9.45	9.07	9.59	12.70
英搏尔	27.91	27.17	8.26	-13.07	2.31	10.52
禾望电气	20.41	12.74	2.26	2.74	10.26	9.68
盛弘股份	29.5	12.61	8.17	9.81	15.00	15.02
英可瑞	50.68	24.21	1.68	-3.09	4.00	15.50
伊戈尔	16.52	16.27	4.70	6.28	5.01	9.76
欣锐科技	39.17	13.98	9.01	2.48	-29.86	6.96
英杰电气	12.71	24.43	31.11	23.31	10.84	20.48
欧陆通	—	16.36	18.33	27.72	23.02	21.36
平均	16.52	12.19	3.93	1.64	7.94	—

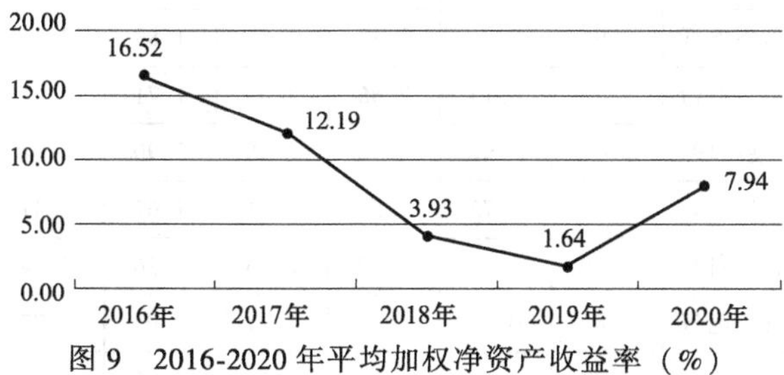

图 9　2016-2020 年平均加权净资产收益率（%）

加权净资产收益率高于同期银行利率是上市公司经营的合格线。电源上市企业前几年平均加权净资产收益率远高于同期银行利率，也高于当年 A 股整体净资产收益率。从 2018 年大幅下跌到 3.93%，到 2019 年跌破同期银行利率，但从 2020 年又回升到 7.94%。数据显示，A 股上市公司 2020 年净资产收益率为 7.48%，为近 10 年来首次跌破 8%。横向对比，电源上市企业的加权净资产收益率近两年处于较低的水平，2020 年有所改善，小幅超过平均线。

4. 每股收益

每股收益是衡量上市公司盈利能力最重要的财务指标。它反映普通股的获利水平。该指数越高，表明企业所创造的利润越多。一般绩优股的每股收益要稳定在 0.3 元以上。2016-2020 年电源上市企业每股收益见表 11，平均每股收益如图 10 所示。

表 11　2016-2020 年电源上市企业每股收益（元）

公司名称	2016 年	2017 年	2018 年	2019 年	2020 年	平均
动力源	0.06	0.04	-0.50	0.02	-0.08	-0.09
科陆电子	0.23	0.29	-0.87	-1.69	0.13	-0.38
奥特迅	0.04	0.07	0.05	0.05	0.03	0.05
科华数据	0.67	1.55	0.27	0.76	0.83	0.82
英威腾	0.09	0.30	0.30	-0.39	0.18	0.09
合康新能	0.23	0.06	-0.22	0.02	-0.46	-0.07
中恒电气	0.29	0.11	0.14	0.14	0.16	0.17
汇川技术	0.59	0.65	0.71	0.58	1.22	0.75
科士达	0.67	0.64	0.40	0.55	0.52	0.56
阳光电源	0.41	0.71	0.56	0.61	1.34	0.73
茂硕电源	-0.01	0.05	-0.93	0.24	0.23	-0.08
易事特	0.90	0.31	0.24	0.18	0.20	0.37
可立克	0.14	0.13	0.20	0.05	0.47	0.20
通合科技	0.51	0.07	-0.10	0.19	0.26	0.19
蓝海华腾	1.59	0.62	0.12	-0.73	0.25	0.37
英飞特	0.68	0.13	0.36	0.54	0.84	0.51
新雷能	0.51	0.31	0.31	0.38	0.74	0.45
麦格米特	0.82	0.69	0.72	0.78	0.84	0.77
鸣志电器	0.65	0.58	0.43	0.42	0.48	0.51
英搏尔	1.15	1.31	0.70	-1.05	0.17	0.46
禾望电气	0.73	0.60	0.13	0.16	0.63	0.45
盛弘股份	0.93	0.61	0.35	0.45	0.78	0.62
英可瑞	2.30	1.90	0.13	-0.15	0.20	0.88
伊戈尔	0.72	0.79	0.32	0.43	0.36	0.52
欣锐科技	1.55	1.07	0.80	0.24	-2.49	0.23
英杰电气	0.73	1.52	2.38	1.56	1.13	1.46
欧陆通	—	0.75	0.77	1.48	2.30	1.33
平均	0.66	0.59	0.29	0.22	0.42	—

2016-2020 年 27 家上市电源企业平均每股收益为 0.66 元、0.59 元、0.29 元、0.22 元和 0.42 元，均处于比较“值钱”的行列；前几年下跌幅度较大，2018 年下降到 0.29 元，2019 年继续下降至 0.22 元；2020 年回升至 0.42 元，回到绩优股的范畴。

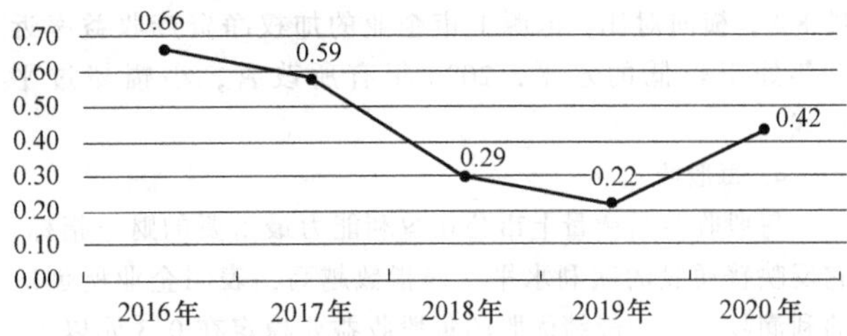

图 10 2016-2020 年电源上市企业平均每股收益（元）

（三）偿债能力分析

对于负债偿债能力分析，报告从流动比率、速动比率以及资产负债率三个指标进行。

1. 流动比率

流动比率是企业流动资产对流动负债的比率，用来衡量企业流动资产在短期债务到期以前，可以变为现金用于偿还负债的能力。一般来说，比率越高，说明企业资产的变现能力越强，短期偿债能力亦越强；反之则弱。一般认为流动比率应在 2 以上比较安全。2016-2020 年电源上市企业流动比率见表 12。

表 12 2016-2020 年电源上市企业流动比率

公司名称	2016 年	2017 年	2018 年	2019 年	2020 年	平均
动力源	1.02	1.3	1.15	1.06	1.133	1.13
科陆电子	1.05	1.04	0.9	0.78	0.72	0.90
奥特迅	3.97	2.96	2.7	2.6	2.257	2.90
科华数据	2.42	1.41	1.27	1.29	1.132	1.50
英威腾	2.81	1.79	1.7	1.68	1.746	1.95
合康新能	2.01	1.59	1.65	1.74	1.823	1.76
中恒电气	7.48	7.27	6.56	4.24	1.921	5.49
汇川技术	2.24	2.24	2.19	1.81	2.092	2.11
科士达	3.22	2.22	2.67	2.31	2.42	2.57
阳光电源	1.77	1.67	1.56	1.51	1.547	1.61
茂硕电源	1.04	1.03	0.94	1.07	1.189	1.05
易事特	1.41	1.07	1.08	1.24	1.34	1.23
可立克	3.37	2.62	2.79	2.53	3.093	2.88
通合科技	2.88	2.68	3.95	2.85	2.572	2.99
蓝海华腾	2.42	2.38	2.52	2.42	2.133	2.37
英飞特	1.49	0.99	1.00	1.11	1.214	1.16
新雷能	3.19	5.16	2.55	2.42	2.008	3.07
麦格米特	1.7	2.15	1.77	1.57	1.861	1.81
鸣志电器	1.89	3.66	3.37	2.63	3.067	2.92
英搏尔	2.11	3.73	1.86	2.38	1.684	2.35
禾望电气	4.53	6.92	3.34	2.32	2.396	3.90
盛弘股份	2.17	3.62	2.98	2.27	2.001	2.61
英可瑞	3.04	4.32	3.63	2.77	3.358	3.42
伊戈尔	1.29	2.15	1.92	1.64	1.912	1.78
欣锐科技	3.02	2.53	2.49	2.99	1.841	2.57
英杰电气	2.767	1.913	2.14	3.011	3.98	2.76
欧陆通	1.048	1.473	1.418	1.454	2.249	1.53
平均	2.49	2.66	2.30	2.06	2.03	—

由表 12 可以看出，2020 年电源上市企业的流动比率平均值是 2.03，处在相对安全的区间。

2. 速动比率

速动比率指速动资产对流动负债的比率。它是衡量企业流动资产中可以立即变现用于偿还流动负债的能力。一般认为不应该低于 1。2020 年电源上市企业的速动比率平均值是 1.60，结合流动比率，可以看出电源上市企业的短期偿债能力较强，财务安排相对谨慎。2016-2020 年电源上市企业速动比率见表 13，平均流动比率、速动比率如图 11 所示。

表 13 2016-2020 年电源上市企业速动比率

公司名称	2016 年	2017 年	2018 年	2019 年	2020 年	平均
动力源	0.83	1.07	0.88	0.87	0.89	0.91
科陆电子	0.85	0.85	0.74	0.62	0.58	0.73
奥特迅	2.60	1.99	1.67	1.65	1.45	1.87
科华数据	2.20	1.27	1.08	1.12	0.99	1.33
英威腾	2.19	1.39	1.26	1.32	1.33	1.50
合康新能	1.49	1.17	1.21	1.23	1.37	1.29
中恒电气	6.34	6.32	5.54	3.73	1.38	4.66
汇川技术	1.97	1.91	1.83	1.48	1.69	1.78
科士达	2.73	1.90	2.30	2.05	2.14	2.22
阳光电源	1.52	1.37	1.30	1.24	1.29	1.34
茂硕电源	0.86	0.85	0.82	0.94	1.04	0.90
易事特	1.31	0.95	1.02	1.15	1.21	1.13
可立克	2.92	2.24	2.32	2.18	2.72	2.48
通合科技	2.64	2.40	3.46	2.37	2.13	2.60
蓝海华腾	2.04	2.04	2.06	1.95	1.55	1.93
英飞特	1.34	0.70	0.73	0.89	0.92	0.92
新雷能	2.24	3.76	1.73	1.65	1.24	2.12
麦格米特	1.14	1.56	1.20	1.14	1.45	1.30
鸣志电器	1.41	3.13	2.72	2.11	2.45	2.36
英搏尔	1.29	2.94	1.47	1.53	1.00	1.65
禾望电气	3.90	6.41	2.83	1.82	1.89	3.37
盛弘股份	1.71	3.14	2.56	2.00	1.71	2.22
英可瑞	2.47	3.92	3.18	2.36	2.90	2.97
伊戈尔	0.87	1.75	1.52	1.31	1.62	1.41
欣锐科技	2.58	1.99	2.02	2.26	1.36	2.04
英杰电气	1.80	0.89	1.19	1.91	3.04	1.77
欧陆通	0.78	1.17	1.10	1.16	1.96	1.23
平均	2.00	2.19	1.84	1.63	1.60	—

3. 资产负债率

资产负债率是期末负债总额与资产总额的比率。资产负债率反映在总资产中有多大比例是通过借债来筹资的，也可以衡量企业在清算时保护债权人利益的程度。

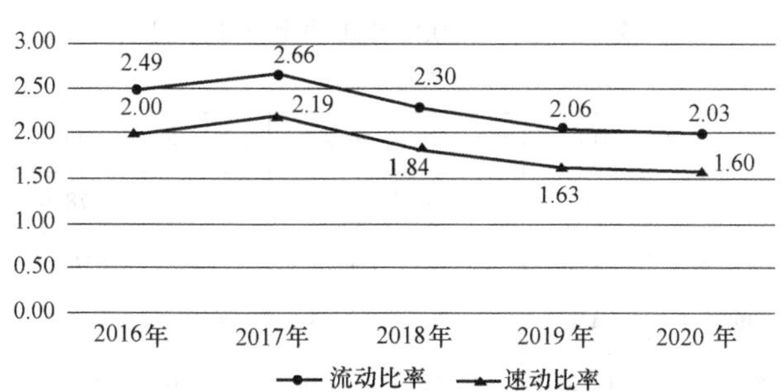

图 11 2016-2020 年平均流动比率、速动比率

如果资产负债率过高，表明企业财务风险较大。过低则意味着没有充分利用资金杠杆。2016-2020 年电源上市企业资产负债率见表 14，平均资产负债率如图 12 所示。

表 14 2016-2020 年电源上市企业资产负债率（%）

公司名称	2016 年	2017 年	2018 年	2019 年	2020 年	平均
动力源	67.92	52.02	58.32	58.66	58.81	59.15
科陆电子	77.15	67.88	72.76	89.37	82.34	77.90
奥特迅	20.5	24.53	27.73	35.84	38.82	29.48
科华数据	35.66	40.83	52.98	56.06	58.09	48.72
英威腾	27.92	39.22	41.02	41.78	41.21	38.23
合康新能	45.97	43.56	43.59	38.07	36.76	41.59
中恒电气	9.74	11.27	12.44	18.44	35.25	17.43
汇川技术	37.52	36.71	36.74	39.97	40.93	38.37
科士达	29.24	40.54	31.53	35.29	31.96	33.71
阳光电源	48.84	56.78	57.85	61.63	61.2	57.26
茂硕电源	54.4	55.93	67.35	62.27	59.98	59.99
易事特	59.51	59.11	58.33	56.54	54.37	57.57
可立克	21.02	27.42	23.81	31.76	24.8	25.76
通合科技	26.71	28.41	19.82	21.34	25.24	24.30
蓝海华腾	39.11	36.99	33.44	35.97	41.4	37.38
英飞特	46.52	37.14	38.7	38.78	37.87	39.80
新雷能	36.82	26.52	44.95	41.86	41.08	38.25
麦格米特	47.06	38.05	47.07	50.62	40.57	44.67
鸣志电器	36.2	22.08	25.03	24.17	20.89	25.67
英搏尔	42.91	29.05	46.96	40.37	46.97	41.25
禾望电气	23.01	15.31	32.9	39.48	34.12	28.96
盛弘股份	45.38	27.06	31.31	38.48	39.23	36.29
英可瑞	30.65	21.78	23.36	26.18	22.23	24.84
伊戈尔	46.98	35.07	33.17	34.52	36.9	37.33
欣锐科技	32.44	37.63	38.08	28.49	42.55	35.84
英杰电气	31.25	47.06	43.14	30.93	24.15	35.31
欧陆通	73.11	53.21	56.85	54.52	39.02	55.34
平均	40.50	37.45	40.71	41.90	41.36	—

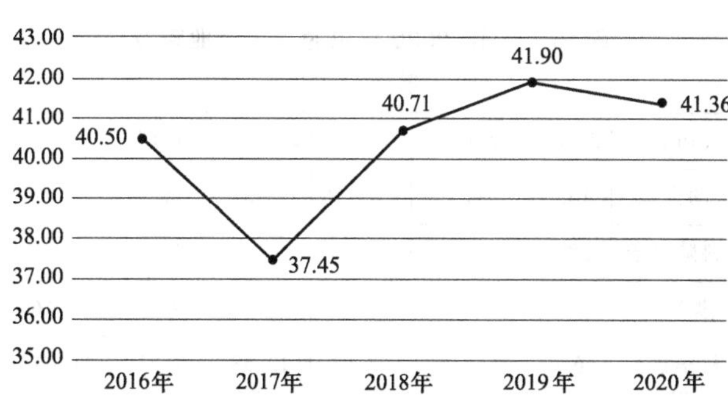

图 12 2016-2020 年电源上市企业平均资产负债率（%）

一般认为，资产负债率在 40%～60%比较适宜。

而 2020 年电源上市企业的平均资产负债率是 41.36%。处于偿债安全区间，经营较为稳健。但是仍有大空间增大财务杠杆，提升资金利用效率。

（四）发展潜力

对电源上市企业发展潜力的分析，从营业收入增长率、净利润增长率两个指标进行。

1. 营业收入增长率

营业收入增长率可以用来衡量公司的产品生命周期，判断公司发展所处的阶段。一般来说，如果营业收入增长率超过 10%，说明公司产品处于成长期，将继续保持较好的增长势头，尚未面临产品更新的风险，属于成长型公司。如果营业收入增长率在 5%～10%之间，说明公司产品已进入稳定期，可能不久进入衰退期，需要着手开发新产品。如果营业收入增长率低于 5%，说明公司产品已进入衰退期，保持市场份额已经很困难。一般认为，当营业收入增长率低于-30%时，说明公司主营业务大幅滑坡，预警信号产生。

深交所发布《深市上市公司 2020 年报实证分析报告》显示，2020 年深市公司实现营业总收入 14.8 万亿元，增长 8.1%。由表 15 可以看出，2020 年 27 家电源上市企业平均营业收入增长率为 11.08%，总体高于深市平均值。但各个企业差异较大，10 家企业高于 10%，9 家公司出现了负增长。2016-2020 年电源上市企业营业收入增长率见表 15，平均营业收入增率率如图 13 所示。

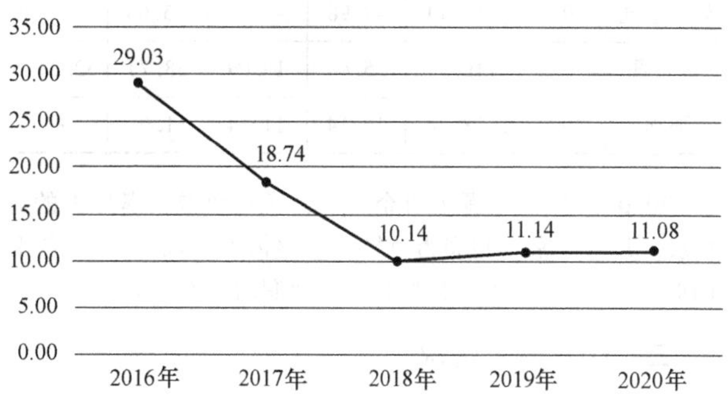

图 13 2016-2020 年平均营业收入增长率（%）

2. 净利润增长率

净利润增长率越高，说明企业获利能力越强，企业发展所需的自有资金积累越充分，发展基础越牢固，反之，说明企业获利能力越弱，发展基础越弱。

表 15　2016-2020 年电源上市企业营业收入增长率（%）

公司名称	2016 年	2017 年	2018 年	2019 年	2020 年	平均
动力源	14.36	-4.38	-25.56	36.85	-2.33	3.788
科陆电子	39.82	38.4	-13.36	-15.72	4.44	10.716
奥特迅	5	1.54	-3.82	-3.89	-4.66	-1.166
科华数据	6.01	36.29	42.63	12.58	7.71	21.044
英威腾	22.21	60.3	4.98	0.63	1.98	18.02
合康新能	75.52	-4.69	-10.71	8.08	-3.62	12.916
中恒电气	5.86	-2.81	13.62	19.26	22.14	11.614
汇川技术	32.11	30.53	22.96	25.81	55.76	33.434
科士达	14.67	55.94	-0.55	-3.85	-7.19	11.804
阳光电源	31.39	48.01	16.69	25.41	48.31	33.962
茂硕电源	40.21	27.77	-19.02	-6.72	-1.03	8.242
易事特	42.44	39.51	-36.43	-16.74	7.68	7.292
可立克	11.65	11.26	18.33	1.46	15.36	11.612
通合科技	20.04	-2.59	-25.31	70.83	15.85	15.764
蓝海华腾	118.79	-14.58	-30.6	-20.34	25.18	15.69
英飞特	24.08	16.79	26.47	4.5	4.39	15.246
新雷能	15.44	-0.69	37.65	62.06	9.1	24.712
麦格米特	41.98	29.48	60.17	48.71	-5.15	35.038
鸣志电器	25.7	10.43	16.31	8.65	7.52	13.722
英搏尔	-4.34	31.56	22.09	-51.35	32.18	6.028
禾望电气	-15.12	8.71	34.53	51.2	30.92	22.048
盛弘股份	45.82	1.03	17.72	19.69	21.31	21.114
英可瑞	51.97	-2.13	-19.27	-5.79	-8.21	3.314
伊戈尔	10.29	30.47	-5.27	19.14	8.44	12.614
欣锐科技	69.35	-16.17	46.14	-16.82	-40.7	8.36
英杰电气	9.6	59.14	47.98	8	-5.04	23.936
欧陆通	—	16.91	35.44	19.09	58.73	32.5425
平均	29.03	18.74	10.14	11.14	11.08	—

2020 年 27 家电源上市企业中，净利润增长率为正的有 19 家，其余 8 家净利润为负增长。整体表现优于 2018 年和 2019 年。2016-2020 年电源上市净利润增长率见表 16。

三、企业研发情况

电源行业已逐步发展为技术驱动型行业，对于各电源企业来说，想要在激烈的行业竞争中生存，掌握相应的核心技术才是最根本的手段，所以从研发的资金和人员投入等方面也能在一定程度上看出企业的竞争力以及发展潜力。电源上市企业 2020 年研发人数、研发资金投入见表 17。

表 16　2016-2020 年电源上市净利润增长率（%）

公司名称	2016 年	2017 年	2018 年	2019 年	2020 年
动力源	-45.57	-26.4	-1501.62	—	-478.63
科陆电子	38.53	68.75	-411.19	—	107.80
奥特迅	-4.67	62.8	-28.91	8.53	-44.06
科华数据	17.57	148.42	-82.46	174.06	84.34
英威腾	-54.28	231.81	-0.74	-232.76	145.58
合康新能	244.64	-62.22	-450.72	—	-2325.51
中恒电气	10.32	-59.71	20.15	0.12	10.86
汇川技术	15.14	13.76	10.08	-18.42	120.62
科士达	26.75	25.55	-38.05	39.38	-5.49
阳光电源	30.14	85	-20.95	10.24	118.96
茂硕电源	-111.14	—	-2057.6	—	-5.50
易事特	69	51.4	-20.93	-27.08	10.25
可立克	2.99	-2.5	48.03	-73.78	824.38
通合科技	-3.98	-73.88	-232.17	—	38.28
蓝海华腾	118.88	-17.39	-80.88	-721.32	134.21
英飞特	-28.17	-62.59	180.9	51.04	52.31
新雷能	30.59	-19.26	0.54	73.86	98.07
麦格米特	93.85	6.73	72.66	78.67	11.60
鸣志电器	59.97	5.85	0.53	4.67	14.97
英搏尔	-29.16	28.94	-37.04	-249.49	116.58
禾望电气	-21.17	-11.24	-76.91	23.49	301.99
盛弘股份	48.5	-27.95	5.36	27.99	70.99
英可瑞	61.26	-13.78	-85.74	-278.4	232.46
伊戈尔	-43.46	8.55	-46.52	37.97	-10.36
欣锐科技	37.44	-27.56	-9.88	-67.21	-1153.13
英杰电气	64.21	108.87	57.11	-2.01	-5.83
欧陆通	—	-28.87	63.5	92.01	72.48
平均	26.47	15.45	-112.43	-47.66	—

首先，从研发资金投入占营业收入的比例看。按照国家高新技术企业认定标准中对于研发费用的规定，对于最近一年销售收入在 20000 万元以上的企业，研发投入比例需要达到 3%以上。2020 年 27 家电源上市企业中全部高于这个比例平均占比高达 9.05%，可见电源企业对于研发方面是非常看重的。

其次，从研发人员数量和占比看。年报反映出电源上市企业普遍研发人员占比较高。2020 年 27 家电源企业研发人数占比平均值为 26.12%。2020 年占比在 10%以上的有 24 家，行业前 10 名占比都在 30%以上。

表 17 电源上市企业 2020 年研发人数、研发资金投入

	研发人数 2020			研发资金投入 2020		
企业名称	研发人数（人）	研发人数占比（%）	总人数（人）	研发资金投入（亿元）	营业收入占比（%）	总营业收入（亿元）
动力源	489	19.81	2468	1.35	11.09	12.16
科陆电子	1205	34.89	3454	2.21	6.62	33.37
奥特迅	200	36.17	553	0.30	9.22	3.23
科华数据	938	26.39	3554	2.62	6.28	41.67
英威腾	1363	42.00	3245	2.54	11.09	22.86
合康新能	357	29.17	1224	1.01	8.01	12.57
中恒电气	538	28.15	1911	1.19	8.29	14.33
汇川技术	2513	19.53	12867	10.23	8.89	115.1
科士达	411	14.19	2896	1.66	6.84	24.23
阳光电源	1824	40.61	4492	8.06	4.18	192.91
茂硕电源	166	7.38	2249	0.53	4.33	12.35
易事特	590	34.79	1696	1.36	3.26	41.66
可立克	299	7.65	3908	0.46	3.61	12.78
通合科技	184	28.22	652	0.39	12.15	3.2
蓝海华腾	149	40.71	366	0.32	7.97	4.01
英飞特	179	20.50	873	0.68	6.43	10.53
新雷能	602	33.82	1780	1.39	16.50	8.43
麦格米特	1116	32.06	3481	3.68	10.90	33.75
鸣志电器	300	10	3000	1.52	6.87	22.13
英搏尔	233	26.51	879	0.42	10.06	4.21
禾望电气	311	26.00	1196	1.45	6.18	23.4
盛弘股份	265	31.73	835	0.80	10.42	7.71
英可瑞	176	35.43	497	0.53	19.78	2.66
伊戈尔	301	12.25	2457	0.66	4.72	14.05
欣锐科技	266	27.42	970	1.03	29.20	3.54
英杰电气	179	31.26	573	0.34	8.10	4.21
欧陆通	378	8.65	4370	0.69	3.31	20.82
平均	575	26.12	2461	1.76	9.05	26.00

四、小结

总体来看，电源上市企业是电源行业中的领军企业，规模比较大，财务安排相对稳健。以上市企业为代表的电源行业都非常重视研发，经过高毛利率、高净利率的时期，营运能力、获利能力也快速增长。2018 年、2019 年陷入业绩低谷，2020 年行业复苏态势明显。尤其是面对突如其来的新型冠状病毒肺炎疫情和复杂多变的形势，上市电源企业多项财务指标有了很大改善。在国家加速布局新能源及实现“碳中和”的大背景下，行业发展后劲十足。

也要注意到，虽然同是电源上市企业，但所属行业细分领域不同，各家企业的业绩表现、财务状况也有很大差异，要对每家企业做出准确的判断，还必须结合实际情况，深入企业内部，对其商业模式、战略管理，以及公司治理等进行更深入的分析。

新基建背景下的数据中心不间断供电技术与产业

中国电源学会信息系统供电技术专业委员会
曾奕彰

一、前言

2020年3月中共中央政治局常务委员会会议提出，要加快5G网络、数据中心等新型基础设施建设（简称新基建）进度。新基建加速了5G、物联网、云计算、人工智能等技术的发展脚步，以技术赋能生产力，进而为数字经济的发展带来新动能。

在新基建的推动下，5G的高速传输、物联网感知层的海量数据、工业互联网的“万物互联”等带来的数据量呈百倍、千倍的增长，同时特高压、城际铁路以及新能源汽车充电桩与数字技术的结合也将产生大量的数据。这些海量数据的处理和分析的背后，都离不开大型数据中心的支撑。

数据中心不间断供电系统是数据中心为信息化设备提供优质、纯净、稳定、可靠电力能源的供配电系统，主要由中、低压变配电系统、柴油发电机系统、不间断电源系统（Uninterruptible Power System，UPS）以及末端配电等组成，是实现信息技术（Information Technology，IT）负载不间断持续供电的重要保障，其可靠性直接影响数据中心的供电可靠性。

作为数据中心基础设施关键组成部分的不间断供电系统，其设计方案的合理性、经济性直接影响数据中心运行安全与运营效益。近年来，随着新型功率半导体器件的发展、新型电力电子电能变换拓扑的发明与应用，以及数字控制技术的发展，数据中心不间断供电构架快速发展。不间断供电电源技术得到了显著的提升，并涌现出许多新型不间断供电构架、电源产品和智慧电能技术，为供电系统的可靠性、成本与节能、配置灵活性和可扩展性等提供了有效的技术支撑。

二、数据中心不间断供电技术发展新动向

1. 不间断电源的集成化

（1）不间断供电构架的持续优化

数据中心供电系统构架的核心是不间断电源系统，组成该系统的主要设备有交流UPS或高压直流（High Voltage Direct Current，HVDC）UPS。为满足数据中心不同可靠性等级的供电要求，目前业界采用不同的不间断供电构架解决方案。

对于Tier Ⅰ级机房供电系统，不间断电源系统配置无冗余。对于Tier Ⅱ级机房供电系统，不间断电源系统则采用设备多机并联冗余方案，即“N+X”不间断冗余供电系统。其中“N”为扩容系统，“X”为冗余并机不间断供电设备的数量。不间断供电设备的常见形式为交流UPS。而事实上，如果机房设计采用直流供电系统，HVDC也适用。

对于规模较大、可靠性要求较高的Tier Ⅲ级或Tier Ⅳ级机房供电系统，不间断电源系统则采用“2N”供电系统。“2N”供电系统不但实现了不间断供电功能，还大幅度提高了不间断供电系统的可靠性。另外，为进一步提升可靠性，每路不间断供电回路中还可以采用“N+X”设备冗余系统。

根据标准要求，数据中心交流配网市电有采用双重电源、两回线路供电的方式。对于“2N”不间断供电系统，由于两路供电均完全采用相同的供电回路，因此供电系统可靠性最高。不过“2N”不间断供电系统成本也相应最高，另外考虑到数据中心巨大的耗电量，近年来各互联网大公司和运营商在供电架构设计上注重可靠性的前提下也开始兼顾经济性，如图1所示。

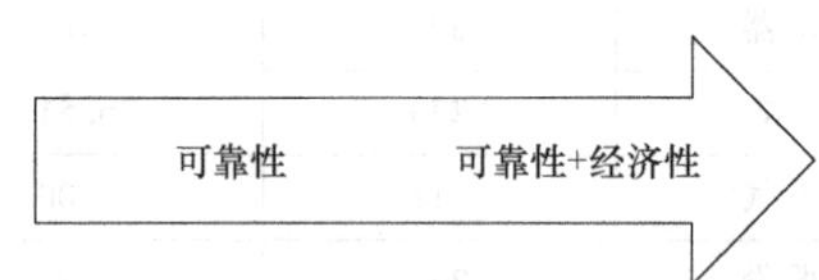

图1 数据中心不间断供电构架发展趋势

如图2所示，数据中心“2N”不间断供电构架为IT负载同时配置两路不间断供电回路。不间断供电回路中的UPS设备可以是交流UPS也可以是HVDC，但采用交流UPS较为常见，不同UPS的电池挂接位置不同。该供电系统最主要的特点是能大程度满足IT设备不间断供电可靠性要求。

在确保可靠性的前提下，为了实现供电节能的经济运行目的，用市电直供替代其中一路不间断供电，形成了数据中心“市电直供+UPS/HVDC”不间断供电构架，如图3所示。不间断供电回路中的UPS设备可以是交流UPS也可以是HVDC，但采用HVDC较为常见。与“2N”供电系统的不同点在于，“市电直供+UPS/HVDC”不间断供电构架只有一路为不间断供电电源，另一路是没有不间断设备保护的市电。由于将市电直供给负载，则交流电网输入的雷击、浪涌、谐波、闪断等电能质量问题将直接传导给负载，可能引起负载运行问题。

（2）不间断电源的集成化发展

考虑到数据中心变配电系统建设模式存在效率低、损耗大、占地面积大、建设运维复杂和初期投资成本高等痛

点，数据中心向更紧凑、占地面积更小、更高效、易部署的方向发展，将原供电构架中的变压器、配电、不间断电源集成起来，形成了数据中心“中压直供”集成模组式不间断电源，如图4所示。

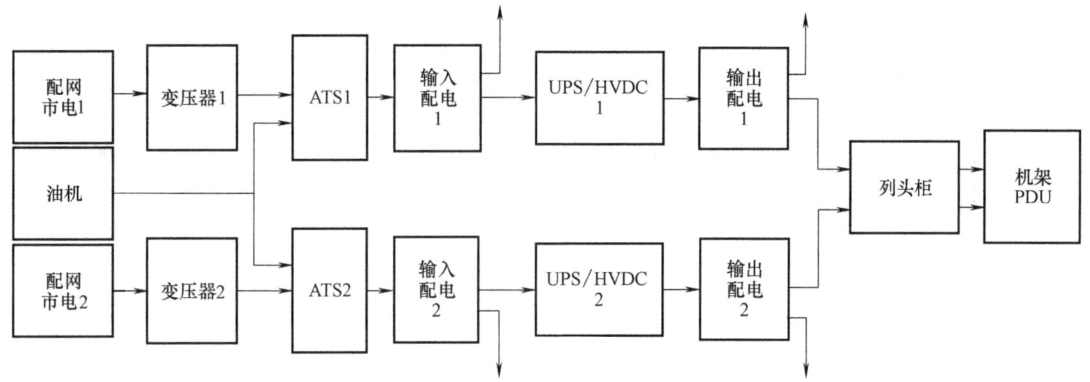

图2　数据中心“2N”不间断供电构架

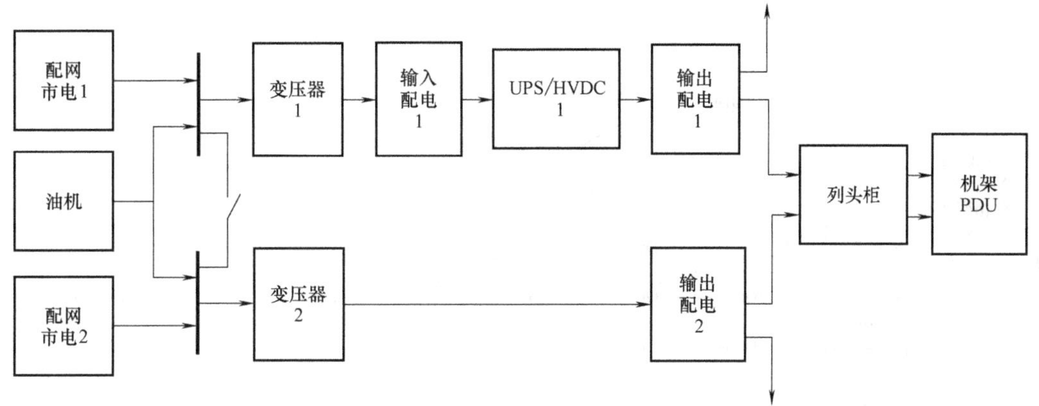

图3　数据中心“市电直供+UPS/HVDC”不间断供电构架

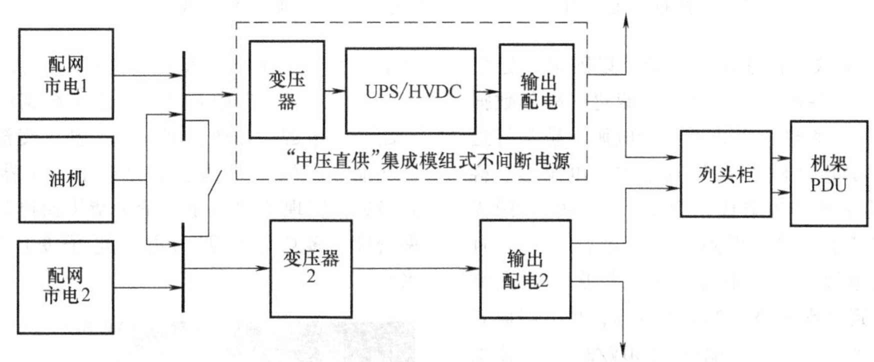

图4　数据中心“中压直供”集成模组式不间断供电构架

该电源构架中，不间断电源将10kV交流的配电、中压隔离变压、模块化不间断电源和输出配电等环节进行了柔性集成。相比传统数据中心的供电方案，占地面积减少50%，其设备和工程施工量可节省40%，架构简洁可靠性高。蓄电池单独安装，系统容量可以根据需求进行灵活配置。

如图5所示，单从配电与功率变换级数来看，“中压直供”集成式不间断电源与传统供配电方案相比主要是整合了交流配电部分环节，使得整个供配电系统更为紧凑，并没有减少功率变换级数。但由于相对传统方案更加紧凑，因此该方案具有高效率、高可靠性、高功率密度、高功率容量、维护方便等特点，此外还具有以下特点：

模组化、预制化：产品工厂完成加工，标准接口，现场安装，实现设备的快速部署。

标准化：直流、交流方案统一，变压器、电源模块通用，灵活组合，自由搭配，可以很方便满足数据中心不间断供电系统电源的各种需求。

可维护性：在市电+不间断电源应用中，由于方案统一，可以通过双系统实现母联，完成各项设备例行检修、维护、改造、变更、扩容等相关需求。

智能化：通过集成综合监控实时掌握系统运行状况，对故障进行快速定位与维护，同时具有预警功能，实现主动式运维管理，能够将故障防患于未然。

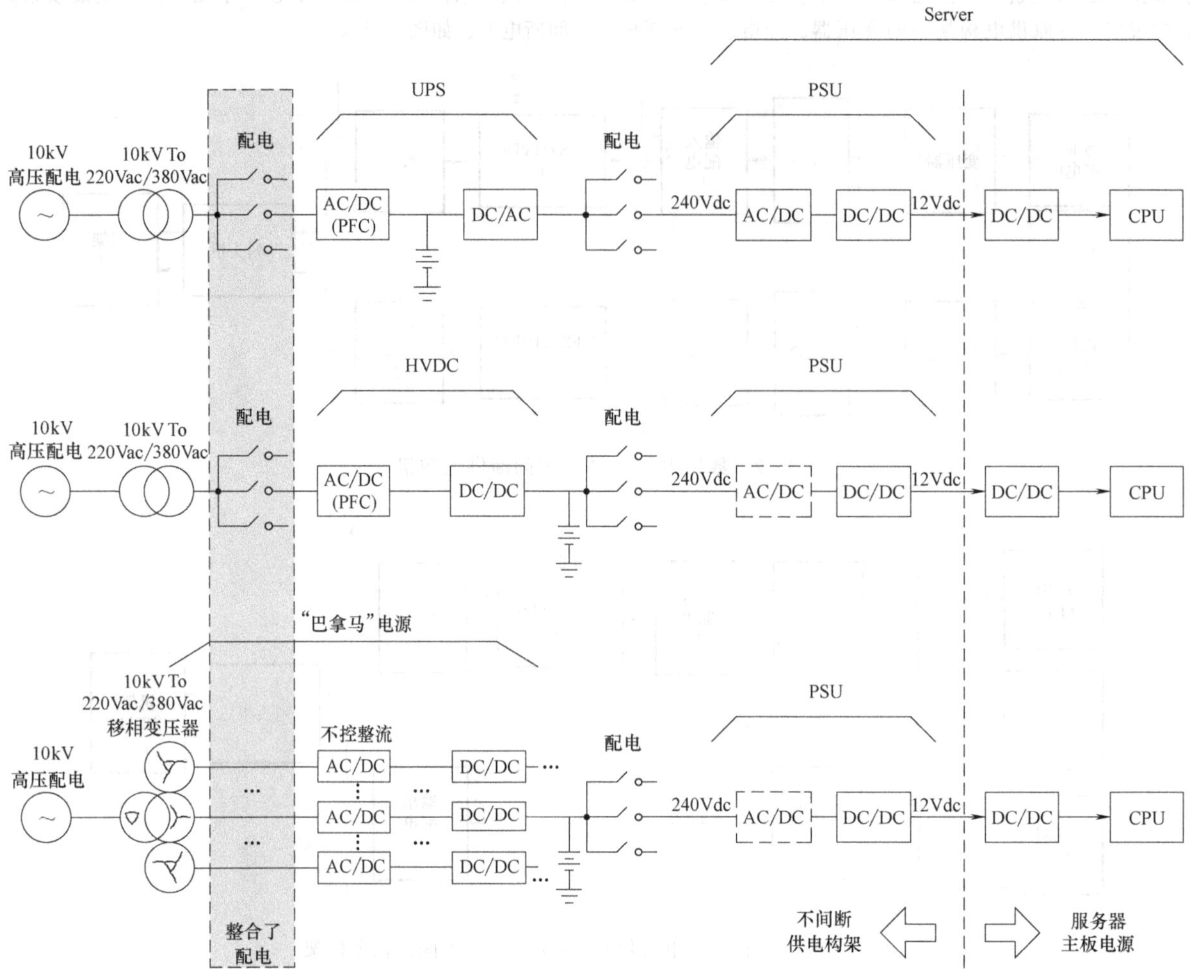

图 5 数据中心“中压直供”集成式不间断电源功率变换环节

“中压直供”集成式不间断电源，最早以阿里“巴拿马”电源为代表，近年各电源厂商也逐步跟进。科华数据推出了“云动力”中压直供集成式不间断电源，易事特近期也推出了“东风 ENPOWER”高压直流供电电源等。科华数据的电源采用移相变压器取代工频变压器，并从 10kV 交流到 240V 直流整个供电链路做到了优化集成。“中压直供”集成式不间断电源将数据中心和通信机房内的交流 10kV 输入直接变换到直流 240V/336V 的电源，替代了原有的 10kV 交流配电、变压器、低压配电、240V/336V 直流供电系统和输出配电单元等设备及相关配套设施，具备高效率、安全、可靠、节省空间、低成本、易安装和易维护等显著优势，完全匹配大型、超大型数据中心和通信机房配电及不间断电源系统的需求。

2021 年 1 月，清华大学能源互联网研究院直流研究中心、大容量电力电子与新型电力传输研究中心，电机系赵争鸣教授团队，曾嵘教授、余占清副教授、黄瑜珑副教授团队，联合广东电网有限责任公司，依托国家重点研发计划“智能电网技术与装备”重点专项“交直流混合的分布式可再生能源关键技术、核心装备和工程示范研究”，创新提出第三类“中压直供”集成式不间断电源方案-数据中心全直流供电方案，如图 6 所示，系统供能效率可提升 15% 以上。首个兆瓦级全直流供电数据中心在东莞建成投运，为实现碳达峰、碳中和目标贡献了数据中心供能系统的技术路径。电源采用创新研制的共高频交流母线拓扑结构的多功能、多端口兆瓦级电力电子变压器，最高效率达到 98.3%，实现了“基于能量平衡协调控制”策略，使高功率密度、多功能协调的电力电子变压器达到国际领先水平。

图 6 清华大学“中压直供”集成式不间断电源中的电力电子变压器

2. 不间断电源的智慧化

随着以 5G 为代表的“新基建”以及国家制造强国战略的深入推进，包括泛在电力物联网、工业互联网、高精尖芯片制造、超大型云计算中心、国家重大工程等各领域对大容量不间断供电系统兼具高效率、高可靠性、高可用性的需求日益严苛。在数字化、大数据、物联网和人工智能技术的加持下，数据中心不间断供电系统也向更加智能的方向发展，将人、运维流程、设备运行数据和数据中心事件结合在一起，使得数据中心运维变得更加便利，更有价值。不间断电源（UPS/HVDC）作为数据中心不间断供电系统的核心设备，设备自身的智慧化发展是支撑系统智能化的关键，不间断电源的应用呈现出从塔机、模块化机向兼具两种机型优点的模组化转变，从注重系统的可靠性向注重可靠性基础上兼具系统的可用性变化，从单纯不间断供电保障向辅助数据中心 IT 设备用电环境分析的智能化转变，从简单在线式运行方式向智能经济运行（ECO）模式、从依靠维护检修人员经验向设备自主器件运维方向发展等众多智慧化发展趋势。

（1）模组化

为提高 UPS 方案的安全性、可靠性，设计人员和运维人员在实际工作过程中总结出了诸如：单机系统、串联冗余系统、并联冗余系统、分布式冗余系统、单机双总线系统、(1+1) 系统并联双总线等多种配置方案。这些方案在一定程度上提高了系统和供电的可靠性，但是也带来了诸多的问题，诸如：设备投资大、配套设备投资增加、占地面积更多、运营成本升高、维护和扩容困难、风险大等一系列问题。为了解决这些问题，众多 UPS 厂商率先在新技术的发展方面做出了积极的探索和工作，推出了模块化 UPS 电源系统。

模块化 UPS 电源系统是将 UPS 各部分功能完全以模块化实现的 UPS 产品，模块化 UPS 有着在线扩容、提供冗余、在线维修维护等优势，能采用“N+X”并机模式获得冗余，模块化 UPS 有着节约投资成本、节约维护成本、占地面积小等优势，无论从哪种角度考虑，模块化 UPS 都比传统 UPS 更安全，有更好的性价比。目前，国内市场主流模块化 UPS 厂商有施耐德、维谛、华为、科华数据、易事特、科士达、台达、志成冠军等。事实上，随着国内 UPS 厂商的崛起，以华为为代表的国产模块化 UPS 和其代表的 100kW 功率模块已完成实现国内技术和市场的龙头地位。2020 年，科华数据更是在全球首发 125kW UPS 功率模块的功率密度上率先突破，填补了行业空白。

但是，随着模块化不间断电源的大规模应用，模块化机随着数据中心应用功率等级越来越大，导致模块设计功率密度越来越高、系统功率模块数量越来越多以及设备使用器件数量也越来越多。一方面，模块化 UPS 采用大量的分立器件，其因器件批次及参数离散性、PCB 走线杂散参数、产品品质工艺控制点数量巨大等因素，都对设备产品企业的产品质量控制提出了更高的要求；另一方面，模块功率等级设计得越来越大，前后版本功率模块不向下兼容，导致模块化电源原有的易拔插、易维护等特性逐步被侵蚀。此外，随着应用模块数量的增加，使得模块间并机、均流通信节点增多，风机散热等易损件也增多，这些都势必在不同程度上影响到整个不间断供电系统的可靠性。

为兼顾塔式 UPS 的高度集成化、高可靠性和易损器件的易维护，以及模块化 UPS 的易维护、可扩容、高冗余等特点，业界又推出 UPS 的模组化设计理念。如图 7 所示，模组化 UPS 创新采用功率单元模组化设计，使 UPS 系统将塔式 UPS 与模块化 UPS 的突出优势融为一体，兼具高可靠性、高可用性、易维护、超强环境适应性等关键优势，产品功率通过并柜方式覆盖 0.3~1.2MVA。目前，国内具备模组化 UPS 技术与产品的主流厂商已有维谛、科华数据和伊顿等数家，其中科华数据模组 UPS 单模块功率设计可达 200kW，是业界模组化 UPS 最大容量单模块设计。

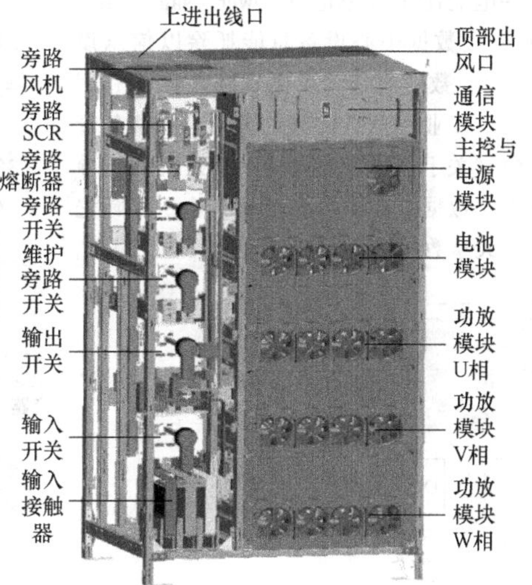

图 7　模组化 UPS

通过大功率变换装备的控制、功率结构、热设计多维度模组化设计，实现模组间搭积进行灵活组合与超大功率扩容。功率结构上，采用大功率模组化结构设计，相间相互独立，无并联环流，由多个功率柜组合实现不同功率段

（直至兆瓦级）电能变换装备的扩容；控制上采用单机集中式控制和多机分布式控制结合，实现装备并机扩容与快速组合；热设计上，采用风道内器件温度梯次布局设计方法，功率器件与电路板独立风道工艺设计，实现装备高效热管控。

塔式 UPS、模块化 UPS 与模组化 UPS 的比较见表 1。

表 1　几种 UPS 方案的比较

项目	塔式 UPS	模块化 UPS	模组化 UPS
模块化	无	每个功率模块独立	功率单元分相模块化
整机器件数	少	多	少
体积	大	小	小
可维护性	整机维护，部件更换困难	更换功率模块，模块部件维修困难	更换功率模块，模块部件维修方便
单系统可靠性	高	较两者低	高
可扩展性	一般，需要并机扩容	一般，模块满插后不可再扩展	方便，可根据需要并柜扩容
冗余	并机	并模块、并机	并机、并柜

可见，塔式 UPS、模块化 UPS 和模组化 UPS 各自有一些特点，模组化 UPS 作为兼顾塔机和模块化机优点的一种新形式产品类型，未来在数据中心不间断供电系统中将有较好的应用及发展前景。

（2）绿色节能

随着 5G、云计算等新兴技术的大规模推广应用，用户需求正呈几何级暴发之势。我国数据中心的数量随之急速攀升，相应的用电量也在急剧增加，已对电力供应提出新的挑战。在此背景下，我国专门推出了一项衡量数据中心能效水平的评价指标——电能使用效率值（Power Usage Effectiveness，PUE）。该指标由数据中心设备总能耗除以信息设备能耗得出，基准值为 2，数值越接近 1 则意味着能源利用效率越高。2020 年 2 月，工业和信息化部、国家机关事务管理局、国家能源局出台《关于加强绿色数据中心建设的指导意见》，要求到 2022 年“数据中心平均能耗基本达到国际先进水平，新建大型、超大型数据中心的 PUE 达到 1.4 以下”。

数据中心作为能耗户，节能举措涉及供电架构、散热规划、优化机房设计、布局、使用、管理等众多方面。但作为数据中心不间断供电系统中的核心设备，UPS 也需要发展相应的节能技术。UPS 电源中的 ECO 工作模式是为了实现数据中心节能降耗而开发的功能，各主流厂商也都相继推出具有 ECO 功能的 UPS 电源。

ECO 模式，即经济运行模式，虽然是在线运行，但 IT 负载并不是始终由 UPS 逆变器带载，而是优先由旁路带载，逆变器空转减少无用热量的产生，因而提高系统效率。早期，由于客户更关注数据中心 IT 负载供电的可靠性，而对 UPS 的 ECO 模式的稳定性保持较为谨慎的态度。因此，数据中心中 UPS 的 ECO 功能的使用较为有限。但是，随着数字化控制技术的成熟，维谛、科华数据、华为等厂家纷纷推出 ECO 升级版——超级 ECO 模式。

如图 8 所示，与简单进行旁路带载的 ECO 不同的是，超级 ECO 模式让 UPS 的整流与逆变器同时在线运行。但运行过程主要针对市电输入进行快速检测，对市电输入进行有源滤波，可在提升产品效率的同时改善局域电网环境，大幅降低用电成本。这样既避免了用户对于 UPS 在 ECO 过程旁路待机的顾虑，又提升了 IT 负载供电质量，当然这必然要以损失少许效率为代价。超级 ECO 模式对市电谐波的补偿过程如图 9 所示，在 UPS 运行过程中实现了 IT 负载的绿色供电与系统节能。

此外，在超大功率 UPS 系统的使用过程中，科华数据、维谛等厂商还设计出针对并机系统的经济实用模式——并机智能休眠功能。该功能专为超大功率并机系统开发，开启智能休眠功能后，并机系统可实时检测负载变化情况，利用负载情况和独创的负载预测算法，实现并机系统部分 UPS 的自动休眠，降低整个系统的运行功耗，减少客户运行成本，例如：

应用场景：3 台 500kVA 构成三机并联扩容运行模式，IT 负载总功率为 300kW。

三机全开：单机负载率为 300/0.9/1500≈22.2%；此时 UPS 的运行效率为 96%，合计损耗 = 100kW×4%×3 = 12kW

1 台休眠，2 台运行：单机负载率为 300/0.9/1000 = 33.3%；此时 UPS 的运行效率为 97%，合计损耗 = 150kW×3%×2 = 9kW

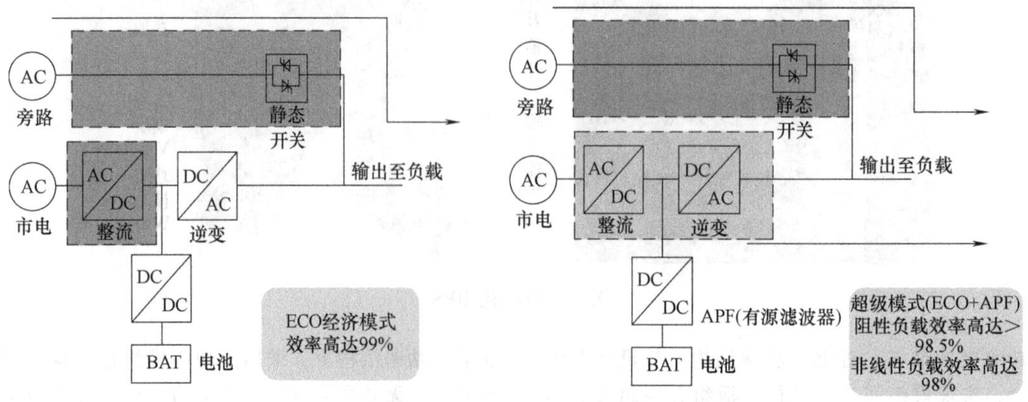

图 8　UPS 的超级 ECO 模式

主动式滤波器(APF)，补偿市电，输入电流谐波<3%和输入功率因数>0.99。

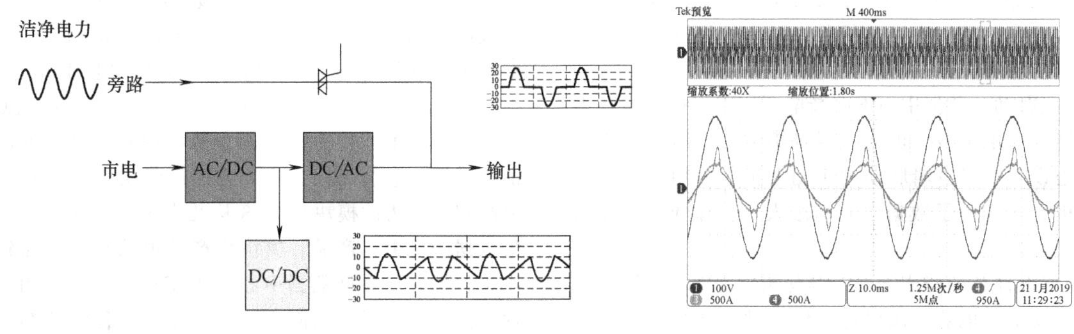

补偿过程　　谐波治理前后的波形

图 9　UPS 超级 ECO 模式对市电谐波的补偿过程

可见，通过产品功能的持续创新优化，可以不断推进数据中心不间断供电的绿色节能发展。

(3) 智能化

新一轮科技革命和产业变革蓬勃推进，全球智能产业快速发展。新一代数据中心超大功率 UPS 在新型数字化技术的加持下变得越来越贴近用户的各种需求，新型 UPS 的智能化技术以其优秀的产品设计、卓越的性能指标，帮助各行业用户打造高效可靠的供电系统，从容应对数据中心不间断供电系统升级的严峻挑战。所谓 UPS 智能化技术，是指 UPS 除了完成最基本的不间断供电功能外，还能实现电网事件记录、故障告警、参数自动测试分析和调节等智能化功能。具有代表性的几个新型 UPS 智能化应用如下：

1) "黑匣子" 功能　具备智能时序录波功能，可顺序记录故障时的运行参数和波形，解决系统记录时序混乱、事件回溯困难等问题，快速、精准定位故障，有效提升运维效率。当电网异常或设备异常或负载供电异常时，黑匣子会完整记录异常发生瞬间前后数个工频周期的交流输入端、输出端和直流母线端的关键波形，辅助异常诊断定位和快速修复，大大提升事故追溯、诊断、修复的效率，大幅降低事后维护工作量。

2) 关键器件的健康状态监测　数据中心不间断电源一经投入，会常年不间断运行。随着运行时间的推移，UPS 中电容器、风机等易损件会逐渐老化甚至失效。像电池一样，电容器会随着时间的推移而降级。一款典型的电容器可能会被制造商评定为能够维持大约七年的时间并保持全天候二十四小时的持续使用。但是，在有利的操作条件下，其可以提供长达 10 年的正常使用寿命。当电容器发生故障失败时，数据中心的运营管理人员可能看不到任何可见的影响，但其他电容器将不得不承担其工作负载，这会缩短其使用寿命。在很多情况下，电容器故障会触发 UPS 切换到旁路模式，在此期间，其不能保护下游的工作负载。

因此，企业数据中心运营管理人员需要主动地关注在日常运维中不被注意的这些 UPS 设备中的易损件。UPS 生产厂家采用在线监测 UPS 风机、电容、母线等关键器件的参数（如电压、电流、温度、转速等），嵌入计算器件当下的健康状态的健康状态监测功能软件，并结合其大量的历史数据和运维经验后给出维护建议。这项技术在设备实际运行过程中能够在事故发生前及时有效地提示和告警，把事后补救变为事前预防，帮助数据中心减少大量的运维时间和人力成本。

3) 电池无风险放电测试功能　UPS 设备运维过程中需要对电池进行放电测试，但该测试极容易造成用户 IT 负载断电。采用电池无风险放电测试方案，可在市电供电状态（以下简称"市电态"）转为电池供电状态（以下简称"电池态"）时整流器母线电压不断电，当电池态切回市电态时市电处于热备份，消除电池放电测试中可能存在的掉电风险。

4) 智能柔性缓起技术　在 UPS 各类复杂的使用场景中，市电断电恢复后，UPS 将由电池态切回市电态供电，如果 UPS 整流器输入不能缓起动，将造成较大电流/电压直接对电网冲击。因此，UPS 行业技术专家们开发了智能缓冲技术，通过识别输入端接入情况和输出端负载情况，自动实现整流侧缓起动和输出电压缓起功能，避免设备在起动、切换等使用过程中对输入/输出侧造成强冲击电流，极大程度地保证了供电系统整体稳定性和可靠性，同时可成倍降低 UPS 前端备用发电机配置比例，发电机配比由 2.0 降低至 1.1，减小经济投入。

(4) BMS 智慧化管理

专业电池监控系统（Battery Management System，BMS）可确保客户 UPS 铅酸、铅碳或锂电池等储能电池系统稳定安全运行，其主要功能集电池数据的采集、分析、存储、展示为一体，实现多电池群的集中监控与智能管理。系统能够获得电池的内阻、电压、温度、荷电状态（State of Charge，SOC）、健康状态（State of Health，SOH）等参数，并运用数理统计方法，为客户提供准确、全面、详细的电池组性能指标。为了确保用户电池使用安全，许多主流 UPS 厂商包括维帝、施耐德、华为、科华数据、科仕达等都有自己的 BMS 产品配合 UPS 使用。

(5) 智能运维

数据中心运维智能系统通过对各类信息的分析综合，除完成 UPS 相应部分正常运行的控制功能外，还应完成对运行中的 UPS 进行实时监测。对电路中的重要数据信息进行分析处理，从中得出各部分电路工作是否正常等功能；在 UPS 发生故障时，能根据检测结果，及时进行分析，诊断出故障部位，并给出处理方法；根据现场需要及时采取必要的自身应急保护控制动作，以防故障影响面的扩大；完成必要的自身维护，具有交换信息功能，可以随时向计算机输入或从联网机获取信息。

1）智能联动 数据中心不间断电源在工作过程中如发生市电中断、市电恢复、电池耗尽等事件时，用户通常希望能与其他设备实现逻辑联动或主动上报当前用电环境状态，这样极大地方便了数据中心运维人员，降低了工作人员的工作强度。

2）易耗部件智能资产管理 实现颗粒度更小的资产安全管理，不仅支持电容、风扇等关键部件具备失效告警功能，提醒运维人员及时更换器件，实现器件级管理，还可通过主机面板记录更换备品备件的种类、日期与身份（Identification，ID），实现备品备件的资产追溯与管理，运维省心无忧。

三、数据中心不间断电源的国产化发展

不间断电源的国产化

（1）UPS国产品牌发展历程

自20世纪60年代出现了交流不间断供电系统以来，以美国为代表的发达国家相继开始了对UPS的生产、研究工作。早期的UPS是一台交流发电机配上一个几吨重的大飞轮。1967年我国进口英国的一台1900计算机就配带了一台20kVA的UPS，这是一台在转子轴上安装了一个5吨重飞轮的电动交流发电机。施耐德电气被认为是全球首台UPS的缔造者，1964年梅兰日兰（MGE，1992年被施耐德电气收购）设计制造了全球第一台三相UPS，在过去的50多年中创造了多个世界第一：研发并生产制造了世界第一台静态UPS、第一台模块化UPS、第一台兆瓦级UPS、第一台大功率全高频IGBT UPS等。

而中国国内第一台进口静止式UPS是1972年尼克松访华期间送给中国的2台EXIDE（伊顿公司电能质量业务Powerware系列业务部前身）的Powerware Plus 6kVA UPS。1976年，当时的电子工业部决定自行研制50kVA不间断电源，任务落在了江苏省电子厅下的南京无线电厂（714厂，即熊猫厂）。因为当时只是引进设备，没有引进技术，所以没有相应的技术资料。在这样的状况下，南京无线电厂联合当时的南京工学院（现东南大学）针对国内这仅有的2台UPS进行长期驻点研制，克服重重困难，1979年终于成功生产出我国第一台自己设计制造的不间断电源样机BDYl-79型，并进行试生产。

我国UPS国产品牌产业化发展起步于20世纪80年代中期，与国外相差10多年。目前，国内市场主流UPS厂商中，最早涌现出的有科华技术（1988年，现更名科华数据）、青岛创统（1990年）、广东志成冠军（1992年）、深圳科仕达（1993年）等国产UPS厂商，其中科华数据是第一家承担首批“国家级火炬计划项目”和第一家深圳A股上市的国产品牌UPS企业。

国内UPS行业发展的前20年，国外巨头掌握高端大功率UPS的核心技术，建立了并机技术、单机容量以及关键控制等技术门槛，国内电源行业整体技术和工艺水平与国外厂商相比有一定的差距。国内各行业大型数据中心大功率UPS市场完全被垄断，科华数据、科仕达、志成冠军等先进国产品牌主要耕耘于中小功率等市场。但经过30多年的发展，以华为（重点UPS产品为模块化UPS）、科华数据（重点UPS产品为大功率UPS）、科仕达（重点UPS产品为小功率UPS）为代表的少数国内较大规模的厂家，目前在市场份额、高端技术等方面已经接近甚至超越国际知名品牌。华为的模块化UPS从几十千瓦到兆瓦级水平，科华数据的模组化产品、模块化产品也从几十千瓦到兆瓦级水平，可满足大型数据中心及国家重大工程应用需求。国内数据中心建设、国防、地铁等重大工程领域都逐渐被国内UPS厂商华为、科华数据等所占领，并有逐步取代进口品牌的趋势。特别值得一提的是，科华数据还成为核电全行业核岛应用高端不间断电源的唯一国产品牌提供商，标志着我国UPS行业的高端制造的进步。

（2）全自主可控国产化制造

近年来，中美贸易摩擦日益频繁，美国为首的西方国家频频通过限制芯片出口对我国的电子制造业的发展进行打压，使得对进口芯片设计生产有所依赖的电子企业存在较大的经营风险，对我国重大工程的建设与安全造成重大威胁。“伊朗震网”和“棱镜门”等事件也一再表明，有效防范利用芯片设计后门进行远程控制以及黑客对信息系统侵入所导致的供电系统安全隐患，也是确保我国国防、金融、社会民生等重要数据中心信息系统日常，特别是不间断供电可靠性与安全性的重要需求。

将系统控制到信息数据的话语权掌握在国家手中，是我国实现国家信息安全与国防信息装备发展、企业供应链安全发展的战略基础；核心主控芯片、通信芯片、功率半导体器件的国产化以及产品关键技术的自主可控，是实现我国电力电子产业健康持续发展的必由之路。

自2013年国家提出自主可控以来，自主可控已经上升到国家战略高度。自主可控是我国战略信息安全与国防建设信息安全的一项基本需要，也是保障能源安全、信息安全、产品供应链安全的重要基础与前提。随着我国的科技创新能力显著提升，原计划为2020年十三五期间完成党政军市场自主可控产品的替代，2020年之后在国计民生行业推进，这一进程因中美贸易摩擦升级加速推进。当前我国芯片、操作系统、数据库等核心元件国产占有率相对较低，未来党政军及国计民生八大行业的国产替代将为国产软硬件带来巨大的发展空间。重视核心技术研发，大力投入研发费用带来的成果十分显著。

过往，在国内的不间断电源行业及产品中，关键控制芯片、通信芯片以及功率半导器件一直被国外品牌所垄断，完全依赖进口。近年来，我国陆续在芯片、处理器、航空航天材料、核心元器件等多个高科技制造领域取得技术突破，打破欧美日垄断。随着我国对国产芯片、功率器件等核心技术的不断突破，以及国内芯片产业的日益完善，在国产芯片支持方面已具备必要的基础条件与一定的国产芯片产业链支撑，使得基于国产芯片的全自主可控大功率UPS的设计与制造成为可能。为了提升客户信息系统不间断供电的安全性与可靠性、UPS产品自身的信息安全与系

统可靠性，以及企业产品生产供应链的安全，国内华为、科华数据等公司纷纷决定开展基于国产芯片的全自主可控UPS系统项目开发，立足于实现主控制芯片、通信芯片、功率半导体器件国产化率达100%的纯国产UPS，以适应当前国家信息系统供电安全以及国防建设对国防装备的全国产化需求，积极响应国家半导体行业国产化发展的战略布局，实现我国大功率不间断电源系统的完全自主可控与国产化发展。

在2020年下半年，科华数据的全自主可控的400kVA大功率UPS通过了行业协会组织的由院士、权威专家等组成的产品鉴定，鉴定意见认为该产品实现了100%全自主可控，并且科华数据具备了量产条件。

四、数据中心DCIM应用新动向

数据中心的基础设施是维持数据中心安全、可靠、高效、环保、稳定运行的重要保障，如何维护并及时发现运行隐患和排除运行故障、降低运营成本、提高运维效率、控制机房能耗是所有数据中心的运营管理的思考重点。

为了保证数据中心安全与高效运行，就需要一套智能运维管理系统完成对数据中心各类监控设备运行状态的全方位监控与突发问题的快速定位，并通过多种告警方式实现智能化报警与事件实时记录，提高维护管理效率，提升数据中心的科学管理水平。因此，数据中心基础设施管理（Data Center Infrastructure Management，DCIM）系统在数据中心的应用就显得尤为迫切与重要。

1. DCIM的发展历程

DCIM是近年来数据中心运营管理领域兴起的热点。随着技术的发展，DCIM的技术应用和成熟度快速提升，已成为大型、超大型数据中心建设过程中必不可少的一套顶层运维管理平台。

DCIM的概念起源于国外，不同的机构对DCIM也有不同的定义，但基本共同的观点是DCIM不只是一个软件，更是一个管理工具和方法。通过它可以架起一座连接关键基础设施和IT设备之间的桥梁，从而帮助数据中心运维及管理人员更加安全、高效、节能地运营数据中心。

由于社会体制、管理理念与技术发展水平的不同，在DCIM领域，国内外企业走着不同的发展路线。

国外的“楼宇控制”技术发展较早，许多早期机房设施的监控由“楼宇控制”系统实现，与IT密切相关的数据中心场地设施往往纳入“楼宇监控”管理的范畴，受物业部门管理。但“楼宇监控”系统的技术与管理理念并不能满足数据中心场地设施监控管理发展的需求，因此近年数据中心场地设施的监控管理开始脱离“楼宇控制”技术与理念的制约向DCIM发展。而IT系统的建设管理在IT部门，使IT监控管理由“网络监控”（俗称网管）向IT服务管理（IT Service Management，ITSM）发展。与DCIM相区别，ITSM不含机房基础设施管理。可见，国外数据中心监控管理行业技术沿着两条侧重点有所不同的路线发展（分别以基础设施与IT系统为对象的监控管理），并分别经历了“监测”阶段，开始进入“管理”阶段（DCIM与ITSM）。

我国最早的信息化应用出现在政府部门，信息中心的场地设施与IT系统从开始就整体隶属于IT部门管理。这种管理模式使我国的数据中心场地设施的监控管理没有过多地受国外“楼宇控制”技术的影响而独立发展，也使得业界有条件一体化地研究数据中心综合监控管理解决方案。

我国在机房设施监控领域的发展经历如下三个发展阶段：

第一个发展阶段：基于客户机/服务器（Client/Server，C/S）架构的动力环境监控。以IT机房“动力环境监控”为应用对象，主要客户为金融行业及政府部门。在此阶段，国内各大动环厂商均采用“客户端”加“服务端”方案，主要采用C/S架构实现对IT机房动力设备（UPS、配电柜）及环境设备（温湿度、漏水）的实时监控与异常告警。由于“动力环境监控系统”可以很好地满足客户远程查看IT机房运行状况这一基础性需求，开始逐步由金融向其他应用领域延伸。此时，受限于客户需求、行业理念及信息技术，告警方式较为单一，人机交互不够友好，管理功能略显薄弱。

第二个发展阶段：基于浏览器/服务器（Browser/Server，B/S）架构的DCIM系统。随着信息技术的蓬勃发展与互联网行业的兴起，数据机房开始向大型化、集中化发展，随之而来的便是更为智能的运维与管理要求，“动力环境监控系统”开始向“DCIM系统”衍变。

“DCIM系统”与“动力环境监控系统”在基础监控方面无太大差异，主要在“人机交互”及“运营管理”方面有较大改善。随着客户多样化展示要求的升级与互联网技术的发展，“DCIM系统”主要采用了B/S架构进行信息交互。因为不需要安装客户端，通过“浏览器”即可查看系统运行数据，应用场景更灵活，叠加丰富的3D显示技术，人机交互效果得到极大提升。而运维管理、资产管理、容量管理则在数据中心高效“运维”与高效“运营”两个维度给出了可行有效的“工具支持”与令人信服的“数据支撑”。

第三个发展阶段：基于数据分析的智慧DCIM系统。随着人工智能技术与大数据技术的突破性发展，将人工智能与大数据分析技术与DCIM系统相整合，实现“智慧”运维开始在数据中心试点应用。

目前，数据中心DCIM常见的人工智能应用场合包括：

1）人工智能节能技术　在节能领域，数据中心的巨大规模建设与应用，导致数据中心对电力需求的快速增长。将“人工智能节能技术”与DCIM系统相结合，在有效降低数据中心运营成本的同时，间接促进了数据中心的新时期规划与节能发展。

2）人工智能图像识别与巡检机器人　在数据中心运维过程中，庞大的数据机房信息采集与维护耗时耗力。利用“人工智能图像识别与巡检机器人”技术，将以往传统的人工巡检模式优化为基于智慧管理系统的远程、自动化、高效运维管理模式，解决客户运维工作中人工巡检时效性差、覆盖性不足的问题，支撑科技人力资源由基础运维领域向能效提升、业务协同、价值创造领域进行优化转型。

3）大数据分析与机房设备健康度评估　基于机房重要

设备维保及寿命的健康度进行滚动分析，从设备状态异常预警、设备健康维保方案推荐、设备常规及重大故障处置方案、设备寿命管理等方面为客户的基础设施和重要设备进行健康度总体评估，使客户对数据中心资产进行有效的评估。

除此之外，还有基于大数据分析与智能分析的数据中心告警信息收敛决策、基于大数据分析的海量历史数据分析对数据中运营规划的支撑、基于新型传感与物联网技术的资产数据管理等。

随着人工智能与大数据分析的技术应用领域的拓展，智慧化的 DCIM 系统发展更具战略价值。

2. DCIM 系统架构与功能

随着全球信息化发展的提速，数据中心正在向大型化、集约化发展，随之而来的便是更为精细化、场景化、层级化的智能管理需求。根据相关机构调研，许多大型数据中心从业人员一致认为，一套完善的数据中心综合运维管理系统主要由“综合运维监控系统”“可视化监控系统”“移动监控系统”以及“智能巡检系统”等众多系统构成。综合运维监控系统作为基础管理系统的同时对其他系统进行数据支撑。

（1）系统架构

数据中心综合运维管理系统架构及层级由展示层、管理服务层、监控系统层和现场采集层组成，各层功能说明如下。

1）展示层　提供广域网（World Wide Web，WWW）、大屏等多种用户交互方式。

Web 远程访问通过图形化界面分多个层次展现数据中心全景，可以涵盖包括园区、楼栋、楼层、机房和设备，界面可按照用户的要求形成实景或抽象的管理界面。

大屏展示通过汇总宏观数据，以丰富的图表形式进行信息投影。

支持“可视化监控系统”“移动监控系统”以及“智能巡检系统”的数据接入。

2）管理服务层　包含系统应用管理与系统数据库管理，是数据管理和数据服务的主要组成，为客户提供数据服务支撑以及系统监控服务功能。

3）监控系统层　是系统监控功能实现的主要组成部分，包含电力监控系统、环境监控系统、安防监控系统、楼宇设备自控（Building Automation，BA）系统、消防监控系统、微模块监控系统、资产监控系统。

4）现场采集层　系统基础数据采集环节，通过数据采集单元，实现各类系统的接入监控或设备管理。监测的数据内容包括动力设备、环境设备、安防系统、微模块系统、BA 系统和消防系统，其中安防系统、BA 系统和消防系统可以是前文所设计的独立系统，通过平台对接的方式，统一在 DCIM 展示层大屏中展现出来。

其内容包括：

动力设备：用于监控电力设备的运行数据，包括柴油发电机、变压器、高压配电柜、UPS、列头柜、低压配电柜、蓄电池监测管理系统等。

环境设备：用于监控系统环境设备的运行数据，包括温湿度、氢气、漏水、粉尘、精密空调等。

安防设备：用于监控系统安防设备的运行数据，包括视频、门禁、录像（Network Video Recorder，NVR）、烟感等。

微模块设备：用于监控微模块内部设备的运行数据，包括高压直流、蓄电池、温湿度、空调、门禁、烟感等。

BA 设备：用于监控系统 BA 设备的运行数据，包括冷水主机、冷却塔、蓄冷罐、水泵、末端空调、新风机等。

消防设备：用于监控系统消防设备的运行数据，包括烟雾传感器、可燃气体控制器等。

（2）功能设计

1）综合运维监控系统　综合运维监控系统是利用数据中心各类通信信道资源，实现数据中心动力、环境、安防、微模块等智能设备数据和告警信息的有效采集与快速上传，再通过平台整合与数据过滤，将动力环境数据、安防监控数据、BA 系统数据、消防告警信息等统一展示在监控中心的大屏系统上。同时，提取系统动力、单位制冷、空间占用以及资产上下游数据进行管理业务的组合评估与建议支撑，也是数据中心综合运维管理系统中可以实现的更高级功能。

综合运维监控系统应具备如下功能：

完整的业务管理，对数据中心所涉动力、环境、安防、配电、BA、消防等测点做到完整覆盖，有效减少多套监控系统的交叉管理。

支持大屏展示、远程浏览等模式，满足不同场景的监控需求。

监控区域及设备图形化展示，直观显示设备运行状态及告警位置信息。

系统自检，应用问题轻松定位。

电气接线图监控展示。

BA 系统管理，冷水机组、冷冻水泵、冷却塔、蓄冷罐、空调箱（Air Handle Unit，AHU）、新风机等暖通设备的运行状况实时监测，机房环境有保障。

能效管理，高耗能设备与节能建议一目了然。

资产管理，大大提升数据中心资产维护与资产盘点的可操作性及数据准确性。

容量管理，有效提高数据中心所涉空间、电力、冷量等计划需求与实际供给的匹配度。

运维管理，巡检任务下发移动端，并将上传的巡检结果进行统计分析，实现运维策略的迭代优化。

2）3D 可视化监控系统　随着数据中心应用场地面积的增大，现场运维的工作强度及巡检频次也急剧增加，更加具有代入感的可视化监控需求越发凸显。

3D 可视化监控系统依靠综合运维监控系统的数据支撑，将数据中心各类运行数据结合现场 3D 模型进行远程输出，可直观、生动地展示数据中心各区域的设备运行状况与空间使用情况，有效地提高了数据中心的运营时效。

3D 可视化监控系统具备如下功能：

① 实景仿真　以数据中心实际场景为原型，通过三维建模的方式将数据中心的园区、数据楼、机房等建筑及设

备按实际布局仿真而成。

② 统一监控　可将传统的动力、环境监控数据进行集中展示，也可将其他如IT监控系统、楼宇系统以及资产管理系统等进行平台展示。系统将不同设备的各种监控数据集中发布，集海量信息于同一平台，一改传统监控系统中运维人员要面对多套监控系统，且每套系统都要熟悉的头疼局面。

③ 自动/手动巡检　按照规定路线对整个数据中心各类设备的运行状态进行依次巡检，循环执行，摆脱了传统需要人工依次点击查看的情况。也可切换至手动巡检模式，根据管理人员的需要对各个机房进行手动巡检，有利于演示和参观。

④ 告警快速定位　系统检测到有设备发生告警时，会自动切换至告警设备的最佳查看视角，打开告警设备的参数窗口，并在最短时间将设备故障及位置信息通知运维人员。

⑤ 专业系统展示　系统可将不同专业系统分别展示，淡化其他建筑及设备，突出该专业系统的结构状态。

3）移动监控系统　移动监控系统通过手机APP应用实现对数据中心设备运行状态、“异常”事件统计、门禁进出记录的“离线”查看功能，帮助“离岗”人员及“远端”管理人员及时跟进“异常”事件处理进度，提高管理精细化程度，使得数据中心综合运维管理系统更为机动、便捷。

移动监控系统具备如下功能：

① 远程查看数据中心各项统计信息，以及设备实时运行状态与异常告警信息。

② 监控设备可收藏关注及取消。

③ 支持告警事件的远程确认与任务推送。

④ 支持门禁记录、告警记录的远程查看。

4）智能巡检系统　智能巡检系统包括“移动巡检应用”以及“机器人巡检应用”。

“移动巡检应用”通过手机、Pad接收“综合运维监控系统”下发的巡检任务，并将巡检结果上传“综合运维监控系统”，对比无误后归档。当发现巡检异常时，异常事件与处理意见通过“移动巡检应用”直接上传“综合运维监控系统”，人工评估后按系统流程进行事件处理及“知识库”上架。如此，既提高了巡检效率，降低了巡检成本，也使数据中心真正实现了“电子化”巡检与“无纸化”办公。

“机器人巡检应用”通过“导轨式”或“履带式”机器人按巡检计划收集管理范围内电力设备的运行状况及电力器件的温升情况，并将实时数据上传“综合运维监控系统”进行数据管理。当发现巡检异常时，将第一时间通过“综合运维监控系统”进行告警发声，真正将数据中心巡检做到了7×24小时值守，安全性高，保密性好，更好地体现了数据中心综合运维管理系统中的智能化。

3. 典型数据中心应用案例

WiseDCIM产品是科华数据推出的数据中心基础设施管理系统，通过统一平台管理数据中心关键基础设施，包括供配电、暖通系统、网络系统、环境等基础设施，并通过对数据的展示和分析，最大程度地提升数据中心的运营效率和可靠性。由综合监控运维管理、3D可视化监控、APP移动监控等子系统构成的科华数据WiseDCIM产品，是沟通关键基础设施和IT设备的桥梁，是帮助运维运营者管理数据中心的“利器”。

如图10所示，WiseDCIM产品的主要功能包括运维管理、资源管理、数据中心可视化、系统管理、统计分析、系统接口和经验沉淀等。

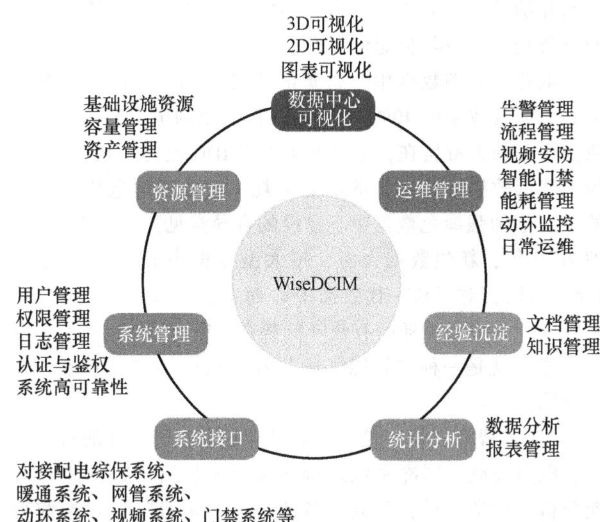

图10　WiseDCIM主要功能示意图

产品的主要技术特点包括：

1）采用服务器集群监控方案，支持双机热备，满足动力环境监控系统的高可用与高并发，具备7×24小时为数据中心提供不间断服务的能力。

2）内置集群自检策略，服务器CPU使用率、硬盘使用率、应用运行状态一目了然。

3）支持第三方系统向上及向下的协议接入。

4）支持资产流转流程自定义，资产管理简单高效。

5）支持监控设备的组态编辑，场景变更配置化、工程化。

6）统计图表内容丰富，界面良好，并支持图表到详情数据的多入口跳转，操作更便捷。

7）具备完善的多用户多权限管理模式，数据查看、设备操作安全隔离，无交叉。

WiseDCIM综合监控对数据中心动力、环境、消防、安防等设施运行数据及状态做到完整覆盖，具备能耗管理、容量管理、资产管理、运维管理等多个子系统，避免多个监控子系统的交叉登录，有效地提升了数据中心运维管理效率。产品提供3D全景仿真监控，其场景真实、直观，不仅是数据中心综合信息的监控管理平台，也是数据中心信息化建设成果的展示窗口。产品还支持手机移动端和iPad移动端两种应用，设备运行状态、异常告警信息一手掌握，兼容多版本iOS系统、安卓系统。

4. DCIM应用发展

（1）人工智能与DCIM的融合

人工智能是研究人类智能行为规律（如学习、计算、推理、思考、规划等），构造具有一定智慧能力的人工系统，以完成往常需要人的智慧才能胜任的工作。

1956年达特茅斯会议上，“人工智能”的概念被提出。2006年以来，深度学习理论的突破更是带动了人工智能的第三次发展浪潮。在这一阶段，互联网、云计算、大数据、芯片等新兴技术为人工智能各项技术的发展提供了充足的“数据支持”和“算力支撑”，以“人工智能+”为代表的业务创新模式也随着人工智能技术和产业的发展日趋成熟，人们开始尝试将人工智能与DCIM相结合来提升数据中心的能效利用水平与智能化管理水平。

电费是大型数据中心运营的主要成本，往往占到数据中心总运营成本的40%~60%，因此有效的电力节能是绿色数据中心的关键所在，也是近年以来IDC业内的技术热点。为了降低数据中心庞大的电能消耗，工业和信息化部下发的《关于加强绿色数据中心建设的自导意见》中明确要求，到2022年，新建数据大型、超大型数据中心PUE须小于1.4。所以，对于新一代数据中心而言，通过“智能算法”来实现数据中心能耗的有效降低势在必行。其中，“人工智能节能”就是一种“智能算法”在数据中心节能领域的有效应用。

“人工智能节能”是一种通过对数据中心所处的自然环境、电力负载、制冷系统运行状况等海量历史数据进行智能分析与数学建模，并通过多种“机器学习”技术推演得出每个时间段内数据中心各类制冷设备运行参数的最优设定数据以实现数据中心整体能耗有效降低的新型技术。主要包含了节能模型搭建、节能算法设计、历史数据学习，以及设备实时控制等内容。

由于“人工智能节能”是根据当前数据中心各类环境变量推演出整体最优的节能设备运行参数，并自动将其下发到对应制冷设备执行的，所以，“人工智能节能”具有节能响应快、控制时延短、智能程度高、节能效果好等特点，同时，也有效降低了数据中心的运维人力成本，是数据中心“智慧节能”的新趋势。

（2）基于全生命周期的智慧化运维

随着大数据、人工智能、云计算技术的日渐成熟和飞速发展，传统的DCIM和解决方案已经不能满足需求，智慧运维综合管理系统已成为数据中心的热点领域。数据中心的运维工作从传统的人工运维，经历了数字化（运维数据采集数字化、运维流程电子化）、自动化的过程，正向着智慧化的方向发展。使用人工智能的方法和成果，充分利用具备自动化和可视化的能力，能感知、会描述、可预测、会学习、会诊断、可决策的智慧一体化平台，该平台集电力、动环、暖通、门禁、视频等系统一体化，实现数据中心智慧运维综合管理。

数据中心的运维行为主要基于DCIM系统所展现的实时数据而开展，如果DCIM系统不仅能够实时反馈数据中心基础设施的运行状况，还能够针对UPS、BMS等电力设备的运行状况进行健康度分析与故障预测，那么数据中心的安全性将得到极大的提升。基于机房重要设备维保及寿命的健康度进行滚动分析，从设备状态异常预警、设备健康维保方案推荐、设备常规及重大故障处置方案、设备寿命管理等方面为客户的基础设施和重要设备进行健康度总体评估，使客户对数据中心资产全生命周期进行评估与管理。

此外，采用机器人视频图像采集与处理，实现机房运营模式的优化，将以往传统的人工巡检模式为主，优化为基于智慧管理系统的远程、自动化、高效运维管理模式，解决客户运维工作中人工巡检时效性差、覆盖性不足的问题，支撑科技人力资源由基础运维领域向能效提升、业务协同、价值创造领域进行优化转型。

（3）基于二级架构的云服务化

受“互联网+”、大数据战略、数字经济等国家政策指引以及移动互联网的快速发展驱动，我国数据中心业务连续高速增长。在一些总行级、总部级大模块数据中心集群应用场合，数据中心发展也出现层级化，同时DCIM系统也出现相应功能的云化。

由于数据中心的整体规模和数量也在快速增长，数据中心的运维也越来越复杂，专业性也越来越高。为了更高效、更快捷、更专业地对数据中心进行运维管理，在一些具备二级架构的数据中心运营领域，可实现DCIM部分业务进行运维资源（人才、服务）的集中共享，可采取云服务的方式，将DCIM软件系统的相关专业能力云化。使得DCIM除管理本地数据中心外，最终与大数据对接，数据上云服务，智能分析IDC的运行效率，实时调节资源，降低PUE，节省成本。

五、总结

用户需求是推动数据中心不间断供电技术发展的源动力，业主对信息系统（含数据中心）的不间断供电系统在可靠性、节能性、可用性、可持续性、可扩展性、安全性、新能源应用等方面均提出了更高的要求。随着智能化技术的发展，信息系统不间断供电构架快速发展，不间断供电电源技术得到了显著的提升，并涌现出许多新型不间断供电构架和智慧电能技术，对供电系统的可靠性、成本与节能、配置灵活性和可扩展性等提供了有效的技术支撑，从而推进供电技术和供电模式向着模块化、模组化、预制化、智能化、精简化等方向创新演变。本文围绕近年来信息系统（含数据中心）不间断供电构架发展新动态进行了行业技术分析，总结如下：

1）近年来信息系统不间断供电构架从追逐可靠性向兼顾经济性方向发展，不间断供电系统从原来“2N”不间断供电构架向“市电直供+不间断电源”发展，再将不间断电源供电系统进一步整合为“中压直供”集成电源，极大地缩减了不间断供电电源的占地面积。这其中主要代表为基于移相变压器的“巴拿马”电源和基于传统供电构架的“数据中心预制化UPS电源系统”。其中，“巴拿马”电源中压变压器采用移相变压器，将传统模式中HVDC电源PFC功能前置到变压器，从而简化HVDC电源模块结构，进而减小了不间断供电电源的体积，提高了系统供电效率；而以维谛“数据中心预制化电力模块”电源为代表的“中压直供”集成电源，基于传统供电模式优化中间配电环节，对系统进行集成化、预制化，也达到了减小电源体积、提升系统供电效率的目标，同时方便了客户系统配电，提升了客户供电的灵活性。

2）人工智能与大数据分析技术日新月异，并广泛渗透到各行各业。围绕数据中心不间断电源，行业不断涌现包括超级ECO、产品黑匣子、器件健康度监测、BMS大数据分析以及智能运维等智慧化发展趋势，极大地丰富了UPS产品功能，提高了产品智能化程度，便利了客户的产品使用与运维。

3）国产UPS发展历程就是中国电力电子产业自力更生的发展史，在面对西方国家先发优势及贸易冲突压制之时，国内厂商自强不息，实现了UPS产品从国产品牌全面落后到逐步超越，再到所有元器件100%纯国产化制造的全自主可控历史性跨越。

4）信息系统基础设施管理是维持数据中心安全、可靠、高效、环保、稳定运行的重要保障，是保障数据中心业务安全运行、提升管理效率、实现运维管理标准化和运营成本优化的重要管理工具。国内DCIM发展历经基于C/S架构的动力环境监控、基于B/S架构的DCIM系统和基于数据分析的智慧DCIM系统阶段。功能从基本动力环境监控转向“综合运维监控系统”“可视化监控系统”“移动监控系统”以及“智能巡检系统”等众多系统构成的综合运维监控管理系统。

5）随着大数据、人工智能、云计算技术飞速发展与应用领域的拓展，人工智能和大数据分析与数据中心DCIM系统的融合，节能、全生命周期的智慧化运维必将成为数据中心DCIM智能化发展的又一方向。此外，在一些总行级、总部级大模块数据中心集群应用场合，数据中心发展还出现层级化，同时DCIM系统也出现相应功能的云化。未来数据中心DCIM的发展必将随着技术发展与用户需求的变化，向着能效提升、业务协同、价值创造领域进行优化转型发展。

另外，虽然前文没有特别提及，但需要指出的是：铅酸电池仍是目前数据中心备用电池的主流，但随着近年来我国能量密度更高、功率更大、循环使用寿命更长的高效能锂离子电池的成功研制，以及锂电池在电动汽车、储能系统等行业中的广泛应用，未来锂电池有望逐步取代铅酸蓄电池成为数据中心UPS的主要后备储能单元。

无线电能传输技术发展报告

中国电源学会无线电能传输技术及装置专业委员会 戴欣

一、技术背景

Tesla是世界上最早对无线电能传输技术做出尝试的科学家，在这之后人类对无线电能传输技术的憧憬丝毫没有停止，当利用无线电能传输点亮灯泡成功时，这种超越人们思维限制的技术进入越来越多的科学家的视野。国外对于无线电能传输技术的研究比国内早，美国在20世纪60年代的时候就有公司利用天线装置进行过无线电能传输的试验。随着各国对于该技术研究的推进，无线电能传输变得越来越火热，由于研究学者们对于理论研究的深入，该技术从原理上出现了分支，大致有基于磁场耦合的无线电能传输技术（Inductive Power Transfer，IPT）、基于电容耦合的无线电能传输技术（Capacitive Power Transfer，CPT）、基于激光介质的无线电能传输技术（Laser Power Transfer，LPT）、基于超声波介质的无线电能传输技术（Ultrasonic Power Transfer，UPT），并且应用领域也各不相同。

二、国内外研究开发现状

1. 消费电子领域

海外通信技术企业：以高通、IDT、联发科技为代表的海外通信技术企业凭借其技术优势及先发优势布局中国无线充电行业。海外通信技术企业掌握无线充电设备核心零部件研发技术，利用其技术优势布局无线充电行业高利润细分市场。在电源芯片行业，高通、德州仪器、IDT等海外通信技术企业占据近90%的市场份额，中国本土企业竞争优势较弱，代表性企业仅有易充无线等技术驱动型企业；在方案设计行业，三星、IDT、松下、东芝等企业占据主要市场份额，IDT的方案设计应用在三星多代手机型号中，S7、S8、Note8系列的无线充电和无线快充均是通过其方案实现。IDT解决方案与Qi标准无线充电垫兼容，芯片的高集成度设计提升了无线充电设备的效率，提高了芯片内核架构的灵活度，优化了设备性能和效率，此外，中国本土企业华为、小米等企业的移动终端产品均采用美国IDT的方案设计。

1）专业无线充电服务商 以柏壹科技、微鹅科技为代表的中国专业无线充电服务商凭借其专业技术优势布局中国无线充电行业，中国专业无线充电服务商依托其核心产品拓展其应用场景，为下游消费者提供无线充电设备级定制化解决方案。例如柏壹科技利用磁共振技术打造核心产品。①消费级芯片——BMUST030CX-10W双充应用于智能手机、智能穿戴、智能家居等领域；②工业级无线充电设备——ESP2460实现远距离、隔空充电，应用于电动工具、工业设备、物联网设备等领域，例如微鹅科技依托Wi-Po磁共振技术自主研发的无线充电设备和解决方案可应用于多个领域，如电动工具、智能可穿戴设备、智能机器人等。

2）电子元件供应商 以信维通信、立讯精密、顺络电子、田中精机为代表的电子元件供应商凭借其产品及资源优势布局中国无线充电行业，中国电子元件供应商多为技术导向型企业，企业多拥有成熟的电子元件，通过延伸产品线布局无线充电行业，例如顺络电子在充电线圈领域具有显著优势，顺络电子将产品线拓展至无线充电线圈组件等方面，广泛应用于通信、消费类电子、计算机、医疗设备以及汽车电子等领域。例如田中精机是无线充电线圈自动绕线设备商，凭借其技术优势完成新一代手机无线充电线圈生产设备的研发和试生产，即将批量投入市场。

电子产品实际上就是手机与平板计算机等日常电子产品。在无线充电技术快速更新发展的趋势下，各式各样的电子产品开始引用无线充电模式。在电子领域，无线充电产品可划分为两种，即发射端与接收端产品，其中发射端产品的状态是无线充电座，接收端产品的状态是内置于手机、计算机、电动牙刷等小型电子产品中的无线充电线圈与转化电路。不同于传统充电模式，无线充电模式促使电子产品的使用越来越便捷，对于后续电子产品的优化发展具有十分重要的现实意义。就智能手机而言，其一，外观上可摆脱有线充电的局限性，手机充电方式造型可简约化，还可为工业设计提供更多可发挥的想象空间。其二，手机材料选择多元化，初始阶段，无线充电模式会导致金属机身出现严重发热现象，极易引发安全问题，在后续很长时间内，无线充电手机只能采用塑料材料制作外壳，但是高通WiPower无线充电模式在很大程度上有效地解决了机身发热问题。

2. 医疗领域

美国匹兹堡大学孙民贵教授带头的研究组设计了薄膜型谐振线圈，实现了植入式医疗设备的WPT传输，传输频率为7MHz左右，功率为瓦级别。

美国的Benjamin等人对人工心脏WPT技术进行了研究，设计了FREE-D系统，该系统由驱动线圈、中继线圈、植入接收线圈组成。在13.56MHz下，距离为1m，传输功率为4~16W，持续运行了两周。

Asgari等人对Benjamin设计的系统进行了优化，驱动了人工辅助心室Heart Mate Ⅱ和Heart Ware。对体外和两头静脉麻醉母猪体内进行了测试分析，并对体内和体外运行时的影响因素进行了分析。实验证明了人工心脏无线供电的优越性和可能性，但FREE-D系统的便捷性和传输方位还需深入研究。

Gonzalez P J 等人使用四线圈结构，发射端由源线圈和发射线圈构成，接收端由接收线圈和负载线圈构成。距离为 2cm 时，效率为 82%；距离为 6cm 时，效率为 70%。虽然增大线圈个数可以增加传输距离和效率，但是在植入式设备中，增加了手术难度和成本。

天津工业大学杨庆新对 WPT 技术进行了长期的研究和摸索。采用仿真和实验相结合的方式，对植入式设备 WPT 系统进行研究，并分析其中的磁效应。

此外，国内外各研究机构对提高线圈的效率和稳定性进行了研究，但其结构复杂，体积相对较大。接收和发射线圈通常是对称的，不适合实际的移动应用场景。江南大学潘庭龙教授团队对线圈半径、厚度、参数进行了优化，提高了传输效率，但是线圈为对称结构，且未对抗偏移性进行研究。Do-Hyeon Kim 等人采用体积丝模型（VFM）优化设计了具有高品质因数和传输效率的耦合线圈，但并未对线圈抗偏移性进行研究。哈尔滨工业大学王懿杰教授团队使用 LCC/S 补偿和螺线管磁耦合结构，并对线圈结构和磁心进行优化分析，使系统抗偏移性增强。Tae-Hyung Kim 等人对方形线圈进行优化分析，使其产生均匀磁场，从而提高输出稳定性，但是线圈抗偏移性仍不理想，且由于体积较大，不适合用于某些特殊场所。

综上所述，近年来，提高植入式医疗设备无线电能传输系统的传输效率，提高线圈抗偏移性是国内外的研究热点。各研究机构都开展了线圈结构优化方面的研究。然而国内外的研究通常集中于对称线圈结构，对非对称线圈的研究较少。

3. 工业生产领域

以电动汽车无线充电为代表的工业生产行业，正蓬勃发展。

2011 年 8 月 Evatran 公司展示了新一代无线感应充电装置，该技术将充电效率提高到了 97%，如果将输电线路的损耗考虑在内，整体的充电效率仍然可以达到 90%左右。在 2015 年举行的第二届电动方程式锦标赛上，高通公司展示了全新的 Halo 汽车无线充电技术，能够达到 90%的传输效率和 7.2kW 的充电功率。橡树岭国家实验室（ORNL）在电动汽车无线充电系统拓扑结构设计方面开展了大量的工作，同时研究了不同条件下系统最大功率传输的频率控制策略和方法，在 2016 年成功测试了 20kW 无线充电系统，效率达到 90%。

日本的众多汽车公司已经开发出多款可实现无线充电的电动汽车产品。2014 年 2 月，丰田公司将开始对普锐斯等多款 EV 汽车及插电式混合动力车进行无线充电的测试。2014 年 2 月，日本奈良先端科学技术大学院大学信息科学研究系教授冈田实的研究室与电力设备及工业机器人制造商大阪变压器公司合作，开发出了“使用平行双线的无线电力传输方式”，可用于为行驶中的纯电动车等移动物体充电。2016 年 2 月，早稻田大学与东芝的研发小组宣布开发出了高级电动公交车“WEB-3 Advanced”，配备了无须连接电源线等即可远程供电的无线充电装置和锂电池，该系统的实验验证已经在川崎市殿町 King Sky Front 地区和羽田机场周边地区完成。

德国在无线电能传输技术领域的发展也比较迅速，并且取得了一定的研究成果。1997 年，德国 Wampfler 公司与新西兰奥克兰大学联合在 Rotorua 地热公园首次成功地在定轨观光车辆上采用了 WPT 技术，迈出了 WPT 技术在轨道交通领域应用的第一步。此后，该技术被应用到多家公司的自动导引运输车（AGV）。同时期该公司还研制了长约 400m 的 150kW 载人轨道车，是当时世界上最大的电磁感应式无线电能传输系统。德国庞巴迪公司从 2010 年开始研发无线充电系统 PRIMOVE，于 2013 年将该系统成功地应用在纯电动巴士无线充电中，截至 2015 年底已在德国多个城市开通了商业运行线路，累计运行里程已超过 12.5 万公里，最高充电功率可达 400kW。2016 年，庞巴迪 PRIMOVE 有限公司与青岛西海岸新区中德生态园签署协议，共同建立庞巴迪无线充电实验线项目，这也是目前亚洲首条功率高达 200kW 的无线充电巴士公交线路。

相比较而言，韩国的无线充电技术研究起步较晚，但发展十分迅速，其中以韩国科学技术院（KAIST）取得的研究成果最为显著。KAIST 的研究主要集中在电动车辆动力和电动车辆电源，在 On-Line Electric Vehicle（OLEV）领域处于世界领先地位，已经发展了五代结构，其中第一代采用了 E 型结构，气隙 1cm，输出 3kW 时，效率达 80%。第二代采用了所谓超窄 U 型单轨结构，该装置用于在线巴士，气隙 17cm，功率 60kW，效率达 72%。第三代采用了 W 型导轨结构，气隙 17cm，功率 15kW，效率达 83%。第四代采用了 I 型磁心结构，轨道宽度为 10cm，气隙距离达到 20cm，最大功率可达 35kW。第五代采用了 S 型磁心结构，轨道宽度降低至 4cm，大大减少了施工费用。实际应用方面，从 2010 年 3 月开始在首尔市南部的主题公园“首尔大公园”试运行 OLEV 有轨电车，在 2.2km 的路线中合计设置了 372.5m 的供电区，线圈间隙为 130mm 时的效率为 74%，可以实现 60kW 的功率输出。2015 年，在韩国南部龟尾市建立了一条 12km 长的电动汽车动态供电示范工程，以 20kHz 的工作频率、100kW/200kW 的充电功率为路上正在行驶的电动巴士供电，整体效率最高可达 85%。

国内的很多电动汽车动态无线充电的学者也针对分段式导轨的电动汽车在过渡区域功率均衡问题上进行了深入研究，主要包括采用参数优化方法、耦合机构设计方法、导轨切换控制策略以及系统综合设计及优化等。

重庆大学的研究团队自 2002 年开始针对电磁感应式无线电能传输技术的基础理论及工程应用进行研究。2015 年完成电动车动态无线供电示范系统，示范轨道总长 50m，轨道平面与车载拾取机构的最佳垂直距离为 20cm，最大输出功率为 30kW，行进过程中的供电效率达到 75%～90%。团队从 2014 年开始与南方电网广西电力科学研究院合作研发 EV-WPT 系统，2016 年建设完成了 EV-DWPT 示范线路，线路长度为 100m，系统最大输出功率为 30kW，行进供电效率为 75%～90%。重庆大学在 EV-DWPT 系统研究方向，形成了包括磁耦合机构设计优化（含导轨模式）、车辆位置检测、导轨切换控制、系统参数优化等系统性研究体系。

东南大学团队系统性地研究了磁耦合谐振式无线电能

传输技术的建模理论，提出了电动汽车无线充电最小接入技术、基于频率的效率稳定控制方法以及电压与功率的在线控制策略等优化方案，研究了电动汽车移动供电系统中的供电导轨切换控制策略，开展了一系列电动汽车无线充电系统的关键设备研制。2013 年，该研究团队成功研制出电动汽车无线充电系统，在传输距离 30cm 范围内可实现 3kW 功率输出。还开展了无线电能传输技术在三维供电、中距离小功率设备供能、无人机供电等领域中的应用等工作。

哈尔滨工业大学针对大功率电动汽车感应充电技术做了大量研究，于 2013 年成功研制能够在 20cm 的空气隙下传输 4kW 的实验装置，在充电功率和传输距离方面都可以基本满足电动汽车的需求。

西南交通大学研究团队针对无线电能传输技术在轨道交通中的应用开展了大量的工作，研制了无线供电轨道试验车，实现在 12cm 传输距离下 40kW 的功率输出。

中国科学院电工研究所团队针对电动汽车磁耦合机构做了大量研究，提出了多种补偿结构。于 2014 年成功研制了一套定点的电动汽车无线充电系统，实现在 20cm 传输距离下 3.3kW 的功率输出。广西电科院对多导轨模式 EV-DWPT 系统能效特性及导轨切换控制策略进行了研究。华中科技大学对 EV-DWPT 系统的原边谐振补偿网络拓扑进行了研究，提出了一种新型的 T 型谐振补偿网络，能够在偏移量较大的时候保证系统稳定的输出特性，且实现了空载原边恒流的功能，此外还对分布式短导轨方式动态无线供电系统的局域供电控制方法进行了研究。

在产业化方面，中兴通讯研发出新能源汽车用大功率无线充电系列产品，目前已有湖北襄阳无线充电公交商用线路、四川成都无线充电微循环公交载人线路、云南大理无线充电支线公交载人线路、河南郑州无线充电公交载人线路等多条无线充电公交线路投入运营。国内从事该领域研究的单位和科研机构还有宇通、奇瑞、比亚迪、安徽江淮汽车等。

国内的研究学者在电动汽车动态无线充电输出功率稳定性、耦合机构优化和输出功率调节方法等方面也进行了相关的深入研究。

三、关键技术研究与开发情况

1. 多负载无线电能传输技术

与一对一的功率传输不同，多负载无线电能传输（WPT）系统需要考虑由于负载数目、接收线圈的交叉耦合、多通道功率控制等因素引起的等效系统阻抗的大范围变化，这必然导致系统的主动调节或控制工作频率的被动移动，从而显著降低传输性能。目前，国内外许多学者对该技术进行了深入研究。

无线电能传输技术在机器人手臂中的应用中，需要为多个手臂关节上的每个手臂装置提供灵活的电源。为了保证输出电压的稳定，重庆大学戴欣教授的团队提出了一种双向多级 WPT（BM-WPT）方法为多个负载提供能量，以解决节点的旋转和负载的变化导致输出电压在每一级的波动的问题。提出了一种一次线圈和二次线圈分别采用碗形耦合机构和三维正交环线圈布置结构，以减小耦合系数随关节转动的变化。每级均采用特殊的谐振拓扑设计，无论能量传输方向如何，都能在每级自由注入或输出能量。这种拓扑结构还可以降低输出电压随负载变化的灵敏度。

在无线电能传输系统中，可调输出特性是至关重要的。大多数研究集中在单个负载系统或多个均匀分布负载的系统上，但在实际应用中，负载可能分布在距离电源不同的空间。华南理工大学谢从珍教授的团队提出了一种 WPT 混合中继系统，用于远距离为多个负载供电。系统中各负载的输出方式可分别切换，实现与负载变化无关的恒流（CC）或恒压（CV）输出。基于具有 CC/CV 输出的双负载 WPT 中继系统的四种补偿网络组合，推导了具有负载无关 CC/CV 输出的 N 个负载 WPT 混合中继系统的结构。该系统具有零相位角（ZPA）输入特性、工作频率固定、系统效率高等优点，可以方便地应用于各种中、小功率场合。研究了系统参数对输出特性、功率传输能力和系统效率的影响，虽然系统实现了负载独立输出，但对于 CV（CC）模式下的第 N 个（第一个到第 $N-1$ 个）负载，输出电压（电流）增益仍然严重依赖于系统结构参数。在未来的研究中，可以讨论更大自由度的电流或电压增益补偿拓扑设计。

东南大学黄学良教授的团队提出了一种新颖的三相 WPT 系统，该系统将 LCC-S 拓扑结构与三相电路相结合，解决了多负载应用场景中负载接入或切除时功率下降或突然上升的问题。在此基础上，首先，基于互感等效理论，分析了谐振补偿拓扑的功率特性和系统的功率稳定性。三相 LCC-S 拓扑更适合于多负载应用场景。基于三相 LCC-S 拓扑结构，分析了三相发射线圈结构对系统功率稳定性的影响，提出的方案解决了负载角度偏移时功率波动的问题，进一步提高了传输功率的稳定性。

国内的全球能源互联研究院和圣地亚哥大学联合提出了一种采用双极中继线圈的新型多负载电力中继系统。为了获得等负载电压分配，设计了一种非对称功率中继结构，包括两个不同电感的中继线圈和一个铁氧体板。一个中继线圈从上一个中继结构中接收功率，另一个将功率传输到下一个中继结构中。同一中继结构中的两个中继线圈垂直放置，实现了它们之间的磁解耦。通过简单的补偿电路，可以获得所有负载的电流电压输出特性。分析了寄生电阻对系统性能的影响，结果表明，相邻两个功率中继线圈之间的耦合系数越大或中继线圈的品质因数越大，系统的电流电压输出特性越好。所提出的功率中继线圈系统可用于需要多个隔离电源的串联 IGBT 的多门极驱动器。

天津大学的张镇副教授提出了一种基于电流补偿的自平衡虚拟阻抗，它可以看作是一种无须调整的阻抗缓冲器，以保证多个负载系统在预期工作频率下的谐振状态，以应对负载数目引起的频率漂移、交叉耦合效应。探讨了控制变量的计算和相关参数的选取的详细过程。从理论上证明了自平衡多端口网络的可行性。提出的自平衡虚阻抗法，即使在考虑交叉耦合的情况下，也能提高多负载系统的传输功率。同时需要注意的是，这种自平衡虚拟阻抗方案还需要在今后的研究中进一步完善，如滤波电感的导通和滤波电感电阻的参数优化，目的是提高虚拟阻抗在期望工作频率谐振状态下的控制精度和快速调节能力。此外，所提出的虚拟阻抗能保持反射电感阻抗的共振状态，且工作频率高于固有谐振频率。因此，下一步的重点应该是针对反射导电阻抗和工作频率的随机调节，采用更灵活的控制策略。

香港城市大学刘春华副教授的团队提出了一种新的多通道的一对多无线电能传输（MOWPT）系统，它可以通过不同的功率通道同时向不同的接收机传输功率。在所提出的 MOWPT 系统中，采用复合补偿拓扑结构来构建多个谐振频率完全不同且几乎互不影响的功率通道，与其他系统进行了比较。与现有的 SOWPT 系统相比，该团队提出的 MOWPT 系统通过改变逆变器的占空比，可以简单而独立地控制接收端的输出功率，无需复杂的控制方法和额外的 DC-DC 变换器。该系统利用空气式变压器提供多个不同频率的电源。在此基础上，提出了相应的参数设计方法，简化了系统的设计过程。设计的两个功率通道是独立的，这意味着一个输出功率可以通过改变相应的半桥逆变器的占空比来调节。

2. 空间无线电能传输技术

无线电能传输系统的性能主要受发射端和接收端之间的耦合系数限制。当发射端和接收端发生偏移时，耦合系数会下降，导致输出功率减小，影响系统的性能。此外，虽然提高品质因数、实现精确的阻抗匹配等方法可以减小低耦合系数带来的不利影响，提高系统性能，但发射端和接收端之间的高漏磁通仍然是一个问题。随着传输距离的增加和发射端与接收端之间的偏移，非定向磁场产生的漏磁会间接降低无线电能传输系统的性能。

中南大学粟梅教授的团队提出了一种有源磁场定向方法，对磁通量进行调节，使漏磁量最小。通过控制电流的幅值和相位角，提出了一种减小发射端之间耦合并产生三维磁场的线圈结构和一种实现三维全方位定向的通用算法。该方法在任意点实现了磁场大小和方向可调的三维全方位磁场定向，从而使磁场集中，漏磁降低。该算法对具有更宽范围的耦合变化的实际三维无线电能传输系统设计具有指导意义。

天津大学张镇教授的团队提出了一种正交形状的接收线圈，它可以实现一种对角度偏移不敏感的全方位无线充电系统。对三维无线充电技术在消除由位置偏移引起的性能恶化的问题进行了研究。在传统设计中，感应磁场的强度和方向可以通过控制发射线圈的电流来调节。然而，由于接收线圈单元的自旋转而导致的角度偏移的存在仍然可以导致发射功率的急剧减小。该团队提出并实现了一种新的接收线圈拓扑结构，以补偿功率传输中的巨大波动，从而保证了对角度失调不敏感的全方位无线充电。

多相磁耦合谐振（MCR）无线电能传输技术能够在发送线圈周围产生旋转磁场，满足中距离应用中负载空间位置时变的要求，有效降低了空间位置对输出功率和传输效率等传输特性的限制。然而，线圈参数和控制策略的设计对实际的传输特性有很大的影响，在实际应用中应加以考虑。南京航空航天大学刘福鑫教授的团队研究了圆柱形线圈三相 MCR-WPT 系统，建立了等效电路模型并进行了理论分析。在此基础上，综合分析了不同相移角、线圈匝数和接收线圈角度偏差对功率开关零电压开关条件和系统输出功率的影响。详细讨论了不同相移角下线圈匝数、角偏差、零电压开关条件和输出功率之间的关系。在此基础上，提出了线圈匝数和相移角的参数优化方法，以保证功率开关实现零电压开关，保证系统在全角度偏移范围内获得稳定的输出功率。

哈尔滨工业大学宋凯教授的团队提出了一种针对高偏移容限的双 D 线圈设计方法，并考虑了系统的电磁场屏蔽。受美国汽车工程师学会（Society of Automotive Engineers, SAE）发布的 J2954 标准中推荐的 DD 线圈的启发，分别设计了发射（Tx）线圈和接收（Rx）线圈的新颖结构。首先，介绍了标准 DD 线圈作为参考。其次，对 Tx 线圈的长度、宽度、覆盖范围等参数进行了详细的研究。对于 Rx 线圈，优化了边缘重叠的线圈结构，包括长宽比、覆盖率和重叠。其目的是在最大偏移处获得更高的耦合系数，这种设计使得耦合系数对偏移的衰减变慢。再次，考虑到发射电动势发射超过了极限，在 Tx 线圈中提出了 E 形磁心的中心凹陷线圈结构。该结构在不显著降低耦合系数的前提下，有效地降低了漏磁。在额定输出功率下，电磁辐射可以降低到 27μT 以下。最后，搭建了 6.6kW 的实验系统，其最大传输效率高于 94%。实验结果表明，该结构有利于保持较高的耦合系数，抑制电磁辐射。

天津理工大学杨庆新教授的团队提出了一种用于电动汽车无线电能传输系统的磁集成设计方案，该方案中补偿线圈和发射线圈相互重叠，共用铁氧体磁心而不考虑解耦。利用补偿线圈和发射线圈产生的磁场来传递功率。为此，提出了一种补偿方法，使补偿线圈与发射线圈之间无功流，磁场增强，实现零相角输入和恒流输出。此外，提出了一种有效的基于有限元分析的线圈优化算法，在水平面上提高了线圈的抗偏移能力，在不对中条件下，采用反向连接的内部线圈来稳定系统输出。所提出的线圈具有提高传输磁通密度和降低漏磁场的特性。所提出的设计在保持功率传输和效率的同时，在任何 XY 方向上实现了 91.17%的效率和高达 200mm 的失调公差。这项工作的结果为高阶补偿拓扑的磁集成设计提供了见解，这些拓扑具有更高的紧凑性、更少的铁氧体磁心的使用、磁场增强和无线电能传输系统的偏移容限。

3. 电磁屏蔽技术

抑制以场的形式造成干扰的有效方法是电磁屏蔽。所谓电磁屏蔽，就是以某种材料（导电或导磁材料）制成的屏蔽壳体（实体的或非实体的），将需要屏蔽的区域封闭起来，形成电磁隔离，使其内部的电磁场不能越出这一区域，而外部的辐射电磁场不能进入这一区域（或者进出该区域的电磁能量将受到很大的衰减）。电磁屏蔽的作用原理是利用屏蔽体对电磁能流的反射、吸收和引导作用，而这些作用是与屏蔽结构表面上和屏蔽体内产生的电荷、电流与极化现象密切相关的。

国内对于无线电能传输系统磁屏蔽方法的研究主要集中在被动屏蔽方面。被动屏蔽是通过改变耦合机构的导磁材料的结构或者通过改变金属屏蔽材料进而起到一定的屏蔽作用。天津工业大学的张献等人研究了在一次、二次线圈两侧的不同位置加入磁心，然后通过对比系统传输效率的变化情况，得到了最大传输效率方法。重庆大学的刘黎辉通过比较锰锌铁氧体、铁硅铝磁粉和铝板三类屏蔽材料的区别，分别分析了它们的屏蔽性能以及对系统传输性能的影响，发现铝板的屏蔽性能最优，但会削弱系统传输性能。重庆大学无线电能传输技术研究所的李云龙利用电磁屏蔽的理论对耦合机构的磁辐射进行被动式屏蔽抑制，在一次、二次侧均放置几种不同形状磁心，通过对一次、二次侧磁场分布的观察，进而对磁心的具体结构进行了优化，并且提出一种新型的带有特殊形状磁心的耦合机构，通过实验证明了该耦合机构的有效性。

国内对主动屏蔽的研究者和研究成果比较少，哈尔滨工业大学无线电能传输技术研究团队的胥佳琦针对其团队提出的N型导轨电动汽车无线电能传输系统专门研制了主动屏蔽装置，其采用的是Su Y. Choi等人提出的将传能线圈与屏蔽线圈相连的无源主动屏蔽方法，通过仿真分析将系统侧方的磁场降低至安全范围之内。重庆大学的周国超针对短导轨模式的电动汽车动态无线充电系统也专门研制了主动屏蔽装置，其采用的原理也是Su Y. Choi等人提出的无源主动屏蔽方法，通过实验，最大观测点处的磁感应强度从7.48μT下降到了1.44μT，屏蔽效果良好，系统整体效率从89.4%下降到了85.4%，对系统的能量传输影响很小。

4. 大功率高效率无线电能传输技术

IPT系统只在特定负载条件下实现最大效率传输，所以最大效率跟踪的实现方法大多为阻抗匹配。最大功率传输是感应电能传输系统充分利用其功率传输能力的重要指标，其能力通常通过阻抗匹配来实现。传统上，阻抗匹配是通过将电力电子转换器（如DC-DC变换器）放置在IPT系统的二次侧来实现的。然而，电力电子变换器及其工作方式直接影响其阻抗匹配范围，传统的功率变换器仅在连续导通模式下工作，阻抗匹配范围受到很大限制。

为了扩大阻抗匹配的范围，重庆大学戴欣教授的团队提出了一种基于阻抗匹配变换器的连续导通模式和不连续导通模式相结合的阻抗匹配方法。通过考虑耦合系数的变化，分别对连续导通模式和不连续导通模式的阻抗匹配范围进行了全面分析。分析结果表明，阻抗匹配范围可比传统阻抗匹配方法扩大一倍以上。此外，利用所提出的阻抗匹配范围扩展方法，提出了一种最大功率传输跟踪方法，并通过直接在线负载辨识自动实现。此外，在耦合系数变化较大的情况下，还获得了良好的阻抗匹配扩展性能。该方法有助于提高IPT系统的性能，具有更广泛的负载和耦合系数变化自适应能力。它特别适用于低功率传感器系统，其中输出功率是一个主要问题，并直接电机驱动非常大的负载变化。该方法可以进一步改进，增加耦合系数辨识，即使在运行过程中耦合系数发生变化，也能实现自动调节。

西南交通大学麦瑞坤教授的团队针对多发射系统进行了建模，提出了一种阻抗匹配方法来提高系统在横向失准条件下的效率。理论分析表明，在不对中条件下，只要调节发射端的等效输入阻抗相同，就可以获得最大的传输效率。因此，提出了一种双闭环控制策略来实现最大效率点跟踪，其中主控制回路通过脉宽调制来调整发射端的输入阻抗，而第二控制回路通过DC-DC变换器来保持恒定的输出功率，以实现在失调条件下的最大效率点跟踪。

哈尔滨工业大学宋凯教授的团队提出了一种采用一次buck变换器和二次半有源整流器的协同控制方法，实现了恒流充电和最大系统效率跟踪超级电容器。分析了线圈内阻对输出电流的影响。研究了一次侧和二次侧两个独立控制回路的协同控制策略。二次PI控制的半有源整流器自动调节输出电流，一次buck变换器基于VS-P&O（扰动观察法）算法寻找最小输入电流。然后，实现恒流充电，最大限度地提高传输效率。与传统的双边双目标控制方法相比，省去了相互通信和复杂的计算，大大简化了设计。

东南大学张建忠副教授的团队提出了一种双开关控制电容效率优化的无线电能传输系统。介绍了开关控制电容的调节方法和等效电容。将最优不对称电压消除控制技术应用于有源桥式变换器中，实现了大范围的软开关操作。采用四个控制变量实现了无线电能传输系统的效率优化，逆变器的脉宽用来调节输出电压，整流器的脉宽用来优化等效负载阻抗，发射端开关控制电容的相位角调制负载，使其实现零电压关断，接收端开关控制电容的相位角调谐整流器的谐振频率，该频率固定在工作频率。此外，提出了基于输入直流信号采样的互感器在线估计方法，以补偿线圈可能出现的位置偏差。

在无线电能传输系统中，线圈的设计对线圈的效率有很大的影响。哈尔滨工业大学魏国教授的团队分析了典型约束条件下线圈效率与设计参数（耦合线圈的三个几何参数和工作频率）之间的关系，导出了最佳工作频率与几何参数之间的函数关系。因此，设计参数的求解空间由四维（线圈的几何参数和频率）缩减为三维（几何参数），并采用粒子群优化算法求解。提出了一种改进的交流电阻评估方法，即用频率相关公式计算导电电阻，用改进的解析法计算邻近效应电阻。改进后的方法对线圈密集或稀疏缠绕的情况有较高的精度。通过对交流电阻计算方法的改进，不需要额外的有限元分析软件，使设计过程自动化、快速化。通过给出一个应用实例，分别用基于粒子群算法的方法和常规方法设计了两个系统。但其局限性在于只研究了无磁心的耦合线圈，含磁心的复杂情况还有待进一步研究。

5. 能量信号同步传输技术

无线电能传输在实际应用场合往往需要在传能过程中完成信号的传输。信号的传输是指在无线电能传输系统中信号从系统的一边借助于传能通道以无线方式实现信号传输到系统的另一边。在实际的应用中，信号传输的内容主要有两类：一类为系统电能参数，如系统电压、电流大小，系统检测这些参数，并以无线通信方式将其传入系统接收端控制器，实现负载管理（如电动汽车的电池管理系统），或者对系统实现最大功率或效率的反馈跟踪与控制；另一类为其他参数，如各种传感器采集的压力、温度、速度等参数，系统检测到这些数据并返回给发射端控制器，然后根据这些数据获取系统运行状态，以利于系统决策或改善产品特性。因此，无线能量和信息同时传输是无线电能传输系统研究的重要课题。

重庆大学孙跃教授的团队提出了一种利用一对耦合线圈实现同步无线功率传输和全双工通信的方法。采用双边LCC补偿拓扑进行功率传输，数据传输通道采用四谐振双抑制结构。在功率传输和全双工通信过程中，从数据发送和接收的角度来看，一侧的数据发送/接收电路不仅可以发送/接收所需的数据载波，而且可以阻断干扰数据载波，两个数据载波由ASK调制，并通过单个耦合通道与功率载波一起传输。从功率传输的角度来看，额定功率的传递可以在不受影响的情况下实现。给出了系统的参数设计方法，分析了功率波与数据载波之间的干扰和数据载波之间的串扰。在80kbit/s的波特率下，数据可以双向同时传输。

中科院王丽芳博士的团队提出了一种基于单线圈双谐振结构的双通道传输模型，用于将双向数据通信集成到无线电能传输系统中。推导了能量传输通道的品质因数Q值、信号传输通道的带宽以及能量传输信道和信号传输通道之间的双向串扰的计算公式。以传输功率、信号传输带宽和串扰的平衡为目标，分析了电路参数的设计方法。此外，还分析了不同线圈偏移情况下的双向通信传输能力。信号与能量传输频率之比达到19。实现了能量传输功率354W，信息传输速率19.2kbit/s。

浙江大学吴建德副教授的团队提出了一种用于电动汽车（EV）无线充电的新型同步无线能量和数据传输（SWPDT）系统。数据载波由即插即用环形磁心电感器发送和接收。采用5MHz和6.25MHz两种数据载波，利用频分复用技术实现双向全双工通信。差分相移键控调制由数据发送器中的E类放大器实现。设计了一种模拟开关电路对数据接收器中的数据载波进行解调。在3.3kW功率下实现了64kbit/s的全双工数据传输。与已有的SWPDT系统相比，数据传输的比特率和抗干扰能力有了很大的提高，由于DQPSK调制方法不受载波基波分量的影响，SNIR（信噪改善比）和信道容量得到了很大的提高，为千瓦级电动汽车无线充电实现高速同步通信提供了可能。虽然采用了串-串拓扑结构，但该通信方法很容易在串-并联、并-串联、并-并联、双边LCC等其他拓扑结构上实现。

哈尔滨工业大学王懿杰教授的团队提出了一种将全双工通信集成到大功率无线功率传输系统中的新方案。能量和数据通过同一感应通道传输。采用一对带抽头的耦合线圈，省去了以往SWPDT系统中广泛使用的陷波电感。该方案可以降低系统成本和体积，提高功率传输效率。功率和双向数据使用不同频率的载波传输。全双工通信采用频分复用技术。为了实现全双工通信，采用了一种设计合理的双工器来分离发送和接收的数据信号。建立了系统的电路模型，分析了系统的功耗和数据传输性能，还讨论了能量和数据传输之间的串扰。为了提高数据传输的性能，提出了确定最佳线圈抽头位置的方法，建立了一个全双工速率为500kbit/s的300W SWPDT原型系统。

6. 新兴的能量双向传输技术

轨道无线电能传输系统越来越多地应用于单轨机器人、工业运输等领域。传统上，轨道无线电能传输系统的发射功率被设计为等于或高于运行负载的总额定功率。然而，在实践中，有些负载有时可能会需要比其正常工作状态更多的功率。在瞬态情况下，提高发射端输出的额定功率是不够经济的。

重庆大学戴欣教授的团队提出了一种通过可供能的在线负载将能量反向注入瞬时过额定功率的负载的方法，以增强轨道的功率传输能力。换句话说，一个负载的瞬时过功率要求可以从另一个负载传递，而不增加发射端功率额定值。提出了一种生物操作模式，包括正常模式和强化模式。采用双向拾取拓扑结构，并对等效电路进行了生物操作模式分析。此外，提出了一种主、反向注入拾取的同步方法，给出了反能量注入边界的确定准则。通过对峰值电流的检测，证明该能量注入方法可以在实际中实现。该方法可以应用于多个模块能量共享。

四、应用推广情况与前景分析

无线充电技术的持续突破降低行业技术门槛，节省产品制造成本，推动了无线充电设备的普及，部分中国本土无线充电厂商凭借技术优势增强企业国际竞争力。无线充电行业发展初期，苹果、三星等大型终端设备厂商仅在智能手机的高端产品中导入无线充电功能，无线充电相关组件生产技术日渐成熟，无线充电模组价格从几百元下降至几十元，无线充电单模装置成本已降至2.2美元左右，组件成本有望降低，无线充电设备普及率逐渐升高。部分无线充电发送端控制器芯片具备更高集成度更省成本的优势，最高充电效率可达76%左右，整体成本节省30%。

1. 应用推广

由于无线充电技术的稳定发展以及无线充电标准的陆续颁布，无线充电技术被引入消费电子、医疗、军事、工业生产等领域，推动无线充电行业市场规模稳定增长，2023年中国无线充电行业市场规模有望达到153.0亿美元。

自2018年起，德州仪器、IDT、松下等海外企业推出无线充电大功率解决方案，充电电流可达800mA，高通、英特尔、联发科等海外处理器厂商，德州仪器、博通、IDT等独立厂商开始推广兼容磁感应与磁共振接收器的多模无线充电系统单晶片（SoC）。无线充电设备大功率化可减少消费者的充电时间，提高用户体验。现有多模化芯片可支持最大输出功率超过7W，同时Qi标准已实现了从5W至9W再至15W的不断突破。

目前，无线充电设备应用较广泛的场景为消费电子无线充电场景，如宜家的台灯底座、星巴克的吧台、部分品牌店铺可为手机无线充电，此外，在车载场景中，部分汽车品牌提供可兼容部分手机品牌的无线充电器，如奥迪、宝马、福特、本田、奔驰等品牌汽车内提供可兼容iPhone8的无线充电器。此外，蔚来汽车最新发布的ES6搭载无线充电器功能，可为苹果、三星等旗舰机型进行充电。

自2016年起，国家发展改革委和国家能源局关于印发《能源技术革命创新行动计划（2016-2030年）》的通知。《通知》的总体目标为提升中国能源自主创新能力，其中无线充电技术作为现代电网关键技术被列为发展重点。

在人们越来越依赖电子产品的当下，由于无线充电设备具备安全便捷的特性，无线充电设备逐渐渗透到人们的家中，随着无线电能传输技术的日渐成熟，各类家电也实现了无线充电功能。

2. 产业链上中下游

无线充电行业带动其他产业蓬勃发展。

无线充电上游主要包括方案设计、芯片制造、磁性材料生产、模组制造等环节，据行业专家介绍，在无线充电行业发展初期，芯片研制和方案设计环节利润占比较高，其中方案设计行业利润占据上游整体利润的 40%，芯片厂商利润占比近 30%。自 2010 年起，无线充电联盟（WPC）颁布 Qi（无线充电标准）协议，Qi 协议中公布了短距离（40mm，1.6 英寸）低功率无线感应式电力传输互联标准，标准的统一为方案设计行业降低了技术门槛，同时降低了行业利润率，方案设计行业利润占比逐渐降低。相较于其他核心环节，模组制造环节的技术含量相对较低，与其他电子零部件的制造工艺差距较小，中国本土厂商在模组制造环节具有竞争优势，可快速切入该市场，但利润空间有限。

（1）产业链上游分析

1）方案设计　方案设计环节通常由终端厂商提出需求，方案厂提供设计方案，难度和附加值较高，但行业利润率高达 32%。在无线充电方案设计环节，苹果、高通、特斯拉等海外厂商占据 70% 的市场份额，中国竞争力较强的本土企业包括中兴通讯、信维通信、万安科技等通信电子企业，中兴通讯与万安科技布局汽车无线充电领域，信维通信为三星 NFC 无线充电设备供货商。

2）电源芯片　无线充电设备中的芯片包括发射端（无线充电发送器）芯片和接收端（无线充电接收器）芯片，发射端芯片负责将输入电源按照特定频段的无线电信号（Qi、PMA、A4WP 均规定了不同的频段）发送给对方，接收端芯片负责将无线电信号转换为电能，从而完成充电过程。电源芯片行业技术门槛较高，因此中国无线充电行业芯片（覆盖接收端与发射端）市场多以高通、德州仪器、英特尔、IDT 等海外巨头为主，未来电源芯片行业将持续向高集成度、高充电效率、低功耗发展。

3）线圈模组　线圈模组由防磁片和铜制线圈组成，该原料的制造成本占据无线充电模组制造成本的 40%，防磁片的功能为防范电磁干扰影响行动通信芯片，通常防磁片采用常见的磁性元件，防磁原料成本占据线圈模组整体成本的 70%，因此降低防磁片成本成为行业的关注焦点，部分企业替换防磁原料以降低主要零部件制造成本，例如高创电子以纳米晶制成的新一代防磁片以取代旧有防磁片，目前高创电子研发的新型防磁片已进入量产阶段。铜制线圈负责产生或接收电源能量，防磁片和铜制线圈的品质将影响无线充电设备的效率。

4）磁性材料　无线充电涉及的磁性材料包括发射端磁材和接收端磁材，发射端磁材为永磁体（永磁铁氧体、稀土钕铁硼永磁体）和软磁铁氧体，接收端使用软磁铁氧体。磁性材料可用于增强发射和接收线圈间磁通量，提高传输率，同时作为发射和接收之间的定位装置，便于终端设备快速准确定位。软磁铁氧体产品在无线充电中的主要作用是增高感应磁场和屏蔽线圈干扰。目前布局磁性材料市场的海外企业包括 TDK、村田等电子元器件企业，中国本土企业包括横店东磁、宁波韵升、天通股份、信维通信等。

5）模组制造　模组制造环节技术要求相对较低，行业利润率较低，模组制造厂商的利润占据无线充电行业上游整体利润的 6%。模组制造行业主要由中国本土零组件厂商参与，代表性企业包括普瑞赛斯、立讯精密、信维通信等，普瑞赛斯是无线充电联盟（WPC）全球授权的 14 家测试中心之一，能够独立完成对无线充电产品的 Qi 认证。部分中国本土零组件厂商通过向其他电子企业提供产品电源解决方案拓展业务，如德赛电池向下游苹果、三星等国际一流客户提供移动产品电源的综合解决方案增强业务辐射范围。

（2）产业链中游分析

1）中游无线充电系统方案商。

无线充电系统方案商通过为下游各应用场景消费者提供无线充电解决方案布局中国无线充电行业，代表性企业包括信维通信、中兴通讯、万安科技、全志科技等。部分通信企业凭借其技术优势为下游消费者提供全自动解决方案，如中兴通讯推出全程无人值守全自动解决方案，集合无线充电技术、APP 支付、云端管理、自动运营、远程监控等全自动的端到端的解决方案。

部分无线充电系统方案商为下游各应用场景消费者提供定制化服务，如信维通信结合科技的应用需求，为客户提供非标解决方案。

2）中游无线充电设备厂商。

无线充电的应用场景较广泛，包括汽车、工业电子、医疗等不同领域，因此无线充电终端厂商需对应下游不同的应用场景提供差异化无线充电设备，代表性企业包括微鹅科技、柏壹科技、易充科技等。近 90% 的大中型无线充电设备厂商推出的无线充电产品覆盖消费级、工业级、电动汽车级。

部分无线充电厂商凭借其技术优势布局行业上游，研发无线充电设备核心零部件，如芯片、充电发射器模块等，例如微鹅科技凭借其自主研发的 Wi-Po 磁共振技术布局无线充电行业上游，微鹅科技研发的快充无线充电发射器模块及芯片可实现无线充电产品的多领域应用。

仅 10% 的小型无线充电设备厂商为无线充电设备加工、集成商，相较于中大型无线充电设备厂商，小型无线充电设备厂商利润空间较小。

（3）产业链下游分析

1）无线充电技术在小功率电子领域的应用较成熟，无线充电标准的制定将推动无线充电技术在各应用场景的产业化发展。

B 端消费者为不同应用场景的企业用户，无线充电在小功率电子产品的应用较成熟，如手机无线充电，电动牙刷等，因此无线充电设备覆盖率较高的场景为品牌店铺，中游无线充电设备厂商与店铺方建立“城市+品牌店铺”的合作方式，将无线充电设备覆盖至门店，最终为店铺消费者提供充电服务。例如微鹅科技生产的无线充电产品已覆盖宁波地区逾 100 家中高端餐饮咖啡等门店。除小功率电子产品外，在其他应用场景无线充电设备的国家标准尚未出台，标准的制定将推进无线充电技术在各应用场景的产业化发展。

2）适配性和安全性是中国C端消费者最重视的必要属性，设备充电效率及电量消耗率将影响消费者的购买意愿。

中国无线充电行业C端用户对无线充电设备的认知度逐渐上升，根据2018年无线充电联盟（WPC）的消费者调查数据显示，无线充电技术认知度存在地区差异，德国和中国消费者对产品的熟悉度和购买意向更高。中国的“早期尝试者”心态占比更高，因此采用率更高。适配性和安全性是中国C端消费者最重视的属性，60%的C端消费者认为无线充电设备应适用于任何移动设备，而非某个特定品牌移动设备的制造商。52%的C端消费者认为安全性是无线充电设备的必要属性。此外，53%的C端消费者较关注无线充电设备的充电效率，49%的C端消费者认为电量消耗率将影响其购买意愿。

3. 前景分析

无线充电设备价格下滑，推动无线充电设备普及率的升高，动态无线充电技术的发展有望加深无线充电在汽车领域的应用。

自2015年起多国禁售燃油车政策及限制尾气排放法规陆续颁布，车企面临转型压力，伴随着新能源技术的发展，纯电电动车、混合动力汽车市场得以快速发展，因此为车辆蓄能成为电动汽车行业的首要压力。区别于静态充电，动态充电系统可为行驶状态下的车辆充电，可最大程度上为车辆充电提供便利。目前无线充电技术在电动汽车领域的应用尚未成熟，动态无线充电技术的发展有望加深无线充电在汽车领域的应用。

据Research and Markets数据显示，电动汽车和插电式混合动力汽车不断增长的需求推动无线电动汽车充电市场的增长。至2025年电动车无线充电市场规模预计达4.07亿美元，2020-2025年期间的年复合增长率将达117.56%。

在动态无线充电领域，高通是具有核心技术优势的领头企业，高通自主研发的Halo技术可实现隔空提供高能量传输，动态无线充电解决方案采用多线圈设计，即使充电板未对准也可进行高效的能量传输，且适用于多种车型。

2014年，全球无线充电接收器出货量仅为0.3亿件，伴随着无线技术的发展和优化，以及无线充电设备在消费电子、电动汽车、医疗设备等领域的渗透，全球无线充电接收器出货量得以稳定增长。截至2019年，全球无线充电接收器出货量增至9.0亿件。无线充电接收器出货量的稳定增长体现了无线充电接收器在各领域的应用需求逐渐升高，为无线充电行业的发展提供了良好的环境。

高性能 DC-DC 电源模块技术

中国电源学会直流电源专业委员会 吴新科

摘要：随着数据中心、5G 通信、航空、航天，电力交通工具、移动储能、交流快充等应用场合对供电系统的功率密度要求越来越高，元器件高频性能不足和拓扑的局限性使得直流开关电源模块功率密度和效率的提升非常缓慢。学术界和工业界 2020 年对开关电源领域的研究主要集中在宽禁带器件的高频应用的可靠性和如何发挥其性能，高频磁性元件的设计，高频软开关拓扑的优化和 EMI 分析与抑制技术，以及控制方法的优化。

一、高频/超高频变换拓扑及控制

近年来随着数据中心、5G 通信、移动储能以及交通等领域的不断发展，其对供电系统的功率密度要求越来越高。在上述领域中，目前常用的电源通常工作在几十到几百 kHz 的开关频率下。在这个频段中，电源的体积主要由电容、电感以及变压器等无源元件决定。而提高电源系统的开关频率能够有效减小供电系统的无源元件的体积，有助于实现电源系统的小型化。幸运的是，近年来随着宽禁带器件技术的不断发展，高频性能优异的商用氮化镓以及碳化硅器件不断涌现，在半导体功率器件层面进一步推动了电源系统的高频化。基于上述背景，在 DC-DC 变换器领域中，开关频率向兆赫兹推进。因此，在兆赫兹以上的高频/超高频变换器拓扑以及相应的控制策略一直是近年来的技术攻关重点之一。

在高频兆赫兹以上工作条件下，功率器件开关损耗的大幅增加制约了电源效率的提升。在此情况下，具有软开关能力的拓扑结构由于能够有效降低开关损耗，成为高频高效 DC-DC 变换器拓扑结构的首选。

如图 1 所示，浙江大学的陈国柱教授团队针对 LLC 电路在输出低压大电流场合中的变压器优化设计问题，提出了一种变压器形状和损耗的综合优化设计方法，使变压器在有限的 PCB 占用面积下，能达到损耗的最小值，提升了 LLC 变换器整体的效率和功率密度[1]。

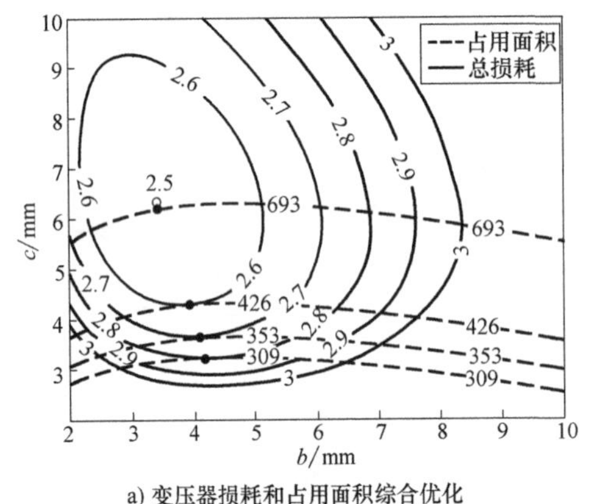

a) 变压器损耗和占用面积综合优化

b) 优化后实验样机

图 1 LLC 变压器损耗和占用面积综合优化及优化后实验样机

图 2 所示为中山职业技术学院的陈果教授团队针对 MHz 等级开关频率下的数字控制 LLC 电路输出电压脉动的问题，提出的一种结合变频控制和占空比调节的变模态调制策略，对输出电压进行复合调制，抑制了仅采用变频调制时的电压脉动[2]。

如图 3 所示，浙江大学的吴新科教授团队针对基于谐振变化器的 DCX 电路虽能实现高效高功率密度却不可调节输出电压的问题，在 DCX 电路中构造了受控电压源网络，构成了具有电压调节能力的 RDCX 拓扑。RDCX 电路以部分功率调节的方式，实现了输出电压紧调整，并保证了变换器整体的高效高功率密度[3]。

随着 5G 通信技术的不断发展，为了提升变包络幅值调制射频功放的效率，对其电源装置的跟踪精度、带宽提出了越来越高的要求。电源的高频化为实现该需求提供了有力的支撑。如图 4 所示，清华大学的李永东教授团队针对 5G 通信电源高精度、高带宽、高效率的需求，提出了一种模块化的多电平电路拓扑以及相应的控制策略，通过增加电平数提高了等效开关频率，减小了阶梯电压，有效地提升了带宽和跟踪精度，并通过采用新型的 GaN 低压器件大幅地减小了开关损耗，实现了较高的转换效率[4]。

随着新能源领域的蓬勃发展，双向 DC-DC 变换器在燃料电池、电动汽车和光伏发电等领域得到了广泛的应用。图 5 所示为哈尔滨工业大学的王懿杰教授团队针对传统的基于耦合电感的高电压传输比 DC-DC 变换器工作在高开关频率下存在的严重开关损耗问题，提出了一种利用串联电容和耦合电感漏感的谐振实现全范围软开关的高电压传输比的双向DC-DC变换器。在大幅提升开关频率的同时，实现了电能的高效高电压传输比双向变换。同时，对耦合电感进行了绕组排布优化设计，减小了耦合电感绕组中的寄生电容，减少了绕组间寄生电容对电路的影响[5]。

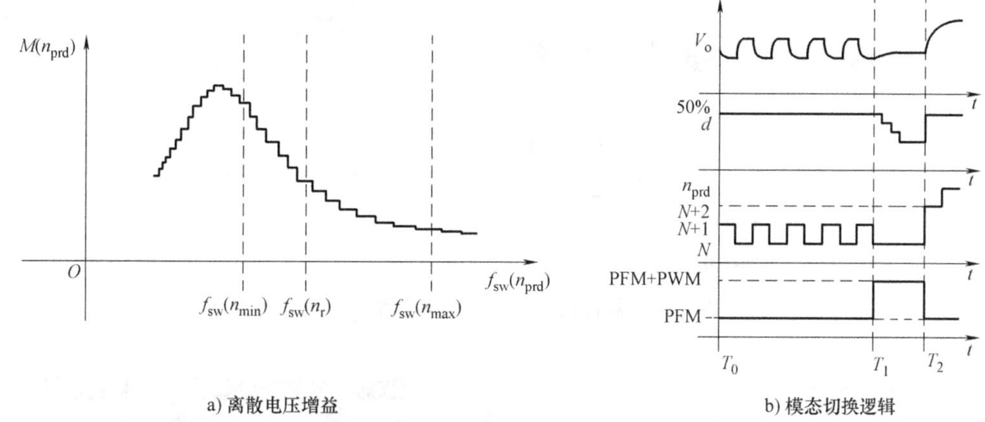

a) 离散电压增益　　b) 模态切换逻辑

图2 MHz数控LLC变模态控制抑制输出电压纹波

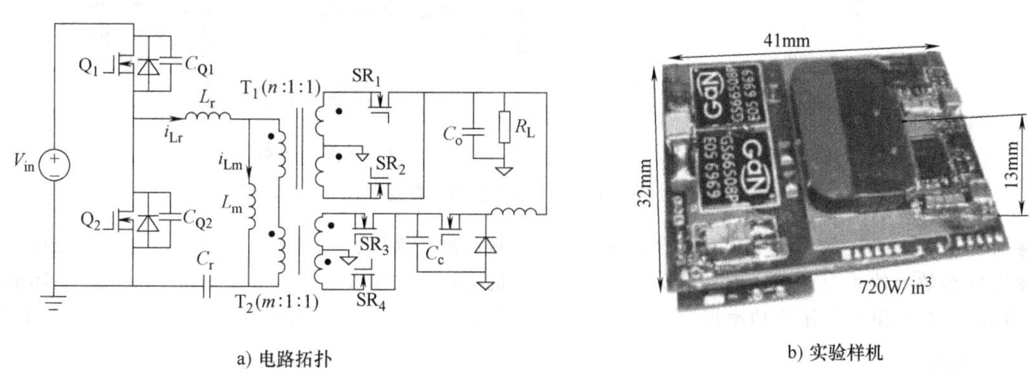

a) 电路拓扑　　b) 实验样机

图3 基于半桥谐振拓扑的MHz高效高密度RDCX

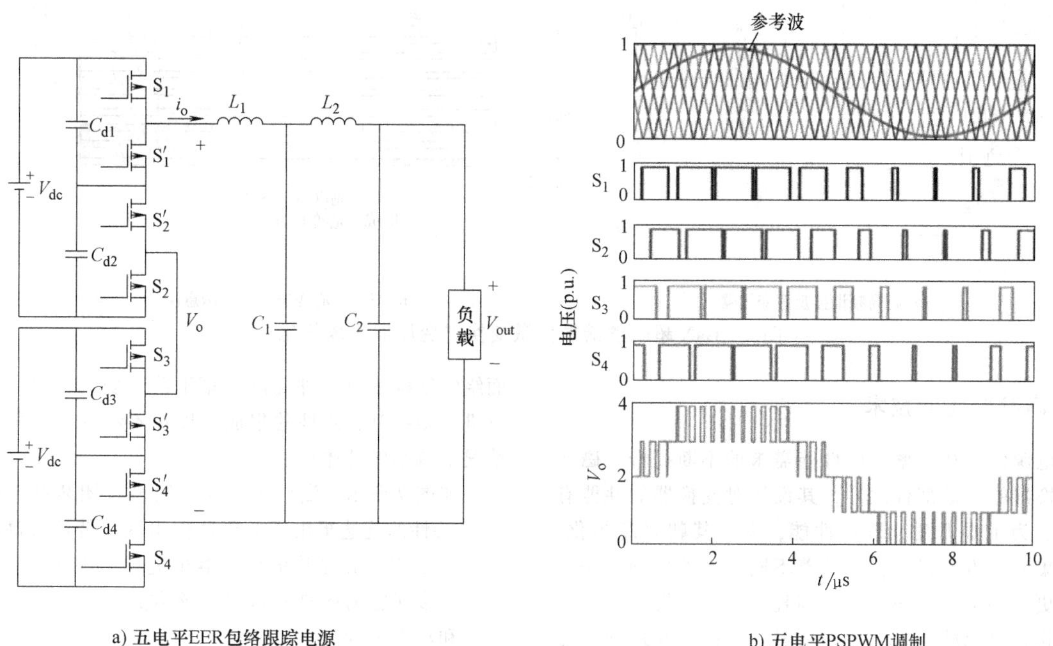

a) 五电平EER包络跟踪电源　　b) 五电平PSPWM调制

图4 基于GaN器件的模块化多电平包络跟踪电源

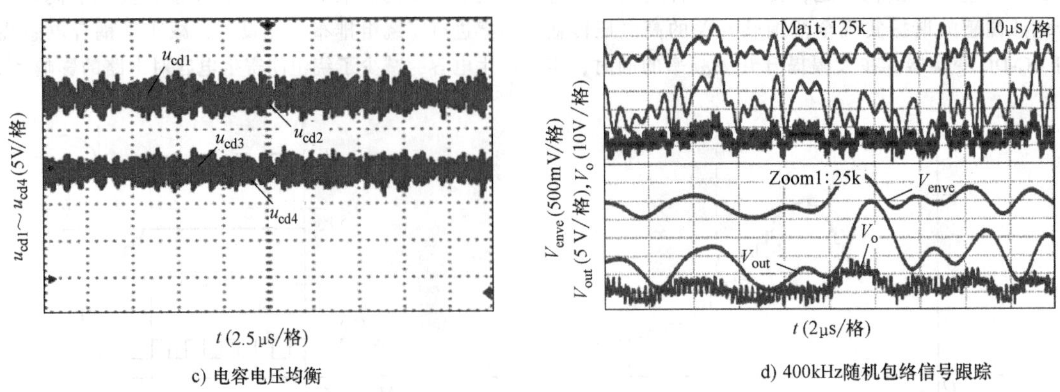

c) 电容电压均衡　　d) 400kHz随机包络信号跟踪

图 4　基于 GaN 器件的模块化多电平包络跟踪电源（续）

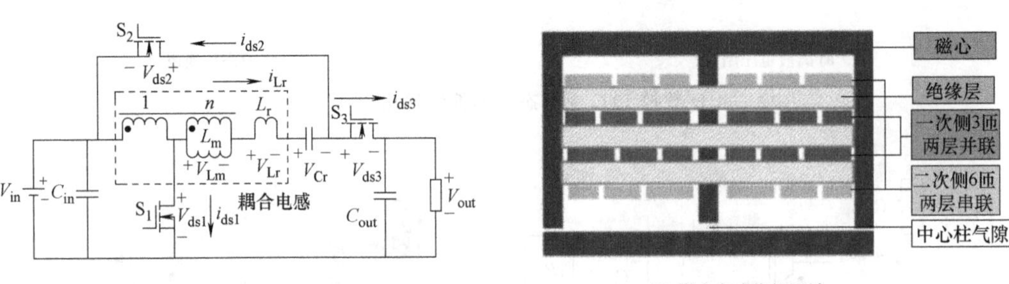

a) 高增益双向DC-DC拓扑　　b) 耦合电感绕组设计

图 5　具有软开关特性的串联电容型高频高增益双向 DC-DC 变换器

在超高频（30～300MHz）的低压小功率场合，磁性元件是影响功率密度和效率的重要因素。南京航空航天大学的张之梁教授团队针对应用于低压小功率场合的超高频谐振反激变换器，提出了一种垂直型的空心变压器集成设计的方法，如图 6 所示，大幅提升了变换器整体的空间利用率，并减小了交流回路的电阻，提升了整体效率[6]。

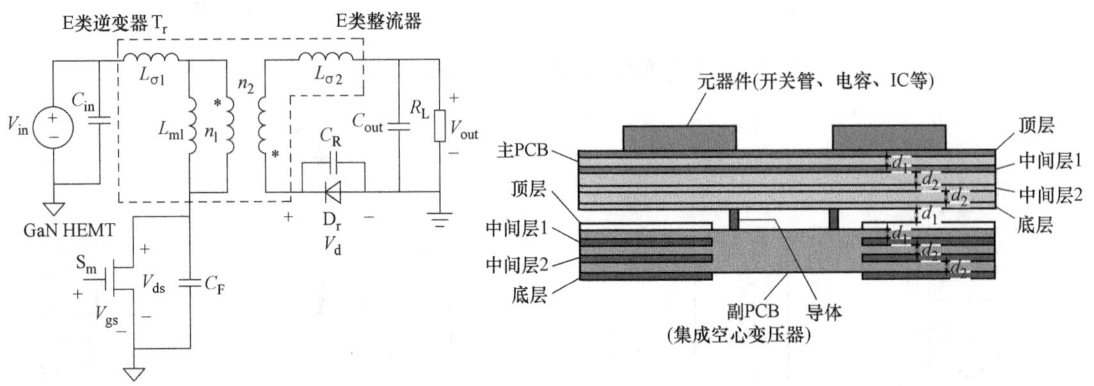

a) 超高频谐振反激变换器　　b) 新型空心变压器集成示意图

图 6　GaN 超高频谐振反激变换器变压器集成优化

二、高频磁元件技术

由于电源效率和功率密度性能需求的不断提升，磁元件作为变换器的关键部件之一，其设计对变换器的性能有很大影响。为了提升磁元件的性能，需使其朝着高频化、平面化、集成化方向发展；但随着不同技术的发展，相应的问题也更加凸显，如磁元件的损耗优化、共模噪声等问题。高频化大幅地减小磁元件的伏秒，从而大幅地减小磁元件的绕组匝数或磁心截面积，减小磁元件体积，进一步提升整个变换器的效率和功率密度。磁元件使用 PCB 等平面绕组结构使得磁件高度大幅下降，变换器空间利用率可以进一步提升；磁件的集成可以在不牺牲其他电路性能的情况下减小磁件体积。

如图 7 所示，浙江大学吴新科教授团队基于低压器件 FOM 特性的优选提出了低压器件串联代替传统高压器件的方案[7]，基于该结构的变压器也进行了优化设计，包括绕组排布多元胞的磁件集成等，该方案同时提高了变换器的效率和功率密度。

图 8 所示为辽宁工程技术大学杨玉岗教授团队基于交错并联的 LLC 变换器，采用两相变换器电感耦合的方案对

变换器的均流特性进行的优化[8]，在无需额外控制的情况下大幅改善了并联变换器的均流特性。

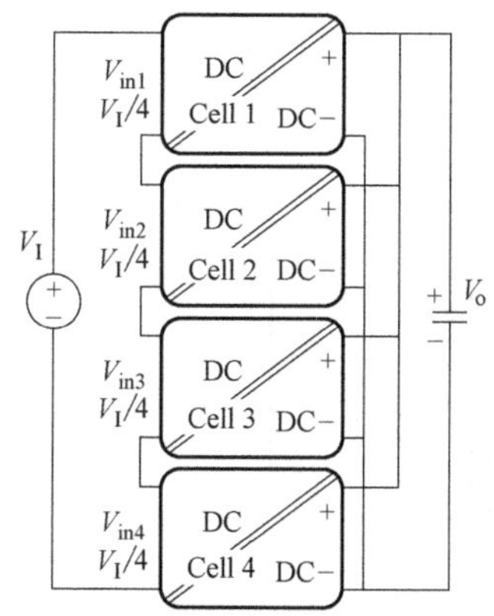

图 7 基于低压器件串联的元胞化高频 DC/DC 变换器

如图 9 所示，浙江大学马皓教授团队设计了一种高偏移容限的无线电能传输系统[9]，通过线圈的解耦设计和模型优化，可以实现无线充电系统更大的偏移容量；同时该工作将谐振电感线圈和变压器一次侧线圈进行了集成，减小了磁件空间体积。

如图 10 所示，天津大学王议峰教授针对平面变压器的绕组布局、尺寸设计以及气隙的排布等做了设计优化和仿真验证，设计了输入侧串联输出侧并联的兆赫兹高频变压器[10]。

图 11 所示为南京航空航天大学吴红飞教授团队基于图腾柱 PFC 电路对平面集成的 PCB 绕组电感进行了优化设计[11]，通过磁心中磁通抵消的集成设计和绕组尺寸对损耗影响的建模计算，对平面电感器进行了优化，提升了磁件功率密度。

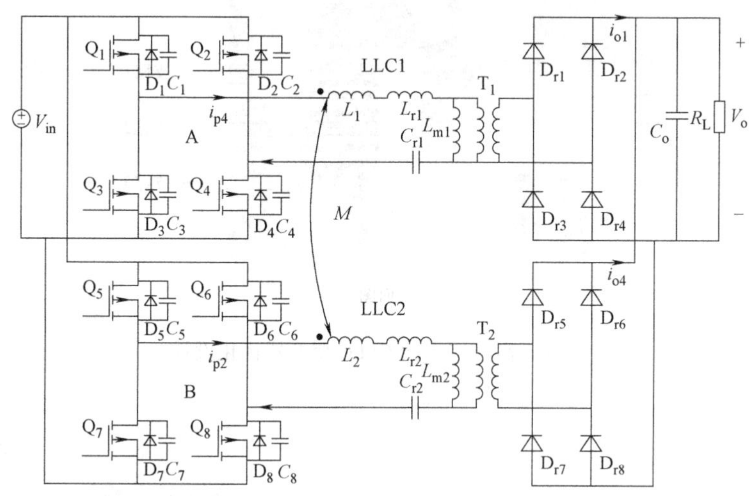

图 8 基于耦合电感实现两相 LLC 变换器并联均流方案

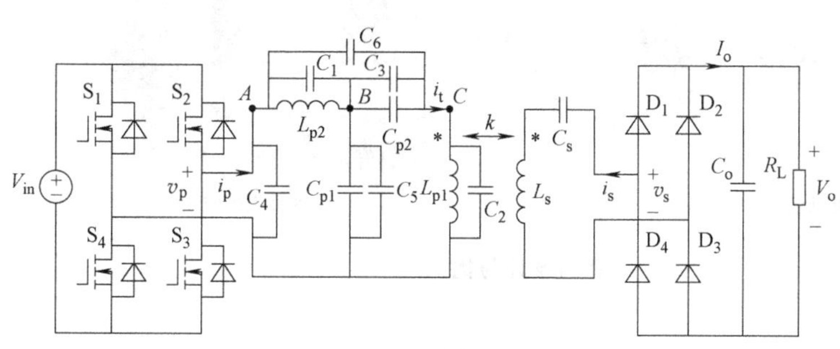

a) 无线充电电路拓扑

集成电感线圈

变压器线圈

b) 集成电感和变压器线圈

图 9 无线充电拓扑及集成线圈结构

如图 12 所示，针对高频磁件中绕组损耗难以准确计算且仿真占用大量计算资源的问题，福州大学陈为教授团队提出了改进的磁元件圆导线绕组高频损耗模型[12]，针对使用绞线后传统计算方法的偏差问题，依据邻近效应和趋肤效应正交的原理，分别计算邻近效应损耗和趋肤效应损耗，并以此提出改进的圆导体绕组损耗模型，提高了计算精度，节省了计算资源。

如图 13 所示，福州大学林苏斌教授团队基于反激变换器，重点针对以磁件寄生电容构成通路的共模噪声传输机理进行了建模分析，并对绕组的配置进行优化设计，使得共模噪声得以降低[13]。

全球能源互联网研究院的靳艳娇基于 Maxwell 电磁方程组和 Dowell 提出的磁件模型，对变压器的漏感进行了理论建模计算，并提出了减小变压器漏感的设计方法[14]。华中科技大学聂彦教授团队对一系列适用于高频工况下的最新的软磁铁氧体材料进行了分析评估[15]。

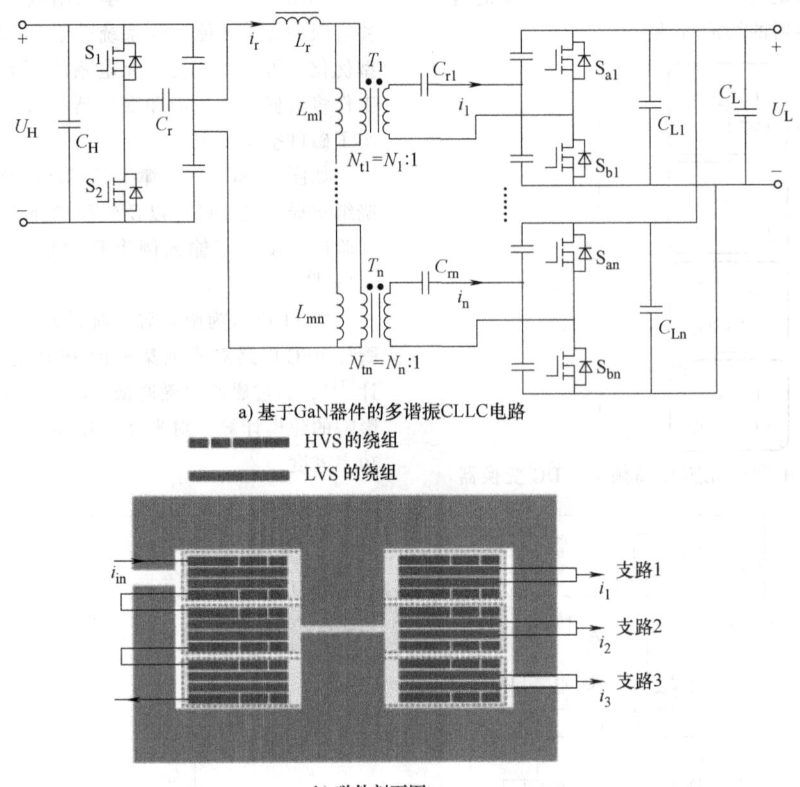

a) 基于GaN器件的多谐振CLLC电路

b) 磁件剖面图

图 10　高频多谐振 CLLC 变换器优化设计

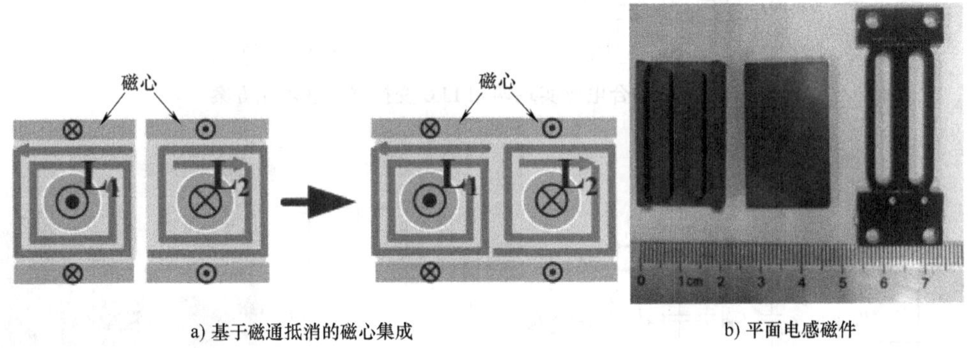

a) 基于磁通抵消的磁心集成

b) 平面电感磁件

图 11　平面电感的设计与优化

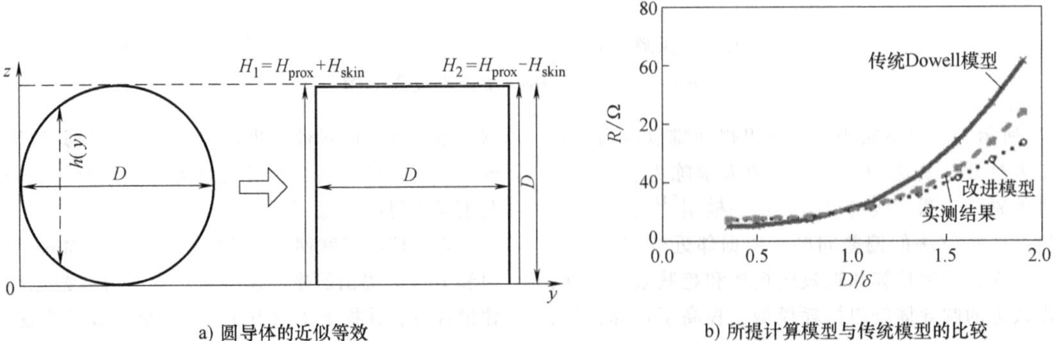

a) 圆导体的近似等效

b) 所提计算模型与传统模型的比较

图 12　高频利兹线损耗的建模计算

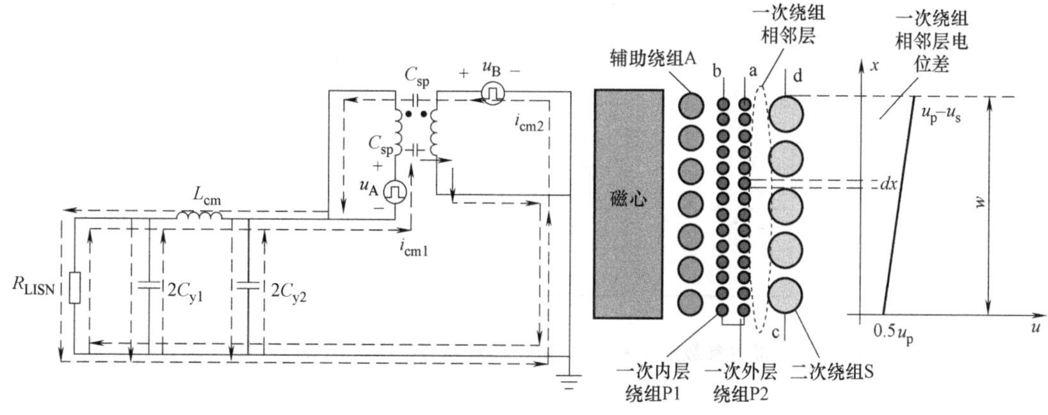

a) 反激电源共模噪声等效模型　　b) 低共模噪声的绕组排布方式

图 13　反激电路共模噪声及抑制方案

三、EMI 分析与抑制技术

直流-直流变换技术的发展方向是高频化、小型化，随着功率密度的不断增加，其面临的电磁环境越加复杂。如何分析电磁干扰的来源、传播过程以及抵制方法对于确保电源模块功率密度和稳定可靠运行至关重要。

如图 14 所示，针对飞机直流 270～28V 电源变换器的应用需求，贵州航天林泉电机的薛开昶等分析了差模、共模干扰源，构建了滤波器模型并给出了参数确定方法；为避免传统方法中使用液态铝电容带来的可靠性问题，提出在差模电感两端并联 LR 网络的方法来防止滤波器在截止频率点发生振荡，且增加的 LR 网络体积均较小[16]。

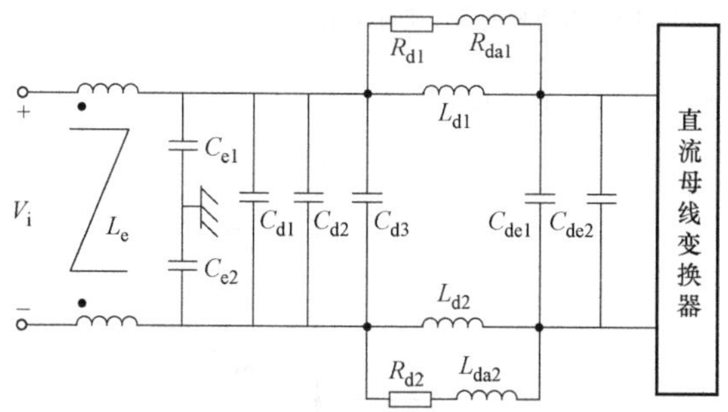

图 14　输入端 EMI 滤波器电路原理图

如图 15 所示，合肥工业大学苏建徽教授等以光伏高频隔离型 DC-DC 变换器中二次侧电路为桥式整流的全桥 LLC 拓扑为研究对象，首先基于独立电压变量个数对全阶变压器寄生电容模型进行简化，推导出变压器双电容模型及其解析式；基于该模型建立 LLC 变换器共模干扰模型并给出共模电压解析式，最后通过 Matlab/Simulink 仿真进行了验证；仿真表明模型仅在高频范围内略有不同，但对共模滤波器的设计仍然具有指导意义[17]。

如图 16 所示，浙江大学吴新科教授团队从减小共模噪声源的角度提出了一种静点构造法，搭建了输入串联输出并联的 LLC 变换器，并在变换器中采用电路单元内交错并联、电路单元间交错并联以及基于交错并联的综合控制策略可以对共模噪声产生 50dB 左右的抑制效果[18]。

四、多电平 DC-DC 拓扑与控制

近年来，随着数据中心、新能源汽车、电力牵引等领域的快速发展，高效、高功率密度 DC-DC 变换器受到广泛的关注。相比传统两电平拓扑，多电平可以显著提高变换器的效率与功率密度。首先，多电平 DC-DC 变换器的器件电压应力降低，从而可以使用损耗更小的低压器件代替高压器件，提高变换器效率；其次，多电平变换器电感上的伏秒大幅地减小，有利于缩小电感体积，增加变换器的功率密度；此外，多电平变换器的损耗均匀分散开，具有更好的散热性能。

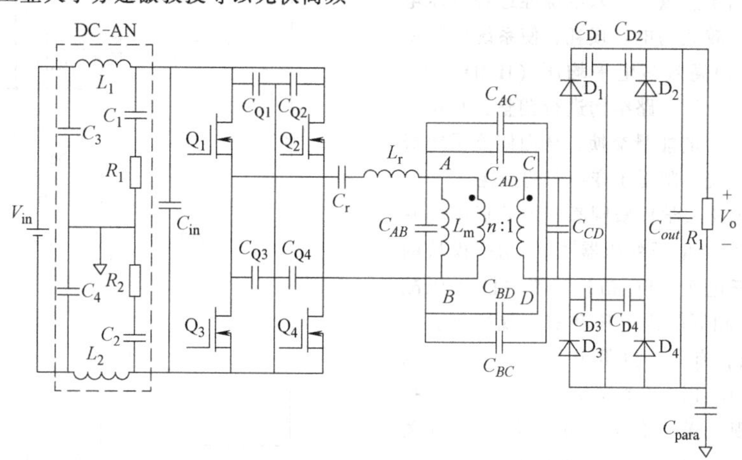

图 15　考虑寄生参数的全桥 LLC 拓扑及双电容模型噪声等效回路

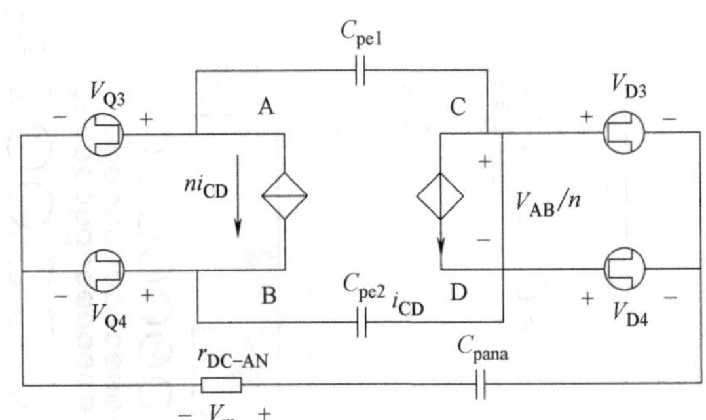

图 15　考虑寄生参数的全桥 LLC 拓扑及双电容模型噪声等效回路（续）

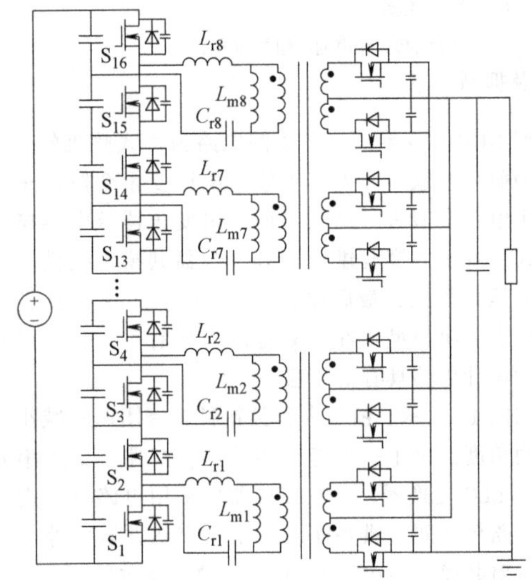

a) 基于静点构造法的输入串联输出并联的LLC变换器原理图

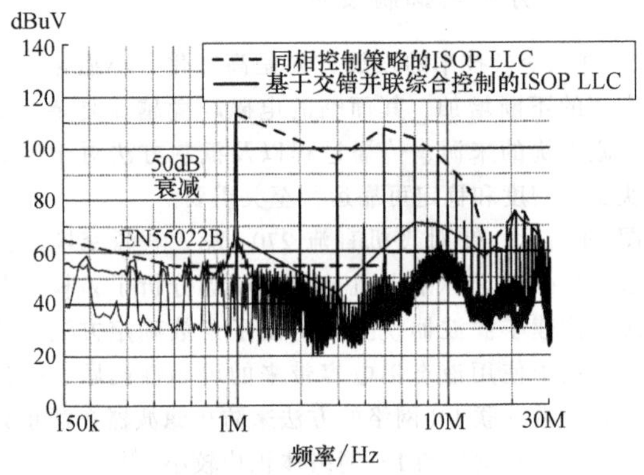

b) 采用基于交错并联的综合控制策略的共模噪声频谱图

图 16　输入串联输出并联的 LLC 变换器共模噪声抑制方法

在电容钳位多电平变换器方面，北京交通大学杨晓峰教授提出一种基于 SiC 器件的谐振开关电容变换器（RSCC）拓扑[19]，优化了开关电容变换器的效率。RSCC 采用模块化多电平结构，如图 17 所示，各模块由直流支撑电容和均压电路构成，该电路通过 LC 谐振可以实现软开关，有效抑制开关电压和电流尖峰。

随后，杨晓峰教授团队又对这种 DC-DC 变换器功率传输方式进行了分析，指出由于能量从输入电源经过各分压电容逐级传递到输出，造成了较大的电路损耗，使系统的效率降低。对此杨教授提出一种高效多电平均压（H-MVBDC）拓扑[20]，如图 18 所示，对均压电路结构进行调整，直接实现各直流支撑电容与输出电容的能量交换，从而使能量跨级传输至输出侧，缩短传递路径，降低了变换器的损耗。

图 19 所示为哈尔滨工业大学徐殿国教授团队提出的基于隔离型三电平功率模块电力电子变压器[21]，功率模块的高压侧采用中点钳位型三电平 NPC 拓扑，器件的耐压减半，低压侧为 H 桥拓扑。相同输入电压和器件规格下，整体模块数量可以减少一倍，有利于降低电力电子变压器的成本，提高其功率密度。而且该功率模块通过漏感和谐振电容构成谐振，可以实现开关器件的零电压零电流开关（Zero-Voltage and Zero-Current-Switching，ZVZCS）。

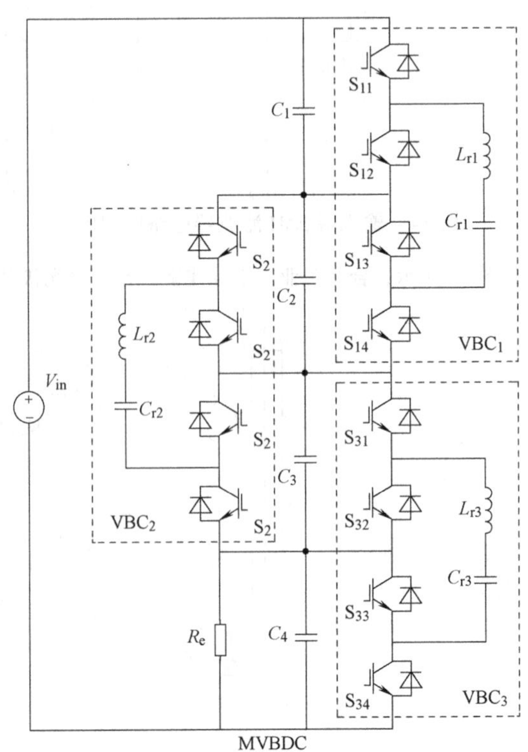

图 17　谐振开关电容 DC-DC 变换器

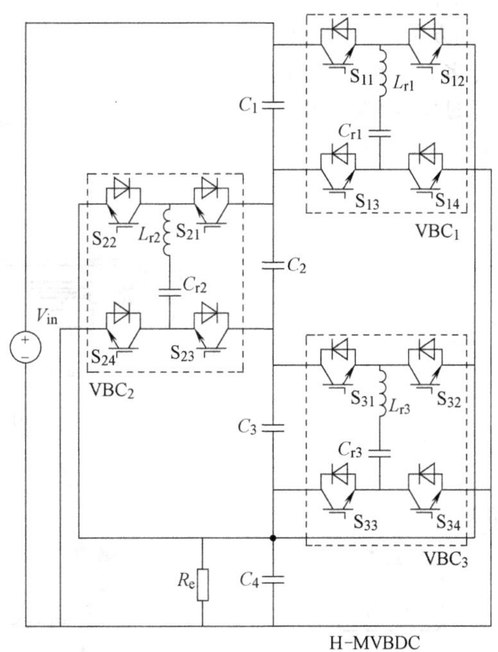

图 18　高效多电平均压 DC-DC 变换器

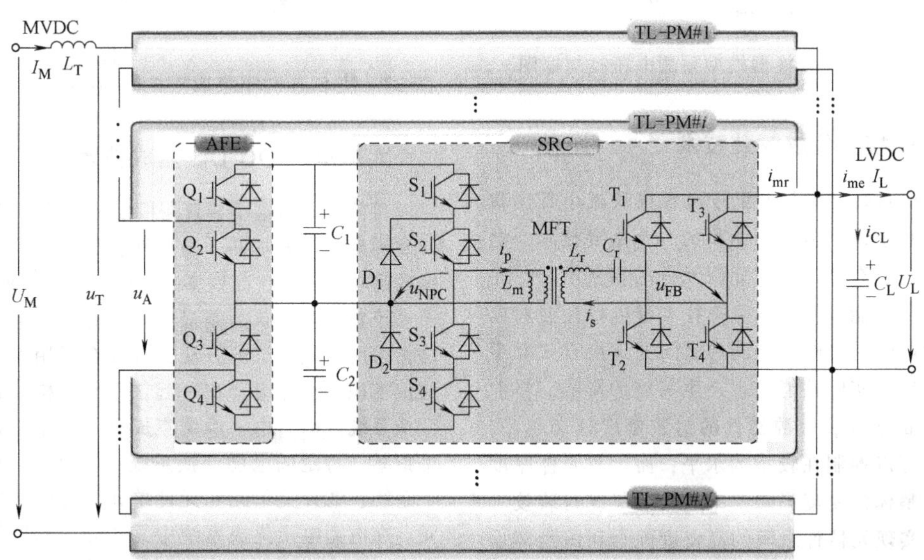

图 19　基于隔离型三电平功率模块的电力电子变压器

南京航空航天大学阮新波教授团队为了降低三电平功率模块的复杂度，提出混合多电平双向 DAB（MH-DAB）拓扑[22]，如图 20 所示，电路一次侧采用四开关的半桥结构，二次侧为两电平半桥结构。该功率模块不需要钳位二极管或者飞跨电容即可实现高压侧的三电平，降低器件电压应力。

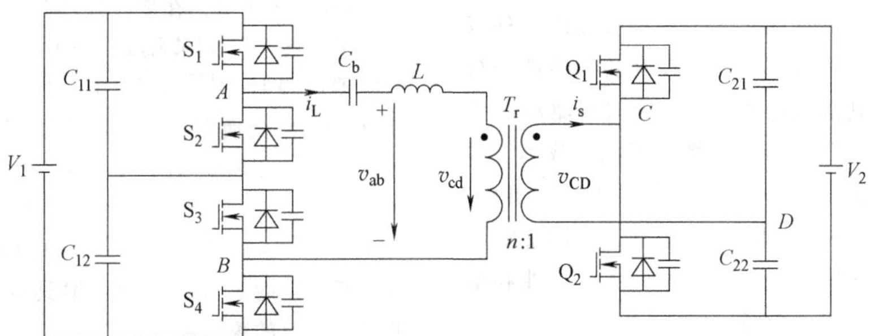

图 20　混合多电平双向 DAB 电路

针对三电平双向直流变换器中点不平衡问题，天津大学何晋伟教授团队提出模型预测电压控制方法[23]，对直流母线电压和输出侧分压电容电压进行多目标优化控制。图 21 所示为系统的控制框图，该方法通过模型预测和目标函数寻优两个步骤完成对变换器的控制，可以将中点电压波动控制在 0.3%以内。

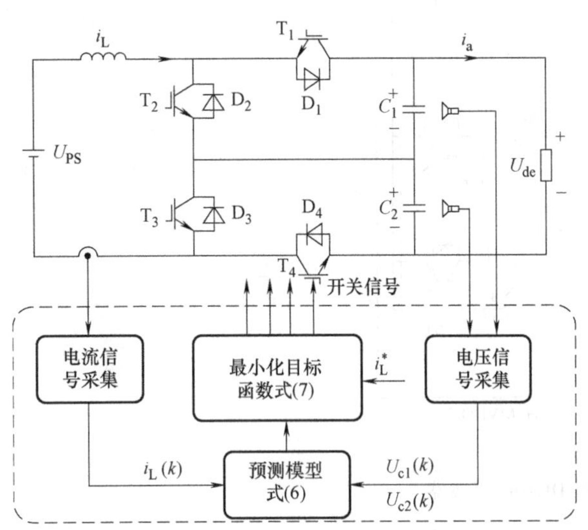

图 21　三电平双向直流变换器模型预测电压控制框图

五、DC-DC 模块集成封装技术

电源模块集成封装技术是有助于电源模块减小寄生参数实现高频化，减小线路损耗和体积的一个重要技术。电源模块本质上是通过有源器件和无源元件的相互配合，完成特定的电能变换功能。除了电路拓扑本身的特性会对电路功能造成较大影响外，电子元器件之间的连接方式和手段也会对电路模块的实际性能表现产生关键的影响。目前随着半导体工艺的进步，有源器件的封装密度越来越高，其厚度、尺寸均可以控制在较小的水平；而无源元件厚度以及体积对电路整体的密度影响越来越大。集成封装技术的作用之一便是实现元器件之间的高密度配合和短距离连接，提升电源模块的空间利用率并同时减小电路连接时线路电感的寄生振荡。另一方面，利用集成封装技术，可以对元器件的散热进行设计，减缓温度上升带来的电阻升高的效应，同时发挥出元器件的更大性能，提高其实际通流能力的上限。

如图 22 所示，西安交通大学的王来利教授提出一种双面陶瓷基板散热的工艺[24]，对 650V 的 GaN 功率器件进行双面散热，有效减小了其散热的热阻，并同时将驱动芯片和解耦电容与 GaN 器件一与集成在陶瓷基板上，减小了驱动回路和功率回路的长度和寄生电感，最终实现了 500kHz-300V_{dc}/150V_{dc} 峰值效率 98%的 buck 变换器，如图 22c 所示。该方案为进一步提升频率、发挥 GaN 的高频特性和增大 GaN 的通流密度提供了设计参考。

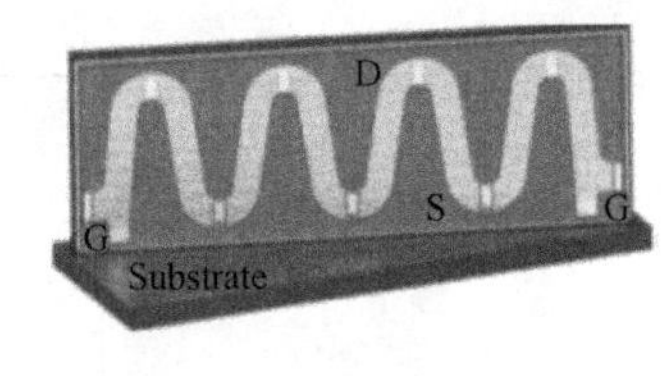

a) GaN裸片

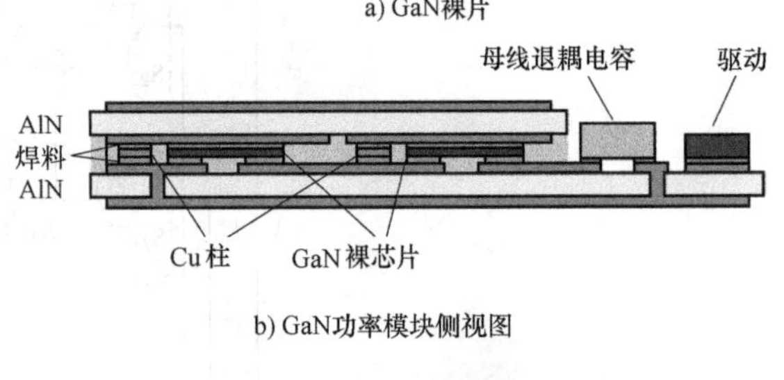

b) GaN功率模块侧视图

c) 整体样机图

图 22　使 GaN 功率集成模块的 300V_{dc}/150V_{dc} buck 变换器

六、单片 DC-DC 集成技术

目前，电力电子装置是根据用户的需求而具体设计的，开发周期长、成本高、通用性较差。为了实现电力电子系统的高功率密度、高效率、高可靠性以及低成本，“电力电子系统集成”被认为是最有效的方法。电力电子系统集成是指采用集成系统的方法，将具有通用性的标准化功能模块像堆积木一样组合在一起，方便地构成各种不同的电能变换系统。电力电子系统集成分为 3 个层次：①系统，它是指某一特定的电能变换系统；②模块，它是构成系统的子系统；③开关单元和元件单元，它们构成模块的基本单元。在电力电子集成系统中，各分立元器件被已集成好的标准化模块，即“集成电力电子模块（Integrated Power Electronics Module，IPEM）”取代。功率器件和驱动、保护、通信等电路集成在一起，构成有源 IPEM；变压器、电感、电容等进行电磁集成，构成无源 IPEM。IPEM 应具有通用性，既能单独使用，又能灵活机动地组合成大系统。

如图 23 所示，在变换器的控制方面，何乐年老师团队提出了斜坡电压调节模式（SAVM）控制方案应用到 buck 变换器的设计中[25]。采用 CSMC 0.5um BCD 工艺实现了 5V-1V buck 变换器。仿真结果表明，所提出的 SAVM 控制方案能够保证 803kHz 的带宽和 52.6°的相位裕度。当负载在 2～3A 之间变化时，负载瞬态为 4μs，电压调整率为 12mV。与 buck 变换器中其他快速的暂态控制方式进行比较。所提出的 SAVM 控制方案具有电路结构简单、足够的带宽和快速的瞬态响应。

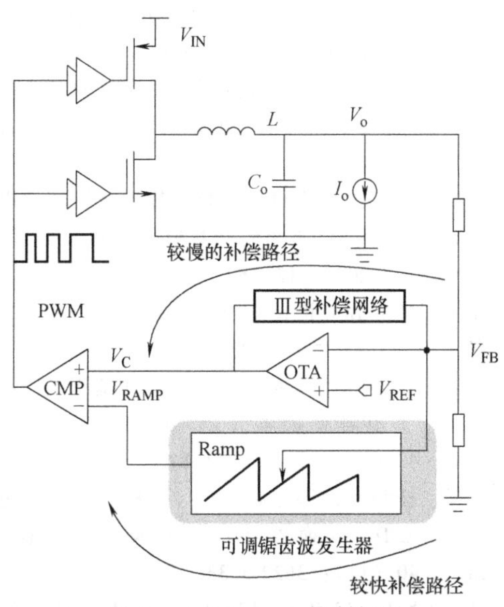

图 23　SAVM-buck 控制框图

如图 24 所示，在单片 DC-DC 集成中，浙江大学屈万园教授团队提出了一种采用反相交流耦合监测电流控制的 boost 变换器[26]。该变换器采用了双晶体管电流检测和比较器，既实现了快速瞬态响应，又实现了严格的闭环调节。由于该方案的简单性，放弃了额外的控制电路，降低了功耗，简化了频率补偿。此外，所提出的高速高增益迟滞可调比较器可在整个负载范围内实现约为 600kHz 的开关频率。在静态电流 50μA 的情况下，负载跃迁在 0~300mA 之间，样机的过冲电压分别为 -42mV 和 38mV，实测负荷和线路调节性能为 5mV/A 和 2.3mV/V。

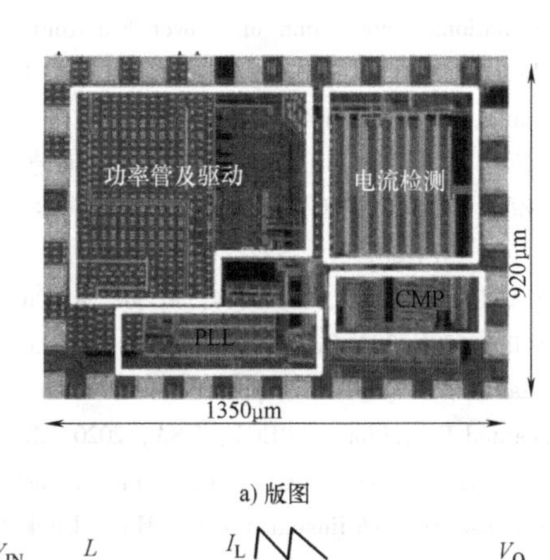

a) 版图

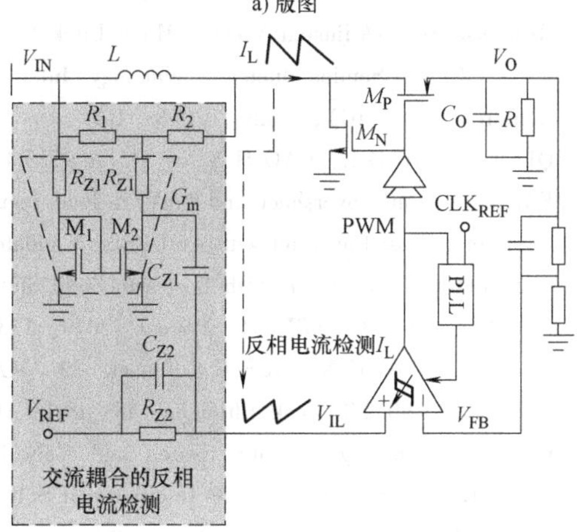

b) 原理图

图 24　反相交流耦合监测电流控制的 boost 变换器芯片

如图 25 所示，同样是多电平思路的进一步发展，浙江大学屈万园教授团队提出了一种采用多电平片上 GaN 开关管混合功率转换的 12 级串联电容 buck 变换器[27]。通过利用低电压片上晶体管的优点，这项工作减少了元件数量，增加了开关提高频率和功率密度。图 24a 展示了所述 12 级串联电容 buck 变换器。该设计有效地将 48V 转 1V 转换器减少为 12 个 4V 转 1V 转换器，每个 4V 转 1V 转换器由于电压低，可以高频硬开关工作，同时低压器件优值系数（FOM）优秀，从理论上效率较高，高侧开关管串联，低侧开关管并联。因此，可以直接采用和集成 5V 片上开关，提高系统集成度。

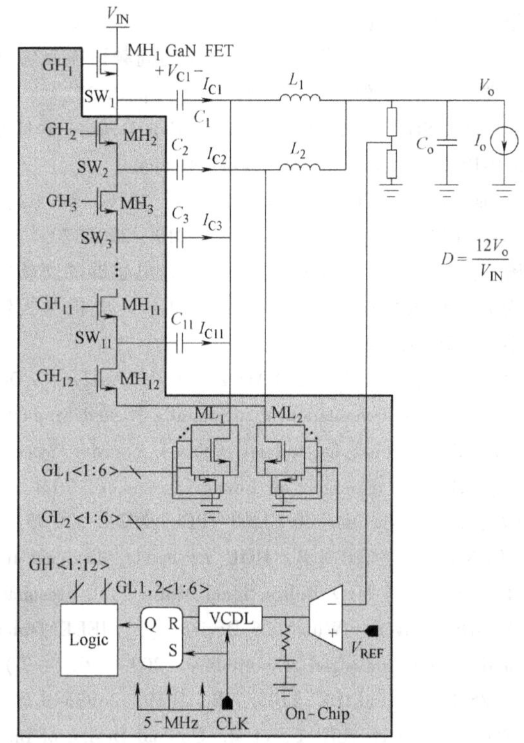

a) 原理图

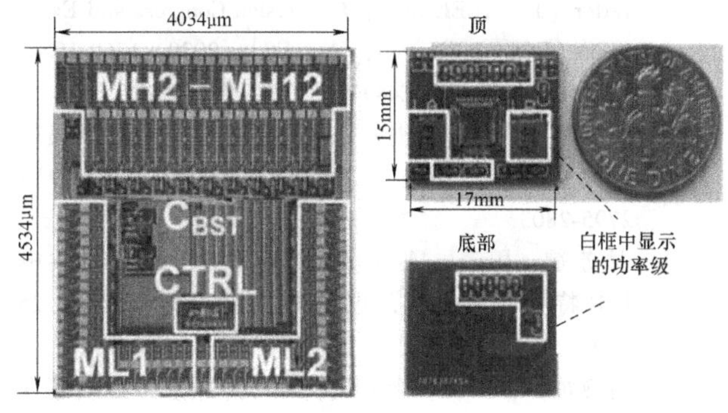

b) 版图和实物

图 25　片上集成的 12 级串联电容 buck 变换器

参考文献

[1] 肖龙，伍梁，李新，等. 高频 LLC 变换器平面磁集成矩阵变压器的优化设计 [J]. 电工技术学报，2020，35 (04)：758-766.

[2] 陈果. 应用于高频数字化 LLC 谐振变换器的变模态调制策略 [J]. 电源学报，2020，18 (5)：53-59.

[3] 张乐，吴新科. 基于半桥谐振拓扑的高效高密度兆赫兹 RDCX 变换器研究 [J]. 电源学报，2020，18 (5)：4-10.

[4] 王奎，张亮，王超，等. 基于 GaN 器件的模块化多电平包络跟踪电源 [J]. 电源学报，2020，18 (5)：28-34.

[5] 陈恒，管乐诗，王懿杰，等. 具有软开关特性的串联电容型高频高增益双向 DC-DC 变换器 [J]. 电源学报，2020，18 (5)：11-18.

[6] 顾占彪，许可，唐家承，等. GaN 超高频谐振反激变换器 [J]. 电源学报，2020，18 (5)：19-27.

[7] WU X, SHI H. High Efficiency High Density 1 MHz 380-12 V DCX With Low FoM Devices [J]. IEEE Transactions on Industrial Electronics, 2020, 67 (2): 1648-1656. doi: 10. 1109/TIE. 2019. 2901570.

[8] 杨玉岗，邓申，姚君优. 基于全耦合电感器的交错并联 LLC 谐振变换器均流特性研究 [J]. 电机与控制学报，2020，24 (12)：86-96.

[9] ZHANG Z, ZHENG Z, YAO Z, et al. Analysis, Design, and Implementation of a Spatially Nested Magnetic Integration Method for Inductive Power Transfer Systems [J]. IEEE Transactions on Power Electronics, 2021, 36 (7): 7537-7549. doi: 10. 1109/TPEL. 2020. 3045453.

[10] WANG Y F, CHEN B, HOU Y, et al. Analysis and Design of a 1-MHz Bidirectional Multi-CLLC Resonant DC-DC Converter With GaN Devices [J] IEEE Transactions on Industrial Electronics, 2020, 67 (2): 1425-1434. doi: 10. 1109/TIE. 2019. 2899549.

[11] ZOU J, WU H, LIU Y, et al. Optimal Design of Integrated Planar Inductor for a Hybrid Totem-Pole PFC Converter [J]. IEEE Energy Conversion Congress and Exposition (ECCE). Detroit, MI, USA, 2020: 1560-1564. doi: 10. 1109/ECCE44975. 2020. 9235722.

[12] 柳百毅，陈为. 改进的磁元件圆导线绕组高频损耗模型 [J]. 中国电机工程学报，2019，39 (9)：2795-2803.

[13] 林苏斌，周云，陈为，等. 反激变压器传导共模 EMI 特性分析 [J]. 电机与控制学报，2021，25 (3)：97-103.

[14] 靳艳娇，曾洪涛，李芳义，等. 高频变压器漏感计算方法及优化设计研究 [J]. 电力电子技术，2020，54 (5)：23-27.

[15] 冯则坤，聂彦，王鲜，等. 应用于下一代数据中心高压直流配电系统中的高频软磁铁氧体器件 [J]. 磁性材料及器件，2020，51 (05)：58-64.

[16] 薛开昶，陈强. 飞机直流母线变换器的输入电磁干扰滤波器设计 [J]. 电波科学学报，2020，35 (5)：708-714.

[17] 金陵，苏建徽，赖纪东，等. 基于变压器双电容模型的光伏全桥 LLC 变换器共模干扰建模分析 [J]. 电源学报，2020，18 (6)：50-58.

[18] 韩阅. 半桥 LLC 谐振变换器的共模噪声抑制方法研究 [D]. 浙江大学，2020.

[19] 温飘，杨晓峰，闫成章，等. 一种基于 SiC 器件的谐振开关电容变换器 [J]. 中国电机工程学报，2020，40 (24)：8111-8122+8248.

[20] 王淼，杨晓峰，郑琼林，等. 一种高效率多电平均压型 DC-DC 变换器 [J]. 中国电机工程学报，2020，40 (11)：3622-3633.

[21] ZHAO X D, LI B B, FU Q T, et al. DC Solid State Transformer Based on Three-Level Power Module for Interconnecting MV and LV DC Distribution Systems [J]. IEEE Transactions on Power Electronics, 2021, 36 (2): 1563-1577.

[22] XU J, XU L, WANG X, et al. A Multilevel Hybrid Dual-Active Bridge DC-DC Converter for Energy Storage System in Higher Voltage Applications [C] IEEE 11th International Symposium on Power Electronics for Distributed Generation Systems (PEDG). Dubrovnik, Croatia, 2020: 476-481.

[23] 杨茹楠，何晋伟，王秀瑞. 三电平双向直流变换器的模型预测电压控制研究 [J]. 电源学报，2021，19 (2)：74-80.

[24] WANG K, LI B, ZHU H, et al. A Double-Sided Cooling 650V/30A GaN Power Module with Low Parasitic Inductance [C]. IEEE Applied Power Electronics Conference and Exposition (APEC), USA, 2020: 2772-2776.

[25] YANG X, QU W Y, GU D L, et al. A Fast Transient Response Slope-Adjusted Voltage Mode Buck Converter [C]. China Semiconductor Technology International Conference (CSTIC), China, 2019: 1-3.

[26] QU W Y, GU D L, CAO H X, et al. A 95. 3% Peak Efficiency 38mV overshoot and 5mV/A load regulation Hysteretic Boost Converter with Anti-Phase Emulate Current Control [C]. IEEE 45th European Solid State Circuits Conference (ESSCIRC), Poland, 2019: 133-136.

[27] YANG X, CAO H X, XUE C K, et al. 33. 4 An 8A 998A/inch3 90. 2% Peak Efficiency 48V-to-1V DC-DC Converter Adopting On-Chip Switch and GaN Hybrid Power Conversion [C]. IEEE International Solid-State Circuits Conference (ISSCC), USA, 2021: 466-468.

用户侧能源变革暨储能应用及技术发展路线

广东省古瑞瓦特新能源有限公司

一、摘要

随着全球的能源危机以及环境日益恶化，太阳能光伏发电技术由于其符合可持续发展的战略，被各个国家大力支持和推广使用。太阳能资源作为一种新型能源，具有清洁无污染、持续可再生、分布广泛、同时不受地域限制等先天优势，在世界范围内的分布式发电中得以迅速推广。近几年，全球光伏的安装量在大幅增长，根据2020年统计的数据来看，2020年全球光伏新增装机同比增长13%，虽受新型冠状病毒肺炎疫情影响，仍保持增长势头。其中中国已经连续5年居全球光伏市场份额第一；2020年，中国市场占据了38.7%的市场份额，接着是美国、印度、日本、澳洲、德国、越南、欧洲等其他国家。根据中国光伏行业协会权威测算，“十四五”期间中国每年新增光伏安装量预计在70~90GW。此外，光伏发电成本的大幅降低也是光伏产业高速发展的内在动因；根据彭博新能的数据，光伏发电度电成本过往十年下降了约90%，从十年前的0.362美元下降到2020上半年的3.9美分，约合0.25元，已明显低于脱硫煤发电的度电成本0.35元/度。光伏发电在全球大部分地区已经成为最便宜的能源。但太阳能光伏发电系统具有多元性及受环境变化的随机性，在一天中，输出的能量具有很大的波动性，会带来电网稳定性问题，如何更智能地利用光伏也成为一个亟需解决的问题。随着当前电气化发展，用户侧负载的多样化，能源管理方向也需要趋向于智能化和可用性。“光伏+储能”可很好地缓解光伏能量波动的问题，同时也会允许多种负载接入，达到智能和可用的要求，已成为行业热点和能源改革方向。2011-2020年全球光伏市场新增装机情况如图1所示。

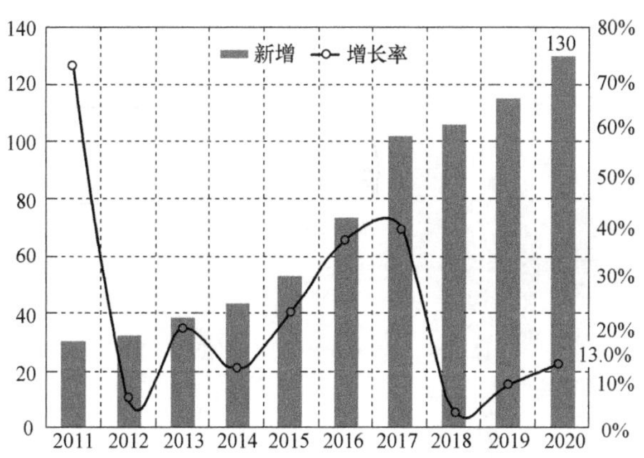

图1　2011-2020年全球光伏市场新增装机情况（MW）

二、多能即插即用的智能光伏系统

储能是智能电网、分布式发电、能源互联网的重要组成部分以及关键支撑技术，提升了传统电力系统灵活性、经济性和安全性。全球户用储能安装情况如图2所示。用户侧的光伏能源储能有以下几个系统方案：

1）方案一，单纯售电模式，这个是最早光伏能源的应用模式，也是近几年中国光伏能源大力发展的现状；但是随着光伏的大量接入，电网会受到光伏输出不稳定性造成的冲击。光伏并网逆变器如图3所示。

2）方案二，配合简单的防逆流，参与电力系统潮流管理；通过电表或者CT可以监控电网侧的顺逆流功率，根据需要控制逆变器输出功率，但是会造成光伏能量的浪费。并网逆变器+防逆流系统如图4所示。

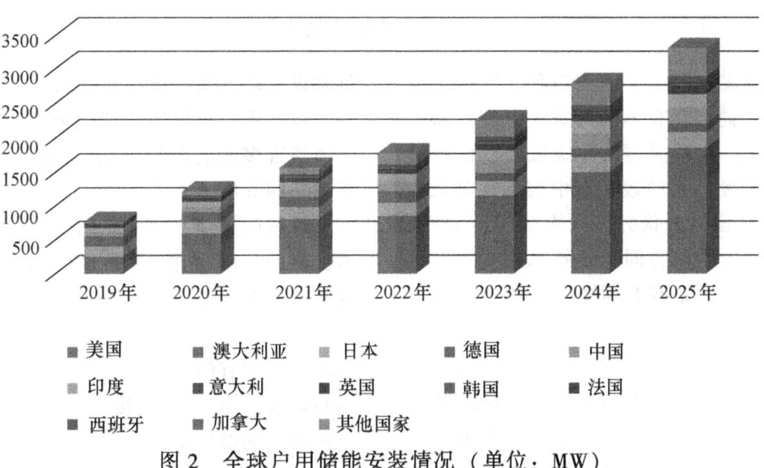

图2　全球户用储能安装情况（单位：MW）

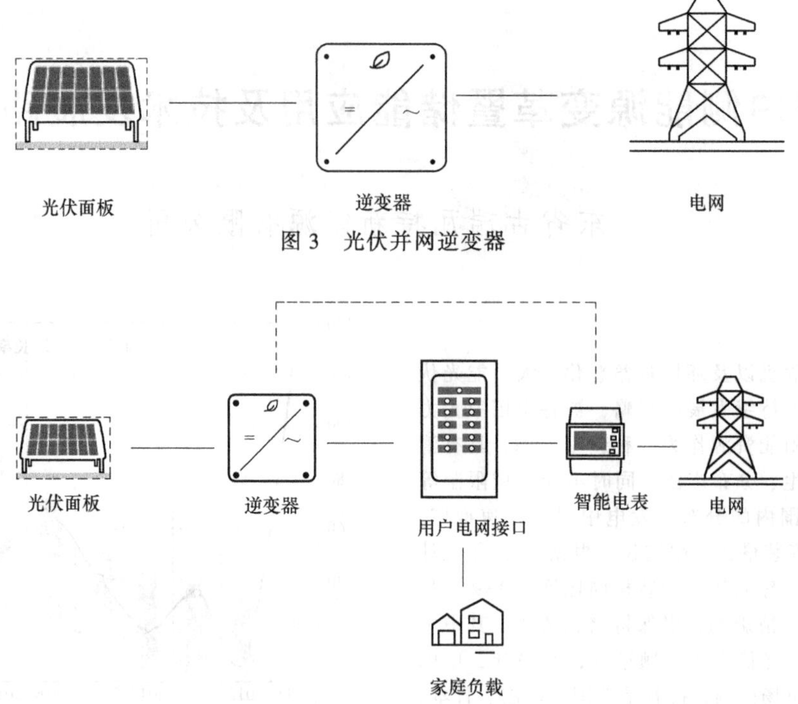

图 3 光伏并网逆变器

图 4 并网逆变器+防逆流系统

3）方案三，搭配储能，进入储能时代，具备电池和光伏能量的管理；多余的光伏能量可以存储到电池，同时可以参与电网侧的能量潮流管理；在电网异常时，依然可以给用户的关键负载提供供电；但是储能逆变器的应用需要对原来客户的并网逆变器系统产生很多改动，同时离网功能也需要对用户配电进行改变；欠缺电气化匹配，客户端不同的负载或者源的兼容性较差。光伏储能系统如图 5 所示。

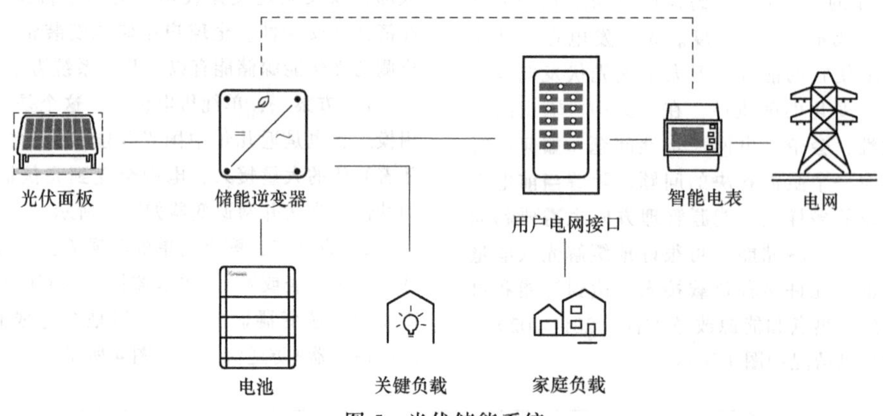

图 5 光伏储能系统

当前用户侧能源的方案主要是上面的三种，根据各国或区域对于光伏政策的不同，会有不同的解决方案；欧美光伏能源发展较好的区域，光伏并网发电无收益，已经进入了光伏储能以及光伏自发自用阶段；而中南美、亚太等区域依旧是在光伏上升阶段，光伏并网发电依旧有收益，还会应用方案一和方案二；当前各同行的技术路线暂时都是覆盖了方案一到方案三，但是都是需要不同的产品对应不同的方案。

针对以上几个方案以及市场遇到的问题，我们提出一种多能即插即用的智能光伏系统，在原有光伏并网逆变器系统基础上，通过预留多能接入的端口，让用户侧从原有的光伏逆变器快速实现储能逆变器功能；加入家庭中多种负载设备以及发电设备的接入，组成一个多能转换系统。

以如下户用智能光伏储能系统为例，重点说明该系统如何实现多能的即插即用。Growatt XH 系列智能光伏储能系统如图 6 所示。

该智能光储系统是一个三端口输入/输出的储能逆变器，AC 侧可以直接接入电网运行，也可以搭配 AC 接口实现并网和离网工作，同时 AC 接口具备多能接入，可以接入发电机、电网、电动车以及其他 AC 源和负载，其他 AC 源不仅限于现有的纯光伏并网逆变器，实现交流侧的多能管理和调度。DC 侧可以接入光伏面板和锂电池等，以及其他允许接入的储能单元。

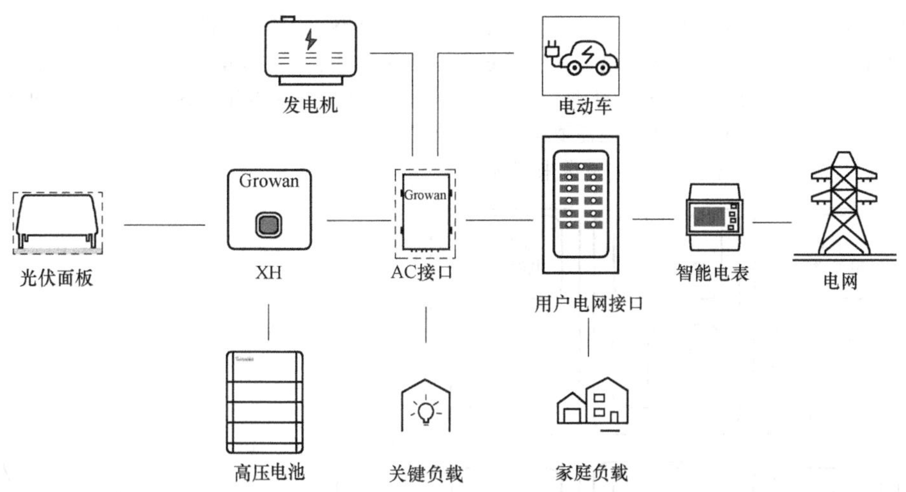

图 6　Growatt XH 系列智能光伏储能系统

在 AC 侧除了实现常规逆变器的无功和有功功率控制，还具备自发自用功能，可以根据用户侧的负载情况、EV 充电需求等，调整逆变器的无功和有功输出，以实现光伏和电池能量的最高效利用；同时可以根据当前的电价，实现家庭能源在高收益状态下运行。根据 AC 接口的位置，可以实现两种离网模式：关键负载后备和全家负载后备，在不同的区域，客户可以根据实际需求选择不同的离网运行模式；通过多能接入以及监控，更大地促进系统能源的自发自用。

在 DC 侧，接入方式在原有的光伏并网逆变器上多加入了一个快捷的高压电池接口，实现 Battery Ready 功能，丰富了系统的 DC 侧能源接入；高压电池和光伏选择性接入，可以实现并网逆变器、直流耦合储能、交流耦合储能等三种工作模式。随着储能的兴起，电池的各类应用、安全、对外界要求等问题也有更多的挑战，针对这些，该系统最大的特点除了具备电池即插即用，还可以实现多种储能介质的接入，根据当前电池的发展现状，加入许多新的应用方案。

三、储能锂电池

电化学储能技术路线众多，如铅酸电池、锂离子电池、液流电池、钠基电池等。在各种电化学储能电池中，锂离子电池具有能量密度、功率密度高，环境适应能力强，支持高倍率充放电，循环寿命长等优越性能，得到了储能领域的广泛应用。

目前来说，储能锂电池比较主流的就是三元电池和磷酸铁锂。一些海外龙头企业比如 LG、松下、三星都是以三元为主，而国内的企业大多以磷酸铁锂为主。国内选择了磷酸铁锂，很大程度上是因为磷酸铁锂的价格相对来说要便宜很多，初始投资低。海外在有比较明确市场竞争的情况下，很多厂商会选择三元，因为它效率高、能量密度大、一致性好。储能锂电池海外的用户侧严格意义上分为两种，一种是户用：海外像澳洲、欧洲居民用电很贵，但是光伏在并网的时候，电价就很便宜；另一种是工商业：主要是北美居多。

户用储能电池的应用特点首先是高安全和长循环，海外大部分户用客户都将储能电池系统居家或户外安装，根据投资回报比，电池使用寿命需要十年才能满足，因此储能电池需要选择高循环（循环次数 6000 次以上）、一致性好的电芯。其次是方便安装及扩容，海外安装人工费高，户用客户需求容量覆盖范围宽（1～16kWh），因此适合推出模块化电池，可实现单人搬运，通过并联或串联实现容量扩容。再则需要方便维护，户用客户比较分散，上站人员专业度良莠不齐，现场安装时可以一键检测，确保一次安装成功。日常运维可以通过服务器实时监控电池运行状态，有故障可以远程升级维护。

目前，国内外户用储能电池技术路线有如下几种方案。方案一是以通信备电低压 48V 锂电池为基础，匹配低压两级升压隔离型储能机，电池通过直接并联扩容容量和功率，还可以通过先并联成电池单簇，电池簇再并联方式进一步扩容电池容量和功率，此方案以国内派能的 US2000 系列，BYD 的 Battery Box LV 系列，国外 LG 的 RESU 48V 系列电池为代表。方案二是以低压 48V 锂电池为基础，匹配高压单级升压不隔离型储能机，电池通过直接串联扩容电池容量和功率，由于电压限制，电池串联扩容只能到一定数量，还可以通过先串联成电池单簇，电池簇再并联方式进一步扩容电池容量和功率，此方案以国内派能的 H48050 系列，BYD 的 Battery Box HV 系列为代表。方案三是低压电池模组和电力电子拓扑相结合，组合成一个高压电池包，匹配 Battery Ready 型储能机，电池正负直接接到储能机的 BUS 端，不需要额外升压，此方案以国内华为的 LUNA2000 系列，LG 的 RESU 400V 系列为代表。

方案一是低压 48V 电池可以单簇内电池直接并联扩容，也可以多簇间电池再并联实现更大容量扩容。存在以下特点，其一，扩容接入瞬间，待并联电池之间容量差需确保在一定范围内，才能扩容并联成功，否则会有并联瞬间电流过大损伤电芯或触发电池保护，如果差异较大，需要专业人员预先处理荷电状态（State of charge，SOC）再并联。

其二，新旧电池并联混用会存在新旧电池间有环流，新电池能量加快老化的情况。其三，使用低压电池，电芯串数较少，电池并联后自动均流，但存在电池侧电流大、系统效率低的情况。其四，由于不同家电芯的特性曲线差异，同一家不同批次电芯参数差异，低压电池并联需要确保同一厂商、尽量同一批次并联，这不仅给现场应用带来困扰，也无法实现电芯的供货稳定。其五，电池并联后输出电压恒定为48V，且储能机通常选取隔离DC-DC两级拓扑，电池外部短路或充放电过电流可以实现微秒级别快速切断。其六，48V属于低压系统，电池配电开关方便选型，绝缘阻抗要求低。低压48V电池并联并簇示意图如图7所示。

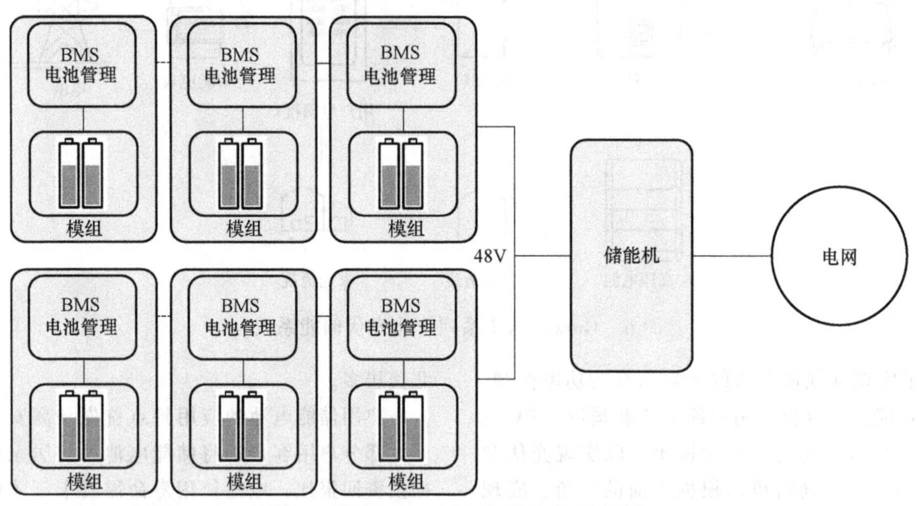

图7 低压48V电池并联并簇示意图

方案二是低压48V电池可以单簇内电池直接串联扩容，也可以多簇串联电池再并联实现更大容量扩容。存在以下特点，其一，扩容接入瞬间，待串联电池之间容量差需确保在一定范围内，才能扩容串联成功，否则会存在安装后电池容量不能充分利用，需要长时间均衡才能恢复，如果差异较大，需要专业人员预先处理SOC再串联。其二，新旧电池不能串联混用，串联电芯数量越多，电芯木桶效应影响越明显，新旧或电芯差异容易造成串联容量失配。其三，使用高压电池，电芯串数较多，电池侧电流小，但是随着电池串联节数、不同容量扩容、电池电压范围宽的情况，系统效率难以选在最优区域。其四，由于不同家电芯的特性曲线差异，同一家不同批次电芯参数差异，低压电池串联需要确保同一厂商、同一批次串联，这不仅给现场应用带来困扰，也无法实现电芯供应链的供货稳定。其五，电池串联后输出电压高，BCU电池控制器需选取高压开关器件，且储能机通常选取不隔离DC-DC拓扑，电池外部短路或充放电过电流难以实现微秒级别快速切断。其六，属于高压系统，电池配电开关难以选型，绝缘阻抗要求高。低压48V电池串联并簇示意图如图8所示。

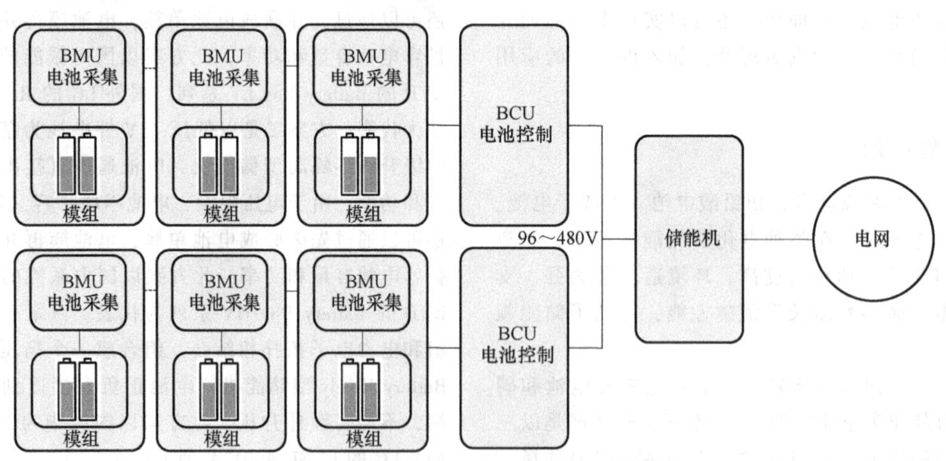

图8 低压48V电池串联并簇示意图

方案一和方案二普遍存在的技术难点如下：

1）新旧电池混用：新旧电池容量不一致，直接混用因电芯内阻差异会导致串并联容量失配。

2）循环寿命：受限于单体电芯、电芯一致性、均衡策略，BMS控制策略，电池工作温度多个因素。

3）低温充电：目前磷酸铁锂电池只能实现0℃以上充电，0℃以下小倍率充电，使用受限。

4）现场运维：电池容量差异大，现场运维需要对电池做SOC匹配才能串并联，需专业背景人员维护，成本高、效率低。

5）电芯替代：电池直接串并联方案需要用同一厂商、同一批次电芯，无法做到兼容。

6）循环效率：系统循环效率受限于电芯一致性、BMS控制策略、储能机效率、系统配线阻抗等。

7）系统安全：电池内外部短路或过电流直接串联难以实现微秒级别保护。

8）电池匹配，各家通信协议不一致，电芯的特性不一致，电池和储能机间的兼容匹配通用性不强。

鉴于上述储能电池的技术难点，提出如下方案三，考虑将电池模组和电力电子拓扑相结合，做成分布式锂电池模组串并联扩容的方式，根据电芯的实际情况做到储能电池系统最优化使用。储能电池系统图如图9所示。

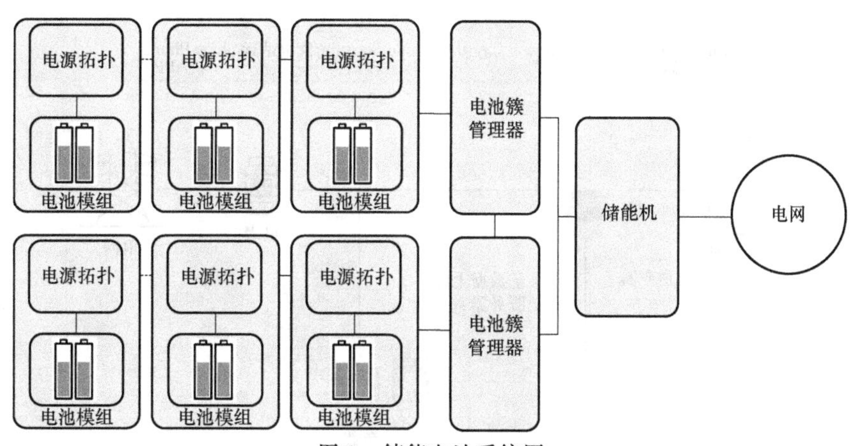

图9 储能电池系统图

方案三存在以下特点，其一，扩容接入，不同电池模组一致性无差异要求，可以直接组合扩容使用，方便现场安装与运维。其二，新旧电池可以混用，新旧或电芯差异可以通过电源拓扑优化实现最佳匹配。其三，可以实现电池侧电流小，不同容量扩容，电池电压一定范围的情况，系统循环效率选在最优区域。其四，不同家电芯的特性曲线差异，同一家不同批次电芯参数差异，不需要确保同一厂商、同一批次串联，现场应用方便，也可实现电芯的供货稳定。其五，电池可选取隔离DC-DC拓扑升压，电池外部短路或充放电过电流实现微秒级别快速切断。电芯电压不用电压采集芯片（AFE）采样而是直接采样，实现电芯级别的快速保护。其六，DC-DC采用隔离拓扑，可规避绝缘及漏电流等引起的安全问题。

未来国内储能电池的发展趋势如下：

1）电池更安全：电芯更安全、BMS更可靠、保护更快速。

2）电池更长寿：电芯更长寿，电池包BMS及热管理更精细。

3）电池更智能：通过大数据和人工智能技术，可精准预测电池状态，实现电池最佳运行及保护策略。

4）运维更方便：可智能检测远程定位故障，可远程升级维护。

5）电池高倍率：实现可用温度范围内快速充放电，满足调频调度需求。

6）适应性更强：良好的热管理，适用室外和高温（环境40℃以上）及低温（环境0℃以下）下运行。

7）循环效率高：整个储能系统含电池、储能机、配电循环效率高，对能量利用最优化。

8）兼容更方便：相对统一的标准、相对统一的通信协议，方便储能机和电池的互相兼容匹配。

9）供应更安全：目前电芯、控制MCU、电压采集芯片（AFE）相互替代困难，需逐步标准化。

四、储能系统管理

海外户用储能系统集成光伏面板、储能机、锂电池、电动车智能充电桩、地暖、智能设备等家庭负载为一体。智慧家庭能源管理云平台，通过大数据和人工智能技术，可精准预测光伏储能系统发电和家庭能耗习惯，确定最佳能源策略，节能减排，最大化利用光伏能量；同时集成物联网技术，让客户享受最为舒适和智能的生活方式。海外户用家庭应用场景图如图10所示。

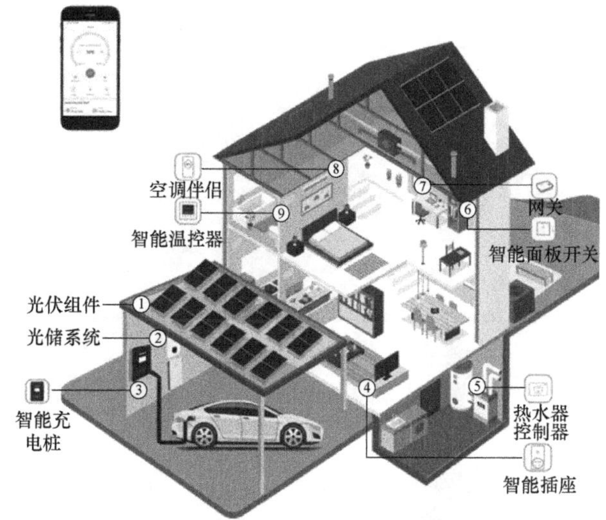

图10 海外户用家庭应用场景图

GROWATT户用储能系统可以通过服务器或手机APP监控智能设置充放电功率及工作时间段，全程监控各种运行数据，实现远程升级及运维。

虚拟电厂（VPP）的提出是为了整合各种分布式能源，

包括分布式电源、可控负荷和储能装置等。其基本概念是通过分布式电力管理系统将电网中分布式电源、可控负荷和储能装置聚合成一个虚拟的可控集合体。参与电网的运行和调度，协调智能电网与分布式电源间的矛盾，充分挖掘分布式能源为电网和用户所带来的价值和效益。虚拟发电厂可以看作是一种先进的区域性电能集中管理模式，为配电网和输电网提供管理和辅助服务。VPP 项目产品系统示意图如图 11 所示。

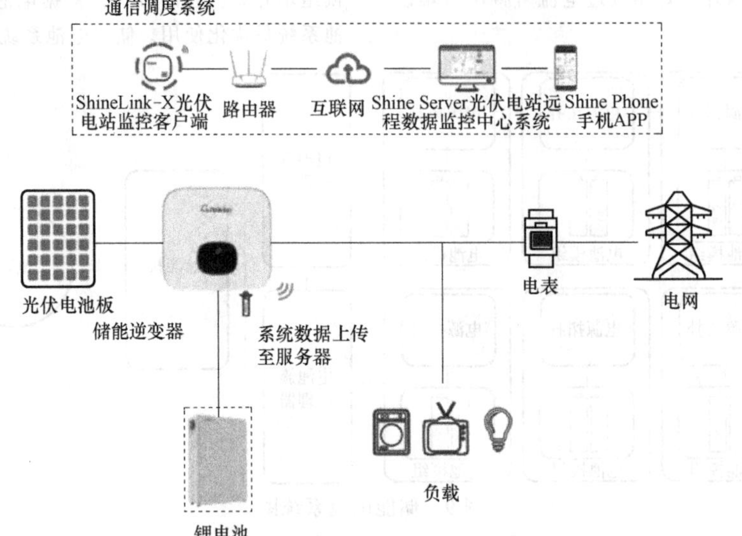

图 11　VPP 项目产品系统示意图

户用储能系统通过统一的远程云端调度，形成一个虚拟的大型电站，户用储能系统对接 VPP 方式有两种：一种是 VPP 平台通过对接储能机监控后台的 API 接口实现对储能机的查询和调度，主要是 VPP 平台通过软件层面对接监控后台，通过 API 接口函数获取和配置储能机参数，达到远程调度储能系统的目的。另外一种是储能机提供直接的通信接口，供 VPP 平台查询和调度，储能系统根据调度指令进行充放电。

五、总结及展望

基于现有光伏发展的大好趋势，各个区域都出台了众多利于光伏储能发展的政策，再结合多能即插即用的智能光伏储能系统，可以极大地丰富系统工作模式，满足用户侧能源使用，加快从旧能源到新能源的改革。

浅谈新能源电动汽车充电桩发展趋势

深圳英飞源技术有限公司　鲁力

2020年是电动汽车应用较为关键的一年，这一年全球新能源汽车销量首次突破310万辆，欧洲更是以136万辆的销量超过中国夺得2020年全球新能源汽车销售冠军；这一年特斯拉（Tesla）市值超丰田成为全球第一，蔚来起死回生，市值超比亚迪成为中国第一；这一年Tesla、比亚迪、蔚来、小鹏等电动汽车品牌越来越为普通大众所接受，摆脱政策补贴的阴影，成为购车时的最佳选择；这一年众多车企都推出了1000km续航，超快充电的车型，电动汽车不再有里程焦虑。

回顾电动汽车技术飞速发展的这几年，电动汽车从性能低下到和燃油车势均力敌，发展速度已经超出了原先的预期，未来10年将是电动汽车加速替代燃油汽车的10年，而2021年则是电动汽车批量应用的元年。电动汽车的普及应用离不开充电桩的配套，本文则是抛砖引玉，探讨未来充电桩的发展趋势。图1所示为2020年全球电动汽车销量。

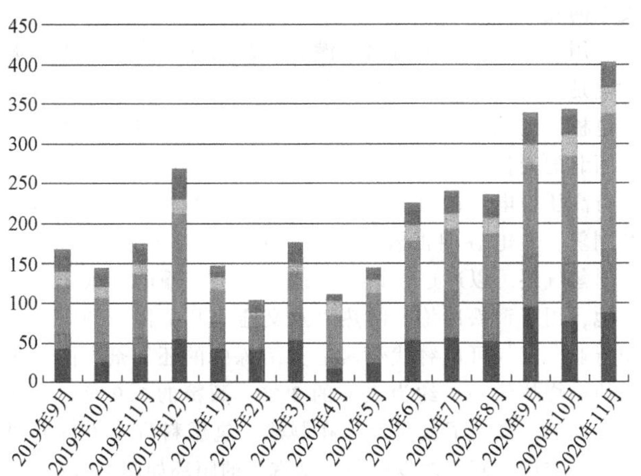

图1　2020年全球电动汽车销量

一、电动汽车的普及为历史之必然

电动汽车替代燃油车已是不可逆转之趋势，首先，从国家战略层面来看，电动汽车替代燃油车可以解决我国石油对外依存度过高的问题，同时可以解决我国汽车产业技术长期落后的问题，实现弯道超车；其次，电动汽车性能相对于燃油汽车有碾压性优势，30万的Tesla Model 3百公里加速度3.3s，可以媲美300万的法拉利；再次，从成本上考虑，由于不需要复杂的机械传动，电动汽车的结构比传统燃油车简单得多，Tesla上海工厂引入的6000t的压铸机，可以将传统车架中的需要加工再组装70个零件，焊接1000~1500次的复杂生产过程，变成一次简单压铸加工，让焊接2h变成压铸2min，并节省20%的成本。待到电池技术成熟，电动汽车的成本将低于燃油车；另外由于电动汽车没有空滤、汽油滤、机油滤等传统保养项目，仅需对电池定期检测，维护成本也低于燃油车。Tesla 6000t压铸机如图2所示。

图2　Tesla 6000t压铸机

当前阻碍电动汽车普及的关键在于电池与充电，电池成本占到了整车40%左右。Tesla在2020年的电池会议上宣称采用无极耳结构优化后的4680电池后，续航里程将增加54%，成本将下降56%；中国工程院院士陈立泉表示液态锂电池能量密度300Wh/kg是极限，全固态锂电是趋势，能量密度可达500Wh/kg，10年后可批量应用。一旦电池的问题解决了，剩下的便是解决大功率充电设施配套的问题。

二、电动汽车充电困境

随着电池技术的日益成熟，电动汽车充电速度越来越快，充电桩作为基础设施在技术参数上需超前于现有车辆。早期充电桩功率多为60kW，10min可增加续航66km；当前主流充电桩功率为120kW，10min可增加续航123km，但实际上电动车辆多数达不到这个充电功率。2021年新的ChaoJi标准即将发布，预计截至2025年市面上将停止投放老的GBT充电桩，届时主流充电桩的功率将为240kW/350kW（单枪），满足10min增加266km或是389km的续航，达到油车加油般的体验。ChaoJi充电标准时间节点如图3所示。

大功率ChaoJi充电桩在技术上进展迅速，240kW的ChaoJi充电桩已经在车厂及设备厂反复测试，Tesla批量部署的V3桩给Model3充电也可以单枪240kW输出，而Porsche Taycan 800V的平台所配套的350kW超充桩也已经大规模批量应用。

新能源汽车产业发展规划（2021—2035年）如下：

1）到2025年，纯电动乘用车新车平均电耗降至12.0kWh/百公里，新能源汽车新车销售量达到汽车新车销

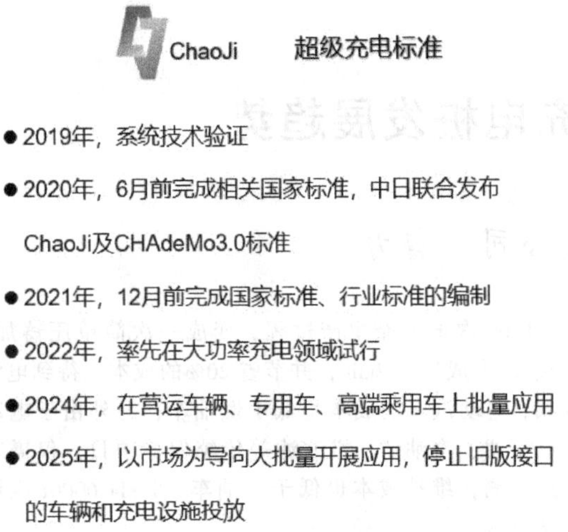

ChaoJi　超级充电标准

- 2019年，系统技术验证
- 2020年，6月前完成相关国家标准，中日联合发布ChaoJi及CHAdeMo3.0标准
- 2021年，12月前完成国家标准、行业标准的编制
- 2022年，率先在大功率充电领域试行
- 2024年，在营运车辆、专用车、高端乘用车上批量应用
- 2025年，以市场为导向大批量开展应用，停止旧版接口的车辆和充电设施投放

图 3　ChaoJi 充电标准时间节点

售总量的 20%左右。

2）到 2030 年，新能源汽车新车销售量将达到新车销售总量的 50%。

3）到 2035 年，新能源汽车保有量将超过 1 亿辆。

大功率 ChaoJi 充电的瓶颈在于快充桩批量部署给电网系统带来的压力，如果未来深圳市 800 个加油站全部替换成充电站，则单个站点 20 个 350kW 快充桩需要 8000kVA 配电，全深圳需要 640MW 容量专为车辆充电，这相当于岭澳-大亚湾核电站的全部装机容量，另外还有输配电系统改造以及带来的峰谷问题。

当前我国乘用车保有量约为 3 亿辆，如果 15 年后其中一半车辆换成电动车，且电池容量为 150kWh（1000km 续航），则车载动力电池储能可达 200 亿 kWh 以上，相当于我国每天消费的总电量；如果其中 10%的电动车即 1500 万辆车以 150kW 的功率充电，那么充电功率达到 22 亿 kW，与全国电网总装机容量相当；但如果按电能消耗来算，平均每辆车年行驶两万公里，1.5 亿辆车每天消费电量大约是 12 亿 kWh，占日电能总消费量的 6%，对电网的冲击并没有预想中的那么大。

电动汽车充电的特点在于充电功率大，但总耗电量不大，充电波动大，但储能潜力大，如果换个思路，用电动汽车的储能潜力来平抑充电及电网的波动或许是两全其美的事。故电动汽车充电的终极解决方案需从国家的整体能源战略来考虑。

三、新能源应用困境

充电系统的发展必须从国家能源战略的角度来考虑：2030 年碳达峰，2060 年碳中和。

减碳的关键在于能源低碳化，即用新能源代替传统的化石能源。目前我们中国的能源情况是富煤缺油少气，煤、石油、天然气加起来占整个能源的 85%。我国 2018 年自产的原油是 1.9 亿吨，国外进口的原油是 4.6 亿吨，对外依存度已经是 71%，这 4.6 亿吨的原油还不够近 3 亿辆燃油车的消耗，所以一定要实现交通工具的电动化，这是从国家能源安全的角度来考虑。我国的能源结构如图 4 所示。

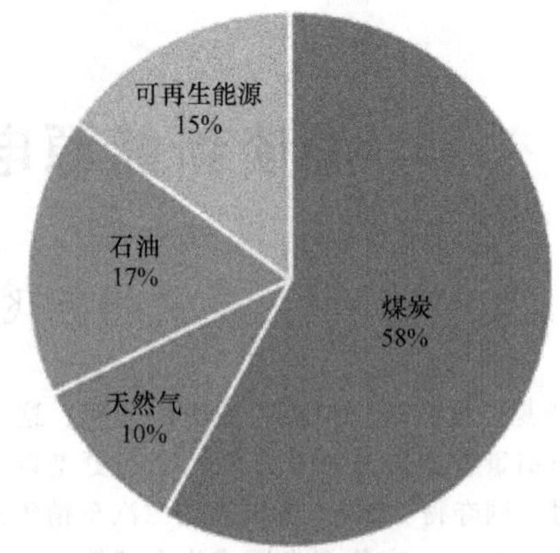

图 4　我国的能源结构

电动化就得发电，我国的电力供应一半以上是煤电，煤电污染大，如果电力获取方式不改变，那么电动汽车每行驶 1km 带来的碳排放与内燃机碳排放是一致的，所以必须用新能源发电来替代传统的煤电。

新能源发电主要是指光伏和风能，水电也是无污染能源。光电、风电具有波动性大、间歇性强的先天缺陷，这给电网稳定运行带来了极大的风险，导致风电、光电上网难、输送难，上不了网的电就得丢弃掉，我国每年弃电量都超过了三峡电站的装机量。水电也有季节性波动，为了保障旱季稳定的能源供应，我国西南部每建一座水电站都会配套建一座煤电站。以上问题都大大限制了可再生能源发电的发展。

用电动汽车巨大的储能潜力来消纳和平衡可再生能源发电是个不错的选择。对于分散的分布式新能源电可以用充电桩及电动汽车分布式存储或消耗，但是对于偏远地区像西北的光伏发电还得考虑长途输送的问题，有两个方法，即特高压输电和制氢。发电高峰期电能不能全部输送就电解制氢，发电谷期再氢能发电，实现发电侧的削峰填谷。同时氢气还可以通过管道输送或是车辆运输的方式运送至外地，用于钢铁冶炼、制热以及交通这几个传统的煤炭应用行业，氢气可以替代煤炭作为冶炼中的还原剂，同时氢气的燃烧热值高，约为汽油的 3 倍，酒精的 3.9 倍，焦炭的 4.5 倍，烧完了就是水，在制热、氢燃料汽车方面都可以广泛应用。新能源发电与电动汽车的闭环如图 5 所示。

这样我们可以看到未来能源低碳化的趋势：新能源发电代替煤电，发的电又可以驱动电动汽车来替代燃油汽车，同时多余的电制氢用于其他高耗能行业替代煤炭，从而破解新能源应用的困境，实现新能源替代传统化石能源的闭环应用。

所以充电系统的发展趋势与国家的能源战略对其自身及电动汽车的定位是一致的，大功率充电实现燃油车辆的电动化，大容量储能加速发电的低碳化。

四、充电桩的定位

中国科学院院士欧阳明高给新能源汽车的定义是：新能源汽车是交通工具、储能装置和智能终端三位一体的产品。国务院办公厅发布的《新能源汽车产业发展规划

(2021-2035年)》也提出，促进新能源汽车与可再生能源高效协同，统筹新能源汽车能源利用与风力发电、光伏发电协同调度，提升可再生能源应用比例。可见无论是从技术层面还是从国家能源战略顶层设计层面，电动汽车都有两个重要的属性：高性能无污染交通工具、新能源发电的消纳和储能设备。由此我们可以推导出充电桩的两个重要属性：电动汽车快速充电设备、电动汽车与电网能量交互的能源路由器。

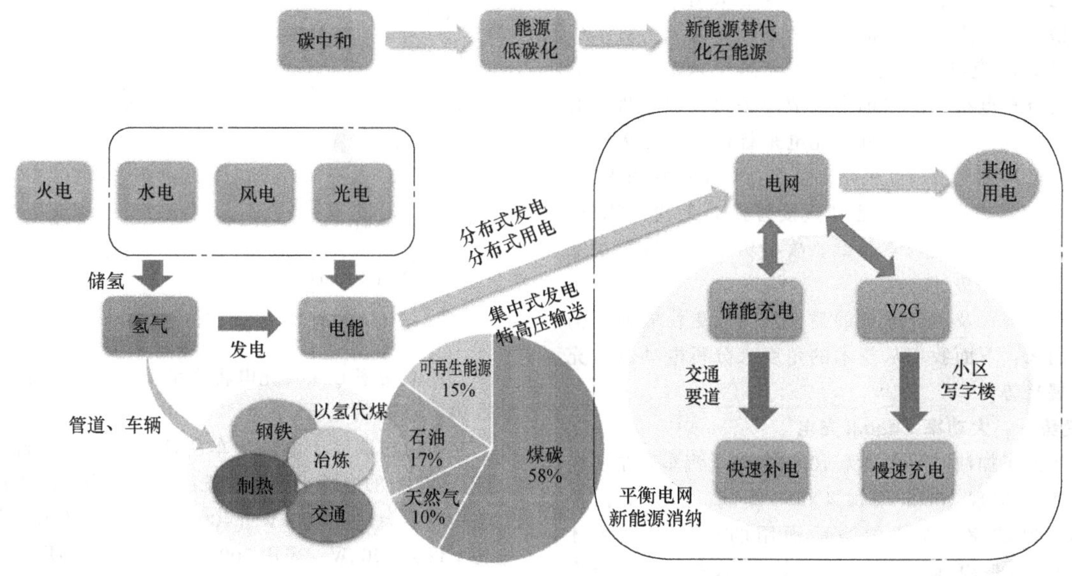

图5　新能源发电与电动汽车的闭环

我们不妨先假想一下10年后的电动汽车使用场景：此时北上广深等一线城市电动汽车保有量超50%，电网系统不再以传统方式给车辆充电，而会强制车辆V2G有序充放电。电动车主会养成平时V2G充放电，应急ChaoJi充电的习惯；届时小区、办公楼、商场会满配V2G充电桩，一旦停车便会插上充电枪，将车辆动力电池挂在电网上，系统会根据电网及车辆情况进行V2G有序充放电；高速公路、城市交通要道则会配置ChaoJi充电站，实现240kW/350kW的超级快充，10min补电380km。

至此我们可以看到电动汽车充电桩今后的两个重要发展方向：大功率ChaoJi充电，实现加油般的充电体验；能源互联网节点，实现V2G/V2X。

五、充电桩发展回顾及趋势

充电桩发展回顾

回望充电桩的发展历程，与电动汽车的发展一直休戚相关。2006年比亚迪在深圳总部建成的电动汽车充电站被认为是业界最早的充电站，此后一直是几家有着核心资源的企业在开展相关业务，并且由于国内外电动汽车充电都是处于起步阶段，业界还在为究竟是充电为主还是换电为主喋喋不休。直到2014年迎来了风口，这一年新能源汽车销量大增324.79%，国家电网确定了“快充为主、兼顾慢充、引导换电”的原则，并且引入社会资本参与电动汽车充换电站设施建设，国家也出台了大量的激励政策。单纯由政策激励导致的行业热点必然不会长久，此后充电桩行业经历了起起伏伏、大浪淘沙、不断沉积最终形成了当前比较健康稳定的行业结构。而近来电动汽车产业的暴发以及充电桩被纳入新基建无疑是充电桩产业再次腾飞的风口，新能源汽车及充电行业的发展速度必将超出原先的预期。

从充电桩产业结构来看，经过多年的积淀，基本上形成了核心充电模块、充电系统集成以及充电运营三个层面。

整流模块是充电桩的核心部件（暂不讨论交流桩），决定了充电桩的成本、可靠性及寿命。整流模块的研发涉及电力电子电能变换拓扑、自动控制理论、大功率半导体器件的应用、电磁兼容及可靠性设计等基础知识，对研发团队的理论基础、实际经验及研发设备都有较高的要求，故模块提供商均为研发性企业，企业需不断地维护产品运行及升级，跟踪业界新的拓扑理论和新器件的应用来提高产品竞争力，模块的生产则采用工厂外加工的方式。由于模块的研发技术要求较高，专业人才数量有限，故该类企业数量极为有限，且多位于深圳。

充电系统集成企业除了几大新能源设备生产企业外，众多的电气设备制造类工厂也加入了充电桩生产及贴牌的大军，这就导致了产品的质量参差不齐，当然价格也相差巨大。充电桩的系统装配为劳动力密集型工作，对装配、测试人员的专业性要求较高，但入门门槛却较低。随着行业的暴发，充电桩的需求越来越大，此类小型企业也会越来越多，将面临进一步的洗牌。

充电站点的运营领域基本上形成了特来电、星星充电、国家电网三足鼎立的格局，三者占比占据到行业充电桩总保有量的75%。充电运营服务是资本集中行业，不排除后续会像造车一样有更多的大资本介入，也不排除激烈的竞争后会像网约车的运营服务一样更加集中。

从市场结构来看，当前电动汽车及充电桩的应用多集中在一线城市，随着电动汽车技术的成熟以及成本的下降，二三四线城市还有很深的渗透空间。未来10年从500万辆到1亿辆的电动汽车普及率绝大部分将发生在非一线城市，故充电桩在非一线城市有着更为广阔的发展空间。各地将会颁布各类的补贴及激励政策，这也就会产生众多当地的充电桩生产及运营企业。

从充电桩类型来看，直流桩的成本越来越低，7kW直流桩的价格甚至和六年前交流桩的价格相差无几。对车厂来说，车载OBC充电器的成本远高于便携式7kW直流桩的价格，且交流充电接口是当前车辆故障率最高的部件；对于电网企业来说，今后将用有序充电来替代当前的无序充电，有序充电就必须采用直流充电接口；对于运营商来说，7kW直流桩成本越来越低，且可直接替换原有的交流桩，而无须更改供电线路，成本较低。故小功率直流桩替换交流桩也可能是个趋势。

电动汽车的普及和充电桩的建设将会以更快的速度向我们扑面而来，下面我们从技术的角度来分析电动汽车充电桩的发展趋势。

1. 趋势一：大功率ChaoJi充电

传统燃油车加油时间大概为10min，电动汽车若是要媲美燃油车就得实现10min增加400km续航，这大概需要350kW的充电功率，而我国当前通用的充电桩最大才750V/250A即187kW输出，实际应用还要大打折扣，要实现大功率充电就必须用更高的电压和更大的电流，ChaoJi充电标准可实现1500V/600A，最高900kW功率输出。充电功率与充电时间如图6所示。

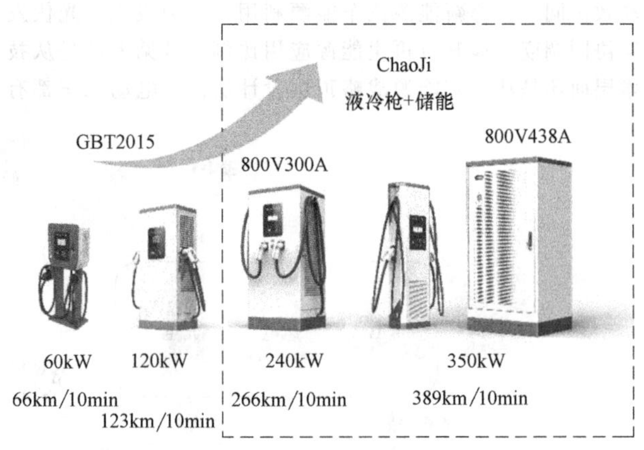

图6 充电功率与充电时间

大功率ChaoJi充电将会呈现以下几个特点：

（1）更高的电压

充电电压取决于电动汽车所选取的电压平台，乘用车一般是400V的电压平台，这就决定了国内主流乘用车一般充电功率不会超过100kW（400V×250A），故当前主流充电桩功率仅为120kW。采用800V系统平台是乘用车充电发展的趋势，Porsche、Audi、Benz、BMW、Tesla均开始了800V的高压化进程。乘用车的800V平台进程如图7所示。

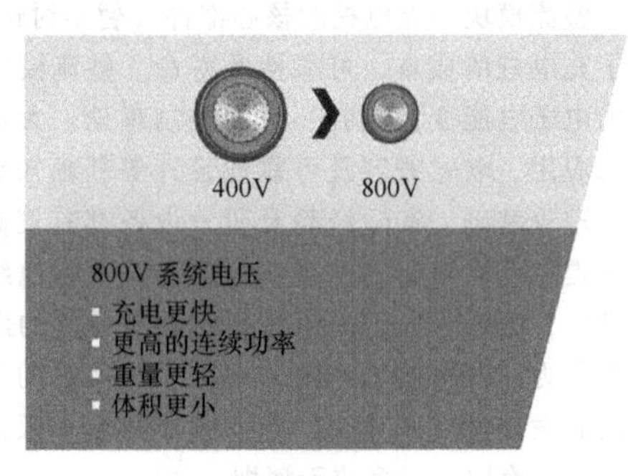

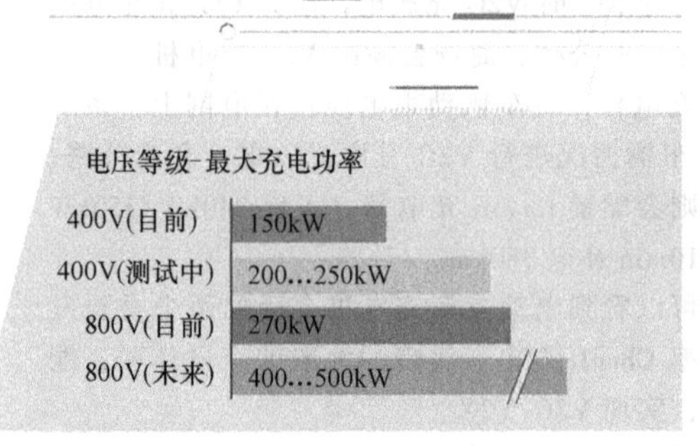

图7 乘用车的800V平台进程

电动汽车电压平台的高压化必然要求充电系统的高压化，对于乘用车来说1000V的充电平台将会是主流，高压化意味着SiC器件批量取代传统的IGBT及硅基MOS管，Tesla、Porsche等高端车企已在其产品上批量成熟应用SiC器件，比亚迪公司在其高端车型-“汉”上也尝试使用SiC器件。对于充电桩模块厂家也同样面临着SiC器件应用的问题，传统的硅基MOS管采用三电平架构已不能满足更高电压的需求，随着国内ChaoJi标准的推广及SiC器件的广泛应用，很可能会带来开关电源拓扑及控制算法等基础理论的发展。

（2）更大的电流

当前国标充电枪的最大电流为250A，要想充更大的电流就需插2把枪，这对于大型工程车辆尚可，对于小型乘用车是难以实现的，其实最简单的办法就是采用液冷充电枪，更轻、更细，电流可达500~600A，价格也更贵。当然，随着液冷枪的广泛使用，价格大幅度下跌是必然的，就像当年整流模块也有过价格过万的历史，现在跌去了一大半。双枪实现大电流充电如图8所示。

（3）更可靠

充电桩的核心在于充电模块，当前普通充电模块的保修期限多为2~3年，对于充电场站来说，经营得好的话也得3年才能回本，若要持续稳定盈利的话，模块需有5~8

图 8　双枪实现大电流充电

年的使用寿命。解决模块可靠性问题有两种方案：即隔离风道灌胶与液冷。

隔离风道灌胶的示意图如图 9 所示，功率器件及导电电路被塑胶件隔离并灌胶密封，使之与外界环境隔离，不受灰尘、盐雾等的影响。该方案有如下特点：

1）PCB 表面除了喷三防漆，还灌胶涂敷，保护带电器件及 PCB。

2）功率器件使用开模塑胶密封件完全密封，使之与风道隔离。

3）风道优化设计，风只吹发热元器件，不发热或发热量小的器件位于 PCB 和机壳之间，并被挡风条保护，从而免于粉尘污染和腐蚀。

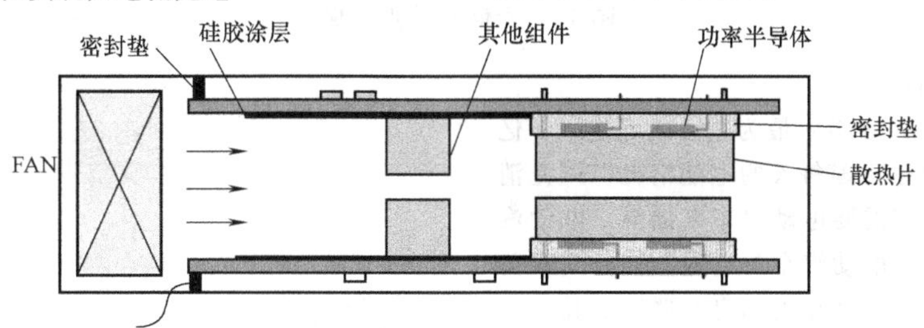

图 9　隔离风道灌胶的示意图

该方案可广泛应用在海边船用充电、工地泥头车充电等高温、高湿、高尘、高盐雾的场景。但是该方案仍采用风冷散热，风扇的寿命一般为 3 年左右，后续仍需要对风扇进行维护，更好的方案是采用液冷散热。功率器件的散热器与液冷板紧密接触，液冷板里面的制冷剂流动从而带走热量，相比于传统的风冷系统，液冷系统优势如下：

1）液冷散热效果好，不受外界温度的影响，稳定运行不降额。

2）功率器件与外界完全隔离，不受水汽、灰尘、盐雾的影响。

3）无风扇，噪声低，可部署在居民区。

4）无需通风，系统可安装在地下，节省空间。

5）液冷管道可与市政系统相连，实现废热利用。

6）使用寿命长，平均使用成本低。

（4）储能及多能源输入

大功率充电桩的普及已经毋庸置疑，问题是大功率输配电设施的建设。如前所述，电动汽车充电的特点是充电功率巨大，但总耗电量不大，解决这种用电负载的最佳办法就是储能。

储能可以实现充电系统的动态扩容，从而无需向电网申请更多的配电容量。电动汽车充电是间歇性的：充一次电花费 10min 左右，然后充电车辆拔枪、驶离，新的车辆停车、插枪、扫码起动充电。储能电池可以在电动汽车充电的间隙从电网获取能量给自身充电，在电动汽车充电时和电网一起给车辆充电，从而实现充电功率的倍增。

对于光照强烈且无遮挡的场地，光伏的引入也是充电系统的不二之选，尤其是高速公路服务区的站点。此时可将光伏发电直接用于车辆充电，实现充电功率的扩增，充电间隙光伏发电则可存储于储能电池，利用储能电池实现光伏消纳。光储充系统将原先光伏的平价上网转换成给车辆的峰值充电，除了动态扩容，还带来了额外的电价收益。光储充一体化系统如图 10 所示，光储充站点示例如图 11 所示。

图 10　光储充一体化系统

图 11　光储充站点示例

2. 趋势二：能源路由器

电动汽车是我国新能源战略中最为重要的角色，2 亿辆电动汽车的储能就能满足我国每天的电能消耗，风光消纳、水电平衡、削峰填谷都需要电动汽车来储能，电动汽车简直就是行走的充电宝。电动汽车与电网的能量交互需要充电桩来完成，和我们现在使用的信息互联网类比，充电桩就是能源互联网中的路由器，实现能量的自由流动。能源互联网的发展将再一次改变我们的生活方式。能源互联网如图 12 所示。

能源路由器可以实现以下功能：

1）电动汽车通过充电桩从电网获取能量。

2）光伏发电通过充电桩让电动汽车来消纳光伏。

3）风力发电通过充电桩让电动汽车实现风电消纳。

4）车与车之间通过充电桩实现 V2V。

5）车与电网之间通过充电桩实现 V2G 及削峰填谷。

6）车与微电网之间通过充电桩实现 V2H。

当电动汽车保有量超 1 亿辆时，电网将不堪传统充电方式所带来的压力，必将强制所有电动汽车采用 V2G 的方式有序充放电，届时小区、商场所配置的 7kW 交流充电桩将全部无缝替换成 7kW V2G 充电桩，充放电时段、功率都将由电网系统统一调配，以满足电网整体稳定性的需求。一般情况下，电动车主无需考虑车辆何时充电，只需在停车时将充电枪接入，车辆和电网会自动协商，保证用车时车辆电量满足车主需求，若是车辆急需充电，则可去 ChaoJi 充电站补电 10min，续航 380km，而无需像油车那样必须每次都行驶至加油站。

作为能源路由器的充电桩不仅仅实现 V2G 功能，更要考虑各类 V2X 功能的实现，随着电动汽车储能功能的日益强化，传统的中心化的火力发电站将会更多地被分布式的光伏发电所替代，分布式发电、分布式储能、分布式用电将是必然趋势。既然是分布式发电，那么传统的中心化的集中电能管理方式就可能失效，取而代之的将是去中心化的管理方式，区块链技术将在能源互联网的应用中大放异彩。

区块链技术也是能源互联网中不可缺少的一环，V2G 实现能源路由器的能量流动，区块链技术则实现能量流动的记录，区块链的功能如下：

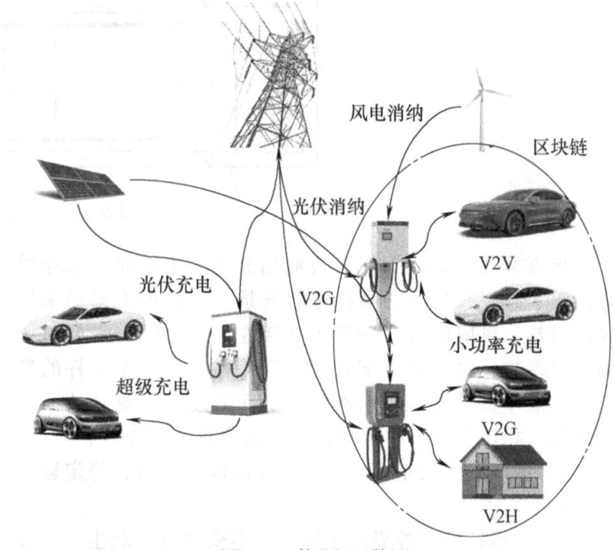

图 12　能源互联网

1）分布式能源，去中心化，实现个人能源交易。

2）精确记账，记录每一度电的流通路径。

3）不同能源转换的损耗、远距离传输的损耗自动计算。

4）实现了能源接入互联网的数字化。

区块链+能源互联网如图 13 所示。

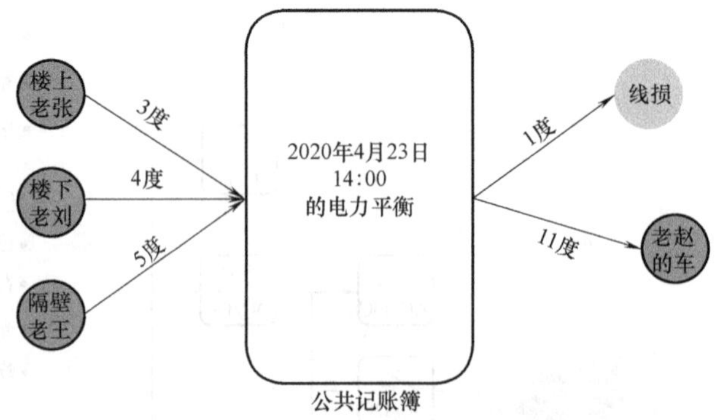

图 13　区块链+能源互联网

有了区块链技术，我们将清楚地知道自家楼顶发的电是给隔壁老王家用了，还是给楼下老张家的电动车充电了；

也会知道今天车辆充的电是来自电网还是来自隔壁老王家发的电，或是楼下老张家的电动车。图 14 所示为 V2G 充电桩应用。

六、未来展望

10 多年前，手机只起到通信的作用，若出门旅游还得带相机，开车得用车载导航，打游戏还得开计算机，10 年后的今天带上手机就拥有了一切；10 多年前手机充电一次续航一星期，10 多年后的今天每晚手机必须插上充电器；5 年前电动汽车的发展还很缓慢，现在电动汽车的性能可以碾压燃油车；现在燃油车加油一次续航一星期，10 年后也许我们运用 ChaoJi 充电就能实现 10min 续航 380km。一切只待习惯的改变。

图 14　V2G 充电桩应用

第四篇　电源行业新闻

学会大事记

中国电源学会组织开展电源企业抗疫专项服务

面对突如其来的新冠病毒疫情，电源行业广大企业面临着严峻的挑战和不确定性的影响。中国电源学会及时研究并于2020年4月推出“电源企业抗疫专项服务”，通过发布行业情况通报，组织在线行业交流，搭建产品推广和供需信息交流平台，宣传企业抗疫先进事迹等举措，切实解决了企业实际困难，助力企业复工复产。

1）发布行业疫情影响通报。于4月开展电源企业情况调查，发布《中国电源行业受疫情影响情况通报》。充分了解电源企业在疫情影响下的经营情况，存在的困难、问题和实际需求，帮助会员企业了解行业总体形势，为企业下一步经营决策提供参考。

2）中国电源学会科技服务行动——电源云讲坛。推出“中国电源学会科技服务行动——电源云讲坛”系列活动，采用网络会议研讨+直播的形式举办，根据国家新基建战略部署，结合企业具体需求，每期选择一个专业主题内容，进行专题报告和交流互动。全年共计组织8期，特邀讨论嘉宾68人，共计4000余人次参加，得到广大电源企业的认可。

3）搭建供需信息交流平台。自5月起，面向会员单位定期征集产品供求信息，通过学会各渠道及时对外发布，为企业搭建供需信息交流平台，打通行业上下游产业链。主要举措包括：官网和学会通信增设会员供求产品信息板块发布信息；微信公众号按产品类别推送；分类征集整理，形成会员企业供应商名录，面向电源及下游行业进行推送；建立企业信息交流群等。共发布产品推介信息62项，供求信息138项。

4）宣传电源行业抗疫事迹。在官网开设电源行业战“疫”专栏，集中发布会员单位疫情期间捐款、捐物、承担疫情防控物资保障任务等优秀事迹，同时学会撰写“爱心战‘疫’助力复产——电源行业在行动专题报道”，展示电源行业整体风貌，全年共发布新闻34篇。

中国电源产业与技术发展路线图项目正式启动

在中国科协的指导和支持下，为充分发挥学会引领作用，推动我国电源产业与技术实现高质量创新发展，中国电源学会于2020年正式启动《中国电源产业技术发展路线图》（以下简称“路线图”）研究编写工作。

路线图以2021~2030年为时间范围，全面梳理国内外电源产业、技术发展现状和发展特点，剖析我国电源产业、技术发展面临的机遇与挑战，识别未来电源技术的重点发展方向、关键技术及其优先程度，从产业进展、人才建设、产业应用等方面对未来新技术、新产业和新模式进行预测研判，提出并制定协同政、产、学、研各方力量推进电源产业技术创新的行动指南，搭建电源总体和重点细分领域1+N的发展路线图体系。

为确保高质量完成路线图编写工作，学会于2020年广泛邀请行业专家、相关高校、科研机构、行业企业组建编写队伍。并于2020年9月25日在线召开“中国电源产业与技术发展路线图项目启动会”，10月17~18日在天津召开“中国电源产业与技术发展路线图规划讨论会”，就路线图工作进行广泛深入的研讨。

目前，路线图项目已完成包括功率器件及模块、电力系统电力电子技术与装备、交通电气化与变频、信息系统供电、特种电源、前沿领域等在内的6个编写组组建工作，共邀请150余位专家参与。并制定了路线图编写方案、编写计划和编写大纲。路线图计划于2021年面世。

“中国电源学会科技服务行动——电源云讲坛”系列活动成功举办

为切实解决会员企业实际困难、满足企业发展需求、提升企业技术研发能力，中国电源学会积极探索开展线上交流活动，打造线上交流品牌活动，于2020年推出“电源云讲坛”线上交流活动，活动内容以产业和企业需求为导向，选择企业关注的热点、痛点技术话题，解决企业产品开发、技术升级方面的实际问题、难题，切实助力会员单位和行业企业创新发展。

讲坛采取腾讯会议网络研讨+钉钉直播的形式，根据国家新基建战略部署，结合企业具体需求，每期选择一个专业主题内容，进行专题报告和交流互动。专题报告环节，邀请各领域专家和会员企业就广大会员关心的新技术、新成果、新产品进行3场左右讲座报告；互动研讨环节，邀请5位左右专家和会员企业代表，就当期主题发表观点并与参会会员企业进行互动交流。

按照既定计划，2020年6~12月共计组织8期，邀请报告人和嘉宾68人，共计来自电源领域高校、科研院所、企业的专家和科技工作者4000余人参加。

第1期：6月13日，数据中心供电专题，由信息系统供电技术专业委员会、学术工作委员会承办，设置专题报告2场，邀请互动嘉宾5人，共400余人参会。

第2期：7月10日，新能源车驱动技术专题，由学会新能源车充电与驱动专业委员会、交通电气化专业委员会、变频电源与电力传动专业委员会、学术工作委员会承办，设置专题报告3场，邀请互动嘉宾5人，共300余人参会。

第3期：8月8日，新能源应用技术专题，由学会新能源电能变换技术专业委员会、学术工作委员会承办，设置专题报告3场，邀请互动嘉宾5人，近500人参会。

第4期：9月5日，新能源车充电技术专题，由学会无线电能传输技术及装置专业委员会、新能源车充电与驱动专业委员会、学术工作委员会承办，设置专题报告3场，邀请互动嘉宾6人，共400余人参会。

第5期：9月19日，开关电源技术专题，由学会直流电源专业委员会、学术工作委员会承办，设置专题报告3场，邀请互动嘉宾6人，共800余人参会。

第6期：10月24日，电能质量专题，由学会电能质量专业委员会、学术工作委员会承办，设置专题报告3场，邀请互动嘉宾 6 人，近 600 人参会。

第 7 期：12 月 5 日，电磁兼容设计专题，由学会电磁兼容专业委员会、学术工作委员会承办，设置专题报告 3 场，邀请互动嘉宾 6 人，近 700 人参会。

第 8 期：12 月 12 日，元器件与照明电源专题，由学会元器件专业委员会、照明电源专业委员会、学术工作委员会承办，设置专题报告 3 场，邀请互动嘉宾 6 人，近 500 人参会。

GaN Systems 杯第六届高校电力电子应用设计大赛圆满结束

2020 年 12 月 20 日，GaN Systems 杯第六届高校电力电子应用设计大赛在武汉市华中科技大学电气与电子工程学院举行。经过激烈角逐，黑龙江科技大学代表队在众多参赛队伍中脱颖而出，斩获决赛特等奖。此外，2 支队伍获得一等奖，3 支队伍获得二等奖，4 支队伍获得优胜奖。

高校电力电子应用设计大赛是中国电源学会自 2015 年发起的一项面向全国高校学生具有探索性工程的实践活动，是全国电力电子领域最高水平的大学生竞赛，已成功举办五届。本届大赛由中国电源学会、中国电源学会科普工作委员会主办，华中科技大学承办，得到了冠名赞助商 GaN Systems Inc 和联合赞助商宁波希磁科技有限公司的大力支持。

第六届大赛以“高效率高功率密度双向 AC/DC 变换器”为题目，于 2020 年 4 月初发布竞赛方案征集通知，之后共吸引了来自全国 34 所高校的 35 支队伍报名参赛。参赛学校涵盖面广泛，既有电力电子技术领域的老牌强校，又有近年来成长迅猛的新兴院校。

7 月 27 日，GaN Systems 杯第六届高校电力电子应用设计大赛启动仪式暨参赛辅导说明会通过线上会议的形式成功举行，正式拉开了帷幕。对报名参赛的项目计划书进行首次评审，评选出 30 支队伍进入初赛，同时给各参赛队提出了方案修改和改进意见。

进入初赛的各参赛队于 10 月 15 日提交了阶段研究报告，七位来自高校和企业的专家组成评审小组，对各参赛队提出的阶段研究报告进行了评审，主要针对研究报告所体现的项目实施情况、项目完整性和创新性等方面进行综合评估，并结合样机完成进度，经过充分讨论，投票确定了进入决赛的队伍。最终评出 14 支队伍获得本次决赛参赛资格。

本次决赛开幕式由华中科技大学电气与电子工程学院党委副书记兼副院长林磊教授主持，华中科技大学电气与电子工程学院党委书记陈晋教授代表承办单位致辞，对进入决赛的参赛队表示了热烈的祝贺，同时对各位评审专家、赞助商代表等与会者的到来表示了欢迎；中国电源学会监事长、竞赛主席、台达（上海）电力电子设计中心主任章进法博士致辞，介绍了大赛整体情况，并表示高校电力电子应用设计大赛为广大高校电力电子及相关专业学生提供了一个学以致用、理论联系实践的展示平台，激励更多学生进行电力电子技术领域的创新。同时，也有利于推动高等学校专业教学改革，促进电力电子技术产业化人才培养。

受疫情影响，本届竞赛冠名赞助单位 GaN Systems 公司副总裁 Paul Wiener 先生通过录播的形式致辞，向大赛的成功举行表示祝贺，并向与会者介绍了新型 GaN 器件的优势和前景，同时 Wiener 先生高度评价设计大赛对促进新型功率器件的普及和发展所起的重要作用。随后本届大赛的联合赞助商宁波希磁科技有限公司白建民先生也发表致辞，预祝大赛圆满成功。

本届大赛决赛，设置样机性能测试和汇报答辩两个环节。今年比赛题目“高效率高功率密度双向 AC/DC 变换器”极具挑战性。一方面涉及 GaN 器件的应用；另一方面对性能指标的要求，对输出电压稳定性，以及谐波、输入电流纹波等都有非常高的要求。参赛队伍所提出的技术方案非常新颖，且各具特色，经过初选、预赛的不断改进，汇报方案也有了很大完善和提升，决赛作品表现出很高的设计水平，在回答评委答辩时逻辑清晰，思路敏捷，展现出当代电源在校大学生的专业素质和个人风采。各位评审专家热烈讨论，对决赛作品给予了高度的评价。

经过评审委员会的严格而又慎重的评审，本次大赛唯一的特等奖花落黑龙江科技大学代表队，上海海事大学以及华中科技大学获得一等奖，南京理工大学、杭州电子科技大学、北京交通大学获得二等奖。燕山大学、西安交通大学、中国科学院大学、昆明理工大学获得优胜奖。

颁奖仪式由竞赛承办单位、华中科技大学电气与电子工程学院陈材老师主持。在现场向获奖参赛队颁发了证书，同时向大赛冠名赞助商 GaN Systems Inc 以及联合赞助商宁波希磁科技有限公司、测试设备指定供应商艾德克斯电子有限公司颁发了证书。

为方便广大会员、大赛关注者、参与者、爱好者第一时间了解大赛相关情况，本届大赛第一次采取了线下决赛+现场直播的形式举办，通过 B 站平台直播，超过 1500 人通过网络关注了本次大赛的直播情况。

下届竞赛将移师重庆。承办单位重庆大学罗全明教授致辞，并表示力争明年大赛的规模和水平都再上一个台阶，也欢迎各高校积极组队参赛。

中国电源学会 2020 年度 11 项团体标准正式发布

2020 年 8 月 25 日，中国电源学会 2020 年度 11 项团体标准正式发布。这是继 2018 年发布首批 8 项团体标准以后，中国电源学会开展行业标准化体系建设的又一重要成果。

根据《深化标准化工作改革方案》等文件要求，依照《中国电源学会团体标准管理办法》，中国电源学会于 2016 年启动中国电源学会团体标准工作，之后每年定期开展新的团体标准制订项目。

2018 年 10 月，中国电源学会启动第三批团体标准项目，并于 2019 年 4 月正式立项 11 项团体标准。2020 年 4~6 月以腾讯会议方式陆续召开了 7 场中国电源学会团体标准评审会议，对 2018 年度启动的 9 项团体标准、4 项修后重审标准，共计 13 项团体标准报审稿进行了审查。

最终，共有 11 项团体标准通过审查，之后经修改、审批等环节，此次正式发布。这11项团体标准，涉及电源不同领域的技术或检测规范，达到了业界先进水平，填补了相关行业空白，有助于指导行业规范化。

截至2020年，中国电源学会已发布团体标准27项。学会将继续推进先进标准体系建设，积极发挥行业主体作用，以高标准引领行业高质量发展。

本批团体标准全文可在中国电源学会官方网站——团体标准栏目免费下载，学会官网网址：www.cpss.org.cn。

附录：中国电源学会本次发布11项团体标准：

［T/CPSS 1001—2020］壁挂式单相无源串联稳压装置技术规范

［T/CPSS 1002—2020］飞轮储能不间断供电电源验收试验技术规范

［T/CPSS 1003—2020］固态切换开关现场验收试验技术规范

［T/CPSS 1004—2020］用户侧电能质量在线监测装置及接入系统技术规范

［T/CPSS 1005—2020］储能电站储能电池管理系统与储能变流器通信技术规范

［T/CPSS 1006—2020］开关电源加速老化试验方法

［T/CPSS 1007—2020］开关电源交流电压畸变抗扰度技术规范

［T/CPSS 1008—2020］低压电气设备电压暂降及短时中断耐受能力测试方法

［T/CPSS 1009—2020］磁性材料高励磁损耗测量方法

［T/CPSS 1010—2020］电动汽车运动过程无线充电方法

［T/CPSS 1011—2020］锂离子电池模块信息接口技术规范

中国电源学会科普工作案例入选中国科协《全国学会“四服务”优秀案例汇编》

中国电源学会报送的“以竞赛活动为抓手 建设电源科普新阵地”工作案例被中国科协《全国学会“四服务”优秀案例汇编》收录。2019年中国科协组织全国学会综合能力评估考核工作，面向全国学会征集学会有关“服务科技工作者”“服务创新驱动发展”“服务全民科学素质提高”“服务党和政府科学决策”4个服务方向的工作创新实践典型案例414则。经专家评审、社会评议、部门评价等方式筛选，按照4个方向共选编61个具有一定代表性的典型案例，编印《全国学会“四服务”优秀案例汇编》，以供全国学会交流借鉴，共同推动学会改革工作再上新台阶，为国家经济建设高质量发展，全面建成小康社会贡献力量。

近年来，中国电源学会按照中国科协的要求和部署，深入贯彻习近平总书记关于坚持为科技工作者服务，为创新驱动发展服务，为提高全民科学素质服务，为党和政府科学决策服务的职责定位，团结引领广大电源科技工作者积极进军科技创新，组织开展创新争先行动，促进科技繁荣发展，促进科学普及和推广”的讲话精神，积极推进“四服务”创新发展。

学会报送的“以竞赛活动为抓手 建设电源科普新阵地”案例，总结了学会通过高校电力电子应用设计大赛、EBL国际创意设计大赛的举办，在扩大学会科普活动社会影响力，提高大众对能源短缺和高效利用知识的了解，激发大学生创新能力的培养，促进电源技术创新和普及等方面的做法和经验。该案例入选《全国学会“四服务”优秀案例汇编》，是对学会积极推进“四服务”创新发展工作的肯定。中国电源学会将以此为契机，推动学会改革工作再上新台阶。

附录：入选案例

以竞赛活动为抓手 建设电源科普新阵地

为深入贯彻习近平总书记在十九大报告中提出的“落实立德树人根本任务，发展素质教育”和“弘扬科学精神，普及科学知识”的重要指示精神，中国电源学会面向全国高等院校，以高校电力电子应用设计大赛、EBL国际创意设计大赛为抓手，建立电源科普活动新阵地。截至2019年，累计共有来自128家相关高校、企业、科研单位的201支队伍847人参赛，影响受众超过10000余人。

一、高校电力电子应用设计大赛

高校电力电子应用设计大赛（以下简称“竞赛”）是学会于2015年发起举办的一项以普及电力电子技术应用为目标，以创新、节能减排以及新能源利用为主题的创意性科技竞赛，是面向全国高校学生的一项具有探索性的科普实践活动。

1. 大赛基本情况

1）组织机构。竞赛由中国电源学会主办，学会科普工作委员会具体组织实施。竞赛由相关单位委派专家代表成立组织委员会、技术委员会、评审委员会等机构，负责具体竞赛工作。

2）竞赛背景与主题。在当前能源危机以及气候变暖等问题日益严峻的背景下，竞赛紧扣时代热点，以节能减排、能源高效利用为主题，且选取的题目每年都在增加，以提高我国高校青年学子的创新热情，鼓励他们关注全球性能源危机等挑战问题。

竞赛的一大亮点是组委会邀请了全球宽禁带半导体器件领先的公司——GaN Systems公司参与，由该公司提供最新的氮化镓功率器件和技术支持，使参赛队员有机会亲身实践，使用最前沿的功率半导体器件进行电源设计开发。

3）参赛群体。参赛队伍以高校为单位，每队由4名本科生、1名研究生、1名指导教师组成，学校需给予参赛队伍实验场地、实验材料、参赛费用等方面的必要支持。

2. 竞赛程序

1）方案初选（2月~4月）：参赛队伍根据竞赛题目要求提交参赛方案，由评审委员会择优选拔队伍进入初赛。在竞赛启动仪式中宣布初选结果并进行竞赛辅导。

2）初赛（5月~8月）：通过初选的参赛队伍，进行参赛作品设计制作和指标测试。评审委员会根据完成情况择优选拔决赛队伍，并给出评审修改意见。

3）决赛（9月~11月）：决赛参赛队在初赛作品的基

础上，对参赛样机做进一步完善，完成决赛作品。在决赛现场进行项目报告答辩，由组委会对参赛作品样机进行最终测试，评审委员会综合评审决定最终获奖名单。

4）颁奖及作品推广：在学会年度重点会议期间举行颁奖仪式，颁发获奖证书及奖金，同时安排决赛作品展示，为高校学生搭建了深入交流的平台。

3. 大赛效果

截至2019年，竞赛已成功举办五届，共有来自全国67所高校的127支参赛队伍报名参赛，基本覆盖全国相关专业高校，累计共有5000余人现场观赛。先后评选出特等奖参赛队伍3个、一等奖6个、三等奖9个、优秀奖13个。

参赛作品整体水平不断提高，作品测试完成度、关键性能指标、功率密度等方面均达到相当高的水平，部分作品的结构和工艺设计甚至已经达到业界主流企业的水平。

二、EBL国际创意设计大赛

“寻找创意之光 点亮亿万人生”EBL国际创意设计大赛（Empower a Billion Lives，EBL）是由IEEE电力电子学会与中国电源学会于2018年联合发起举办的一项旨在帮助全球贫困缺电地区寻找基础电力供应解决方案的国际性竞赛活动，每两年举办一届。该竞赛在全球设立5个赛区：亚太、美国、欧洲、非洲和南亚赛区。

中国电源学会负责亚太赛区竞赛组织，旨在引导全社会关注能源短缺现状，普及能源高效利用科学知识，鼓励相关技术、运营管理、市场模式等领域的集成创新，加强多领域知识交叉及国际交流合作。

1. 大赛基本情况

1）组织机构。竞赛由IEEE电力电子学会与中国电源学会联合主办，邀请全球电力电子领域知名专家组成竞赛国际指导委员会、评审委员会，由学会秘书处承担竞赛的具体组织实施工作。

2）竞赛背景与主题。目前，全球30亿人面临能源短缺问题，其中11亿人处于无电状态。如果利用传统的发电和传输方案解决30亿人的能源短缺问题，将会进一步引发全球环境危机，需要寻找创新性的电力解决方案。

为此，EBL国际创意设计大赛面向全球征集应对能源短缺挑战的创新方案，解决贫困地区用电困难的问题。方案针对的目标群体是无电或每天供电低于2h，购买力低于全球贫困线（1.9美元/天）的困难人群。方案最低需满足Tier2标准（最低200Wh/天、4h/天），能够保证相关群体日常照明和手机充电的基本需求，并鼓励能够解决公共用电和生产用电的方案。

3）参赛群体。各有关高校、科研单位、企业及相关机构均可组队参赛，参赛队伍包括领队1名，队员若干名。参赛组别包括单户式方案组、集中式方案组；两组均包含两个分组，商业化方案组、创意方案组。竞赛特别设置学生队组别，鼓励在校大学生参与。

2. 竞赛程序及首届组织情况

首届竞赛于2018年4月正式启动，包括网络预赛、地区决赛和全球总决赛三个环节。预赛环节共有来自70个国家和地区的459支队伍报名参赛，经过专家网络评审，共有82支队伍通过初审，进入地区决赛，其中10支队伍进入亚太赛区决赛。

11月4~6日，亚太赛区决赛在深圳举行。项目陈述环节10支参赛队从技术创新性、商业模式和项目可行性等方面对各自的方案进行陈述和回答提问。在技术展示环节，参赛队伍现场搭建演示系统并向评委进行了演示。墙报交流环节，参赛队伍向800余位参会者展示了参赛方案并做现场交流。评审委员会综合考虑各个队伍的创新性、技术先进性、商业可行性以及社会影响力等因素，评选出6支优胜队，在现场进行颁奖，优胜团队也同时获得全球总决赛参赛资格。首届竞赛全球总决赛于2019年9月28~29日在美国巴尔的摩举行。

三、经验总结

高校电力电子应用设计大赛、EBL国际创意设计大赛的举办，在扩大学会科普活动的社会影响力、提高大众对能源短缺和高效利用知识的了解、激发大学生创新能力培养等方面取得了较好的成绩，有效地促进了电源技术创新和普及。

一是竞赛重视科普宣传，通过线上线下结合、校企会联动，在重要行业活动中设置展示和交流环节等手段，总计受众人群超过10000人，有效地传播和普及了能源基本知识、能源高效利用技术、电源设计方法和相关技术，促进参赛队员以及受众人群了解电源产品基础知识、性能指标和开发流程。

二是通过具有高度实践应用意义的题目设置，使参赛者尤其是在校学生亲身体验从方案选型、样品制作到测试的开发全流程，鼓励大学生运用创新思维，参与创新实践，激发了大学生对电力电子行业的热爱和兴趣，有效地推动了电力电子产业人才的培养。

中国电源学会八届四次全体理事会议在线召开

中国电源学会第八届理事会第四次会议于2020年8月7日通过腾讯会议系统在线召开。112位理事、3位监事及代表出席，学会秘书处相关部门负责人列席参加，会议由徐德鸿理事长主持。

徐德鸿理事长就2020年上半年工作情况和下半年重点工作向会议进行报告。报告总结了学会2020年上半年工作，深入分析了学会面临的新形势和新任务，提出了下半年的重点工作，并强调学会上下要共同努力、创新方法、克服困难，确保学会全年工作目标的圆满完成。

会议审议通过了《中国电源学会章程（修订稿）》、《中国电源学会个人会员管理办法》、《中国电源学会优秀博士学位论文评选工作方案》；讨论了2021年中国电源学会第二十四届学术年会筹备工作；表决通过了理事增补提案，增补袁小明、李永东、马季军、李武华为学会理事。

第四届电气化交通前沿技术论坛在湖南株洲召开

2020年9月11~12日，由中国电源学会交通电气化专业委员会和 IEEE 交通电气化委员会（IEEE TEC）主办，中车株洲电力机车研究所有限公司、清华大学电机系承办的第四届电气化交通前沿技术论坛在湖南株洲召开。

9月11日，海军装备研究院邱志明院士，北京理工大学孙逢春院士，中车株洲电力机车有限公司刘友梅院士，中车株洲电力机车研究所有限公司丁荣军院士，株洲市人民政府副市长王卫安，IEEE 交通电气化委员会主席 Bruno Lequesne（远程连线），哈尔滨工业大学副校长徐殿国（远程连线），美国国家工程院院士 Philip T. Krein（远程连线），中国电源学会副理事长刘进军，清华大学新概念汽车研究院副院长，电机系教授李永东，中车株洲电力机车研究所有限公司副总经理、总工程师冯江华等出席开幕式。丁荣军院士担任大会主席。

来自国内外高校、研究机构和企业的 100 余名专家学者出席了本届论坛，4600 余人在线参与。与会专家学者对电气化交通中的关键技术、发展趋势、行业发展及政策建议等开展了深人的研讨和交流。

株洲市人民政府副市长王卫安、中国电源学会副理事长刘进军、中车株洲电力机车研究所有限公司副总经理冯江华、IEEE 交通电气化委员会主席 Bruno Lequesne（远程连线）发表大会致辞。清华大学电机系教授李永东主持开幕式。

王卫安代表株洲市人民政府出席会议并致辞。他表示，希望以此次论坛为契机，进一步凝聚高端智慧、凝聚行业共识，株洲愿意成为以电气化交通为主的绿色交通技术发展的“试验田”，愿意通过电气化交通事业来催生各项技术的研发、产业的发展，改善生态环境，增进人民福祉。

刘进军代表中国电源学会出席会议并致辞。他表示，希望各位专家学者、企业界人士团结协作，共同努力，在国际交通电气化领域引领行业发展。

冯江华代表中车株洲电力机车研究所有限公司出席会议并致辞。他表示，交通是能源消耗的重要领域，随着经济的快速发展，对交通出行的需求越来越大，中车株洲所将以更加开放的心态，践行“创新、协调、绿色、共享”的发展理念，广聚政府、行业、高校、科研院所的力量，推动电气化交通产业发展，并积极促进相关成果转化，为交通技术进步和发展开拓更为广阔的新天地。

本届会议共安排 9 个大会报告，7 个线上开放论坛报告。大会演讲专家包括哈尔滨工业大学副校长徐殿国、美国国家工程院院士 Philip T. Krein、中国电源学会副理事长刘进军、中国商飞系统工程副总工康元丽、中国航天科工集团磁悬浮与电磁推进技术总体部副主任张艳清、青铜剑科技集团董事长汪之涵、中车株洲电力机车研究所有限公司技术专家张志学、青岛特锐德电气股份有限公司轮值总裁屈东明、新能源汽车国家创新中心动力系统和开源平台业务单元负责人杨良会等专家学者。

中国电源学会副理事长、西安交通大学教授刘进军做了题为《电源变流器免通信并联技术及其在交通电气化系统的应用》的报告。分析从发展趋势看电能系统的未来、免通信并联技术难点及其解决方案，对未来电能系统面临的挑战和应用前景进行了总结和展望。

中国商飞系统工程副总工、北研中心多电团队负责人康元丽做了题为《民用飞机电气化发展现状及展望》的报告。介绍了多电技术研究现状、混合动力及电推技术未来的发展趋势，呼吁国内电力电子、电机行业的专家学者齐心协力，在电气化飞机领域做出贡献。

中国航天科工集团磁悬浮与电磁推进技术总体部副主任、研究员张艳清做了题为《面向超高速的超导悬浮推进一体化技术研究》的报告。介绍了超高速超导磁悬浮推进导向一体化总体设计的关键问题，对主要技术难点进行了总结。她表示，随着我国科技的不断发展，该项技术终究走向成功应用，为实现我国建设“科技强国、航天强国、交通强国”贡献力量。

中车株洲所技术专家张志学做了题为《轨道交通高能效技术研究进展》的报告。介绍了高能效轨道交通技术研究的必要性、发展现状和未来趋势，他提出轨道交通系统能效与设备供应商、运营商、检验机构、管理部门及科研院所强相关联，需要全行业群策群力。

新能源汽车国家创新中心动力系统和开源平台业务单元负责人杨良会做了题为《车规级碳化硅功率模块测试平台——如何打通自主 SIC 功率模块上车通道》的报告。他提出，希望以扶持我国自主芯片、自主封装、自主设计为前提，依托国家级技术创新平台行业联动优势，在打通车规级自主芯片从设计开发到上车应用技术通道的基础上，实现创新技术与产业的良好互动，营造出以我国自主技术为主的可持续发展产业生态，为电气化交通产业发展提供有力保障。

最后，同济大学康劲松教授发布第五届电气化交通前沿技术论坛的会议信息。

12 日的线上开放论坛设置了 7 个专题报告，报告嘉宾分别是北方工业大学副教授、电气工程研究院院长苑国锋，中车株洲所变流器电气高级工程师张晓，华中科技大学教授徐伟，北京交通大学电气工程学院副教授周明磊，浙江大学电气工程学院副教授胡斯登，天津大学材料科学与工程学院教授梅云辉，华北电力大学教师、硕士生导师邓二平。报告主题涵盖无速度传感器异步电机机车牵引控制技术、高速动车组牵引变流器功率模块新型高效沸腾式散热器研制、轨道交通用直线感应电机效率优化控制、轨道交通中永磁同步电机的弱磁控制、工业变流产品低感设计及质量提升研究、高功率密度 1200V/600A IGBT 模块双面互连封装研究、功率循环测量延迟导致的结温测量误差及修正方法等技术内容。

电气化交通前沿技术论坛由清华大学和中车株洲电力机车研究所在 2017 年联合发起，是国内第一个面向电气化交通领域的跨学科、交叉型、开放性论坛，得到了国内高校、科研机构和企业的积极响应，并得到 IEEE 的高度认可，目前是 IEEE 旗下的唯一一个以电气化交通为主题的开放性学术论坛。

中国电源学会青工委第二届“教学育人与科研实践经验交流会——知名专家与青年教师面对面”顺利召开

第二届“教学育人与科研实践经验交流会——知名专家与青年教师面对面”于2020年10月31日在成都顺利召开，本次会议由中国电源学会青年工作委员会主办。出席本次会议的领导和嘉宾有：中国电源学会理事长、浙江大学徐德鸿教授，中国电源学会副理事长、华南理工大学张波教授，南京航空航天大学阮新波教授和西安交通大学刘进军教授。特邀报告嘉宾：哈尔滨工业大学副校长徐殿国教授、华中科技大学康勇教授和合肥工业大学张兴教授。特邀嘉宾：西南交通大学许建平教授、东南大学程明教授、清华大学李永东教授、华北电力大学赵成勇教授、中国矿业大学陈昊教授、北京交通大学游小杰教授、西安理工大学张辉教授。特邀优秀青年报告嘉宾：杭州电子科技大学杭丽君教授，西南交通大学周国华教授，东北电力大学刘闯教授，中国电源学会青年工作委员会主任、重庆大学杜雄教授，青工委秘书处单位深圳青铜剑科技股份有限公司喻双柏副总经理等。参会代表共计200余人。

会议由青工委主任杜雄教授主持开幕式，中国电源学会理事长徐德鸿教授致辞，徐理事长高度肯定本届青工委组织的系列活动和开展的相关工作，希望青工委继续为广大青年电源科技工作者搭建交流平台，并提出了三点希望：①进一步加强产学研合作，取得原创性成果；②进一步加强国际合作与交流；③进一步参与和承担学会工作。杜雄主任详细介绍了青工委情况和已开展的相关工作。

本次会议邀请到了哈尔滨工业大学副校长徐殿国教授、华中科技大学康勇教授、合肥工业大学张兴教授分别做了《科技创新2030智能电网重大项目规划》、《关于创新的若干思考》和《坚持与探索——与阳光电源产学研合作之心得》的特邀大会报告，该环节由华中科技大学林磊教授主持。

会议还邀请到杭州电子科技大学杭丽君教授、西南交通大学周国华教授、东北电力大学刘闯教授分别作了《离散数据采样方法用于功率变换器建模的思路》、《新能源直流变换系统关键技术思考》、《柔性电网络及其关键装备技术研究与思考》的大会报告，该环节由西南交通大学杨平副教授主持。

大会报告后，知名专家与青年教师面对面地互动交流了“教学育人与科研实践”经验，针对青年教师提出的关于“科研实践与教学育人”方面的困惑和疑问，知名专家给予耐心解答、传经送宝，并结合自身经历向与会青年教师分享了诸多宝贵经验。互动交流环节由湖南大学涂春鸣教授和清华大学郑泽东副教授主持。

本次会议顺利和谐，氛围轻松活跃，与会的青年才俊发言积极。

特别感谢第十四届中国高校电力电子与电力传动学术年会（SPEED2020）承办方西南交通大学电气工程学院为本次活动提供的大力支持！

中国电源学会青年工作委员会将继续团结全国广大电源青年工作者，通过开展电源技术相关的学术交流和产学研活动，为广大电源青年工作者提供交流学习和展示自己的平台，不忘初心、牢记使命，为我国电源行业的发展做出杰出贡献。

用心启迪，追梦PE——中国电源学会“电气女科学家论坛”成功举办

2020年10月31日，由中国电源学会女科学家工作委员会主办的“用心启迪，追梦PE”电气女科学家论坛在中国成都金牛宾馆大礼堂成功举办。参会人员有125人，主要是电气工程领域的高校教师和在读研究生。本次论坛集学术报告、主题讨论、互动交流于一体，旨在促进电气女科技工作者的成长与发展，搭建女科技工作者与同行学术交流的桥梁，提高电气女科技工作者的学术水平和专业水平，为她们提供一个展示才华、建言献策、服务社会的平台。

本次学术论坛邀请到了中国电源学会理事长、浙江大学徐德鸿教授致开幕辞。三位主讲嘉宾，分别是西南交通大学副校长冯晓云教授，教育学博士、中国自然科学博物馆学会理事长程东红博士，四川大学校级电工电子基础教学中心常务主任周群教授。此外，还邀请到了三位参与面对面交流环节的特邀嘉宾，分别是“国家优秀青年科学基金”获得者、清华大学张品佳教授和“国家优秀青年科学基金”获得者、山东大学电气工程学院副院长高峰教授，以及西安交通大学陈文洁教授。论坛由西安理工大学支娜副教授和中南大学董密教授主持。

论坛首先由主持人介绍到场嘉宾并由中国电源学会理事长、浙江大学徐德鸿教授致辞。主持人对三位主讲嘉宾进行了简要介绍，并对各位嘉宾和与会人员的到来表示热烈欢迎。随后中国电源学会女科学家工作委员会主任、北京交通大学李虹教授致辞并介绍了中国电源学会女科学家工作委员会成立以来开展的工作情况及未来的工作展望。

主题报告阶段，冯晓云教授为大家带来“淡泊，勤奋，静待花开”的精彩报告。冯晓云教授以自己的亲身事迹为大家讲述了自己在学术和生活中的所感所想。冯晓云教授在报告中讲到，作为女科技工作者，首先要做好自己的第一角色，然后是做好自己的事业，享受自己的工作。冯教授提到自己作为教师，特别喜欢和学生交流谈心，坚持每年都将一部分大一新生分批邀请到家中，和学生交流谈心，为学生指引方向。最后，冯教授借用自家院子种植的各类花草的不同属性，类比科研工作道路上的不同阶段，以平和的心态，为自己的科研事业奋斗，静待花开。

第二个特邀报告是由教育学博士、程东红理事长所做的“科学技术事业中的性别平等——与女‘科青’谈心”。程东红博士向大家分析目前性别平等的意义以及科学技术领域性别平等的现状与归因，随后讲述由国家的基本国策到个人，如何做出改变，实现女性科技工作者的发展。通过程东红博士的报告，让大家清楚地了解到女性科研工作者的地位以及重要性。

接着，四川大学周群教授进行了第三个特邀报告“专业基础课程混合式教学模式初探”。周群教授从自身教学

实际出发，结合今年特殊的疫情问题，采用一种混合式的教学方案，通过线下和线上的互补结合，使学生的教育学习问题能够做到因材施教，一对一辅导，与传统的线下教学相比，混合式教学模式具有更多的优势，既能够帮助基础薄弱的学生快速地学懂与理解，也能帮助基础较好的同学更快的进步。

之后论坛进入面对面交流互动环节，此环节由现场参会人员向三位主讲嘉宾及几位特邀嘉宾进行提问交流。全体参会人员积极参与、各抒己见，针对如何进行成果梳理及学术规划、如何平衡第一角色和工作事业、女性科技工作者身心如何更好成长、知识分子家庭如何教育孩子等问题进行了深入的探讨和交流，几位嘉宾根据自身的经验对这些问题进行了耐心解答，并以一些具体案例进行了详细与深入的分析。

最后，主持人向参会人员进行了致谢，参会代表合影留念，为此次“用心启迪，追梦 PE”活动画上完美句号！

此次活动得到了女工委秘书处单位江西艾特磁材有限公司的大力支持，提供了精美的礼品赞助，并进行了会前组织和会场布置等工作，特别鸣谢！

为了解电气学科女性工作者在教学科研中所遇到的问题及困惑，本次论坛向所有参会者下发了问卷调查表，调查结果如下：本次参与调研人员总数为 74，其中，女性比例为 47%（35），男性比例为 53%（39），30~40 岁人员占比最多为 45%。大多数为高校工作者和研究生，其中高级职称与中级职称人员占比分别为 37% 和 59%，且高达 68.92%的人从事的是电力电子与电力传动二级学科的研究，在该领域研究年限小于 5 年的占 34%，5~10 年的占 50%。问卷调查结果显示，目前大多数科技工作者的科研经费主要来自于单位内部资助和国拨经费。

根据科研重心排序的调研结果，在实施高等教育内涵式发展与“破四唯”的新形势下，调研者认为科研教学岗教师的工作重心的占比依次为科研创新 56.25%，建精品课程 23.75%，多写科研学术论文 18.75%，多写教学论文 1.25%。在各项指标的重要程度排序上，调研者普遍认为排在首位的应该是期刊影响因子，占比达 35.14%，其次是同行评价，占比达 21.62%，再次是他引次数，占比达 20.27%，国际 Q2 区以上 SCI 源刊论文的占比为 8.11%。

在本次调研中，也针对信息技术飞速发展的现状，探讨了未来可能的教学方式，67.57%的调研者认为未来 5 年最有可能的教学方式是线上线下相结合为主，也有一些调研者认为线下教学为主教学方式仍会持续。此外，本次调查问卷也针对我国电力电子技术高等教育存在的不足进行了调研，大家认为可能存在的不足主要有：和企业合作不够充分，学生实习机会较少等。对女工委活动提出的建议主要有：多组织活动，协助女科学家破除职场天花板，号召更多男性重视和加入，让电力电子行业的女科技工作者得到更高的社会关注度，希望加强高校和企业界的联系等等。本次问卷调查结果对女工委后续工作的开展和论坛内容的选择具有重要的意义。

本次活动得到了致瞻科技（上海）有限公司的赞助，也得到了第十四届中国高校电力电子与电力传动学术年会承办方西南交通大学电气工程学院和女工委秘书处单位江西艾特磁材有限公司的大力支持，特此鸣谢。

2020 国际电力电子创新论坛圆满结束

由中国电源学会主办、中国电源学会青年工作委员会承办的 2020 国际电力电子创新论坛于 2020 年 11 月 3~4 日在深圳国际会展中心（宝安新馆）成功举办。本次论坛聚焦行业三大热点，共设宽禁带器件及电源创新技术、交通电气化与运动控制、新能源发电及其并网控制技术三个主题分会场。

中国电源学会秘书长张磊、中国电源学会青年工作委员会主任杜雄分别致开幕辞。南京航空航天大学阮新波教授、重庆大学杜雄教授、重庆大学罗全明教授、湖南大学王俊教授、华中科技大学裴雪军教授、西北工业大学皇甫宜耿教授、西安交通大学王来利教授、清华大学孙凯研究员、浙江大学陈敏副教授、西南交通大学杨平副教授、华为技术有限公司王军峰总监、深圳市禾望电气股份有限公司研发总监周党生、深圳威迈斯新能源股份有限公司韩永杰副总裁、深圳古瑞瓦特新能源股份有限公司吴良材副总裁、深圳基本半导体有限公司和巍巍总经理、深圳市鼎泰佳创科技有限公司梁远文总经理、GaN Systems 公司高级现场应用工程师黎剑源、艾德克斯电子有限公司技术支持工程师郴志豪分别做了专题报告，会议共计演讲 18 场，到会总人数 365 人。

高效率高功率密度电源技术与设计高级研讨班圆满举办

由中国电源学会主办，南京航空航天大学、中国电源学会科普工作委员会承办的“高效率高功率密度电源技术与设计高级研讨班”于 2020 年 12 月 5~6 日在南京成功举办，来自全国各企事业单位、高校科研院所的代表 80 余人参加了本次研讨班。

本课程是中国电源学会连续第六次和南京航空航天大学联合举办此专题高级研讨班，本次课程特邀南京航空航天大学自动化学院副院长、博士生导师、“长江学者”特聘教授、中国电源学会副理事长、学术工作委员会副主任阮新波教授，台达（上海）电力电子设计中心主任、中国电源学会监事长章进法博士，北方工业大学、中国电源学会直流电源专业委员会主任委员张卫平教授，西安交通大学杨旭教授等国内知名专家学者担任本次课程的主讲老师，同时邀请了南京航空航天大学陈杰副教授、南京理工大学姚凯副教授、苏州大学季清副教授共同授课。

本次课程是面向企业技术人员开展的一次综合性电力电子技术理论知识培训，内容涉及高效率电源变换器技术、三电平变换器及其软开关技术、开关变换器的建模——控制与仿真、氮化镓器件的应用与集成化、变换器中的 PFC 和输出电容 ESR 及 C 的非侵入式在线监测技术、开关电源传导 EMI 预测与抑制技术以及航空电源技术。课程理论讲解结合实例分析，让参会人员快速掌握高效率高功率密度电源的设计方法，拓展技术人员的知识层面，提高企业人员的研发设计能力。

参加本次研讨班的代表们绝大部分为企业总工程师、高级工程师以及研究员、教授、副教授等高级技术人才。几位老师精彩地讲解以及对于一些问题有针对性的解答得到了大家的认同。课间大家更是围住了老师们，对于工作中、技术上遇到的问题和技术难点提出了询问，老师们图文并茂的解答不时引起大家的感叹。

经过两天紧张的授课，本次研讨班圆满结束，大家对本次研讨班的举办给予了充分的认可，认为授课内容理论与实践相结合，加深了学员对各类变换器设计的直观理解，对工程师的实际研发工作具有很强的针对性和指导性。

功率半导体器件——技术、封装、驱动与应用高级研修班圆满结束

由中国电源学会主办，中国电源学会科普工作委员会、英飞凌—上海海事大学功率器件应用培训和实验中心、上海临港海洋科技创新中心承办，中国电源学会—IEEE PELS上海联合分部、上海瞻芯电子科技有限公司、上海临港电力电子研究有限公司作为支持单位的高端专家先进技术课程——“功率半导体器件——技术、封装、驱动与应用”高级研修班于2020年12月11~13日在上海成功举办，来自全国企事业单位、高校、在校研究生等70余人参加了此次研修班。

本次研修班是连续第八年在上海举办的此类主题高级研修班，课程全面系统地介绍功率半导体器件IGBT、碳化硅和氮化镓新技术，深入地分析了新型功率器件的器件原理、结构、封装、参数特性、驱动与保护等核心技术。课程经过8年的发展，已经成为业内的精品课程，课程设置紧密贴近产业实际需求，着重破解工程应用的难题，尤其是碳化硅和氮化镓的应用技术，对新涉足或将要涉足这一邻域的工程师有很大的帮助。

本次特邀电子科技大学张波教授作为主讲者，他作为国内功率半导体技术的领军人物，多次获得国家科技进步二等奖、三等奖和国家教学成果二等奖。与产业界合作密切，成果丰硕。张波教授深厚的理论功底和丰富的研发经验的传授将使参加者系统深入地掌握功率半导体知识，为器件研发和应用奠定坚实的技术基础。此次同时邀请了英飞凌科技（中国）有限公司、加拿大GaN Systems公司、上海瞻芯电子科技有限公司等国外及国内一流厂商的资深工程技术人员共同授课。他们带来了当前最新的技术、产品与应用案例，深入地分析了功率半导体器件的性能特点，为工程应用的开发解疑答惑。

由于成都暴发新冠疫情，电子科技大学张波教授无法到达现场授课，他通过在线授课的形式，对功率半导体器件与技术以及新一代功率半导体器件与发展一一论述，内容由浅至深，阐述了半导体器件如二极管、IGBT、新型器件的技术发展和未来技术展望，对器件技术特点及应用做出精彩的讲解。本次还邀请到上海海事大学韩金刚副教授；德国英飞凌科技（中国）有限公司应用市场总监陈子颖博士；德国英飞凌科技（中国）有限公司郝欣博士、郑姿清女士；加拿大GaN Systems公司殷健博士；上海瞻芯电子科技有限公司仲雪倩博士等高校学者、知名企业高级研发人员对IGBT器件的技术、驱动与保护，碳化硅器件技术与应用，GaN器件特性及应用，碳化硅功率器件的参数解读，性能表征和可靠性评估等课题做出了精彩的宣讲。在课堂间隙中，对学员们提出的工作中、学习中不甚了解的问题给予解答。13日下午去上海瞻芯电子科技有限公司的实验室进行了参观。经过3天的课程，学员们纷纷表示此次活动受益匪浅，真正地学到了相应的技术，对于以前一些模糊不清的理念和技术难点也有了茅塞顿开的感觉。

2020年第二期高品质电源电磁兼容性高级研讨班圆满结束

由中国电源学会主办，中国电源学会电磁兼容专业委员会、中国电源学会科普工作委员会承办的2020年第二期“高品质电源电磁兼容性高级研讨班”于2020年12月20~22日在武汉成功举办。

本次研修班邀请到华中科技大学裴雪军教授，敏业科技信息（上海）有限公司黄敏超博士，哈尔滨工业大学深圳研究生院和军平副教授担任主讲老师。来自全国企事业单位、高校、在校研究生等50余人参加了本次研讨班。

本次课程主要讲解了电磁兼容（EMC）的测试和相关标准、电磁干扰（EMI）产生的原理以及电磁兼容设计的主要技术和方法，使学员了解电磁兼容原理，具备分析和解决开关电源电磁干扰问题的能力，掌握电磁兼容的设计方法。并且专门安排应用实训环节，对于EMI滤波、噪声源、辐射、抗扰度亲手检测，理论联系实践，更好地学习电磁兼容检测方法。而且本次课程推出了增值服务：①培训期间每天专门安排专家和学员互动时间，专家与学员零距离交流，解惑答疑；②学员可携带企业产品现场检测，授课讲师现场检测，给出调试指导意见；③讲师在课后一个月内针对培训学员提出的设计方法、产品问题免费给出指导、整改建议。

经过三天的紧张授课，研讨班圆满结束，大家对本次研修班给予充分的认可，认为在授课内容设置上理论与实践相结合，对于工程师的实际研发工作具有很强的针对性和指导性。

高品质电源电磁兼容性高级研讨班圆满结束

由中国电源学会主办，中国电源学会电磁兼容专业委员会、中国电源学会科普工作委员会承办的“高品质电源电磁兼容性高级研讨班”于2020年8月27~29日在上海成功举办。

本次研修班特邀中国电源学会副理事长、中国电源学会电磁兼容专业委员会主任委员、华南理工大学电力学院张波教授致开班贺词。课程邀请到华中科技大学裴雪军教授，敏业科技信息（上海）有限公司黄敏超博士，哈尔滨工业大学深圳研究生院和军平副教授担任主讲老师。来自全国企事业单位、高校、在校研究生等70余人参加了此次研讨班。

本次课程主要讲解了电磁兼容（EMC）的测试和相关标准、电磁干扰（EMI）产生的原理以及电磁兼容设计的主要技术和方法，使学员了解电磁兼容原理，具备分析和

解决开关电源电磁干扰问题的能力，掌握电磁兼容的设计方法。并且专门安排应用实训环节，对于EMI滤波、噪声源、辐射、抗扰度亲手检测，理论联系实践，更好地学习电磁兼容检测方法。而且本次课程推出了增值服务：①培训期间每天专门安排专家和学员互动时间，专家与学员零距离交流，解惑答疑；②学员可携带企业产品现场检测，授课讲师现场检测，给出调试指导意见；③讲师在课后一个月内针对培训学员提出的设计方法、产品问题免费给出指导、整改建议。

经过三天的紧张授课，研讨班圆满结束，大家对本次研修班给予了充分的认可，认为在授课内容设置上理论与实践相结合，对于工程师的实际研发工作具有很强的针对性和指导性。

功率变换器磁技术分析、测试与应用高级研修班圆满结束

由中国电源学会主办，中国电源学会磁技术专业委员会、科普工作委员会、福州大学高频功率电磁技术实验室承办的功率变换器磁技术分析、测试与应用高级研修班于2020年10月17~19日在福州沃尔戴斯酒店成功举办，来自全国各企事业单位、高校百余名代表参加了本次研修班。

本课程是中国电源学会连续第八次在福州举办此类高级研修班，旨在梳理电磁基本理论的基础上，结合功率变换器产品中磁元件的具体分析、设计、测试与应用，使工程师能从电磁场机理上深入认识磁元件的各项性能及其影响因素以及设计考虑点，改变传统设计方法的局限性。

中国电源学会常务理事、磁技术专业委员会主任委员、福州大学电气工程与自动化学院陈为教授作为本次研修班的总策划及主讲专家，从高频磁技术电磁基本概念与应用、磁性元件电磁干扰特性分析与设计技术、磁性材料电气和损耗特性及其应用、磁性材料及其应用等方面进行了系统深入的讲解。福州大学陈庆彬副教授、林苏斌副教授、谢文燕老师更是对磁元件绕组、高频损耗分析与绕组设计、电磁场仿真分析的方法和软件使用进行了讲解授课。

本次培训班理论讲解结合实际工程案例，加入了很多的实例讲解的环节，对于反激变压器、PSFB和LLC电路、变压器共模噪声特性测量与影响因素分析等问题做了具体的分析和讲解。同时演示了4个专题实验，包括交流功率计法测量磁心损耗；变压器绕组交流电阻测量及损耗计算；变压器共模噪声抑制特性的评估；EMI滤波器磁场近场耦合实验。通过实验，使学员对于相关理论知识有了直观的认识，加深了对于相关内容的理解，提高了学员实际解决问题的能力。通过对磁波的测试直观了解磁元件的各种特性，充分体会了实验环节对于本次研修班的作用。

在正式授课时间之外，为使大家能够更加充分地交流和提问，每天课程结束后，专门安排半个小时自由交流时间。授课老师与各位学员充分交流，并针对每个学员的问题给予细致地答疑解惑。

经过三天的紧张授课，研修班圆满结束，大家对本次研修班给予了充分的认可，认为在授课内容设置上理论与实践相结合，实验教学加深了学员对授课内容的直观理解，对于工程师的实际研发工作具有很强的针对性和指导性。

战“疫”专题

爱心战“疫”助力复产——电源行业在行动专题报道

庚子鼠年，一场突如其来的疫情冲淡了新春佳节的喜庆气氛，党中央向全国发出动员令，坚决打赢新冠病毒防控阻击战。在以习近平同志为核心的党中央坚强领导下，经过全国上下和广大人民群众艰苦卓绝努力，疫情防控取得了重大战略成果。

自疫情暴发以来，中国电源学会号召广大会员单位尽己所能，支持战“疫”复产，积极履行社会责任。各级会员单位用实际行动体现了电源行业的使命担当，涌现出了许多感人事迹。中国电源学会通过官网、微信、通信等多种形式，记录和宣传学会各级会员单位在这场战“疫”中所表现出的奉献精神和大爱之举。

在这场严峻的疫情防控阻击战中，电源企业团结一心，有的为疫区捐款、捐物，奉献爱心；有的身先士卒，派出员工奔赴抗疫一线，或者紧急生产调用物资，提供支援服务；还有的发挥前沿技术优势，提供抗疫技术产品，贡献科技创新力量。据不完全统计，截至5月底，中国电源学会各级会员单位支持国内疫情防控，捐款、捐物逾5000万元。

中国电源学会副理事长单位深圳市汇川技术股份有限公司携全体员工向武汉捐款700万元；副理事长单位阳光电源股份有限公司捐赠300万元支援武汉雷神山医院建设；副理事长单位科华数据股份有限公司捐赠200万元支持当地疫情防控；理事单位广州回天新材料有限公司董事长捐款100万元支援湖北多地疫情防控；常务理事单位深圳科士达科技股份有限公司累计捐赠各地疫情防控资金70万元；会员单位四川英杰电气股份有限公司捐款100万元支援当地疫情防控；会员单位上海科泰电源股份有限公司、合肥科威尔电源系统股份有限公司、深圳市航智精密电子有限公司等也纷纷捐款。

此外，副理事长单位深圳市航嘉驰源电气股份有限公司、理事单位深圳青铜剑科技股份有限公司、中科院等离子物理研究所等多家会员单位向疫情严重地区捐赠多批医用口罩、消毒剂、消毒机等防疫物资。

海外疫情暴发后，理事单位深圳罗马仕科技有限公司、会员单位中科院等离子物理研究所向全球多个国家、地区捐赠了超过15万只医用口罩。

除了捐款捐物以外，有的会员单位身先士卒，派出员工奔赴抗疫一线，或紧急生产调用物资，提供支援服务。其中，珠海格力电器不仅向各地捐赠了价值超过2000多万的空气净化器、空调、口罩物资，还派出200多名安装工人组成“格力空调抢装先锋队”，在时间紧、任务重的情况下，用手抬、肩背的方式把格力电器捐赠的空调、空气净化器等物资徒步几公里送到火神山医院，又历经三天三夜、不眠不休地完成了空调安装工作，并在此后转战雷神山医院再度强装空调，保证温暖的病房环境。深圳科士达科技股份有限公司、超特科技武汉公司等企业也派出员工驰援武汉，为火神山医院提供病房ICU和机房信息化建设服务。

安徽博微智能电气有限公司春节期间加班加点，紧急生产武汉医疗设备所需的智能配电单元；武汉武新电气科技股份有限公司近50人的团队经过5个白昼的紧张奋战，按时交付了武汉雷神山医院建设项目急需的定制配电设备；广州致远电子有限公司克服各种困难，提供了武汉生产测温仪急缺的存储器芯片；深圳市商宇电子科技有限公司“南征北战”，奔赴陕西、河南、四川、浙江、广西等多个省份，支援各地“小汤山”医院和疾控中心建设，确保ICU病房设备电源正常运转；厦门市爱维达电子有限公司向莆田“小汤山”医院提供电源保障。

还有的会员单位发挥前沿技术优势，提供抗疫技术产品，贡献科技创新力量。例如，科华数据股份有限公司为各地医疗机构、防疫指挥中心等提供高可靠电源保障、高安全云基础服务；中兴通信股份有限公司除捐赠多批医疗物资，主力支撑武汉、黄冈、北京等多地疫情防控及定点医院的网络建设及保障。在成都实现全国首例新型冠状病毒肺炎5G远程会诊，三天完成北京小汤山医院2G/4G扩容及5G信号全覆盖；伊顿电源（上海）有限公司提供的高性能UPS、电能质量等设备，守护火神山电力稳定，为医院高效运营提供基础保障。

如今，众多电源企业克服新冠肺炎疫情带来的不利影响，努力战“疫”的同时，有序抓好生产经营服务，全力保障企业稳定运行，不断推动行业进步。

与此同时，为切实解决会员企业面临的实际困难，中国电源学会也积极对接有关资源，助力企业复工复产。学会前期面向各会员单位开展了受疫情影响情况的问卷调查。根据会员企业反馈意见学会计划组织开展一系列抗疫专项服务工作，主要包括行业情况通报，举办会员企业产品与技术网络宣讲会，搭建产品推广和供需交流平台，推出“中国电源学会科技服务行动-电源云讲坛”系列活动，宣传会员企业抗疫典型事迹等。

疫情无情，人间有爱。众多电源企业团结一心、共抗疫情，用爱心回报社会，用一个个平凡踏实的行动诠释了责任和担当。相信随着国家各项经济政策的陆续出台和市场需求的逐步恢复，在上下游产业链的密切协作下，通过全行业的共同努力，电源行业也必将战胜困难迎来新的发展。

众志成城！阳光电源捐赠300万元支援武汉雷神山医院的建设

连日来，新型冠状病毒感染的肺炎疫情牵动着万千群众的心。一方有难，八方支援。1月29日，阳光电源股份有限公司（简称阳光电源）通过中国红十字基金会紧急捐赠人民币300万元，专项用于武汉雷神山医院的建设，共同应对疫情防控工作。

自武汉发生疫情以来，在阳光电源董事长曹仁贤的指挥部署下，集团全力安排公司和员工疫情防护工作，同时积极推进全球客户的供应和服务保障工作，并力所能及地为抗疫做出应有贡献，齐心协力共渡难关。

阳光电源将持续关注疫情，我们相信集结各方全部力量，坚定信心，众志成城，一定能打赢这场没有硝烟的疫情防控战！

汇爱成海，共克时艰！汇川技术携全体员工向湖北武汉捐款700万元

2020年新春佳节，一场疫情的暴发，打破原本的幸福祥和。全国拉响警报，武汉更是成为殊死搏斗的“一线战场”。疫情无情，人间有爱。一方有难，八方支援。作为企业力量中的重要一支，汇川技术公司用实际行动践行社会责任和弘扬大爱精神。

本次捐款汇聚企业、员工、股东、代理商朋友等各方爱心。其中深圳市汇川技术股份有限公司捐赠500万元，并号召员工在48h内爱心捐款100万元。董事长朱兴明个人捐款100万元。公司向武汉慈善总会捐赠这笔款项，用于武汉等多个城市筹措医疗物资，为打赢此次防控战役贡献一份力量。

共同战疫！航嘉向湖北医院捐赠空气净化消毒机和智能插座

一方有难八方支援。自疫情发生以来，深圳市航嘉驰源电气股份有限公司（简称航嘉）第一时间成立疫情防控工作领导小组，落实有关部门关于疫情防控的工作部署。

1月30日，为了支援湖北医疗机构疫情防控，为防控工作贡献一份力量，快速成立武汉疫情医疗机构消毒净化设备支援小组，向武汉医疗机构捐赠了欧思嘉KJ380、KJ540空气净化消毒机。

2月28日，当航嘉获悉医疗单位对插座有需求时，紧急调拨了2000只航嘉智能安全插座，发往湖北抗疫前线，支援一线医院，保障了医疗设备和设施的正常运转，为病患治疗提供帮助。

此次受赠的医院多达23家，面向湖北省，主要分布在武汉、黄冈、鄂州等疫情较为严重的地区。尽管时间紧迫，航嘉依然协调各个环节，通力合作，以最快的速度将物资发往抗疫前线。

此次捐赠的产品符合国家最新标准，通过了国家3C安全认证，从外观、材质和性能都进行了全新升级，具有安全门、防过载、防雷击等功能，有效地保障了使用者和电气设备的安全。

挺身而出！航嘉向深圳市第三人民医院捐赠物资

3月11日，随着载有深圳市航嘉驰源电气股份有限公司（简称航嘉）捐赠物资的车辆驶入深圳市第三人民医院的大门，航嘉再次点燃爱心，赠送自主研发设计和生产的空气消毒净化器和航嘉智能插座。

自疫情暴发以来，深圳确诊病例逐渐增多。深圳市政府与市三医院采取积极的应对措施，开始建设深圳版“小汤山”医院——深圳市第三人民医院二期工程应急院区项目。

在项目刚刚竣工时，航嘉获悉院区对插座有大量需求，在自身产能有限，复工刚刚起步的阶段，毅然抽调1000只新国标智能安全插座和10台欧思嘉空气消毒净化器发往市三医院。此次捐赠的新国标智能安全插座是航嘉采用最新技术研发的高端产品。配备有安全门、防过载、防雷击等多种功能，外壳采用环保阻燃材料，可以有效地保障使用者和医疗设施的安全，从源头解决了用电安全隐患，为医疗单位全力抗击疫情解除后顾之忧。

此外，捐赠物资中的另一个产品是航嘉欧思嘉空气消毒净化器，该产品引进日本的光触媒专利分解系统，使用MaSSC光触媒专利分解系统+高效复合滤网，可以有效地杀灭多种病毒和细菌，将有害物质分解为二氧化碳和水，除菌率高达99%以上，实现了消毒+净化二合一。

中兴通讯公益基金会联动全球业务网络接力驰援湖北抗疫前线

自新型冠状病毒感染肺炎疫情暴发以来，中兴通讯公益基金会始终密切关注疫情，心系抗疫一线。中兴通讯公益基金会依托企业全球业务网络，联动韩国、日本、土耳其、匈牙利等国的企业代表处采买防疫物资回国，并联合顺丰公司紧急运送10万个医用口罩至武汉、黄冈、随州、广水等湖北多市医院及公安部门，支援抗疫前线。

此次捐赠的防护物资，除了用于守护战斗在生死线上的“白衣天使”，也特别为基层民警支援2万个口罩，用以慰问辛苦奔走于社区村居内执行疫情防控任务的“藏蓝卫士”。

此批物资捐赠后，中兴通讯公益基金会持续调动全球资源及企业员工志愿者，分批采购更多防疫物资捐赠至湖北省内多家医院、防疫中心及基层单位，尽全力为疫区提供支援，协同抗疫。

作为重要的通信网络保障企业，中兴通讯始终保持实时待命状态，投入全国疫情救助工作，及时响应各地通信网络的临时建设需求，全面支撑运营商做好抗疫关键时期的通信保障。在生产、配送、施工、开通各个环节全力以赴，主力支撑武汉雷神山医院，黄冈小汤山医院，北京小汤山医院，西安、昆明、重庆、贵阳等多地疫情防控及定点医院的网络建设及保障，确保当地重要区域网络稳定通畅。在成都实现全国首例新型冠状病毒肺炎5G远程会诊，三天完成北京小汤山医院2G/4G扩容及5G信号全覆盖。

中兴通讯公益基金会紧急采购32t酒精持续支援湖北、深圳抗疫一线

2月9日下午，一辆装载着12吨75%医用酒精的大型货车由山东直达深圳。这批医用酒精由中兴通讯公益基金会统一采购，其中10t捐赠给深圳市卫健委，由其统一调配，支援深圳市第三人民医院、深圳市疾病预防控制中心等35家医院及防疫机构，2t定向捐赠至华中科技大学协和深圳医院（又名深圳市南山人民医院），助力深圳打好这场卫生防疫战。

新型冠状病毒肺炎疫情肆虐，深圳作为一个流动人口

占比位居全国前排的“移民之城”，防疫压力巨大。因防疫形势严峻复杂，医用酒精等防疫物资紧缺。

在接收到医院发出的防疫物资支援请求后，中兴通讯公益基金迅速响应，广泛搜寻全国各地的医用酒精生产厂家，联合社会资源协调解决危化品运输问题，积极采购医用酒精，并主动联系深圳市卫健委了解各方面实际需求，为市内多家医院及防疫中心提供疫情防控的“弹药”支援。

此外，另有20t医用酒精由山东发往湖北省武汉市，其中10t由武汉市疾病预防控制中心统一调配，10t定向分发至多家新型冠状病毒肺炎救治医院。

500余部中兴通讯手机“落户”武汉方舱医院为临床诊疗提速护航

在抗击新型冠状病毒肺炎期间，502台中兴通讯智能手机陆续送达武汉市方舱医院，安置在每个隔离病区内。这批手机由中兴通讯公益基金会定向捐赠给中国中医科学院，内置“新冠肺炎临床研究平台”。一线医务人员将用此记录、上报病人临床数据，提高诊疗工作效率，推进中医药治疗新型冠状病毒肺炎的临床研究。

在此次新型冠状病毒肺炎诊疗中，中医治疗方法发挥着重要作用，并在临床实验中不断改进优化。据悉，由中国中医科学院研发的“中医药防治新型冠状病毒肺炎临床研究平台”，可用于医务人员实行电子化诊疗工作，实时记录患者信息，线上收集分析临床数据。

但推进此研究平台用于一线工作时，出现了实操难点。在方舱医院中，医务人员均着防护服、全副武装，不方便随身携带物品，直接带私人手机出入隔离病区，存在交叉感染的风险。

在了解到这一情况后，中兴通讯公益基金主动对接中国中医科学院，深入沟通、明确具体需求，定向捐赠了一批中兴通讯智能手机，协助装载手机诊疗平台，并快速送达方舱医院内，帮助医疗团队实现一区一机、专机专用，切实解决了医护人员日常工作中的痛点，助推诊疗数据采集分析工作更高效、安全的开展。

此次捐赠行动，也是中兴通讯公益基金自去年捐赠200部中兴5G智能手机支持西部精准扶贫后，再次发挥企业核心能力，主动承担企业社会责任。

百万核酸检测设备已到位　中兴通讯公益基金会助力医院硬核战“疫”

在抗击新型冠状病毒肺炎期间，中兴通讯公益基金会捐赠的第三批医疗物资：价值123万元的新型冠状病毒2019-nCoV核酸检测试剂盒（5000人份）、定时荧光定量PCR扩增仪及配套材料，已抵达武汉抗疫一线，定点支援武汉市中心医院、湖北省第三人民医院及武汉科技大学附属天佑医院。与前两次捐赠行动一样，本批医疗物资同样依据医院实际需求进行定向采购，并安排专车直接送达。

在抗击新型冠状病毒肺炎最前线，及早发现感染人群，并实行早隔离、早治疗，是阻隔疫情进一步扩散的关键。2月17日，国务院联防联控机制召开新闻发布会上，专家明确指出核酸检测是当前确诊新型冠状病毒肺炎的“金标准”。钟南山院士也于近日公开说明，如果我们能对医院医护人员进行培训，正确进行采样及检测，核酸检测的准确率应该很高。

随着检测覆盖人群范围的逐步扩大，检测试剂、检测仪器及专业检测人员，始终是抗疫一线医院所紧缺的“硬核武器”。

据此，中兴通讯公益基金急医院所急，精准助力抗疫一线！此次选购捐赠的新型冠状病毒核酸检测试剂盒，已通过国家药品监督管理局审批，并获得医疗器械注册证书，且在使用配套检测仪的情况下，可实现1人1机1日检测样本量达1000人份。这批5000人份的试剂盒被投入抗疫一线使用，助力医院对疑似病例（特别是隐性感染者）快速分流，防止交叉感染，避免更大范围的疫情扩散。

医院在使用新型冠状病毒核酸试剂盒进行标本采集后，还需使用定时荧光定量PCR扩增仪对标本进行检测。定时荧光定量PCR扩增仪是一种用于放大扩增特定DNA片段的分子生物学检测设备，也是核酸检测试剂盒的“最佳拍档”，如果没有它的协助，试剂盒就没办法发挥作用，疑似病人也就无法确诊。

针对医院的实际需求，中兴通讯公益基金也为武汉市中心医院特别捐赠了价值60万元的定时荧光定量PCR扩增仪，并联合设备厂商，调配技术工程师到现场安装及调试设备，为医院检测人员开展培训。该设备投入使用后，1个操作人员在2h内即可完成96份样本的检测工作，将有效提升医院对新型冠状病毒感染肺炎疑似患者的检测服务能力。

关键时刻使命担当！科华捐赠200万元支持新型冠状病毒肺炎的疫情防控

当前，疫情防控的阻击战正处于关键时期，举国上下高度重视，也时刻牵动着科华人的心。为驰援新型冠状病毒肺炎疫情的防控工作，2月6日科华数据股份有限公司（简称科华数据）及其全资子公司漳州科华技术有限责任公司向厦门市红十字会、漳州市芗城区红十字会捐赠共计200万元现金。后续，公司将根据抗击疫情的需求捐赠产品设备并提供解决方案，全力支持抗击新型冠状病毒感染的肺炎疫情，切实履行上市公司的社会责任。

科华数据董事长、总裁陈成辉先生表示：“疫情严峻，病毒无情。此时，我们更要挺身而出，敢于担当，尽我们全力和全国同胞一起抗击疫情！这是科华数据应有的担当，更是我们应该践行的社会责任。在此，我也代表公司，向奋战在一线的医务工作者，向坚守在防疫工作岗位上的每一个人致敬！科华数据将继续响应疫情防控工作，与全国人民齐心抗疫、共克时艰。”

自疫情发生以来，科华数据正在积极行动。除捐赠款项，在科华数据疫情防控指挥部的领导下，公司已全面部署员工疫情防护工作、客户的供应及服务保障工作，为各行业防疫抗疫工作做出贡献。

科华数据的医疗级专业电源设备正在为全国多家医疗机构提供支持。科华数据正在为覆盖全国的近30座机场、高速公路、百余条轨道交通线路提供高可靠电源保障，助力人员、物资能及时驰援一线，畅通无阻。科华数据全力确保北上广的5大云数据中心，以及全国20多个数据中心7×24小时安全、可靠运行，为疫情期间医疗机构、数字政务、互联网教育等服务提供可靠的云基础服务支撑。

众志成城抗击疫情　科华全力做好疫情期间数据中心运维保障

在2019年的春节，面对疫情，各行业严阵以待、赴汤蹈火，举国上下，团结应战。

在中国已进入数字经济时代的大背景下，疫情防控的阻击战除了离不开千千万万医护人员，以及基层一线无名英雄的无私奉献，还需要“新基建”领域的数据中心和云计算行业的鼎力相助。就在此时，为保证疫情期间支撑着医疗机构、数字政务、金融服务、互联网教育等服务的数据中心能安全、可靠运行，科华数据中心团队坚守岗位，齐心协力做好运维保障工作，助力全国疫情防控工作！

疫情发生以来，科华数据股份有限公司（简称科华数据）高度重视，公司于1月21日启动“疫情应急防控一级响应”，成立以公司副总裁姚飞平任总指挥的疫情防控数据中心运维保障指挥部，全面启动数据中心疫情防护应急预案，从疫情监控、应急值守、定期巡检、防控宣传、物资储备、信息报备、督办检查等环节做了严密防控规划。围绕总指挥部下达的人员防控“0”感染、运维保障“0”故障、园区防控“0”死角、物资保障“0”中断疫期工作目标，积极采取一系列措施：

人员防控“0”感染

为保障公共卫生紧急事件下数据中心的稳定运行，公司坚持全防全控、联防联控、群防群控，建立预防为主的防控工作组织体系，第一时间发布《疫情期间数据中心客户告知函》，与客户携手抗击疫情，对运维团队、客户、园区人员进出进行管控，实时掌握在岗及来访人员的健康状况。

针对在岗、即将返岗的员工、客户身体健康情况进行了排查，落实人员动态上报、居家隔离医学观察等措施，杜绝全员返岗后“内部传染、外部传播”现象。

做好防疫相关知识宣贯工作，通过手机微信、园区海报、重点区域防护标识等，多渠道宣传引导，加强园区人员安全意识及对新型冠状病毒感染的肺炎预防知识的了解。

运维保障“0”故障

在疫情期间，及时做好防控信息发布、加强防控数据分析、优化在线服务等离不开高可靠数据中心基础设施、运维保障的支持。

关键时刻，科华数据运维保障团队不负众望，为公司北上广5大云数据中心、全国20多个数据中心，提供7×24小时强有力的运维保障服务。为确保疫情期间客户业务零中断，对包括数据中心动力系统在内的各系统设备运行安全进行全面排查，从日常设施及系统维护、故障应急响应、人员值守到定期巡检等各方面工作规范均严格遵循疫情期间紧急预案和指挥部要求。同时，针对多种紧急情况制定《疫情期间数据中心应急处理规范》，确保在各种条件下数据中心稳定的运行。

期间，科华数据广州名美云数据中心积极配合中国联通，圆满完成包括广东省“数字政府”改革建设领导小组第四次会议等在内的各项业务保障任务，响应“充分发挥‘数字政府’平台对疫情防控工作支撑作用”的号召，做好数据中心运维保障服务。

园区防控“0”死角

全面加强园区疫情防控管理，制定疫情期间全面消杀工作计划，对园区公共区域及人流密集区域每日定时全面消杀，做到“防控零死角”。

疫情期间，针对设备维护、维修厂家人员进出，建立专门维修隔离区域，有效避免不同厂家进出机房带来的病毒传染风险。在必须进入机房维修的情况下，要求做好人员防护及消杀工作方可进行。

物资保障“0”中断

全面保障疫情期间值班人员及园区应急物资，备足药品、基础医疗器械等物资，加强人员防护用品、防疫消毒用品、应急食品储备等，确保各种物资供应充足，以保障数据中心稳定运行。

在这个不一样的春节，数据中心运维团队众志成城，齐心协力，积极担当企业社会责任，充分发挥在云基础服务领域的优势，做好数据中心运维保障工作，为做好数字经济时代的疫情防控全力以赴。

科华数据“智慧电能综合管理解决方案”全力支持广西“小汤山”、北京朝阳医院等一线机构

在抗疫期间，疫情防控工作取得阶段性成效。在决胜战“疫”的关键时期，科华数据股份有限公司（简称科华数据）“智慧电能综合管理解决方案”仍在继续守护“重要防线”，为医院、防疫指挥中心等机构提供了安全可靠的高端电源解决方案、云基础服务解决方案。

广西：助力广西“小汤山”和“抗疫重镇”都安。

为了加强新型冠状病毒肺炎疫情防控，广西决定改造和扩建邕武医院，作为广西首个“小汤山”医院，收治确诊、疑似病例。为了保障医院临时负压病房顺利启用，分秒必争，2月8日科华数据在接到任务后，24小时内完成调货发货、运输、安装、调试工作，确保负压病房中心机房的关键负载供电高可靠、不间断，与各建设单位协作完成生命接力。

同样在广西，2月14日，科华数据接到当地抗击疫情最严峻的战场之一——都安瑶族自治县的支持任务，需要为都安瑶族自治县中医医院信息中心机房提供高质量、不间断的供电设备，要求20号交付使用。公司当即协调技术团队驻点现场，完成调货、运输、安装、接线、调试等工作，助力中医医院新大楼作为收治新型冠状病毒肺炎病例的临时病区快速投用。

北京：8 小时紧急任务支持。

2 月 11 日晚 8 点左右，科华数据合作伙伴步步为营科技（北京）有限公司接到首都医科大学附属北京朝阳医院发热门诊紧急支持任务，需要为新型冠状病毒检验设备提供高可靠不间断供电，2 月 12 日一早就要接诊使用。

距离接诊只有 12 个小时，科华数据与步步为营紧密协作，售前技术人员迅速与北京朝阳医院确认应用场景需求、设备参数，完成方案设计。同一时间，科华数据快速协调当地合作伙伴仓库及科华数据客服技术备件库进行清货出库，积极协调物资运输的安排。

北京时间凌晨 3 点多，天还没亮，经过 8 小时的不懈努力，发热门诊用于新型冠状病毒检测所需的电源设备安装、调试完毕。

甘肃：大数据助力精准防疫。

科技助力疫情防控，大数据正在发挥重要作用。在抗疫期间，甘肃省防疫大数据综合分析平台上线，为新型冠状病毒肺炎疫情的防控提供了有力支撑。科华数据为该平台探索大数据技术在疫情防控中的应用，提供了高安全云基础服务的解决方案。

在广西、北京、甘肃和更多镜头不及之处，科华数据及合作伙伴还为一线医疗机构、防疫指挥中心等提供了高可靠的电源保障、高安全云基础服务。通过客户技术服务在线支持，疫情期间我们确保应用于中科院武汉病毒所实验室、武汉市金银潭医院、武汉市中心医院、武汉大学中南医院、武汉市汉阳医院等全国各省市医疗机构的 UPS、精密空调、配电柜等产品运行正常，为其抗击疫情提供了有力支持。

作为国内领先的“智慧电能综合管理服务”提供商，科华数据致力于为行业客户提供高端电源、云基础服务等创新解决方案，为公共卫生事业提供可靠动力支持。当前，科华数据产品方案已经广泛应用于全国众多省市的公共卫生机构，并应用于美国、俄罗斯、瑞典和印度尼西亚等国家。

科华数据捐赠设备驰援抗疫一线

新型冠状病毒感染的肺炎疫情暴发以来，为确保新冠肺炎患者得到充分救治，有效地控制疫情的蔓延，解决医疗资源不足等问题，全国各地医务人员、各省市医疗资源紧急奔走，驰援一线，各大医疗机构也快速调配资源，扩充抗疫实力。

在这个非常时期，科华数据也义不容辞地贡献了自己的力量，除捐赠 200 万元支持疫情防控，集结公司技术、客户服务、供应链团队，捐赠设备及物资奔赴全国各地，马不停蹄地驰援抗疫一线。

湖北咸宁、黄冈：克服困难支援“一线”。

“湖北省咸宁市中心医院、黄冈市黄梅县中医医院急需电源设备，情况紧急，运输受限，请疫情防控点协助我们，谢谢！”

2 月 16 日，对距离本次新型冠状病毒肺炎疫情中心武汉仅 100 公里的咸宁市中心医院发出紧急支援，捐赠一批新型冠状病毒检测设备需要的高可靠电源设备。2 月 17 日，黄冈市黄梅县中医医院相继发出紧急需求。

作为武汉城市圈的核心区域，咸宁、黄冈是新型冠状病毒肺炎疫情防控阻击战的前沿阵地。接到任务后，科华数据技术团队紧急调拨捐赠设备，安排专车将高可靠电源设备运抵现场。

在这个特殊时期，物流停运，多数道路封阻，应如何最快地调拨捐赠设备运抵咸宁、黄冈，我们的销售、售前、客服、运输团队规划了几个方案，最后决定从公司武汉办事处库存调用设备，在医院、各疫情防控点的支持下，设备通过绿色通道按时送达。

北京：慰问战疫一线的“中流砥柱”。

2003 年，首都医科大学附属北京地坛医院作为北京主力医院全力抗击“非典”疫情。如今，面对新型冠状病毒肺炎疫情肆虐，这里的医护人员再次直面挑战，承担患者救治、筛查、隔离工作，用医术和爱心奋力守护生命。

抗疫期间，科华数据携手全国卫生产业企业管理协会医院建筑工程装备分会，携物资前往北京地坛医院，慰问正在一线战疫的医务人员，致以最诚挚的问候和感谢。

抗击疫情　博微智能在行动

1 月 22 日，农历腊月二十八，距离鼠年春节还有两天的时间，安徽博微智能电气有限公司（简称博微智能）突然接到了客户信息：因武汉疫情严峻，卫健委要求紧急支援前线一批医疗设备。博微智能作为该设备的核心供应商，需要尽快提供该医疗设备所需的智能配电单元。

疫情就是命令，时间就是生命，防疫工作刻不容缓。

此时博微智能公司已放假，公司迅速做出反应，由总经理挂帅，成立“支援保障组”，即刻行动起来，开始部署工作。刻不容缓，博微智能人紧急联络各方资源，仅 4 个小时火速发走了第一批所需全部库存产品，保障了设备的生产。

农历正月初二，按照中国人的传统，还在新春佳节之中。这一天，合肥发布了蓝色大雪警报，天亮开始，鹅毛般的大雪凌空飞舞，客户再次联系我们，库存告急，疫情严峻。“14：00 之前，货必须发走！”指挥的领导斩钉截铁。“支援保障组”的信息又急迫地响了起来，博微智能人即刻赶到公司。利用现有的物料抓紧装配，争分夺秒，完成第二批次的产品装配，但是因大部分物流公司尚未营业，我们不放弃，一家家电话询问，一位位司机联系，所幸知道是支援武汉，合作单位给予了充分的理解。时间紧张，路面存在结冰的可能性。货车一到，库房的同事紧急安排装车。众志成城，排除万难！博微智能人顺利完成任务，鼎力支持武汉防疫前线。

疫情期间，我们每天与客户保持紧密联系，同时提前开始部署工作。在第二批产品装配的同时，博微智能人积极采购物料，克服了物料供应商休假、物流不便的种种困难，抓紧采购，经过大家的努力，后续物料在大年初五准时抵达公司，博微智能积极动员员工，300 名已返乡员工积极响应，随时准备返回公司，待物料到达之后，将立即开展一场与时间赛跑的防疫之战，确保客户所需配件的随时供应。

同时，博微智能与38所职工医院积极沟通，已提前为员工提供了口罩以及各种环境消毒措施，以确保员工在加班加点的同时，确保自身安全，避免内部出现疫情。

科士达紧急驰援　战“疫”永不间断

守望相助，共克时艰——驰援抗疫，科士达在行动。

岁末年初，湖北省武汉市暴发了新型冠状病毒感染的肺炎疫情，并快速蔓延至全国各地。突如其来的疫情，像一场没有硝烟的战火，让海内外中华儿女团结一心，共渡难关。

疫情当前，全国各地区、各行业迅速反应，携手打响抗击疫情之战，深圳科士达科技股份有限公司（简称科士达）作为国内数据中心知名企业也在第一时间积极响应，及时发掘自己的长处，利用自身优势为战胜疫情贡献一份力量。

疫情防控阻击战关键时刻，电力供应是最重要的支撑，是生命线工程，科士达深知责任重大，使命光荣。

争分夺秒，支援火神山ICU病房建设

2月8日，正值元宵节，中建三局下达任务：ICU病房急需供电，UPS安装时间只有一天，第二天就要接收重症患者。科士达售后工程师薛工接到任务，没来得及和家人解释，马上出发，而他要赶往的正是武汉首座用于集中收治新型冠状病毒肺炎患者的专用医院——武汉火神山医院建设现场。

任务重、时间紧。各环节分秒必争，电力施工更是24小时待命。抵达医院后，薛工便和在场工作的伙伴一起，通宵完成了设备的运输、组装、接线和调试等工作。

由于武汉到处封路、店铺关门，辅材之类的材料没处购买，只能加班加点自己做线材。经过一天一夜的不懈努力，科士达UPS为火神山医院ICU病房的建设提供了坚强的电力保障。

驰援黄冈、孝感

作为省内与武汉毗邻的两个城市，黄冈和孝感与武汉的接壤面均很大，随着疫情的扩散，继武汉之后，黄冈、孝感出现严重疫情。面对此次疫情，科士达持续关注发生在武汉周边的疫情发展情况，心系湖北人民，紧急捐赠一批数据中心设备支援黄冈、孝感等地级市抗击疫情医院的建设工作，为防疫前线的医院及隔离点提供安全可靠的电力支持。

情暖深圳抗击疫情主战场

深圳市第三人民医院位于龙岗区，是一家三级甲等传染病专科研究型医院，也是深圳及周边港、澳、东莞、惠州等地区唯一一家以传染病治疗为特色的现代化大型综合医院。自疫情出现以来，作为深圳疫情患者的集中收治医院，这里成为深圳市防控新型冠状病毒感染肺炎的主战场之一。

面对患者逐渐增多的严峻形势，深圳市第三人民医院承受着因防控新型冠状病毒肺炎而造成部分物资短缺的巨大压力。

作为一家成长于深圳的企业，科士达在助力全国抗疫战斗，协助采购紧缺物资的同时，也密切关注着深圳的疫情变化，一直与深圳市各抗疫相关部门保持着紧密联系。了解到三院的情况之后，科士达紧急调拨一批UPS，火速驰援三院，尽己所能，全力以赴，为疫情防控贡献力量。

持续驰援，战“疫”永不间断

正值疫情防控关键时刻，科士达不忘使命，勇于承担社会责任，向霞浦县红十字会捐赠10万元人民币和价值30万元的医用口罩10万个；全资子公司广东科士达工业科技有限公司向惠州红十字会捐赠30万元人民币；全资子公司安徽科士达新能源科技有限公司向金寨县政府捐赠10万元人民币；全资子公司江西长新金阳光电源有限公司向宜丰县慈善总会捐赠20万人民币。

科士达自成立以来，始终秉承“做一个有社会责任感的企业”的宗旨，疫情暴发以来，不忘积极承担社会责任，为抗击疫情提供更灵活有力的支援！

青铜剑科技携手日本爱心机构捐赠防疫物资

2月16日晚，首批由青铜剑科技携手日本爱心机构采购的儿童口罩、银离子水消毒喷雾剂等防疫物资，搭乘深圳航空从东京出发顺利抵达深圳。在装有防疫物资的纸箱上，张贴着“潮平两岸阔，风正一帆悬”的诗句，象征中日两国源远流长的友谊和携手战胜疫情、共享繁荣发展的坚定信心。

新冠肺炎疫情发生以来，青铜剑科技始终保持密切关注，了解到儿童口罩等针对儿童的防疫物资非常紧缺，积极利用海外资源，联合致公党深圳市委员会以及日本正良学园、克拉集团、幼教专家查理良成等爱心机构和个人，在境外紧急抢购了医用防疫物资。

在广东省、深圳市青少年发展基金会，深圳海关，深圳航空，美邦运通等单位的协助下，首批抵达的10500只儿童口罩、410支银离子水消毒喷雾剂等防疫物资定向捐赠给深圳市妇幼保健院、深圳市儿童医院、北京大学深圳医院、坪山区疾病预防控制中心等医疗机构，用于疫情防控。

疫情无情，人间有爱。面对疫情，青铜剑科技积极履行社会责任，与社会各界一道守望相助，共渡难关。

武汉测温仪急缺存储器芯片
ZLG用“芯”紧急支援

2020年1月23日，为武汉生产人体红外测温仪的武汉华中数控股份有限公司（简称华中数控），因生产需要亟需1000片特定型号的存储芯片，该芯片原厂为美国ISSI公司。疫情严峻，刻不容缓，华中数控向国内半导体行业发布紧急求助。

厂家急需芯片，多条信息线索导向ZLG立功科技

1月23日下午16：00，华中数控总经理找到ZLG销售人员，急需ISSI公司的某款内存芯片1000片，用于加急生产人体红外测温仪。同时，华中数控董事长也在朋友圈发

布紧急求助，经半导体业内人士多方转发，元禾璞华（苏州）投资管理有限公司投委会主席陈大同教授看到转发信息并迅速响应，进而联系 ISSI 董事会，ISSI 董事会最终联系到 ZLG 立功科技欧阳总。

半导体行业信息线索与内部同事沟通线索同时展开，两条线索最终都将资源需求指向 ZLG 立功科技。ZLG 通过 ISSI 原厂和华中数控相关负责人的沟通信息，确定了产品型号，并安排紧急发货。

春节关头，工厂休假，仓库紧锁，电源关闭，快递停运。如何将这批芯片紧急出库并及时发往厂家，成了一个亟待解决的难题。

仓门紧闭，欲破门而入之时出现奇迹

ZLG 制造中心仓库有三道门，每道门都是保障库存安全的重要防线，每把钥匙都有专人保管。在协调各方力量顺利开启前两道门之后，第三道门的常用钥匙由于客观原因难以及时送达。立功科技高层批复，全力支持本次紧急发货，在没有钥匙的情况下允许采取特殊手段进入仓库。就在众人即将破门而入之时，数十把成串钥匙的某一次尝试，仓库门锁竟随着一声清脆的“咔嚓”声应声而开。

一抹微光，于暗夜中精准锁定仓位

ZLG 仓库储存的物料数以万计，每个型号的产品都有特定的仓位信息，货物出库也都有严格的出库流程。为保证货物安全，ZLG 制造中心仓库在节假日期间全部断电，即便此时已顺利进入仓库，但在茫茫货物中找寻一款芯片，犹如大海捞针。

幸运的是，公司网络服务器尚未关闭，公司综合管理部通过系统查到该型号货物的仓位和箱号信息，协同各部门人员紧急发起发货流程并完成审批，最终，仓库物流部人员凭借一道微弱的手电筒光，根据仓位信息摸黑找到货物，并顺利打包发走。

跟生命赛跑，全力揪住最后一根物流稻草

为满足客户紧急生产需要，货物需分批发往佛山和武汉两个生产地点。发往佛山的货经过百般周折，最终采用货拉拉于 1 月 24 日上午 8：15 顺利送到客户手中。但是，由于道路阻塞，物流关闭，发往武汉的货物，沟通多方得到的反馈都是“无法保证时效”。ZLG 立刻联系武汉新型冠状病毒肺炎防控指挥部、武汉红十字会等特殊渠道，为必要时期走特殊通道做好万全准备。最后，经过多方协调，在 1 月 24 日上午 9：00，另一批货物通过顺丰陆运顺利发出。

普通工作者起到关键作用，小人物也有大能量

在本次事件解决过程中，每位工作人员都尽自己所能发挥作用。联系不到快递，大家想方设法去找货拉拉；出库流程繁琐可能拖慢进度，大家协调分工，相互配合提高效率；所有人的殚精竭虑，只为能够为武汉疫情做些什么。辗转周折，最终货物得以顺利发出，我们无法得知他们在这件事中付出了多少心血，我们只知道：他们以普通人的思想、普通人的能力、普通人的行为，为武汉疫情做出了自己的贡献。

捐赠、驰援——格力人的疫情“阻击战”

疫情汹涌侵袭，中国进入“全民抗疫”。然而，在疫情防控的战场上，没有人选择退缩。一笔笔捐款，一箱箱物资，一批批坚定支援前线的工作者，都为尽早打赢这场艰苦战役增添力量和希望。这其中，将国家需求为己任的格力也主动肩负起民族企业的使命与担当，凝聚全体员工的力量，以高速度的接力奔赴和高质量的物资驰援，打响了惊心动魄的格力疫情“阻击战”。

为医院建设分秒必争的格力速度

“武汉胜则湖北胜，湖北胜则全国胜。”就在全国各地的医务工作者、人民解放军指战员奔赴、奋战在武汉一线，努力打赢这场抗击新冠肺炎的关键战役之时，格力也在迅速汇集工人力量，先后组建“先锋队”“突击队”，驰援武汉。

为了让更多新冠肺炎患者尽快得到集中收治，火神山医院用时 9 天建成，雷神山用时 10 天建成。在外界赞叹的“中国速度”背后，是建设者披星戴月的付出和坚忍不拔的努力。令人印象深刻的是，格力 200 多名安装工人组成的“格力空调抢装先锋队”，在时间紧、任务重的情况下，用手抬、肩背的方式把格力电器捐赠的空调、空气净化器等物资徒步几公里送到火神山医院，又历经三天三夜、不眠不休地完成了空调安装工作，并在此后转战雷神山医院再度强装空调，保证温暖的病房环境。这其中，很多安装工师傅在年前已返乡过年，得到命令后主动请战，申请返回武汉参加安装工作，这份毅然决然的抗疫精神令人肃然起敬。

还有令人感动的是，当已投入使用的雷神山医院缺乏焊工时，19 名格力焊工应急组成“突击队”，不顾被感染的风险，毅然奔赴一线，在一天的时间内完成了 15 个分区、上千个焊点的管道焊接工作，这些默默付出的“逆行者们”，留下了最值得铭记的事迹。

“中国速度”堪称世界奇迹，而这份“奇迹”凝聚着每个人对祖国的关心、同胞的爱，凝聚着每个人的奉献与奋斗。“你们从心底为医护与病患着想，想提供给他们最好的帮助，因为有了你们的真诚与爱心，能让武汉的医护与病患更多一层保护，让疫情防控更多一份力量，这令我们全体格力人感到骄傲。”这是董明珠送给这些支援一线的格力战士的心里话。

八方驰援抗疫物资的格力力量

一方有难，八方支援。在这场疫情防控中，奋战在一线的医护人员是抗击疫情的中流砥柱，而防疫物资的堡垒力量同样不容忽视。

“截至 2 月 8 日，珠海格力电器股份有限公司向武汉疫区捐赠的杀病毒净化器和空调合计 2465 台套，价值 1540 万元”“东莞格力电器股份有限公司向当地疾控中心捐赠了 1000 台、价值约 290 万元的杀病毒空气净化器”“江西格力电器股份有限公司为南昌市三家定点防治医院捐赠一批

杀病毒空气净化器和取暖器设备”……

从这些见诸报端的报道可以看出，为助力疫情防控，此时此刻，全国各地的格力人心往一处想，劲往一处使，用能够杀灭病毒的空气净化器和取暖设备，为医务人员创造良好的救治环境，也为病患提供一份健康保障。据统计，仅格力各地销售公司已经向各地捐赠了价值近1000万元的杀病毒空气净化器，并在第一时间运送至武汉、海南、东莞、湖南、安徽、江苏、浙江、江西等多地的一线医疗机构。

疫情之下，格力肩负社会责任，为打赢疫情阻击战奔走四方；逆境当前，全体格力人凝聚力量、众志成城，形成一股抗击疫情的强大力量。

有序复工，为抗疫前线提供充足物资保障

董明珠在写给全体格力人的慰问信中指出，复工后生产的重点是温度计、口罩生产设备、护目镜、杀病毒空气净化器、“风无界”新风空调等抗疫急需产品，继续为疫情而战。

据介绍，为了第一时间支持疫情防控，格力按照省疫情防控指挥办公室关于企业提前复工审批手续进行申请及报备，并严格做好抗击疫情的各项防范工作，对于疫情防控中需要的杀病毒空气净化器、双向换气新风空调、体温检测仪模具等产品，部分员工自2月3日起已在加班进行生产。

2月初，格力调整生产规划，专门成立了温度计、口罩生产设备、护目镜等物资的生产车间，为一线防护提供紧缺物资。日前，格力珠海总部通过珠海市明珠公益慈善基金会向市内6所医院、市卫健委和市边检总站等单位和机构捐赠一次性医用外科口罩、KN95口罩共40000余个。在抗击疫情的关键时刻，彰显了企业的责任和担当。

在格力电器内部，疫情防控工作也在全面筹谋、科学推进。企业通过发布《复工指南》等指导性文件，严格把控五类员工的复工进程，在全公司内实行“部分复工”“部分复产”的措施，事无巨细地加强对员工出行、办公、饮食、住宿的有序指引和把关，为全面打赢疫情防护战稳定后方基础……

“疫情一定能够被战胜，春天一定会来到。我们期待着春暖花开、阳光明媚之日，为你们召开一场庆功大会!”这既是董明珠对奋战在武汉前线的格力人的肯定，更表达出全体格力人为助力打赢疫情“阻击战”而不懈奋斗的坚定决心。

抗击疫情　回天捐款捐物持续在行动

2020年春节注定难以忘怀，新型冠状病毒引起的肺炎疫情汹汹来袭，牵动着全国人民的神经。面对疫情，回天集团高度重视，心系同胞、捐款捐物，周密部署、关爱员工、关爱客户，回报社会持续在行动!

心系医院　捐款支持

1月24日，新型冠状病毒疫情持续严峻，武汉多家医院防护用品告急，董事长第一时间以个人名义通过湖北省红十字会向武汉大学中南医院、襄阳市中心医院、襄阳市第一人民医院、襄阳市中医医院定向捐赠100万元，定向支持医院采购医疗设备与物资抗击疫情。此事经湖北省多家媒体报道，在湖北企业家中首捐，引起了企业家争相捐款捐物支援疫区。

心系同胞　物资支援

1月25日，疫情肆虐，武汉版“小汤山”医院——武汉火神山医院开建，回天新材立即联系医院建设项目部，提出无偿提供快速固化型建筑用结构胶、密封胶等建筑材料，帮助项目建设提速，获得项目部认可。

心系客户　爱心关怀

1月25日，董事长组织集团高管召开疫情应对工作会议，针对口罩、消毒水等物资紧缺现状，安排集团采购部想尽一切办法紧急采购一批防疫物资，快递给回天全国各地的客户用于疫情防护，关爱客户，践行以客户为中心的企业文化。

心系员工　确保安全

自1月25日起，集团多次组织召开疫情分析应对工作会，研究如何确保员工健康安全、如何有效防控疫情。根据疫情变化，多次调整开工时间，并摸排员工春节出行状况、安排防护物资、制定防疫方案，四地已准备5000余个口罩、4吨消毒液，并明确了隔离、消毒、测体温、戴口罩等多项具体措施，确保开工后有效防控疫情、保障员工健康。

携手战疫，共克时艰　爱维达向莆田“小汤山”医院提供电源保障

2020年春节，本是一年一度举国欢庆的团圆时刻，肆虐的疫情却席卷全国。疫情就是命令，防控就是责任，在春节假期间，众多医护人员放弃与家人的团聚，奔赴防疫一线，全国众多企业更是第一时间力挺武汉。危急时刻，万众一心，共克时艰。

疫情发生后，爱维达高度重视，科学组织，迅速行动。对外，爱维达主动联系武汉红十字会，表达我们捐赠电源设备的强烈意愿，红十字会登记并受理，回复将根据具体需求与我公司联系，爱维达全力驰援抗疫第一线。对内，第一时间成立防控新型冠状病毒感染肺炎疫情工作领导小组，全面开展疫情防控工作，实施了全方位排查，全过程防控，确保每一位同仁的身心健康与生命安全。

莆田版“小汤山”医院也于1月27日下午开工建设，该工程以“小汤山”模式为样板，建设满足负压隔离要求的临时应急用房，建筑面积约1000m^2，提供病床位22张，建设包括有：病房、抢救室、观察室等。2020年1月31日，完成主体结构封顶；2020年2月6日，举行交接仪式。

医院是抗击疫情的堡垒，其供电安全至关重要。作为电源变换领域的整体电源系统解决方案供应商，爱维达与在建的莆田“小汤山医院”紧密联系，详细了解建设进度

与现场情况，当天确认好方案后第二天就完成医用电源设备的成套，并由专车将设备护送到防疫前线，与病疫争分夺秒，为隔离点提供最坚强的电力保障，助力莆田市疫情防控工作顺利开展。

爱维达经过二十多年产业深耕，二十多年技术沉淀；秉持爱拼敢闯作风，厚积薄发，不断创新超越，打造一流产品、一流服务、一流品牌，致力于成为电能变换领域的领导者。自主研发的医用电源设备，在供电质量要求严苛的医疗行业始终稳定可靠，成功服务于福建、北京、陕西、重庆、成都、山西、江西、郑州、南京等省市的重点医院，为医院的各科室及各精密的医疗设备提供高质量的电源保障。

商宇 UPS 驰援西安“小汤山”医院建设

2020 年春节，本是走亲访友的时节，武汉火神山、雷神山两所疫情专用医院却在加班加点、日夜兼程、加速建设。疫情不仅是武汉的疫情，也是全国的疫情。

陕西西安也在全力奋战，建设西安市公共卫生医疗中心。深圳市商宇电子科技有限公司（简称商宇）积极支持西安市公共卫生医疗中心的援建，为医院的及时交工添砖加瓦，与时间赛跑，抗击疫情全力以赴，第一批商宇 UPS 不间断电源高频机 HP3380H、HP3340H、HP3320H 设备于 2020 年 2 月 4 日整装出发。

在疫情肆虐的时候，商宇人勇敢地站出来，勇往直前，舍小家为大家，舍小爱为大爱，与时间赛跑，同病毒抗争，用心用爱筹备抗疫医疗所需物资，专人专车护送至施工现场，为的是确保医院能及时放心地投入使用。

众志成城，共克时艰，早一分钟将西安“小汤山”医院建成，就能早一分钟遏制疫情蔓延，早一分让患者康复。在这场没有硝烟的战斗中，商宇 UPS 密切关注疫情的发展，随时准备着，以己所能给与最大的支持！与尔同行，同心抗“疫”！

作为中国市场上的 UPS 厂商，国家高新技术企业，深圳市商宇电子科技有限公司专注于电力电子及新能源领域，产品涵盖 UPS 不间断电源、蓄电池、精密配电、精密空调、网络服务器机柜、机房动力环境监控等数据中心关键基础设施。万众一心，抗击疫情！商宇人将以更加优质的产品、专业高效的服务，为陕西西安高陵“小汤山”医院的稳定运营提供强力保障。

决胜战“疫”——商宇 UPS 强力保障全国医院医疗电源需求

2020 年春节来临之际，一场新型冠状病毒肺炎暴发，面对严峻的疫情态势，在事关生命安全和身体健康的防疫斗争面前，成千上万的医务工作者挺身而出、团结协作，勇敢地投入到与病毒抗争的防疫第一线，凝聚起众志成城抗击疫情的强大防疫力量。

医院作为抗击疫情的前沿阵地，需要时刻保障医疗设备正常运转，特别是 ICU 病房使用的设备电源，关乎危重病人的生命救治，其医疗设备供电安全至关重要。疫情暴发伊始，作为全球电力电子行业电源领军品牌，商宇 UPS 就肩负起医院医疗电力电源的保障重任。历时近两个月，商宇可谓“南征北战”，马不停蹄，全力支援各大抗疫医院抗击疫情，彰显了商宇人的社会责任与担当。

与时间赛跑，同病毒抗争。为确保陕西省西安市公共卫生医疗中心的援建工作如期进行，商宇全力以赴筹备抗疫医疗所需物资，专人专车护送至施工现场，力争最短时间完成西安版“小汤山”建设，进而保障患者的及时救治，遏制疫情的持续蔓延。

在全力保障西安市公共卫生医疗中心医疗电力电源设备援建工作的同时，商宇兵分两路，承担起支援四川省广安市疾控中心的医疗电力电源设施保障任务，及时调配了多台 UPS 电源，并赶赴现场进行了安装调试，确保疾控中心后续各项防疫救治工作顺利开展。广安市疾控中心的防疫设施投入使用后，商宇 UPS 电源为该疾控中心的多个生化分析仪等各类高精度医疗设备提供坚强的电力保障。

为确保全面打赢这场防疫攻坚战，全国各地的定点防疫收治医院积极筹备所需医疗设备设施。应新乡市新乡医学院第三附属医院的建设需求，尽管受疫情防控影响，商宇河南办事处在较短时间内克服物资不足、人员不足以及物流不畅等难题，在公司总部的全力支持下，及时将该项目所需 UPS 电源运抵现场，并完成安装调试，让新乡医学院第三附属医院全负压病房的医务人员没有后顾之忧地投入战斗。

一方有难，八方支援。哪里有需要，哪里就有商宇。在得知广西百色市疫情防控急需一批医疗应急电源，商宇迅速调整生产计划，安排专职人员专项采购、优先组织生产，专车配送，第一时间保障百色市政府疫情救治工作能够顺利开展，为防疫前线的医院及隔离点提供最坚强的电力保障。

阳春三月万物苏，防疫生产正当时！在抗击疫情的关键时期，商宇 UPS 奔赴陕西、河南、四川、浙江、广西等多个省份，支援各地“小汤山”医院和疾控中心建设。

不获全胜绝不轻言成功！为保障全国医疗用户的建设需求及各类订单的如期交付，制定了详细的生产计划。商宇时刻准备，随时响应疫情防控需求，一如既往地为广大客户提供“7×24”小时不间断的电力保障和运维支持。

罗马仕充电宝助力全球共抗疫情　向海外多个国家捐赠医用口罩

2020 新年伊始，新冠病毒疫情牵动着所有人的心，在全国人民的共同努力下，疫情逐渐缓解。“山川异域，风月同天”，在中国疫情趋于稳定时，海外多国的疫情发生重大变化，形势严峻，为了帮助全球尽早战胜疫情，深圳罗马仕科技有限公司（简称罗马仕）以实际行动助力全球，共抗疫情，静待花开！

随着疫情在全球全面暴发，医疗物资也已成为了全球的稀缺资源，各国间更是上演了相互截取其他国家医疗物资的情况。罗马仕始终密切关注疫情动态，积极配合防控管理，履行社会责任，践行企业担当，不遗余力地为社会出力，于 4 月 7 日向全球包括东南亚、中东、欧洲、非洲等多个国家和地区捐赠了 5 万只医用口罩，帮助海外合作伙伴共克时艰，为抗击疫情作出一份贡献。

深圳罗马仕科技有限公司是一家创新型科技企业，其产品涵盖移动电源、无线充电器、适配器、数据线材、iPhone 背夹、替换电池等品类，远销 80 多个国家和地区。一直以来，罗马仕以“技术偏执狂”为使命，致力于用极致方案解决用户痛点，目前已获得几十项国际和国家多个奖项及产品认证，产品具有自主知识产权。

人类命运共同体，病毒无情人有情。罗马仕作为一家有强烈社会责任感、有担当的企业，将一如既往坚持为公益事业出力，争做合格的企业公民，希望更多的爱心企业加入物资捐赠的行列，使疫情能更快地被控制！

让我们守望相助，共战疫情，期待阴霾早日散去，阳光和微笑洒满世界每个角落。

超特科技鼎力投入“火神山医院”中心机房信息化建设

一样的坚守，不一样的“防控前沿”。

2020 年的春节，因为一场没有硝烟的战争变得格外特别。在本该万家团圆的日子里，超特科技武汉公司接到“火神山医院”中心机房信息化建设项目的紧急征召，超特科技领导班子随即召开紧急会议，指派六名精锐力量当天赶回武汉，迅速投入到疫情防控的第一线。

指令所至，分秒必争。面对所有设备紧缺、工具不全、吃住没着落的严峻形势，超特科技征调员工严格按照项目指挥部的安排，快速反应，积极部署，他们逆行而上，克服万难，舍小家为大家，不分昼夜，不畏严寒，风餐露宿，硬是靠手搬肩扛，硬是靠 96 小时不眠不休，在规定的期限内完成了几乎不可能完成的任务。

带头做疫情的抗击者，为更多的人民群众筑起了一道坚固的防线。作为信息化网络能源建设者，我们响应号召，听从指挥，不畏生死，不辞辛苦，与时间赛跑，做好医疗系统的基础支撑，保运行流畅，护万家安康。

几千台挖掘机，上万名工人，数百个子项目同时启动，场面恢弘，万众一心，众志成城……场面泪目。这是武汉力量！这是中国力量！

ITER 总干事来信感谢等离子体所捐助物资

3 月 23 日，国际热核聚变实验堆 ITER 国际组织总干事伯纳德·比戈致信万宝年所长和宋云涛常务副所长，感谢等离子体所为 ITER 国际组织慷慨捐助医疗防护物资。

彼时，海外新型冠状病毒疫情正传播，ITER 国际组织总部的所在地法国疫情防控形势严峻。作为 ITER 项目的重要参与方，等离子体所在疫情暴发后的第一时间发出捐助物资。

在所领导的决策领导下，等离子体所于 3 月 12 日向 ITER 组织发出 6 万只医用外科口罩。经过辗转运输，该批物资于 3 月 20 日顺利抵达法国南部卡达拉舍，总干事比戈亲自接收。

比戈在来信中写道：“我诚挚地感谢等离子体所的慷慨捐助。当下，新型冠状病毒疫情正在法国迅速地传播。苦于没有充足的防护物资，ITER 项目正面临着巨大的考验和挑战。这批及时运达的口罩将为我们的工作人员提供保护，并将大大降低此次疫情对 ITER 项目的影响。”

在该批捐助物资的外包装上醒目地写着“We are one fusion family!”意味着我们是为聚变能源而共同奋斗的融合互助的大家庭。比戈表示：“我了解到，在中国疫情严重之时，ITER 的一些员工，尤其是中国员工们，也积极地提供了物资援助。我为他们感到骄傲。正如你所提到的，我们是一个凝聚团结的聚变家庭。”最后，比戈向两位所领导表示：“我相信，ITER 项目与等离子体所必将持续合作、相互支持，实现互利共赢。在此我衷心感谢你们的有力领导和长期支持。”

等离子体所驻外职工筹集物资助力防控新型冠状病毒

自新型冠状病毒肺炎疫情发生以来，等离子体所积极做好防控工作。面对医用物资紧缺现状，等离子体所驻外职工积极筹集口罩等物资，为防疫工作贡献等离子体所人的力量。

2 月 3 日，在宋云涛常务副所长的号召下，等离子体所在美国的职工学生积极行动，多方举措购置了一批医用 N95 口罩，发至国内。孔德峰联系了正在美国从事聚变研究的学生和兄弟单位的科研人员，争取在美国购买到能用于疫情一线的医用物资。海外人员张洁、朱逸伦、简翔等第一时间行动起来。张洁负责搜寻线上口罩信息及购买，朱逸伦负责国际物流及通关，简翔、余冠英查找线下货源。一天时间内就从紧张的货源渠道中争取到一批医用 N95 口罩。孔德峰等国内职工整理信息后，以最快速度解决国内报批/免税等通关手续，希望能为国内目前紧张的防控工作尽一份绵薄之力。

春节当天，武松涛研究员组织驻法 ITER 总部的员工与所领导视频连线互致春节问候之后，驻法职工就国内新型冠状肺炎疫情发展动态展开了热烈讨论，大家都对国内的疫情非常牵挂，都在想办法为祖国防控疫情做点什么。负责口罩采购的周挺志和邱立龙等人跑遍了附近各大药店、超市，但因法国也出现了新冠病例，所获甚少。他们把搜寻目标扩大到了方圆 100 公里范围内，经过一次次的电话联系，终于在马赛附近一家商店买到一批可以满足医用要求的口罩。2 月 8 日，这批口罩与之前采购的物资一起，通过特快专递寄往了国内。

在得知国内一些高校在欧洲的校友会正在筹款为武汉捐赠口罩的消息后，郭斌迅速联系对应的高校校友会，确认相关捐赠事宜，并在 ITER 中国员工的微信群里积极宣传，号召大家为祖国贡献一份力量。在 ITER 总部的中国员工纷纷以不同的形式，通过各种渠道捐款捐物，为祖国防控疫情贡献出自己的微薄之力。

祖国有难，游子挂牵。国内异常严峻的疫情防控形势，牵动着聚变研究海外职工的心。等离子体所海外职工学生表示，也许这些口罩对于防控国内疫情只是杯水车薪，但作为一名普通科研人员，以此向战斗在一线的医护人员和防疫人员致以崇高的敬意。

等离子体所携手意大利合作伙伴共抗新型冠状病毒疫情

海外新型冠状病毒疫情暴发后，意大利一度成为确诊病例较多的国家之一。在紧迫关头，等离子体所了解到与我方长期合作的意大利能源和可持续经济发展委员会（ENEA）和 CREATE 大学联盟组织正面临着防护物资紧缺的困境。为了帮助合作伙伴渡过难关，等离子体所立即捐赠了共计 31500 只医用外科口罩，第一时间发往意大利。

意大利媒体高度关注并广泛报道了此事件，并引起广泛关注。媒体评论："这是来自中国科学界的同心同德和齐心协力伟大举动，非常感谢！" 意大利能源和可持续经济发展委员会弗拉斯卡蒂研究中心负责人 Alessandro Dodaro 向所领导发来感谢信，信中写道："十分感谢等离子体所的慷慨捐赠。由贵所捐赠的口罩已分配给 ENEA 下属的各研究中心。在艰难时刻，这份雪中送炭的情谊体现了我们双方的友好团结。"

长期以来，等离子体所与意大利 ENEA 和 CREATE 组织在先进偏滤器位形设计、模拟和放电控制实验、钨偏滤器面向等离子体部件研发、遥操作技术、低杂波电流驱动研究、水冷包层研发、等离子与壁相互作用热机械运算、热沉等领域保持合作，并联合培养学生和青年人才。良好的合作基础和丰硕的合作成果造就了双方坚固的伙伴关系。正如 Alessandro Dodaro 在信中所说："愿早日疫情消散，心中牵挂的人都安好。为了共同的聚变事业，我们双方还将继续携手共进。"

与时间赛跑　伊顿全力保障火神山、雷神山医院建设

10 天，2 座大型医院！2500 张床位！5000 多间箱式板房！建筑面积 11.3 万 m^2！累计施工面积至少 18 万 m^2！接诊区、病房楼、ICU 俱全，污水、医疗废物处理设施完毕，医用设备、电器设施齐全，连绿化草皮都种好了！这是数以万计、义无反顾冲上疫区阵地的劳动者所创造的奇迹。

"与时间赛跑、与疫情作斗争"，这背后是众多企业分秒必争地将火神山、雷神山医院建设最需要的医疗、建材、电气、通信等物资运达建设一线。

从 1 月 24 日起，伊顿及合作伙伴开始为火神山、雷神山医院建设提供全力保障，高质高效地完成电气设备的交付、调配、安装等工作，在这场没有硝烟的战"疫"中为中国速度加油。

火速为 CT 设备提供微型断路器产品

1 月 29 日晚，伊顿低压电气与控制部门接到医疗技术相关合作伙伴用于 CT 设备周边配电的直流微型断路器产品紧急订单。据了解，1 月 30 日，该合作伙伴驰援武汉市火神山医院的首批 3 台 CT 设备将送达，并计划 24h 内紧急完成设备的安装和调控，以确保医院投入运营后立即投入抗疫一线。

接到任务后，伊顿启动应急预案，仓储、物流各部门加强联动，相关工作人员放弃假期返岗，在工厂厂长紧急协调下，1 月 30 日上午便完成了产品的出库、打包及协调运输工作，及时送到了合作伙伴生产现场，配合其完成生产并第一时间将设备交付火神山医院。

这批高性能的 CT 设备将承担日均 300 人以上的患者扫描量，为医院稳定、高效运营提供基础保障。

不间断电源系统守护火神山医院

非常时期，技术已不是最难的，难题在于资源的调度。在火神山医院启动建设后，伊顿不间断电源业务部门多方协调并调集物资，于 1 月 30 日向火神山医院赠予伊顿品牌不间断电源 UPS 三套、伊顿和山特品牌的蓄电池 112 组。同时，伊顿在武汉当地的合作伙伴武汉超特网络技术有限公司，在设备抵达后第一时间派出专业工程师，连夜在现场进行安装、调配、开机服务，以确保医院各 IT 系统投入使用后万无一失。

此次伊顿电能质量业务部门赠予的价值超过三十万元人民币的设备，被用于保障火神山医院监护系列设备及血液细胞分析仪、全自动生化检验分析仪的运行，守护医院的电力稳定。

电缆附件产品连接电力生命线

1 月 25 日晚上，伊顿中压配电与成套产品业务的合作伙伴武汉阿尔普智能电气有限公司收到了武汉蔡甸区、江夏区供电局的致函，请其配合连夜进行火神山、雷神山医院的电力抢建施工，阿尔普立即响应并派出工人前往一线，日夜奋战在武汉火神山医院、雷神山医院项目建设工地上。

作为负责电缆施工的队伍，他们分秒必争地将电缆对接，并将电缆连接到开关设备上，配合电力公司高效完成了电缆的安装及调试工作，有效地保障了供电网络的建设进度。

1 月 28 日晚 10 点，雷神山医院电缆线路顺利通电，火神山医院电力线路也在 1 月 31 日通电，阿尔普用自己的行动为两家医院提供了稳定的电力保障。

大疫面前有大爱，一场没有硝烟的战争，让我们看到了所有参与其中的合作伙伴们的坚韧和理性的光辉。伊顿将持续关注疫情发展，积极支持抗击新冠肺炎！

英杰电气为抗击疫情做贡献　捐款 100 万

面对新型冠状病毒肺炎疫情蔓延的严峻局面，英杰电气在推进股票发行工作的同时，积极履行社会责任，经董事会决定，2020 年 2 月 4 日，公司向德阳市经开区管委会捐款 100 万元，专项用于德阳以及其他地区的新型冠状病毒肺炎疫情防疫工作，公司同时向奋斗在抗击疫情一线的医务人员致以崇高的敬意。

科泰电源捐赠 50 万元支持抗击新型冠状病毒肺炎疫情

新型冠状病毒感染的肺炎疫情自暴发以来牵动到全国人民的心。科泰电源决定通过上海市慈善基金会向武汉捐赠 50 万元，用于抗击新型冠状病毒肺炎疫情。

让我们携起手来，发扬"为国分忧、为民效力"的精

神，众志成城，共同为支持打赢这场抗击病毒阻击战而尽绵薄之力！

科威尔电源捐款拾万元助力疫情防控

疫情就是命令，防控就是责任。自疫情发生以来，合肥科威尔电源系统股份有限公司认真落实党中央、国务院及各级党委政府的决策部署，每日摸排员工所在地与健康情况，积极配合政府的排查。

温暖相伴，同心同行；众志成城，共克时艰！履行企业社会责任，尽己所能，为抗击新型冠状病毒肺炎疫情贡献力量。相信在党中央和各级党委政府领导下，我们团结一心，一定能尽快控制疫情，赢得最后胜利！

雷神山医院紧急呼唤　武新电气火速排产

大年初三下午，武新电气接到中建三局电话紧急通知，武汉雷神山医院建设项目急需定制配电设备360余台。

疫情就是命令，时间就是生命。下午6时我司通过微办公系统召开紧急视频会议，大家一致赞同紧急时期保证完成任务。随后，公司技术部、生产部、采购部、品质部等部门负责人迅速组织公司员工放弃休假紧急返厂。由于“封城停运”等原因，大部分员工无法到达，这时，公司领导带领党员干部及工人先锋队冒着被病毒感染的危险，骑车或步行十数公里来公司加班，与时间赛跑。由于元器件无法采购，我司拆用已包装好的100余台成品上的元器件用于该项目。近50人的团队经过5个白昼的紧张奋战，由武新电气紧急供应的360余台配电设备于2月1日下午7时全部按期完成，并安排次日上午9点送货，此次定制的紧急任务得到项目指挥部的赞赏和好评。

以认真快捷、遵守承诺为工作作风的武新人，用勇于奉献、不畏艰难的精神与全国人民一起攻坚克难，以背水一战的决心，坚决打好打赢这场没有硝烟的疫情防控战争。

航智捐款6万元抗击新型冠状病毒疫情

2020庚子鼠年春节，一场突如其来的疫情，使得昔日繁华热闹的大街小巷空空荡荡、冷冷清清，一幕幕的萧索场景，便知此次疫情影响多大。

而对企业而言，突如其来的疫情更是让其深陷水深火热中。为了防控疫情的蔓延，必须实行严格的隔离，延工歇业，商业活动推迟，生产无法正常进行，这些导致企业周转速度放慢，资金链紧张，随之而来的高昂租金和人力成本等，让企业一筹莫展。

对于创业者来说，此轮疫情更是旷日持久的挑战和考验。不过，创业的道路上本就存在无数的艰难险阻，此次疫情不过是创业者遇到的又一座险峰而已，选择了创业就选择了与挫折困难为伍，负重前行中，不忘初心，坚持走下去才能遇见春暖花开。

深圳市航智精密电子有限公司（简称航智），是一家致力于高精度电流传感器、高精度电测仪表的研发、生产、销售及方案定制的技术先导型企业。作为一家仍在过冬的研发生产型初创企业，对这一场突如其来的疫情也显得猝不及防。公司严格遵循国家相关部门关于疫情防控要求，延迟了来深开工，开启线上办公，并且在疫情停工期间，照样给员工发放工资和缴纳五险一金。尽管公司因为疫情蒙受损失，打乱了原有的工作节奏，令本就身处艰苦创业中的企业雪上加霜，但是“保天下者，匹夫之贱，与有责焉耳矣。”航智的价值和最终目的是为社会创造价值，为国家做出贡献，在这一场没有硝烟的战争中，同心战“疫”，共克时艰，是航智作为一家企业的社会担当与社会责任。

疫情当前，航智将与社会各界一同担当，守护大家祈盼的国泰民安。为助力早日战胜疫情，积极践行企业责任，服务疫情防控，深圳市航智精密电子有限公司决定向深圳市慈善会捐款6万元用于驰援疫情防控。

在此，深圳市航智精密电子有限公司全体员工向所有奋斗在一线的医护人员、武警官兵致敬！

会员要闻

首家！运行10年的逆变器无需改造即通过最新电网测试

近日，青海—河南±800kV特高压直流输电工程（简称“青豫直流”工程）顺利投运，在工程电网支撑能力升级测试中，阳光电源股份有限公司（简称阳光电源）运行了10年的逆变器顺利通过检测，成为国内首家、也是目前唯一一家无须更换设备即通过测试的企业，再次彰显了阳光电源在电网接入友好性方面的前瞻性和技术的先进性。

“青豫直流”工程是世界首条专为清洁能源外送而建设的特高压通道，为确保工程投产后电网安全稳定运行和正常可靠送电，青海省调印发了《青海电力调度控制中心关于印发青海电网新能源电站相关技术要求的通知》（调度字［2020］23号），提出青海全网新能源电站（包括在运、在建、规划）相关设备参数必须满足电网交流或直流故障下高电压穿越、低电压穿越及连续电压穿越要求。

联合了国调中心、青海省调及中国电科院等权威机构，以“通知”为测试依据，阳光电源对运行了10年的逆变器进行了软件升级，无须更换设备即成功通过全部测试内容，成为国内首家通过青豫直流特高压技术要求测试评估的逆变器企业。不仅节省了电站设备更换成本、提高发电量，还可以增强青海电力外送能力、增量市场。

未雨绸缪，前瞻布局！从率先在行业内提出光伏系统应该从“适应电网”向“支撑电网”转变，再到实现光储深度融合，阳光电源始终坚持并将继续推动逆变器并网性能提升及技术的实际应用，引领行业发展！

汇川技术成为首批深圳企业博士后工作站分站

12月12日，深圳市博士后工作25周年座谈会暨首届深圳博士后创新创业论坛在深圳人才园举行。会上，包括深圳市汇川技术股份有限公司在内的5家企业成为首批由深圳市人力资源和社会保障局批准设立的企业博士后工作站分站，标志着中央赋予深圳设立企业博士后工作站分站事权正式落地。

企业设立博士后工作站分站，对企业经营、科学研究与开发机构、研究队伍水平、创新理论和创新技术的博士后科研项目、承担国家重大项目等有着严格的准入门槛。

2019年底，汇川技术累计获得专利及软件著作权1800项（不含正在申请的），其中发明专利307项，实用新型专利1018项，外观专利278项，软件著作权197项。同时，汇川技术新能源汽车动力总成工程中心入选2017年度省级工程中心、2018年第一批江苏省示范智能车间，公司工业机器人业务获首批国家重点研发技术智能机器人重点专项支持。

目前，深圳共有科研流动站15家，科研工作站（分站）115家、博士后创新实践基地307家。汇川技术早在2014年度便已获批设立博士后创新实践基地，此次，汇川技术获批设立企业博士后工作站分站，代表了汇川技术高端装备制造科技成果得到人社部、全国博管会、各行业权威专家的好评，汇川技术未来国家重点领域课题深化研究和重点领域博士后研究人才培养齐抓共进的计划方案也获得上级部委和广大专家的认可。

深圳企业博士后科研工作站62%的单位属于战略性新兴产业，博士后成为深圳企业科技创新的助推器。作为国家高新技术企业，汇川技术将紧密契合产业发展，加强与顶尖高校流动站交流合作，打通基础研究和技术创新衔接的通道，力争以基础研究带动应用技术群体突破。

花落汇川 海南自贸港首批岸电建设项目

在中国陆地版图里，海南在最南边，所谓天涯海角。

如今的海南处在中国与东南亚桥头堡的核心区位，把海南建设好，有着无可估量的示范效应，岸电建设是助力海南自由贸易港、清洁智慧岛建设的重要举措之一。

海南自贸港首批岸电建设项目

日前，汇川技术成功中标海南洋浦国投2×3000kVA岸电项目，拟在海南洋浦地区国投洋浦、小铲滩、逸盛石化三个港口现有泊位建设船舶岸电供电设施，为船舶靠港期间进行岸电供电，这是汇川技术又一次中标的岸电大型总包工程，中标金额达1838万，点亮了汇川岸电在海南的一颗耀眼的明珠。

在项目调研阶段，汇川技术充分考虑了海南洋浦港港口岸电的使用情况和港口机械的作业工况。在中期规划设计阶段，考虑到目前海南港口岸电的使用率相对较低，港机设备作业冲击负载多，且有能量回馈，港口流动运输机械均还采用柴油等情况，汇川技术助力客户推动绿色港口建设，以及高效的能源管理建设。

绿色港口行业创新方案

通过将港口岸电、港口储能、港口流动机械电动化统筹考虑，采用一次规划、分步建设的方式，在岸电系统设计与建设时预留好储能接口及港口流动机械电动化充电设备接口，后续只要增加相应的储能系统和集卡充电系统即可，这样既节省了建设资金，又提升了设备的利用率，此方式属于全球行业领先，为未来港口能源的高效绿色利用打下坚实基础，为绿色港口建设打开新的道路。

目前，汇川技术港口岸电系统（含在建）已达140套，大型港口岸电项目经验丰富，先后承接了宁波舟山港、上海港、天津港、广州港等在内的40多个港口岸电重大示范项目，成为岸电常态化连船的“排头兵”，经粗略试算，通过汇川技术提供的岸电系统每年可减少排放二氧化碳438976843.2kg、二氧化硫451100.16kg、氮氧化合物845812.8kg，其中二氧化碳的减排量相当于100万人口全年呼吸释放的二氧化碳量。

让我们一起守护这些无与伦比的美丽！

台达携手阿里巴巴推出“数据中心浸没式液冷电源”

全球电源管理与散热解决方案提供商台达，2020年1月6日于阿里巴巴联合开放数据中心委员会（ODCC）在北京所举办的浸没式液冷数据中心规范开源发布会中，与阿里巴巴联合在大会上宣布携手推出适用于“浸没式液冷数据中心技术规范”的全新数据中心浸没式液冷电源，与此同时，阿里巴巴也正式向全社会开放“浸没式液冷数据中心技术规范”。

作为阿里巴巴的深度合作伙伴，台达在此届大会受邀参展并作大会主题报告，台达电子客制化电源事业部杭州研发经理柯忠伟就“浸没式液冷数据中心电源”发表演讲。他指出，台达的数据中心浸没式液冷电源拥有创新设计，颠覆了传统风冷电源设计概念，具有低温升、高可靠、低噪声、长寿命等突出特点。事实上，早在2018年台达即推出第一代1500W浸没式液冷电源，并已在阿里巴巴某液冷数据中心运行近两年，截至目前失效率为零；2020年，台达又推出第二代浸没式液冷800W电源。未来，台达产品将会更大规模地应用于阿里巴巴浸没式液冷数据中心。

相比较传统风冷电源，台达与阿里巴巴携手打造的全新浸没式液冷电源可帮助元器件温升大大降低，电解电容寿命可延长83%，光耦寿命延长30%，增加了电源可靠性。此外，液冷电源不需防尘处理，对湿度无限制，更具备静音及故障率低的特点。阿里巴巴此前部署了大规模液冷集群，将服务器浸泡在特殊的绝缘冷却液里，运算产生热量可被直接吸收进入外循环冷却，用于散热的能耗可以大幅降低。这种形式的热传导效率比传统的风冷要高百倍，节能效果超过70%。

浸没式液冷电源的研发对提高电源的功率密度，乃至提高数据中心的功率密度都将有巨大贡献。台达秉持“环保节能爱地球”的经营使命，将持续投入研发创新，积极参与，共建中国云数据中心生态，为打造绿色可持续发展的新一代数据中心而共同努力。

台达荣获“2020中国社会责任杰出企业奖”

呼应“碳中和”，台达积极实践企业自主减碳，创新节能，近日在新华网主办、中国企业改革与发展研究会联合主办的2020中国企业社会责任云峰会上荣获“2020中国社会责任杰出企业奖”。台达秉持“环保节能爱地球”的经营使命，持续深化在环境、社会、治理三大方向的可持续发展，并在2017年率先以科学化方法制定减碳目标(SBT)，承诺2025年的碳密集度相较2014年下降56.6%，至今已连续三年达成阶段性目标，更在2020年达成碳密集度下降32%的成果，获得评审肯定。

台达中国内地企业社会责任委员会主席王治平表示，2020年，在新型冠状病毒肺炎疫情袭来之际，台达全方位落实防疫责任，优先保障医疗设备生产，并为一线医护人员捐赠防护衣等防疫物资。复工之后，台达将员工防疫保障放在首位，并开足马力加紧生产，2020全年营收逆势成长，较2019年增长5.4%。台达在可持续发展上的杰出表现得益于将企业社会责任策略与业务发展相结合，从产品、厂区、绿色建筑三方面具体落实节能减碳，通过不断创新，持续提供高效电源产品，协助全球客户节电。同时，台达长期关注气候变迁，对外积极参与国际倡议活动，在2015年签署《We Mean Business》，承诺“企业自主减碳”“揭露气候变迁信息”“参与气候政策”，积极导入气候相关财务披露（TCFD)，评估气候变迁对台达造成的风险及机会，以此调整企业战略及目标，促进公司健康、可持续发展。

此外，台达亦不断加强内外部的责任沟通，于2020年上线“台达可持续发展”微信公众号，定期发布ESG（环境、社会、治理）相关资讯，为利益相关方搭建便利的交流平台，并举办“我在台达遇见可持续”员工征稿活动，提升全员可持续发展意识和能力。2021年是台达成立50周年，公司将制订更具雄心的节能减碳目标，努力为应对气候变迁贡献力量。

近年来，台达在实践企业社会责任的努力，获得国内外众多荣誉肯定。包括：连续十年入选道琼斯可持续发展指数“世界指数”(DJSI World)，并获2020电子设备、仪器及零组件产业领导者（Industry Leader）殊荣；2020年CDP（原碳信息披露项目）评比，在“气候变迁”与“水安全”项目，均获得“A”级；自2015年起，连续六年入选《企业社会责任蓝皮书》、“中国外资企业100强社会责任发展指数”前十强等。

科华数据全球首发125kW UPS功率模块超硬核技术填补行业空白

结合行业内超大型数据中心、超算中心的高密趋势，2020年9月，科华数据全球首发125kW UPS功率模块，在功率密度上率先突破，填补行业空白。

攻坚高密数据中心　全球首发

当前，数据中心建设规划体量趋于大型、设计集约、能效显著。供配电系统作为数据中心正常运行的电力保障，面对全面的需求变化，高功率密度的模块化电源可以使数据中心充分发挥规模效益，大幅降低业务部署和维护成本。作为数据中心全生命周期解决方案提供商的科华数据，已在北上广及周边城市布局7大自建数据中心，机柜数量超2.8万个。科华数据紧跟数据中心高功率密度发展的趋势，密切关注数据中心的效益提升，研发并推出全球首款高功率密度的功率模块，助力绿色数据中心发展。

“随着‘新基建’启动及5G商用进程的加速推进，5G基建、人工智能、工业互联网都将直接利好数据中心的建设发展，只有前期大量建设、储备足够数量的高标准数据中心，才能支撑未来各行业海量数据存储、处理和传输的应用需求。”科华数据云基副总林清民先生谈到。

33年技术沉淀　“智”在必得

基于33年电力电子技术的沉淀和对各应用场景的深入理解，科华数据继2015年推出完全自主知识产权的核级UPS、2019年推出1.2MW超大功率模组化UPS后，重磅发布100kW、125kW UPS功率模块。全系列模块化UPS、功率模块将覆盖25～125kW，进一步完善了公司高端电源的产品布局。

创新技术的模块化UPS产品，整机运用AI技术，精心打磨全方位感知、神经网络、均衡散热、数字集显、健康诊断等硬核功能，在设计层面提升产品及系统可靠性，让数据中心配电系统运行更加安全高效。未来，科华数据将继续彰显在数据中心配电领域的实力与担当，持续为数据中心的稳定、高效运行保驾护航，致力于为客户创造更大价值。

华为重磅发布数字能源未来十大趋势

全球“气候保卫战”正在打响。今年正值《巴黎协定》五周年，世界各国正齐心协力应对气候变化，当前已有110多个国家相继承诺“碳中和”目标，改变能源结构，加速化石能源向可再生能源转型。与此同时，全球加速进入数字经济时代，能源作为数字基础设施的关键一环，正在经历一场深刻的变革，以适应数字世界发展的需要。

12月28日，华为举办了“数字能源未来十大趋势媒体沟通会”，华为副总裁兼数字能源产品线总裁周桃园就“数字能源未来趋势”发表观点，他谈到，碳中和是当今世界最为紧迫的使命，能源结构加速转型和数字经济蓬勃发展将驱动能源产业进入一个大时代，能源数字化以及数字经济发展中的能源问题已成为广泛共识。能源作为数字世界的底座，全行业应该加大战略投入。

12月29日，华为举办“数字能源产业暨技术论坛”，以“能源数字化，共创新价值”为主题，旨在搭建开放、合作共享的平台，与能源行业的思想领袖、技术专家、先锋企业、生态伙伴等共同探讨能源行业数字化的发展趋势和未来机遇。会上，华为重磅发布“数字能源未来十大趋势”，从十个方面揭示了数字能源未来的发展方向，为能源领域转型升级提供战略参考。

会上，华为数字能源产品线副总裁兼首席营销官方良周指出：“华为预测的数字能源未来十大趋势包含了‘能源数字化’‘绿电无处不在’‘全链路高效’‘AI加持’‘融合极简’，‘能源网自动化驾驶’‘综合智慧能源’‘智能储能系统’‘随时随地超级快充’‘安全可信’。

能源数字化是大势所趋，数字技术与能源技术的创新融合，让能源基础设施实现“发-输-配-储-用”端到端可视可管可控的智能管理，提高能效。

绿电在未来将惠及千行百业和千家万户，以光伏为代表的绿电成为主力能源，光伏全面平价时代来临，而分布式发电及光储融合也将成为必然趋势。绿电还将助力ICT行业更加低碳，未来将实现“零碳网络”及“零碳”数据中心。此外，华为首次提出全链路高效的趋势，从架构和系统上来进行全局优化。

在AI方面，华为认为未来AI将普遍应用到能源领域，并且代替专家职能，使系统自主协同，例如在光伏电站采用智能跟踪支架，光伏检测实现无人巡检，数据中心利用AI进行参数调节降低PUE，在站点实现峰谷电价，智能充放电，在智能电动方面利用大数据提前24小时预警汽车电池状态等等。

“数字能源将走向融合极简，包括架构融合，形态极简，工程产品化，让设备由多变少，由大变小，逐步小型化，轻量化，模块化。”方良周谈到，“例如多套电源融合，站点形态从房到柜再到刀片式电源，数据中心普遍采用预制模块化建造模式等等。”

此外，随着能源行业逐步向数字化转型，传统人工运维模式将被改变，能源网运维将实现自动驾驶。传统能源系统烟囱式分立架构和孤岛式管理将走向综合智慧能源，从发电、配电、用电实现全链路协同。在储能方面，普通锂电池将逐步进化为智能储能系统，最大化储能价值。

同样值得关注的是，未来将实现随时随地超级快充。在电子消费领域，实现10分钟快速充满。其次，由于电气架构演进，高压平台电动车10分钟即可完成充电，打造极致用户体验。当然安全可信也是重点关注方向，硬件可靠、软件安全、系统的韧性、安全性、隐私性、可靠性和可用性将会成为必要要求。

据了解，华为在能源领域已深耕多年，通过电力电子技术和数字技术相融合，从绿色发电到高效用电，促进行业数字化转型和数字经济的发展。华为主张用以终为始的视角来理清能源发展脉络和部署能源建设。

英威腾为国家体育总局大数据发展赋能

在科技奥运口号的带动下，我国近几年的体育信息化建设取得了一定发展和进步。但由于体育信息技术人才缺乏、体育信息基础设施薄弱、体育信息政策法规滞后等原因，体育信息化后续建设遇到较大的制约型、瓶颈型困局。

物联网和云计算等新一代信息技术的兴起、发展和产业化，为解决体育信息化面临的问题提供了新的机遇，“智慧体育”应运而生。数据中心能源解决方案是“智慧体育”不可或缺的战略技术“底座”。

腾智系列大型一体化数据中心

近日，英威腾网能凭借行业丰富且成熟的经验，其自主研发的产品——腾智ITalent系列大型一体化数据中心成功在国家体育总局建设完成。

此方案可整合区域内所有体育资源并建立可视化核心“指挥舱”，从全民健身、全息用户、体育资源全景、数据驾驶舱、产业发展、体育+、创新科技等多维度，实现3D可视化的展示，赋能国家体育总局实现高效精细化的管理。

国家体育总局一体化数据中心的成功应用，再次验证了英威腾网能在数据中心能源解决方案领域的强大实力，英威腾网能必将再接再厉，继续坚持“以市场为导向，以客户为中心”的经营方针，不断提升产品品质与技术水平，持续不断地推出更具竞争力的产品和数据中心解决方案，共同推动体育数字化转型，助力体育强国建设发展。

稳步前行——金升阳连续5年荣获广东省制造业500强

近日，由广东省制造业协会、广东省发展和改革研究院、暨南大学产业经济研究院主办的“2020广东省制造业发展年会暨广东省制造业500强企业峰会”在中山市举行。广州金升阳科技有限公司（简称“金升阳”）荣列广东省制造业500强榜单，再创佳绩。

自2016年登榜，金升阳排名稳步提升，从第432位提升至如今的第329位。

本届大会以推动制造业高质量发展为主题，提出了

"双循环"新发展格局下，广大企业应坚持改革发展、创新发展、升级发展，不断增创广东制造业高质量发展新优势。金升阳立足广东制造强省，承载时代新机遇，为广东制造业助力赋能。

深耕电源行业二十余载，依托1000+项专利保障企业核心竞争力，金升阳已发展成为服务全球的电源解决方案优质提供商。连续5年稳步提升排名，得益于金升阳双市场策略的齐头并进。一方面以新基建为依托布局产品国产化之路；另一方面以发展的眼光进行研发，率先提出"新工业标准电源"。

今年伊始，5G基站、特高压等新基建项目悄然兴起。金升阳敏锐捕捉行业动向，依托优质产品和服务，不断提升产品元器件国产化率，加速布局国产化之路，以国内循环为出发点和落脚点，助力构建国产品牌新形象。此外，金升阳大力参与到成都5G基站、云南智慧道路等项目建设中，集成多种定制产品及方案，抢抓国内循环新机遇。

同时，面对愈演愈烈的国外"芯"封锁，金升阳毫无惧色。经过多年技术沉淀，金升阳早早掌握核心技术，打造出具有自主产权的IC芯片，顺利摆脱电源芯片被国外供应商"卡脖子"的困境，大大缩短了产品交货周期。

作为行业领先的高新技术企业，金升阳一直专注于探索电源前沿新趋势，在业内率先提出"305全工况"概念，打造适应各种工况的电源产品，做新工业标准电源的倡导者。

通过深入挖掘用户需求，"305全工况"解决了常规AC264V输入的开关电源容易在恶劣环境中失效的问题。该系列产品可适用于对输入电压、湿度、温度、海拔、电磁干扰等方面有更高要求的恶劣环境或特殊环境中，产品可靠性也大大提高。金升阳秉承"全心全意为客户服务"的经营理念，致力于推动电源行业翻越关隘，站上新高点。

连续5年斩获广东省制造企业500强殊荣，是对金升阳综合实力和行业贡献的充分认可。未来面对新一轮技术和产业革命，金升阳将不忘初心，牢牢抓住行业发展的机遇，践行引领时代发展的脚步，为推动我国从制造大国转向制造强国贡献一份力量。

易事特集团成功入选工信部"新冠肺炎疫情防控重点保障企业全国性名单"

根据国务院关于新型冠状病毒肺炎疫情防控工作决策部署，为加大对疫情防控重点保障企业支持力度，切实做好疫情防控物资保障，工业和信息化部办公厅于近日公布了《新冠肺炎疫情防控重点保障企业名单（第五批）》，易事特集团股份有限公司（简称易事特集团）成功入选全国性名单和广东省地方性名单。

据悉，入选名单的企业均是由国家发改委、工信部按照中央应对疫情工作领导小组和国务院联防联控机制部署要求，各省级发展改革、工信部门严格审核，经过层层筛选，从众多企业名单中择优确定。被列入全国疫情防控重点保障企业名单中的企业，可以享受贷款利率、中央财政贴息及财税优惠等多项政策支持。

在新型冠状病毒肺炎疫情发生后，易事特集团积极配合各级政府部门的防疫防控工作要求，充分发挥自身在电力电子领域的技术优势、产业优势及遍布全国的渠道优势，第一时间捐赠价值千万的医用电源，还克服重重困难，为全国防疫定点医院的ICU、手术室、发热门诊、救护车等医疗场景和关键医疗设备提供高可靠的医用电源解决方案和数据中心解决方案，为抗疫和救治一线各项工作的顺利开展提供了关键基础设施支撑。

此次被列入全国新型冠状病毒肺炎疫情防控重点保障企业，是各级党委、政府对易事特集团为抗击疫情所做出的扎实努力与积极行动的高度肯定，也是对易事特集团多项产品及解决方案的最佳褒奖，一系列的优惠政策还将有力地支持与促进公司研发及各项经营活动的开展。

在医疗领域，掌握电力电子核心技术的易事特集团屡获认可。针对医疗行业各类关键应用场景，易事特集团的UPS、EPS、配电系统、数据中心等优势产品广泛应用于各大医院的救护车、急诊室、ICU/CCU病房、手术室、病理科、数据机房等。从医疗设备到整个医院的信息系统再到医院建筑的消防照明，易事特集团凭借深厚的技术积累和丰富的产品线，为医疗行业提供全面专业的电源解决方案，在长期的应用中为医院客户持续创造价值。

在2019年这场疫情阻击战中，面对严峻的防控形势，易事特集团分布在全国各地的分、子公司率先行动，积极支援当地医院疫情防控，并为多地"小汤山"医院和发热门诊等应急项目建设提供电力等关键基础设施保障。

疫情防控期间，易事特集团的医用电源解决方案广泛应用于湖北、江苏、安徽、天津、广东、广西等多个省市、自治区的数十家医院，为武汉第四医院、天津市黄河医院、天津市肿瘤医院、广州市第八人民医院、深圳中山大学附属第七医院、深圳罗湖医院集团、东莞第九人民医院、东莞市人民医院、广西龙潭医院、广西中医药大学附属瑞康医院等战"疫"一线医院救治工作保驾护航，为全国疫情防控阻击战取得重大战略成果作出积极贡献。

赛耐比获得"宁波市信用管理示范企业""浙江省AA级守合同重信用企业"称号

2020年，宁波赛耐比光电科技有限公司（简称赛耐比）接连通过"浙江省AA级守合同重信用企业""宁波市信用管理示范企业"认定，表明公司的信用管理水平获得了巨大提升和认可。公司一直倡导诚信经营理念，坚持质量优先，积极践行社会责任，先后被评为"浙江省出口名牌""浙江省名牌产品"等称号。赛耐比将珍惜每一份荣誉和认可，不断提高自身管理水平，用产品和服务来为诚信价值体系建立贡献自己的力量。

创导智慧能源应用　动力源助力雄安新区绿色创新发展

11月13日，雄安新区·中关村"携手奋进共谋发展"暨雄安新区·中关村企业集中办公区揭牌活动在雄县举办。本次活动旨在为贯彻落实京冀两省市及中关村与雄安新区签署的系列合作协议，持续推动京津冀协同发展及雄安新区中关村科技园建设，加快形成京冀功能互补、共建共赢的协同发展新格局。

大会现场举办了中关村企业与雄安新区合作方签约仪式，雄安动力源科技有限公司与雄安新区合作方达成战略合作。

签约仪式后，大会继续举行《中关村企业新技术新产品推介》活动。围绕雄安新区建设及传统产业升级需求，动力源智慧能源业务线负责人杜彬就智慧能源领域进行了重点推介。

杜彬介绍，“立足雄安新区战略发展规划，做好全力支撑服务雄安新区建设准备”是动力源智慧能源业务板块核心战略之一。公司于2018年成立全资子公司——雄安动力源科技有限公司，持续以创新技术、灵活模式、专业人才为基础，积极推进新区原有传统企业升级改造。现阶段，动力源将通过绿色出行业务合作，助力雄安新区实现低碳环保、可持续发展的绿色使命；通过光伏逆变器、功率优化器、储能PCS等先进技术，致力于为雄安新区提供清洁、高效、稳定的绿色能源供给；通过推广智能疏散系统、直流照明系统、备用电源系统应用，为雄安新区公共建筑、轨道交通、地下管廊等基础设施建设提供安全、高效、经济、环保的一站式智慧能源服务。未来，动力源还将在节能环保、数据通信等领域与雄安新区合作方开展更多合作。

抓住“雄安机遇”，不负新时代馈赠。目前，雄安新区的规划体系和建设体系基本搭建完成，进入大规模建设阶段，大批市政基础设施、道路、管廊、给排水、白洋淀治理、绿化建设项目陆续落地，给企业新技术新产品应用提供广阔空间。动力源将加快在雄安新区智慧道路、智慧管廊、公共建筑、绿色出行等方面的战略布局，在新区的未来规划建设中，提供领先的产品及定制化解决方案，为雄安新区智慧城市建设一路保驾护航。

先控智慧充电解决方案　点燃大兴机场腾飞的“绿色引擎”

“绿色发展，创新未来”，北京大兴国际机场作为我国重大标志性工程，全过程绿色管控和全要素绿色提质，成为全球首个实现场内清洁能源车使用率100%、充电配套设施覆盖率100%、可再生能源比例达10%以上的机场。

充电桩建设项目中，先控捷联电气有限公司（简称先控）凭借过硬的产品质量和强大的技术支撑，一举中标大兴机场飞行区充电桩二期项目。经过3个多月夜以继日的奋战，70个充电主体、160个充电终端准备就绪，为大兴机场交出了一份“满分答卷”。

超强高低压兼容　实现性能突破

飞行区内穿梭着各种型号的车辆，如何实现高低压兼容，为不同车型提供高效、节能的充电服务成为项目的核心点。针对这一需求，先控采用新一代功率模块，单模块功率为20kW，最大电流为100A，直流输出电压为DC50~750V或DC250~750V，恒功率输出，具有超宽输出电压范围和超大充电电流两大突出优势，一桩满足所有车型的充电服务，提高能源利用率，减少了系统的复杂度，更加可靠、高效。

分体式的设计能够进一步提高充电效率，可以根据不同车型柔性分配输出功率，合理充分地利用资源，最大化地发挥设备效能，降低设备与供电投入，以更少的投资享受同样高效的充电体验。

在性能突破的同时，我们更加关注产品的安全性，充电桩具有独特的冷热风道分离散热系统，功率模块与控制电路散热分开，能适应宽温度范围，提高散热效率。充电控制软件也具备完善的保护功能，可以进行过温、过电压检测，同时可根据温度进行风机调速，提高系统的安全可靠性。

人性化设计　将实用性发挥到极致

除了核心性能的突破，该项目在实用性方面也下足了功夫。充电终端采用悬臂式设计，先进的线缆收纳功能，有效地避免枪线拖地，减少磨损，延长寿命。枪体则采用人体工学设计，操作便捷、省力，体验感更好，配合锁紧设计，能够防止工作时意外脱落，提高安全可靠性。

在飞行区作业的车辆都属于机场内部车辆，无须付费充电。为了简化操作步骤，提高充电效率，先控充电桩设置VIN自识别充电，运营后台设置充电策略，系统内通过识别的车辆无须扫码支付，可以即插即充，操作更加方便、高效。

充电时，彩色触摸屏能够实时地显示充电信息，配合全过程语音提示，人性化引导操作流程，智能的人机交互，给用户提供良好的充电体验。所有的充电信息可以接入统一的运营管理平台，全面掌握系统运行情况，能够做到及时升级、检测，使充电设备时刻处于更佳状态。

是一份荣誉　更是一份责任

参与到大兴机场的建设中，先控充满了使命感，立刻组织专项科研团队，本着“精干、高效、优质”的原则配备各类管理人员和技术人员，包括经验丰富的项目经理、技术经理、电源工程师、结构工程师等，确保为项目提供充沛的人力资源。

在产品方面，我们严格按照项目要求，从每一颗螺钉开始严格把关，在产品的生产、交货、安装、调试等方面，全力确保本项目的优先级，保障供应产品的质量、性能、安全等指标，确保各个环节按时交付。

目前，所有充电桩已经安装完毕，进入调试阶段。未来，我们还将全力以赴，确保产品的备品备件供应、质保期内外的设备维保，定期进行检测服务，确保充电桩全生命周期的坚实可靠性。

大兴机场是一只迎风翱翔的凤凰，引领着绿色机场发展的方向，时尚优美的设计中充满了能源智慧，一排排的充电桩浓缩成现代化的符号，标志着我国绿色机场的建设运营即将成为全球的“领跑者”。

中科海奥与华安证券签约　正式启动科创板IPO上市步伐

12月27日下午，“新天地、新赛道、新作为”合肥高新区上市公司嘉年华在中安创谷科技园全球路演中心圆满举行。安徽省政府副秘书长、省发展研究中心主任吴劲松，合肥市人民政府副市长龚春刚，安徽省地方金融监督管理局副局长程钢，合肥高新区党工委书记、管委会主任宋道军，中国证监会安徽监督管理局副局长张文生，安徽省经济和信息化厅总经济师潘峰，中国科学院合肥物质科学研究院副院长宋云涛出席本次活动。

安徽中科海奥电气股份有限公司作为拟上市重点示范企业代表应邀参会，并与华安证券股份有限公司出席了“2021年拟申报上市企业签约仪式”。省、市、高新区各级政府和科技部、中国证监会、上海证券交易所相关领导共同见证下，中科海奥正式启动科创板IPO上市步伐。

此次中科海奥与华安证券成功签约，标志着中科海奥科技与金融合作迈上新台阶，开启了公司发展新的华章。中科海奥立足于世界一流高科技园区——合肥高新区，秉承“创新、合作、贡献”的核心价值观，致力于智慧能源科技创新的领跑者。

“十三五”即将圆满收官，“十四五”正待起航。在即将到来的2021年，中科海奥将以冲刺科创板上市为建党100周年献礼！并以新的起点迈进公司发展的远航期，在“十四五”期间乘风破浪，遨游海天之间。新时代、新赛道、新作为，中科海奥正以昂扬的斗志迎接新的挑战，以充足的信心收获成功的喜悦。不忘初心，遇见未来。

智能数字阵列UPS供配电系统护航极寒铁路

近日，由博微子集团智能公司提供智能数字阵列UPS供配电系统保障的哈牡高速铁路迎来稳定运行一周年。

一年来，哈牡高铁稳定运行，经受了冬季最低零下35℃的极寒天气考验，累计开行动车组列车近2万列次，共运送旅客770余万人次。

这期间，博微子集团智能数字阵列UPS不间断电源系统为极寒中的铁路运行提供了可靠的电力支持，其高稳定、高可靠、高效率等特点，以及行业最低谐波和更强的带载能力获得客户一致好评，确保了铁路运行工作万无一失。

该系统采用独特的智能化供配电系统解决方案，通过双母线、双冗余、双备份的实施方案，高效、稳定地保证数据中心动力输入至末端核心负载的电源分配，并通过智能检测模块实时监测各路动态，满足方便管理、高效稳定的需要。

博微子集团拥有业内先进水平的设计研发与电子制造平台，率先提出“绿色、节能、环保”的产品理念，针对研发设计、生产制造、原材料供应链等制定了一整套实施方案，开发出领先水平的电源产品和智能供配电系统，为客户提供了更完善的智能供配电解决方案。

芯朋微在科创板发行上市

2020年7月22日，无锡芯朋微电子股份有限公司（简称芯朋微）登陆上交所科创板，股票简称：芯朋微，股票代码：688508。

公司以科技创新推动企业发展，在高低压集成半导体技术方面拥有业内一流的研发团队，多年来保持研发投入销售占比15%。公司基于自主研发的“高低压全集成核心技术平台”，开发设计高集成度、高可靠性、高效低耗的智能绿色电源管理和驱动芯片产品，已获得国际、国内授权专利60余项，围绕电路设计、半导体器件及工艺设计、可靠性设计、器件模型提取等方面形成了核心技术优势。

作为国家集成电路大基金投资的芯片设计企业，面向国家经济主战场、面向国际科技前沿是公司发展的方向。芯朋微是国家重点规划布局内集成电路设计企业、高新技术企业，省创新型企业，承担了多项国家科技项目；作为中国电源学会常务理事单位，主持及参与了多项国家标准的制订。公司注重产学研合作和人才培养，设有国家级博士后工作站、江苏省功率集成电路工程中心、江苏省研究生工作站、无锡外国专家工作室等，为企业后继长期发展提供动力。

航天柏克参与电源行业多个国家标准制定

近日，全国电力电子系统和设备标准化技术委员会不间断电源分技术委员会2020年会在韶关成功举办。此次会议由国家标准化管理委员会批准召开。

航天柏克（广东）科技有限公司（简称航天柏克）副总经理罗蜂参加会议，并被续聘为全国电力电子系统和设备标准化技术委员会不间断电源分技术委员会委员。

航天柏克继参与16项标准制定后，再次参与电源行业三个国家标准制定，系列标准已通过国家审批，分别为参与《并网双向电力变流器第一部分：通用要求》国家标准制定；参与《不间断电源系统（UPS）第四部分：环境要求及报告）》国家标准制定；参与《不间断电源系统（UPS）第5-3部分：直流输出UPS性能和试验要求》国家标准制定。

作为电源行业的优势企业，航天柏克相继受邀参与了铁路、能源、高速、工业和信息化等领域的国家及行业标准的研究与制定。

历年来，航天柏克始终坚持以“创新驱动发展”的战略，组建了以博士、硕士为主体的科研队伍，同时深化产学研合作，加强与高校、科研院的密切合作，不断巩固和提升技术创新的能力。

同时航天柏克注重先进技术的运用、消化和吸收，十三五期间攻克5G、轨道交通、储能市场准入壁垒，解决了多项关键技术难题，形成了具有公司自身特色的技术路线，奠定了企业在高速公路、铁路行业、储能行业等多个领域定制化产品的能力。

合肥第60家上市公司10日登陆科创板

9月10日上午，合肥科威尔电源系统股份有限公司（简称科威尔）在上海证券交易所科创板鸣锣上市，成为我市2020年第5家科创板上市企业，也是国内测试电源行业首家登陆科创板企业。市长凌云出席上市仪式并致辞。市政府秘书长罗平参加。

凌云在致辞中表示：当前，合肥正着力发展战略性新兴产业，围绕产业链部署创新链，围绕创新链布局产业链，形成了“芯屏器合”“集终生智”的战新产业布局，积蓄了一批上市后备军。科威尔作为国内测试电源设备行业细分领域龙头企业，要善于把握本次上市的契机，拉高标杆，乘势而上，创新发展，以优异的业绩回报社会和广大投资者，为合肥市经济社会发展作出新的更大贡献。

据悉，合肥科威尔电源系统股份有限公司是2020年我市第5家登陆科创板的企业。此前，皖仪科技、国盾量子、江航装备和大地熊已经成功在科创板鸣锣上市，其中，国盾量子还刷新了科创板单日涨幅历史纪录。此外，我市还有1家过会企业、5家在审企业正在“闯关”的路上，后续申报项目加紧推进中。2020年以来，合肥新增A股上市企业9家，数量居全国省会城市第2位；目前境内外上市企业60家，其中A股55家，居全国省会城市第7位。

在沪期间，凌云一行考察调研了上海上生新所城市更新项目、万科城市天空轨道交通上盖物业项目。凌云表示，要认真学习借鉴上海在历史文化保护、城市文脉传承、老旧建筑更新以及城市空间的综合开发利用等方面的理念、经验和做法，把合肥建设成更有文化、更有品质、宜居宜业的美好城市。

“北航云南创新院—爱科赛博电力电子可靠性实验室”揭牌仪式举行

2020年8月19日，在北京航空航天大学云南创新研究院，举行了“北航云南创新院—爱科赛博电力电子可靠性实验室”揭牌仪式，北航云南创新院王文娟副院长、北航云南创新院科创发展部叶亚飞主任、长江学者特聘教授/北航云南创新院可靠性中心康锐主任、爱科赛博董事长兼总经理白小青、爱科赛博副总工程师石全茂，以及北航云南创新院可靠性中心全体人员参加，揭牌仪式由北航云南创新院可靠性中心副主任王浩伟博士主持。

在揭牌仪式上，王文娟副院长、白小青董事长、康锐教授先后讲话，对合作双方基本情况、联合实验室定位和研究方向、产学研合作创新发展模式和合作目标愿景等进行了交流沟通。康锐教授和白小青董事长共同为“北航云南创新院—爱科赛博电力电子可靠性实验室”揭牌，标志着联合实验室在北航云南创新院正式落地。揭牌仪式后，召开了第一次联合实验室工作会，总结了前期工作成果，明确了今年底联合实验室的工作目标和工作任务。

“北航云南创新院—爱科赛博电力电子可靠性实验室”依托北京航空航天大学康锐教授团队的领先可靠性和系统工程研究平台、北航云南创新院的创新机制和西安爱科赛博电气股份有限公司的产业化平台，致力于电力电子装备可靠性关键核心技术和基础共性技术研究，围绕高端装备领域重大需求实现工程应用，提升电力电子装备的可靠性水平，提升企业可靠性和系统工程能力，服务国家创新发展和质量强国的总体战略，力争成为国内电力电子装备可靠性领域有鲜明特色、创新机制和独特优势的产学研联合实验室。

“西安交大—爱科赛博先进电力电子装备研究中心”在中国西部科技创新港揭牌

2020年7月20日，以“工企新西迁，建功创新港”为主题的西安交通大学电力电子与工业自动化实验室入驻创新港仪式在中国西部科技创新港隆重举行，西安爱科赛博电气股份有限公司（简称爱科赛博）董事长白小青先生受邀参加，与西安电力电子技术研究所、西电集团、特变电工、许继电气、龙腾半导体、维谛技术等多家单位来宾共同见证。

入驻仪式上，西安交大电气学院党委书记梁得亮教授、副院长杨旭教授和爱科赛博董事长白小青先生一起为“西安交大—爱科赛博先进电力电子装备研究中心”揭牌，标志着研究中心在创新港正式落地。

“西安交大—爱科赛博先进电力电子装备研究中心”依托西安交大西部科技创新港的研究平台和西安爱科赛博电气股份有限公司的产业化平台，定位面向国家转型升级和自主可控的重大需求，瞄准国际前沿，致力于电力电子装备领域关键核心技术和基础共性技术研究，发展成为专业领域内领先的产学研结合研究中心。

白小青董事长在讲话中表示，将加大投入力度，通过深化校企产学研合作，助力交大西迁创新港建功立业，助推企业高质量发展，共同为新时期国家社会发展贡献力量。

农村光储直柔配电系统迈出关键一步

2020年11月3日，农业农村部组织相关专家赴山西省运城市芮城县庄上村，重点调研公司于芮城县开展的光储柔直示范项目情况。专家组此行目的，旨在为农业农村部与联合国开发计划署（UNDP）共同申请的全球环境基金（GEF）“中国零碳村镇促进项目”进行项目点遴选。

专家组成员由农业农村部农业生态与资源保护总站国际交流处处长王全辉、可再生能源处处长李惠斌、资源环境国际项目办公室业务部主任张艳萍、环境国际项目办公室项目官员魏欣宇及青岛海尔太阳能热水器有限公司总监杨春涛等组成。

专家组听取了陈文波董事长关于庄上村新能源小镇项目的建设初衷、当前进展、远期规划以及本地产业化基地建设情况的详细汇报，现场考察了展厅、示范农户、直流配电房、监控系统、沿黄公路直流观景台及正在建设中的国臣直流配电产业园，并召集庄上村、县电力公司、省电科院、县政府相关部门人员进行了座谈。专家组对以“光储直柔”技术路线开展的零碳村建设给予了充分肯定，给项目下一阶段的推进工作提供了很多宝贵意见，并邀请陈文波董事长后续向农村农业部针对项目的技术先进性、项目经济性、推广复制性进行专题汇报。山西省、运城市、芮城县相关领导，全程陪同专家组考察调研。

华耀公司CNAS实验室顺利通过国家（CNAS）/国防（DILAC）复评审

7月4~5日，中国合格评定认可委员会（CNAS）和国防科技工业实验室认可委员会（DILAC）专家评审组对华耀公司测试中心进行了两年一次的现场复评审。华耀公司党支部书记胡国良、测试中心主任王文利和测试中心相关人员出席了会议。

评审组依据CNAS、DILAC：2018认可准则及相关应用说明，对测试中心换版后涵盖新标准全部要素构建成的质量手册，以及按质量手册修订的33个程序文件和申请认可的全部技术能力进行评审。通过现场核查原始记录、人员培训、质量监督、仪器设备、现场试验等控制记录以及相关证书报告，评审组认为，实验室领导重视体系的有效运行，管理体系能服务于质量方针和质量目标，抽查的质量活动处于受控状态，人员技术能力较强，仪器设备满足相应的技术能力要求，管理体系符合认可准则的要求且运行有效。

通过本次体系换版后的复评审，测试中心检测人员对溯源要求、文件控制、方法验证和人员能力监控等方面又有了深刻认识。接下来，实验室将以此次评审为新起点，进一步推进整改落实工作的同时，不断深化准则意识，持续完善和改进管理体系。

华耀公司荣获“2020年度中国电动汽车创新企业”奖

12月11日，第七届电车人产业平台（简称“电车人”）大会在北京召开，经公司申报，大会专家组评审、上下游调研、数据挖掘等方式评选，最终华耀公司荣获“2020年度中国电动汽车创新企业”奖。

电车人发起于2014年，定位电动汽车“全产业链合作平台”，目前电车人已成长为中国领先的电动汽车产业合作平台，覆盖电动汽车全产业链企业超过2000多家。

该奖项的设置是电车人对具有一定业务规模和服务能力，同时具备较强未来增长趋势企业在产品研发创能力的认可。从车载电源研发平台、工程技术能力、产品试验能力等方面全方位评估公司车载电源产品的研发创新情况。

此外，大会公布了新一届理事单位名单。华耀公司作为2021年新一届理事单位，将在新的起点上，加强与电车人及产业链企业的合作，携手并进，在新能源汽车领域里发挥优势，共同促进业务发展。

ITECH测试设备助力全国高校电力电子应用大赛

2020年12月20日，第六届高校电力电子应用设计大赛落下帷幕。本次大赛更加注重的是学生如何将理论与实践结合，ITECH作为测试设备指定供应商，在决赛期间为十四支参赛队伍提供强有力的支持，协助提供现场的测试支持与验证服务，确保赛事评测数据的精确度。

高校电力电子应用设计大赛由中国电源学会、中国电源学会科普工作委员会主办，是全国电力电子领域领先水平的大学生竞赛。本届以电力电子技术应用为对象，以创新、节能减排以及新能源利用为主题的创意性科技竞赛，激励更多学生进行电力电子技术领域的创新，推动“中国智能制造2025”的发展。

根据本次的竞赛参赛题目“高效率高功率密度双向AC/DC变换器”，对于参赛作品的评分要求也十分严苛。为此，ITECH提供了高精度高性能的测试设备。

钱学森曾说过：仪器测量技术是信息技术的组成部分，信息技术的关键还是测量，测量是基础和关键。ITECH一直以来深耕于功率电子测试技术同时不断加强学术合作，为广大高校电力电子及相关专业学生提供支持，2021年ITECH也将持续参与高校电力电子应用设计大赛，也希望有更多的参赛队伍能借助ITECH的相关设备确保产品的电性能，取得好成绩。

惠州志顺电子顺利通过市级工程技术中心认定

2019年10月，惠州市科学技术局公布了2020年第一批市级工程技术研究中心认定结果名单，其中我公司申请组建的“惠州市智能锂电池充电装置工程技术研究中心”顺利通过专家评审。

近年来公司高度重视科技创新工作，目前拥有有效专利39件，其中发明专利3件，实用新型专利34件，软件著作权2件。此次工程中心认定工作得到了公司各部门的大力支持，体现了公司上下一盘棋，部门间高效协同，确保工作高质量推进的良好氛围。

长城电源技术有限公司正式成立

长城电源技术有限公司于2020年12月正式成立，公司注册资金3亿5千万元，注册地山西太原。该公司的前身是中国长城科技集团股份有限公司电源事业部。长城电源技术有限公司是独立法人公司，由中国长城科技集团股份有限公司控股，是国内大型电源研发和制造企业。

英飞特EUM家族荣获第六届“中国电源学会科学技术奖”

近日，中国电源学会公布了第六届“中国电源学会科学技术奖”获奖通知，英飞特电子EUM家族荣获“优秀产品创新奖”。

这是EUM家族荣获的又一重量级奖项。EUM的接连获奖证明了行业及市场对该产品优越的创新能力、过硬的品质实力、强大的市场影响力的高度认可。

派恩杰获国家高新技术企业认定

近日，依据科技部、财政部、国家税务总局的有关规定，经严格审查并层层筛选，派恩杰半导体（杭州）有限公司（简称“派恩杰”）符合高新技术企业的认定条件，予以认定为国家高新技术企业。

我国高新技术企业认定工作自20世纪90年代开始，至今已有20余载。高新技术企业既是政府为调整产业结构、提高国家竞争力的重要战略布局，也是对企业研发、创新能力的认可与支持。根据国家科技部颁布的《高新技术企业认定管理办法》，国家高新技术企业的资质认定须同时满足知识产权、科技成果转化能力、研究开发的组织管理水平、企业经营成长性指标等考核条件。认定标准严苛，认定程序严谨。

派恩杰成立于2018年9月，是第三代半导体功率器件设计销售企业（Fabless模式），持续专注于碳化硅和氮化镓的器件设计研发与产品销售。

此次派恩杰获得国家高新技术企业的评定，是国家及省市科技等部门对派恩杰研发工作的一次巨大的鼓舞，也表明派恩杰在技术创新、科技成果转化、拥有核心自主知识产权等方面得到了国家的高度认可。今后，派恩杰将继续引入高素质的人才团队，继续加大科研投入，进一步加强公司技术创新能力，为企业持续、快速发展提供强有力的技术支撑，并为半导体行业的发展贡献应有的力量！

铂科新材：入选国家工信部专精特新“小巨人”企业名单

近日，工信部公布了全国第二批专精特新“小巨人”企业名单。作为专注金属粉末、磁粉芯领域以及应用解决方案开发的国家高新技术企业，铂科新材凭借卓越的研发、生产、管理能力和出色的竞争优势在众多佼佼者中脱颖而出，荣获专精特新“小巨人”企业称号。

专精特新“小巨人”企业是指专业化、精细化、特色化和新颖化发展企业中最具活力的群体，在促进经济增长、推动创新、增加税收、拉动就业、改善民生等方面发挥着示范引领作用。此次入选专精特新“小巨人”企业名单是对铂科新材强大的综合实力、独特的创新模式、可持续性发展能力方面的高度认可和充分肯定。

作为工信部专精特新“小巨人”认定企业，产品广泛应用于UPS电源、太阳能光伏逆变器等电力电子领域以及变频空调、新能源汽车等产业。未来，铂科将继续秉承“小巨人”的工匠精神，立足当前，着眼未来，全面为客户解决成本、效率、空间的优化问题，为人类的节能减排，推动绿色能源的发展贡献力量。

上海临港电力电子研究院控股母公司的ROHM—臻驱科技碳化硅技术联合实验室揭牌仪式

2020年6月9日，上海临港电力电子研究院控股母公司的ROHM—臻驱科技碳化硅技术联合实验室揭牌仪式在中国（上海）自由贸易区试验区临港新片区成功举行。随着ROHM—臻驱科技碳化硅技术联合实验室的揭牌，罗姆正式向实验室交付全球最新一代碳化硅晶圆、高性能示波器等重要物资。

铭普光磁大份额中标中国移动开关电源集采项目

科技创新驱动“新基建”快速发展，5G作为新基建的领头羊，助力产业升级，推动数字经济高质量发展。在5G浪潮下，东莞铭普光磁股份有限公司（简称铭普光磁）抓住新基建的新机遇，脚踏实地，创新发展，在2020年迎来了多个集团级集采中标的好消息！

中国移动采购与招标网发布了《中国移动2020年至2021年开关电源产品集中采购中标候选人公示》，东莞铭普光磁股份有限公司为上述项目的第二标包的第一中标候选人，获得40%份额。

铭普光磁凭借优秀的产品技术、可靠的产品质量和周到的产品服务，赢得了市场的认可与客户的信任。分别在中国移动的2019年至2020年一体化电源产品集中采购项目、2020年至2021年组合式开关电源产品集中采购招标项目及2020年至2021年开关电源产品集中采购项目中获得中国移动公司的认可，三次累计中标份额约1亿人民币！

本次中国移动2020年至2021年开关电源产品集中采购项目中，铭普光磁中标产品为壁挂式开关电源。

该产品采用挂墙式安装设计，适用于安装在室内通信机房或室外等场景，为通信设备供电，可分为150A、200A和60A多个规格容量，满足不同基站的使用要求。

铭普光磁其他中标产品有组合式开关电源。

该产品采用柜式设计，适用于直接安装在室内通信机房为通信设备供电，分别为300A、600A和1000A多个规格容量，满足不同基站的使用要求，将在5G宏站建设中发挥重要的作用。

其他中标产品还有拼装式室外一体化电源的2kW和3kW产品。

该产品是专为通信末端站点的通信设备设计的新一代供电解决方案。可应用于室外铁塔灯杆站、室内分布弱电井、微站等环境恶劣场景，为通信网络末端的通信设备供电。能够满足壁挂、抱杆、角钢塔等应用场景，特别适合各种复杂环境的5G微站使用。

新基建被寄予厚望，不断发展，为5G建设按下了“快进键”。当前，我国全面加速建设5G基础设施，已建成全球最大的5G商用网络，与此同时，5G产业催生应用场景也在不断扩大，带动传统产业升级。

作为国内领先的通信磁性元器件、通信光电部件、通信供电系统设备制造商，铭普光磁将充分发挥自身优势，抓住市场机遇，积极进取，勇于创新，打造高品质的产品，为客户提供高效网络能源解决方案，助力5G新基建的融合发展。

以标准促创新，铭普光磁战略布局推进企业高质量发展

当前，技术标准的作用和地位已经发生了根本的变化，标准已经成为最重要的行业发展因素，标准的制定者能够通过技术标准中技术要素和技术指标建立起市场准入和技术壁垒体系，参与制定标准的企业，一定有着前沿的技术理念，以及对行业内技术的发展、创新有一定的把握。谁掌握了技术标准的制定权，谁就在一定程度上掌握了市场竞争的主动权。

东莞铭普光磁股份有限公司（简称铭普光磁）（股票代码：002902）成立于2008年6月，是一家集研发、生产、销售为一体的高新科技企业。铭普光磁致力于为全球客户提供一站式电源解决方案，针对通信行业可提供5G全景供电系统解决方案、绿色能源应用方案、基站储能及节能解决方案、数据中心绿色能源解决方案。

作为国内领先的通信磁性元器件、通信光电部件、通信供电系统设备制造商，铭普光磁建立了完善的质量管理体系，先后通过ISO9000、ISO14000、ISO18000等管理体系认证。产品分别通过CCC、TLC、UL、TUV、CE、FCC等认证。铭普光磁自2012年起，就参与了多项国家和行业标准的起草，为行业的共同进步和发展贡献了自己的一份力量。

一直以来，铭普光磁都深刻认识到标准的重要性，标准是科研、生产、使用三者之间的桥梁，标准可以促进技术创新，推动企业高质量发展。

截至目前，铭普光磁已经参与编写了 17 项行业标准，一项国际标准，仅在 2020 年，就有铭普光磁参与的 7 项标准发布。

标准：

2020 年 4 月，国家工业和信息化部公布了一批通信行业标准，其中包括由铭普光磁参与编写的《通信用 240V 直流供电系统》，该标准于 2020 年 7 月 1 日起实施。

2020 年 6 月，国家市场监督管理总局与国家标准化管理委员会公布了一批通信国家标准，其中包括了由铭普光磁参与编写的《信息通信用 240V/336V 直流供电系统技术要求和试验方法》，该标准于 2020 年 12 月 1 日正式实施。

2020 年 8 月，由中国质量认证中心为单位，铭普光磁参与编写的《开关电源性能第一部分：通用要求及试验方法》、《开关电源性能第二部分：电子组件降额要求及试验方法》的行业标准正式发布，为行业标准体系的建立写下浓重的一笔。

2020 年 8 月底，国家工业和信息化部公布了由铭普光磁参与编写的《电信互联网数据中心用交直流智能切换模块》，该标准于 2020 年 10 月 1 日起实施。

2020 年 8 月，由铭普光磁参与编写的《YD/T 2759.2—2020 单纤双向光收发合一模块第 2 部分：25Gb/s》发布，于 2020 年 10 月 1 日起实施。

2020 年 8 月底，国家工业和信息化部发布了由铭普光磁参与编写的《通信用变换稳压型太阳能电源控制器技术要求和试验方法》，该标准于 2020 年 10 月 1 日起正式实施。

随着 5G 网络建设的全力推进，5G 基站建设集中暴发，只有一种能源的传统供电方式已经很难满足所有基站的供电要求。作为通信电源的专业生产厂家，铭普光磁专门针对基站供电的需求和 5G 站点的新特点研发出一套利用多种能源混合供电的解决方案，其核心就是 MEH 系列混合能源管理系统。

铭普光磁基于此项标准研发制造的“MEH048 系列通信用混合能源管理系统产品”，专门针对通信、电力、石油等行业的高规格要求而设计制造，是集成电源转换、多种能量管理和配电接口的一体化、模块化电源设备，能同时管理太阳能、风能、市电交流电、燃油发电机交流电、蓄电池等多种能源。

标准是最重要的行业发展因素，那么专利则代表着最前沿技术的发展，知识产权工作对企业发展有非常重要的促进作用。高新技术领域的标准制定必须以该领域不断更新的科学技术为依托，而这些科学技术常常含有版权、专利权等在内的各种知识产权。

标准与知识产权紧密关联，铭普光磁也一直在积极寻求将含有知识产权的技术方案与标准相结合，布局属于铭普的知识产权战略并加大知识产权保护力度，为营造良好的知识产权氛围，建立健全的知识产权保护体系而努力。

通过铭普光磁知识产权工作组的推动，铭普光磁专利申请量连年增长，现已通过知识产权贯标认证，荣获国家知识产权优势企业、国家知识产权示范企业等荣誉，助力铭普光磁研发生产工作。

在 5G 浪潮下，铭普光磁会持续发力于自主创新，依托核心专利及研发，针对不同客户需求生产满足需求的高性能、高品质和强适应性的定制产品，立足于 5G 系统技术革新，提高企业核心竞争力，为全面实现公司的战略目标而努力。

中冶赛迪电气技术有限公司在中国创新方法大赛北京赛区决赛载誉而归

在 2020 年 10 月 19 日中国创新方法大赛北京赛区决赛中，中冶赛迪电气技术有限公司（简称“赛迪电气”）申报的《基于 TRIZ 理论不间断电源综合性能提升方法创新研究》及《基于 TRIZ 理论一种高功率密度的高压变频器装置开发》两个项目在角逐中脱颖而出，分别斩获北京赛区总决赛一等奖和二等奖。公司荣获“优秀组织奖”荣誉称号。

中国创新方法大赛是以“创新引领企业未来”为主题，共有来自 33 家企业的 141 个项目参加比赛，项目涉及智能科技、生物医药、新一代信息技术、高端装备制造、新能源新材料、节能环保等战略性新兴产业及多个正处于转型升级期的传统产业，包括新设备、新工艺、新材料、新技术等多种形式。

赛迪电气共派出两支队伍参赛，通过参加创新方法深度培训、北京赛区赛前培训、现场路演、答辩、专家评审等环节，一路过关斩将，成功斩获一、二等奖。

近年来，赛迪电气以创新为驱动，深入贯彻落实发展新理念，将 TRIZ 创新方法融入实际的科研开发工作中，提升了一线科技工作者的创新意识和创新理念，为助力企业自主创新、推动公司高质量发展发挥了重要的支撑作用。

航智荣获“国家高新技术企业”称号

2020 年 12 月，深圳市航智精密电子有限公司正式通过了国家高新技术企业认定并收到了由国家税务总局深圳市税务局、深圳市财政局以及深圳市科技创新委员会联合颁发的“国家高新技术企业”证书。

国家高新技术企业认定作为全国科技类企业最高的荣誉之一，是国家对企业综合实力最权威的认可和信誉背书。深圳市航智精密电子有限公司获此殊荣，不仅证明了航智在直流电量测量领域的技术创新能力、高端技术开发能力、市场开拓能力，在企业高成长性、潜在经济效益等方面也得到了国家的高度认可。同时，也是对航智未来的发展提出了新的更高要求。

天宝集团智能制造工业园奠基仪式隆重举行

9 月 19 日上午，天宝集团投建的智能制造工业园奠基仪式在东江湾千亿产业园隆重举行。惠城区委常委统战部部长黄智勇先生、惠城区副区长颜明光先生、水口街道党委书记朱伟方先生、区高新园管委会书记李小鹏先生、惠州市惠城区外商投资协会杨伟定、苏石勇等会员企业代表们莅临现场，与天宝集团主席洪光汜先生以及一众集团高管共同庆祝智能制造项目盛大起航！

现场彩门高拱、彩旗飘舞，伴随着激昂的音乐，隆重拉开了奠基仪式序幕。天宝集团主席洪光汜先生、惠城区副区长颜明光先生分别为奠基仪式发表了热情洋溢的致辞。"近年来电源市场需求日益旺盛，对生产企业的量和质都提出了更高的要求"。惠城区副区长颜明光在致辞中表示，"东江湾千亿产业园作为惠州聚力打造的"3+7"工业园区的重要组成部分，对推动我市打造"2+1"现代产业集群，推进区委区政府"3+2"系统工程具有积极的作用和意义。"对于天宝未来的发展，也表示了高度的期盼和支持。

为提升集团自动化水平与产能，满足客户订单需求，天宝投建新的智能制造工业园项目，该项目将是集研发设计、办公、生产、仓储、销售于一体的现代化工业园区，是天宝战略发展新篇章。天宝集团主席洪光汜先生在现场为来宾讲述天宝的发展战略，展示智能制造项目的宏伟蓝图。他指出"新建的智能制造项目规模更大，投资过亿元人民币，规划自动化生产线。将借鉴天宝惠州工厂成功扩产经验，使用最新一代生产设备，快速发挥投资效益，年产值预计将超过23亿元人民币。"智能制造工业园落成之后，将进一步巩固天宝集团于电源行业的市场地位。

伴随吉时到来，在全体来宾的见证下，大家同擎金锹，扬土培基，将仪式推向了高潮！礼炮齐鸣，彩烟漫天，吉庆的气氛洋溢在整个工业园的上空，标志着天宝集团智能制造项目的正式开工，意味着天宝集团在发展高端智造、加速产业转型升级方面更进一步。相信天宝集团的未来必将乘风破浪，再次远航！

华威电子获评"常州市市长质量奖"

华威电子2015年导入卓越绩效评价准则，2017年获评"常州市钟楼区区长质量奖"，2018年获评"常州市质量管理先进单位"，2019年获评"常州市市长质量奖"。

2020年6月5日，常州市市场监督管理局潘立波副局长、常州市财政局王美蓉副局长、常州市市场监督管理局林育俊处长，钟楼区市场监督管理局王俊局长、朱忠科长等市、区领导以及华威电子董事长颜翰菁女士、总裁金晓先生、副总裁陆卫虹先生、副总裁何维满先生等公司相关领导出席"2019年常州市市长质量奖"授牌表彰仪式。

广州德肯电子股份有限公司成功挂牌

2020年12月30日，是一个值得我们全体德肯电子人喜悦的日子，随着一声响亮的敲钟声，公司在广东股权交易中心成功挂牌，这一历史时刻标志着公司在打造世界一流的电子仪器仪表品牌的万里长征路程中又迈进了关键一步。

此时此刻我们的激动心情无法用言语表达，我们向长期以来关心和帮助我们企业发展以及热爱我们品牌的全球电子工程师表示衷心的感谢，正是有你们的大力支持与厚爱，"PinTech品致"品牌才有今天在电子仪器仪表行业中的一席之位。

创联电源荣获UL目击测试实验室资质

享誉全球的安全科学专家UL正式授予常州市创联电源科技股份有限公司（简称"创联电源"）"UL认可目击测试（Witness Test Data Program，WTDP）实验室"资质，见证了UL于国内电源领域的又一重要时刻。此次WTDP资质授权将助力创联电源智造化新进程，引领民族品牌迈向国际舞台。

UL美华认证大中华区总监王文斌先生及创联电源总经理唐景新先生等领导及专家作为代表共同出席授牌仪式。

此次WTDP实验室资质授予，将进一步为创联电源提供更高品质的一站式检测服务，并助力创联电源提升产品合规，同时加速开启国际市场的新布局。

乘风破浪——UL助力中国企业勇敢前行

2020年，世界经历"大变局"，新型冠状病毒疫情的突然暴发，对全球外贸经济带来巨大影响。面对国内众多企业纷纷面临出口难困境，UL作为全球市场合规解决方案行业专家，自1980年进入中国以来，始终致力于将国际先进技术及经验服务于本地，提供本土化测试、认证、检验、培训等一站式整合服务，助力解决本土企业全球市场准入所需。

此次WTDP实验室资质授予将进一步为创联电源提供产品安全测试、技术指导等方面的一站式整合服务。在WTDP实验室授权资质下，创联电源可在UL工程技术专家的现场见证下，通过自有的实验室资源开展全部测试，有效节省样品运输、测试等待及问题整改等时间，从而进一步提升产品认证效率，更快地满足国际市场合规的要求。

扬帆起航——UL与创联电源携手推进行业规范化

创联电源目前配备国内一流的电源检测实验室资源及测试团队。近年来，在国家技术创新改革推动下，创联电源在满足产品质量最大化安全合规的基础上，不断推陈出新、鼓励产品升级，走向国际市场。

美国UL作为全球独立安全科学事业公司，在检测认证及标准开发领域拥有国际先进技术水平及资源优势。UL自主开发UL62368-1行业标准，为电源行业提供更高质量产品安全合规保障，并在国际范围内被广泛认可和采纳。对此，UL期望与创联电源加强深化合作，进一步规范国内电源行业标准，引进国际先进经验及行业资源，积极开展国内外技术交流沟通，助力更多中国企业接轨国际科技水平，为企业创新研发、品牌差异化赋能。

创联电源总经理唐景新先生对此次合作实验室表示："创联电源此次能与美国UL合作，将更进一步拉动电源行业产品合规水平，从满足国内认证要求到契合国际更高质量标准，这是创联电源发展的重要里程碑。在20多年的创联电源市场开拓中，UL陪伴并见证了创联电源的成长，予以创联电源技术上指导与支持。此次目击实验室的正式授权将标志着创联电源已经按下了自主研发的快捷键，创联电源将进一步释放产能，加速中国制造全球布局战略。双方在未来将开展更多的合作，创全球用户最佳体验为中心，打开全球用户交互的新通道。”

UL美华认证大中华区总监王文斌先生表示：“UL十分荣幸能成为创联电源得以信任的合作伙伴。此次创联电源获得目击实验室资质，代表了创联电源已经具备国际水平的质量测试能力，UL仍将进一步为创联电源提供更高质量、高标准，更效率、更综合的安全技术支持。UL自1980年进入中国市场以来，始终深耕中国市场，致力于服务国内企业，并协同国内企业同向发展，因地制宜提供更适宜企业长期发展的客制化服务方案，让更多优秀中国品牌在国际市场上崭露锋芒。”

今年是UL进入中国40周年，UL自创立之日起便以“创建一个更加安全的世界”为使命，致力于为全人类创建更安全的工作和生活环境。40年以来，UL为中国制造商提供本土化测试、认证、检验、培训和咨询服务，已成功帮助2万多家中国优秀企业应对经济全球化带来的全新挑战，提升国际竞争力，并收获广泛的品牌信赖和美誉。

未来，UL将持续充分利用自身技术及资源优势，为我国电源制造行业提供更高水平、更高质量检测认证一站式服务，并将进一步加强国内外行业的沟通交流，促进中国企业转型升级，为中国品牌的全球化、差异化发展赋能。

关于UL：UL应用科学研究解决安全性、可靠性和可持续发展带来的挑战，助力创建一个更加美好的世界。通过保障创新科技的安全商用，UL为信任赋能。以打造一个更安全的世界为使命，从独立研究、标准制定到检测认证，提供分析和数字解决方案，我们的所有工作都致力于改善全球福祉。企业、行业、政府、监管机构、公众予以我们信任，从而做出更明智的决策。

思瑞浦成功登陆上交所科创板

2020年9月21日，思瑞浦微电子科技（苏州）股份有限公司成功在上海证券交易所科创板挂牌上市，股票简称：思瑞浦，上交所科创板证券代码：688536。

公司本次上市募集资金将重点投向科研创新领域，以增强公司的核心竞争力。具体包括“模拟集成电路产品开发与产业化项目”“研发中心建设项目”以及“补充流动资金项目”。其中“模拟集成电路产品开发与产业化项目”，旨在进一步研发高性能模拟信号链类芯片产品和电源管理类芯片产品，增强公司的主营业务。而“研发中心建设项目”，将对提高公司现有模拟集成电路技术，满足高性能、高可靠性、高抗干扰能力等方面进行相关技术调查和研究，为公司的长远发展提供有力的支持。

北汉科技荣获致远电子2020年度核心分销商卓越成就奖

以“协同 & 共生”为主题的ZLG致远电子2021年仪器合作伙伴会议，于1月11日在ZLG致远电子广州总部召开，北汉科技作为致远电子的核心分销商受邀参与商议发展规划，努力协同打造共生、共赢、共发展的合作之路！

会议开始前，ZLG致远电子向我们展示自身的企业展厅，并对展示产品展开了热烈的讨论，共同探讨新形势下的机遇与挑战，交流对产品应用领域与未来发展方向的看法。相信在双方的共同努力下，致远电子的产品一定可以凭借扎实的技术功底与特色的行业应用更上一个台阶。

ZLG致远电子董事长周立功教授为本次会议进行致辞，周教授以战略性的眼光对当前行业现状与未来趋势进行了生动解读，并分享了未来公司产品的发展规划。

随后，会议进入感谢与表彰环节。ZLG致远电子董事长周立功教授亲自为北汉科技总经理马磊颁发核心分销商卓越成就奖。

继而进入会议主题，ZLG致远电子常务副总李佰华先进行了《2021年高端测试仪器成长规划》主题演讲，对新一年的成长提出了更高的目标与要求，同时也向各位分销伙伴分享管理新思路。市场团队则分享了2021年重点产品的推广策略，华南仪器团队再通过实战经验与在场分销伙伴们一起分享与探讨订单批量的方法。

接下来，荣获2020年度核心分销商卓越成就奖的北汉科技总经理马磊进行主题分享，总结过往的成功经验，同时分享了2021年的发展规划。

2021年，ZLG致远电子将继续以用户为中心，以市场为导向，加大产品技术的研发力度。同时，秉承开放合作的心态，与分销伙伴协同共生，共同成长、不断进步，努力实现更大的突破！

理士国际—南开大学先进能源研究院成立

8月6日，理士国际与南开大学合作共建的安徽先进能源研究院揭牌仪式在安徽理士新能源公司举行。中科院院士、南开大学副校长陈军，淮北市委书记黄晓武，淮北市委常委、常务副市长周天伟，理士大学校长董李为研究院揭牌。陈军院士任院长。

黄晓武在致辞中代表淮北市委市政府对研究院成立表示祝贺。他指出，研究院的成立意义重大，标志着理士国际迈向科技创新新高度，是淮北高新区创建国家级高新区的又一创举。淮北市委市政府将提供周到细致的服务，为理士国际和南开大学在淮发展营造良好外部环境。校长表示，理士国际将抢抓难得机遇，顺势而为，乘势而上，乘着研究院成立的东风，脚踏实地、稳扎稳打，努力把公司打造成技术领先的蓄电池世界级制造商，为淮北高质量转型发展作出新的更大贡献。

陈军说，他将最大限度地发挥学校创新和人才资源优势，聚焦聚力科教融合、产教融合，加强校企深层合作，加快淮北新能源产业发展步伐，为淮北经济高质量发展贡献积极力量。

陈军院士学术简介：主要从事无机固体化学的研究。在无机固体功能材料的合成化学、固体电极制备以及新型电池电极材料开发研究方面做出了重要创新性贡献。提出了“室温-氧化还原-转晶”新合成方法，室温合成出稳定的导电纳米尖晶石 $CoMn_2O_4$，替代了贵金属铂电极，应用于可充电金属锂、锌空气电池。提出电极微纳化可改善多电子电极反应活性和结构稳定性的设想，经大量实验制备了可充锂、钠、镁电池的微纳多级结构电极，提高了电池的安全性，为降低电池电极材料成本及解决电池燃烧爆炸提供了新思路。

理士国际入选“中国轻工业铅蓄电池行业十强企业”

近日，中国轻工业联合会与中国电池工业协会联合发布“2020 年度中国轻工业铅蓄电池行业十强企业”等多项荣誉榜单。理士国际荣获“中国轻工业铅蓄电池行业十强企业”“2019 年度铅蓄电池行业十强企业”两项荣誉。

作为中国领先的铅酸蓄电池制造商及最大的铅酸蓄电池出口商，理士国际始终秉承“以客户为中心”的核心价值观，践行“为人们提供可靠与创新的电力供应”的企业使命，强化产品技术，不断提升产品品质，全心全意为客户提供优质产品，引领行业的高质量发展。

斯康达助力中兴通讯 5G 电源生产为祖国 5G 建设添砖加瓦

随着全球首批 5G 规模商用部署的展开，大量与 5G 相关的产品正在批量投入生产，中兴通讯作为全球领先的综合通信解决方案提供商和通信设备上市公司，已向深圳市斯康达电子有限公司（简称斯康达）采购大批量大功率电源测试系统，用以投入 5G 电源的生产。

2020 年春节，一场突如其来的疫情打乱了人们的生活和工作节奏，受疫情影响，正当其他公司订单量大大减少的情况下，今年的斯康达却比往年还要繁忙，自复工以来，“订单太多、忙不过来、周末也得加班”，已经成为斯康达生产线这几个月的常态，在斯康达的生产车间内，随处可以看到员工们忙碌的身影。

ATS300-电源自动化测试系统，采用开放式系统架构、模块化程序设计，基于十多年的电源产业测试经验开发而成。其强大的测试功能，基本涵盖所有的生产、品质管理等所有功能要求。优异的系统扩展能力与标准的二次开发接口，为客户提供多方位的技术支持与解决方案。

该系列产品可用于手机充电器、3C 产品适配器、工业电源、模块电源等，辅助生产制造企业节省测试时间，提高企业批量生产效率。

中兴通讯是全球领先的综合通信信息解决方案提供商。公司成立于 1985 年，是在香港和深圳两地上市的大型通信设备公司。公司通过为全球 160 多个国家和地区的电信运营商和政企客户提供创新技术与产品解决方案，让全世界用户享有语音、数据、多媒体、无线宽带等全方位沟通。

深圳市斯康达电子有限公司，公司成立于 2002 年，是国内精密测量仪器与测试系统核心技术自主化的国家高新技术企业，也是集电力、新能源、电池、自动化测试与老化方案研发、生产、销售、服务于一体的综合仪器设备供应商。

斯康达十多年专注于仪器测试领域，“SKONDA”品牌原创产品及解决方案已成熟应用于 3C、新能源汽车、医疗电子、信息通信、LED 照明、电子元器件、军工、实验院所等领域。

近年来斯康达品牌、业务、技术屡获市场关注与认可，斯康达高效、专业的研发中心，品质中心等核心运营部门，致力于整合更灵活、更可靠的专业设备测试方案，全方位支撑客户需求，为客户创造价值。以技术开拓为驱动，以客户需求为导向，斯康达始终致力于提供全球工业测试领域高可靠、高精准、可持续的测试设备及整合解决方案。

第五篇　科研与成果

第六届中国电源学会科学技术奖获奖成果

特等奖

异质负荷的特种高压电源高频/脉冲调控和系统成套技术研发与应用

项目类别： 科技进步奖（技术开发类）

完成单位： 浙江大学、浙江大维高新技术股份有限公司、南通三信塑胶装备科技股份有限公司、杭州四达电炉成套设备有限公司

完成人： 何湘宁、罗皓泽、李武华、奚永新、施小东、陈伟、徐晓亮、郑立成、邱祁、李楚杉、陈大龙、刘星亮、施秦峰、袁旭光、邓焰

项目亮点： 本项目突破了特种高压电源中功率器件可靠性低、系统处理效果差、异质负荷适配性弱等核心技术瓶颈，推动了我国高频/脉冲特种电源装备的快速升级与规模化应用。

项目介绍：

特种高压/高频电源通过电力电子变换技术在负荷上施加高压直流/高频交流/高能脉冲等电压/电流形态，以适应特性各异的负荷要求。高频/脉冲型特种电源是材料处理、环境治理和生物医疗等国家重大领域中的核心电能变换装备，直接决定了高频/高压放电材料改性及高压/脉冲空气净化中的处理效果。本项目在国家及省部级项目持续资助下，围绕特种电源装备的功率器件特性应用方法、系统参数精准匹配与异质负荷稳定调控等关键共性难题，进行跨学科联合攻关，取得如下主要创新成果：

1）提出了功率器件动态安全区建模与准在线工况复现技术，实现了关键电气特征参数的在线提取，提升了高频/脉冲特种高压电源系统的可靠性。

2）提出了面向异质负荷的高品质能量脉冲压缩方法和具备线性调功的脉冲密度/脉冲频率混合控制策略，提升了异质负荷特种电源的处理能效与稳定性。

3）发明了“两进一出”“双刀四联”的多形态高压电场耦合叠加技术，实现了特种电源、耦合装置和放电反应器的一体化集成，解决了多模态放电负荷的输出匹配和快速无缝切换难题。

项目制定了国家/行业/企业标准9项；获授权国家发明专利32项，实用新型专利46项，软件著作权6项；发表SCI/EI论文77篇。项目研发出三大类别、五大系列、20余型特种电源成套装备并规模化应用，并出口至欧美发达国家和“一带一路”沿线国家。

一等奖

多电平变换器的拓扑与控制及高压变频调速装置的研发与产业化

项目类别： 科技进步奖（技术开发类）

完成单位： 清华大学、北京利德华福电气技术有限公司

完成人： 李永东、倚鹏、王奎、郑泽东、许烈

项目亮点： 本项目深入研究了多电平变换器的拓扑、调制与控制理论，并实现了H桥级联型高压变频器的产业化。

项目介绍：

多电平变换器具有电压等级高、开关器件电压应力小、dv/dt小、谐波性能好等突出优点，本项目针对H桥级联型、有源中点钳位型、混合钳位型以及模块化多电平变换器等多种多电平拓扑的高性能控制及其在高压变频调速等领域的应用展开深入研究。在清华大学与北京利德华福电气技术有限公司的紧密合作下，在国内率先开展高压变频节能技术的研究和产品开发，并在国家863计划和多项自然科学基金的支持下，经过20余年的不断努力，取得了如下一系列成果：

1）研制了基于DSP的全数字化矢量控制型H桥级联高压变频器，满足快速动态响应和高输出转矩等高性能调速需求。针对强振动、高粉尘等恶劣环境以及高可靠性、低成本要求，研制出无速度传感器矢量控制系统，提出了一种改进磁链观测模型以及一种基于改进电压模型的低速发电状态稳定措施，解决了H桥级联型多电平变换器低速发电状态磁链观测和转速辨识的不稳定问题。针对矿井提升等需要能量回馈的场合，研制出无输入滤波电感的四象限H桥级联型高压变频器。

2）针对电机频繁起动和制动的场合，发明了一种带储能单元的新型混合H桥级联型多电平变换器拓扑及其储能单元电容电压平衡控制方法和能量管理策略，通过额外增加一个储能单元和相应的控制算法，实现电机制动能量的有效回收利用。

3）发明了一种新型的模块化级联型多电平变换器（MMC）拓扑结构，通过增加一个中间单元能够减少子模块数量。同时提出了一种基于高频零序电压和环流注入的电容电压低频波动抑制方法，能够有效解决电机起动和低速运行时的电容电压低频波动问题。

4）针对模块化多电平矩阵变换器（M3C）提出了一种全频域优化控制方法，以及桥臂故障情况下的不对称8桥臂容错运行方法，能大幅提高故障后容错运行能力。

5）发明了一类新型的混合钳位型多电平拓扑，使用器件数量少且不存在开关器件直接串联问题，并解决了其电容电压平衡控制问题。

该项目发表科技论文100余篇，其中SCI检索论文25篇，ESI高被引论文1篇，出版专著4部，获授权发明专利14项。第二完成单位利德华福在高压变频器市场表现出色，

曾连续9年位列中国高压变频器市场占有率之首，2014年销售量即突破10000套，同时大量出口俄罗斯、印度和拉美等国家和地区，其他合作单位包括广州智光电气、洛阳源创以及新能动力（北京）等也有不俗的表现，截至2019年累计销售超过200亿元，产生巨大的经济、环保和社会效益。相关技术还应用于中国商飞、中国船舶重工集团、中车株洲电力机车研究所、中国电子信息产业集团等合作单位，为我国大飞机、高铁及国防建设做出了贡献。

一等奖

行进式电动汽车用大功率无线供电装置及系统

项目类别：技术发明奖

完成单位：哈尔滨工业大学、中国电力科学研究院有限公司

完成人：宋凯、董帅、刘超群、张剑韬、姜金海、朱春波、王松岑

项目亮点：本项目揭示了磁耦合谐振无线电能传输的两个或多个谐振体在相对位置高速变化中的谐振机理、谐振规律，以及动态响应过程。

项目介绍：

电动汽车在世界范围内得到高度重视，其研究也取得较大进展。然而，由于储能技术的限制，续航里程一直是电动汽车行业发展的痛点。行进式电动汽车无线供电以高频磁场为传输介质，避免了传统充电方式中大量的供电线缆的束缚，实现了在车辆行进过程中为车辆电池实时补电，成为解决续航里程这一瓶颈问题的新思路。

由于电能直接从电网到电动汽车，该方案的重要价值体现在：①可大幅度降低电池用量到目前的10%，减少了资源和环保的压力；②整车成本大幅度降低，有利于扩大市场份额；③充电无须等待；④充电设施全部地埋，不再占用地上面积；⑤电动汽车可走向高速公路；⑥不受寒冷地区低温制约。

该项目研制了行进式电动汽车用大功率无线供电装置及系统，提出了具有高经济性、高安全性、高可靠性的原理方案，重点突破了高效率强侧移磁耦合机构设计、多参数扰动下动态阻抗匹配、分段导轨自动柔性供电等关键技术，并建立了相关的理论体系与设计方法。提出的新型磁耦合机构及控制技术与国内外技术相比功率密度高、侧移能力强、接收端输出波动小，项目成果整体达到国际先进水平，成果适合大规模产业化推广应用，具有自主知识产权。

1）设计了基于磁耦合谐振原理的行进式耦合机构；研究了材料和结构参数对传输效率和功率等性能的影响；开展了新型磁耦合机构结构设计的攻关研究，提出了高效率、高功率密度和强侧移的结构设计方案。

2）建立了多维多参数系统仿真模型，分析了不同拓扑结构的频响特性和参数敏感性；提出了车辆空间偏移、路段影响引起的参数漂移等多干扰下的鲁棒控制策略，提高了系统动态响应速度和无线传能的稳定性。

3）建立了分段导轨多目标优化模型，提出了发射导轨分段配电方案，实现了路面供电端“电随车走”。供电系统柔性协同运行，大幅度减少电源用量，降低系统成本。建成了百米级行进式电动汽车用大功率无线供电路段，包括直道、斜坡等路况场景，为未来公里级规模电动汽车无线充电示范工程的规划和建设奠定了坚实的基础。

该项目获授权发明专利15项，参与编制国家标准1项，与4家企业合作进行了成果转让及推广应用，项目关键技术成果已投入到中国电力科学研究院有限公司、郑州宇通客车股份有限公司、北京国网普瑞特高压输电技术公司、华为技术有限公司等国内知名企业产品开发及项目应用中。

一等奖

大规模光伏电站系统的高效汇集与柔性并网关键技术研究

项目类别：科技进步奖（技术开发类）

完成单位：西安交通大学、特变电工西安电气科技有限公司

完成人：王丰、张帆、郝翔、易皓、杨旭、熊连松、黄浪、朱一昕、卓超然、王振雄

项目亮点：本项目将智能电网发展趋势与大规模光伏电站系统的整体能效提升需求相结合，提升光伏系统与智能电网系统的内在相容性，着力光伏领域的关键技术布局，支撑“规模化建设，大范围汇集，弱同步支撑，高压直流输送”的高能效解决方案，构建我国未来光伏发电领域的重要技术应用场景。

项目介绍：

本研究依托国家自然科学基金等项目，开展了大规模光伏电站系统高效汇集、柔性并网的基础理论与关键技术研究，科技内容如下：

1. 失配条件下光伏模块能效提升技术研究

针对失配条件下光伏系统能量损失，提出基于差额功率控制模块拓扑，融合输出侧统一最大功率跟踪控制技术的控制策略，构建多光伏模块阵列协控能效评估模型，实现功率尽限输出，提升了光伏系统的实际发电能效。

2. 光伏并网逆变器的能效优化技术研究

提出光伏并网变换器输出电流精确控制方法，以及LCL并网逆变器的简化型反馈线性化控制策略，有效地解决了解耦与谐振峰问题，提升了逆变器的整机效率。提出基于虚拟阻抗自适应策略，实现无通信条件下光伏逆变器间的无功均衡控制，针对三电平光伏逆变器的周期性零序环流问题，提出通过改变扇区分布及同步大扇区法抑制周期性零序环流过冲的控制策略，提高组网协控能力。

3. 大规模光伏电站并网逆变器静止同步发电机理论及稳定机制研究

揭示了大容量光伏并网逆变器与传统同步发电机在能量转换与调控过程上的内在一致性，提出了静止同步发电机概念及相关的动态分析模型与方法，给出了并网逆变器系统静态稳定、暂态稳定的数学判据，并从物理机制层面上解释了并网逆变器系统的动态特性与稳定机制。实现了借鉴既有理论体系来分析并网逆变器乃至电力电子化区域

电网的动态行为特性与稳定机制，为研发大惯量、强阻尼、组网型大容量光伏并网装置提供了理论支撑。

研究成果发表SCI检索论文17篇（共引用400余次），含ESI论文1篇，获得国家自然科学基金资助1项，授权美国发明专利1件，中国发明专利8件，国家自然科学基金优秀结题项目1项，国际、国内学术会议最佳论文奖3项。培养博士生6名，硕士生13名。项目成果应用涉及国内外光伏工程1000余座，遍布全球4大洲20多个国家。截至2020年5月，相关产品已累计销售超过10GW，新增收入4.8亿元，新增税收6240万元，产生了显著的经济效益和社会效益。为新疆、青海、陕西等省区大规模光伏电站及分布式可再生能源的消纳做出了贡献，为广东省多地能源互联网、智慧能源发展提供了坚实技术基础，获得国家发展改革委、工业和信息化部、科技部、新疆维吾尔自治区等授予的多项荣誉表彰和称号，西安市政府质量强市工作推进委员会等给予了充分肯定和高度评价。

二等奖

新一代地铁牵引系统平台研制

项目类别：科技进步奖（技术开发类）

完成单位：株洲中车时代电气股份有限公司、宁波市轨道交通集团有限公司运营分公司、南宁轨道交通集团有限责任公司、合肥市轨道交通集团有限公司

完成人：刘可安、尚敬、陈文光、赵清良、李义国、罗志骁、苏先辉

项目亮点：本项目攻克地铁牵引系统平台化设计技术和核心控制技术，打破国外公司的技术封锁与市场垄断，打造出高集成度、高实时性、高效能、低噪轻量且具有完全自主知识产权的新一代地铁牵引系统平台。

项目介绍：

本项目属于城市轨道交通牵引系统平台技术研发与产品研制领域。提出了多目标系统优化匹配策略，开发了高功率密度变流模块和滤波部件，构建了高集成度、高功率密度、低噪轻量的不同功率等级的牵引系统产品平台，满足城市轨道交通车辆不同应用场景的需求。

以高性能多核控制芯片为核心，构建了地铁牵引与辅助系统高集成度、实时通用控制平台，实现微秒级控制和实时系统保护，极大提升逆变器及牵引电机的实时控制、粘着利用控制性能，具备大容量数据存储、实时监视、参数标定、故障检测与诊断等能力。

基于随机开关频率控制技术，提出了牵引电机与变流器新型降噪控制策略，有效控制牵引系统主要噪声源，使得人耳敏感频率点牵引电机噪声峰值降低6.4dB（A），辅助变流器的变压器噪声频谱峰值降低2~6dB（A），提升了乘客舒适度。

基于李雅普诺夫稳定性理论，提出了一种基于模型参考自适应的异步电机速度辨识算法，采用电机参数辨识策略、逆变器非线性误差高精度建模和补偿策略，实现速度辨识误差小于1‰，转矩控制误差小于3%，有效提升了全工况下的控制性能和动态响应速度，实现无速度传感器控制。

本项目实施过程中申请专利29件，其中发明专利11件（已授权）、实用新型专利18件（已授权），技术和产品具有完全自主知识产权。

新一代地铁牵引系统平台的成功研制和应用，树立了具有自主核心技术的地铁牵引系统产品品牌，形成了城市轨道交通车辆高端装备的自主创新与引领，极大地促进了我国交流牵引传动等高端装备的发展。

依托本项目创新成果，我国城轨牵引系统产品及技术达到了国际领先地位，具备了极大的国际竞争优势，形成超过40亿元的产值，成为国家高端装备支柱产业，并支撑了数千亿元产业的形成，促进了国家民族工业的快速发展。

二等奖

移动设备无线电能安全高效传输关键技术及应用

项目类别：科技进步奖（基础研究类）

完成单位：天津工业大学、天津大学、中车唐山机车车辆有限公司、天津金米特科技股份有限公司

完成人：李阳、程泽、刘雪莉、程思璐、潘硕、谢炎民、卢娜

项目亮点：本项目采用自适应频率跟踪、自动阻抗匹配、电能与信号同步传输、身份识别与谐振解耦技术实现无线电能安全、高效传输，解决了困扰无线电能传输的瓶颈问题。

项目介绍：

本项目属于电力生产与供应和新一代电子信息两个领域，涉及电磁场理论、电力电子技术、控制理论、信息科学等学科，属于典型的前沿交叉学科。

本项目将智能控制技术与无线电能传输技术相结合，对遗传算法、蚁群算法和粒子群算法进行改进，提出了无线电能传输自适应频率跟踪控制方法。提出了基于反向传播神经网络的自动阻抗匹配算法，并针对精度和泛化能力对神经网络的结构参数进行了优化，解决了无线电能传输系统的动态阻抗失配问题。采用反向传播算法的自动阻抗匹配技术的稳定时间比遗传算法的稳定时间快108.5%，而且反向传播算法可保证匹配的精度。首次采用移幅键控的正向信号传输和并联补偿电阻反向信号传输方法与无线电能传输技术融合，实现电能和正反向信号共享同一无线传输通道。提出了基于伪随机码跳频通信的身份识别与谐振解耦方法，尤其是采用伪随机调频解耦方法实现了多用户模式下在不影响“合法”用户无线供电情况下切断“非法”用户的供电，解决了无线电能传输过程中“非法”用户“窃电”问题。

本项目特色是解决了无线电能传输技术的关键共性问题，所提方法对技术发展引领性强；合作企业具有行业、地区代表性，有利于技术进一步向全国辐射。部分研究成果已在天津金米特科技股份有限公司、中车唐山机车车辆有限公司等单位得到应用。利用该项目成果理论已建成校

内基础通用性无线电能传输实验平台和企业相关产品的开发平台。天津金米特科技股份有限公司电动自行车无线充电产品远销海外。中车唐山机车车辆有限公司率先将自适应频率跟踪技术和自动阻抗匹配技术应用到城轨列车的核心供电系统。

本项目成果经过国内知名专家的鉴定为国际先进水平。经审计，本项目相关成果在两家公司应用过程中（2017年至2020年）实现新增销售收入总额逾1.88亿元，新增利润逾2500万元，新增税收逾500万元，新增出口创收2000余万美元。本项目成果不仅促进了企业的技术升级，而且加快了我国无线电能传输技术整体的发展进程。

二等奖

综合电能质量智能补偿装置关键技术及应用

项目类别：科技进步奖（技术开发类）

完成单位：上海电气集团股份有限公司、上海电气电力电子有限公司

完成人：陈国栋、王江涛、王伟岸、蒋晓风、叶傅华、周悦、王春卫

项目亮点：本项目是以研发并制造改善配电网电能质量设备为目的，集信号采集技术、计算机科学技术、自动控制技术、电力电子技术为一体的综合创新，致力于在配电网用户侧，解决电力用户并网电流谐波、无功、三相不平衡等电能质量问题。

项目介绍：

本项目致力于研制提高用户侧电能质量总体指标的智能补偿装置。

项目以上海电气输配电集团技术中心为研发主体，自2007年起启动关键技术的探索攻关。截至2010年，技术中心已研制出柜式低压有源电力滤波器，并小批量生产应用于多个工业现场。2014年，经过大量市场调研及技术可行性分析，在总结和分析现有市场客户需求和行业内产品特点的基础上，提出了模块化综合电能质量治理装置的思路。

模块化综合电能质量治理装置实现了整体设备硬件统一。设备器件易于批量集中采购，降低了成本，简化了生产流程，节省了装配时间，提高了生产效率，有利于形成系列化的产品规格。目前综合电能质量智能补偿装置已形成了50A、75A、100A、150A规格的系列化模块单元。

产品形式可灵活组合。模块化的核心单元配合外部主电路器件，可以形成不同类型的电能质量补偿设备。目前已有混合式动态无功补偿装置、多机并联型有源滤波器、柱上不平衡治理装置批量生产并大量应用。相比市场同类产品，具有更灵活的组合方式，更智能的补偿功能。

该产品智能化程度高，同时可接入无线网络远程控制。所有系列化模块及产品类型均采用统一软件架构，极大地简化了后期维护工作。装置不仅能够补偿负载无功电流、负载谐波电流、负载不平衡电流，而且根据用户需求，配置设备实现单独补偿、按优先级补偿、按既定功率因数补偿等功能。装置可搭载无线网络接入端口，用户可以远程通过终端APP，获取设备运行状态及接入点电网信息实现人机交互功能。

项目完成至今，综合电能质量智能补偿装置系列产品已稳定运行于各类小区住宅配电站、写字楼配电站、农村电网电杆等现场，累计销售约8300万元，创造利润约1000万元。

二等奖

电动汽车复合储能系统能量综合管理技术

项目类别：技术发明奖

完成单位：哈尔滨理工大学、清华大学、上海亿瑞泰客科技有限公司

完成人：吴晓刚、杜玖玉、王佳、周美兰、李然、周凯、李辉

项目亮点：本项目针对复合储能系统提出了基于能量流优化的参数匹配和宽温度范围能量管理方法，解决复合储能系统低温安全运行及功率优化分配的技术难题。

项目介绍：

项目以复合储能系统能量管理技术为主要研究内容，属于电动车辆电源系统节能技术领域。

本项目在电驱动车辆的复合储能系统能量管理技术方面实现了系列突破。主要体现在以下三方面：

1）提出了一系列复合储能系统构型设计及参数匹配的方法，解决了复合储能系统应用在电驱动平台车辆上面临的系统设计难题。主要技术内容包括基于能量流计算的复合储能系统构型设计优化方法、面向行驶道路工况的复合储能系统参数匹配方法等。项目搭建了复合储能系统电驱动车辆的匹配计算平台，实现了模拟台架的实验验证。

2）提出了一系列面向全气候工况条件的复合储能系统电动车辆能量管理优化方法，在提升电动车辆动力系统能量效率的同时，解决了宽温度范围内复合储能系统能量最优管理的技术难题。主要技术内容包括基于动态规划及规则算法相结合、基于凸优化的能量管理优化算法、面向动力电池寿命衰退的能量管理策略等。项目搭建了复合储能系统电驱动车辆能量管理优化计算平台，实现了能量管理算法的硬件在环仿真。

3）发明了一系列低温环境复合储能系统动力电池快速加热、动力电池优化充电电流等方法，解决了宽温度范围内复合储能系统安全运行的技术难题。研制了一系列面向全气候工况条件的复合储能系统电池主动管理控制系统，实现了复合储能系统在宽温度范围安全可靠运行的技术优势。

复合储能系统能量管理优化技术广泛应用于电动乘用车、电动轻型卡车等车型，三年内为应用企业新增利润550.41万元，销售收入达42498.7万元。项目研发的动力电池管理系统产品，三年内为应用企业新增利润450万元。

二等奖

250kV电缆振荡波试验电源装备及局放诊断系统开发与工程应用

项目类别：科技进步奖（技术开发类）

完成单位：广东电网有限责任公司广州供电局、华北电力大学、清华大学深圳国际研究生院

完成人：莫文雄、李光茂、杜钢、王勇、熊俊、王剑韬、刘宇

项目亮点：本项目打破了国内外技术壁垒，率先研发出250kV高压电缆振荡波试验装备，造价仅为进口装备的25%，有效降低了高压电缆振荡波试验技术的使用成本，提升了高压电缆运维效率。

项目介绍：

本项目核心技术为250kV高压电子开关串并联技术及电缆局放检测定位，技术领域涉及电力电子技术、高电压技术及高压电缆局放检测技术。技术成果主要应用于66～220kV高压电缆绝缘状态检测及局放定位。该250kV电缆振荡波电压发生装置输出电压高达250kV，技术水平和装备性能与国外同类设备相当，但是投入成本仅为进口设备的1/4。

主要技术内容及特点如下：

1）项目研制了250kV高压电缆振荡波电压发生装置，为110kV及220kV高压电缆振荡波检测提供了技术基础，提高了高压电缆运行可靠性。

2）项目自主研发的250kV振荡波系统，打破了国外技术垄断和技术壁垒，降低了该类检测装置的技术经济成本(造价仅为国外同类产品的1/4)，提高了电力电子领域中固体开关串并联技术，为迈向更高电压等级的固体开关串并联技术及其他装备领域（如空心电抗器匝间绝缘检测装置）提供了技术手段。

3）首次提出并设计了一种用于250kV电缆振荡波的π型检测阻抗，与传统检测阻抗相比，具有更强的试验电压抑制作用，并且检测到的放电脉冲能量更高，适用于高压长电缆振荡波测试，该技术可应用于高中低压电缆振荡波局放检测领域。

4）提出并实现了基于激光直接触发晶闸管的高压电子开关分体式结构，降低了开关结构的复杂度，提高了开关的可靠性；该分立式结构可以为更高的电压等级固体开关的结构提供技术基础。

5）首次提出了一种提高电缆局部放电模式识别率的改进方案，该方案在传统的局部放电相位分布谱图基础上增加了周期分布特征参数，可有效提高神经网络对电缆局部放电的识别率，该技术发展和应用可以提高电缆局放缺陷解体分析的靶向性和针对性。

项目攻克了高压电子开关串并联技术，形成了250kV高压电子开关，实现了小型化高电压电子开关的开发。由于电子开关具有可控、可靠等优势，可以有效取代一些球隙开关，例如用于空心电抗器匝间绝缘检测装置的开关模块。目前，该成果已在广州、南宁等电网运行单位以及北京榕科、珠海伊特等设备生产厂家具有广泛的应用。

二等奖

高频软开关宽增益 DC-DC 变换器的拓扑组合、控制及其关键技术

项目类别：技术发明奖

完成单位：北京理工大学

完成人：沙德尚、郭志强、许国、张健坤、陈建良

项目亮点：本项目实现了宽增益下DC-DC变换器在全负载范围内的高效率、高开关频率和高性能的运行。

项目介绍：

项目发明点如下：

1）对于高压直流输入高频隔离电力电子变换器，采用输入串联输出并联拓扑，在不采样每个模块输入电压的情况下，提出了占空比交叉控制和交叉电流反馈控制的策略。解决了低压大功率MOSFET在高压大功率应用场合的难题。在每个模块为移相全桥的情况下，为了实现全负载范围的软开关，提出了交叉LC连接的主电路结构，在重载下，滞后桥臂开关管容易实现软开关，交叉电感中的电流自动减小，而在轻载下环流自动增加，以弥补传统的移相全桥在轻载很难实现软开关的缺陷。

2）对于宽增益高频隔离双向DC-DC变换器，提出了宽增益电路拓扑结构及其相应全数字化软开关控制策略，研究多调制变量协同控制，实现模态平滑切换。

3）对于宽增益非隔离多相DC-DC变换器提出了变频软开关的控制策略，实现了多相之间良好的功率均分和开关管的软开关，功率流可实现快速切换。

发明点1）应用在北京时代科技公司多款型号产品中，如A160-350/500气保焊机、TDN3500/5000全数字化气保焊机、TDN5000M/5001M全数字化脉冲气保焊机。将国内工业焊接电源的频率由20kHz推到70kHz，解决了电弧精细化控制的瓶颈问题，实现了小电流下稳定焊接，同时极大地提高了焊接电源的动态性能，减小了异常短路和断弧的次数，实现了高质量的焊接。发明点2）成功地应用在我国多个外贸武器系统中，实现了电机制动能量有效回收，以前主要靠电阻耗能吸收。实现了列装定型，批量出口多个国家。发明点3）主要应用在某特种车辆电源系统中，代替了笨重、纹波大和效率低的励磁发电机方案，实现了高效率、高功率密度和高质量的电压输出。

采用上述发明，近三年共实现销售7390万元，出口2217200美元，实现利润1890.5万元，纳税449.7万元。该项目已获授权国家发明专利24件，发表SCI论文40篇，获得国内外引用1100余次。在德国Springer出版了世界上首部宽增益双向DC-DC变换器专著 *High Frequency Isolated Bidirectional Dual Active Bride DC-DC Converters with Wide Voltage Gain*，出版了高频隔离软开关专著 *New Topologies and Modulation Scheme for Soft-switching Isolated DC-DC Converters*，在科学出版社出版了输入串联模块化电力电子专著《输入串联模块化电力电子变换器》。

优秀产品创新奖

浸没式液冷 1500W AC-DC 电源

完成单位：台达电子企业管理（上海）有限公司、阿里巴巴（中国）有限公司

项目亮点：本项目实现了风冷到液冷的散热变革，改变了电源的设计方法，提升了电源的性能

和可靠性。

项目介绍：

随着5G、物联网、人工智能、VR/AR、无人驾驶等新一代信息技术的快速演进，要求数据中心有更强的计算能力、更大的存储能力以及更快的传输能力。服务器单机柜的功率不断提升，原有的风冷散热无法满足要求。另一方面，各地政府对新建数据中心，开始有强制PUE（<1.3）的要求，现有的风冷数据中心无法符合要求。进一步提升数据中心的可靠性，也是一直努力的方向。

采用浸没式液冷方案的数据中心具有高可靠性、高寿命、高效率、低噪声等突出特点，关键指标PUE可以大幅降低，逼近理论值附近（从传统的PUE=1.5降低至PUE=1.07）。以一个20MW的数据中心为例，采用液冷技术后，一年可节电0.8亿千瓦时，可减少8万吨二氧化碳排放。

阿里巴巴在国内最先开始浸没式液冷服务器的研究。台达电子企业管理（上海）有限公司高端网络电源设计部和阿里巴巴合作，开发了全球第一款量产的浸没式液冷1500W AC-DC电源，用于浸没式液冷服务器数据中心。2018年，阿里巴巴部署张北浸没式液冷数据中心，使用了5000台电源。至今，已可靠运行2年多时间，无一台电源失效，很好地体现了高可靠性的特点。

台达配合阿里巴巴从冷却液的选型开始，围绕着电源所需的元器件做化学兼容性分析。结合浸没式液冷的特点，台达围绕着电气、结构、热等相关的电源技术建立了新型适用于浸没式液冷电源的开发体系、测试体系及生产制造体系。浸没式液冷电源的成功开发，为开关电源冷却方式的实践开拓了一个新的方向，也为浸没式液冷数据中心的建设提供了可靠支撑和保障。

台达浸没式液冷1500W AC-DC电源在阿里巴巴数据中心的成功应用从实践方面验证了浸没式液冷电源规模部署的可能性。液冷方案带来的提高电源设备的功率密度、可靠性以及降低能耗等好处，使它有机会进一步推广到其他应用电源的领域，比如，超算中心、AI计算以及边缘计算等。

该产品的主要技术指标如下：

输入电压范围：AC100~240V±10%，50~60Hz

输出电压：12V

输出最大电流：125A

输出最大功率：1500W

整机变换效率：白金效率，半载工况下效率>95%

尺寸大小：40.6mm×40.6mm×400mm

保护特性：过电流保护（OCP）；过电压保护（OVP）；过热保护（OTP）；输出短路保护（SCP）。

2020年1月6日于阿里巴巴联合开放数据中心委员会（ODCC）在北京所举办的浸没式液冷数据中心规范开源发布会中，台达与阿里巴巴联合在大会上宣布携手推出适用于“浸没式液冷数据中心技术规范”的全新数据中心浸没式液冷电源。

本项目的创新点归纳如下：

1）采用台达的LLC整流模组专利设计，极大地提高了电源功率密度和电源效率。

2）创新的机壳开孔处理方式，有利于冷却液更好地流经电源以获得最佳的散热效果。

3）创新的电源空间布局，适应了浸没式液冷的冷却方式和环境。

4）总结出一套电源器件与液体的兼容性分析理论方法，是浸没式液冷电源设计、生产制造以及可靠性的重要基础和保障。

5）创新的生产制造流程，有效地管控了锡珠问题，保证了浸没式液冷电源的品质和可靠性。

6）液冷电源技术的新技术体系：围绕着电气、结构、热等相关的电源技术建立了新型适用于浸没式液冷电源的开发体系、测试体系及生产制造体系。

优秀产品创新奖

EVS系列电池模拟器

完成单位：合肥科威尔电源系统股份有限公司

项目亮点：本项目能够通过电力变换技术仿真各种动力电池输出特性，且集成MATLAB自定义仿真电池模型。

项目介绍：

EVS系列电池模拟器通过电力电子变换技术实现了对新能源动力电池的仿真设计。模拟器在电气形式上分为两级架构，前级电路将三相交流电转换为直流母线，后级电路通过直流降压变换技术实现模拟器宽范围的直流输出。在电源设计时充分考虑电网特性，采用的低谐波PWM整流技术，实现并网电能质量优于国家标准要求的指标。在直流输出端通过采用交错控制策略以及过采样技术等，使得输出纹波、精度等指标都达到行业领先水平。

EVS系列电池模拟器在软件功能方面兼容了磷酸铁锂、钴酸锂、三元锂、钛酸锂、镍氢和锰酸锂六种固定电池类型，并具备自定义与MATLAB仿真模型导入等功能。可以实时在线模拟动力电池在运行过程中的电压、电流曲线，及SoC等重要参数。

电池模拟器广泛应用于新能源汽车测试领域，替代动力电池包为控制器提供测试输入电源，同样也适用于储能系统测试领域，替代电池组进行系统联合测试。

优秀产品创新奖

紧凑型可编程EUM系列LED驱动电源

完成单位：英飞特电子（杭州）股份有限公司

项目亮点：本项目用独创磁集成“黑科技”，打造“更迷你，更智能”并且畅行全球的“金牌电源”。

项目介绍：

紧凑型可编程EUM系列LED驱动电源是英飞特电子自主研发的新一代产品，这款产品采用自有专利技术——集成磁性器件设计技术，实现紧凑小巧的外观，为客户灯具设计带来极大的灵活性，同时大大降低了原材料及运输成本；采用多国认证线材，通过十多项国外安规认证；采用行业领先的自主设计的防雷保护电路，可应用于户外极端恶劣环境，灯具无需防雷器，降低成本；可通过在线/离线编程，实现不同输出电流、多种调光方式的设置，在各类灯具中均能灵活使用，增加了兼容性，显著降低采购成本；通过独特的铝外壳结构设计和灌封工艺，提高产品的散热性能，延长产品寿命，降低后期维护成本。产品还获得DALI-2与D4i的双重认证，使用本项目产品的灯具，在智能控制及物联网连接方面具备了先天优势，拥有更好的互联互通互换性，可以更快地融入智慧城市建设中。本项目产品广泛适用于路灯、隧道灯、投光灯及工矿灯等各类LED照明应用领域，实现了一个驱动适用多种照明场景。项目产品已荣获美国蓝宝石奖、夜光杯照明科技奖—产品创新奖、江苏照明奖优秀产品奖、阿拉丁神灯奖—最佳技术奖等国内外多项荣誉。

杰出贡献奖

郑崇华

台达集团创办人暨荣誉董事长

个人亮点：实在做事、诚恳做人、永远保持学习心

获奖人简介：

郑崇华先生为台达集团创办人暨荣誉董事长，指导台达“勇于变革、永续经营”的发展方向，实践与推广“环保 节能 爱地球”的经营使命。郑先生自1971年创立台达，担任董事长职务至2012年，带领台达从15个人、生产电子元器件的小公司，发展为营运遍布近40个国家及地区，总计8万多名员工的国际性企业，成为全球电源管理与散热解决方案的重要厂商。

面对气候紧急状态日益严峻，郑先生创立台达初期，即有感于环境保护的重要性，定下“环保 节能 爱地球”的经营使命，结合业务发展与企业社会责任，通过提升产品的能效，为人类未来生活提供更高效、可靠的节能解决方案；并从核心竞争力中，从产品、厂区与绿色建筑三个方向，实践节能减碳。2010~2019年，台达各式高效电源产品，帮助全球客户节电累计高达314亿千瓦时，相当于为地球减少1674万吨二氧化碳排放。台达在厂区力行节能管理，2011~2019年，累计实施约2000项节能方案，节电成果相当于减少碳排放约20万吨。过去十多年，台达在全球打造了27座厂办及捐赠绿色建筑，及2座LEED认证的绿色数据中心。2019年，台达经认证的绿色建筑共节电2148万千瓦时，约相当于减少1.3万吨碳排放。

郑先生坚持创新，引领电源产业进步，带领台达以电力电子为核心技术，持续投入产品研发与技术创新，投入研发费用约占总营收8%，在多个电源产品领域取得突破性成果，带动行业技术进步，促进电力电子及电源产业升级，引导行业向绿色、环保、高效节能方向迈进。台达从20世纪90年代起成为重要的开关电源厂商，到了2000年起电源产品转换效率都已达90%以上，并在多项产品领域居重要地位，目前通信电源效率达98%，服务器电源效率为96%且获“80PLUS”认证机构评为钛金级，太阳能光伏逆变器效率达99.2%。

同时，为促进中国高校电力电子与电力传动学科发展和人才培养，郑先生于2000年起陆续设立“台达电力电子科教发展计划”与“中达学者计划”，通过与清华大学、浙江大学、南京航空航天大学、西安交通大学、华中科技大学、上海大学、哈尔滨工业大学、北京交通大学、上海交通大学、合肥工业大学等10所重点大学的合作，支持高校开展科学研究，奖励优秀硕博士研究生。至今共资助创新研究项目287个，评选奖励优秀学者71位，颁发研究生奖学金1239人次，举办19届电力电子新技术研讨会，极大地推动中国高校电力电子与相关学科的发展。

此外，郑先生曾参与支持中国电源学会会刊《电源学报》创刊、首届国际电力电子技术与应用会议、首届EBL国际设计大赛亚太赛区决赛等，为推动学会的发展做出贡献。

郑先生深信，企业社会责任不仅是致力于营收持续成长，更应结合企业核心能力，在获利的同时对社会与环境做出具体贡献。因此不遗余力地支持教育、科技、环保等领域的公益活动：

1）推广绿色建筑：2006年起，冠名赞助8届“台达杯国际太阳能建筑设计竞赛”，培养年轻设计师，推广绿色建筑及可再生能源应用。至今有8700个团队参赛，提交1489项有效作品。优秀获奖方案已落实为5项实体建筑，包括由台达捐赠资金，于四川汶川、芦山及云南鲁甸地震后援建的安全舒适绿色校园。

2）培育环境人才：2005年起，陆续资助清华大学、北京大学、中国人民大学、中国政法大学、武汉大学、中南财经政法大学、上海交通大学以及郑州大学等8所重点高校发展环境资源与能源法学科，设立“中达环境法学教育促进计划”，至今共奖励22位学者，颁发研究生奖学金356人次，举办8届中达环境法论坛。

3）开展能源教育：针对全球气候变暖和能源枯竭危机，2013年起在开展“台达爱地球——能源教育志愿服务项目”，号召员工担任志愿者，走进小学为师生传递环保理念，累计影响学生达24500人次。

4）响应精准扶贫：2008年起，参与由新华爱心教育基金会发起的“捡回珍珠计划”，先后资助8所学校19个“台达珍珠班”，总计为720名家庭特困、成绩特优的高中生提供资助。

郑先生毕业于台湾成功大学电机系。长期致力绿色节能、永续发展的努力深获学界肯定，曾先后获颁多所高校的名誉博士学位。

郑先生也荣获多项荣耀，包括：2016中国社会责任杰出人物奖，2013绿色设计国际贡献奖，2010年安永年度创业家大奖与企业社会责任奖双料荣耀，2009年全球天文年（International Year of Astronomy）“星空大使”，2008年国际天文联合会（International Astronomical Union，IAU）授予同名小行星“Asteroid Chengbruce”（中译“郑崇华”小行星）。

杰出青年奖

朱淼

上海交通大学电气工程系党总支书记、兼任国家能源智能电网（上海）研发中心副主任

个人亮点： 身处电力电子三尺讲台、情系直流电力星辰大海

获奖人简介：

朱淼教授 2012 年入选第三批“国家青年千人计划”，自新加坡科技研究局（A * STAR）归国，加盟上海交通大学电气工程学科。现任上海交通大学电气工程系党总支书记、兼任国家能源智能电网（上海）研发中心副主任。八年来，身处电力电子三尺讲台，教书育人；情系直流电力星辰大海，攻坚克难。

1. 主要业绩综述

在 10 余年来的学术研究与科技工作中，朱淼教授选择“交直流功率变换基础理论与关键技术”为突破点，以新能源电力电子与能源互联网应用场景，聚焦理论前沿与国家重点领域创新工程实践，在复杂直流电力系统、可再生能源直流并网与功率变换器基础理论等方面形成了具有自身特色的一系列成果。其中：

1）发表 SCI/EI 论文，累计 100 余篇；授权/受理发明专利 36 项。单篇论文最高引用次数近 500 次（10.1109/TPEL.2010.2046676），入选“连续 10 年来 ESI 持续高引论文”。

2）主持和参与各类纵、横向科研项目 30 余项，经费总额逾 7000 万元，包括：国家重点研发计划项目 2 项，国家自然科学基金项目 4 项（面上项目 2 项，国际合作项目 1 项，青年项目 1 项），地方科技项目 6 项，企业横向项目 20 余项。

3）2018 年，成为十三五国家重点研发计划“智能电网技术与装备”专项项目负责人/首席科学家。2019 年，入选首批“上海市优秀青年学术带头人计划”。

4）2010 年，获首届“世界未来基金会环境和可持续发展研究博士奖”（新加坡青年学者最高奖励，我国首位获奖者）。

5）2009 年，获“IEEE 电力电子协会年度最佳论文奖”（同时作为第一作者与通信作者获奖，我国首位获奖者）。

2. 基础研究成果摘要

1）发现并阐明功率变换器电感剩余电流现象，给出基于能量传递的“连续”与“不连续”扩展规范定义，解决复杂电路精确求解难题，并获 IEEE 电力电子协会年度最佳论文奖 1 次。

2）发展各类先进直流升压技术，并将其引入 Z 源阻抗型逆变器设计之中。在国际上首次改进 Z 源拓扑高升压特性，开辟功率变换研究新方向，并获 IEEE 与 IET 国际会议最佳论文奖 2 次、世界未来基金会研究博士奖 1 次。

3）在复杂直流系统领域，率先提出“多控制自由度先进直流潮流控制器”概念，揭示其拓扑构建机理，丰富直流网络运行控制理论。在 IEEE Trans. 上以 Part Ⅰ与 Part Ⅱ连载形式，系统性提出“直流变电站”拓扑演变规律与层级控制理论，从而规范完善“变电站”概念。

3. 关键技术研发与工程实践简介

1）在 NSFC 中英合作项目支持下，于 2015 年参与完成我国首个“全直流电力系统实证平台”研制，为我国进一步开展新能源全直流接入研究奠定基础。

2）十三五期间，作为国家重点项目负责人/首席科学家，率领 16 家重点单位组成的团队，在源网荷储各层面实现突破，致力建设世界首个“MW 级分布式光伏多端口接入中低压直流并网实证系统（中国张北）”，并将于 2021 年 7 月全面建成。

4. 教书育人情况简介

1）2013 年起，主持建设我国高校首个“智能电网”本科必修课程。2014 年起，主持建设上海地区首门全英文“现代电源技术”研究生课程。

2）恪守“立德树人”，持续多年担任上海交大电气系研究生班主任。成功培养上海交大电气学科办学历史上首位来自西方发达国家的全日制硕士留学生（法籍），并获得 IEEE ICIEA 2015 最佳论文提名奖。

5. 国际化与标准化工作摘要

1）作为国际能源机构（IEA）“国际智能电网行动网络（ISGAN）”中国代表，负责中国办公室工作，长期参与 ISGAN 执委会工作，助力提升我国智能电网事业国际影响力。

2）基于 IEC SC 8A，于 2020 年发起并成功建立“分布式光伏接入直流系统及用例”国际工作组（WG7），担任召集人，开展光伏直流领域 IEC 国际标准制定工作，积极争取国际话语权。

优秀青年奖

杨树

浙江大学“百人计划”研究员、博士生导师、电力电子技术研究所副所长

个人亮点： 在新型氮化镓功率器件方向开展了具有国际领先水平的原创性研究工作

获奖人简介：

杨树，研究员，博士生导师。2010 年于复旦大学获学士学位、2014 年于香港科技大学获博士学位；曾在香港科技大学担任客座助理教授、于剑桥大学从事博士后研究。现任浙江大学“百人计划”研究员、博士生导师、电力电子技术研究所副所长。长期专注于宽禁带半导体氮化镓（GaN）功率器件设计、微纳制造及可靠性研究，在新型 GaN 功率器件及其关键机制方向开展了一系列原创性研究工作。主要学术贡献包括：①利用 GaN 器件独特的极化隧穿增强层结构，打破了传统功率器件反向耐压与正向导通性能相互制约的极限，自主研制出 $1kV/(1.2m\Omega \cdot cm^2)$ 单极型和 $1.8kV/(0.5m\Omega \cdot cm^2)$ 双极型垂直 GaN 器件，功率品质因数在国际上较为领先；②阐明了基于多尺度陷阱效应的 GaN 器件动态特性退化关键机理，研制出国际上首个“无电流崩塌”的新型垂直 GaN 器件，解决了长期困扰 GaN 器件的动态性能退化难题；③提出了针对 GaN 器件的新型界面氮化方法，揭示了界面工艺和陷阱抑制关键机制，构建了异质结器件界面陷阱评测体系，提升了 GaN 器件的栅极可靠性。

在功率器件领域国际权威期刊 IEEE Electron Device Letters、IEEE Transactions on Electron Devices 和顶级会议 IEEE

ISPSD 等发表 SCI/EI 论文 76 篇，以第一/通信作者发表 SCI 论文 23 篇，4 篇 ESI 高被引论文。论文总被引 2553 次，H 因子为 26（Google Scholar），SCI 他引 930 次；引用者来自 40 余个国家的 280 余个研究机构，包括 MIT、耶鲁大学、哈佛大学、剑桥大学，以及国际著名半导体公司英飞凌、台积电等。研究成果 6 次获国际产业界杂志 Compound Semiconductor 和 Semiconductor Today 专题报道。

2018 年荣获 IEEE ISPSD Charitat Young Researcher Award，是该奖项创立 30 年来首位中国大陆获奖者。2020 年获得中达青年学者奖，曾获香港科技大学 PhD Research Excellence Award。主持国家自然科学基金、国家重点研发计划课题、教育部联合基金、浙江省杰出青年科学基金等项目。担任中国电源学会女科学家工作委员会副主任委员和元器件专委会委员，IEEE Open Journal of Power Electronics 编委（Associate Editor），IEEE Journal of Emerging and Selected Topics in Power Electronics 客座编委（Guest Associate Editor），IEEE ISPSD 技术委员会委员，IEEE 高级会员。

优秀青年奖

和巍巍

深圳基本半导体有限公司总经理，国家万人计划专家，中国半导体行业协会理事和中国电源学会青工委秘书长

个人亮点： 作为核心人员创立并领导第三代半导体碳化硅功率器件重点企业。

获奖人简介：

和巍巍，深圳基本半导体有限公司总经理，国家万人计划专家，中国半导体行业协会理事和中国电源学会青工委秘书长。2007 年毕业于清华大学电机系，2014 年毕业于剑桥大学并获电力电子专业博士学位。带领公司第三代半导体碳化硅功率器件研发团队荣获“深圳市海外高层次人才创新创业计划—孔雀团队”荣誉，并作为深圳市唯一一家碳化硅研发企业参与创办“深圳第三代半导体研究院”。荣获第二十一届中国专利优秀奖和第四届“CASA 第三代半导体卓越创新青年”奖。

和巍巍博士是国内电力电子行业知名专家，主要研究方向为功率半导体器件 IGBT 及碳化硅 MOSFET 的仿真、设计、制造及应用，在国际著名期刊和会议上发表多篇论文，在功率半导体器件及其应用领域拥有专利数十项。主持的多个项目先后获得教育部第四届“春晖杯”中国留学人员创新创业大赛一等奖、科技部科技型中小企业技术创新基金、深圳市新能源产业发展专项资金、深圳市海外高层次人才创新创业团队、中国创新创业大赛新能源智能汽车及交通出行产业生态大赛一等奖等一系列荣誉和奖励。和巍巍博士带领团队自主研发碳化硅功率器件、大功率 IGBT 驱动芯片、电力电子积木、高性能电流传感器等产品，成功打破了国外技术垄断，改变了我国在这些领域严重依赖进口的被动局面。目前产品已广泛用于智能电网、工业节能、新能源发电、新能源汽车、轨道交通、国防军工等领域，有力促进了中国电力电子行业的技术创新和发展。

和巍巍博士参与创立的深圳基本半导体有限公司是中国第三代半导体行业领军企业，专业从事碳化硅功率器件的研发与产业化，在中国深圳、南京、瑞典斯德哥尔摩、日本名古屋设有研发中心。公司拥有一支国际化的研发团队，核心成员由剑桥大学、瑞典皇家理工学院、清华大学等知名高校的博士组成。公司拥有一支由国家特聘专家领衔的国际化一流水平的研发团队，核心成员由清华大学、中国科学院、剑桥大学、德国亚琛工业大学、瑞典皇家理工学院等国内外知名高校和研究机构的博士组成。团队成员研发方向涵盖碳化硅器件芯片设计、制造工艺、封装测试、驱动应用等各个方面，先后推出全电流电压等级碳化硅肖特基二极管、首款国产通过工业级可靠性测试的 1200V 碳化硅 MOSFET、车规级全碳化硅功率模块等系列产品，性能达到国际先进水平。公司先后参与发起“广东省未来通信高端器件创新中心”“深圳第三代半导体研究院”，与深圳清华大学研究院共建“第三代半导体材料与器件研发中心”，获批中国科协产学研融合技术创新服务体系第三代半导体协同创新中心，荣获“中国芯”优秀技术创新产品奖、中国创新创业大赛专业赛一等奖、中国 IC 设计成就奖、中国功率半导体品牌榜、国产化成果杰出成就奖等荣誉。

优秀青年奖

吴红飞

南京航空航天大学教授，博士生导师

个人亮点： 致力于航空航天电源基础理论与关键技术研究，在集成多端口功率变换方法、宽电压/超宽电压范围功率变换与调节技术、高密度/轻量化电力电子系统集成等领域取得较为突出的研究成果，部分成果应用于空间站等多个重大科技工程。

获奖人简介：

吴红飞，教授，博士生导师。2008 年 6 月和 2013 年 3 月分别在南京航空航天大学获得电气工程与自动化专业学士学位和电力电子与电力传动专业博士学位，而后留校任教至今。2012 年 6 月至 8 月在丹麦奥尔堡大学开展合作研究，2015 年至 2017 年在清华大学交流访问，2017 年至 2018 年在美国弗吉尼亚理工学院国家电力电子系统中心（CPES）公派访问，2018 年 6 月破格晋升教授。

江苏省杰出青年基金、教育部霍英东教育基金会青年教师基金获得者。受聘南京航空航天大学首批“长空学者”，入选江苏省“青蓝工程”中青年学术带头人、江苏省“青蓝工程”优秀青年骨干教师、江苏省“六大人才高峰”高层次人才、江苏省科协青年人才托举工程等。

IEEE Senior Member、中国电源学会高级会员、中国电工技术学会高级会员。中国电源学会青年工作委员会常务委员、中国电源学会交通电气化专委会常务委员，中国电工技术学会青年工作委员会委员。担任 Journal of Power Electronics、Chinese Journal of Electrical Engineering、中国电源学会英文会刊 CPSS Trans. Power Electronics and Applications 以及《电工技术学报》专刊副主编（Associate Editor），曾担任《电源学报》、《电工电能新技术》专刊特邀主编，在国际会议组织 Special Session 多次，IEEE ECCE-Asia 2020 组委会成员、Publicity Committee Chair。

致力于航空航天电源基础理论与关键技术研究，在集成多端口功率变换理论与关键技术、宽电压/超宽电压范围功率变换与调节技术、高密度/轻量化电力电子系统集成等方面取得了较为突出的成绩，成果应用于空间站货运飞船电源系统、空间电推进系统、多型号卫星载荷电源系统、航天器大功率电源控制器、机载雷达等多个航空航天型号项目，转化应用于蓄电池化成充放电装备、光伏发电、电动汽车等系列产品。主持国家自然科学基金 3 项、省部级项目 3 项、航天基金 4 项，以及空间站、探月工程科技攻关课题等航空航天院所、企业委托研发项目 10 余项。

研究成果发表论文 170 余篇，其中 SCI 期刊论文 70 余篇，论文累计被引用 3000 多次；第一作者出版专著《三端口直流变换器》；已获美国发明专利 1 项、中国发明专利 40 余项（转让 2 项）。获江苏省优秀博士学位论文（2014 年）、工业和信息化部国防技术发明三等奖（2017 年，排 1）、教育部自然科学二等奖（2018 年，排 1）、江苏省科学技术奖二等奖（2020 年，排 1）。获得 IEEE IAS PEDCC Will Portnoy Award（1st Prize Paper Award）、南京市自然科学优秀论文奖等优秀学术论文奖 5 篇。

指导 2 位硕士研究生获得江苏省优秀硕士学位论文、1 名本科生获得江苏省优秀毕业设计论文，合作指导 1 名博士研究生获得江苏省优秀博士学位论文；指导南京航空航天大学代表队获得中国电源学会 GaN Systems 杯高效电力电子应用设计大赛二等奖。入选南京航空航天大学“良师益友——我最喜爱的导师”，获得南京航空航天大学教学优秀奖等。

2020年国家重点研发计划电源及相关领域重点专项项目

序号	专项名称	项目名称	项目牵头承担单位	项目实施周期(年)
1	科技冬奥	冬奥赛区100%清洁电力高可靠供应关键技术研究及示范	国网冀北电力有限公司	2
2	可再生能源与氢能技术	醇类重整制氢及冷热电联供的燃料电池系统集成技术	华中科技大学	3
3	可再生能源与氢能技术	万小时工作寿命的钙钛矿太阳电池关键技术	中国科学院半导体研究所	4
4	可再生能源与氢能技术	高效、低成本晶体硅太阳电池关键技术研究	江苏协鑫硅材料科技发展有限公司	3
5	可再生能源与氢能技术	新型高效风能转换装置关键技术研究	中国华能集团清洁能源技术研究院有限公司	3
6	可再生能源与氢能技术	可离网型风/光/氢燃料电池直流互联与稳定控制技术	国网浙江省电力有限公司	3
7	智能电网技术与装备	电力物联网关键技术	中国电力科学研究院有限公司	3
8	智能电网技术与装备	数字电网关键技术	南方电网数字电网研究院有限公司	3
9	制造基础技术与关键部件	先进轮毂电机轴承单元设计 理论与方法	华中科技大学	3
10	制造基础技术与关键部件	硅基MEMS高能量密度薄膜 锂离子电池	东南大学	3
11	核安全与先进核能技术	兆瓦级智能模块化金属弥散热管反应堆移动核电源系统	清华大学	3
12	核安全与先进核能技术	10kW、高效、紧凑的斯特林热电一体化空间核反应堆电源设计	北京卫星环境工程研究所	3
13	核安全与先进核能技术	小型氦氙冷却移动式固体核反应堆电源	上海交通大学	3
14	战略性先进电子材料	封装基板材料在新能源汽车电驱模块上的应用	株洲中车时代半导体有限公司	2
15	战略性先进电子材料	功率碳化硅芯片和器件在移动储能装置中的应用	西安电子科技大学	2
16	国家质量基础的共性技术研究与应用(定向)	新一代碳化硅电力电子器件共性技术标准研究	中国电子科技集团公司第五十五研究所	2

电源相关科研团队简介
（按照团队名称汉语拼音顺序排列）

1. 安徽大学—工业节电与电能质量控制省级协同创新中心

地址：安徽省合肥市九龙路 111 号，安徽大学磬苑校区理工 B 座
邮编：230601
电话：0551-63861862
传真：0551-63861862
网址：http：//www3. ahu. edu. cn/jdcx/
团队人数：127
团队带头人：王群京
主要成员：李国丽、郑常宝、赵吉文、胡存刚、陈权
研究方向：高节能电机及其控制、电力电子装置、电能质量检测与治理
团队简介：

工业节电与电能质量控制协同创新中心（以下简称“中心”）是安徽大学牵头，联合东南大学、安徽省电力公司、马钢（集团）控股有限公司、安徽皖南电机股份有限公司、合肥通用机械研究院等作为核心共建单位，由共同致力于提升科技创新能力和拔尖创新人才培养能力、服务和引领工业节电与电能质量控制领域技术创新、应用和推广的高等院校、科研院所、企业和国际创新机构等单位联合组建的非法人实体组织。

中心的宗旨是，面向制约区域可持续发展的节能和能源安全等重大问题，本着“优势互补，深度融合，协同创新，利益共享，对外开放，支撑发展”的原则，在安徽省能源局指导下，基于长期项目和人才合作，依托安徽大学和东南大学国家级重点学科和平台，以安徽电力、马钢、皖南电机等重点企业及其技术中心为工程化示范和产业化基地，改革协同创新模式和机制，联合共建“工业节电与电能质量控制协同创新中心”，在工业节电和用电质量及安全等重点领域，搭建高技术研发平台、技术转移平台、公共技术服务平台、科技型企业孵化平台和高层次人才培养平台，建成服务全省，辐射周边，在国内具有较大影响的公共协同创新中心，通过政产学研合作机制，整合各类资源，开展联合技术创新，推动高耗能传统产业技术升级，提高能源、钢铁等支柱产业经济和社会效益，孵化和催生节电产品战略性新兴产业，促进区域经济社会可持续发展。

通过中心实现政产学研实质性联合，发挥政府职能部门主导作用，建立高等院校与企业间的产学研合作对口支援关系，实现能力互补和研发风险的分担；融合高校和企业各自的人才优势、技术优势，集聚和培养一批高层次技术人才；面向产业，建立产学研结合的公共科技创新平台，形成一批在国内具有一流水平的产学研开发基地和产业化基地，加快学校科学技术向企业转移；承担和实施一批国家和省级重大科技项目，不断缩短企业产品技术研发周期，提升产业创新水平，加快相关产业的科技进步；攻克一批制约产业发展的工业节能和用电安全共性关键技术，形成具有国际竞争力的自主品牌、自主知识产权，形成系列化的国家、行业以及地方标准；通过中心的技术辐射、产品辐射和服务辐射功能，为行业单位和用户提供多层面、专业化的服务。

2. 安徽工业大学—优秀创新团队

地址：安徽省马鞍山市马向路新城东区电气与信息工程学院
邮编：243032
电话：0555-2316595
团队邮箱：liuxiaodong@ ahut. edu. cn
团队人数：8
团队带头人：刘晓东
主要成员：葛芦生、陈乐柱、郑诗程、方炜、胡雪峰、刘宿城、杨云虎
研究方向：电力电子功率变换技术
团队简介：

本团队包括教授 6 人、副教授 2 人，其中 7 人具有博士学位，涉及电力电子、高电压技术、电力系统和控制理论工程等多个相关学科。围绕着“电力电子功率变换技术”核心研究方向，主要从事以下方面的研究：1）数字开关电源开发和应用；2）新能源发电及智能微电网技术的研究；3）特种电源及其应用。本团队已获得国家自然科学基金 7 项、国家外专局项目 1 项目、安徽省科技攻关项目 1 项、安徽省自然科学基金 4 项、安徽省教育厅基金项目 6 项、马鞍山市科技局项目 1 项，申请国家专利 30 余项，发表论文 200 余篇。与此同时，基于在开关电源和新能源变换等技术方面积累的较为丰富的理论和实践经验，团队成员积极地将部分先进的研究成果向应用领域转化，扩大了电力电子功率变换技术在国民经济领域的应用范围，促进了地方经济的发展。

3. 北方工业大学—新能源发电与智能电网团队

地址：北京市石景山区晋元庄路 5 号
邮编：100144
电话：010-88803905

团队邮箱： zjh@ ncut. edu. cn

团队人数： 10

团队带头人： 周京华

主要成员： 陈亚爱、胡长斌、温春雪、朴政国、宋晓通、景柳铭、张海峰、章小卫、张贵辰

研究方向： 新能源变换与控制、智能电网优化运行与调度、电能质量综合治理、储能系统功率变换

团队简介：

团队为北京市“新能源发电与智能电网”高水平创新团队。团队成员长期从事新能源变换与控制、智能电网优化运行与调度等方面的研究，并在新能源并网发电、储能变换与控制、电能质量治理、先进能效管理等关键性理论及技术实现上取得了部分成果。成员之间科研方向具有互补性，长期以来一直在开展科研合作，形成了稳定的合作关系、扎实的合作基础。团队成员主持 4 项国家自然科学基金项目、6 项北京市自然科学基金项目、45 项企业委托开发项目，承担 2 项国家 863 计划课题，出版专著 2 部、译著 7 部，授权发明专利 20 项。所获得的关键技术已成功应用于相关企业的工业化产品及近 50 个智能微电网示范工程中，带来了较大的经济效益与社会效益。

4. 北京交通大学—电力电子与电力牵引研究所团队

地址： 北京市海淀区上园村 3 号北京交通大学电气工程楼 602

邮编： 100044

电话： 010-51687064

传真： 010-54684029

网址： http：//ee. bjtu. edu. cn/xisuo/dianlidianzisuo. php

团队人数： 18

团队带头人： 郑琼林、游小杰

主要成员： 杨中平、林飞、李虹、孙湖、郝瑞祥、贺明智、王琛琛、李艳、刘建强、郭希铮、黄先进、王剑、杨晓峰、周明磊

研究方向： 轨道交通牵引供电与传动控制（高速列车、重载列车和城轨列车），特种电源（工业、军工），电力电子技术在电力系统中应用，光伏发电并网与控制，高性能低损耗电力电子系统，宽禁带器件应用，能源互联网

团队简介：

北京交通大学电力电子与电力牵引研究所（简称电力电子研究所）成立于 2004 年，主要从事电力电子和电力牵引领域的研究工作，是电力牵引教育部工程研究中心的依托单位。所在的电力电子学科为北京市重点学科。北京交通大学是台达电力电子科教基金资助的十所高校之一，中国高校电力电子学术年会四个发起单位之一。北京交通大学电力电子研究所团队有教授 5 人，副教授 7 人，讲师 4 人，博士生和硕士生 130 余人，近年来发表学术论文 200 余篇，其中 SCI 论文近 40 篇，EI 论文 100 余篇，出版科技专著 9 部，已授权发明专利 30 余项，获软件著作权 20 余项，获省部级科技进步奖二等奖和三等奖各 1 项，培养优秀硕士/博士毕业生和荣获国家级奖学金学生 20 余人次。

近年来研究所围绕高速列车牵引传动与控制、重载列车牵引传动与控制、特种工业电源、特种军用电源、宽禁带器件应用、光伏发电并网与控制、柔性直流输电技术、电能质量控制技术、能源互联网等领域开展研究工作，研制出多个系列电能变换与节能装备，并成功实现了产业化。研究所自成立以来，承担并完成了许多国家科技支撑项目、国家重大研究计划、国家自然科学基金项目、863 项目、铁道部项目、国防科技项目、台达科教基金项目、企业横向课题等许多科研项目，在这些项目中，研究所在国内率先研制成功了交流传动互馈试验台，可用于大功率牵引电机及其他电机的控制、试验、测试等；建设了国内先进的电力牵引综合实验平台，并在该平台上开发了大功率电力机车牵引传动控制系统；完成了国内最大功率的航天试验用电源，特种军用电源，大功率电解、电镀等工业电源的研制。

北京交通大学电力电子研究所与许多科研机构和公司建立了长期的密切合作关系。与世界最大的 SVC 制造商——荣信电力电子股份有限公司签署协议共建电力牵引教育部工程研究中心；与中国中车股份有限公司、北京卫星制造厂等单位签署了产学研战略联盟协议；与北京京仪椿树整流器有限责任公司签署了共建电力电子联合实验室的协议；此外，还与北京京仪绿能电力系统工程公司、北京敬业电工集团等十余家知名企业建立了产学研合作关系，为企业的核心技术研发提供技术支持，同时也获得了研究所发展所需要的资金支持，并为研究生的培养提供了实践基地。

5. 重庆大学—电磁场效应、测量和电磁成像研究团队

地址： 重庆市沙坪坝区沙正街 174 号重庆大学

邮编： 400044

电话： 023-65105242

传真： 023-65105242

团队人数： 9

团队带头人： 何为

主要成员： 熊兰、杨帆、张占龙、徐征、王平、肖冬萍、毛玉星、汪金刚、刘坤

研究方向： 电磁场测量与成像

6. 重庆大学—高功率脉冲电源研究组

地址： 重庆市沙坪坝区沙正街 174 号重庆大学 A 区电气工程学院高压系

邮编： 400044

电话： 023-65111795

传真： 023-65102442

网址： http：//www. cee. cqu. edu. cn/pulse/

团队人数： 40

团队带头人： 姚陈果

主要成员： 米彦、李成祥、董守龙

研究方向： 全固态微秒/纳秒/皮秒脉冲的产生与测控

技术，脉冲电场的生物医学应用，输配电设备绝缘在线监测与故障诊断技术

团队简介：

重庆大学高功率脉冲电源研究组成立于 20 世纪 90 年代末，依托于重庆大学输配电装备及系统安全与新技术国家重点实验室，一直从事高功率脉冲电场/磁场的产生与测控技术，及其在输配电设备绝缘在线监测和生物电磁学方面的应用研究。研究组的相关研究成果在 *IEEE Trans.*、《中国电机工程学报》等国内外高水平期刊上发表论文 90 余篇，被 SCI 收录 40 余篇；授权发明专利 20 余项，其中一项以 1000 万元实现成果转让；培养研究生 30 余名。研究组在生物电磁学方面的应用研究形成了较鲜明的特色，在国内外具有一定的学术影响力。

7. 重庆大学—节能与智能技术研究团队

地址：重庆市沙坪坝区重庆大学汽车工程学院

邮编：400044

电话：023-65106243

传真：023-65106243

网址：https：//www.researchgate.net/profile/Xiaosong_Hu2

团队邮箱：xiaosonghu@ieee.org

团队人数：6

团队带头人：胡晓松（“国家青年千人计划”）

主要成员：谢翌、张财智、唐小林、卢少波、杨亚联

研究方向：节能与智能技术

团队简介：

团队面向国家新能源汽车技术发展的重大战略需求，以“中国制造 2025”及国家重点研发计划为支撑，结合重庆优越的汽车工业环境，依托重庆大学机械传动国家重点实验室、重庆自主品牌汽车协同创新中心及汽车工程学院，以储能系统动力学、动态系统控制与优化为主要切入点，重点研究先进动力电池/超级电容管理算法和机电复合动力传动系统优化与控制，为新能源汽车产业提供必要的理论基础与应用技术。

团队针对车辆工程学科特色，以基础理论研究为先导、工程应用研究为落脚点，坚持理论与实践并行的理念，针对新能源汽车动力电池、动力总成最优设计与控制等热点领域存在的前沿共性问题展开系统和深入研究。团队通过与国内外同行紧密协同，围绕动力电池/超级电容管理、混合动力系统优化等方向，建立国内领先的高水平科研能力。

团队现有正高级职称者 2 人，副高级职称者 3 人，中级职称者 1 人，在读硕士、博士共计 30 余人。

8. 重庆大学—无线电能传输技术研究所

地址：重庆市沙坪坝区沙正街重庆大学自动化学院

邮编：400044

电话：13508368896

网址：http：//www.wptchina.com.cn/

团队人数：8

团队带头人：孙跃

主要成员：苏玉刚、戴欣、王智慧、唐春森、叶兆虹、余嘉、朱婉婷

研究方向：无线电能传输系统关键技术与实现

团队简介：

重庆大学无线电能传输技术研究所（WPTCQU）前身为重庆大学电力电子与控制工程研究所，成立于 2005 年。专业从事无线电能传输技术及系统的理论研究、技术开发与工程实现。

研究所核心研发团队有教授 3 人、副教授 3 人、中级职称 2 人。固定合作研究与技术开发人员 5 人，外聘国际高级专家 3 人。研究所招收和培养全日制硕士研究生、博士研究生和在职工程硕士研究生。在校全日制研究生 60 余人。

研究所紧密围绕无线电能传输技术，从事应用基础理论、技术开发与推广工作。先后承担国家 863 计划项目、国家自然科学基金项目、重庆市政府计划项目共 20 项。承担企业委托和合作研发重要科技开发项目 50 余项。累计科研和科技项目经费 3000 余万元。

先后获得教育部、重庆市、中国电源学会、中国仪器仪表学会科学技术奖 5 项。在国际国内重要刊物上发表高水平论文 300 余篇，其中 SCI、EI 核心检索 150 余篇。受理与授权国家发明专利近 60 余项。

研究所拥有“无线电能传输技术国际联合研究中心（国家级）”“中国—新西兰无线电能传输技术国际联合研究中心”“无线电能传输技术重庆市工程研究中心”“重庆市无线电能传输技术工程实验室”。

研究所拥有各类无线电能传输技术试验平台、先进测试/分析仪器，具有良好的科学研究软/硬环境，为全方位培养研究生的科学研究、技术开发与工程实践等科技能力和人文素质提供良好的工作条件。

9. 重庆大学—新能源电力系统安全分析与控制团队

地址：重庆市沙坪坝区沙正街 174 号重庆大学电气工程学院

邮编：400044

电话：13638301298

传真：023-65112740

团队人数：6

团队带头人：熊小伏

主要成员：卢继平（教授）、雍静（教授）、周念成（教授）、姚俊（教授）、欧阳金鑫（副教授）、王强钢（讲师）

研究方向：电力系统保护与控制，电能质量分析与治理

团队简介：

研究团队主要围绕智能电网从事相关基础理论及应用研究，立足于风力发电、光伏发电等新能源以及微电网、智能变电站等新技术的研究前沿，致力于智能电网的安全分析技术、防护技术以及智能控制技术的研究。在新能源并网故障分析与保护控制、智能变电站运行安全技术与计量、电力系统风险评估与气象灾害预警等研究领域积累了较强的技术基础。

10. 重庆大学—新型电力电子器件封装集成及应用团队

地址：重庆市沙坪坝区沙正街174号重庆大学电气工程学院

邮编：400044

电话：13883801036

团队人数：10

团队带头人：冉立

主要成员：李辉、周林、曾正、陈民铀、徐盛友

研究方向：电力电子器件可靠性及状态监测，碳化硅(SiC)器件封装和定制化设计，新型电力电子系统集成及应用

团队简介：

团队由10名教师组成，其中团队负责人为国家“千人计划”人才、教育部“长江学者”冉立教授。团队成员结构合理且研究方向涉及器件、变流器及新能源电力系统的应用，团队成员几乎都有海外留学或在著名国际企业工作的经历，且团队成员之间具有长期协作和合作的基础。团队一直从事电力电子技术及其在新能源电力系统应用的研究，在电力电子器件可靠性以及新能源发电系统的状态监测与运行控制方面有着坚实的研究基础。

团队建有中英碳化硅电力电子技术联合实验室，以新型电力电子器件及其系统应用的安全可靠性为研究方向，以提高综合效益包括系统安全和可靠性为目标，研究新一代电力电子装备（包括用电设备），并且追求全新的集器件和变流器系统一体化的技术，开展新型电力电子器件封装集成及应用的研究。

11. 重庆大学—周雒维教授团队

地址：重庆市沙坪坝区沙正街174号重庆大学A区6教6221-3

邮编：400044

电话：023-65102287

传真：023-65102287

团队人数：教师5人，学生48人

团队带头人：周雒维

主要成员：杜雄、罗全明、卢伟国、孙鹏菊

研究方向：功率变流器的可靠性研究，电力电子系统分析、建模及智能控制，电力电子电路拓扑结构及控制算法的研究，半导体照明驱动电源及系统研究，光伏直流微网系统研究，电动汽车与电网互动技术研究，电能质量测量与控制

团队简介：

团队从20世纪80年代就开始从事电力电子技术理论和应用的研究，承担了国家自然科学基金、重庆市自然科学基金、教育部春晖计划、教育部博士点科研基金等项目。进行了有源电力滤波器（APF）、人工神经网络在电力谐波监测和控制、功率因数校正（PFC）技术等方面的研究，先后提出了有源电力滤波器谐波电流检测和控制新方法、基于神经网络的自适应谐波电流检测方法、单周控制有源滤波器、直流侧APF、双频变换器等方法和思路。其中，双频变换器的研究构想为团队首创，在国内外共发表了近20篇高水平论文；功率因数校正研究方面，团队首次将APF技术应用到直流侧，并取得了良好的效果，获得了中国高校自然科学二等奖和重庆市电力科学技术奖，并在国内外发表高水平论文近30篇。团队在功率因数校正方面也取得了一定的研究成果，先后承担了国家自然科学基金2项、重庆市自然科学基金1项，在国内外发表高水平论文十余篇。目前团队依然奋斗在电力电子学科研究的第一线，承担了多个研究项目，如国家自然科学基金重点项目“可再生能源发电中功率变流器的可靠性研究”等。

近十年来，课题组培养了一大批优秀的博士、硕士研究生，如杜雄（全国百篇优博获得者）、卢伟国（全国百篇优博提名）、孙鹏菊（重庆市优博）、杜茗茗（重庆市优硕）等，这些博士后来都成长为实验室的骨干力量。

12. 大连理工大学—电气学院运动控制研究室

地址：辽宁省大连市高新区凌工路2号大连理工大学电气工程学院

邮编：116023

电话：0411-84708490

团队人数：15

团队带头人：张晓华

主要成员：郭源博、李林、张铭、李伟、李浩洋、张宇、夏金辉

研究方向：智能机器人与运动控制，电力牵引交流传动控制，无功补偿与谐波抑制

团队简介：

大连理工大学电气工程学院运动控制研究室现有教授1人，讲师1人，博士研究生6人，硕士研究生7人。多年来从事智能机器人与运动控制、电力牵引交流传动控制、无功补偿与谐波抑制等领域的研究工作。先后承担“基于超长波的管道机器人示踪定位技术”“海底管道内爬行器及其检测技术”和“X射线实时成像检测管道机器人的研制”等多项国家863计划项目，以及“故障条件下电能质量调节器的强欠驱动特性与容错控制研究”“传感缺失条件下电力牵引变流器的动态参数辨识与控制技术”“灵长类仿生机器人悬臂运动仿生与控制策略研究”等多项国家自然科学基金项目。在电力电子系统建模与非线性控制、电力电子系统故障诊断与容错控制、土木工程结构振动主动控制等方面具有坚实的工作基础和较强的技术力量。

13. 大连理工大学—特种电源团队

地址：辽宁省大连市高新园区凌工路2号大连理工大学电气工程学院

邮编：116024

电话：13889626136

传真：0411-84706489

团队人数：10

团队带头人：李国锋

主要成员：王宁会、王志强、戚栋、杨振强

研究方向： 高压脉冲电源，高精度直流高压电源，交流/直流电弧炉供电系统

团队简介：

大连理工大学特种电源团队多年来从事脉冲功率技术、电磁兼容技术、无损检测与探伤技术、新型电源技术、大功率电弧冶炼装置及控制系统、电磁场理论和应用技术的研究工作，研究成果成功应用于材料冶金、资源环境、海军舰船维修保障等领域，取得了良好的社会经济意义和国防意义。团队重视与国内外电气、化工、材料领域主要研究单位的合作，注重学科交叉、融合，已经形成了高等院校、科研院所、有色金属企业的产-学-研联合体，有利于基础研究成果直接转化为企业的创新技术。先后承担了和正在承担国家高技术研究发展计划（863 计划）新材料技术领域“新型平板显示技术”重大专项“PDP 用 MgO 晶体材料技术研究及产业化”；国家高技术研究发展计划（863 计划）资源环境技术领域“低品位菱镁矿高效制备电熔镁砂的节能减排技术与装备”专题项目“菱镁矿高效制备电熔镁节能减排技术与装备”；国家国际科技合作专项项目“菱镁矿绿色生产电熔镁关键技术及装备合作研究”。在低温等离子体发生器、电弧热等离子体、电弧射流等离子体、等离子体材料改性、超大功率装备检测及控制等方面，具备较强的技术力量和扎实的理论基础。

14. 大连理工大学—压电俘能、换能的研究团队

地址： 辽宁省大连市甘井子区凌工路 2 号大连理工大学大黑楼 A 座 422

邮编： 116023

电话： 0411-8470009-3422

团队人数： 12

团队带头人： 董维杰

主要成员： 白凤仙、孙建忠

研究方向： 基于压电材料的振动能量的研究

团队简介：

主要研究领域为机电系统测量与控制、功能材料传感器与执行器。

15. 电子科技大学—功率集成技术实验室

地址： 四川省成都市建设北路二段四号电子科技大学沙河校区科技实验大楼 8 楼

邮编： 610054

电话： 028-83202151

传真： 028-83207120

网址： https：//www.ese.uestc.edu.cn/kxyj/kytd1/gljcj-ssys1.htm

团队邮箱： zwang@uestc.edu.cn

团队人数： 22

团队带头人： 张波（教授）

主要成员： 李肇基（教授）、罗萍（教授）、李泽宏（教授）、方健（教授）、罗小蓉（教授）、陈万军（教授）、乔明（教授）、邓小川（教授）、周琦（教授）、明鑫（教授）、王卓（教授级高工）、周泽坤（副教授）、贺雅娟（副教授）、任敏（副教授）、张有润（副教授）、高巍（副研究员）、张金平（副教授）、甄少伟（副教授）、章文通（副教授）、周锌（副研究员）、李轩（副研究员）

研究方向： 硅基和宽禁带功率半导体器件，高低压工艺集成技术，电源管理集成电路与系统，模拟及数模混合集成电路设计，面向系统芯片的低功耗集成电路设计

团队简介：

电子科技大学功率集成技术实验室（PITEL）隶属于电子科学与工程学院，为“四川省功率半导体技术工程研究中心”，是“电子薄膜与集成器件国家重点实验室”和“电子科技大学集成电路研究中心”的重要组成部分。现有 12 名教授/研究员、10 名副教授/副研究员，244 名在读全日制硕士研究生和 46 名博士研究生，被国际同行誉为“全球功率半导体技术领域最大的学术研究团队”和“功率半导体领域研究最为全面的学术团队”。

实验室瞄准国际一流，致力于功率半导体科学和技术研究，研究内容涵盖分立器件（从高性能功率二极管 MCR、双极型功率晶体管、功率 MOSFET、IGBT、MCT 到 RF LDMOS，从硅基到 SiC 和 GaN）、可集成功率半导体器件（含硅基、SOI 基和 GaN 基）和功率集成电路（含高低压工艺集成、高压功率集成电路、电源管理集成电路、数字辅助功率集成及面向系统芯片的低功耗集成电路等）。

历经二十余载创新，实验室发展了具有普适性的理论、技术和工艺平台，达到国际先进或领先水平，取得显著的经济和社会效益。

近年来共发表 SCI 收录论文 300 余篇。在电子器件领域顶级刊物 IEEE Electron Device Letters（EDL）和 IEEE Transactions on Electron Devices（T-ED）上共发表论文 100 余篇。实验室继 2015 年在电子器件行业国际顶级刊物 T-ED 和 EDL 上发表 10 篇文章，位居全球前列以后，连续保持此殊荣。本领域国际顶级学术会议 IEEE ISPSD（International Symposium on Power Semiconductor Devices and ICs）收录论文数自 2006 年实现零的突破后，从 2011 年起，实验室在 ISPSD 上的入选论文数一直居全球研究团队前列，并在 ISPSD 2013、2017、2018、2019、2020 上论文录取数居全球研究团队第一，近十年在 ISPSD 上发表论文 71 篇，列全球团队第一。

实验室牵头或参研 10 余项国家科技重大专项、6 项国家重点研发计划项目，在研国家自然科学基金项目 16 项。申请发明专利 1650 件（其中国际专利 50 件）；已获授权美国专利 35 项，已获中国发明专利授权 936 项。据中国专利局 2013 年报告，团队在 IGBT 等多个领域专利授权数居国内领先。团队牵头获 2010 年国家科技进步二等奖、2009 年和 2016 年四川省科技进步一等奖、2019 年国防技术发明二等奖、2014 年高等学校科学研究优秀成果自然科学二等奖、2018 年和 2020 年四川省技术发明二等奖、首届四川电子科学技术一等奖（2015）；与中国电子科技集团公司 24 所合

作获 2011 年中国电子科技集团公司科技发明一等奖；与上海华虹 NEC 合作获 2011 年中国电子学会电子信息科学技术二等奖；与中科院微电子所合作获得 2019 年北京市技术发明二等奖。产学研合作卓有成效，面向市场研发出 100 余种功率半导体器件与功率集成电路，为企业开发了多种工艺生产平台，部分产品打破国外垄断、实现批量生产，产生经济效益超过 100 亿元，推动了我国功率半导体行业的发展。团队已成为行业公认的研发创新高地。

实验室已培养博士 66 名、硕士 900 余名，其中多人成为国内外本领域骨干。实验室负责人入选 2010 年 ISPSD 的 TPC 成员和 2014 年 IEEE 功率半导体器件与集成电路技术委员会的 12 名委员之一，并于 2015 年选为 IEEE T-ED 编辑。

16. 电子科技大学—国家 863 计划强辐射实验室电子科技大学分部

地址： 四川省成都市建设北路二段四号电子科技大学沙河校区逸夫楼 416

邮编： 610054

电话： 028-83202103

传真： 028-83201709

团队邮箱： tianming@ uestc. edu. cn

团队人数： 7

团队带头人： 李天明

主要成员： 李浩、汪海洋、周翼鸿、胡标

研究方向： 高功率微波、毫米波技术

团队简介：

项目研究小组所在的实验室为国家 863 计划强辐射重点实验室电子科技大学分部，在实验室建设方面得到了国家有关部门的强有力的资助。实验室拥有三套强流电子束加速器，可以从事低阻、高阻与重复脉冲等各类高功率微波源的实验研究，拥有各类适用于大功率、高功率真空电子器件的电源与磁场系统。在国家“211”“985”建设及学校的支持下，实验室花费近 400 万元购置了从厘米波到亚毫米波的测试设备，建立了微波暗室。同时，实验室拥有自主开发的粒子模拟软件 CHPIC，以及引进的用于粒子模拟的 MAGIC、MAFIA 及高频场分析的 HFSS、CST 软件包。另外，电子科技大学自 20 世纪 50 年代建校时就设有电真空器件系，是国内微波管研制的“两所、两厂、一校”之一，具有完整的微波管加工工艺线。

17. 东南大学—江苏电机与电力电子联盟

地址： 江苏省南京市玄武区四牌楼 2 号东南大学动力楼

邮编： 210096

电话： 025-83794152

传真： 025-83791696

网址： http: //www. jempel. org/

团队人数： 143

团队带头人： 程明（教授）

主要成员： 花为（教授）、张建忠（研究员）、樊英（副教授）、王政（副教授）、王伟（讲师）

研究方向： 电机与电力电子、电机驱动及应用、新能源发电、电动汽车、轨道交通等领域

团队简介：

江苏电机与电力电子联盟（Jiangsu Electrical Machines & Power Electronics League，JEMPEL）是由国内电机与控制学科领域首位 IEEE Fellow、著名电机与控制专家、东南大学特聘教授程明博士领衔，东南大学电气工程学院六名专任教师为核心，多名长江学者、千人计划等专家为支撑，50 余名博士后和博士、硕士研究生为骨干的科研团队，研究领域涵盖电机与电力电子及其在新能源发电、电动汽车、轨道交通、伺服系统等领域的应用。

JEMPEL 在电机与电力电子及其在新能源发电、电动汽车、轨道交通、伺服系统等领域的应用技术方面，开展了长期的研究，积累了丰富的成果。先后承担了国家 973 计划、863 计划、国家自然科学基金重点项目、国家自然科学基金重大国际合作研究项目等各类课题 90 余项；共发表论文 370 余篇，其中 SCI 收录 140 余篇；申请中国发明专利 100 余件，已获授权发明专利 60 多件。

JEMPEL 以培养电机与控制领域高水平人才为己任，以高水平科学研究促进高层次人才培养，始终践行东南大学“止于至善”的人才培养理念，先后为社会培养了近百位电机与控制领域英才，其中包括一名 IEEE Fellow，两名国家优秀青年基金获得者，两位全国优秀博士学位论文提名奖获得者，四位江苏省优秀博士学位论文获得者。

JEMPEL 以国际化作为加强人才培养和促进科学研究的重要推手，全体教师均有至少一年以上的海外留学经历，博士研究生大部分具有一年以上的海外联合培养经历。迄今为止，先后与美国、加拿大、英国、法国、意大利、丹麦等国的知名高校开展项目合作或联合人才培养。此外，JEMPEL 成员活跃于国内外的各种学术交流活动，追踪国际学术前沿动态，与国内外同行分享科研成果和经验。

为了及时交流电机与电力电子领域的最新科研成果，促进产学研合作，同时为毕业研究生与企业对接提供平台，JEMPEL 建立了自己的会员体系，JEMPEL 殷切期盼与联盟有过合作关系或者有合作意向、有志于电机与电力电子技术进步的创新企业加入联盟，与 JEMPEL 共创新型电机及其控制技术的美好未来。

18. 东南大学—先进电能变换技术与装备研究所

地址： 江苏省南京市四牌楼 2 号

邮编： 210096

网址： http: //ee. seu. edu. cn/2017/0508/c13614a188809/page. htm

团队邮箱： chenwu@ seu. edu. cn

团队人数： 7

团队带头人： 陈武

主要成员： 郑建勇、赵剑锋、梅军、尤鋆、曲小慧、曹武

研究方向： 高压大功率电力电子技术在电力系统及工

业应用

团队简介：

先进电能变换技术与装备研究所依托于东南大学电气工程学院，主要从事电力电子与电能变换领域的重大基础理论与前沿关键技术研究，包括直流电网装备、交直流输配电装备、新能源并网发电、电能质量治理、分布式储能、高压大功率工业电源、无线电能传输和 LED 照明驱动等，多项研究成果已成功得到工业应用。

近年来，研究所承担参与了国家 863 计划、国家自然科学基金、江苏省自然科学基金、江苏省重点研发计划、国家电网科技支撑等科研项目 80 余项，年均科研经费 600 万元。研究所现有研究人员 50 余人，包括教授 3 人，副教授 3 人，讲师 1 人，博士后、硕博士研究生 40 余人。

19. 福州大学—定制电力研究团队

地址：福建省福州市福州大学城新区学园路 2 号新楚楼

电话：15860838359

团队邮箱：zhangyi@ fzu. edu. cn

团队人数：15

团队带头人：张逸

团队带头人简介：张逸，男，33 岁，博士（后），福州大学副教授，硕士生导师，福州大学引进人才。四川大学博士、浙江大学博士后、丹麦技术大学访问学者、美国电气和电子工程师协会电力与能源协会会员（IEEE PES Member）、全国电压电流等级与频率标准化委员会通信委员、中国电源学会电能质量专业委员会委员、国网电能质量分析实验室学术委员会委员，曾在国网福建省电力有限公司电力科学研究院工作近 6 年。

研究方向：主要从事智能配电网中的电能质量问题、主动配电网技术和大数据技术在智能配电网中的应用等研究

团队简介：

依托产学研协同创新模式，为能源电力、高端制造等行业用户提供决策支持技术服务、高品质供电和智能管控软硬件解决方案。

20. 福州大学—功率变换与电磁技术研发团队

地址：福建省福州市闽侯县上街镇学园路 2 号福州大学电气工程与自动化学院

邮编：350116

电话：0591-22866583

团队人数：40 余人

团队带头人：陈为

主要成员：毛行奎、董纪清、陈庆彬、林苏斌、汪晶慧、张丽萍、谢文燕

研究方向：开关电源高频电磁技术，超高频（百兆赫兹）薄膜电感，传导 EMI 预测诊断与抑制，无线电能传输技术，磁性元件高频损耗，磁性元件磁集成，平面磁性元件

团队简介：

福州大学功率变换与电磁技术研发团队将电磁技术与电力电子功率变换技术结合，在国家级、省部级项目的资助下，在国内率先开拓了电力电子高频电磁技术的研究方向，十多年来持续开展了大量和系统的基础和应用研究以及与企业界的广泛技术合作，内容涉及与电力电子、电力系统、电器等领域相关的电磁技术的各个方面，获得国内外学术界和工业界广泛认可，建立了年富力强的研发团队和先进仪器设备的实验室。现有高级职称教师 5 人，中级职称教师 2 人，实验员 1 人，在读博士生 6 人，硕士生 30 多人。

研究团队目前以开关电源高频电磁技术、超高频（百兆赫兹）薄膜电感、传导 EMI 预测诊断与抑制、无线电能传输技术、磁性元件高频损耗、磁性元件磁集成、平面磁性元件等为研究方向，涵盖了开关电源中电磁技术的各个方面。在研究广度和深度上都处于国内外领先水平。

21. 福州大学—智能控制技术与嵌入式系统团队

地址：福建省福州市大学新区学园路 2 号福州大学电气学院

邮编：350116

传真：0591-22866581

团队人数：9

团队带头人：王武

主要成员：蔡逢煌、林琼斌、柴琴琴

研究方向：新能源的控制技术，嵌入式技术开发

团队简介：

团队专注于研究智能控制、嵌入式软硬件协同设计、信号处理技术、嵌入式计算机系统等。主要开展了先进控制理论与控制算法及其在工程中的应用研究，优化控制技术理论及其在复杂工业过程的应用技术研究，网络化系统控制技术及网络安全运行研究，人工智能在生物信息系统的应用研究，电力电子系统建模、算法分析以及数字化实现的应用研究。

团队负责人为王武博士、教授。形成了结构合理、多学科交叉的科研教学团队，其中高级职称 2 人，博士 5 人。团队成员依托福建省医疗器械与医药技术重点实验室和福州大学-厦门科华恒盛股份有限公司联合实验站，目前培养了研究生 30 余人。多年来完成了 5 项国家自然科学基金项目和数项省部级科学研究项目，在学术会议与期刊发表 160 多篇研究论文，获得福建省科学进步奖三等奖 3 项，并将学科研究成果引入教学领域和生产领域，促进产、学、研相辅相成，互相促进。团队目前承担省自然科学基金项目 2 项和企业合作项目 4 项。在嵌入式系统研究方面，与国际多家知名企业建立了联合实验室：福州大学-freescale 嵌入式系统设计及应用实验室、福州大学-英飞凌嵌入式技术共建实验室、福州大学-TI 嵌入式技术共建实验室。

22. 广西大学—电力电子系统的分析与控制团队

地址： 广西壮族自治区南宁市大学路100号广西大学电气工程学院

邮编： 530004

电话： 13878809870

团队人数： 6

团队带头人： 陆益民

主要成员： 陈延明、李国进、黄洪全、黄良玉、陈苏

研究方向： 电力电子系统的非线性分析与控制，工业特种电源开发，电气精密测量技术

团队简介：

广西大学电气工程学院“电力电子系统分析与控制”研究团队共有6名教师，其中教授3人、副教授2人、讲师1人。研究团队一直致力于电力电子系统基础理论及其应用技术的研究。近年来围绕电力电子系统的拓扑结构、稳定性分析和控制方法、工业特种电源开发、电气精密测量技术等方面开展了大量的研究工作，并取得了一系列的研究成果。团队承担4项国家自然科学基金项目、1项国家科技型中小企业技术创新基金项目以及多项省部级科研项目和企业横向项目。研制了医用X射线机电源、通信电源、焊接电源、冲击接地电阻、电气设备介质损耗测量装置、无功补偿装置快速复合继电器等电力电子装置。在*International Journal of Circuit Theory and Applications*、*International Journal of Bifurcation and Chaos*、《中国电机工程学报》《电工技术学报》《控制理论与应用》《机械工程学报》等学术刊物和IEEE等重要国际会议发表论文60多篇，获得国家专利授权多项。

23. 国家国防科技工业局“航空电源技术”国防科技创新团队、“新能源发电与电能变换”江苏省高校优秀科技创新团队

地址： 江苏省南京市江宁区将军大道29号南京航空航天大学自动化学院（江宁区将军路校区）

邮编： 211106

电话： 13611590061

传真： 025-84892368

团队邮箱： zhoubo@ nuaa. edu. cn

团队人数： 26

团队带头人： 周波

主要成员： 龚春英、谢少军、邢岩、张卓然、王惠贞、黄文新、张方华、肖 岚、刘闯、王莉、张之梁

研究方向： 航空电源系统，电能变换技术，电机及其控制技术

团队简介：

团队现有人员27人，其中具有工学博士学位26人，教授（含研究员）12人，副教授14人，讲师1人。团队重点研究航空电源系统、电能变换技术、电机及其控制技术。近年来主持国家、省部级科研项目及横向科研课题数十项，获国家技术发明二等奖、日内瓦国际发明展金奖、国防技术发明一等奖各1项，省部级二等奖、三等奖多项；每年获授权发明专利20多件，每年有100多篇论文被国际三大检索收录。团队成员共有16人次进入国家、省部级人才计划，其中包括：国家自然科学基金优秀青年基金获得者2人，国家“万人计划”领军人才1人，教育部新世纪优秀人才支持计划1人，“511”国防科技人才计划1人，江苏省“333”工程培养对象第二层次1人、第三层次5人，江苏省“六大人才高峰”高层次人才3人，江苏省青蓝工程（学术带头人）3人；12人次获得国家、省部级荣誉称号，其中包括：全国模范教师、享受国务院政府特殊津贴专家、全国优秀科技工作者、国防科技工业百名优秀博士/硕士、江苏省优秀（先进）科技工作者、江苏省有突出贡献中青年专家、江苏省十大杰出专利发明人等。研究团队继2008年被评为国家国防科技工业局“航空电源技术”国防科技创新团队后，2011年又被评为江苏省高校优秀科技创新团队。

24. 国网江苏省电力公司电力科学研究院—电能质量监测与治理技术研究团队

地址： 江苏省南京市江宁区帕威尔路1号

邮编： 211103

电话： 025-68686380

传真： 025-68686000

团队人数： 15

团队带头人： 袁晓冬

主要成员： 陈兵、史明明、罗珊珊、李强、柳丹、朱卫平

研究方向： 电网海量电能质量数据分析与高级应用技术，面向优质电力园区的定制电力技术，新能源、储能及微电网技术研究及应用

团队简介：

江苏省电力公司电力科学研究院电能质量监测与治理技术研究团队建成了国内规模最大、功能最全的省级电能质量监测网，覆盖了1365个监测点，覆盖了大型污染源负荷、电气化铁路和新能源发电企业等非线性用户，具有谐波、间谐波、电压不平衡度、电压偏差、频率偏差及电压波动和闪变的实时在线监测分析功能，具备电能质量综合评估、指标异常预警等功能，为省公司运维检修部生产管理提供有力支撑。

实验室自主研发了电能质量在线监测终端和电压监测仪的一键式检测系统，可实现电能质量在线监测设备功能、精度和通信协议的完整检验，为省公司物质招标检测把好入网关。

实验室还承担了省内变电站的普测评价、新能源发电企业的技术监督和污染源用户电能质量问题治理分析工作，其中电能质量现场测试、动态无功补偿现场试验和低电压穿越检测项目已获得中国合格评定国家认可委员会（CNAS）的认证。

近年来，实验室积极开展电力电子技术在电网中的应

用研究，承担了优质电力园区的设计开发、高压直流输电换流阀、统一潮流控制器 MMC 换流阀的研究工作。相关研究成果获得省部级科技进步奖 7 项、省公司科技进步奖 11 项，申请发明专利 36 项、软件著作权 7 项，发表学术论文 58 篇，制定国家、行业、国网标准 22 项。

25. 国网江苏省电力公司电力科学研究院—主动配电网攻关团队

地址：江苏省南京市江宁区帕威尔路 1 号

邮编：211000

电话：025-68686850

传真：025-68686000

团队邮箱：1838658@ qq. com

团队人数：14

团队带头人：袁晓冬

主要成员：陈兵、李强、朱卫平、史明明、柳丹、陈亮、孔祥平、李斌、杨雄、吕振华、贾萌萌、韩华春、吴楠

研究方向：品质电力，协调控制，友好互动，弹性控制，试验检测

团队简介：

主动配电网攻关团队主要研究方向为品质电力、协调控制、友好互动、弹性控制、试验检测。具备 4 个科研小组，基于国网及省公司科技项目，结合主动配电网实验室建设，旨在培养一支具有高技术水平和创新能力的联合攻关研究人才队伍。

26. 哈尔滨工业大学—电力电子与电力传动课题组

地址：黑龙江省哈尔滨市南岗区一匡街哈工大科学园 K824

邮编：150001

电话：0451-86413420

传真：0451-86413420

网址：http：//peed. hit. edu. cn/

团队邮箱：WGL818@ hit. edu. cn；xiangjunzh@ hit. edu. cn

团队人数：20

团队带头人：徐殿国

主要成员：高强、杨明、刘晓胜、王高林、王懿杰、于泳、张学广、张相军、贵献国、李彬彬、武键、管乐诗、姚友素、张国强、王勃、王盼宝、赵楠楠、杨华、吕辛

研究方向：信息网络家电及其智能控制技术、交流电机效率提升技术、系统可靠性分析与控制关键技术研究、变频调速系统的故障诊断与容错控制、照明电子技术、高功率密度特种电源技术、磁集成智能电机技术、级联多电平变换器拓扑与控制技术、大功率交流同步电机驱动与无传感器控制技术、交流感应电机无速度传感器矢量控制、电机多物理场综合设计与优化、永磁电机与驱动器协同设计技术、宽禁带电力电子器件应用技术、智能电网通信技术、电能质量控制技术与稳定性分析理论、智能油井与数字化油田技术、可再生能源发电变换器拓扑与控制技术、交流伺服技术

团队简介：

课题组面向国家重大需求和国际学术前沿，立足国际最新电力电子学科理论与技术成果，以国家发展战略重大需求为牵引，探索具有国际先进性与国家特色的当代电力电子与电力传动领域重大科学问题和重大工程技术问题。在学科的研究领域方面，课题组以先进电机驱动控制、电力电子化电力系统为主要研究方向，以提高现有能源的利用效率和开发利用新能源为目标，通过国家科技重大专项、国家重点研发计划、国家科技支撑计划、国家自然科学基金项目、台达电力电子科教发展计划重大项目和重点项目、黑龙江省科技计划项目等项目支撑，在新能源、装备制造、节能降耗、电动机能效提升、油田潜油电机驱动等领域，展开了广泛、深入的研究，并取得了突出的研究成果。课题组是电驱动与电推进技术教育部重点实验室、国际先进电驱动技术创新引智基地（111 计划）、可持续能源变换与控制技术黑龙江省重点实验室、黑龙江省现代电力传动与电气节能工程技术研究中心的主要建设力量，为我国电力电子与电力传动学科发展贡献了力量。

27. 哈尔滨工业大学—电能变换与控制研究所

地址：黑龙江省哈尔滨市南岗区西大直街 92 号哈工大 403 信箱

邮编：150006

电话：0451-86412811

传真：0451-86402211

网址：http：//pe. hit. edu. cn

团队邮箱：lihy@ hit. edu. cn

团队人数：17

团队带头人：李浩昱

主要成员：杨世彦、王卫、贲洪奇、邹继明、郑雪梅、杨威、刘晓芳、刘桂花、刘鸿鹏等

研究方向：电力电子系统数字控制技术，特种电源理论及应用，极端环境电力电子技术，新能源并网逆变及稳定性研究，交/直流微电网技术，电能存储系统高效变换

团队简介：

哈尔滨工业大学电能变换与控制研究所主要围绕可再生能源发电、分布式能源与微网系统以及特种电能变换等领域，在电路拓扑、控制方法、工程应用等方面开展科学研究。经过 30 多年在该方向上几代人的积淀，目前在人才培养、研究应用等方面均取得一定的成就，并保持平稳、持续的发展趋势。近年来积极与美、英、日等国外和国内高校开展学术交流，与相关研究机构及科研人员建立了良好的学术合作关系。此外，研究所与国内外诸如国际整流器、艾默生、台达电子、华为等相关企业，国家电网、航天科技、中航工业等所属研究院所均保持良好的科研合作

关系，同时每年向其输送大量的本科、硕士、博士毕业生，实现了优势互补、可持续发展的产、学、研一体合作模式。

电能变换与控制研究所科研团队现有专职教师 17 人，包括教授 7 人、副教授 7 人、讲师 3 人，其中国家级教学名师 1 人、博士生导师 5 人。累计毕业博士、硕士研究生近 300 人，目前在读研究生 50 余人，本科生 60 余人。团队教师获国家级和省部级教学、科研成果奖 10 项，出版专著、教材 10 部，发表 SCI/EI 科研论文 300 余篇，拥有国家发明专利 30 余项。目前，在研国家自然科学基金项目 7 项、其他企业合作科研项目 5 项，年平均科研经费 300 余万元，为团队持续深入的科学研究提供充足的资金支持。

28. 哈尔滨工业大学—动力储能电池管理创新团队

地址：黑龙江省哈尔滨市西大直街 92 号哈尔滨工业大学逸夫楼 603-605

邮编：150001

电话：0451-86416031

传真：0451-86416031

网址：http：//homepage. hit. edu. cn/pages/lvchao

团队邮箱：lu_ chao@ hit. edu. cn

团队人数：15

团队带头人：吕超

主要成员：张刚、宋彦孔、张滔、张禄禄、夏博妍、赵云伍、绳亿、马堡钊、魏刚、赵言本、吴奇、韩依彤、张爽、闫胜来

研究方向：基于电化学模型的锂离子电池电、热行为仿真，基于时频域联合分析的锂离子电池内部健康状态原位快速测量，基于电化学模型的锂离子电池高精度 SOC/SOH 估计，基于内部析锂抑制的电池低温健康预热，基于热耦合电化学模型的电池系统热仿真与热优化

团队简介：

团队致力于锂离子电池电化学建模、仿真、测试技术的研究。经过多年的积累，已经初步突破了电化学阻抗谱在线快速测量，电化学时域仿真模型参数离线测试、在线跟踪等瓶颈问题，并逐步将电化学模型应用于电池管理，包括：基于阻抗谱在线快速测量的电池性能评估、基于电化学模型参数跟踪的电池全寿命 SOC/SOH 联合估计、基于热耦合电化学模型的锂离子电池系统热仿真与热优化。

29. 哈尔滨工业大学—模块化多电平变换器及多端直流输电团队

地址：黑龙江省哈尔滨市南岗区西大直街 92 号哈尔滨工业大学电机楼 10018

邮编：150001

电话：0451-86418442

传真：0451-86413420

网址：http：//hitee. hit. edu. cn/

团队人数：12

团队带头人：徐殿国

主要成员：杨荣峰、张学广、武健、李彬彬、于燕南、刘瑜超、刘怀远、周少泽、石邵磊、张毅、王倩楠等

研究方向：模块化多电平拓扑、模拟、控制与应用，多端直流输电，电网稳定性

团队简介：

团队隶属于哈尔滨工业大学电气工程及自动化学院电力电子与电力传动专业，建立了一支以教授、博士研究生为主的高水平专业研究团队，获得政府与企业多项资助。团队与国内企业如哈尔滨同为电气股份有限公司开展了级联型中压无功补偿装置研究，与上海新时达开展了中压电机驱动的级联变频器研究，形成了产学研用四位一体战略联盟，解决了多项企业技术难题。

30. 哈尔滨工业大学—先进电驱动技术创新团队

地址：黑龙江省哈尔滨市南岗区一匡街 2 号哈尔滨工业大学科学园 2C 栋

邮编：150080

电话：0451-86403086

传真：0451-86403086

网址：http：//blog. hit. edu. cn/zhengping

团队邮箱：zhengping@ hit. edu. cn

团队人数：5

团队带头人：郑萍

主要成员：刘勇、佟诚德、白金刚、隋义

研究方向：永磁电机系统，新能源汽车

团队简介：

团队依托于哈尔滨工业大学电磁与电子技术研究所。团队有教师 5 人，博士、硕士研究生 20 余人，教师中有教授 2 人，副教授 1 人，讲师 2 人，所有教师均具有博士学位。团队带头人郑萍教授获国家杰出青年基金、教育部长江学者特聘教授，并入选国家“万人计划”领军人才；团队青年教师佟诚德入选哈尔滨工业大学“青年拔尖人才”选聘计划，并破格晋升为副教授。

团队指导的博士、硕士研究生成绩突出，获国家、省、校级奖励及荣誉称号 50 多项，其中获全国优秀博士学位论文提名奖 1 人，教育部“博士研究生学术新人奖”1 人，黑龙江省优秀硕士学位论文 4 人，黑龙江省优秀博士毕业生 4 人，黑龙江省优秀硕士毕业生 7 人，哈尔滨工业大学研究生“十佳英才”3 人。毕业的研究生有国外博士后、国内 985 院校教师、企业和科研院所的部门主管及研发骨干。

31. 哈尔滨工业大学（威海）—可再生能源及微电网创新团队

地址：山东省威海市文化西路 2 号

邮编：264209

电话：0631-5687208

传真：0631-5687208

网址： http：//homepage. hit. edu. cn

团队邮箱： quyanbin@ hit. edu. cn

团队人数： 7

团队带头人： 曲延滨

主要成员： 孟凡刚、宋蕙慧、侯睿、李莉、吴世华、李军远

研究方向： 风力发电、光伏发电控制技术，微电网控制技术，控制理论及应用，电力电子与电力传动

团队简介：

可再生能源及微电网创新团队由 1 名教授、2 名副教授、4 名讲师组成。

团队已承担了国家自然科学基金面上项目 3 项，国家自然科学基金国际合作交流项目 1 项，国家自然科学基金青年基金项目 2 项，山东省自然科学基金项目 3 项，山东省中青年科学家基金项目 2 项，山东省科技攻关项目 2 项。

32. 海军工程大学—舰船综合电力技术国防科技重点实验室

地址： 湖北省武汉市解放大道 717 号

邮编： 430033

电话： 027-65461920

传真： 027-65461969

团队人数： 固定研究人员 142 人、博士后 13 人、在读博士生 95 人、硕士生 55 人

团队带头人： 马伟明

主要成员： 肖飞、王东、付立军、鲁军勇、汪光森、孟进、刘德志

研究方向： 实验室主要从事"舰船综合电力""电磁发射"和"新能源接入"三大技术领域的科学研究和人才培养任务，研究层次涵盖应用基础理论研究、关键技术攻关和重大装备研制。

团队简介：

舰船综合电力技术国防科技重点实验室源于 1986 年由张盖凡教授牵头组建的多相电机课题组，1996 年经海军批准成立电力电子技术研究所，2003 年经国防科工委、总装备部批准建设舰船综合电力技术国防科技重点实验室，马伟明院士任实验室主任。

30 多年来，实验室始终瞄准世界科技发展前沿和国防装备发展需求，在"舰船能源与动力""电磁发射武器与装备""新能源接入"等领域开展了一系列应用基础理论研究、关键技术攻关和重大装备研制，取得了一批具有革命性意义的原创性成果，成为电气领域的创新研发中心，为国家科技进步、国防装备现代化建设和高层次人才培养做出了重大贡献。

33. 河北工业大学—电池装备研究所

地址： 天津市红桥区河北工业大学

邮编： 300130

电话： 15822197288

团队邮箱： gyuming@ 163. com

团队人数： 35

团队带头人： 关玉明

主要成员： 肖艳军、商鹏、许波、刘伟

研究方向： 机电一体化成套设备及关键技术

团队简介：

团队是以关玉明教授为科研带头人，以肖艳军副教授、商鹏副教授、许波实验师、刘伟讲师为骨干的一个集产学研为一体的科研团队。团队多年来致力于机电一体化成套设备及其关键技术的研究，受多家公司委托，设计开发和改进了多个生产线及其相关设备。近两年来与团队合作过的公司包括：邢台海裕锂能公司、广州明佳包装机械有限公司、赤峰弃源建材有限公司、清河汽车研究院等；团队设计加工的设备包括：吸音板自动生产线设备、布料设备、3M 无纺棉大卷自动包装线、3M 滤芯自动包装线、轧机设备、锌空电池设备等。

目前重点研究新能源电池装备及相关电池制造工程化技术，投入主要精力在动力锂离子电池自动化生产线设计研发方面，在研设备包括：电池原材料干燥装置、极片干燥装置、浆料制备装置、电芯干燥装置、注液装置、加速浸润装置等，并且电芯干燥装置已经处于产品加工阶段。

34. 河北工业大学—电器元件可靠性团队

地址： 天津市红桥区丁字沽河北工业大学电气工程学院

邮编： 300130

电话： 022-60204360

传真： 022-26549256

团队人数： 8

团队带头人： 李志刚

主要成员： 李玲玲、姚芳、唐圣学、黄凯

研究方向： 寿命预测，失效分析，新能源可靠性

35. 合肥工业大学—张兴教授团队

地址： 安徽省合肥市屯溪路 193 号合肥工业大学屯溪路校区逸夫楼

邮编： 230009

电话： 13605601932

团队邮箱： honglf@ ustc. edu. cn

团队人数： 111

团队带头人： 张兴

主要成员： 谢震、杨淑英、马铭遥、王付胜、王佳宁、刘芳、李飞、王涵宇

研究方向： 新能源发电混合模式并网及稳定控制，中压模块化光储逆变器技术，超大功率风电变流器及其电压源控制技术，交直流混联及其能源路由器，新能源发电系统的故障诊断与智能运维，电动汽车电驱动技术，高频电力电子分布参数及其结构优化，光伏直接汇集与系统控制，中压阻抗适配器

及其系统优化

团队简介：

自1998年以来，以张兴教授为核心的科研团队以太阳能、风力并网发电技术为主攻方向，依托电力电子与电力传动国家重点学科和教育部光伏工程研究中心，专心致力于我国逆变器龙头企业——阳光电源股份有限公司的产学研合作，在太阳能光伏并网、风电变流器、微网逆变器及储能控制以及电动汽车电驱动等技术研究方面取得了丰硕的科研成果，并且为包括阳光电源股份有限公司在内的新能源电源企业输送了一批包括博士、硕士在内的高素质人才，取得了良好的社会、经济效益。

目前，团队有硕士、博士研究生共102人，研究生导师教师9人，其中，教授4人，副教授4人，讲师1人。团队具备先进的实验室条件，拥有光伏并网、风力发电变流器、微电网及储能实验室，并在阳光电源股份有限公司联合建立了多个产学研工程研究平台，为研究成果的产业化提供了必要的研究实验条件。

36. 湖南大学—电动汽车先进驱动系统及控制团队

地址：湖南省长沙市岳麓区麓山南路湖南大学电气与信息工程学院

邮编：410082

网 址：http://eeit.hnu.edu.cn/index.php/dee/dee-lecturer/835-150107221

团队人数：10

团队带头人：刘平

主要成员：姜燕、卢继武、李慧敏、樊鹏、陈叶宇、孙千志等

研究方向：电动汽车高性能变换器系统及电机驱动控制

团队简介：

团队研究方向为电动汽车高性能变换器系统及电机驱动控制。研究方向涉及电动汽车、电力电子、电机控制等。主要内容包括：电动汽车动力总成系统级匹配优化与建模仿真、电动汽车用高密度新型电力电子变换器及数字控制、电机状态估计与无传感器牵引控制、电动汽车驱动系统的主动热管理等。

团队负责人刘平博士，2005年本科、2008年硕士和2013年博士皆毕业于重庆大学电气工程学院国家重点实验室，2012年为香港理工大学研究助理，2013~2014年在加拿大Mcmaster大学MacAuto研究中心从事加拿大自然科学与工程研究基金项目“下一代卓越效率与性能的电气化车辆动力总成”的博士后研究。2014年11月回国就职于湖南大学电气与信息工程学院。目前团队成员中有副教授2名，博士2名，助理教授1名，硕士生3名，兼职科研人员2名，以及本科生若干。

37. 湖南大学—电能变换与控制创新团队

地址：湖南省长沙市岳麓区麓山南路湖南大学电气与信息工程学院

邮编：410082

电话：15116268089

传真：0731-88823700

网址：http://www.hnu.edu.cn

团队人数：150

团队带头人：罗安（院士）

研究方向：大功率特种电源系统，配电网电能质量控制，新能源发电建模与控制，企业综合电气节能，大功率电力电子器件

团队简介：

团队依托于湖南大学国家电能变换与工程技术研究中心，长期从事大功率特种电源、大功率电力电子器件、电能质量控制、新能源发电建模与控制等领域的科学研究与工程应用。20多年来，团队突破了多项大功率电能变换与控制关键技术，研制出世界领先的宽厚板坯电磁搅拌系统、中间包电磁加热系统、国内首套高精度50kA大电流铜箔电解电源系统、兆瓦级海岛特种电源系统、高压混合有源滤波器等核心装备，为我国国民经济发展与国防安全做出重要贡献。目前，团队拥有中国工程院院士1人、国家万人计划“中青年科技领军人才”1人、国家万人计划“青年拔尖人才”1人、国家自然科学基金优秀青年基金获得者1人、国家青年千人计划获得者3人等优秀人才。

38. 湖南科技大学—特种电源与储能控制研究团队

地址：湖南省湘潭市雨湖区桃园路湖南科技大学信息与电气工程学院

邮编：411201

电话：0731-58290114

团队邮箱：xiaohuagen@163.com

团队人数：16人

团队带头人：肖华根

主要成员：张敏、谭文、陈超洋、谢斌、李燕

研究方向：电源拓扑结构设计，电源系统集成设计，大功率电源运行与控制，电源设备故障诊断，储能系统能量管理与运行控制，数字控制系统设计

团队简介：

湖南科技大学特种电源与储能控制研究团队现有研究人员16名，其中教授2名、副教授3名、博士讲师6名。团队致力于工业生产用特殊电源设备和企业储能电站的技术研究和设备研发，主要包括电源拓扑结构设计、电源系统集成设计、大功率电源运行与控制、电源设备故障诊断、储能系统能量管理与运行控制、数字控制系统设计等六个方面。团队正在承担和完成的国家级项目4项、省部级10项、企业委托项目12项；发表SCI或EI检索学术论文80余篇；获得授权发明专利16项；获得省部级科研成果奖励4项。

39. 华北电力大学—电气与电子工程学院新能源电网研究所

地址：北京市昌平区北农路2号

邮编：102206
电话：010-61773741
传真：010-61773744
团队邮箱：xxn@ncepu.edu.cn
团队人数：10
团队带头人：肖湘宁
主要成员：赵成勇、徐永海、颜湘武、郭春林、陶顺、郭春义、杨琳、袁敞、许建中
研究方向：柔性直流输电，电力系统电能质量，多FACTS协调，电动汽车与电网融合
团队简介：

华北电力大学电气与电子工程学院下设12个研究所（取消教研室编制），新能源电网研究所于2005年成立，组成人员主要来自全国知名高校博士毕业生。现有教授5人，其中博导4人，副教授3人，讲师2人。目前全所科研项目主要承担科技部、国家自然科学基金和国网公司重大项目。现有在校博士生15人，在校硕士研究生89人。几年来科研任务经费位居全院前3名。团队成员定期成为“新能源电力系统国家重点实验室”专职研究人员，负责“高电压大容量电力变换”子实验室、“柔性直流输电”子实验室、“电力系统电能质量”子实验室和“电动汽车与新能源电网融合”子实验室建设和相应研究方向的科研任务。

40. 华北电力大学—先进输电技术团队

地址：北京市昌平区北农路2号华北电力大学教五楼D204
邮编：102206
电话：010-61773733
传真：010-61773844
团队人数：8
团队带头人：崔翔
主要成员：李琳、卢铁兵、张卫东、赵志斌、齐磊、焦重庆、卞星明
研究方向：先进输电技术，大功率电力电子器件，电力系统电磁兼容
团队简介：

研究团队隶属新能源电力系统国家重点实验室（华北电力大学），长期从事先进输电技术研究。主要研究领域包括电磁场理论及其应用、电磁环境与电磁兼容、特高压交直流输电技术与装备、高电压大容量电力电子装备、高电压大功率电力电子器件等。

41. 华北电力大学—直流输电研究团队

地址：北京市昌平区北农路2号华北电力大学
邮编：102206
电话：010-61773744
网址：http://www.vsc-hvdc.com/
团队人数：4
团队带头人：赵成勇
主要成员：郭春义、许建中、张建坡
研究方向：传统直流，柔性直流，混合直流
团队简介：

全部科研项目围绕直流输电，已结题项目30余项，在研横向课题15项。

42. 华东师范大学—微纳机电系统课题组

地址：上海市东川路500号华东师范大学信息楼
邮编：200241
电话：021-54345160
传真：021-54345119
团队人数：15
团队带头人：王连卫
主要成员：徐少辉、朱一平、熊大元
研究方向：锂离子电池，超级电容器，电化学传感器
团队简介：

团队目前主要从事微细加工用于新型高效微型储能装置，例如开展基于硅微通道板的三维锂离子电池研究，基于微通道板结构，发展出宏孔导电网络，开展纳米氧化物/纳米石墨烯/宏孔导电网络为电极的大体积比容量的超级电容器研究。

43. 华南理工大学—电力电子系统分析与控制团队

地址：广东省广州市天河区五山路381号华南理工大学30号楼宏生科技楼
邮编：510641
电话：020-87112508
传真：020-87110613
网址：www.scut.edu.cn/ep
团队邮箱：epbzhang@scut.edu.cn
团队人数：60
团队带头人：张波
主要成员：丘东元、杜贵平、陈艳峰、王学梅、肖文勋、谢帆、张玉秋
研究方向：电力电子系统的非线性分析与控制，高效电能变换拓扑，无线电能传输技术，可靠性分析
团队简介：

团队经过十多年的共同努力和发展，已经成为国内外电力电子学科有较大影响力的团队，是全国电工学科唯一连续获得2项国家自然科学基金重点项目资助的团队（2009.1—2014.12，基金号：50937001；2015.1—2019.12，基金号：51437005），在电力电子系统的非线性分析与控制、高效电能变换拓扑、无线电能传输技术、可靠性分析等方面处于领先水平。

44. 华中科技大学—半导体化电力系统研究中心

地址：湖北省武汉市珞喻路1037号华中科技大学电气学院
邮编：430074
电话：027-87558627
传真：027-87558627
网址：http://csps.seee.hust.edu.cn/

团队人数：50~60

团队带头人：袁小明（教授）

主要成员：胡家兵（教授）、占萌（教授）

研究方向：大规模风力发电复杂电力系统分析与控制，柔性直流输电技术等

团队简介：

华中科技大学电气与电子工程学院袁小明教授领导建立的实验室成立于2011年9月。实验室主要的研究方向是大规模风力发电复杂电力系统分析与控制，研究内容包括：风力发电接入电力系统的独特性、风电电力系统的复杂性、风力发电控制系统的稳定性以及大规模风电的可预测性。

因电力电子变流器在负荷端（储能装置）、发电端（可再生能源）及输电线路（高压直流输电）的大量应用，传统电力系统正经历大的历史变革，即需要考虑电力电子化或者说是半导体化电力系统的运行与控制。基于此，实验室从早期的可再生能源与电力系统研究中心（Center for Renewable Energy and Power System）更名为导体化电力系统研究中心（Center for Semiconducting Power System）。

目前，实验室专任教师从早期的2名发展为4名：袁小明教授、胡家兵教授、占萌教授、张喜成工程师。研究生也从早期的20名发展到现今约50名。在袁小明教授的带领下，课题组先后主持973项目（大规模风力发电并网基础科学问题研究），承担国家电网项目（风机建模及大规模风电对电力系统低频振荡影响的机理分析）、国家自然科学基金重大项目（随机-确定性耦合电力系统动态稳定控制的理论与方法）、科技支撑计划（风光储输示范工程关键技术研究）等。

21世纪是能源、信息、材料、生命科学的时代。课题组朝着着眼能源、放眼世界、引领潮流的目标前进，欢迎各位有志青年加入，一起探索新变革。

45. 华中科技大学—创新电机技术研究中心

地址：湖北省武汉市洪山区路喻路1037号华中科技大学

邮编：430074

电话：027-87559483

传真：027-87544355

网址：http：//caemd. seee. hust. edu. cn

团队邮箱：machine@ hust. edu. cn

团队人数：86

团队带头人：曲荣海

主要成员：蒋栋、李健、李大伟、孔武斌、孙海顺、孙伟、高玉婷

研究方向：电机设计、分析、驱动及控制系统集成

团队简介：

创新电机技术研究中心（以下简称“中心”）依托华中科技大学电气与电子工程学院、强电磁工程与新技术国家重点实验室和新型电机技术国家地方共建联合工程研究中心，由国家“千人计划”专家曲荣海教授创立于2011年9月，以满足国家和地方电机企业技术需求为目标，以雄厚的科研实力和先进的研发理念为手段，围绕高端电机设计、分析、驱动及控制系统集成开展工作，从拓扑结构和理论方面开拓创新。

中心注重人才汇聚和培养，拥有一支充满活力、具有海内外科研背景的研究团队，包括国家“千人计划”特聘专家，青年“千人计划”专家，湖北省“百人计划”专家，以及博士后创新人才支持计划和青年人才托举工程项目获得者，同时拥有两位中国工程院院士和两位美国工程院院士作为顾问。此外，还有博士后3名，助理3名，博士研究生26名，硕士研究生34名。中心近年毕业研究生28人，其中硕士研究生21人，博士研究生7人，另出站博士后3人。中心培养的研究生中有2人获湖北省优秀硕士/博士学位论文奖，2人获批2017年度博士后创新人才支持计划，4人进入国内大学任教，4人赴美国、德国等知名高校继续深造。

中心重视先进成果转化，致力发展成为世界一流的电机及系统研究中心，推进我国电机技术进步和产品升级。研究对象包括但不限于各类新型电机及系统，如磁场调制电机、电动汽车和高铁永磁牵引电机、超导发电机、永磁风力发电机、高速同步电机、伺服电机、低速超大转矩电机、直线电机等。

46. 华中科技大学—电气学院高电压工程系高电压与脉冲功率技术研究团队

地址：湖北省武汉市珞喻路1037号华中科技大学电气学院高压楼

邮编：430074

电话：027-87544242

传真：027-87559349

网址：http：//www. husthv. com/

团队人数：30

团队带头人：林福昌

主要成员：戴玲、李化、李黎、张钦、刘毅、王燕、黄汉深

研究方向：脉冲功率器件及其可靠性评估，脉冲功率电源，电力系统过电压，绝缘在线监测，电力设备故障诊断，气体放电等

团队简介：

华中科技大学电气学院高电压工程系脉冲功率与高电压新技术研究组是一支具有高度团结拼搏精神、踏实肯干的研究团队。现有教师8人，其中教授1人、副教授3人、讲师1人、工程技术人员3人。现有博士研究生、硕士研究生30余人。研究组承担国家自然科学基金项目、国家863计划、国防预研项目、教育部新世纪优秀人才支持计划，参与了多项国家大科学工程的工作，完成了大量横向开发课题。

课题组主要研究方向为脉冲功率技术、高电压与绝缘技术、高电压新技术。

在脉冲功率方向，研究内容包括脉冲功率电源集成技术，高储能密度脉冲电容器技术，高功率、大通流开关技术，高精度控制与测量技术等；在高电压与绝缘技术方面，

研究内容包括外绝缘积污特性，变压器状态评估与诊断方法，电缆绝缘状态评估与检测方法，新型直流滤波和交流高压干式电容器技术，电力系统过电压与绝缘配合等；在高电压新技术方面，积极拓展脉冲功率技术在石油勘探，高压大容量直流断路器，高集成度、高可靠性柔性直流换流阀，新型可控串联补偿快速开关方面的研究。

研究成果获教育部科学技术进步奖一等奖 1 项，发表 SCI、EI 收录论文百余篇，获得中国国家发明专利和软件著作权十余项。

47. 华中科技大学—高性能电力电子变换与应用研究团队

地址：湖北省武汉市洪山区珞喻路 1037 号华中科技大学

邮编：430074

电话：027-87543071

团队邮箱：zyu1126@ mail. hust. edu. cn

团队人数：10

团队带头人：康勇

主要成员：彭力、戴珂、张宇、裴雪军、邹旭东、林新春、陈宇、陈材、朱东海

研究方向：电力电子与电力传动

团队简介：

团队由陈坚教授于 20 世纪 70 年代创建，自 70 年代开始研制船用电力电子变流装置，现负责人为康勇教授，组员 10 人。多年来，为提升独立供电系统效率、供电质量和提高系统功率密度，从 2000 年开始开展了独立供电系统电力电子化的关键技术研究与装备研制，突破了系统短路保护、电磁兼容、模块化和高性能数字控制等关键技术，研制的装备解决了国家重大需求，应用成效显著，成果获 2019 年国家科技进步二等奖。

从 2013 年开始，团队依托华中科技大学强电磁工程与新技术国家重点实验室及电力电子与能量管理教育部重点实验室，通过培养、引进人才与协同创新，建立了“先进半导体与封装集成实验室”，在校内建成约 310m^2 的超净实验室，研究人员专业背景涵盖电力电子器件、封装、集成与应用，从事基于宽禁带半导体器件的封装集成技术研究，在封装集成结构、电磁热力综合分析优化方法、新型封装材料和工艺、应用及可靠性评估等方面取得突破。研究成果被国际宽禁带半导体路线图组织选为 IEEE Power Electronics Magazine 封面，所领导的实验室被中国航空、航天、船舶、铁路等行业研究机构和企业以及 BOSCH、蔚来汽车等跨国企业和创新企业选择作为合作伙伴。并于 2015 年参加“Google Little Box”全球竞赛，成功研制出性能指标超竞赛要求的全碳化硅封装集成一体化电源，是最终有实物及验证结果的 80 多个世界顶尖团队之一，亚洲唯一团队。

2018 年，康勇教授作为项目负责人主持了国家重点研发计划项目“可再生能源发电基地直流外送系统的稳定控制技术”。

2019 年，康勇教授以第一完成人荣获国家科技进步二等奖。

团队与 10 余家电源企业建立了合作关系，研制过多种电源产品，曾荣获多项国家及省部级奖励。

48. 华中科技大学—特种电机研究团队

地址：湖北省武汉市洪山区珞喻路 1037 号华中科技大学

电话：18986166527

团队邮箱：cuixiupeng2521@ 163. com

团队人数：20

团队带头人：王双红

主要成员：孙剑波、吴荒原、崔秀朋、赵建培、王江辉、刘辉、毕少华

研究方向：高速开关磁阻电机系统，高速永磁同步电机系统

团队简介：

团队核心成员来自华中科技大学电气工程学院电机系实验室，深耕永磁同步电机、开关磁阻电机领域多年，有成熟的永磁同步/开关磁阻电机设计/驱动方案，圆满完成国家、军工等单位委托的重大项目，目前在高速永磁/开关磁阻电机领域有所突破，与军工单位联手将特种电机推向实用阶段。

49. 吉林大学—地学仪器特种电源研究团队

地址：吉林省长春市西民主大街 938 号

邮编：130026

电话：0431-88502473

传真：0431-88502382

网址：http：//ciee. jlu. edu. cn/

团队人数：4

团队带头人：于生宝

主要成员：李刚、周逢道、王世隆

研究方向：地球物理仪器中的电源技术

团队简介：

吉林大学仪器科学与电气工程学院地学仪器特种电源研究团队承担国家科技支撑计划重点项目课题、国家高技术研究发展计划（863 计划）重大项目课题、国土资源部公益性行业科研专项课题等国家、省部级项目，研究经费 1000 多万元。在地学仪器研究方向取得多项有创新的研究成果。曾获得国家科技发明奖 2 项、教育部科技发明一等奖 1 项、教育部科技进步二等奖 2 项、吉林省科技进步一等奖 1 项、二等奖 1 项，在国内外发表学术论文 40 多篇，授权国家发明专利 5 项。

50. 江南大学—新能源技术与智能装备研究所

地址：江苏省无锡市滨湖区江南大学物联网学院

邮编：214122

电话：15961809365

团队人数：22

团队带头人：颜文旭

主要成员：惠晶、方益民、吴雷、樊启高、许德智、

卢闻洲、沈锦飞、肖有文等

研究方向： 智能电网技术，电能质量控制，新能源技术（风，光伏，燃料电池），特种电机控制，电力电子技术

团队简介：

江南大学新能源技术与智能装备研究团队在负责人颜文旭教授的带领下，负责科研项目约25项，包括多个国家自然科学基金项目、省部级资助项目等；团队培养毕业研究生约50名，目前在读硕士生20余名。

51. 江苏省物联网应用技术重点建设实验室

地址： 江苏省无锡市钱荣路68号无锡太湖学院13号楼419室

邮编： 214064

电话： 18261537678

团队邮箱： 1905447@qq.com

团队人数： 3

团队带头人： 刘剑滨

主要成员： 李莎、张喆

研究方向： 开关电源，LED照明，智能控制，物联网技术应用等

团队简介：

团队核心成员3人，刘剑滨、张喆为具有20余年企业工作经验、3年高校工作经验的高级工程师，具有丰富的研发及产业化经验；李莎为具有10余年高校工作经验的副教授，具有扎实的理论基础。

团队长期从事开关电源、电力电子、物联网应用方面的研究。

52. 江苏师范大学—电驱动机器人

地址： 江苏省徐州市铜山区上海路101号

电话： 15190668262

团队邮箱： xznu_zmw@163.com

团队人数： 6

团队带头人： 赵明伟

主要成员： 刘丽俊、李春杰、赵强、甘良志、刘海宽

研究方向： 电力电子及电力驱动，电驱动机器人，电动汽车，电气传动中的控制策略与优化

53. 兰州理工大学—电力变换与控制团队

地址： 甘肃省兰州市兰工坪路287号

邮编： 730050

电话： 0931-2973506

传真： 0931-2973506

团队邮箱： Wangxg8201@163.com

团队人数： 6

团队带头人： 王兴贵

主要成员： 陈伟、杨维满、郭永吉、林洁、李晓英、郭群、王琢玲

研究方向： 电力电子技术，运动控制系统，新能源发电控制技术

团队简介：

团队主要研究人员有8人，其中教授2人、副教授3人、讲师3人。团队带头人王兴贵教授具有丰富的工程实践经验，现为甘肃省“555”跨世纪学术技术带头人，甘肃省第一层次领军人才。团队近年来共完成和在研各类科研项目20多项。

团队主要研究应用于电力系统、电气传动、特种电源等领域的新型变流器拓扑结构、相关控制理论和技术。主要内容涉及高压大容量单元串联变流器、大容量单元并联变流器、并网逆变器、双向变流器、多功能变流器、无电网污染整流器及其控制技术。

近年来主要致力于：适用于微电网、新能源发电和分布式发电中的逆变器、储能双向变流器、风力发电变流器及其控制策略的研究；适用于矿井提升机和石油电驱动钻机的单元串、并联大功率变流器拓扑结构和控制技术，高能脉冲电源主电路拓扑和控制技术，通用变换器的关键技术研究。

54. 辽宁工程技术大学—电力电子与电力传动磁集成技术研究团队

地址： 辽宁省葫芦岛市龙湾南大街188号

邮编： 125105

电话： 0429-5310899

团队邮箱： 447987957@qq.com

团队人数： 8

团队带头人： 杨玉岗

主要成员： 付兴武、李洪珠、荣德生、刘春喜、郭瑞、闫孝姮、韩占岭

研究方向： 电力电子技术及其磁集成技术，数据中心高性能电压调节电源，新能源发电系统和电动汽车用双向直流开关电源，开关磁阻型电磁调速系统，无人机中电磁干扰滤波器，铁路信号电源，本安防爆型交流电机软起动，逆变器输出端无源滤波器

团队简介：

辽宁工程技术大学电力电子磁集成技术研究团队成立于2003年，现有教师8人，其中教授4人，副教授3人，7人具有博士学位，团队带头人为辽宁省特聘教授，两位教授获批辽宁省百千万人才工程，在读博士和硕士研究生60余人，主要从事电力电子变换器及其磁集成技术的研究工作，团队所在的电力电子与电力传动学科是辽宁省重点学科。团队承担国家自然科学基金、省部级项目和企业合作项目20余项，出版著作2部，发表论文200余篇，SCI和EI收录70余篇，授权和在审发明专利20余项，获得省级科技奖和教学成果奖10余项。指导博士和硕士研究生300余人，其中考取985高校博士6人，获得国家奖学金20余人，获得辽宁省优秀硕士学位论文3人，获得校级优秀硕士学位论文30余人，获得辽宁省优秀毕业生8人，获得校级优秀毕业生20余人。毕业研究生大多就业于北京、上海、广州、深圳、苏州、杭州、沈阳、大连、天津、太原等地的高等院校、科研院所、电网公司和电源类科技企业。

近年来，团队成员多次与国内外著名高校进行合作交流，与国内多家电源和变压器企业进行合作，为企业提供技术支持、技术培训和技术服务，为企业输送优秀毕业生。

55. 南昌大学—吴建华教授团队

地址：江西省南昌市学府大道999号南昌大学信息工程学院

邮编：330031

电话：0791-83968358

传真：0791-83969338

网址：http：//www.ncu.edu.cn

团队人数：4

团队带头人：吴建华

主要成员：石晓瑛、肖露欣、刘国强、徐春华

研究方向：数字图像处理，图像加密，电力信号检测与识别，电力信号扰动检测与识别

56. 南昌大学—信息工程学院能源互联网研究团队

地址：江西省南昌市学府大道999号南昌大学自动化系

邮编：330031

电话：13870809767

传真：0791-83969681

网址：http：//ies.ncu.edu.cn/

团队人数：6

团队带头人：余运俊（副教授）

主要成员：万晓凤（教授）、王淳（教授）、杨胡萍（教授）、聂晓华（副教授）、夏永洪（副教授）等

研究方向：光伏发电智能控制，能源路由器，低碳电力，电力电子装置及其数字控制，包括：电能质量控制设备，如APF、UPQC、SVC、dSTATCOM；新能源与分布式发电并网、组网及储能技术；PEBB（系统集成）技术应用及高可靠性、模块化技术；新型电机及控制系统

团队简介：

南昌大学能源互联网研究团队包括3名教授、3名副教授及博士研究生和硕士研究生40多名。目前团队在研科研项目约20项，包括多个重大项目、国家自然科学基金项目、国际科技合作项目等。团队已培养毕业研究生50多名。

57. 南京航空航天大学—高频新能源团队

地址：江苏省南京市江宁区将军大道29号南京航空航天大学

邮编：211106

电话：18912946722

网址：http：//www.nuaa.edu.cn/

团队邮箱：zlzhang@nuaa.edu.cn

团队人数：40

团队带头人：张之梁

研究方向：高频高功率密度宽禁带器件的电力电子变换技术

团队简介：

南京航空航天大学自动化学院模块电源组，由张之梁教授领军，主要研究高频电力电子、高频低功率芯片、电力电子在新能源变换中的应用技术、电动汽车电力总成。

58. 南京航空航天大学—航空电力系统及电能变换团队

地址：江苏省南京市江宁区胜太西路169号

邮编：211106

团队人数：10

团队带头人：杨善水

主要成员：戴泽华、王丹阳、吴静波、刘力、唐彬鑫

研究方向：飞机供配电系统、电能管理等

团队简介：

团队属于南京航空航天大学自动化学院电气工程系，主要研究方向为航空供配电系统及飞机电能管理领域，导师理论水平扎实、工程经验丰富，团队成员对科研工作充满热情、勤奋好学、团队意识突出。团队与中国商飞、中航工业115所、609所、105所等合作紧密，完成了多个研究任务，在航空供配电研究方面经验丰富。

59. 南京航空航天大学—航空电能变换与能量管理研究团队

地址：江苏省南京市江宁区胜太西路169号

邮编：211106

电话：13912988096

传真：025-84893500

团队人数：8

团队带头人：龚春英

主要成员：王慧贞、张方华、陈新、秦海鸿、陈杰、邓翔、王愈

研究方向：航空二次电源（TRU&ATRU、航空静止变流器、直流变换器），微型电网电能变换装置和能量管理，分布式发电系统建模及稳定性分析，宽禁带半导体器件的高频与高温应用，高功率密度电能变换，电力电子变换器的可靠性提升与寿命预测，电力电子变换器的电磁兼容性

团队简介：

南京航空航天大学电气工程系航空电能变换与微型电网能量管理团队，包括4名教授、2名副教授、1名高级工程师、1名讲师，团队指导在读博士研究生10名、硕士研究生50名。团队包括“航空电能变换技术实验室”“微型电网能量管理实验室”“航空起动发电技术实验室”“高温电力电子变换技术实验室”。在航空二次电源领域，主要从事高功率因数整流、高功率密度逆变技术、高功率密度直流变换技术、电力电子变换器的故障诊断和寿命预测、直

流微电网的瞬态功率抑制、宽禁带半导体器件的高温和高频应用技术、航空起动发电技术等方向的研究；在微型电网能量管理领域，主要从事微型电网中新能源的电能预测与管理、微型电网的稳定性分析、大功率储能变流器、大功率并网逆变器、电动汽车充放电机、高可靠LED驱动器等方向的研究。

龚春英，教授/博导，承担国家973、国防型号、NSF基金等项目，研究方向为航空二次电源。

王慧贞，研究员，承担国家863、国防型号等项目，研究方向为起动/发电、电机控制、电能变换。

张方华，教授/博导，承担国家863、国防型号、NSF基金等项目，研究方向为航空二次电源和特种电源、微网电能变换器、LED驱动器等。

陈新，教授，承担国家863、企业合作等项目，研究方向为微型电网系统稳定性分析和控制、能量管理。

秦海鸿，副教授，承担NSF基金等项目，研究方向为新型宽禁带半导体器件的应用。

陈杰，副教授，承担NSF基金等项目，研究方向为微网电能变换器和微型电网控制。

邓翔，高工，承担多项校企合作项目，研究方向为航空二次电源。

王愈，讲师/博士，研究方向为微型电网电能管理。

60. 南京航空航天大学—模块电源实验组

地址：江苏省南京市江宁区将军大道29号南京航空航天大学

邮编：211100

电话：025-84896662

传真：025-84896662

网址：http：//ruanxb. nuaa. edu. cn/

团队人数：7

团队带头人：阮新波

主要成员：陈乾宏、金科、张之梁、刘福鑫、方天治、任小永

研究方向：电力电子系统集成，包络线电源跟踪，超高频电力电子变换技术，无频闪无电解电容LED驱动电源，并网型逆变器，开关电源传导电磁干扰的建模与抑制

团队简介：

团队现有教师7名，其中教育部长江学者特聘教授1人，国家杰出青年基金获得者1人，江苏省“333高层次人才培养工程”中青年科学技术带头人1人，江苏省“青蓝工程”中青年学术带头人1人，教授4人，副教授3人。近年来，主持国家科技重大专项项目及课题、国家杰出青年基金、国家自然科学重点基金、“863”高技术课题、国家自然科学基金等科技项目10余项，并承担多项省部级科技项目。在阮新波教授的带领下，团队已建设成为研究特色鲜明、研究方向明确、研究成果突出、教学水平优良、科研条件良好、管理制度健全的优秀科研团体。

61. 南京航空航天大学—先进控制实验室

地址：江苏省南京市江宁区将军大道29号

邮编：211106

电话：025-84892301

网址：http：//cae. nuaa. edu. cn/showSz/470-1043

团队邮箱：melvinye@ nuaa. edu. cn

团队人数：10

团队带头人：叶永强

主要成员：赵强松、任建俊、熊永康、竺明哲、曹永锋

研究方向：电力电子先进控制、逆变器抗扰控制、电机抗扰控制等

团队简介：

团队成员均为高学历的中青年科研人员，其中教授1名，副教授1名，博士生3名，硕士生5名。

62. 南京理工大学—先进电源与储能技术研究所

地址：江苏省南京市孝陵卫街200号南京理工大学自动化学院

邮编：210094

电话：13951658614

团队邮箱：yangfei@ njust. edu. cn

团队人数：26

团队带头人：李磊

主要成员：姚凯、权浩、李文龙、王韬、嵇保健、柳伟、李强、江宁强、汪诚、孙乐、颜建虎、杨飞、姚佳、季振东、孙金磊、王谱宇、赵志宏、徐妲、蒋雪峰、顾玲、闻枫、刘晋宏、雷加智、耿伟伟、万援

研究方向：

1）特种电源研究与应用。电外科射频能量发生器电源、电火花加工脉冲电源、军用模块电源、便携设备无线充电器等。研究成果应用于精密医疗器械、先进加工制造、军用便携设备、消费电子等领域。

2）现代电力系统及其电力电子化装置研究与应用。太阳能光伏并网逆变器、模块化多电平变换器、电能质量治理装置、直流潮流控制器、电力电子变压器等。研究成果应用于新能源发电、现代电力系统、轨道交通等领域。

3）车辆电驱系统研究与应用。电机容错驱动技术、故障诊断技术、磁通切换电机、混合励磁电机设计及控制研究等。

团队简介：

团队紧跟国际高水平研究方向与成果，面向国民经济发展建设需要，逐步形成自己的研究特色和优势。近年来，团队先后承担并完成多项国家自然科学基金和江苏省自然科学基金项目，获得多项省部级科技进步奖，取得了一批具有自主知识产权的科研成果，产业化成果尤其显著，取得了良好的经济与社会效益。团队主要研究领域涵盖电力电子变换器、功率因数校正和参数在线监测、高频环节多电平交流直接变换和逆变技术、电火花脉冲特种电源设计、

医用高频电刀脉冲电源设计、电磁干扰预测诊断、电力系统中大功率电力电子装置设计、电力系统多区间预测、新型永磁电机本体设计与控制、容错电机设计与控制、高温超导应用与装置设计等领域。

近五年来主持和参与了20余项纵向科研项目和数十项横向科研项目，科学研究水平不断提高。在IEEE Transactions on Industrial Electronics、IEEE Transactions on Power Electronics、Renewable Energy、IEEE Transactions on Power System、IEEE APEC、ECCE、IECON、《中国电机工程学报》《电工技术学报》等国内外重要期刊、会议上发表高质量的学术论文100余篇。出版了《多电平交-交直接变换技术及其应用》学术专著。已申请中国发明专利和实用新型专利数十项。团队成员获得江苏省科技进步一等奖、国防科技进步二等奖等多项奖励。多名教师担任国家自然科学基金、江苏省自然科学基金等项目的评审专家和IEEE Transactions on Industrial Electronics、IEEE Transactions on Power Electronics、IEEE ECCE、IEEE IECON、《中国电机工程学报》《电工技术学报》等国内外专业期刊和会议的审稿专家。

团队与国内外相关高校、学术组织建立了广泛的联系，与南瑞集团、国网电科院、国电南瑞科技、南车集团、南京地铁、熊猫电子、华为、中兴、台达、艾默生、通用电气、德国柏林工业大学、德国轨道技术研究院等保持着良好的交流与合作关系。

63. 清华大学—电力电子与电气化交通研究团队

地址： 北京市海淀区清华园西主楼2-304
邮编： 100084
电话： 010-62772450
传真： 010-62772450
团队人数： 30
团队带头人： 李永东
主要成员： 肖曦、郑泽东、孙凯、姜新建、王善铭、陆海峰、许烈、王奎、孙宇光
研究方向： 大容量电力电子变换器及其在调速节能领域的应用，交流电机的全数字化控制及其在数控机床/机器人、高铁电力牵引和舰船电力推进中的应用，新能源发电及储能
团队简介：

目标：发挥团队在现代电力电子技术方向的传统优势，力争把已掌握的核心技术及最新的科技成果在现代电气化交通系统，如高铁、电动汽车、船舰、大飞机及数控机床/机器人等高端应用中得到推广。

研究方向：电力电子与电机控制，电气化交通，特种电源系统。电力电子与电机控制是团队成员的学科方向，包括电力电子变换器、电机控制与电力传动系统、电机设计及故障诊断等，需要进一步深入研究，并作为研究团队的学科和学术支撑；电气化交通（包括轨道交通、电动汽车、船舰和大飞机等）的多电和全电化驱动，包括相应的局域电力系统，是高性能电机控制系统和电力电子技术的最高端应用，是未来能源消费领域的重要革命；特种电源系统包括军用甚低频通信电源、大飞机电源系统、特种电机驱动系统等。其中军用通信电源采用电力电子高频变换器代替传统的模拟电路，实现通信电源的高效、高动态响应和高精度控制，频率的改变比较灵活，是对潜通信的重大革命性变化。大飞机电源系统包括起动发电一体化、环控、电除冰和电作动等，是影响我国C919、C929供电核心技术国产化的关键。

64. 清华大学—电力电子与多能源系统研究中心（PEACES）

地址： 北京市海淀区清华大学自动化系中央主楼702
邮编： 100084
电话： 010-62770559
传真： 010-62786911
团队邮箱： genghua@ tsinghua. edu. cn
团队人数： 15
团队带头人： 耿华
主要成员： 杨耕、赵晟凯
研究方向： 大功率电能质量治理技术及装置，新能源并网技术，储能技术及应用
团队简介：

清华大学“电力电子与多能源系统研究中心”（前身为“新能源与节能控制研究中心”）创建于2006年，挂靠清华大学自动化系（一级学科为“控制科学与工程”，历次全国学科评估中均名列全国第一）。为更好面向国家重大需求，瞄准学科发展前沿，同时有效继承课题组的传统，课题组于2018年正式更名为电力电子与多能源系统研究中心，英文全称为Research Center of Power Electronics And inter-Connected multi-Energy System（PEACES）。中心现有教师3人（教授/特别研究员/助理研究员各1人），中心主任为耿华博士。中心早期主要开展电力驱动技术研究，后逐步拓展到电能质量和多能源系统等领域。长期以来，中心系统性地将非线性控制、智能优化方法等先进控制理论应用到电力电子和多能源系统的稳定和优化运行中，取得一系列成果，并得到国内外同行的长期广泛关注。在国内较早开展了电能质量治理技术、大规模新能源并网技术等研究，与企业长期合作，成功开发相关产品并量产应用。先后主持国家重点研发项目、国家高技术发展计划（863计划）课题、国家自然科学基金重点、优青、面上等项目，以及其他省部级和企业合作课题多项。

65. 清华大学—汽车工程系电化学动力源课题组

地址： 北京市海淀区清华大学李兆基科技大楼
邮编： 100084
电话： 010-62787815
网址： http：//thueps. org/
团队邮箱： leizhao@ mail. tsinghua. edu. cn
团队人数： 14
团队带头人： 张剑波

主要成员：李哲、葛昊、孙瑛、汪尚尚、黄福森、吴正国、司德春、滕冠兴、刘中孝、方儒卿

研究方向：

1）大型锂离子电池的热设计：锂离子电池的热参数测量、锂离子电池的产热率测量、锂离子电池的热电耦合模拟及验证、锂离子电池的热设计优化。

2）锂离子电池的老化和耐久性研究：多应力耦合研究、老化机理研究。

3）电池管理系统：荷电状态（State of Charge，SOC）估计、健康状态（State of Health，SOH）估计、析锂机理研究、锂离子电池低温充电。

4）大电流和低箔载量下的膜电极设计：膜电极的构效关系、梯度化膜电极设计、有序化膜电极设计。

5）燃料电池零下启动研究：零下启动机理研究。

团队简介：

电化学动力源研究室采用实验、模型、模拟相结合的方法，研究车用锂离子电池和质子交换膜燃料电池的性能、老化机理、寿命预测、设计等问题，重点关注电化学能量存储与转换装置大型化后出现的分布不均匀现象。

66. 清华大学—先进电能变换与电气化交通系统团队

地址：北京市海淀区双清路30号清华大学西主楼

邮编：100089

电话：010-62772450

传真：010-62772450

团队邮箱：liyd@ mail. tsinghua. edu. cn

团队人数：9

团队带头人：李永东

主要成员：肖曦、王善铭、孙凯、郑泽东、孙宇光、陆海峰、许烈、王奎

研究方向：

1）高性能、全数字化交流电机控制技术（矢量控制、直接转矩控制、伺服控制和无速度传感器控制等），及其在数控机床/机器人、风力发电、高铁轻轨牵引、船舰艇电力推进、大飞机/电动汽车电气系统中的应用。

2）高压大容量多电平电力电子变换器拓扑及其控制，大容量交流电机驱动系统。

3）双馈及永磁直驱风力发电控制系统，新能源发电，微网及储能系统研究及应用。

4）大型电机故障诊断、减振和保护。

团队简介：

清华大学电机系“先进电能变换与电气化交通系统团队”是由国内外著名电机控制专家李永东教授领衔，由多名具有海内外博士学位且扎根中国本土多年的年轻精干的成员组成。团队长期从事高性能大容量全数字化电力电子与交流电机控制领域的国际前沿研究，并致力于成果的产业化，为我国的节能减排、工业自动化、交通电气化事业做出了突出贡献。承担了200余项科研合作项目，其中30余项国家自然科学基金项目，20余项国家重点研发计划和国防预研项目，以及20余项国际合作与交流项目，获得多项国内外奖励，取得了巨大的经济效益和良好的社会效益。发表论文630余篇，其中SCI收录110余篇，EI收录380余篇。授权国家发明专利50余项。组织和共同主办了IEEE Workshop和IPEMC、ICEMS、MEA等国际会议；参加和主持了众多国内电力电子和电气自动化领域的学术会议，并做大会报告。于2009年成功举办中国高校电力电子与电气传动学术年会（SPEED），并于2017年和2018年在清华大学成功召开了第一届和第二届“电气化交通前沿技术论坛”，在行业内响应热烈。目前团队承担了多项科技部和工业和信息化部的重点研发计划项目，科研成果正在向新一代高铁和全电化船舰/航母、多电飞机/电动汽车、工业自动化、新能源发电领域推广。

67. 山东大学—分布式新能源技术开发团队

地址：山东省济南市经十路17923号

邮编：250061

电话：0531-81696186

传真：0531-88399385

团队邮箱：Lshuqin2014@ 163. com

团队人数：16

团队带头人：刘淑琴

主要成员：边忠国、郭人杰、王黎明、钱保岐、李德广、赵方、于文涛、梁振光、张川、张宇喆、周君民、刘明芬

研究方向：垂直轴风力发电机，风光互补小功率电源

团队简介：

山东大学高度重视磁悬浮轴承技术的人才培养和创新团队建设，充分利用自身的人、财、物优势给予各方面的支持，形成了以学科带头人刘淑琴教授为核心，以科研基地和多个重大科研项目为载体，结构合理、团结协作的学术研究团队。目前团队共有成员21人，具备丰富的理论知识和动手实践经验，其中具有高级职称5人，具有博士学位8人。

68. 山东大学—新能源发电与高效节能系统优化控制团队

地址：山东省济南市经十路17923号山东大学千佛山校区

邮编：250061

电话：0531-88392906

传真：0531-88392906

团队人数：16

团队带头人：张承慧

主要成员：陈阿莲、段彬、崔纳新、杜春水、王光臣、李珂、孙波、李岩、邢国靖、张奇、商云龙、邢相洋、张关关、张帅、卢建波

研究方向：新能源发电与能量高效利用，新能源汽车与动力电池系统，高效电气节能系统及控制技术

团队简介：

团队始终面向国家新能源与节能减排重大战略需求，

依托山东大学控制理论与控制工程国家重点学科，紧密围绕制约我国新能源发电与高效节能系统性能和效率提升的共性科技难题，深入开展新能源发电与高效节能系统优化控制基础理论、关键技术和工程应用的创新性研究。2012年入选教育部创新团队，2016年验收优秀并获滚动支持。2018年团队入选获国家自然科学基金委员会创新研究群体。团队建有“新能源与高效节能”国家地方联合工程研究中心和“电力电子节能技术与装备”教育部工程研究中心。团队现有成员16人，其中教育部长江学者特聘教授1人（张承慧），国家杰出青年基金获得者1人（王光臣），百千万人才工程国家级人选2人（张承慧、陈阿莲），国家教学名师1人（张承慧），山东省齐鲁青年学者2人（商云龙、段彬）。

近年来团队获国家科技进步二等奖1项、教育部科技进步一等奖1项、山东省科技进步一等奖1项、省部级科技进步奖励二等奖7项；获国家级教学成果二等奖2项，省部级教学成果特等奖1项、一等奖2项；获宝钢教育基金优秀教师特等奖1项。在国际权威期刊和会议上发表论文300余篇，授权国家发明专利120余件，出版教材/著作4部。

69. 陕西科技大学—新能源发电与微电网应用技术团队

地址：陕西省西安市未央大学园区陕西科技大学

邮编：710021

电话：029-86168631

传真：029-86168631

网址：http://www.sust.edu.cn

团队邮箱：chenjwskd@163.com

团队人数：5

团队带头人：孟彦京

主要成员：石勇、陈景文、刘宝泉、王素娥

研究方向：风力发电控制技术，光伏发电及储能技术，电力传动技术，微电网控制技术等

团队简介：

陕西科技大学新能源发电与微电网应用技术团队是以孟彦京教授为负责人，从事风力发电控制技术、光伏发电及储能技术、电力传动技术、微电网控制技术等方面研究与实践工作的团队，成员包括5名教师（其中教授2名，副教授2名，讲师1名）和博、硕士研究生16名，近年来主持各类横、纵向科研课题20余项，总经费1000余万元，获得省级政府奖励3项，授权专利50余项，在核心以上级别期刊发表行业论文100余篇，其中SCI、EI收录10篇。

团队从事的核心工作是应用技术的推广工作，以与企业为主，特别是在轻工自动化（如造纸机传动系统、复卷机传动系统等）领域享有较高的声望，近几年，在新能源应用方面也取得一定成就，自2008年起开始从事风力发电控制技术的研究工作，2011年起从事光伏发电的研究工作，2012年在金太阳工程的支持下在校园屋顶建设了876kW容量的光伏电站，年发电量近70万kWh。目前主要以新能源应用技术和电力传动技术为主要研究方向开展相关的研究和应用推广工作。

70. 上海大学—电机与控制工程研究所

地址：上海市宝山区南陈路333号9号楼125A

邮编：200444

电话：021-56331563

团队邮箱：gqxu@shu.edu.cn

团队人数：23

团队带头人：徐国卿

主要成员：汪飞、罗建、张少华、张琪、宋文祥、陈息坤、李雪、周岐斌、邵定国、代颖、吴春华、杨影、赵剑飞

研究方向：新能源汽车电机与驱动系统，电力电子变换与新能源智能电网技术，机器人与智能运动系统

团队简介：

团队研究队伍共23人，其中正高级职称人员11人，副高级职称人员9人，中级职称人员3人，有博士学位人员20人，占比87%，有海外经历教师16人，占比70%。研究团队40周岁以下9人，占比40%；40~50周岁6人，占比26%；50~60周岁7人，占比30%；60周岁以上1人，占比4%。

新能源汽车电机与驱动系统研究方向，致力于节能与新能源汽车用电机、电力电子与智能驱动控制技术等方向的研发，合作研制的新能源汽车电机系统产品覆盖市场50%，是最早在上海市实现电动汽车电驱动系统产业化的团队。团队提出并发明电驱动车辆防滑控制与深度能量回收控制技术。

电力电子变换与新能源智能电网技术研究方向，致力于光伏微型逆变器、光伏电站优化运行控制术与智能运维、电网电能质量、新能源电力系统经济调度等方面的研究。电力电子变换与新能源智能电网技术研究方向，承担10余项国家和上海市重大项目课题和重大横向项目，取得多项国内首创理论成果，在IEEE等权威期刊发表SCI论文10余篇。团队发明电力电子变电站技术，实现西部地区既有电网供电半径延伸，大大节省建设投资。

机器人与智能运动系统研究方向，致力于机器人电伺服控制、智能视觉技术、机器人与电动汽车智能运动控制等方面的研究。团队建立室内图像大数据平台，物品识别率达到98%，在无人零售、无人货柜以及家庭机器人推广应用；研制仿人行为的机械臂-灵巧手机器人系统，大大推动养老助残服务产业。

71. 上海海事大学—电力传动与控制团队

地址：上海市浦东新区海港大道1550号

邮编：201306

网址：http://www.shmtu.edu.cn/

团队人数：12

团队带头人：汤天浩

主要成员：Benbouzid、汪懿德、谢卫、陆凯元、

王天真、韩金刚、姚刚、王润新、Nicolas、陈昊、彭越

研究方向： 船舶电力系统及其控制，新能源及其电力电子装置，港航设备自动检测、故障诊断与容错控制

团队简介：

团队以港口、船舶等航运系统及海洋开发等领域的电气工程技术应用为特色，重点研究船舶电力系统及其控制，新能源及其电力电子装置，港航设备故障诊断与容错控制。近年来目前发表学术论文100余篇，其中SCI/EI检索论文80余篇；获得国家级和省部级项目20余项。

72. 上海交通大学—风力发电研究中心

地址： 上海市闵行区东川路800号上海交通大学智能电网大楼523室

邮编： 200240

电话： 021-34207001

传真： 021-34207001

团队人数： 9

团队带头人： 蔡旭

主要成员： 朱淼、李睿、谢宝昌、高强、张建文、曹云峰、郑毅、施刚

研究方向： 风力发电系统，风力发电交直流输电，大容量储能

团队简介：

上海交通大学风力发电研究中心致力于风力发电、直流输电以及储能技术的科研和教学工作，主要从事风电机组电气控制系统、大规模风电交直流并网以及大容量电池储能接入技术研究。

团队与上海电气集团联合研发了1.25MW、2MW和3.6MW双馈风电变流器、整机控制器以及2MW风机电动变桨控制系统并实现了产业化（上海电气集团）；研究了模块智能化风电变流器关键技术并应用于3MW全功率风电变流器中。提出了电网友好型风电场的架构及指标体系，机组及风场的动态控制模型，风储联合发电策略，成果得到示范应用。形成了面向复杂电力电子控制应用的控制器平台、面向机电系统控制的监控平台和风电机组气动-机-电实时联合仿真系统。

团队研制的大容量电池储能系统的高压直挂接入装备已通过国家863验收，研究了面向微电网的电池储能系统关键技术，对储能系统如何提高风电接入能力进行了研究。

在风电机组及风电场的动态建模技术方面，基于Power Factory和PSCAD针对国内主要厂商的机组建立了动态镜像模型，为含有大型风电场的电网仿真奠定了基础，研究了大规模电网友好型风电场关键技术以及多风电场集群控制系统。

对海上风电直流网采用直流汇聚传输进行了系统分析和经济评估，取得了一系列理论成果，针对直流网的关键装备DC-DC变换器做了系统的理论研究及试验样机开发。

团队与国内外学术机构长期保持学术沟通，承接并完成国家级、省部级研究项目及国内外企业委托项目，发表了一系列论文及取得了一系列专利成果。

73. 四川大学—高频高精度电力电子变换技术及其应用团队

地址： 四川省成都市一环路南一段24号四川大学电气信息学院

邮编： 610065

电话： 028-85469866

传真： 028-85400976

团队人数： 10

团队带头人： 张代润

主要成员： 赵莉华、李媛、佃松宜、刘宜成、肖勇、段述江、吴坚

研究方向： 高频射频开关电源技术，高精度电力电子变换技术，电力电子仿真技术，新型电力电子控制技术

团队简介：

研究团队主要由教师、研究生组成，致力于高频、射频开关技术和高精度电力电子变换技术的基础理论、仿真技术、控制技术等方面的研究、开发和应用工作。

74. 天津大学—先进电能变换与系统控制中心

地址： 天津市南开区卫津路92号

邮编： 300072

电话： 18522062559

团队邮箱： wayif@ tju. edu. cn

团队人数： 21

团队带头人： 王议锋

主要成员： 陈曦、陈博、马小勇、王晨、徐安琪等

研究方向： 宽禁带半导体变流技术，高效率高功率密度电能变换技术，可再生能源发电变换器拓扑与控制技术，交/直流微电网技术

团队简介：

先进电能变换与系统控制中心（CAPS）依托智能电网教育部重点实验室，以宽禁带半导体器件和新能源行业为背景，重点开展高频电力电子变换器拓扑及其控制理论、高频磁性元件及磁集成技术、交直流微电网及分布式可再生能源发电中的现代电能变换与控制技术、低压直流配用电技术等领域的研究工作。积极开展产学研合作，开发了60kW氢燃料电池车用高密度DC/DC变换器最高效率98%，功率密度达到250W/in^3，1.5kW无人机用分布式高密度轻量化电源模块，最高效率超过98%，能量密度达到3.3kW/kg，首次提出自适应直流适配技术并研发了相应的理论样机，相关指标均达到国际先进水平。

75. 天津大学—自动化学院电力电子与电力传动课题组

地址： 天津市南开区卫津路92号天津大学自动化学院

邮编： 300072

电话： 13602064036
团队邮箱： pingw@ tju. edu. cn
团队人数： 13
团队带头人： 王萍
主要成员： 贝太周、张志强、王慧慧、陈博、王耕籍、毕华坤、张博文、周雷、赵晨栋、王智爽、傅传智、闫瑞涛
研究方向： 分布式新能源发电及电能质量控制，分布式光伏并网系统运行与控制，直流微电网
团队简介：

在人员结构层次上，团队现有1名科研学术带头人（教授职称）、6名博士研究生以及6名硕士研究生，目前主要从事直流微电网、分布式新能源并网发电及电能质量方面的相关研究。在团队带头人的领导和影响下，团队成员始终以锐意进取的科研情怀、求真务实的首创理念，勤勉互助、精诚协作、继往开来，不断取得丰硕的科研成果。近年来，团队发表国内外高水平论文近30篇。

76. 天津工业大学—电工电能新技术团队

地址： 天津市西青区宾水西道399号
邮编： 300387
电话： 13752736409
团队邮箱： xiaozhaoxia@ tiangong. edu. cn
团队人数： 62
团队带头人： 杨庆新
主要成员： 肖朝霞、李阳、张献、金亮、祝丽花、薛明、刘雪莉
研究方向： 无线电能传输，多能互补系统，电磁场云计算
团队简介：

团队共有教师8人，硕、博士生60余人。2014年被评为"天津市创新团队"。团队多年来从事分布式发电系统与微电网、无线电能传输、电磁场数值计算等方面的研究，具有坚实的研究基础。2014年，在天津工业大学成立中国首个无线电能传输技术专业委员会，同年，出版了国内第一本无线电能传输领域的专著。2018年完成的"基于风光互补智能微电网的电动汽车无线充电系统关键技术及产业化"获得天津市科技进步一等奖。

77. 同济大学—磁浮与直线驱动控制团队

地址： 上海市曹安公路4800号同心楼505室
邮编： 201804
电话： 13651743710
网址： http: //www. toongji. edu. cn
团队邮箱： 12154@ tongji. edu. cn
团队人数： 12
团队带头人： 林国斌
主要成员： 任敬东、廖志明、徐俊起、高定刚、潘洪亮、荣立军、吉文、韩鹏、胡杰
研究方向： 磁浮车辆设计，悬浮控制，直线驱动控制，悬浮电磁铁，直线电机
团队简介：

国家磁浮交通工程技术研究中心下属车辆研究室，专业从事磁浮车辆整车设计和关键部件设计。牵头设计制造了中国第一列高速磁浮试验样车和中国第一列面向工程应用的国产化样车。

78. 同济大学—电力电子可靠性研究组

地址： 上海市曹安公路4800号同济大学电气工程系
邮编： 201804
电话： 15909393698
团队人数： 9
团队带头人： 向大为
主要成员： 许哲雄、李巍
研究方向： 电力电子状态监测与故障诊断技术，新能源发电，电机运行与控制
团队简介：

课题组以提高电力电子系统运行可靠性为目标，研究相关监测、诊断、控制以及测试新技术。

79. 同济大学—电力电子与电气传动研究室

地址： 上海市曹安公路4800号同济大学电信学院电气工程系
邮编： 201804
电话： 17721085566
团队邮箱： kjs@ tongji. edu. cn
团队人数： 24
团队带头人： 康劲松
主要成员： 向大为、项安、袁登科、韦莉
研究方向： 电动汽车电驱动技术，轨道车辆牵引控制，电力电子可靠性状态检测，新能源发电
团队简介：

多年来，研究团队始终围绕电动汽车、高速列车、低速磁浮列车的高性能电气传动技术开展了大量研究工作，在永磁电机弱磁控制、牵引变流器可靠性评估、IGBT状态检测与故障预诊断等方面取得了大量成果，有效提高了传动系统的运行性能和可靠性。目前部分研究成果已取得产业化应用与推广，产生了良好的社会与经济效益。

80. 同济大学—电力电子与新能源发电课题组

地址： 上海市嘉定区曹安公路4800号
邮编： 201804
电话： 13867150432
团队邮箱： tqian@ tongji. edu. cn
团队人数： 11
团队带头人： 钱挺
研究方向： 功率变换器的新型拓扑与超快速控制，新能源转换与控制，新器件在功率变换器中的应用，功率变换器的芯片集成，有源滤波器的控制方案等

团队简介：

团队带头人钱挺，1977年12月生，博士，教授，同济大学电气工程系主任，第五批“国家青年千人计划”入选者，IEEE Transactions on Power Electronics，Associate Editor。1999年6月和2002年3月分别获得浙江大学学士和硕士学位；2008年1月获得美国东北大学（Northeastern University）博士学位；2007年10月至2013年2月留美工作，任美国得州仪器公司（Texas Instruments）系统工程师；2013年6月至今在同济大学工作，先后任副教授、教授。已以第一作者发表9篇SCI国际期刊论文（其中7篇为IEEE Transactions论文）和12篇EI收录论文。

团队依托同济大学电气工程系开展电力电子与新能源方向的研究工作，目前有教授1人，研究生10人，主要研究方向包括：功率变换器的新型拓扑与超快速控制、新能源转换与控制、新器件在功率变换器中的应用、功率变换器的芯片集成、有源滤波器的控制方案等。课题组一直致力于学术探索与工程应用相结合的研究，长期与美国东北大学Brad Lehman教授的电力电子团队保持紧密合作，并与领域内的知名公司开展合作研究。

81. 武汉大学—大功率电力电子研究中心

地址： 湖北省武汉市武汉大学工学部
邮编： 430072
电话： 027-68775879
网址： http：//cgpes. whu. edu. cn/
团队邮箱： xmzha@ whu. edu. cn
团队人数： 7
团队带头人： 查晓明
主要成员： 孙建军、潘尚智、刘飞、宫金武、黄萌、田震、刘懿
研究方向： 电力电子变流器建模与控制，高比例电力电子装备的电力系统分析，功率在环电网模拟试验系统，多端口变流器拓扑与控制，高效率高功率密度电力电子变换器设计，主动配电网灵活性分析与设计
团队简介：

研究中心团队以“大功率电力电子技术”课题组为研究主体，依托于武汉大学电气与自动化学院，与国内外大功率电力电子研究领域的专家学者进行广泛技术交流与合作，不断探寻大功率电力电子技术研究领域的最新科研动态和技术前沿。团队在查晓明教授的带领下已发展成为一个拥有3名教授、3名副教授、2名博士后、40余名研究生的人员结构合理、分工明确、目标统一的科研团队。

团队成立以来始终坚持“基础理论研究与工程应用实践并重”的原则，紧跟电力科技领域的大功率电力电子技术前沿，充分发挥自身优势，合理运用武汉大学丰富的科研与教学资源，与国家电网公司、南方电网公司等国内多家企业保持良好和持久的合作关系，在大功率电力电子变换装置及其应用系统等领域取得了良好的成绩，并力争成为国内大功率电力电子领域一流的创新团队。

82. 武汉理工大学—电力电子技术研究所

地址： 湖北省武汉市珞狮路122号
电话： 027-87859049
团队邮箱： zhgr_55@ whut. edu. cn
团队带头人： 朱国荣
主要成员： 林德焱、黄云辉、徐应年、张侨、邓翔天、熊松、康健强、罗冰洋、孟培培、王菁
研究方向： 电力电子，电池储能，船舶电气
团队简介：

电力电子技术研究所是武汉理工大学自动化学院内设机构，由朱国荣、康健强、黄云辉等十多名导师以及数十名硕、博士生共同组建了多个导学团队。主要从事电力电子相关的教学科研工作，专注于电池储能的理论研究和船舶电气的应用开发。

83. 武汉理工大学—夏泽中团队

地址： 湖北省武汉市洪山区珞狮路205号
邮编： 430070
电话： 18771025810
团队人数： 10
团队带头人： 夏泽中
主要成员： 唐智、纪晓泳、马一鸣、欧阳雷
研究方向： DC-DC变换器，双向AC-DC变换器
团队简介：

年轻有活力的团队，对电力电子有兴趣，大家都在探索中不断成长。

84. 武汉理工大学—自动控制实验室

地址： 湖北省武汉市洪山区珞狮路205号武汉理工大学马房山校区东院自动化学院实验楼
邮编： 430070
电话： 15827553507
团队人数： 43
团队带头人： 苏义鑫
主要成员： 张丹红、谌刚、姜文、顾文磊、朱敏达、金铸浩、左立刚、夏慧雯等
研究方向： 网络通信，嵌入式控制，电机运行与控制
团队简介：

团队有43人，主要包括几位导师、在读研究生和在读博士，主要研究方向包括：神经网络算法与应用、风力发电并网运行与控制、永磁同步电机运行与控制等。

85. 西安电子科技大学—电源网络设计与电源噪声分析团队

地址： 陕西省西安市太白南路2号西安电子科技大学电路CAD研究所376信箱
邮编： 710071
电话： 029-88203008
传真： 029-88203007
网址： http：//seeweb. 710071. net/iecad/index. asp

团队人数： 20

团队带头人： 李玉山

主要成员： 初秀琴、刘洋、路建民、李先锐、史凌峰、代国定、王君

研究方向： 电源完整性分析与电源分配网络设计，EBG结构、DC-DC稳压源芯片设计

团队简介：

负责人李玉山教授/博士生导师，教育部超高速电路设计与电磁兼容重点实验室学术委员会副主任；初秀琴副教授/硕士生导师，电路 CAD 研究所常务副所长、教育部超高速电路设计与电磁兼容重点实验室副主任；史凌峰教授/电路与系统学科博士生导师；代国定副教授/硕士生导师；刘洋副教授/硕士生导师；李先锐副教授/硕士生导师；路建民讲师；王君博士。

86. 西安交通大学—电力电子与新能源技术研究中心

地址： 陕西省西安市咸宁西路 28 号交大电气学院

邮编： 710049

电话： 029-82667858

传真： 029-82665223

网址： http：//www. perec. xjtu. edu. cn/

团队人数： 16

团队带头人： 刘进军

主要成员： 杨旭、卓放、裴云庆、肖国春、王跃、王来利、甘永梅、贾要勤、何英杰、张笑天、雷万钧、王丰、刘增、易皓、张岩

研究方向： 电力电子技术在电能质量控制、输配电系统中的应用，电力电子技术在新能源发电及新型电能系统中的应用，开关电源与特种电源技术，电力传动及运动控制技术，电力电子集成封装技术

团队简介：

团队学术带头人刘进军教授大学就读于西安交通大学电气工程系，于 1992 年和 1997 年先后获得工学学士学位和工学博士学位，随后留校在电气工程学院任教至今。1999 年 12 月～2002 年 2 月，在美国弗吉尼亚理工大学电力电子系统研究中心做博士后访问研究。2002 年 8 月晋升教授，2005～2010 年兼任电气工程学院副院长，2009 年 4 月～2015 年 1 月兼任西安交通大学教务处处长。2014 年获聘教育部长江学者特聘教授。2014 年获得“全国优秀科技工作者”荣誉称号。2015 年入选西安交通大学首批“领军学者”。现为 IEEE 电力电子学会副主席、学报副编辑，中国电工技术学会电力电子学会副理事长，中国电源学会副理事长，中国电机工程学会直流输电与电力电子专业委员会委员，教育部全国电气类专业教学指导委员会副主任委员。

团队共有教师 16 人，其中长江学者 1 人，科技部中青年科技创新领军人才 1 人，中组部“青年千人计划”入选者 1 人，教育部新世纪优秀人才计划人选者 3 人，教授 7 人。主要从事电力电子技术的应用基础研究，研究方向涵盖了电力电子技术的各个方面，部分教师还涉及计算机控制网络与微机控制技术。团队是国内电力电子技术领域研究水平居于领先地位的团队之一，也有广泛的国际交流与合作，形成了重要的国际影响。

87. 西安理工大学—光伏储能与特种电源装备研究团队

地址： 陕西省西安市金花南路 5 号 110 信箱

邮编： 710048

电话： 029-82312013

团队邮箱： sxd1030@ 163. com

团队人数： 7

团队带头人： 孙向东

主要成员： 任碧莹、张琦、安少亮、陈桂涛、杨惠、张晓滨

研究方向： 光伏储能技术，微电网控制技术，特种开关电源技术

团队简介：

研究团队主要由 7 人组成，其中教授 1 人、副教授 3 人，7 人都具有博士学位，5 人具有国外留学或进修经历。主要有光伏储能技术、微电网控制技术、特种开关电源技术等三个研究方向。光伏储能与微电网控制技术主要涉及光伏发电技术、蓄电池、飞轮和超级电容器等储能技术、微电网电压频率控制技术等。特种开关电源技术主要研究铝镁合金等轻金属微弧氧化电源控制技术、磁控溅射电源技术、电磁搅拌电源技术、感应加热电源技术等。

88. 西安理工大学—交流变频调速及伺服驱动系统研究团队

地址： 陕西省西安市金花南路 5 号西安理工大学电气工程学院

邮编： 710048

电话： 029-82312650

传真： 029-82312650

团队邮箱： zhgyin@ xaut. edu. cn

团队人数： 7

团队带头人： 孙向东

主要成员： 尹忠刚、王建渊、徐艳平、赵纪龙、周长攀、张延庆

研究方向： 新型交流变频调速装置，交流电机设计及控制，伺服驱动，电力电子技术及应用

团队简介：

团队依托西安理工大学电气工程陕西省重点学科、西安市电力电子器件与高效电能变换重点实验室，主要从事高性能交流电机控制及伺服驱动系统及其信息化、智能化、集成化的相关基础研究与应用研究。目前，团队主要由 7 人组成，其中教授 2 人、副教授 2 人、讲师 3 人，其中新疆“天山学者”1 人，陕西省“特支计划”青年拔尖人才 1 人，“陕西省青年科技新星”1 人；此外，在读博士研究生 5 人，在读硕士研究生 32 人。在研国家级项目 4 项，省部级项目 9 项，企业合作项目 5 项。主要研究方向为新型

交流变频调速装置、交流电机智能化控制、高效永磁电机设计、伺服驱动、电力电子技术及应用等。

89. 西南交通大学—电能变换与控制实验室

地址：四川省成都市郫都区犀安路999号

邮编：611756

电话：028-66366733

团队人数：98

团队带头人：许建平

主要成员：教师8人、博士生15人、硕士生75人

研究方向：开关变换器建模与控制，电力电子系统数字控制技术，分布式发电与并网逆变技术，储能系统及其能量管理，功率因数校正变换器技术，LED照明电源电路及控制技术，无线电能传输技术，现代电力电子动力学分析

团队简介：

电能变换与控制实验室（Power Conversion and Control Lab，PCC Lab），是依托于西南交通大学国家重点（培育）学科"电力电子与电力传动"、磁浮技术与磁浮列车教育部重点实验室的研学团队，以电力电子技术与新能源行业为背景，重点开展开关变换器建模与控制、电力电子系统数字控制技术、分布式发电与并网逆变技术、储能系统及其能量管理、功率因数校正变换器技术、LED照明电源电路及控制技术、无线电能传输技术、现代电力电子动力学分析等方面的教学和科研工作。

十多年来，实验室共指导博士生30余人、硕士生150余人，实验室指导的博士生和硕士生分别获得了全国优秀博士论文、四川省优秀博士论文、四川省优秀硕士论文、西南交通大学优秀博士学位论文培育基金、西南交通大学博士生创新基金、中央高校基本科研业务费专项资金优秀学生资助、詹天佑铁道科学技术奖专项奖、国际会议最佳论文奖等荣誉/奖励。

实验室长期致力于与国内外教育机构和企业单位的学术交流、合作，并保持与毕业博士生和毕业硕士生的深度联系。多名研究生赴弗吉尼亚理工大学、得克萨斯大学奥斯汀分校、俄亥俄州立大学、思克莱德大学、利兹大学、里尔中央理工学院、奥尔堡大学、香港理工大学、香港城市大学等著名高校进行深造、访问、进修；多名研究生在东方电气集团、华为、易事特、中电29所、Intel、O2 Micro、Emerson等著名企业参观、实习、就业；实验室邀请著名专家来访交流，接收多名来自国内外高校的访问、交流学者；实验室成员积极参加国际、国内学术会议，与国内外专家、学者进行了广泛的学术交流和探讨。

90. 西南交通大学—高功率微波技术实验室

地址：四川省成都市二环路北一段111号

邮编：610031

电话：028-87601752

传真：028-87603134

团队人数：20

团队带头人：刘庆想

主要成员：李相强、张健穹、王庆峰、张政权、王邦继等

研究方向：电能变换与控制，高功率微波天线，脉冲功率技术，高功率微波器件，电机驱动与控制

团队简介：

高功率微波技术实验室成立于2003年，实验室瞄准国家重大战略需求，主要从事高功率微波技术及其相关领域的研究工作。实验室以"尽职尽责、团结和谐，挖掘每个人的潜能，创造更大价值，服务于社会"为理念，本着"想别人所不想的，做别人所不能做的"的信念，近五年来，承担了20余项国家863计划项目以及10余项横向项目，年科研经费突破1000万元，形成了一支团结和谐、勤于钻研、勇于创新的年轻科研团队。在研究过程中，实验室重视开展创新性的研究，目前已在电能变换与控制技术、电机控制技术、高功率微波辐射技术等方面取得了多项研究成果，并在新能源汽车、工业控制系统与机器人、微波天线与波导元器件、脉冲功率系统及微波源、高储能密度薄膜电容器技术等方向积累了深厚的技术储备。

91. 西南交通大学—列车控制与牵引传动研究室

地址：四川省成都市二环路北一段111号西南交通大学九里校区电气馆3231室

邮编：610031

电话：028-86465637

传真：028-86465637

团队人数：52

团队带头人：冯晓云

主要成员：丁荣军、葛兴来、宋文胜、熊成林、王青元、孙鹏飞

研究方向：电力牵引交流传动系统控制与仿真，电力牵引系统稳定性分析，电力牵引系统故障预测、诊断及容错控制，电力电子变压器，动力集成设计研究，虚拟同相柔性供电系统，列车运行节能优化，车线匹配评估与列车在线跟踪，重载列车辅助驾驶

团队简介：

由冯晓云教授创建于2000年的列车控制与牵引传动研究室（Train Control & Traction Drive Lab，TCTD），以国家重点（培育）学科"电力电子与电力传动"为依托，以轨道交通行业为背景，主要开展轨道交通电力牵引传动及其控制、电力电子变流技术、列车运行控制、优化控制与辅助驾驶领域的教学和科研工作。著名的交流传动控制专家丁荣军院士（西南交通大学双聘）也在团队指导博士和硕士研究生。目前，研究室现有教师7人，其中院士1人，教授2人，副教授1人，讲师1人，助理研究员2人；博士生7人，硕士生40人。在科学研究方面，长期以来研究室逐渐形成了以学生为主体，以项目为依托，以创新为目标的科学研究方式，本着严谨治学、求实务真的态度不断努力提升科研能力。

92. 西南交通大学—汽车研究院

地址：四川省成都市金牛区二环路北一段 111 号

邮编：610031

电话：18628264826

团队人数：30

团队带头人：胡广地

主要成员：刘伟群、祝乔、郭峰、刘丛志等

研究方向：新能源汽车与汽车工程相关方向

团队简介：

西南交通大学汽车研究院概况：

机构性质：西南交通大学校内独立二级单位；中国振动工程学会机械动力分会理事单位；中国内燃机学会大功率柴油机分会会员单位；中国汽车工程学会振动噪声分会会员单位；四川省新能源汽车产业推进办成员单位。

发展定位：整合校内优势资源，树立西南交大汽车领域强势学科形象，实现“大交通”战略。

技术重点：以发展新能源汽车、汽车电子、汽车节能减排为主。

建设资金：将汽车学科列为西南交大重点学科，初期投入 2000 万元建设资金，及 300 万元/年汽车学科发展资金。

主要职能：校内协同创新、检验检测与认证、技术成果孵化与转化、人才培养。

93. 西南科技大学—新能源测控研究团队

地址：四川省绵阳市涪城区青龙大道中段 59 号

邮编：621010

电话：15884655563

传真：0816-6089326

网址：https：//www. scholarmate. com/P/DTlab

团队邮箱：497420789@ qq. com

团队人数：60

团队带头人：王顺利

主要成员：于春梅、李小霞、邹传云、范永存、曹文、李珂、熊莉英、靳玉红、刘春梅、陈蕾、乔静、张丽、张小京、张良、王瑶、周长松

研究方向：紧密围绕学科建设，开展信号检测与估计、控制策略、人工智能和智能计算研究，针对特种机器人、大规模储能、新能源汽车和无人机等可靠供能典型工况需求，进行全寿命周期锂电池状态测控理论探索与产业化应用。

团队简介：

团队承担国家自然科学基金、省科技厅重点研发等项目 40 余项，发表重要核心论文 100 余篇，申请知识产权 30 余项，出版著作 4 部，获省科技进步奖、青年学者等奖励 20 余项。

团队编写的《新能源技术与电源管理》总印数 3800 册并重印 2 次且获得高度评价，主持开设新能源特色专业课程 1 门，指导学生开展科技创新项目 20 余项，相关研究获省科技进步三等奖、市科技进步二等奖、青年学者和创新人才团队领衔专家等荣誉称号或奖励，得到“遂宁市高校·企业创新人才团队支持计划”的持续支持，获得用人单位和同行专家的一致好评。

基于相关研究，与罗伯特高登大学、奥尔堡大学、清华大学、北京理工大学、中国科学技术大学、重庆大学、九院五所联合开展研究，与绵阳市质检所、维博电子、华泰电气、多氟多新能源和长虹电源等单位合作，研发了多台/代动力锂电池组自动化测控设备。相关研究成果已在多家单位使用，提高了其可靠性并逐步扩展其应用领域，社会和经济效益显著，研究简介链接见 https：//www. researchgate. net/lab/DTlab-Shunli-Wang，https：//www. scholarmate. com/P/DTlab，https：//orcid. org/0000-0003-0485-8082，https：//www. gs. swust. edu. cn/TutorIntroduction/TutorInfo. aspx？zjbh = 1020120026。

94. 厦门大学—微电网课题组

地址：福建省厦门市翔安区新店镇厦门大学能源学院和木楼 A111

邮编：361102

电话：15960221861

团队人数：6

团队带头人：孟超

主要成员：孙纯鹏、杨赟、纪承承、魏闻、陈颖

研究方向：直流微电网及其控制策略，能源互联网与园区能源规划，不间断电源设备，电能质量治理与装备

团队简介：

厦门大学微电网研究团队主要致力于直流微电网系统建模、控制策略分析及其工程产业化。在此基础上，团队积极延伸研究领域，正在配合国内某大型能源集团共同向国家能源局申请某大型科技园区能源互联网示范项目，并作为主要参与人及子课题负责人参与其中。电力电子变换器是能源互联网和微电网的核心设备，在该研究领域，团队先后开展了高性能大功率不间断电源、有源电力滤波器、静止无功补偿器、双向 AC/DC 变换器等技术和设备的研究，并取得了一些成果，部分研究成果已经实现产业化。

95. 湘潭大学—智能电力变换技术及应用研究团队

地址：湖南省湘潭市湘潭大学信息工程学院

邮编：411105

电话：58292224

团队人数：4

团队带头人：邓文浪

主要成员：谭平安、李利娟、陈才学

研究方向：电力电子技术及其应用

团队简介：

湘潭大学智能电力变换技术及应用研究团队主要从事电力电子技术及其应用方面的研究，近十年来在新型电力电子拓扑及其控制、电网安全 、功率半导体器件建模及可靠性、无线电能传输、风力发电控制技术等方面开展科学

研究。承担了多项国家自然科学基金、湖南省自然科学基金等项目。

96. 燕山大学—可再生能源系统控制团队

地址：河北省秦皇岛市海港区河北大街西段438号燕山大学电气工程学院

邮编：061001

团队人数：教师6人，学生若干

团队带头人：张纯江

主要成员：李珍国、阚志忠、王晓寰、郭忠南、董杰

研究方向：逆变器并网控制，微电网运行控制，风力发电

团队简介：

团队成立于2005年，由张纯江教授为带头人，由李珍国副教授、阚志忠副教授、王晓寰副教授、郭忠南讲师、董杰讲师为主要成员，开展可再生能源系统控制相关研究。已经完成国家基金项目4项，河北省基金项目2项，在研的国家基金项目1项，省级项目3项，建立风力双馈、直驱发电平台2个，光伏发电平台1个，逆变器并网平台1个，开关磁阻电机运行平台1个。发表论文70余篇，申请专利4项，培养博士生5名，研究生近百余名。

97. 浙江大学—GTO实验室

地址：浙江省杭州市西湖区浙江大学玉泉校区应电楼103

邮编：310012

电话：0571-87951950

团队人数：21

团队带头人：吕征宇、姚文熙

主要成员：靳晓光、胡进、黄龙、刘威、虞汉阳、陈发毅、王斌斌、黄羽西、谢良等

研究方向：电力电子系统集成，电力电子功率变换及其控制技术，变模态柔性变流器，电机控制

团队简介：

团队属于浙江大学电气工程学院电力电子技术研究所，主要由1名教授、1名副教授，及博士研究生和硕士研究生组成。主要研究方向为电力电子系统集成、电力电子功率变换及其控制技术、变模态柔性变流器、电机控制等。

98. 浙江大学—陈国柱教授团队

地址：浙江省杭州市西湖区浙大路38号浙江大学玉泉校区电气工程学院

邮编：310027

电话：13958133125

团队人数：25

团队带头人：陈国柱

主要成员：博士生、硕士生

研究方向：电力电子装置及其数字控制，包括：电能质量控制及节能电气装备，如APF、UPQC、SVC、dSTATCOM及dFACTS；新能源与分布式发电并网、组网及储能技术；PEBB（系统集成）技术应用及高可靠性、模块化技术；特种电力电子变换电源

团队简介：

浙江大学电力电子与电力传动学科（国家重点）研究团队带头人陈国柱教授、博士生导师、留美博士后，兼任中国能源学会副理事长、江苏省风力机高技术设计重点实验室学术委员会委员、浙江省电源学会理事、江苏省电力电器产业技术创新战略联盟技术委员会委员，是“教育部新世纪优秀人才”（2006）、浙江省重点“新能源电力电子技术创新团队核心成员（2010）”、“南太湖科技精英计划人才”（2012）、浙江省“千人计划”人才（2013）。负责科研项目约25项，包括多个重大项目、国家自然科学基金项目、国际资助项目等；培养毕业研究生约40名，目前在读硕士生10名、博士生13名、留学生2名、合作博士后1名。

99. 浙江大学—电力电子技术研究所徐德鸿教授团队

地址：浙江省杭州市西湖区浙大路38号浙江大学玉泉校区应电楼105室

邮编：310027

电话：0571-87953103

传真：0571-87951797

团队人数：27

团队带头人：徐德鸿

主要成员：陈敏、胡长生、林平、谌平平、杜成瑞、董德智、张文平、何宁、李海津、陈烨楠、严成、施科研、朱晔、贾晓宇、朱楠、马杰、王昊、王晔、胡锐、王小军、刘超、朱应峰、叶正煜、刘亚光、邱富君、吴俊雄

研究方向：高效率不间断电源，新能源和电动汽车用电力电子变换器，高可靠性多能源储能系统，功率半导体器件封装及应用

团队简介：

科研团队的带头人徐德鸿教授是IEEE fellow，中国电源学会理事长，浙江大学电力电子技术研究所所长，长期从事电力电子领域科学研究和产品开发。团队在新能源发电用电力电子装置、大功率不间断电源、高效率高可靠性功率变换器设计等研究方向均有丰富的研究和实践经验。欢迎广大高校和企业与团队合作研究，共同学习。

100. 浙江大学—电力电子先进控制实验室

地址：浙江省杭州市西湖区浙大路38号浙江大学玉泉校区电气工程学院应电楼109室

邮编：310027

团队人数：21

团队带头人：马皓

研究方向：电力电子技术及其应用，电力电子先进控

制技术，电力电子系统故障诊断理论和方法，新型高效功率变换拓扑与控制技术，电力电子系统网络控制技术，逆变器无线并联技术，电能非接触传输技术，电动汽车中电力电子技术等。

团队简介：

团队属于浙江大学电力电子与电力传动学科（国家重点学科）研究团队、浙江省重点科技创新团队。带头人马皓教授，现任浙江大学伊利诺伊大学厄巴纳香槟校区联合学院副院长；浙江省科协委员；中国电源学会常务理事、学术工作委员会主任、直流电源专业委员会副主任、无线电能传输技术及装置专业委员会副主任；浙江省电源学会副理事长、秘书长。团队完成科研项目50余项，包括国家自然科学基金项目、国家高技术研究发展计划（863计划）项目、国际合作项目、企业合作项目等。培养毕业研究生79名，目前在读硕士生9名、博士生9名。

101. 浙江大学—电力电子学科吕征宇团队

地址：浙江省杭州市浙大路38号浙大电气学院

邮编：310027

网址：http://ee.zju.edu.cn/

团队邮箱：eeluzy@cee.zju.edu.cn

团队人数：15

团队带头人：吕征宇

主要成员：姚文熙、张德华

研究方向：电力电子学科

团队简介：

团队由浙江大学电气工程学院电力电子学科教师组成，具有教授博导、副教授、博士生、硕士生等，与国家科研院所、国内外多家企业有长期合作关系，具有研究、设计及后续工程研究开发能力，完成过多项国家与企业委托开发及咨询项目。近年来致力于新能源微网、车载充电、蓄电池充放电管理、新型电机驱动、工业特种电源等开发，具有整合前端探索性研究、应用型原型样机研究，以及工程样机开发的能力，愿意为推动产学研合作做出贡献。

102. 浙江大学—何湘宁教授研究团队

地址：浙江省杭州市浙大路38号浙江大学电气工程学院

邮编：310027

团队人数：39

团队带头人：何湘宁

主要成员：石健将、邓焰、吴建德、李武华、胡斯登

研究方向：电力电子技术及其工业应用，包括大功率变换器与智能控制系统，特种电源及其网络化系统，电力电子器件、电路和系统的建模、仿真和测试等。

团队简介：

SEEDS (Sustainable & Efficient Electric Energy Delivery Systems) 团队依托于浙江大学电力电子技术国家专业实验室。团队目前拥有教授3名、副教授3名。主要研究方向为电力电子技术及其工业应用，包括大功率变换器与智能控制系统，特种电源及其网络化系统，电力电子器件、电路和系统的建模、仿真和测试等。与美国通用电气、日本富士电机、台达、中国电科院、上海电气等公司及研究机构保持密切的交流合作。

103. 浙江大学—石健将老师团队

地址：浙江省杭州市浙江大学玉泉校区工业电子楼102室

邮编：310027

电话：18268874591

团队邮箱：1916512011@qq.com

团队人数：9

团队带头人：石健将

主要成员：何昕东、侯庆会、李竟成、汪洋等

研究方向：高频电力电子变流技术，高可靠性中大功率高频组合直流变换器，高可靠性高功率密度航空静止变流器，单相/三相中大功率高频逆变器（包括输出50Hz工频和400Hz中频两类），三相高功率因数高频PWM整流器，固态电力变压器（SST），光伏发电，智能电网等

团队简介：

团队有9名成员，1名博士。

104. 浙江大学—微纳电子所韩雁教授团队

地址：浙江省杭州市西湖区浙大路38号浙江大学玉泉校区信电学院微电子楼

邮编：310027

电话：0571-87953116

传真：0571-87953116

网址：www.isee.zju.edu.cn/IC

团队人数：15

团队带头人：韩雁

主要成员：张世峰、韩晓霞

研究方向：集成电路与功率器件设计

团队简介：

团队共有教授1名，副教授1名，讲师1名，专职科研岗教师1名，博士生5名，硕士生6名。

105. 浙江大学—智能电网柔性控制技术与装备研发团队

地址：浙江省杭州市西湖区浙大路38号

邮编：310027

电话：0571-87951541

团队人数：50

团队带头人：江道灼

主要成员：甘德强、赵荣祥、梁一桥、文福拴、李海翔、丘文千、江全元、郭创新、周浩

研究方向：交直流电力系统运行与控制，柔性输配电控制技术与装备

团队简介：

团队由浙江大学牵头，合作单位为浙江省电力公司（含其下属企业）、浙江省电力设计院。团队规模约 50 人，拥有副高及以上技术职称人数约占 57%；核心成员 10 人，其中中科院院士 1 人，教育部“新世纪优秀人才支持计划”入选者 3 人，浙江大学求是特聘教授 1 人。

团队依托浙江大学电气工程国家一级重点学科（涵盖电力系统及其自动化、电力电子技术、电机与电器 3 个国家二级重点学科）、电力电子应用技术国家工程研究中心和电力电子技术国家专业实验室，汇集了浙江省乃至全国一流的业界专家，且团队成员有着长期紧密的合作历史和合作基础。团队注重产学研结合，并将紧密围绕分布式发电与并网技术、特高压交直流输电技术、智能电网技术等国内外电力行业最新发展趋势，针对浙江省重大需求开展创新性研究，为浙江省电力工业的现代化改造与发展提供基础理论和核心技术支撑。

106. 中国东方电气集团中央研究院—智慧能源与先进电力变换技术创新团队

地址：四川省成都市高新西区西芯大道 18 号

邮编：611731

电话：18602832917

传真：028-87898139

网址：http://www.dongfang.com

团队邮箱：tangjian@dongfang.com

团队人数：15

团队带头人：唐健

主要成员：田军、周宏林、杨嘉伟、刘静波、刘征宇、代同振、舒军、肖文静、何文辉、王多平、吴小田、边晓光、武利斌、王正杰

研究方向：智能电网与微电网，新能源发电与并网，大功率变流器与系统，新器件与应用

带头人简介：

唐健，男，34 岁，博士，高级工程师。唐健博士 2010 年毕业于华中科技大学，获电气工程专业博士学位；2007~2008 年，留学英国 STAFFORD，从事智能电网高压直流输电及无功功率控制方面的研究工作；2010 年至今，就职于东方电气集团中央研究院，从事电力电子及电能变换领域相关研究工作。现为东方电气集团中央研究院电力电子技术研究室副主任。近五年来，唐健博士共主持承担省级重点科研项目两项：主持承担四川省科技支撑计划项目“光伏发电逆变系统及光伏电池组件关键技术研究”，项目经费 200 万；主持承担四川省重大技术装备创新研制项目“3MW 直驱风电全功率变流器及集成化电控系统研制”，项目经费 120 万。

团队简介：

唐健博士带领的“智慧能源与先进电力变换技术”创新团队直属中国东方电气集团中央研究院，始创于 2010 年，团队创建之初紧密围绕企业级创新团队的特点，明确了自主研发掌握重大关键技术、核心技术为产品创新和产业升级服务的目标。近年来，在国家、地方政府以及集团公司的高度关怀与重视下，在国家产业结构升级的大背景下，智慧能源与先进电力转换技术团队高速稳定发展，团队成员全部毕业于国内外知名高校，现已形成以 4 名博士、15 名硕士为核心成员的富有活力与创造力的年轻化创新团队，核心人员队伍涵盖电力电子、电机与驱动、电力系统、自动控制、计算机、测量技术等专业。团队研究方向紧密围绕国家、行业发展需要，做到关键技术提前布局、提前预研，目前已形成“互联网+”智慧能源互联网、电厂远程监测与诊断、智能微电网、大型发电设备与分布式能源发电控制、高效大功率电力电子变流等稳定的研究方向，开展实施电力电子、微电网、光伏发电、风力发电、光热发电、大容量储能、电动汽车功率组件及车载电源、电厂远程监测诊断、大型同步发电机励磁控制等多项课题，发表论文数十篇，形成一批专利、软件和核心技术，完成一项 MW 级风光储微电网示范工程，团队还承担了风电、光伏领域两项省级重点项目。团队采用协同管理模式，做到人员梯队分层和核心人员复用，保证团队高效运转与密切协作。

东方电气集团中央研究院现已为智慧能源与先进电力变换技术团队基础实验设施建设投资逾千万元，已建成实验场地近 400m^2，建成 4RACK 等级 RTDS 数字实时仿真平台、基于 RTLAB 的同步/异步电机拖动实验平台、远程信息显示发布平台、具有电网模拟功能的发电能量转换与控制实验平台、大功率电力电子组件动态测试平台、高压大容量电力电子装置去离子循环水冷系统测试实验平台等先进实验平台；在建实验场地近 600m^2，容量与电压等级达 5MW/ 35kV，内循环实验能力达 20Mvar，达到国际先进水平。

107. 中国工程物理研究院流体物理研究所—特种电源技术团队

地址：四川省绵阳市绵山路 64 号

邮编：621000

电话：0816-2491069

传真：0816-2485139

团队邮箱：Lihongtao-ifp@caep.cn

团队人数：7

团队带头人：李洪涛

主要成员：马勋、王传伟、马成刚、栾崇彪、肖金水、易晗

研究方向：特种电源技术及其应用

带头人简介：

李洪涛，博士研究生导师，担任中国博士后基金评审委员会专家，中国电源学会特种电源专委会秘书长，中国兵工学会复杂电磁环境专委会委员，全国高电压试验技术委员会测试技术与设备专家组委员等学术职务。从事特种电源技术研究 20 余年，主持或主要参加国家大科学工程专项等科研项目 20 余项，发表 SCI/EI 论文 50 余篇，在大功率开关技术、脉冲形成方法、真空放电物理等领域有较高的学术造诣，带领团队研制成功 4MV/500kA 激光触发多级多通道气体开关、500kV 全固态 Marx 发生器、基于光导开

关的全固态重复频率功率源、天蝎-I闪光X光机、6MV低抖动Marx发生器等，总体技术和研究能力处于国内外领先水平，相关研究成果引起美国桑迪亚国家实验室等国际同行广泛关注，并为我国首台自主研制、达到国际先进水平的多路并联超高脉冲功率输出装置聚龙一号（8～10MA电流）研制成功等做出重要贡献，获得军队科技进步一等奖等学术奖励10余项。

团队简介：

流体物理研究所电子技术应用团队主要从事特种电源技术及其应用研究，在固态脉冲功率技术及器件物理、真空放电物理、高压大电流产生技术、精密时序控制和高速采集技术等方面具有数十年的积累，研制出系列中低能闪光X光机、高性能固态脉冲功率源、高压脉冲触发系统和高压电源，团队研究成果不仅为我国流体动力学实验研究做出了重要贡献，也在国内科研单位、高等院校中得到较多应用。

108. 中国科学院—近代物理研究所电源室

地址：甘肃省兰州市南昌路509号

邮编：730000

电话：0931-4969539

传真：0931-4969560

网址：http：//www.impcas.ac.cn

团队邮箱：Gaodq@impcas.ac.cn

团队人数：50

团队带头人：高大庆

主要成员：周忠祖、闫怀海、吴凤军、黄玉珍、张华剑、上官靖斌、赵江、燕宏斌、封安辉、芦伟

研究方向：离子加速器用直流电源技术，脉冲电源技术，脉冲功率及高压电源技术，数字控制技术，电气技术，电磁兼容等

团队简介：

电源室由电源组、电气组、电气安全与电子兼容组、数字组和脉冲功功率高压组组成。主要负责：

1）加速器系统交流供配电系统的运行维护、调试改进，及全所各实验室供配电系统设计施工、监督和验收。

2）研制和生产了各种功率等级的加速器用直流稳流电源300多台，满足了HIRFL磁场系统的需要，填补了当时国内空白。从1998年起，承担了兰州重离子加速器冷却储存环（HIRFL-CSR）电源系统的研制任务，开展了各种脉冲电源的研究工作，相继研制成功了晶闸管脉冲电源、IGBT脉冲开关电源，以及KICKER电源、BUMP电源、三角波扫描电源等各种用途的特种电源，填补国内多项电源技术空白。

3）正在进行的重离子肿瘤治疗专用装置的电源研制。

109. 中国科学院等离子体物理研究所—ITER电源系统研究团队

地址：安徽省合肥市蜀山湖路350号等离子体物理研究所

邮编：230031

电话：0551-65593257

网址：http：//psdb.ipp.ac.cn

团队邮箱：fupeng@ipp.ac.cn

团队人数：38

团队带头人：傅鹏

主要成员：高格、许留伟、黄懿赟、宋执权

研究方向：大功率电源系统设计和单元研发

团队简介：

团队现有人员38人，其中正高级职称6人，副高级职称5人，具有博士学位者12人，专业、职称、学历结构合理，具有较为雄厚的科研实力。

团队近年来承担国家973计划、ITER磁约束聚变专项、科技部国际合作项目十余项，对现代聚变电源系统进行了深入的研究。项目组成员针对电源、负载、系统的特点，创新性地在系统和单元两个层面，集成了多项技术，提出了无功超前计算、新型四象限运行模式、一体化设计，完成了系统和单元的研发。项目组对ITER磁体电源系统所进行的分析、设计和提出的解决方案，得到了国际独立专家组认可，并通过了试验验证，被ITER组织作为设计基准采纳。

团队不仅与国内相关机构和科研院所保持良好的交流合作，同时还与国际相关组织和团队保持良好的沟通与交流，如法国ITER组织、韩国KSTAR超导核聚变装置研究团队、美国DIII-D装置研究团队、美国通用原子能公司等。

110. 中国科学院电工研究所—大功率电力电子与直线驱动技术研究部

地址：北京市海淀区中关村北二条6号

邮编：100190

电话：010-82547068

网址：http：//www.iee.ac.cn

团队邮箱：gqx@mail.iee.ac.cn

团队人数：60

团队带头人：李耀华

主要成员：严陆光、王平、葛琼璇、史黎明、杜玉梅、李子欣、韦榕、张树田、王晓新、王珂、刘洪池、朱海滨、吕晓美、程宁子、刘育红、胜晓松、李伟、董贯洁、陈敏洁、张瑞华、徐飞、张志华、李雷军、高范强、赵鲁、马逊、楚遵方、殷正刚、张波等

研究方向：

1）轨道交通牵引变流与控制系统：高速磁悬浮交通牵引变流与控制技术，直线电机轨道交通牵引变流与牵引控制技术，高速列车牵引变流与牵引控制技术；

2）新能源与智能电网用电力电子装置：高压柔性直流输电技术，电力电子变压器技术，有源滤波技术和动态无功补偿技术；

3）高压大功率变流基础理论研究：高压大功率变流系统的拓扑和应用研究，高压大功率变流系统测量与评估基

本理论与技术。

团队简介：

中国科学院电工研究所大功率电力电子与直线驱动技术研究部主要面向国家能源、电力和交通的战略需求，重点解决电力电子与电能变换领域的重大应用基础理论和战略高技术问题，是中国科学院电力电子与电气驱动重点实验室的重要组成部分。主要从事大功率电力电子与电能变换、高功率密度电力驱动、大功率直线驱动等方向的核心关键技术和重要基础理论研究工作。现有固定人员30人，其中中国科学院院士1名、正高级职称研究人员6名。

总体目标：面向国家能源、电力和交通的战略需求，重点解决电力电子与电气驱动领域的重大应用基础理论和战略高技术问题，为我国电力电子与电气驱动及相关领域的发展，发挥重要的支撑和骨干引领作用。

研究部在“十五”“十一五”“十二五”期间先后承担了多项国家项目，取得了一系列研究成果，培养了一大批年轻有为的中青年技术骨干，形成了一支由多名学术带头人引领、一批技术骨干为支撑以及众多基础扎实、研究和技术经验丰富的高素质研究人员为基础的研究团队。

近年来研究部主要承担的科研项目包括：

承担南方电网世界电压等级最高、容量最大科研示范工程项目“云南电网与南方电网主网鲁西背靠背直流异步联网工程”——±350kV/1044MW换流站及阀控系统的研制任务。项目实施过程中，所研制MMCon-G4换流器控制保护系统完成了数千项FPT、DPT测试试验。所研制的云南鲁西柔直工程广西侧换流器于2016年8月29日成功投运，测试和运行结果表明，系统运行稳定可靠，性能满足设计。云南异步联网柔直工程的顺利建成投运创造该技术领域新的世界纪录：单台柔性直流换流器容量最大——1044MW，直流电压最高——±350kV，换流器电路最复杂——高压环境下5616只IGBT同时实时协调工作。

完成全球首个±160kV多端柔直柔性直流输电示范工程中青澳换流站换流器及阀控系统的攻关研制工作。攻克了多端柔性直流输电控制保护这一世界难题，成为世界第一个完全掌握多端柔性直流输电成套设备设计、试验、调试和运行全系列核心技术的企业，建成了世界上第一个多端柔性直流输电工程，在中国乃至世界电力发展史上具有划时代的重要意义。

在高效轨道交通牵引驱动系统研发与应用领域：

承担了“十二五”国家科技支撑计划重大项目子课题“高速磁浮半实物仿真多分区牵引控制设备研制”任务，完成了高速磁悬浮列车牵引控制系统、高速磁浮多分区牵引控制系统、1.5km试验线双分区升级和28km半实物仿真系统牵引控制系统设备研制、7.5MVA IGCT高压大功率牵引变流器、新型15MVA四象限变流器系统、满足三步法供电的15MVA变流器研制；建立并完善了大功率同步直线电机控制理论，解决了大功率交直交变流器的理论、控制、模块化设计、制造、集成及工程试验等重大难题。首次在国内研制成功具有自主知识产权的基于VME的高速磁悬浮列车牵引控制系统，在上海高速磁悬浮试验线实现了磁悬浮列车的双分区、双端供电、双车无人驾驶智能牵引控制，填补了国内空白。

研制成功了国内单机容量最大的7.5MVA IGCT交直交牵引变流器，研究成果获2009年度中国电工技术学会科技进步一等奖、2009年度北京市科技进步一等奖、2010年度国家科技进步二等奖。

在高速铁路牵引控制及牵引变流器方面：

承担了基于场路耦合的高速列车牵引电机控制特性研究、高速铁路TCU控制系统研制；深入研究了高速铁路电机牵引特性、多场耦合机理、牵引控制关键技术、系统工程化优化设计方法，突破了高铁牵引控制技术难题，研制成功了具有自主知识产权的三型车牵引控制系统，完成了TCU系统的电磁兼容测试和功能测试，填补了国内空白。

在城市轨道交通牵引控制及牵引变流器方面：

承担了大功率非粘着直线电机轨道车辆牵引系统研制与应用、A型地铁车辆大功率牵引变流器研发与应用、高性能有轨电车牵引传动系统研发与应用、机场线直线电机牵引变流系统国产化工程应用等项目。突破了大功率直线异步电机高性能控制技术难题，研制了190kW直线异步电机，1.3MVA大功率直线电机牵引变流器及牵引控制系统，已应用在北京机场线直线车辆上完成了10万公里考核验证，性能与庞巴迪进口产品性能相当，具备了全面替代进口系统进行应用的技术能力。研究成果获2013年度北京市科技发明一等奖和2013年度中国电工技术学会科技一等奖。

研制了系列化兆瓦级城轨车辆牵引变流器及全数字化高性能牵引控制器，通过了各项型式试验并获得国家相关认证。已批量应用于大连低地板有轨电车线路上，已安全载客运营超过7万公里。

承担并完成中车唐山机车车辆公司的无弓受流系统研制任务，研制成功国内第一套轨道交通车辆用百千瓦无接触受流系统装置系统样机，安装在一辆实际车辆的转向架，测试表明，实际输出功率160kW、效率83%，满足轨道交通非接触式供电运行要求。同时研制成功满足磁浮列车非接触车辆供电的“多模块化”高频无线电能传输工程样机，包括敷设于轨道沿线的高频线缆绕组、高耦合车载接收板、并联式高频逆变模块，满足实际磁浮列车供电需求。可在磁浮交通、城市轨道交通供电领域推广应用。

承担了国家高技术研究发展计划（863计划）“新型超大功率场控电力电子器件的研制及其应用”项目中子课题“新型高压场控型可关断晶闸管器件的研制与应用”科研任务。研究新型高压场控型可关断晶闸管器件芯片的设计、工艺、制造与测试技术，研制出满足高电压、大电流需求的芯片样片；研究新型高压场控型可关断晶闸管器件的智能化驱动、封装及测试技术，研制出满足高电压、大电流需求且具有智能化低驱动功率特性的器件样片；研究新型高压可关断晶闸管器件的测试技术，研制一套具有自动检测和监控功能的新型高压可关断晶闸管器件测试平台；基于该课题研制的新型高压场控型可关断晶闸管器件，研制了一台5MVA三电平大功率变流器样机，推动了基于大功率新型高压场控型可关断晶闸管器件相关技术的跨越式发展和相关产品的产业化。

111. 中国矿业大学—电力电子与矿山监控研究所

地址：江苏省徐州市大学路1号中国矿业大学

邮编：221116

电话：0516-83590819

团队人数：10

团队带头人：伍小杰

主要成员：原熙博、戴鹏、周娟、夏晨阳、张同庄、宗伟林、于月森、耿乙文、王颖杰

研究方向：电机与控制，有源电力滤波器，无线电能传输，本安防爆电器，光伏并网发电，无功补偿与谐波治理，矿井无线通信等

团队简介：

中国矿业大学电力电子与矿山监控研究所团队主要从事电力电子、电力传动与电控、矿井电气自动化及通信方面的研究。目前团队成员10人，其中教授4人，副教授5人，讲师1人，团队目前有10名博士，90多名硕士，科研实力强劲。

112. 中国矿业大学—信电学院505实验室

地址：江苏省徐州市泉山区中国矿业大学文昌校区505室

邮编：221000

团队人数：22

团队带头人：周娟

主要成员：魏琛（博士）、郑婉玉（硕士）、甄远伟（硕士）、刘刚（硕士）、王超（硕士）、宋振浩（硕士）、董浩（硕士）等

研究方向：电能质量控制

团队简介：

主要针对基于三相三线制及三相四线制有源电力滤波器的谐波检测方法、调制方法及电流控制策略算法进行理论研究，提出改进方法，进行MATLAB仿真验证，并搭建实验平台编写DSP程序进行实验验证。

113. 中国矿业大学（北京）—大功率电力电子应用技术研究团队

地址：北京市海淀区学院路丁11号中国矿业大学（北京）逸夫实验楼701

邮编：100083

电话：010-62331257

传真：010-62331370

网址：http://jdxy.cumtb.owvlab.net/virexp/

团队邮箱：wangc@cumtb.ed.cn

团队人数：10

团队带头人：王聪

主要成员：程红（教授）、卢其威（副教授）、邹甲（工程师）

研究方向：大功率电力电子应用技术、大功率电力电子传动控制技术、电力电子技术在煤矿中的应用

团队简介：

科研团队所在实验室依托中国矿业大学（北京）“电力电子与电力传动”国家级重点学科及北京市电气工程实验教学示范中心的科研优势，先后得到国家“211工程”、国家普通高校修购专项以及基于校企联合实验室的国际知名公司大学计划等多项建设项目的投人和资助，已具有完善的从事电力电子相关领域科学研究的实验条件和设备。同时自主研制了光伏并网发电系统实验平台、100kW三电平静止无功发生器实验系统用于后续研究。另外，课题组多年从事电力电子与电力传动技术和理论的教学与研究，取得了一系列高水平的学术成果，使得课题组具备从事电力电子相关研究的能力与经验。

114. 中山大学—第三代半导体GaN功率电子材料与器件研究团队

地址：广东省广州市海珠区新港西路135号中山大学

邮编：510275

电话：13318727167

团队邮箱：liuy69@mail.sysu.edu.cn

团队人数：32

团队带头人：刘扬

主要成员：张佰君、洪瑞江、杜晓荣、江灏、黄智恒、王自鑫、陈鸣、梁宗存、付青、朱琳、郭建平、粟涛、李柳暗、何亮、张晓荣、刘佳业、吴志盛

研究方向：宽禁带半导体GaN基功率电子材料与器件

团队简介：

团队的研究工作主要依托于中山大学广东省第三代半导体GaN电力电子材料与器件工程技术研究中心及中山大学电力电子及控制技术研究所，拥有价值近亿元的GaN材料生长、芯片制备、特性表征等涵盖基础研究及工程化应用的研发平台，在GaN功率电子材料与器件设计、制造、特性表征、可靠性机理分析方面有长期的积累。总体定位是以实现技术高度前瞻性与实际创新工程应用结合为目的，以缩短产业化进程为目标，通过整合产业链条构建工程技术研发平台。团队在过去的十年，承担了国家973、863、国家重点研发计划项目、科技部国际合作项目、国家自然科学基金联合基金重点项目、广东省应用型研发重大专项、广东省重大专项、广东省重点领域研发计划第三代半导体重大专项等科技项目近20项，拥有国家发明专利40余项，并完成Si衬底GaN功率电子材料与器件的产业化转移1项。

团队最早组建于2007年，是国内最早从事GaN功率电子器件的研发团队之一，拥有产业化推广及技术转移的成功经验，是一支国际化的产学研融合的队伍。团队曾在大尺寸Si衬底GaN异质结构功率半导体材料与器件方面取得重要的进展与突破，在国内率先实现高耐压4英寸硅衬底GaN功率半导体材料外延生长，并提出基于选择区域外延方法的增强型器件技术路线。另外，在掌握关键基础科学

问题和技术问题的同时，针对初期这一新兴产业在国内发展近乎空白的状况，链接整合上下游传统龙头企业资源，积极开展产学研合作，同时在产业资本的助推下，打造了国内首家 GaN 功率电子材料与器件工程制造与技术研发的产业平台，分别实现大尺寸 GaN 材料与器件的核心关键技术的产业化转移，在产业平台率先成功实现 6 英寸、8 英寸 Si 衬底高耐压高电导 GaN 功率电子材料晶圆及 650V 耐压等级的 GaN 功率电子器件的自主制造。

在推动器件发展的同时，团队也建立了系统应用端产业平台，针对不同应用领域将器件产业化成果持续向下游应用企业辐射，并将工程化过程中产生的新的技术问题，带到新一轮的材料与器件技术开发循环中去。发挥中心的"桥梁"作用，跨越式地缩短器件开发到市场应用的推广进程。

115. 中山大学—广东省绿色电力变换及智能控制工程技术研究中心

地址：广东省广州市番禺区中山大学

电话：18928990068

团队邮箱：fuqing@ mail. sysu. edu. cn

团队带头人：付青

主要成员：杜晓荣、余向阳、郑寿森、丁喜冬、王东海、戴正、林国淙、陈岚

研究方向：新能源发电及储能应用系统，5G 与边缘计算在电力系统中的应用，绿色高效电力变换器及能量管理优化技术

团队简介：

团队致力于绿色能源开发利用技术、电力电子应用技术及软件开发方面的研究，注重与企业、高校和研究院所的交流合作，合作申报和承担政府项目，参与企业技改和产品开发，解决产业发展共性疑难问题，联合建设大型研究实验平台，面向电力电子应用学科前沿，立足创新，理论与实践并重，为企业和社会培养技术精英，为高校和科研院所提供高级研发人员及预备人才。

电源相关科研项目介绍
（按照项目名称汉语拼音顺序排列）

1. XXMW 级变频调速装置关键制造工艺研究与样机制造

主要完成人：肖飞、胡亮灯、楼徐杰

完成单位：中国人民解放军海军工程大学

项目来源：部委计划

项目时间：2016 年 1 月—2017 年 12 月

项目简介：

研制背景：

综合电力系统技术是舰船动力平台的一次跨越式发展，代表了舰船动力系统的发展方向。电力推进系统作为大型舰船动力平台中核心和关键模块之一，是整个舰船基本航行功能的保障。该项目主要研究内容为新型护卫舰综合电力系统大容量推进变频调速装置深化研究，关键部组件、初样机及正样机优化设计、制造及试验。

主要成果：

1）提出了一种中点电压平衡控制策略，实现了无中性线控制，增强了装置可靠性及布置灵活性。

2）提出了一种振动抑制策略，使推进电机高频振动明显降低，进一步提高了综合电力推进系统的各项性能。

3）提出了完善的故障分级保护策略，提高了变频调速装置的运行可靠性。

成果应用：

该成果已应用于××舰综合电力系统研制等。该成果还可推广应用于豪华游轮、大型渡轮、科考船等大型民用船舶的电力推进，以及机车牵引、采矿机械、盾构机等民用大容量交流传动领域，具有重大的军事及经济效益。

2. XXMW 级推进电机及其配套变频调速装置研制

主要完成人：王东、肖飞、余中军、胡亮灯、艾胜

完成单位：中国人民解放军海军工程大学

项目来源：部委计划

项目时间：2016 年 1 月—2017 年 12 月

项目简介：

研制背景：

综合电力系统技术是舰船动力平台的一次跨越式发展，代表了舰船动力系统的发展方向。电力推进系统作为大型舰船动力平台中核心和关键模块之一，是整个舰船基本航行功能的保障。项目组根据实战需要，研制成功 XXMW 级推进电机及其变频调速装置，为舰船综合电力系统提供了重要的支撑。

主要创造性成果：

1）首次发明了一种新型高转矩密度感应推进电机，提出三次谐波注入和新型冷却等技术实现了电机的高效运行，解决了传统低速感应电动机转矩密度低、功率因数低和效率不高等缺点。

2）提出了分布式磁路计算方法，实现了注入三次谐波的新型感应推进电机电磁优化设计。

3）提出了大型电机整体强迫式浸泡喷淋混合蒸发冷却技术，拓展了蒸发冷却技术的应用范围。

4）攻克了磁脂密封技术，解决了船用条件下大间隙、大密封线速度和分辨结构形式的旋转密封难题。

5）提出了一套完整的中压、大容量、多相电力电子变流器的主电路和控制系统的分布式设计方法，提高了推进变频器的功率密度、可靠性和可维护性。

6）提出了一种数据源可切换式高速光纤环网通信拓扑和相应的高性能同步方法，解决了大功率多相变频驱动中同步误差的累积问题。

7）提出了针对舰船应用特点的多相无缝切换与冗余控制策略，满足各种工况下推进分系统的控制性能要求，提高了舰船的机动性和生命力。

成果应用：

该成果为我国舰船综合电力系统的标志性技术之一，已应用于舰船综合电力系统技术演示验证项目、××舰综合电力系统研制等。该成果还可推广应用于豪华游轮、大型渡轮、科考船等大型民用船舶的电力推进，以及机车牵引、采矿机械、盾构机等民用大容量交流传动领域，具有重大的军事及经济效益。

3. 大功率动力锂电池组状态协同估计关键技术及产业化

主要完成人：新能源测控研究团队

完成单位：西南科技大学

项目来源：省、市、自治区计划

项目时间：2017 年 1 月—2018 年 12 月

项目简介：

在推动国民经济进步和维系社会安全的同时，复杂工况下特种机器人应用对电源系统的瞬时和持续供电能力提出了更高的要求，高准确度状态预估和性能优化是核心难题。项目历经多年持续攻关，在国家与省市级项目大力支持下，结合一系列企业委托项目研发，建立了产学研用自主创新体系，率先开展了大功率动力锂电池组状态估计理论方法、关键技术及装备的研究与开发，在多项核心共性

技术上取得了突破，形成了一批具有国际水平的技术成果及装备，实现了新能源产业的跨越式发展。主要创新如下：1）复杂工况下外部可测时变参数特征提取与耦合关系建模理论；2）基于信息融合的大功率锂电池组状态在线协同估计方法体系；3）大功率锂电池组状态协同估计系列化装备研制与产业化。该项目充分考虑产品可靠性与功能安全性，以自主创新引领行业科技进步，相关技术已实现技术转化，以锂电池组状态协同估计为突破，取得系列创新性成果，锂电池组 SOC 测定方法获得国家发明专利授权，锂离子电池组关键参数在线监测软件获得软件著作权，相关研究成果发表在 *Applied Energy*、*Journal of Power Sources* 和 *Energy* 等本领域顶级期刊上并出版专著《新能源技术与电源管理》，项目成果整体达到国际先进水平。围绕大功率锂电池组动力应用需求，开发和完善了电池管理系统，在多家配套厂家使用推广和批量配套，一些新型号产品也进入联合研制阶段，将会在其他应用领域进行推广及应用。

4. 低温下抑制析锂的锂离子电池交流预热与快速充电方法

主要完成人：葛昊、李哲、张剑波

完成单位：清华大学汽车工程系

项目来源：基金资助

项目时间：2014 年 1 月—2017 年 12 月

项目简介：

该项目研究了低温充电工况下的析锂。利用核磁共振方法定量检测析锂。结合模拟与实验结果，对析锂机理与析锂判据进行辨析，指出负极局部固液相电势差达到析锂反应平衡电势是析锂发生的指标。

开发了抑制析锂的锂离子电池交流预热方法。锂离子电池在交流电流激励下的有效产热成分只有电池阻抗实部对应的焦耳热；基于等效电路建立了频域产热模型。结合析锂约束条件的频域表述，得出了不同温度下抑制析锂的交流预热电流最大幅值-频率线簇。进一步利用阻抗对温度的敏感性，开发了温度反馈的、抑制析锂的交流预热方法和抑制析锂的锂离子电池直流充电方法。采用热-电化学耦合模型描述低温充电过程。结合析锂约束条件的时域表述，得出了不同温度下抑制析锂的最大充电电流-荷电状态线簇，进而开发了抑制析锂的直流充电方法。

结合开发的交流预热与直流充电方法，组合形成预热-充电规程，并对其进行效用评价。对开发的交流预热方法与直流充电方法抑制析锂的有效性进行了检验。分析讨论了不同预热-充电切换温度时的总时间与总能耗。结果表明，开发的预热-充电规程具有无析锂、快速、低能耗的特点。

该项目研究结果具有较高的学术价值和工程应用潜力，受到了业界的广泛关注。项目进行过程中，相关内容共发表论文 14 篇，共计被引 160 余次，其中 SCI 论文 11 篇。相关内容申请发明专利 3 项，其中已授权 1 项，该授权专利以普通许可方式授权给一家企业。

5. 低压供配电设备关键技术研究及研制

主要完成人：肖飞、范学鑫、王瑞田、谢桢、揭贵生、杨国润

完成单位：中国人民解放军海军工程大学

项目来源：部委计划

项目时间：2016 年 1 月—2017 年 12 月

项目简介：

研制背景：

综合电力系统技术是舰船动力平台的一次跨越式发展，代表了舰船动力系统的发展方向。由于我国舰船综合电力系统开创性地采用了中压直流电制，为适应我国舰船综合电力系统跨越式发展的需求，项目组提出了中压直流电制下分区、分布式供电的直流区域变配电系统，以实现中压直流电制下变配电系统的高功率密度、高可靠性与高开放性，为舰船综合电力系统的应用提供核心技术支撑。

主要创造性成果：

1）在国内首次研制出 MW 级直流区域变配电系统，实现了中压直流供电网至不同电制低压交/直流配电网络的电能传递，解决了中压直流电制的舰船综合电力系统中大容量、高功率密度、高可靠性的变电难题。

2）提出了基于区域异构和设备级联的开放式变配电网络拓扑及其多时间尺度的分层分布控制器设计方法，具有供电冗余性好、重构能力强和配置灵活等优点，提高了舰船变配电网络的供电连续性和可扩展性。

3）提出了中压直流区域变配电系统完备的保护方法，通过变电模块及各种保护装置的协调配合，实现各层级网络的选择性和匹配性保护，提高了变配电系统的安全性。

4）揭示了区域变配电系统中异构电力电子装置互联系统失稳机理，提出了系统稳定性分析方法、稳定判据以及提高系统稳定性的措施，形成了一套完整的直流区域变配电系统稳定性分析理论。

5）提出了一种自适应非线性的直流变换稳压控制策略，解决了中压直流变换器全工况下各种工作模式切换时稳态与暂态性能之间的矛盾，实现了大功率中压高变比隔离型直流变换。

6）提出了一种比例谐振加状态反馈和滑动平均滤波的控制策略，解决了三相逆变器控制参数的最优整定及输出直流偏置问题，改善了逆变器及组网系统的动静态性能。

成果应用：

该成果为我国舰船综合电力系统的标志性技术之一，已应用于舰船综合电力系统技术演示验证项目、××舰综合电力系统研制等。该成果还可推广应用至其他全电武器装备平台，并可转化应用于交通、柔性高压直流输配电、分布式供电、可再生能源接入、微网系统和智能电网建设等民用领域，具有重大的军事及经济效益。

6. 故障条件下电能质量调节器的强欠驱动特性与容错控制研究

主要完成人：张晓华、郭源博、周鑫、李林、张铭、李浩洋、夏金辉

完成单位：大连理工大学

项目来源：基金资助

项目时间：2014 年 1 月—2017 年 12 月

项目简介：

该项目提出了电网电压/功率器件故障条件下电能质量调节器的故障诊断与容错控制问题，难点是电网故障时电网电压信号的快速同步，以及功率器件故障后容错系统的性能维持。采用低阶 FIR 滤波器与低阶 Kalman 滤波器相结合的复合滤波辨识方法，来辨识电网电压正序基波的幅值、相位和频率，提出了一种具备谐波抵抗能力的三相电网电压快速同步方法，提高了典型电网电压故障的检测速度；通过对四开关容错逆变器的参考电压矢量进行补偿，显著提高了容错逆变器的直流电压利用率，进一步提高了功率开关器件故障后系统的带载能力和电气性能，具有较大的实际应用价值。

7. 光伏发电电网电能质量治理研究

主要完成人：付青、洪瑞江、王东海、邓幼俊、林伟、孙韵林

完成单位：中山大学

项目来源：省、市、自治区计划

项目时间：2018 年 2 月—2018 年 11 月

项目简介：

该项目对光伏并网系统的电能质量进行分析研究，建立光伏发电系统的电能质量监控管理平台，提出对负荷电能质量的负荷预测方案，研究直流侧电压波动时逆变器的控制方法，提出对光伏发电电网电能质量综合治理的新型方案，研制对电网电能质量治理的光伏并网逆变系统，形成自主知识产权的较完善的产品。

8. 基于导通角通信技术的智慧城市照明系统研究

主要完成人：刘剑滨、李莎、张喆、许轰烈

完成单位：无锡太湖学院

项目来源：省、市、自治区计划

项目时间：2018 年 9 月—2020 年 8 月

项目简介：

主要研究内容：

智慧城市照明系统一般由智能云平台、集中控制器、单灯控制器、智能可调光 LED 驱动电源四部分组成，该项目重点突破的是集中控制器和单灯控制器之间的通信方式。目前，集中控制器和单灯控制器之间常用的通信方式有：无线通信，电磁兼容性差、防雷等级低；有线通信 RS485 等，单独布线，施工、使用中易损坏，易受平行强电线干扰；电力载波通信，误报率偏高，受线路状况影响大，且电源衰减限制了传输距离。该项目将研究一整套智慧城市照明系统技术，并将首次提出，在集中控制器对单灯控制器进行供电的过程中，对供电电源导通角进行编码，实现利用电源线进行集中控制器和单灯控制器之间的通信。

创新点：

（1）基于导通角的通信

该项目首次提出通过对供电电源的导通角进行编码，实现集中控制器和单灯控制器之间的通信。该通信模式采用电源线通信，无需额外通信线路，无需高频载波，可靠性极高，适用于单向、小数据通信。

（2）高集成、高耦合的控制器直流供电方式

单灯控制器和 LED 智能电源为独立个体，两者的控制部分都需要低压直流供电，常规做法是两类产品都包含 AC-DC 电源变换电路。该项目开创性地提出，在 LED 电源恒流输出电路内，增加一个稳压电路，给单灯控制器供电，从而节约一组 AC-DC 电路。

（3）基于智慧路灯，打造智慧城市节点

充分利用路灯布局广、灯杆物理承载性强、路灯管网成熟的特点，在路灯系统上集成视频监控、屏幕显示、气象站、充电桩等其他需要物理支撑和供电的子系统。通过统一的物理平台、电气平台、通信平台、应用云平台，实现智慧城市的一体化，从而降低实施成本，提升管理效能。

主要技术指标：

1）智能 LED 驱动电源：PFC>0.9，THD<0.3，256 阶亮度可调。

2）集中控制器：额定带载能力 20kW，额定单灯节点 128 个。

3）单灯控制器：额定负载 200W，浪涌 8kV，群脉冲 4kV，静电 10kV。

4）云平台：实现路灯智能控制、视频监控、信息发布、充电管理等功能，预留接口，可升级性强。

5）导通角通信：适用高可靠、小数据；帧长 24bit，数据传输速率 100bit/s 或 4Baud。

获得成果与奖励：

（1）权威论文 2 篇

1）STT-MRAM error correction technology based on LDPC coding，SCI 期刊 AIP ADV，已发表。

2）《微型断路器电动操作系统的电磁兼容性设计》，EI 期刊《电子学报》，录用待刊。

（2）申请或授权相关专利 7 项

1）高可靠电源相线通信发送和接收方法及通信装置，ZL 201811327026.1，实质审查。

2）基于 NB-IOT 的太阳能照明系统及其管理方法，ZL 201810450074.3，实质审查。

3）高可靠电源相线通信装置，ZL 201821840952.4，授权。

4）基于 NB-IOT 的太阳能照明系统，ZL 201820702114.4，授权。

5）一种用于照明线路检测的脉冲发送设备，ZL 201920723575.4，授权。

6）一种用于照明线路检测的脉冲接收设备，ZL 201920723583.9，授权。

7）一种照明线路检测系统，ZL 201920723587.7，授权。

（3）相关奖项 3 项

1）2015 年，中国照明学会，杰出贡献奖三等奖。

2）2016 年，宜兴市人民政府，科技进步三等奖。

3）2018 年，无锡市科学技术协会，优秀软课题。

应用推广：

与江苏宏力照明集团有限公司、无锡英臻科技有限公司、江苏太湖云计算信息技术股份有限公司达成产业化协

议，技术合同金额累计 36 万，企业相关产品销售近 2 亿元。

9. 面向燃料电池单体流场设计的水热管理模拟

主要完成人： 司德春、胡佳音、肖运聪、孙瑛、张剑波

完成单位： 清华大学汽车工程系

项目来源： 基金资助

项目时间： 2016 年 1 月—2017 年 12 月

项目简介：

针对燃料电池电堆大面积带来的水、热、电流分布不均及相互耦合问题，该项目开发出既能反映核心材料特性又能进行快速耦合计算的燃料电池电堆单元模型及解法，用于研究单元内水、热、电化学耦合机理，为电堆单元的设计提供理论指导和优化工具。

该项目建立了耦合水、热、电流的实用化燃料电池模型，并开发出快速计算的算法，能够预测电池极化曲线及内部电流密度分布、流场对电池性能的影响、电池内部水分布及电池热特性，并用于进行电池的设计及优化。项目提出了一种反映核心材料特性的方法，能够预测不同工况下电池的水传输特性及极化曲线。同时，项目开发了分布式 EIS 测量系统原型，用于燃料电池内部反应过程及物质传输的表征和诊断。

项目开发的实用化燃料电池单体模型，通过实验输入，减少模型参数，针对当前燃料电池电堆在大面积情况下水热分布不均的情况，能够快速进行模拟，成本低，可用于电堆的优化设计。另外，项目开发的分布式 EIS 测量装置能够测量燃料电池面内的 EIS 分布，通过 EIS 包含的不同频率下的信息，能够揭示电池内部反应及物质传输情况，可望为电堆在大面积下的水、反应、气体分布情况进行诊断，从而来指导燃料电池的优化设计。

10. 深远海风电与柔直的匹配适应控制关键技术的实现与验证

主要完成人： 陈国栋

完成单位： 上海电气集团股份有限公司输配电分公司

项目来源： 省、市、自治区计划

项目时间： 2016 年 7 月—2018 年 6 月

项目简介：

课题研究的总体目标：

1）风电机组与柔直换流站稳定交互：建立风电场与 MMC-HVDC 系统小信号阻抗模型，利用阻抗分析法研究风电场接入 MMC-HVDC 系统的稳定性，揭示风电场与 MMC-HVDC 系统之间的相互作用机理，提出满足并入柔直换流站的风电机组、风电场及满足风电接入的柔直换流站控制需求，阐明次同步振荡在 MMC-HVDC 系统中的分布与传播机制，提出增强稳定性的控制系统设计方法和振荡抑制措施。

2）在分析风电场与柔直换流站相互作用的阻抗模型的基础上，开发了风电场与柔直换流站的协调控制策略，为了验证理论分析的正确性，基于上海电气集团输配电分公司的柔性直流输电系统的样机进行功能与验证，不断改进协调控制策略，为系统的工程应用打下坚实的理论与实践基础。

研究内容：

1）基于上海电气集团输配电分公司 MMC-HVDC 实验与仿真系统，对风电机组与柔直的协调控制策略进行编程，并在 RTLAB 柔直仿真系统上进行系统控制仿真。

2）将相关控制策略在 MMC-HVDC 样机上进行研究，获取相关数据，以验证工程实现的可行性，并改进控制策略，为工程实践应用奠定理论与基础。

技术难点：

1）由于是多台风电机组与柔直并网，对仿真验证模型建立与控制系统的搭建提出了挑战，需要建立准确的风电场 RTLAB 模型，进行联合仿真。

2）MMC-HVDC 控制系统的实现，要实现单元的高速通信，对控制系统软硬件的设计提出了挑战。

3）在工程实验室模拟相关控制策略，对相关控制策略的工程实现提出了一定的不可预知的技术难度，需要在工程化应用中突破相关关键技术。

11. 先进电源创新科技研究院

主要完成人： 付青、邓幼俊、陈鸣、杜晓荣、王东海、周超林、单英浩、耿炫

完成单位： 中山大学、天宝电子（惠州）有限公司

项目来源： 省、市、自治区计划

项目时间： 2014 年 11 月—2018 年 7 月

项目简介：

该项目指在共同建设企业研究院，研发电源、光伏逆变器等，开发新产品，创造经济效益。每年投入科研经费近 4000 万元，兼有国家资质 CNAS 实验室，具有先进齐全的电磁检测实验室，获 ETL SEMKO、TUVRH、UL 和美国 CEC 能效检测实验室资格认可。

12. 智能高效电动汽车充电管理系统关键技术研发及产业化

主要完成人： 付青、周立平、刘晓飞、王东海、竺颖

完成单位： 中山大学

项目来源： 其他

项目时间： 2018 年 1 月—2018 年 12 月

项目简介：

该项目针对新能源电动汽车充电管理系统，系统地研究其能效提升理论与方法，高效率绿色电动汽车充电电路，以及高效率的充电电路多机并联技术，已经实现整个充电系统能效提升的 EMS 经济最优提升技术。

第六篇　电 源 标 准

中国电源学会团体标准 2020 年度工作综述

培育发展团体标准，是发挥市场在标准化资源配置中的决定性作用、加快构建国家新型标准体系的重要举措。2015 年，国务院颁布了《深化标准化工作改革方案》；2016 年 3 月，国家质量监督检验检疫总局和中国国家标准化管理委员会印发了《关于培育和发展团体标准的指导意见》，鼓励具备相应能力的社团组织和产业联盟制定满足市场和创新需要的标准，以增加标准的有效供给。

长期以来，由于没有专门的标准委员会针对电源产品进行标准的统筹制定，电源行业标准存在多头制定、缺乏体系规划、更新不及时等问题，难以满足行业发展的需要。

在此背景下，中国电源学会于 2016 年正式启动团体标准制定工作，并初步取得了成效。本着“行业主导、需求为先、系统规划、务实高效”的原则，学会在 2020 年度依据《中国电源学会团体标准管理办法》，针对目前电源行业急需领域和课题，继续开展团体标准工作。

一、团体标准建设工作概要

标准化是推动行业规范发展的“助推器”，而团体标准的制定则有助于弥补国家标准编制程序较多、周期较长、种类不够齐全、标准更迭相对滞后等问题。本着“行业主导、需求为先、系统规划、务实高效”的原则，中国电源学会自 2016 年以来围绕电源行业团体标准做了大量扎实有效的工作。针对目前电源行业急需领域和课题，学会每年定期面向行业征集标准提案，得到了学会各专委会以及电源企业、科研院所的广泛关注和积极参与。

2018 年和 2019 年间共 16 项团体标准成功进行了立项、起草、公开征集意见、审查、审批等工作程序并顺利发布执行，各项标准或填补了行业空白，或领行业之先，对于引领行业健康发展意义重大。

2020 年，学会同时开展了三批团体标准的相关工作：

1）完成对 2019 年立项团体标准的审查、审批及发布工作，共发布 11 项团体标准。

2）完成对 2020 年立项团体标准的立项审查、审批工作，共计立项 15 个新标准项目，并组织开展起草工作。

3）启动 2021 年立项团体标准的提案征集工作，并开展相关意见征求。

二、2019 年立项团体标准审查及审批工作概要

2019 年立项团体标准 9 项和 2018 年修后重审标准 4 项同批进入 2019 年标准审查及审批工作，该 13 项团体标准经格式审查、集中审查会后共有 11 项团体标准顺利获批，并于 2020 年 8 月 25 日成功发布，9 月 1 日正式实施。

1. 格式审查

2020 年 2~3 月，中国电源学会对起草组提交的 11 项团体标准报审稿（初稿）及 2019 年参评修后重审的《低压电气设备电压暂降及短时中断耐受能力测试方法》《磁性材料高励磁损耗测量方法》《电动汽车运动过程无线充电方法》《锂离子电池模块信息接口技术规范》二次报审稿，共 13 项报审稿（初稿）组织进行格式审查并进行相应规范性修改。

2. 视频审查会

2020 年 4~6 月，中国电源学会团体标准工作办公室在归口专委会协同支持下，分别组织于 4 月 4 日、5 月 10 日、5 月 23 日、5 月 28 日、6 月 6 日以视频形式召开审查会议，7 场审查会共邀请专家 22 位，审查标准报审稿 13 项，起草组代表共计 30 余人次参加视频会议答辩。

评审专家听取了标准起草单位关于标准报审稿的编制情况汇报和说明，从合法性、合理性、可行性、精确性、协调性和先进性等方面对提交的报审稿进行审查、讨论。

最终，共有 11 项团体标准报审稿顺利通过审查。专家组认为，相关标准整体结构合理，内容系统全面，具有较强的现实需求和实用价值，符合当前行业发展要求，有利于推动行业有序发展。同时专家组也就标准的内容侧重、范围、规范用语和准确性等方面提出了修改意见和建议。

3. 审批工作组织

审查会后，通过审查的 11 个团体标准项目根据审查会委员意见及现场会议纪要文件对标准文本进行修改处理，并陆续于 8 月初修改完成，通过专家审查组确认。基于 GB/T 1.1 和审查会专家所提格式修改相关意见，学会团体标准工作办公室已同步对该 11 项标准进行了三轮格式校对及修改，最终形成标准报批稿，提交学会团体标准领导小组审批。2020 年 8 月 25 日，中国电源学会第三批 11 项团体标准正式获批发布。

附：2020 年发布 11 项团体标准项目及编号：

［T/CPSS 1001—2020］壁挂式单相无源串联稳压装置技术规范

［T/CPSS 1002—2020］飞轮储能不间断供电电源验收试验技术规范

［T/CPSS 1003—2020］固态切换开关现场验收试验技术规范

［T/CPSS 1004—2020］用户侧电能质量在线监测装置及接入系统技术规范

［T/CPSS 1005—2020］储能电站储能电池管理系统与储能变流器通信技术规范

［T/CPSS 1006—2020］开关电源加速老化试验方法

［T/CPSS 1007—2020］开关电源交流电压畸变抗扰度技术规范

［T/CPSS 1008—2020］低压电气设备电压暂降及短时中断耐受能力测试方法

［T/CPSS 1009—2020］磁性材料高励磁损耗测量方法

[T/CPSS 1010—2020] 电动汽车移动式无线充电技术规范

[T/CPSS 1011—2020] 锂离子电池模块信息接口技术规范

三、2020 年立项团体标准起草工作概要

2019 年末，中国电源学会面向行业征集标准提案，共接到申报 26 项。经公开征求意见、归口专委会预审及学会团体标准专家审查，共有 15 项提案于 2020 年 4 月获批立项，涉及电动汽车无线充电、电能质量、元器件、交通电气化、特种电源、信息系统供电等多个领域，并于 2020 年 12 月完成初稿（征求意见稿）起草及提交，启动征求意见工作。

（一）审查立项

2019 年末至 2020 年 3 月初，学会先后两次组织数十位专家进行预审及审查，对提案项目严格筛选。2020 年 3 月，学会团体标准工作领导小组对 2020 年学会团体标准审查立项意见进行审批。根据反馈意见以及《中国电源学会团体标准管理办法》的有关规定，共有 15 项提案于 2020 年 4 月 1 日正式批准立项，涉及电动汽车无线充电、电能质量、元器件、交通电气化、特种电源、信息系统供电等多个领域。

立项号	项目名称	主要起草单位
CPSS(L)2020-001	电动汽车无线充电系统设备间通信协议（第 1 部分：近场通信）	重庆大学
CPSS(L)2020-002	电动汽车动态无线充电装置技术规范	广西电网有限责任公司电力科学研究院
CPSS(L)2020-003	柔性多状态开关装置技术导则	国网浙江省电力有限公司电力科学研究院
CPSS(L)2020-004	核聚变磁体电源等离子体击穿开关网络系统设计技术导则	中国科学院等离子体研究所
CPSS(L)2020-005	聚变电源程序编码规范	中国科学院等离子体研究所
CPSS(L)2020-006	电能质量在线监测终端现场检测技术规范	广西电网有限责任公司电力科学研究院
CPSS(L)2020-007	低压直流配用电系统能效与电能质量综合评估方法	华南理工大学，深圳供电局有限公司电力科学研究院
CPSS(L)2020-008	低压直流配用电系统阻抗扫频装置技术规范	北京交通大学
CPSS(L)2020-009	公用交流电网稳态电能质量综合指标评估方法	深圳供电局有限公司电力科学研究院
CPSS(L)2020-010	民用建筑低压交流配电网电能质量技术要求	深圳供电局有限公司电力科学研究院
CPSS(L)2020-011	低压并联切换型电压暂降治理装置技术规范	广东电网有限责任公司电力科学研究院
CPSS(L)2020-012	直挂式 10kV 电动汽车充电站	青岛鼎信通信股份公司
CPSS(L)2020-013	IGBT 驱动器测试技术规范	广州金升阳科技有限公司
CPSS(L)2020-014	应用于轨道交通车站的蓄电池设计和管理技术规范	上海交通大学
CPSS(L)2020-015	信息系统电源设备阻抗特性测试规范	科华恒盛股份有限公司

注：以上立项名称在编制起草过程中根据实际情况部分有修改。

另有 2019 年立项延迟提交 2 项及前期修后再审共 2 项标准与 2020 年度 15 项标准同批进入工作流程：

CPSS（L）2019-005《聚变失超保护系统爆炸开关测试规范》。

CPSS（L）2019-006《聚变失超保护系统直流快速开关测试规范》。

CPSS（L）2019-008《开关电源电子组件降额技术规范》。

CPSS（L）2019-011《开关电源平均故障间隔时间（MTBF）可靠性技术规范》。

（二）起草过程

2020 年立项 15 项标准在中国电源学会团体标准领导小组及相关专业委员会指导及组织下组建起草组，在术语定义、技术指标、实验方法、产品性能、存储运输等方面进行大量考察、实验与研讨等工作，在编写过程中会同大专院校、研究机构及相关一线企业进行多次沟通及编制会议，使团体标准制定工作顺利进行。

1. 起草组组建

获得批准立项的 15 项团体标准按学会相关文件规定，由相关专业委员会、标准工作委员会会同发起单位组建标准起草工作组。按照符合利益相关方代表均衡的原则，充分兼顾代表性、广泛性、专业性、先进性，共有 100 余个单位参加标准编制，申报编制人员 273 人次。

2. 部分中期起草会议介绍

（1）《并联切换型电压暂降治理装置技术规范》起草组工作会议

2020 年 5 月 29 日，《并联切换型电压暂降治理装置技术规范》团体标准启动会通过腾讯会议平台召开。本次会议由广东电网有限责任公司电力科学研究院马明主持，西安交通大学、西安爱科赛博电气股份有限公司等 22 个单位的 22 位专家参加。会议介绍了标准概况和编写组成员，讨论了标准大纲初稿，确定了下一阶段主要工作安排。

会议详细介绍了标准立项背景及过程。本标准针对2020年来基于储能+快速切换开关的电压暂降治理设备应用越来越多、相关产品缺少技术标准的现状，旨在规范产品的使用条件、功能要求、技术指标要求、试验项目及试验方法，为用户设备选型、企业生产、检测机构测试评价提供技术支撑。

会议详细讨论了标准大纲结构，特别是对使用范围进行了广泛讨论。与会专家一致认为，标准大纲至关重要，近期应由召集人和执笔人以及若干专家确定标准大纲，经进一步讨论后确定大纲结构和具体分工。最终会议确定在7月15日形成讨论稿，组织召开工作组会议进行讨论。

（2）《城市交流配电网稳态电能质量综合指标评估方法》起草组工作会议

《城市交流配电网稳态电能质量综合指标评估方法》团体标准编制研讨会于2020年5月29日上午通过视频会议召开。

本次会议由深圳供电局电力科学研究院李鸿鑫主持，华南理工大学、云南电网有限责任公司电力科学研究院和亚洲电能质量联盟等18个国内知名单位的20名专家参加。研讨会上，会议主持人李鸿鑫对本标准的立项背景及目标进行阐述，即本标准旨在利用按行政建制的城市电网中已经建设的电能质量监测系统及其海量监测数据，从实用性、可操作性的角度出发，提出城市交流配电网稳态电能质量综合指标评估方法，以期实现对供电企业提高电能质量管理水平提供帮助。之后主持人对《城市交流配电网稳态电能质量综合指标评估方法》标准草案内容进行了详细完整的介绍，与会代表针对标准草案中的技术问题以及标准编写的疑难问题进行了认真仔细的讨论，各参会人员也相应认领了标准各部分内容的编写工作。

起草组于2020年8月28日在贵州召开团体标准编制研讨会。从2020年5月29日启动会召开后，多家编制单位按计划提交各自编写的内容，并由项目主要起草单位和起草人对各家编制内容进行了整理和汇总，形成草案。编写组对标准草案进行了认真讨论，一致同意由主要起草单位和起草人在标准草案的基础上，对本次会议提出的相关问题进行完善；之后提交本标准的内部征求意见稿在标准编写组内部进行意见征集，并对该标准的后续工作进行了相应的安排。

（3）《低压直流配电系统阻抗扫频装置技术规范》起草组工作会议

2020年5月25日，《低压直流配电系统阻抗扫频装置技术规范》起草组召开视频编制研讨会。会议就标准有关的立项背景、主要内容、工作安排、编写进度及有待讨论问题五个方面向参会人员进行简要介绍，随后与会人员对相关问题提出各自的意见和建议。

会议指出因直流负载的增加和分布式电源的接入，低压直流配电方式得到了广泛的应用。但电力电子装置的接入，可能造成系统谐波含量增加，并产生谐振、噪声及发热等危害，影响整个系统的稳定运行。直流配电系统源端的输出阻抗和负载变换器端的输入阻抗决定着系统的稳定性，从而可通过阻抗扫频装置对系统注入一个电流扰动或电压扰动，测量其相应的电压响应或电流响应，并代入相关算法中，实现系统谐波阻抗的测量。现已有对阻抗扫频装置的研究，但对装置的接入方式、扫频范围、技术条件等尚未有成熟完善的管理规范。因此，本标准对相关技术规范进行制定，以期为低压直流配电系统的阻抗检测提供指导。

最终会议确定了标准的重点内容、工作安排和进度规划，并明确了编制过程中的组织方式与主要技术问题。

2020年8月28日，《低压直流配电系统阻抗扫频装置技术规范》起草组在贵州召开编制工作会议，参会人员就阻抗扫频装置标准草案中的范围、规范性引用文件、术语和定义、系统组成、使用条件、技术要求、试验、标志、包装、运输和贮存以及附录等内容进行讨论，并对下一步工作做出安排。

（4）《低压直流配用电系统能效与电能质量规划评估方法》起草组工作会议

《低压直流配用电系统能效与电能质量规划评估方法》团体标准编制研讨会于2020年5月29日通过视频会议召开。本次会议由华南理工大学钟庆教授主持，深圳供电局电力科学研究院、北京交通大学、清华四川能源互联网研究院和亚洲电能质量联盟等13个国内知名单位的14名专家参加。研讨会对标准的立项背景及目标进行了阐述，即本标准旨在根据低压直流配用电系统的特点及与现有交流系统规划评估内容的差异，从能效和电能质量及其经济性等方面，提出低压直流配用电系统规划评估方法，以期实现对低压直流配用电系统的规划、建设提供指导。会议对《低压直流配用电系统能效与电能质量规划评估方法》标准框架内容进行了详细完整的介绍，与会代表围绕该标准提出了宝贵意见，并对该标准的后续工作进行了相应的安排。

2020年8月27日，团体标准编制组工作会在贵州召开。编写组对《低压直流配用电系统能效与电能质量综合评估方法》标准草案进行了认真仔细的讨论，并围绕该标准提出了宝贵意见。经过讨论，编制组一致同意由主要起草单位和起草人在标准草案的基础上，对本次会议提出的相关问题进行完善，并对后续工作做出进一步安排。

（5）《电能质量在线监测装置现场检验技术规范》起草组工作会议

2020年5月29日，《电能质量在线监测装置现场检验技术规范》团体标准编制研讨会以视频会议形式召开。本次会议由项目负责人广西电网有限责任公司电力科学研究院郭敏主持，编制人员20人参会。会议进行了标准介绍、起草工作分工、技术指标确定和疑难问题讨论等议程。会议对标准目录进行了逐项讨论，确定范围、规范性引用文件、术语与定义等11项内容；对标准的适用范围进行了详细的讨论，确立该标准适用于已安装运行的电能质量监测设备现场检验流程；对标准内通信规约、现场检验装置命名、现场检验方法进行了明确。

2020年8月27日，《电能质量在线监测装置现场检验技术规范》编制组在贵州召开中期审查会议。会议对团体标准初稿进行讨论，进一步明确适用范围、术语定义、评价方法、检测周期等；对团体标准目录进行深入讨论、确立统一目录，后续根据新的目录调整内容；对标准目录的后续编写工作进行分工，明确工作组成员反馈日期。

(6)《民用建筑低压配电网电能质量技术规范》起草组工作会议

2020 年 5 月 29 日，《民用建筑低压配电网电能质量技术规范》团体标准编制研讨会以视频会议形式召开。本次会议由项目负责人深圳供电局有限公司电力科学研究院汪清主持，主要起草人员、起草单位代表等共 28 人参会。会议就标准的立项背景、标准架构进行了介绍，对标准的应用场景进行了讨论，并确定了标准的编制分工和起草计划安排。与会人员讨论了相关技术问题，并根据讨论意见对原计划架构进行了完善和补充。

2020 年 8 月 28 日，起草组于贵州召开编制组工作会议。会议简要介绍了标准的立项背景、适用范围以及基于 5 月 29 日编制研讨会讨论结果而编制的标准草案的框架，并组织了疑难问题的集中讨论。基于会议讨论，起草组进行了后续修改任务分工、时间进度等工作安排。

(7)《柔性多状态开关装置技术导则》起草组工作会议

《柔性多状态开关装置技术导则》标准起草研讨会于 2020 年 11 月 17 日在杭州召开。国网浙江省电力有限公司电力科学研究院、国网浙江省电力有限公司营销服务中心、国网浙江省电力有限公司杭州供电公司、合肥工业大学、华中科技大学、全球能源互联网研究院、中科院电工所、华北电力大学、南京南瑞继保电气有限公司、浙江大学、北京中恒博瑞数字电力科技有限公司等单位参加了会议，会议对标准草案进行了讨论，对后续工作进行了全面安排，对主要问题进行了集中决策。会议明确了柔性多状态开关的术语与定义、柔性多状态开关的使用电压等级与范围，加入了柔性多状态开关的系统功能方面的要求，删减了对柔性多状态开关设计方面的要求，明确将柔性多状态开关的拓扑与分类添加到附录中，并对标准参与单位做出了全面的分工与安排。

(8)《直挂式 10kV 电动汽车充电站》起草组工作会议

《直挂式 10kV 电动汽车充电站》标准起草工作会议于 2020 年 11 月 20 日在杭州召开。会议以线上线下结合的形式，邀请 30 余位业内专家参会研讨。会议介绍了直挂式 10kV 充电站项目及标准立项情况，讨论了《直挂式 10kV 电动汽车充电站》团标草案。与会专家提出 20 余条修改意见与建议，对标准草案进行了补充和完善。

(9)《核聚变磁体电源等离子体击穿开关网络系统设计技术导则》起草组工作会议

《核聚变磁体电源等离子体击穿开关网络系统设计技术导则》于 2020 年 11 月 18 日针对初步草案稿进行了线上起草讨论会，此次会议提出针对此标准草案稿的改进意见以助后续修订。与会专家对于典型方案、表述方式和逻辑、具体内容和术语定义、表格与参数问题等提出建议/意见数十条，由项目负责人代表起草组进行了相应的解释和反馈。会议制定了修改计划及下一次起草讨论会计划，将对更新的标准草案再次进行评审和讨论，形成完整的标准讨论稿(征求意见稿)。

3. 征求意见组织工作

2020 年 12 月初，经过各主要起草单位数月的广泛调研、充分讨论和认真起草，共有 16 项（含 2020 年立项 14 项及 2019 年延期提交 2 项）团体标准完成征求意见稿，进入征求意见阶段。学会本着科学、严谨、公开、透明的原则，通过学会官网、官微、相关行业媒体及专业委员会等渠道，以定向及公开征求方式向生产单位、企业客户、业内专家等广泛征求意见，力争做到标准先进、可行。此次征求意见参与单位范围较广、意见的数量与质量较高，共有来自 100 余家单位的专家及资深从业技术人员提出近 900 项意见，涵盖标准结构、术语定义、写作规范、参数设定、测量设备、试验方法、考核指标等多个部分。起草单位将于 2021 年 1~3 月对这些意见进行逐一处理，根据处理结果对标准征求意见稿进行修改，形成标准报审稿。

下一步工作安排中，学会团体标准工作办公室计划于 2021 年上半年完成对该 16 项标准及 2019 年度修后再审 2 项标准的评审、审批工作的组织与执行。

四、启动 2021 年立项团体标准工作简况

2020 年 9 月，中国电源学会启动新一批团体标准制定，并于 2020 年 11 月 20 日完成了提案征集。本批提案征集共收到 21 项提案，经团体标准办公室形式审查、各归口专委会预审查、专家评审组函审审查后，学会团体标准工作领导小组对 2021 年学会团体标准审查立项意见进行审批。根据反馈意见以及《中国电源学会团体标准管理办法》的有关规定，2021 年 3 月共有 9 项标准提案通过审批，并将于 4 月底组建起草组、正式立项。

本次立项的 9 项团体标准涉及电动汽车无线充电、电能质量、柔性输配电、直流电源、轨道交通电气化、特种电源、元器件等多个领域，预计 2021 年完成标准编制工作。

附：2021 年立项团体标准列表

立项号	项目名称	发起单位
CPSS(L)2021-001	电动汽车大功率无线充电系统技术规范	哈尔滨工业大学
CPSS(L)2021-002	分布式潮流控制器(DPFC)系统调试规程	国网浙江省电力有限公司电力科学研究院
CPSS(L)2021-003	优质电力园区电能质量治理装置通信技术规范	深圳供电局有限公司电力科学研究院
CPSS(L)2021-004	电压暂降敏感用户接入配电网评估导则	深圳供电局有限公司电力科学研究院
CPSS(L)2021-005	中低压配网电能质量监测终端及接入物联管理平台技术规范	国网山西省电力公司电力科学研究院
CPSS(L)2021-006	电弧炉用超高功率柔性直流电源装置	中冶赛迪工程技术股份有限公司
CPSS(L)2021-007	船舶低压直流电力系统选择性保护设计标准	中国船舶重工集团公司第七一一研究所
CPSS(L)2021-008	车规级分立器件通用规范	深圳基本半导体有限公司
CPSS(L)2021-009	多芯片混合集成功率模块通用规范	深圳基本半导体有限公司

中国电源学会2020年发布团体标准节选

（范围及部分功能、技术要求）

一、壁挂式单相无源串联稳压装置技术规范（T/CPSS 1001—2020）

1　范围

本标准规定了壁挂式单相无源串联稳压装置（以下简称为“装置”）的术语和定义、产品分类与型号命名、适用环境、技术要求、试验方法、检验规则、标志、包装、运输和贮存等内容。

本标准适用于频率50Hz，电压220V的低压户用、具备电压偏差监测和统计功能、采用无源结构的壁挂式单相串联稳压装置。

7　技术要求

7.1　一般要求

7.1.1　额定容量

根据考虑到实际应用为低压壁挂单相户用，参照JB/T 8749.1调压器额定容量的优选值，装置额定容量为3kVA、5kVA、7kVA、8kVA和10kVA五个等级。其他容量可由供货方与购货方协商确定。

7.1.2　外观与结构

7.1.2.1　装置及装置内金属部件的外表面应有良好的防腐蚀层，且色泽均匀，无明显的流痕、划痕、凹陷、污垢、防腐蚀层脱落和锈蚀等缺陷。

7.1.2.2　装置接地应符合GB/T 50065的要求，并有明显、耐久的接地标识。

7.1.2.3　装置的铭牌参数及标识应清晰、准确。

7.1.2.4　装置结构应利于通风散热，便于操作、维护检修和更换。

7.1.3　元器件及辅件

7.1.3.1　装置的主要元器件应经济合理、安全可靠、符合其本身的技术条件，母线连接应紧固、接触良好。

7.1.3.2　装置内保护电路所有部件的设计应保证装置足以耐受在安装场所可能遇到的最大热应力和电动应力。

7.1.4　体积及重量

考虑到安装及承重要求，装置的体积不宜超过700mm×400mm×300mm，重量不宜超过60kg。

7.2　功能要求

7.2.1　基本功能

装置在其输入电压满足输入电压范围应能稳定输出合格电压。

7.2.2　监测与操作功能

7.2.2.1　装置应监测和显示充分信息，以便于运行维护人员观察装置的运行状况，定位故障原因。监测信息可包括运行参数、保护定值、操作事件、工作状态、统计分析等。

7.2.2.2　装置宜具备电压偏差监测和电压合格率统计功能，并符合NB/T 42125技术要求。

7.2.2.3　装置宜采用无屏幕方案，可通过专用掌上终端或手机软件管理，实现监测和操作功能。考虑信息安全，宜采用匿名Wi-Fi。

7.2.2.4　装置能远方或就地操作，且远方与就地操作互为闭锁。

7.2.3　通信功能

7.2.3.1　装置应具有与电压监测系统主站通信功能，宜采用2G/3G/4G/5G通信模块，并应与电压监测系统主站应始终保持连接，出现异常能自动恢复。

7.2.3.2　装置具备电压偏差监测和电压合格率统计功能时，在与电压监测系统主站进行数据通信宜采用标准报文，其通信规约见附录A。非标准报文可由供货方与购货方协商确定。

7.2.4　保护与告警功能

7.2.4.1　装置应具有告警功能。运行异常时，可发出告警信息。

7.2.4.2　装置应具有保护功能，分为必备保护和可扩充保护两类。其中，可扩充保护功能应由供货方与购货方协商确定。

注：必备保护功能包括过电压保护、欠电压保护、过流速断保护、温度保护、谐波含量过高预警保护；可扩充保护功能包括漏电保护、防窃电、台区识别、线缆老化预警。

7.3　性能要求

7.3.1　稳压能力

7.3.1.1　装置的电压稳定应具有多个档位调节能力。自动运行时可根据设置智能切换使其输出合格电压。

7.3.1.2　装置的输入电压范围默认为标称电压的+18%，-30%。若需更大的输入电压范围，可由供货方与购货方协商确定。

7.3.2　响应时间

装置响应时间应小于等于200ms，其中档位切换动作时间应小于等于10ms。

7.3.3　测量精度

电压测量误差不大于0.5%，电流测量误差不大于1%。

7.3.4　过载能力

装置在1.2倍额定电流时应能连续运行2h，1.5倍额定电流时运行时间应不低于10s。

7.3.5　防护与机械性能

7.3.5.1　外壳防护等级

装置属于封闭式设备（除安装面外所有表面都封闭的设备），其防护等级不应低于 GB/T 4208 规定的 IP44 要求。

7.3.5.2　机械振动性能

装置应能承受正常运行中的机械振动及常规运输条件下的冲击，并不发生损坏和零部件松动脱落现象，且功能和性能正常。

7.3.6　安全与绝缘性能

7.3.6.1　电气间隙与爬电距离

正常使用条件下，装置内裸露带电导体之间及它们与外壳之间的电气间隙与爬电距离不应小于表 1 的规定。

表 1　电气间隙和爬电距离

额定电压 U_i V	电气间隙 mm	爬电距离 mm
$U_i \leqslant 60$	5	5
$U_i > 60$	6	10

7.3.6.2　绝缘电阻

装置各电气回路对地和各电气回路间直接的绝缘电阻应满足表 2 所示规定。

表 2　绝缘电阻

额定电压 U_i V	绝缘电阻要求 MΩ		试验电压 V
	正常条件	湿热条件	
$U_i \leqslant 60$	≥10	≥5	500
$U_i > 60$	≥10	≥5	1000

7.3.6.3　工频耐压

在装置电气回路对地之间及其各电气回路之间进行工频耐压试验 1min，不应出现电弧、放电、击穿和损坏，试验后装置的功能和性能应符合要求。试验电压为 50Hz 正弦波，其方均根值如表 3 所示。

表 3　工频耐压

额定电压 U_i V	试验电压(方均根值) V
$U_i \leqslant 60$	500
$U_i > 60$	2500

7.3.6.4　冲击电压

装置各电气回路及交流工频电量输入控制回路施加电压峰值如表 4 所示 1.2/50μs 的标准波形脉冲，不应出现电弧、放电、击穿和损坏。试验后，装置功能和性能应符合要求。

表 4　冲击电压

额定电压 U_i V	试验电压(峰值) V
$U_i \leqslant 60$	1000
$U_i > 60$	5000

7.3.7　电磁兼容性能

7.3.7.1　静电放电抗扰度

装置应能承受 GB/T 17626.2 中规定的 2 级静电放电抗扰度能力，试验等级见表 5。

表 5　静电放电抗扰度参数

等级	接触放电 kV	空气放电 kV
2	4	4

7.3.7.2　射频电磁场辐射抗扰度

装置应能承受 GB/T 17626.3 中规定的射频电磁场辐射抗扰度能力，试验等级见表 6 和表 7。

表 6　频率范围在 50MHz~1000MHz 参数

等级	试验场强 V/m
3	10

表 7　频率范围在 800MHz~960MHz 参数以及 1.4GHz~2.0GHz 参数

等级	试验场强 V/m
3	10

7.3.7.3　浪涌（冲击）抗扰度

装置应能承受 GB/T 17626.5 中规定的 3 级浪涌（冲击）抗扰度能力，试验等级见表 8。

表 8　浪涌（冲击）抗扰度参数

等级	试验电压 kV/±10%峰值
3	2

7.3.7.4　快速瞬变脉冲群抗扰度

装置应能承受 GB/T 17626.4 中规定的 4 级快速瞬变脉冲群抗扰度能力，试验等级见表 9。

表 9　快速瞬变脉冲群抗扰度参数

等级	试验电压和脉冲群的重复率	
	在供电电源端口,保护接地(PE)	
	电压峰值 kV	重复频率 kHz
4	4	5 或 100

7.3.7.5　振荡波抗扰度

装置应能承受 GB/T 17626.10 中规定的 3 级阻尼振荡波抗扰度能力，试验等级见表 10。

表 10　振荡波抗扰度参数

等级	共模电压 kV	差模电压 kV
3	2	1

7.3.8　极限温升

装置各部位的极限温升应符合表 11 的规定。在特殊使用条件下应按照 GB/T 1094.2 对温升限值进行修正。

表 11　极限温升

<table>
<tr><th colspan="3">部位名称</th><th>温升限值
K</th></tr>
<tr><td rowspan="4">耦合单元</td><td rowspan="3">绕组</td><td>B 级绝缘</td><td>80</td></tr>
<tr><td>F 级绝缘</td><td>100</td></tr>
<tr><td>H 级绝缘</td><td>125</td></tr>
<tr><td colspan="2">铁芯</td><td>在任何情况下不出现使铁芯本身、其他部件或与其相邻的材料受到损害的程度。</td></tr>
<tr><td colspan="3">铁芯、绕组外部电气连接线及其他构件</td><td>不规定温升限值，但温升不应使其本身及与相邻的部件和材料受到热损坏。</td></tr>
<tr><td colspan="3">切换单元</td><td>外壳温升和结温可参考产品技术手册，不规定温升限值，但温升不应使其本身及与相邻的导体、母线和元器件受到热损坏。</td></tr>
</table>

7.3.9　损耗

装置的空载损耗不应超过 45W，其负载损耗不应超过 2.5%。

7.3.10　噪声

装置正常工作时产生的噪声不应大于 65dB（A 计权声压级）。装置安装在户内，其噪声应不应超过 50dB。特殊要求由供货方和购货方协商确定。

7.3.11　电气寿命

装置电气寿命在额定负载下应能承受不低于 1 万次档位切换且旁路单元和切换单元不损坏。

7.3.12　切换涌流校验

装置调压切换时瞬间产生的涌流不应大于 1.5 倍的额定电流。

二、飞轮储能不间断供电电源验收试验技术规范（T/CPSS 1002—2020）

1　范围

本标准规定了飞轮储能不间断供电电源（以下简称 FW UPS）的术语和定义、试验条件、试验装置和验收方法等内容。

本标准适用于 1kV 及以下电压等级飞轮储能不间断供电电源试验验收工作。

4　试验及检测装置

4.1　试验用仪器仪表

试验用仪器仪表主要包含但不局限于电能质量测试仪、示波器、绝缘电阻测试仪、绝缘强度测试仪、钳型电流表、万用表、声级计、真空计等。

4.2　试验用电源

4.2.1　试验室用电源要求

试验室用电源模拟装置应满足 GB/T 34133 的要求。

4.2.2　现场用电源要求

现场外部供电电源电能质量应符合 GB/T 12325 和 GB/T 12326 的相关规定，外部输入开关额定电压及额定电流应符合产品技术要求，测量供电电源相序为正序。

4.3　试验用负载

4.3.1　试验室用负载要求

4.3.1.1　可调阻性负载

应满足三相 FW UPS 阻性满载测试要求，每相阻值独立可调节。

4.3.1.2　可调非线性负载

应满足三相 FW UPS 整流非线性满载测试要求，三相阻容值可调节。

4.3.1.3　三相交流异步电动机负载

应满足三相 FW UPS 正常工作模式及飞轮储能逆变工作模式时承受电动机直接启动电流及频繁启动要求。考虑 FW UPS 逆变器承受能力下的限值，实际可直启电动机功率应符合产品技术要求。

4.3.2　现场用负载要求

负载试验宜使用上述基准的线性负载、非线性负载及电动机类负载与 FW UPS 输出相连接进行试验，以模拟实际负载。现场无法得到以上基准负载时，则用可得到的最大实际负载进行测试。

5　试验前准备工作

5.1　检验包装箱应完好无损；包装箱内应附有产品合格证，保修单和说明书等资料；包装箱内物品、数量、型号应与包装箱及相关合同一致。

5.2　地面固定安装式 FW UPS 的地面厚度、强度及水平度应符合产品技术要求。

5.3　车载 FW UPS 应停在合适的水平路面，保证两侧距离大于 1.5m，放置枕木、支起支撑腿，确定车体处于水平状态，飞轮本体可设置局部精密调平支架。放置水平仪，其指示及读数应满足产品技术要求。

5.4　根据产品技术要求将飞轮转子由运输模式解锁为运行模式。

5.5　FW UPS 的外部电源供电电能质量应符合相关标准，外部输入开关额定电压及额定电流应符合产品技术要求，测量供电电源相序为正序。

5.6　检查 FW UPS 输入开关、输出开关及旁路开关在断开位置。如需核实其绝缘电阻，应按照试验方法中的操作要求进行测量。

5.7　根据产品要求及现场情况铺设电缆，电缆应避免靠近高温、具有腐蚀性的场所，避免电缆长期暴晒，且铺设线路沿线无异物。工作人员应按照相序逐根敷设，注意电缆排放整齐，避免相互交叉。

5.8　检查发电机组润滑油、燃料、冷却液、启动电池、操作屏情况，保证启动电池容量充足，确保发电机组能随时正常启动。

5.9　根据提前制定好的保电方案，进行市电、发电机输入及 FW UPS 输出一次回路的电气连接、控制系统信号线的电气连接、接地线的电气连接。采用连接器时应紧固可靠。连接完成后，应在相应金属裸露部分套上绝缘护套或做绝缘防护，防止发生人身触电事故，并在适当位置悬挂警示牌。

三、固态切换开关现场验收试验技术规范（T/CPSS 1003—2020）

1　范围

本标准规定了固态切换开关装置（简称装置）现场验收试验的相关术语和定义、现场验收试验前准备、现场验收试验电路及要求、试验内容及方法等方面的内容。

本标准适用于标称电压为1000V及以下，标称频率为50Hz的三相交流低压配电系统，用户配电用固态切换开关以及主要元件和辅助设备。其他具有类似功能的装置也可参照执行。

6　现场验收试验内容及方法

6.1　试验内容

试验项目见表1。

表1　试验项目

序号	试验项目	试验方法	必做项目	选做项目
1	外观和结构检查	6.2.1	√	
2	绝缘电阻检查	6.2.2	√	
3	绝缘强度试验	6.2.3	√	
4	核相试验	6.2.4		√
5	保护试验	6.2.5		√
6	传动试验	6.2.6	√	
7	最小切换时间试验	6.2.7	√	
8	最小切换时间间隔试验	6.2.8	√	
9	旁路试验	6.2.9	√	
10	冲击性负荷启动	6.2.10		√
11	通信试验(检测上传)	6.2.11		√

6.2　试验方法

6.2.1　外观和结构检查

6.2.1.1　外观检查

用目测和仪器测量的方法进行，装置外观应符合DL/T 1226—2013及下列规定：

——装置的壳体外表面，一般应喷涂无炫目反光的覆盖层，表面不得有起泡、裂纹或流痕等缺陷；

——装置所选用的指示灯、按钮、导线及母线的相位标志应符合相关标准的要求；

——装置应能承受一定的机械、电和热的应力，其构件应有良好的防腐蚀性能；

——外形尺寸、端子等应符合产品图样要求，铭牌参数标志清晰，数据正确；

——柜门和外壳应有良好接地。

6.2.1.2　结构电气间隙和爬电距离检查

电气间隙和爬电距离应满足DL/T 1226—2013的要求：

——装置内裸露带电导体之间以及它们与外壳之间的电气间隙和爬电距离应不小于表2的规定。

——正常使用条件下，装置裸露带电导体相间及它们与外壳之间的最小电气间隙与爬电距离应符合表2的规定。

表2　装置额定电压1kV及以下的电气间隙与爬电距离

额定电压 V	最小电气间隙 mm	最小爬电距离 mm
$60<U_i<660$	10	12
$660\leq U_i\leq 1000$	12	20

6.2.2　绝缘电阻检查

绝缘检查应符合DL/T 1226—2013的要求，绝缘电阻大于1000Ω/V（标称电压），则此项试验通过。

绝缘检查应使用电压至少为500V的绝缘电阻表（兆欧表）进行绝缘电阻测量，测量部位如下：

——相导体之间；

——相导体与裸露导电部件之间。

6.2.3　绝缘强度试验

试验方法参照GB/T 311.1的规定，成套装置输入、输出分别对地工频耐受电压试验，结果应符合本标准6.3.5的要求。

6.2.4　核相试验

利用相序分析仪表对两路电源分别进行相序测量，确定其接入设备相序关系。

6.2.5　保护试验

6.2.5.1　过流试验

在主电路上施加电流信号，从额定电流逐渐增大至装置过流保护阈值，或在二次回路上施加等效电流信号进行试验测试，过流保护阈值不宜小于额定电流的2.5倍，在整定范围内装置保护部分应能正常保护。

6.2.5.2　过载试验

在主电路上施加电流信号，从额定电流逐渐增大至装置过载保护阈值，或在二次回路上施加等效电流信号进行试验测试，过载告警阈值不宜小于额定电流的110%，在整定范围内装置保护告警部分应能正常动作。

6.2.5.3　过压试验

在主电路上施加工频电压信号，从额定电压逐渐增大至装置过压保护阈值，或在二次回路上施加等效电压信号进行试验测试，过压保护阈值不宜小于额定电压的115%，在整定范围内装置保护部分应能正常保护。

注：过电压的原因和过电压保护的方法参见 GB/T 3859.1—2013 中 6.6.6。

6.2.6 传动试验

设定装置投入、退出、手动切换、自动切换、自动回切，等控制操作方式，装置应显示、动作正常、录波数据正常。

6.2.7 最小切换时间试验

试验电路如图2所示，用电压暂降发生器分别产生单相、两相、三相电压暂降，电压暂降深度为90%~10%，每10%为1档，在各种试验下测得切换时间均应符合6.3.1的要求。

6.2.8 最小切换时间间隔试验

试验电路如图2所示，在额定负载情况下，进行电压暂降自动切换试验，操作次数5次，每次时间间隔符合6.3.2的要求。

6.2.9 旁路试验

试验电路如图2所示，进行手动旁路切换或自动旁路切换试验，操作次数5次，每次均可靠有效实现旁路切换，则满足要求。

6.2.10 冲击性负荷启动

装置在投入状态下，启动冲击性负荷，装置应处于投入运行状态或切换旁路运行模式，操作次数5次，装置不出现故障，则满足要求。

注：电压暂降发生器若不具备冲击性负荷启动，宜在备用侧电源运行工况下测试。

6.2.11 通信试验

将装置的通信接口与通信终端连接，通过通信终端下发启动、停机、切换等操作指令，装置依据指令能正确动作执行，同时能对装置运行状态、运行数据读取，则满足要求。

6.3 试验结果评估

6.3.1 切换时间

最小切换时间应符合 DL/T 1226—2013 第6.5条的指标要求。

6.3.2 切换时间间隔

最小切换时间间隔应符合 DL/T 1226—2013 第6.6条的指标要求。

6.3.3 显示功能

装置以下显示功能正确有效，则合格：

——装置的工作状态和供电电源工作状态；

——各路独立电源的电压、电流；

——负荷侧的电压、电流；

——主要部件如控制器、电力电子阀、快速开关、冷却系统（如果有）等的工作状态；

——主要通信口的通信状态；

事件记录。

6.3.4 控制及保护功能

6.3.4.1 控制功能

控制功能如下：

——装置应具备手动切换和自动切换两种控制方式；

——当主供电电源从故障状态恢复正常后，应能够实现自动回切，自动回切功能可由用户设定；

——装置应具备就地控制和远方控制；

——装置应具备防止在切换过程中电源间出现环流；

——装置故障，动作保护后，能事故报警，电力电子阀单元退出，但装置不应中断负荷供电。

6.3.4.2 固态开关单元保护功能

异常保护功能如下：

——控制器异常保护；

——电力电子阀体异常保护；

——快速开关异常保护（如果有）；

——冷却系统异常保护（如果有）。

6.3.4.3 系统异常保护

系统异常保护如下：

——过电流保护；

——过载告警；

——过压保护。

6.3.5 绝缘强度

装置工频耐受电压应符合表3的要求。

表3 装置工频耐受电压

额定电压 V	工频耐受电压(有效值) V
$60<U\leqslant300$	2000
$300<U\leqslant690$	2500
$690<U\leqslant800$	3000
$800<U\leqslant1000$	3500

6.3.6 旁路试验

装置带载运行中，进行手动或者自动旁路试验，均能有效切换旁路，则试验满足要求。

6.3.7 冲击性负荷试验

装置运行过程中，投入冲击性负荷，装置持续运行（电力电子阀运行或者切换到旁路运行），则试验满足要求。

6.3.8 通信操作功能

通信操作功能如下：

——对装置面板各功能操作，能有效实现对装置的运行控制操作；

——将装置通信端口与通信终端连接，能有效实现对装置的运行控制、状态数据读取等操作。

6.4 试验记录

试验结果记录参见附录B。

四、用户侧电能质量在线监测装置及接入系统技术规范（T/CPSS 1004—2020）

1 范围

本标准规定了用户侧电能质量在线监测装置（以下简称监测装置）基本要求，及其接入供电企业电能质量监测系统的数据传输内容、通信方式、通信规约和信息安全。

本标准适用于电力用户侧安装的电能质量在线监测装置，在配电网、风电场及光伏电站等新能源电站安装的电能质量在线监测装置可参考采用。

4 监测装置基本要求

4.1 电能质量监测功能

电能质量测量方法应满足 GB/T 17626.30 的要求。监测装置应具备电压偏差、频率偏差、谐波、间谐波、三相电压不平衡、闪变和电压暂升、暂降、短时中断等指标中的一项或多项指标的监测功能，测量准确度应满足 GB/T 19862—2016 表 2 和表 3 的要求，谐波监测次数应不低于 50 次。

4.2 触发和标记功能

4.2.1 监测装置应具有连续变化型电能质量指标越限、暂态电能质量事件发生以及其他设定条件下的触发功能。

4.2.2 当触发条件启动后，监测装置应同时记录所有测量通道的电压电流波形和有效值数据，最大记录周波数应不小于 50 个，触发前周波数应不少于 5 个，每周波记录采样点数应满足 50 次谐波计算要求。

4.2.3 监测装置应按照 GB/T 17626.30 实现电压暂降、电压暂升、短时电压中断等暂态事件发生期间的连续变化型电能质量监测数据标记功能。

4.3 数据统计、记录与存储功能

4.3.1 实时数据

4.3.1.1 监测装置应依据 GB/T 17626.30 标准计算各连续变化型电能质量指标（除闪变外）的 150 周波实时数据，150 周波实时数据的算法见附录 A。短时闪变实时数据按 10min 间隔计算，长时闪变实时数据按 2h 间隔计算。

4.3.1.2 监测装置可不存储各连续变化型电能质量指标（除闪变外）实时数据。短时闪变和长时闪变实时数据按统计数据形式存储。

4.3.2 统计数据

4.3.2.1 监测装置应依据 GB/T 17626.30 标准计算各连续变化型电能质量指标（除闪变外）的分钟统计数据。统计间隔宜设置为 10min，可在 1min～15min 内调整。分钟统计数据的算法见附录 A。

4.3.2.2 监测装置应按照 DL/Z 860.2 要求，以日志形式实现历史统计数据的存储。

4.3.3 暂态事件波形数据

监测装置应记录可表征电能质量暂态事件特征的电压和电流波形。暂态事件波形数据以 GB/T 22386 规定的 COMTRADE（Common Format for Transient Data Exchange，电力系统瞬态数据交换通用格式）文件形式存储，每个用于暂态事件波形记录的 COMTRADE 文件只包含一个监测点的波形数据。

4.3.4 告警信息

监测装置应记录并存储电能质量稳态指标越限事件、暂态事件、上电断电事件等告警信息。监测装置应按照 DL/Z 860.2 要求，以日志形式实现告警信息的存储，存储模式为先进先出、循环存储。

4.4 数据访问和传输功能

4.4.1 本地显示功能

监测装置可选配显示屏，用于查询显示实时数据、实时波形、告警事件、设置参数等信息。

4.4.2 远程访问功能

监测装置宜支持通过远程方式查询显示实时数据、实时波形、告警事件、设置参数等信息，并进行参数整定、升级等操作。

4.4.3 通信功能

监测装置应具备至少 1 个 100M 及以上以太网接口，实现有线通信或连接外置无线通信模块实现无线通信。监测装置宜具备内置无线通信模块，实现 4G 无线通信功能。

4.5 对时功能

监测装置应支持卫星对时，以及网络对时。

4.6 辅助输入输出功能（可选）

4.6.1 开关量输入功能

监测装置宜具备开关量输入功能，以满足遥信、脉冲计数、需量同步、以及秒脉冲对时等应用需求。

4.6.2 开关量输出功能

监测装置宜具备开关量输出功能，以满足控制输出、告警输出等应用需求。输出模式应支持继电器输出、光耦输出以及电能脉冲输出。

4.7 安装

监测装置在外观尺寸及安装方式上应满足用户侧较小安装空间的要求。

五、储能电站储能电池管理系统与储能变流器通信技术规范（T/CPSS 1005—2020）

1 范围

本标准规定了储能电站储能电池管理系统与储能变流器之间的通信网络拓扑结构、物理层、数据链路层、应用层、协议结构等技术规范。

本标准适用于储能电站储能电池管理系统与储能变流器之间的通信。

4 总则

4.1 本标准储能电站 BMS 与 PCS 之间的通信系统采用 CAN2.0B 通信协议（控制器局域网）和 MODBUS（串行通信协议）通信协议。

4.2 本标准规定报文字节遵循首先发送低有效字节原则。

4.3 本标准通信协议中“备用”的字节填充 0x00，“备用位”填充 0。

5 网络拓扑结构

5.1 储能电站 BMS 与 PCS 之间的通信网络一般包括两个节点，即 BMS 和 PCS。

5.2 储能电站 BMS 和 PCS 之间的通信网络拓扑结构示意图见图 1。

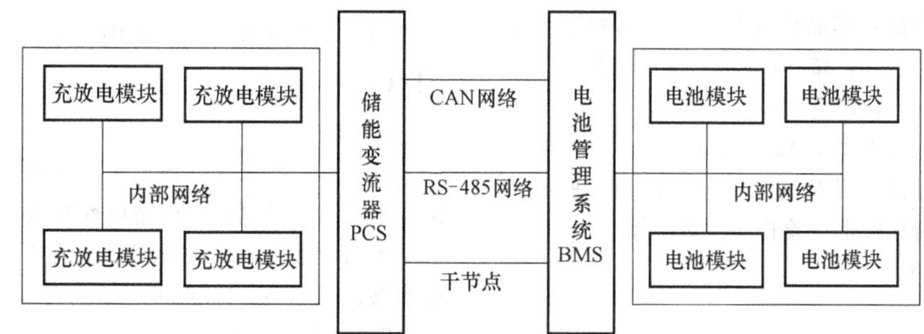

图1　储能电站BMS与PCS之间的通信网络拓扑结构图

6　物理层

6.1　BMS和PCS通信物理层连接采用CAN、RS-485及干节点。

6.2　CAN通信物理层，应符合ISO 11898的规定；RS-485通信物理层，应符合ANSI/TIA/EIA-485-A的规定。

6.3　BMS和PCS宜采用独立的CAN进行通信，应符合表1的要求。

表1　CAN接口要求

序号	名称	要求
1	驱动与接收端耐静电放电(ESD)	±15kV(人体模式)
2	隐性逻辑CANH电平	2.5V
3	隐性逻辑CANL电平	2.5V
4	显性逻辑CANH电平	3.5V
5	显性逻辑CANL电平	1.5V

6.4　CAN通信波特率可以设置，宜设置为250kbit/s，不高于500kbit/s。

6.5　BMS和PCS应采用独立的RS-485进行通信，RS-485为标准串行电气接口，应符合表2的要求。

6.6　RS-485通信波特率可以设置，宜设置为9600bit/s，不高于19200bit/s。

6.7　BMS和PCS应至少采用2路干节点进行通信，应符合表3的要求。

表2　RS-485接口要求

序号	名称	要求
1	驱动与接收端耐静电放电(ESD)	±15kV(人体模式)
2	共模输入电压	-7V~+12V
3	差模输入电压	>0.2V
4	驱动输出电压	1.5V~5V(负载阻抗54Ω时)
5	通信方式	半双工
6	驱动能力	不小于32个同类接口
7	有效传输距离	传输速率不大于100kbps条件下，不小于1200m
8	总线	无源，由BMS或PCS提供隔离电源

表3　干节点接口要求

序号	名称	要求
1	驱动与接收端耐静电放电(ESD)	±15kV(人体模式)
2	断开	阻值大于10MΩ
3	闭合	阻值小于10Ω
4	过电流能力	500mA
5	干节点形式	无源

六、开关电源加速老化试验方法（T/CPSS 1006—2020）

1　范围

本标准规定了开关电源加速老化试验的技术要求、试验方法等。

本标准适用于室内使用的开关电源的加速老化试验。工厂生产制造的开关电源产品出厂前的老化试验也可参照使用。

5　检测方法

5.1　一般要求

5.1.1　加速老化试验设备要求

设备要求如下：

——加速老化试验箱可提供六自由度随机振动，并能在宽频段（2kHz~5kHz）产生至少50Grms振动强度；

——加速老化试验箱温度变化范围至少为（-60~120）℃；

——加速老化试验箱必须使用液氮降温以达到足够的温度变化率，温度变化率需大于等于45℃/min；

——具备可编程大功率交流电源与直流电子负载；

——具备数据采集器与热电偶线，监测试验样品内部温度；

——具备频谱分析仪与加速规，监测试验样品振动响应。

5.1.2　加速老化试验样品数量要求：

每项试验的样品数量应不少于3件（含3件）。

5.2　产品工作应力极限试验

5.2.1　低温步进应力试验

5.2.1.1　试验目的

确定产品低温工作下限与低温破坏下限。

5.2.1.2　试验条件

试验条件如下：

——起始环境温度：0℃；

——每个步进温度间隔：10℃；

——保持时间：10分钟；在加速老化试验箱温度变化

期间试验样品断电，待试验样品内部温度（通过样品内粘贴热电偶线确定）稳定后，停留 10 分钟，在此期间给试验样品输入标称电压，输出额定满载；

——温度变化率：大于等于 45℃/min；

——功能监测：在试验样品通电期间，监测试验样品功能，根据产品规格指标确定试验样品是否工作正常。

5.2.1.3　试验程序

试验程序如下：

a）在常温下给试验样品输入标称电压，输出额定满载，检测试验样品功能，根据产品规格指标判定试验样品是否工作正常；

b）如果试验样品工作正常，将试验样品断电，设定环境温度为起始环境温度；

c）待试验样品内部温度（通过样品内粘贴热电偶线确定）稳定后，停留 10 分钟，在此期间给试验样品输入标称电压，输出额定满载，监测试验样品功能，根据产品规格指标判定试验样品是否工作正常；在试验样品内部温度未稳定期间，试验样品在试验箱内处于断电状态；

d）如果试验样品工作正常，将试验样品断电，环境温度降低 10℃，降温过程中温度变化率大于等于 45℃/min；

e）重复步骤 c）与 d），直到试验样品失效（输出电压不在产品规格指标内）或者环境温度降到-50℃；

f）如果试验样品失效，将环境温度升高到 25℃；

g）重复步骤 c）；

h）如果试验样品在 25℃仍失效，则将试验样品失效时设定的环境温度值记录为低温破坏下限，将上一步样品工作正常时设定的环境温度值记录为低温工作下限；

i）如果试验样品在 25℃功能恢复正常，将环境温度降低为试验样品失效时设定的环境温度+5℃；

j）重复步骤 c）；

k）如果试验样品在失效温度+5℃条件下工作正常，则将此温度值记录为低温工作下限；如果试验样品仍失效，则将上一步产品工作正常时设定的环境温度值记录为低温工作下限；

l）如果试验样品在环境温度为-50℃条件下仍工作正常，则将此环境温度值（-50℃）记录为低温工作下限和低温破坏下限。

5.2.1.4　低温步进应力试验示意图

低温步进应力试验示意图如图 1 所示。

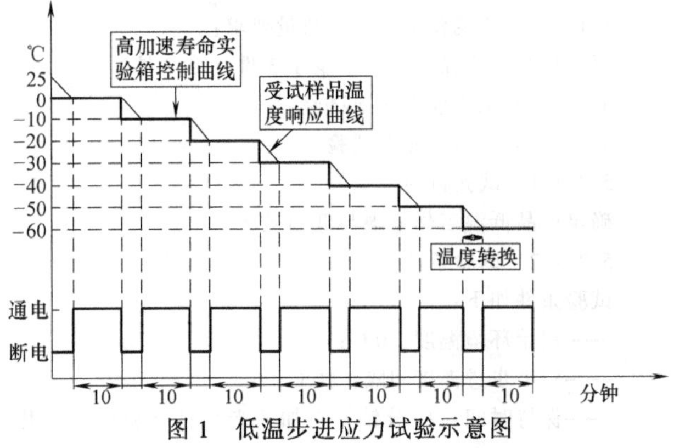

图 1　低温步进应力试验示意图

七、开关电源交流电压畸变抗扰度技术规范（T/CPSS 1007—2020）

1　范围

本指导性技术文件规定了电网的电压畸变的技术要求、试验方法、以及电源电网适应性判定等。

本指导性技术文件适用于所有交流-直流开关电源，如适配器、充电器、PC 电源等。

5　电网特殊波形

5.1　试验过程

先让开关电源在额定交流电压（220Vac/50Hz）输入、额定负载输出工作，然后分别在 5.3 条电网特殊波形下持续工作 5 分钟。

5.2　判定要求

试验结果需满足第 9 章中 A 类的判定要求。

5.3　交流电压畸变波形

5.3.1　突变波形

在额定交流电压的每间隔 1/10 周期处突变到一个 300Vac/50Hz，保持时间为 1ms 的同步电压。

突变波形参考图 1 示意图。

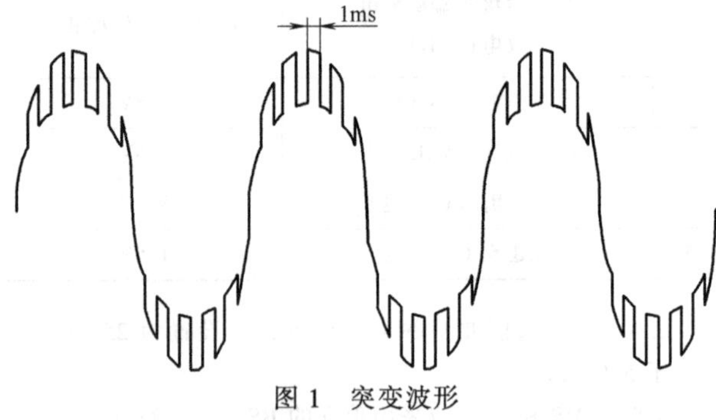

图 1　突变波形

5.3.2　电压削波波形

在交流额定值的 90 相位处跌落 1/4 周期。

电压削波波形参考图 2 示意图。

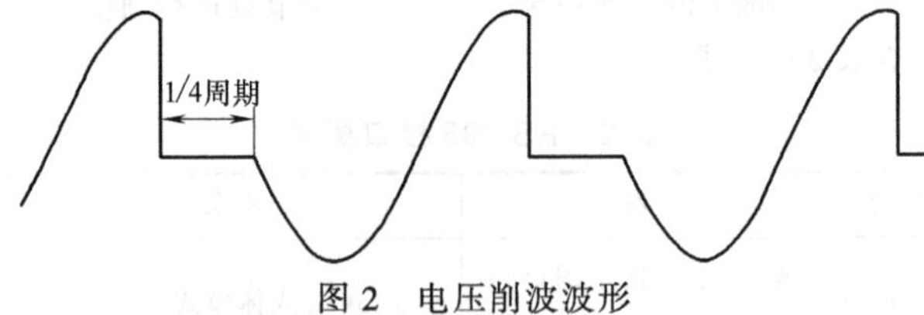

图 2　电压削波波形

5.3.3　半波陡升至倍电压波形

将输入电压调整为输入欠压保护恢复时对应的电压再增加 5V（保持时间为 180s）到 380Vac/50Hz（0°相位处开始跳变，保持时间为 10ms）之间跳变。

半波陡升至倍电压波形参考图 3 示意图。

6　电网谐波波形

6.1　试验过程

可编程交流电源设定开关电源输入电压为额定电压（220Vac/50Hz），波形分别为 6.3 条相应交流电压畸变波形，被测物在额定负载条件下持续工作 5 分钟。

6.2　判定要求

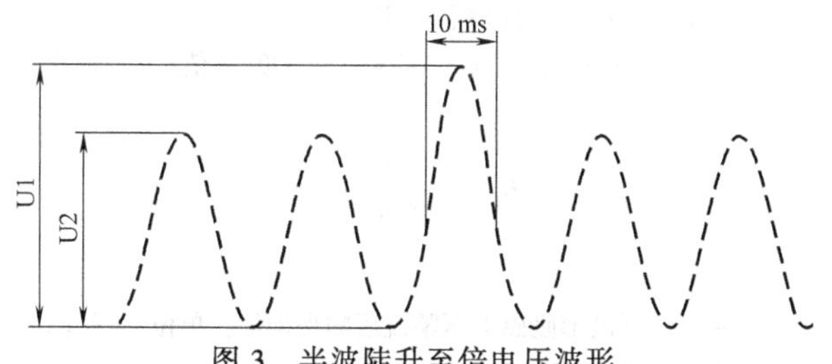

图 3　半波陡升至倍电压波形

试验结果需满足第 9 章中 A 类的判定要求。

八、低压电气设备电压暂降及短时中断耐受能力测试方法（T/CPSS 1008—2020）

1　范围

本标准规定了低压电气设备电压暂降和短时中断耐受特性的测试条件、受试设备性能判据、测试设备与布置、测试内容、测试流程、测试数据处理和测试报告要求。

本标准适用于连接到标称电压不超过 1kV，额定频率为 50Hz 的交流网络的电气设备。

7　测试内容

7.1　单相设备

单相设备的测试内容如下：

a）工作状态：要求至少测试受试设备的 2 种工作状态，宜包含设备满载工作状态。

b）相位跳变：要求至少在相位跳变为 0°时进行测试。条件允许时，建议相位跳变的测试范围为 -30° ~ 30°，测试步长为 5°。

c）暂降起始角：要求至少测试电压暂降起始角为 0°和 90°两种情况。条件允许时，建议在 0° ~ 360°范围内，以 45°为步长对设备进行电压暂降测试。

d）残余电压：要求残余电压的最小测试组为 0%、20%、40%、50%、70%、80%、90%。条件允许时，建议残余电压的测试范围为 90% ~ 0%，以 10%为步长依次测试。当两相邻残余电压对应的持续时间变化较大时，建议在该区间内残余电压采用更小的步长进行测试。

e）持续时间：对应每一个残余电压值，应确定设备可耐受的电压暂降持续时间，可耐受的持续时间分辨率应不小于 1ms。

7.2　三相设备

三相设备的测试内容如下：

a）对于三相设备，无论是否有中线，三相应同时进行测试。

b）对于具有中线的三相设备，每次单独测量一个电压（相-相电压和相-中线电压），进行六个不同序列的测试，即 A-N，B-N，C-N，A-B，B-C 和 A-C。

c）对于不具有中线的三相设备，每次单独对相-相电压进行测试，进行三个不同序列的测试，即 A-B，B-C 和 A-C。

d）三相设备须进行三相对称暂降的测试，即 IEEE Std 1668 标准规定的Ⅲ型电压暂降，具体暂降类型见附录 A。

e）三相设备的测试可考虑不同暂降类型。建议优先采用 IEEE Std 1668 标准规定的暂降类型，也可采用 GB/T 17626.11 或 GB/T 17626.34 规定的暂降类型。

f）对每一种暂降类型，应完成 7.1 节中规定的测试内容。

注 1：本标准所有测试均在矩形暂降下完成。条件允许时，测试可包含波形畸变、多重暂降、非矩形暂降和电网电压波动等情况。

注 2：短时中断的测试内容与电压暂降相同。

8　测试流程

8.1　测试准备

对测试系统作一次正确的预估，以确定测试系统哪一种配置能够体现现场情况，并确保受试设备不应由于应用本标准规定的测试而出现危险或不安全的后果。

对于一个给定的受试设备，在测试开始之前，应先准备一份测试计划。测试计划应代表受试设备预期使用方法。测试计划提出的测试内容应满足第 7 章的要求。测试计划宜包含以下项目：

a）受试设备的基本信息：类型、生产厂家、出厂编号、生产日期等；

b）有关连接和相应电缆及辅助设备的资料；

c）受试设备的额定参数；

d）受试设备的典型运行条件及测试时的运行条件；

e）受试设备性能判据；

f）测试布置。

8.2　测试实施

在测试准备完成后，完成测试接线。按照下列流程实施测试：

a）确定受试设备条件。

b）设定电源初始状态。

c）由电源发出电压暂降信号对受试设备进行测试。

d）判定受试设备是否通过性能判据要求。如果通过，则按照给定步长增加持续时间，并重复本步骤；如果不通过，则记录本次测试的电压暂降残余电压和持续时间作为受试设备可耐受电压暂降的临界点，并记录数据采集测试系统记录的测试中和测试后设备的运行状态、输入电压和电流波形。对受试设备的所有功能进行检查，确认正常后进入下一步。

e）改变残余电压，重复 c），d）步骤，当所有残余电压均已测试完毕后，用第 9 章给出的数据处理方法处理测试数据，并进入下一步。

f）按照第 7 章测试内容要求依次改变电源条件，重复 c），d），e）；当所有电源条件测试完毕后进入下一步。

g）按照第 7 章测试内容要求依次改变受试设备条件，重复 c），d），e），f），直至所有受试设备条件测试完毕，结束整个测试。

单相设备的详细测试流程图见附录 B.1，三相设备的详细测试流程图见附录 B.2。

九、磁性材料高励磁损耗测量方法（T/CPSS 1009—2020）

1　范围

本标准规定了软磁磁性材料在高励磁下损耗的测量方

法和测量技术要求。

本标准适用于电子设备、开关电源和功率变换设备中感性元件的软磁磁性材料。

5 技术要求

5.1 仪器和设备

5.1.1 激励源

5.1.1.1 总则

本标准引入的激励源包括正弦波激励源和方波激励源(占空比为0.5的矩形波)。当选择磁通密度(磁场强度)为激励，则磁场强度(磁通密度)的波形允许有偏差。激励源应具有低内阻抗和高稳定度的幅值和频率。测量时，幅值和频率的波动应保持在±0.1%之内。

5.1.1.2 正弦波激励

当激励是正弦波时，激励源的总谐波分量应不大于1%。励磁电压是正弦波时，则磁通密度峰值计算见公式(1)：

$$B_m=\frac{\sqrt{2}\times U_{rms}}{2\times\pi\times f\times A_e\times N_1} \tag{1}$$

式中：

U_{rms}——励磁电压有效值，单位伏特(V)。

5.1.1.3 方波激励

当励磁电压是方波(占空比为0.5的矩形波)时，如图1所示(负半波与正半波波形一样)。过冲 U_o 应小于方波幅值的5%，顶降 U_D 应小于方波幅值的2%，上升时间 t_r 和下降时间 t_f 应小于周期的1%，方波激励中直流偏磁不应超过方波幅值的2%。励磁电压是方波时，则磁通密度峰值计算见公式(2)。

$$B_m=\frac{U_m}{4\times f\times A_e\times N_1} \tag{2}$$

式中：

U_m——励磁电压幅值，单位伏特(V)。

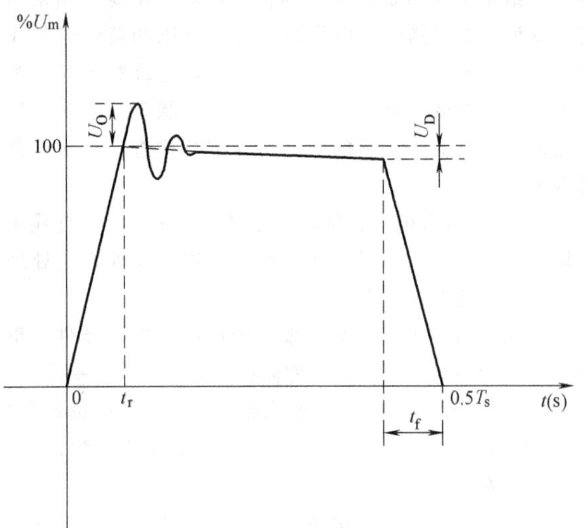

图2 方波波形图

说明：

t_r——上升延迟时间；

t_f——下降延迟时间；

U_D——顶降；

U_O——过冲。

5.1.1.4 磁通密度峰值计算

对于任意波形励磁电压的磁通密度峰值计算见公式(3)：

$$B_m=\frac{U}{4\times f\times A_e\times N_1} \tag{3}$$

式中：

U——任意波形励磁电压整流后的平均值，单位伏特(V)。

5.1.2 测量仪表和仪器

5.1.2.1 总则

电压表或其他电压测量仪器应是高阻抗仪器。探针应具有高输入电阻和低输入电容。电压表或其他电压测量仪器的测量带宽要覆盖幅值是基波幅值1%的谐波的频率。

5.1.2.2 电压表

宜采用精度小于0.2%的电压表。

5.1.2.3 数据采集器

数据采集器的采样率应不低于256个点每周波和分辨率应不低于12位。

5.1.3 传感器

5.1.3.1 采样电阻器

采样电阻器电阻值的误差应不大于0.1%(包含电阻的温度漂移)。采样电阻器的寄生电感感值应满足公式(4)和公式(5)：

$$L\leqslant\frac{R}{2\times\pi\times f}\sqrt{2\times\delta_a} \tag{4}$$

$$L\leqslant\frac{R\times\tan(\delta_\varphi)}{2\times\pi\times f} \tag{5}$$

式中：

R——采样电阻器的阻值，单位欧姆(Ω)；

δ_a——测试频率下采样电阻电压的最大允许相对增加值，无量纲；

δ_φ——采样电阻上电压和电流相位差，单位弧度(rad)。

示例：

若 $\delta_a=0.1\%$，$\delta_\varphi=4.363\times10^{-4}\text{rad}=0.025°$，$R=1\Omega$，$f=500\text{kHz}$，则有：

$$L\leqslant\frac{1}{2\pi\times500\times10^3}\sqrt{2\times0.001}=14.2\text{nH} \tag{6}$$

$$L\leqslant\frac{1\times\tan(0.025°)}{2\times\pi\times500\times10^3}=0.1389\text{nH} \tag{7}$$

因此采样电阻的寄生电感感值应满足：$L\leqslant0.1389\text{nH}$。

5.1.3.2 电流互感器

电流互感器的幅值差应不大于±0.5%；相位差应不大于0.00043635弧度，相当于0.025°。

5.1.4 其他说明

5.1.4.1 线路连接

测量电路中采用的连接线产生的寄生电阻、电感和电容在测量频率范围内不应产生额外的相位差和幅值差。

测量电路中的连接应尽可能短，测量通道之间的相位差在测量频率范围内应满足公式(8)：

$$\Delta\varphi=\pm\frac{\delta_P}{Q_C} \tag{8}$$

式中：

δ_P——功率损耗相对误差，无量纲；

Q_C——$Q_C=\frac{f\times B_m\times H_m}{2\times P_{cv}}$，品质因数，无量纲。

示例：

若 $\delta_P=\pm1\%$，$Q_C=5$，则有：

$$\Delta\varphi=\pm\frac{0.01}{5}=\pm0.002 \quad (9)$$

若励磁为非正弦波，则应计算各次谐波下的相位差。

5.1.4.2　恒温装置

为了测量某个温度下的磁性材料磁心损耗，须提供恒温装置，恒温装置的温度误差应不大于±1℃。

5.2　试样

5.2.1　磁心

用来测量的磁心应来自正常生产并且形成闭合磁路。对于评价材料特性，应采用外内径比小于或等于 2 的环形磁心，以保证磁心磁场分布的基本均匀性。

试样的磁心应去磁（按 GB/T 28869.1 执行）。

5.2.2　绕组

5.2.2.1　绕组绕制

绕组应采用损耗较小的绕线尽可能地贴着磁心单层绕制。对于环形磁心，绕组均匀地沿磁心圆周绕满分布；对于非环形磁心，应尽量使磁心中磁通均匀分布。与励磁绕组相接的连接头必须绝缘，并且要确保绕线绝缘没有被破坏。

试样的自谐振频率应高于测试频率的 10 倍。

5.2.2.2　双绕组

建议首选双绕组绕制试样，双绕组分别为励磁绕组和感应绕组，两个绕组的耦合系数尽可能接近 1，建议采用双股并绕。

5.2.2.3　单绕组

若测量仪器不能测量双绕组试样的磁特性时，则可采用单绕组绕制试样。单绕组试样绕组损耗与磁心损耗相比足够小时，可忽略绕组损耗，否则需采取一定的措施扣除绕组损耗。推荐以下措施：

a）当激励是正弦波时，且绕线直径小于两倍的测量频率下的透入深度，则绕组的交流电阻近似等于直流电阻，利用公式（10）计算绕组损耗。

$$P_w=I_{rms}{}^2\times R_{dc} \quad (10)$$

式中：

I_{rms}——励磁电流的有效值，单位安培（A）；

R_{dc}——绕线的直流电阻，单位欧姆（Ω）。

b）当激励是正弦波时，且绕线直径大于两倍的测量频率下的透入深度，则利用公式（11）和（12）计算绕组的交流电阻和绕组损耗。

$$R_{ac}=\frac{(d/(2\times\Delta))^2}{(d/(2\times\Delta))^2-(d/(2\times\Delta)-1)^2}\times R_{dc} \quad (11)$$

$$P_w=I_{rms}{}^2\times R_{ac} \quad (12)$$

式中：

d——绕线的直径，单位米（m）；

Δ——透入深度，单位米（m）；

I_{rms}——励磁电流的有效值，单位安培（A）；

R_{ac}——绕线的交流电阻，单位欧姆（Ω）。

c）当激励是方波，因为绕组损耗的线性性质，可利用傅里叶谐波分析法计算绕组损耗，计算见公式（13）和（14）。

$$i(t)=\sum_{k=1}^{n}I_{rmsk}\times\sqrt{2}\cos(k\times2\times\pi\times f\times t+\varphi_k) \quad (13)$$

$$P_w=\sum_{k=1}^{n}I_{rmsk}{}^2\times R_{ack} \quad (14)$$

式中：

$i(t)$——励磁电流的瞬时值，单位安培（A）；

I_{rmsk}——励磁电流中 k 次谐波电流的有效值，单位安培（A）；

φ_k——励磁电流中 k 次谐波电流的初相位，单位幅度（rad）；

n——建议励磁电流的 n 次谐波幅值是基波幅值的 1%；

R_{ack}——励磁电流中 k 次谐波电流频率下的交流电阻，单位欧姆（Ω）。

d）当试样采用环形磁心，以相同尺寸的空心磁心替代原磁心并以相同绕组绕制空心试样，利用阻抗分析仪或 LCR 表测量空心试样的不同谐波频率的交流电阻即为测量试样的绕组等效交流电阻。

5.2.3　磁心的固定

环形试样距离外部金属不小于 20mm，非环形试样应尽量远离金属。

5.2.4　试样的参数

试样的有效截面积 A_e、有效磁路长度 l_e 和有效体积 V_e 的计算参照 GB/T 20874。

5.3　测量条件

5.3.1　与实际工况有关的说明

选择合适的测量条件、测量方法和测量过程，使测量结果可以预测实际工况下的损耗。但是并不苛求实验条件（特别是与激励有关的条件）要与实际工况一致。

5.3.2　有效参数

本标准中的测量方法是测量磁性材料损耗的有效量。

5.3.3　测量的磁状态

试样磁心应在稳定和可重复的磁状态下进行测量，应消除材料的各种剩磁和时间效应。测量全过程完成时间需要根据磁心材料损耗对温度的敏感性确定。对铁氧体磁心，建议时间不超过 3 秒，对磁粉心磁心不应超过 10 秒，测试结束应及时断开激励源避免磁心过热。

十、电动汽车移动式无线充电技术规范（T/CPSS 1010—2020）

1　范围

本标准规定了电动汽车在特定场景下移动式无线充电类系统总体要求、主要性能的技术要求（标准所列出的内容）等。

本标准适用于各类型的电动汽车移动式磁耦合无线充电系统，为驱动电机与动力电池提供电能，为具体系统规范的制定提供依据。（参考国标）

7　主要性能

7.1　原边无线充电设备输入功率

原边无线充电设备输入功率等级参考国标 GB/T 38775.1—2020，如表 1 所示。

表 1　原边无线充电设备输入功率等级分类

类别	1	2	3	4	5	6	7
功率范围 kW	≤3.7	3.7<P≤7.7	7.7<P≤11.1	11.1<P≤22	22<P≤33	33<P≤66	P>66

7.2　接收端输出功率

根据不同车辆类型，接收端额定输出功率根据不同应用可分为 11kW 和 22kW 两种规格。

7.3　系统效率

根据不同车辆类型，系统整体效率应大于 85%。

7.4　工作气隙

根据不同的车辆类型，电动汽车运动过程的有效无线传输距离应符合表 2 的规定。

表 2　不同车型的系统在额定工况下有效电能传输距离

按功率定义	最大有效传输工作气隙 cm
22kW 以下	9-30
22kW 以上	30

注：系统有效电能传输距离应在额定工况下进行测量，在规定的功率输出与效率条件下，由发射端线圈平面至拾取端线圈平面的距离。

7.5　车辆行驶速度

在额定工况下，即在满足额定功率输出与整体效率规定条件下，车辆额定行驶速度要求应符合推荐厂家经济适用速度，正常行驶下车辆不允许超过 120km/h。

7.6　侧向偏移容忍度

针对不同功率等级（大于 11kW，小于 11kW），限定车辆处于稳定平行于轨道运行状态。电动汽车运动过程中的侧向偏移容忍度应符合表 3 的规定。

表 3　不同功率等级下车辆侧向偏移容忍度

功率等级	最小车辆偏移容忍度 %
大于 11kW	10
小于 11kW	15

注：该侧向偏移容忍度应在额定工况下进行测量，在规定的功率输出与效率条件下，其计算方法为：

侧向偏移容忍度 = 允许侧向偏移距离/导轨轨距

其中允许侧向偏移距离为车辆纵向中心线与导轨中心线的偏移距离，导轨轨距是指椭圆型导轨直线段两侧平型导轨之间的距离。

8　原边无线充电设备

8.1　能量变换电路

能量发射端需满足 GB/T 38775.1—2020、SZDB/Z 150.3—2015 和 Q/CSG 11516.1—2010。在电动汽车原边能量变换电路可采用电压型或电流型的逆变器。

8.2　地埋无线充电线圈

为适应电动汽车运动过程大功率无线充电需求，导轨线圈应设计多匝线圈。

为减小导轨线圈的静态损耗及其对外界的辐射影响，发射端应采用分段导轨线圈的结构形式（见图 2）。

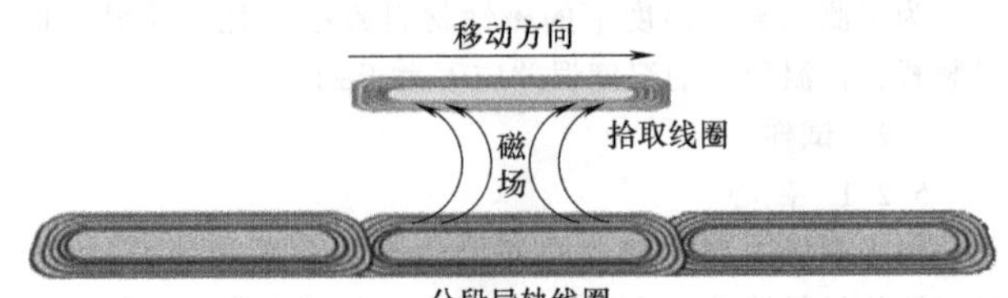

图 2　分段导轨充电模式示意图

9　车载无线充电设备

能量接收端需满足 GB/T 38775.1—2020、SZDB/Z 150.3—2015 和 Q/CSG 11516.1—2010，其功能为：通过发射端与接收端的耦合，在接收端线圈中接收感应电能，并通过能量调理环节将其转化为负载所需的电能形式。其组成主要包括三个部分：

a）拾取线圈及其补偿网络：其功能为获取感应电动势，为拾取端电路的等效输入源，其工作在谐振状态，输出连接功率变换环节。

b）功率变换环节：包括 AC/DC、DC/DC、DC/AC 等电力电子变换电路。用以获得负载所需的直流或交流的电能输出形式。功率变换环节应满足 SZDB/Z 150.3—2015，电能质量应满足 GB 12325—2008 和 GB 17625.1—2012。为实现对输出电压的调节和稳定控制，采用 DC/DC 变换器对输出电压进行控制。电动汽车应能实时自动监测实际输入功率与预期输入功率的差异，系统应自动停止功率传输。

c）负载：动态无线充电系统的负载一般为电机、电池或者电阻类型负载。

十一、锂离子电池模块信息接口技术规范（T/CPSS 1011—2020）

1　范围

本标准规定了锂离子电池模块信息接口的术语和定义、功能要求、技术要求、试验方法、检验规则。

本标准适用于集成了电池模块管理单元的锂离子电池模块。

4　功能要求

4.1　接口应满足通用性、易维护性要求。

4.2　接口应具备电池模块必要信息的输入和输出通信功能，包括电池模块信息码、规格信息、电压、温度、SOC、SOH 等信息。

4.3　接口应具备通信接口终端电阻配置功能。

4.4　接口应具备电池模块管理单元的供电功能。

4.5　接口宜预留控制输出功能，可用于控制风扇等外部设备。

5　技术要求

5.1　接口定义

应至少具备一路CAN通信接口和一路电池模块管理单元的供电接口，参见附录A。

5.2　接口要求

5.2.1　接口供电要求

应满足电池模块管理单元的供电要求，支持5V或12V或24V或模块自身电压的供电。

5.2.2　接口绝缘要求

在所应用系统的最大工作电压下，电池模块正负极与接口外部裸露可导电部分之间的绝缘电阻均应不小于500Ω/V。

5.2.3　接口耐压要求

在所应用系统的最大工作电压下，在电池模块正负极与接口外部裸露可导电部分之间施加相应的电压，不应发生击穿或闪络现象。

5.2.4　接口连接强度要求

接口连接后，端子与线束的连接应牢固，其最小拉力值应符合QC/T 29106表2的规定。

5.2.5　接口防护等级要求

接口连接后，至少应符合IP20的要求。

5.2.6　接口标志要求

接口标志颜色与电池模块颜色应有显著区别。

5.3　接口信息要求

5.3.1　电池模块信息码要求

电池模块信息码包括电池设计信息和生产信息，至少应包括电池生产厂家、电池类型、电池规格信息、电池追溯信息、生产日期，应符合GB/T 34014—2017要求。

5.3.2　电池模块规格信息要求

电池模块规格信息主要包括：电池模块规格尺寸(mm)、电池模块质量（kg）、电池模块电池串并联方式、电池模块额定容量（Ah）、电池模块标称电压（V）、电池模块额定功率（W）。

5.3.3　电池模块运行信息要求

电池模块运行信息宜包含表1中所示的信息，具有对表1信息进行存储的功能。

表4　电池模块运行信息

层级	实时运行信息
电池模块	模块编号、模块电压、模块电流、模块通信状态、模块SOC、模块SOH、模块SOE、模块SOP、模块累计充电时间、模块累计放电时间、模块累计充电电量、模块累计放电电量
单体电池	单体电压、单体温度、单体SOC、单体SOH、单体SOE、单体SOP、均衡状态信息

5.3.4　电池模块故障信息要求

5.3.4.1　电池模块应具有电池电压过高、电池电压过低、电池温度过高、电池温度过低、电池电压一致性偏差大、电池温差大等故障信息的输出和存储功能。

5.3.4.2　电池模块应具有电池电压、温度采集线断线故障信息的输出和存储功能。

5.3.4.3　电池模块应具有通信故障信息的判断和存储功能。

5.3.4.4　电池模块宜具有自检功能，对其主要功能进行筛查和识别，对严重影响使用和安全的功能异常给出告警，并把告警信息存储下来。

5.3.5　电池模块信息接收

5.3.5.1　通过信息接口可接收并存储电池模块电流信息和电流异常信息，正的电流值代表电池放电，负的电流值代表电池充电。

5.3.5.2　通过信息接口可接收电池均衡管理信息。

5.3.5.3　通过信息接口可接收电池控制信息。

5.3.6　通信协议

电池模块管理单元与外部设备之间的通信网络应采用CAN2.0B通信协议，参见附录B。

第七篇　主要电源企业简介

（同类企业按单位名称汉语拼音字母顺序排序）

副理事长单位

1. 广东志成冠军集团有限公司

地址：广东省东莞市塘厦镇田心工业区
邮编：523718
电话：18002825226
传真：0769-87927259
邮箱：liux@ zhicheng-champion. com
网址：www. zhicheng-champion. com

简介：广东志成冠军集团有限公司，系国家高新技术企业和国家创新型试点企业。公司创办于1992年8月，注册资金为1亿元人民币，总占地面积达30万m^2，拥有资产7.71亿元。

公司致力于从事先进装备制造业和自动化与新能源和节能两大高新技术领域。目前主要从事大容量不间断电源、消防应急电源、岸电电源、海岛特种电源、光伏逆变电源、高压直流电源及配套的新型阀控型全密封免维护铅酸蓄电池、新能源汽车用磷酸铁锂动力电池的研发、生产、销售与服务。公司坚持自主创新，拥有一支实力强大的技术创新团队，发明专利“大容量不间断电源”荣获全国第十届发明专利金奖，发明专利“一种多制式UPS电源及其实现方法”荣获中国专利优秀奖。同时，公司与湖南大学、华中科技大学、武汉大学等高校分别共建有国家电能变换与控制工程技术研究中心志成冠军研发科研基地、广东省大功率电源工程技术研究开发中心、广东省电力电子变流技术企业重点实验室等8个联合研发机构及国家博士后科研工作站。

公司拥有各类专业技术人员470余人和原值达8000多万元的研发仪器设备。构建了以企业为主体、市场为导向、产学研相结合的技术创新体系，先后填补了国家10项技术空白，且已有9项分别列入了国家火炬计划和国家重点新产品等国家科技计划。近几年以来，公司被认定为4A级“标准化良好行为企业”和“国家创新型示范企业”。2015年公司获得武器装备科研生产许可证，获批成为二级军工保密资格单位（海岛电源唯一企业）。还被认定为首批29家“广东省创新型企业”、20家“广东省装备制造业重点企业”“广东省战略新兴骨干企业”。党和国家领导人先后莅临公司视察和调研，对公司的党建、技术创新、产业升级分别给予了高度评价。

公司大力推广品牌战略。为了培育属于自己的品牌，公司提出了“质量第一，信誉为本”的质量方针，在国内同行业中首批通过了ISO 9001质量管理体系认证和ISO 14001环境管理体系认证。连续8年被广东省工商行政管理局评定为“守合同重信用”企业，不间断电源、应急电源、蓄电池产品被评为“广东省名牌产品”，企业注册商标被评为“广东省著名商标”，2010年又被国家工商总局商标局认定为“中国驰名商标”。

主要产品介绍：

岸电电源

岸电电源系统指具有变频变压能力或具备多频多压能力的船舶岸电，安放于港口码头，为集装箱、客滚船、邮船、客运、干散货船及各种专用船舶等提供供电服务。分为高压（或称中压）船舶岸电和低压船舶岸电。具有V/F分离控制、恒频稳压输出、一键并网、软件逆功率控制等功能；逆变器采用模块化模式和支持多机并联的应用等特点。

企业领导专访：

被采访人：李民英　总工程师

►请您介绍企业2020年总体发展情况。企业的核心竞争力有哪些？

公司2020年度总体发展形势良好，原有不间断电源（UPS）、逆变电源（INV）、应急电源（EPS）、储能电站装置、铅酸蓄电池、磷酸铁锂电池等先进电源产品的营收保持平稳的增长。另外，积极开展海洋供电系统的研发和生产，积极进军海岛特种电源这一新兴市场，2020年岸电电源系统取得了很好的业绩。

公司所取得的成绩，与企业形成的以下几点核心竞争力是分不开的：

1）公司通过自主创新，构建和完善了以企业为主体、市场为导向、产学研相结合的技术创新体系。公司高度重视自主创新，具备独立的产品开发、设计、生产能力。

2）公司大力推广品牌战略。公司一直坚持“质量第一，信誉为本”的质量方针，公司多项产品被评为“广东省名牌产品”，企业注册商标继被评为“广东省著名商标”，2010年被国家工商总局商标局认定为“中国驰名商标”。

►请您介绍企业2021年的发展规划及未来展望。

公司在稳定现有产品的基础上，加大军民融合UPS电源和特种电源产品方面的研发和销售力度，争取2021年在军民融合UPS电源和特种电源产品方面取得很好的业绩。

►新冠肺炎疫情在2020年对企业的主要影响有哪些？

企业采取了哪些策略进行应对?

新冠肺炎疫情在2020年对我公司造成的影响体现在以下几方面：1）企业订单下降；2）招工受影响，导致企业人员不足和生产滞后，影响原有订单的交货及新订单的生产；3）固定成本负担过重。

为了减少新冠肺炎疫情对公司的影响，一方面公司出台了一系列疫情防控方案，保障公司员工的身体健康和生命安全；另一方面加大业务线上化，通过网络、电话等途径积极开拓市场。

2. 华为技术有限公司

地址：广东省深圳市龙岗区坂田华为总部办公楼 H3

电话：0755-28780808

网址：https：//e. huawei. com/cn/products/digital-power

简介：华为技术有限公司（以下简称华为）是全球领先的信息与通信解决方案供应商。华为于1987年成立于中国深圳，发展到2011年已有将近12万名员工。华为围绕客户的需求持续创新，与合作伙伴开放合作，在电信网络、终端和云计算等领域构筑了端到端的解决方案优势。华为致力于为电信运营商、企业和消费者等提供有竞争力的综合解决方案和服务，持续提升客户体验，为客户创造最大价值。目前，华为的产品和解决方案已经应用于140多个国家和地区，服务全球1/3的人口。华为以丰富人们的沟通和生活为愿景，运用信息与通信领域专业经验，消除数字鸿沟，让人人享有宽带。为应对全球气候变化挑战，华为通过领先的绿色解决方案，帮助客户及其他行业降低能源消耗和二氧化碳排放，努力创造最佳的社会、经济和环境效益。

主要产品介绍：

华为 SmartLi UPS

SmartLi UPS是华为主推的数据中心和关键行业供电产品，智能锂电SmartLi联合模块化UPS，可节省占地50%以上，且10年无需更换；采用iPower智能化手段，实现对电容寿命、风扇寿命、电池容量等参数的AI预测，变被动为预测性维护；具备主动均流技术，支持新旧电池混并，实现灵活扩容。

3. 科华数据股份有限公司

地址：福建省厦门市湖里区火炬园马垄路457号

电话：0592-5160516

传真：0592-5162166

网址：www. kehua. com. cn

简介：科华数据股份有限公司（以下简称科华数据）前身创立于1988年，2010年深圳A股上市（股票代码：002335），是国家认定企业技术中心、国家火炬计划重点项目承担单位、国家高新技术企业、国家技术创新示范企业和全国首批“两化融合管理体系”贯标企业，服务全球100多个国家和地区的用户。

科华数据立足电力电子核心技术，融合人工智能、物联网前沿技术应用，致力于将“数字化和场景化的智慧电能综合管理系统”融入不同场景，提供稳定动力，支撑各行业转型升级，在数据中心、高端电源以及新能源三大领域，为政府、金融、工业、通信、交通、互联网等客户提供安全、可靠的智慧电能综合管理解决方案及服务。

科华数据本着“自主创新，自有品牌”的发展理念，组建了以自主培养的4名享有国务院政府特殊津贴专家领衔的1000多人的研发团队，先后承担国家与省部火炬计划、国家重点新产品计划、863计划等30余项，参与了140多项国家和行业标准的制定，获得国家专利、软件著作权等知识产权1000多项。

权威调研机构赛迪顾问报告显示，科华数据连续多年保持中国UPS国产品牌市场占有率领先；权威ICT研究资讯机构计世资讯（CCW）报告显示，科华数据在2019年中国微模块数据中心市场、UPS市场份额排名中，均位居整体市场占有率领先，以品牌力量引领智慧电能行业发展，驱动数字互联世界。

主要产品介绍：

MR系列三进三出UPS

MR系列三进三出UPS，模块功率为25、50、100、125kW（kVA），额定电压为380V，额定功率为50Hz，采用先进的三电平逆变技术，从部件到整机采用可靠的冗余设计，具有高效率、高功率密度、易于扩展、按需扩容和占地面积小等优点，为负载提供可靠、稳定、纯净的绿色电能。

企业领导专访：

被采访人：陈四雄　科华数据股份有限公司总裁

▶请您介绍企业2020年总体发展情况。企业的核心竞争力有哪些？

2020年，新冠肺炎疫情肆虐，给各行各业的发展带来了重重考验。科华数据坚定信念，直面挑战，积极推进公司运作的良性发展。公司坚定实行“打粮食，造血液”的战略举措，紧跟行业动向，主动融入新基建、数字经济发展浪潮，紧贴客户场景，为其创造更优服务和价值。公司全体员工积极响应精细化管理要求，优化业务流程和工作方法，使得公司管理效率得到进一步提升，最终实现公司经营成果的大幅增长。

科华数据的核心竞争力主要体现在以下几个方面：

一是始终自主研发和技术积累。经过33年的行业实践，公司有着深厚的技术沉淀，形成了技术核心驱动力，实现各业务板块协调发展，在“技术同源”思路下“同频共振”。

二是各项业务均处于市场“好赛道”。公司数据中心、智慧电能、新能源三大业务板块与国家“十四五”规划、新基建、数字化发展高度契合，处于高速发展的最佳赛道。国家持续加大新基建投入力度，为公司智慧电能综合管理服务的战略布局带来了巨大的市场机遇。

三是坚持以客户为中心的市场经营理念。在经营管理过程中，公司不断创新产品、提升服务，同时结合大数据、互联网和人工智能的业务发展模式，形成独具特色的业务生态和价值链，坚持为客户创造价值。

▶请您介绍企业2021年的发展规划及未来展望。

2021年，公司转型变革持续迈进，继续深化精细化管理，将业务模式和聚焦领域优化调整，在加强原有业务板块市场竞争力的前提下，通过创新产品及业务模式，开拓新的市场机会及发展空间。具体发展规划如下：

1）在新基建战略规划的引领下，科华数据中心业务快速增长，已成为规模和成长都具有巨大潜力的业务板块。2021年正式更名为“科华数据”，将进一步聚焦数据中心业务，完善数据中心业务模式及组织管理构架，加强数据中心资源布局力度，实现公司数据中心应用发展的进一步提速。

2）万物智联的新时代已经来临。各行各业都在发力数字化转型，智慧交通、智慧金融、智慧工厂、智慧城市等应用喷薄而出。作为连续20多年保持中国UPS国产品牌市场占有率第一的行业领先企业，科华数据将继续以电力电子核心技术为基础，融合人工智能、物联网前沿技术应用，打造“数字化和场景化的智慧电能综合管理系统”，助力政府、金融、工业、通信、交通、互联网等各行业的数字化转型，支撑未来5G发展。

3）随着中国“30·60”双碳目标的提出，国家将构建以新能源为主体的新型电力系统，光储市场迎来了倍增的发展高峰期。作为连续6年入选全球新能源500强的企业，科华数据将在“光伏+储能”的新能源赛道上持续发力，以技术实现新能源的创新应用，运用丰富的多场景融合解决方案经验，助力能源变革进入“碳中和”新时代。

4）在“一带一路”倡议推进下，公司也迎来了全球化发展的新机遇。目前，公司的分支机构和服务网点已覆盖美国、印度、中东、俄罗斯、波兰、澳大利亚、印度尼西亚、越南等国家和地区，服务全球100多个国家和地区的用户。公司将以深厚的行业积累与世界各地各类应用场景相结合，积极拓展海外市场，为全球客户持续输出价值。

5）作为一家科技创新企业，科华数据将始终保持稳定的技术研发投入，并在以客户为中心的理念下，更加重视新产品与客户需求的贴合，研究新技术，开发新产品，发掘新应用，开拓新市场，打造具有市场竞争力、综合性能优异的产品，为“制造强国”添砖加瓦。

▶您对电源行业（或您所在细分行业领域）未来市场发展趋势有什么看法？企业会迎来哪些机遇？如何把握？

2021年，中国数字化进程加速，国家不断加大新基建投资力度，持续释放科技创新的新动能。同时，“30·60”双碳目标的确定，为电力能源行业转型变革带来了更广阔的市场空间和发展机遇。“一带一路”则助推民族品牌走向世界，中国电源企业也将搭乘“一带一路”的东风，走向世界，提升在世界范围内的行业话语权。在民族企业走向世界的同时，也需要行业协会牵头协调业内企业，避免恶性价格竞争，实现企业与行业的良性发展，持续为客户提供优质的产品与服务。

科华数据作为国内的行业领军企业，将充分发挥公司既有的业务战略优势、技术优势、市场优势，以及在多行业用户场景中运用的经验优势，结合时代新需求，汲取先进技术，不断研究与创新，使产品与技术达到世界一流水平。科华在持续修炼内功的同时，也将大力开拓国际市场，提升企业的国际竞争力，努力打造国际品牌，争做世界一流的电力电子企业。

4. 山特电子（深圳）有限公司

SANTAK

地址：广东省深圳市宝安72区宝石路8号

电话：0755-27572666

传真：0755-27572730

邮箱：4008303938@ santak. com

网址：www. santak. com. cn

简介：山特电子（深圳）有限公司（以下简称山特）是专业从事不间断电源（UPS）开发、生产及经营的国际性厂商。在北京、上海、广州、沈阳、成都、武汉、西安已设立7家分支机构，研发和生产基地设在广东深圳，产品范围从后备500VA到在线800kVA大功率并机系列，能满足不同行业用户的需求。

永不妥协的品质是山特成为市场领导者的基础。作为早期进入中国市场的知名UPS厂商，山特公司已通过ISO 9001质量管理体系认证和ISO 14001环境管理体系认证，产品通过泰尔认证、国家广电总局入网认证等多项行业认证。

不断创新的技术是山特追求的目标。设立于深圳的电源研发中心，有世界一流的研发条件，拥有300多位研发人员，其中80%具有本科以上的学历，10%具有高级技术职称。强大的研发能力，保证了山特产品的先进性和创新性，并能不断推出更具市场竞争力的机种，满足用户对UPS高可靠性和高智能化的需求。

山特还率先将 IGBT 功率元件及高频 PWM 技术引入 UPS 行业，引领行业转向高频化和数字化技术发展。这些技术的应用，从根本上提升了 UPS 的性能、效率和可靠性。

规范高效的服务是山特的核心竞争力。山特一直把建立规范化的服务体系，为客户提供及时、高效的技术支持保障作为重点，在深圳设立了客户服务中心，全国分布有 14 个直属服务站、55 家服务网点，100 多名通过专业培训的技术工程师，正时刻准备响应客户的需求。

特约经销是山特在中国的主要销售模式，全国现已有数百家特约经销商。强强联手，是共同发展的根本。

山特公司进入中国 UPS 市场三十余年，凭借雄厚的技术研发实力，可靠的产品品质，完备、快捷、高效的售后服务体系，得到了国内各行业用户的一致肯定，产品已广泛应用于政府、金融、电信、电力、交通、科研院所、制造业及军队等行业，数以千万的用户正在依靠山特 UPS 为其设备提供安全、可靠的电源环境。

主要产品介绍：

UPS

山特电子（深圳）有限公司是专业从事不间断电源（UPS）开发、生产及经营的国际性厂商，产品范围从后备 500VA 到在线 800kVA 大功率并机系列，能满足不同行业用户的需求。

企业领导专访：

被采访人：余宝锋　山特品牌技术总监

▶请您介绍企业 2020 年总体发展情况。企业的核心竞争力有哪些？

山特在 2020 年依靠自身强大的研发及产品制造能力，继续保持了行业的领先地位。2020 年取得了终端销售的良好增长，并推出了山特精密空调、新一代预置化模块机房、高功率长浮充寿命蓄电池等新产品，进一步丰富了产品线，扩展了客户应用的场景。

▶请您介绍企业 2021 年的发展规划及未来展望。

2021 年山特会将行业内更新的技术应用到产品中，实现更高效率，更高功率密度的产品迭代。当前国内经济发展趋势向好，数据需求发展很快，对各家设备厂商都是较好的机会。相信数据基础设施行业将迎来新一轮的增长期。

▶您对电源行业（或您所在细分行业领域）未来市场发展趋势有什么看法？企业会迎来哪些机遇？如何把握？

未来电源行业将向绿色化、智能化方向发展。借助新的技术及云计算等手段，用户将有机会更便捷地了解到设备的运行状态并实现故障可预测管理。拥有强大研发能力的公司能更快响应客户的非标准化需求，进一步巩固市场地位。山特将持续在产品与服务端发力，构建自己的竞争优势。

▶新冠肺炎疫情在 2020 年对企业的主要影响有哪些？企业采取了哪些策略进行应对？

新冠肺炎疫情对公司的复工复产、供应链管理及物流等方面均带来了较大的压力。公司在政府指导下，积极配合各项防疫政策的严格施行，有序开展各项工作，取得了较好的成绩。同时也通过向火神山、雷神山捐献 UPS 设备等行动贡献了自己一份力量。

5. 深圳市航嘉驰源电气股份有限公司

Huntkey航嘉

地址：广东省深圳市龙岗区坂澜大道航嘉工业园

邮编：518129

电话：0755-89606833

传真：0755-89606333

邮箱：secy4@ huntkey. net

网址：www. huntkey. com

简介：深圳市航嘉驰源电气股份有限公司（以下简称航嘉）成立于 1995 年，总部位于深圳，是国际电源制造商协会（PSMA）会员、中国电源学会（CPSS）副理事长单位、中国电动汽车充电技术与产业联盟会员单位。自主设计、研发、制造开关电源、计算机机箱、显示器、适配器等 IT 周边产品，手机等移动电子产品充电器、旅行充等消费周边产品，智能插座、智能小家电、智能 LED 照明等智能家居产品，充电桩、新能源汽车车载电源（充电机、DC/DC 等）。

航嘉凭借自有技术和制造实力，长年服务于联想、华为、海尔、中兴、惠普、戴尔、BestBuy、OPPO、vivo、大疆、海康、大华等企业，获得了客户的一致认可和充分信任，是电源行业极具实力的供应商。

企业目前有员工合计 3000 余人，其中研发人员 400 余人。2006 年荣获深圳市龙岗区“双爱双评活动先进单位”，2010 年被评为“国家级高新技术企业”，2018 年荣获“广东省绿色智能电源工程技术研究中心”称号，目前航嘉深圳园区正在建设 5G 网络能源研发、中试和智能制造基地。

主要产品介绍：

120W 充电器

该产品采用多层印刷线路板定制平面变压器，同时采用 Onsemi 高频驱动方案，工作频率高达 200kHz，搭配 MPS 高频同步整流方案。产品功率密度高达 16W/in[⊖]。同时采用灌胶散热工艺，在产品高功率运行下依然保持良好的温度效果，该产品是行业首次将手机充电器充电功率设计至 120W，用户体感良好。

企业领导专访：

被采访人：刘茂起　执行总裁

⊖ 1in = 0. 0254m。

▶请您介绍企业 2020 年总体发展情况。企业的核心竞争力有哪些？

由于众所周知的原因，航嘉 2020 年的经营规模增幅不大，全年大约 15%。虽然疫情和贸易战影响了航嘉整体年度计划的达成，但由于提前做了应对和调整安排，使得我们全年的大客户业务在新领域、新行业获得了实质性的突破，优质大客户群再次增容；品牌渠道业务取得了长足的进步，销售量实现了质的跨越；新兴的光触媒空净业务再次获得了科技创新产品奖；航嘉参与的双认证电源标准开始正式实施，同时也获得了质量认证中心颁发的“技术规范制定单位”的证书。客户、市场、行业的信赖，为公司接下来的规模成长奠定了良好的基础。

基于多年在 IVC 管理、智能制造、研发和品牌上持续苦练内功，成就了航嘉在智能制造、研发和品牌上的行业地位，拥有了快充、大功率适配器、AGV 电源等具有核心竞争力的电源产品以及平面变压器等核心部件产品，赢得了国内外优质大客户、市场和行业的青睐。

▶请您介绍企业 2021 年的发展规划及未来展望。

面向 2021 年，要在满足业务高速发展的同时，保证公司还能高质量发展以及可持续发展。航嘉会在“苦练内功、精益求精、提高团队执行力”的基础上，落实“言行直接、四流畅通、高效执行”的经营策略。

展望未来，航嘉将立足于 Power 开关电源及关联产品，在以 PC 为代表的 IT 计算机领域，以智能手机为代表的 ICT 通信及消费领域，以智能家居为代表的 AIoT 泛家电领域，以汽车电子为代表的 Mpower 领域不断开疆拓土，为客户、用户和社会创造价值。

▶您对电源行业（或您所在细分行业领域）未来市场发展趋势有什么看法？企业会迎来哪些机遇？如何把握？

随着 5G 及大数据技术的发展，未来市场对服务器、数字能源、工作站、工业电源等会有更大需求。科技让人们对生活的追求更加朝着人性化、个性化、智能化和便利化发展，因此，消费产品需要适应这个方向，相应地，与之配套的电源产品如充电器、适配器、电工、电源也将追求大功率、高密度、集成化和超薄、智能、快充等。传统企业在面临变革和挑战的同时，也面临着产品升级带来的难得机遇。航嘉将在专业研发队伍、研发资源、市场引领等方面提前储备，加大投入，适应市场的变化，满足客户与用户的需求。

▶新冠肺炎疫情在 2020 年对企业的主要影响有哪些？企业采取了哪些策略进行应对？

受贸易战、2020 年新冠肺炎疫情的影响，航嘉的经营曾面临诸多的困难：规模上，上半年最高一个月出货额减少了 2 亿人民币；在启动国产化项目上，各项成本（物料成本、研发、品质成本等）增加了 10%～15%；出口美国的自有品牌，关税税率增加到了 25%；产业转移受到影响，如原计划在 2020 年一季度，公司分别在印度、越南设厂，由于疫情和中印之间的关系影响，计划未能顺利实施；2020 年末的半导体类物料的交付困难、涨价，对公司订单的交付有很大影响等。针对上述问题，我们下定决心，加快了在国产替代上的步伐，积极稳定就业岗位，根据疫情的动态发展，主动与客户供应商随时保持沟通，尽最大努力保证生产的稳定。国内疫情严峻时，通过与客户沟通和相互谅解，及时调整产品结构，大力承接海外订单；随着疫情在全球的蔓延，国内与海外形势发生逆转后，公司又迅速调整策略，大力保证国内订单，同时，通过积极拓展新业务，创造新需求。经过一系列的适应性调整，在 2020 年末，公司的各项发展进入了快速道。我们对未来还是充满了信心。

6. 深圳市禾望电气股份有限公司

地址：广东省深圳市南山区西丽镇官龙村第二工业区 11 栋
邮编：518000
电话：0755-86026786
传真：0755-86114545
邮箱：hopewind@ hopewind. com
网址：www. hopewind. com

简介：深圳市禾望电气股份有限公司（股票代码：603063）专注于新能源和电气传动产品的研发、生产、销售和服务，主要产品包括风力发电产品、光伏发电产品和工业传动产品等，拥有完整的大功率电力电子装置及监控系统的自主开发及测试平台。公司通过技术和服务上的创新，不断为客户创造价值，现已成为国内新能源领域最具竞争力的电气企业之一。

7. 深圳市汇川技术股份有限公司

INOVANCE
汇川技术

地址：广东省深圳市宝安区宝城 70 区留仙二路鸿威工业园 E 栋
邮编：518101
电话：0755-29799595
传真：0755-29619897
网址：www. inovance. com

简介：深圳市汇川技术股份有限公司（以下简称汇川技术）聚焦工业领域的自动化、数字化、智能化，专注“信息层、控制层、驱动层、执行层、传感层”核心技术。

经过 17 年的发展，公司业务及产品包括：1）通用自动化业务，包括各种变频器、伺服系统、控制系统、工业视觉系统、传感器、高性能电机、高精密丝杠、工业互联网等核心部件及光机电液一体化解决方案。主要的下游行业涵盖：空压机、3C 制造、锂电、起重、机床、纺织化纤、印刷包装、塑胶、冶金、石油化工、金属制品、电线电缆、建材、煤矿、注塑机等。2）电梯电气大配套业务，包括电梯一体化控制器（专用变频器）、人机界面、门系统、控制柜、线缆线束、井道电气、电梯互联网等产品。主要为电梯制造商和电梯后服务市场提供综合电气大配套解决方案。2019 年公司收购了上海贝思特，完善了人机界面、门系统、线缆线束等产品系列。3）新能源汽车业务，包括电机控制器、高性能电机、DC/DC 电源、OBC 电源、五合一控制器、电驱总成、电源总成等。主要为新能源商用车（包括新能源客车与新能源物流车）、新能源乘用车提供低成本、高品质的综合产品解决方案与服务。4）工业机器人业务，包括机器人专用控制系统、伺服系统、视觉系统、高精密丝杠、SCARA 机器人、六关节机器人等核心部件、整机解决方案，下游行业涵盖 3C 制造、锂电、光伏、LED、纺织等。5）轨道交通业务，包括牵引变流器、辅助变流器、高压箱、牵引电机和 TCMS 等牵引系统。主要为地铁、轻轨等提供牵引系统与服务。

公司是专门从事工业自动化和新能源相关产品研发、生产和销售的国家高新技术企业。公司不仅掌握了矢量变频、伺服系统、可编程逻辑控制器、编码器、永磁同步电机等产品的核心技术，而且公司还掌握了新能源汽车、电梯、起重、注塑机、纺织、金属制品、印刷包装、空压机等行业的应用技术。截至 2019 年 12 月 31 日，公司已经获得的专利及软件著作权 1800 项（不含正在申请的），其中发明专利 307 项，实用新型专利 1018 项，外观专利 278 项，软件著作权 197 项，公司 2019 年新增发明专利 27 项，新增实用新型专利 190 项，新增外观专利 33 项，新增软件著作权 26 项。

汇川技术拥有苏州、杭州、南京、上海、宁波、长春、香港等 10 余家分、子公司，截至 2019 年 12 月 31 日，公司有员工 11216 人，其中专门从事研发的人员有 2512 人，占员工总数 22.40%。

主要产品介绍：

小型 PLC 之光：强运控、易编程、多功能的 H5U

在 3C、TP、锂电、硅晶等行业，面临着设备快速交付、终端多层次组网、设备可扩展能力以及严苛综合成本压力，汇川技术推出基于 EtherCAT 总线的新一代高性能、强运控、易编程、多功能的小型 PLC-H5U，功能性能全面升级，更易用、更具性价比、更易扩展的控制方案，实现从接线编程调试到控制的全流程高效作业。

企业领导专访：

被采访人：宋君恩　副总裁、董事会秘书

▶请您介绍企业 2020 年总体发展情况。企业的核心竞争力有哪些？

2020 年初，新冠肺炎疫情暴发，整体外部环境给公司带来了一定的挑战，但任何一次危机都是新格局重构的开始，因为外在的危机，对所有的同行包括竞争对手都是一样的。发现“危中的机”就可以成功破局，在危机面前公司做到了有效应对。公司利用外部的危与机，积极调整策略：上半年，公司积极保生产保交付，强攻击抓机会；下半年，积极开展市场拓展攻势，在通用自动化、电梯、新能源汽车等重点领域实现快速增长。

经过一系列积极的经营策略的有效落地，公司全年实现营业总收入 11，509，050，924.61 元，比上年同期增长 55.73%；实现利润总额 2，359，156，806.00 元，比上年同期增长 123.45%；实现归属于上市公司股东的净利润 2，084，577，337.03 元，比上年同期增长 118.98%（以上经营数据为业绩快报口径，未经会计师事务所审计）。

经过多年发展，公司在核心技术、行业品牌、管理上取得了一定的领先优势，核心竞争优势体现在以下几个方面：

1. 掌握电机驱动与控制、行业应用等核心技术，具备行业领先水平

作为国内工业自动化产品的领军企业，公司不仅掌握了矢量变频、伺服系统、可编程逻辑控制器、编码器、永磁同步电机等产品的核心技术，而且还掌握了新能源汽车、电梯、起重、注塑机、纺织、金属制品、印刷包装、空压机等行业的应用技术。公司每年将营业收入的 8%～10% 投入到研发，通过持续的高比例研发投入及引进国际领先技术，进一步提升了新能源汽车动力总成、电机与驱动控制、工业控制软件、工业机器人本体设计等方面的核心技术水平，巩固了公司在该领域的领先地位。

2. 行业领先的品牌优势

公司自 2003 年成立以来一直坚持行业营销与技术营销。经过十年多的耕耘，特别是公司上市以来在资本市场的良好表现，使得公司的品牌影响力日益增强。公司不仅在变频器、PLC、伺服系统、新能源汽车电机控制器等产品上树立了领先的品牌形象，而且在电梯、新能源汽车、注塑机、机床、空压机、金属制品、印包、起重、电子设备、车用空调等行业享有较高的品牌知名度与美誉度。公司是国内较大的低压变频器与伺服系统供应商。

3. 提供整体解决方案的优势

公司在实施进口替代的经营过程中，坚持为客户提供整体解决方案，包括为智能装备 & 工业机器人领域提供多产品组合解决方案或行业定制化专机解决方案；为新能源汽车 & 轨道交通领域提供集成式电机控制或动力牵引系统解决方案。公司拥有一批营销专家、应用技术专家、产品开发专家，能够快速满足客户需求。

4. 成本优势

随着公司规模的扩大、研发实力的提升，公司在物料采购、产品设计、质量控制等方面的能力得到了较大的提升。公司推行行业线运作，从整体上提升了为客户提供行业定制化解决方案的效率，定制化解决方案的竞争力得到了进一步的提升。

5. 管理优势

经过多年的行业深耕与积累，公司在战略规划、研发管理、事业部运作、供应链管理等方面有着一定的管理优势，富有行业经验的管理团队及优秀人才队伍、贴近用户的组织与流程、平等高效的工程师文化都是公司多年打造出来的管理优势。2019 年，公司引入外部顾问，实施管理

变革。公司变革的目的是通过搭建敏捷的流程型组织和行业领先的管理体系，让客户更满意，运营更高效，为公司未来高质量的可持续发展奠定坚实基础。

▶请您介绍企业 2021 年的发展规划及未来展望。

1）2021 年，中国颁布了“碳中和”战略和“十四五”规划，公司将紧密跟进国家战略，深入研究“碳中和”对产业的影响，积极布局相关技术与产品，为碳中和贡献应有的力量。

2）围绕工业领域的自动化、数字化、智能化，公司加大对控制层产品、工业软件等方面的投入，提升公司“数字化、智能化”解决方案的能力。

3）在新能源汽车领域，一方面持续打造电驱系统（电机+电控+减速器）、电源系统（DCDC+OBC+PDU）等技术与解决方案竞争力，另一方面积极跟进国内外 A 类客户的定点项目，努力完成定点目标。

▶新冠肺炎疫情在 2020 年对企业的主要影响有哪些？企业采取了哪些策略进行应对？

2020 年初，新冠肺炎疫情在国内的暴发，给公司经营带来了一定的挑战，主要影响包括：

1）春节后复工复产工作受到一定程度的影响；

2）海外原材料受疫情影响，供应上有缺货和交付延迟的问题，公司在原材料成本上有上涨；

3）公司下游产业众多，部分产业需求有投资减少的风险。

公司为了应对新冠肺炎疫情带来的挑战与机遇，主要采取了如下策略进行应对：

1）全员发力降低成本、减少浪费，公司全年费用管控措施落地较好。

2）保交付：在保生产保交付方面，公司充分调动各种资源，加班加点保交付。为了将产能快速恢复到正常水平，公司采取了“组织职员到车间支援生产，协调协助供应商复工复产，针对紧缺物料实行替代方案”等一系列措施。为了满足口罩机等防疫物资的生产需求，公司专门成立了口罩机解决方案保供项目小组，一方面为口罩机客户设计创新、高效的电气产品解决方案，另一方面加大口罩机设备所需的伺服系统、PLC 等产品生产。通过全体员工的共同努力，公司很好地完成了保交付任务。

3）抓机会：在强攻击抓机会方面，针对疫情带来的“结构化增长”“竞争对手供货不及时”等市场机会，公司各事业部积极拓展客户资源，快速响应客户需求，尽最大可能帮助客户复工复产。由于公司策略得当，前中后台组织高效协同，公司在许多细分行业订单实现较快增长，市场份额得到提升，优质客户的数量取得增加。

8. 台达电子企业管理（上海）有限公司

地址：上海市浦东新区曹路镇民雨路 182 号

邮编：201209

电话：021-68723988

传真：021-68723996

邮箱：news. cn@ deltaww. com

网址：www. delta-china. com. cn

简介：台达电子企业管理（上海）有限公司（简称台达）创立于 1971 年，为全球客户提供电源管理与散热管理解决方案，并在多项产品领域居重要地位。面对日益严重的气候变迁议题，台达秉持“环保 节能 爱地球”的经营使命，运用电力电子核心技术，整合全球资源与创新研发，深耕三大业务范畴，包含“电源及元器件”“自动化”与“基础设施”。

台达总部位于我国台湾省，致力于创新研发，每年投入集团营业额的 6%~7% 作为研发费用，研发据点遍布全球，包括中国、日本、新加坡、美国及欧洲等地。基于对环境保护的承诺，台达不断提高电源产品的转换效率。目前，产品转换效率都已达 90% 以上，其中先进的通信电源效率超过 98%，光伏逆变器效率高达 98.8%。我们坚信，发展环保节能产品，对台达的业务成长与环境保护的实践均具有正面助益。

台达持续通过多元方式应对不断变化的世界，并积极落实品牌承诺：“Smarter. Greener. Together.”，这不只象征了台达对自身的要求，也代表对股东、客户与员工的承诺。“Smarter”代表台达在电源效率与可再生能源的核心技术能力，“Greener”则是台达创立以来所坚持的“环保 节能 爱地球”的企业经营使命，“Together”是台达的经营哲学，与客户建立长期伙伴关系。

我们深信技术与合作的重要性，借由领先的技术与客户合作，持续创造高效率、可靠的电源及元器件产品、工业自动化、能源管理系统以及消费性商品，为工业客户与消费者提供多元的产品与服务。

近年来，台达陆续荣获多项国际荣誉与肯定。自 2011 年起，台达连续 8 年入选道琼斯可持续发展指数的“世界指数（DJSI World Index）”；亦于 2016 年及 2017 年 CDP（碳信息披露项目）年度评比中获得气候变迁“领导等级”的评级；2011~2018 年连续 8 年入选“中国台湾二十大国际品牌”；连续 4 年入选中国社科院“中国外资企业 100 强社会责任发展指数”前 10 强等。

台达电子企业管理（上海）有限公司位于上海浦东，为地区运营暨研发中心，主要从事电能有效利用，和计算机、信息、通信、网络、机电、光伏、汽车电子领域，以及太阳能、风能等绿色能源的研究开发和技术支持，配合集团整体策略，运用电源设计与管理的基础，结合相关领域创新技术及软硬件开发，深耕三大业务，使台达逐步从产品制造商转型成为整体节能解决方案的提供商。

主要产品介绍：

服务器电源

台达提供从入门级服务器所需的300W电源，到高达数千瓦、针对特大型复合处理系统的电源，积极开发符合SSI法规的服务器用电源产品。对于中端和高端应用的高可靠度需求，台达提供了一系列的冗余电源产品。AC/DC领域，台达也开发拥有自身先进DC/DC变流器的分布式电源，满足多样化配置。

企业领导专访：

被采访人：周志宏　台达首席可持续发展官

▶请您介绍企业2020年总体发展情况。企业的核心竞争力有哪些？

面对2020年突如其来的疫情，许多产业都受到极大的冲击。台达在疫情发生之初，即快速建立全球各地区防疫组织，制定各项防控管理办法，以保障企业正常生产经营及员工健康安全，努力将疫情影响降至最低。在有效管理下，台达的财务表现于2020年的累积合并营业额较2019年增加5.4%，维持营运成长。

台达以“环保 节能 爱地球”为经营使命，运用电力电子的核心能力，每年投入集团总营收的8%~9%到产品的创新研发，提高电源产品与方案的能源转换效率，推动节能减排。台达在企业内部设立“台达创新奖”，单项奖金高达25万元，表彰优异的创新成果，鼓励同仁在新产品、制造流程、商业模式与专利等各方面持续创新。此外，人才培育是企业永续发展的核心动能，台达近年来发展策略已转型为整体解决方案的提供者，在转型过程中，人才培育转向软硬兼具的整合性人才，持续投入创新的人才发展方案，借由打造全方位人才竞争优势，协助企业持续成长。

▶请您介绍企业2021年的发展规划及未来展望。

2021年为台达成立50周年，特别以“影响50迎向50”为主题开展各项活动，台达以电力电子的核心技术发挥其所长，致力于电子产业的发展，更期许能成为世界级企业迎向下一个50年。台达50周年系列活动，以“节用厚生”呼应台达经营使命“环保 节能 爱地球”。“节用”，为对能源的珍惜，是台达一直以来致力的提升能源效率；“厚生”，则是厚待万物与环境，关心水资源与海洋生态，让改变发生让世界更美好。

同时，台达响应国家减碳政策，于2021年3月16日宣布，加入全球可再生能源倡议组织RE100，承诺台达全球所有网点，将于2030年达成100%使用可再生能源及碳中和的总目标，为台湾高科技制造业中，首家承诺于2030年达到RE100目标的企业，朝向零碳排放迈进。

▶新冠肺炎疫情在2020年对企业的主要影响有哪些？企业采取了哪些策略进行应对？

自2019年底新冠肺炎疫情蔓延以来，台达快速行动，从公司治理、供应链管理、员工关怀、社会捐赠等各方面落实防疫责任，并积极与利益相关方及时沟通，对内对外做到信息公开透明。从全球防疫联动、调配物资，到保障生产、稳定经济，再到开展线上活动、灵活调整工作计划，台达一步一个脚印，以实际行动支持抗疫。

此外，台达发挥全球运营的优势，持续在全球寻求防疫物资，积极调动全球采购资源，向武汉红十字会捐赠2万件防护衣。并将自有产品——70台全热交换器捐赠给广州与深圳等地的医院，用于支援当地抗击新冠肺炎疫情。在教育方面，台达于线上直播平台举办“台达直播课堂——10天了解台达工业自动化”。共精选21堂课程，由台达资深工程师分享各个工业自动化产品的功能技术、选型调机、应用技巧等，同时安排助教为现场听众提供及时解答。另一方面，针对学校延迟开学、开展线上教学的情况，台达通过年轻化在线视频平台“bilibili”，免费分享核心基础科学课程以及智能制造等自动化基础课程。

9. 阳光电源股份有限公司

阳光电源
SUNGROW

地址：安徽省合肥市蜀山区习友路1699号

邮编：230088

电话：0551-65327878

传真：0551-65327878

邮箱：sales@ sungrowpower. com

网址：www. sungrowpower. com

简介：阳光电源股份有限公司（股票代码：300274）（以下简称阳光电源）是一家专注于太阳能、风能、储能、电动汽车等新能源电源设备的研发、生产、销售和服务的高新技术企业，主要产品有光伏逆变器、风电变流器、储能系统、水面光伏系统、新能源汽车驱动系统、充电设备、智慧能源运维服务等，并致力于提供全球一流的清洁电力解决方案。

阳光电源光伏逆变器涵盖3kW~6.8MW，包含户用逆变器、中功率组串逆变器以及大型集中逆变器，远销全球150多个国家和地区，连续4年发货量居全球领先，连续2年荣获“全球最具融资价值逆变品牌”（来源：彭博新能源财经）。截至2020年12月，阳光电源在全球市场已累计实现逆变设备装机超过154GW。

主要产品介绍：

SG225HX

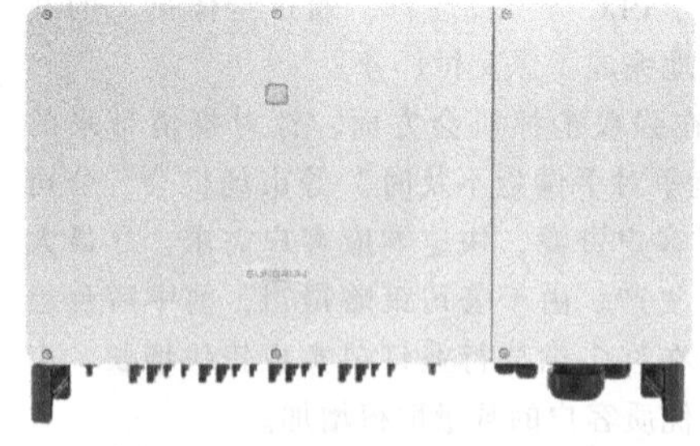

SG225HX为全球较大功率的1500V组串逆变器，由多项核心专利技术打造而成，具有少投资、多发电、高防护、低运维等性能优势，让客户以更少的投资发更多的电，堪称平价上网利器。

企业领导专访：

被采访人：顾亦磊　阳光电源高级副总裁兼光储事业部总裁

▶请您介绍企业2020年总体发展情况。企业的核心竞争力有哪些？

2020 年整体发展情况：根据 2020 年度业绩快报披露，公司 2020 年营业收入为 190～200 亿元，同比增长 46%～54%。2020 年公司净利润预计增长 107%～130%，全球市场占有率及整体业绩较 2019 年大幅提升，光伏逆变器业务市场领先地位进一步夯实。

企业核心竞争力：作为光伏逆变器，阳光电源拥有 24 年的逆变技术研发和应用经验，公司高度重视技术创新与产品研发，每年投入大量研发费用，以博士、硕士为主的研发人员占比超过 40%，主持起草了多项国家标准，是行业内为数极少的掌握多项自主核心技术的企业之一。在专利方面，阳光电源累计专利申请超 2600 余件，持有数业内领先。截至目前，阳光电源逆变器功率范围涵盖 3kW～6800kW，产品远销全球 150 多个国家和地区，截至 2020 年底，阳光电源在全球市场已累计实现逆变设备装机超 154GW，连续 2 年荣获“全球最具融资价值逆变品牌”（来源：彭博新能源财经）。

▶您对 2021 年、“十四五”期间储能行业及产业链未来发展有何展望？

全球“碳中和”以及“可再生能源+储能”应用场景的快速发展，利好推进我国储能在全球新一轮能源技术革命和产业变革中抢占先机和国际影响力。

从长远来看，我国储能产业除了需要继续提升自身技术发展外，还需要国家层面从顶层设计上来统筹储能产业的发展，建设更为健全的运行机制与电力市场机制，包括建立健全技术应用标准体系和价值评价体系、制订储能电价政策及明确储能市场主体地位等，只有上下齐心协力，储能产业才能够实现更高质量、更可持续的发展。

▶请您介绍公司逆变器产品的竞争优势是什么？近几年，公司产品在国内外市场所占份额如何？

竞争优势：

阳光电源具备适用于全场景的产品型谱，满足大型地面电站、工商业、户用多种应用场景，为客户提供最佳解决方案。

公司一直以创新作为重要发展支点，引领行业技术前沿。近年持续增加研发投入，2020 年逆变设备研发投入占比 8%以上，研发人员占比超 40%。阳光电源累计申请专利 2600 余件，持有数业内领先，以实际行动为技术实力派注入更多内涵。

市占份额：

阳光电源深耕全球，持续保持国内市场领先地位，同时，积极开拓海外市场，陆续在全球 20 多个国家和地区设立了分支机构，产品和服务遍及 150 个国家和地区，全球服务网点超 110 个，7×24 小时响应客户需求。2020 年，阳光电源在美洲、印度、越南、韩国、中东、北非、南非均保持市占率领先，在澳大利亚户用市占率超 24%，成为越来越多澳大利亚家庭的选择。

2020 年公司净利润预计增长 107%～130%，全球市占率及整体业绩较 2019 年大幅提升，光伏逆变器业务市场领先地位进一步夯实。

10. 伊顿电源（上海）有限公司

地址：上海市长宁区临虹路 280 弄 3 号楼
邮编：200335
电话：021-52000099
传真：021-52000300
邮箱：CPSDAPACCommunication@ Eaton. com
网址：www. eaton. com. cn

简介：伊顿公司致力于通过运用动力管理技术和服务来改善人类生活品质并提升环境质量。我们提供各种可持续的解决方案，帮助客户更安全、更高效、更可靠地有效管理电力、流体动力和机械动力。2020 年，伊顿公司实现销售额达 179 亿美元，全球汇聚了约 92000 名员工，产品覆盖超过 175 个国家。

伊顿公司深耕中国市场二十余年，自 1993 年进入中国以来，伊顿通过并购、合资和独资的形式在中国市场持续稳步增长，旗下所有业务集团——电气、宇航、液压和车辆都已在中国制造产品和提供服务。2004 年伊顿把亚太区总部从香港搬至上海。伊顿大中国区目前拥有 29 个主要的生产制造基地，超过 10000 名员工、6 个研发中心。

伊顿公司旗下伊顿电气集团百年来一直致力于电力应用安全，为客户提供包括整体方案前期规划、产品配置和售后服务在内的一站式服务，更有丰富的产品系列涵盖电源品质、输入输出配电、机柜、制冷和机房气流管理、电力监控和管理，为客户提供高效、安全、可靠的整体解决方案。

主要产品介绍：

UPS 电源，机壳、机柜及配套解决方案

伊顿公司旗下伊顿电气集团百年来一直致力于电力应用安全，为客户提供包括整体方案前期规划、产品配置和售后服务在内的一站式服务，更有丰富的产品系列涵盖电源品质、输入输出配电、机柜、制冷和机房气流管理、电力监控和管理，为客户提供高效、安全、可靠的整体解决方案。

11. 中兴通讯股份有限公司

地址：广东省深圳市南山区西丽中兴通讯工业园
邮编：518055
电话：0755-26774170
传真：0755-26770000
邮箱：li. li51@ zte. com. cn
网址：www. zte. com. cn

简介：中兴通讯股份有限公司（以下简称中兴通讯）是全球领先的综合通信信息解决方案提供商。公司成立于 1985 年，是在香港和深圳两地上市的大型通信设备公司。公司通过为全球 160 多个国家和地区的电信运营商和政企客户提供创新技术与产品解决方案，让全世界用户享有语音、数据、多媒体、无线宽带等全方位沟通。

中兴通讯拥有通信业界完整的、端到端的产品线和融合解决方案，通过全系列的无线、有线、业务、终端产品和专业通信服务，灵活满足全球不同运营商和政企客户的差异化需求以及快速创新的追求。目前，中兴通讯已全面服务于全球主流运营商及政企客户。

中兴通讯深耕通信电源领域近三十年，作为5G供电方案引领者，行业智能供电创新者，中兴通讯已成为具有全球服务能力的综合网络能源解决方案提供商。截至2020年底，中兴通讯能源产品已服务全球160多个国家和地区的380多家电信运营商和各类行业客户，全系列5G电源已为全球超过20万个5G站点提供供电保障。

在数据中心领域，作为全模块数据中心领航者，微模块数据中心领导者，中兴通讯持续创新，为全球客户提供高品质的数据中心解决方案。截至2020年底，中兴通讯数据中心产品在全球已拥有超过300个项目案例，部署超过10万个机架，机房面积超过110万平方米。

主要产品介绍：

-48V 直流电源系列

中兴通讯提供全系列的-48V电源系统，容量从600W~240kW，结构形式包括组合式、嵌入式、壁挂式、分立式等，满足各种容量及各种场景对直流电源的需求。中兴通讯提供的直流电源系统具备高可靠性、高效率、高功率密度等特点。

企业领导专访：

被采访人：马广积　中兴通讯能源产品总经理

▶请您介绍企业2020年总体发展情况。企业的核心竞争力有哪些？

2020年中兴通讯能源产品重点聚焦通信行业，保持国内在各大运营商和铁塔的领先地位，通过存量经营和战略突破，巩固并提升通信电源产品在重点国家重点运营商的市场份额。

中兴通讯能源产品的独特优势主要有：

1）全球化市场与服务：我们目前已为全球160多个国家和地区的386家运营商提供优质的能源产品及服务，特别是与大国大T的战略合作渐入佳境。

2）高研发投入带来的技术领先：我们在通信电源系统和整流器、智能锂电系统、网络能源管理系统、数据中心用高压直流系统、间接蒸发冷却空调产品和方案方面的丰厚积累中不断创新，并保持技术领先。

3）持续努力下建立的品牌优势：2020年“一柜站&全PAD站”5G网络供电解决方案荣获中国通信产业创新方案大奖，数据中心产品和解决方案荣获8项行业大奖，深得客户、权威机构的认可及好评。

▶请您介绍企业2021年的发展规划及未来展望。

2021我们发展的关键词是——聚焦和低碳。聚焦重点客户，聚焦重点市场，聚焦核心方案，聚焦新业务机会。生存与发展并重，务实与创新并重，步伐稳健地在选定领域进行全球拓展。

通过持续技术创新，不断优化和完善通信能源和数据中心能源领域的产品和解决方案，加速能源行业零碳化和智能化转型，助力运营商和行业用户实现碳中和的战略目标。

▶您对电源行业（或您所在细分行业领域）未来市场发展趋势有什么看法？企业会迎来哪些机遇？如何把握？

任何时候都要相信机遇的存在，旧市场的没落后是新市场的兴起，旧技术的退场就有新技术的登台。盲目创新或为了创新而创新是没有出路的。我们认为新基建、AI和大数据应用、智慧城市、5G移动通信这几个领域将给电源带来新的发展机会。把握这些机会就要提前感知发展的脉搏，并要深入而精准地把握客户的核心需求；只有为客户带来价值才能创造出自己的价值。

▶新冠肺炎疫情在2020年对企业的主要影响有哪些？企业采取了哪些策略进行应对？

我们面临的挑战也正是全行业面临的挑战——国际通信市场增速放缓及竞争的加剧。

面对这样的局面，我们主要有以下策略：

通信能源以业界领先的核心技术为运营商提供全面的能源建设、能源改造和管理服务，通过对海外大国大T市场的深耕细作，在不断巩固领先优势的情况下，继续扩大产品进入范围和销售规模；加快并完善数据中心自研产品的系列化，紧跟5G发展下的数据中心发展需求，持续提升国内通信领域的数据中心市场份额，加强与BAT企业合作，通过自研产品的不断入围，提升综合方案的竞争力。

中兴通讯能源产品将基于自身拥有的核心技术和原创动力，继续沿着提升技术水平、产品质量、组织效率这三个方向，力求突破与创新。

▶未来网络对通信电源构建将带来哪些新的变化？

5G时代已经到来。5G基站功耗成倍增加和5G站点数量大幅增加，带来5G整网的供电容量暴发式增长，传统的通信能源面临着变革。未来2~3年，全球将迎来大规模的5G网络建设，无论是在2/3/4G存量站点上叠加还是新建站点，站点供电都将面临如下诸多挑战。同时，运营商将面临电费剧增，因此节能和提效也成为运营商非常关注的重点。

面对5G供电的挑战，中兴通讯提出5G电源新定义架构，具备“极简高效”“全模块化”“智能化”和“网络化”四大特点，满足5G快速安装、平滑扩容、高效节能和简单运维的需求。帮助运营商快速建设5G网络，最大化节省投资和运营，最大化实现全网节能。

常务理事单位

12. 安徽博微智能电气有限公司

地址： 安徽省合肥市蜀山区香樟大道168号柏堰科技实业园B3栋

邮编： 230088

电话： 0551-62724715

传真：0551-62724715

网址：www. ecrieepower. com

简介：安徽博微智能电气有限公司（以下简称博微智能）是中国电子科技集团第三十八研究所全资子公司，位于合肥国家高新技术产业开发区。2005 年自主研发出国内首套高端医疗装备智能供配电系统，目前主要致力于智能电气（UPS、智能医疗电气、智能配电系统）、智能物联（物联网智能终端、视觉检测机器人）、汽车电子等产品的研发、生产和销售。

博微智能作为国家高新技术企业拥有国际先进水平的设计研发与电子制造平台，拥有国内先进的电子测试、试验平台，在业内率先提出“绿色、节能、环保”的产品理念，始终执行 RoHS 环保指令，并逐步推行 REACH 管理程序，针对研发设计、生产制造、原材料供应链等制定一整套实施方案，开发出性能国际领先的电源产品和智能供配电系统，为客户提供更完善的智能供配电解决方案。

博微智能率先开发出业界高端水平的智能供配电系统中的核心设备——数字阵列 UPS，功率覆盖范围 10～1500kVA，拥有已授权各类专利及软件著作权 58 项，已取得泰尔、节能、CQC、广电等权威认证证书。同时，系列产品以其高可靠性已经占据全球高端医疗装备行业市场 15%以上的份额。

博微智能已经与全球知名企业建立了战略合作伙伴关系。为更好地服务全球战略客户，海外办事处及仓储中心多达 12 个，遍布欧美、日本、中亚、东南亚等地区。目前，产品广泛应用于医疗装备、工业自动化、公共安全、交通、广电、金融、教育、通信、制造、政府、国防等领域。

主要产品介绍：

BWM 系列模块化 UPS

BWM 系列模块化 UPS 是业界领先的全数字化电源产品，功率范围为 20～1500kVA。采用软件与硬件双重保护方案，结合了传统塔式机型的技术特点和现代化机房模块化的需求，实现了模块化设计的同时，保证产品的高可靠性。产品适用于政府、金融、通信、教育、轨交、广播电视、工商税务、医疗、能源电力等行业。

企业领导专访：

被采访人：万静龙　董事长

▶请您介绍企业 2020 年总体发展情况。企业的核心竞争力有哪些？

2020 年受疫情影响，海外 UPS 销售萎缩较严重，国内市场随着新基建将绿色数据中心列入新基建范畴，国内数据中心建设迎来蓬勃发展。我公司致力于打造具备完全自主知识产权的模块化 UPS，在部分细分行业进行针对性的轻定制化客户解决方案。

▶请您介绍企业 2021 年的发展规划及未来展望。

2021 年公司致力于在绿色数据中心基础设施建设方面寻求更贴合的解决方案，在军用 UPS 方面投入更多的研发力量，研发生产符合 GJB 要求的 UPS。

▶新冠肺炎疫情在 2020 年对企业的主要影响有哪些？企业采取了哪些策略进行应对？

疫情对外销业务影响较严重，对于公司而言，外销业务非重点方向，因此对整体业务影响较小。受国际疫情影响，在元器件采购方面交付期延长，因此公司正着手开发全国产化 UPS 以及其他电源产品，真正实现自主可控。

13. 安徽中科海奥电气股份有限公司

地址：安徽省合肥市蜀山区高新区习友路 2666 号创新院 4 楼

邮编：230000

电话：0551-65379402

传真：0551-65379402-801

邮箱：sales@ hiau-et. com

网址：www. cashiau. com

简介：安徽中科海奥电气股份有限公司（以下简称中科海奥）是中科院技术创新工程院成员单位，国家高新技术企业，总部位于合肥国家高新技术开发区。

立足合肥综合性国家科学中心，中科海奥始终秉承“创新、合作、贡献”的核心价值观，以中科院国家大科学工程“人造太阳”为依托，以核聚变堆高压、强流、快控电源系统技术为基础，专注于高功率、物联网和人工智能领域研究开发及科技成果转化。中科海奥科创中心建立协同创新机制，打通技术链、应用链和智造链。“科技奉献蔚蓝天”，公司致力于高新科技服务低碳经济，以人工智能带领能源互联网。

主要产品介绍：

直流微电网配套产品

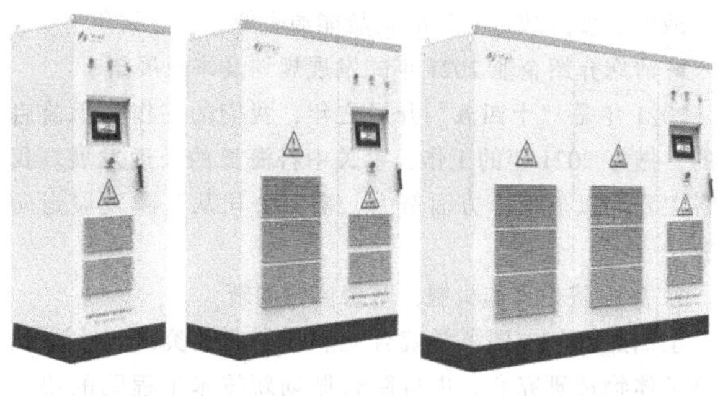

非隔离型

隔离型

以核聚变高功率电源技术为基础，采用最新的 IGBT+FPGA 技术，光纤驱动，以“海奥芯”作为控制器，综合电力电子驱动技术、谐振变换技术和电磁兼容技术，打造服务于新能源“发、储、配、用”互联互通的高性能设备。

企业领导专访：

被采访人：陈滋健　董事长

▶请您介绍企业 2020 年总体发展情况。企业的核心竞争力有哪些？

过去的一年，是不平常的一年。在所有关心中科海奥发展的朋友们的支持下，在全体海奥人的不懈努力下，统筹新冠肺炎疫情防控和公司业务发展，通过广泛开展战略合作加强市场开拓，扎实做好科创板上市前的治理规范工作，优化公司集团化架构建设，全面提升业务、财务、法务各方面的管控能力，斩获中科院创新院“飞跃之星”、安徽省高成长企业等殊荣。2020 年是中科海奥的战略攻坚之年，我们完成了“十三五”跨越发展期的胜利收官。

中科海奥核心竞争力主要来源于“科学研究、应用开发、产品研制”三位一体的协同创新机制。中科海奥以中科院国家大科学工程“人造太阳”为依托，以核聚变堆高压、强流、快控电源系统技术为基础，专注于高功率、物联网和人工智能领域研究开发及科技成果转化。我们将持续保持技术创新核心竞争力，不断提供优质产品和系统解决方案，紧抓能源互联网带来的时代机遇，推行“芯-脑-云”战略，发展成为一流的智慧能源企业。

▶请您介绍企业 2021 年的发展规划及未来展望。

2021 年是“十四五”开局之年，我们的工作是承前启后的。做好 2021 年的工作，事关中科海奥的长远发展。我们将主要在以下几个方面努力，确保公司从跨越发展走向远航。

1. 加强院企合作机制，坚持协同创新

全面加强与中国科学院合肥物质科学研究院、中科院等离子体物理研究所、中科院合肥创新技术工程院的协同创新，促进“基础研究、应用开发、产品研制”技术创新链的进一步发展。

2. 建设智能制造基地，提升产品产能

投资中科海奥产业基地，全面提升中科海奥各类智慧能源设备的制造能力，以信息化促进工业化，打造工业互联网，打通供应链体系，建立“云上工厂”，以智能制造的大平台整合更多关键的资源，提升与供应链上的企业共同服务市场的能力。

3. 扩充市场营销队伍，确保业务增速

在全国范围内建立营销渠道，不仅是销售网络，也是商业模式和供应链金融网络，确保营业收入与经营性现金流的匹配。进一步明确公司 2B 或 2G 的属性，提升下游客户总体质量水平，确保业务高质高效地增速。

4. 推进海奥学院发展，打造学习组织

巩固以往校企合作所取得的成果，充分利用各种资源，建立梯度人才培养体系，努力实现人才共享、设备共享、技术共享、文化互补、管理互通的深度合作关系，全面提升海奥学院办学能力和社会影响力。

5. 完成战略股份增发，冲刺企业上市

完成上市前最后一轮融资，重点引入战略投资机构。加强规范治理能力，进一步与监管机构和上交所保持沟通，启动上市招股说明书的撰写和材料申报，冲刺科创板 IPO。

▶您对电源行业（或您所在细分行业领域）未来市场发展趋势有什么看法？企业会迎来哪些机遇？如何把握？

随着能源电力化和电力清洁化，尤其国家提出“碳达峰、碳中和”战略，大量可再生绿色能源接入电力系统，加速改变能源产业格局。以电力电子学为基础，集功率半导体技术、信息电子技术与自动控制技术为一体的现代清洁、低碳、高效能源体系正在逐步构建。从“适应高比例可再生能源的电力系统”到“新能源为主的新型电力系统”，这是一个重大转折。从被动的“并网”发展到主动的“建网”——分布式直流微电网系统。

众所周知，太阳能既清洁又可持续。但是，传统的太阳能应用，需要把直流电“逆变”成交流电，借助交流电网传输。当我们实现碳中和的时候，光伏发电量将是现在的 70 多倍，如果这么多太阳能都要“逆变”到交流电网，电网不堪其重，也同时造成效率低下和成本提升。中科海奥通过高效能源变换装置把光伏和终端用户直接相连，并以直流的形式存储于电池，实现高效低耗的智慧能源调度。

中科海奥创始技术团队服务于中科院等离子体物理研究所“人造太阳”，愿为这一事业贡献自己的“电源力量”。中科海奥与国家电网、国家电投、中国电科签署了战略合作协议。在全国各地的智慧园区、充电场站、数据中心等重要应用场合，都有中科海奥“发、储、配、用”系列产品，公司同时打造“海奥云”大数据平台，构建智慧能源体系。

面向未来，中科海奥持续保持技术创新核心竞争力，主动担当时代赋予的使命，以“红专并进”的精神服务于“碳达峰、碳中和”战略，为生态文明建设整体布局贡献力量，使更多绿色能源智慧地连接我们的世界，让碧水蓝天给人们带来更美好的生活。

14. 安泰科技股份有限公司非晶制品分公司

地址：北京市海淀区永丰基地永澄北路 10 号 B 区
邮编：100094
电话：010-58712641
传真：010-58712642
邮箱：nano@ atmcn. com
网址：www. atmcn. com/fjjssyb/

简介：非晶制品分公司隶属于安泰科技股份有限公司，主要产品为纳米晶带材、铁心制品及磁性器件，从原材料到器件一站化生产，产品类别、品种多，可满足客户多元化需求。分公司产品被广泛应用于电动汽车、高频驱动、电力电气、工业电源、新能源、消费电子、轨道交通等领域，为客户提供先进的节能材料及解决方案。分公司现有员工 300 余人，产品开发科研人员、自动化装备人员占比较大，为公司长远发展打下了坚实基础。

分公司历经 40 多年发展由科研开发到实现大规模稳定化高质量批量化生产：1975 非晶合金材料的基础研究及工艺试验设备开发，1986 百吨级中试线，1998 年成立非晶制品分公司，1999 年在河北涿州基地建成千吨级非晶带材线，2003 年在北京永丰基地建成年产 500 吨高精度纳米晶薄带生产线，2010 年在河北涿州基地建成年产 4 万吨非晶带材生产线，2012 年在北京永丰基地开始年产 3000 吨高精度纳米晶带材生产厂的建设。

分公司从事非晶/纳米晶金属材料及制品的产业化及研究开发。分公司依托于国家非晶微晶合金工程技术研究中心（国家科委 1995 年 12 月批准建立的国家级非晶中心），是国内非晶、纳米晶软磁材料研发先驱。国家非晶微晶合金工程技术研究中心拥有专业全面、结构合理的研发团队，立足于自主研发，突破非晶纳米晶材料制备核心技术，共取得 50 余项科技成果，荣获国家科技进步二等奖两项，授权专利 51 项，注册商标有 Antainano®、Antaico®、Antaimo®、NANOWPT®、MAGIELD®。

分公司 2006 年获得 ISO 9001：2015；ISO 14001：2015、GB/T 28001—2011 质量体系认证，2013 年滤波器产品通过 TÜV 认证，2015 年通过 ISO/TS 16949：2009，2018 年通过 IATF 16949：2016 汽车产品体系认证，2019 年共模电感通过 IATF 16949：2016 汽车产品体系认证。分公司体系完善，不断进步，为稳定高质量产品做足准备。

分公司在电动汽车、消费电子方面也有突出贡献。纳米晶共模电感铁心及器件由于高阻抗、抗振性好的优点，被作为 EMC 元件应用到电动汽车上，为国内外知名电动汽车品牌供应非晶纳米晶零部件产品；用纳米晶宽带制备的无线充电用导磁片由于厚度薄、高导磁率的优点，被有效地应用在手机无线充电模块，大批量供应到小米、华为、三星等多个品牌和型号产品中。

主要产品介绍：

纳米晶超薄带材，汽车共模电感产品

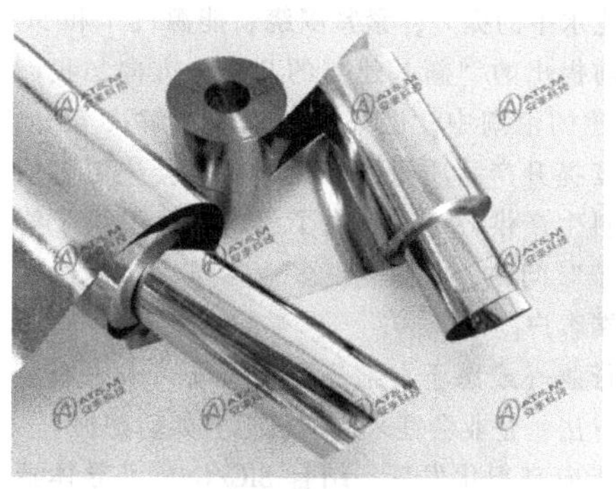

安泰科技非晶制品分公司针对电动汽车市场提前布局研发纳米晶超薄带材和高端纳米晶共模电感产品，高阻抗优势更加明显；全自动化流水生产线保证了产品的一致性和高可靠性，目前已经给全球 90%以上的电动汽车生产企业及其一级供应商供应纳米晶共模电感产品，并形成了战略合作开发。

企业领导专访：

被采访人：刘天成　安泰科技股份有限公司非晶制品分公司　总经理

▶请您介绍企业 2020 年总体发展情况。企业的核心竞争力有哪些？

过去的 2020 年，安泰非晶以创新驱动引领市场，扎实推进精细化管理，在新产品迭代、研发平台完善、新客户开发、自动化提升、生产质量管控、与客户战略合作等方面都取得了很好的成绩，公司实现了放量生产向高质量发展；纳米晶材料开发及终端市场不断做强，中间制备过程不断做精，自动化水平大幅提升，与客户的战略合作不断加深，终端客户的国内外龙头企业在公司的客户群中占比越来越多，总体按照公司既定战略规划路线向好发展。

公司的核心竞争力是高端纳米晶材料的高精度制备技术。公司是国内外产量最大的纳米晶材料生产企业，也是国内率先开发非晶纳米晶材料和产业化的企业，具有国家非晶微晶合金工程技术研究中心，具有深厚的非晶和纳米晶材料开发基础和完整的研发队伍，材料制造和热处理装备完全自主开发设计，目前公司围绕高端纳米晶材料制备技术不断提升公司核心竞争力，发展高端器件产品，为客户量身定制材料、铁心和器件，与大客户形成战略合作，解决了很多终端电源企业的材料瓶颈问题，逐渐从单一材料供应商向提供综合解决方案的战略供应商方向发展。

▶请您介绍企业 2021 年的发展规划及未来展望。

2021 年将继续服务好我们的重点客户，狠抓质量管控和产品生产自动化水平的提升，紧紧围绕新能源汽车和 5G 市场，尤其是当前提出的“新基建”的几个大方向，我们力争可以在新基建的浪潮中，做好材料供应和解决方案，服务好客户，持续提升产品质量，中美贸易战会让更多的企业重视国内材料生产供应商，解决了材料就是解决了终端客户的“卡脖子”问题，期望能更多地参与“新基建”，更多地服务好终端客户。

▶您对电源行业（或您所在细分行业领域）未来市场发展趋势有什么看法？企业会迎来哪些机遇？如何把握？

电源行业逐步向高频化发展，结合 SiC/GaN 半导体器件的发展，未来的市场发展趋势显而易见，高频化和小型化的发展方向，以及高端高效电源是未来发展的重点。节能环保是全球认知的可持续发展要求，因此，对于电源行业的发展需求，必定是技术上解决低损耗和高效率的难题。新型电源得益于半导体开关管的迅猛发展，实现了高频化和大功率的设计。因此，对于配套电源行业的非晶纳米晶材料，必然要以此为目标，具备高频、大功率、低损耗电源所需的特性指标，这恰恰是非晶纳米晶材料的制备工艺得天独厚的优势所在。因此，安泰科技开发的超薄（12～14μm）非晶纳米晶材料，得到了电源行业的充分认可，为企业发展带来了更多的发展机遇，充分验证了安泰科技在非晶纳米晶行业的前沿技术研发的先进性和创新性，为后续开发更好的非晶纳米晶材料奠定了基础。

▶新冠肺炎疫情在 2020 年对企业的主要影响有哪些？企业采取了哪些策略进行应对？

2020 年突如其来的新冠肺炎疫情给企业造成了不同程度的影响，在这里我代表我们分公司全体员工向我们的客户、同行们表示慰问。疫情主要对公司用工产生了短期的影响，很多员工因为来自不同省份，因为各种各样的属地疫情管理政策，再加上北京对外地来京人员的管控政策，订单交付紧张，公司一方面做好疫情防控，另一方面抓紧推动复工复产，对人员的动态和来京情况进行梳理，统筹资源做好来京人员生活安排和人员隔离，分批实施复工，对客户的需求充分沟通，对客户订单逐个梳理，逐步化解订单积压，实施高质量交付。公司针对新冠肺炎疫情常态化，加大生产自动化和信息化投入，在近几年的生产自动化改造提升的基础上，进一步投入生产机器人和机械手，解决了依赖于手工劳动的难题，刚好在疫情期间得到了充分验证，同时大大地促进了非晶纳米晶行业的生产制造技术提升。

15. 北京动力源科技股份有限公司

地址：北京市丰台区科技园区星火路 8 号
邮编：100070
电话：010-83682266
传真：010-83682266
网址：www. dpc. com. cn
简介：北京动力源科技股份有限公司（以下简称动力源）成立于 1995 年，总部坐落在北京中关村科技园丰台园区。作为国内电源行业首家上市企业，于 2004 年在上海证券交易所主板上市。多年来一直致力于电力电子及信息技术相关产品在绿色能源、智慧能源领域的研发和应用。为保证产品的成本最优、性能稳定、质量可靠，落实“全面优秀”的基本战略，动力源投入大量的人力、物力、财力、智能化设备和先进技术构建研发、测试、生产及供应链等平台，形成了动力源的核心竞争优势。

动力源在数据通信、智慧能源、新能源汽车等领域拥有良好的口碑和市场。旗下拥有北京迪赛奇正科技有限公司、香港动力源国际有限公司、安徽动力源科技有限公司等十家全资子公司。凭借自身产品实力，成为中国铁塔、中国移动、中国联通、中国电信、阿里巴巴、百度、腾讯等国际知名企业的设备主流供应商。所研发的产品广泛应用于国家重点建设项目，包括国家体育场、国家奥林匹克体育中心、上海世博园、港珠澳大桥、大兴国际机场等项目。

动力源成立至今，取得了数百个专利、产品认证，得到了客户的一致好评并多次受到科技部、工信部、发改委、北京市政府、中科院、相关行业协会的嘉奖，先后获得“国家高新技术企业”称号、“‘十二五’节能服务产业突出贡献企业”称号、标准创制突出贡献奖、国家重点新产品奖、博士后科学工作站、守信企业、北京民营企业科技创新百强、丰台区文明单位等奖项与荣誉。

动力源始终以“专注能源动力，创绿色环保世界，做能源利用专家”为使命，致力于功率电子学技术的研究与产品的开发和经营，在通信、分布式能源、电动汽车等产业做电能转换与能源利用专家，成为该行业电能效率、质量和安全水平进步的推动者和领导者；以“成为员工和合作伙伴的事业动力”为愿景，为致力于绿色能源和智慧能源事业的有识之士打造事业平台和创业平台，为人类社会在能源利用领域创造绿色之源、智慧之源。

主要产品介绍：

充电桩换电柜；光储产品；新能源汽车驱动系统、车载电源、氢燃料电池变换器

通过产品、云平台、解决方案等多层次提供一站式智慧能源服务。产品涵盖光伏逆变器、功率优化器、备用电源、双向变流器、新型风冷及液冷充电模块、大功率充电桩、换电柜、工业电源等。在新能源汽车领域的电驱动系统、车载电源、氢燃料电池 DC/DC 变换器等方面已形成核心技术优势，可为实现全覆盖式新能源汽车系统提供解决方案。

企业领导专访：

被采访人：张冬生 副总裁

▶请您介绍企业 2020 年总体发展情况。企业的核心竞争力有哪些？

2020 年动力源在“聚焦主业”战略方向上继续纵深推进，以客户需求为导向，以技术创新为驱动，在数据通信、智慧能源及新能源汽车产业中为客户提供从产品到整体解决方案以及完整的全生命周期服务。

随着中央提出新基建发展战略，作为构建万物互联新一代信息网络基础的5G建设，将迎来高速发展期。通信电源是整个通信网的能量保证，5G基站的大规模部署、投资建设，必将催生通信电源的增量需求。动力源深耕通信电源领域多年，是通信电源核心企业之一，公司的通信产品进入快速放量期。

同时，新能源汽车、充电桩、物联网、新能源和储能等新基础设施的巨大需求开始释放，公司在这些领域提前布局的产品迎来发展机会。在交流电源、新型能源、储能系统等智慧能源领域，公司拥有丰富的产品及整体解决方案，并获得了良好口碑。在新能源汽车领域，公司集中优势资源开拓汽车领域的核心零部件相关产品，在电驱动系统、车载电源、氢燃料电池DC/DC变换器以及充电桩等方面已形成核心技术优势。

动力源专注电力电子技术25年，在多方面都具有明显的核心竞争力：深厚的技术基础、强大的产品开发能力保障了公司技术创新水平的前瞻性；完善的中试验证体系是产品质量保障的重要方面，我公司具有行业先进的中试可制造性和可靠性验证能力；从全球电子产品制造的发展历程来看，生产集中是产业发展的趋势，安徽动力源作为公司主要的生产基地，占地面积广，具有先进的设备和工艺流程，生产能力较强，具备明显的规模优势；另外我们还具有产品、项目经验以及品牌品质等方面的优势。公司产品得到了客户的广泛好评，公司多次受到科技部、工信部、发改委、北京市政府、中科院、相关行业协会的嘉奖，先后获得“国家高新技术企业”称号、“‘十二五’节能服务产业突出贡献企业”称号、标准创制突出贡献奖、国家重点新产品奖、博士后科学工作站、守信企业、北京民营企业科技创新百强、丰台区文明单位等奖项与荣誉。

▶您对电源行业（或您所在细分行业领域）未来市场发展趋势有什么看法？企业会迎来哪些机遇？如何把握？

以5G为代表的新型信息基础设施投资力度加大，将逐步实现全国所有地级市室外的5G连续覆盖、县城及乡镇重点覆盖、重点场景室内覆盖，未来将进一步打开行业垂直应用的市场机会。未来几年是5G网络的主要投资期，综合5G频谱及相应覆盖增强方案，总投资将会持续加大。

我国力争2030年前实现碳达峰，2060年前实现碳中和，是党中央经过深思熟虑做出的重大战略决策，事关中华民族永续发展和构建人类命运共同体。在碳达峰、碳中和的目标指引下，分布式光伏新能源和储能市场将会迎来大力发展的契机。公司积极拓展分布式光伏发电市场，智能光伏优化器产品将会为分布式光伏客户带来“高安全、多发电、智能化、组件级关断、组件级监控”等价值，且已陆续在国内外分布式光伏电站和通信基站开展应用。目前的分布式光伏和储能市场，因为在设计、场地、运维等各方面的不规范，仍面临着很多难题，未来将会在“安全、智能化、信息化”等方面进一步规范和发展，未来行业标准和规范也将加强。

汽车行业，随着锂电池技术的快速发展和进步，新能源汽车竞争力越来越强，并越来越受用户欢迎，补贴退坡必然是行业趋势。电动汽车发展的瓶颈问题慢慢转移到充电问题上，未来充电桩等公共设施必然会加强投资。

▶新冠肺炎疫情在2020年对企业的主要影响有哪些？企业采取了哪些策略进行应对？

2020年的开局让人有些措手不及，受新冠肺炎疫情的影响，全国企业不得不延迟复工，给运营工作带来不少挑战。对企业生命而言，疫情让我们真切体验到企业命运与全球经济和产业链的紧密联结。随着国内疫情有效遏制，客户工程建设和生产活动的启动，供应链配套逐渐复原，公司全员与时间赛跑，抢回疫情耽误的工期，坚定不移，全面完成了2020年的经营目标。在“一带一路”合作倡议下，公司大力拓展海外通信网络市场。而随着海外疫情的恶化，疫情最终发展范围、最终结束时间尚无法预测，严重限制了全球经济复苏，海外市场的拓展受到较大影响，一定程度间接影响公司海外产品销售的增长。

16. 成都航域卓越电子技术有限公司

地址： 中国（四川）自由贸易试验区成都市双流区西南航空港开发区牧鱼二路588号

邮编： 610200

电话： 028-65790372

传真： 028-65790376

邮箱： qiuxia. gao@ protionic. cn

简介： 成都航域卓越电子技术有限公司（以下简称航域卓越）是一家专注于军用大功率高压直流变换电源和厚膜电源模块的研发、生产、销售的国家高新技术企业，是我国军工类电源行业高端应用市场和全套解决方案的主要供应商之一。

航域卓越现有深圳研发中心、成都研发中心和成都生产基地，拥有军工相关全套资质，获得了多项国家专利，是中国电源学会常务理事单位，四川电源学会会员单位以及中国电子商会军民融合委员会副理事单位。

航域卓越的主要产品包括标准电源、定制电源和厚膜电源模块，现已广泛应用于国内航空、航天、兵器及军用船舶领域，产品长期装列部队，以“高效率、高功率密度、高可靠性”的产品特点获得业内一致认可。

航域卓越始终秉承“服务航空，开拓领域，卓识远见，不断创新”的经营理念，在国家“民参军”政策鼓励下，不断开发适应军工行业特点的高可靠性电源和器件产品，逐步成为拥有核心研发团队、行业领先技术和先进管理经验的军工电源行业一流企业。

企业领导专访：

被采访人：明嘉　副总经理

▶请您介绍企业2020年总体发展情况。企业的核心竞争力有哪些？

得益于国家“民参军”相关政策的实施，2020年公司在军工电源市场迎来了较好的发展机遇，得以在军用航空、航天飞行器和军用车辆上参与多个重要战略电源项目，并取得了较好的成绩。同时，公司军工电源业务平稳增长，其中标准电源和厚膜电源模块在军工电子产品的小功率电源模块应用市场占有率显著提高。

公司的核心竞争力主要体现在成熟可靠的军工电源核心技术以及开放的前沿技术储备。公司的研发核心团队来源于前四川托普集团通信电源技术团队，是 20 世纪 90 年代西南地区唯一一家取得通信入网电源许可的技术团队，后依托军工各大高校的业内专家资源，形成了一支具备二十余年军工电源研发经验，有创新意识并勇于迎接挑战的技术队伍。现在成都和深圳都设有研发中心，其中深圳研发团队主要进行以电源前沿发展技术为核心的前瞻性研发，从而保证公司电源技术的更新换代和持续发展。

▶请您介绍企业 2021 年的发展规划及未来展望。

2021 年随着国家军工行业发展战略的不断深化，公司将继续加大研发和技术投入，持续提升产品性能以抢占航天、航空军工电源高端应用市场。同时，不断提升公司技术能力、产品能力和服务能力，使公司逐步成为军工电源行业的一流企业。

▶新冠肺炎疫情在 2020 年对企业的主要影响有哪些？企业采取了哪些策略进行应对？

国家加大对“民参军”相关企业的扶持，让民营企业有更多的机会可以参与国家重要军工项目的技术竞争，2020 年新冠肺炎对公司目标市场和客户服务方面未带来过大影响。针对公司内部经营，公司严格按照政府防控要求，安排和部署公司和员工疫情防控工作，目前产能和服务未受到影响。

17. 东莞市奥海科技股份有限公司

AOHAI
奥海科技

地址：广东省东莞市塘厦镇奥海科技园
电话：0769-89290871
传真：0769-89290868
网址：www. aohaichina. com

简介：东莞市奥海科技股份有限公司（股票代码：002993）是全球领先的智能便携能源产品提供商，是一家专注于智能终端充储电配件及相关应用产品的设计、研发、制造和销售的国家高新技术企业。公司产品主要有智能快速充电器、PD 充电器、无线充电器、电源适配器、智能插座等，产品应用于智能手机、平板电脑、AI 智能物联网硬件（智能穿戴设备、智能音箱、智能家居、电视棒等）等领域。公司凭借持续的创新和研发设计能力，优秀的生产制造能力，完善的品质管理体系等优势，赢得了众多知名品牌客户的信赖，已与华为、vivo、小米、Amazon（亚马逊）、LG、Google（谷歌）、华硕、HTC、诺基亚、Reliance（印度）、Bestbuy（百思买）、Belkin（贝尔金）、Mophie（墨菲）、大疆、普联（TP-LINK）、公牛等知名品牌公司建立了合作关系，现已发展成为国内便携能源领域设计能力卓越、供应速度快捷、产品系列丰富、客户群体广泛的供应商之一。

主要产品介绍：

1. PD 多协议 20W Type-C 快充充电器　2. 168W 电动手钻充电器

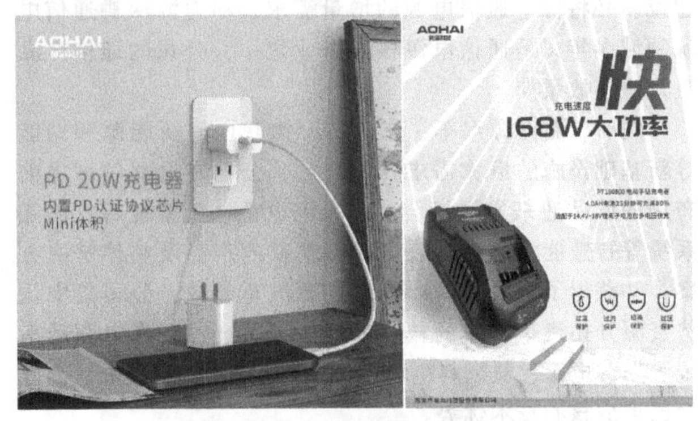

1）20W 输出功率快速充电，Mini 体积大能量；外壳采用 PC 防火阻燃材料，耐高温不怕摔、经久耐用。

2）适配于 14.4~18V 锂离子电池包多电压快充；最大功率 168W，4.0Ah 电池 25 分钟可充满 80%。

企业领导专访：

被采访人：刘昊　董事长（总经理）

▶请您介绍企业 2020 年总体发展情况。企业的核心竞争力有哪些？

2020 年，公司充分利用现有的客户资源，深度挖掘重点客户的潜在需求，提升客户市场份额；利用现有客户建立起的良好市场口碑，扩大新产品开发队伍，更好地服务客户，建立适合不同区域的营销渠道，形成全球性的营销管理体系，不断丰富和完善公司产品系列，扩大公司全球知名度，增强公司综合竞争力。同时，公司一直以客户为中心，努力构建客户与公司的利益共同体，不断满足客户产品需求，实现共同发展。公司通过持续的技术、品质和服务的改进，提高客户的满意度，完善公司营销网络，打造集运营管理、产品创新、供应链管理、快速响应与服务的全球营销体系。

2020 年公司实现营业收入 294，520.29 万元，较去年同期增长 27.17%；实现营业利润 37，473.88 万元，较去年同期增长 47.57%；实现利润总额 37，387.86 万元，较去年同期增长 45.89%；实现归属于上市公司股东的净利润 32，903.75 万元，较去年同期增长 48.53%。

核心竞争力有下面几方面：

1）大客户开发及服务能力：公司在研发创新、生产运营、品质管理、快速响应等方面具有显著的竞争优势，已与小米、华为、vivo、亚马逊、LG 等国际知名品牌客户建立了稳定的合作关系，并建立了高度的相互认同感。

2）研发创新和产品创新能力：公司始终关注、跟踪和研究行业最新技术，持续推进研发创新和产品创新，参与行业标准的制定，推动行业技术的发展。公司先后被认定为省市级工程技术中心、广东省知识产权示范企业、广东省创新型企业等，并在建广东省博士工作站；公司已与浙江大学等科研院校建立产学研合作。

3）规模化制造能力：公司已建立东莞奥海、江西奥海、印度希海、印尼奥海四个制造基地，目前的产能已超过2.1亿只。公司大力投入全新自动化生产线，配备奥海研发的智能制造MES系统贯彻LP（精益生产）理念，打造无缺陷按节拍生产样板线，大大提升了规模化制造效率，发挥了规模化制造能力。

4）高效的供应链管理能力：公司在与上游供应商的合作中拥有较强的议价能力，可在一定程度上降低原材料、设备采购价格，提升产品的成本优势。同时，公司通过规模化的经营，提高了设备利用率和员工熟练程度，达到降本增效的目的。

5）快速响应能力：公司能够敏锐地跟进市场变化趋势，快速进行产品迭代升级，满足快速变化的市场消费需求；依托较强的研发创新和产品创新能力、高效的供应链管理能力、规模化制造能力等，能有效缩短多批次产品转线生产的切换时间，最大限度地降低产品研发、生产周期，以便快速地响应客户需求，借此在快速变化的市场环境中抢得市场发展先机。

6）产品品质保障能力：公司坚持“精心制造、精益求精”的产品质量方针，通过了ISO 9001、ISO 14001、ISO 45001：2018、QC080000等质量、环境相关体系认证并在生产运营中全面遵照履行；公司有完善的品质管理系统，涵盖产品研发到出货的全生命周期，目前，公司2020年各智造基地产品平均直通率达到99%以上，部分产品直通率达到99.6%，还在持续改善提升中，确保制造稳定性，不断提升品质管控水平。

►请您介绍企业2021年的发展规划及未来展望。

2021年，公司将致力于持续提升有线充电器在手机领域的销售收入和市场份额，深入挖掘小米、华为、vivo、OPPO、传音、MOTO等重点客户的潜在需求，进一步提升客户市场份额；拓展有线充电器在平板电脑、智能穿戴设备、智能家居、人工智能设备等市场领域的开发和布局力度，为物联网设备提供优质、高效的充电解决方案；加快推进无线充电器产品的研发和市场化，努力开发更新、更好、更快、传输距离更远且更具成本效益的无线充电解决方案和产品；扩大第三方零售市场的新产品开发队伍，更好地服务于Bestbuy（百思买）、Belkin（贝尔金）、Mophie（墨菲）、绿联等电子产品零售商客户。同时，布局大功率动力能源、网络能源、储能能源等产品，积极投入资源布局自主品牌“AOHI”，以实现公司长远及可持续发展。

►新冠肺炎疫情在2020年对企业的主要影响有哪些？企业采取了哪些策略进行应对？

2020年新冠肺炎疫情在全球范围内大规模暴发，对全球经济带来了巨大的冲击。主要的影响有：①市场需求波动大；②上游原材料短缺，外汇波动大。

针对以上情况，公司经营管理层紧紧围绕经营目标，优化产品结构，严格管理流程，提升成本管控，拓宽业务渠道，凭借强大的研发创新能力、领先的工艺技术水平、先进的智能制造生产线、卓越的产品品质保障及快速响应能力、深厚的行业资源及品牌口碑等优势，实现了2020年经营业绩的显著增长。

主要采取的策略：

1）以市场需求为导向，与客户共同进行技术创新、产品创新，竭力为客户提供满意的产品与服务。

2）坚持技术创新引领企业发展的理念，增加公司技术储备，持续加大研发投入，优化产品结构。

3）降本增效，快速响应，及时交付。公司通过科学预测提前备货锁定价格、战略合作集中采购降低价格、内外部供应商优化配置稳定价格，保证了供应安全和成本可控，有效降低了原材料上涨对公司带来的不利影响。

18. 东莞市石龙富华电子有限公司

UE Electronic

地址： 广东省东莞市石龙镇新城区黄洲祥龙路富华电子工业园

邮编： 523326

电话： 0769-86022222

传真： 0769-86023333

邮箱： fuhua@ fuhua-cn. com

网址： www. fuhua-cn. com

简介： 东莞市石龙富华电子有限公司（以下简称UE Electronic）成立于1989年，是全球电源供应商、国家高新技术企业、中国电源学会常务理事单位。公司集产品研发、制造、销售于一体，引领全球电源技术应用创新，已成长为世界500强及国内外知名企业首选的全球电源品牌。

UE Electronic于1999年取得了ISO 9001质量管理体系认证，2008年取得了ISO 14001环境管理体系认证，2013年取得了OHSAS 18001：2007职业健康安全管理体系认证；2018年取得ISO 13485医疗器械质量体系认证。

UE Electronic已形成以医疗电源、I. T. E. 电源为核心，消费类电源与LED驱动电源为辅的多元化产品体系。产品符合六级能效标准，符合UL、CSA、TUV-GS、CE、RCM、PSE、KC、CCC、IRAM、CB、EMC、FCC、BIS、PSB、BSMI、EAC等多国安规认证标准。

UE Electronic始终关注客户需求，秉持为客户提供更多的增值服务的公司使命，强化设计管理，严抓质量提升。2019年UE Electronic完善实验中心，搭建了与德国TUV、瑞士SGS及中国赛宝试验室对标966半波暗室。160多名工程师组成了强大的技术研发中心，不止于此，UE Electronic还与华南理工大学等多所知名院校建立有战略合作关系，共同推进产学研建设，累计获得专利119项。

UE Electronic导入先进质量管理体系，严格筛选、考核原材料供应商，严格把控成品出库的质量。同时，公司完成了现代化绿色制造体系的升级，使月产能可达1500万台。为方便客户端追溯生产数据，UE Electronic引进了MES系统，并在云端实时上传数据，数据保存时间最长可达10年。

主要产品介绍：

医疗设备电源 & 通信设备电源

医疗电源功率涵盖 5～200W，35 个系列产品，符合六级能效，满足家用医疗标准，防护等级为 IP42，可达 2MOPP 标准，认证齐全，插墙式/桌面式可选，广泛应用于各类医疗器械设备。

通信设备类电源功率涵盖 5～200W，76 个系列产品，符合六级能效，适用于资讯/通信类设备，如手机、机顶盒、网通产品等。

企业领导专访：

被采访人：周炜钊 市场负责人

▶请您介绍企业 2020 年总体发展情况。企业的核心竞争力有哪些？

2020 年中国的制造业面临了前所未有的挑战，UE Electronic 在疫情影响的情况下保持稳定增长，并提前实现了倍增。

公司 30 多年来一直坚持以产品质量、快速响应客户为核心竞争力，坚持只做优质产品，用最好的产品和服务来回报社会和客户。

▶请您介绍企业 2021 年的发展规划及未来展望。

2021 年公司将重点发展网络营销，继续保持通信领域的优势地位，大力发展医疗电源领域，将公司高品质的医疗电源推给全球医疗设备厂商，为提升医疗电源安全系数贡献一份力量，全力巩固医疗电源行业优质品牌地位。

▶新冠肺炎疫情在 2020 年对企业的主要影响有哪些？企业采取了哪些策略进行应对？

1）外省员工回公司时间推迟，公司产能受到影响。

策略：与政府防疫部门紧密联系，同时每天关注因疫情未能回厂员工的动态，保持惯性沟通，为员工尽早回公司创造先决条件，经过努力，不断有员工在符合防疫规定的前提下回到公司工作，返岗率超过 95%。

2）医疗类电源适配器订单大幅增加，产品战略调整。

策略：作为有近 30 年医疗电源研发生产经验的一流企业，疫情期间，为了满足呼吸机以及其他抗疫用便携式医疗器械产品的需求，公司及时推出了几款体积仅为常规产品 2/3 的超薄型电源产品。高效能、高稳定性的产品获得了来自世界各地客户的一致好评。

19. 弗迪动力有限公司电源工厂

地址：广东省深圳市坪山新区坑梓街道深汕路 1301 号

电话：0755-89888888

传真：0755-89888888

网址：www.byd.com.cn

简介：电源工厂隶属于弗迪动力有限公司，成立于 2007 年 1 月，其研发基地坐落在深圳市坪山区，制造基地分别位于深圳市坪山区和长沙市雨花区。

厂房面积约 4.7 万平方米，拥有员工 1000 余名，其中研发人员约占 20%，资深技术骨干平均产品开发经验达 12 年以上。

公司通过了中国质量认证中心、IATF 16949：2016 汽车质量管理体系认证，具备 VDA2、VDA6.3 资质审核实施条件，正在推行 ISO 26262 功能安全认证。

电源工厂坚持以“开放、合作、创新、共享”的八字方针，广泛开展内外部合作，打造核心竞争力的信念。秉承公司“技术为王、创新为本”的发展理念，为公司新能源汽车发展打下夯实的基础！

主要产品介绍：

集成电源 4.0

产品全新第四代深度集成技术，提供了更优的充放电系统解决方案，核心技术指标对标行业一线。实现产品体积更小、重量更轻、效率更高，一芯多用适配混合动力\纯电动车型。

20. 广东省古瑞瓦特新能源有限公司

GROWATT
古 瑞 瓦 特

地址：广东省惠州市惠阳区平潭镇房坑村

邮编：516000

电话：0752-3263600

传真：0752-3263600

邮箱：info@growatt.com

网址：www.growatt.com

简介：古瑞瓦特新能源（Growatt）有限公司（以下简称古瑞瓦特新能源）成立于 2010 年 5 月，是一家专注于光伏逆变器研发、生产及销售的新能源公司。公司以“向全球推广绿色能源”为使命，通过不懈努力已成功跻身世界著名逆变器生产商行列。将技术创新视为持续发展核心驱动的企业。古瑞瓦特新能源将不断的技术创新视作企业长青发展的不二法门。在深圳自主研发中心，公司聚集了一批由 100 余名高级工程师组成的研发团队，已获得或正在申请的专利（著作权）已达 30 余项。公司是国内首家在全球最权威 PHOTON 实验室拿到 A+的亚洲逆变器企业。强大研发后盾支撑下，古瑞瓦特新能源在国际公开测试中屡获佳绩。2011 年 2 月 Growatt5000TL 在 PHOTON 测评中获得 A+，同年特获得 Intersolar 进步最快逆变器奖。时隔一年有余，Growatt5000MTL 机型再次在 PHOTON 测评中获得优异成绩，逆变效率在世界同款机型中位列三甲。另外，公司还是中国首家转换率达到 98%的光伏逆变器制造商，中国首家两登美国 CEC 榜单的逆变器制造商。公司是中国逆变器在世界市场的领军企业。2011 年古瑞瓦特新能源以巨大优势荣膺国内同行业出口榜首，从成立之初到成长为国际市场的领军企业仅用了18个月的时间。目前，公司已经成为澳大利亚最大的逆变器供应商之一（占有率超过SMA、施耐德、POWERONE等）、在美洲大批量安装并得到认可的中国光伏逆变器厂商（安装超过5000个屋顶）、中国出口欧洲排名领先的逆变器厂商，是最具发展潜力的新能源企业。目前，古瑞瓦特新能源拥有深圳格瑞特新能源一家全资子公司，并在美国、澳大利亚、德国等地设立了分公司。2012年初，公司与国际著名风险资金——红杉资本和国内投资巨头招商局集团投资成功牵手合作，并计划上市发展，届时公司市值有望超过100亿。“现在也是未来”丁永强总裁激励着所有公司员工不断努力，不断完善Growatt光伏逆变器产品。相信在印有Growatt标识的新能源产品不断被应用到世界各个角落的同时，古瑞瓦特新能源也在把绿色生态的理念推向全球。

主要产品介绍：

光伏逆变器

古瑞瓦特新能源是一家专注于研发和制造太阳能并网、离网、储能逆变器及用户侧智慧能源管理解决方案的新能源企业。太阳能并网逆变器功率覆盖750W～250kW，离网及储能逆变器功率覆盖1～30kW，产品适用于户用、商用、光伏扶贫、大型地面电站及各类储能电站场景，并已在全球广泛应用。

企业领导专访：

被采访人：吴良材　副总裁兼研发总监

▶请您介绍企业2020年总体发展情况。企业的核心竞争力有哪些？

2020年古瑞瓦特新能源在全球出货超过10GW，在海外及中国市场均取得了较好成绩，分布式逆变器和储能逆变器均全球领先。强大的研发能力及技术创新能力，优良的产品品质，全球化的本地服务支持，是公司的核心竞争力。

▶请您介绍企业2021年的发展规划及未来展望。

2021年是“十四五”规划的开局之年，国家明确提出创新驱动发展目标。公司坚持技术领先、数智驱动、全球突破。作为全球逆变器领军企业，太阳能并网逆变器功率覆盖750W～250kW，离网及储能逆变器功率覆盖1～30kW，产品适用于户用、商用、光伏扶贫、大型地面电站及各类储能电站场景，并已在全球广泛应用。公司2021年重点工作为创新、突破、布局，为全球家庭及工商业主提供智慧的清洁能源。2021年1月，公司全新智慧工厂正式投产，每年将为全球客户提供超过20GW的优质产品。

未来，公司将继续坚持创新创业，致力于成为全球最大的智慧能源解决方案供应商；坚持研发投入和技术创新，提升核心技术优势，发展“光伏+储能”，推进光伏系统与物联网协同发展，在新能源科技、智慧家庭、智慧园区等领域不断提升能力，为光伏+创造更多可能。

▶您对电源行业（或您所在细分行业领域）未来市场发展趋势有什么看法？企业会迎来哪些机遇？如何把握？

在2030年“碳达峰”、2060年“碳中和”两大目标的引导下，光伏产业迎来了前所未有的发展机遇。2021年是“十四五”规划的开局之年，也是我国光伏发电进入平价上网的关键之年。在光伏即将全面平价的挑战中，技术创新带来的高质量和低成本优势将是企业获胜的法宝，公司以产品驱动+技术驱动的双驱动模式推动产品持续领先，助力平价上网。

随着采用188硅片与210硅片的组件量产，出现600W+左右的大功率组件，公司坚持用技术的迭代创新去适配行业发展趋势，发布完美适配大功率组件的智能逆变器。公司始终以行业发展为核心，以消费者需求为标准，不断以自主创新打造更多优质产品，赢得市场和消费者的认可。同时加强对外合作，深化高端技术项目实施，整合全球优势技术资源，建立共创共生共赢的新局面。

21. 广州金升阳科技有限公司

金升阳
MORNSUN®

地址：广东省广州市黄埔区南云四路8号

电话：020-38601850

传真：020-38602273

网址：www. mornsun. cn

简介：广州金升阳科技有限公司（以下简称金升阳）作为国家高新技术企业，已连续五年荣登广东省制造业500强榜单且排名稳步提升，是国内集研发、生产、销售于一体的服务全球的电源解决方案提供商，也是拥有强大自主研发和知识产权优势的创新型企业。金升阳自主创立“MORNSUN”品牌，商标已在全球50多个国家与地区注册。公司致力于为工业、医疗、能源、电力、轨道交通、智能交通、智慧城市等领域提供一站式电源解决方案，帮助客户提高生产效率和能源效率，同时降低对环境的不良影响，为客户提供“无忧电源”。

主要产品介绍：

“305全工况”机壳开关电源LM/LMF系列

金升阳推出的“305 全工况”机壳开关电源 LM/LMF 系列，输入电压范围宽至 AC85～305V，功率段覆盖 15～320W，满足多种应用场景对功率的不同需求。该系列产品高度优于行业水平，仅 25mm，隔离电压高达 AC4000V、通过 CE、CCC、UL、CB 认证，安全可靠。

企业领导专访：

被采访人：潘东勇 市场经理

▶请您介绍企业 2020 年总体发展情况。企业的核心竞争力有哪些？

2020 年是极不平凡的一年，新冠肺炎疫情蔓延和国产供应链的安全都对整个电子产业产生深远影响，这对于中国电源厂商既带来机遇也有挑战。面对种种挑战，金升阳加速应变部署，抗风险能力得以巩固和提升。基于此，金升阳在经济大环境非常不好的情况下取得了非常好的成绩。

所谓企业核心竞争力，对于金升阳来说必然离不开技术创新。深耕电源领域 23 年，金升阳没有盲目做横向多元化布局，而是一直专精电源主业，长期坚守在技术开发和创新道路上。能在细分行业独占话语权，金升阳靠的是好产品、好技术这两个“硬拳头”。这一切的背后，也源于金升阳每年将销售额 20%以上投入到研发中，培养出 500 多研发人员组成的深度梯队，让创新理念践行到每一个行动中。

既然金升阳以技术创新为落脚点，那么从另一个角度来说，金升阳是在为用户提供更优质的同类产品。不同于一般企业横向扩展产品线，通过多产品抢抓市场机会，金升阳更致力于产品纵向技术升级，不断超越前代工艺技术，以达到世界级优质产品。例如定压 R4 产品，经过多次技术迭代升级，产品体积降低超 80%以上，达到业界先进水平。

▶您对电源行业（或您所在细分行业领域）未来市场发展趋势有什么看法？企业会迎来哪些机遇？如何把握？

如果我们审视基础行业的各个环路，就会发现无论是在通信、电力、仪器仪表，还是安防、医疗、工控等领域，整个过程都会使用到电源。电源行业已逐步形成了标准化制造、封装、测试、质量管理为一体的系统工程，以绝对的产品质量和技术优势，取代了原有的自搭电源方案。

对于企业发展机遇，金升阳从不片面追求以市场为导向，而是将其与技术驱动相结合，引领市场行业新风向。金升阳重视用户的需求和意见反馈，针对电源产品朝着“高效率、宽输入、小型化”趋势发展，金升阳也在不断推出优化产品以满足需求。同时，金升阳致力于走在行业前端，做新工业电源标准倡导者。将手中已取得的技术突破扩展为行业标准，从而拔高整个行业质量水平。金升阳一直有着明确的技术、产品路线，并且愿意沿着这个方向不断前进，为各行业提供专业的、标准的行业电源解决方案。

▶新冠肺炎疫情在 2020 年对企业的主要影响有哪些？企业采取了哪些策略进行应对？

2020 年注定是不平凡的一年，新冠肺炎疫情让我们回到了紧闭国门的时代，这些无一不在提醒着需要加速国产化的进程，而这对于中国电源厂商来说，既是机遇也是挑战。机遇主要表现在两个方面，第一是医疗相关设备的需求量暴增，医疗电源需求量也同步增加；第二是由于国外电源品牌的交期普遍较长，更多的设备厂商愿意使用国产电源。金升阳在 2020 年推出了多款重量级新品，紧跟市场热点，第二季度业绩增长超过 50%。

所面临的最大挑战在于品牌方面，现阶段人们对“国产”二字还一定程度上存在着“山寨、抄袭、质量差”的刻板印象，但其实在电源行业，中国的实力已经得到显著提升，国内厂商已经可以和世界一流厂商媲美，金升阳是一家非常注重质量把控的公司，建立了七大可靠性保障平台，产品质量值得信赖。除此之外，很多原来使用海外电源品牌的厂商由于电源断供，转向金升阳提出了紧急电源需求，交期短也给我们带来了一定程度上的压力，对于紧急需求，快速做出相应部署，尽自己所能解决客户烦恼。

22. 航天柏克（广东）科技有限公司

地址：广东省佛山市禅城区张槎一路 115 号 4 座

邮编：528000

电话：0757-82207158

传真：0757-82207159

网址：www. baykee. net

简介：航天柏克（广东）科技有限公司（以下简称航天柏克）是中国航天科工集团旗下从事尖端电源技术研发的骨干企业，是我国电源技术应用于“高、精、尖”领域的探路者，持续为航天防务、长征五号到七号运载火箭、歼 20 战斗机、大飞机及无人机、海上防务、数十条高铁等诸多国家重大项目提供高可靠性的电力保障。

航天柏克积极贯彻集团公司“科技强军 航天报国”的发展使命，依托航天的技术优势、军民产业复合型高学历人才优势，重点聚焦电源技术军民两用领域，专业从事研发、生产、销售于一体的军工级、工业级电源、定制化电源等，已形成网络能源、新能源、应急供电系统、行业专用电源、电能质量管理五大业务板块。目前，公司围绕智慧城市 & 大数据、智慧能源、轨道交通、军民融合等战略性新兴产业，成立了 9 个行业事业部，形成了 IDC 数据中心、通信电源系统、军工电源系统、海绵城市系统、光储充一体化智慧能源系统、轨道交通智能供电系统等全方位解决方案，致力于将公司打造成为国际知名电气企业。

航天柏克组建了省级企业技术中心和省级工程中心，航天二院 6 名院士及一大批国家级突出贡献专家的参与是公司开展尖端技术研发的有力保障。目前，公司拥有专利技术 113 项，参与了 9 项行业标准的制定，获得了广东省知识产权示范企业、广东省守合同重信用企业、广东省专利奖、广东省省级企业技术中心，禅城区质量奖企业（首批）、博士后创新实践基地、广东省高效节能型应急电源工程技术研发中心等荣誉与资质，所生产的不间断电源、应急电源产品被认定为广东省名牌产品、广东省高新技术产品。

航天柏克通过了 ISO 9001 质量管理体系认证、CE 认证、节能认证、泰尔认证、消防电子产品强制性认证、国军标质量管理体系认证等，具备军品电源及同源产品二级资质，承担了南京青奥会、广州亚运会 80% 的场馆、港珠澳大桥、广州电视塔、阳江核电站、广州白云机场、海南文昌卫星发射基地、粤赣高速、武广高铁在内的十多条高铁项目、中国大飞机项目等国家重点工程，是国家轨道交通应急电源基础设施供应的主力军。并与万达、中石化、阿里巴巴、上海宝之云数据中心、万国数据中心等中国 500 强企业建立了战略合作伙伴关系。

航天柏克在全国建设了 85 个营销网点，业务覆盖到了华北、华南、华东、西南、西北五大片区。售后服务网络全面覆盖到全国主要省市，能以行业最快捷的本地化服务，为客户提供个性化、全方位的售前、售中服务和最可靠的售后保障，解决客户的后顾之忧。

主要产品介绍：

模块化机房

航天柏克 IM 灵睿系列一体化机房（或者叫模块化机房），相对于传统机房的多品牌集成、交叉作业、建设周期长、能源利用率低、运维困难等因素，该产品可以实现机房所有基础设施一个品牌完成、高度预制模块化结构现场 3 天完成安装、冷通道/热通道封闭结构大大提高能源利用率及一站式运维平台。

23. 合肥华耀电子工业有限公司

地址：安徽省合肥市蜀山区淠河路 88 号

邮编：230031

电话：0551-62731110

传真：0551-68124419-0

邮箱：sales@ ecu. com. cn

网址：www. ecu. com. cn

简介：合肥华耀电子工业有限公司（以下简称华耀）于 1992 年由中国电子科技集团第三十八研究所全资创办，专注于军用和民用电源类产品的研发、生产和销售。早在 1996 年就通过 ISO 认证、军方质量体系认证。凭借扎实的发展，现在的华耀已是国家高新技术企业、国家企业技术中心、安徽省智能供电工程技术研究中心、安徽省产学研示范企业、安徽省技术创新示范企业、安徽省自主创新品牌示范企业、合肥市电源电子工程技术中心。

华耀拥有合肥、上海两大研发基地，相继成立了院士工作站和博士后工作站，与南京航空航天大学、中科院等多所高校、科研机构紧密合作，拥有强大的研发及生产能力、标准化生产厂房、标准化作业流程和物料管理体系，具有国家第三方监测资格的实验室。二十多年的不懈努力，华耀积累了丰富的电源行业经验，所生产的电源产品广泛应用于工业控制、国防安全、LED 照明、新能源汽车、医疗、轨道交通等领域，产品销往美国、欧洲、澳大利亚等世界各地，并与多个世界 500 强公司结成优质合作伙伴关系，品牌和产品在业内具有较高的知名度和美誉度。

未来，华耀将一如既往地秉承“协作、创造、卓越”的核心价值观，致力于打造国际化专业电源品牌和成为国际能源电子专家。

华耀是：国内率先提供机载预警雷达批产电源的公司、国内率先提供高空系留气球供配电系统的公司、国内率先提供大型运输机襟缝翼控制电源的公司、国内率先提供小型高频医用高压发生器的公司、国内率先提供受控核聚变（EAST）辅助加热系统兆瓦级电源（PSM）的公司。

主要产品介绍：

DC-DC 标准砖模块

自主设计 DC-DC 模块电源系列，采用工业标准封装方式和引脚设计，可完全替代同类型进口电源。从 1×1 到标准砖全系列（30～1500W），其产品性能、品质和可靠性均达到业界先进水平。我们能够为分布式供电架构提供标准产品，可满足各种直流电压转换和直流电源的需求，还可根据客户特殊要求提供各种定制方案。

24. 合肥科威尔电源系统股份有限公司

地址：安徽省合肥市蜀山区高新区大龙山路 8 号
邮编：230088
电话：0551-65837951
传真：0551-65837953
邮箱：ir@ kewell. com. cn
网址：www. kewell. com. cn

简介：合肥科威尔电源系统股份有限公司（股票代码：688551，以下简称科威尔）是一家专注于测试电源行业的综合测试设备供应商，为客户提供测试电源和基于测试电源的测试系统解决方案。公司坚持自主创新，依托电力电子技术平台，融合软件仿真算法与测控技术，为众多行业提供专业、可靠、高性能测试电源和系统，实现了多款关键测试电源设备的进口替代，是国内率先提供专业测试电源设备和系统解决方案的上市公司。

自成立以来，科威尔始终致力于测试电源产品的自主研发，根据所处行业的发展趋势和技术革新情况，基于自主研发的通用技术平台并结合多行业应用创新，开发出多款具备不同行业属性的大功率、小功率测试电源和测试系统，并逐步完成在下游市场的应用拓展。目前，已实现大功率测试电源产品在多功率段、多行业应用的覆盖，以及小功率测试电源产品的开发应用，并基于测试电源推出多款测试系统。公司产品主要应用于新能源发电、电动车辆、燃料电池及功率器件等工业领域。

经过多年技术积累、升级和迭代，为下游行业领域客户提供了符合其研发及品质检验所需的高精度测试电源和测试系统，获得下游众多应用领域客户的认可。在新能源发电行业的终端用户有：阳光电源、华为、SMA、台达、锦浪科技、特变电工；电动汽车行业的终端用户有：比亚迪、吉利汽车、长城汽车、ABB、法雷奥西门子、纳铁福传动；燃料电池行业的终端用户有：上汽集团、宇通客车、潍柴动力等。

未来，公司将通过核心技术的平台化应用和市场渠道的全球化布局，不断拓宽下游应用行业和市场领域，为不同行业领域客户提供精准、便捷的测试电源和系统产品。科威尔致力于成为一家面向多应用领域的全品类、全功率段、全球性专业测试电源设备供应商。

主要产品介绍：

S7000 系列回馈型直流源载系统

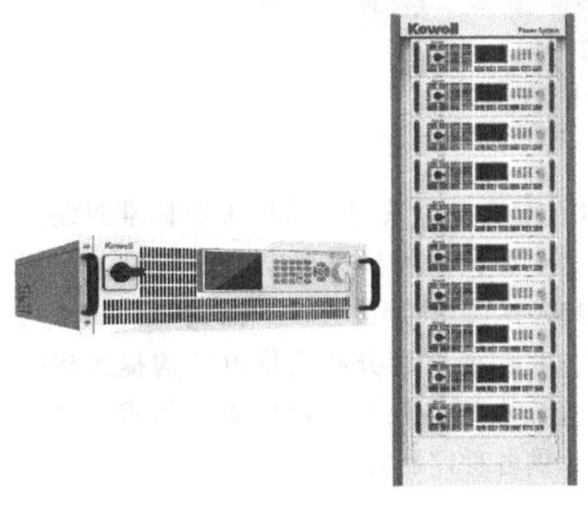

该产品是具备回馈功能的源载两用高精度直流电源，作为直流源使用支持双象限能量流动，作为电子负载使用支持能量回馈电网。产品具有高转换效率、高功率密度特点：3U 支持 30kW 功率、2000V 输出电压并支持多机并联。人机界面为彩色触摸屏及按键、旋钮两种操作方式，可满足不同客户使用习惯。

企业领导专访：

被采访人：蒋佳平　总经理

▶请您介绍企业 2020 年总体发展情况。企业的核心竞争力有哪些？

科威尔产品目前主要服务于新能源发电、电动汽车、燃料电池和功率半导体等工业领域。公司 2020 年全年营业收入为 1.62 亿元，净利润为 5400 万元，经营活动净现金流量 4500 万元。受年初突发新冠肺炎疫情和相关行业政策的影响，公司营业收入和净利润较上年同期有所下降。另外，2020 年公司结合行业发展趋势和产品、市场预期，加大了研发投入，研发费用较上年同期有所增加。

公司产品应用的 4 个主要行业中，新能源发电、燃料电池及功率半导体行业收入实现增长，电动汽车行业有所下降。具体情况如下：2020 年度国际光伏产业呈现较好的态势，公司在新能源发电行业营收增长 108.27%，电动汽车行业，受疫情及相关产业政策等相关因素影响，公司在电动汽车领域销售情况受到冲击，随着国家及地方政府政策的积极出台和实施，二季度开始公司电动汽车行业随政策变化，订单量同步改善并逐步上升，电动汽车行业年度营收有所下降。伴随我国燃料电池汽车产业化进程加速，研发测试设备需求旺盛，公司燃料电池行业年度营收增长 15.7%。2020 年度公司在功率半导体领域不断推出新品并得到众多行业头部企业的支持，该行业营业收入同比增长 118.53%。

公司以技术研发、产品、品牌和渠道建设为核心竞争力，近年来，中国电力电子产业的技术水平快速发展，在全球范围内占据优势地位，促进了测试电源相关技术水平的提升。目前我国已经逐渐成为世界新能源战略性新兴产业的研发、制造和消费中心，测试电源行业属产业链的中上游，下游应用行业的技术水平快速迭代升级又积极推动了测试电源产业技术水平的发展提升。公司根据市场调查、客户反馈，结合国家政策导向、前瞻性课题等方式综合研判市场未来需求进行研发立项。研发过程中，公司依托完整的研发团队建制，规范的研发管理体系，畅通的市场反馈渠道，提升公司的核心技术开发实力，并通过相关专利、软件著作权的申请以及技术秘密的方式进行知识成果保护。通过多年的积累沉淀，科威尔已掌握大功率 AC/DC、DC/DC、DC/AC 电力电子变换拓扑技术，具备为多应用行业提供自主开发全部交、直流类测试电源产品的能力。目前，已经形成了较为完备的系列产品线和应用体系，并能依托技术优势不断开发出新的产品，丰富的技术储备促进产品的升级迭代。公司是业内为数不多的既可以提供高性能单品测试电源，又能够根据不同行业属性推出测试系统产品的专业供应商之一。未来，公司将不断依靠技术创新和紧贴客户的优势，在竞争日趋激烈的测试电源市场与国内外行业对手展开市场竞争。

公司聚焦于测试电源领域，深耕多年，在核心技术方面享有独立知识产权且形成了多项技术门槛，建立了完整的市场渠道和服务网络。公司发展战略清晰、经营理念明确、管理团队稳定，在持续研发、提升客户服务能力的基础上，形成了自身的优势，取得了较高的市场认可度。公司凭借现有技术储备、产品质量、服务能力等优势所树立的良好的市场口碑和客户认可度，积累了一批的行业标杆用户资源，在业内具有了广泛的品牌影响力。测试电源及系统主要用于客户研发测试和品质检验，客户对售前技术支持和测试方法、软件升级方面的售后服务尤为关注，专业的技术开发能力、高效的服务保障能力是企业的核心竞争力。在公司发展过程中，在合肥、北京、深圳、上海、西安、重庆等地设置了分支机构在售前服务方面，公司拥有完整的项目前期调研和方案对接团队（FAE）。公司能够有效组织售前技术支持人员参与到项目的技术沟通和方案确认环节，以保证所提供方案的准确和适用性。在售后服务方面，公司拥有专业售后团队为客户提供联合调试、系统升级及设备维护和培训等服务，提升下游客户的满意度。公司的售后服务不仅帮助客户解决设备运行及维护中的相关问题，还可通过不断与客户进行互动式交流，深度挖掘客户需求并实现产品的再销售。同时随着近年海外业务的拓展，公司不断完善营销网络，提升在全球范围内的快速响应能力，为客户提供更贴身、更周到及时的售前、售后服务。

▶请您介绍企业 2021 年的发展规划及未来展望。

2020 年下半年以来，有关政策的密集推出，进一步表明了国家推动新能源汽车、燃料电池汽车产业持续健康、科学有序发展的决心。2021 年是“十四五”开局之年，功率半导体及上下游产业链也将迎来新的发展契机。政策、技术等因素驱动下游产业快速发展，对应的功率半导体市场规模呈现稳健增长态势。随着碳达峰、碳中和工作的持续推进，光伏发电、风电、新能源汽车等节能领域也将迎来快速发展机遇，我们公司的下游产业市场空间广阔。

同时，伴随上述产业政策的出台，结合相关机构的预测分析，可以清晰地看到公司涉及的 4 个主要行业均有很好的市场预期，2021 年，科威尔作为关键测试设备的供应商、行业内龙头企业，会受益于新政策带来的影响，将伴随相关产业快速发展。公司将基于现有产品定位和特点，有效结合地区及产业优势，积极响应并参与有关新能源产业发展的布局、应用及建设，并对公司海外市场及应用领域拓展进行合理规划，促进公司稳定、健康、持续发展。

公司也将基于市场需求，不断促进产品的迭代升级，为客户提供更精准、便捷的测试设备，在提升研发效率和质量，缩短产品研发周期，加强品质控制等方面为客户创造价值。

▶您对电源行业（或您所在细分行业领域）未来市场发展趋势有什么看法？企业会迎来哪些机遇？如何把握？

测试电源行业是电力电子技术作为基础学科技术在测试设备领域的具体应用。电力电子技术被广泛应用于电力、电气自动化及各种电源系统等工业生产和民用部门。随着半导体新材料器件的应用及普及，AC/DC、DC/DC 等变流拓扑及控制算法性能不断提升，促进了电力电子技术应用的产品向智能化、高动态性、高精度、高可靠性等方向快速发展。在基础的电力电子技术发展和下游应用需求升级的共同推动下，测试电源未来向指标性能的精细化和测试功能多样化；高电压、单机大功率；能量回收利用；避免电力公害；直流测试电源和测试系统产品需求增加发展。

科威尔专注于测试电源行业，产品线较为完整、应用行业较广、部分产品实现进口替代、获得了众多知名客户的认可，是行业内少数同时掌握测试电源的电力电子变换技术、馈网技术、通用软件平台、测控仿真算法等多项核心技术，实现多行业应用且同时具备大、小功率测试电源和测试系统的三个产品线的测试电源设备供应商，是国内测试电源设备行业重要的厂家之一。公司多款产品在多个行业实现了进口替代，得到了各行业客户的认可，进一步提升了公司的市场地位，扩大了品牌影响力。

测试电源是下游行业客户研发和制造的关键设备，下游客户倾向于采购性能突出、稳定可靠、售后服务优质的产品，良好的品牌形象是客户选择科威尔产品的重要因素。伴随国内新能源发电、电动汽车及燃料电池行业的蓬勃发展，科威尔与下游客户已逐步形成相对稳固的合作关系，并在加速发展的过程中与知名客户在产品技术开发及市场开拓领域深化合作，有助于公司始终保持行业领先地位。

▶新冠肺炎疫情在 2020 年对企业的主要影响有哪些？企业采取了哪些策略进行应对？

2020 年 1 月以来，受新冠肺炎疫情影响，春节假期延期复工、交通受限，公司及主要客户、供应商的生产经营均受到一定程度的影响，公司原材料的采购、产品的生产和交付相比正常进度有所延后。造成公司 2 月份生产与销售受到的影响相对较大，3 月份随着国内新冠肺炎疫情形势的好转，交通限制逐渐撤销，供应商与客户陆续复产复工，经营情况不断改善，4 月份产供销均恢复至正常水平。新冠肺炎疫情影响是暂时性影响，2020 年 4 月开始公司产销已经恢复正常水平，4 月开始每月新增订单均超过上年同期水平。经过公司全体员工的共同努力、紧密合作，2020 年各项工作开展顺利，疫情未对全年业绩及持续经营能力产生重大的负面影响。

25. 鸿宝电源有限公司

地址：浙江省温州市乐清市柳市镇象阳工业区
邮编：325619
电话：0577-62762615
传真：0577-62777738
邮箱：774058299@ qq. com
网址：www. hossoni. com
简介：鸿宝集团 · 鸿宝电源有限公司（以下简称鸿宝公司）

是一家专注于电源领域产品研发、制造、销售、信息及服务一体化的大型高新技术企业。30多年来，公司拥有上海、浙江两大生产基地、300余家专业协作工厂、500余家国内销售代表，产品销往海外市场150多个国家与地区。公司专业生产各种稳压电源、EPS（应急电源）、UPS（不间断电源）、变频器、软起动器、变压器、充电器、绿色能源-太阳能/风能并离网逆变器、光伏控制器、铅酸/胶体蓄电池、断路器及LED灯具等60多个系列、3000多个品种的电源产品，是国内电源行业龙头企业。

鸿宝公司作为中国电源学会常务理事单位，在同行业中率先通过ISO 9001质量管理体系、ISO 14001环境管理体系、OHSAS 18001职业健康安全管理体系认证。所生产的产品先后获得CE、CB、SEMKO、SASO等国际产品质量认证，以及CCC、CQC、信息产业部TLC等国内产品质量认证。“HOSSONI鸿宝”牌商标被认定为“浙江著名商标”，“HOSSONI”商标在马德里国际商标体系中100多个国家成功注册。

“HOSSONI鸿宝”牌电源产品连续被省、市评为“质量连续稳定产品”“质量信得过产品”“浙江名牌产品”“浙江出口名牌”；其中微电脑智能型充电器列入国家级“火炬计划”项目、荣获市科学技术进步奖；UPS不间断电源荣获“产品质量国家免检”称号；太阳能/风能并离网逆变器列入浙江省重大项目。所有产品均由太平洋财产保险股份有限公司承保。

鸿宝公司连续被省、市人民政府评定为明星企业、出口创汇先进企业、重合同守信用企业、银行AAA信用、百强纳税大户和质量管理先进企业。“HOSSONI鸿宝”品牌成为品质保证和优质服务体系的象征，在国内外赢得广泛的信誉和褒奖。

鸿宝公司一直对电源技术富有前瞻性理解，孜孜不倦追求完善的工艺和优质的产品质量，不断推陈出新；一直致力于满足用户不断变化的需求，致力于服务用户、社会、员工，创造共赢价值，维护国内、国际市场良好的电源企业形象；公司秉承“立鸿鹄之志，创电源瑰宝”，“我们要做最好的电源”的经营理念，逐步成为一个管理科学、技术先进、规模宏大、高效益的现代化名牌企业，“HOSSONI鸿宝”品牌在世界电源的舞台上熠熠生辉。鸿宝电源与您携手共进，期待您的合作。

主要产品介绍：

HB48200E-F嵌入式电源系统

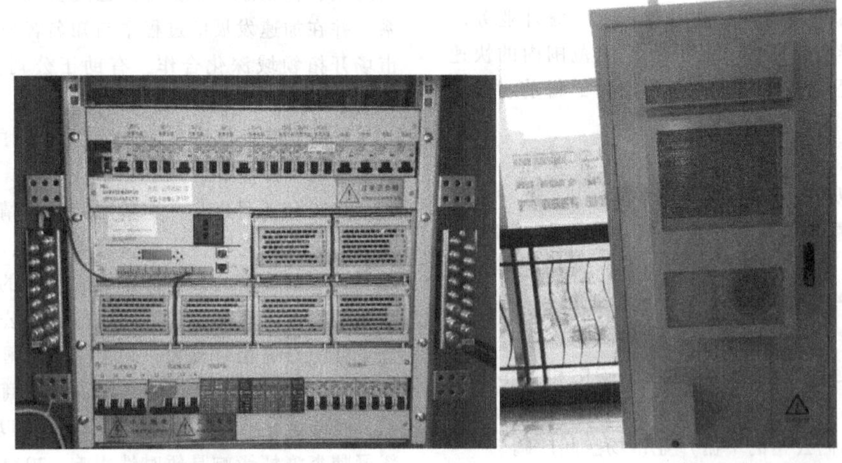

HB48200E-F嵌入式电源系统是我司针对5G基站系统开发的小型化大功率智能化直流供电系统，由配电机框、监控模块和整流模块组成。该电源系统具有直流配电功能，电源监控提供支撑外部信号输入、通信转接功能和交直流检测、接触器控制等功能，整机性能稳定，实用性强，并可由后台软件系统操作。

企业领导专访：

被采访人：王丽慧　监事长

▶请您介绍企业2020年总体发展情况。企业的核心竞争力有哪些？

2020年，受疫情影响，我国发展面临着国际国内复杂严峻的环境，鸿宝公司在董事会的正确领导下，全体员工共同努力，管理人员科学管理，使公司在逆境中稳步前进，品牌知名度有了更大的提高，新产品开发和市场投入进一步扩大，内部管理进一步完善，公司的整体销售也保持了一个平稳发展趋势。

▶您对电源行业（或您所在细分行业领域）未来市场发展趋势有什么看法？企业会迎来哪些机遇？如何把握？

电源行业的需求量一直是比较大的，但是同时现在电源研发企业也很多，这就势必导致竞争激烈和利润下滑。因此，电源行业当然不能和现在火热的互联网行业相比，但仍然算是个常青行业，比上不足比下有余。同时，在大功率方面，现在电力电子技术和电力系统结合得越来越紧密，将来电力电子在电力系统中的应用（如无功补偿、有源滤波、新能源并网发电等）会是一个新的行业发展点。公司将研发标准产品向市场及客户推广，积极拓展电子行业客户，展示公司研发设计能力、生产规模和质量管理能力。

▶新冠肺炎疫情在2020年对企业的主要影响有哪些？企业采取了哪些策略进行应对？

2020年因新冠肺炎疫情的影响，企业都面临着种种困难，在政府的大力帮扶下，我们企业自身更是积极应对。在这样的环境下，网络营销作为最为热门的营销模式，已经占据了营销市场的半壁江山。我们全面加入这个市场，紧跟时代及环境趋势，进行线上、线下同步衔接。站在信息化时代的前缘，做好网络销售，这对公司的销售及未来发展发挥着重要作用。

26. 华东微电子技术研究所

CETC 中国电科

地址：安徽省合肥市蜀山区高新技术开发区合欢路 19 号

邮编：230088

电话：0551-65743712

传真：0551-63637579

邮箱：info43@ 163. com

网址：www. cetc43. com. cn

简介：华东微电子技术研究所（中国电子科技集团公司第四十三研究所，以下简称 43 所），于 1968 年创建于陕西，1982 年整体搬迁至安徽合肥，现有员工 1500 多人，是我国最早专业从事混合集成电路（HIC）技术研究的国家一类研究所，是我国高可靠混合集成电路专业领域的领军者。

43 所数十年如一日，致力于混合集成电路技术及相关产品的研制与生产，为电子信息系统提供小型化解决方案，服务于国防和民用工程。主持制定了 GJB 2438A《混合集成电路通用规范》等 30 余项国家及行业标准，拥有国际水平的设计和工艺平台，具备从材料、基板、微组装、封装、试验、验证等完备的研发和生产体系，拥有厚膜混合集成电路、薄膜混合集成电路、多芯片组件（LTCC）、SMT 模块电路、金属封装外壳等 7 条国军标认证的研制生产线，拥有国家实验室、国防实验室和军用实验室三项资质认证的混合集成电路及电子元器件检测实验室、微系统安徽省重点实验室、博士后科研工作站等科研平台。

主要产品有 DC/DC、AC/DC、DC/AC、EMI 滤波器、电机驱动器、SDC/RDC、DRC/DSC、I/F 变换、F/V 变换、电压基准源、精密恒流源、信号处理电路、隔离放大器、微波/毫米波组件以及 MCM、SiP、微系统等专用集成电路，主导产品已形成系列化、标准化，广泛应用于航天、航空、船舶、电子、兵器、通信等高可靠电子设备及工业领域。

50 多年来，43 所为“长征”系列火箭、“神舟”系列飞船、“天宫”飞行器等百余项重点工程做出了突出贡献，部分技术和产品已达到或接近国际先进水平，荣获国家级科技进步奖和发明奖 300 多项，省、部科技成果奖 100 多项。同时，43 所积极投身国民经济建设，在新材料、新能源、LED 绿色照明、光电通信、新能源汽车等领域开拓进取，获得国内外市场认可，产品出口欧美亚等 20 多个国家和地区。

27. 华润微电子有限公司

華潤微电子
CR MICRO

地址：江苏省无锡市滨湖区梁溪路 14 号

邮编：214061

电话：0510-85807123

传真：0510-85872470

网址：www. crmicro. com

简介：华润微电子有限公司是华润集团旗下负责微电子业务投资、发展和经营管理的高科技企业。公司始终以振兴民族微电子产业为己任，曾先后整合华科电子、中国华晶、上华科技等中国半导体先驱，经过多年的发展及一系列整合，现公司已成为中国本土具有重要影响力的综合性半导体企业，自 2004 年起多年被工信部评为中国电子信息百强企业。

公司是中国领先的拥有芯片设计、晶圆制造、封装测试等全产业链一体化运营能力的半导体企业。目前，公司主营业务可分为产品与方案、制造与服务两大业务板块。公司产品设计自主、制造过程可控，在分立器件及集成电路领域均已具备较强的产品技术与制造工艺能力，形成了先进的特色工艺和系列化的产品线。

公司产品聚焦于功率半导体、智能传感器领域，为客户提供系列化的半导体产品与服务。未来公司将围绕自身的核心优势、提升核心技术及结合内外部资源，不断推动企业发展，进一步向综合一体化的产品公司转型，成为世界领先的功率半导体和智能传感器产品与方案供应商。

在规模增长的同时，公司注重社会责任，持续开展环境保护和节能减排工作。公司获江苏省人民政府颁发的“‘十一五’全省节能工作先进集体”，获无锡市颁发“资源节约型、环境友好型”二型社会企业称号，连续四年被“长三角地区环境行为等级评定”评为领先等级“绿色”企业。

主要产品介绍：

高压超结 MOS

高压超结 MOS 有较低的 FOM 值，利于提升系统效率；产品参数一致性好，有较高的可靠性。

28. 连云港杰瑞电子有限公司

杰瑞

地址：江苏省连云港市海州区圣湖路 18 号

邮编：222061

电话：0518-85981728

传真：0518-85981799

邮箱：jari-e@ 163. com

网址：www. jariec. com

简介：连云港杰瑞电子有限公司是特大型国有重要骨干企业中国船舶集团有限公司下属国有控股公司，中国海防全资子公司；2004 年由中国船舶第七一六研究所（江苏自动化研究所）自动控制器件研究中心改制成立，是专业从事军民用电子芯片、器件、设备及系统研发、生产、销售和系统集成的高新技术企业。

公司拥有控制器件与设备、电源及智慧城市三大产业方向，是国内率先专业从事轴角类转换器件的较大的研制单位，轴角类转换器件国内市场占有达 70% 以上；是领先的军民用电源产品及系统供应商，其恶劣环境计算机电源模块产品稳居行业三甲；是领先的智慧城市产品及解决方案供应商，交通信号控制技术产品在市场稳居行业三甲。

公司加强企业业务辐射能力，相继成立了武汉分公司、济南分公司、西安分公司、南京研发中心和上海子公司，形成华东、华中、西北的综合空间布局，全面拓展国内市场。

公司实施“从芯到云”技术战略，实现重大装备核心元器件国产替代，系统级产品安全可控，保障国家国防安全、促进民生经济技术革新。公司相关产品应用在航空、航天、船舶、兵器、安防、交通等领域。在“蛟龙号”“天宫”等国家重点型号、重点工程项目中公司产品均有靓丽表现。

主要产品介绍：

对标 VICOR 二代国产化电源

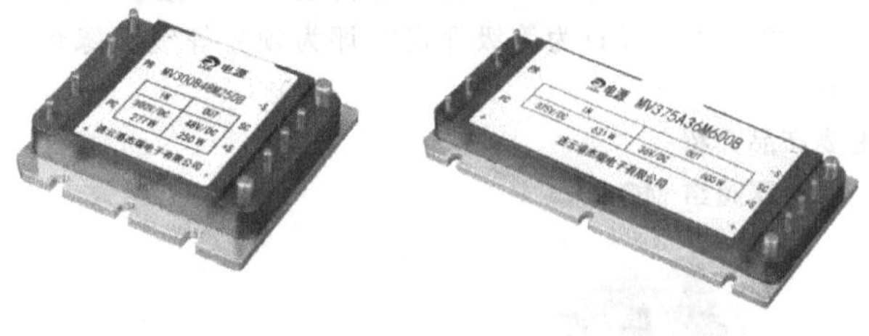

公司从 2013 年开始开展对标 VICOR 二代系列产品的对标研制工作，研发投入 4000 余万元，成功研发了 MV24、MV300、MV375、MμRAM、M-ARM 等系列化产品，实现了对标 VICOR 产品一整套国产化替代方案。该系列电源可实现与对标产品原位替代，技术国内领先，为军用模块化电源国产化替代的首选。

企业领导专访：

被采访人：杨静　副总经理

▶请您介绍企业 2020 年总体发展情况。企业的核心竞争力有哪些？

2020 年，公司加强市场顶层策划，深入分析内外形势，深挖潜力客户，推进产业、产品和市场的统筹管控，加大新产品和新市场的拓展力度，军品销售改革初见成效，拳头产品销量快速提升，民品市场格局不断优化。产业经营再创佳绩，销售额达到新高。

核心竞争力方面，公司聚焦砖式电源、雷达供电细分领域，砖式电源国产化替代及脉冲电源推广成效显著。

▶请您介绍企业 2021 年的发展规划及未来展望。

2021 年，公司将继续认真贯彻落实十九大和十九届一中、二中、三中、四中、五中全会精神，坚持用习近平新时代中国特色社会主义思想武装头脑、指导实践、推动工作，不忘初心、牢记使命。抢抓国家推进“科技强军”“自主可控”和“新基建”发展的战略机遇，加强顶层设计和统筹策划，加快构建公司“十四五”发展新格局。紧跟国家“十四五”重点工程、重大项目，持续加大市场开拓力度，集中资源确保重点工程项目实施，推动自主可控核心器件迭代发展。

▶您对电源行业（或您所在细分行业领域）未来市场发展趋势有什么看法？企业会迎来哪些机遇？如何把握？

党的十九大提出，我国要力争到 2035 年基本实现国防和军队现代化，至 21 世纪中叶，全面建成世界一流军队，国防投入提升趋势明确。

军用高可靠电源作为武器装备必不可少的一部分，其需求也在飞速增长。

公司将聚焦军品领域，布局从芯片到模块到智能管理系统的电源解决方案，着力推进电源的小型化、标准化、系列化、国产化和智能化发展。

29. 南京国臣直流配电科技有限公司

地址：江苏省南京市江宁区福英路 1001 号联东 U 谷

邮编：210000

电话：025-52103128

传真：025-52103128

邮箱：lizhong@ gc-bank. com

网址：www. gc-bank. com

简介：南京国臣直流配电科技有限公司成立于 2005 年，位于古都南京的江宁大学城内，是国家高新技术企业、江苏省民营科技企业、江苏省软件企业和南京市瞪羚企业。公司致力于以直流配电技术改善电能质量、提高供电可靠性、消纳新能源、提升用电能效、降低配电成本，为客户提供系列产品和完整的解决方案。

公司拥有多名电力电子、电能质量、电力系统、过程控制等专业的知名专家及顾问团队；自主研发的±1500V 以下的系列电力电子变换器、暂降保护系统、低电压穿越装置、低压直流测控装置、直流一体化配电单元、直流配电抽屉柜、主动式保护装置、电能质量监测装置、电池监视管理系统、直流配电监控系统等系列产品，通过了国家检验机构的第三方权威检测；产品广泛应用于电力、石油、石化、半导体、煤化工、化纤、新能源、冶金、环保、电子信息等多个行业，为客户带来了极大的经济效益和社会效益。先后获得 50 多项国家专利授权和软件著作权，参与了 10 多项国标、行标、团标的编写和 4 个国家重点研发计划的示范应用，累计发表学术论文 50 多篇、参编著作 4 部；研究成果获中国电源学会科技进步一等奖 1 项、中国电力建设企业科技进步一等奖 1 项、国网总部科技进步三等奖1项、江苏省电力公司科技进步奖1项。

公司积极参与对外合作和学术交流，是国际供电会议（CIRED）会员单位、国际大电网会议（CIGRE）C6委员/B3.42工作组成员、中电联直流配电标委会委员/直流电源技术委会员委员、中国电源学会电能质量专委会委员、中国电工技术学会专家组成员、亚洲电能质量中国合作组成员；与国内多所高校及科研院所建立了紧密的产学研合作，设立了大学生实训基地和研究生联合培养基地。

展望新时代，公司以塑造直流配电国际知名品牌为目标，以品质为本，礼结天下、合作共赢为宗旨；发挥专业、协作、挑战、奉献的精神，为创造绿色、可靠、高效、经济的直流配电技术奋斗！

主要产品介绍：

低压直流配电系统

低压直流配电系统包括直流型光储变换器、直流继电保护、协调控制系统及配套监控产品，主要用于工业电能质量治理、低压直流配电网、绿色建筑直流供电系统等场合，提升供电可靠性、消纳新能源、降低用电成本。

企业领导专访：

被采访人：李忠　总经理

▶请您介绍企业2020年总体发展情况。企业的核心竞争力有哪些？

2020年总体发展平稳，克服了新冠肺炎疫情带来的负面影响，基本完成了各项经营指标。企业的核心竞争力在于对低压直流配电的深入理解以及系统解决方案，产品线齐全。公司参与了多个国家重点研发计划的示范应用，积累了较多的工程经验。

▶请您介绍企业2021年的发展规划及未来展望。

2021年，公司将进一步升级和优化产品及技术方案，重点在工业和建筑领域推出适用的“光储直柔”方案，与碳中和的大政方针结合起来，真正解决用户用电的绿色化、清洁化问题。

▶您对电源行业（或您所在细分行业领域）未来市场发展趋势有什么看法？企业会迎来哪些机遇？如何把握？

同质化竞争会越来越严重，需要突出解决方案在细分领域的价值，走差异化竞争。碳中和的核心是能源生产和消费的清洁化，这为电气行业打开了一个巨大的空间。公司将利用前期积累的低压直流配电技术，在新能源消纳上下大力气，为碳中和找到一条适宜的技术路线。另外新能源渗透率过高后，电网的安全稳定会更加严峻，这也带来了新的产业机遇。

30. 宁波赛耐比光电科技有限公司

地址：浙江省宁波市鄞州区高新区科达路56号

邮编：315100

电话：0574-27902806

传真：0574-27902591

邮箱：sales@ driver. snappy. cn

网址：www. snappy. cn

简介：宁波赛耐比光电科技有限公司是国家高新技术企业，始创于2003年8月20日，注册资本4251万元，现有员工300余名，是一家专业从事LED驱动电源、LED灯具及相关配件研发、生产和销售的企业。公司秉承“以人为本、诚信立业”的宗旨，致力于打造世界一流的专业LED电源品牌“SNAPPY”。

“知识无极限，创新无止境”。公司有一支年轻富有激情的管理和研发团队，凭借完整的现代的管理经验及优秀的产品设计能力，公司产品在市场上建立了良好的市场口碑。

为美好生活快乐工作，为绿色光明努力奋斗！一个平均年龄只有35岁的管理团队，积极、向上、团结、合作，这就是我们！

主要产品介绍：

LED驱动电源

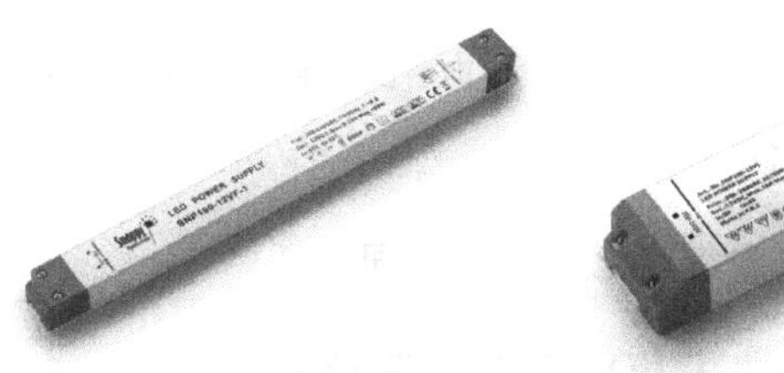

公司主营产品是LED驱动电源，LED驱动电源是把电源供应转换为特定的电压、电流以驱动LED发光的电源转换器，主要应用于LED照明、LED显示屏和LED背光领域。我公司生产的LED驱动电源主要有防水系列、经济系列及超薄系统，产品绝大部分都是直接出口，目前客户以欧洲发达国家为主。

31. 普尔世贸易（苏州）有限公司

PULS

地址：江苏省苏州市苏州工业园区兴浦路瑞恩巷1号

邮编：215126

电话：0512-62881820

传真：0512-62881806

邮箱：contact-sales-suzhou@ pulspower. com

网址：www. pulspower. cn

简介：来自德国慕尼黑的PULS普尔世电源集团是工控电源、DIN导轨电源、直流不间断电源、缓冲模块和冗余模块等产品的世界级技术领导者。产品设计研发在德国，绿色环保的生产和物流基地位于欧洲的捷克和中国的苏州，通过遍布世界各地的子公司和合作伙伴服务全球用户。

普尔世产品包括AC/DC电源、DC/DC转换电源、DC-UPS直流不间断电源、缓冲模块、冗余模块、智能回路保护模块等，功率范围覆盖15~1000W，可广泛地应用于工厂自动化、过程控制、机械制造、能源以及轨道交通等领域。

主要产品介绍：

FIEPOS 分布式电源

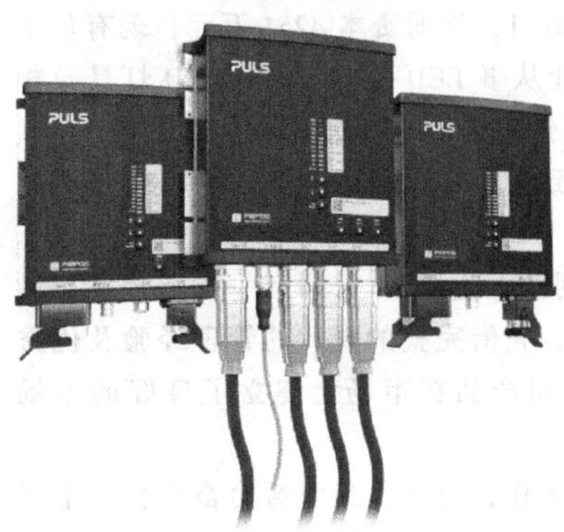

FIEPOS 电源（FIEld POwer Supply，分布式现场电源）具备 IP54、IP65 或 IP67 高防护等级，可满足直接部署在现场的灵活应用。高效的 300W 和 500W 输出，拥有坚固的外壳和紧凑的外观设计。

版本功能可选项有：限流输出、多种插头连接器、IO-Link 通信接口与 MOSFET 板。

32. 厦门市三安集成电路有限公司

厦门市三安集成电路有限公司
Xiamen Sanan Integrated Circuit Co., Ltd.

地址：福建省厦门市同安区洪塘镇民安大道 753-799 号
邮编：361009
电话：0592-6300232
邮箱：clark_li@ sanan-ic. com
网址：www. sanan-ic. com

简介：厦门市三安集成电路有限公司位于厦门市火炬（翔安）高新技术开发区内，项目总规划用地 281 亩（1 亩 = 666. 7m^2），总投资额 30 亿元。公司是涵盖微波射频、高功率电力电子、光通信等领域的化合物半导体制造平台；具备衬底材料、外延生长以及芯片制造的产业整合能力，拥有大规模、先进制程能力的 MOCVD 外延生长制造线。

33. 山克新能源科技（深圳）有限公司

山克®

地址：广东省深圳市光明新区玉塘街道长圳社区沙头巷工业区 18 栋三层
邮编：518107
电话：0755-23408902
传真：0755-23408902
网址：www. skepower. cn

简介：山克新能源科技（深圳）有限公司是一家集研发、生产、销售于一体的国家高新技术企业，是我国率先定位于互联网 UPS 品牌的企业。公司在深圳光明新区拥有 9000m^2 的生产基地，有员工 200 多人及自主研发团队，导入 ISO 9001 质量管理体系，产品达到国内外多项认证标准，远销全球 30 多个国家和地区。品牌“山克”在京东、天猫电商平台 UPS 电源类目排名连续多年排名第一。

公司在全国五个大区设立了服务中心，铺设了覆盖全国主要市县的服务链条，确保及时高效的服务。凭借全面的技术优势以及优质的服务平台，成功地在钢铁、机械、冶金、石化、港口、石油和天然气、电力、银行等诸多领域竖立起良好的口碑。

公司建立了以“诚信、敬业、高效、创新、感恩、合作”为导向的团队建设机制，奉行“一站式”的服务模式，锐意为用户提供最优质的售前、售中、售后及相关服务，追求用户百百分的满意是公司追求的目标。

主要产品介绍：

SKGH33-10-200kVA 高频在线式 UPS

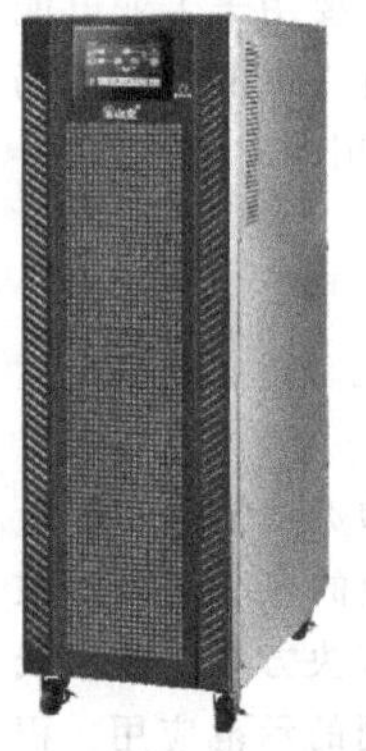

本产品采用全数字 DSP 控制技术，纯正双转换在线式高频三相 UPS；具有强大的并联冗余特性，支持共用电池组；具备功率因数校正，输出功率数为 1；具备节能工作模式，紧急关断功能，动力彩屏，维修旁路，SNMP + USB + RS-232 多种通信，三段式充电设计，优化电池性能，可满足各行业的电力保障需求。

企业领导专访：

被采访人：张志敏　董事长

▶请您介绍企业 2020 年总体发展情况。企业的核心竞争力有哪些？

2020 年公司总体发展情况良好，在新冠肺炎疫情的大背景下，公司全体员工付出了更多的努力，全体员工目标清晰，最终取得了整体业绩增长 30% 的成绩，延续了多年持续增长的趋势。我们深度聚焦 DC 不间断电源和储能产品，力争保持市场和技术领先的优势。目前，在行业内初步奠定了一定的地位和影响力。2021 年将继续深挖，品牌出海，增加海外市场份额，让山克品牌更有影响力。

▶请您介绍企业 2021 年的发展规划及未来展望。

2021 年是我们第二个“五年计划”的开局之年，相当重要。我们对 UPS 行业的未来始终充满信心，随着 5G 和智能家居的普及，DC 储能的应用场景越来越广，相信未来是广阔的、乐观的。我们将继续加大研发投入，在 DC UPS 这个细分领域持续深耕，稳打稳扎，继续稳固市场地位和行业竞争力。

▶新冠肺炎疫情在 2020 年对企业的主要影响有哪些？企业采取了哪些策略进行应对？

新冠肺炎疫情造成的最大影响是业务拓展无法开展。线下的展会全部停办，外出拜访客户的计划全部取消，客户也无法来到中国进行面对面交流，并且由于国外的疫情控制情况不乐观，各国不定时的居家隔离造成市场不稳定，采购信心不足。另外，还有人民币汇率的大幅升值，出口业务成本上升，议价困难，这些都是 2020 年遭遇的主要负面影响。但同时，因为对疫情控制的超强能力，全球对中国产品出口的需求整体上升，这也是给企业的很好的发展时机。

我们采取的主要措施在两个方面。一是市场，线下受阻的情况下大力发展线上，加大线上宣传投放，做精做优，提高转化，由此迎来一大波流量客户；二是产品方面，不断加大研发投人，优化产品，优化成品。从内外两个方面，尽量去消化疫情带来的负面影响，同时抓住疫情带给整个中国出口行业的商机。

34. 深圳华德电子有限公司

WATT

地址： 广东省深圳市南山区南海大道蛇口兴华工业大厦五栋 A 座六楼

邮编： 518067

电话： 0755-26693168

传真： 0755-26693918

邮箱： wangg@ watt. com. cn

网址： www. watt. com. cn

简介： 深圳华德电子有限公司建立于 1987 年，是随经济特区共同发展成长的专业电源技术公司。

公司注重高端电源产品及技术的开发研究，已成规模的电源产品涵盖了数据通信、医疗设备、工业设备、测量仪器、汽车及工程机械动力控制系统、高端计算机及服务器、民用航空飞行器等领域。

在不断发展和完善产品研发及销售平台的基础上，公司积极地引进国内外先进技术和专利技术，采取自主设计、定制、合作开发等灵活的方式，为全球的客户提供最佳的解决方案、高可靠产品及优质服务。

公司不断强化企业的现代化管理水准和体系建设，重视人才，重视质量。以自动化的生产能力和先进的生产工艺使产品品质得到有效的保证。

35. 深圳科士达科技股份有限公司

KSTAR 科士达

股票代码：002518

地址： 广东省深圳市光明新区高新园 7 号路科士达工业园

邮编： 518107

电话： 18797777917

传真： 0755-86168482

邮箱： chenzhuo@ kstar. com. cn

网址： www. kstar. com. cn

简介： 深圳科士达科技股份有限公司成立于 1993 年，是专注于电力电子及新能源领域，产品涵盖 UPS（不间断电源）、数据中心关键基础设施（UPS、蓄电池、精密配电、精密空调、网络服务器机柜、机房动力环境监控）、太阳能光伏逆变器、逆变电源、新能源汽车充电桩（交流充电桩、直流充电桩、直流充电模块、充电桩运营平台）的国家火炬计划重点高新技术企业、国家企业技术中心、国家技术创新示范企业，是具有较大规模的 UPS 研发生产企业及品质阀控式密封铅酸蓄电池制造商，数据中心关键基础设施一体化解决方案提供商、新能源电力转换产品领域厂商。公司产品覆盖亚洲、欧洲、北美、非洲 90 多个国家和地区。2010 年 12 月 7 日，公司在深圳证券交易所成功上市（股票代码：002518）。

36. 深圳市必易微电子股份有限公司

地址： 广东省深圳市南山区西丽街道国际创新谷（万科云城）三期 8 栋 A 座 3303

邮编： 518055

电话： 0755-82042689

传真： 0755-82042192

邮箱： marketing@ kiwiinst. com

网址： www. kiwiinst. com

简介： 深圳市必易微电子股份有限公司（以下简称必易微电子）拥有半导体领域的资深专家和高效的管理团队，主要从事高性能模拟及混合信号集成电路的研发及系统集成，在杭州、厦门、上海、中山等地设有子、分公司。

必易微电子高度重视知识产权的开发和保护，已拥有多项集成电路和系统应用的国际、国内专利。公司顺应潮流，注重品质，竭力为广大客户及消费者提供完整优异且有竞争力的产品和服务。

科技改善生活。必易微电子尊重人才、重用人才，始终坚持“独特创新、易于使用”的理念，创新芯领域，引领芯发展，力争成为卓越受尊重的芯片设计企业。

主要产品介绍：

高效率、准谐振控制 PWM 驱动快充芯片

对于常见的 18W、20W、25W 和 30W 快充应用，必易微电子主推原边主控为 KP223XXWGA 系列产品和副边同步整流 KP41262SGA \ KP40562SGA 产品的组合方案，其特点是准谐振控制效率高、原副边全部集成高压 MOSFET 成本低、节省 PCB 空间可以做小体积的设计、保护全系统稳定性高。

企业领导专访：

被采访人：张波　副总经理

▶请您介绍企业 2020 年总体发展情况。企业的核心竞争力有哪些？

2020年必易微电子整体发展良好，虽然新冠肺炎疫情的出现导致了年中需求的大幅变化，但是公司全年的销售业绩整体比2019年仍有20%以上的增长，这里依托的是公司多年建立起来的供应链体系优势、长期稳固的客户合作关系以及适时调整的管理能力。

必易微电子的核心优势在于“必易”品牌，经过多年的沉淀和积累，“必易”这个品牌在客户端已经基本成为“创新”和“稳定”的代表。之所以如此，正是由于必易微电子成立至今一直坚持的“独特创新、易于使用”的理念，真正为客户创造了价值。企业的发展离不开高效合理的管理，多年的发展也让整个公司创建了一套完整的管理体系和完整的管理团队，这些都可以成为公司的核心竞争力。

▶请您介绍企业2021年的发展规划及未来展望。

2021年对于必易微电子是关键的一年，新的一年里在各个产品领域都将有重要的产品发布，如智能照明全球通用的无频闪驱动方案，快充领域的高频率直驱的氮化镓快充驱动控制器方案，家电领域的多路输出自平衡控制器方案，电机领域的无桥AC到AC的电机驱动方案，这些产品在各自领域都具备较高的独创性和领先性，对于公司的“独特创新、易于使用”的理念必将是再一次完美诠释。凭借新产品的不断推出，必易微电子开始进入朝国际化领先的芯片企业水平进取！

除了产品的研发再上新台阶以外，必易微电子的产品布局会继续细分和补充完善，2021年必易微电子的DC/DC产品线会陆续发布新品，同时代表着业界较高设计难度和水准的大功率PFC和LLC也会推出新产品。

整体看，2021年必易微电子将继续保持增长，预计全年营收将突破6亿元。

▶您对电源行业（或您所在细分行业领域）未来市场发展趋势有什么看法？企业会迎来哪些机遇？如何把握？

半导体芯片行业无疑是当前经济社会发展的热点话题，因为在电子产品高度普及和电子科技迅速发展的当下半导体芯片无处不在，特别是中美贸易摩擦中芯片扮演了重要角色，所以国家层面在大力布局半导体产业链。在此背景下，国产半导体呈现出“百花齐放、百家争鸣”的趋势，部分细分领域陆续出现了具备国际领先水平的优秀半导体企业，未来随着行业的竞争和资源的整合，我认为国产半导体企业会经历一段整合期，部分中小企业会整合成中大型企业以面对激烈的竞争环境。在这个过程中，紧跟市场发展的需求、坚持企业自身发展的理念和建立企业自身的核心优势是企业以不变应万变的根本。

37. 深圳市迪比科电子科技有限公司

地址：广东省深圳市龙华新区霖源工业园
邮编：518109
电话：0755-61861886
传真：0755-61569387
邮箱：zhengzheyi@ dbk. com
网址：www. dbk. com

简介：深圳市迪比科电子科技有限公司成立于2004年8月，注册资本5000万元，是国家高新技术企业，是集技术研发、产品设计、生产及销售于一体的现代化高科技电子产品龙头企业。

公司已从最初的传统制造加工企业成长为拥有从研发设计、制造，到新批发零售、全渠道营销与供应链，再到后市场服务和产业生态服务，具有完整产业链优势的复合型企业。目前的业务范围包括移动电源、无线充电器、储能产品及储能方案、车载充电器、HUB和智能产品、物联网等。客户群遍布全球市场，主要包括全球知名连锁巨头如沃尔玛、Target、Best Buy、贝尔金、迪卡侬等，以及线上渠道巨头如亚马逊、京东等，3C企业巨头如富士康、紫米、华硕、联想、爱国者等，知名电商如傲基、泽宝等。公司产品不仅销往国内各市场，50%以上的产品更是远销美国、欧洲、韩国、日本、中东、南非、东南亚等国家和地区。

公司总部在深圳，公司通过自主研发，掌握了锂电池系列产品领域中的一系列关键生产技术和工艺设计。目前，公司已与华南理工大学进行产学合作，研发部门拥有200多人的研发工程队伍。近几年公司已取得300多项专利。

主要产品介绍：

移动电源

移动电源

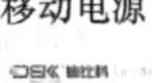

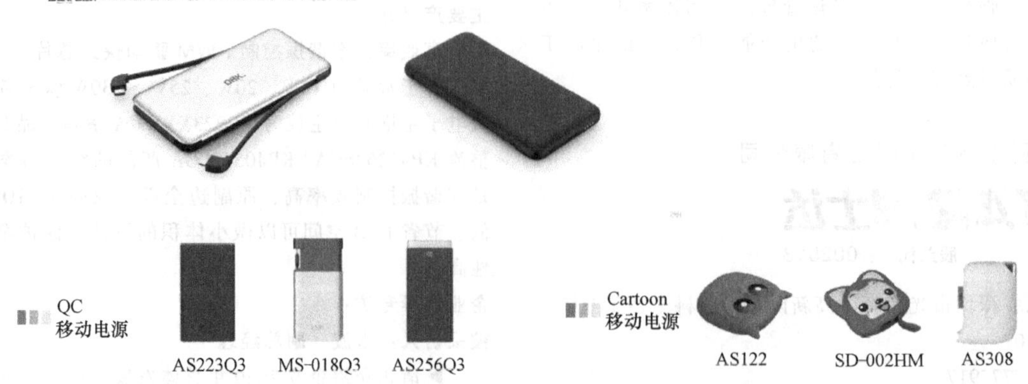

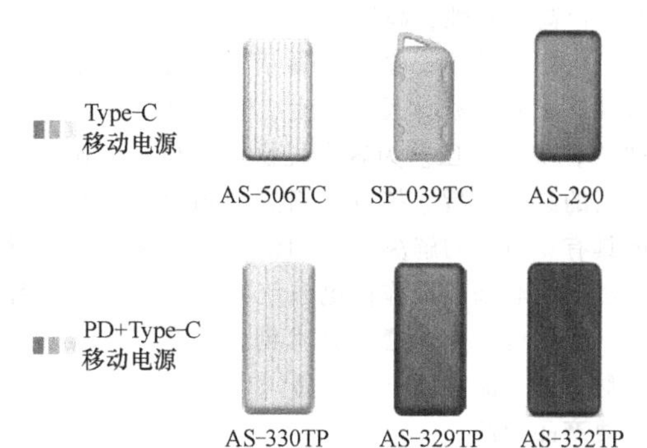

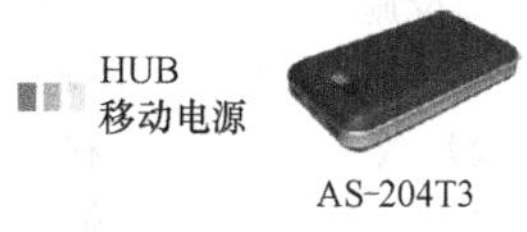

其他

公司的主导产品为“DBK 迪比科”聚合物电芯及充电器、数码摄像机/数码照相机电池/移动电源及充电器、智能手机电池及充电器及数码周边配件；其中，多项产品获得了国家专利，并顺利通过了中国 CQC 认证、欧盟 CE 认证、美国 FCC 认证等多项权威认证。

企业领导专访：

被采访人：曾金辉　总裁

▶请您介绍企业 2020 年总体发展情况。企业的核心竞争力有哪些？

深圳市迪比科电子科技有限公司是一家专业从事研发、生产和销售移动电源，手机、数码摄影器材、IT 配件产品的研发、制造、销售，集科、工、贸及主要针对 iPhone、iPod、iPad、PSP、MP3/MP4 等多种数码设备的万能便携电源的高新技术企业。通过自身日臻雄厚的研发实力，稳定、科学的生产制造平台和严苛与专业并重的质量管控系统，致力于为来自世界各地的客户提供性能稳定、高性价比的产品，及时守信的交货承诺和优质上乘的售后保障，在全国发展了很多代理商和办事处，打造了在数码电子市场广具知名度的“迪比科”品牌.

▶请您介绍企业 2021 年的发展规划及未来展望。

2021 年公司大力发展便携式储能电源产品，将实现销售额的大幅提升，争取在 2023 年 IPO 踏入资本市场。

▶新冠肺炎疫情在 2020 年对企业的主要影响有哪些？企业采取了哪些策略进行应对？

国外新冠肺炎疫情的持续扩散对公司外销造成了巨大的影响，外销金额急剧下滑，我们迎难而上，大力拓展国内客户，开发原有客户，促进内循环，使内销金额的提升填补了部分损失的外销份额，保住了公司的上升态势，为公司的全面发展打下了良好的基础。

38. 深圳市皓文电子有限公司

地址：广东省深圳市南山区学苑大道 1001 号智园 A5 栋 5 楼

邮编：518000

电话：0755-26805439

传真：0755-26696592

网址：www.hawun.com

简介：深圳市皓文电子有限公司（以下简称皓文电子）是一家专业从事电源产品设计、生产和销售的企业。公司成立于 2001 年，总部位于深圳市南山智园，在深圳和成都分别设有研发中心，工厂位于深圳市光明新区，办公及研发面积达 4000 多 m^2，工厂面积近 $5000m^2$。皓文电子先后通过 ISO/GJB 9001 质量管理体系认证，具备相关保密资质，并评为国家高新技术企业，取得 20 多项专利及软件著作权均，产品广泛应用于军工、铁路、通信、工业控制及新能源等领域。皓文电子经过多年的技术积累，拥有高素质的专业设计团队和先进的技术开发平台，技术实力达到世界领先水平。皓文电子一直致力于设计和生产具有高可靠性、高效率的电源产品，产品具有高功率密度、宽范围、高电压输入、系列化等特点，并广泛应用于雷达、无人机、加固计算机、电台、导弹、火控和通信设备等国防项目。皓文电子坚持自身不断创新，努力成为提供高端可靠开关电源产品和服务的领先供应商，为国防事业的发展贡献最坚实的力量。

主要产品介绍：

模块电源

皓文电子一直致力于设计和生产具有高可靠性、高效率的电源产品，技术实力达到世界领先水平，单模块产品功率范围从 1W～10kW，输出电压从零到 kV 级，直流输入范围涵盖 9～1000V，交流涵盖单相、三相各类输入电压。

39. 深圳市英威腾电源有限公司

invt 深圳市英威腾电源有限公司
INVT POWER SYSTEM (SHENZHEN)CO.,LTD.

地址：广东省深圳市光明新区马田街道薯田埔社区英威腾光明科技大厦

邮编：518106

电话：0755-23535154

传真：0755-26782664

邮箱：donglanting@invt.com.cn

网址：www.invt-power.com.cn

简介：深圳市英威腾电源有限公司是深圳市英威腾电气股份有限公司（股票代码：002334）的子公司，国家重点高新技术企业，专注于模块化 UPS 与数据中心关键基础设施一体化解决方案的研发生产与应用。向全球客户提供高可靠、高品质的产品解决方案与全方位的优质服务。

公司专注于数据中心关键基础设施产品线（高端模块化 UPS、智能 UPS、精密空调、精密智能配电、蓄电池、智能监控、一体化数据中心、微模块数据中心等）。在微模块数据中心产品线方面，公司践行绿色发展理念，针对微型、小型、中大型分别推出了英智、威智、腾智 3 个不同的应用方案。各个应用方案从子系统到整体架构的设计皆采用标准化、模块化设计，同时联合应用封闭冷热通道、模块化 UPS、列间制冷、自然冷却联动等节能技术，实现绿色、节能、高效运营。

公司拥有产品的核心技术与 1300 多项知识产权专利，产品以高可靠性，高性价比，赢得了广大客户的一致赞誉，广泛应用于政府、金融、通信、教育、交通、气象、广播电视、工商税务、医疗卫生、能源电力等各个领域及全球 80 个国家和地区。为客户提供全方位、专业的解决方案是公司的经营宗旨，持续创新是公司追求的目标。不断推出的具有竞争力的解决方案和优质服务满足了各行各业用户对数据中心基础设施供电系统高可靠性和绿色智能化的需求。公司将致力于通过技术创新和全球化运营，成长为受人尊敬的产品和服务提供商。

主要产品介绍：

RM 系列 25~200kVA 机架式模块化 UPS

该系列产品是具备热插拔、高度可扩展性的在线双变换 UPS 产品，系统容量 25~200kVA，是现代化数据中心的理想选择。采用先进的 IGBT 三电平变换和双 DSP 控制技术，具有极高的易用性和可靠性，扩容简单，模块兼容 19 英寸标准机架利于安装，可在无市电的情况下通过电池启动，7 英寸 LCD 大彩屏（触摸屏）信息量丰富。

企业领导专访：

被采访人：尤勇　总经理

▶请您介绍企业 2020 年总体发展情况。企业的核心竞争力有哪些？

2020 年，在各级政府相关政策的有力推动下，公司管理层和全体员工共同努力积极应对内外部环境的变化，公司总体的各项经营工作有序推进，取得了良好的成绩，各项指标继续保持稳健均衡，体现了公司高质量发展的成果。

公司的核心竞争优势在于强大的研发创新能力，全力研发精品，追求卓越的技术。积极奋发追求上进的优秀人才和完备的质量生产体系、对客户细微周到的服务以及优质的合作伙伴。我们清醒且深刻地意识到，这些竞争力就是我们的立足之本，商业竞争之本，也是企业的成功之源，我们也将在这些方面继续努力。

▶请您介绍企业 2021 年的发展规划及未来展望。

随着中国经济的持续快速增长，中国电源产业呈现良好的发展态势，我国是能源大国，电源行业的需求量越来越大，电子信息技术的发展也已经进入了快车道，无论是国内还是国外，对数据中心的建设，还会持续加码投入。公司将顺应国家新基建战略的大势，助力中国产业不断升级，在推动产品的道路上不断创新、突破，为助力中国新基建产业升级做出贡献。

新的一年，公司将持续在产品研发、市场开拓、公司治理等各个方面，继续坚持以 UPS 产品发展为基础，不断推出具有竞争力的解决方案和优质服务以满足各行各业用户对数据中心基础设施供电系统高可靠性和绿色智能化的需求。持续创新，不断打造我们的竞争力，为公司的长远发展打下坚实的基础。

▶您对电源行业（或您所在细分行业领域）未来市场发展趋势有什么看法？企业会迎来哪些机遇？如何把握？

电子信息技术的迅速发展，对电源的品质及要求也会越来越严格。我国是能源消耗大国，因此国家特别重视节能环保产品的开发生产与应用，高耗能、低品质的产品必将被市场逐步淘汰，取而代之的是符合当今发展的高效节能、绿色环保、质量过硬的电源产品，这将使高效节能的电源在电子产品中的应用得到高速发展。

公司作为行业模块化 UPS 领导者，在大功率模块化 UPS 关键技术方面取得了突破性的成就，未来将继续加大行业主流模块化 UPS 产品的研发投入，为市场带来更具竞争力的优质产品和服务。

▶新冠肺炎疫情在 2020 年对企业的主要影响有哪些？企业采取了哪些策略进行应对？

2020 年受新冠肺炎疫情影响，部分原材料存在货源紧缺甚至断货的现象，导致原材料价格上涨，以及货期延长，影响产品交期；物流不畅、销售渠道受阻导致物流受阻，部分地区无法发货。

针对原材料紧缺的影响，公司及时做出调整，建立主要原辅料后备供应商，扩大采购范围，灵活调整企业生产计划及安全库存量，以最大程度减少疫情带来的不利影响。响应政府号召，及时关注疫情资讯，向员工传达最新政策，采取“居家办公、线上办公”的形式，缓解在疫情防控下的紧张、心理压力大的状况。复产复工后，每日进行健康状况排查，测量体温，发放医用外科口罩、消毒用品等防护用品。疫情期间的宣传推广方式及服务积极创新，例如加大了线上推广力度，以远程服务代替上门服务，提供了服务的及时性。

总体来说，疫情期间公司的种种策略展现了抗击疫情的坚定信心，通过积极主动地采取各种措施，缓解疫情带给公司的不利影响。

40. 深圳市永联科技股份有限公司

Winline Technology　深圳市永联科技股份有限公司
Shenzhen Winline Technology Co.,LTD.

地址： 广东省深圳市南山区西丽松白路百旺信高科技工业园二区第七栋
邮编： 518055
电话： 0755-29016365
邮箱： winline@ szwinline. com
网址： www. szwinline. com
简介： 深圳市永联科技股份有限公司成立于 2007 年 8 月 20 日，注册资本（实缴）1. 13 亿元，是一家集新能源高端装备研发制造和能源互联网方案提供与建设运营为一体的国家高新技术企业，是国家工信部认定的专精特新“小巨人”企业，也是深圳市政府重点扶持的新能源及能源互联网龙头企业之一，拥有员工 450 余人。

公司拥有完整的电力电子软硬件技术研发及仿真平台和业界一流的研发团队，通过多年持续高强度的研发投入和技术积累，形成了强大的自主创新能力，掌握了电力电子领域的多项核心技术，申请和取得了 63 项发明专利，公司主导和参与了充电模块电源、充电桩等领域多项国家标准和行业标准的起草及编制，参与了中国与日本 CHAdeMO 大功率直流快充国际标准的起草。

公司聚集新能源汽车充电、储能、大数据中心 HVDC 电源（直流 UPS）以及智联系统等领域，为客户提供产品和技术的研发、制造、解决方案、运维、投建等一系列服务，与新能源和能源互联网产业链的上下游企业开放合作，持续为客户创造价值。

41. 深圳威迈斯新能源股份有限公司

地址： 广东省深圳市南山区科技园北区高新北六道银河风云大厦 5 楼
邮编： 518057
电话： 0755-86020080
传真： 0755-86137676
邮箱： caoyun@ vmaxpower. com. cn
网址： www. vmaxpower. com. cn
简介： 深圳威迈斯新能源股份有限公司（以下简称威迈斯）成立于 2005 年，总部位于中国深圳，致力于电力电子与电力传动产品的研发、生产和销售。威迈斯与众多汽车制造商合作，为客户提供优质的汽车动力域产品和高效的解决方案，产品包括但不限于 OBC、DCDC、逆变器、齿轮箱、电动汽车通信控制器（EVCC）、电动汽车无线充电系统（WEVC）等。公司以拥有自主知识产权的电力电子技术为基础，以快速响应客户的定制需求为主要经营模式，实现企业价值与客户价值共同成长。

作为新能源车载电力电子和电机驱动的领导者，威迈斯以客户需求和客户利益为中心，满足全球客户差异化的需求以及快速的创新追求，获得了行业内客户的普遍认可。公司获批国家高新技术企业（GR 201744202135），在深圳和上海建立了国内一流的研发中心，拥有高端的电力电子变换技术、电源结构工艺技术，高质量的产品设计能力和高水平的技术研究能力。公司有着业界一流的研发团队，完善的企业流程体系，高效的管理结构，先进的软硬件系统，具备行业顶尖的研发设计技术和测试能力。威迈斯专注于快速响应定制化的需求，为客户提供灵活的电源解决方案。公司是国内外众多知名企业的电源解决方案的主流供应商。

威迈斯的愿景是致力于成为世界一流的电动汽车动力域整体解决方案供应商；使命是提供有竞争力的电力电子解决方案和服务，持续为客户创造最大价值。

主要产品介绍：

6. 6kW 二合一车载集成充电产品；电动汽车通信控制器（EVCC）

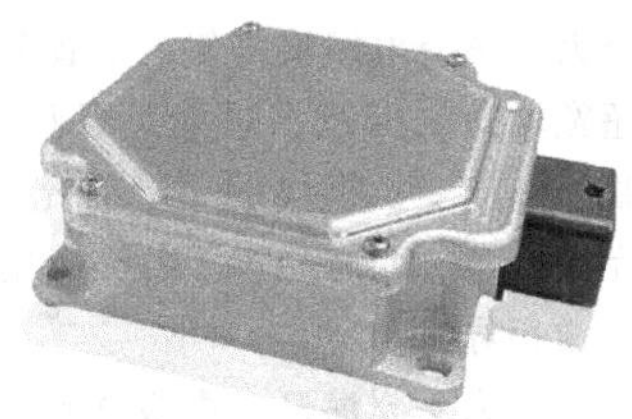

6. 6kW 车载集成产品采用了世界领先的专利磁集成技术、先进的 3D 水道设计、高度自动化的生产工艺，具有体积小、重量轻、充电稳定、可靠性高等特点。另外，该产品还可集成 PDU 配电功能。

电动汽车通信控制器（EVCC）可提供 ISO 15118 或 DIN 70121 标准协议转换成 GB/T 27930 标准协议的解决方案。

42. 深圳英飞源技术有限公司

INFY POWER
英飞源技术

地址： 广东省深圳市宝安区石岩街道塘头一号路领亚智慧谷春生楼一楼
邮编： 518108
电话： 0755-86574800
传真： 0755-86588721
邮箱： sales01@ infypower. cn
网址： cn. infypower. com
简介： 深圳英飞源技术有限公司（以下简称英飞源）是一

家专业从事电能变换及系统解决方案的国家高新技术企业，以电力电子技术和智能控制为核心，专注于电能变换核心技术的研发，产品包括高性能电动汽车充电模块、智能双向变换电源模块、专用电源等，并为电动汽车充电服务、能源互联网业务、专用设备供电提供专业的解决方案。

作为较早提供电动汽车充电模块的厂商之一，公司技术实力雄厚，研发人员众多，研发人员基本来自于国际知名的电源企业和著名高校，具有深厚的技术功底。英飞源聚焦于解决行业痛点和客户需求，愿意做行业的铺路石，为客户的发展提供无忧的后盾，持续为客户创造最大价值。英飞源的产品以其高可靠性、高性能得到了国内外客户的广泛认可，是电能变换领域的先锋。

主要产品介绍：

REG 系列高性能充电模块、AnyConvert 智能双向变换模块

英飞源电能变换产品具有的价值特点有高可靠、高性能、高灵活、广适配。在全球范围实际应用中，超过 50 万个大功率充电模块多年的重载考验，可靠重载高效率运行，超宽输出电压范围可满足各型电动汽车的快速充电需求。智能双向变换模块适用于储充应用场景，各系列模块尺寸完全兼容，同时经过了各类应用场景和环境的真实验证。

企业领导专访：

被采访人：赵海舟 高级总监

▶请您介绍企业 2020 年总体发展情况。企业的核心竞争力有哪些？

在 2020 年中，新冠肺炎疫情虽有一些影响，但公司的业绩仍然获得了高速的增长，全年营业收入比上一年增长了 30%，同时公司被国家工信部评为专精特新“小巨人”。

企业的核心竞争力主要有：拥有高配比例的研发人才和全球顶尖的研发技术团队；技术领先是公司向前发展的动力，并引领全球电能变换技术的快速发展；高可靠和高性价比产品获得了国内外客户的高度认可！

▶请您介绍企业 2021 年的发展规划及未来展望。

2021 年，英飞源将继续保持在研发方面的高投入，在电能变换核心技术领域继续保持业界领先，并不断推出新产品和新方案，公司产品将继续引领国内外市场，预计 2021 年销售额的增长率将比 2020 年高很多。

▶新冠肺炎疫情在 2020 年对企业的主要影响有哪些？企业采取了哪些策略进行应对？

主要是上半年业绩增速减缓了一些，在防疫方面增加了资源投入。

公司所采取的策略主要有：公司上下高度重视，迅速成立疫情防控工作组，快速响应各级政府及工业园区关于疫情防控的决策部署，并制定《新冠肺炎疫情期间特殊管理办法》，每日检测员工身体状况，安排专人进行办公区域消毒，将疫情防控作为首要任务，全力保障员工健康安全和公司正常运营。

43. 石家庄通合电子科技股份有限公司

石家庄通合电子科技股份有限公司
Shijiazhuang Tonhe Electronics Technologies Co.,Ltd.

地址：河北省石家庄市高新区漓江道 350 号
电话：0311-86967416
传真：0311-86080409
网址：www. sjzthdz. com

简介：石家庄通合电子科技股份有限公司是一家致力于电力电子行业技术创新、产品创新、管理创新，以高频开关电源及相关电子产品研发、生产、销售、运营和服务于一体，为客户提供系统能源解决方案的高新技术企业。

公司成立于 1998 年，并于 2012 年整体变更为股份有限公司，2015 年 12 月 31 日成功在深交所创业板挂牌上市，股票代码为 300491。

公司坐落在石家庄国家高新技术产业开发区，拥有自主产权的研发生产基地。公司首创的“谐振电压控制型功率变换器”技术使谐振式开关电源的全程软开关技术进入了产业化阶段，引领了行业技术潮流。

公司具有成熟的营销体系和客户服务体系，销售网络遍及全国 20 多个省市自治区，拥有超过 600 家客户，与国内多家主要电力设备和新能源汽车整车制造商保持长期合作。公司领先的技术优势、可靠的质量保证和卓越的服务品质得到了客户的一致好评。

主要产品介绍：

TH20F10025C7 型充电模块

公司自主研发的 TH20F10025C7 型充电模块通过电路结构、绕制件工艺等微创新，在同等尺寸下解决了宽范围恒功率带来的散热和可靠性问题，同时外形尺寸、通信协议、接插件等均满足“国家电网有限公司电动汽车充电设备标准化设计方案”的要求。

企业领导专访：

被采访人：张逾良 副总经理

▶请您介绍企业 2020 年总体发展情况。企业的核心竞争力有哪些？

总体发展情况：

2020 年，在董事会监督和指导下，公司管理层进一步梳理和明晰公司发展战略，制定并推行年度经营计划，融资活动有序开展，积极应对国内外经济和产业环境的新形势，以市场需求为导向，不断加大研发投入，促进产品结构升级，企业生产运营稳步推进。

核心竞争力：

1. 技术研发优势

在多年研发投入的基础上，通过自主创新，率先实现了谐振式功率变换主拓扑的全程软开关，大幅提升了产品的转换效率、功率密度和可靠性，引领了行业技术潮流。公司长期坚持研发的高投入，公司技术研发人员有 184 人，占员工总人数的 28.22%。其中，公司核心技术人员均拥有多年电力电子及相关产品的研发经验，多位核心技术人员为业内的技术专家。截至目前，公司累计获得专利 96 项、软件著作权 40 项。

2. 管理优势

公司核心管理团队稳定、高效、充满朝气，长期服务于电力电子行业，对行业的管理模式、业务流程等有着长期、深入、全面的理解与洞察，能敏锐地把握行业和产品的发展方向。

以研发营销一体化为战略指引，公司各产品线采取项目管理运作模式，有效地整合技术研发、营销及其他相关资源，对市场需求把握准确、反应迅速。市场开发与技术研发相结合，对市场需求及趋势进行分析以确立研发方向，并建立基础技术平台；产品管理与工程技术相结合，打造满足市场需求的产品平台；产品生产与销售相结合，实现产品量产及市场覆盖。公司具有成熟的营销体系和客户服务体系，促进了公司销售规模的持续增长，有效地增强了公司品牌知名度与美誉度。

公司经过多年发展形成了独具特色的企业文化和“贡献、共益、感念、高效、创新”的核心价值理念。公司通过不断地完善、优化用人机制，建立了多种行之有效的激励制度，主要包括内部创业平台、骨干员工培育制度、学习小组分享机制等来激发员工的工作热情；建立、拓宽了员工职业晋升渠道，有效地吸引了优秀人才，激发了广大员工的积极性和创造性。

3. 品质优势

公司通过贯穿产品开发设计、工艺优化提升、供应链改进和售后服务完善等方面的全流程控制来确保产品的品质。公司自成立以来始终坚持生产工艺持续改进，在加强研发创新提升产品品质的同时，通过生产技术部的工艺完善把控生产的工艺质量。公司产品以标准化设计、模块化生产，建立了完备的质量管理体系，通过了 ISO 9001：2008 质量管理体系认证、GJB 9001C—2017 质量管理体系认证，在质量控制方面依据质量管理体系制订了完善的质量控制规范和操作流程。通过改进供应链系统、提高售后服务质量，进一步提升响应速度，为客户提供高品质、全方位的产品和服务。

检测中心已取得中国合格评定国家认可委员会（CNAS）认可证书，通过了国防科技工业实验室认可委员会（DILAC）的实验室评审，检测和核准能力获得 160 多个国家与地区实验室认可机构的承认；同时，公司也已获得 IATF 16949：2016 认证，全方位加强品质把控，为公司产品品质的提升奠定了坚实的基础。

4. 成本优势

谐振软开关技术与其他技术模式相比具有转换效率高、电路简洁、电磁干扰低等优势，公司独有的“谐振电压控制型功率变换器”技术使公司产品功率密度更高、体积更小、重量更轻，有效地提升了器件的利用率，大幅降低了原材料的耗用量；同时公司运用独特的技术工艺，对不同类型、不同等级的电源产品进行标准化设计、模块化生产，从而提高了通用器件的使用率和采购规模，降低了产品原材料的采购价格。公司采用“双品牌、双供方”的供应商管理策略，全面推行“标准成本”的管理措施，有效降低了产品成本。

▶请您介绍企业 2021 年的发展规划及未来展望。

1. 推行创业机制，实现公司战略目标

公司将持续聚焦于自身的专业化高端领域，加强对核心团队使命感和定力的要求，积极营造“重新创业”的创业文化和氛围，形成创业团队共享发展成果的机制与文化。在智能电网、新能源汽车、军工装备三个战略方向率先推行创业机制，践行三个战略方向“均衡发展、相互支撑”的差异化定位，使经营核心团队和骨干员工真正关注公司中长期战略目标，并把自身的发展和公司的战略目标深度绑定、有机统一，确保公司的战略规划和战略目标的落地和实现。

2. 以业务为导向、以客户为中心，有效提升营销力

客户关系是第一生产力，2021 年我们将持续优化从潜在客户管理到目标客户开发的流程，重视客户关系拓展与管理，持续在客户开发、客户服务方面倾斜资源，加大力度突破核心客户，有效提升公司营销能力，打造以业务为导向、以客户为中心的价值链和评价体系。目标管理体系将以客户需求为导向，建立全公司的目标管理方法，建立公司全员的客户关系理念，分解到各个环节以确保订单的达成。

3. 提高研发水平，持续提升产品力

产品力是第一营销力，持续挖掘客户潜在要求并满足，使产品力成为公司的核心能力。产品力提升工作的核心是项目管理和研发团队建设，公司将持续优化项目管理流程，同时将协同三个战略方向的技术优势，打造技术创新平台，大力吸引高层次人才或创新团队，持续构建具有公司核心优势的技术研发能力，为公司未来发展提供强有力的技术支撑。

4. 拓宽融资渠道，增强资本实力，提升可持续发展能力

随着公司业务规模的持续增长，受限于军工行业的特点，公司应收账款、预付账款和存货等经营性占用项目增多，对资金的需求不断增加，仅靠自有资金和银行授信难以满足公司未来发展需要。充分发挥上市公众公司优势，拓宽融资渠道，通过向特定对象发行股票募集资金，能够增强公司资金实力。推进“基于电源模块国产化的多功能军工电源产业化项目”和“西安研发中心建设项目”，有利于公司实施中长期发展战略及推动核心业务增长，助力公司做强做大，从而提升公司的核心竞争力。

未来展望：

公司专注于电力电子行业的技术创新、产品创新、管理创新，以“秉承创业精神、专注电力电子、高效利用能源、服务全球用户”为企业使命，秉承“贡献、共益、感念、高效、创新”的核心价值理念，为用户提供优质的产品和服务；同时充分利用资本市场的融资功能，加快新产品的开发进度，不断提高经营规模、市场占有率和盈利能力，全面提升公司的持续发展能力、创新能力和核心竞争力，发挥资源统筹、战略协同作用，实现在智能电网、新能源汽车和军工装备三大战略方向的均衡发展、相互支撑，致力于成为电力电子行业的领导者。

▶您对电源行业（或您所在细分行业领域）未来市场发展趋势有什么看法？企业会迎来哪些机遇？如何把握？

碳达峰、碳中和对全社会尤其是能源产业提出了更高的要求，带来了更大的挑战，同时也带来了更多的机遇。各类电力电子设备是源、网、荷、储各个环节不可或缺的重要设备，未来整个行业的市场规模会越来越大，但行业竞争也会越来越激烈。只有通过持续的创新，不断地为客户提供更高质量的产品和服务，才能在行业中生存下去。

▶新冠肺炎疫情在2020年对企业的主要影响有哪些？企业采取了哪些策略进行应对？

面对2020年突发的新冠肺炎疫情，公司经营团队积极应对，激发组织活力，切实做到有追求，能创造，敢担当；认真贯彻执行董事会的战略部署，聚焦核心业务，加大研发投入，积极开拓市场；智能电网、新能源汽车、军工装备三个战略方向均衡发展、相互支撑，均取得了不错的成绩。未来将继续大力投入电力电子技术研究和产品开发，不断提升核心竞争力，为客户贡献更多价值。

44. 万帮数字能源股份有限公司

地址： 江苏省常州市武进区武进国家高新技术产业开发区龙惠路39号

邮编： 213000

电话： 0519-83331376

传真： 0519-83331376

邮箱： dh@ wanbangauto. com

网址： www. starcharge. com

简介： 万帮数字能源股份有限公司（以下简称星星充电）总部位于中国常州，占地面积37000m²，厂房面积13600m²，专注于新能源汽车充电设备的研发制造，平台兼容全部国标车型，产品线涵盖交直流设备、充电枪头、电源模块、智能电柜、换电设备等，掌握着智能控制、物联网、大功率定制等核心研发能力。为全球客户提供设备、平台、用户和数据运营服务，借助车辆销售、私人充电、公共充电、金融保险等业务打造用户充电全生命周期平台，致力于利用创新技术服务全球五亿交通人，通过“一端能源互联，一端产业互联”的企业战略，最终实现“推动人类进入全面电动时代”的长远梦想。现已发展为我国主流的民营电动汽车充电运营商，在大功率充电技术、智能运维平台等方面优势显著。

星星充电是我国日均充电量位于前列的电动汽车充电运营商，目前平台上共有自建充电设备终端10万余个，覆盖226个城市，日充电量超过500万kW·h。作为持续盈利的充电运营商，星星充电更快更智能。

主要产品介绍：

星星充电180kW双枪直流一体机

1）颜值升级，友好互动。

2）大功率快充。

3）效率高，功耗低。

4）宽电压，恒功率，适用更广。

5）云端互联，主动防护。

企业领导专访：

被采访人：郑隽一　星星充电副董事长

▶请您介绍企业2020年总体发展情况。企业的核心竞争力有哪些？

星星充电2020年首创提出“移动能源网”概念：借助于移动的交通工具、移动的能源载体、移动的补能设施和移动的通信终端所构建的时空泛在能源互联网络。创新“云管端”即硬件+软件+服务的商业模式，堪称数字能源生态中国样本。在提高能源利用效率，促进结构调整和节能减排，助力民族汽车工业屹立于世界之巅，推动国家新能源产业发展壮大的事业上，星星充电永远不遗余力。

企业的核心竞争力在于新能源汽车充电设备研发制造，平台兼容全部国标车型，产品线涵盖交直流设备、充电枪头、电源模块、智能电柜、换电设备等，掌握着智能控制、物联网、大功率定制等核心研发能力。为全球客户提供设备、平台、用户和数据运营服务，借助车辆销售、私人充电、公共充电、金融保险等业务打造用户充电全生命周期平台，通过“一端能源互联，一端产业互联”的企业战略。

▶您对电源行业（或您所在细分行业领域）未来市场发展趋势有什么看法？企业会迎来哪些机遇？如何把握？

第一，随着这几年新能源汽车的快速发展，充电基础设施与新能源车辆的迅速发展之间的矛盾更加突出，特别是随着全球各个汽车生产企业都在大力发展新能源汽车，可以预见的是未来这种矛盾会更加突出。目前，按照相关部门的预测，到2030年汽车新增市场的40%左右为新能源汽车，同时在存量市场上还存在充电桩的更新与换代。充电桩的基础设施建设不仅要解决今天的矛盾，更要看到未来的增长需求。

第二，更注重用户体验。目前，星星充电、国家电网、南方电网、特来电四大充电头部企业，已通过“联行模式”完成公共充电桩在全国的双向对接测试和联通，这意味着一个充电App可以启动多家不同品牌的充电桩，用户不用再切换App进行充电。对于新能源车主来说，充电将变得更为方便；而对于充电桩企业来说，要想留住用户，注重用户体验才是王道。

第三，未来充电将面临资产与运营分离这一趋势。在全世界各行各业来看，有两个行业引起了我们的重大关注，一是机场，二是酒店。所有的机场都是由地方政府投资兴建持有资产，而运营权则交给专业的机场运营管理公司；大部分五星级酒店都由本土地产开发者投资并持有资产，但运营权则由香格里拉、喜来登等专业的酒店管理公司来运营。这二者有一个共同点，他们都是基础设施服务业且该基础服务业中都涉及品牌效应、专业能力和规模效应。我们认为充电也会像酒店和机场一样，存在非常明显的品牌效应、网络效应、规模成本效应，以及技术能力的壁垒，所以最终充电会像酒店与机场一样走向资产与运营分离的模式。有一部分企业专业从事资产的投资，而另一部分企业更多地赋能于管理和运营充电资产，成为数字基础设施与服务运营的结合者。

第四，技术发展将呈现数字化、智能化、可移动的趋势。以星星充电为例，我们自主研发的 BEMS、HEMS、云平台等技术，可实现软件、硬件、服务（即云、管、端）的高度协同数字化、智能化、可移动的 EnergyX 系统，聚焦家庭和商业两种能源管理应用场景，在用电能耗可视化分析管理、智能化电费支出节流控制、经济优化充/放电排程管理、自动需求响应控制等方面都有非常重大的创新与突破。星星充电在 2020 年的须弥山大会上首次提出了“移动能源网”的概念，在很长一段时间内，这都将是充电行业的重要课题。

对于星星充电来说，“新基建”将是一次非常大的机遇，将推动充电桩建设达到一个新的高峰，让新能源汽车更快进入普通家庭，让交通能源革命提前到来。星星充电也将积极抓住政策红利，进一步加快全国充电桩建设布局。

►目前，充电桩行业还存在哪些突出问题？该如何解决？谈谈星星充电过去一年重点做了哪些工作？

目前，由于各个企业良莠不齐，充电桩行业还存在着一些问题：

1）充电桩的布局：一些充电企业在寻找充电场地的布局时，没有从客户的需求角度出发，而单纯从成本角度考虑充电站的建设，造成在偏远地区建站，造成来了用户的充电不便利。

2）设备的完好程度：目前在市场上，大部分的充电桩无法像星星充电的充电设施一样可以实现远程的平台监控和运维，没有及时地对充电桩监控和维护，造成了设备无法使用的情况经常发生。

3）充电的安全还没有纳入到很多企业思考的内容：2014~2020 年发生了多起充电后车辆燃烧的情况，桩端对于车辆 SOC 的监控并通过数据分析提供预警也是非常重要的，星星充电的平台可以提供这样的监控与防护。

事实上，星星充电在 2015 年开始建设全国充电网络时就已经提前在思考：满足客户更便利地充电，更快更智能地充电是我们要给到用户的承诺。在充电桩布局上要实现 5km 半径的充电骨干网络建设，积极发展联盟企业扩大充电网络，实现各个充电网络之间的互联互通。实现远程的智能运维与监控，充电过程全程安全监控，并且提前告知客户目前目标充电站充电桩的使用情况，都是在满足客户可以更便利更安心充电的需求。

再次，我们再看看全国新能源汽车的销售情况，前 20 个城市已经覆盖了约 90% 的新能源汽车的销量，新能源汽车销售主要集中在经济发达、气候适合的城市，在珠三角、长三角、环渤海地区的销量非常高，这也为充电桩能够集中建设提供了契机。

最后，我们从用户的充电场景上看，用户充电分为家庭充电、办公领域充电、公共领域充电和高速路沿途充电。星星充电就一直致力于解决用户家庭充电的一步解决方案，也就是客户的充电设备，现场勘察和施工服务一次解决，我们目前和全国 59 家汽车制造企业以及全国最主要的房地产企业合作，解决用户在家充电的需求。同时对于公共运营的车辆，包括公交、班车、租车和网约车提供的公共充电服务也是非常重要的。我们通过数据分析车辆热点地区，梳理用户充电旅程，选择在合适的地点建立充电站，满足这些客户的充电需求以及私家车的补电。

45. 温州大学

地址：温州茶山高教园区

邮编：325035

电话：0577-86598000

传真：0577-86597000

邮箱：wzdx@ wzu. edu. cn

网址：www. wzu. edu. cn

简介：温州大学是浙南闽北赣东地区唯一的综合性大学，是浙江省重点建设高校。学校由温州师范学院和原温州大学于 2004 年合并组建而成，办学源头可追溯至 1933 年创建的温州师范学校，已有 88 年办学历史，国家最高科学技术奖获得者谷超豪院士曾任校长。

学校占地 1973. 44 亩（1 亩 = 666. 67m^2），校舍面积 99. 65 万平方米，教学科研设备总价值达 7. 94 亿元，馆藏纸质图书 231. 57 万册，电子图书 184. 48 万册，中外文电子期刊和资料数据库 104 个。学校有专任教师 1202 人，拥有全职院士、双聘院士、长江学者、国家杰青、国家有突出贡献中青年专家、国家“百千万人才工程”国家级人选、国家优青、中宣部文化名家暨“四个一批”人才等国家级人才 27 人，现有各类省级以上高层次入选人才 158 人（263 人次）。

学校于 2003 年成为硕士学位授予单位，现拥有一级学科硕士学位授权点 17 个，硕士专业学位授权点 12 个。2017 年被列为浙江省博士学位授予单位立项建设单位，建有浙江省博士后工作站。学校学科特色鲜明，形成了文、理基础学科优，工、经、管、法、商应用学科强的学科生态，是浙南闽北赣东最具综合实力的高校。生态学学科为浙江省重点建设的优势特色学科，化学、中国语言文学、电气工程、法学、马克思主义理论、应用经济学、机械工程、生态学、土木工程等 9 个学科为浙江省一流学科，化学、材料科学、工程学 3 个学科进入 ESI 全球前 1%。

学校现有国家级科研平台 3 个、省部级科研平台 29 个，拥有 4 个浙江省重点创新团队、4 个浙江省高校高水平创新团队。主持国家科技重大专项等国家重大项目 9 项，国家杰出青年科学基金 2 项，国家优秀青年科学基金 2 项，国家自然科学、社会科学基金重点项目 32 项，其他国家项目 673 项。出版各类著作 235 部。科研成果获国家技术发明二等奖、国家科技进步二等奖、教育部高等学校科学研究优秀成果奖（人文社科）一等奖、中国专利金奖等国家级、省部级奖项 145 项。

学校的电气工程学科是浙江省一流学科，一级学科硕士学位授权点。学科拥有电气数字化设计技术国家地方联合工程实验室等 10 个科研平台。电气工程及其自动化专业为国家级一流本科专业，并且为教育部卓越工程师教育培养计划专业、浙江省“十三五”特色专业，且通过工程教育专业认证。

近年来，电气工程学科相关科研成果获中国专利金奖 1 项、中国专利优秀奖 3 项；获教育部高等学校科学研究优秀成果一等奖 1 项、二等奖 2 项，中国机械工业科学技术奖特等奖 1 项；学科带头人戴瑜兴教授获中国产学研合作创新奖、第十届发明创业特等奖，并被授予“当代发明家”荣誉称号。

46. 温州现代集团有限公司

地址：浙江省温州鹿城区金丝桥路 20 号
邮编：325000
电话：0577-88835717
传真：0577-88845711
邮箱：modern@ wzmodern. com
网址：www. wzmodern. com

简介：温州现代集团有限公司坐落于中国民营经济发源地——温州，是由原创办于 1979 年的温州市精密电子仪器厂经公司化改制，在 1994 年组建成立了温州现代集团有限公司，下辖温州现代电力成套设备有限公司、温州现代电器制造有限公司、上海华陶电器有限公司、苏州现代电工仪器有限公司等几个全资子公司。

公司是电能质量产品［谐波治理/滤波补偿装置、稳压（节电）电源/变频电源、电抗器、CVT 抗干扰电源、零线电流消除器等电能质量综合治理产品］、电源测试设备（调压器、测试台电源）和干式变压器的开发、设计和生产制造专业厂家，JB/T 7620—1994 标准起草单位之一，通过 ISO 9001：2008 质量管理体系认证及信息产业部通信设备进网许可认证，航天科技集团环境试验认证，是美国通用电气（GE）公司中国地区稳压电源唯一供应商，美国 EMERSON 公司和上海三菱电梯稳压电源 OEM 商，军用抗干扰电源定点生产厂家，是浙江省区外高新技术企业。

公司产品已广泛应用于冶金、通信、国防军工、医疗设备、大型数据中心、精密仪器、实验室、广播电视、楼宇电梯、数控机床、生产流水线、交通设施、金融、教育、工矿企业等国民经济各个领域。

产品已覆盖欧洲、北美洲、澳大利亚等发达国家及东南亚、拉丁美洲、非洲和中东等发展中国家。

公司始终如一地致力于坚持可靠的产品质量和提高用户满意度，所提供的优质设备和完善的售后服务得到了用户的一致好评。

47. 无锡芯朋微电子股份有限公司

芯朋微电子
Chipown
高性能电源及驱动芯片

地址：江苏省无锡市新吴区龙山路 2 号融智大厦 E 座 24 层
电话：0510-85217718
传真：0510-85217728
网址：www. chipown. com. cn

简介：无锡芯朋微电子股份有限公司成立于 2005 年，注册资金 8460 万元人民币，是一家从事功率集成电路设计的高科技企业。总部位于江苏省无锡市高新技术开发区内，并在苏州和香港设有研发中心、在深圳设有销售服务支持中心、在厦门、中山和青岛设立有客户支持实验室。公司是国家重点规划布局的集成电路设计企业、高新技术企业，省民营科技企业，省创新型企业，是中国电源学会常务理事单位，设有国家博士后工作站、江苏省功率集成电路工程中心、东南大学研究生联合培养基地、江苏省研究生工作站，无锡外国专家工作室等。公司于 2020 年 7 月登陆上交所科创板，股票简称为芯朋微，股票代码为 688508。

公司具有国内领先的研发实力，特别在高低压集成半导体技术方面更是拥有业内领先的研发团队。公司基于自主研发的“高低压全集成核心技术平台”，致力于研发高集成度、高可靠性、高效低耗的智能绿色电源管理和驱动芯片，主要产品包括 AC-DC、DC-DC、Motor Driver 等，近几年，公司的年销售额持续增长，支撑了公司持续加大研发与技术创新力度，大力发展核心技术，多年研发投入占公司销售收入的 15%以上。

公司在国内智能家电、标准电源、工业电表、移动数码等行业均取得了主流标杆客户认可，年出货 10 亿颗芯片，已成为市场占有率较高的龙头供应商，拥有良好的品牌优势。公司依靠技术优势扩展产品结构，积极开拓各类新型产品应用市场，并提供 AC+DC+Driver 全套电源解决方案，在智能家电市场的行业龙头地位不断巩固和增长；在标准电源市场高速扩张，已成为网通/机顶盒 AC 电源芯片市场占有率领先的品牌。目前在研的新产品主要应用于各类新型工业电源、智能家电、直流电机、移动数码、快速/无线充电器、机顶盒/网关适配器等，市场容量巨大。

公司建立了科技创新和知识产权管理的规范体系，在电路设计、半导体器件及工艺设计、可靠性设计、器件模型提取等方面积累了众多核心技术。公司目前累计获得授权美国发明专利12项、国内发明专利50项、授权实用新型13项，以及超80项集成电路布图设计证书；2012年取得“江苏省知识产权管理规范化示范单位”荣誉称号。公司获得15项江苏省高新技术产品认定、2项国家重点新产品认定，共承担过2项国家级科技重大专项、6项省级科技计划项目及多项市级科技计划项目等。

主要产品介绍：

PN8211 带高压启动模块多模式交直流转换控制芯片

PN8211内部集成了电流模式控制器和高压启动模块，专用于高性能宽输出快速充电器。

PN8211通过检测输入电压、输出电压和负载变化自适应切换PWM、强制DCM、PFM和BM工作模式，多模式调制技术和特殊器件低功耗结构技术实现了超低的待机功耗、全电压范围下的最佳效率。

48. 西安爱科赛博电气股份有限公司

爱科赛博
ACTIONPOWER

地址：陕西省西安市高新技术开发区信息大道12号

邮编：710119

电话：029-85691870

传真：029-85692080

邮箱：sales@ cnaction. com

网址：www. cnaction. com

简介：西安爱科赛博电气股份有限公司创立于1996年，拥有西安、苏州两大研发生产基地，厂房面积40000m^2，员工总人数450人。旗下有苏州爱科赛博电源技术有限责任公司（全资）、深圳分公司、北京蓝军电器设备有限公司（控股）。

公司专注于电力电子电能变换和控制领域，为用户提供高端特种电源和有源电能质量控制优化核心产品和解决方案，覆盖发电、供配电、用电全流程，涉及新能源、电力、交通、航空军工、工业、科学研究诸多领域，是相关行业领先的设备制造商和解决方案提供者。

公司成立至今，持续专注于电力电子功率变换和控制领域的研发创新，掌握了电力电子功率变换和控制领域相关的自主知识产权核心技术，取得和获受理专利60项，其中发明专利20项，参与国家和行业标准制定近20项，参与多项国家重大科学工程和军工重点型号工程，取得包括国家科技进步二等奖在内的多项领先科技成果，相关领域技术水平国内领先。

公司采用全流程全要素的IPD集成产品开发管理，与西安交通大学共建电力电子联合实验室，很好地完成了从新技术到市场需求的转换，使公司产品竞争力不断提升。公司将一如既往，继续加速技术创新和应用拓展，持续为客户提供创新产品和解决方案，提升中国技术和产品的竞争力，创建一流中国品牌。

主要产品介绍：

高精度可编程测试电源

爱科赛博测试电源系统产品有PRE系列双向可编程交流电源、PAC系列可编程交流电源、PRD系列双向可编程直流电源、PDC系列高精度可编程直流电源、PVA系列双向电网模拟源、FHPVD-1500系列双向可编程直流源、FH-DC系列双向可编程直流源和FPVD-D800系列双向双通道直流源。

企业领导专访：

被采访人：白小青　董事长兼总经理

▶请您介绍企业2020年总体发展情况。企业的核心竞争力有哪些？

2020年，公司坚持“聚焦、转型、突破”的经营方针，克服疫情影响以及由此带来的业务不均衡困难，实现了业绩同比快速增长，其中合同增速超过50%。

业务拓展方面，高端装备电源和电能质量两大基石业务应用不断拓展深化、稳健增长，精密测试电源和军工两大增量业务实现快速增长。高端装备领域：国铁线路电源和地铁电能质量市场持续领先，民航机场电源稳定增长，加速器应用面临需求增长窗口期。电能质量领域：电网+策略成效显著，配网订单快速增长，城市配网示范落地，重点行业开发在中移动成效显著。精密测试电源领域：对标国外一线品牌的标准模块产品陆续上市、竞争优势明显，高压和大功率测试电源在新能源和轨道交通领域填补空白，样板效应显著。军工领域：航空保障业务业绩创历史新高，多项型号项目完成定型和订货，重点型号项目一次配套取得一定突破。

研发创新方面，投入主要资源，对标国际一线品牌，加大测试电源核心产品开发，基本形成模块机系列产品；完成高压大功率电网模拟源项目，并在价值客户端使用，填补国内空白。基于新产品开发，初步搭建模块化电源产品平台，优化升级电能模块产品平台，专业技术平台建设也持续开展。与西安交通大学和北京航空航天大学持续产学研合作，继西安交通大学联合研究中心后，成立了“北航云南创新院-爱科赛博电力电子可靠性实验室”，致力于电力电子装备可靠性关键核心技术和基础共性技术研究。公司知识产权申请数量和实审量均创新高。

加强员工团队建设和基础管理能力建设，实施持股平台激励等多种激励措施，加强骨干与公司深度捆绑。加强公司基础管理建设，结合内控和信息化推进，完成公司管理体系架构和流程梳理精简优化，提高运营效率质量，为企业发展行稳致远打下坚实基础。

经过 25 年持续发展，公司在细分领域形成了较强的核心竞争力。1）技术能力强，公司始终坚持以技术创新为发展之根本，持续加强研发投入及产学研合作，聚焦细分领域关键核心技术，在电源功率密度和精密控制核心技术上取得突破，荣获两项国家科技进步二等奖，支撑产品具备竞争优势，实现进口替代，整体技术能力在细分领域内保持领先。2）客户黏性高，公司致力于重点领域高端价值客户，贴近客户需求提供优质解决方案，用强硬的技术能力为客户解决难点和痛点，形成较高的客户黏性，在细分领域内拥有重量级标杆项目及价值客户群，具备品牌优势。3）核心团队，公司沉淀出一支高素质、专业化、年轻化、梯队化的员工团队，公司完成对核心技术人员、中层及以上骨干、技术专家等核心资源实施股权激励，与公司发展及利益形成深度捆绑，保证核心团队稳健，为公司可持续发展提供有力支撑。

▶请您介绍企业 2021 年的发展规划及未来展望。

2021 年，公司确定了“聚焦、转型、再突破”的年度工作指导方针，实现盈利水平和业务模式转型的突破，实现综合能力提升，支撑公司再上台阶和可持续发展。2021 重点做好三件事，一是坚定不移深化“聚焦、转型”战略，下大力气落实产品型和平台型业务模式转型和相应的工作方式转变，支撑竞争能力、盈利水平和可持续发展。二是聚力提升盈利水平，通过平台转型战略实施，设计提质降本，物料统型和供应链管理，采购模式转变，大幅降低采购成本，优化研发制造费用，系统提升盈利水平。三是继续从基础管理着手提升管理水平，大力抓流程规范制度一张皮，实现工作有序高效，形成公司核心价值导向落地和团队战斗力、凝聚力及活力提升。抓住产品型业务的牛鼻子，落实转型战略，提升竞争能力和市场业绩，支撑年度业绩增量，牵引转型取得实质进展，助力公司整体业绩规模和发展能力再突破。

业务方面，进一步拓展高端装备和电能质量基石业务的应用领域，拓展增量价值客户，保持细分行业领先，实现不低于 15%的业绩增长。聚焦加大测试和军工增量业务力度，其中精密测试电源业务作为重要发展赛道，深耕重点细分领域及价值客户，快速完成覆盖全国的代理渠道网络，抢抓进口替代机遇，实现市场突破，建立核心竞争优势和品牌，实现不低于 50%的业绩增长。

研发方面，聚焦加大核心产品和平台产品研发力度，结合产品开发，完成系列标准模块研发及应用产品方案设计；完成基于电能模块、测试电源模块的应用产品方案设计；深化全流程的研发管理体系，初步构建起共享度和复用度高的产品平台，以及基于平台的系列产品，实现定制型向平台型的业务模式转型。

可持续发展能力方面，针对战略需求，外部引进骨干人员，内部实施任职资格体系，加强培训和能力提升，建立员工发展通道，实现一线骨干团队年轻化。系统开展创新能力提升活动，系统规划布局及申报专利等知识产权成果；充分利用政府政策，提升创新平台，取得新的创新成果。积极准备科创板 IPO 项目，年内完成向交易所申报。

▶您对电源行业（或您所在细分行业领域）未来市场发展趋势有什么看法？企业会迎来哪些机遇？如何把握？

电源作为电能变换和控制的核心部件及设备，未来市场和技术发展趋势是高频化、模块化、集成化、智能化，第三代半导体技术发展将助推电源变换频率和功率密度提升，并提高效率降低损耗；通过模块化和集成技术，提高电源工艺和标准化水平，降低价格；进一步提高数字化和智能化水平，实现智慧互联和智慧能源管理。

公司未来发展，处于良好机遇期。国家整体发展进入转型升级、进口替代、军民融合新阶段；能源行业领域，低碳、智慧、互联是发展大趋势，能源使用再电气化、交通电动化、能效提升是支撑能源低碳战略的重要推手。电源是能源变换领域的关键部件和核心技术，发挥着关键支撑作用。公司业务直接服务能源领域，面临极好发展机遇。

面对良好机遇期，公司将通过市场拉动及技术驱动，成为细分领域龙头，突破业务规模，实现优势快速发展。市场方面，在装备制造行业设备转型升级及进口替代风口下，采用“双替”策略，快速替代传统产品转型升级、替代进口产品自主可控，重点做好精密测试、高端工业、军工型号和通用模块产品的应用拓展。技术方面，持续加大技术创新力度尤其是关键核心技术和应用解决方案的研发，加快平台产品与半导体的融合发展，加大软件平台建设力度，实现模块化、柔性化、智能化，进一步做强平台，提升竞争优势。同时，开放合作，资源全国化、运营本地化，通过专业实现价值，打造细分领域优势品牌，实现公司可持续快速发展。

▶新冠肺炎疫情在 2020 年对企业的主要影响有哪些？企业采取了哪些策略进行应对？

已经过去的 2020 年，新冠肺炎疫情给公司经营也造成了一定影响，但经过合理应对，将影响降低到了最低。随者国内疫情防控快速取得成效，公司迎来了下半年业绩的快速增长。主要影响和应对策略如下：

1）资金影响：受疫情影响，资金回笼慢，下游企业资金紧张或复工复产未完全正常，影响货款回收，同比降低 30%以上，给企业经营造成一定困难。

应对策略：将采取更加稳健的经营策略，控制投资性支出和一切非必要性支出；适当调整价格策略和客户信用等级管理策略，提高货款回收率；加强融资筹资力度，适当增加负债；对接政府相关优惠政策，最大程度享受优惠政策，以抵消影响。

2）供应链影响：供应链配套速度和关键核心器件断供风险。上游配套企业或疫情后集中排产或复工复产不足，外协件配套速度明显降低；外购件主要是部分进口器件受国外疫情影响，产能下降，开始出现涨价，后续存在供应不足甚至断供风险。

应对策略：加强与主要供应商沟通对接，互相支持、抱团取暖；制定全年长周期供应计划，稳定供应商预期和供货计划；关键进口物料提前备货。

3）项目影响：客户项目延期实施，公司主要客户为国内高端装备客户，总体需求受疫情影响相对较小，但原计划客户项目普遍延期，对一季度产出造成较大影响。

应对策略：加强与客户沟通，远程办公和线上营销力度加强及常态化；客户项目实施计划准备工作前置，尤其是设计开发和生产策划；加大研发投入，新产品计划适当提前；内部管理优化工作前置，进一步提高内部运营效率，客户项目下达后缩短供货周期。

49. 先控捷联电气股份有限公司

SCU先控

地址：河北省石家庄市经济技术开发区高新区湘江道319号第14、15幢
邮编：050035
电话：400-612-9189
传真：0311-85903718
邮箱：scu@ scupower. com
网址：www. scupower. com

简介：先控捷联电气股份有限公司（股票代码：833426，以下简称先控电气）成立于2003年，于2015年9月9日在新三板挂牌，是行业领先的电力电子、新能源领域的设备制造商。旗下有5家子公司，分别位于北京、上海、石家庄、香港等地。先控电气主要为数据中心基础设施、新能源汽车充电、绿色储能三大业务领域提供完整的解决方案。

先控电气是双高双软企业（高新技术企业、高新技术产品、软件企业、软件产品）、河北省企业技术中心、燕山大学研究生教育实践基地、中国电源学会常务理事单位、中国通信标准化协会会员、中国电动汽车充电技术与产业联盟理事单位、守合同重信用企业，公司连续多年被评为10强企业、十大领军人物、河北省著名商标、河北省知名品牌、河北省中小企业名牌产品、石家庄高新区质量奖、充电设施行业杰出贡献企业、绿色与创新企业、数据中心优秀服务商等，并且获得“改革开放40年·工业铸魂”优秀企业“金鹰奖”、科学技术创新奖、AAA级企业信用等级、优秀解决方案奖、用户信赖产品奖等荣誉。

公司秉承“专注、专业、卓越”的发展理念，完全实现了生产工业化、标准化、专业化和模块化，先进的生产工艺在进一步保证产品交货周期的同时更是大大提升了产品品质。公司专注于能源、电力电子及控制技术，公司产品均为自主研发，填补了行业多个领域的空白，取得技术专利100余项，参与多项产品的行业标准制定。推出不间断电源、数据中心微模块、新能源充电桩、储能系统等四大系列产品。

先控电气产品多次入围各级政府单位，涉及国家重点项目、数据中心、电力、军事工业、轨道交通、金融、通信、能源、电动汽车充电行业等多个领域，产品覆盖全球50多个国家和地区。凭借前瞻性、差异性、定制化的优势，赢得了全球客户的信赖。

主要产品介绍：

模块化UPS，微模块，充电桩，储能设备

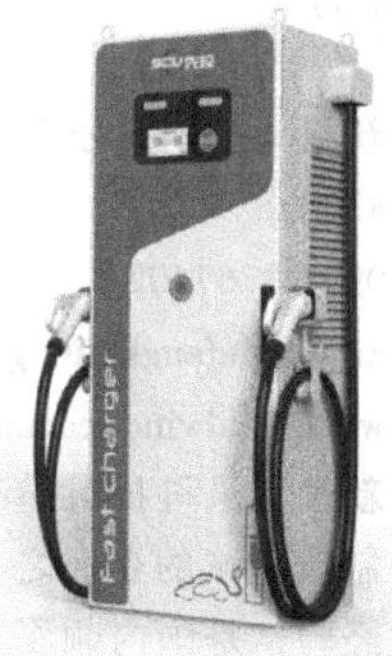

先控模块化UPS有15kVA、25kVA、50kVA、75kVA四种功率模块，系统容量可覆盖30~1200kVA。

先控微模块根据用户实际需求进行灵活配置且可定制，PUE值小于1.2~1.5，已构建绿色节能的数据中心。

先控充电产品有直流充电桩、交流充电桩、欧标充电桩、立体车库充电机。

企业领导专访：

被采访人：陈冀生　总经理

▶请您介绍企业2020年总体发展情况。企业的核心竞争力有哪些？

公司已形成不间断电源、数据中心微模块、新能源充电桩、储能双向变流器、锂电系统等五大标准化系列产品。

核心竞争力：

1）拥有丰富的产品线和强大的技术研发实力；

2）专业的管理团队和全面配套的生产能力；

3）广泛的客户基础和可观的发展空间；

4）在特定解决方案中的强大能力，以公司丰富的标准化产品和技术平台为依托，对客户的差异化需求，可灵活、高效地制定相应解决方案。

▶请您介绍企业2021年的发展规划及未来展望。

1）以研发、生产、制造设备为核心，持续保持产品线在产品功能、性能、成本方面的核心竞争力。

2）由单一设备制造商向系统集成商转变，逐步取得面向数据中心的弱电总包资质、电子与智能化工程专业承包资质，面向新能源充电及绿色储能的承修类承装（修、试）电力设施许可证等资质。

3）由单一设备销售向设备运营转变，如数据中心运营，充电桩/站运营等，扩大公司盈利范围。

▶您对电源行业（或您所在细分行业领域）未来市场发展趋势有什么看法？企业会迎来哪些机遇？如何把握？

随着移动互联网、5G、云计算、大数据与传统制造业的融合发展，数字经济正在成为全球经济重要的新增长点，各行各业都将增加对IT基础设备的投资力度，催生大量的IDC机房需求，预计2021年全球IDC业务市场整体规模将突破9000亿元。

未来，先控电气将携手秦淮数据集团，探索适应未来数据中心需求的电源方案。

50. 新疆金风科技股份有限公司

地址： 新疆乌鲁木齐经济技术开发区上海路 107 号
邮编： 830026
电话： 0991-3767402
邮箱： xinjingjinfengkeji@ goldwind. com. cn
网址： www. goldwind. com. cn

简介： 新疆金风科技股份有限公司是我国较早进入风力发电设备制造领域的企业之一，有超过 20 年的风电整机设计和开发经验，是国内领军和全球领先的风电整体解决方案提供商；拥有自主知识产权的全系列永磁直驱机组，代表着全球风力发电领域最具前景的技术路线；国内风电市场占有率连续九年排名领先，在全球连续五年排名前三；申请国内发明专利 2700 多项，海外专利 300 项；累计主持和参与标准制定 235 项，其中国内标准 220 项，国际标准 15 项；所主持项目“风电机组关键控制技术自主创新及产业化”荣获 2016 年“国家科技进步二等奖”。自 2015 年开始风电场智能控制技术开发，为项目开展提供了良好的支撑条件。公司建有国家风力发电工程技术研究中心，大型直驱永磁海上风电机组检测技术国家地方联合工程实验室；承担 973 计划、863 计划、支撑计划和国家重点研发计划等 50 余项；获国家科技进步二等奖 2 项，国家技术发明二等奖 1 项，省部级科技进步一等奖 7 项，其他省部级奖 8 项。

51. 易事特集团股份有限公司

EAST®易事特
始于1989年 | 股票代码:300376

地址： 广东省东莞市松山湖工业北路 6 号
邮编： 523808
电话： 0769-22897777
传真： 0769-22898866
邮箱： wangl@ eastups. com
网址： www. eastups. com

简介： 易事特集团（股票代码：300376）始创于 1989 年，公司主营 5G+智慧电源（UPS/EPS 电源、5G 基站电源、轨道交通电源、军工领域电源）、大数据（云计算/边缘计算数据中心、IT 基础设施）、智慧能源（光伏逆变器、储能变流器及发电系统、锂电池及储能系统、充电桩模块及系统、微电网和智能配电网）三大战略板块业务，是全球数字产业 & 智慧能源综合解决方案提供商。公司曾是世界 500 强施耐德的控股子公司，现为广东省属国资恒健控股旗下上市公司、国企混合所有制典范。公司总部坐落于东莞松山湖国家级高新区，在南京、西安、成都等地设有研发中心，在全球拥有 268 个客户中心，营销服务网络覆盖全球 100 多个国家和地区。

主要产品介绍：

不间断电源

智慧电源业务以高端电源为核心，产品功率范围覆盖 0. 5～1200kVA，涵盖核级电源、工业电源、电力电源、通信电源、电梯电源、专用电源系列、蓄电池及选件，可为金融、交通、军工、核电、政府、医疗、教育、新能源、数据中心等行业用户提供“端到端”和按需定制的全方位解决方案。

企业领导专访：

被采访人：王立　5G 电源事业部总经理

▶请您介绍企业 2020 年总体发展情况。企业的核心竞争力有哪些？

2020 年，我们携手国资恒健，全力推进管理变革，在巨大的外部不确定环境下，扎实练内功。首先从产品端，强化数据中心+高端电源核心主业的竞争力，同时推进智慧能源（光伏+储能+充电桩）业务开展，不断迭代升级产品和方案，紧抓新基建机遇，在嫦娥探月、国网综合能源服务等众多重大型项目中亮剑市场。同时，新一届董监高团队焕然一新，更加专业、年轻、创新、经验丰富的管理队伍扛起经营职责，强化风险管控，全面深化管理变革，聚焦业绩和利润目标，坚定迈出提质增效新步伐。

公司核心竞争力：

1. 良好的技术与研发优势

公司作为国家火炬计划重点高新技术企业和广东省创新型企业，秉承“技术创新，自主研发”的经营理念，持续搭建研发平台及构建产学研创新科研团队，不断强化科技创新工作，在关键技术攻关、新产品研制、标准体系建设等方面取得了较大成效，奠定了公司在行业内的领先地位。

公司是国内电源行业研发创新综合技术实力强大的企业之一，拥有国家发展改革委、科技部、财政部、海关总署、国家税务总局认定的国家企业技术中心，设立了博士后科研工作站、广东省院士专家企业工作站，相继组建了广东省教育厅产学研结合示范基地（分布式发电电气工程技术研发中心）、广东省企业技术中心、广东省工程技术研究开发中心（现代电力电子工程技术）、广东省现代电能变换与控制工程研究开发院、广东省分布式发电电气工程技术中心、CNAS 实验室等重量级科研平台，逐步构建起体系化、具有国际国内先进水平的创新研发平台，强力支撑公司高科技产业技术快速发展，报告期内，公司顺利推进知识产权管理体系贯标和两化（工业化、信息化）融合管理体系贯标，为公司科研发展起到巨大的促进作用，为公司科研引领市场，技术作为公司第一生产力的理念提供了坚实的基础保障。报告期内，公司完成的"储能逆变器开发与应用"项目荣获2020年创新东莞科学技术奖。

凭借巨大的研发投入和雄厚的科研实力，截至报告期末，公司拥有700余项专利和软件著作权，在海外组织实施"一带一路"沿线欧盟、美国、德国等国家的专利布局，公司先后荣获"国家级知识产权示范企业""中国专利优秀奖""广东省企业专利创新百强企业"等多项殊荣，巩固了公司在电力电子领域的技术领先地位。报告期内，公司及子公司新增取得授权发明专利6项，均系原始取得，充分体现出公司强大的创新能力和核心竞争力。

目前，我国正面临着半导体第三次产业转移的历史性发展机遇，公司也跟踪国际前沿技术发展动态，积极投身于第三代半导体技术引领的全球高频电能变换与控制技术革命，全方位参与和推动国家南方半导体基地的建设与发展工作，培育与发展公司颠覆性产业技术，目前被列为广东省重点领域研发计划项目的碳化硅晶片、功率器件和高频电能变换关键技术研发及产业化项目，公司作为承担及参与单位核心负责碳化硅在电力电子系统中的关键共性技术研发与应用工作，为半导体产业的国产替代提供强有力的技术支撑，为后续形成设计、制造、封装和配套等完整的产业链打好坚实基础。

2. 公司参与部分行业标准制定、把握技术市场脉搏优势

作为中国通信标准化协会（CCSA）和通信电源与通信局站工作环境技术工作委员会（TC4）成员单位，公司凭借强大的技术实力，参与起草了多项行业、地方、军工标准，凸显了公司技术实力的行业地位，进一步加强了公司产品的核心竞争力，把握市场先机及技术方向，以行业领跑者的身份推动公司及行业的快速发展。

3. 完善的营销服务体系优势

公司拥有完善的营销服务体系和一支高素质的销售服务队伍，针对各大事业部（智慧电源、IDC数据中心、光伏发电系统、新能源汽车充电桩、轨道交通）灵活配置对应的售后服务团队，以东莞松山湖总部为中心，在全球设立了260多个客户中心和营销服务网点，保证及时响应客户的需求。专业的营销队伍、严格的技术培训、充足的维修配件、密集的服务网点以及系统的管理措施，是公司提升产品销量、品牌价值以及顾客满意度、忠诚度的有效保障。

4. 品牌知名度与美誉度优势

公司产品质量卓越、性能稳定，是国家火炬计划重点高新技术企业、国家企业技术中心、国家技术创新示范企业、国家知识产权示范企业，获得广东省著名商标、广东省名牌产品、广东省创新型企业、广东省自主创新产品、广东省政府质量奖、全国五一劳动奖状、广东省出口名牌企业、充电设施质量信得过制造商、绿色工厂、中国企业信用500强等多项荣誉，2019年全球新能源企业500强，广东省制造业500强第73位，一系列荣誉逐步铸就了公司作为电源和新能源行业的品牌知名度和品牌美誉度。公司以展会、论坛、新媒体为窗口，用"互联网+品牌"的新模式，紧密围绕集团三大战略产业进行全方位的品牌推广和市场宣传，将具有航天品质的产品销往100多个国家和地区。

报告期内，公司在《数据中心建设+》杂志"2020第十六届数据中心基础设施技术峰会暨用户满意度调查结果揭晓大会"评选中荣膺"UPS供配电行业发展二十年杰出贡献企业"，集团创始人何思模教授荣获"行业二十年杰出贡献人物"双料大奖，2020第七届中国国际光储充大会 光储充行业年度颁奖盛典上荣获"最佳光储充一体化解决方案奖"，2020第六届中国国际电动汽车充换电产业大会上公司凭借在产品、方案、服务等方面的综合实力，荣获"中国十大智能安全充电桩品牌"和"中国充电桩行业十大卓越品质奖"两大奖项。公司将持续加强品牌建设，塑造良好的品牌形象，进一步发挥品牌效应，利用品牌优势将公司做大做强。

5. 与重点客户的长期合作关系优势

公司凭借过硬的产品质量、系统化的解决方案、良好的售后服务及企业形象，在金融、通信、电力等领域持续开拓并积累了重点客户资源。公司是中央政府、中国农业银行、中国工商银行、中国移动、中国电信、中国联通、中国铁塔、中国广电、中国石油、中国石化、国家电网、南方电网等重点行业客户的全国选型入围或集中采购中标供应商。通过与重点客户建立并维持良好的合作关系，有助于扩大公司产品的知名度。报告期内，先后中标及参与了酒泉卫星发射基地电网直流系统更新改造项目、中移互联网有限公司2020—2022年灵犀云云服务租赁项目、河南省三门峡市公共交通公司野鹿停车场充电站项目、南开大学UPS电池采购项目、福建广电集团采购项目、哈尔滨市轨道交通2号线一期工程通信系统专用通信电源系统采购项目、上海广巽外高桥数据中心项目微模块项目、深圳地铁四期工程综合UPS电源系统设备采购项目等各领域行业的项目。

6. 投产项目产出规模优势

报告期内，公司投建的光伏电站陆续并网发电，进入业绩释放期，为公司提供可持续的现金流入；亦或根据公司经营发展需要择机出售，获得投资收益，快速回笼资金，为公司的快速发展提供了可靠的资金支持，有利于对各业务资源实现快速合理配置，对公司业务发展具有重要的意义。

▶请您介绍企业2021年的发展规划及未来展望。

2021年，集团公司计划定增17.7亿元，专注5G数据中心、高端电源产品和系统领域、新能源汽车及充电设施领域和储能及能源互联网系统领域的研发投入，同时通过5G产业智能制造技改项目打造智能工厂，全面提升公司制造交付能力，新增第三代半导体模组生产线为原有高端电子装备产品升级换代提供核心支撑。多角度、多维度升级公司软硬件实力，全面提升公司综合竞争实力和持续盈利能力。

2021年我们将继续推进公司数字化升级，加大核心人才吸引和激励，完善合规管理体系，强化企业内控治理，营造

创新创造、创优争先的工作氛围。我们将做强大数据，做大光储充，做好大行业，努力续写易事特更加美好的明天！

数字化转型升级步伐蹄疾而步稳，思变创新方能行远。面对“十四五”开局、双循环新格局、三级国资赋能，公司紧扣产业数字化和能源智慧化机遇，再次迎来重大发展机遇期。2021年，公司全体员工更将坚定信心、迎难而上、冲刺既定目标，以只争朝夕、时不待我的拼搏精神将种下的梦想亲手实现！

从起跑到加速，5G行业应用临界点已至。

5G商用牌照发放已逾1年。总体来看，这一年我国5G发展确实取得了远超预期的成绩，尤其在行业应用领域，示范应用案例频出。

垂直行业应用是5G的主战场，我国在垂直行业领域对5G有着更为广泛的需求。从目前情况来看，我国垂直行业的5G应用已经开始起跑。随着5G网络覆盖的不断完善，相信在2021年前后，5G行业应用将会呈现暴发式增长。因此，业界应该对未来5G行业应用发展有更高的期待。

虽然目前5G行业应用还多为示范项目，但应用场景正在不断丰富。特别是新冠肺炎疫情暴发以来，5G远程医疗、5G智慧教育、5G远程办公、5G+4K直播、5G热成像测温等应用“火线”上阵，既为防疫抗疫、复工复产做出贡献，也让5G经历了实战检验，全社会都充分认识到5G的能量和效率。5G应用在医疗、防控、应急、物流等领域的重要性被充分验证，也为相关应用大规模普及拉开序幕。

事实上，自从5G建网开始以来，国内5G垂直行业应用的探索就如火如荼地展开了。无论是工业制造、交通出行，还是医疗健康、娱乐生活，各行各业都在寻求5G赋能下的发展新模式。

在工业制造领域：三一重工是最早把5G技术引入实际应用中的企业。经过一段时间的探索发展，目前三一重工开发出了智慧物流、视频数据智能应用、数字化工位管理、智能工厂CPS等多个基于5G的示范应用场景。在能源领域：南方电网5G规模组网建设及应用示范工程得到了行业高度关注，该项目率先打造了5G SA组网网络配网分布式保护的案例，成功研发了适配三项智能电网的5G通信模块和5G应急通信的自组网等。

另外，山西阳煤集团率先建成了5G煤矿井下专网，这也是目前全球较深的地下5G网络。5G在煤矿井下作业场景的成功部署应用，标志着“5G+智慧矿山”建设已迈出关键一步。

类似这样的5G行业应用案例目前已有很多。这一方面说明各行各业对5G的需求旺盛，另一方面也展示出中国5G应用强大的创新性和创造力。中国作为全球的制造大国、创新大国，拥有全球最大的消费市场，显然是5G最佳的落地市场。

针对5G行业应用，工信部信息通信发展司明确表示，促进5G应用发展、加速5G与重点行业的融合创新是当前5G产业发展的重点。对于如何加快5G应用发展，有三大建议：一是降低5G行业应用门槛，推动行业网络部署；二是提升5G应用创新能力，加速应用生态构建；三是强化政策支持力度，加快融合应用标准制定。从这三个建议来看，网络、生态和标准缺一不可。可以肯定的是，从当前我国5G网络部署的速度、产业链生态建设的积极性、国家的政策支持力度来看，我国5G行业应用突破起跑并暴发式增长的时间点已经到来。

52. 浙江东睦科达磁电有限公司

地址：浙江省湖州市德清县阜溪街道环城北路88号
邮编：313200
电话：0572-8088064
传真：0572-8085880
邮箱：kda@ kdm-mag. com
网址：www. kdm-mag. com

简介：浙江东睦科达磁电有限公司（以下简称KDM）成立于2001年，隶属于上市公司——东睦新材料集团股份有限公司（股票代码：600114），为东睦新材料集团股份有限公司的控股子公司。KDM是全球屈指可数覆盖从铁粉芯到高性能铁镍磁粉芯等全系列金属磁粉芯的行业领先厂商，公司拥有先进的软磁金属磁粉芯自动化生产线和磁材料研发中心，已通过ISO 9001：2015，ISO 14001：2015和IATF 16949：2016管理体系认证，获得发明和实用专利超过20项。

KDM产品广泛应用于高效率开关电源、UPS、光伏逆变器、新能源汽车车载电源、充电桩、高端家用电器、电能质量、5G通信等领域，产品远销亚洲、欧洲和美洲等海内外地区。

53. 中国电子科技集团公司第十四研究所

地址：江苏省南京市雨花台区国睿路8号
邮编：210039
电话：025-51827249
邮箱：sunyong6@ cetc. com. cn
网址：http：14. cetc. com. cn

简介：中国电子科技集团公司第十四研究所（以下简称十四所）成立于1949年，是中国雷达工业的发源地，是国家探测感知领域的引领者，也是全球领先的探测感知系统与装备创新基地。作为国家国防电子信息行业的骨干研究所，十四所时刻牢记党和国家赋予的神圣使命，形成了以“责任、创新、卓越、共享”为核心价值观的企业文化，以及“引领电子科技、构建国家经络、铸就安全基石、创造智慧时代”企业使命。十四所电源团队秉承不断创新、永无止境的科研精神，为十四所所有雷达提供先进的电源系统解决方案，为装备提供高品质电能源做保障。

54. 株洲中车时代半导体有限公司

株洲中车时代半导体有限公司
ZHUZHOU CRRC TIMES SEMICONDUCTOR CO., LTD.

地址： 湖南省株洲市石峰区田心高科园半导体三线办公大楼
邮编： 412001
电话： 0731-28498238
传真： 0731-28492242
邮箱： huangda3@ csrzic. com
网址： www. sbu. crrczic. com

简介： 株洲中车时代半导体有限公司（以下简称中车时代半导体）作为中车时代电气股份有限公司下属全资子公司，全面负责公司半导体产业经营，早从 1964 年开始功率半导体技术的研发与产业化，2008 年战略并购英国丹尼克斯公司，通过十余年持续投入和平台提升，已成为国际少数同时掌握大功率晶闸管、IGCT、IGBT 及 SiC 器件及其组件技术的 IDM（集成设计制造）模式企业代表，拥有芯片—模块—装置—系统完整产业链，是中车集团乃至我国高端制造的亮丽名片代表之一。公司也是新型功率半导体器件国家重点实验室、国家能源大功率电力电子器件研发中心的依托单位，中国 IGBT 技术创新与产业联盟理事长单位，湖南省功率半导体创新中心的牵头共建单位。

中车时代半导体长期坚持自主创新，培养了一支学术水平高、具有国际视野的技术团队；打造了一个集成中欧先进设计与制造资源的国家级功率半导体产业平台；拥有 8 英寸 IGBT 芯片线；全系列高压晶闸管市场占有率已进入世界前三，全系列高可靠性 IGBT 产品已全面解决轨道交通核心器件受制于人的局面，基本解决了特高压输电工程关键器件国产化的问题，正在解决我国新能源汽车核心器件自主化的问题。

未来，公司将矢志迈进世界功率半导体行业前三强，致力成为轨道交通、输配电、新能源汽车等领域功率半导体器件首选供应商，为国民经济发展贡献核心力量。

主要产品介绍：

IGBT

IGBT（Insulated Gate Bipolar Transistor，绝缘栅双极型晶体管）是由 BJT（双极型晶体管）和 MOS（绝缘栅型场效应晶体管）组成的复合全控型电压驱动式功率半导体器件，兼有 MOSFET 的高输入阻抗和 GTR 的低导通压降两方面的优点。

理事单位

55. 艾德克斯电子有限公司

ITECH
Your Power Test Solution

地址： 江苏省南京市雨花台区姚南路 150 号
邮编： 210000
电话： 025-52415098
传真： 025-52415268
邮箱： sales@ itechate. com
网址： www. itechate. com

简介： 艾德克斯电子有限公司（以下简称 ITECH）是专业从事精密测试测量仪器的设备制造商，始终以“客户需求”为导向，致力于以“功率电子”产品为核心的相关产业测试解决方案的研究，面向全球的电力电子产业、汽车电子、半导体 IC 提供精准稳定的测试仪器产品，同时，也针对新能源产业提供先进全面的测试解决方案，为全球绿色能源产业的发展贡献力量。

ITECH 单机产品多达 700 个型号，为客户提供了丰富的产品线，包括：可编程单路及多路电源、可编程单路及多路电子负载、高性能交流电源及交流电子负载、功率分析仪和电池内阻测试仪；自动测试系统产品包括：电源自动测试系统、电池测试系统、新能源汽车测试系统，太阳能电池测试系统、汽车电子相关测试系统以及老化测试系统等。从硬件到软件全部由 ITECH 自主研发，结合配套设计优势，让用户能够享受到稳定性、兼容性俱佳的测试系统。

ITECH 测试解决方案广泛应用于：电源测试、电池测试、汽车电子及新能源汽车动力电池、充电桩、充电机测试、太阳能电池测试、LED 产业以及半导体产业等。

主要产品介绍：

IT6000B 系列大功率回馈式源载系统

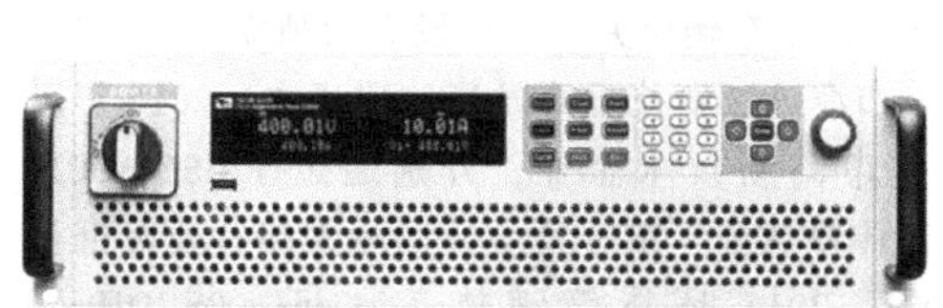

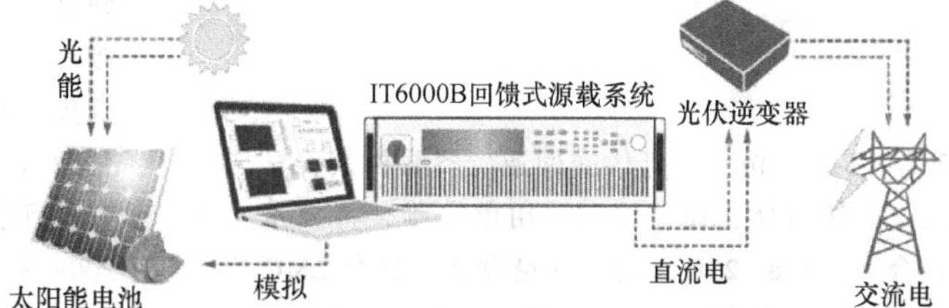

IT6000B 系列将双向电源和回馈负载集成到了仅 3U 体积的一台仪器内。一个按键就可以让它在双向电源和回馈负载中间自由切换。电压最高可至 2250V。利用主从模式支持并联，主动均流，功率可扩展至 1152kW。内置函数发生器，可以自由地产生任意波形，并通过 USB 接口导入 LIST 文件生成波形。

56. 爱士惟新能源技术（江苏）有限公司

地址： 江苏省苏州市虎丘区向阳路 198 号 9 栋

邮编： 215011

电话： 0512-69370998

传真： 0512-69370630

邮箱： sales. china@ aiswei-tech. com

网址： www. aiswei-tech. com

简介： 爱士惟新能源技术（江苏）有限公司（以下简称爱士惟）是原全球知名太阳能逆变器领先企业 SMA 集团的中国全资子公司，经由股权重组于 2019 年 4 月从 SMA 集团脱离而独立运营，是致力于高质量、高可靠性的光伏并网逆变器、储能逆变器的研发和制造的高科技企业。

爱士惟管理总部和研发总部位于苏州，在上海、扬中两个城市分别设有商务采购中心和生产制造中心，在澳大利亚、荷兰、波兰，土耳其等国家和地区设有销售与服务职能子公司或合作伙伴。爱士惟拥有一流的专业技术团队、国际认可的实验室，符合德国质量标准和管控体系的规模化先进制造基地，逆变器年产能超过 3GW。除自身业务之外，爱士惟还在逆变器研发、生产、供应链、客户服务等方面为 SMA 集团提供服务，有着深度合作关系。

爱士惟拥有 1～60kW 光伏并网逆变器、储能逆变器系列产品，产品已行销全球数十个国家和地区。基于为 SMA 集团所生产的优质逆变器产品所积累的成功经验，爱士惟分别面向中国和海外市场推出爱士惟及 Solplanet 品牌的高质量、高可靠逆变器产品，并以更加贴近市场的完善售后服务体系，为客户带去持续稳定的贡献和更多的增值服务。

主要产品介绍：

光伏并网逆变器，光储一体机

ASW8～25K 三相双路光伏并网逆变器将科技美学融入设计理念，取法自然，设计简约，用色优雅，将技术与艺术完美融合。ASW8～25K 系列免开箱设计，具有 EMC 最高标准，一键扫码智能建站，可带来家电般的极致体验。

57. 北京大华无线电仪器有限责任公司

DAHUA

地址： 北京市海淀区学院路 5 号

邮编： 100083

电话： 010-62937169

传真： 010-62937189

邮箱： marketing@ dhtech. com. cn

网址： www. dhtech. com. cn

简介： 北京大华无线电仪器有限责任公司（原国营 768 厂，以下简称大华）始建于 1958 年，是我国较早建成的微波测量仪器大型骨干企业，现隶属于北京电子控股有限责任公司。大华专注于测试仪器行业，是军工级测试解决方案供应商。目前大华的电子产品已覆盖大功率直流电源、交流电源、电子负载、单路及多路线性电源以及自动化测试系统及解决方案，拥有国内一流的研发技术团队，具有国际先进技术水平。大华的电子产品已被广泛应用于军工、科研、高校、通信、工业控制、汽车电子、新能源等领域。

主要产品介绍：

DH17800A 系列大功率可编程直流电源

产品为 3U 尺寸，功率为 15kW，电压电流最高可达 1500V/510A，有较高的功率密度，节省了空间成本，非常适合应用于新能源汽车、电池、光伏太阳能、ATE 等领域的测试。

其特点是：

- 输出功率可并联扩展至 150kW；
- 过电压、过电流和过温保护；
- 标配 LAN、USB、CAN 总线以及模拟控制接口。

58. 北京纵横机电科技有限公司

铁科院 CARS 北京纵横机电科技有限公司
BEIJING ZONGHENG ELECTRO-MECHANICAL TECHNOLOGY Co.,Ltd.

地址： 北京市海淀区永丰产业基地永泽北路纵横机电二期

邮编： 100084

电话： 010-56972449

传真： 010-56972116

邮箱： liudonghui@ zemt. cn

网址： www. zemt. cn

简介： 北京纵横机电科技有限公司是由中国铁道科学研究院集团有限公司机车车辆研究所出资设立的独立法人单位，1988 年在北京市海淀区新技术开发区注册成立，2010 年至今被评为北京市高新技术企业，分别通过了 ISO 9001：2008 质量管理体系认证、IRIS 第 2 版国际铁路行业标准认证、ISO 14001：2015 环境管理体系认证、BS OHSAS

18001：2007 职业健康安全管理体系认证、BS EN 15085-2—2020 认证。

公司现有职工 1072 人，其中本科以上学历 696 人，有博士学位的 65 人，有硕士学位的 387 人，并且拥有多名部级和院级的学术专家及专业带头人。申请专利 477 项，其中发明专利 262 项，实用新型专利 212 项，外观设计 3 项；获得专利授权 291 项，其中发明专利 122 项，实用新型专利 167 项，外观设计 2 项；获得软件著作权登记 119 项。

公司凭借扎实的技术支持、过硬的产品质量、良好的售后服务，受到国内外同行的认可。所提供的牵引、网络、制动、安全监控产品，已为全国 22 个城市，68 个城轨项目，18 个铁路局集团公司提供了优质服务，与中国中车集团公司下属的城市轨道交通车辆制造企业建立了紧密的合作关系。

主要产品介绍：

复兴号高铁牵引、制动、网络和安全产品

CR400 系列、CR300 系列牵引、辅助、网络、制动和安全监测系统产品。城市轨道交通车辆牵引、制动、网络系统产品。

59. 长城电源技术有限公司

Great Wall 长城电源 

中国航天事业合作伙伴

A COOPERATIVE PARTNER OF CHINA SPACE

地址： 山西省太原市尖草坪区钢园北路

邮编： 030008

电话： 0755-29519429

传真： 0755-29519395

邮箱： yaokw@ greatwall. com. cn

网址： www. greatwall. cn

简介： 长城电源技术有限公司的前身是中国长城科技集团股份有限公司电源事业部，1989 年率先从事计算机电源的研发生产，开创中国计算机电源产业，主要产品有服务器电源、台式机电源、通信电源，工控电源、LED 电源等。公司在山西、深圳、桂林、南京、北京、台北设有生产或研发机构，有员工 3000 多人，研发人员达 500 多人，是国内较大的电源研发和生产制造企业。

主要产品介绍：

GW-CRPS2000DW 服务器电源

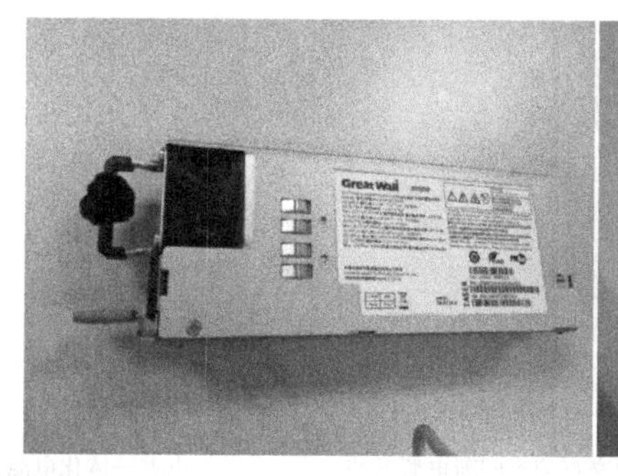

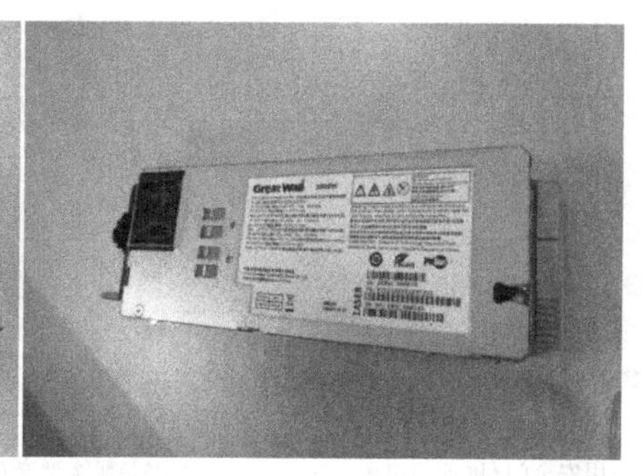

行业标准的 CRPS 外形，尺寸为 40mm（H）×73.5mm（W）×185mm（L），市场领先的功率密度，全数字化控制，宽输入电压，单路输出，额定功率为 2000W，工作温度高达 55℃，铂金效率（指符合美国 80Plus 铂金效率指标）。具有 PMBus 通信接口，有在线升级、程序备份、黑盒日志记录、故障查询等功能。

60. 成都金创立科技有限责任公司

地址： 四川省成都市新都区斑竹园镇斑大路 752 号

邮编： 610506

电话： 13688396792

传真： 028-83948431

邮箱： 1084483793@ qq. com

网址： www. cdjcl. com

简介： 成都金创立科技有限责任公司是一家以等离子技术产业化推广为目标的高科技公司。公司依托大型科研院校和控股企业，科研开发能力强、技术积累深厚。通过几年的努力，全面掌握了等离子体发生器技术及大功率脉冲电源技术。在环保领域实施以“电弧等离子体技术应用开发”为专项的高科技项目、高压静电除尘专用电源及控制技术；在材料表面改性领域实施真空镀膜电源技术、等离子表面处理专用电源技术，形成了一定的研发能力和生产能力。

公司现有环保、物理、材料、机械、真空、电气、电子等学科各类技术人员多人，是专业从事低温等离子体技术应用及材料表面改性处理技术设备、大功率开关电源和专用脉冲电源研究的生产型高科技企业。公司成功开发出生产大功率开关电源和专用脉冲电源、高压电源、工业生产用微弧氧化设备、等离子抛光技术和成套表面处理设备。可根据用户对材料表面处理的需求，提供整套解决方案或研制非标设备。公司遵从平等互利、友好合作、坚持服务至上、信誉第一的宗旨，竭诚为科技界、实业界提供技术产品和各种形式的技术服务和合作。

61. 重庆荣凯川仪仪表有限公司

地址： 重庆市北碚区澄江镇桐林村 1 号

邮编： 400701

电话：023-86020089
传真：023-68221017
邮箱：rongkaizqq@ 163. com
网址：www. rongkai. com. cn

简介：重庆荣凯川仪仪表有限公司（以下简称荣凯川仪）是中国四联重庆川仪旗下的电源科技公司，是一家专业从事电力电子领域产品的生产、销售、研发为一体的高新技术企业。公司现已通过 ISO 9001 质量体系认证，建立了一套完整的质量监控体系。产品通过国家高新技术产品鉴定，并获得欧盟 CE 认证、TLC 认证、英国 NQA 质量认证、中国计量中心 EMC 认证等。

荣凯川仪从事电源产品的研发、设计及生产制造已有 40 多年的历史，公司从 20 世纪 70 年代初开发出国内第一台可控硅逆变器到 90 年代引进美国先进电源技术，通过不断消化、吸收、改进，于国内率先推出工业型 UPS（不间断电源）及其系统；进入 21 世纪后公司产品经全面智能化升级改造，现已成为国内最具规模的智能化交直流不间断电源系统领军企业。

荣凯川仪拥有一支有多年从事国内外工业电源研究的技术精英团队，拥有一批先进的高精尖加工检测设备和先进的自动化流水线和成套产品生产线。目前，公司具备为年产 600 万吨钢铁项目、1200MW 机组、60 万吨合成氨，80 万吨乙烯、年产 300 万吨水泥生产线等大型工程提供 UPS 电源产品的配套能力。先后向北京地铁、重庆地铁、成都地铁、广州地铁、深圳地铁等国内重点工程提供 UPS 电源装置数万套。在占有国内市场的同时，公司积极拓展海外市场，为印度尼西亚、巴西、越南、缅甸等国家重点建设项目提供 UPS 电源配套产品，奠定了公司在国内外工业制造行业及轨道交通领域电源产品应用市场的主导地位。

面向未来，荣凯川仪将秉承“诚信、品质、人本、创新”的经营理念，以产业报国，造福员工的经营宗旨，以永不间断的创新精神，向“国内最大的绿色、节能、环保电源整体方案提供商”而迈进！

主要产品介绍：

工业型 UPS、EPS、直流屏、轨道交通专用电源系统

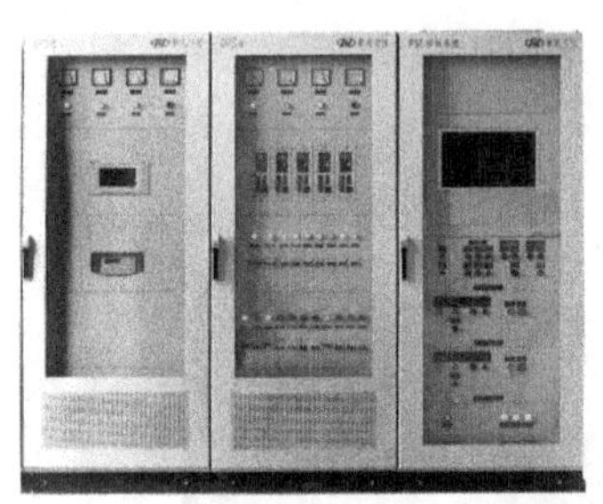
轨道交通专用安全门/屏蔽门电源系统

UPAD智能型交直流不间断电源系统

电力一体化电源系统

工业型UPS

工业型EPS

触摸式直流屏

所有产品均是针对工业现场，专业、专门设计的工业级电源，适应工业现场恶劣的现场环境。

62. 东莞铭普光磁股份有限公司

地址： 广东省东莞市石排镇东园大道石排段157号1号楼
邮编： 523330
电话： 0769-86921000
传真： 0769-81701563
邮箱： tao.ping@mnc-tek.com.cn
网址： www.mnc-tek.com

简介： 东莞铭普光磁股份有限公司（股票代码：002902），成立于2008年6月，是一家集研发、生产、销售为一体的高新科技企业。

公司致力于为全球客户提供一站式电源解决方案，针对通信行业可提供5G全景供电系统解决方案、绿色能源应用方案、基站储能及节能解决方案、数据中心绿色能源解决方案。

公司主要产品包括片式变压器、功率电感、功率变压器、光器件、光模块、通信电源、太阳能基站电源、光电互补电源系统、混合能源管理系统、智能配电系统、微模块、DPS、充电器、适配器、智能快充等。产品广泛应用于各级信息通信网络、数据中心及通信终端设备、汽车电子、新能源、物联网及工业互联网等领域。产品主要销往我国以及北美、欧洲、东北亚、东南亚、南亚等地。

公司建立了完善的质量管理体系，先后通过ISO 9000、ISO 14000、ISO 18000等管理体系认证。产品分别通过CCC、TLC、UL、TUV、CE、FCC等认证。公司还参与了多项国家和行业标准的起草。

公司先后被认定为国家高新技术企业、国家知识产权示范企业、国家知识产权优势企业、广东省工程技术研究开发中心、广东省企业技术中心、广东省博士工作站、广东省守合同重信用企业、东莞市“倍增计划”试点企业、东莞市技师工作站、中国电子元件百强企业、广东省制造业500强企业等。

主要产品介绍：

5G基站用通信电源

东莞铭普光磁股份有限公司是国内通信电源行业的主流厂家。公司的5G基站用通信电源包括壁挂式、柜式等多种形式以及1～58kW等多种规格，适用于5G基站的宏站、微站、皮站的-48V直流电源供电应用。壁挂式和户外一体化电源产品可安装于灯杆、楼顶、房屋外墙等户外和楼宇管道、电梯井等恶劣环境。

63. 东莞市冠佳电子设备有限公司

地址： 广东省东莞市塘厦镇莆心湖浦龙工业区莆田路七号
邮编： 523710
电话： 0769-87921555
传真： 0769-87921555
邮箱： li.huang@guanjia.com.cn
网址： www.guanjia.com.cn

简介： 东莞市冠佳电子设备有限公司（以下简称冠佳），取自“冠于创新，佳惠全球”之意，创立于2006年，是国家高新技术企业、东莞市倍增试点企业，现有员工近500多人，40%以上有大学及以上学历。

冠佳比较擅长于为电子电源行业（电源行业/手机及平板数码行业/医疗电子行业/网通行业/变频器新能源行业/电器行业）提供整厂智能制造解决方案，梦想成为全球领先的智能制造解决方案品牌商。在国家七大战略性新兴产业中，冠佳跨节能环保产业和高端装备制造业两个新兴产业。用智慧的火花点亮创新之路，用拼搏的汗水铸就成功的果实，冠佳先后被认定为高新技术企业、东莞市专利培育企业、东莞市专利试点企业、东莞市创新型培育企业、国家知识产权优势企业，并获得东莞市科技进步奖一等奖，东莞市专利金奖、广东省专利优秀奖、中国专利优秀奖等荣誉。冠佳推出的节能老化技术为客户年节省3亿元人民币电费，用自己的实际行动践行着“节能减排，从我做起”的理念。冠佳的产品也获得华为、戴尔、苹果、三星、惠普、IBM、台达、光宝、群光、康舒、艾默生和联想等国际大公司的认可和推荐。

主要产品介绍：

电子电源产品节能老化测试设备

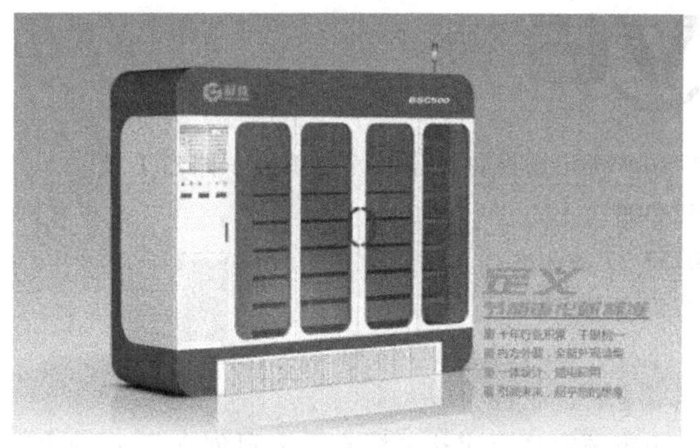

东莞市冠佳电子设备有限公司首创的节能老化技术为客户每年节省电费3亿元人民币。

64. 佛山市杰创科技有限公司

地址： 广东省佛山市南海区狮山镇罗村下柏第三工业区兴发路 16 号

邮编： 528226

电话： 0757-86795444

传真： 0757-86798148

邮箱： jiechuangkeji@ 163. com

网址： www. jc-power. com

简介： 佛山市杰创科技有限公司创建于 1996 年，2000 年通过吸收和引进国内外先进的高频开关电源技术开发了目前市面上运用较为广泛的高频开关电源，产品中的主要电子元器件模块以进口大功率绝缘栅双极型晶管（IGBT）模块为主功率器件，以超微晶（又称纳米晶）软磁合金材料及铁氧体为主变压器磁心，控制系统采用了自主研发的主控 IP 技术，结构上采用了冷轧板面、喷环氧树脂漆技术，提高了设备外表抗氧化、抗酸碱的效果。通过多年的生产实践和客户使用反馈，产品质量有了飞跃提升，在各表面处理行业如镀铬、镀铜、镀锌，镀镍、镀金，镀银，镀锡、合金电镀等各种电镀场所，以及在国防、冶金、电力、电解、阳极氧化、电铸、电泳、单晶硅加热、PCB 制板等各个行业得到了大力的推广和应用；从电力应用和原材料上大大降低了客户的生产成本，该设备体积小、重量轻，是晶闸管体积的一半，节能效果和晶闸管相比能节省 15% 以上，堪称“绿色环保电源”。本着“杰出品质、创造未来”的企业精神，公司不断向国内外客户提供不同种类的表面处理电源。多年来企业一直坚持技术变革创新，成立至今公司已拥有 20 多项实用新型及发明专利，并且已实际投入到产品使用中，使公司的技术水平始终处于本行业的技术领先前沿，公司坚持以发展作为永恒的主题，倡导“以人为本”的经营管理理念，培育“客源+资本”的核心竞争力，打造市场认可的品牌，注重提升公司价值、满足市场需求，为社会创造财富。

杰创力争做最适合的整流器，做最值得依赖的供应商。

65. 佛山市顺德区冠宇达电源有限公司

地址： 广东省佛山市顺德区伦教熹涌解放东路南 1 号

邮编： 528308

电话： 0757-27736306

传真： 0757-27725706

邮箱： gvepower02@ 163. com

网址： www. gve. com. cn

简介： 佛山市顺德区冠宇达电源有限公司创立于 1999 年，是一家提供中大功率电源/充电器/适配器及其行业解决方案的国家高新技术企业。

公司拥有 1500 多名员工，两大生产基地，年产能可达 3600 多万台，始终坚持以技术驱动的经营理念，现有佛山、西安、台湾三处技术研发基地，产品成熟可靠，多国安规认证齐全，已成为海尔、美的、英国联合利华、美国 A. O. 史密斯等企业的配件供应商，全球市场布遍 20 多个国家。

公司致力于为全球客户提供安全、环保、有竞争力的产品，全力为客户创造更大的价值。

主要产品介绍：

GM42 电源适配器

GM42 电源适配器利用公司专利技术设计，具有国内外齐全的安规认证，产品具有良好的防水功能，一直有大量供应给美的、A. O. 史密斯及沁园等大型企业。

66. 固纬电子（苏州）有限公司

GW INSTEK
固緯電子

地址： 江苏省苏州市姑苏区珠江路 521 号

邮编： 215011

电话： 0512-66617177

传真： 0512-66617177-603

邮箱： marketing@ instek. com. cn

网址： www. gwinstek. com. cn

简介： 固纬电子（苏州）有限公司（以下简称固纬电子）成立于 1975 年，深耕大陆市场 20 余年，是中国台湾首批电子测试测量仪器领域的上市公司。中国营运总部与制造基地坐落于江苏省苏州市，是全球主要的专业电子测试仪器生产厂之一。固纬电子延续 40 多年信誉与用心经营，分部遍布中国、美国、日本、韩国、马来西亚、印度及荷兰等地，行销服务全球近 100 个国家和地区。产品阵容一应俱全，包括示波器、频谱分析仪、信号发生器、电源、基础测试测量仪器、智能实验室系统、电力电子开发设计与实训系统（PTS）、电池测试系统、自动测试系统（ATE）以及可靠性环境试验设备、可靠性委托测试验证、录像监控系统等共 400 多种产品，被广泛应用于电工电子产业的研发设计、生产制造、高校教育实验实训、科研、军工和其他电子相关领域。固纬电子深耕产业市场，与众多知名企业长期深入合作，研发设计的产品更符合行业测试需求。根据与产业企业长期的深入合作，固纬电子持续不断精进，提供了大量符合各个产业的测试方案，如电源测试方案、EMC 测试方案、汽车电子电源测试方案、手持式设备测试方案等。

67. 广东电网有限责任公司电力科学研究院

地址： 广东省广州市越秀区东风东路水均岗 8 号

邮编： 510080

电话： 020-85124581

邮箱： maming@ dky. gd. csg. cn

网址： www. gd. csg. cn/gddky

简介： 广东电网有限责任公司电力科学研究院成立于 1958

年底，是广东电网有限责任公司综合性科研试验的执行机构，为广东电网有限责任公司和直属供电局提供科技研发、技术服务、技术监督、技术信息、人才培养、器材检验等业务。

68. 广西电网有限责任公司电力科学研究院

地址：广西壮族自治区南宁市兴宁区民主路6-2号

邮编：530023

电话：0771-5697293

邮箱：guo_m. sy@ gx. csg. cn

网址：www. gx. csg. cn

简介：广西电网有限责任公司电力科学研究院位于广西南宁，始立于1961年，2009年9月由广西电力试验研究院有限公司改制而成，是广西电网有限责任公司的分公司。主要职责是履行广西壮族自治区经贸委关于电力行业技术监督的授权，承担对电网公司和发电企业技术监督，负责电网公司技术服务、技术信息、科研开发、技术培训、实验室的营运及电力行业标准量值传递和实验室检测校准等工作，对广西电网乃至南方电网的安全、稳定、经济运行负有重要的技术责任。

69. 广州回天新材料有限公司

地址：广东省广州市花都区花港大道岐北路6号

邮编：510800

电话：020-36867996

传真：020-36867991

邮箱：marketing-gz@ huitian. net. cn

网址：www. huitian. net. cn

简介：广州回天新材料有限公司是由湖北回天新材料（集团）股份公司投资组建的高新科技企业。湖北回天新材料（集团）股份有限公司是国内胶粘剂的龙头企业，回天品牌是民族胶粘剂第一品牌，“回天”是国内胶粘剂行业首家上市公司（股票代码：300041）。

广州回天新材料有限公司坐落于广州市花都区汽车产业开发区，占地37亩（1亩=666.67平方米），建筑面积1.2万平方米。公司完善并建立了法人治理结构等现代企业管理制度，有完整的科研、生产、质检和销售管理架构，建立健全了先进的质量和环境管理体系，并且已通过ISO 9001：2000、ISO 14001：2004等认证及美国UL、SGS认证。公司拥有较雄厚的科研力量，拥有中级以上职称的技术人员占总人数的60%左右，硕士研究生占员工总数10%以上。

广州回天新材料有限公司在硅橡胶、UV光固化胶、丙烯酸酯胶、环氧胶等方面的基础研究处于国内领先地位。公司产品广泛应用于LED显示与照明、LCD液晶显示、车灯、电源、电器、医疗、移动终端等行业，与美的、格兰仕、明纬、茂硕、三思、GE、海尔、亿纬锂能、力神、HW等国内外知名企业形成了长期的合作伙伴关系，是国内光学、光电显示、医疗、电器、电工等领域用胶粘剂和密封剂的较大供应商。

70. 广州致远电子有限公司

ZLG 致远电子

地址：广东省广州市天河区天河软件园思成路43号

邮编：510000

电话：400-888-4005

传真：020-28267891

邮箱：tmi. support@ zlg. cn

网址：www. zlg. cn

简介：广州致远电子有限公司创立于2001年，总部设于广州，有700余名员工，近50%从事研究与开发工作，公司践行融合创新，即以高精度测量、高速度信号采集、能量变换等技术为基础，融合高校、科研机构的最新研究成果，面向电力电子行业用户提供包括可编程交流电源、双向直流电源、功率分析仪、示波器、示波记录仪、CAN分析仪等高端仪器与行业测试系统在内的能量转换和通信控制测试测量解决方案。

广州致远电子有限公司是广东省高端测量与分析仪器研究中心、广东省企业技术中心，拥有专利125项、软件著作权246项，并通过ISO 9001质量管理体系、ISO 14001环境管理体系、OHSAS 18001职业健康安全管理体系及知识产权管理体系认证。

71. 国充充电科技江苏股份有限公司

鼎充 TOPOWER 一诺九鼎 安全充畅

地址：江苏省扬州市邗江区小官桥路20号

邮编：225008

电话：0514-87639993

邮箱：yjx@ shek. cn

网址：www. cdz360. com

简介：国充充电科技江苏股份有限公司成立于1999年，集设计、开发、生产、销售于一体，是国家高新技术企业。主要产品为特种大功率直流稳定电源、各种变频电源以及用于航空航天原子能试验、新型汽车制造、LED产业配套等领域的专用电源和测试仪器等，主要用于科研单位、大专院校、工厂企业、星空探测、航空舰艇、国防、污水处理等单位。在同行业率先通过ISO 9001：2000质量管理体系认证，产品覆盖航天、通信、新能源汽车等领域。公司在上海、南京、扬州设有3个独立研发中心和生产基地。公司以建设中国最安全的“新能源汽车智能充电生态家园”为业务核心，主要经营有：直流充电桩、交流充电桩、电动汽车充电站整体解决方案、充电电源、特种直流电源等产品。

公司拥有 10 多年电动汽车行业配套经验，为全国多家电动汽车充换电站、城市及轨道交通、绿色能源小区、各类停车场提供充电整体解决方案，至今保持 5 年充电实际零故障案例的纪录，在业内有口皆碑，国充成功案例众多。

72. 国网山西省电力公司电力科学研究院

地址： 山西省太原市青年路 6 号
邮编： 030001
电话： 0351-4215381
邮箱： mevisan@ 126. com
网址： http：//system. dky. sx. sgcc. com. cn

简介： 国网山西省电力公司电力科学院（以下简称国网山西电科院）成立于 1958 年，是国网山西省电力公司的直属单位，定位于山西电网的科技引领、技术支撑单位，现具有国家电力设施“承试一级许可”，电网、电源工程类调试“双特级”资质，获得环保检测 5 类“计量资质”认定，通过“三标一体”、实验室 CNAS 认证。

根据“三集五大”体系建设要求，国网山西电科院现设有办公室、发展安监部、党委组织部、财务资产部、科技部、党委党建部 6 个职能部门；电网技术中心、设备状态评价中心、电源技术中心 3 个技术中心；管理集体企业世纪中试电力科学技术有限公司。

国网山西电科院历经 60 余年的建设和发展，已形成了覆盖电力系统生产、科研、调试等完整的专业技术体系，为山西电力系统安全、可靠、经济运行提供着坚强的技术支撑和科研保障。主要承担特高压、智能电网等技术研究，负责电网系统技术分析、电网设备状态评价、电能质量评估、新能源入网检测、机网协调、科技创新信息安全督查等技术支撑职责，同时，开展省内合同电厂的技术监督、技术服务、基建调试等工作。

73. 杭州博睿电子科技有限公司

地址： 浙江省杭州市萧山区所前镇所前中路 1085 号 1 幢
邮编： 311254
电话： 0571-82616510
传真： 0571-82610970
邮箱： jmli@ hzbrdz. com. cn
网址： www. hzbrdz. com. cn

简介： 杭州博睿电子科技有限公司前身为博才电源，始创于 2005 年，多次承接国家科研院所重点产学研攻关项目的研制。公司研发团队主要由多位具有高级专业技术职称的资深科技精英领衔，已通过国家级高新技术企业资质认定和国际 ISO 双体系认证，现为中国电源工业协会常务理事单位，中国电源学会理事单位，中国电源产业技术创新联盟会员单位，中国电动汽车产业技术创新联盟会员单位，中国电子节能技术协会电能质量专业委员会会员单位。公司所有产品均通过国际、国内安全和标准认证，是一家集 LED 大功率驱动电源，高压中大功率激光电源及电力、通信、工业、医疗用电源，模块电源，适配器，智能控制等产品研发、制造、销售为一体的节能环保产业型国家级高新技术企业。

74. 杭州飞仕得科技有限公司

地址： 浙江省杭州市余杭区东湖街道龙船坞路 96 号 1 幢 2 层
邮编： 311100
电话： 0571-88172737
传真： 0571-88173973
邮箱： sales01@ firstack. com
网址： www. firstack. com

简介： 杭州飞仕得科技有限公司专注于为客户带来高可靠性（High Reliability）、高功率密度（High Power Denisity）、智能化（High Intelligence）的功率单元整体解决方案。专业从事 IGBT 智能驱动器、功率模组分析仪的研发和销售。公司是一家电力电子领域创新型公司、国家高新技术企业、国家双软企业、中国电源学会理事单位、浙江省研发中心、浙江省 AAA 级守合同重信用企业，已通过 ISO 9001 和 IATF 6949 认证。

公司基于数字控制的“深度定制驱动器”，针对不同工况优化 IGBT 驱动配置，拓展模组使用工况边界，提升模块利用率与可靠性，以满足客户多样化需求。产品已大规模应用于新能源发电、储能系统、新能源汽车、电力系统、轨道交通及智能工业等诸多有严苛和高可靠性要求的领域。

主要产品介绍：

HV1027P

HV1027P 系列驱动器是以 Firstack 数字智能型 IGBT 驱动为基础，专门针对 IHV 封装开发的即插即用型驱动，具有功能强大、可靠性高、EMC 特性良好等优点，能同时适用于两电平及多电平变流器，其应用覆盖轨道交通、工业

传动及智能电网等各个领域。

75. 核工业理化工程研究院

地址：天津市河东区津塘路 168 号
邮编：300180
电话：022-84801274
传真：022-84801274
邮箱：hlhy_dy@ 163. com
网址：www. cnnc. com. cn

简介：核工业理化工程研究院系我国大型央企中国核工业集团公司所属的一所自然科学和工业应用研究院，始建于1964 年，坐落于天津市河东区，目前承担着多项重点科研和生产任务，受到国家高度重视。50 余年来，为我国核工业建设和发展做出了重大贡献。现有在职职工 1100 余人，其中专业技术人员 700 余人，包括研究员级研究员级高级工程师 80 余人，副研究员级高级工程师 300 余人，助理研究员和工程师 300 多人。并有中国科学院院士 1 人，中国工程院院士 2 人，国家级有突出贡献的中、青年专家 3 人，省部级有突出贡献的中、青年专家 10 人，天津市授衔专家 4 人。

50 多年来，在国家重点攻关科研项目共获科研成果奖 300 余项，其中国家级奖励 27 项，省部级科技进步奖 270 余项，获得国家专利共计 400 余项。

该院长期从事核技术开发研究，已发展成为多学科的综合性研究院，其专业涉及基础理论、超净过滤、机械设计与制造、自动化控制、新材料、化工、理化分析、光电技术、科技信息、环境评价、质量保证等，建立了多个装备先进具有现代化水平的实验室，配备了一批高精度仪器、仪表和设备。

该院在电源技术领域拥有多项核心技术，其中在大功率中频变频器、冗余并联中频变频器、中频感应加热电源、永磁体充磁电源和永磁同步电动机伺服控制器等技术方向都具有较强的科研和生产能力。

76. 惠州志顺电子实业有限公司

地址：广东省惠州市惠城区航天科技工业园
邮编：516006
电话：0752-2609015
传真：0752-2609015
邮箱：mkt6@ casil-jeckson. com
网址：www. casil-jeckson. com

简介：自 1975 年成立以来，惠州志顺电子实业有限公司凭借提供的优质电子产品，一直于业界稳居领导地位。本着专业精神，公司在开关电源、配电器、逆变器、微型投影、家居安防、便携式电源、动力电池组以及无线控制等产品的设计及生产中获得了丰富的经验，从而获得了全球各地客户的青睐及信赖，顾客数目因而每年递增。

面对世界科技发展一日千里，瞬息万变的大气候，公司不断对自己的企业使命做出调整以迎合市场需求，为生产线打造先进的厂房设施正是力臻完善的最佳实证。

于母公司航天科技国际集团有限公司全资拥有附属公司志源集团旗下，惠州志顺电子实业有限公司与其他同系的姊妹公司能完全互相配合，相辅相成。志源集团设有众多业务单位，其成员公司均各自拥有不同专业及相关的生产设施，如模具建构、注塑模块、金属压铸、电镀、包装、SLA 电池及 LCD 模块。这些先进的设备和生产模块都令公司能在电子业内担承起先驱的角色。

迄今，公司于中国惠州中国航天科技工业园建了两座厂房，各占面积达 25000m^2，其中设置了 24 条生产线、12 条贴片生产线、6 条变压器/生产线及 6 台自动插件机；另配备 10 条人工插件生产线，共聘请 1000 多名员工。

主要产品介绍：

电动工具充电器

进入 21 世纪之后，人类的环保意识越来越强，传统能源剩余储量越来越少，新能源技术和应用需求越来越迫切，模块型充电器，让用户可以向组装积木一样简单操作，其可靠性、安全性、冗余性、可扩展性，非常适合普通家庭储能应用的需求。

77. 江苏宏微科技股份有限公司

地址：江苏省常州市新北区华山中路 18 号
邮编：213022
电话：0519-85166088
传真：0519-85162297
邮箱：hygu@ macmicst. com
网址：www. macmicst. com

简介：江苏宏微科技股份有限公司成立于 2006 年，主要从事功率半导体器件 IGBT、VDMOS、FRED 等芯片及分立器件、模块、模块化整机产品的设计、研发、制造及销售。公司宗旨是自主创新，设计、研发、生产国际一流的 IGBT、VDMOS、FRED、分立器件及其模块，打造民族品牌，成为提供绿色高效节能电子产品和电力电子系统解决方案的专家。

公司现为国家级高新技术企业、国家高技术产业化示范基地、新型电力半导体器件领军企业，并被认定为江苏省著名商标。公司设有江苏省企业院士工作站、江苏省新型高频电力半导体器件工程技术研究中心、江苏省认定企业技术中心、江苏省博士后创新实践基地；拥有已授权专利 90 项，其中发明专利 35 项；获认定高新技术产品 8 个。

作为国家 IGBT 和 FRED 标准的起草组长单位之一，已完成 2 项国标的制定。

公司自产 IGBT、FRED 芯片技术已达国际先进、国内领先水平，打破了国外垄断，填补了国内的空白，现已形成批量生产规模。已开发 IGBT、VDMOS、FRED、晶闸管、整流芯片模块共计 300 余个型号，年产量大于 180 万只，IGBT 已有 30 余种封装种类，电流范围从 10~1000A，电压范围从 600~6500V；产品荣获中国电源学会科学技术奖一等奖，江苏省、市级科学技术进步奖，中国半导体创新产品和技术奖，广泛应用于工业控制、电动汽车充电桩及控制器、家用电器、新能源、照明等领域，产品绝大部分替代国外进口，个别产品在国内的市场份额已经占到了 50% 以上。

78. 江苏普菲克电气科技有限公司

地址： 江苏省镇江市京口区姚桥镇瑞江路 36 号

邮编： 212136

电话： 0511-87058088

传真： 0511-87058088

邮箱： 1257193887@ qq. com

网址： www. pfkdq. cn

简介： 江苏普菲克电气科技有限公司位于江苏省镇江新区，是江苏省民营科技企业、江苏省高新技术企业、镇江园林式单位、“重合同，守信用”企业、“AAA”信用企业。

公司专业从事电能质量治理产品的研发、生产制造，并为各行业用户提供电能质量治理系统解决方案，公司长期与清华大学、上海交通大学等国内一流院校紧密合作，建立了以 2 名博士领衔、20 多名硕士为主要力量的专业、稳定、具有创新精神的研发队伍，产品各项性能指标均已达到国内领先、国际先进的水平，公司专业为各用户提供高效节能安全的最佳电能质量治理解决方案。

79. 江西艾特磁材有限公司

地址： 江西省宜春市袁州区经济技术开发区宜发路中段

邮编： 336000

电话： 0795-3669138

传真： 0795-3669789

邮箱： market@ etnm. cn

网址： www. etnm. cn

简介： 江西艾特磁材有限公司成立于 2014 年，是股份制民营企业，专业从事铁硅铝、铁硅、非晶、纳米晶合金软磁磁粉芯及其他复合软磁材料的研发、生产、销售。产品属新材料领域，主要应用于新能源、电子信息领域（5G 通信、电动汽车充电桩、太阳能光伏发电等领域）。

公司是国家高新技术企业、中国电源学会女工委会秘书处单位、江西省专精特新企业、江西省科技型中小微企业、中国电子元器件行业协会优秀会员单位、中国电子材料协会会员单位；艾特磁材工程中心是公司与中南大学粉冶院磁性材料联合实验室、南昌大学材料科学与工程学院研究生实训基地。

公司通过了 ISO 9001、ISO 14001、OHSAS 18001 3 个管理体系论证、监督审核认定。

公司建立了完善的局域网络系统和信息资源开发平台，一直从事磁粉芯的研发与应用工作，经多年的技术沉淀，积累了丰富的研发经验，技术力量较强，产品的科技创新一直在国内同行业处于领先水平。公司坚持以开发自主知识产权的核心技术、以市场为导向开发新产品。公司拥有已授权发明专利 6 项，正在受理的有 15 项；实用新型专利 13 项；开发了重点新产品 3 项，自主创新产品 2 项。开发的新产品有 2 项为国内领先水平，另有 1 项为国际先进技术水平，其科技成果均得到了转化。

主要产品介绍：

低损耗气雾法铁硅铝 ETG-L 系列，铁镍 ETH 系列

2019 年年底推出的低损耗气雾法铁硅铝 ETG-L 系列和铁镍 ETH 系列凭借着优异的产品特性，在 5G 基站、通信、服务器、医疗等高标准要求的电源市场，得到了广泛认可与运用。

80. 江西大有科技有限公司

地址： 江西省宜春市袁州区环城南路 565 号

邮编： 336000

电话： 0795-3241256

传真： 0795-3241608

邮箱： hr@ dayou-tech. com

网址： www. dayou-tech. com

简介： 江西大有科技有限公司成立于 2001 年，为股份制民营科技企业，江西省高新技术企业，江西省第一批科技创新型企业。主要从事非晶纳米晶合金软磁材料及其元器件的研发、生产、销售，为国内非晶纳米晶合金软磁铁心及各类磁粉芯生产基地之一。

公司位于江西省宜春经济技术开发区（国家级），分南、北两个厂区。拥有冶炼、制带、滚剪等非晶纳米晶软磁合金材料及其高性能磁心主要生产设备及生产线。主要产品有：非晶纳米晶合金带材及其软磁铁心，铁硅、铁硅铝磁粉芯，非晶纳米晶合金磁粉芯等十几个系列，100多个品种。广泛应用于计算机、通信等开关电源和汽车电子、家用电器、电力与工业自动化控制、精密仪器仪表等领域。

主要产品介绍：

共模电感、铁基纳米晶磁心、互感器、金属磁粉芯

铁基纳米晶合金具有高磁导率、高饱和磁感应强度、低HC、低损耗及良好的温度稳定性等特点，主要用于替换硅钢、铁氧体、坡莫合金。

81. 立讯精密工业股份有限公司

地址：江苏省昆山市锦溪镇百胜路399号

邮编：215300

电话：0512-82698999

邮箱：Brian. wang@ luxshare-ict. com

网址：www. luxshare-ict. com

简介：立讯精密工业股份有限公司（以下简称立讯精密）成立于2004年5月24日，于2010年9月15日在深圳证券交易所成功挂牌上市（股票代码：002475），自上市以来，营业收入年复合增长率达50%。立讯精密始终坚持以技术导向为核心，集产品研发和应用服务于一体，并逐步实现从传统制造向智能制造的跨越。

公司总部位于中国广东省东莞市，其中制造基地主要分布在广东、江西、江苏、安徽、浙江、山西、河北、四川、台湾等地，海外主要位于德国和越南，并在广东东莞、江苏昆山、中国台湾省及美国设有研发中心。

立讯精密有苏州、江西和深圳三个研发中心；苏州和深圳研发中心以大功率电源及品牌定制无线充为主要研发目标；江西研发中心主要以零售领域、智能家居领域的电源转换及连接类（墙充、车充、无线充、移动电源、电源线）产品开发为主要开发目标。立讯电源的制造有昆山、江西、东莞及越南四大生产基地；其中，昆山以国内及欧洲中功率电源的生产为主，江西生产基地主要以EMS及其他零售电源为主；越南生产基地主要服务于欧美客户，减少关税，降低成本，维持制造成本优势，东莞生产基地以生产大功率电源，UPS等电源生产为主。

82. 龙腾半导体股份有限公司

LONTEN

地址：陕西省西安市西安经济技术开发区凤城十二路1号出口加工区

邮编：710000

电话：029-86658666

传真：029-86658666-4000

邮箱：sales@ lonten. cc

网址：www. lonten. cc

简介：龙腾半导体股份有限公司是一家致力于新型功率半导体器件研发、生产、销售和服务的高新技术企业。

公司将技术创新视为企业发展的第一驱动力，拥有百余项核心技术专利；参与制定了超结功率MOSFET国家行业标准（SJ/T 9014. 8. 2-2018）；运营联合新型研发平台（交大-龙腾先进功率半导体技术研究院）。

公司建有一流的器件测试实验室及产品可靠性工程中心，并专注提供高效、可靠、安全的功率器件及高性价比的系统解决方案。

公司愿景是成为领先的功率半导体器件及系统解决方案提供商。

主要产品介绍：

功率器件

龙腾半导体产品

公司已形成超结MOSFET、IGBT、中低压SGT MOSFET、中低压沟槽MOSFET、高压平面MOSFET及功率模块等完整的功率器件产品系列。产品已在消费类（TV板卡电源、充电器、适配器、LED驱动电源）、工业类（计算机及服务器电源、通信电源）、汽车类（充电桩、车载电源）等领域得到了广泛应用。

83. 罗德与施瓦茨（中国）科技有限公司

地址：北京市朝阳区紫月路18号院1号楼（朝来高科技产业园）

邮编：100012
电话：010-64312828
传真：010-64379888
邮箱：info. china@ rohde-schwarz. com
网址：www. rohde-schwarz. com. cn
简介：罗德与施瓦茨（中国）科技有限公司作为一家独立的国际性科技公司，开发、生产以及销售面向专业用户的先进信息和通信技术产品。主要业务领域包括测试与测量、广播电视与媒体、网络安全、安全通信、监测与网络测试，覆盖多个行业及政府单位。公司成立 80 多年来，销售与服务网络遍及全球 70 多个国家和地区。截至 2017 年 6 月 30 日，公司员工人数约为 10500 名。2016/2017 财年（2016 年 7 月至 2017 年 6 月），集团公司净营收约 19 亿欧元。公司总部设在德国慕尼黑，在亚洲和美国设有强大的区域中心。

84. 明纬（广州）电子有限公司

地址：广东省广州市花都区金谷南路 11 号
邮编：510800
电话：020-37737100
传真：020-37737100
邮箱：info@ meanwell. com. cn
网址：www. meanwell. com. cn

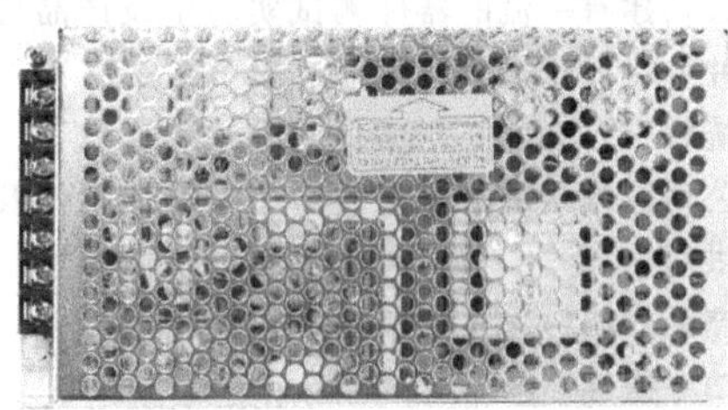

明纬是市面上产品种类较齐全的电源品牌，内置机壳型电源与 LED 驱动电源两大家族，是营运成长的基本盘，让明纬站稳全球标准电源的领航地位。针对医疗、绿色能源、安防、交通、信息通信、楼宇自动化等产业应用推出了一系列导轨式电源、充电器、DC/AC 逆变器、基板型电源、适配器、DC/DC 模块、模组电源、系统电源等产品。

简介：明纬（广州）电子有限公司成立于 1993 年，隶属于台湾明纬企业股份有限公司（以下简称明纬），负责明纬（MEAN WELL）开关电源产品的研发、制造生产及国内外客户销售服务与技术支持，且为集团制造与采购中心。

明纬为世界标准交换式电源供应器的领导品牌制造商之一，秉持技术扎根的企业精神，每年新增 10% 的新产品，至今可提供 0.5~24000W 完整的电源解决方案，包括：AC/DC 电源供应器、LED 驱动电源、AC/DC 电池充电器、DC/DC 转换器以及 DC/AC 逆变器等，提供不同档次产品以满足各产业的应用需求，包含 LED 广告牌/照明、工业自动化/工控、信息/通信/商用、医疗、交通运输以及绿色能源产业等。

明纬秉持“您信赖的电源伙伴”的理念，坚持提供最优质的电源产品与服务。经过多年的努力与耕耘，已建构起全球经销通路网络，能快速提供全球在地化服务。

明纬（MEAN WELL）的品牌含意是“怀有善意的”，也是企业的核心价值所在。公司深信，可靠的企业（reliable company）、值得信赖的员工（reliable people）及可信赖的产品（reliable product）是企业的根基。公司以“永无休止的创新与改善，提供最佳性价比的标准电源产品与服务。创造客户、员工、伙伴、社会最大利益”为使命，以“全球标准电源领导品牌制造商，建构永续经营高效能幸福企业”为愿景，并为此持之以恒。

主要产品介绍：

LED 驱动电源、内置机壳型电源

85. 南通新三能电子有限公司

THREECON
新三能电子 SUNION ELECTRONIC

地址：江苏省南通市通州区兴仁镇工业园区
邮编：226371
电话：0513-86562926
传真：0513-86561788
邮箱：yb@ sunion. cc
网址：www. sunion. cc

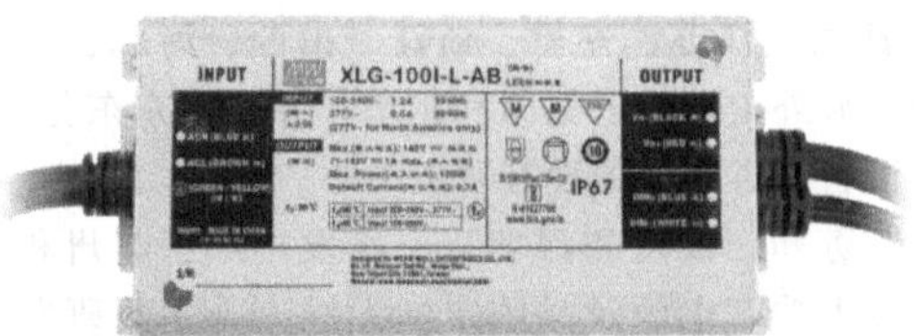

简介：南通新三能电子有限公司成立于 1995 年 10 月，是专业从事电容器研发、制造和销售的国家级高新技术企业，是中国电子元器件协会理事单位和中国电源学会理事单位。公司产品涵盖铝电解电容器和电力电子薄膜电容器两大系列，广泛应用于工业控制、电能质量、UPS、新能源及新能源汽车、LED 照明等领域。公司现拥有 2 家生产企业，分别位于江苏省南通市通州区兴仁工业园区和石港科技产业园，毗邻机场、高速公路和火车站，交通便捷、位置优越。

公司严格实行 IATF 16949：2016 体系认证、ISO 14001 体系认证和 QC 080000 体系认证，产品完全符合 RoHS 环保标准、UL 安全认证、CE 欧盟电工委员会安全标准。优良的品质和优质的服务使公司成功通过 PHILIPS、GE 等国际著名跨国公司的供应商认证，成为其全球供应链合格供方。

公司注重技术创新，被评定为国家级高新技术企业，建有省级企业技术中心和工程技术研究中心，与东南大学、电子科技大学等院校开展产学研合作。公司拥有发明专利 25 项，实用新型专利 13 项。

公司目标：成为工业自动化、节能照明、新能源及新能源汽车等产业专用电容器的首选品牌。

86. 宁波生久柜锁有限公司

地址： 浙江省宁波市余姚市大隐镇生久环路 1 号
邮编： 315000
电话： 0574-62913088
传真： 0574-62914008
邮箱： mk@ shengjiu. com
网址： www. shengjiu. com
简介： 宁波生久柜锁有限公司主营产品包括：散热系列的各类散热器、DC 风扇及附件产品；锁控进入系列的机械锁具、铰链、拉手、限位、密封条、搭扣、五金附件以及相关电子锁等产品。

客户涉及包括通信、电力电气、电源、轨道交通、高端制造及自动化设备、物流快递及物联网、工程机械及特种设备、能源设备、安防/安检/自助设备、汽车制造及改装产业十大产业领域，以及制冷背板空调、光通信设备、IDC 机房/数据中心/铁塔、服务器（交换机）、变频器设备、逆变器设备等 30 个细分行业。代表客户包括华为、诺基亚、中兴、爱立信、三星、迈普、星网锐捷、南瑞、南自、许继、四方、西特变、施耐德、ABB、西门子、正泰、上海电气、卡特彼勒、小松、神钢、三一、中联、长客、唐车、四方、铺镇、株机、松下、阿尔斯通等。

公司本着“建百年生久 创世界品牌”的经营愿景，致力于服务客户，持续为客户创造价值。公司拥有超过 200 人的销售服务团队，800 多人的生产供应团队，200 多人的技术研发团队；持续投入达 4000 万元的国内领先的实验室，10 万平方米的生产基地，上千台套的生产设备；18 条年产量近 3000 万件的五金制品生产线；8 条年产量近 1000 万件的风扇制品生产线。

主要产品介绍：

SE4028 风扇

生久 SE4028 风扇具有高风量、高效率、高寿命的特点，在变频器、工控设备、通信设备上有广泛应用。

87. 宁波希磁电子科技有限公司

地址： 浙江省宁波市镇海区蛟川街道金溪路 1 号
邮编： 315200
电话： 0510-85626780
邮箱： marketing@ sinomags. com
网址： www. sinomags. com
简介： 宁波希磁电子科技有限公司是一家拥有自主知识产权的高科技企业，致力于磁性传感器的研发和生产。目前，公司拥有无锡乐尔、宁波希磁、蚌埠希磁、德国 sensitech、葡萄牙 LERTECH 5 家子公司。公司拥有以磁学领域的多名专家为核心的超过 100 人的研发团队，涵盖了从 xMR 晶圆到传感器模块的全产业链的设计开发和规模生产。现有产品主要为 xMR 磁性传感器晶圆、磁性传感器芯片、电流传感器、角度传感器、磁性编码器和弱磁信号传感器等。公司拥有严格的质量控制过程，并通过了 TS 16949、ISO 90001 等认证。公司以创新的技术、卓越的产品、优质的服务，立志成为国际知名的磁性传感器企业。

88. 宁夏银利电气股份有限公司

地址： 宁夏回族自治区银川市西夏区银川经济技术开发区光明路 45 号
邮编： 750021
电话： 0951-5045200
传真： 0951-5019240
邮箱： hr@ yinli. com. cn
网址： www. yinli. com. cn
简介： 宁夏银利电气股份有限公司成立于 1992 年，位于宁夏银川（国家级）经济技术开发区光明路 45 号，注册资本 3180.85 万元，占地面积 2 万多平方米，是一家从事电力电子磁性器件的研发、生产、销售的高新技术企业，是国内同行业中唯一产品覆盖电力电子电磁元件全部应用领域的企业。2015 年 12 月 9 日，公司成功挂牌新三板，股票代码为 834654。

公司在国内电力电子行业居于领先地位，产品广泛应用于航空航天、轨道交通、新能源、电能质量、智能电网及新能源汽车等领域，产品覆盖电力电子全部应用领域。在公司发展的历程中，为中国 CRH3、CRH5、CRH380A 等多型号高铁动车组及数个国产型号的导弹、舰载直升飞机平台等配套特种变压器，并成功为我国“神州”系列一至六号载人航天飞船、“天宫一号”空间实验站配套变压器、电感器。公司拥有前景广阔的客户群，与全球规模很大、品种齐全、技术领先的轨道交通装备供应商中国中车、光伏风电并网装置市场占有率国内领先的企业特变电、深圳禾望、中国电力装备行业龙头企业许继电气等建立了长期稳定的合作关系。2018 年，公司成功研制新能源汽车配套汽车级功率电感及变压器，并成立新能源汽车电子事业部，进军新能源汽车电磁元件领域。2020 年宁夏银利电气股份有限公司全资注册苏州银利电器制造有限公司，目前已经顺利运行一年，且更好地为长三角一带的客户提供了更便捷的服务。

公司作为国内少数具有独立正向设计能力的企业之一，产品设计与制造水平赢得了西门子、阿尔斯通、夏弗纳等国际同行的认可。在高铁/地铁和新能源汽车领域，产品研制已达到甚至超越国外和国内引进技术水平，获得了行业和客户的认可与好评。

89. 派恩杰半导体（杭州）有限公司

PNJ
派恩杰半导体（杭州）有限公司

地址：浙江省杭州市萧山区宁围街道悦盛国际中心603室
邮编：311215
电话：0571-88263297
传真：0571-88263297
邮箱：info@ pnjsemi. com
网址：www. pnjsemi. com
简介：派恩杰半导体（杭州）有限公司成立于2018年9月，是第三代半导体功率器件设计销售企业（Fabless模式），持续专注于碳化硅和氮化镓的器件设计研发与产品销售。公司产品有碳化硅二极管、碳化硅场效应管、氮化镓晶体管等，广泛应用于服务器及数据中心电源、新能源汽车、智能电网、5G物联网、工业电机、逆变器等领域。公司成立仅6个月即完成第一款可兼容驱动650V氮化镓功率器件；同年发布Gen3技术的1200V碳化硅MOS产品，技术指标国内领先；2020年公司推出低VF高浪涌650V碳化硅肖特基二极管产品，完成三大产品系列布局。目前产品涵盖650~3300V电压平台，将发布50余款不同型号功率器件。目前公司已获得资质包括ISO 9001：2015质量管理体系认证，知识产权管理体系认证，杭州国家“芯火”创新基地孵化企业，杭州市“雏鹰计划”企业，浙江省科技型中小企业，国家高新技术企业。在创新创业大赛中斩获各项荣誉，包括第八届中国创新创业大赛优秀企业，第六届浙江省“火炬杯”创新创业大赛电子信息行业决赛初创组第一名，第六届浙江省“火炬杯”创新创业大赛省级决赛三等奖，国际第三代半导体专业赛粤港澳大湾区赛区二等奖，国际第三代半导体专业赛全球总决赛优胜奖，2019年创客杭州“富春硅谷杯”创新创业大赛第二名，2019创客中国-浙江好项目总决赛三等奖，2019阿里巴巴诸神之战浙江赛区总决赛三等奖，2019全景凤凰营湾区科创大赛总决赛三等奖，中国半导体投资联盟主办的“中国芯力量”中最具投资价值奖等。

主要产品介绍：

1700V 3Ω Sic Mosfet（P3M173K）

作为高压辅助电源，具有较高的耐压、极低的栅极电荷、较小的导通电阻Rds（on），使其广泛适用于工业电机驱动、光伏、直流充电桩、储能变换器器以及UPS等三相功率变换系统中的辅助电源设计，可以提高辅助电源系统效率，简化驱动电路设计，降低散热成本，大幅度减少辅助开关电源成本。

90. 青岛鼎信通讯股份有限公司

鼎信通讯 TOPSCOMM

地址：山东省青岛市城阳区华贯路858号
邮编：266109
电话：0532-55523196
传真：0532-55523168
邮箱：zonggongban@ topscomm. com
网址：www. topscomm. com
简介：青岛鼎信通讯股份有限公司于2008年成立，2016年10月在上海证交所挂牌上市（股票代码：603421），拥有完全自主知识产权的国产工业级系列芯片，通过自主结构设计，实现全产业链自动化制造，产品广泛应用于泛在电力物联网、综合能效管理、电力信息通信、电弧故障保护、智慧消防等领域。

主要产品介绍：

直挂式10kV电动汽车充电站

摒弃传统充电桩建设模式，采用基于“能量路由器”的直挂式10kV电力电子技术。具备750V直流母线，供光伏、储能、充电站等分布式能源接入，实现可再生能源与电动汽车充电网络融合，形成智能微网，让能源可调可控，实现“能量路由”，有序用电，解决新能源间歇性、波动性、可控性差等缺点，减小对电网的冲击。

91. 青岛海信日立空调系统有限公司

Hisense | HITACHI

地址：山东省青岛市经济技术开发区前湾港路218号海信工业园南门
邮编：266510
电话：0532-80879905
邮箱：hhrdc@ hisensehitachi. com

网址： www. hisensehitachi. com

简介： 青岛海信日立空调系统有限公司（以下简称海信日立）成立于2003年1月8日，投资总额为1.5亿美元，是中国海信集团与日本日立空调投资组建，集商用和家用中央空调技术开发、产品制造、市场销售和用户服务为一体的大型合资企业。

海信日立确立了以日立FLEX MULTI变频多联式空调系统产品为主导的产品体系，其中所独有的压缩机专利技术、变频技术、风扇调速技术、智能除霜技术、静音设计等皆为行业领先技术。1983年日立制造出世界上第一台空调用涡旋压缩机，而日立专利的涡旋压缩机正是海信日立中央空调的核“芯”。海信日立推出的最新一代多联机产品SET-FREE A系列在节能高效、设计与用户体验、环境保护、智能控制等方面取得了突破性的进展，配以先进的智能控制系统，使其精细化、人性化程度更高，是未来智能型建筑之首选。

海信日立本着高起点的方针，致力于做“做中国中央空调高端市场的领导者”，积极推行专业技术、专业制造、专业营销、专业设计、专业服务、专业管理的经营体系，引领中国多联机空调技术不断进步，为人类创造一个更加美好的生活空间和生态环境。

92. 赛尔康技术（深圳）有限公司

Salcomp

POWERING THE MOBILE WORLD

地址： 广东省深圳市宝安区沙井镇新桥芙蓉工业区赛尔康大道

邮编： 518125

电话： 0755-27255111

传真： 0755-27255255

邮箱： leon. liu@ salcomp. com

网址： www. salcomp. com

简介： 赛尔康技术（深圳）有限公司（以下简称赛尔康）2019年成为广东领益智造股份有限公司（股票代码：002600）的子公司。赛尔康1975年在芬兰成立，在全球各地设有销售中心，在芬兰、中国深圳和中国台北设有研发中心，在中国广东深圳以及广西贵港、巴西和印度设有生产基地。赛尔康致力于开发和提供最具创新和绿色环保的手机电源适配器产品及其他电源方案。赛尔康在全球手机电源适配器行业处于世界领先地位，公司年度总业绩达到6.8亿美元，主要客户涵盖了排名世界前列的手机制造商。赛尔康自主研发的电源产品适用于各类手机（包括智能手机）、无绳电话、蓝牙耳机、平板电脑、数码相框、路由器、机顶盒、POS机、笔记本电脑等。赛尔康技术（深圳）有限公司位于深圳市宝安区沙井芙蓉工业区，是国家评定的高新技术企业，同时赛尔康技术（深圳）的研发中心是深圳市评定的企业技术中心。赛尔康现有6000多名员工，主要从事销售、研发和制造工作。

93. 山顿电子有限公司

SENDON®

地址： 广东省惠州市惠城区仲恺高新区东江产业园兴德西路2号可立克工业园T2栋4楼

邮编： 516000

电话： 0752-2382517

传真： 0752-2382517

邮箱： wangzhen@ sendon. cc

网址： www. sendon-china. com

简介： 山顿电子有限公司成立于2017年，其前身为成立于1984年的山顿国际有限公司，是国内最早从事UPS研发、制造和服务的公司之一。山顿电子有限公司是UPS产业的先行者，是国内较早拥有高端电源方案体系的UPS电源厂商。产品广泛应用于金融、工业、交通、通信、政府、国防、医疗、电力、新能源、数据中心等行业，服务全球30多个国家和地区，10多万用户，致力于打造环保节约型能源企业。

公司通过了ISO 9001、ISO 14001和OHSAS 18001体系认证，产品通过了节能认证和中国泰尔认证中心权威认证。

公司现有员工600余人，在北京、上海和广东有3个现代化的电源生产基地，在全国设立了多家办事处。

山顿电子有限公司以环保节约为设计理念，以电力电子技术为核心，始终致力于数据中心关键基础设施产品（UPS、精密空调、精密配电、蓄电池、动力环境监控）、工业级交流电源产品的研发、制造和一体化解决方案应用开发。

94. 上海超群无损检测设备有限责任公司

地址： 上海市松江区九亭镇洋河浜路188号

邮编： 201615

电话： 021-37633088

传真： 021-37633078

邮箱： wyan@ sandt. com. cn

网址： www. sandt. com. cn

简介： 上海超群无损检测设备有限责任公司是在国内外具有领先地位的专业X光设备制造商，在X光领域有超过50年的经验。公司与电源相关的技术产品为高压电源（30~450kV）。

公司专业设计、制造的主要产品包括X光实时成像系统、X光实时线扫描系统、高精度高稳度高频X射线源、专用中高频X射线源、X射线管、气绝缘便携式X射线探伤机、油绝缘移动式X射线探伤机、移动式金属陶瓷管X射线探伤机、工业用电源等。

产品应用和销售的领域涵盖航空航天、兵器工业、安全检查、摩托车、铸件、医疗卫生、印刷、压力容器管道耐火材料等行业。公司多数产品远销欧美市场，并在某些领域领先欧美竞争对手，获得好评。

主要产品介绍：

X射线发生器、X射线管、实时成像系统、工业用电

源、探伤机

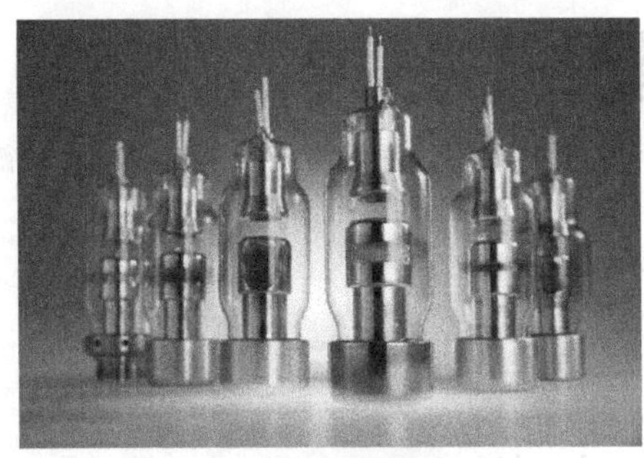

X 射线管：因优良的性能得到业界的高度认可。其广泛应用于无损检测系统、安检系统及医用诊断系统。X 射线源：因其高性能、高可靠性及高性价比，产品遍布全球各大机场、火车站、地铁站，并支持重要体育赛事的应用。X 射线实时成像系统：对工件进行质量检测及评价，射线源采用自主研发的先进高频技术，质量稳定免维护。

95. 上海电气电力电子有限公司

地址：上海市宝山区富桥路 66 号

邮编：201906

电话：021-33713200

传真：021-33713262

邮箱：dldz_sales@ shanghai-electric. com

网址：www. shanghai-electric. com

简介：上海电气电力电子有限公司是上海电气输配电集团有限公司投资企业。公司成立于 2007 年 4 月，专业从事电力电子、自动控制、高低压、配电成套设备系统及相关产品的设计、制造、销售、服务，是为大型风力发电和太阳能光伏发电系统提供解决方案的专业公司。公司拥有最新专利技术的产品和强大的研发能力，已为全国各地的许多风场提供 1. 25~6. 25MW 等系列的风电电控设备。

公司始终坚持“共赢”的理念，致力于成为客户、供应商长期的、可信赖的合作伙伴。在为客户创造未来的同时，也在为开发绿色能源、保护地球环境、探索可持续发展等方面做出积极的努力和贡献。

主要产品介绍：

风力变流器

变流系统由电力电子变流电路与控制系统组成，连接在发电机与电网之间，用来对风力发电产生的电能进行变换，以使其满足电力输送的要求并输出到电网。

96. 上海科梁信息工程股份有限公司

地址：上海市徐汇区宜山路 829 号海博综合楼二号楼

邮编：200030

电话：021-54234718

传真：021-64851060

邮箱：info@ keliangtek. com

网址：www. keliangtek. com

简介：上海科梁信息工程股份有限公司是国内领先的仿真测试技术提供商。自 2007 年成立以来，公司以成为“嵌入式测试系统的高端咨询公司”为目标，致力于为中国高端装备和新能源等产业的设计、研发、制造和测试提供专业的嵌入式系统仿真测试产品、系统解决方案和技术服务。

公司在能源、控制与信息三大回路系统等技术领域深耕十余年，是该领域仿真测试技术与创新应用的领跑者。公司以仿真测试技术为基础，结合超过上千个工程项目的应用积累和技术沉淀，形成了完善的面向高端装备的工业软件产品研发、生产和销售体系。特别是在电力电子专业领域的建模、仿真与测试等相关应用拥有领先技术和工程优势。

公司业务领域涉及高端装备、能源电力、信息技术等多个行业，为用户提供交钥匙工程，包括控制系统开发、嵌入式软件测试系统、系统仿真测试系统、硬件在环测试系统、功率级硬件在环测试系统、入网检测设备、电能质量监测系统、电源特性测试系统以及供配电系统稳定运行解决方案等。公司坚持自主创新，服务研发，为科技进步与产业升级提供有力支撑。

目前，公司拥有 GB/T 19001 认证，是上海市高新技术企业、上海市双软企业、上海市科技小巨人企业、上海市专精特新中小企业、上海市专利试点企业、上海市徐汇区企业技术中心。

未来，公司将继续秉持“以客户为伙伴，以创新创造价值”的发展理念，以携手用户共同推动行业发展为己任，竭诚为业界致力于技术创新的用户提供优质产品和真诚服务。

携手科梁，共同探索更加绿色智能的未来世界！

97. 上海临港电力电子研究有限公司

上海临港电力电子研究有限公司

地址：上海市浦东新区秀浦路 2555 号 A8 栋 11 楼

邮编：201315

电话：021-50779929

邮箱：chenbo. zhou@ leadrive. com

网址：www. leadrive. com

简介：上海临港电力电子研究有限公司（以下简称研究院）于 2019 年 4 月成立于上海临港，是上海临港新片区授牌的首批 6 家科创型平台之一。截至目前，研究院新引进职工近 30 名，其中博士 11 名，硕士 16 名。研究院首期任务聚焦于国产功率半导体模块相关产业链，定位于促进重大基础研究成果产业化。研究院致力于打造国际化协同创新孵化基地，推动国产功率半导体技术与产品的导入，助力临港和全国新能源汽车、新能源装备、海洋海工等产业的快速发展。

成立一年多以来，研究院与众多国内外客户建立深度合作关系。此外，研究院与华大半导体共建了功率芯片联合实验室，与日本罗姆半导体共同成立碳化硅技术联合实验室，与浙江大学成立新能源汽车动力总成联合实验室。并与浙江大学、德国亚琛工业大学、同济大学、上海海事大学和上海电机学院达成硕博士联合培养合作。

主要产品介绍：

新能源汽车电控系列产品

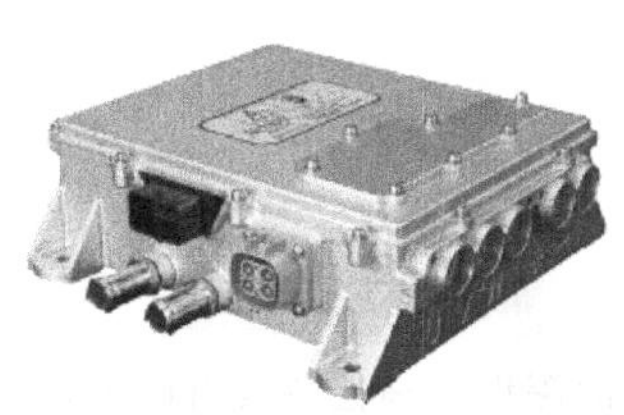

单电机控制器适用于物流以及乘用车，双电机控制器面向 A 级及以上 PHEV 用高性能双电机控制器，SiCPACK 650V/400A 面向轻量级电动汽车电驱应用的紧凑型、高可靠 IGBT 模块，DrivePACK 650V/600A 面向中大功率电动汽车电驱应用的高可靠 IGBT 模板。

98. 上海强松航空科技有限公司

地址：上海市松江区捷辰路 68 号
邮编：201617
电话：13061686418
邮箱：xinhua. qin@ qiangsong-sh. com
网址：www. qiangsong-sh. com. cn
简介：上海强松航空科技有限公司是一家集研发设计、生产制造、销售、售后服务于一体的高新技术企业，获得了 ISO 9001、IATF 16949、GJB 9001B 等认证。公司电子事业部专注于电源转换器领域，涵盖军品电源模块、铁路电源模块、新能源车载 DC/DC 模块、车载逆变器、车载无线充电器等产品。公司致力于为客户创造价值，在品质、价格、服务等多个方面紧密配合客户，为客户提供最优质的产品。

公司的市场、研发、制造及管理核心团队由来自国内外知名电源企业、科研院所及著名院校的精英组成。公司与上海交大、南航等高校进行院校合作，组建联合实验室，在新技术研发、制造工艺、质量管控、管理能力等方面均处于行业领先水平。公司产品不仅包含标准的模块电源，而且可根据客户要求进行定制。产品可媲美国外电源企业，并广泛应用于航空、船舶、兵器。

99. 上海维安半导体有限公司

地址：上海市浦东新区祝桥镇施湾七路 1001 号
邮编：201207
电话：021-68960650
传真：021-68969990
邮箱：zhuwj@ way-on. com
网址：www. way-on. com
简介：上海维安半导体有限公司成立于 2008 年，致力于电路保护、功率半导体及模拟 IC 产品的技术研发。公司主要产品包括 ESD & EOS、TVS、TSS、MOSFET、保护 IC 及电源管理 IC，拥有一支强大的研发团队，获得授权专利 200 余项，其中低压 EOS 防护产品系列技术行业领先，出货量行业第一。公司率先掌握硅基 ESD&EMI 集成技术，高压超结 MOSFET 应用于全球首款 5G 智能手机充电器。公司的核心价值观为“以客户为中心，以技术为本，坚持艰苦奋斗的精神”，从客户应用出发，为客户提供专业的产品解决方案，技术的领先优势获得了众多国际化客户的认可，主要客户包括三星、LG、华为、中兴、小米、亚马逊、富士康等公司；产品应用领域涵盖 5G 通信、物联网、安防、消费类电子、汽车电子等。

100. 深圳超特科技股份有限公司

超特科技®
CHINTE TECHNOLOGY

地址：广东省深圳市宝安区华丰国际商务大厦 516
邮编：518100
电话：0755-23223672
传真：0755-23223675
邮箱：szct@ chinte. com. cn
网址：www. chinte. com. cn
简介：深圳超特科技股份有限公司是 IT 行业里的一家全国性企业，公司以机房一体化解决方案、网络系统集成作为业务主架构，业务涵盖产品研发、生产与销售，工程设计、实施与服务，技术咨询与培训。

101. 深圳供电局有限公司

中国南方电网
CHINA SOUTHERN POWER GRID
深圳供电局有限公司

地址：广东省深圳市福田区中心一路 39 号
邮编：518001
网址：www. sz. csg. cn
简介：1979 年南方电网深圳供电局伴随着深圳改革开放的步伐正式成立。2012 年，在南方电网公司的统一部署下，正式注册为深圳供电局有限公司，成为南方电网直接管理的全资子公司。2015 年底成立董事会，进一步完善现代企业治理。深圳供电局有限公司承担着深圳市及深汕特别合作区的供电任务，供电面积 2421 平方千米，供电客户约 323 万户；共有 110kV 及以上变电站 260 座，110kV 及以上输电线路 5042km。深圳电网是我国供电负荷密度最大、供电可靠性领先的特大型城市电网之一。2019 年最高负荷 1910 万 kW；供电量 938.5 亿 kWh；售电量 925.7 亿 kWh；

客户年平均停电时间 0.54 小时/户，供电可靠率行业对标连续 9 年全国前十。供电服务连续 9 年位居深圳市 40 项政府公共服务满意度第一位。

102. 深圳可立克科技股份有限公司

地址：广东省深圳市宝安区福海街道新田社区正中工业厂房 7 栋 2 层
邮编：518103
电话：0755-29918302
传真：0755-29918117
邮箱：649849500@ qq. com
网址：www. clickele. com
简介：深圳可立克科技股份有限公司（以下简称可立克）成立于 1995 年，是一家专注于磁性元件及电源产品研发设计、生产、销售和服务的上市企业（股票代码：002782），经过 20 余年的发展，已成长为亚太地区乃至国际市场有影响力的磁性元件和电源厂商之一。公司生产基地分布在深圳、惠州、信丰、安远、英德、广德和越南，拥有数百条磁性元件生产线和数十条电源产品生产线，具备年产磁性器件 15 亿只和电源 3 亿只以上的生产能力，产品畅销海内外，客户主要为世界 500 强、国内外上市公司或细分行业龙头，公司于 2010 年荣获“广东省著名商标”。

可立克紧跟行业趋势，设计和制造的产品广泛应用于信息与通信（城市智能化、网络通信设备）、工控、消费类电子（家庭智能化）以及新能源/清洁能源、高端电子仪器设备、汽车电子等高科技领域。可立克已通过 ISO 9001、ISO 14001、QC 080000 和 IATF 16949 体系认证。可立克崇尚技术创新，在技术和工艺上，紧跟国际行业技术前沿，兼收并蓄，不断引进吸收先进技术和设计理念，拥有一整套现代化的验证和检测实验室（如 EMI、EMC、AECQ200 等），年实现研发项目 3000 多个，公司被评为国家高新技术企业，研发中心已成为省工程技术研究中心和工业设计中心，每年均获得多项专利。

今天的可立克，无论从公司规模、研发技术实力、市场营销能力、企业管理水平还是品牌知名度来说，都位于同行企业的前列。

主要产品介绍：

绿色高效 PD65W 智能适配器电源

产品具有紧凑的外形和高的功率密度，该设计支持 C 型接口 PD3.0 和 QC3.0A 类快速充电协议。此方案提供 USB TYPE C PD 快充功能：5V/3A，9V/3A，15V/3A，20V/2.25A。满载的时候效率可达 91%，输出功能具有 OVP、UVP、OCP 等过电压、过电流等保护。

103. 深圳罗马仕科技有限公司

ROMOSS

地址：广东省深圳市南山区高新科技园北区齐民道 3 号宇阳大厦 4 楼
邮编：518057
电话：0755-88251243
邮箱：shifeng@ romoss. com
网址：www. 7000mall. com
简介：隶属于七千猫集团的深圳罗马仕科技有限公司（以下简称罗马仕）坐落于中国深圳南山科技园，是一家专注于电源类产品研发、制造、销售的创新型科技企业。

自 2012 年创建以来，罗马仕秉承“电源技术偏执狂”的核心理念，坚持自主创新和全球本土化的产业发展模式，努力将罗马仕打造成为全球电源能源行业的领导品牌。

公司产品涵盖移动电源、无线充、适配器、数据线材、排插、iPhone 背夹电池、替换电池、车充、汽车启动电源等 9 大品类，拥有完全自主知识产权，并获得多个国家最受欢迎移动电源奖项及国际认证，在市场树立了良好的产品形象和品牌信誉。

如今，罗马仕正不断丰富和优化产品品类、不断完善全球市场的营销网络布局，致力于为全球的消费者发现和创造高需求的品质产品，朝着世界一流的科技企业迈进。

104. 深圳欧陆通电子股份有限公司

欧陆通
HONOTO

地址：广东省深圳市宝安区西乡街道固戍二路星辉工业厂区厂房一、二、三（星辉科技园 A、B、C 栋）
邮编：518000
电话：0755-33857166
传真：0755-81453432
邮箱：yuetian@ honor-cn. com
网址：www. honor-cn. com
简介：深圳欧陆通电子股份有限公司（证券代码：300870）成立于 1996 年，公司总部位于深圳，在赣州、东莞、杭州、中国香港、中国台湾及海外有多家分、子公司，并在全球多个地区设立了办事处。公司主要从事开关电源产品的研发、生产与销售。主要产品包括电源适配器、服务器电源、通信电源和动力电池充电器等。

公司深耕开关电源行业多年，主要客户遍及全球国际性知名企业，包括 LG、富士康、华为、海康威视、大华股份、惠普（HP）等，产品可广泛应用于办公电子、机顶盒、网络通信、安防监控、音响、金融 POS 终端、数据中心、电动工具等众多领域。

公司始终高度重视产品质量，已通过 ISO 9001 质量管理体系认证、ISO 14001 环境管理体系认证、QC 080000 有害物质过程管理体系认证、ANSI/ESD S20.20 静电防护体系认证及 GB/T 29490—2013 知识产权管理体系认证，并通过 CCC、TISI、UL、FCC、GS、CE 等多国和地区的产品认证。自成立以来，公司在研发创新、生产工艺等方面积累了丰富的核心技术经验，截至目前，拥有 96 项专利技术、50 项软件著作权和多项专有技术，在全球 20 多个国家与地区注册了商标。

公司是国家高新技术企业，并设有深圳市企业技术中心、博士后创新实践基地和广东省高能效智能电源及电源管理工程技术研究中心。公司多次获得各种奖项和殊荣，其中包括深圳市专利奖、深圳市知名品牌、广东名牌产品、深圳 500 强企业等荣誉资质。未来，公司将继续深耕开关电源行业，致力于将企业建设成为全国、全球领先的电源行业知名品牌。

主要产品介绍：

2000W 数字化电源

1）全数字智能电源，支持 PMBus 1.2 通信标准，读取电源工作状态，可控制及调整电源的多项输出特性，并支持在线升级及黑匣子故障记录。

2）支持多并机冗余工作模式。

3）使用特殊散热片材料工艺，改善产品的散热效果，并提高了产品输出效率。

4）使用导光柱以及特殊的变压器工艺结构，优化产品空间利用率，提高了产品功率密度。

105. 深圳青铜剑技术有限公司

地址：广东省深圳市南山区南环路 46 号留学生创业大厦二期 22 楼

邮编：518000

电话：0755-33379866

传真：0755-86329521

邮箱：info@ qtjtec. com

网址：www. qtjtec. com

简介：深圳青铜剑技术有限公司是中国 IGBT 驱动行业的领导者，专注于 IGBT 和碳化硅 MOSFET 等功率器件驱动的研发、生产、销售和服务，致力于为客户提供集成化、智能化、自主可控的电力电子解决方案。公司打造了一支实力雄厚的研发团队，成立了广东省大功率电力电子核心器件与高端装备工程技术研究中心，完成了多项国家、省、市科技计划项目，累计获得专利授权百余项，荣获中国专利优秀奖、深圳市专利奖等奖项。

主要产品介绍：

功率器件驱动器、功率半导体器件测试系统、驱动芯片

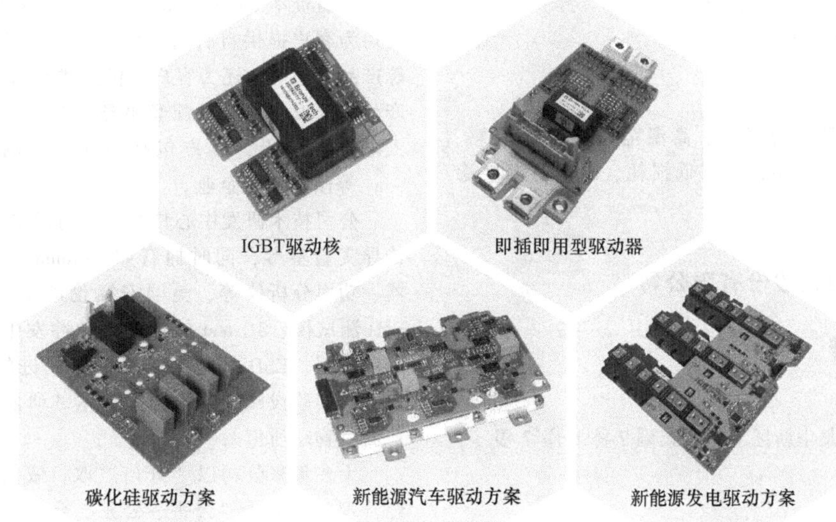

公司自主研发了功率器件驱动器、功率半导体器件测试系统及驱动芯片。其中功率器件驱动器包括 IGBT 驱动核、即插即用型驱动器、碳化硅驱动方案、新能源汽车驱动方案、新能源发电驱动方案。产品具备集成化、智能化

的特点，驱动设计紧凑、可靠性高、速度快，极具成本优势，且产品调试方便，可多元化应用，方便维护。

106. 深圳市铂科新材料股份有限公司

铂科新材

地址： 广东省深圳市南山区高新技术产业园北区朗山路28号2栋3楼

邮编： 518026

电话： 0755-26654881

传真： 0755-29574277

邮箱： services@ pocomagnetic. com

网址： www. pocomagnetic. com

简介： 深圳市铂科新材料股份有限公司成立于2009年，在2019年于深交所上市（股票代码：300811），是一家聚焦于软磁粉末、金属磁粉芯以及应用解决方案的国家高新技术企业。公司凭借自主创新，完全掌握了铁硅、铁硅铝等从粉末研发、制造、绝缘，到成型的整个金属磁粉芯全制程体系及核心技术。基于对金属磁粉芯材料特性的深度研究，通过与太阳能光伏逆变器、新能源汽车及充电桩、变频空调、不间断电源、信息通信等电能变换行业知名企业的深度应用合作，已完美架构从金属磁粉芯生产、销售、磁元件应用设计的一站式磁粉芯服务平台，可为电力电子客户解决电感元件成本、效率、空间等多方面的技术问题。

主要产品介绍：

NPN-LH 系列

NPN-LH 系列产品适合高频、高温范围的升压电感、降压电感、PFC 电感等应用，具有低损耗、出色的温度稳定性、不含镍等特性。

107. 深圳市瀚强科技股份有限公司

地址： 广东省深圳市龙华新区宝能科技园7栋B座7楼

邮编： 518110

电话： 13928485135

邮箱： liuyg@ rspower. cc

网址： www. rspower. cc

简介： 深圳市瀚强科技股份有限公司是一家专业从事各类节能环保电源及计算机软件产品的开发、设计、销售与服务的国家高新技术企业，主营液晶电视/一体机电源、LED显示屏电源、矿机电源、模块电源、差异化电池共用管理器等，并向服务器电源、GPU电源、RF电源及军工电源积极布局和拓展。

客户群体遍及液晶电视、智能商显、LED显示屏、矿机原厂、电动功能车等行业的知名厂商。

自2004年成立以来，公司秉持“源自专业，追求卓越”的理念，以“专一、专注、专业”为原则，坚持“品质第一、客户至上”的企业精神，集产品、方案、服务于一体，不断进行资源整合与业务拓展，立志成长为电子电力电源行业尖端细分市场的领导者。公司拥有卓越的研发团队和生产基地，不断汇聚行业高素质人才，公司研发人员占比达到65%以上。通过多年不懈的努力，公司拥有多项发明专利，并以质量求生存，全面地按ISO 9001质量管理体系要求执行，建立了高质量的生产制造体系。产品符合多个国家安规标准，如CCC / CE / CQC / UL等。

公司将秉承“以客户需求为导向，并优于客户的要求”的产品战略，致力于在新能源与电力电子领域“突破极限、引领未来”。

108. 深圳市京泉华科技股份有限公司

地址： 广东省深圳市龙华区观澜街道桂月路325号

邮编： 518110

电话： 0755-27040111

传真： 0755-27040555

邮箱： everrise@ everrise. net

网址： www. jqh. cc

简介： 深圳市京泉华科技股份有限公司成立于1996年6月，注册资本6000万元，是国家和深圳市高新技术企业。公司为客户提供自行研制的电源、磁性器件、特种变压器等产品，同时，还为客户提供上述产品的ODM服务和专用产品的开发、研制及配套服务。产品广泛应用于商业和个人电子设备上，客户包括APC、施耐德、伟创力、GE、Sony等国际知名企业。

公司技术研发中心具有行业内领先的独立EMI实验室、传导实验室等，同时拥有如Chroma的电子负载仪、变频器、功率分析仪等，美国安捷伦的示波器、数据采集器、EMI测试仪、3C test的自动群脉冲发生器、自动周波跌落测试仪器、ESD静电测试仪器等先进的可靠性测试设备，完整的实验设施及高素质高技术的研发团队保证了能为客户提供物超所值的一流产品。

十多年来公司以“开拓进取，诚信务实，树品牌”的经营理念，秉承“公平、公正、合理、竞争”的原则，以满足用户需求为宗旨，先后荣获“国家高新技术企业”“第24届中国电子元件百强企业”“广东省著名商标”“深圳市知名品牌”“深圳市高新技术企业”“深圳市企业技术研究中心”“深圳市自主创新百强民营中小企业”“深圳市鹏城减废行动先进企业”等荣誉称号。

109. 深圳市洛仑兹技术有限公司

深圳市洛仑兹技术有限公司
Shenzhen Lorentz Technology Co., Ltd.

地址： 广东省深圳市南山区西丽街道阳光社区松白路 1008 号艺晶公司 15 栋 501A 区
邮编： 518055
电话： 0755-23206724
邮箱： ruan.jingyi@ lrt-tech.com
网址： www.lrt-tech.com
简介： 深圳市洛仑兹技术有限公司是专业从事高频特种电源研发、生产、销售的高科技企业，产品包括电池化成双向电源、激光电源、通信电源、模块电源、储能电源等。公司于 2017 年成立，拥有研发、生产场地 3000 多平方米，拥有技术精良的研发队伍和先进理念的管理团队，公司严格按照现代企业管理制度组织生产和经营管理。公司研发团队由经验丰富的高素质人才组成，有一整套先进且完善的研发管理机制，根据不同应用领域的需求和环境，利用自身搭建的平台开发的优势，快速地研发出满足客户需求的产品。公司已通过 ISO 9001：2015 质量管理体系认证，采用现代企业模式管理，器件的选型采购、产品的生产制造、工艺控制、产品服务等均已形成严格、严谨、规范的管理程序。洛仑兹人奉行“团结、进取、求真、务实”的方针，不断开拓创新，以技术为核心，视质量为生命，用户至上，竭诚为客户提供优质的产品及完善的服务。

110. 深圳市商宇电子科技有限公司

地址： 广东省深圳市光明新区甲子塘社区森阳科技园 A 栋 401
邮编： 518000
电话： 13902901805
传真： 0755-23282881
邮箱： 2885824082@ qq.com
网址： www.cpsypower.com
简介： 深圳市商宇电子科技有限公司成立于 2011 年，是全球领先的电源设备制造商，从事研发、设计和制造包括 UPS、精密空调、精密配电在内的数据中心动力设备、制冷设备及其相关技术，并提供相应的售后服务。公司通过其遍布全国 28 个省市 30 多个核心代理商点向客户提供服务。公司是国家高新技术企业，中国电源协会理事单位，且已取得 ISO 9001、ISO 14001、OHSAS 18001，泰尔认证、节能认证、CE 认证、广电入网许可证等多项行业认证。自主研发生产的模块化 UPS CPY 系列及绿色高效节能的 HP 系列高频 UPS 获得“数据中心优秀产品奖”；公司产品广泛应用于政府、医疗卫生、金融、通信、教育、广电、能源、军队等各个行业领域，为多个国家重点工程项目提供高效产品，同时公司产品也入围了金融行业、国税系统、广电行业、互联网行业等。公司拥有 100 多名经验丰富的服务工程师，遍布全国各地的商宇服务网点，为客户提供优质服务。

111. 深圳市瓦特源检测研究有限公司

地址： 广东省深圳市龙华区观澜街道牛湖社区君新路 101 号国升工业园厂房 10101
邮编： 518110
电话： 0755-85297065
邮箱： test@ wtypower.com
网址： www.wtypower.com
简介： 深圳市瓦特源检测研究有限公司位于深圳，是高新技术企业，产品服务涉及信息技术类电源，家用和类似用途类电源，灯具类电源，通信类电源，安防类电源，汽车电子类电源，医疗器械类电源，航模飞机类电源，特殊定制类电源等多个领域。

公司创立于 2015 年，是专注开关电源细分领域的国内首家第三方检测实验室，属于技术密集型企业。公司专业提供开关电源产品设计方案选型阶段、器件选型阶段、EVT 开发阶段、DVT 开发阶段、验收定型阶段、小批试产阶段、量产阶段的第三方实验室检测与评价服务；公司现有 1380 平方米的专业实验室，总价值 3000 万元的各类专业检测仪器设备，全方位提供开关电源产品 150 多个检测项目。公司拥有一批在开关电源产品设计验证领域工作 10 多年的经验丰富的工程师，一支高水平的专业研发队伍和与国际接轨的研发体系，并与国内外高等院校、研发机构拥有多项合作，共同拓展电力电子应用领域。为保持产品技术研发的领先优势，不断加大研发投入力度，建立了先进的研发和实验平台。

公司目前已拥有安全/性能实验室、电磁兼容实验室、声学实验室、可靠性实验室、零件实验室、光学实验室，热分析实验室等。

112. 深圳市英可瑞科技股份有限公司

地址： 广东省深圳市南山区 TCL 国际 E 城 E1 栋 11 楼
邮编： 518052
电话： 0755-26586000
传真： 0755-26545384
邮箱： increase@ szincrease.com
网址： www.increase-cn.com
简介： 深圳市英可瑞科技股份有限公司成立于 2002 年，为国家高新技术企业，2017 年 11 月 1 日在创业板顺利上市

(股票代码：300713)。公司专注于电力电子产品的研发、生产和销售，定位于中高端直流电源系统制造商，以拥有自主知识产权为基础，在经营过程中坚持走自主研发、技术创新的道路，为客户提供设备配套及其服务，实现企业价值与客户价值共同成长。

公司成立 10 多年来，一直在努力建设高素质研发团队，积极担当电源行业技术创新的探索者和实践者，先后获得多项国家发明专利技术和软件著作权。同时公司坚持制造符合国标和欧美标准的高品质产品，锻造专业化的营销服务精英。目前，公司产品广泛应用于汽车、电力、铁路、冶金、通信等领域，业绩案例遍布世界各地。

为了致力于新能源电动汽车的市场开拓，公司自 2011 年开始汽车直流充电模块的开发，目前有 3.5kW、7.5kW、10kW、15kW、20kW 等系列共计 50 余款型号的产品；充电桩标准系统从 21~450kW 多个功率等级的覆盖。目前参与典型的项目有北京 APEC 会议中心充电站、首都国际机场充电站、上海交投公交充电站、南京公交充电站、苏州大型充电站等项目，在新能源汽车充电桩领域享有很高的美誉度。

113. 深圳市智胜新电子技术有限公司

地址：广东省深圳市南山区西丽街道西丽社区打石一路深圳国际创新谷 2 栋 A 座 904
电话：0755-83526100
传真：0755-83526199
邮箱：sales@ zeasset. com
网址：www. zeasset. com

简介：深圳市智胜新电子技术有限公司成立于 2004 年，是从事大型铝电解电容器和超级电容器研发、生产与销售为一体的科技企业。公司先后荣获“深圳市高新技术企业”和“国家高新技术企业”称号，同时获得深圳市政府“民营成长工程计划企业”称号。公司设有研发中心，研发工程师占企业总人数的 25%，均具有 15 年以上研发工作经验。公司拥有包括发明专利、实用新型专利及软件著作权共 30 项；同时承接了深圳市科创委 2013 年新能源用铝电解电容器关键技术的研发项目。公司引进欧美、日本等国家和地区的先进生产设备，配备齐全与精密的检测和试验设备；已通过了 ISO 9001 质量管理体系、ISO 14001 环境管理体系，以及 RoHS 环保认证和 UL 安全标准的权威认证；同时结合公司“7S”系统的工作落实，在管理环节、制造环节、服务环节等诸多方面实现了标准化、数据化、制度化，确保产品品质的保障。企业在以中国大陆为主要销售市场外，已先后与欧美、亚洲诸多厂商保持着长期与良好的合作关系，获得了客户的一致好评。

114. 深圳市中电熊猫展盛科技有限公司

地址：广东省深圳市坪山区龙田街道老坑社区锦绣中路 19 号美讯数码科技园 A 栋 701、B 栋 701、801
邮编：518118
电话：0755-86238746
传真：0755-86238829
邮箱：webmaster@ jensin. cn
网址：www. jensin. cn

简介：深圳市中电熊猫展盛科技有限公司成立于 1996 年，隶属于世界 500 强中国电子集团，是一家集研发、生产、销售为一体的国家级高新技术企业。公司成立至今，专注于高端电源、大功率电源的生产、制造，产品多服务于新能源、监控、金融、电力、医疗、通信等行业。20 多年来，公司坚持为客户提供高品质的电源制造服务，客户多为国内外世界 500 强企业或行业领先企业。公司取得了 ISO 9001、TUV、PSE、CCC 等质量体系认证和安全认证，并获得 DENSO、OKI、NEC、HITACHI、TOSHIBA、川崎重工、国网、南网等知名企业集团供应商资质认定。

工厂建有 5000 平方米高标准、自动化厂房，直接作业人员达 150 名，拥有松下高速贴片线 4 条，30m 流水线 5 条，月产能可达到 10 万台，同时拥有锡膏厚度测试仪、AOI 自动光学检测系统、全自动电源测试系统、GPIB 测试仪等多种检测设备。

基于对客户需求的精准把握，公司坚持长期的研发投入，组建经验丰富、运作高效的研发团队，在深圳和南京设立研发中心，申请多项发明专利，成为产品研发和技术革新的有利保障。公司开发的大功率智能快充模块等产品获得国内先进产品鉴定，高可靠的 ATM 取款机电源、工业机器人电源模块等广泛应用于各领域。

115. 四川爱创科技有限公司

Ai-Chance
爱创科技

地址：四川省绵阳市安州区安州工业园马安大道
邮编：621000
电话：15984665776
邮箱：646440808@ qq. com

简介：四川爱创科技有限公司的业务范围有：电子、通信与自动控制技术研究及应用服务；家用制冷电器具、家用空气调节器、家用通风电器具、其他家用电力器具的制造与销售；照明器具、塑料制品、机械零部件加工制造与销售；商业、饮食、服务专用设备制造与销售；保鲜产品（高压静电装置）以及水分子激活技术研究与应用产品开发；其他医疗设备及器械制造与销售；软件开发；新技术推广服务及应用、信息技术咨询服务；物联网技术的开发及应用；互联网开发及应用；企业形象策划服务；广告的设计制作发布；职业技能培训；仪器仪表修理；货物和技术进出口（法律、法规禁止项目除外，限制项目凭许可证经营）。

116. 苏州东灿光电科技有限公司

dsbj

地址： 江苏省苏州市吴中区东山镇石鹤山路 8 号
邮编： 215107
电话： 0512-66520601
传真： 0512-66520601
邮箱： jacky. zou@ dsbj. com
网址： www. sz-dsbj. com
简介： 苏州东灿光电科技有限公司是苏州东山精密制造股份有限公司的一个子公司，苏州东山精密制造股份有限公司是一家上市（股票代码：002384）的高新技术企业，整合精密铸造、芯片封装、智能通信、工业设计及专业研发优势资源，助推企业智慧照明产业化发展，产品集 LED 工业照明、办公照明、道路照明、景观照明及 LED 智慧照明控制等，专业提供高效节能绿色环保产品、物超所值的增值服务及专业的照明解决方案。

117. 溯高美索克曼电气（上海）有限公司

socomec
Innovative Power Solutions

地址： 上海市普陀区大渡河路 168 弄 31 号北岸长风 E 栋 5 楼 01，04-08 室
邮编： 200052
电话： 021-52989555
邮箱： info. cn@ socomec. com
网址： www. socomec. cn
简介： 溯高美索克曼电气，一个法国电气百年品牌，集团总部位于法国，是全球电气技术产品领域领先的制造商，子公司遍布全球。公司始终关注客户需求，以低压电气网络的建立、控制和安全为主。公司三大业务领域为不间断电源、电气控制与安全、能效管理，拥有完整的产品系列，致力于为您的电网运行保驾护航。

公司专注于不断创新来完善专业领域，每年投入 10%的营业额作为研发资金。公司拥有法国第二大认证实验室——特斯拉实验室，可出具权威认可的测试报告。

118. 田村（中国）企业管理有限公司

TAMURA

地址： 上海市黄浦区淮海中路 527 号新国际购物中心 A 座 13 楼
邮编： 200001
电话： 021-63879388
传真： 021-63879268
邮箱： zhong. xue@ tamura-ss. co. jp
网址： www. tamuracorp. com/global/index. html
简介： 田村（中国）企业管理有限公司成立于 2003 年（原田村电子（上海）有限公司），是日本田村集团海外最重要的产品研发和市场营销基地，现有员工近百名，其中研发中心员工占人数一半以上。

田村（中国）企业管理有限公司研发中心成立于 2006 年，主要从事高频开关电源、电感变压器等电子元器件的研发及市场开拓。主要客户遍及全球国际性知名企业，如三菱电机、Sony、丰田、欧姆龙、施耐德、牧田、FANUC、珠海格力等。根据田村集团的战略定位，上海研发中心与日本技术总部具有同等技术研发资质，是日系公司在中国展开高水平技术研发的少数公司之一；特别是通过不断的技术创新，上海技术研发中心正逐步成为国际新能源电源磁元件技术领域研发的开创者和领导者。

公司具有完善的职业培训制度，坚持严谨、规范、高效的技术研发作风，通过严格的 OJT 开发实战训练，为本地员工提供与国际著名企业的世界一流研发队伍进行定期交流的技术平台。

田村集团的母公司——日本田村制作所是一家拥有 90 年历史，早于 20 世纪 70 年代在东京证券交易所上市的机电制造业国际性公司，田村集团在中国主要从事电子材料、电子元件、电路板焊接设备等业务，目前在台湾、香港、深圳、惠州、东莞、上海、苏州、常熟、合肥、北京等地分别设立了大型生产基地、营业部、办事处及上海和台北两个研发机构。

119. 无锡新洁能股份有限公司

地址： 江苏省无锡市新吴区研发一路以东，研发二路以南
邮编： 214028
电话： 0510-85618058
传真： 0510-85620175
邮箱： info@ ncepower. com
网址： www. ncepower. com
简介： 无锡新洁能股份有限公司成立于 2013 年 1 月，注册资本为 10120 万元，法定代表人为朱袁正先生。公司致力于 MOSFET、IGBT 等半导体芯片和功率器件的研发设计及销售，并不断延伸产业链，自建封装测试厂和研发中心。

公司基于全球半导体功率器件先进理论技术开发领先产品，是国内率先掌握超结理论技术，并量产屏蔽栅功率 MOSFET 及超结功率 MOSFET 的企业之一，是国内较早在 12 英寸工艺平台实现沟槽型 MOSFET、屏蔽栅 MOSFET 量产的企业，也是国内 MOSFET 品类较齐全且产品技术领先的公司。同时，公司是国内较早同时拥有沟槽型功率 MOSFET、超结功率 MOSFET、屏蔽栅功率 MOSFET 及 IGBT 四大产品平台的本土企业之一，为国内 MOSFET 等功率器件市场占有率排名前列的本土企业。凭借先进的技术、丰富的产品种类、可靠的产品质量和优秀的客户服务水平，在

国内外积累了良好的品牌认知和优质的客户资源。

公司为江苏省高新技术企业，国内 MOSFET 等半导体功率器件设计领域领军企业，2016 年以来连续四年名列“中国半导体功率器件十强企业”。公司已建立江苏省功率器件工程技术研究中心、江苏省企业研究生工作站、东南大学-无锡新洁能功率器件技术联合研发中心、江南大学-无锡新洁能功率器件技术联合研发中心。公司参与的“智能功率驱动芯片设计及制备的关键技术与应用”项目获得了 2019 年度江苏省科学技术一等奖，且获得 2020 年度国家技术发明奖提名并通过初评。截至目前，公司拥有 127 项专利，其中发明专利 36 项；同时公司在 IEEE TDMR 等国际知名期刊中发表论文 13 篇，其中 SCI 收录论文 7 篇。

120. 西安伟京电子制造有限公司

Weiking 伟京

地址： 陕西省西安市高新技术开发区锦业二路 87 号
邮编： 710077
电话： 029-65660060
传真： 029-65660061
邮箱： sales@ weiking. com
网址： www. weiking. com

简介： 西安伟京电子制造有限公司成立于 2004 年，是一家集电源模块和厚膜混合集成电路类产品研发、生产、销售和服务为一体的高新技术企业，现已形成了通用 DC/DC 电源模块、高电压输出 DC/DC 电源模块、低纹波输出 DC/DC 电源模块、线性稳压器、开关稳压器、电源滤波器、预稳压模块、保持模块、线性放大器、开关放大器及无刷电动机驱动器等产品系列，能够为客户提供小功率军用直流变换的全套解决方案和直流无刷电机驱动解决方案。产品广泛应用于航天、航空、兵器、船舶等军工领域。

121. 西安翌飞核能装备股份有限公司

infisrc

地址： 陕西省西安市高新技术开发区秦岭大道西 6 号科技企业加速器二区
邮编： 710304
电话： 029-68065000
传真： 029-68065111
邮箱： infisrc@ infisrc. com

简介： 西安翌飞核能装备股份有限公司成立于 2010 年，注册资本实缴人民币 4000 万元，公司研发中心位于高新区 CBD 核心区域，紧邻高新管委会，总面积 1200m^2。生产基地坐落于风景优美的西安高新区国家级科技企业加速器园区内，自有独立厂房，总建筑面积 5000m^2。成立伊始，公司就奠定了军民融合的创业发展理念，不断探索技术创新及模式创新，依托在测量监控、虚拟仿真、工业自动化及电力电子技术领域的优势和经验，主要为核能、军工、特种工业提供关键设备及行业解决方案，是集设备研发、制造、销售为一体的科技创新型企业。

经过多年的积累，公司已经形成智能电气装备及测控系统、工业自动化装备、特种智能机器人、虚拟仿真系统 4 个主营方向。在特种工业、电力、安全以及核能细分领域的工业产品均取得多项填补国内空白的技术成果，实现多项工艺革新，并成功应用于多个“国家级重点项目”及其他高端定制行业。

公司逐步建立和完善了规范化的研发、管理体系，通过对产品研发持续高投入，以及与国内多所知名高校开展产学研战略合作，发挥各自优势，全面提升技术创新、成果转化、人才培养能力。公司不仅具备了一流的研发实验环境，同时拥有业内最专业且具有丰富实践经验的专家团队，累计取得专利百余项。

公司是国家级高新技术企业、中国核工业集团公司合格供应商、中国核能行业协会理事单位、中国电源学会理事单位、陕西省核学会常务理事单位，顺利通过了包含 ISO 9001 质量管理体系在内的三体系认证。2012 年公司被西安市高新区纳入规模以上企业，2016 年被评为核工业某公司战略采购优秀供应商，2017 年被评选为西安高新区 2016 年度战略性新兴产业明星企业，2018 年被评为国家高新区瞪羚企业，2019 年被评为核工业某公司国产大型商用示范工程建设突出贡献单位、陕西省民营经济转型升级示范企业。

在自身发展的同时，公司牢记企业的社会责任，通过对核心企业文化的具体实践，努力提升自身价值。公司将通过专业领域内持之以恒的不懈追求，致力于成为核能、军工及特种工业领域国内一流的设备及综合解决方案提供商，为提升中国技术和中国实力贡献力量！

122. 厦门赛尔特电子有限公司

SETsafe | SETfuse

地址： 福建省厦门市翔安区翔安西路 8001、8067 号
邮编： 361101
电话： 0592-5715838
传真： 0592-5715839
邮箱： sale@ setfuse. com
网址： www. setfuse. com

简介： 厦门赛尔特电子有限公司成立于 2000 年，位于厦门市火炬高新区（翔安）产业区，拥有 10000 多平方米的研发生产基地。公司专业从事过温、过电压和过电流的电路保护元器件的研发、生产及销售。公司拥有近百人的实力强大的研发团队，其中包括享受国家津贴的教授及多名研究生，拥有美国 UL 授权的目击测试实验室（WTDP）及自动化设备研发中心，是厦门高新技术企业，自主创新企业，国家火炬计划项目承担单位，科技进步奖获奖单位。

公司产品包括温度保险丝（熔丝）、热保护型压敏电阻、线绕电阻、大电流受控熔断器等，其中多项产品均有

独立的自主知识产权，产品覆盖全国30多个省市自治区，出口欧美、非洲、东南亚等世界各地，也得到微软、飞利浦、惠普、摩托罗拉、中国电信、中国移动、华为等国内外众多知名企业的青睐，使“SET”品牌获得福建省著名商标称号。

公司秉承“推动全面品管，满足客户需要；持续改善质量，提升竞争能力；共建永续经营，创造全员福利”的质量方针，组建了高效、务实的组织结构体系，本着“参与，成长，共享”的产品研发理念，通过不断创新，为消费者提供高品质和高品位的电路保护元器件，为用户提供安全可靠的产品及适时方便的服务。

主要产品介绍：

温度熔丝、压敏电阻、电流熔丝、气体放电管、TVS

赛尔特的温度熔丝（TCO）、温控器（TMS）、压敏电阻（MOV）、热保护型压敏电阻（TFMOV）、电涌保护器（SPD）、气体放电管（GDT）、热保护型熔断电阻器（TRXF）、小型熔断器（Fuse）、热敏电阻（NTC）、受控熔断器（iTCO）是业界领先的电路保护元器件。

123. 厦门市爱维达电子有限公司

EVADA® 爱维达

地址：福建省厦门市海沧区新阳路10号

邮编：361028

电话：0592-8105999

传真：0592-5746808

邮箱：chenzy@ evadaups. com

网址：www. evadaups. com

简介：厦门市爱维达电子有限公司是一家总部位于福建省厦门市的提供全面电源解决方案及电源保护产品的设计、开发、生产和销售的高科技公司。主要产品有模块化UPS、高频UPS、工频UPS、锂电UPS、军工级UPS、逆变电源、车载电源、5G通信基站电源、数据中心基础设施及各种定制电源产品等。公司已获得“中国驰名商标”“中国通信市场最有影响力行业品牌”“2020年厦门市重点上市后备企业”“2020年度厦门市专精特新小微企业”“厦门市企业技术中心”等荣誉称号。公司坚持以质量赢客户，管理体系和产品均通过ISO 9001、ISO 14001、OHSAS 18001、CE、UL、TLC、CQC等认证、广电总局入网检测、电力开普实验室检测、国军标环境试验测试等第三方检测。公司拥有自建厂房23000m^2，现有职工257人，研究开发人员55人。近几年公司技术中心参与国家及行业标准制定20余项，承担国家、省、市级科技计划项目10余项，拥有自主创新知识产权30余项，是国家知识产权管理体系贯标企业。公司在北京、天津、沈阳、乌鲁木齐、西安、西宁、兰州、济南、太原、武汉、长沙、郑州、杭州、南京、南昌、福州、广州、南宁、成都、重庆、昆明、海口等27个地方设有驻外分公司或办事处，组成了全国营销、服务网络。注重客户利益和满足客户的需求是公司的一贯宗旨。公司秉承“敬业、诚信、合作、创新”的经营理念，一如既往地向广大用户贡献出优质的产品和服务。以“爱”立信，“维”系一贯，“达”成共赢，是我们对您的承诺。

主要产品介绍：

HQ-M（R）系列三进三出模块化UPS

HQ-M（R）系列模块化UPS采用先进的三电平逆变技术，功率模块双DSP数字化控制，兼容磷酸铁锂电池，具有高效率、高功率密度、易于扩展、便捷扩容和占地面积小等优点。

124. 英飞凌科技（中国）有限公司

Infineon 英飞凌

地址：上海市浦东新区川和路55弄4号楼2~4层

邮编：201210

电话：021-61019001

传真：021-61019001

邮箱：info@ infineon. com

网址：www. infineon. com/cms/cn/

简介：英飞凌科技（中国）有限公司（以下简称英飞凌）是全球十大半导体企业之一。公司致力于打造一个更加便利、安全和环保的世界，在赢得自身成功发展的同时，积极践行企业社会责任。半导体虽不显眼，却已成为人们日常生活中不可或缺的一部分。英飞凌在共建“更加美好未来”的愿景中，发挥着至关重要的作用：我们用先进的微电子科技连接现实和数字世界。英飞凌为您提供全面的半导体解决方案，实现智能出行、高效的能源管理以及安全的数据采集与传输。

英飞凌设计、开发、制造和销售多品类的半导体元器件和系统解决方案。公司的产品主要应用于汽车电子、工业电子、通信与信息技术，以及基于硬件的安全技术等多个领域，产品线包括标准元器件、针对设备和系统的客户定制化解决方案，以及面向数字、模拟和混合信号应用的特定元器件等。

英飞凌拥有四大事业部：汽车电子、工业功率控制、电源与传感系统事业部、数字安全解决方案。

125. 英飞特电子（杭州）股份有限公司

INVENTRONICS
英飞特电子

地址： 浙江省杭州市滨江区江虹路 459 号 A 座
邮编： 310052
电话： 0571-56565800
传真： 0571-86601139
邮箱： brucewang@ inventronics-co. com
网址： cn. inventronics-co. com

简介： 英飞特电子（杭州）股份有限公司成立于 2007 年 9 月 5 日，是一家专注于高效、高可靠性开关电源研发、生产、销售和技术服务的国家高新技术企业，于 2016 年 12 月 28 日在深圳证券交易所创业板上市（股票代码：300582）。公司在国内外市场享有盛誉，稳居半导体照明产业——LED 驱动电源细分领域龙头地位。

公司的主营产品是 LED 驱动电源，产品功率覆盖 3～1200W；可应用于室外和室内不同环境，可满足高低温、雷击、潮湿、腐蚀和电网电压波动等恶劣工作条件；可实现智能调光、恒流明控制、寿命到期预警、功率计量、恒功率可调等智能化功能需求。公司产品销往全球 80 多个国家和地区，销售规模位居全球 LED 驱动电源行业（不包括照明灯具厂商自产自用部分）前列。

公司已建有省级企业研究院、省级企业技术中心、省级国际科技合作基地等先进平台；相继承担或参与国家科技支撑计划、国家 863 计划、国家重点研发计划、国家创新基金、浙江省重大专项等十余项重点科技项目。公司与国内外多所科研院所、高校等开展产学研合作，形成了多位一体的创新体系。截至 2020 年底，公司拥有已授权专利共 251 项，其中发明专利 150 项，占比高达 60%。公司相继主导并参与起草发布、实施的行业标准 11 项和浙江制造标准 4 项。

公司是国家知识产权示范企业、浙江省“隐形冠军”企业、工信部国家级专精特新“小巨人”企业、浙江省知名商号、浙江省商标品牌示范企业、浙江省信用管理示范企业，获得国家重点新产品奖、浙江省科技进步二等奖等荣誉。

主要产品介绍：

高性能智慧 LED 驱动电源——EUM 系列

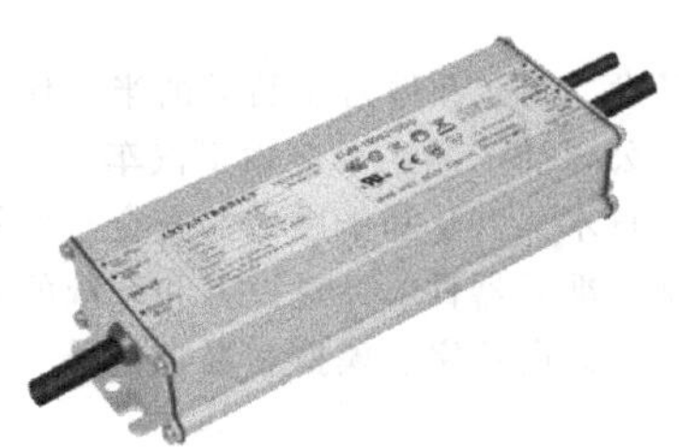

EUM 系列功率范围为 30～880W，宽输入电压范围为 AC90～305V，具备 IP66 与 IP67 防护等级，有超高的 PF，智能可编程，可用于工矿灯、隧道灯、高杆灯、智能照明及健康监控等多种应用场景。紧凑型外壳设计，具备优异的热性能；防雷保护、过电压保护、短路保护及过温保护等全方位的保护，保证了产品的无障碍运转。

126. 浙江德力西电器有限公司

DELIXI
ELECTRIC

地址： 浙江省温州市乐清市柳市站东路 155 号德力西湖头工业园
邮编： 325604
电话： 0577-62725681（13968784568）
传真： 0577-62791203
邮箱： dy664568@ 126. com
网址： www. delixi. com

简介： 德力西集团（以下简称德力西）是一家集资本运营、品牌运营、产业运营为一体的大型集团，现有员工 21000 余人。集团连续十七年荣登中国企业 500 强。德力西构建以电气产业为主业，环保、大健康、交运物联等新兴产业为重点的发展格局。

德力西积极导入卓越绩效模式，坚持以质量创品牌，获得了“中国名牌产品”“全国质量管理奖”“全国文明单位”等荣誉。

德力西依托技术创新不断为客户提供优质产品和服务。德力西经批准设立了博士后科研工作站，攻关前沿课题，拥有全国同行生产企业首家国家企业技术中心，三次荣获国家科技进步奖。德力西电气产品服务于国防、冶金、交通、石油、化工等十几个重点行业的重大工程及援外项目，成功助力“神舟”“嫦娥”及“北斗”卫星导航系统工程，为我国航天事业做出了贡献，并被评为天宫一号/神舟八号首次交会对接任务贡献单位。

德力西努力践行“德报人类，力创未来”的企业使命，累计向社会捐款捐物达两亿多元，用于扶贫济困，支持教育、慈善、环保等事业，获得了中华慈善突出贡献奖。

127. 浙江嘉科电子有限公司

CETC 浙江嘉科电子有限公司

地址： 浙江省嘉兴市秀洲工业园区桃园路 587 号中电科（嘉兴）智慧产业园 1#楼
邮编： 314000
电话： 0573-82651133
传真： 0573-82651133
邮箱： jeczj@ jec. com. cn
网址： www. jec. com. cn

简介： 浙江嘉科电子有限公司是中国电子科技集团公司第三十六研究所于 1998 年 9 月投资成立的全资子公司，是国家高新技术企业，注册资金 1 亿元，坐落于嘉兴市秀洲国家高新区中电科（嘉兴）智慧产业园，总建筑面积近 $15000m^2$。公司现有员工总数 500 人，研发人员有 162 人，拥有各领域高级专家。公司以军工电子与安全电子两大业务协同发展，努力打造成为具有自主创新能力的高科技现代企业。公司主要业务包括电源、微波、北斗、功率放大器等产品的设计、生产与服务；工业污水智能处理、智慧城市等领域的信息系统集成服务。

军工电子业务由原来的满足所内配套为主，现已逐步走向外部军、民市场，近两年正加速推进军工技术向民用领域转化，在5G、物联网、新能源汽车、北斗应用等领域拓展市场。

经过20多年的发展，公司已拥有一个省级高新技术企业研发中心，一支高素质设计研发团队，一流的研发、生产和检测设备，已取得多项国家发明和实用新型专利。通过了ISO 9001：2015质量管理体系、GJB 9001C-2017质量管理体系、ISO 14001：2015环境管理体系和OHSAS 18001：2007职业健康安全管理体系认证。目前已获得装备承制单位注册证书、武器装备科研生产单位三级保密资格证书、武器装备科研生产许可证、国家涉密计算机系统集成乙级资质证书、安全防范系统工程设计施工壹级资格证书、建筑智能化系统设计专项乙级证书、电子智能化专业承包二级证书等。

主要产品介绍：

ASAAC系列电源

ASAAC系列电源环境适应性强，工作温度达到-55~+85℃；具备CAN总线通信功能，能实时监测电源各路工作状态及电源壳体温度；采用模块化设计，替代传统分立元件设计，显著提高了电源效率和可靠性，实现“无风扇”应用。

128. 浙江榆阳电子有限公司

地址：浙江省嘉兴市桐乡市桐乡经济开发区同德路656号

邮编：314500

电话：0573-89817002

传真：0573-89817000

邮箱：sales@ link-power. cn

网址：www. link-power. cn

简介：浙江榆阳电子有限公司为外商独资企业，公司前身杭州池阳电子有限公司创立于1997年，经过近20多年的发展壮大，于2010年在浙江桐乡建了新生产基地（浙江榆阳电子），现有员工600余人。

公司以国家低碳节能产业政策为指引，立足新能源电子产业方向，目前已形成三大主营产业品线：电源驱动线、LED照明产品线和智能产品线，应用领域遍布通信、公共安全、电机驱动、新能源、医疗电子、PD电源、智能家居和汽车等行业，在世界范围内为工业和消费市场提供优质、安全、健康舒适的产品及服务。

公司的已通过了ISO 9001和ISO 14001体系认证，是国家高新技术企业、嘉兴市企业技术中心、桐乡市专利示范企业、浙江省“隐形冠军”培育企业、浙江省AA级守合同重信用企业、科技创新优秀企业、浙江省高新技术研究开发中心。

公司一直以客户信任为己任，秉承“以人为本”的理念，坚持自主创新和精益管理，拥有一支配备精良的高素质研发、品管、工程、制造团队，力求为客户提供高性价比、富有市场竞争力的产品。

主要产品介绍：

LED驱动、电机驱动、通信开关电源、PD电源、电暖被、电暖器

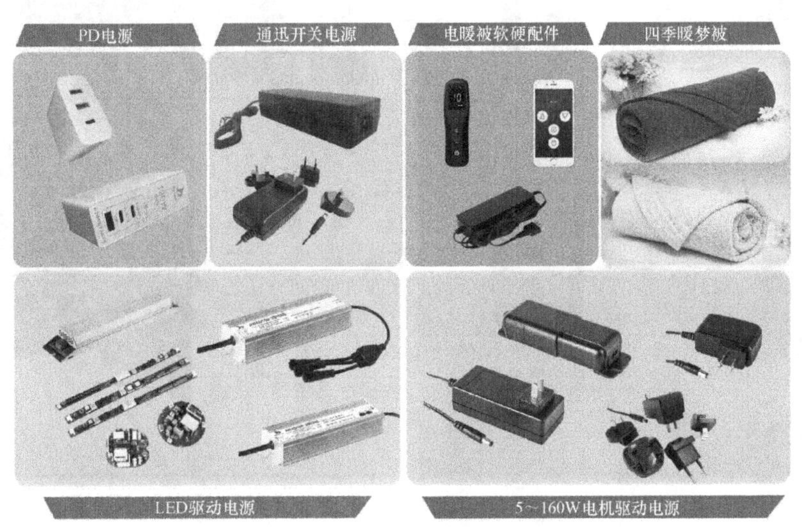

安防、快充和医疗等领域的电源其涵盖功率范围 5～160W 符合最新能效标准；电机驱动电源涉及 24～160W 高/低 PF 系列，瞬时功率高达标称功率的 3～4 倍；LED 驱动电源功率范围涵盖 5～320W 系列，调光/非调光方式且雷击等级达差模 6kV/共模 10kV；智能电暖产品：电暖被/器等可支持蓝牙或远程 Wi-Fi 控制。

129. 郑州椿长仪器仪表有限公司

地址：河南省郑州市管城回族区第七大街 188 号
邮编：450000
电话：0371-66866863
传真：0371-66866862
邮箱：zzh@ i-hualing. com
网址：www. howe-tech. com
简介：郑州椿长仪器仪表有限公司成立于 1992 年，并与 2003 年通过了管理认证并取得了 ISO 9001：2000 质量管理体系认证。从公司成立起一直以持续的创新为发展动力，致力于温度控制系统、磁电隔离技术以及电源产品的研究与应用，不断实现技术的突破和发展，所有产品的硬件软件，都为公司自主研发，具有自主知识产权。截至目前，郑州椿长仪器仪表有限公司已经申请国内外专利 70 余项，其中发明专利 9 项，已成为拥有强大自主研发和知识产权优势的创新型企业，2014 年公司成为高新技术企业。

郑州椿长仪器仪表有限公司自主创立“HOWE”品牌，历经 20 多年的发展，商标已在全球 20 多个国家与地区注册。目前，公司在郑州经济技术开发区拥有郑州椿长仪器仪表有限公司科技园和生产基地。随着海外订单的不断增加，公司在美国和德国设立了办事处，完善了北美地区和欧盟地区的营销网络。面对未来，郑州椿长仪器仪表有限公司将一如既往地践行“客户至上”的服务宗旨，力争将民族工业品牌推向更广阔的国际舞台，服务世界！

130. 中国船舶工业系统工程研究院

CSSC 中国船舶工业系统工程研究院
SYSTEMS ENGINEERING RESEARCH INSTITUTE

地址：北京市海淀区丰贤东路 1 号
邮编：100094
电话：010-59516445
传真：010-59516400
邮箱：huiqingdu@ 126. com
网址：seri. cssc. net. cn
简介：中国船舶工业系统工程研究院成立于 1970 年，隶属于中国船舶工业集团公司，是我国率先将系统工程理论和方法应用于海军装备技术发展、以“系统工程”命名的军工科研单位，凝聚多专业、多领域科研能力和多地布局的子公司产业化力量，立足海军、聚焦海洋，形成了从研发、设计、试验到产品生产及售后的全产业链架构，覆盖体系研究和顶层规划、系统综合集成、系统核心设备研制三个层次，是海军装备建设和国家海洋装备事业的中坚力量。截至目前，共获得科技进步奖 451 余项，授权专利近千项，拥有双聘院士 1 名，在职员工 1000 余名，其中研究员 160 余名，高级工程师 200 余名，硕士及以上学历占 71%。

主要产品介绍：

SFC690 变频器和 IMGS 智能医用电能保障系统

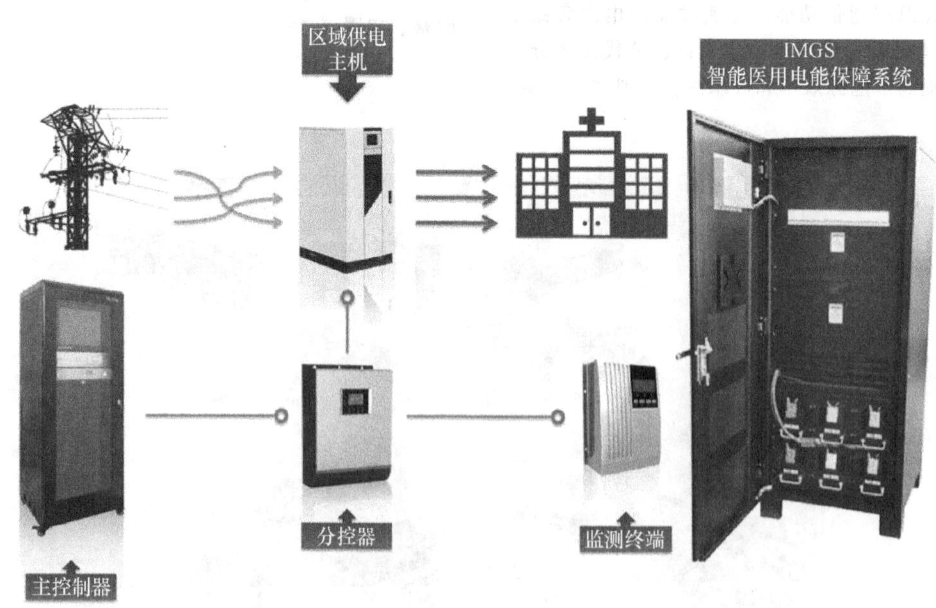

SFC690变频器对负载变化进行控制和保护，保证推进设备的最佳性能和安全运行，基于模块化设计理念，不同功能模块具备谱系化产品线，通过灵活组合覆盖较宽的应用场合。IMGS智能医用电能保障系统具有电能净化、谐波治理、无功补偿、后备供电、智能馈电、隔离供电和绝缘监测等功能，多种机型的配置和功能涵盖多种场所。

131. 中国电力科学研究院有限公司武汉分院

地址：湖北省武汉市洪山区珞瑜路143号

邮编：430074

电话：027-59258065

传真：027-59258848

邮箱：68582170@ qq. com

网址：www. epri. sgcc. com. cn

简介：中国电力科学研究院有限公司是国家电网公司直属单位，工作场地分布在北京、南京、武汉等地。中国电力科学研究院有限公司根据属地经营工作的需要，于2012年4月在湖北省武汉市注册成立了中国电力科学研究院有限公司武汉分院。中国电力科学研究院有限公司电力工业电气设备质量检验测试中心工作地点位于武汉，其经营工作纳入中国电力科学研究院有限公司武汉分院管理。中国电力科学研究院有限公司电力工业电气设备质量检验测试中心（以下简称武汉检测中心）始建于1974年，自1986年起采用该名称并一直沿用至今，武汉检测中心是中国电力科学研究院有限公司的业务单位之一，是通过了国家计量认证和实验室国家认可，国家市场监督管理总局和中国国家认证认可监督管理委员会授权的、具有社会第三方公正地位的检测机构。武汉检测中心分别处于鲁巷和特高压交流试验基地2个工作试验场所，试验场地达85000m^2左右。

主要产品介绍：

主要从事电气设备的质量检测、型式试验、产品鉴定、故障分析、技术咨询、技术培训和产品质量仲裁等业务

业务范围：各类、各电压等级的互感器、电力电缆及电缆附件、变压器、电抗器、绝缘子、避雷器、电容器、电力金具、低压电器、带电作业工器具、防雷与接地装置、仪器仪表，以及电力电子、电能质量、输变电设备在线监测装置、电力无人机、电力机器人、智能巡检设备等。

电线电缆导体直流电阻、避雷器直流参考电压、电力变压器空载损耗测量和电线电缆绝缘平均厚度4个项目通过了CNAS组织的能力验证提供者（PTP）现场评审，变压器、电抗器、互感器、套管、换流阀5类产品通过了CNAS组织的检验机构能力认可现场评审。

132. 中冶赛迪工程技术股份有限公司

地址：重庆市北部新区赛迪路1号

邮编：200913

电话：023-63548406

传真：023-63547777

邮箱：dqqd. bpsq@ cisdi. com. cn

网址：www. cisdi. com. cn

简介：中冶赛迪工程技术股份有限公司从事投资业务（不得从事金融及财政信用业务）及相关资产经营、资产管理，投资咨询服务，从事建设项目工程咨询、工程管理服务和规划管理，高科技产品开发、研制及相关技术咨询服务，金属制品、冶金成套设备及零配件、通用机械设备、工业电热成套设备、电气及自动化成套设备的设计、制造、销售，计算机自动化系统集成，计算机软硬件产品的研究、开发、生产、销售，销售化工产品（不含危险化学品）、金属材料、仪器仪表，货物及技术进出口（法律、法规禁止的不得从事经营，法律、法规限制的，取得相关许可或审批后，方可从事经营）。

主要产品介绍：

MVC1200系列高压变频器

MVC1200系列高压变频器是一款新型高效节能型变频器，采用最新一代IGBT功率器件和大规模集成电路芯片全数字控制、直接高高变换方式、多电平串联倍压的技术方案，先进的最优控制算法，实现了优质的可变频变压（VVVF）的正弦电压和正弦电流的完美输出。

133. 珠海格力电器股份有限公司

地址：广东省珠海市香洲区前山金鸡西路 789 号
邮编：519070
电话：0756-8974023
传真：0756-8668281
邮箱：hz@ cn. gree. com
网址：www. gree. com

简介：珠海格力电器股份有限公司是一家多元化、科技型的全球工业集团，产业覆盖空调、家电、通信设备等消费品和智能装备、模具、工业制品等，产品远销 160 多个国家和地区。

公司有近 9 万名员工，其中 1.5 万名研发人员和 3 万多名技术工人，在国内外建有 15 个生产基地及 6 个再生资源基地，覆盖从上游生产到下游回收全产业链，实现了绿色、循环、可持续发展。

公司现有 15 个研究院、126 个研究所、1045 个实验室、1 个院士工作站（电机与控制），拥有国家重点实验室、国家工程技术研究中心、国家级工业设计中心、国家认定企业技术中心、机器人工程技术研发中心各 1 个，同时也是国家通报咨询中心研究评议基地。

经过长期的沉淀积累，目前累计申请国内专利 79900 项，其中发明专利 40714 项，国际专利 2441 项，在 2020 年国家知识产权局排行榜中，公司排名全国第六，家电行业第一。现拥有 30 项国际领先技术，获得国家科技进步奖 2 项、国家技术发明奖 2 项，中国专利奖金奖 4 项。公司始终致力于自主创造核心领先技术，不断满足全球消费者对美好生活的向往。据中标院统计发布，自 2011 年以来，公司的顾客满意度、忠诚度连续 9 年保持行业第一，并于 2018 年荣获第三届“中国质量奖”。2019 年，公司全年实现营业总收入 2005. 08 亿元，实现归母净利润 246. 97 亿元，公司税收贡献 157. 90 亿元，连续 13 年位居家电行业纳税第一。

134. 珠海朗尔电气有限公司

地址：广东省珠海市香洲区软件园路 1 号南方软件园西苑 B3 栋
邮编：519080
电话：0756-2525828
传真：0756-2525866
邮箱：lonl101@ lonl. cn
网址：www. lonl. cn

简介：珠海朗尔电气有限公司成立于 2001 年，坐落于美丽的海滨城市——广东省珠海市，是集科研、生产、技术应用于一体的国家双软企业、高新技术企业，主要从事电源解决方案及电源产品的研发、生产与销售。

主要产品介绍：

蓄电池组健康管理及智能维护系统

蓄电池组健康管理及智能维护系统是针对目前蓄电池的维护技术和蓄电池的特性进行深入研究，对蓄电池组进行全方位的维护方案，从根本上解决蓄电池组运行的安全性能问题，通过采集蓄电池组中的维护参数，预测蓄电池性能变化趋势，及时给出蓄电池维护建议，科学指导蓄电池维护工作，实现蓄电池智能化、网络化、无人化维护。

会 员 单 位

广 东 省

135. 安德力士（深圳）科技有限公司

ANDLESS®

地址：广东省深圳市光明新区公明街道塘尾第三工业区 8 号 10 栋 7 楼
邮编：518107
电话：0755-27956972
邮箱：zhqs88@ 163. com
网址：www. andless. com. cn

简介：安德力士（深圳）科技有限公司是集研发、生产、销售、服务为一体的机房一体化专业制造商，是全球最具实力的一体化机房设备生产商之一。公司致力于 UPS（不间断电源）、精密空调、配电系统、机房网络系统、绿色云数据中心解决方案和环境监控开发，主营 UPS（不间断电源）、逆变电源、太阳能逆变器、变频器、EPS 消防电源、稳压电源、蓄电池、精密空调、配电柜、网络机柜、机房环境监控监测产品、防雷产品、计算机网络设备、计算机外围设备的研发与销售，软件开发、系统集成，机房整体工程施工，国内贸易，货物及技术进出口。凭借着领先的技术、成熟的产品和专业的服务，为用户提供网络区域环境监控、设备管理、数据分析等一体化解决方案。

136. 东莞昂迪电子科技有限公司

地址：广东省东莞市凤岗镇碧湖大道 39 号翼达龙科技园 B 栋 4 楼
邮编：523681
电话：0769-81223270
邮箱：evan@ angdipower. com
网址：www. angdipower. com

简介：东莞昂迪电子科技有限公司成立于 2016 年，是深圳市麦迪瑞科技有限公司的子公司，是一家专注于高端开关电源、电池充电器、定制化锂电池充电器的专业制造商。产品覆盖 30～1000W（输出电压 7～84V，输出电流 300～10000mA）目前共 570 种型号和规格，全系列通过美国的 UL、加拿大的 CUL、CSA，欧洲的 TUV/GS、CE，英国的 BS，澳大利亚的 SAA、C-Tick，韩国的 KC，日本的 PSE，中国的 CCC 以及 FCC、LVD、EMC、CEC、MEPS、EUP、CB 和 ROHS、REACH 等安规及环保认证；产品广泛用于电动单车、电动平衡车、电动滑板车、电动冲浪板、无人机、UPS、电动四轮车、电动工具、智能家电充电器等，为全球客户提供 OEM/ODM 服务，生产基地位于东莞市凤岗镇，总面积 5000 平方米，现有员工 150 人。

137. 东莞宏强电子有限公司

地址：广东省东莞市南城区宏远路 22 号
邮编：523087
电话：0769-22414096
传真：0769-22414097
邮箱：sj_zhang@ decon. com. cn
网址：www. decon. com. cn

简介：成立于 1995 年的广东宏远集团合资企业高新技术企业东莞宏强电子有限公司主要从事铝电容器的研发、生产和销售服务，公司拥有自主知识产权的技术工艺体系和多批发明、实用型专利，培养和造就了大批专业技术人才。公司先后通过了 IECQ、ISO 9001、ISO 14001 体系认证，产品符合 RoHS、REACH 相关规定。未来，公司将进一步加强关联企业的铝电极箔产业垂直整合，使公司成为全球优质铝电容器的优秀供应商。

138. 东莞立德电子有限公司

地址：广东省东莞市塘厦镇莲湖第一工业区
邮编：523710
电话：13360650136
邮箱：Annie. Su@ l-e-i. com
网址：www. lei. com. tw

简介：东莞立德电子有限公司位于东莞市塘厦镇第一工业区，公司注册资本 8050 万港元，员工总人数近 4000 人。总公司于 2002 年 12 月在台北交易所正式公开上市，全球事业处分布在 10 个不同的地点遍及 6 个国家和地区。东莞立德电子有限公司主要生产和销售变压器、三相变压器、电抗器、整流器、充电器、电源供应器、半导体、元器件专用材料（多层线路板）、新型电子元器件（电子安定器，不间断电源）、锂离子电池、数字放声设备（激光唱机）、宽带接入网通信系统设备（网卡）、交换设备（交换机）、高端路由器（路由器）、数字音/视频编解码设备、电子专用设备（电源供应器，电磁锁）等各类电子元器件系列产品。

139. 东莞市百稳电气有限公司

地址：广东省东莞市常平九江水东深路常平段 306 号
邮编：523000
电话：0769-81184549
传真：0769-86318670
邮箱：13823693076@ 139. com
网址：www. baiwendianqi. com

简介：东莞市百稳电气有限公司是专业从事电力变压器、稳压器、调压器、UPS 的生产型产销公司。并经销和代理国内外名牌 UPS、EPS、除湿机等产品，保证了各行业对优质电源的需要。

公司自建立以来便全面导入 ISO 质量管理体系，严格控制每个程序以保证产品合格率 100%。凭借多年完善的管理，公司通过了 ISO 9001：2015 体系的认证，产品通过了 CE 认证。

公司目前生产及营业场地 6000 余平方米，有本行业生产经验的员工 50 余人，其中研发及工程技术人员占 50%，并具备了齐全的工装和检测设备，籍以保障公司产品完全有能力处于行业领先地位。

全国各地分布有办事机构。现在上海、苏州设立办公地点，并在深圳、厦门、北京等地建立销售售后服务点，以确保公司的售后服务工作能及时到位，充分满足对用户的承诺。

140. 东莞市必德电子科技有限公司

地址：广东省东莞市清溪镇浮岗易富路 49 号
邮编：523660
电话：0769-82990950
传真：0769-82990960

邮箱：bead@ dg-bead. com

网址：www. dg-bead. com

简介：东莞必德电子科技有限公司是专业生产电感器和相关设备研发制造的科技型企业，公司本着用户的特殊要求就是我们的专业追求，通过不断努力，已成为国内编带磁珠（RH）电感器最具规模的制造商。公司坚持诚信为本、精品立业的企业方针，以产品质量向零缺陷挑战、设备性能向智能化发展作为终极目标，力争为新老客户提供更加优质的产品和服务。

141. 东莞市瓷谷电子科技有限公司

地址：广东省东莞市厚街镇宝屯社区宝塘厦宝宏路 29 号 D 栋 3A

邮编：523000

电话：0769-85751860

传真：0769-85750505

邮箱：Ly@ cigu. cc

网址：www. cigu. cc

简介：东莞市瓷谷电子科技有限公司（CGE）位于中国广东省东莞市，公司于 2013 年成立，注册资金 100 万元人民币，是我国专业研发生产陶瓷电容器、薄膜电容器和压敏电阻器的大型民营企业之一。公司主要研发生产销售中高压陶瓷电容器（CC81/CT81）、安规交流陶瓷电容器（Y1/Y2）、金属膜安规交流电容器（X2）、金属膜电容器（CBB21/CL21）、氧化锌压敏电阻器（ZOV）。公司现有研发生产设备 100 台套，年生产能力 4 亿只。

公司已经通过 ISO 9001：2008 质量管理体系认证，安规交流陶瓷电容器（Y1/Y2）已经通过了中国的 CQC、美国/加拿大的 CUL、德国的 VDE、欧盟的 ENEC、国际电工委员会的 CB 等产品安全认证；金属膜安规交流电容器（X2）已经通过了中国的 CQC、美国/加拿大的 CUL、德国的 VDE、欧盟的 ENEC、韩国的 KTL 产品安全认证；氧化锌压敏电阻器（ZOV）已经通过了美国/加拿大的 CUL、德国的 VDE 产品安全认证。产品环保指标符合 ROHS2. 0 版、REACH、无卤等指令要求。

公司本着尊重知识和人才、着眼于全球市场、依靠过硬的品质和服务致力于发展民族自主产业，为广大用户提供超值期望的服务理念，大力推广电源类、机电类、光伏驱动类、小家电类和电视机显示器类等电子整机领域的应用，协助终端做好四样事情：“合理选型、合理应用、合理节约、齐全配套”。

142. 东莞市捷容薄膜科技有限公司

地址：广东省东莞市南城街道建设路南城科技大厦

邮编：523073

电话：0769-89799128

传真：0769-23021717

邮箱：jierong2011@ 163. com

网址：www. jrbmkj. com

简介：东莞市捷容薄膜科技有限公司位于中国广东省东莞市，注册资金 500 万元人民币，是民营独资企业，主要产品有聚丙烯薄膜、X2 安规电容、CBB21 金属化薄膜电容、MLCC 独石电容、CC 高压陶瓷电容、Y1/Y2 安规电容、CL11 涤纶电容。主要客户范围覆盖大功率电源、数字电表、小家电控制板、充电桩、新能源汽车、消防器材。产品已通过 UL 认证和 VDE 认证，UL 认证证书编号为 E503943，VDE 认证证书编号为 40049911，产品环保指标符合 ROHS2. 0 版指令要求。公司以自主品牌研发为主，全供应链压缩控费，拥有快反能力，有效实现了成本控制、质量把控、高快反能力等经营目标。

143. 东莞市金河田实业有限公司

金 河 田

地址：广东省东莞市厚街镇汀山科技工业城

邮编：523943

电话：0769-85585691

传真：0769-85587456

邮箱：625614684@ qq. com

网址：www. goldenfield. com. cn/Ch/main. html

简介：东莞市金河田实业有限公司（以下简称金河田）成立于 1993 年，是一家集研发、生产、销售、服务于一体的民营高新技术企业。主要产品有计算机机箱、开关电源、多媒体有源音箱、键盘、鼠标等，是国内主要的电脑周边设备专业制造商之一。

金河田是国家高新技术企业，是中国优秀民营科技企业、广东省民营科技企业、广东省知识产权优势企业、广东省创新型试点企业和东莞市工业龙头企业。金河田自主品牌“金河田”商标是中国驰名商标和广东省著名商标；金河田主导的产品如计算机机箱、开关电源、多媒体有源音箱均为广东省名牌产品。

金河田产品销售和服务网点已覆盖全国各大中城市，并进入了韩国、印度、俄罗斯、阿联酋、德国、巴西、澳大利亚等 40 多个国家和地区。

144. 佛山市禅城区华南电源创新科技园投资管理有限公司

地址：广东省佛山市禅城区张槎一路 127 号 1 座 3 层

邮编：528000

电话：0757-82580666　82208102

传真： 0757-82503337

邮箱： 495620638@ qq. com

网址： www. hndy. gd. cn

简介： 1. 精细、集约化的电源产业综合体

华南电源创新科技园大力发展开关电源、逆变器、UPS、EPS等电源电子产业，打造现代电源及节能技术科技园区的标杆，推动电源产业精细化、集约化、国际化，建设集产品研发、生产、检测、展示、交易、人才培训、孵化中心等为一体的电源产业创新基地，成为汇集金融、科技、项目、商务会展等多位一体的电源产业综合体。

2. 优质信誉的电源专业园区

"中国首个电源创业主题园区""全国现代电源（不间断电源）产业知名品牌创建示范区""国家现代电源高新技术产业化基地培育单位""中国电源学会会员单位""中国电源学会现代电源产业基地""佛山中德工业服务区生产基地""禅城区低碳试点园区"。

3. 五大平台提供一体化专业服务

园区已引入科技服务平台、金融服务平台、人才服务平台、招商服务平台、园区合作平台五大平台，为入园企业提供技术升级、人才培养、金融支持、政策引导扶持、合作交流等一体化专业服务。

4. 都市里配套设施齐全的厂房

华南电源创新科技园大力打造、扶持、发展电源电子类产业，以都市型厂房为核心，以总楼大楼和商业办公楼为服务载体，配备了会议办公、展厅、会展中心、培训中心、商会协会办公区、银行、自助服务中心、回廊书吧、中西餐厅、酒店、车位、人才公寓、员工饭堂、图书馆、超市、运动及休闲等配套设施。

5. 活性商务、产业空间

华南电源创新科技园是区域内规模最大的主题园区，总占地面积约330亩，建成后总建筑面积达42.6万平方米，分核心区及外延区两部分进行打造。

总部大楼定位为电源企业总部办公、园区服务平台及产业商务配套的功能，目前部分主力商业及区域内的电商龙头开始陆续进驻，包括四星级标准精品酒店 、五星级豪华多功能影院、港台餐饮白领餐厅 、商会协会平台 、互联网+电商企业以及创客、创新孵化器等，签约面积超过2.3万平方米 。

2#商业办公楼，建筑面积约3.3万平方米，分为南塔（7层）和北塔（9层），一、二层为商业旺铺，三层以上为商务办公，200~3000平方米活性商务空间自由组合。

园区都市型厂房，户型为方正的1300平方米和2000平方米空间，拥有独立产权，可租、可售、可按揭，五大服务平台促进产业发展，百强龙头企业率先抢驻。

6. 上市企业与骨干企业的选择

华南电源创新科技园的企业总数已经达到202家，累计入园的电源、电子类及其上下游产业的企业达90多家，占园区总企业数的46.5%，其中2015年新增入园企业达45家，包括厦门科华、湖南科力远两家上市企业，佛山电源行业协会中的骨干企业（如柏克、新光宏锐、众盈、欧立、飞星、朗博等）。

145. 佛山市汉毅电子技术有限公司

汉毅
Han Yi

地址： 广东省佛山市禅城区岭南大道北131号碧桂园城市花园南区3座28楼

邮编： 528000

电话： 0757-63223916

传真： 0757-83835018

邮箱： hanny@ hanny. com. cn

网址： www. hanny. com. cn

简介： 佛山市汉毅电子技术有限公司创建于1997年，现有生产基地5处，分别位于佛山市禅城区、佛山市顺德区陈村镇、佛山市顺德区伦教镇、东莞市长安镇、江西省南昌市，现有员工1000余人。公司主导产品为开关电源，开关电源年产量2000万件。公司拥有高速插件机8台，一个电磁干扰测量室，拥有波峰焊机、红外线温度测试仪、RoHS光谱扫描仪、耐压测试仪、电参数测量仪、高频示波器、漏电流测试仪、晶体管多功能筛选仪、数字电桥等一大批电子电气测量设备。

公司产品全部为自主研发，自有知识产权，拥有发明专利、实用新型专利30余项。

公司产品主要用于电子制冷饮水机、净水机、电冰箱、超声波雾化器、数字音响等领域。

公司主要客户有美的、沁园、安吉尔等。产品同时出口到德国，荷兰、美国、日本等发达国家。

公司自1999年以来，一直是美的的优秀供应商，同时多次获得沁园优秀供应商，质量优胜奖、安吉尔优秀供应商、质量优胜奖等荣誉！

146. 佛山市力迅电子有限公司

Netion®

地址： 广东省佛山市三水区范湖工业园

邮编： 528138

电话： 0757-87360282

传真： 0757-87360189

网址： www. netion. com. cn

简介： 佛山市力迅电子有限公司（以下简称力迅）成立于2001年，公司位于佛山市三水区乐平镇范湖工业区，总资产5500多万元，是专注于电源、电子电力及新能源电力转换领域的高新技术企业。主营业务是为全球用户提供高端的电源、电子电力产品和全套电源及电力转换系统集成解决方案，产品涵盖全系列不间断电源（UPS）及各种逆变电源、专用电源、蓄电池、机房监控系统、机房温控系统、机房配电系统等。

力迅至今已经通过ISO 9001质量管理体系认证、ISO 14001环境质量管理体系认证、OHSAS 18001职业健康安全管理体系认证，多个系列产品通过中国泰尔认证、欧洲CE

认证、ROHS 认证、美国 UL 认证、FCC 认证，也取得了国内多个行业入围进网许可。

力迅拥有覆盖全国的营销网络和专业团队，力迅产品至今已在多个政府机构和大型行业成功中标、入围或采用。力迅同时承接着某些国际知名品牌的 OEM/ODM 指定任务，产品远销欧洲、美洲、东南亚、中东、非洲等世界各地。

力迅秉承“领先的技术，钻石的品质，心级的服务”的一贯理念，以“创新不断，动力无限”的专业精神，致力成为全球用户心目中最可信赖的“世界领先的电源专家”。

147. 佛山市南海区平洲广日电子机械有限公司

地址：广东省佛山市南海区平洲夏西工业区一路 3 号
邮编：528251
电话：0757-87691200
传真：0757-86791244
邮箱：windingchina@ 126. com
网址：www. windingchina. com
简介：广日电子机械有限公司是中国最大的环形绕线机械制造商之一，专业生产环形变压器绕线机，环形电感线圈绕线机，稳压器、调压器专用绕线机，矩形绕线机/包带机，环形小孔包带机，电力变压器绕线机，EI 型变压器绕线机，环形包绝缘胶带机以及环形线圈匝数/匝比测量仪等产品。

公司已通过德国 TUV9001（2000）质量体系认证，良好的品质和完善的售后服务已赢得了众多客户的青睐和支持，产品远销东南亚及欧美等国家和地区。

148. 佛山市南海赛威科技技术有限公司

SiFirst®

地址：广东省佛山市南海区桂城深海路 17 号瀚天科技城 A 区 7 号楼 6 楼 604 单元
邮编：528200
电话：0757-81220912
传真：0757-81220912
邮箱：vivian@ sifirsttech. com
网址：www. sifirsttech. com
简介：佛山市南海赛威科技技术有限公司成立于 2009 年，是由佛山市南海区高技术产业投资有限公司投资的佛山市首家集成电路设计企业。公司总部位于佛山市南海区瀚天科技城，在上海设有研发中心，深圳设有商务中心，中山和台湾设有办事处。业务覆盖全国，辐射全球。公司拥有一支由留美博士、硕士及国内半导体资深设计专家组成的创新型精英设计团队，他们曾在国内外著名半导公司工作十年以上，具有广泛的理论基础和丰富的实践经验，在模拟与数字混合电路芯片设计领域里领导开发出多款世界一流的芯片产品。

149. 佛山市锐霸电子有限公司

地址：广东省佛山市高明区高明大道东 898 号
邮编：528511
电话：15015803879
传真：0757-88325003-111
邮箱：biqunliu@ r-box. com. cn
网址：www. r-box. com. cn
简介：佛山市锐霸电子有限公司是一家专业研发、设计、生产、销售 LED 驱动电源和各种工业开关电源，及为客户订制独家电源方案的制造商，产品主要应用于娱乐舞台灯具、LED 商业建筑照明灯具、LED 显示屏、工业电源。

公司有资深的研发团队，先进的生产设备（如多条 SMT 全自动流水线和老化室），专业的检测设备（如 Chroma 电子负载、自动测试系统 ATS、EMC 检测实验室）及严谨的生产、检测制程（100%测试、24 小时老化），确保产品拥有高可靠性和高性价比，各项技术参数完全符合安规要求和电磁兼容标准。新科技飞速发展的今天，公司将提供更新、更好的科技产品服务于用户。

公司一直致力于产品的创新，不断的努力，以为客户提供高可靠性和高性价比的电源解决方案为使命。

150. 佛山市顺德区瑞淞电子实业有限公司

地址：广东省佛山市顺德区北滘镇坤洲工业区
邮编：528312
电话：0757-26666876
传真：0757-26606087
邮箱：sales@ recl. cn
网址：www. recl. cn
简介：佛山市顺德区瑞淞电子实业有限公司成立于 2005 年，是专业从事整流桥器件设计、开发、封装测试和销售的国家高新技术企业。自成立以来，公司销售业绩持续保持高速增长，2018 年公司达到年产各类整流器件 1.2 亿只的规模。

公司产品广泛应用于家用电器、LED 照明、通信电源、开关电源、消费电子、机器设备等领域。产品不仅在国内热销，还远销韩国、德国、西班牙、越南、美国、印度、意大利、俄罗斯等多个国家和地区。

公司经过不断努力，建立了严格的质量、环保、安全管理体系，成功通过了 ISO 9001：2015 质量管理体系认证，全部产品均获得美国 UL 安全认证，并符合欧盟最新 RoHS 和 REACH 环保要求。公司产品共获得了 12 项国家授权的专利，其中发明专利 3 项。

未来，公司将涉足SMD器件、MOS器件、芯片制造等全产业链，在快恢复器件、MOS器件、TO-220、TO-3P、模块、功率器件、SMD器件方面扩大投资和生产线规模，根据市场需求开发生产更多的产品来满足客户。公司立志成为一流的半导体制造企业和客户首选的整流桥供应商。

151. 佛山市顺德区伊戈尔电力科技有限公司

地址： 广东省佛山市南海区简平路桂城科技园A3号
邮编： 528200
电话： 0757-86256765-888
传真： 0757-86256886
邮箱： sales@ eaglerise. com
网址： www. eaglerise. com
简介： 佛山市顺德区伊戈尔电力科技有限公司始创于20世纪90年代，总部位于中国佛山，现有2个生产基地，2个研发中心，拥有标准厂房120000平方米，员工约2100余人，致力于向全球市场提供最优质的电力、电源及电源组件产品和解决方案，主要产品系列有LED驱动器、开关电源、电源变压器、电感器、特种变压器、电抗器、配电变压器共七大类400余个品种，广泛应用于照明、电力、新能源、工控等行业。公司坚持以市场为导向，以客户为中心，在北京、上海、日本、美国、德国分别设有驻外机构，在全球范围内围绕着有价值的客户群，建立并发展着互惠互利的良好合作关系。

152. 佛山市欣源电子股份有限公司

地址： 广东省佛山市南海区西樵科技工业园富达路内
邮编： 528211
电话： 0757-86866051
传真： 0757-86816598
邮箱： fslaowl@ qq. com
网址： www. nh-xinyuan. com. cn
简介： 佛山市欣源电子股份有限公司（股票代码：839229）位于广东省佛山市南海区西樵科技工业园富达路，是一家集研发、生产、销售及售后服务于一体的高新技术企业。公司拥有广东省电容器工程技术研究开发中心，广东省院士专家企业工作站，能为客户专门设计各种电容器。电容器年生产量达到40亿只左右，具有较强的生产能力和及时供货能力。公司已通过ISO 9001、TS 16949等质量管理体系认证及ISO 14000环境管理体系认证、OHSAS 18001职业健康安全管理体系认证，并获得德国VDE、TUV、美国UL等安全认证。

公司主营产品：

1）全系列薄膜电容器、电容电池模组。

2）柔性锂离子电池，安全、柔性、可快充，适用于各类可穿戴设备、物联网卡等。

3）锂电池负极材料，产品涵盖人造石墨、天然石墨和钛酸锂材料，倍率性能好，安全性能突出，适用于各类高能量密度电池。

153. 佛山市新辰电子有限公司

地址： 广东省佛山市南海区桂城北约瀚天科技城A1座2号门左边三楼
邮编： 528000
电话： 0757-86368352
传真： 0757-86368353
邮箱： 381590039@ qq. com
网址： www. maxiups. com
简介： 佛山市新辰电子有限公司是联合投资经营的专业电源公司，公司总部及UPS电源基地坐落在风景秀美的古城——佛山市南海区桂城北约工业园H座二楼，是国内专业研究、开发、生产免维护蓄电池直流屏、通信电源屏、交直流稳压电源、逆变电源、变频电源、UPS（不间断电源）、铅酸免维护蓄电池的高科技企业。公司拥有全国性的营销网络，产品通过公司的销售网25个分公司（办事处）或代理商，用户遍及全国各地及各行各业，凭借专业的产品推广经验，完善的电源解决方案，超值的产品服务保障，赢得了国内各行业广大用户的最终信赖。

佛山市新辰电子有限公司的产品是由美国万时国际有限公司提供技术支持，公司一贯致力于高品质产品的推广。凭着成熟的技术，优良的品质，完善的售后服务及高瞻远瞩的营销策略，经过数年的不懈努力，“MAXI万时”品牌在激烈的市场竞争中脱颖而出，产品质量深得各界用户的认可。

佛山市新辰电子有限公司对大陆电网电力不足、波动大、传输干扰强、频率稳定性能差等现状，研究、生产出完全符合国情、品质优良的电源产品，通过严格标准检测的“MAXI万时”电源符合国家质量监督检验检疫局的产品质量标准，同时公司通过了ISO 9001：2015质量管理体系认证，严格规范的操作和管理保证了公司可不断为客户提供良好的服务和尽快融入世界先进模式。持续稳定增长的销售业绩使得公司不断成长，“MAXI万时”商标成为业内著名商标。凭着一流的技术，过硬的质量，在国内拥有较高品牌知名度和广泛而固定的市场，公司凭着完善的服务网络，使得我们的用户享受着终生优质服务。

佛山市新辰电子有限公司以服务用户为最终理念，从售前电话咨询、现场电力环境勘察、电源产品方案设计，到售后安装调试、产品使用维护、用户技术培训等，均由经验丰富的人员负责。公司在满足用户要求的同时不断挖掘用户新的需求，使用户真正得到高可靠性、可用性的网络整体电源保护方案。通过对中国市场的全面了解、对电源产品的深入研究、对用户满意的整体服务，业务范围广泛涉及金融、银行、证券、交通、民航、海关、税务、教育、邮电、电信、石油、化工等国内重要领域，并赢得电源保护服务专家的赞誉，产品远销东南亚、中东、南非和欧美等地区。

以“质量第一，用户至上”作为经营理念的佛山市新辰电子有限公司真诚希望得到各界朋友的信任和支持，我们本着“团结、奋进、优质、创新”的精神，努力进取，以一片至诚服务于客户，以高质量的产品奉献给社会，回报那些曾给予我们关怀的新老朋友。公司全体同仁热诚希望各届仁人志士光顾，共创属于我们大家庭的未来。

154. 佛山优美科技有限公司

地址： 广东省佛山市南海区狮山科技园 A 区科韵中路
邮编： 528222
电话： 13923195114
邮箱： 328122947@ qq. com
网址： www. umivc. com
简介： 佛山市优美科技有限公司是一家专门研发、设计、生产高品质环形变压器以及基于环形变压器电源产品的创新型高科技公司，拥有多条自动化环形 NPS 生产线、双组分环氧点胶线。公司已通过 CQC/ETL/CE/ISO 9001/外观专利等国内外认证，产品远销国内外。

155. 广东宝星新能科技有限公司

地址： 广东省佛山市南海区罗村联和工业西二区石碣朗大道 1 号
邮编： 528226
电话： 0757-81285481
传真： 0757-81285480
邮箱： ups@ prostar-cn. com
网址： www. protar-cn. com
简介： 广东宝星新能科技有限公司成立于 1998 年，是专业设计、制造不间断电源（UPS）、应急电源（EPS）、稳压器、太阳能组件、太阳能离网/并网系统、太阳能逆变器和全密封免维护电池等电源产品的公司。公司相继在北京、上海、广州、深圳、重庆、天津、南京等 30 多个省、市、自治区成立办事处和维修服务中心，在全国范围内建立了一套完善的销售、服务体系，以保证及时迅速地响应客户的各种需求和服务。经过 20 多年的市场开拓，公司业务迅速发展，销售、物流、服务等机构日益完善。凭借雄厚的技术研发实力，可靠的产品品质，完备、快捷、高效的售后服务，得到了国内各行业用户的一致肯定和好评，产品广泛应用在军工、政府、金融、数据中心、医疗、电信、电力、石化、财税等系统，公司拥有专业资深的光伏工程师团队及丰富的光伏发电方案设计、施工、电站运营经验，为用户提供全程无忧的分布式光伏发电一站式服务。

“给世界永续光明与快乐”是公司的企业使命，将始终不渝地坚持精益求精改善产品性能和电力电源解决方案，给整个世界及其人民的能源需求做出奉献。

156. 广东创电科技有限公司

地址： 广东创电科技有限公司
邮编： 528000
电话： 0757-86766288
传真： 0757-86766800
邮箱： liaoh-cd@ gzzg. com. cn
网址： www. UPS-chadi. com
简介： 广东创电科技有限公司成立于 1997 年，是广州智光电气股份有限公司控股的旗下企业，公司厂房 8000 余平方米，员工 150 人（其中技术人员 60 人）。产品拥有完全自主知识产权，包括工业级 UPS、模块化 UPS、轨道交通电源系统、变频电源、特种电源、电池无线监控和智能配电系统等，单台 UPS 功率达 1000kVA，可多台冗余并机，产品广泛应用于轨道交通、数据中心、公安、公路、银行、广电、医院、电力、通信、化工、冶炼和国防等领域。

公司是高新技术企业，佛山市“专精特新企业”和南海区“雄鹰计划重点扶持企业”和“品牌企业”。公司通过了 ISO 9001 认证，产品通过了泰尔、节能、CE 和广电总局认证等。公司以“广东省大功率智能控制电源工程技术研究中心”（评估优秀）以及广东省教育厅立项、校企共建的“省研究生培养基地”“省大功率高可靠电能变换与控制科研创新团队”“省高校智能电气装备协同创新中心”“省高校高端电源系统技术开发中心”等平台为依托，与华南理工大学、广东工业大学、佛山科学技术学院和广州科技贸易职业学院等院校合作，组建了一支实力雄厚的研发队伍，积累了丰富的技术和工程项目经验。近年承担了国家级科技项目 1 项、省级 7 项（重点 1 项）、市级 7 项（重点 2 项），拥有专利 50 余，获省、部级科技进步奖一等奖 2 项，二等奖 1 项，市科技进步二等奖 1 项，与华南理工大学等单位合作的“轨道交通大功率高可靠供电系统的关键技术及工程应用”成果，经院士牵头的专家鉴定为国际先进水平，在北京、天津、成都等城市地铁得到了广泛应用，获 2018 年度广东省科技进步奖一等奖。

157. 广东大比特资讯广告发展有限公司

Big-Bit 大比特资讯 Big-Bit Information

地址： 广东省广州天河区东英科技园 9 栋 3 层
邮编： 510630

电话：020-37880700
传真：020-37880701
邮箱：isc@ big-bit. com
网址：www. big-bit. com；www. globalsca. com
简介：历经 12 的创业发展，广东大比特资讯广告发展有限公司已成长为中国电子制造业优秀的资讯提供商。

公司业务范围涉及行业门户网站、平面媒体宣传、市场调查、行业专题研讨会策划、展览展示、人力资源服务等一系列围绕中国电子制造业提升竞争力的服务举措。

公司旗下拥有以下成熟媒体：

- 大比特商务网 www. big-bit. com
- 磁性元件与电源网 mag. big-bit. com
- 半导体器件应用网 ic. big-bit. com
- 电源供应器网 power. big-bit. com
- 传感器应用网 sensor. big-bit. com
- 微电机世界网 emotor. big-bit. com
- 连接器世界网 conn. big-bit. com
- 中国电子制造人才网 www. emjob. com
- 《磁性元件与电源》杂志（月刊）

158. 广东丰明电子科技有限公司

地址：广东省佛山市顺德区北滘镇黄龙村委会龙乐路 1 号
邮编：528311
电话：0757-23602982 13924884455
传真：0757-23608828
邮箱：x2sale@ bm-cap. com
网址：www. bm-cap. com
简介：广东丰明电子科技有限公司是一家 2004 年成立的台港澳合资企业，是集研发、生产、销售为一体的金属化薄膜电容器制造商。公司占地 50 亩、拥有 10 万平方米现代化高标准厂房，耗资超 2 亿元打造了丰明制造产业园。公司设备投资超 2 亿元，总资产过 5 亿元，2020 年，公司电容器销量超 7 亿只。一直以来，公司以品质和诚信享誉业界，被评为高新技术企业，并获得“广东省著名商标”“广东省名牌产品”“佛山市细分行业龙头企业”等殊荣，并顺利组建了“广东省、佛山市顺德区感应加热专用电容器工程技术研究开发中心”及佛山市企业技术中心。为了打造公司“核动力”，大力投资引进先进检测及研发设备，建设产品开发中心，工艺研究中心和实验检测中心，进一步提高检测及研发能力。

本着“创一流薄膜电容器供应商”的企业目标，公司全面执行 ISO 9001 质量管理体系和 ISO 14001 环境管理体系要求，生产的薄膜电容器 MKP、MKPL1、MKPH、CBB61、CBB60、CBB65、CBB80、X2、CBB20、CBB21、CBB81 已通过了严格的 CB、CE 检测，并取得了 CQC、UL、CUL、VDE、TUV 等多国安全质量认证。产品应用于各类电子设备、电磁炉、电风扇、照明灯具、空调、电冰箱、洗衣机等家用电器及电力系统中。公司以精准把握客户的需求为核心，为各类客户如家电、工业、新能源等市场提供薄膜电容器一站式解决方案及配套服务，产品热销全球。

公司以“为成功的企业配套，为企业的成功配套”为宗旨，以“科技、品质、环保”为核心，凭借强大的制造能力、可靠的品质保证、优秀的技术团队、精良的生产设备、先进的生产工艺、严格的成本管理、诚信的经营服务，和美的、格力、格兰仕、三星、LG 等多家国内外著名企业建立了合作伙伴关系，在业界中深受客户肯定，连续多年被评为优秀供应商。

159. 广东鸿威国际会展集团有限公司

地址：广东省广州市海珠区新港东路 1000 号保利世界贸易中心 C 座 7 楼
邮编：510220
电话：13070211486
邮箱：service@ gzhw. com
网址：www. bspexpo. com
简介：政策表明，“十三五”期间，伴随着中国经济的持续快速增长，中国电源产业呈现良好的发展态势，2016 年中国电源市场规模首次突破 2000 亿大关，截至 2017 年中国电源行业市场规模达到 2321 亿元，同比增长 12.89%。2018 年中国电源行业市场规模超过 2500 亿元，市场分析机构预计中国电源市场将在 2020 年迎来 2676 亿元的规模。

近几年随着 LED 照明、分布式光伏、风能、充电桩、云计算、大数据、智慧城市的兴起、信息消费的不断推进，未来的 10 年，仍旧是电源企业的春天。

展品范围：

1. 普通电源展区

开关电源、电源适配器、LED 电源、UPS、移动电源（便携式电源）、变压器电源、逆变电源、交流稳压电源、直流稳压电源、DC/DC 电源、稳压电源、通信电源、模块电源、变频电源、工控电源、EPS（应急电源）、计算机电源、净化电源、PC 电源、整流电源、定制电源、加热电源、焊接电源/电弧电源、电镀电源、网络电源、电力操作电源、线性电源、电源控制器/驱动器、功率电源、参数电源、调压电源、稳压器、逆变器、直流电源；铁路、金融、航天航空、照明、高压等专用电源模块及各类定制电源产品；油机发电、风力发电、太阳能发电等专用电源设备等。

2. 特种电源展区

安防电源、高压电源、医疗电源、军用电源、航空航天电源、激光电源及其他特种电源。

3. 电子变压器、电感器展区

电源设备变压器、电感器，工业用变压器，家电用变压器，照明用变压器，霓虹灯用变压器，特种变压器，变压器测试仪器，变压器/电感器绕线设备及绝缘线材等。

4. 电源配套产品展区

各类电源用元器件（二极管/整流器、晶闸管、IGBT/MOS、电阻、电容等）、功率半导体、电容器、滤波器、示波器、保护器、PDU 插座、电抗器、电源线、温控器、继电器、散热器及风扇、锂电池、蓄电池、电源模块盒体/机壳/机箱/机柜、连接线端子等。

5. 电源制造设备及辅助材料展区

电源/电池制造设备、电源/电池测试系统、电源测试治具、安规测试仪表、电磁兼容设备、灌胶设备电源、点胶设备、老化测试设备、电子负载等；密封硅胶、灌封胶、导热硅胶、绝缘套管、散热硅胶、磁性材料等。

6. 电源相关软件

监控系统、辅助设计软件、电源综合解决方案、电源测试服务、安规认证及其他电源管理相关软件等，电源安装工程及用具等。

160. 广东金华达电子有限公司

地址：广东省广州市天河区棠下涌东路大地工业区 C 栋 5 楼
邮编：510665
电话：020-38240010
传真：020-38259275
邮箱：13922298699@ 139. com
网址：www. 020k. net

简介：广东金华达电子有限公司（以下简称金华达）成立于 1995 年 7 月，总部设于中国广州市，是一家中外技术合作高新科技企业，主要从事通信电源、电力电源、汽车照明等电源、防雷配电设备研发、生产、销售、工程设计施工等业务。公司自成立以来致力于打造“金华达”品牌，严格执行“技术领先、质量可靠、服务满意，客户至上”的经营方针，经过近年来的努力，金华达通信、电力电源产品广泛应用于通信、电力、铁路、军队等行业。并以优良的品质和服务，赢得了广大客户的信赖。

2003 年金华达与欧洲企业合作共同开发了高级时尚车灯系列——金华达 HID 高压氙气车灯系列。主要用于奔驰、宝马、奥迪等高级汽车前车灯。目前，金华达 HID 高压氙气车灯系列的各项技术指标及品质均达到国际中高、国内领先水平，并符合 ECE R98 的近光配光性能要求，为国内车灯的革命注入了新的活力。公司产品热销海内外，并已在全国大部分地区拥有销售、服务网络。

161. 广东力科新能源有限公司

地址：广东省东莞市寮步镇横坑石岭工业区横东三路 9 号
邮编：523000
电话：0769-83527566
邮箱：sainan@ szpowtech. com. cn
网址：www. szpowtech. com. cn

简介：广东力科新能源有限公司（以下简称力科）成立于 2015 年，总部坐落于琼宇林立的繁华之都——深圳福田 CBD 中心，生产基地位于广东东莞，是一家从事锂离子电池研发、制造、销售及服务于一体的国家高新技术企业。力科始终以客户服务为中心，秉承质量优先、技术创新的发展理念，为 3C 消费类电子产品、智能家居、移动支付、医疗器械、工业安防、小动力及小储能等领域提供绿色安全、高效快捷的新能源产品及服务，致力于成为国内外一流的电池管理解决方案提供商。

力科凝聚了一支拥有 15 年以上锂电池领域工作经验的高端技术人才和管理团队，打造了由博士、硕士和行业资深专家组成的研发梯队，创建了有世界一流科研设备的实验室：配有有机仪器、无机仪器、气象色谱-质谱连用仪、扫描电镜、X 射线衍射仪等众多先进仪器。得益于团队精湛的技术和努力钻研的精神，公司获得了多项发明专利和数十项国家认证证书。力科已通过 ISO 9001 质量管理体系、ISO 14001 环境管理体系以及 OHSAS 18001 职业健康安全管理体系认证，为了进一步提升公司产品的国际竞争力，近年来，公司加大投入，引进了多条现代化、全自动生产线，大大地提高了生产效率，不断为国内外客户提供更优异的品质和个性化的服务。

力科注重与国际化接轨，所生产锂离子电池均通过 UL1642、UL2054、CB、CE、PSE、KC、BIS、BSMI、GB 31241 等多项国际安全认证和 RoHS、REACH 等环保体系要求，并销往国内 40 多个大中城市及北美、欧洲、东南亚、韩国、日本等国家和地区。

162. 广东南方宏明电子科技股份有限公司

SHM

地址：广东省东莞市望牛墩镇牛顿工业园
邮编：523216
电话：0769-22407479
传真：0769-22407481
邮箱：officeclerk@ gdshm. com
网址：www. gdshm. com

简介：公司始建于 1988 年，原名为东莞宏明南方电子陶瓷有限公司，2001 年经国家批准设立广东南方宏明电子科技股份有限公司。公司位于东莞市望牛墩镇牛顿工业园，是国家高新技术企业、广东省技术创新优势企业、广东省守合同重信用企业。公司注册商标 SHM® 荣获“广东省著名商标”称号。公司专业生产各种高品质瓷介电容器、压敏电阻器和热敏电阻器等。年综合生产能力超过 30 亿只。产品主要用于设备电源、通信器材、计算机、电视机、视听设备、空调、电子厨具、灯具和设备保护装置等，远销美洲、欧洲和亚洲各国。在国内市场中，产品被大部分知名大型电子设备生产企业采用，产品品质和服务在行业中享有很高的声誉。公司通过了 ISO9 001：2015 质量管理体系认证、ISO 14001：2015 环境管理体系认证、GJB 9001B—2009 中国军工产品质量体系认证、GJB 546B 贯彻国军标生产线认证、GB/T 29490—2013 知识产权管理体系认证等。产品符合国际、国军标、美国 EIA 标准和国际电工委员会（IEC）标准。安规瓷介电容取得了美国 UL、德国 VDE、欧洲 ENEC、加拿大 CSA、中国 CQC、瑞士 SEV、瑞典 SEMKO、挪威 NEMKO、丹麦 DEMKO、芬兰 FIMKO 和韩国 KTC 安全质量认证；压敏电阻器取得了中国 CQC、美国 UL 和德国 VDE 安全质量认证；NTC 热敏电阻器取得了美国 UL、加拿大 CUL 认证；片式压敏电阻器取得了美国 UL 安全质量认证；片式安规电容器取得了中国 CQC、美国 UL、欧洲 ENEC、韩国 KTC 安全质量认证。公司的质量方针是“全员参与、品质先行、真诚服务、顾客满意”。公司的环境方针是“遵守法规，齐心协力，持续改进，预防污染，满足顾客环境要求，造福社会”。公司知识产权方针是“自主创新，有效运用，加大保护，科学管理”。公司的经营方针是“以市场客户为中心、开拓进取、务实创新、精益管理、控制成本、可持续发展”。

163. 广东全宝科技股份有限公司

地址：广东省珠海市斗门区新科一路 23 号
邮编：519100
电话：0756-6290628
传真：0756-8888756
邮箱：info@ totking. com
网址：www. totking. com
简介：广东全宝科技股份有限公司（以下简称全宝科技）成立于 2002 年，是一家专业研发、生产印制电路用金属基导热覆铜板并为客户提供全面导热散热材料解决方案的高科技企业。其旗下全资子公司珠海精路电子科技有限公司为我们的客户提供一站式导热线路板解决方案及专业研发生产金属基导热线路板。经过十多年发展，公司拥有了 20000 多平方米自建厂房及 40000 多平方米的在建工业厂房，未来金属基 PCB 年产能将达到 120 万平方米！公司坚持研发创新，掌握产品核心技术，已获得 40 余项专利，且新技术专利在持续申请中。现已形成多个系列的金属基导热覆铜板产品，在高导热、高耐压、高 TG、无卤素等高阶产品细分领域的研发生产能力处于业界领先水平，公司获得高新技术企业认证，通过 IATF 16949、ISO 14001 等认证，产品获得 UL/SGS/NQA 等专业机构认可，并符合欧盟 RoHS、REACH 标准，是大中华区率先获得 UL 全性能认证的企业。公司不断开拓国内及国际市场，产品主要出口欧洲、北美及东南亚地区并获得全球知名品牌客户的一致好评。公司是国内行业领先者之一，作为主要起草人及起草单位承担行业及国家规范标准的编制工作。2009 年参与起草了《印制电路用金属基覆铜箔层压板》CPCA 4105—2010 行业标准；2014 年开始主导编制由中国国家标准化管理委员会立项的《印制电路用金属基覆铜箔层压板通用规范》国家标准（国标编号 GB/T 36476—2018），该标准于 2018 年 6 月 7 日正式发布，于 2019 年 1 月 1 日开始实施。

164. 广东顺德三扬科技股份有限公司

Samyang
三扬股份

地址：广东省佛山市顺德区勒流街道福安工业区 30-3 号
邮编：528322
电话：0757-25563570
传真：0757-25566961
邮箱：sales@ kingsunny. com
网址：www. samyang. cc
简介：广东顺德三扬科技股份有限公司成立于 2004 年，2015 年登陆新三板，如今有四大业务板块，即电源整流设备，拉链机机械设备，智能排产 MES/APS 系统/制造运营管理（MOM）系统和工业机器人，涵盖电力电子整流、金属拉链行业和工厂智能制造业，在业内树起品牌，形成口碑。

公司的产品源于强大的创新能力。公司历来重视产品信息化、自动化和智能化的研发，在微电子技术与精密机械制造领域具有多年行业经验，设立有省级工程中心，并获得近 20 项发明专利。公司不断优化产品设计、提升产品运行效率与可靠性，以其更好地体现产品自动化、智能化、数据与系统集成的设计理念。稳定可靠的设计，量身定制的产品，制作工艺先进、测控技术精准，并将系统化管理模式融入自动化生产过程中，是我们研发产品的一套设计理念。

公司信息化管理方面，在生产车间已全面采用无纸化管理，通过自主开发的 MOM（制造运营管理）系统，利用公司自主研发的通信硬件及集团旗下的自动化机器人等先进设备，借助工业互联网等技术，帮助企业实现在生产计划、制造执行、采购进度、产能规划、仓储周转的全面透明化、可视化、信息化，全面为客户提供离散型制造业智能制造运营解决方案。

165. 广东新成科技实业有限公司

地址：广东省汕头市泰山路珠业北街 2 号
邮编：515000
电话：0754-8813426
传真：0754-8813429
邮箱：sc@ xincheng-in. com

网址：www. xincheng-ic. com

简介：广东新成科技实业有限公司成立于2002年7月，是中国专业制造陶瓷电容器、负温度热敏电阻、薄膜电容器和压敏电阻器的大型民营科技企业之一，是2016年国家认定通过的高新技术企业，市级元器件工程技术研究中心，并拥有自主的注册商标证、3项发明专利、10项实用新型专利、1项集成电路布图设计登记证书、3项软件著作权及广东省认定高新技术产品4项，是中国船舶重工集团公司第七一二研究所、江苏大学联合共建产学研和研究生实习基地长期合作单位。公司主营产品（服务）所属技术领域为电子信息、新型电子元器件、敏感元器件与传感器。公司经过十多年的积累与沉淀，拥有一支高效的管理团队，集研发、生产、营销为一体，自动生产设备已实现规模化生产，产品通过了ISO 9001质量管理体系认证，并获颁英国UKAS认证证书，全系列产品符合并通过SGS环保要求和中国CQC、美国UL/CUL、德国VDE及ENEC等安规标准。产品被广泛应用于工业电子设备、通信、电力、交通、医疗设备、汽车电子、家用电器、测试仪器、电源设备等领域，产品质量处于国内领先水平。

166. 广州德肯电子股份有限公司

PINTECH 品致®

地址：广东省广州市黄埔区科学城科学大道118号绿地中央广场B1栋1510-1515

邮编：510663

电话：020-82510899

传真：020-82512962

邮箱：cjc@ pintech. com. cn

网址：www. pintech. com. cn

简介：PinTech品致是仪器仪表著名品牌，全球示波器探头著名品牌，示波器探头技术标准倡导者，“两点浮动”电压测试创始人，是泰克（Tektronix）、罗德与施瓦茨R&S、是德（Keysight）等都是Pintech品致的战略性合作伙伴。“品致Pintech”商标中的“品致”两字取之《易经》坤卦第二章“品物咸亨，至哉坤元”中的“品至”二字，至谐音致，蕴含精雕细琢出精品，视产品的品质为生命之含义。广州德肯电子股份有限公司是PinTech品致全资公司。

公司通过多年孜孜不倦辛勤的研发和对未来发展进行规划，至今公司已推出50多款产品；目前，已获得了多项发明专利和技术专利，随着公司技术日益成熟，目前具有代表性的几个产品分别是有源差分探头、高压测试棒、高压电表、电流探头。公司产品销往世界80多个国家和地区及500多所院校。

公司目前的产品有有源差分探头、示波器探头、高压测试棒、高频电流探头、电流探头、隔离电流探头、高压电表、高压放大器、功率放大器、静电发生器、信号发生器、示波器、万用表、交流电源、直流电源、直流电子负载、耐压测试仪、功率计等多种电子测量仪器。

167. 广州德珑磁电科技股份有限公司

Deloop 德珑磁电

地址：广东省广州市番禺区石基镇金山村华创动漫产业园B25栋4楼

邮编：511400

电话：18320687624

传真：020-31120202

邮箱：706528033@ qq. com

网址：www. deloopgroup. com. cn

简介：广州德珑磁电科技股份有限公司成立于2004年，注册资本2500万元，总部设在广州。目前，在广州、中山、云浮等地拥有多家全资子公司。

公司是广东省高新技术企业、广州市民营科技企业、广州市科技创新小巨人企业，被认定为广州市企业研发机构和番禺区企业技术研究开发中心，承担广东省广州市多个科技科研攻关项目，获得广州市创新基金和产学研资金的立项支持，并成功申请了数十项发明专利和实用新型专利。

公司致力于电磁器件、磁性材料、绝缘材料的研发与生产，产品属于节能新器件、节能新材料，符合国家发展规划的战略性新兴产业方向，广泛应用于智能家电、新能源、电动汽车、智能电网、节能照明、IT/通信设备等多个领域。

公司现已具有多个生产基地厂，100多名员工，采用国内外先进的自动化制造设备和高效标准的生产线，严格执行ISO 9001：2015、CQC、UL等认证，满足欧盟RoHS指令等要求。

168. 广州东芝白云菱机电力电子有限公司

GTMBU

地址：广东省广州市白云区江高镇神山管理区大岭南路18号

邮编：510460

电话：020-26261623

传真：020-26261285

邮箱：gtmbu@ gtmbu. com. cn

网址：www. gtmbu. com. cn

简介：广州东芝白云菱机电力电子有限公司成立于2004年，是由东芝三菱电机产业系统株式会社与广州白云电器设备股份有限公司共同出资组建的高科技公司。2008年首次通过广东省高新技术企业认定，至今已连续十年通过认定，生产的高压低压变频器、不间断电源被认定为广东省高新技术产品。同时公司被认定为广东省守合同重信用企业、广州市安全生产标准化达标企业、广州市清洁生产企业。

公司建有广东省电力电源及变频调速装置工程技术研究中心、广州市高低压电源工程技术研究开发中心。公司先后承担了广州市关键共性技术研究项目“起重机用变频器”、广州市科技攻关计划项目“6.6kV 高压 IGBT 变频器”、广州市专利技术产业化示范项目“高效节能型高压变频器产业化项目”、广州市白云区科技计划支撑项目“10kV 大容量高压 IGBT 变频器产业化”，被评为广东省自主创新示范企业、广州市白云区促进专利授权奖二等奖、中国质量评价协会科技创新产品优秀奖等。

公司拥有发明专利 1 项，实用新型专利 32 项，外观设计专利 14 项，计算机软件著作权 1 项。参加《电力工程直流电源设备　通用技术条件及安全要求》（GB/T 19826—2014）标准的修订及《冶金用变频调速设备》（GB/T 37009—2018）标准的编制。

169. 广州高雅信息科技有限公司

高能立方
HIECUBE

地址：广东省广州市天河区龙洞第三工业区 A8 栋 210
邮编：510520
电话：020-29019513
传真：020-29019513
邮箱：hiecube@ foxmail. com
网址：www. hiecube. com
简介：广州高雅信息科技有限公司坐落于广州市天河区，毗邻广州科学城，是一家集研发、生产、销售及服务于一体的 AC-DC 电源模块的生产厂家。公司拥有专业的研发团队，产品研发经过立项评审、方案评审、样品测试、小批量试验、批量定型等设计论证和工程、制造验证，及各种可靠性试验，全方位保证电源设计质量。

公司生产的 AC-DC 电源模块使用先进的自动化生产设备和工艺，使得产品一致性非常好。公司拥有国际先进的测试设备，所有产品均通过初测、老化和终测三次测试，从而保证了“HIECUBE”电源产品的高可靠性。公司提供 5~36W 中等功率电源模块产品，致力于在中小功率领域提供专业化的产品及服务。服务网络遍及全国 30 多个城市，可满足各地不同客户的供货需求，所生产的电源模块已广泛应用于电力、工业控制、仪器仪表、医疗电子、轨道交通、通信、安防、军工体系等领域。

多年来，广州高雅信息科技有限公司始终秉承着“以创新为本，让品质说会话”的原则做事。在这个竞争激烈的时代，公司毅然坚持以高性价比产品与客户建立稳健的合作关系，脚踏实地一步一步成为电源技术行业的佼佼者。

170. 广州华工科技开发有限公司

地址：广东省广州市天河区五山街华南理工大学内 28 号楼西侧
邮编：510641
电话：020-85511281
传真：020-85511287
邮箱：32163@ 32163. COM
网址：www. 3216. com
简介：广州华工科技开发有限公司（原名：华南理工大学科技开发公司）是直属于华南理工大学的全资子公司，在中国率先引进国外先进电力电子器件，先后成为日本富士电机功率半导体中国代理、日本日立电容器中国代理、日本三社电机半导体中国代理。公司多年来致力于富士功率半导体在中国的推广与应用，是富士电机公司合作最长、最具实力的代理商。经过二十多年的努力，业务遍及 UPS、变频器、逆变焊机、开关电源、风电、光伏、电动汽车等领域，与国内多家知名企业建立了长期稳定的合作关系，在中国电力电子半导体市场有着广泛的影响力。广州华工科技开发有限公司实力雄厚，重守信誉，每种元件皆为原厂订购，库存充足，质量保证，交货最快，价格最优。公司以用户需求为导向，以产品、技术和服务为依托，为顾客提供完善的技术支持和选型方案。经过多年不懈的努力，同时在富士电机及广大客户的大力支持下，公司经营业务蓬勃发展，在长期的发展过程中，始终坚持“诚信经营，服务至上”的经营理念，不断完善发展，竭诚为广大用户提供最优质的服务。

171. 广州健特电子有限公司

JETEKPS 健特

地址：广东省广州市经济技术开发区科技园 4 栋 2~6 楼
邮编：510730
电话：020-32029926
传真：020-32029929
邮箱：sales@ jetekcn. com
网址：www. jetekps. com
简介：广州健特电子有限公司（以下简称广州健特），成立于 2008 年，拥有一支资深的研究与开发工程师队伍，是一家集研发、设计、生产、和销售为一体的企业，产品广泛应用于军工、铁路、电力、船舶、医疗、通信、自控等领域。公司各系列产品以其出众的高可靠性、高稳定性及高性价比的特点深受各行业客户的喜爱。公司员工有着坚忍不拔、不屈不挠的钻研精神，多年来致力于磁电隔离技术和产品的研发与应用，并创造了高品质的 DC-DC 系列产品，公司是国内少数同时具有塑封、灌封和包封的电源厂家，同时具有微点焊、激光打标、无铅生产、车间温湿度控制系统的电源厂家之一。与此同时，公司通过了 ISO 9001：2008 质量管理体系认证、ISO 14001：2004 环境管理体系认证。随着各项标准的完善，广州健特成为中国电源模块研发制造技术与诚信方面最值得信赖的公司之一。广州健特以“技术创新、质量第一”为公司理念，以“诚信为本、用户至上”为原则，不断为客户推出高端技术产品。“制造业的使命是一切以客户的需求为导向，对客户提供最好的产品，以优良的品质及快速负责的工作热忱来获取客户的信赖和支持，并为公司创造利润奠定基石，建立开创永继经营的有利条件，建立符合持续改善品质管理要求”是广州健特务求技术创新、质量第一的品质承诺。公司产品与当前国家重点发展的轨道交通、电动汽车、智能电网、新能源、物联网等新兴行业大量需求关键电子零部件相匹配。产品质量和技术设计符合国际标准，且兼容国内外大多数知名品牌，能满足振动、潮湿、高低温等工业级环境下的工作条件。在电力控制、通信器材、仪器仪器、医疗设备、工业控制、汽车电子、安防监控、广电仪器、军工装备等行业得到广泛应用。

广州健特致力于满足客户的个性化要求，及时提供优质的产品。服务网点遍布全国20多个城市，能够为客户提供个性化、全方位、最直接的服务。未来，广州健特将不断努力开拓海外市场，并提供更优质、环保、高性价比的产品与服务。

172. 广州科谷动力电气有限公司

Logo：无

地址： 广东省广州市天河区东圃大马路1号东圃购物中心B座商务区304室
邮编： 510660
电话： 020-31602680
邮箱： info@ kg-power. net
网址： www. efeigu. com/Ser/weixiunengli/
简介： 广州科谷动力电气有限公司是一家主要从事新能源产品、通信电源产品、无线通信产品、机房动力环境系统、储能系统、数据中心监控系统、化成系统的开发、生产、运维和销售的企业。公司坐落于广东省的政治、经济、文化和交通枢纽中心的广州市天河区，拥有近1000平方米的办公区域，研发基地近500平方米。其拥有业界领先的产品策划、技术支撑平台和专业的通信能源实验室。

173. 广州欧颂电子科技有限公司

OSEN欧芯®

地址： 广东省广州市越秀区大南路2号合润国际广场26楼
邮编： 510000
电话： 020-83309090
传真： 020-81885936
邮箱： 2880360350@ qq. com
网址： www. osen. net. cn
简介： 广州欧颂电子科技有限公司是一家集研发、生产、销售、技术服务为一体的中小型高科技民营企业，拥有“欧芯”品牌。公司成立于1999年，成立以来，一直在研科、创新等领域投入巨资，不断开发出新的产品，并建立起了一支技术力量雄厚的科研团队和精英销售管理团队，在各个方面都取得了一定的突破。公司的宗旨是助客户走向成功，让客户体验价值，公司的目标是把中国的半导体产业推向世界，为中国制造走向中国创造贡献一份力量。

公司目前主要生产功放音响配对管、开关晶体管、整流肖特基二极管及场效应管，年生产能力已突破一亿只，产品的质量严格控制在国际标准的99.9%以上，公司正朝着零不良率目标努力。公司已先后获得ISO 9001体系、RoHS欧盟环保标准和欧盟CE体系等的认证，现在已与多家大型功放音响、开关电源、电子镇流器、电焊机、逆变器、照明以及雾化加湿器等企业建立起合作，受到了广泛赞誉，也逐渐成为众多知名厂家的首选品牌。公司始终坚持以质量求发展、以科技求创新为发展目标，努力打造出功放音响管、开关晶体管、整流肖特基二极管以及场效应管中的精品。

174. 广州市昌菱电气有限公司

地址： 广东省广州市天河区中山大道西215号A216房
邮编： 510665
电话： 020-38915779
传真： 020-38915769
邮箱： shoryo@ cl-ele. com
网址： www. cl-ele. com
简介： 广州市昌菱电气有限公司是一家以供应UPS为核心的电源综合解决方案供应商，是日本三菱UPS中国总代理，东芝三菱TMEIC品牌UPS中国全国代理，日本共立（KY-ORITSU）双电源转换开关中国代理。

广州市昌菱电气有限公司的主要成员由三菱电机（香港）有限公司原三菱UPS中国事业部人员组成。公司拥有包括多名留学生在内的博士、硕士等高级人才，公司董事长原在三菱UPS的基干工厂——神户工厂从事技术工作，后调任三菱电机（香港）有限公司三菱UPS中国事业部经理，统管三菱UPS在中国的销售和服务工作。其他工程技术人员也在日本三菱UPS神户工厂接受过严格的专业训练，多年来一直负责三菱UPS在中国的技术支持工作，在三菱UPS中国事业部的发展过程中发挥了重要作用。

2008年5月，广州市昌菱电气有限公司获得ISO认证机构颁发的ISO 9001：2008质量管理体系认证证书（证书编号：11408Q10251R0S），成为UPS销售与服务行业少有的通过ISO认证的企业。引入国际标准的ISO质量管理体系，使公司的管理水平迈上了一个新台阶，为企业提高核心竞争力和进入国际竞争创造了有利的条件。

公司非常重视可持续发展。在提供销售和技术服务的同时，非常重视技术研发工作，目前已在UPS技术、LED照明和其他电源技术领域取得了多项专利。

175. 广州市锦路电气设备有限公司

地址：广东省广州市天河区中山大道 89 号 C211 房
邮编：510665
电话：020-85566613
传真：020-85565253
邮箱：cici@ gzkingroad. com
网址：www. gzkingroad. com

简介：广州市锦路电气设备有限公司努力融合创新，不断开拓进取，永续稳健运营，自 2004 年成立以来，长期致力于 UPS、EPS、机房通信产品及机房节能产品的研发、生产、销售及服务，是国内领先的绿色电源系统集成供应商之一，同时还和国际著名品牌（如美国 3M 公司、美国 PROTEK 公司、法国 SOCOMEC 公司）等展开了深入、密切的合作。

公司产品品质卓越、性能稳定，优质服务于广州亚运会主会场、亚运场馆、广州塔、广州地铁、武汉地铁等标志性行业客户，并获得了客户的一致好评。

公司坚持于“大行业、大客户、大项目、大团队”的营销理念，秉承“开拓，进取，创新”的创业精神，保证产品从研发到售后服务整个环节的高质高效地运转，最大限度地满足客户发展与改进的需求，以“科技创新”的观念不断提升客户的竞争力和赢利能力。

176. 广州市力为电子有限公司

地址：广东省广州市增城区石滩镇沙庄街建设东路南 2 巷 2 号
邮编：511328
电话：020-82907228
邮箱：meiji@ meijipower. com
网址：www. meijipower. com

简介：广州市力为电子有限公司成立于 1995 年，是一家专注于电源研发与制造的科技型企业，于 1998 年取得 ISO 9001 质量管理体系认证和家国强制性认证等证书。

产品有各类开关电源、计算机电源、服务器电源、车载（适用于火车、舰船）直流电源、特种 LED 驱动电源、适配器电源等；产品功率覆盖 10W～10kW；产品广泛应用于照明、通信、电力、工业控制、仪器仪表、医疗、铁路、海洋等各个领域。

拥有近 3 万平方米的专属研发与生产工业园，配置国际先进的检测设备和测试手段，可进行各种元器件应力分析、高低温及其循环试验、振动试验、交变湿热试验、MT-BF 分析试验、FMEA 分析试验等。

与多家安规检测、EMC 检测实验室长期保持密切合作，从而保证了电源产品的高可靠性，使公司电源产品成功通过 3C、UL、CE 等全球安规认证。

全面品保、客户满意是我们的质量政策，在公司每一个产品从技术研究、设计、试作、设计验证（DVT）、设计质量测试（DQT）、选料、试产、量产等均有一套严谨的标准控管程序与规范；在管理上，从业务接单、生管排单、采购、制程管理、出货、售后服务、质量分析等，也自行设计了一套高效率的计算机化管理系统，以确保提供最佳的 PQCDSR（产品、质量、价格、交期、服务、信赖）给客户。

177. 广州旺马电子科技有限公司

WM·wangma®
旺马电源

地址：广东省广州市番禺区南村镇市新路 147 号
邮编：511400
电话：020-34821510
邮箱：305905012@ qq. com
网址：www. wanma888. com

简介：广州旺马电子科技有限公司是一家拥有多项国家专利，集研发、生产、销售开关电源产品的实业型电源生产企业，产品主要应用于工控自动化、动漫游乐、自助终端设备、安防、医疗、通信设备等行业。公司自 2009 年成立以来，秉承“以自主研发为核心、以品质为根本、以产品使用安全为首重、以市场需求为主导、以工程人员施工方便为导向”的“五以”原则，开发生产出多款贴近行业、贴近市场的产品，深得国内外众多用户好评；产品质量层层把控，创建并树立了良好的品牌形象，赢得了行业内的良好口碑。

广州旺马电子科技有限公司拥有一支高素质、充满活力、富有创新精神的研发团队。迄今为止，产品已通过 CCC、CE、FCC 等产品认证，工厂已获得 ISO 9001 质量管理体系等认证。公司生产基地面积约 5000 平方米，月生产各类电源可达 20 万台以上。为了保证及时交货，公司一直保持 90%的标准品库存；如果您不能从公司网站或产品目录上找到您合适的机型，公司强大的研发队伍也能按照您的要求为您开发定制、研发生产出您所需要的电源产品。可靠的品质、合理的价格与快速的交货服务是您选择的理由。

广州旺马电子科技有限公司深受广大客户的信任与肯定。

178. 海丰县中联电子厂有限公司

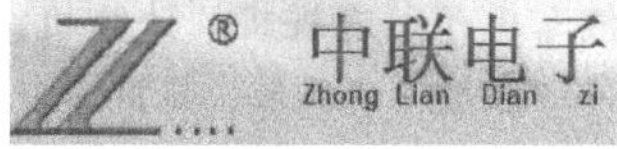

地址：广东省海丰县金园工业区 A 六座
邮编：516411
电话：0660-6400997
传真：0660-6405708

邮箱： eee@ zldyc. com

网址： www. zldyc. com

简介： 海丰县中联电子厂有限公司成立于1991年，位于海丰县城金园工业区，拥有自己的工业园区，占地面积为14600平方米，自建厂房建筑面积为4000多平方米，拥有现代化生产流水线4条，具有完善的生产、研发和检测设备。公司目前有员工100多人，其中科研、工程技术人员30多名。公司为国内电源行业知名高新技术企业及国内最早进入开关电源邻域的专业研发生产厂家之一，专业从事各类开关电源、充电机等电源设备的研发、生产、销售，可为客户度身定制各种开关直流稳压电源和充电机等系列产品（电压在1000V内，电流在6000A内）。公司推出的系列开关电源和系列充电机已在UPS/EPS、电力自动化、广播电视、仪器仪表、通信系统和工业控制、电镀氧化、元器件老化、部队等领域广泛应用，用户遍及全国各地。

179. 合泰盟方电子（深圳）股份有限公司

地址： 广东省深圳市龙华新区大浪街道新围第三工业区L栋三楼

邮编： 518109

电话： 0755-83775613-803

邮箱： sj. lin@ sz-hotland. com

网址： www. sz-hotland. com

简介： 合泰盟方电子（深圳）股份有限公司是一家集研发、生产、销售为一体的专业电感制造与服务供应商。

公司从1999年开始就致力于电感元件的研制与生产。十多年来，公司坚持以研发创新为中心，在一体成型电感、大电流扁平线电感、SMD功率电感、NR电感、共模电感等方面积累了丰富的经验。公司拥有一批稳定敬业的高素质人才，具备先进的生产工艺、雄厚的技术力量、完善的测试手段，公司已通过ISO 9001、ISO 14001、QC 080000、TS 16949等认证，全面导入ERP、MES、SRM等现代管理手段。拥有十多条全自动化生产线，特别在一体成型电感制作方面，掌握多项核心技术，拥有多项国家发明专利，是国家高新技术企业。2016年成功挂牌上市。

公司总部坐落在广东深圳龙华新区，紧临深圳北站，以龙华为基地，辐射内地。

公司精湛的技术水平、完善的生产能力、可按客户要求的规格参数定制各类电感，产品已发展为02、04、05、06、08、10、13、1508、17、22等多个系列数百个品种，产品广泛应用于高档音响、汽车电子、电视机、计算机、网络通信、手机数码、GPS、军工及航天等领域，是许多世界知名品牌的战略供应商。

公司一贯秉承“品质高要求、供货高效率、服务高标准”的管理理念，以创新、卓越、具有竞争力的产品满足新老客户全方位的需求，携手共进，把公司打造为中国知名电子元件供应商而努力奋斗！

180. 辉碧电子（东莞）有限公司广州分公司

INVENTUS™
POWER

地址： 广东省广州市番禺区南村镇兴业路921号长华大厦西3楼

邮编： 511400

电话： 020-39298880

邮箱： roby. luo@ inventuspower. com

网址： https：//inventuspower. com

简介： Inventus Power是一家为全球提供创新电源解决方案的生产制造企业，拥有超过48年的卓越经验，将继续以专业的知识，引领设计和制造可再充电电源行业，包括：锂电池包、蓄电池充电器、拓展坞、高效能电源等。合作伙伴主要包括在医疗、军工政府及商业等OEM工业市场。

公司拥有六家具有战略地位的先进制造工厂，具备提供成本效益及大批量生产的能力。拥有近40万英尺（1英尺=0.3048米）以上的制造空间和一整套的内部设计、模具、测试设备，有能力在世界范围内管理从设计到生产的复杂项目。每一个制造工厂都通过了ISO 9001：2008认证并且产品都符合EISA、RoHS和CEC规定要求。

辉碧电子（东莞）有限公司是美资企业Inventus Power旗下的独资子公司，总部设在美国芝加哥，于1987年4月1日在东莞市清溪镇建立生产基地，是率先在清溪镇投资的三家外商企业之一。公司现有员工1400多人，厂区占地约3万平方米。

辉碧电子（东莞）有限公司广州分公司（简称辉碧电子广州技术中心），是辉碧公司集团级的研发中心，成立于2007年，位于广州市番禺区，目前拥有200多名工程师。技术中心技术实力雄厚，一直致力于大/中/小型电池包、充电器以及电源的研发，可独立完成产品设计、样品制作、安规申请等一揽子新产品导入工作，并对全球五个工厂提供生产技术支持。

181. 惠州三华工业有限公司

三华

地址： 广东省惠州仲恺高新区14号小区

邮编： 516006

电话： 0752-2771196 2771317

传真： 0752-2771199

邮箱： sales@ cnsanhua. com；ywb@ cnsanhua. com

网址： www. cnsanhua. com

简介： 惠州三华工业有限公司主要产品为逆变电源、太阳能风能并网逆变电源、LCD、LED彩电和计算机显示用电源及适配器、打印机复印机用电源及新兴医疗器械等高科技产品。公司产品市场前景广阔，销量一直保持全国领先。公司通过了ISO 9001：2000、ISO 14001、CQC、UL、VDE等认证，被评为广东省高新技术企业、首批国家级高新技术企业，是惠州市软件和系统集成行业协会首批会员企业之一。公司是 TCL、索尼、三星、松下、创维、长城、日本 JVC、美国 P&G 等国内外知名企业的合作伙伴，海外销售客户遍及欧洲、北美、日本、巴西、印度及东南亚等地。多年来，凭借着稳定可靠的产品质量、极具竞争优势的产品价格、全面及时的售后服务，被三星、松下、长城、TCL 等国际知名公司评为“优秀供应商”“十佳供应商”等荣誉称号。

182. 乐健科技（珠海）有限公司

RAYBEN®
Technologies

地址： 广东省珠海市斗门区新青科技工业园西埔路 8 号
邮编： 519180
电话： 0756-6320666
传真： 0756-6320558
网址： www. rayben. com
简介： 乐健科技（珠海）有限公司是 LED 封装散热管理技术领域的领头羊。凭借 20 多年对散热基板的研发、设计与制造经验，成功开发出多款拥有国际专利、以 MHE®（微热交换器）为特色的高导热散热基板，开启了散热基板应用的新纪元。MHE® 301 借鉴金属直导理念，将功率器件直接焊接在铜柱或铝柱上，并以铜柱或铝柱为散热通道将热量直接导出，实现热量的高效传导。MHE® 901 系列散热基板，利用高导热陶瓷片（AIN、Al2O3、Si3N4 等）局部嵌埋至 FR4，形成耐电压高、导热性能优异且可实现多层线路设计的复合基板材料。鉴于 MHE® 系列基板在导热与可靠性等方面的出色表现，现已成为高热密度应用（如 IGBT、SSD 基板设计）的最佳选择。

公司致力于服务全球尖端客户，总部位于香港，已在美国、德国和日本等地设立分支机构，以便快速响应客户的需求。

183. 理士国际技术有限公司

地址： 广东省深圳市宝安区福海街道和平社区展景路 83 号会展湾中港广场 6 栋 A 座 14 楼
邮编： 518000
电话： 0755-86036063
传真： 0755-86036063
邮箱： ds@ leoch. com
网址： www. leoch. com
简介： 理士国际技术有限公司（以下简称理士国际）始建于 1999 年，是专门从事蓄电池的研制、开发、制造和销售的国际化高科技企业，是香港主板上市企业（股票代码：00842. HK）。经过多年发展，理士国际已成长为全球知名的蓄电池制造商及出口商，现有员工 10000 余人，企业在美国、欧洲、亚太等地成立有海外销售公司及仓库，以及国内设有近 70 个销售公司和办事处，产品销往全球 110 多个国家和地区。

理士国际多年专注于蓄电池领域，为运营商、企业客户和消费者提供有竞争力的解决方案、产品和服务，研发制造的备用型、起动型、动力型全系列蓄电池同类产品在全球竞争中具有竞争力和影响力，广泛应用于通信、电力、广电、铁路、新能源、数据中心、UPS、应急灯、安防、报警、园艺工具、汽车、摩托车、高尔夫球车、叉车、电动车、童车等十几个相关产业，年生产能力总和超过 2000 万千伏安时。理士国际在国内广东、江苏、安徽和国外马来西亚、斯里兰卡、印度共建有 11 个区域性生产基地，占地面积 132 多万平方米，拥有 105 条电池生产线及相应的检测设备，建立了专业的质量管理中心，并成功通过了 ISO 9001、IATF 16949、ISO 14001、OHSAS 18001 等一系列认证。

184. 全天自动化能源科技（东莞）有限公司

地址： 广东省东莞市莞城街道联科产业园 7 栋
邮编： 523960
电话： 0769-22028588
传真： 0769-22026771
邮箱： mk008@ apmtech. cn
网址： www. apmtech. cn
简介： 全天自动化能源科技（东莞）有限公司是一家集研发、生产、销售于一体，专注于可编程电源、电子负载及自动化测试系统的高新技术企业（2016—2019 年）。公司拥有完善的产品策划、研发、实验、测试、质量控制系统，已通过 ISO 9001 认证。公司研发团队由博士、硕士和行业资深专家组成，并通过与国内外科研团队和各大重点院校保持长期的战略合作关系，从而在根本上保证产品和服务处于行业领先地位。用专业技术及科技不断推动创新突破，公司至今已申请了多项发明专利，并获得多项实用新型专利、外观专利、软件著作权等专利成果，产品通过了 CE、CQC、VDE、SAA、FCC、CSA 等认证。从开始到现在，从过去到未来，公司始终秉持“精益求精、追求卓越”的企业精神，提供客户“全天，24 小时不间断服务”。

185. 深圳奥特迅电力设备股份有限公司

奥特迅

地址： 广东省深圳市南山区科技园北区松坪山路 3 号奥特迅电力大厦
邮编： 518057
电话： 0755-26520500
传真： 0755-26615880

邮箱：atcsz@ 163. net

网址：www. atc-a. com

简介：深圳奥特迅电力设备股份有限公司（以下简称奥特迅）是大功率直流设备整体方案解决商，是直流操作电源细分行业的龙头企业。公司成立于 1998 年，位于深圳高新技术产业园区，是国家级高新技术企业，于 2008 年在深圳证券交易所成功上市，公司销售额连续九年领先同行业并负责起草或参与制定了多项国家及电力行业标准。

奥特迅秉持“拥有自主知识产权，独创行业换代产品”的理念，致力于新型安全、节能电源技术的研发及创新新型电源技术在多领域的应用，研究开发的多项技术填补了国内空白，产品有直流操作电源系列、核电安全电源系列、电动汽车充电站完整解决方案、通信高压直流电源系列。产品主要应用在电动汽车、通信、核电、智能电网、太阳能储能、水电、风能等新能源领域，如在举世瞩目的长江三峡工程、西电东送工程、南水北调工程、岭澳核电站、大亚湾核电站以及深圳大运中心充电站均有奥特迅的产品在运行。

186. 深圳基本半导体有限公司

基本半导体
BASiC Semiconductor

地址：广东省深圳市南山区高新园区高新南 7 道数字技术园国家工程实验室大楼 B 座 1101-1102

邮编：518000

电话：0755-22670439

传真：0755-86329521

邮箱：info@ basicsemi. com

网址：www. basicsemi. com

简介：深圳基本半导体有限公司（以下简称基本半导体）是中国第三代半导体行业领军企业，专业从事碳化硅功率器件的研发与产业化，在深圳坪山、深圳南山、北京亦庄、南京浦口、日本名古屋均设有研发中心。公司拥有一支国际化的研发团队，核心成员包括来自清华大学、剑桥大学、瑞典皇家理工学院、中国科学院等国内外知名高校及研究机构的十多位博士。

基本半导体掌握国际领先的碳化硅核心技术，研发覆盖碳化硅功率器件的材料制备、芯片设计、晶圆制造、封装测试、驱动应用等全产业链，先后推出全电流电压等级碳化硅肖特基二极管、通过工业级可靠性测试的 1200V 碳化硅 MOSFET、车规级全碳化硅功率模块等系列产品，性能达到国际先进水平，应用于新能源、电动汽车、智能电网、轨道交通、工业控制、国防军工等领域。

基本半导体与深圳清华大学研究院共建第三代半导体材料与器件研发中心，是深圳第三代半导体研究院发起单位之一，广东省未来通信高端器件创新中心股东单位之一，获批成为中国科协产学研融合技术创新服务体系第三代半导体协同创新中心，公司及产品荣获 2020 “科创中国” 新锐企业、“中国芯” 优秀技术创新产品奖、中国创新创业大赛专业赛一等奖等荣誉。

187. 深圳蓝信电气有限公司

蓝信电气
LANXIN ELECTRICAL

地址：广东省深圳市光明区玉塘街道田寮社区光明高新园西片区森阳电子科技园厂房一栋 1301

邮编：518104

电话：0755-23311001

传真：0755-23068500

邮箱：lxpower809@ 163. com

网址：www. lxpower. com. cn

简介：深圳蓝信电气有限公司是一家专业从事电力系统操作电源及电力自动化设备研发、生产、销售和服务的创新型高新技术企业。

公司的主要产品有交直流一体化电源、微型直流电源、直流电源模块、电力专用 UPS、蓄电池在线监测系统及变电站综合自动化设备，可应用于各级变电站、开闭所、环网柜、柱上开关和箱式变电站等场合。

公司秉承“诚信、创新、专业、共赢”的理念，始终坚持“质量立企，塑造精品，为顾客创造价值”的经营战略。经过多年的积累和发展，公司拥有一批电源及电力自动化领域的技术精英，在国内电源和电力自动化产品等领域占据领先地位，公司产品已达到国内、国际同类产品的领先水平。

公司诚邀合作伙伴，共同为广大用户提供优质的产品和服务。

188. 深圳麦格米特电气股份有限公司

MEGMEET

地址：广东省深圳市南山区粤海街道学府路 63 号荣超高新区联合总部大厦 34 层和深圳市南山区科技园北区朗山路资格信息港 5 层

邮编：518057

电话：0755-86600500　86600666

传真：0755-86600999

邮箱：megmeet@ megmeet. com

网址：www. megmeet. com

简介：深圳麦格米特电气股份有限公司（深交所挂牌上市，股票代码：002851）成立于 2003 年，注册资本 3. 13 亿元，是一家以电力电子及工业控制技术为核心的首批国家级高新技术企业。公司以成为全球一流的电气控制与节能领域的方案提供者为愿景，立志做到麦格米特无处不在。公司业务涵盖工业自动化、轨道交通、新能源汽车、清洁能源、智能家电等多领域，产品广泛应用于医疗、通信、IT、电力、交通、光伏、油田采油、警用装备、工业焊机、工业微波、变频空调、变频微波、平板显示、户外彩屏、智能卫浴等数十大行业，产品销售覆盖欧美、印度、巴西、韩国、日本等40多个国家，共赢得了800多家客户的信赖。

公司自成立以来，务实创新，凭借人才与技术优势，取得了快速发展。其中，每年均以较高强度投入产品研发，研发费用逐年提高，目前已拥有3000余名员工，其中专业研发工程师650余名。同时，公司铸平台促发展，建立了业界一流的产品研发、测试及制造的软硬件平台，现已获得414项专利授权（数据截至2019年1月4日），是中国电源学会会员单位，被认定为广东省电源工程技术中心、深圳市技术研究开发中心、深圳市微波能控制技术工程技术研究中心、深圳市知识产权优势企业、深圳市窄间隙焊接技术工程实验室、南山区纳税百强，在科技创新方面多次摘得深圳市科学技术奖等多个奖项。

189. 深圳尚阳通科技有限公司

地址：广东省深圳市南山区科技园高新南一道创维大厦A座1206室

邮编：518063

电话：0755-22953335

传真：0755-22916878

邮箱：yuewei. jiang@ sanrise-tech. com

网址：www. sanrise-tech. com

简介：深圳尚阳通科技有限公司（以下简称尚阳通）是一家专注于新一代功率器件和模拟IC开发的国家高新技术企业，知识产权贯标企业，同时也是中国半导体协会成员，电力电子协会成员，深圳市第三代半导体研究会成员。作为新一代功率半导体技术的领航企业，尚阳通掌握创新型功率半导体核心技术，拥有自主知识产权和自主品牌。公司自成立至今取得专利数量迅猛增长，目前累计拥有发明专利104项，连续四年蝉联“电子工程专辑”及“国际电子商情”颁发的最佳功率器件奖、优秀IC设计团队奖和中国IC设计成就奖。

尚阳通产品主要涵盖功率器件半导体产品和电源管理IC方案。其中功率半导体包括：IGBT、SnowMOS™（Super Junction MOSFET）、TTMOS™（SGT MOSFET）、SIC系列。产品已经广泛应用于电力电子、新能源、通信、数据中心、服务器电源、汽车充电桩及新能源汽车车载OBC、车载DC-DC、消费家电及影像产品、PD充电电源等领域。技术团队超一流的工艺开发和IC设计研发实力使尚阳通产品不断在器件关键技术领域取得突破，关键指标性能已达到国际先进水平，公司差异化的产品理念和多元化的产品类型也使得尚阳通成为电源市场首选的一线品牌。

190. 深圳盛世新能源科技有限公司

地址：广东省深圳市宝安区西乡臣田宝民二路229号9栋3楼

邮编：518100

电话：13723790781

邮箱：hansen. yang@ ev-ep. com

网址：www. ev-ep. com

简介：深圳盛世新能源科技有限公司成立于2018年6月。公司专业研发、销售新能源汽车电源系统，矢志成为一家技术领先的汽车零部件供应商。主要产品有单、双向车载充电机（OBC）；车载高、低压双向DC-DC电源转换器等；产品技术处于国际领先水平，主要客户有上汽集团、吉利汽车、江淮汽车、长安汽车等国内主要汽车制造商！

191. 深圳市安托山技术有限公司

地址：广东省深圳市宝安区沙井镇新沙路安托山高科技工业园6栋

邮编：518104

电话：0755-33842888

传真：0755-33923833

邮箱：salesc@ atstek. com. cn

网址：www. atstek. com. cn

简介：深圳市安托山技术有限公司是深圳市安托山投资发展有限公司下属的一家致力于逆变器、光伏发电系统、电子电控产品的开发、生产、销售的高科技企业，产品辐射新能源、通信、电力、工业控制及其他高科技领域，属国家高新技术企业和深圳市高新技术企业。公司已通过ISO 9001：2008质量管理体系认证和ISO 14001：2004环境管理体系认证。

公司位于深圳市沙井安托山高科技工业园内。安托山集团投资10多亿元人民币建造的安托山沙井高科技工业园，占地28万平方米，总建筑面积86万平方米，有商住楼4栋13个单元，高标准工业厂房21栋，是集工业、研发、商住、商务酒店为一体的大型综合性高科技工业园区。

公司拥有数位享受国务院津贴的专家，聚集了电力电子、热学、结构、硬件、软件等多学科的一支梯次配置合理的技术骨干队伍，整个团队具有强大的新产品开发和快速响应能力。

公司在设计、工艺和设备等方面均达到国际先进水平，生产工艺机械化、自动化程度高；并配备有一级实验室，引进了国际先进检测设备，建立了完备的试验、检测系统，确保产品保持国际国内领先水平。产品选用经过长期验证的、高可靠性的元器件，以精细的工艺流程，100%的受控过程，经过严格完备的测试与评审，制造出高品质和高可靠性的ATSTEK精品。

公司本着精益求精的原则，顺应产品绿色潮流，响应人类社会与自然环境的和谐发展，走可持续性发展道路，在规范的管理体系运行下，以良好的质量、合理的价格来满足专业用户的需求。根据客户提出的产品性能指标，公司会以最快、最好、最到位的解决方案，为客户提供优质的服务。

192. 深圳市柏瑞凯电子科技股份有限公司

PolyCap®柏瑞凯

地址： 广东省深圳市龙华新区清祥路1号宝能科技园7栋A座4楼
邮编： 518111
电话： 0755-33086600
传真： 0755-33692186
邮箱： polycap@ polycap. cn
网址： www. polycap. cn
简介： 柏瑞凯（PolyCap）电子科技股份有限公司（以下简称柏瑞凯）是一家总部位于深圳市的国家级高新技术企业，专注于新型固态电解质铝电容器的研制、生产和销售，拥有完备且先进的固态铝电容器制造技术和国内最大规模的生产线，产品系列齐全。产品工作电压范围涵盖2.5～300V，最长工作寿命可达（105℃）23000小时，最高工作温度可达150℃，产品技术指标处于国际先进水平。

公司高度重视科技创新，积极实施产品和制造技术创新，目前已申请21项国家专利，获授权发明专利24项，立志打造具有较强创新动能的高科技民族品牌。公司先后通过了ISO 9001：2008质量管理体系认证和ISO 14001：2015环境管理体系认证以及IATF 16949：2016汽车产品体系认证。

公司生产基地位于江西省赣州市经济开发区，赣州市柏瑞凯工业园总占地面积80亩，一期工程于2016年7月竣工启用，达到月产90000kpcs高质量固态铝电容器；2021年第4季度二期厂房投产建设完成后，赣州生产基地产能将达到月产200000kpcs高质量固态铝电容器。

公司愿景：成为全球固态铝电容器主要制造商之一。

193. 深圳市北汉科技有限公司

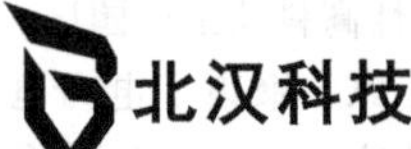

地址： 广东省深圳市南山区科技中二路软件园一期4栋503
邮编： 518052
电话： 0755-27852001
传真： 0755-27852005
邮箱： yangqingdi@ bukhan-cn. com
网址： www. bukhan-cn. com
简介： 深圳市北汉科技有限公司（以下简称北汉科技）是国家级高新技术企业，于2014年由国内有关单位发起设立，目前已经成为中国电子测试测量领域的综合服务商。

北汉科技总部设在深圳，在北京、成都、天津、西安和苏州等地设有分支机构，并拥有一支专业的团队。公司通过与业务伙伴的紧密合作，凭借覆盖全国几个地区的营销服务网络，致力于为客户提供专业、方便、快捷的本地化服务。公司的客户涉及工业电子制造、通信及信息技术、教育科研、航空航天、微电子、新能源、节能环保等行业和领域。通过与致远电子、罗德与施瓦茨、北京大华、德国EA、AD-LINK和上海凌世等知名厂商的合作，为客户提供产品增值销售、应用系统集成、计量校准、第三方检测、维修维护和科技资产外包管理等综合服务。

此外，北汉科技还不断创新，利用自身的优势，借鉴国际先进经验快速提供各类电子测量仪器，以满足客户，特别是中小型高新技术企业。积极为社会经济发展、创新环境建设以及企业自主创新提供了良好的支撑平台。秉承“科技无限、服务创新”的宗旨，北汉科技将继续通过不懈的努力，给客户提供“更丰富的产品选择、更经济的解决方案、更全面的专业服务”。

194. 深圳市比亚迪锂电池有限公司

地址： 广东省深圳市龙岗区宝龙工业城宝坪路1号
邮编： 518116
电话： 0755-89888888-553256
传真： 0755-89643262
邮箱： Fu. cejian@ byd. com
简介： 深圳市比亚迪锂电池有限公司（以下简称比亚迪锂电）成立于1998年，是比亚迪股份有限公司的全资子公司。现有产品主要包括锂离子电池、聚合物电池、磷酸铁锂电池、硅铁模块、UPS、DPS、通信电源等，广泛应用于手机、电动车、通信基站、光伏路灯、储能基站、轨道交通等领域。2009年，锂离子电池总销量超过5亿只，在全球手机电池领域，市场占有率位居前列。

比亚迪锂电2010年开始和国内运营商紧密合作，配套通信基站-48V开关电源、48V整流模块、通信UPS以及48V通信用电池产品，2014年为中国移动研发供应HVDC336V高压直流设备。2014～2016年相继中标中国电信、中国移动、中国联通等集团招标项目，同时双方高层签订多项战略合作项目。

比亚迪一直致力于清洁能源的研发应用，旨在减少环境污染，保护家园，造福人类。新能源汽车、太阳能路灯、家庭能源等产品已广泛应用于国内外。为了解决城市日趋严重的交通拥堵，比亚迪于2016年斥巨资建设云轨试验线，随着10月13日通车而低调进入云轨交通领域。将云轨修到人员密集区域，如商场、学校、医院、小区门口，以提高出行效率、增加居民幸福感，促进城市发展、社会和谐进步，此目标与Build Your Dreams（BYD）的企业宗旨相适应。

195. 深圳市创容新能源有限公司

地址： 广东省深圳市松岗街道燕川北部工业园研发中心楼7层
邮编： 518107
电话： 0755-29948998
传真： 0755-29948906
邮箱： sales@ csdcap. com
网址： www. csdcap. com
简介： 深圳市创容新能源有限公司专业生产销售全系列金属化薄膜电容、各种工业大电容、X2安规电容和CBB电容等。公司自2001年创立以来，凭借全套先进的进口设备和精湛的生产工艺以及全面推行国际质量体系，使产品以优异的品质在电力电子、新能源汽车、风能发电、太阳能发电等行业，以上乘的服务和极具竞争力的价格赢得了广大客户良好的声誉和口碑。

196. 深圳市东辰科技有限公司

地址： 广东省深圳市宝安区宝城68区留仙二路鸿辉工业区2号厂房
邮编： 518101
电话： 0755-26632038
传真： 0755-26633000
邮箱： market@ dctec. com. cn
网址： www. dctec. com. cn
简介： 深圳东辰科技有限公司成立于2004年，注册资本3068万元，是专注于Dctec品牌高频开关电源的研发、生产与销售的高科技企业。公司坚持以服务客户为己任，立足于自主研发，专业从事高频开关电源的定制服务。

公司聚集和培养了大量电源行业的精英，组成了强大的研发、生产、品控和管理队伍。拥有10000多平方米的研发与生产基地，员工近300人。于2005年3月顺利通过了ISO 9001质量管理体系认证，从2006年3月开始导入RoHS管理体系，多数产品通过了UL、TUV、CE、CSA、CCC、PCT、EK、IRAM、NOM等多项认证，并获得了数十项发明专利。

公司现有600余种AC-DC、DC-DC、DC-AC客户定制产品的种类和系列，功率覆盖2~10000W等级，广泛应用于移动通信、网络通信、服务器、金融ATM、工业控制、医疗设备、高速铁路、新能源以及其他高科技领域。欢迎广大客户来电咨询，我们将为您提供专业的参考建议和解决方案。

197. 深圳市飞尼奥科技有限公司

Fineio

地址： 广东省深圳市南山区桃源街道大园工业区7栋1楼
邮编： 518052
电话： 0755-82838425
传真： 0755-82838444
邮箱： hr-fineio@ fineio. com
网址： www. fineio. com
简介： 深圳市飞尼奥科技有限公司是一家集创新、高新技术、代理贸易为一体的企业。公司成立之初为德国INF INEON公司代理商，INF INEON中国区第三方设计公司及战略合作伙伴。公司拥有国内顶尖的自主研发设计方案，包括家电、工业加热、直流电机等，客户覆盖全国20多个省市。公司有优秀的工程团队及销售团队，能为客户提供全方位的更加贴心的配套服务。

198. 深圳市航智精密电子有限公司

地址： 广东省深圳市宝安区西乡街道劳动社区名优采购中心B座538
邮编： 518101
电话： 0755-82593440
传真： 0755-82593440
邮箱： service@ hangzhicn. cn
网址： www. hangzhicn. cn
简介： 深圳市航智精密电子有限公司是一家致力于高精度电流传感器、高精度电测仪表的研发、生产、销售及方案定制的技术先导型企业。公司着力打造直流领域精密电流传感器及精密电测仪表的知名品牌，打破国外企业市场垄断的现状，力争发展成为国际领先的直流系统领域精密电子的领军企业。

199. 深圳市核达中远通电源技术股份有限公司

地址： 广东省深圳市龙岗区宝龙街道宝龙社区宝龙二路36号
邮编： 518116
电话： 0755-32886829
传真： 0755-33229850
邮箱： yeshunli@ vapel. com
网址： www. vapel. com
简介： 深圳市核达中远通电源技术股份有限公司隶属于广东核电集团，是国家核准认定的高新技术企业。公司20多年专业致力于VAPEL品牌高频开关电源的研发、生产和销售，目前已通过ISO 9001质量管理体系认证、ISO 14001环境管理体系认证和TS 16949汽车行业质量管理体系认证，是北汽福田、海马、宇通、长春一汽、长安汽车、华为、中兴、诺基亚、爱立信、惠普等国内外知名企业的优秀供应商。

公司总部设在深圳，拥有80000多平方米的开发和生产基地；现有员工 1900 多人，其中有 400 多名的研发队伍，具有强大的新产品开发和快速响应能力。公司每年研发投入占上年销售收入的 10%左右。巨资建设了各种国际标准实验室，配置国际先进的实验设备，采用国际先进的测试手段，进行了各种元器件应力分析、高低温及其循环试验、振动试验、冲击试验、交变湿热试验、安规测试、EMC 测试、MTBF 分析试验、FMEA 分析试验、加速老化试验、HALT 实验等，保证了 VAPEL 电源产品的高可靠性。电源产品通过了 UL、TUV、CE、CSA、CCC、TLC 等国内外的安规认证，其中 TUV 达到 ACT 水平，UL 达到 CTDP 水平。现有 8000 余种 AC-DC、DC-DC、DC-AC 标准产品、非标准产品、客户定制产品的种类和系列，功率覆盖 2～15000W 等级，广泛应用于新能源、通信、电力、工业控制、仪器仪表、医疗、铁路、军工等其他高科技领域。自主研发设计的电动汽车交直流智能充电桩满足低速车、乘用车、物流车、大巴车、装备车等所有车型和各种充电方式。模组化全系列宽电压车载充电机、车载转换电源满足所有电动汽车车载充电机应用和所有车型的电源转换。公司是国内较全面的电动车电源厂家，是国内较全面的电动车电源、充电桩研发、生产、销售厂家，其产品在国内外地区均已被大批量应用。

200. 深圳市华天启科技有限公司

地址：广东省深圳市宝安区松岗镇罗田社区井山路 14 号
邮编：518105
电话：0755-27103658
传真：0755-81751932
邮箱：szhuaqi@ 163. com
网址：www. huatianqi. com
简介：深圳市华天启科技有限公司是一家专业从事集有机硅胶粘剂、导热硅胶片、电子灌封胶等产品研发、生产和销售于一体的高科技企业。公司成立于 2007 年，坐落在美丽的鹏城，毗邻广深高速松岗站，占地面积 10000 平方米，建有 6000 平方米生产厂房和 1000 平方米工程研发中心，公司主导的“华天启”品牌单双组分胶粘剂、导热硅脂、硅胶片等系列产品已享誉国内外，产品质量及售后服务深受客户的欢迎和好评。公司是一家国家高新技术认证企业，有多个研发专利，公司通过了 ISO 14001 认证与 ISO 9001 认证。产品通过了 UL、TUV、RoHS、RVHC 等各项认证。公司广泛开展同中科院等知名研究所及大学合作，确保产品的技术领先性；并以雄厚的技术实力，先进的生产工艺，齐全的检测手段，完善的生产销售管理使产品有了坚固的质量保证，不断扩大产品应用领域。历年来，公司多次被客户评为优秀供应商，取得了丰硕成果。公司的产品类型有粘接密封类胶粘剂、敷形类胶粘剂、灌封类胶粘剂、导热类胶粘剂和硅胶片等，产品囊括了单组分室温硫化硅橡胶、双组分室温硫化硅橡胶、双组分加成型硅橡胶、导热硅脂（散热膏、传温油）、有机硅树脂等胶粘剂，以及导热硅胶片、导热双面胶等产品。

201. 深圳市嘉莹达电子有限公司

KAYOCOTA OHM®
One Resistor Since 1973

地址：广东省深圳市龙岗区平湖镇鹅公岭春湖工业区 3 栋
邮编：518000
电话：0755-88873811
传真：0755-28213116
邮箱：market6@ kayocota. com
网址：www. kayocota. com
简介：KAYOCOTA OHM 成立于 1973 年，设厂在台湾省，同时引进了日本技术与设备，长期成为日本 KAMAYA、KOA 的重要合作伙伴。1993 年，在中国大陆投资 3000 万人民币，并在深圳设厂，开拓大陆市场。公司通过拓展研发领域，成为拥有核心材料工艺、具备自主设计和制造能力的专业化电阻器生产厂商。产品广泛用于精密仪器、电表、水表、机顶盒、小家电及手机充电器、适配器、照明等电源，并得到各大品牌厂商的认可。公司终端客户有华为、中兴、OPPO、vivo、TCL、联想、小米、魅族、金立、HTC、三星、LG、MOTOROLA、Nokia、Sony、TTi、PHILIPS、EPSON、SHARP、Panasonic、TOSHIBA、NETGEAR、BOSCH、BRAUN、美的等客户。企业通过了 ISO 9001：2015 质量管理体系认证、ISO 14000：2015 环境管理体系认证，产品均符合 RoHS 2.0、REACH 169 项、HF、21P，检测标准依据日本 JIS-C-5201。产品通过 UL、CUL、CQC、VDE 安规认证，同时获得多项国家专利。企业拥有超过 40 多年的生产经验，并具备专业知识和能力设计特殊电阻器。

202. 深圳市捷益达电子有限公司

地址：广东省深圳市南山区蛇口招商大厦 401
邮编：518067
电话：0755-26675418
传真：0755-26811099
邮箱：jeidar@ 163. com
网址：www. jeidar. cn
简介：1993 年成立的深圳市捷益达电子有限公司（以下简称捷益达）是集研发、生产、销售、服务为一体的电源专业制造商，是获得我国政府认定的国家高新技术企业、深圳市高新技术企业、深圳市双软企业和深圳市自主创新企业。

捷益达在我国多个省市建立了办事与服务机构，并在海外多个国家建立了品牌经销商和服务商，具备年产电源 15 万台的生产能力。目前产品有商用 UPS、工业用 UPS、通信用逆变电源、光伏并离网逆变电源、电力专用 UPS、蓄电池及动环监控产品。23 年来，捷益达产品以先进的技术、高可靠的品质、高性价比以及突出的服务，赢得了各行业用户的好评。捷益达在持续推动品牌建设的战略下，以自主创新，掌握产品的核心技术，走国际化、标准化、规范化的管理之路；在产品的研发和制造上，公司始终围绕着“高可靠的根本理念”，采用国际先进技术和制造工艺精益求精。在捷益达，我们以客户为至尊，珍惜所有为我们企业付出努力的员工，以及与我们一起携手合作的伙伴。“真诚、互信、沟通、合作”，我们愿与您携手同行！

203. 深圳市金威源科技股份有限公司

Goldpower 金威源

地址： 广东省深圳市坪山新区大工业区聚龙山片区金威源工业厂区 A 栋第 1~3 层，B2 栋第 1~5 层

邮编： 518118

电话： 0755-84636021

传真： 0755-83432651

邮箱： info@ goldpower. com. cn

网址： www. gold-power. com

简介： 深圳市金威源科技股份有限公司（以下简称金威源）成立于 2001 年，总部位于深圳，是集自主创新研发、生产、销售、安装、加工为一体的国家高新技术企业，拥有自建创新产业园区 8 万平方米，同时也是科技创新孵化器园区。

金威源一直以来非常重视技术创新，技术团队都是由博士、硕士组建的，拥有百余项核心自主知识产权；同年被广东省科学技术厅认定为“广东省新能源汽车充电系统工程技术研究中心”，3000 多平方米的独立研发办公场地，设有投入超千万的大型现代化共享实验室，包含 966 标准半电波暗室、电磁屏蔽室、环境标准测试等。

金威源专注于电力电子及其控制技术的研究与应用，坚持创新驱动、在设计中构建质量优势、成本优势。在通信、电力、电动汽车、轨道交通、金融自助设备、商业显示（LED）、新能源等众多领域构筑了端到端整体解决方案优势，为中兴、华为、中国电信、中国移动、中国联通及印度信实公司等国内外知名企业提供有竞争力的电源技术解决方案、产品和服务。

金威源旗下有 20 多个著名品牌，如 Goldpower、云电、Supersonic、狗刨网、超音速、电王快充、电王充电等。

204. 深圳市巨鼎电子有限公司

深圳市巨鼎電子有限公司
SHENZHEN JUDING ELECTRONICS CO.,LTD.

地址： 广东省深圳市宝安区宝田一路 231 号凤凰岗第三工业区 B5 栋

邮编： 518102

电话： 13600193824

传真： 0755-26974522

邮箱： lin_bai74@ hotmail. com

网址： www. judingpower. com

简介： 深圳市巨鼎电子有限公司是一家专业的高频开关电源制造商，成立于 1998 年，一直专注于开关电源的研发、生产、销售与服务，致力于为客户提供高品质的、高可靠的电源产品和完美的电源解决方案。

公司的产品包括 AC-DC 一次电源、DC-DC 二次电源、ADAPTER 适配器电源、DC-AC 逆变电源、PFC 功率因数校正电源及 UPS（不间断电源）等六大系列，1000 多种标准与非标电源产品，单机电源功率涵盖范围 0.5~5000W。

公司产品目前在国内电子检测设备和银行监控等应用领域处于领先地位，其中集中供电电源成为唯一一家入围多家银行监控工程的产品。

“高质求生存，低价赢客户，优服促发展”是公司的经营宗旨。制造高品质、高可靠性的电源产品仅仅是公司迈出的第一步，为每一个客户提供最完美的电源解决方案才是最终目标。

“创新源于专业制造，放心自在‘巨鼎电源’”！

每一个产品，我们，巨鼎人，都将为您精诚打造！

205. 深圳市康奈特电子有限公司

地址： 广东省深圳市龙华新区观湖街道松元厦社区大布头路 321 号

邮编： 518110

电话： 0755-28199177

传真： 0755-28168210

邮箱： szcnntxue@ 126. com

网址： www. szcnnr. com

简介： 深圳市康奈特电子有限公司（CNNT）具有 20 多年的电连接器产品、电子接口产品定制开发与生产经验，同时致力于各类新能源电连接口与电子接口的研发与生产，凭借多年来的 OEM/ODM 连接器制造经验、先进的管理模式、完善的工艺设施及精细的模具加工技术和装备，加之雄厚的经济实力，创立了自己的连接器品牌（CNNT）。产品包括印制电路板接线端子（ERTB 系列）、组合式接线端子（PLTB 系列）、通用导轨接线端子（DRTB 系列）、功率接线端子（BRTB 系列）、穿墙式接线端子（QCTB 系列）、贯通式接线端子（DSTB 系列）、变压器接线端子（TFTB 系列）、新能源汽车专用接线端子（HSTB 系列、EVC 系列）、母线系统及其他电气辅件产品。公司生产的各系列产品可满足各行各业的不同电气连接需求。

206. 深圳市库马克新技术股份有限公司

地址： 广东省深圳市宝安区石岩街道塘头宏发工业园3栋2楼

邮编： 518108

电话： 13692135862

传真： 0755-81785108

邮箱： business@ cumark. com. cn

网址： www. cumark. com. cn

简介： 深圳市库马克新技术股份有限公司（CUMARK）（以下简称库马克）是一家专注于电力电子传动及其自动化领域产品研发、生产和销售的国家级高新技术企业。公司创立于2001年3月19日，股票代码为831251，公司的主要产品有高压变频器（250~20000kW/3.3kV/6kV/10kV）、中低压变频器（0.37~1250kW/220V/380V/690V）、防爆变频器（710~6600kW/3.3kV/6kV/10kV）及行业定制特种变频器。依靠优异的技术和多年的行业应用经验，根据各行业工艺需求，可为用户提供高效可靠的自动化完整解决方案。公司的产品可广泛应用于工业、交通、物流、仓储、航空、市政、智能家具、新能源等各个领域。

库马克是深圳市知名品牌、广东省特种变频工程技术研究中心，是深圳市重点民营企业。

库马克不断推进改革，形成了科研支持产业、产业反哺科研的良性机制，成为行业典范；作为建立了现代企业制度的高科技企业，库马克通过产业优化、重组，为企业植入新机制、新技术，取得了经济和社会的双重效益。

207. 深圳市力生美半导体股份有限公司

地址： 广东省深圳市南山区科技路1号桑达科技大厦8楼

邮编： 518000

电话： 0755-25577257

邮箱： yinwen@ liisemi. com

网址： www. liisemi. com

简介： 深圳市力生美半导体股份有限公司是一家专业的集功率管理半导体器件研发、设计、销售与技术服务于一体的公司，产品主要为民用消费类集成电路产品，应用于电源、无绳电话、PC、机顶盒、DVD、路由器、电磁炉及小家电等。公司自成立之日起，始终立足于自主创新导向，依托在功率管理半导体领域的独特技术理解和核心研发人员的技术沉淀，不断持续研发用于开关电源功率管理的相关集成电路芯片产品，先后开发成功了多个产品系列，目前已可提供从简洁的BUCK架构到FlyBack及HalfBridge架构等丰富的开关电源拓扑控制器方案及对应的配套高性能集成电路芯片，并在产品研发过程中，先后建立了诸如smartEnergyTM、HVBUCKTM、ZeroFluxTM、DSSSTM等专有技术平台。

依托公司在双极型高压晶体管控制上的技术积累，多个系列的开关电源控制器产品组合均使用了晶体管作为主功率开关，同样实现了优异的性能技术指标，全线产品目前均已升级至75mW待机功耗等级，Flyback架构产品驱动功率涵盖了1~15W的范围，BUCK架构更达1~36W的功率范围，在LED驱动器上同样实现了高达95%媲美MOSFET的转换效率。

208. 深圳市鹏源电子有限公司

地址： 广东省深圳市福田区新闻路侨福大厦4F

邮编： 518034

电话： 0755-82947272

传真： 0755-82947262

邮箱： sales@ szapl. com

网址： www. szapl. com

简介： 深圳市鹏源电子有限公司是一家专业为新型能源产品提供核心电子零件的代理商，既提供包括各类IGBT、MOSFET、快速二极管、整流桥、晶闸管、碳化硅二极管和场效应管和控制IC等关键的半导体器件，也提供薄膜电容器、铝电解电容器、电流传感器和高压直流继电器等产品，能为功率变换的各个环节提供关键的元器件。

公司不仅拥有专业的销售工程师团队，能为客户提供正确、高效和经济的元器件方案，同时还拥有业界领先的宽禁带半导体应用实验室，能为客户提供高效率的技术支持。公司先后完成针对电动汽车、光伏逆变器等相关应用的几十个项目的研发，形成了几十项专利技术和软件著作权。公司也与相关的院校展开深入的合作，是华南理工大学的研究生培养基地。公司代理的产品包括Littelfuse、wolfspeed、Tamura、YM、TE、Potens、HJC、AgileSwitch、纳芯微等。

209. 深圳市普德新星电源技术有限公司

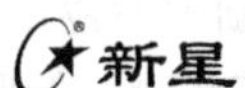

地址： 广东省深圳市宝安区宝田二路6号雍华源商务大厦A座10楼

邮编： 518000

电话： 0755-86051278 86222082

邮箱： liuli@ kondawei. com

网址： www. powerld. com. cn

简介： 深圳市普德新星电源技术有限公司是一家专业从事开关电源开发设计、生产、销售与服务的公司，是中国电源学会（CPSS）会员，德国TUV ISO 9001质量管理体系认证企业。1991年在中国硅谷中心中关村成立北京新星普德电源技术有限责任公司，首创公司品牌——新星开关电源。1998年南下在深圳南山高新技术开发区成立公司，创立深圳知名品牌“普德新星”。历经30年，公司现拥有深圳研发中心、光明和梧州两个生产中心以及多个海内外销售办事处。由最初十几人的规模发展到现有员工1200多人，生产面积50000平方米，月产各类电源100万台。公司产品涵盖了整机型AC-DC电源、基板型AC-DC电源、多路隔离输出电源、DC-DC电源、AC-DC模块、DC-DC模块、适配器电源等七大系列2000余种，目前公司开发、生产的新星开关电源已经遍及全国各地，产品远销欧美与东南亚各国。现与烽火通信、洲明科技、中兴、TCL、华三通信、捷顺等知名企业合作。公司自成立以来，秉承“顾客至上，真诚合作，勤奋创新，追求卓越”的经营理念和“顾客至上、群策群力、持续改善、争创一流”的质量方针；提倡“尊重知识，尊重人才，实事求是”的科学原则；坚持“以人为本，唯才是举”的人才理念。公司落实决策民主化，管理权威化的原则，制度因人而设，决不因人而废，做到管理有效，是公司的管理政策。创造利润回馈顾客和员工，为振兴民族产业贡献自己一份力量，是公司的使命。当今世界工业的高速发展，为新星电源提供了广阔平台。公司将以此为契机在电源领域勇于开拓，不断创新，立志成为世界级开关电源供应商！

210. 深圳市柔性磁电技术有限公司

地址： 广东省深圳市光明新区马山头社区第七工业区世峰科技园126栋3楼

邮编： 518106

电话： 0755-21380791

邮箱： jgg@ szfmf. com

网址： www. szfmf. com

简介： 深圳市柔性磁电技术有限公司专注于新型电磁元器件的研发、制造、销售，产品包含高频平面或柔性变压器、电磁类传感器、扬声器、微电机、高效节能电机等，广泛应用于通信、电力、工业控制、家用电器、LED等领域。是电力电子行业不可或缺的核心基础部件。

211. 深圳市瑞必达科技有限公司

地址： 广东省深圳市宝安区福海街道桥头社区富桥第二工业区北A3幢

邮编： 518103

电话： 0755-33850600

传真： 0755-29912756

邮箱： guoguiyuan@ rbdpower. com

网址： www. rbdtech. com

简介： 深圳市瑞必达科技有限公司是瑞达国际集团旗下的全资子公司，成立于2004年，是一家集研发、制造、销售和服务于一体的国家级高新技术企业，产品远销40多个国家和地区。公司在电力电子领域耕耘十多年，主营智能家居解决方案、智慧办公，按摩椅控制系统，升降桌控制系统，医疗电源，充电器，军工、储能系统，电池管理系统（BMS），具体产品有按摩椅电源、升降桌电源、医疗电源、充电器及电池管理系统（BMS），细分行业内位居国内前三。

公司始终坚持“专注、高效、创新、共赢”的经营理念，秉持追求极致的工匠精神，为客户提供卓越的产品和解决方案。公司通过了ISO 9001、ISO 14001体系认证，相关产品通过了TUV、CB、CE、UL、FCC、PSE、GS、CCC、EMC等各项国际安全规范认证。

经过十年多的发展，公司先后被评为广东省质量检验协会理事单位、中国电源学会会员单位、深圳知名品牌、医疗电源十年新兴品牌。目前，已与国内外多家最具实力的客户建立了长期稳定的战略合作关系。

212. 深圳市瑞晶实业有限公司

地址： 广东省深圳市南山区西丽镇丽山路民企科技园3栋6楼

邮编： 518055

电话： 0755-88860609

传真： 0755-26515068

邮箱： zhen. xiuping@ rjsz. net

网址： www. rjsz. net

简介： 深圳市瑞晶实业有限公司成立于1997年，是一家集科、工、贸于一体的民营股份制企业，坐落于深圳市内著名的大型工业区——西丽红花岭工业区，毗邻深圳著名学府——深圳大学，以及西部风景旅游点（西丽湖度假村、动物园）等。工业区内配套完善，交通十分便利。

公司目前主要从事开关电源类产品的研制、开发和生产。现公司拥有10000平方米生产平台，1000名员工和一批专业技术骨干，生产装配线20条及4台SMT自动贴片机，各种专业电子测试仪器，信赖性测试设备，及可同时BURN—IN 7200pcs的老化室。日平均产能35k，峰值产能可达到50k。2005年的年产值已超过亿元大关。

1999年开始为国外内主流通信设备及相关厂商提供各类规格的开关电源、工业电源、LED驱动电源。主要客户包括深圳中兴通讯股份有限公司、福建星网锐捷通讯股份有限公司、德赛电子（惠州）有限公司及韩国LG等大型厂商。

2006年中国电子科技集团公司（CETC）第九研究所（原信息产业部电子九所）与公司合资合作，资产整合后注册资本为959万元，现今公司是国有控股的军转民形式的股份制科技企业，依托于九所这一强大技术后盾，致力于发展成为国内一流的电源产品研制，生产，销售一体化的专业公司。

2009年，深圳市瑞晶实业有限公司成为深圳市LED产业标准联盟核心会员单位（该联盟由深圳市计量院与标准局牵头创建），积极参加深圳市LED产业标准的制定工作，并已成为深圳市有关 LED 产业中电源产品核心生产厂家。

213. 深圳市三和电力科技有限公司

地址： 广东省深圳市南山区西丽镇官龙村第二工业区 6 号厂房 1~3 楼
邮编： 518000
电话： 0755-26749992
传真： 0755-26749991
邮箱： samwha2002@ vip. 163. com
网址： www. samwha-cn. com
简介： 深圳市三和电力科技有限公司是一家立足于深圳的高科技企业，主要从事以电力节能为中心的高科技产品的研发、制造，同时与大专院校联合承担科研开发课题。凭借多年的研发和生产经验，公司在无功补偿、滤波方面积累了丰富的经验，多项技术引领行业发展，同时受国家委托参与了多个国家行业标准的起草和制定工作。公司的核心技术包括供电系统的无功补偿技术和智能型控制；供电系统高、低压谐波治理；供电系统的稳定性分析；电容器装置的安全运行；柔性输电技术 SC、SVC、SVG、APF、UPFC 系统。稳定的产品质量、专业化的咨询、一流的服务，使公司每天都迈向新的高度。

214. 深圳市时商创展科技有限公司

地址： 广东省深圳市龙岗区坂田街道雪岗路 2008 号倍思智能园 B 栋
邮编： 518129
电话： 0755-84825852
邮箱： IPR@ baseus. com
网址： www. baseus. com
简介： Baseus（倍思）是深圳市时商创展科技有限公司旗下一个集研发、设计、生产、销售为一体的消费电子品牌，由 CU 于 2011 年创立。Baseus 由品牌广告语 Base on user 简化而来，代表着品牌坚持站在用户角度思考，产品具有很高的审美与实用价值。

经过 8 年的成长 Baseus 已经成为中国消费电子行业领头型企业，并始终坚持设计创新，坚持实用美学的设计理念，专注于将新型的科技、环保的材料、时尚元素融入产品设计中，创作具有 Baseus 风格的产品。

除了创新能力，倍思也专注技术实力与品质实力，寻求各个领域优秀的技术合作伙伴，共同研发更具竞争力的产品。

2019 年，倍思实验室成立，35 位专业品质工程师技术加持。倍思每一款产品，上市之前都会经过倍思实验室的品质检测，以确保产品在各种使用环境下都能保持优良的性能。

在 2017 年 11 月，倍思产品已经覆盖全球 180 多个国家和地区，全球实体门店达 600 家，全球倍思品牌形象店数量已达到百余家，在未来时间里，倍思品牌形象店将继续扩建，到 2022 年，预计将会达到 1000 家。

215. 深圳市斯康达电子有限公司

地址： 广东省深圳市宝安区福永街道桥头社区富桥一区吉安泰工业园厂房 3 栋 3 层南
邮编： 518103
电话： 0755-26016812
传真： 0755-26016813
邮箱： skonda@ skonda. com. cn
网址： www. skonda. com. cn
简介： 深圳市斯康达电子有限公司（以下简称斯康达）成立于 2002 年，是国内精密测量仪器与测试系统核心技术自主化的国家级高新技术企业，也是集电力电子、新能源、充电桩、电池、自动化测试与老化方案研发、生产、销售、服务于一体的综合仪器设备供应商。

斯康达二十来年专注于仪器测试领域，“SKONDA”品牌原创产品及解决方案已成熟应用于 3C、新能源汽车、医疗电子、5G 电源、充电桩、信息通信、LED 照明、电子元器件、军工、实验院所等领域。

近年来斯康达品牌、业务、技术屡获市场关注与认可，公司致力于整合更灵活、更可靠的专业设备测试方案，全方位支持客户需求，为客户创造价值。

以技术开拓为驱动，以客户需求为导向，斯康达始终致力于提供全球工业测试领域高可靠、高精准、可持续的测试设备及整合解决方案。现阶段，斯康达在广东、江苏、山东等地区均设立了分支机构，销售业务及技术支持可快速抵达全国广大客户群。未来。斯康达将持续打造泛领域、多应用、深耕作的定制化开发设计、测试方案集成的服务体系，推动中国电力电子、新能源与工业自动化产业向高效率、低能耗、轻便化转型升级。

216. 深圳市威日科技有限公司

地址： 广东省深圳市龙华新区大浪街道英泰工业园 5 栋三楼 A 区
邮编： 518109
电话： 0755-28133003
传真： 0755-29787957
邮箱： vr2008@ 126. com
网址： www. weiri. net. cn
简介： 深圳市威日科技有限公司（深圳市兆伟科技开发有限公司）位于深圳宝安区龙华二线拓展区内，是以开发生产电子元件检测仪器和元件数控自动生产设备为主的高科技型公司。现公司有九大类别30余种型号产品：精密LCR测试仪、精密直流电阻测试仪、变压器综合参数测试仪、直流叠加程控恒流源、磁性材料功耗测试仪、绝缘耐压安规测试仪器、无刷电机程控绕线机、CNC自动排线式绕线机、无刷电机数控驱动器，公司还正在研制开发电容纹波测试仪、精密电解电容测试仪、高频功率计、开关电源综合参数测试仪等新产品。公司所投产的所有产品都要收集国内外最新的相关产品进行详细研究，综合各家之所长，并加上本公司独创的电路及根据从广大用户收集来的意见改进的电路，形成既有先进性又符合用户需求的独创产品。

217. 深圳市新能力科技有限公司

地址： 广东省深圳市宝安区67区留仙二路中粮商务公园3栋303A

邮编： 518101

电话： 0755-83409828

传真： 0755-83417621

邮箱： sinoly@ sinoly. com

网址： www. sinoly. com

简介： 深圳市新能力科技有限公司自1999年成立以来，就全身心致力于绿色直流电源、直流储能、节能技术及计算机控制技术的研究、开发和生产，是国家科技部、财政部、深圳市科技局和财政局重点扶持的高科技企业。

公司产品现包括：地铁屏蔽门电流系统、智能照明系统、模块化直流不间断电源、电力高频开关电源模块、微机高频开关电源监控器、智能电力参数仪表、智能电度表、电能质量谐波分析仪表、电力操作电源小系统、BZW系列壁挂电源和XPZM微机控制高频开关直流系统。公司产品分别通过了电力工业部电力设备及仪表检测中心和国家继电器检测中心的严格检验，并通过英国赛瑞SIRA的认证及ISO 9001：2000质量管理体系认证。

作为电力操作电源系统解决方案服务商，公司产品自成体系，为客户提供全方位的多种电力操作电源产品和解决方案。公司秉承“创新、合作、服务、双赢”的经营理念；坚持“全员参与、制造优质产品，坚持改进，满足客户需求”的方针政策；崇尚“求实创新，质量第一；用户至上，服务社会”的服务宗旨。以可靠的质量、优质的性能、互惠的价格、殷实的服务与社会各界广大用户共进步、同发展。

218. 深圳市兴龙辉科技有限公司

地址： 广东省深圳市龙岗区横岗镇西坑村西湖工业区19栋

邮编： 518002

电话： 0755-89737829　89737228　89737666

传真： 0755-89737108　89737118

邮箱： admin@ unitefortune. com

网址： www. gd-battery. com

简介： 深圳市兴龙辉科技有限公司成立于1998年，是一家专门从事设计、制造镍氢电池、锂电池、聚合物电池的企业，产品广泛应用于数码摄像机、PDA、手机、无绳电话等。

自公司成立以来，始终坚持“技术第一，品质卓越，顾客至上”的原则。其先进的品质检测设备及严格的质量管理体系确保金龙电池在生产过程中品质更完善，性能更稳定。

经过多年的研究与发展，凭借良好的产品品质与不断的技术创新，公司金龙品牌电池已逐渐成为国内电池业非常畅销的产品。其产品同时远销美国、欧洲、东南亚、中东等国家与地区。

我们热烈欢迎新老客户来公司参观与指导，并期待着与您进一步的合作！

219. 深圳市优优绿能电气有限公司

地址： 广东省深圳市光明区玉塘街道田寮社区同观路华力特工业园第1栋3楼

邮编： 518000

电话： 18816747853

邮箱： humz@ uugreenpower. com

网址： www. uugreenpower. com

简介： 深圳市优优绿能电气有限公司（以下简称优优绿能）拥有专业的电力电子研发团队，核心研发人员均来自Emerson和Eltek，近20年的直流电源技术积累，通过创新设计，打造专门用于超级充电桩的30kW、20kW、15kW超级充电模块系列。公司聚焦于汽车充电桩的核心组件及整体解决方案，主要生产充电桩所使用的电源模块、充电桩监控模块及充电桩运营管理平台等产品。目前，公司在充电桩电源模块方面，拥有业内较全面的产品系列，保持着技术与产品的领先地位，独家量产30kW超级充电模块，并具备业界领先的工作效率。

优优绿能作为一家新能源科技公司，已获得国家高新技术企业认定、国家知识产权管理体系认证、ISO 9001：2015质量管理体系认证等。公司专注于电力电子技术创新，定位高端充电设备核心零部件的研发、制造和销售，解决客户的痛点，与客户一起成长，共同推动绿色能源和低碳经济的电动汽车行业向前发展。

目前优优绿能的产品广泛应该用于国内外相关行业，并与美国、德国、韩国、泰国、印度等客户进行深度合作。

220. 深圳市长丰检测设备有限公司

地址： 广东省深圳市宝安区沙井街道沙四高新科技园C栋一层

邮编： 518104
电话： 0755-82598840
邮箱： cfzhou17@ 126. com
网址： www. chfkjchian. com
简介： 深圳市长丰检测设备有限公司是一家专业研发、生产、销售电源老化、气候温湿度环境试验设备的厂家，在国内分设两家公司，深圳市长丰检测设备有限公司及东莞市长丰仪器有限公司。

221. 深圳市振华微电子有限公司

地址： 广东省深圳市南山区高新技术工业村 W1-B 栋 2 楼
邮编： 518057
电话： 0755-26525998-882
传真： 0755-26520788
邮箱： shzjg11@ 163. com
网址： www. zhm. com. cn
简介： 深圳市振华微电子有限公司于 1994 年成立，隶属于中国振华（集团）科技股份有限公司，地址位于深圳市高新技术工业村。公司注册资本 6810 万元，总资产为 2. 14 亿元，共有员工 500 人。

公司主要产品为厚膜混合集成电路、高压直流电源系统，有独立的研发中心及可靠性实验室。

公司于 1994 年被评为深圳市首批高新技术企业，先后获得信息部军工电子质量先进单位、信息产业部军工电子质量年活动先进单位及总装备部、国防科工委、信息产业部“十五”军用电子元器件科研生产先进单位，2010 年被评为国家级高新技术企业。

公司申报专利 50 项，已授权 33 项，其中实用型专利 31 项，发明专利 2 项。

222. 深圳市知用电子有限公司

CYBERTEK
Test & Measurement

地址： 广东省深圳市龙岗区黄阁北路天安数码城 4 栋 A1702
邮编： 518100
电话： 15986628000
传真： 0755-86368000
邮箱： cybertek@ cybertek. cn
网址： www. cybertek. cn
简介： 深圳市知用电子有限公司（CYBERTEK）是一家专注于专业测试仪器领域的高科技公司。公司开发的高性能高频电流/电压探头和传感器、高精度电流互感器、全数字化电磁兼容接收机及专业测量附件等产品系列，广泛用于电子产品研发生产的各领域，性能全面达到世界先进水平。公司掌握高频电流探头核心科技，打破了国外公司的长期技术垄断格局。公司创始人及其开发团队在精密传感器、数字信号处理、射频技术等方面经过长期的技术积累，拥有了相关的知识产权和专利以及核心专业技术能力。公司的研发生产体系在 ISO 9000 质量管理体系的管理下，产品通过了各种认证（如 CE）和各国家权威计量单位的计量。通过提供各类高性能的测量和测试解决方案，为我们的客户快速研发生产高可靠高性能低成本的产品提供强有力的保障，从而使客户实现产品与服务的增值。

223. 深圳市中科源电子有限公司

CPET®

地址： 广东省深圳市光明新区新湖街道楼村社区世峰科技园 D 栋
邮编： 518106
电话： 0755-23427658
传真： 0755-23429958-808
邮箱： vike@ szcpet. com
网址： www. szcpet. com
简介： 深圳市中科源电子有限公司（以下简称 CPET）致力于电源、家电、灯具老化设备、自动化设备、测试仪器、软件产品等多类相关产品的研发、制造、销售与服务，在华东与华南设有营销服务机构，在国内拥有 40 多家合作伙伴，是业界典范的老化测试设备制造商。

CPET 始终以技术创新为发展的源动力，非常重视对研发的投入，现已获得发明专利与软件著作权 50 多项，被评为深圳市双软企业、深圳市优秀软件类企业、深圳市高新技术企业、国家级高新技术企业，

CPET 产品广泛应用于电源的研发设计、生产测试、电池、LED 照明、家电、光伏、电力新能源等产业。

CPET 已服务于全球上千家客户，如飞利浦、三星、松下、视源、雷士、三雄极光、MTC 兆驰、MOSO 茂硕、BYD 比亚迪、Inventronics 英飞特、MOONS´鸣志等等知名企业，CPET 在国内外市场上享有较高的品牌知名度和美誉度。

现在 CPET 在产品创新上不断获得成功，但 CPET 人从未停下前进的脚步，以客户为中心我们不断追求着更好的技术、品质、服务、价值为经营理念。

让我们共同见证中国创造。

224. 深圳市卓越至高电子有限公司

地址： 广东省深圳市龙岗区龙城街道新联社区嶂背一村园湖路横二巷 18 号 3 楼
邮编： 518126
电话： 0755-89395358 13828861046
传真： 0755-22640117

邮箱： andrew. zhao@ excellenttop. com. cn

网址： www. etopower. com

简介： 深圳市卓越至高电子有限公司是一家优秀的国家高新企业电源解决方案供应商，拥有十余年的电源研发、制造经验，公司以“卓越质量，高效服务”为宗旨，竭诚为客户提供最优质的产品和服务。公司电源产品系列包括：通用标准工业开关电源产品、LED驱动电源产品、安规适配器充电器、标准模块电源产品、标准仪器电源产品、特种定制电源产品等，产品广泛用于通信、IT和AV类电子、电力电子、自动化控制、铁路、军工、医疗等行业。公司重视技术、重视人才，不断强化内部管理，狠抓产品质量。公司的产品100%经过高温老化，符合CCC、CE、GS、KCC、SAA、UL等多个国家权威机构的安全认证标准。经国家对外贸易经济合作部批准，拥有对外经营权。在保证内销的同时公司产品也大量销往欧美、日本、印度、中东等国家和地区。

为了保证及时交货，公司一直保持标准品库存，为您解决燃眉之急。如果您不能从公司的产品目录上找到合适的电源解决方案，或者您无法在市场上找到合适您规格的产品，请联系我们，我们强大的研发队伍和多年不同行业的研发经验一定能按您的需求为您开发定制出您满意的产品。

公司奉行“诚信、严谨、创新、高效”的理念，坚持以顾客满意为中心、以环境友好为己任、以安全健康为基点、以品牌形象为先导的价值观，一如既往地为国内外客户提供优质的技术服务和电源产品。

225. 深圳欣锐科技股份有限公司

SHINRY欣锐科技

地址： 广东省深圳市南山区塘岭路1号金骐智谷大厦5层

邮编： 518055

电话： 0755-86261588

传真： 0755-86329100

邮箱： evcs@ shinry. com

网址： www. shinry. com

简介： 欣锐科技（全称：深圳欣锐科技股份有限公司，股票代码：300745）自2006年初进入新能源汽车产业，专注新能源汽车高压“电控”解决方案（其主要技术集中在车载DC-DC变换器和车载充电机，统称为车载电源），欣锐科技拥有车载电源原创性核心技术的全部自主知识产权，在车载电源和大功率充电领域积累了丰富的研发及产业经验，拥有业界领先的研发创新能力及工程制造能力，产品技术水平居行业前列。

226. 深圳易通技术股份有限公司

地址： 广东省深圳市宝安区石岩街道龙腾社区光辉路16号第二工业区厂房3栋一层、二层、三层

邮编： 518100

电话： 0755-83704966

传真： 0755-29467335

邮箱： 1546441228@ qq. com

网址： www. eton-tech. com

简介： 深圳易通技术股份有限公司（股票代码839972）成立于2002年，于2016年7月由深圳市易网通通信技术有限公司改制而来，是一家集研发、制造、销售于一体的科技企业。公司自主研发户外一体化机柜、机柜空调、智能门禁系统、通信机房、智能果皮箱、智能电源等产品。公司以“通信领域综合节能解决方案”为主体，同时利用公司多年在通信电子和物联网方面积累的专业和经验，与智慧环卫业务协同发展。智能一体化产品的智能空气调节系统、柜热交换节能系统、变频空气调节系统、一体化开关电源系统、智能门禁系统等均为中国铁塔采用，并成功成为中国铁塔的入围供应商。公司专注于为国内外产品结构升级之智能化提供专业全面的综合节能解决方案。深圳易通技术股份有限公司产品质量可靠，已通过ISO 9000、OHSAS 18000等体系的认证。户外机柜产品已取得3C认证，公司所有产品均通过了第三方检测，且CE、FCC等相关认证证书齐全。产品类型全面，可确保快速高效地达到国家节电、节能的目的，实现“绿色通信”的最终目标。以品质、服务、精益求精来赢得顾客满意。

227. 深圳中瀚蓝盾技术有限公司

地址： 广东省深圳市南山区西丽街道松白路南岗第一工业区3栋2楼

邮编： 518000

电话： 0755-83021690

传真： 0755-83021987

邮箱： sales@ hz-tech. com. cn

网址： www. hz-tech. com. cn

简介： 深圳中瀚蓝盾技术有限公司专注于电源行业。以模块电源为核心，公司产品覆盖超算、航空航天、军工、船舶、激光技术工业控制等应用领域，主要客户包括中国电子科技集团公司、中国航天科工集团有限公司、中国兵器工业集团有限公司、中国船舶重工集团公司等军工集团下属研究所。

公司自主研发设计的系列电源，具有高可靠性、高功率密度、重量轻、效率高及多种保护功能等特点，能满足各种环境要求。公司拥有先进的研发中心和生产试验检验中心，集聚了设计经验丰富的世界级电源行业专家和专业技术高超的工程技术人员，配备了包括全自动电源测试系统在内的精良先进的测试仪器，以及全套的电源加工生产和各种环境筛选试验设备。公司成立3年之际，中标当年全军最大的军工电源订单：8万只1kW DC-DC电源模块，并顺利完成交付，无模块不良现象发生，产品质量及性能得到客户一致认可。

公司通过了 GB/T 19001—2016 及 GJB 9001C—2017 质量管理体系认证，拥有完善的质量管理体系，产品设计开发完全按照军品标准进行，确保了每台电源的可靠性、可追溯性及质量的稳定性。用军工技术打造优质电源，以可靠质量赢得用户信赖。

228. 天宝集团控股有限公司

地址： 广东省惠州市惠城区水口街道办事处东江工业区
邮编： 516000
电话： 0752-2312888
传真： 0752-2313888
邮箱： mkt@ tenpao. com
网址： www. tenpao. com
简介： 天宝集团控股有限公司（以下简称天宝）始创于 1979 年，2015 年在我国香港主板上市（股票代码：01979），专注电源技术研发 40 年，设计和制造安全可靠的电源与智能充电器产品，为不同的客户及不同的终端领域，提供具有市场竞争力的一站式智能电源解决方案，多年来和众多国际品牌建立了长期稳固的合作关系，成为值得信赖的主要供应商。

产品领域：

天宝致力于研发电源技术及产品，广泛应用于多个不同的行业领域，包括消费品开关电源的电信设备、媒体及娱乐设备、家庭电器、照明设备等；工业用途的智能充电器及控制器（主要适用于电动工具）；新能源电动汽车行业的智能充电设备。

服务能力：

天宝拥有完善的体系，集技术研发、制造生产、销售服务及成熟的供应链于一体，在我国、匈牙利、越南设立了生产基地，配套先进的生产技术和自动化设备。销售网络分布全球，并在韩国、日本、美国等地设有办事处。

229. 维谛技术有限公司

地址： 广东省深圳市南山区学苑大道 1001 号南山智园 B2 栋 1~4 楼、6~10 楼
邮编： 518055
电话： 18026919276
邮箱： Li. Jian@ Vertiv. com
网址： www. vertiv. com
简介： 维谛技术有限公司（Vertiv，原艾默生网络能源有限公司）是网络能源行业的龙头企业，是目前全球较大的、独立提供网络能源设备和解决方案及全生命周期服务的供应商，为信息技术及电信技术体系服务。公司拥有完整的网络能源产品线，覆盖通信电源、UPS、精密空调、户外一体化通信机柜、服务器机柜系统、低压配电柜、动力网络与环境监控系统及新能源等多个领域，拥有面向电信、IDC、IT、工业等四大领域的解决方案。

公司总部位于深圳，立足国内，服务全球，公司在广东江门、四川绵阳设立了工厂，并在全国设有 31 个区域客户服务中心和 33 个办事处，同时发展了超过 206 家核心代理商的分销团队，充分保障了客户能够随时随地获得公司创新的技术、优质的产品方案及高效的服务响应。近年主导和参与制定了近百项国际标准、国家标准和行业标准。公司拥有成熟的仿真技术和多项国际领先水平的技术项目，构成了公司的核心技术优势。作为数字世界的架构师，业界领先的绿色数据中心技术、研发、产品制造及服务平台，公司始终以保障客户的关键业务需求为己任，专注于通信、数据中心、工业三大领域，与合作伙伴一起保障客户的数字世界持续运行。

230. 维沃移动通信有限公司

地址： 广东省东莞长安镇乌沙步步高大道 283 号
邮编： 523860
电话： 0769-38816888
邮箱： lidahuan@ vivo. com
网址： www. vivo. com. cn
简介： 维沃移动通信有限公司（以下简称 vivo）成立于 2010 年 6 月 7 日，在东莞、深圳、南京分别设立了研发中心，公司致力于有绳电话、无绳电话、数字无绳电话、音乐手机、智能手机等各类通信产品的研究、开发、生产和销售。

vivo 是步步高旗下年轻而有活力、科技、亲和力的智能手机品牌。vivo 专为时尚、年轻群体打造拥有卓越外观、专业级音质享受、极致影像、愉悦体验的智能产品和服务；并将敢于追求极致、创造惊喜作为 vivo 的持续追求。

公司始终恪守本分，诚信为企业的核心价值观，致力于为消费者提供具有高度行业差异化和极致用户体验的移动通信产品与服务，建立高度风格化的强大品牌，成为更健康更长久的世界一流企业！

欢迎进入公司官方网站 http：//www. vivo. com. cn/，详细了解公司及产品信息。

231. 协丰万佳科技（深圳）有限公司

地址： 广东省深圳市龙岗区平湖街道良安田社区良白路 179 号
邮编： 518111

电话：0755-84687810
传真：0755-84688817
邮箱：trm1@ hipfunggroup. com
网址：www. hipfunggroup. com
简介：协丰万佳科技（深圳）有限公司是我国香港协丰公司在内地投资兴建的企业，在中国的加工生产基地主要向客户提供各种电子产品加工生产服务，完全有能力满足各种 OEM 客户的需求和各种复杂产品的加工要求。

公司于 2002 年 5 月积极地引进无铅焊接技术，现今完全有能力生产无铅产品，目前公司的生产设备可以满足欧洲市场。

此外，公司还加强了环境管理体系，参与了一些客户的“绿色伙伴”计划，并根据 RoHS 指示减少、逐渐停止或随后禁止采购和使用破坏环境的物质。

公司在亚洲和美国都设有采购办事处，在我国澳门设立了一个办事处以满足一些特别客户的需求。公司具有稳定的人力资源、国际最新和专门的生产设备、良好的质量控制，准时交货，与相关方保持互利的合作与信任，使公司与来自日本、美国、欧洲及澳大利亚等大型电子公司客户保持着良好的商业合作关系。

232. 亚源科技股份有限公司

地址：广东省深圳市龙岗区横岗街道马六路 10 号
邮编：518115
电话：0755-28607677
传真：0755-28600134
邮箱：inquiry@ apd. com. tw
网址：www. apd. com. cn
简介：电力电子及新能源技术的领导者；全球电子产业发展趋势快速变迁，质量要求提高、研发生产时程缩短，已是大势所趋。亚源集团深耕电力电子技术 20 余年，凭借高质量与弹性化生产设计能力，已成为特定应用领域的技术领导者。在全球电信基础建设高速发展的浪潮中，亚源集团的电源产品，已在各国网通设备中具有可观的市场。在全球医疗设备市场中，亚源集团更已成为一线大厂的重要伙伴。在迅速发展的各项电子外围设备市场中，亚源集团供应的优质产品，早已成为不可或缺的高能效可靠组件。

坚实的关键技术能力。凭借着精益求精的工程师精神，以及对技术与质量的执着，亚源集团长年投注高比例的研发资源，累积专业技术能力。如今，在自动化设计、产品安全耐受度，以及 EMC 等关键技术，亚源集团皆已成为业界的领先者。

永无止境的质量追求。客户的信赖来自于公司永无止境的质量追求。面对电源产品严格的安规要求，亚源集团对质量的执着未曾松懈。多年来，各大产品线的稳定可靠质量，已赢得客户一致信赖。

亚源集团持续创新的脚步从不停歇，近年已投入太阳光电变流器领域。未来，将持续深耕网通、医疗电源领域，开发出更多样化的客制电源产品，为企业发展带来崭新动能。

233. 英富美（深圳）科技有限公司

地址：广东省深圳市福田区深南中路 307 号（南光捷佳大厦）720 室
邮编：518033
电话：0755-36905610
传真：+886-02-28084990
邮箱：info@ infomatic. com. sg
网址：www. infomatic. com. sg
简介：自 2008 年从我国台湾翘慧事业股份有限公司的软件事业部门分立出来，新加坡英富美有限公司（INFOMATIC PTE. LTD.）提供大中华与东南亚地区学校与企业客户关于电力电子仿真的多种解决方案。

由于我国地区市场成长快速，公司于 2018 年在深圳另外再成立英富美（深圳）科技有限公司，提供当地华文使用者更贴切与即时的产品服务。

公司目前代理瑞士 Plexim 与 Imperix 的电力电子系统仿真与快速原型设计相关软硬体产品，提供客户从离线仿真到在线实时仿真，从设计验证到搭建实物平台的完整解决方案。

234. 中山市电星电器实业有限公司

地址：广东省中山市阜沙镇聚福街 1 号
邮编：528434
电话：0760-28132828
传真：0760-28161013
邮箱：2354511780@ qq. com
网址：www. kebopower. com
简介：中山市电星电器实业有限公司成立于 1984 年 9 月，坐落于美丽发达的珠江三角洲地区，是一家至今已有 28 年发展历史的民营出口企业。公司主要生产交流稳压器和不间断电源，集注塑、五金加工、丝印、插元件和装配于一体，并拥有专业的研发团队和与时俱进的营销团队，销售范围遍布全球 93 个国家和地区，产品质量和服务得到全球客户的高度肯定和信赖。公司秉承“质量为本、管理立业、以客为尊、持续改进”的企业文化和精神，不断发展壮大，并业绩逐年增长！

235. 中山市景荣电子有限公司

地址：广东省中山市小榄镇工业大道中绩东二民诚东路 9 号 6 栋 902 卡
邮编：528415
电话：0760-22582168
邮箱：sales3@ kreco. com. cn
网址：www. kreco. com. cn

简介：一站式智能电源采购平台。中山市景荣电子有限公司（商标 KRECO®）是一家经国家外经贸委批准享有进出口经营权，主营开关电源适配器、线性电源适配器、高档充电器及相关客户定制化产品的出口公司，并为客户提供各种智能化的电源产品整体解决方案。产品全部按照全球最新国际化标准设计并规模化生产。

七国认证、最新标准、国际接轨。产品皆获得七国认证及 CB 证书，客户可自由选择，悉数通过最新、最全面、最严格的安规检测标准，符合国际最新的 CoC 和 DoE 6 级节能规范。（七国包括中国、美国、德国、日本、韩国、英国、澳大利亚）

精准定位产品，规模化量产。OEM 生产工厂占地约 20000 平方米，有 9 条生产线和 100 余名技术熟练的员工，月产值 60 万的生产能力是您定单交期的有力保障。同时公司也拥有强大的设计研发团队负责新产品研发和设计，专设品管部门负责产品的品质检验和控制。

及时、专业、高效的销售服务。公司奉行“诚信（正直、诚实）”的核心价值观，以“走出去服务客户，工贸结合塑造自己品牌”为己任，专业提供客户定制化的智能电源解决方案和产品。公司的产品销售到世界上 60 个国家和地区，并为他们提供专业的销售服务。

236. 珠海格力新元电子有限公司

地址：广东省珠海市斗门区龙山工业区龙山二路东 8 号
邮编：519110
电话：0756-5789888
传真：0756-5789800
邮箱：xinyuanscb9@ cn. gree. com
网址：www. gree-jd. com

简介：珠海格力新元电子有限公司创建于 1988 年，是一家专业从事电子元器件及电控组件的研发、生产、销售及服务的高新技术企业，是全球知名家电企业——珠海格力电器股份有限公司的全资子公司。

公司坐落于美丽的南海滨城——珠海，占地近 10 万平方米，现有员工 1300 余人，年销售额超过 12 亿元。产品主要有铝电解电容器、金属化薄膜电容器、IPM（智能功率模块）、家用电器及工业用控制器，产品广泛应用于新能源汽车、光伏/风电逆变器、智能电网、工业焊机、UPS、变频器、伺服器等工业领域及空调、冰箱、洗衣机、环保照明等消费类市场。

公司以格力“成就百年世界品牌”的愿景为指引，以提升中国电子工业基础为己任，坚定不移地执行“生产优质产品，争创优良服务，追求顾客满意，实现持续改进”的质量方针，秉承“忠诚、友善、勤奋、进取”的格力精神，以“掌握核心科技”为理念，不断地进行科技创新与管理创新。

公司拥有实力雄厚的技术研发、服务团队，试验、检测资源丰富，技术研发费用投入持续增加。截至目前，公司拥有各项专利 30 余项，各产品系列不断扩充完善，并通过了包括 TS 16949 在内的管理体系认证及 VDE、UL、CQC 等系列产品认证。公司先后获得“AAAA 级标准化良好行为企业”“中国电子元件行业百强企业”“AAA 企业信用评级”“广东省名牌产品”“高新技术产品”等荣誉。

放眼未来，公司将依托“格力”这个优质平台，与更广大的客户携手合作，共同践行“让世界爱上中国造”！

237. 珠海山特电子有限公司

地址：广东省珠海市香洲区唐家湾镇哈工大路 1 号-1-C102
邮编：519085
电话：0756-3388866
传真：0756-3388866
邮箱：ata@ ataups. com
网址：www. ataups. com

简介：珠海山特电子有限公司是目前国内具有较完整产品系列的不间断电源（UPS）和免维护蓄电池生产制造企业之一。ATA 是珠海山特电子有限公司的自主品牌。

公司的产品主要有不间断电源（UPS）、逆变器、稳压电源以及免维护蓄电池。其中不间断电源有后备式、高频在线式、工频在线式、在线互动式等几大系列 100 余种规格；免维护蓄电池有世界各种型号汽车用的电池以及广泛用于通信、电力、消防等各个行业用的 2～24V 电池。以上产品能够满足世界不同用户的要求，并可根据客户要求设计生产，接受 OEM 订单。

公司采用先进的设备进行生产，产品通过 ISO 9001 质量管理体系认证，并大力引进世界著名企业的管理理念，以确保满足用户对高品质产品的要求。

ATA 品牌的系列产品广泛用于金融证券、医疗、通信、教育、交通等各个领域，并大量出口至东南亚、中东、南非和欧美等世界各个地区。

238. 珠海市海威尔电器有限公司

地址：广东省珠海市高新区创新海岸科技二路 10 号二楼
邮编：519000
电话：0756-3620097
邮箱：sales100@ wierpower. com
网址：www. wierpower. com

简介：珠海市海威尔电器有限公司是专业从事模块电源研发、生产、销售和提供解决方案的高新技术企业，致力于为工业、医疗、能源、电力、轨道交通等行业客户提供所需的电源模块，帮助客户提高生产效率和能源利用效率，同时降低对环境的不良影响。公司具有经验丰富的技术管理队伍、完善的品质管理体系，生产制程严格按照 ISO 9001：2015 的标准执行。

公司的产品主要分为 DC-DC 电源模块、AC-DC 电源模块、EMC 滤波器、工业信号隔离模块。

电源模块和工业信号隔离模块广泛应用于工业、轨道交通、智能汽车、医疗器械、军工等领域，能够为客户提供个性化、全方位、最直接的电源方案和信号隔离方案。

公司位于环境优美的广东省珠海市高新区创新海岸，创建于2003年，公司多年来秉承“勤恳、踏实、共赢”的经营理念，业绩逐年递增，稳步发展，同时赢得了业界良好的信誉和口碑。

未来，我们将继续努力，将电源模块和工业信号隔离模块推向更广阔的舞台。

239. 珠海泰坦科技股份有限公司

地址：广东省珠海市石花西路60号泰坦科技园
邮编：519015
电话：0756-3325899
传真：0756-3325889
邮箱：titans@ titans. com. cn
网址：www. titans. com. cn

简介：泰坦全称为“中国泰坦能源技术集团有限公司”，为我国香港联交所主板上市企业（股票代码：2188），包括珠海泰坦科技股份有限公司、珠海泰坦自动化技术有限公司、珠海泰坦新能源系统有限公司、北京优科利尔能源设备公司等企业，公司以电力电子为主要行业定位，集科研、制造、营销于一体，围绕发电、供电、用电的各类用户，运用先进的电力电子和自动控制技术，解决电能的转换、监测、控制和节能的需求，通过技术创新和新技术新产品的推广应用取得企业的发展。

公司成立于1992年9月，总部设在风景优雅的珠海市石花西路泰坦科技园。公司拥有专业化、高素质的员工团队和雄厚的研发实力，以及覆盖全国的营销和技术服务网络。

公司研制和营运的主要产品有：电力直流产品系列、电动汽车充电设备、电网监测及治理设备、风能太阳能发电系统等产品。

240. 珠海云充科技有限公司

地址：广东省珠海市国家高新技术开发区唐家湾镇大学路101号清华科技园二期孵化楼3栋405
邮编：519000
电话：0756-3613621
邮箱：348449224@ qq. com
网址：www. yccharge. cn

简介：珠海云充科技有限公司（以下简称云充科技）创立于2018年4月26日，是一家以高效率高功率密度电力电子变换器技术为核心的科技型企业。

公司总部位于珠海市国家级高新区，研发团队主要来自于加拿大著名的国际电气工程实验室——LEDAR实验室。2019年公司研发人员已经占员工总数的80%以上，含1名珠海高层次人才、3名博士后以及多名硕士。公司凭借团队的自身研发力量，拥有多项世界领先的创新技术，并拥有30余项发明专利。相继获得珠海高新创投和珠海深圳清华大学研究院等投资机构的投资，标志着云充科技在资本市场获得了认可，云充科技将与合作伙伴携手并进，加速科研及产业化的进程。

云充科技已通过了ISO 9001、ISO 27001、ISO 14001、ISO 45001等认证及高新技术企业认定。云充科技积极响应国家绿色发展的理念，坚持技术创新、服务至上、合作共赢的原则，致力于为客户提供高效率高功率密度的电力电子装置及技术方案，积极推动新能源、智能电网、电动汽车等事业的快速发展。

241. 专顺电机（惠州）有限公司

CSEpower

地址：广东省惠州市博罗县石湾镇鸾岗村大牛路润万家工业园
邮编：516127
电话：0752-6928301
传真：0752-6928311
邮箱：csc@ csepower. com
网址：www. csepower. com

简介：专顺电机在我国台湾成立于1978年，是一家致力于变压器设计和制造的专业厂商，并在变压器行业取得了骄人的成绩。2002年成立了专顺电机（惠州）有限公司，工厂位于广东省惠州市石湾镇，占地面积60000多平方米，现有员工1500多人。为更好地服务客户需求，还在苏州、菲律宾、印度设立了生产服务据点。公司的主要产品包括电源变压器、UPS变压器、环形变压器、自耦变压器、三相变压器、高频变压器、线圈、非晶电抗器等。经过多年的努力，公司已成为许多全球知名品牌客户的一级供货商。

公司始终以质量和创新的理念来经营管理。通过了UL认证（Class B. F. H. N. R）及TUV、ISO 9001认证并全面执行RoHS标准。公司既有欧洲研发团队，也有经验丰富的管理人员和高效熟练的员工。公司的现代化设备为我们客户提供物美价廉的产品提供了保障。

完善的质量保证体系、严格的原材料和产品质量检测以及优质的售后服务，树立了客户对公司产品的信心，在国际及国内市场享有较好信誉，期待与您的真诚合作！

江　苏　省

242. 百纳德（扬州）电能系统股份有限公司

地址：江苏省仪征市新集镇工业集中区创业路 10 号
邮编：211403
电话：0514-80857711
传真：0514-80857711-821
邮箱：online@ bnd-ups. com
网址：www. bnd-ups. com
简介：百纳德（扬州）电能系统股份有限公司为国内领先的备用、应急电源系统解决方案供应商，国家认定的高新技术企业，其在南京设立了产品研发中心。公司生产和销售自主开发的 UPS/EPS、交直流稳压电源、精密净化电源、直流电源、逆变器、铅酸免维护蓄电池等全系列电源相关产品。

自公司创立以来，产品和服务得到了政府、轨道交通、高速公路、金融、科研高校、医疗、石油化工、广电、电力、军队、工矿和其他系统用户的一致认可。为用户提供性能优良、质量可靠、价格合理、服务一流的产品，既是我们人一直不变的承诺，也是我们持之以恒的努力。公司按用户的需求，为客户量身定制适合的产品和技术解决方案，超越用户的期望提供超值的产品和服务。

百纳德人坚持“创新”与“服务”相结合，相信只有不断开发技术先进、性能优良、质量可靠的产品，才能在激烈的市场竞争中立于不败之地。因此，公司不仅非常重视自身技术人才的引进与培养，而且特别注重与高等院校、科研机构的合作。公司的研发中心目前拥有 22 名本行业资深开发工程师，下设信息部、研发部、工艺部、试验室和技术部。到目前为止，获得了 11 项专利证书。2013 年，公司成为南京理工大学教授柔性进企业定点单位、研究生实习基地，双方合作成立了联合研发中心。2016 年，公司又与南京航空航天大学合作，共同开发国内外技术领先的 UPS 系统，并对现有产品进行了全面技术升级。

公司倡导“海纳百川、以德为先”的企业文化，以“严谨细致、高效卓越”为管理理念，以“为用户提供超值的产品和服务”为经营宗旨。百纳德人以千方百计满足和超越用户的期望为工作目标，从售前方案选型、免费提供技术支持，到售中现场考察、检测用电环境、设备安装调试，再到设备售后 3 年免费保养维护、产品使用情况定期跟踪，公司以一丝不苟的严谨细致，为用户提供优质的产品和服务。正是凭借十几年不变的承诺与实践，如今百纳德已成为一个值得信赖的知名品牌，一个受人尊敬的企业。

243. 常熟凯玺电子电气有限公司

地址：江苏省苏州市常熟市高新技术产业开发区金麟路 16 号 3B
邮编：215500
电话：0512-52956256
传真：0512-52956230
邮箱：kxeeg@ kxeeg. cm
网址：www. kxeeg. com
简介：常熟凯玺电子电气有限公司成立于 2014 年 9 月，注册资本 3000 万元人民币，拥有科研及生产性设备 1600 万元，科研及生产场地 2000 余平方米，位于上海交通大学常熟科技园。上海凯玺电子电气有限公司为其控股方。目前公司已通过 ISO 9001、ISO 14001、CE、MSDS 等认证。合法授权使用上海凯玺电子电气有限公司的“凯玺”商标，是江苏省民营科技企业（第 EC20150314 号）、常熟领军人才高科技创新型企业、中国电源学会会员单位。

公司以人才为基石，创新为引领，精益生产，追求卓越，打造高端电源明星企业，专门从事各型不同频率的高端电源、射频集成电路、新型微波元器件与系统、工程软件类产品的生产、销售及新技术研发。

公司与多家国内外优秀大学及大型专业科研单位有着良好的互补合作关系。现有主要技术人员：中国科学院院士 1 名、教授 4 名、博士 3 名、硕士 2 名、高级工程师 2 名、工程师 7 名、会计师 1 名、ISO 9000 内审员 6 名。已申请国家发明专利 2 项，享有授权专利 1 项。

“可靠、绿色、优秀、强大”是我们的信条！

244. 常州华威电子有限公司

地址：江苏省常州市钟楼区邹区镇施桥 300 号
邮编：213144
电话：0519-69896666
传真：0519-83637987
邮箱：chang@ huaweiec. cn
网址：www. huaweiec. cn
简介：常州华威电子有限公司是华威集团旗下一家专业从事全系列铝电解电容器产品设计研究、制造、销售的高新技术企业，年产能 60 亿只，自 2003 年起连续多年入选中国电子元器件百强行列。公司始建于 1987 年，秉持“诚信、和谐、精品、互利”的核心价值观，先后获得“常州市市长质量奖”“全国电容器质量领军企业”“江苏省管理创新优秀企业”等荣誉称号。公司商标和产品被认定为“江苏省著名商标”“江苏名牌产品”。

公司立足全球电子产业，为客户提供铝电解电容器应用解决方案和服务，设计制造贴片式、引线式、焊针式、螺栓式及导电高分子全系列铝电解电容器产品，产品广泛应用于消费电子、工业自动化、通信、汽车电子、新能源、电源适配器、仪表、安防、照明、医疗等领域。公司产品远销日本、韩国、印度尼西亚、印度、土耳其、美国、俄罗斯、德国、巴西等国家，主要客户有三星、LG、海尔、海信、TCL、飞利浦、松下等，在国内外客户中树立了良好的口碑和品牌形象，成为多家客户的战略合作伙伴和优秀供应商。

245. 常州市创联电源科技股份有限公司

地址：江苏省常州市钟楼区童子河西路 8 号
邮编：213000
电话：0519-85215050
传真：0519-85215050
邮箱：chen. c@ cl-power. com
网址：www. cl-power. com
简介：常州市创联电源科技股份有限公司创立于 2000 年，是国家高新技术企业和国内规模较大的电源制造商，连续多年在显示屏电源领域市场占有率领先。

公司主要有四大系列产品，分别为显示屏电源、工业控制电源、照明亮化电源、其他类电源，共涉及 2000 余种类规格，可满足不同领域的电源产品需求。

公司秉持“用一流的产品和服务成就每一位客户”的经营理念，为城市添光彩，为设备提供恒久动力源。

246. 常州市武进红光无线电有限公司

HGPOWER® 红光

地址：江苏省常州市武进青洋路桂阳路 1 号
邮编：213176
电话：0519-86733545；86732495
传真：0519-86731270
邮箱：sales@ hgpower. com
网址：www. hgpower. com
简介：常州市武进红光无线电有限公司成立于 1998 年，一直致力于交换式电源产品的开发及生产。目前公司已成为国内知名的开关电源生产基地，拥有先进的生产工艺和完善的质量保证体系，主要产品全部通过 CCC、UL、CE、GS、FCC 认证，并通过 ISO 9001：2008、ISO 14000：2004、GJB 9001B：2015、TS 16949：2015 等认证。

目前公司产品广泛应用于家电、通信网络、LED 驱动、电动汽车充电、模块电源等领域，现有固定资产 1.5 亿元，厂房及宿舍面积达 5 万平方米，生产能力达开关电源 2 万台/天。

公司拥有一支作风严谨、高素质的研发队伍，可以灵活高效地为客户提供全面的电源解决方案。

创一流品质，持续不断推出高效、节能、绿色电源产品，打造中国电源品牌是我们的宗旨。

247. 常州同惠电子股份有限公司

Tonghui®

地址：江苏省常州市新北区天山路 3 号
邮编：213000
电话：0519-85132222
传真：0519-85109972
邮箱：sales@ tonghui. com. cn
网址：www. tonghui. com. cn/cn/index. html
简介：常州同惠电子股份有限公司创建于 1994 年，是一家集研发、制造、销售于一体的国家高新技术企业。公司现占地面积 18 亩，建筑面积 8000 平方米，2018 年新增占地 45 亩、建筑面积 30000 平方米的“智能化电子测量仪器研发制造项目”建设正在进行，这将解决公司研发场地与制造产能的瓶颈，为公司的长远发展奠定坚实的基础。公司现有员工 190 余名，75%以上具有大专及以上学历，研发人员占员工总数的 28%以上。

公司成立以来，践行“智能测试、高效测试、精准测试、工业互联”的发展战略，倡导“专业、专注、专心”的匠心精神，致力于电子测量仪器的技术与产品研发，尤其在精密阻抗测量领域具有 20 多年测试理论、测试技术和实践经验的积累。公司基于对行业发展前景和电子测量仪器产业链扩展的深度理解，以电力电子磁性元器件测量仪器为基础，进一步深耕电力电子测量仪器及成套测量系统解决方案领域，致力于成为国际领先的电子测量综合解决方案提供商。展望未来公司将继续以务实稳健的姿态，肩负起更多的社会责任。以国际化的胸怀和视界，奉献创新的成果，共享价值和幸福。公司将融入中国经济腾飞的大潮，准确把握全球电子信息业强劲增长的商机，全方位实现同惠价值！

248. 东电化兰达（中国）电子有限公司

TDK

地址：江苏省无锡市珠江路 95 号
电话：0510-85281029
网址：www. lambda. tdk. com. cn
简介：关于 TDK 公司。TDK 株式会社总部位于日本东京，是一家为智能社会提供电子解决方案的全球领先的电子公司。TDK 建立在精通材料科学的基础上，始终不移地处于科技发展的最前沿，并以“科技，吸引未来”，迎接社会的变革。公司成立于 1935 年，主营铁氧体（是一种用于电子和磁性产品的关键材料）。TDK 全面和创新驱动的产品组合包括无源元件（如陶瓷电容器、铝电解电容器、薄膜电容器、磁性产品、高频元件、压电和保护器件）以及传感器和传感器系统（如温度传感器、压力传感器、磁性传感器和 MEMS 传感器）。此外，TDK 还提供电源和能源装置、磁头等产品。产品品牌包括 TDK、爱普科斯（EPCOS）、

InvenSense、Micronas、Tronics 和 TDK-Lambda。TDK 重点开展如汽车、工业和消费电子以及信息和通信技术市场领域。公司在亚洲、欧洲、北美洲和南美洲均拥有设计、制造和销售办事处网络。在 2020 财年，TDK 的销售总额为 125 亿美元，全球雇员约为 10.7 万人。

关于 TDK-Lambda 公司。TDK-Lambda 是一家向全球提供值得信赖、创新的高可靠工业电源解决方案的行业领导公司。

TDK-Lambda 公司在中国、日本、欧洲、美国和东南亚的全球 5 大区域均拥有研发、制造、销售，售后服务和应用技术支持等完整的体制，随时随地快速地响应客户的各种各样需求。

249. 赫能（苏州）新能源科技有限公司

地址：江苏省苏州市太仓市经济开发区禅寺路洙泾弄 68 号
邮编：215400
电话：0512-53986668
传真：0512-53985398
邮箱：745195970@ qq. com
网址：www. helnon. com
简介：赫能（苏州）新能源科技有限公司是一家以新能源、UPS（不间断电源）、EPS（应急电源）、消防巡检柜、火灾探测设备、光伏并网逆变器、汽车充电桩、直流屏、交直流稳压电源等研究、开发、生产、经营、销售推广等多行业发展的高新企业。公司坐落于历史文化名城和 5A 级风景旅游城市苏州，是国家高新技术业产地，长江三角洲重要的中心城市之一。

公司生产的系列产品广泛应用于工业、金融、通信、教育、交通、地产、广播电视、医疗卫生、能源电力等各个行业领域。现已经全面通过 ISO 9001：2015 质量管理体系认证、ISO 14001：2015 环境管理体系认证、TLC 泰尔认证及 CE 认证等。产品也通过了国家质量检测检验部门的多项权威认证。

公司自成立以来，一直秉承“筑显赫品质，创绿色能源”的经营理念，为广大客户提供优质产品和服务，公司产品畅销全国各大城市，业务涉及国内外，公司的目标是：“创品牌企业，致力于成为智慧能源领导者”，使公司成为技术领先、管理科学、设备先进、服务优良的全球智慧能源、电源制造商。

250. 江南大学

地址：江苏省无锡市滨湖区蠡湖大道 1800 号
邮编：214122
电话：18661091539
邮箱：ewlu@ jiangnan. edu. cn
网址：www. jiangnan. edu. cn
简介：江南大学是教育部直属、国家“211 工程”重点建设高校和一流学科建设高校。学校具有悠久的办学历史、厚重的文化积淀，源起 1902 年创建的三江师范学堂，历经国立中央大学、南京大学等发展时期；1958 年，南京工学院食品工业系整建制东迁无锡，建立了无锡轻工业学院；1995 年更名为无锡轻工大学；2001 年，无锡轻工大学、江南学院、无锡教育学院合并组建江南大学；2003 年，东华大学无锡校区并入江南大学。

251. 江苏坚力电子科技股份有限公司

地址：江苏省常州市钟楼区钟楼开发区香樟路 52 号
邮编：213023
电话：0519-86926679
传真：0519-86965903
邮箱：373046085@ qq. com
网址：www. jsczjianli. com
简介：江苏坚力电子科技股份有限公司是中国规模与研发实力并举的 EMI/EMC 电源滤波器制造商。自 20 世纪 60 年代生产滤波器以来，积累了近 60 年的专业制造经验，是中国电源滤波器和谐波治理领域的领导者，能为用户提供解决各种 EMI/EMC 问题的方案和产品，并为电能的安全、高效、可靠的利用积极贡献我们的力量。在国内同行业中率先通过了 ISO 9001 质量管理体系认证、ISO 14001 环境管理体系认证、OHSAS 18001 职业健康与安全管理体系认证、TS 16949 汽车行业质量管理体系认证。先进的测试设备和严格的品质管理形成了我们的独特优势，历年来，坚力产品主要品种已先后通过 UL、CSA 和 VDE 等安规认证。产品应用于各种仪器仪表、医疗设备、电力电源、通信电源、驱动及控制设备等，多次为国家重点工程——电子方舱、运载火箭、考察船等配套。公司产品畅销海内外，拥有国内外各领域的优秀客户，能在 4~6 周内为用户提供 0.5~2000A 各种规格的单相、三相交流电源滤波器、直流电源滤波器、电抗器、谐波滤波器等。专业的研发团队可为客户设计和制造各种特规滤波器，以帮助用户的设备有效地抑制沿电源线传输的电磁干扰，满足电磁兼容（EMC）规范的要求。

252. 江苏生杰电气有限公司

地址：江苏省无锡市惠山区洛社镇藕杨路 9 号
邮编：241154
电话：0510-85520207
邮箱：18921524505@ 163. com

网址：www. jssjdqjt. com

简介：江苏生杰电气有限公司位于国家旅游胜地、美丽的太湖之滨——无锡市，是一家专门从事新能源汽车充电桩、智能高频直流电源系统、智能交直流一体化电源系统、通信电源系统、UPS、蓄电池管理系统及工业联网通信模块和设备产品的研发、生产和销售及技术服务的科技企业。

公司有着完善的质量保障体系及环境管理体系，率先通过了国家最新的质量管理体系认证（GB/T 19001—2016/ISO 9001：2015）及环境管理体系认证（GB/T 24001—2016/ISO 14001：2015）。公司严格按质量管理体系组织生产，产品质量稳定，并有严格的售后服务标准和规范的服务流程，重视现场运行人员培训和信息沟通，信守故障抢修时限承诺。

公司自成立以来，凭借过硬的技术、可靠的产品、周到的服务和认真做事的企业文化，赢得了客户的一致好评，先后与国家电网、中粮集团、马钢集团、中国石化、沙钢集团、晋煤集团、上汽集团、古井集团、南钢集团等国内著名企业达成深度合作。

以客户满意为中心，质量第一，信誉第一，贴近客户，适应市场是公司经营管理的基本方针，责任意识、竞争意识、敬业创新是公司的企业精神。

253. 江苏兴顺电子有限公司

SEMITEC®

地址：江苏省泰州市兴化市昭阳工业园二区宏泰路 18 号

邮编：225700

电话：13338883596

传真：0523-83234146

邮箱：shenqi@ jsxingshun. com

网址：www. semitec. co. jp

简介：江苏兴顺电子有限公司系日本 SEMITEC 独资企业，地处江苏省兴化市昭阳工业园二区，主要产品有热敏电阻及压敏电阻、温度传感器，广泛应用于现代通信、工业交通、家用电器、汽车电子及办公自动化等领域。近几年来，公司充分发挥日本 SEMITEC 敏感元件所具有的国际领先水平的优势，拥有具有国内领先水平和国际先进水平的全自动化生产线及全套检测试验设备，产品通过了美国 UL、加拿大 CSA、德国 VDE 和中国 CQC 认证，公司已成为国内较大的集研发、生产和销售于一体的 NTC 热敏电阻和压敏电阻的制造商，并已成为索尼、松下、佳能、LG、三星、台达、冠捷、海信、格力、长虹、长城、TCL、康佳等国内外知名企业的主要供应商。公司近期发展目标是建成 SEMITEC 的重要生产基地。

254. 江苏中科君芯科技有限公司

地址：江苏省无锡市新吴区菱湖大道 200 号中国传感网国际创新园 D2 栋 5 层

邮编：214135

电话：0510-81884888

传真：0510-85381915

邮箱：cas-igbt@ cas-junshine. com

网址：www. cas-junshine. com

简介：江苏中科君芯科技有限公司是一家专注于 IGBT、FRD 等新型电力电子芯片研发的中外合资高科技企业。公司聚焦在 IGBT 及配套 FRD 等电力电子器件的开发，包括芯片、单管、模块等产品形式。同时，公司立足于雄厚的研究实力，可针对客户做定制式技术开发服务。

公司优势：公司由中国科学院微电子所和中国物联网研究发展中心的两个研究团队和成都电子科技大学研究团队组成，聚集了国内领先的 IGBT 研发团队。作为国内业界的领军者，公司是国内率先开发出沟槽栅场截止型（Trench FS）技术并真正实现量产的企业。

255. 雷诺士（常州）电子有限公司

雷诺士® | Reros®

地址：江苏省常州市新北区华山中路 38 号

邮编：213001

电话：0519-85190886

传真：0519-85190886

邮箱：xinhua@ rerosups. com

网址：www. rerosups. com

简介：雷诺士（常州）电子有限公司是国内知名电源设备制造商，是集设计、生产、销售、服务于一体的高科技股份制企业。公司总部及科研生产基地坐落于常州国家级高新技术开发区，毗邻上海、南京，是国内电源设备制造重点企业之一。目前拥有两大生产基地、4 个生产厂区、工厂占地面积 3.5 万平方米。

公司长期从事电源产品的制造与销售，在产品的电源设计、制造工艺，出厂检验、开通调试等方面具有丰富的经验。主要产品有：UPS、EPS、精密空调、精密配电柜、稳压电源、电池，以及机房一体化集成配套设备，为国内多家知名品牌 UPS 厂商提供 OEM 服务，相关产品已经出口到包括欧美在内的 80 多个国家和地区。公司产品具有个性化、智能化、环保化、品质高等性能特点。公司具备强大的技术研发实力，能根据用户需求，量身定制非标电源产品，以满足特殊供电环境的需求。

公司已通过 ISO 9001 质量管理体系认证、ISO 14001 环境管理体系认证以及 ISO 18001 职业健康与安全管理体系认证，并获得认证证书。相关产品已经连续入围“中央政府采购网”“国税总局采购平台”，企业获得“江苏省高新技术企业”“绿色与创新企业”“江苏省 UPS 研发机构”“中国通企业协会会员”“中国电源学会会员单位”“最具用户满意度品牌”等荣誉称号。雷诺士产品广泛应用于医疗卫生、政府机关、税务金融、电力、教育、铁路、冶金、科研、消防、交通、国防、航空航天、广电等重要领域，在各个行业发挥着电力保护神的重要作用。

256. 溧阳市华元电源设备厂

华元电源 创新、节能、环保、可靠

地址：江苏省溧阳市昆仑开发区民营路 3 号
邮编：213300
电话：0519-87383088　18502511682　13961170588
传真：0519-87383088
网址：www. huayuan-power. com. cn
简介：溧阳市华元电源设备厂是江苏省民营科技型企业。该厂长期坚持研发和生产高效、可靠、环保、创新型电源，满足用户的需求，受到了用户的欢迎。研制生产的产品已广泛应用于工业、交通、通信、化工、电光源、新能源、高能物理、军工等领域。公司拥有多项专利技术和专有技术，产品还出口至欧美、日本、中东、东南亚等国家和地区。公司的特大功率开关电源、高效低压大电流电源、电光源驱动电源等在国内外具有独特的技术优势。

257. 南京泓帆动力技术有限公司

泓帆动力
SAILING DEEP

地址：江苏省南京市江宁区诚信大道 885 号
邮编：210000
电话：025-52168511
传真：025-52168511
邮箱：info@ sailingdeep. com
网址：www. sailingdeep. com
简介：南京泓帆动力技术有限公司致力于深度掌握控制系统 MBD 和机电设计 MBD 技术，为学院、科研机构和制造企业提供全面的高效工具链和完整工作流的技术服务。目前主要从事智能电网领域电力电子设备和运动控制领域高性能控制平台和开发平台的研制。

258. 南京瑞途优特信息科技有限公司

rtunit®
让开发变得简单!

地址：江苏省南京市江宁区诚信大道 998 号星光名座 4 栋 320 室
邮编：210000
电话：025-52458092
邮箱：hellodsp@ vip. 163. com
网址：www. rtunit. com
简介：南京瑞途优特信息科技有限公司致力于机电系统与电力电子系统控制相关的技术开发和产品设计，同时开发和销售研发所需的开发平台和实验仪器，主营半实物仿真系统和电力电子功率产品。公司立足于自主创新，拥有一支高素质、高水平、技术全面、结构合理的团队，能够积极响应用户的应用需求，提供定制化开发与专业的工程服务。公司依托东南大学电气工程学院的背景，同时与国内多所知名院所保持密切合作，努力将最先进的技术转化到实际产品中来，推动中国新能源和节能技术的快速发展。

259. 南京时恒电子科技有限公司

地址：江苏省南京市江宁区湖熟镇金阳路 18 号
邮编：211121
电话：025-52121868
邮箱：849779222@ qq. com
网址：www. shiheng. com. cn
简介：南京时恒电子科技有限公司（以下简称时恒电子）为中国电子元件行业协会（CECA）理事单位、敏感元器件与传感器分会常务理事和中国电源学会会员单位以及《电子元件与材料》期刊常务理事单位。公司为江苏省科技型中小企业、江苏省民营科技企业。公司建有经江苏省科学技术厅批准的江苏省 NTC 热敏陶瓷材料工程技术研究中心，授权和受理专利 73 项，其中发明专利 30 项，申请 PCT 专利 2 项，具有很强的研发实力。

2018 年 11 月 26 号，被评选为“南京市优秀民营企业”，受到南京市委、市政府表彰。

南京时恒电子科技有限公司是集研发、生产、销售为一体的民营科技企业，是国内专业生产 NTC 热敏电阻器及其温度传感器的骨干企业。产品有 NTC 热敏电阻器、NTC 温度传感器、PTC 热敏电阻器和氧化锌压敏电阻器等敏感元器件，其中 NTC 热敏电阻器系列产品涵盖了浪涌抑制、温度补偿、精密测温、温度控制等应用。

时恒电子通过了 ISO 9001 质量管理体系认证、IATF 16949 质量管理体系认证、ISO 14001 环境管理体系认证、GB/T 29490—2013 知识产权管理体系认证、GB/T 23001—2017 两化融合管理体系认证，为 AAA 信用等级企业。公司商标被认定为“南京市著名商标”“江苏省著名商标”，公司产品被南京市人民政府授予“南京名牌产品”称号，作为行业重点企业，被行业协会指定参与了国家“十三五”“十四五”规划的起草。

公司拥有 2.5 万平方米现代化生产厂房、全套的自动化生产设备、完善的专项测试仪器，具有生产各类敏感电子元器件 20 亿只以上的年生产能力。全部产品均按欧盟 RoHS 指令实现了环保生产。主要产品均通过了 CQC 认证、德国 TUV 认证和美国 UL、C-UL 安全认证；汽车级 MF52、MF51、MF58 通过了 AEC-Q200 检测。MF58 系列产品通过了 UL 标准中 10 万次耐久测试。时恒电子紧跟国际发展动态，不断研发出具有国际先进水平的新产品，公司高新技术产品有 8 个、江苏省重点推广应用的新技术新产品 4 个、南京市新兴产业重点推广应用新产品 5 个。

260. 南京天正容光达电子销售有限公司

 南京天正容光达电子销售有限公司 

地址：江苏省南京市江宁区天册路 6 号

邮编：211103

电话：025-52290531

传真：025-85313313

邮箱：gybsales@ tzrgd. com

网址：www. tzrgd. com

简介：南京天正容光达电子销售有限公司是国内薄膜电容器行业历史悠久、产销规模和综合实力较强的企业，主导产品为“南容”牌全系列薄膜电容器，目前年产值 6000 万~7000 万元。

公司始建于 1958 年，1974 年开始薄膜电容器的研发和生产，是国内较早从事薄膜电容器制造的企业。

2004 年改制成立南京天正容光达电子（集团）有限公司。

2011 年，在南京江宁科学园占地 80 余亩、总投资上亿元的新园区正式投入使用。

2018 年成立南京天正容光达电子销售有限公司。

261. 南京研旭电气科技有限公司

地址：江苏省南京市浦口区新科一路 6 号

邮编：210032

电话：025-58747116

传真：025-58747106

邮箱：njyanxu@ vip. qq. com

网址：www. njyxdq. com

简介：南京研旭电气科技有限公司是一家集研发、生产、销售于一体的科技型企业，着力于嵌入式领域、电气领域进行上下游产品的研发、生产、销售。公司团队研发实力雄厚，有多名博士、博士后、博导、教授共同参与产品研发以及方案定制。公司以嵌入式开发平台为基础，陆续开发出各种工业应用产品，包括智能微电网科研系统、光伏和风力新能源系列工业变流器、故障检测类智能仪表等。

262. 苏州锴威特半导体股份有限公司

Convert

地址：江苏省苏州市张家港市杨舍镇沙洲湖科创园 A1 幢 9 层

邮编：215600

电话：0512-58979952

传真：0512-58979952

邮箱：shenzh@ convertsemi. com

网址：www. convertsemi. com

简介：苏州锴威特半导体股份有限公司（以下简称锴威特）坐落于张家港市经济技术开发区，是国家高新技术企业、江苏省科技小巨人企业、苏州市瞪羚企业、张家港领军人才示范企业。

锴威特专注于智能功率器件与功率集成芯片的研发、生产和销售，同国内重点院校合作建有研究生联合实训研发中心，围绕第三代功率半导体展开研究。公司拥有 70 多项专利，产品广泛应用于智能家电、工业控制、智能电网和新能源汽车等领域。

锴威特目前已形成高压、高可靠性功率 MOSFET、集成 FRD 的高压 MOSFET、SiC SBD、SiC MOSFET、Photo MOS、Photo Triac、IGBT、IPM 功率模组等八大产品系列，产品已有国内 100 多家客户使用并获得认可。

263. 苏州康开电气有限公司

KANK

地址：江苏省苏州市吴江区震泽镇八都金平大道 139 号

邮编：215233

电话：0512-82073366

邮箱：szkkele@ 163. com

网址：www. kangkaiele. com

简介：苏州康开电气有限公司（以下简称康开电气）创建于 1989 年，坐落于风景秀丽的太湖南岸——苏州吴江八都工业区，是一家集特高压变压器、电抗器、智能化系统研发、生产和销售于一体的综合型公司。康开电气新型研制的变频调速用干式整流变压器成功用于电力、钢铁、水泥、造纸、矿业等工业领域。康开电气自主研发生产的 220kV 高压干式变压器成功在舟山工程中投入运营。500kV 干式隔离变压器在 2018 年 8 月顺利通过专家评审，公司的项目同时涉及电梯扶梯、风力发电、轨道机车、水利水闸、直流电网、特高压电网等高科技行业。公司自主研发出了智能物料需求分析系统和智能设计系统。公司为客户提供性能稳定的产品、设计优越的解决方案以及完善的售后服务，力求在电气行业打造先进品牌。

长期以来，公司凭借先进的技术和设备以及完善的管理体系，树立起专业化的企业形象。1998 年 6 月通过 ISO 9001：1994 质量管理体系认证并授予证书，1999 年 7 月通过美国 Q-PULS 管理体系审查，2011 年被评为高新技术企业，2012 年被评为信息化示范企业，2013 年被评为江苏省五星级数字企业，2017 年被评为震泽镇人才工作优秀企业，同年被认定为高效节能型电抗器技术工程研究中心。

264. 苏州量芯微半导体有限公司

GaNPOWER

地址：江苏省苏州市工业园若水路 388 号纳米技术国家大

学科学园 F0411 室

邮编： 215000

电话： 13472720575

邮箱： information@ iganpower. com

网址： www. iganpower. com

简介： 苏州量芯微半导体有限公司致力于提供行业一流水平的氮化镓功率器件及基于氮化镓的先进解决方案。公司起源于 2015 年在加拿大成立的 GaNPower International Inc，公司的功率器件覆盖从 8~60A 的各种器件及自带驱动的氮化镓单片集成 IC；提供包括 DFN、TO220、TO252、TO263、LGA 在内的多种封装形式，同时为系统用户提供先进的解决方案，例如氮化镓基数字控制 LLC 谐振电路等。

265. 苏州纽克斯电源技术股份有限公司

纽克斯
LUMLUX

地址： 江苏省苏州市相城区黄埭镇春兰路 81 号

邮编： 215143

电话： 0512-65907797

传真： 0512-65907792

邮箱： fei. wang@ lumlux. com

网址： www. lumlux. cn

简介： 苏州纽克斯电源技术股份有限公司是一家专业致力于大功率驱动电源和智能控制系统研发、生产与销售的高新技术企业。公司拥有 14 年专业研发、制造驱动电源的经验；现拥有现代化办公楼 2 万多平方米，配备完善的研发生产及质量控制体系，建有专业研发、测试实验室；有各类专业员工 400 多名，其中技术研发人员 90 余人；产品种类齐全，应用范围覆盖道路照明、夜景照明、植物照明及隧道照明。公司产品通过各种国内外质量体系认证，拥有发明专利 8 项，实用新型专利 100 多项，2010 年实验室获得北美认证的 CSA 授权。公司目前已成为中国照明学会室外照明专业委员会委员单位、农业照明专业委员会的副主任单位、交通运输照明专业委员会副主任单位、电光源专业委员会委员单位。

伴随世界节能产业的发展，公司将继续秉承“诚信、敬业、高效、共赢”的企业理念，携手有志于节能事业的合作伙伴，为建设绿色环保的人性化照明环境而努力，以智能电源共创美好未来！

266. 苏州市申浦电源设备厂

SPDY
申浦电源

地址： 江苏省苏州市吴中区甪直镇凌港村甪胜路（胜浦大桥南 100 米）

邮编： 215127

电话： 0512-65043983

邮箱： 515596668@ qq. com

网址： www. szspdy. com

简介： 苏州市申浦电源设备厂坐落于美丽富饶的长江三角洲，南临苏沪机场路，北靠 312 国道，交通便利，环境优美，该厂技术先进，实力雄厚，是集科研、生产于一体的专业企业。

该厂专业生产 BT-33 型多功能大功率晶闸管触发板、BT-1 型多功能恒流压调节板、整流器、晶闸管调压器、直流调速器、电子负载、充电机、恒流源及各种规格晶闸管调压变流设备、普通硅整流设备、大功率高频开关电源、贵金属电镀用脉冲电源、铝氧化用大功率脉冲电源、蓄电池生产测试用大功率充放电电源、大功率直流电机调速装置，以及蓄电池生产测试用相关设备。

该厂的市场营销策略是：优质低价，服务快捷，相同档次的产品价格达到最低。

该厂以一流的创业精神、全新的质量观念、优质的服务态度和精诚的团结信念广结中外朋友，共谋事业发展。

267. 苏州腾冉电气设备股份有限公司

苏州腾冉电气设备股份有限公司
Suzhou TOPRUN Electric Equipment Co., Ltd.

地址： 江苏省苏州市吴中区临湖镇银藏路 8 号

邮编： 215106

电话： 0512-66520778

传真： 0512-66520779

邮箱： postmaster@ etoprun. com

网址： www. etoprun. com

简介： 苏州腾冉电气设备股份有限公司位于苏州太湖之滨，成立于 2010 年，占地 50 亩，是专业从事储能系统、电磁元器件的研发、设计、制造与服务的国家高新技术企业，于 2015 年登陆“新三板”（股票代码：832117）；主营产品广泛应用于轨道交通、新能源汽车、智能电网、医疗设备、工业自动化等领域，其中超级电容储能系统、电磁元器件市场占有率均列全国前十，并出口日本、瑞士等发达国家。

公司盈利良好且注重创新，2020 年度资产总额为 2.6 亿元，研发投入 568 万元，银行资信等级为 A 级。公司设有研发中心，已投入逾 3000 万元建立了两个研发实验室，并通过了 EN 15085 等 5 项国际认证，获得了 50 多项专利，被评为江苏省轨道交通储能系统工程技术中心和企业技术中心，并与东南大学、苏州大学等紧密合作，作为中国电源学会会员单位，不断依靠技术创新、产品创新和高品质服务创造社会价值，提供清洁能源变换解决方案。

268. 苏州西伊加梯电源技术有限公司

地址： 江苏省苏州市工业园杏林街 78 号新兴产业工业坊 11 号厂房 1 楼 B 单元

邮编： 215121

电话：0512-65072152

传真：0512-65072153

邮箱：info@ cet-power. cn

网址：www. cet-power. cn

简介：西伊加梯（CE+T）集团成立于 1937 年，总部位于比利时，并在英国、卢森堡、美国、中国、印度先后设立了分公司。1985 年进入电信设备制造领域；1990 年开发出世界上第一台大功率可并联逆变电源系统。多年来，CE+T 在大功率可并联逆变电源产品领域始终保持国际领先地位，是欧美主要电信营运商和电信设备制造商的长期合作伙伴。

2016 年，西伊加梯电源赢得了谷歌小盒子挑战赛的冠军。

西伊加梯电源拥有独特的 TSI 技术和升级版的 ECI 技术。公司主要产品为模块化逆变器及其集成系统、模块化 UPS 及其集成系统。

模块化逆变器产品功率范围为 500VA～20kVA，直流输入电压为 24V/48V/110V/220V，交流输出电压为 120V/230V，产品系列为 Bravo、Media、Nova、Veda 等，集成系统的功率范围为 10～225kVA。

模块化 UPS 产品 Agil，交流输入电压为三相 380V/400V/415V，直流输入电压为 ±204V，交流输出为单相 230V 或三相 380V，功率为 20kVA。集成系统的功率范围为 40～640kVA。

269. 太仓电威光电有限公司

EPE
電威光電有限公司
ETHER POWER
ELECTRONICS TECHNOLOGY CO.,LTD.

地址：江苏省苏州市太仓市新毛管理区新港西路 66 号

邮编：215414

电话：0512-82775558

传真：0512-82775558

邮箱：epe@ powerepe. com

网址：www. powerepe. com

简介：太仓电威光电有限公司是一家专业研发与生产舞台灯光电源、车用 HID 电源、LED 驱动电源的江苏省高新技术企业。公司通过自身的研发能力及先进的生产技术、先进的生产设备和齐全的试验、检验、测试设施，加之严格的产品监控措施，在 2004 年通过了 ISO/TS 16949 质量管理体系认证和 ISO 14001 环境管理体系认证。

公司以优质的产品、良好的信誉和完善的服务赢得了国内外客商的普遍赞誉。公司占地 37 亩，注册资本 3600 万元，拥有 1 万平方米的现代化厂房，同时还拥有一个现代化的研发中心。为了确保产品的高可靠性，自建了现代化的实验室，对产品进行各项环境测试、老化测试、高温和低温测试、电磁兼容测试，从而确保公司产品的安全和可靠。

公司坚持“不断以高性能、高可靠的产品服务于市场”的经营理念，国内外市场不断得到扩大，产品遍布美国、南美、俄罗斯、澳大利亚等。

270. 扬州凯普科技有限公司

KPR

地址：江苏省扬州市高邮市高邮镇工业园区戴庄路

邮编：225600

电话：0514-84540882

传真：0514-84540883

邮箱：service@ yzkprdz. com. cn

网址：www. kpr-c. com

简介：扬州凯普科技有限公司是一家专业致力于军用高储能密度、超高压干式薄膜电容器的研发、制造、营销和服务的国家高新技术企业。

公司通过引进国内外先进制造和试验设备，自主研发及与高校科研院所合作，通过“储能薄膜电容器研发中心”“高压大功率薄膜电容器工程技术中心”等研发平台，获得了多项自主知识产权的专利技术（其中发明专利 5 项），并取得了 GJB 9001B 认证，获得“省高新技术产品”“江苏新产品新技术”多项，及“国家火炬计划”的立项，进入工信部和国家国防科工局《民参军技术与产品推荐目录》，产品经国家质量监督检验中心检测，符合 IEC 61071 和 JB/T 8168—1999 标准，各项技术指标均达到国际先进水平，先后获得中国电源协会及省、市科技进步奖等多项奖励。

公司以市场需求与科技发展为导向，以一流的品质、完善的服务为依托，获得了客户的信赖，产品广泛应用于电力（超高压）、军工院所（脉冲功率），并根据客户的设计要求可提供个性化定制产品。

271. 越峰电子（昆山）有限公司

地址：江苏省昆山市黄浦江北路 533 号

邮编：215337

电话：0512-57932888

传真：0512-50369559

邮箱：info@ acme-ferrite. com. tw

网址：www. acme-ferrite. com. tw

简介：越峰电子材料股份有限公司成立于 1991 年 9 月 5 日，是台湾聚合化学（USI）转投资企业。总公司设在中国台湾台北市，在我国和马来西亚策略性布局了 4 个生产基地。1994 年在台湾桃园成立了台湾观音厂；2000 年在江苏昆山成立越峰电子（昆山）有限公司；2005 年在广东增城成立越峰电子（广州）有限公司；2009 年在马来西亚怡宝成立越峰马来西亚厂。越峰电子材料股份有限公司于 2005 年 2 月 17 日在台湾柜台买卖中心正式上柜，股票代码为 8121。

公司主要业务为锰锌及镍锌软磁铁氧体磁铁心的研发、制造及销售，公司已通过 ISO 9001、ISO 14001 和 IATF

16949 认证。公司为台湾最大的锰锌铁氧体专业制造商，传承欧洲先进技术，专业生产软磁铁氧体磁铁心，为中国三大软磁铁氧体磁铁芯制造商之一。铁氧体磁铁心是电感类被动电子元器件的主要材料，广泛应用于 3C、网络通信、工业自动化、云端伺服、汽车电子、电动汽车及新能源工业等相关行业，是电子业的上游供货商。

公司致力于电子原材料的研发，秉持“市场与技术的开发”策略，不断提升自我能力，不论在技术研发、市场营销、经营管理上均居行业领先地位，在汽车电子、网络通信及云端伺服行业均取得国际品牌大厂的认可，在我们设定的市场区域内成为行业领导者。

272. 张家港市电源设备厂

地址：江苏省张家港市长安中路 599 号
邮编：215600
电话：0512-58683869
传真：0512-58674019
邮箱：zjgpower@ hotmail. com
简介：江苏省张家港市电源设备厂位于风景秀丽、美丽富饶的长江三角洲畔的新兴城市——张家港市，这里紧靠苏锡常沪等发达地区，交通便捷。

该厂始创于 1983 年，是生产通信电源、高频开关稳压电源、直流稳压恒流电源、逆变电源、变频电源、交流稳压电源、UPS（不间断电源）和中频电源等各种电源，是集开发、生产、销售、工程设计施工等多种业务于一体的专业工厂。产品以体积小、重量轻、效率高、智能化程度高、维护操作方便等诸多优点赢得了用户的一致好评。

该厂通过了 ISO 9001 质量管理体系认证，形成了完备的质量管理体系（原材料采购、物料管理、产品制造与质量控制、生产技术工艺与设备管理、产品储运等）。该厂将紧随国际电力电子技术的发展步伐，不断研发更高性能的电源系列产品，以高标准、高品质、高性价比来满足广大用户的要求，同时也可为客户量身定做电源产品来满足用户的特殊需求。

北　京　市

273. 北京柏艾斯科技有限公司

PAS 柏艾斯

地址：北京市顺义区林河工业开发区林河大街 28 号
邮编：101300
电话：010-89494921
传真：010-89494925
邮箱：ayu@ passiontek. com. cn
网址：www. passiontek. com. cn
简介：北京柏艾斯科技有限公司是一家电参数隔离测量方案提供商，成立于 2004 年，经过多年的高速发展，公司拥有了完善的生产体系、研发体系、质量保证体系及高素质的销售及客服队伍。公司员工均经过严格的专业技术培训，拥有强力的技术开发、生产和销售实力。

公司早在 2005 年就已顺利通过了 ISO 9000 质量管理体系认证并严格执行，部分产品通过了 CE、RoHS 等国内外权威认证。公司掌握多种电测量技术，拥有数十项专利技术、如电磁隔离技术、霍尔零磁通技术、磁通门技术及柔性罗氏线圈技术等。

PAS 系列产品型号齐全，包含霍尔电流传感器、霍尔电压传感器、电流变送器、电压变送器、功率变送器、漏电流变送器、开关量变送器以及智能电量变送器等产品。

公司亦可提供 OEM 和 ODM 服务，并获得了用户的一致好评，使企业在日趋激烈的市场竞争中更具优势。

274. 北京创四方电子集团股份有限公司

地址：北京市朝阳区酒仙桥北路甲 10 号院 201 号楼 C 门三层
邮编：100015
电话：010-57589000
传真：010-57589168
邮箱：bingzi@ trans-far. cn
网址：www. trans-far. cn
简介：北京创四方电子集团股份有限公司（股票名称：创四方，股票代码：838834）是一家专业致力于各类精密电磁器件、精密电量传感器、新能源电抗器和特种变压器及 AC-DC，DC-DC 模块电源的高新技术企业，公司总部位于北京市朝阳区中关村电子城 IT 产业园，集开发、生产和销售及配套为一体，拥有“BingZi 兵字”和“TransFar 创四方”两大自有品牌，产品覆盖全国并远销海外。公司自从 1992 年诞生中国第一款全封闭式变压器以来，产品品种和业务规模得到快速发展，现拥有占地面积 80 余亩、建筑面积 3.4 万平方米的福建生产基地。

经过多年的发展，公司汇聚了一批高素质的专业技术人才，在各类产品上都能实现有针对性的专业性设计和高品质制造。所有产品都具有结构布局合理、隔离耐压高、散热好、环境适应能力强等显著优点，可广泛应用于工业控制系统、电力电子装置、充电桩、电动汽车、环保、医疗、新能源、交通等不同行业复杂的使用环境中。

公司的设计将以市场需求为导向，不断创新，关注客户并努力为客户创造价值，与业界同仁携手并进，共同为电子元器件市场和电力电子行业的繁荣与发展做出应有的贡献。

275. 北京低碳清洁能源研究院

nie NATIONAL INSTITUTE OF CLEAN AND-LOW-CARBON ENERGY
北京低碳清洁能源研究院

地址：北京市昌平区北七家镇未来科学城北区

邮编：102211
电话：010-57595508
邮箱：p0004215@ chnenergy. com. cn
网址：www. nicenergy. com
简介：北京低碳清洁能源研究院（以下简称低碳院）隶属于国家能源集团，成立于 2009 年 12 月，是国家级海外高层次人才创新创业基地。目前在美国、德国等地设有 3 个全球研发基地，有近 700 名员工，其中国外员工占 30%以上，50%的科研人员具有博士学位。低碳院拥有国家能源煤炭清洁转换利用技术研发中心（国家能源局）、煤炭开采水资源保护与利用国家重点实验室、北京市纳米结构薄膜太阳能电池工程技术研究中心等重点科研平台。

低碳院主要聚焦于煤的清洁转化利用、煤基功能材料、氢能及利用、环境保护、分布式能源、煤化工催化、先进技术等领域，并全面开展了相关领域的技术研发和创新，在不少项目上取得了可喜的成绩。

自成立以来，低碳院已开展各类科研项目 200 余项，其中承担国家科技计划项目及课题 14 项、国家重大专项子课题 15 项、北京市重大成果培育转化项目 2 项、北京市科委项目 9 项、集团科技创新项目 60 余项、自然科学基金等各类基金项目 10 余项。在薄膜太阳能电池材料、煤化工废水处理、煤化工催化剂、煤基高性能功能材料等领域取得了重要进展。截至目前，累计申请发明专利 1200 多项，其中包括 60 余项 PCT 和国外发明专利的申请，在自然和科学子刊等多个顶级期刊发表论文。

全体低碳人正同心协力，在将低碳院打造成为国际化、专业化、规模化的能源研究机构的道路上坚实迈进。

276. 北京航天星瑞电子科技有限公司

地址：北京市大兴区北京经济技术开发区万源街 18 号 425 室
邮编：100176
电话：010-67878915
传真：010-67888906
邮箱：sale@ xrpower. com
网址：www. xrpower. com
简介：北京航天星瑞电子科技有限公司是一家高新技术企业，位于北京经济技术开发区。公司致力于航空航天及各种军用领域测控电源设备以及民用测控电源的设计、开发、生产、服务，是中国电源学会会员单位。

公司成立之初就确立了高技术、高质量、高可靠的产品策略，并始终以“宽一寸、深百里”的经营理念在所处的电源行业中精耕细作，立志成为国内电源行业的著名企业。同时公司以“以人为本、诚信于心”的管理理念对待员工和客户，努力体现企业的社会价值，成为一个广受尊重的企业。

公司主要产品包括程控直流电源、程控中频交流电源、大功率直流电源、军品定制电源。此外，还可根据用户需求设计专用电源，提供军用测控系统、供配电解决方案。

公司拥有军品研制生产资质。

我们渴望与客户一起为国家的国防事业的发展做出贡献！

277. 北京恒电电源设备有限公司

地址：北京市海淀区温泉路 26 号
邮编：100086
电话：010-62451119
传真：010-62451121
邮箱：wuchao@ hendan. com. cn
网址：www. hendan. com. cn
简介：北京恒电电源设备有限公司是北京恒电创新科技有限公司的全资子公司，是我国最早研发、生产 UPS 的高新技术企业之一，也是我国最早研发、生产新能源电源的企业之一。公司成立于 1993 年，注册资金 2000 万元，在北京海淀区拥有自己的生产基地。

公司自主研制、开发、制造恒电牌（HENDAN）系列电源产品并获得德国莱茵公司 ISO 9001、TUV、CE 等国际认证。2003 年被中国国家发改委列入“可再生能源项目”合格供应商名单。产品各项技术指标均通过中国质量检测中心的检测。多种产品取得中国国家“金太阳”认证。从 20 世纪 90 年代第一台 HENDAN 牌电源问世到今天，公司在电源领域拥有 20 多年的研发、生产经验，在新能源领域也已经拥有 15 年以上的经验。凭借丰富的行业积累，公司多年来不断为客户提供完整、满意的解决方案，以及细致入微的全面的咨询及定制化服务。

公司产品在金融、证券、邮电、通信、国防、医疗、铁路、交通、税务、教育、电力、水力等国内外重点行业领域里都有应用。并且，公司的新能源产品被广泛应用于金太阳工程、三江源自然保护区生态移民工程、光明工程及供电到乡工程等新能源和地域性扶贫项目中。

宏扬民族工业，打造恒电品牌，恒电电源要以高品质的产品、系统化的管理、周到全面的服务成为中国及世界电源品牌的佼佼者。

278. 北京汇众电源技术有限责任公司

地址：北京市海淀区上地七街 1 号 3 号楼 208 室
邮编：100085
电话：13381097896
传真：010-62974057
邮箱：Huizhong_gyj@ 163. com
网址：www. huizhong. com. cn

简介： 北京汇众电源技术有限责任公司始建于1986年，位于海淀区上地七街1号，自有土地1万平方米，有3栋科研及生产大楼，建筑面积2.35万平方米。30多年来一直致力于电源产品的设计、开发、生产和服务，获得了丰富的工艺理念、可靠的技术储备和全系统质量管理经验，建立了一支稳定可靠的职工队伍。2008年，荣获国家科技进步奖一等奖。

产品包括模块电源、车载电源、逆变电源、军用微电路电源和高精度定制电源，主要应用于航天、航空、船舶、兵器、铁路通信、电力等领域。资质认证：

1）武器装备质量管理体系认证证书；
2）军工保密资格证书；
3）武器装备科研生产许可证；
4）武器装备承制资格单位证书；
5）TS 16949汽车行业管理体系认证证书。

279. 北京机械设备研究所

地址： 北京市海淀区永定路50号（142信箱208分箱）
邮编： 100854
电话： 010-88527004
传真： 010-68386215
邮箱： m15027842488@163.com
简介： 航天科研系统是我国最大的科研系统之一。中国航天科工集团（即原中国航天工业总公司）第二研究院是航天科研系统中的一个重要的、多学科及专业的综合性科研单位，有两弹一星功勋奖章获得者黄纬禄、6名中国工程院院士、2000多名高级科研人员和4000多名中级科研人员。其中既有我国电子界、宇航界的老前辈，又有实践经验十分丰富的中、青年科技专家。

航天二院不仅承担多种类型飞行器系统的总体、控制、制导、探测、跟踪、动力及地面系统的设计与生产，还承担空间高科技产品的研制；不仅承担国内的重大科研项目，还承担着外贸出口任务。研究院采用现代科学的系统工程管理方法，把众多的研究所与生产厂有机地组成一体。近年来，共获国家与国防科工委各种发明奖以及重大科技成果奖数千项。

航天二院拥有现代化的科学研究设备，尤其是电子和光学仪器设备大都是全国一流的；拥有世界先进水平的计算机系统与控制系统仿真实验室；有863高科技技术等多个国家重点实验室，可为从事科研工作提供先进的研究与测试手段。

280. 北京金自天正智能控制股份有限公司

地址： 北京市丰台区科学城富丰路6号
邮编： 100070
电话： 010-56982559
邮箱： aritimext@163.com
网址： www.aritime.cn
简介： 北京金自天正智能控制股份有限公司拥有雄厚的技术力量和丰硕的业绩，承担了多项国家重点科技攻关和863项目，获得国家发明奖、科技进步奖、省部级奖等科研成果300多项，授权发明专利69项、实用新型专利47项、软件著作权164项。具有承接大型、复杂自动化工程的综合能力。

公司控股子公司上海金自天正信息技术有限公司、成都金自天正智能控制有限公司、北京金自能源科技发展有限公司、北京阿瑞新通科技有限公司、天津武清分公司、涿州和天津分公司，基本上形成了服务客户的市场布局，对公司总体业务的发展发挥了重要作用。

281. 北京京仪椿树整流器有限责任公司

地址： 北京市丰台区东滨河路2号
邮编： 100040
电话： 010-88681651
网址： www.chunshu.com
简介： 北京京仪椿树整流器有限责任公司始创于1960年，总部位于北京市丰台区，隶属于北京控股集团有限公司，注册资金7284万元，是中国较早生产电力电子器件和电力电子变流装置的高科技企业。

公司目前拥有市级企业技术中心、博士后科研工作站以及北京市优秀创新工作室，与清华大学、北京交通大学等院校通过产学研合作研发新产品。早在2000年和2008年分别通过质量管理体系认证和武器装备质量管理体系认证；2019年通过ISO 9001：2015和GJB 9001C—2017质量管理体系换版认证。公司是中国电器工业协会电力电子分会的副理事长单位。

公司产品秉承“优质环保、高效节能”的发展方向，主营产品有节能型电解电镀电源、科研院所试验电源、兆瓦级电弧加热电源、污水处理电源、特种气体制备电源、次氯酸钠发生器电源、中频感应加热电源、多晶硅还原炉电源、氢化炉电源、单晶炉电源、铸锭炉电源等系列产品。凭借雄厚的技术实力、领先的生产工艺及高效的管理团队，一直坚持不懈地努力为客户提供集设计、研发、制造、服务于一体的最佳解决方案。

公司为航天科技集团提供了大型的单套电源系统，拥有自主知识产权30余项，连续两年获得北京市科学技术奖。

282. 北京晶川电子技术发展有限责任公司

地址： 北京市丰台区南三环东路23号1号楼6层西段办公室601、602号
邮编： 100078
电话： 010-67695050-876
邮箱： jingchuan@igbt.cn
网址： www.igbt.cn

简介：北京晶川电子技术发展有限责任公司（以下简称晶川）成立于1996年3月，成立初期就开始在中国市场上推广分销原德国西门子电子零件集团工业电力电子器件，主要分销经营的产品是西门子商标的IGBT模块和IGBT分立器件。晶川侧重把原西门子公司具有竞争力的电力电子器件介绍给国内客户，现晶川在中国市场上授权分销的品牌有英飞凌（半导体）、EPCOS（无源元件）、VAC（磁性元器件），均源于原西门子电子零件集团。

1996~2006年，晶川专注于在中国市场上分销经营原西门子商标、现英飞凌商标的IGBT模块，自2007年开始实行多元化分销产品，多元化市场战略。

现主要分销产品为英飞凌工业电力控制事业部（IPC）产品：各种芯片、封装、功率的IGBT模块（600~6500V，6~3600A）；IGBT、FRD分立器件；驱动IC；SiC功率器件；IPM（600V，6~30A）；工业电机控制MCU。

英飞凌汽车电子事业部（ATV）产品：晶川自1998年英飞凌IGBT模块开始进入中国电动汽车应用市场，到2009年授权分销英飞凌汽车电子事业部全线产品，英飞凌ATV不但有电动汽车专用的汽车级IGBT模块和驱动IC，还有传统汽车从传感（半导体传感器）、运算（MCU）、到执行（功率MOS及PIC），十分全面的汽车半导体产品系列。

英飞凌双极型公司产品：英飞凌双极型公司系英飞凌与西门子再次合资成立的公司，主要产品是大功率电力二极管、晶闸管（SCR）、光触发晶闸管（LTT），电压范围为1200~9500V，电流范围为100~6000A，品种多，型号全，包括平板式和模块型双极型电力半导体器件。

EPCOS无源电子元件：铝电解电容、电力电容（膜电容）、IGBT吸收电容，2009年开始分销经营EPCOS汽车电子元件的全线产品，如高温铝电解、电感器、变压器。

PI公司IGBT驱动产品：2000年左右晶川开始分销经营原瑞士Concept中大功率、中高压IGBT驱动板，现为美国PI公司IGBT驱动板，2016年开始分销经营PI公司iDriver驱动IC。

晶川现已是Infineon、EPCOS、PI相关产品在中国最大的授权分销商，经营型号齐全，现货多，交期短。

德国VAC纳米晶磁性元器件：VAC磁平衡式闭环电流传感器温漂小，适合高温应用，精度高，响应速度快；共模电感；IGBT驱动变压器；高频功率变压器磁心均具有磁导率高、体积小、耐高温的共同特点。

法国美尔森（Mersen）电气保护元件：快速熔断器；散热器，尤其是中高端水冷散热器竞争力强；复合母排（Busbar）。

韩国LS产电（LSIS）低压电器：接触器、断路器、继电器、LS超级电容。

台湾光宝（Liteon）光电器件：IGBT驱动光电耦合器，隔离光电耦合器，仪器仪表显示LED。

美国霍尼韦尔（Honeywell）导热硅脂：具有温升低、可靠性高等性能优势。

晶川设有工业电力电子与汽车电子两大事业部，与授权分销的英飞凌IPC与ATV两大事业部相对应；最核心的分销经营产品是英飞凌IGBT模块。

IGBT是绝缘栅双极型晶体管的英文缩写，它是功率MOS和双极型（GTR）晶体管优势互补的一种新型复合型功率开关晶体管，于20世纪80年代初理论出现，到90年代初开始产品化。晶川创始人周文定先生于1982年开始系统学习半导体器件物理，1990年以后开始专注于IGBT应用技术研究与市场推广，是IGBT中国应用市场的开拓者，30多年围绕晶体三极管耕耘。IGBT广泛应用于能源电力、工业制造、交通运输等三大国民经济核心领域，是硅晶体时代中大功率能量变换与运动控制的关键功率半导体器件，具有节能、省材、高效利用新能源的主要功效。

晶川坚持技术服务促进贸易发展，坚持其授权分销产品对客户负责，与客户共赢共发展的经营原则。在北京设有电力电子应用方案研发中心，IGBT应用可靠性实验室（办公面积超过5000平方米），致力于为客户提供有效的技术支持与售后技术服务。在成都投资建设有成都晶川电力电子工业园（建筑面积超过4万多平方米），支持客户创业创新。并在上海、深圳、武汉、西安、成都、重庆、青岛、南京、苏州、杭州设有客户服务联络处。

晶川成立20多年，公司名称没有发生任何变化，围绕工业电力电子与汽车核心零部件的分销经营没有变化，大力促进中国节能减排以及充分利用新能源，建设生态文明的战略没有变化。变化的是晶川的业务不断增加，授权分销的产品种类、品牌不断增加，进一步服务客户的能力不断增强。

晶格动力，川流不息，绿色低碳，健康未来！

283. 北京力源兴达科技有限公司

地址：北京市海淀区西三旗建材城中路12号院27号楼
邮编：100096
电话：010-82922202
传真：010-82923776
邮箱：hr@ liyuanxingda. com. cn
网址：www. liyuanxingda. com. cn

简介：北京力源兴达科技有限公司是深交所中小板上市公司上海康达化工新材料股份有限公司（股票代码：002669）全资子公司，注册资本2500万元，研发中心在北京市海淀区西三旗建材城中路12号院27号楼，制造中心在北京市昌平区极东未来产业园新业一号楼二层2068号。

公司致力于为高端前沿军工科研单位提供高性能的精密电源系统产品。主要产品有DC-DC系列电源模块、AC-DC系列电源模块、DC-AC系列电源模块、定制电源、大功率电源、组合定制集成电源、浪涌抑制器等。已研发、生产多种电源产品型号，广泛应用于武器装备、铁路自控、通信设备、测试设备等领域。多年来保持以科研创新为公司发展动力，和军工科研单位、科研院校建立了合作机制，不断开发新技术、新工艺，保证产品的技术质量，使公司产品始终保持行业领先地位。

公司通过了质量管理体系认证、保密资格单位资质认定、被评为高新技术企业和中关村高新技术企业，通过了安全生产标准化、环境保护验收批复等资质认证。在公司发展过程中，取得了4项实用新型专利，50项软件著作权，3项发明专利在申请过程中。

284. 北京落木源电子技术有限公司

地址： 北京市西城区教场口街一号，6号楼一层
邮编： 100120
电话： 010-51653700
邮箱： pwrdriver@ pwrdriver. com
网址： www. pwrdriver. com

简介： 北京落木源电子技术有限公司是国内较早从事IGBT驱动技术开发的公司，独立创新的发明专利技术始于1995年，目前拥有多项核心技术，在高电压、大电流、高频率、高效率等方向具有显著优势。公司产品应用在高压变频器、风电变流器、逆变焊机、电动汽车、感应加热、电力系统、电能质量改善等高端领域，同时也在通信、冶金化工、医疗器械、家电设备等工业领域有大量应用。公司客户数量以每年30%以上的速度增长，是优秀的IGBT驱动技术解决方案供应商。

285. 北京铭电龙科技有限公司

地址： 北京市顺义区中关村顺义园林河大街21号
邮编： 101300
电话： 010-89493662；89493772
传真： 010-89491003
邮箱： WHL6688@ 126. COM
网址： www. mdlkj. cn

简介： 北京铭电龙科技有限公司注册于北京市中关村顺义园，是集研发、生产、销售于一体的高科技企业，在国内开关电源及电源解决方案等领域处于领先地位，主要生产军品电源、工业电源、车载电源、通信电源、LED驱动电源等高可靠的电源产品，生产车间拥有成套先进的生产设备和检测仪器，公司通过国军标GJB 9001B—2008标准认证。

公司拥有一支超强研发能力的专业团队，在高压电源、超宽输入电压电源、数字电源、软开关谐振、LLC谐振、全桥移相软开关等开关电源技术前沿领域，取得了巨大成果，填补了国内的技术空白，并申请了具有完全知识产权的专利，使公司处于遥遥领先的地位。公司拥有34个大系列、几千个型号的成熟产品供客户选择，公司的系列电源产品已广泛应用于通信、铁路、航天航空、车载设备、电力设备等，并取得了广大客户的认可，多个型号已列装。

除上述众多产品与服务外，北京铭电龙科技有限公司尊重客户需求，为客户提供完整的技术解决方案和定制产品，只需客户提出具体的需求，公司将提供整套的技术解决方案和定制产品。

286. 北京森社电子有限公司

地址： 北京市朝阳区双桥西里7号院20幢
邮编： 100121
电话： 010-85361516
传真： 010-51667521
邮箱： 2850326117@ qq. com
网址： www. bjsse. com. cn

简介： 北京森社电子有限公司是专业设计、生产、销售（霍尔）电流、电压传感器/变送器（即宇波模块）的高新技术企业，公司前身是北京七零一厂传感器事业部。

20世纪80年代初，公司在国内率先开展了霍尔技术的研究。1989年，通过引进国外先进的闭环霍尔传感器技术，研制生产了（霍尔）电流、电压传感器/变送器，目前已生产了上千个品种，可测量直流、交流及脉冲电流或电压，电流量程从10mA～100kA，电压量程从10mV～10kV，产品覆盖了工业及军工应用的各个领域。

1999年，宇波模块的设计、生产及服务通过了ISO 9001质量管理体系认证。

2004年，北京七零一厂国企改制，正式注册成立北京森社电子有限公司。

2012年，全面贯彻执行国军标GJB 9001B—2009标准，取得武器装备质量体系认证证书。

2018年，参与起草国家行业标准《核聚变装置用电流传感器检测规范》，并于2018年6月6日发布实施。

287. 北京韶光科技有限公司

地址： 北京市海淀区知春路108号豪景大厦B座2002室
邮编： 100086
电话： 北京总部电话为010-62105512
深圳办电话为0755-83980566　上海办电话为021-54641492　南京办电话为025-84409203
传真： 010-62102958
邮箱： xuyp@ shaoguang. com. cn；xhd@ shaoguang. com. cn
网址： www. shaoguang. com. cn

简介： 北京韶光科技有限公司成立于1998年，是国内较早从事代理仙童功率器件产品的公司。公司主要致力于半导体器件的推广，如MOFET、IGBT单管和模块及超快恢复二极管和模块。公司还代理美格纳、东芝、瑞萨及南京晟芯半导体IGBT、MOS、FRD单管和模块产品（适应半导体国产化的趋势），晟芯半导体产品由原美国知名半导体厂商工程师设计，单管产品由原仙童代工厂等代工生产，晟芯的质量管控贯穿在产品实现的整个过程中，尤其是增加了晟芯自己的二次测试步骤，确保交付到客户手中的产品有100%的质量保证。公司的产品主要应用于充电桩、开关电

源（AC-DC、DC-DC）、逆变电源、UPS/EPS、通信电源、车载电源、电焊机、特种电源、电动机控制器、高频感应加热、纺织机械、仪器仪表等。公司在北京、深圳、南京、上海、佛山、成都设有办事处，公司各办事处都设有技术支持部门，技术实力雄厚，可以为客户提供技术解决方案，解决客户的技术难题。公司在北京、上海、南京、深圳均设有库房，备有大量的现货库存，价格极具竞争性，并且可为客户配套服务。以质量和诚信占有市场是公司始终坚持的宗旨。以创新和共赢求发展。光阴如织，时间似箭，世界在变，商海也在剧变，唯一不变的是，我们对事业永恒的追求。挑战与机遇同在，我们时刻充满自信。

288. 北京世纪金光半导体有限公司

地址：北京市亦庄经济技术开发区排干渠西路 17 号
邮编：100176
电话：010-56993369
传真：010-56993389
邮箱：sales@ cengol. com
网址：www. cengol. com
简介：北京世纪金光半导体有限公司是一家快速成长，致力于第三代半导体功能材料和功率器件研发与生产的国家级高新技术企业，也是国内首家贯通碳化硅全产业链的综合半导体企业。公司核心管理团队分别来自于世界 500 强企业，具有丰富的大企业实战管理经验。公司已承担国家科研项目 70 余项，其中国家科技重大专项 8 项，12 项成果处于国内同类技术领先水平，5 项成果达到国际先进水平。

公司坚持以“持续降低能耗”为己任，以“自主创新和源头创新”为根本，创新性地解决了高纯碳化硅粉料提纯技术、6 英寸碳化硅单晶制备技术及高压低导通电阻碳化硅 SBD、MOSFET 材料、结构和工艺设计技术等。目前已完成从碳化硅功能材料生长、功率元器件和模块制备、行业应用开发和解决方案提供等关键领域的全面布局。

289. 北京新雷能科技股份有限公司

新雷能®

地址：北京市昌平区科技园区双营中路 139 号院 1 号楼
邮编：102299
电话：010-81913666
传真：010-81913612
邮箱：webmaster@ xinleineng. com
网址：www. xinleineng. com
简介：北京新雷能科技股份有限公司成立于 1997 年，是专业从事芯片电源、模块电源、定制电源、大功率电源及嵌入式电源系统的北京市高新技术企业，深圳证券交易所创业板上市企业（股票代码：300593）。公司可为客户提供从芯片级电源、模块电源、定制电源到系统级电源的全套解决方案。产品包括微电路 DC-DC、AC-DC 模块电源，厚膜混合集成电路 DC-DC 模块电源，微电子 DC-DC 芯片封装式电源，大功率风冷、液冷电源，铁路专用电源，电力专用电源，CPCI/VPX 电源，POE 电源，电源逆变器、滤波器，通信整流器及嵌入式电源系统，集成电路等。产品广泛应用于航天、航空、通信、铁路、电力、安防等领域。公司长期坚持“科技领先”的发展战略，累计拥有发明专利 41 项，实用新型专利 84 项，外观设计专利 22 项，集成电路布图设计专利 5 项，软件著作权 52 项。被北京市经信委评为“北京市企业技术中心”，被北京市发改委审定为航空航天级电源及整机系统关键技术“北京市工程实验室”。

290. 北京银星通达科技开发有限责任公司

地址：北京市西城区北三环中路甲 29 号华尊大厦 A 座 403 室
邮编：100029
电话：010-82021883　82021884
传真：010-62034689
邮箱：yxtd@ silverst. com
网址：www. silverst. com
简介：北京银星通达科技开发有限责任公司前身创建于 1994 年 5 月，是北京市高新技术企业。公司自成立以来，始终致力于国际知名品牌电源产品在国内市场的推介工作，是国内外各知名品牌 UPS、特种电源、蓄电池、机柜、发电机以及相关电子产品的销售、服务代理商，是专业从事各行业数据中心机房建设、UPS 供配电、制冷、监控等系统整体解决方案的提供商，是中央国家机关政府采购中心、北京市政府采购中心信息类产品协议供货商。公司与各大知名检测中心合作，具有国家质量监督部门批准的对机房环境、基础设施的检测资质，可为数据中心提供设计规划、竣工验收、等级评定、测试鉴定等服务项目。公司自 2004 年起至今通过了 ISO 9001 质量管理体系认证，历年被北京市工商行政管理局评为“守信企业”、被北京市企业评价协会评为“北京市信用企业”，并获得“中国电源行业诚信企业”证书。公司秉承“和谐、求实、敬业、创新”的理念，力争成为用户最信赖的基础设施解决方案、电源供电系统专家。公司的“IDC 采购商城”已入围中央国家机关政府采购中心电子卖场，商城坚持“专业的技术、可靠的方案、精湛的服务”，持续为新老用户提供更优质的产品解决方案与服务。

291. 北京英博电气股份有限公司

地址：北京市海淀区紫竹院路 69 号 1 层裙房 118 号
邮编：100083

电话： 010-63805588
传真： 010-82600608
邮箱： 2572528725@ qq. com
网址： www. in-power. net
简介： 北京英博电气股份有限公司（以下简称英博电气）成立于 2004 年 3 月，是中外合资的高新技术企业，公司总部设立在北京市中关村高新技术产业园，目前在全国设有两个研发中心、两个全资及控股子公司和 25 个办事处，构建了覆盖全国的营销和服务网络。英博电气历经多年发展，已成为集新能源和电力电子技术研发、设备制造、工程服务于一体的高科技企业。

英博电气视创新为企业发展之本，以客户需求为导向，提供让客户满意的产品及服务为宗旨，面对新的发展机遇，英博电气已构建起电能质量、轨道交通及储能系统 3 大业务板块，聚焦轨道交通、数据通信、半导体、市政基建、汽车制造、钢铁冶金、轻工业、石油化工等多个核心行业，为客户提供新能源和电力电子技术的整体解决方案。

英博电气作为国家电能质量标准委员会成员、中国节能协会节能服务产业委员会成员、中国电源学会成员，为推动行业技术与标准的发展做出了巨大贡献，被列为首批工信部推荐工业节能服务公司，并被评为国家重点火炬计划高新技术企业、国家重点高新技术企业、电能质量十佳企业、北京市创新型企业等。同时，公司先后通过了 ISO 9001/ISO 14001、OHSAS 18001 等体系认证和中国质量认证中心的 CCC 认证。

292. 北京元十电子科技有限公司

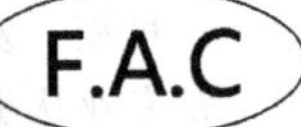

地址： 北京市顺义区北小营镇北府环附路 11 号
邮编： 101300
电话： 010-69497802
传真： 010-69497995
邮箱： bjys668@ 139. com
网址： www. fac. com
简介： 北京元十电子科技有限公司是一家专注于电子元件技术开发和应用推广的企业，主要产品包括混合型超级电容、电容模组、工业电解电容器，产品应用领域广，包括工业电源、新能源、自动化控制等领域，公司可以按照客户要求设计开发关联产品。

293. 北京长城电子装备有限责任公司

地址： 北京市海淀区学院南路 30 号
邮编： 100082
电话： 010-62250747
传真： 010-62250376
邮箱： bgwr@ China. com
网址： www. bgwr. com. cn
简介： 北京长城电子装备有限责任公司位于北京市海淀区中关村科技园区，坐落在学院南路 30 号，是中国船舶重工集团的成员单位之一，现为国家高新技术企业和中关村高新技术企业、北京市企业技术中心。公司注册资本 20725. 83 万元，占地面积 3. 6 万平方米，建筑面积 5. 2 万平方米，正式员工 500 余人。

现公司主要从事以船舶电子配套为主的相关研制生产业务，在特种电源、水下通信、电控系统、汽车电子产品等领域具有完整的科研生产能力。在仪器仪表、通信设备、机电设备、海洋工程设备等方面，公司拥有完善的整机组装部门及相应的流水生产线，拥有 SMT、波峰焊、组装生产线以及相关数控机械加工设备，同时具备机电电子产品环境测试与可靠性试验检测测试能力（经 CNAS、DILAC、国防实验室认可及国家计量认证），能够独立承接环境与可靠性以及应力筛选等多项试验。

公司通过了 GJB 9001C、GB/T 19001、GB/T 14000、GB/T 28001 和 TF 16949 等体系认证。公司成立 40 余年以来，坚持“不正不选、不精不做、不优不休”的质量方针，使公司的产品及服务持续地满足用户的需要。

294. 北京智源新能电气科技有限公司

zyxn 智源新能

地址： 北京市大兴区金苑路 26 号 A613
邮编： 100000
电话： 13439289923
传真： 010-62947495
邮箱： zoujia911@ 126. com
网址： www. zyxndq. com
简介： 北京智源新能电气科技有限公司是一家致力于电力电子电能变换和控制领域的国家级高新技术企业，主要提供提升配网电能质量的设备相关技术和解决方案，目前产品有有源电力滤波器、低压静止无功发生器、配网三相不平衡、有源前端、微电网系统等。在低压配网直流输电、机车能量回馈等方面有深厚的技术储备。

公司以技术研发作为企业生存发展之本，研发实力是公司核心竞争力。公司目前掌握电力电子功率变换和控制领域相关的自主知识产权和核心技术，共取得和获受理专利 4 项，其中发明专利 2 项，取得软件著作权 10 项。由清华教授、专家和博硕士组成的核心研发团队共 18 人。公司坚持产学研相结合，与清华大学、中国矿业大学、兰州理工大学、北方工业大学等高等院校积极开展合作，积累了比较丰富的产学研管理经验，取得了众多技术成果。

295. 北京中天汇科电子技术有限责任公司

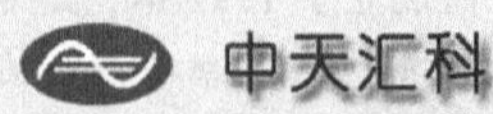

地址： 北京市昌平区沙河镇七里渠育荣教育园区（北门）

邮编： 102206
电话： 010-80707609
传真： 010-80707609-8009
邮箱： sun-zthk@ sohu. com
网址： www. zthk. com. cn
简介： 北京中天汇科电子技术有限责任公司是一家专业的电力电子制造企业，具有 19 年生产开关电源的历史。产品累计生产达数万余台，广泛应用于通信设备、广播发射、电力自动化、EPS（应急电源）等多个行业。

公司注册于北京中关村昌平科技园区，是中国电源学会的团体会员，并取得了高新技术企业认证。公司下设开发部、生产部、销售部、质管部等部门，并拥有一批高新技术人才，其中具有大专学历以上的人员（含高级职称）占员工的 60%。

公司自创立以来以诚为本，坚持以科技为先导，与中国矿业大学紧密合作采取校企协作，以知名教授及高级工程师为技术后盾，不断地研制出各种新型的电力电子产品。

公司已通过 ISO 9001：2000 质量管理体系认证，产品安全及电气性能完全符合 YD/T 731—2000《通用高频开关整流器》标准，并通过了北京市产品质量监督检验所及国家电力科学院等权威部门的检测。

296. 华康泰克信息技术（北京）有限公司

地址： 北京市海淀区上地中关村软件园 10 号楼 205
邮编： 100094
电话： 010-82826018
传真： 010-82826233
邮箱： xuxiaomei@ wahcom. cn
网址： www. wahcom. cn
简介： 华康泰克信息技术（北京）有限公司（以下简称华康泰克）于 2010 年注册成立，性质为有限责任公司。公司地处于石景山区八大处高科技园区，是一家集技术开发、生产销售和技术服务为一体的高科技企业，注册资金 5000 万元。

公司自成立以来，一直致力于工程系统以及电力解决方案的开发与研究，主要承接机房工程、配电及 UPS 系统工程、音频及视频会议系统、计算机系统集成等工作。公司近年来经过不懈努力，凭借自身的技术力量推出多元化、全系列的工程系统解决方案，同时根据不同客户的需求，采用革新与演进，继承和发展相结合的策略，为用户提供各种全面的工程解决方案。

华康泰克依靠自身的技术实力以及良好的行业实践经验，依靠清华大学研究院的技术研发平台联合开发出拥有自主品牌的各种电源系列，电源涵盖 1K-800K UPS 系列、直流 48V 通信电源系列、交流 220V 电力操作电源、一体化交直流电源系统以及混合供电系统（风、光、油、储能混合），为各个行业客户提供全面一体化个性解决方案，并取得了良好的成绩和声誉！

公司拥有一支专业技术服务队伍，多位工程师通过数据中心应用环境集成设计顾问证书，能够及时修复和解决高技术、高难度的不间断电源故障问题，受到客户的一致好评。2010 年成立了质量管理委员会，任命管理者代表组织标准化小组。并在产品生产过程中严格实施，坚持内部评审和管理评审，确保体系运行有效。严格挑选、优先合格供方；坚持配套设备、原材料、元器件入库前 100%检验制度；严把生产过程质量关、系统集成测试关，产品出厂检验关，实现了产品质量的持续稳定、安全可靠。

公司将保持诚信经营理念，不断提高质量管理水平，确保质量管理体系持续、有效运行，确保产品质量稳中有升，努力为客户提供更加优良、稳定可靠、安全的产品，提供更加及时、周到、优质的服务，力争成长为行业的积极推动者和领跑者。

297. 深圳市合派电子技术有限公司

HEPAI 合派

地址： 北京市昌平区定泗路国际信息产业基地高新四街 6 号院 1 号楼 502 室
邮编： 102206
电话： 010-56290816
邮箱： sales@ hepaipower. com
网址： www. hepaipower. com
简介： 深圳市合派电子技术有限公司成立于 2012 年。公司长期专注于成长型电源应用市场，是一家能提供全方位轨道交通电源、军工电源解决方案及相关产品的应用创新型公司。

公司在北京、深圳、香港、武汉、天津等城市拥有分支机构，快速响应本区域客户需求，先后获得军标质量体系认证、国家高新技术企业认定，并取得多项技术专利和软件著作权。

公司专注于国家基础产业的快速成长领域，长期与全国高精尖科研院所、各大高校及知名企业密切合作，建立了全方位技术研发团队、完备的产品体系，拥有庞大的高端客户群体以及高效的信息化运营系统。并与 VICOR、博大、幸康、皓文等全球众多顶级电源品牌结为长期战略合作伙伴，在提供全方位技术支持的同时，可依据客户的电气要求，复杂环境、电磁兼容、特殊行业标准等，提供专属定制型产品的深度研发服务，充分满足客户的特殊应用要求。

随着公司规模的不断发展壮大，面对电源在轨道交通领域、军工领域的国产化需求，投入大量人力、物力、财力，致力于自主知识产权的产品研发工作，相关国产化产品跻身同行业领先水平。

298. 威尔克通信实验室

地址： 北京市海淀区学院路 40 号研 7 楼 B 座 300-507 号
邮编： 100191
电话： 010-62301146
传真： 010-62301146
邮箱： jczx@ chinawllc. com
网址： www. chinawllc. com
简介： 威尔克通信实验室是公正权威的国家第三方信息通信实验室，从事网络信息安全服务、软件及信息系统评测、第三方委托检测验收、工业和信息化部电信设备进网认证检测、泰尔认证检测、行业/企业标准制定、新领域项目课题合作研究等检测评估和技术服务。

实验室前身为 1990 年成立的邮电部数据通信产品质量监督检验中心，隶属于数据通信科学技术研究所（1972 年成立），并作为国家数据通信工程技术研究中心的依托单位，是我国第一家从事数据通信的标准编制、产品进网检测、技术研究、支撑政府的国家机构。2003 年经信息产业部批准在信息产业部数据通信产品质量监督检测中心基础上组建了中国威尔克通信实验室/北京通和实益电信科学技术研究所有限公司，成为独立法人单位、国家高新技术企业和中关村高新技术企业。

实验室开展的电源类产品泰尔认证/委托测试业务涵盖通信系统用户外机柜、通信用高频开关整流器、通信用高频开关电源系统、通信用不间断电源、通信用配电设备、传输设备用电源分配列柜、通信用直流-直流变换设备、通信用逆变设备、通信用交流稳压器、通信用直流-直流模块电源、室外型通信电源系统、无触点交流稳压器、通信用 240V 直流供电系统、通信设备用电源分配单元（PDU）等。

299. 新驱科技（北京）有限公司

地址： 北京市海淀区丰智东路 13 号 9012 室
邮编： 100094
电话： 010-85820665
邮箱： infor@ innodrivetech. com
网址： www. innodrivetech. com
简介： 新驱科技（北京）有限公司（以下简称新驱科技）是国内领先的仿真、设计及测试方案供应商，旨在为用户提供最先进的设计方法、设计流程以及相应的设计工具，以帮助用户提升产品质量，降低成本。其总部位于北京，在深圳、武汉设有分支机构。

新驱科技专注于电力电子应用领域，坚持基于模型的设计理念，携手美国 Powersim 公司、美国 Synopsys 公司、瑞士 Typhoon-Hil、日本 Myway 公司为用户提供涵盖理论设计、离线仿真、快速原型、硬件在环、产品测试、质量优化的全流程开发方案，与此同时，依靠专业的技术团队与多年的电力电子开发经验积累，新驱科技能为用户提供专业的技术咨询、团队培训与仿真外协服务。

新驱科技始终承诺为用户带来最新的设计方法，最优的技术服务，愿以最大的努力，与用户一同成功。

主要产品： 美国 Powersim 公司的 PSIM 仿真软件；美国 Synopsys 公司的 Saber 仿真软件；西班牙 Power Smart Control 公司的 SmartCtrl 电源设计软件；瑞士 Typhoon 公司的 Typhoon HIL 仿真器；日本 Myway 公司的 Export4 快速原型控制器；DSP 硬件开发板和应用控制器。

上　海　市

300. 艾普斯电源（苏州）有限公司

地址： 上海市徐汇区古美路 1515 号 19 号楼 1203 室
邮编： 200233
电话： 021-54452200
传真： 021-54451502
邮箱： qin. zhang@ acpower. net
网址： www. preenpower. com
简介： 艾普斯电源（苏州）有限公司成立于 1989 年，为一家横跨两岸、世界领先的交流及直流电源制造商，专注于电力电子领域，运用电源转换的核心技术拓展市场，致力发展电源相关解决方案（Total Power Solutions），主要产品为交流电源供应器、直流电源供应器、能馈型电网模拟电源、航空军用电源及稳压电源、UPS、测试解决方案等，客户涵盖世界 500 强与主要认证机构。公司 20 多年来以研发+生产+销售+售前/售后服务，经营自有品牌，2010 年更以新品牌“Preen”（Power & Renewable Energy）踏入新能源产业。

301. 昂宝电子（上海）有限公司

地址： 上海市张江高科技园区华佗路 168 号商业中心 3 号楼
邮编： 201203
电话： 021-50271718
传真： 021-50271680
邮箱： andrew_lin@ on-bright. com
网址： www. on-bright. com

简介：昂宝电子（上海）有限公司（以下简称昂宝电子）坐落在中国国家级信息技术产业基地——上海浦东张江高科技园区，是一家从事高性能模拟及数模混合集成电路设计的企业。

公司专注于设计、开发、测试和销售基于先进的亚微米 CMOS、BIPOLAR、BICMOS、BCD 等工艺技术的模拟及数模混合集成电路产品，以通信、消费类电子、计算机及计算机接口设备为市场目标，致力成为世界一流的模拟及混合集成电路设计公司。

昂宝电子拥有由一批来自国内外顶尖半导体设计公司的资深专家组成的核心技术团队，既有在模拟及混合集成电路领域多款成功产品的开发经验，也带来了鲜活的创新思维。核心技术团队的数位成员来自美国的著名半导体公司，拥有超过 40 项美国专利。通过将这支资深的技术专家队伍与本地优秀的设计人才相结合，昂宝电子为客户提供高品质、具有成本竞争力的半导体精品芯片、解决方案以及优良的服务。在这竞争日益激烈的市场，昂宝电子坚持以创新、务实、高效、共赢为经营理念，为您提供最适合的半导体解决方案，是您最佳的策略合作伙伴。

主要产品涵盖：电源管理 IC，高速、高精度数/模、模/数转换器，无线射频 IC，混合信号的系统级芯片（SoC）。

302. 柏拉图（上海）电力有限公司

PLATO™

地址：上海市嘉定区招贤路 655 号（国家高新成果转化 张江嘉定园区）

邮编：201807

电话：021-69895659

传真：021-69895659

邮箱：wangjiaoshan@ sina. com

网址：www. platoonly. com

简介：2003 年，一群希望证明可以使电能更洁净、更安全、并且更有效率的工程师创立了柏拉图（上海）电力有限公司（以下简称 PLATO）。今天，PLATO 可以提供全方位电能质量解决方案及高性能能够无限扩容的清洁电能治理及储存产品。PLATO 相信，让世界越早实现向清洁电力能源的转换，人类的前景就会更美好。

PLATO 是一家产销电能质量设备及解决方案的国际化公司，公司以古希腊数学家柏拉图（PLATO）命名，是世界上第一个采用网络化电能质量解决方案的技术型公司。

柏拉图（上海）电力有限公司是由总部位于香港的柏拉图（中国）公司与 PLATO 公司合作成立的专业电能质量全球服务企业，致力于为全球用户提供专业电能质量解决方案和高性能电能质量产品。以客户需求为中心，是 PLATO 一贯遵循的坚定信念。PLATO 采用源自欧洲的先进技术和理念，业务遍及全球 200 多个国家和地区，在高效能源和输配电解决方案、电能转换与存储等领域居于领先地位，并立志以优异的产品和完善的服务赢得客户，为客户创造价值！

303. 登钛电子技术（上海）有限公司

DENSITY POWER

地址：上海市浦东新区张江高科技园区蔡伦路 1690 号 2 号楼 302 室

邮编：201203

电话：021-50875986

传真：021-50876659

邮箱：sam. zuo@ densitypower. com

网址：www. densitypower. com

简介：登钛电子技术（上海）有限公司（Density Power）致力于全球领先的“高效，安全，可靠”的电源转换器及 EMC 滤波器的研究、生产、销售和服务，并为客户提供电力电子变换器、高可靠性应用电源的整体解决方案。公司拥有雄厚的技术背景、研发实力和经验丰富的管理团队。公司已通过 ISO 9001 和 IATF 16949 认证，并被认定为国家高新技术企业。

“以技术驱动为核心，以客户满意为宗旨”，公司拥有业界一流的技术和管理团队，完善的管理流程体系，先进的研发、测试、生产设备和系统平台。公司拥有多项专利技术和软件著作权，及具有自主知识产权的业界先进的自动化电源测试系统、全自动电源热性能测试系统、可靠性测试和验证平台、高效节能型能量回馈老化测试系统等。

公司的产品主要包括：DC-DC 模块电源、AC-DC 电源、EMC 滤波器产品等，并为客户提供专业的定制化服务和整体解决方案。产品广泛应用于轨道交通、电力、汽车电子、工业控制、医疗设备、半导体测试设备以及仪器仪表等高可靠性的应用领域。

304. 美尔森电气保护系统（上海）有限公司

地址：上海市松江区书山路 55 弄 6、7、8 号

邮编：201611

电话：021-67602388

传真：021-67760722

邮箱：liuxiong. mao@ mersen. com

网址：www. ep-cn. mersen. com

简介：美尔森电气保护系统（上海）有限公司作为世界领先的电气保护专家，为市场提供高品质的、安全可靠且不断创新的产品和符合客户需求的解决方案，从而帮助客户优化他们的电力效率，满足不同客户的需求。公司拥有世界上最全面的中低压熔断器产品及熔断器底座、浪涌保护器、散热冷却产品、大电流隔离开关、低压接触器以及叠层母排等，广泛应用于电力控制、输配电、大功率低压配电和电力电子等领域。

305. 敏业信息科技（上海）有限公司

地址： 上海市浦东新区锦绣东路 1999 号 523 室
邮编： 201206
电话： 021-68788771
传真： 021-68788771
邮箱： myemc@ myemc. net. cn
网址： www. myemc. net. cn
简介： 公司成立于 2014 年，以黄敏超博士为引领的国际化 EMC 专家团队，在上海、武汉和深圳创办了 EMC 诊断测试中心，为国内外企业提供 EMC 诊断测试、技术服务及培训业务。公司的技术服务行业领域覆盖医疗、通信、电动汽车、家电、电力、新能源发电、照明和军工等。EMC 技术服务已为国内外近百家知名企业提供了电磁兼容整改服务，同时获得了相关领域的多项专利。

公司推出一站式 EMI 诊断测试系统以及 EMC 诊断测试集成方案，帮助快速诊断 EMC 问题的原因以及相关物料选型，大幅度地节省了 EMC 问题的解决时间，目前已进入军工、家电、通信、物联网、照明和高校等行业。

主营业务：

1）EMC 技术服务：EMC 整改服务，EMC 诊断测试，EMC 正向设计。

2）EMC 培训：EMC 实操培训公开课，企业定制 EMC 培训，EMC 技术沙龙，EMC 视频课程。

3）一站式 EMI 诊断测试系统的功能概述：噪声源定位，电磁噪声诊断，插入损耗测试，磁导率测试，差共模分离，滤波器仿真设计。

306. 上海大周信息科技有限公司

地址： 上海市闵行区漕宝路 1788 号 108A
邮编： 201101
电话： 021-64959258
邮箱： sales@ greatzhou. com
网址： www. greatzhou. com
简介： 上海大周信息科技有限公司致力于成为顶尖的直流微电网关键产品提供商以及 1500V 以下工业直流微电网系统集成服务商。

公司成立于 2010 年，总部位于上海漕河泾高科技开发区，长期关注电力电子、新能源发电与微电网领域的相关技术发展，尤其看好直流电技术路线。

公司主要服务于能源互联网范畴下的新能源发电、储能及储能设备测试、工业节能、科研实验等领域，用户包括电网公司、发电集团、电力装备企业、工矿企业、售电公司及领域内的科研机构和高校等。

公司自成立以来，充分发挥长期与前沿科技紧密接触的优势，站在科技与工业的交汇处，敏锐观察未来趋势，并结合工业需求，充分利用上海信息便利和科研人才众多的优势，为用户提供完备的相关产品及系统服务。

307. 上海航裕电源科技有限公司

地址： 上海市松江区车墩镇联营路 615 号 9 号楼 403 室
邮编： 201611
电话： 021-67285228
传真： 021-67285228
邮箱： hypower@ hypower. cn
网址： www. hypower. cn
简介： 上海航裕电源科技有限公司始创于 2009 年，是一家专业研发生产各类航空航天、国防军工以及科研开发实验室测试用精密交直流电源的创新型公司。

多年来，公司坚持为用户提供高品质电源产品的技术服务，并且不断投入各类电源的技术研发，在线性和开关电源领域均有技术突破。应用领域覆盖航空、航天、机载、舰载、兵器、船舶、雷达、通信、轨道交通、新能源汽车、电动工具、低压电器检测、传感器开发、电容电感元器件开发测试以及其他科研领域，在需要高可靠性电源的应用场合发挥着不可或缺的作用。

308. 上海华翌电气有限公司

地址： 上海市杨浦区翔殷路 128 号 1 号楼 B 座 123、124 室（上海理工大学国家大学科技园）
邮编： 200433
电话： 021-35072926
传真： 021-56688889
邮箱： 13901680595@ 139. com
网址： www. huayi-power. com
简介： 上海华翌电气有限公司成立于 1999 年，是一家专业生产直流电源、EPS、消防照明及设备专用 EPS、UPS 的企业。公司共有员工 100 多人，其中工程技术人员 30 多人。公司总部位于上海理工大学国家科技园，主要是从事研发、设计、销售、售后服务及部分生产。二分部位于军工路 2390 号，主要从事产品制造加工，三分部位于青浦区天一路 451 号，主要从事结构制造。制造采用日本进口的数控冲床、数控折弯机、数控剪板机、数显铜排加工机、低压开关实验台、耐压实验仪、恒温箱、模拟负载箱、CL312 三项电能表现场校验仪、CHXLW 微电阻测试仪、LBO-522 日本 LEADER 示波器、HSI801 电涌绝缘测试仪、QT2 型半导体管特性图示仪、HF2811C 型 LCR 数字电桥等先进加工、检测设备。

企业具有先进的生产、检测手段和国内一流的制造技术，企业一直以“质量为本，科技立业”为宗旨，把产品的质量视为企业的生命，公司按 ISO 9001 标准建立了质量管理体系，2002 年获得了该质量体系认证证书，2003 年 7 月获得中国国家强制性产品 3C 认证证书，同时还获得了公安部消防产品合格评定中心颁发的消防应急灯具专用应急电源国家强制性产品认证证书及消防设备应急电源国家强制性产品认证证书，开发的 GZTW 智能型系列直流电源柜 1998 年在香港获得世界华人发明博览会银质奖。公司于 2003 年成为中石化总公司战略合作伙伴。公司生产的直流电源、EPS（应急电源）、消防照明及设备专用 EPS（应急电源）、UPS（不间断电源）、智能照明控制柜、交流稳压电源、电机分批自启动柜及低压开关柜 MAS（MNS）在燕山石化、安庆石化、新疆塔河石化、扬子石化、中石化仪征化纤、天津石化、泰州东联石化、镇海石化、四川维尼纶厂、青岛炼化、青岛石化、济南石化、海南炼化、茂名石化、中原油田、中海油、中化集团泉州石化、中化集团南京南化、海宁供电局、上海南桥 50 万 V 变电站、上海宝钢、宝钢湛江基地、武钢武汉基地、武钢广西防城港基地、首钢水城钢厂基地、上海国际博览中心等国家重点工程中获得一致的好评，被中国石化总公司及中海油公司、中化集团公司、冶金、电力等国家重点企业选为资源市场成员厂。

309. 上海君研电子有限公司

地址：上海市青浦区新丹路 359 号 5 栋 2 楼
邮编：201706
电话：021-52265908
邮箱：shjunyan@ 189. cn
网址：www. shjunyan. com

简介：上海君研电子有限公司成立于 2003 年，多年来一直致力于电流检测类产品的开发生产，产品有各类电流互感器、零序电流互感器、直流电流传感器、交流电流传感器、电流开关、高精度交直流电流互感器，广泛应用于各类电测仪表、电源、断路器、马达保护、电气火灾监控、电气反馈控制、充电桩、光伏/风能/氢能等交直流检测、监测、计量等场合。

公司推出的 JYFG 系列高精度交/直流电流互感器区别于霍尔式电流传感器，采用磁通门技术，主要面向高精度交/直流电流及脉冲电流的测试和测量领域，具有高精度、高带宽及高稳定性等特点，且能够实现一次、二次电流的电气隔离。带有工作正常指示和自我保护归零的功能，具有较好的安全性，更好地满足了用户的需求。

JYFG 电流传感器的量程从 10μA 到 1mA 再到 10kA，精度从 1×10^{-6} 至 1000×10^{-6}。同时，可针对用户的需求，提供产品定制化服务，满足不同的应用场景。

310. 上海科锐光电发展有限公司

CREE

地址：上海市普陀区真北路 958 号天地科技广场 1 号楼 16 层
邮编：200333
电话：021-52658800
传真：021-52831810
邮箱：Frank. Wei@ cree. com
网址：www. cree. com

简介：上海科锐光电发展有限公司（以下简称科锐）（美国纳斯达克上市股票代码：CREE）是功率和射频（RF）半导体的创新者和领导者，专注第三代半导体超过 30 年。科锐的产品组合包括了碳化硅（SiC）材料、SiC 功率器件、射频器件，广泛应用于电动汽车（EV）、快速充电、逆变器、电源、电信、航空航天等领域。

311. 上海科泰电源股份有限公司

地址：上海市青浦区天辰路 1633 号
邮编：201712
电话：021-59758000
传真：021-69758500
邮箱：sales@ cooltechsh. com
网址：www. cooltechsh. com

简介：上海科泰电源股份有限公司于 2002 年在青浦工业园成立。公司立足于发电设备制造，逐步向集团化、多元化产业发展。公司于 2008 年完成股份制改造，并于 2010 年在深圳证券交易所正式挂牌上市（股票代码：300153）。

公司位于上海青浦的电力设备成套厂房面积约 8 万平方米，拥有大、中、小功率自动化组装流水线，6 间设备测试台位及配备国际一流设备的钣金车间，产品包括标准型机组、静音型机组、移动发电车、拖车型机组、集装箱型机组、方舱型机组、中低压输配电产品等电力设备整体解决方案，并具有混合能源、分布式电站、储能系统等新型电力系统的设计、制造和运维能力。标准化、智能化、环保性、高品质是公司电力设备产品的主要特点。

近年来，公司被评为上海市高新技术企业、2018—2019 年上海市民营制造业 100 强企业、上海市实施卓越绩效管理先进企业、AAA 资信等级企业、中国电器工业最具影响力企业、上海市专利工作示范企业，并获得了上海市五一劳动奖状等诸多荣誉。“科泰电源（COOLTECH）”被评为“2016—2017 年度推荐出口品牌”，得到了社会各界的广泛认可。

展望未来，公司将依托主业优势，多元发展的战略，聚焦电力设备制造主业，向上游配套件制造和下游以混合能源、分布式电站、储能系统为代表的新型电力系统应用方面延伸，实行全产业链制造，以储能为纽带将电力设备和新能源连为一体，双向促进，协同发展，共同打造一流品质，一流服务，绿色发展，环境友好，以人为本，安全第一，科学规范，智慧运营的中国电源设备制造和服务企业。

312. 上海雷卯电子科技有限公司

地址： 上海市浦东区康杉路 518 号 A 栋 202 室
邮编： 200120
电话： 021-50828806
传真： 021-50477059
邮箱： sale2@ leiditech. com
网址： www. leiditech. com
简介： 上海雷卯电子科技有限公司于 2011 年成立，品牌为 LEIDITECH，研发团队由留美博士组建，主要研发生产防静电 TVS/ESD 以及其他 EMC 元器件，用于保护电源正常工作。公司围绕 EMC 电磁兼容服务客户，自建免费实验室为客户测试静电（30kV）、雷击（8/20，10/1000）、汽车抛负载（7637 5a/5b）和元器件的对比测试（电容，Vb、Vc）等。公司紧跟国内外技术发展，不断创新 EMC 保护方案，为国产化替代提供可信赖方案。

313. 上海全力电器有限公司

全力电源

地址： 上海市普陀区金沙江路 891 号
邮编： 200062
电话： 021-62535836
传真： 021-62558838
邮箱： querli@ querli. com
网址： www. querli. com
简介： 上海全力电器有限公司坐落于上海市嘉定区南翔蓝天开发区，占地面积 2 万平方米，建筑面积 1.2 万平方米，是中国电源学会会员单位，是一家专业从事各种交直流电源研究、开发、生产、销售于一体的综合性企业。

公司创办以来，一贯坚持“以质量求生存，以科技求发展”的发展纲领，不断引进和吸收国内外新技术、新工艺、新器件，产品品质不断提高，功能不断完善，性能更加可靠。全力人本着“追求永无止境”的理念，不断创新、努力开拓，先后取得中国电工产品安全认证（长城认证）、ISO 9001 认证，并由中国人民保险公司承担质量责任保险。经过十年拼搏、奋斗，现已发展成为具有多项国内领先技术，以高科技为基础的初具规模的电源生产基地。目前公司生产的产品主要有精密净化交流稳压器、直流稳压电源、逆变电源、各种充电机、调压器、变压器等十大系列 300 多种规格，年产各种产品达 10 万台（套），产品畅销全国近 100 个城市，部分产品远销国际市场，深受国内外用户的好评。

314. 上海申睿电气有限公司

地址： 上海市宝山区长逸路 15 号复旦软件园 B 栋 1209-1211 室
邮编： 200441
电话： 18516606048
传真： 021-65682881
邮箱： xiangwei. zeng@ sre-power. com
网址： www. sre-power. com
简介： 上海申睿电气有限公司是有一家归国留学人员创办的国家高新技术企业，成立于 2014 年，专注于高端定制电源的研发、销售和生产。在工业电源、直流电机控制、电梯、打印机、激光投影和 LED 驱动等行业有广泛的应用，是富士康、伟创力、台达、捷普、美国易达和英国欧捷等众多大客户的合格供应商。公司 70% 以上的电源产品外销欧美。在新能源行业的太阳能发电和风力发电业务，聚焦于全系统的主控部分研发和生产。上海申睿电气有限公司是上海嘉定区小千人企业获得者，并获“创业新锐”称号及“上海市创新创业人才资助企业”“享受外企待遇企业”等荣誉称号，是变频器行业协会和中国电源学会的会员单位。公司的产品线已涵盖机顶盒电源、平板电脑适配器、医疗电源、工业电源、电机驱动电源、LED 室内/外照明驱动电源、通信电源、激光光源驱动及电源、风力发电、光伏发电等诸多领域。

315. 上海唯力科技有限公司

地址： 上海市虹口区天宝路 578 号飘鹰世纪大厦 806、807 室
邮编： 200086
电话： 021-65038036
传真： 021-65038673
邮箱： micropower@ vip. sina. com
网址： www. shmicropower. cn
简介： 上海唯力科技有限公司是 1998 年成立的高科技企业，主要提供电源模块、电源适配器、EMC/EMI 滤波器、抗浪涌抑制器、MCU 及相关产品的技术支持、应用开发及售后服务等。

公司现已分别在北京、上海、合肥、深圳设立多个办事处。通过十多年的磨砺与发展，公司在开关电源 AC-DC、DC-DC、EMI/EMC 滤波器领域形成了较为完整的产品系列和成熟的解决方案，已经成为国内外多家著名企业集团、科研院所的合作伙伴和指定产品供应商。

公司着眼于长远的发展战略，以“诚实、竞争、开拓、创新”的经营理念，“人无我有，人有我优”的服务承诺，不断提高技术服务水平。

316. 上海稳利达科技股份有限公司

地址：上海市嘉定区高石公路 2439 号

邮编：201816

电话：800-820-3007

传真：021-63533418

邮箱：sales@ wenlida. com

网址：www. wenlida. com

简介：上海稳利达科技股份有限公司（以下简称稳利达）成立于 1995 年，是专业生产稳压器、变压器、节电器、无源（有源）谐波滤除装置、太阳能逆变器等系列产品的大型生产基地及电源系统服务供应商。目前公司正致力于发展绿色、环保、节能、安全等新能源产品的开发。以“行业专用稳压器”“变压器”“谐波滤除装置”“节能产品”为基础，努力将公司创建为国内新能源产品制造现代企业。多年来，公司以先进的技术、优异的产品、稳定的质量和一流的服务，在市场上赢得了较高的美誉度。产品远销欧美、东南亚、南美洲、中东、非洲等世界各地。

公司现有上海嘉定和浙江嘉善两处标准型生产基地和研发中心。先后成立了北京、广州、青岛、济南、长春、沈阳、西安、重庆、成都、苏州、新疆分公司与办事处。公司获得了泰尔产品认证证书、国家广播入网认定证书、CCC 认证、ISO 14001 认证、ISO 9001 认证、太阳能产品认证证书、高新成果转化证书、CE 证书、SGS 认证供应商、SONCAP 认证等一系列认证。

公司客户有华为、中兴、海尔、海信、中国移动、中国石油、百超、斗山、三菱重工、海德堡、梅兰日兰、上海明珠、娃哈哈、胜利油田、中国英利、时风集团、临工机械、正泰集团、朝阳轮胎、上海宝钢等知名企业。

公司是国家工业和信息化部“稳压器”行业标准起草单位。

317. 上海伊意亿新能源科技有限公司

地址：上海市闵行区漕河泾开发区新骏环路 138 号 5 幢 401 室

邮编：201114

电话：021-52213028

传真：021-52213028

邮箱：info@ 3e-powersystem. com

网址：www. techmation. com. cn

简介：上海伊意亿新能源科技有限公司成立于 2016 年，与意大利 EEI S. P. A 公司同属于弘讯科技的子公司，负责 EEI S. P. A 公司在亚洲市场的产品推广销售以及售后服务。

EEI 创立于 1978 年，在电力电子、自动化系统、制造技术以及能源领域有着丰富的经验。在过去的 40 余年中，EEI 持续发展壮大，公司产品涵盖工业、能源、物理以及医疗应用等领域，现有员工近 100 人，有超过 3000 个 EEI 的系统在世界各地运行着。EEI 拥有自己的研究设施，其于 1996 年成为意大利科学研究部核批的“研究实验室”。

EEI 设计和提供应用于各类能源生产系统的静态转换器，为可再生能源领域提供创新解决方案，旨在为客户提供最好性能、最先进的产品，主要应用领域包括太阳能发电、风能发电、储能、水力发电以及智能电网。

318. 上海鹰峰电子科技股份有限公司

EAGTOP
all for you,all for inverter

地址：上海市松江区唐明路 258 号

邮编：201617

电话：021-57842298

传真：021-57847517

邮箱：zhaozhanglong@ eagtop. com

网址：www. eagtop. com

简介：上海鹰峰电子科技股份有限公司是以专业研发、生产电力电子无源器件为发展方向的高新技术企业，是国内领先的无源器件解决方案供应商，主要产品有薄膜电容器、电抗器、叠层母排、水冷散热器、相变热管散热器、电阻器等。公司先后通过了 SQC ISO 9001：2008 质量管理体系认证和 ISO/TS1 6949—2009 质量管理体系认证。

公司不断致力于产品的开拓与创新，为新能源汽车、光伏、风力发电、轨道交通、工业传动等行业客户提供极具竞争力的无源器件综合解决方案和服务，持续了解客户需求，配合客户共同研发，提升用户体验，为用户创造最大价值。

319. 上海远宽能源科技有限公司

ModelingTech
远　宽　能　源

地址：上海市杨浦区隆昌路 619 号城市概念 2 号楼 C12 室

邮编：200090

电话：021-65011357

传真：021-65011629

邮箱：info@ modeling-tech. com

网址：www. modeling-tech. com

简介：上海远宽能源科技有限公司（以下简称远宽能源）成立于 2011 年，专注于电力、新能源、电气化交通等行业中的实时仿真和控制器快速原型应用。公司自成立起就持续进行电力电子仿真技术的自主研发，于 2013 年发布了基于 CPU 的 StarSim 实时仿真器，2016 年发布了基于 FPGA 的 StarSim 实时仿真器，能够支持任意电力电子拓扑在 1μs

量级步长实时仿真，技术达到国际领先水平。公司是高新技术企业，拥有多项专利，且多次获得上海市创新基金的立项支持。

远宽能源拥有一支精干敬业的员工团队，始终致力向客户提供最专业的售前和售后技术服务，公司客户覆盖清华大学、上海交大、华北电力等多所国内高校，以及中国电科院、浙江电科院、禾望电气、远景能源等科研院所和各知名电力企业；产品成功帮助客户解决阻抗分析、低电压穿越、并联逆变器协调控制等实际科研与工程问题，深受行业好评！

远宽能源的目标是成为电力仿真领域的全球领先企业，向客户提供最先进的产品和最佳的技术服务，和客户一起携手走向绿色和节能的未来世界！

320. 上海责允电子科技有限公司

地址：上海市嘉定区曹安公路 5588 号
邮编：201805
电话：021-59167280
传真：021-59553702
邮箱：zeyun@ zeyun021. com
网址：www. zeyun021. com
简介：上海责允电子科技有限公司坐落于嘉定工业区，是一家专注于研发、生产、销售和技术服务于一体的专业军品电源、工业电源生产型企业，产品主要包括 AC-DC 模块电源、DC-DC 模块电源、DC-AC 逆变模块电源、AC-AC 中频模块电源、恒流恒压充电电源、极低纹波电源等。其中采取自然冷却方式的模块电源功率范围涵盖了 1~10kW，采用风冷系列的开关电源功率范围涵盖了 10~50kW，均有标准成熟产品，产品规格达数千种。公司除了生产各种标准电源产品外，还可为客户提供定制研发非标电源产品，满足各个领域的不同需求，广泛应用于军工装备、轨道交通、电力控制、通信器材、医疗设备、仪器仪表、安防监控、汽车电子及光伏等领域。

公司拥有技术领先的研发团队，聘请了中国航天科技集团和上海交大一批资深电子工程师，并与多所高校紧密合作。拥有现代化的生产检测设备，如贴片机、波峰焊、回流焊、环境试验设备、智能老化设备等。公司严把产品质量关，从电路方案设计，到器件材料选择，都经过严格筛选，关键电子元件全部采用国外知名品牌。公司凭借军用标准的品质与服务，成为众多军工、科研单位的合格供应商。

321. 上海瞻芯电子科技有限公司

地址：上海市浦东新区南汇新城镇海洋一路 333 号 8 号楼 3 层
邮编：201306
电话：021-60870175
传真：021-60870172
邮箱：huasheng. gong@ inventchip. com. cn
网址：www. inventchip. com. cn
简介：上海瞻芯电子科技有限公司（以下简称瞻芯电子）是一家由海归博士领衔的碳化硅（SiC）高科技芯片公司，于 2017 年 7 月在上海临港科技城园区成立。

瞻芯电子团队由海归博士领衔，从海内外齐集了一支经验丰富的 SiC 工艺及器件设计、SiC MOSFET 驱动芯片设计、电力电子系统应用、市场推广、产品运营等方面高素质核心团队。

公司致力于开发以碳化硅为核心的、高性价比的功率半导体器件和驱动控制 IC 产品，为电源和电驱动系统的小型化、轻量化和高效化，提供完整的半导体解决方案。

322. 上海众韩电子科技有限公司

上海众韩CKB

地址：上海市虹口区欧阳路 196 号法兰桥创意园区 10 号楼 308 室
邮编：200081
电话：021-55159880
传真：021-55159881
邮箱：ckb@ ckb-sh. com
网址：www. ckb-sh. com
简介：上海众韩电子科技有限公司成立于 2007 年，现有员工 50 多名，总部位于上海，在沈阳、天津、郑州、威海、苏州、广州等地设有办事处。公司授权代理韩国三和长寿命高纹波电解电容、韩国 AUK 高压 MOSFET、威海东兴高频变压器、中国台湾禾伸堂高容高压 MLCC、美国 SSO 光耦继电器等产品，可为您提供产品选型咨询。

323. 上海灼日新材料科技有限公司

地址：上海市松江区港业路 558 号 4、5 幢
邮编：201617
电话：021-51872995
传真：021-51872995
邮箱：4381505@ qq. com
网址：www. jorle. net
简介：上海灼日新材料科技有限公司是一家从事集胶黏剂研发、生产、销售服务为一体的高科技型企业。公司主营有机硅、环氧树脂、聚氨酯等系列产品，并设有完善的产品研发中心和检测中心。公司先后通过了 ISO 9001 质量管

理体系、ISO 14001 环境管理体系以及 IATF 16949 质量管理体系认证；灼日产品已通过了 RoHS 环保认证、UL 产品认证等，广泛应用于电子、电气、电力、新能源（风能、光伏以及电池）、汽车、高铁等众多领域。

公司始终以客户需求为导向，致力为客户提供完善的产品粘接、密封解决方案。公司与国内知名院校、科研机构建立了长期稳定的合作关系，为公司的产品开发和技术创新提供了可靠保障。

“科技，点燃灼日的魅力”，灼日——勇于追求、不断超越的企业，公司将始终不渝地以诚信为纽带，建构信任的桥梁，与您携手，同步世界。

324. 思瑞浦微电子科技（苏州）股份有限公司

3PEAK

地址：上海市浦东新区张衡路 666 弄 1 号楼 802 室
邮编：201203
电话：021-51090810
邮箱：business@ 3peakic. com. cn
网址：www. 3peakic. com. cn
简介：思瑞浦微电子科技（苏州）股份有限公司（3PEAK INCORPORATED，股票代码：688536）聚焦高性能模拟芯片设计，历经多年的发展与积累，在信号链模拟芯片和电源管理模拟芯片领域，积累了大量技术储备，并持续开发、升级，实现模拟芯片产品大规模量产。同时公司产品被广泛应用于国内外品牌客户，涵盖信息通信、工业控制、监控安全、医疗健康、仪器仪表和家用电器等多种应用领域。

325. 思源清能电气电子有限公司

Sieyuan

地址：上海市闵行区华宁路 3399 号
邮编：201108
电话：021-61610996
传真：021-61610996
邮箱：fsy. 204582@ sieyuan. com
网址：www. sieyuan. com
简介：思源清能电气电子有限公司是由国内知名的专业研发和生产输配电及控制设备的高新技术企业、国家重点火炬计划企业思源电气（股票代码：002028）投资设立，专注于大功率电力电子设备研发、制造、销售的电力高新技术企业，为国家智能电网产业、大中型变电站及工矿企业提供优秀的高低压电力电子产品系列及电能质量综合治理解决方案，其产品范围包括动态无功补偿及谐波治理装置 SVG、有源电力滤波装置（APF）、储能变流装置、超级电容装置、轨交专用整流变频设备、能量回馈装置等。产品应用范围覆盖发、输、变、配、用等各个环节，如发电系统、电力系统、电气化铁道及城市轨道交通、煤矿、冶金、港口、商业楼宇、充电站、储能站等。

326. 中国船舶重工集团公司第七一一研究所

地址：上海市闵行区华宁路 3111 号
邮编：201108
电话：021-51711711
邮箱：711@ csic-711. com
网址：www. csic-711. com
简介：七一一所创建于 1963 年，隶属于中国船舶集团有限公司，是一个具有 55 年历史的舰船动力研发机构和现代化高科技企业集团。

七一一所具有雄厚的研发实力和齐全的专业配置，拥有柴油机及气体发动机、热气机及特种动力系统、动力系统解决方案及相关产品、电气及自动化系统、能源装备及工程、分布式供能与新能源服务、海外业务等七大战略业务，其核心技术与产品在国内处于领先地位并具国际影响，已发展成为集研发、生产、服务、工程承包为一体的现代企业集团，服务于机械、石化、能源、交通运输等 20 多个行业和领域，涉及世界 30 多个国家和地区。目前总资产 100. 26 亿元、净资产 39. 49 亿元。

浙　江　省

327. 阿里巴巴（中国）有限公司

地址：浙江省杭州市西湖区西斗门路 3 号天堂软件园 A 幢 10 楼 G 座
邮编：310000
电话：13923700073
邮箱：lianheng. lh@ alibaba-inc. com
网址：www. alibabagroup. com/cn/global/home
简介：阿里巴巴集团的使命是让天下没有难做的生意。

公司旨在赋能企业，帮助其变革营销、销售和经营的方式，提升其效率，为商家、品牌及其他企业提供技术基础设施以及营销平台，帮助其借助新技术的力量与用户和客户进行互动，并更高效地进行经营。

公司的业务包括核心商业、云计算、数字媒体及娱乐以及创新业务。除此之外，公司的非并表关联方蚂蚁金服为平台上的消费者和商家提供支付和金融服务。围绕着公司的平台与业务，一个涵盖了消费者、商家、品牌、零售商、第三方服务提供商、战略合作伙伴及其他企业的数字经济体已经建立起来。

328. 杭州奥能电源设备有限公司

地址： 浙江省杭州市拱墅区莫干山路1418-29号奥能电源
邮编： 310000
电话： 0571-88966622-8019
传真： 0571-88966989
邮箱： chenxl@ on-eps. com
网址： www. on-eps. com
简介： 杭州奥能电源设备有限公司是一家集开发、生产、销售、服务为一体的国家高新技术企业和软件企业，专业生产逆变电源、UPS、高频开关电源、电力用智能一体化电源、高压直流电源（HVDC）系统、新能源电动汽车充换电系统等系列产品及一体化解决方案的主流供应商。

“质量第一，客户至上”是公司的经营理念，公司奉献给用户的不仅是品质优良的产品，同时也是优质、可靠、及时的服务。随着企业的不断发展，公司已全面贯彻实施ISO 9001质量管理体系并顺利通过认证。

客户的满意是我们永远的追求！

创一流企业是我们最终的目标！

企业使命：致力于为社会节能做出贡献，并在此过程中，为全体员工追求物质与精神两方面幸福搭建平台。

企业愿景：成为行业内极具实力和倍受尊敬的企业。

核心价值观：创造价值、创造快乐、守正出奇、敬业爱岗、分享共赢。

发展理念：做大、做专、做快、做强。

员工管理理念：以人的发展为本。

329. 杭州精日科技有限公司

asstpower

地址： 浙江省杭州市滨江区长河路351号拓森科技园4号楼2层
邮编： 310000
电话： 0571-85198193
传真： 0571-85198193-807
邮箱： sales@ cn-power. cn
网址： www. cn-power. cn
简介： 杭州精日科技有限公司是一家专业从事电源类产品研发、生产、销售、服务的高新技术企业，由杭州亚探能源科技有限公司与杭州源谷电子有限公司共同出资组建。

精日科技——精益求精、日新月异！公司成立之初就确立了高技术、高品质、高精度、高可靠、多功能的产品策略，不惜花重资从国外引进行业内先进技术，并利用杭州亚探能源本身多年来从事航空航天军工电源产品研发的技术经验与优势，经过多年的研发与可靠性试验认证，推出了多个系列的高品质直流测试电源，希望通过我们的努力给国内测试电源行业带来超高性价比的高端产品，为振兴民族工业做出贡献！

330. 杭州铁城信息科技有限公司

地址： 浙江省杭州市拱墅区祥园路108号A座5层
邮编： 310012
电话： 0571-88192882
邮箱： 67434608@ qq. com
网址： www. tccharger. com
简介： 杭州铁城信息科技有限公司创建于2003年12月，是一家致力打造专业电动汽车车载充电机及DC-DC转换器等新能源汽车主要零部件研发、生产、销售的国家高新技术企业。公司秉承“以责任求发展，以信誉赢天下”的经营理念，开拓创新、锐意进取，开发出一系列具有高技术水准的产品，当前产品市场占有率为40%，公司一直以引领行业内优质产品为发展方向，并因此成为行业内的标杆型企业。

331. 杭州祥博传热科技股份有限公司

XENBO 祥博传热 —1998—

地址： 浙江省杭州市萧山区经济技术开发区启迪路198号信息港小镇D座7层
邮编： 311200
电话： 0571-82308051
传真： 0571-82308081
邮箱： xenbo@ xenbo. com
网址： www. xenbo. com
简介： 杭州祥博传热科技股份有限公司（以下简称祥博传热）是一家专业对电力电子热管理系统产品研发、制造、销售及技术服务为一体的国家高新技术企业，公司于2017年3月6日正式在新三板挂牌上市，股票代码为871063。

公司成立的研发中心——杭州祥博电力电子传热高新技术研究开发中心，是杭州市级高新技术研发中心，重点研发用于特高压直流输电、柔性直流输电、轨道交通、新能源汽车、光伏、风电等装置的散热技术和产品。研发队伍及技术支持由一支来自散热器行业专家及相关领域从业多年的专家及博士、硕士专业人才组成。祥博传热凭着专业的技术团队和创新的技术理念先后承担了国家火炬计划项目、科技部创新基金项目、浙江省重大科技专项、萧山区重点科技项目等各级科技项目的研发任务，科研成果丰硕，掌握了行业内最前沿的工艺和生产技术。近年来，祥博传热已取得40余项专利技术，并研发了数十项省级新产品和新技术。凭着强大的技术研发和创新能力祥博传热已成为了行业的引领者，祥博是《电力半导体器件用散热器标准》和《静止无功补偿装置水冷却设备》的起草单位，并参与制定了《柔性直流输电设备监造技术导则》等行业标准。

祥博产品和技术广泛应用于直流输电、新能源汽车、风力发电、轨道交通、电能质量治理等领域。多年来祥博传热以技术研发为基础，以客户需求为导向，以满足市场为目标，实现了个性化技术服务。凭着扎实的技术实力，祥博传热进入了国内输变电行业、机车行业所需的高端市场，同时也满足了欧美及中东市场对高端产品的需求。祥博传热已与中国电科院、许继集团、西安西电、荣信集团、南瑞继保、中国中车、ABB、BOMBARDIER 等国内外知名企业建立了稳定的业务合作关系。祥博传热在安徽省绩溪县建有占地面积 33300 平方米的专业生产基地，装备了国际领先的真空钎焊和搅拌摩擦焊等生产线，并配备了先进的检测设备，能满足各类中高档散热设备的生产加工，是中国电力半导体器件用散热器行业最具竞争力的企业，是国内首家搅拌摩擦焊通过 EN15085 焊接体系认证单位。祥博传热专注于散热技术的创新发展，立志成为该行业的引领者与资源的整合者，引领世界大功率半导体散热器的科技进步，“创精湛传热技术，树百年祥博品牌”是祥博人的追求和目标。

332. 杭州易泰达科技有限公司

易泰达科技
EASITECH™
We make your work easi

地址：浙江省杭州市上城区钱江路 58 号太和广场 3 幢 15 楼

邮编：310008

电话：0571-85464125

传真：0571-85464128

邮箱：sales@ easi-tech. com

网址：www. easi-tech. com

简介：杭州易泰达科技有限公司是国内领先的电源、电机和驱动器设计工具解决方案提供商，长期为国防军工、航空航天、铁道船舶、汽车、工业自动化、家电、电梯、石油化工、新能源等行业提供产品与咨询服务，能够提供涉及电子产品设计各个方面（如电磁场、电路、温升、结构应力、电磁兼容性）问题的仿真软件产品。

公司专注于以电源、电机及其控制系统为主的机电系统的仿真软件开发及电机及控制器技术的产品研发。杭州易泰达以系统建模与仿真技术为纽带，为客户提供电力电子及电源高效设计的高性能仿真平台 SIMetrix/SIMPLIS，从电力电子、开关电源、变频驱动、旋转电机到负载机构的电路、机械、磁场、温升等多物理场耦合机电系统专业仿真平台 Portunus、电机快速优化设计与分析平台 EasiMotor，以及国内首家“CAE+互联网+云计算”仿真工具革命性解决方案 EasiMotor Online。公司致力于切实解决用户难题并不断改进用户体验，通过专业的技术知识和服务流程，为客户提供经济、高效、可靠的解决方案和专业的咨询服务，以帮助客户实现技术创新、提高效益和增强竞争力。

333. 杭州远方仪器有限公司

EVERFINE 远方

地址：浙江省杭州市滨江区滨康路 669 号

邮编：310053

电话：0571-86699998

传真：0571-86673318

邮箱：emc@ emfine. cn

网址：www. emfine. cn

简介：杭州远方仪器有限公司是远方光电（股票代码：300306）的全资子公司，专业从事电磁兼容（EMC）& 电子测量仪器的研发及 EMC 实验室整体解决方案的提供，是国内较早独立进行全系列电磁兼容测试仪器研发的国家重点高新技术企业。公司建有企业院士工作站、博士后工作站、省企业技术中心、省研发中心等科研平台，并多次承担国家高技术研究发展计划（863 计划）课题和省市级重大科技攻关项目，拥有国内外发明专利 30 余项，2013 年被评为福布斯潜力上市公司 100 强企业（排名第四）。

经过多年的技术发展与积累，远方公司的 EMC& 电子测量仪器已远销全球 70 多个国家和地区，应用于 LED 和照明、家用电器、电动工具、低压电器、医疗器械、国网电力、通信、广播音视频、汽车电子、军工等领域，客户包括中国科学院、中国计量院（NIM）、ETL 国际认证实验室、中检集团、深圳计量院、广东省出入境检验检疫局、清华大学、浙江大学、四川大学、飞利浦、三星、松下、西门子、海尔、美的、TCL 等国内外检测认证机构、跨国企业、研究所及高校。

334. 杭州之江开关股份有限公司

杭申电气 HANGSHEN ELECTRIC
杭申电气 HANGSHEN ELECTRIC
杭申电器 HANGSHEN ELECTRIC

地址：浙江省杭州市萧山区萧清大道 4518 号

邮编：311234

电话：0571-82867931

邮箱：fx@ hak. com. cn

网址：www. hzk. com. cn

简介：杭州之江开关股份有限公司是杭申集团下属重点骨干企业，是集高低压成套开关设备和高低压电器元件、智能电子仪表、电工材料等研发、生产、销售、服务于一体的现代化企业。

公司前身始创于 1966 年，经过 50 年的发展，总资产达 5.5 亿元，总注册资本达 1.25 亿元，现有员工 500 人，公司位于杭州市，拥有“杭申电气”品牌，产品被广泛应用于电力、钢铁、石化、铁道、煤炭、城建、教育等领域以及三峡工程、山西大同电厂、北京地铁项目、杭州萧山国际机场等一大批国家重点工程，同时还远销东南亚。

335. 杭州中恒电气股份有限公司

地址：浙江省杭州市滨江区东信大道69号
邮编：310053
电话：0571-56532188
传真：0571-86699755
邮箱：zhangning@ hzzh. com
网址：www. hzzh. com
简介：杭州中恒电气股份有限公司（以下简称中恒电气，股票代码：002364）自1996年创立以来，始终秉承“至诚至精，中正恒久”的企业价值观，以“致力于创新应用电力电子和互联网技术，为用户提供世界一流的产品”为使命，稳健务实、精简高效、快速成长。公司一直专注于主营业务，围绕两大业务板块深耕细作。在电力信息化板块，为电网企业、发电（含新能源）企业、工业企业的“自动化、信息化、智能化”建设与运营提供整体解决方案；电力电子产品制造板块，为客户提供通信电源系统、高压直流电源系统（HVDC）、电力操作电源系统、新能源电动汽车充换电系统等产品及电源一体化解决方案。

公司始终以市场为导向，不断发掘客户的需求，坚持技术驱动，持续创新，不断为客户创造新的价值，为客户提供增值服务，是行业的领军企业。国家电网、南方电网、中国移动、中国电信、腾讯、阿里巴巴、百度、戴尔等都是公司长期合作的核心客户。

“守拙出奇，恒久致远”，中恒人既坚守自己的信念，也善于抓住时代机遇，依托自身深厚的电力行业背景，以及跨界的技术优势，实现从软件和设备供应商向智慧能源综合解决方案服务商的升级，逐步将产业重点转向能源互联网，完成公司跨领域的产业整合。

336. 弘乐集团有限公司

HONLE

地址：浙江省乐清市柳市镇象阳产业功能区
邮编：325604
电话：0577-61762777
传真：0577-61755177
邮箱：linfor@ honle. com
网址：www. honle. com
简介：弘乐集团有限公司是国内知名的电源供应商，是中国电源学会会员。公司自创立以来，一贯坚持“科技是第一生产力”的理论导向，以品牌战略为先导，凭着对电源技术前瞻性的理解，以完善的工艺和对品质的孜孜追求，为各行各业的精密设备提供安全稳定的电力供给保障，在国内外市场上树立了美好形象。

公司以“弘扬和谐，乐享世界”的企业精神为核心，先后推出稳压电源、精密净化电源、直流电源、逆变电源和调压器等系列多种电源产品，实行供、销一体化。公司在电源的品种、质量、规模和管理模式等方面已得到了完善，使公司产品质量达到先进技术水平，畅销全国，部分出口国外，深受广大客户的好评。

公司始终遵循以“质量求生存，创新求发展”的方针，通过了ISO 9001质量管理体系认证，公司产品由中国人民保险公司承保。

337. 宁波博威合金材料股份有限公司

boway 博威合金

地址：浙江省宁波市鄞州区鄞州大道1777号
邮编：315000
电话：400-9262-798
邮箱：service@ bowayalloy. com
网址：www. bowayalloy. com
简介：宁波博威合金材料股份有限公司创建于1993年，注册资本627219708元，拥有博威云龙、博威滨海、博威尔特（越南）三大工业园区，占地面积36.44万平方米，现有员工3000余人，其中博士、硕士以上的专业研发人员有49人。公司于2011年1月在上交所主板上市（股票代码：601137），历经多年发展，现已成为中国首批创新型企业、国家技术创新示范企业、中国重点高新技术企业、国际有色金属加工协会（IWCC）董事单位和技术委员会委员，拥有博士后科研工作站、国家认可实验室、国家认定企业技术中心和国家地方联合工程研究中心。根据公司战略，博威合金构建起“新材料”“新能源”“资本合作”三轮驱动的产业格局，近年来完成新材料创新项目50多项，目前已申报65项发明专利，其中授权国家发明专利37项、美国发明专利1项。公司主导或参与了我国有色合金棒、线21项国家标准和5项行业标准编制，推动了我国有色合金材料产业的快速发展。

338. 浙江创力电子股份有限公司

地址：浙江省温州市龙湾区高新技术产业园区F幢2楼
邮编：325013
电话：0577-86557922
传真：0577-86557923
邮箱：gulitao@ makepower. cc
网址：www. makepower. cc
简介：浙江创力电子股份有限公司成立于1996年，发展至今已成为一家集科技、工贸为一体的高科技企业。目前，公司是在国内通信行业从事微电子技术开发与推广应用及系统整合的知名企业和专门从事各类数据测量、传输及设备自控、信息技术等产品的设计、开发、生产及系统整合的高新技术企业。

通过多年的经营发展，公司通过了国家高新技术企业和浙江省软件企业的认定，2005 年被接纳为中国电源学会和中国通信电源标准协会会员单位。自 2002 年以来，公司一直坚持贯彻各类国际先进体系标准，先后通过了 ISO 9001 质量管理体系、ISO 14001 环境管理体系、OHSAS 18001 职业健康安全管理体系、ISO 20000-1 信息技术服务管理体系和 ISO 27001 信息安全管理体系的认证。

公司管理规范，质量保证体系完善，管理层创新意识和开拓能力强，有较强的新产品研究攻关能力，从事新产品生产的条件和项目实施所需的设施基本具备，原材料的来源和供应渠道有可靠保障，环境保护措施达标，劳动保护与安全健康管理工作实际有效。自成立以来，企业已获得各类授权专利 151 项，其中有发明专利 4 项、计算机软件著作权 21 项，企业牵头或参与了行业标准制定 30 余项。

339. 浙江大华技术股份有限公司

地址： 浙江省杭州市滨江区滨江区滨安路 1199 号
邮编： 310053
电话： 18100187630
传真： 18100187630
邮箱： zhang_kun5@ dahuatech. com
网址： www. dahuatech. com

简介： 浙江大华技术股份有限公司是全球领先的以视频为核心的智慧物联解决方案提供商和运营服务商，现拥有 16000 多名员工，研发人员占比超过 50%，产品覆盖全球 180 个国家和地区。公司以技术创新为基础，提供端到端的视频监控解决方案、系统及服务，为城市运营、企业管理、个人消费者生活创造价值。基于视频业务，公司持续探索新兴业务，延展了机器视觉、视频会议系统、专业无人机、智慧消防、汽车技术、智慧存储及机器人等新兴视频物联业务，致力于让社会更安全，让生活更智能。

340. 浙江大维高新技术股份有限公司

地址： 浙江省金华市金东区曹宅镇西工业园区
邮编： 321031
电话： 18357961215
传真： 0579-82158853
邮箱： dowaygroup@ 163. com
网址： www. zjdoway. com

简介： 浙江大维高新技术股份有限公司（原名金华大维电子科技有限公司）成立于 2003 年 7 月 24 日，是一家以高压电力电子智能控制技术为核心，依托能量智能优化软件和大功率高压电力电子技术，研发、设计、生产和销售智能高压供电控制装置，不断拓展高端应用领域并实现产业化的高新技术企业。注册资金 5500 万元，位于金义经济走廊的中心位置——金华市金东区曹宅镇西工业园区，目前为国家高新技术企业、省电子信息行业百家重点企业、省“隐形冠军”企业、省成长性科技型百强企业。

公司两家全资子公司为杭州大维软件有限公司和金华大维环保工程有限公司；股份公司下辖事业部和财务部、制造部、人力行政部、企业研究院共六个职能机构，现有员工 197 人（其中本科以上学历占 60%以上），占地 63 亩，其中智慧化工厂建设用地 40 亩，将于 2020 年建设完成投产使用，届时将响应国家中国制造 2025 要求，成为金华市乃至浙江省智慧化工厂示范性建筑。

公司目前为浙江省专利示范企业、浙江省“守合同重信用”企业、浙江省创新型示范中小企业、浙江省“隐形冠军”企业、金华市高成长标杆企业、金华市“三名”试点企业、金华市学习型企业、金华市数字经济标杆企业、金华市创新型企业、中国环保产业协会电除尘委员会常委单位、机械工业标准化委员会大气净化设备分技术委员会委员单位，建有浙江省企业研究院、浙江省博士后工作站、浙江省企业技术中心、高新技术企业研发中心，持有住建部机电工程总承包和环保工程专业承包三级资质、住建部大气污染和水污染治理设计乙级资质、省环境污染工程总承包和环境污染防治工程专项承包甲级资质，中国环保产业协会行业企业信用等级为 AAA 级。

公司经过多年的研发投入，目前形成了以大功率高压电力电子技术、能量智能优化软件技术为核心的软硬件技术平台，结合高稳定性工业通信及互联技术和整机制造工艺，研发、设计、生产高频高压供电控制装置、脉冲高压供电控制装置和等离子高压供电控制装置等三大类产品。公司产品目前主要应用于工业领域的粉尘超低排放、等离子多种污染物协同脱除和高盐易结垢废水脉冲浓缩零排放等方面。在面临综合、复杂的应用场景时，将产品与相应的工艺装置相配合，为客户提供综合性的环保整体解决方案，目前终端客户主要集中在国内各省份及东南亚地区的燃煤发电厂、垃圾发电厂、生物质电站、危废处理中心和燃气分布式能源等企业。

公司企业研究院共有科技人员 70 余人，研发流程体系和实验设施完备，研发投入比重高，年平均 R&D 经费投入占销售收入的 8.5%以上，已承担包括国家创新基金、浙江省重大科技专项等在内的各类科技计划 30 余项；研发完成的产品荣获浙江省名牌产品、浙江省装备制造业重点领域首台（套）产品等各类省、市级奖项 15 余项；累计获得授权各类专利 123 项，其中授权发明专利 16 项，获得国内商标注册 10 项。参与制定行业标准 4 项、国家标准 1 项，主导制定“浙江制造”标准 1 项。公司历来重视技术创新工作，依托浙江大学、华电电力科学研究院等资源丰富的高校院所，建有省级企业研究院、省级博士后工作站、省级高新技术企业研发中心、省级企业技术中心、市级院士工作站等科研机构，同时，产学研共同研制的产品也给公司带来了良好的经济效益。借助相关资源，公司现已与中科院相关院士建立密切联系，有望通过努力在不久的将来能够组建院士工作站，为公司的科研提供更有力的技术保障。

未来，公司将以高频高压供电控制装置、脉冲高压供电控制装置和等离子高压供电控制装置等三大类产品为基础，立足于粉尘超低排放、等离子多种污染物协同脱除和高盐废水脉冲浓缩零排放等应用领域，巩固产品在工业节能减排、超低排放、零排放治理领域优势地位的基础上，持续加强现有技术和负载侧高压谐振供电技术、高压脉冲磁压缩能量回收技术、智能人机交互控制技术等方面的研发和创新，通过资本化运作、人才资源整合，积极寻求并开发高性能电控产品在更多领域包括国防军事、海洋探测、医疗等领域的应用，将公司打造成为具有自主知识产权、国际化、具有强大竞争力的高端智能供电控制装置的民族品牌企业。

341. 浙江海利普电子科技有限公司

地址：浙江省海盐县武原镇新桥北路 339 号
邮编：314300
电话：0573-86169999
传真：0573-86158001
邮箱：holipmarketing@ holip. com
网址：www. holip. com
简介：浙江海利普电子科技有限公司（以下简称海利普）成立于 2001 年，于 2005 年纳入丹佛斯（Danfoss）旗下，成为其全资子公司。丹佛斯是丹麦大型的跨国工业制造公司，创立于 1933 年。丹佛斯以推广应用先进的制造技术，并关注节能环保而闻名，是制冷和空调控制、供热和水控制，以及传动控制等领域处于世界重要地位的产品制造商和服务供应商。

历经十余载翻天覆地的变化，海利普已发展成一家集研发、生产、销售于一体的高新技术企业，同时也是国内较早拥有省级变频研发中心的企业。海利普是目前国内重要的变频器生产厂家之一，其核心产品 HLP 系列变频器，广泛应用于空压机、包装、印刷、纺织、印染、石油、化工、建筑、建材、橡胶、塑料、造纸、食品、饮料、环保、水处理、机床等行业，先后被列入“国家重点新产品”（2002. 7—2005. 7）、“国家火炬计划项目”（2002. 7—2005. 7），并被授予“浙江省名牌产品”等荣誉。

为了持续推进丹佛斯“中国第二故乡市场”的首要战略，海利普作为丹佛斯中国的核心成员，因地制宜地开展了一系列重要行动计划；同时也进一步巩固了海利普在国产变频器的重要地位。如今，海利普已经成为丹佛斯亚太地区的制造以及物流中心，海利普所在的生产基地——海盐工业园区已成为丹佛斯全球重要的工业园区，年生产变频器可达 180 万台。

342. 浙江宏胜光电科技有限公司

地址：浙江省乐清市柳市镇柳黄路 2285 号 5 楼
邮编：325604
电话：0577-61676211
传真：0577-61676212
邮箱：9029226@ qq. com
网址：http：//hosgd. 1688. com
简介：浙江宏胜光电科技有限公司创立于 2010 年 3 月，是一家集开发、设计、生产、销售、服务于一体的高科技专业化电源制造企业。

公司重视人才的培养与引进，以人为本的理念，拥有一批高素质专业人才，现有员工 200 余人，其中高级技术人员 10 余人，专业管理人员 20 余人，质检人员 10 余人；年产开关电源设备达 200 多万台；厂房面积 5000 余平方米；公司注册资金 1020 万元，是国内最具规模的开关电源专业制造企业。

公司以产品质量第一为工作方针，注重产品的研发和技术的更新；同时，公司引进全自动插件机和自动化生产流水线，采用精确完善的检测设备，筛选优质的进口电子元件；产品经过 100%烧机老化、耐电压试验，合格率达 99%以上；通过先进的管理和流程，铸就高品质的电源产品。

公司主要产品：防水电源，防雨电源，AC-DC 单组和多组开关电源，超薄型、小体积、导轨型、大功率开关电源，DC-DC 开关电源，充电开关电源，适配器开关电源和逆变器开关电源等上千种电源产品。另外，公司可快速开发各种非标电源及特殊定做规格电源产品，来满足客户对不同产品的需要。产品广泛应用于 LED 亮化工程、LED 显示屏、监控设备、医疗设备、工控自动化、电力通信等领域。

企业宗旨：服务员工、服务顾客、服务社会。

企业方针：技术创新、质量创新、服务创新。

企业口号：全力打造中国电源第一品牌。

本公司竭诚欢迎各界朋友前来考察、洽谈、合作、共图发展！

343. 浙江暨阳电子科技有限公司

地址：浙江省诸暨市暨阳街道大侣路 60 号
邮编：311800
电话：0575-87327588
传真：0575-87995599
邮箱：wangyang@ zjjiyangdz. com
网址：www. zjjiyangdz. com
简介：浙江暨阳电子科技有限公司是一家集研发设计、生产制造、销售服务于一体的专业磁环电感元件生产企业。由浙江菲达集团公司（股票代码：600526）与诸暨斯通电子有限公司实行股份制合作成立而来，现注册资金为3500万元。暨阳电子磁环电感产品专注为电源系统、电源适配器、LED照明、消费电子、新能源汽车、光伏电源等领域提供最适合的电感配套解决方案。公司拥有20年的自动化设备研发经验，目前拥有发明专利3项、其他专利15项。其自主研发的磁环全自动绕线机、自动上锡机和全自动检测机，均填补了国内磁环全自动化生产制造的空白，是真正实现了磁环电感全自动化生产的制造企业。公司现有员工135人，其中研发技术人员15人，工厂厂房总面积为1万平方米。目前拥有全自动绕线机200台，可日绕线圈100万只、日产电感器70万个，具备大批量稳定供货的能力。公司已通过ISO 9001质量管理体系认证。

344. 浙江巨磁智能技术有限公司

MAGTRON

地址：浙江省嘉兴市南湖区昌盛南路36号智慧产业创新园4号楼201室
邮编：314000
电话：0573-82660267
传真：0573-82660100
邮箱：liang. chen@ magtron. com
网址：www. magtron. com. cn
简介：浙江巨磁智能技术有限公司（以下简称浙江巨磁）是一家专业从事智能传感器芯片技术开发与应用的高科技公司，为全球智能磁电传感产业发展提供极具创新的SoC单芯片级别解决方案，将创新产品带给智能交通、汽车、新能源、机器人、运动控制、轨迹追踪等多个行业和应用。

公司核心开发基于巨磁阻（GMR）及磁通门（Fluxgate）传感集成的单芯片SoC产品，为业界带来全球首发Quadcore集成FPGA可编程及DSP的电流传感器SoC芯片，可实现任意电流等级、任意增益以及真正的零漂移，单芯片封装芯片MS系列产品将优化光耦放大器或互感器等采样方式，将电阻变为更加智能，彻底改变使用电流传感器昂贵以及光耦电路匹配负责等现状，而全集成可编程的传感器模块JCB、MX等系列，将为节省客户成本，实现任意电流增益，为客户提供便捷的定制服务。全球首款集成磁通门以及安全自检功能单芯片Self-Check的剩余电流检测芯片方案MT系列，以及其各个功率段漏电流传感模块（RCMU），为新能源电动汽车、充电站以及光伏逆变器提供一种超高性价比的产品方案，已经成为行业众多领先厂家应用开发的不二选择。

345. 浙江长春电器有限公司

地址：浙江省嘉兴市桐乡市高桥经济园区2幢
邮编：314515
电话：0573-87533046
传真：0573-87536088
邮箱：info@ ccele. com
网址：www. ccele. com
简介：浙江长春电器有限公司位于杭嘉湖平原的中心，举世闻名的钱江大潮和中国皮革之都——海宁市，东邻上海、西靠杭州，航空、高铁、公路四通八达。公司始建于1974年，历史悠久。公司产品主要有DS12、DS14、DS16、QDS8系列直流快速断路器，DM4、DM8G系列磁场断路器，HD18系列电动、手动隔离刀开关以及交流、直流成套设备等。产品适用于矿山开采、金属冶炼、城市电车、轻轨、地铁的牵引、过载保护及发电机组的励磁保护。

公司拥有一支优秀的员工队伍，技术力量雄厚，生产设备齐全，检测仪器先进、生产能力强大，能够满足广大用户的需求。公司致力发展绿色环保系列产品，通过了ISO 9001：2008质量体系认证。并坚持“以质量求生存、以信誉求发展、质量第一、信誉至上、诚信为本、客户为先”的宗旨，积极进取、开拓创新，做客户满意的产品，为广大用户服务。

346. 中川电子科技有限公司

地址：浙江省乐清市经济开发区纬六路219号
邮编：325600
电话：0577-62772888
传真：0577-62779168
邮箱：scb099@ zc-xf. com
网址：www. zc-xf. com
简介：中川电子科技有限公司（以下简称中川公司）是专业从事电源、电子产品的研发、制造、销售、服务为一体的大型国家级高新技术企业，也是国内电源制造的龙头企业之一。2018年产值为2.87亿元，行销世界48个国家和地区。中川公司已成为极具竞争力的国际化品牌。中川公司专注于生产智能无触点稳压器、SVC稳压器、SBW大功率稳压器、UPS不间断电源、变压器以及一批拥有自主知识产权的智能电力监控、电能质量管理解决方案及智能化新产品，拥有浙江和上海两个大型生产基地、一个以博士后为主导的技术研发中心，以及一个国内唯一的厂家级综合类电源产品长期培训中心。中川公司产品规格齐全，全系列产品采用行业的最新技术、工艺设计，同时不断创新和赶超行业前沿技术。中川产品性能稳定，节能环保，可靠性高。中川公司质量体系立足于高起点与国际标准接轨，全系列产品均由中国人民财产保险公司承保。中川公司在国内共设有4大营销管理中心、37个分公司或办事处，在国外设有3大办事处，蓬勃发展的中川公司期待与您的合作，创造互惠共赢的美好未来。

山 东 省

347. 海湾电子（山东）有限公司

地址： 山东省济南市高新技术开发区孙村片区科远路1659号
邮编： 250104
电话： 0531-83130301
传真： 0531-83130303
邮箱： mk_ king@ gulfsemi. com
网址： www. gulfsemi. com
简介： 海湾电子（山东）有限公司（以下简称海湾电子）（GULF）是以专业玻璃钝化及玻球封装技术，提供电子照明、LED照明、LED电源供应器、工业类电源、仪器仪表等业界广泛使用的整流器件；20多年来直接服务于各领域的国际知名公司（Samsung、Philips、GE、Emerson、Delta、Panasonic、Sharp等）及国内各电源行业的龙头企业。

长期以来，海湾电子依托二极管最先进的玻璃球钝化工艺技术，已完整开发了PHILIPS原BYV、BYM、BYT等系列产品，满足业界对高性能和高可靠性产品的需求；海湾电子又相继引进了外延、玻璃钝化技术，已替代原SANKEN、ON SEMI、TOSHIBA、IR等知名公司的系列产品，满足业界对高频率、低VF、高效整流的需求；公司还大量开发了肖特基、高性能桥堆等系列产品，满足各个领域的整流电源方案。

348. 华夏天信智能物联股份有限公司

地址： 山东省青岛市黄岛区海西路2299号
邮编： 266000
电话： 0532-89056132
邮箱： pingfan. bu@ chinatxiiot. com
网址： www. chinatxiiot. com
简介： 华夏天信智能物联股份有限公司是拥有自主知识产权及核心技术的高新技术企业，是能源行业工业物联网技术的引领者之一。公司以自主开发且具有国际领先水平的智慧矿山操作系统平台为核心，建立了包括感知执行层、网络传输层、操作系统平台层、智能应用App层的能源工业物联网四层架构体系。公司应用云计算、大数据、物联网、人工智能、信息物理系统（CPS）等相关前沿技术，定制开发了系列化的软硬件产品，致力于为能源行业具体应用场景提供智慧化转型升级、新旧动能转换的整体解决方案，重塑能源领域的经营决策和生产管理方式。基于相关通用技术，以矿山的深度应用为基础，逐步向油气开采等其他能源领域拓展。

349. 济南晶恒电子有限责任公司

地址： 山东省济南市历下区和平路51号
邮编： 250013
电话： 400-055-0531
传真： 0531-86947096
邮箱： zhangxy@ jinghenggroup. com
网址： www. jingheng. cn
简介： 1958年，济南晶恒电子（集团）有限责任公司（以下简称晶恒集团）的前身济南市半导体元件实验所成立，成为中国首批自行研发生产二极管的单位。60多年来，晶恒集团为国家历次火箭、导弹、卫星和各类航天器的研制，提供了大量优质、可靠的半导体器件。

济南晶恒集团是一家综合性多元化的集团企业，提供民用和军工两大系列优质产品。

晶恒集团拥有半导体器件生产最完整的产业链，包括前端芯片研发、引线框架生产、器件成品封装，可靠性验证等全部环节。产品包含全系列肖特基管、快恢复、超快恢复管，全系列TVS管、稳压管，全系列触发管和各式桥类整流器，MOS管、集成模块等。

公司产品应用于各大行业，如汽车、电源，家电，电表、安防、通信、照明、太阳能等多个领域，远销世界各地，与多家国际知名公司保持密切合作。

晶恒集团在不断丰富产品的同时，建立了完善的质量保障体系，凭借国家军工级检验中心和国家二级计量中心，以及国内最全、类型最多的高精度检测设备，在质量管控和产品检定上达到国际先进水平。可以为各行业高端客户提供最优质的产品和最好的技术支持。

350. 临沂昱通新能源科技有限公司

地址： 山东省临沂市罗庄区新华路中段
邮编： 276000
电话： 0539-7109391
传真： 0539-7109391
邮箱： wushichao@ ytxny. cn
网址： www. ytxny. cn
简介： 临沂昱通新能源科技有限公司是专业从事电子变压器、电源滤波器、电感器、开关电源产品及Mn-Zn、Ni-Zn

软磁铁氧体产品生产的高新技术企业。公司的产品广泛用于家电、通信、汽车、计算机、太阳能及绿色照明等行业。

公司拥有76000平方米的现代化、高标准的工业园区，拥有先进的生产设备，强大的研发团队和完善的品质管理体系。先后获得了ISO 9001、ISO 14001和TS 16949等管理体系认证，公司一贯坚持以质量求生存，以信誉求发展的宗旨，经过不懈努力，以高质量、高效率赢得了国内外客户的一致好评。

在全球电子元器件行业对品质要求越来越高、交货速度要求越来越快的今天，公司将会再接再厉，本着合作共赢的经营理念，以优质的产品、良好的信誉，竭诚为广大客户提供更优更高的产品和服务。

351. 青岛航天半导体研究所有限公司

地址：山东省青岛市高新区新悦路87号
邮编：266114
电话：0532-85718548
传真：0532-85718548
网址：www.qdsri.com
简介：青岛航天半导体研究所有限公司，原为创建于1965年的青岛半导体研究所，2011年年底，青岛市国资委与中国航天科工集团对其进行了重组，性质为全资国有。

公司现有职工310人，占地面积96022平方米，拥有21975平方米的工业厂房（含净化厂房4000平方米）和11105平方米的后勤保障楼。公司是我国高可靠电子元器件研究与生产定点单位，为国家重点工程承担配套研制生产任务已有50多年的历史，产品主要用于航空、航天、兵器、船舶、电子、石油和工业控制等领域。

公司通过了GJB 9001A—2001质量管理体系认证，被认定为高新技术企业、青岛市企业技术中心等。厚膜混合集成电路生产线年生产能力为5万只，微电路模块（SMT）生产线年生产能力为5万只，电力电子器件生产线年生产能力为50万只。

1）信号变换类混合集成电路产品：（V/F、I/F、F/V、V/I、C/V）转换器、滤波器、加速度计伺服电路、陀螺解调电路、单片集成电路、运算放大器等。

2）电源功率类产品：中小功率DC-DC、DC-AC、高低压电源模块；Interpoint、Victor兼容产品；二、三相陀螺电源、功率模块、尖峰浪涌抑制器等。

3）电力电子类产品：中小功率整流器件、晶闸管、MOSFET功率器件、晶体管、IGBT模块、固态继电器等。

4）压力、振动、温度传感器等。

352. 青岛乾程科技股份有限公司

iTechene 乾程科技

地址：山东省青岛市崂山区松岭路169号
邮编：266101
电话：0532-88036767
邮箱：chengbenmao@techen.cn
网址：www.techen.cn
简介：青岛乾程科技股份有限公司自2005年进入电力行业，经过十余年的奋进，现以能源计量为核心，聚焦数字能源领域——涵盖水、电、气、AMI通信、储能及充电解决方案、售电及能效控制。

公司自主研发的AMI系统按照国际标准以模块化思路遵照Service Oriented Architecture（SOA）架构提供丰富强大的远程读表控制功能，并支持预付费、后付费、故障及防窃电警报等功能。通信技术方面主推高可靠性的自组网LoRa及多信道的PLC-LoRa双模方案，确保支持AMI通信网络的电表能可靠并及时地响应系统命令返回数据和执行开关闸。

公司拥有多项自主研发专利和产品资质的智能电表产品，在国内依靠过硬的质量和技术能力成为国家电网和南方电网的供应商；在国外，依靠一对一客户定制服务，满足国外不同环境下通信方式需求，产品已进入南美、亚非欧和澳洲等国际市场，获得客户的认可。

公司自主知识产权的超声波水、气表系列产品，采用国际领先的超声波计量技术，计量精准；核心自主知识产权的自组网路由算法、专业的天线设计，通信可靠。

公司智能储充产品包括户用/工商业储能系统、光储便携系统、智能充电系统。自主研发的逆变器、充电机具有高效率、高功率密度的特点。

353. 青岛威控电气有限公司

VECCON

地址：山东省青岛市即墨区大信镇天山三路42号
邮编：266000
电话：13792896685
传真：0532-82530096-3008
邮箱：wenjuan.miao@veccon.com.cn
网址：http://veccon.com.cn/
简介：青岛威控电气有限公司始创于2006年，是一家专门从事煤矿用防爆变频器、智能微电网系统、储能PCS和特种变频器研发、制造，为矿山、可再生能源发电、储能等行业提供系统解决方案和产品的专业化公司。公司是国家高新技术企业、山东省守合同重信用企业、青岛市大功率变频器工程研究中心、青岛市矿用防爆变频器技术研发中心、青岛市企业技术中心、青岛市智能微网专家工作站、青岛市专精特新示范企业、即墨市工业设计中心、青年文明号，并荣获“德勤-青岛明日之星”等称号，通过了国家ISO 9001质量体系认证，2015年4月23日，公司在青岛蓝海股权交易中心正式挂牌，成功登陆价值优选版。

公司拥有一支高学历、高素质的专业化员工队伍，博士、硕士及本科学历员工人数占公司总人数的50%以上。

建有高度协同的、包括 PLM、ERP、MES 等数字化管理系统，被认定为青岛市信息化和工业化深度融合示范企业，并通过两化融合管理体系评定。公司拥有完备的软、硬件研发能力，是国内煤矿隔爆变频器组件核心供应商，公司自主研发的煤矿用两象限、四象限防爆变频器，性能先进，质量可靠，销量稳定，市场占有率达到 40%以上，产品性能已达到国内领先水平，公司自主研发的 3300VAC 系列矿用三电平变频器，是国内首套研发并投入现场使用的煤矿生产核心设备，经科技局、经信委专家联合鉴定，性能已达到国际先进水平，比肩西门子、ABB 等跨国企业。

公司顺应国家政策号召，响应国家推进节能减排，实现能源可持续发展的宏远目标，积极向风力发电储能，风、光、电融合的智能微电网等领域进行拓展，致力于“清洁能源”“智能电网”方面产品的研究，并取得了较好的社会效应和环境效应，协同研发了国内第一台风储互补演示验证系统，公司研发的针对铅酸、锂电、全钒液流电池、锌溴电池、飞轮等化学、物理储能系统的 PCS、DC-DC 变换器等，已在英利集团 863 课题“园区智能微电网关键技术研究与集成示范”、国家电网辽宁电力科学研究院风光储微电网系统、中科院大连化学物理研究所的全钒液流电池系统等项目中投入并验收通过。公司研发的智能微电网系统，已获得国家科技部中小企业创新基金扶持。公司承担《国家重点研发计划“智能电网技术与装备”重点专项 2017》“10MW 级液流电池储能技术”项目（编号 2017YFB0903500）中，多模式运行三电平 PCS 设备的研制工作和国家电网首个岸电项目——连云港港 35kV 庙岭变岸电储能系统项目及南方电网适用于多区域互联电力系统共直流母线多元互补智能微网系统项目。

在企业发展壮大的同时，公司始终坚持“严谨、专注、协作、创新”的核心价值观，践行“以人为本、管理规范、专业敬业、预防为主、开拓创新、永续经营”的质量理念，从客户的价值实现出发，遵循价值管理的规律，打造与客户一体的价值管理链条，是公司对“践行良知、恒以致远”宗旨的具体实现。公司始终坚持企业效益与社会效益并重，携手同行，共同推动企业和行业的健康发展。

354. 青岛云路新能源科技有限公司

地址：山东省青岛市即墨区蓝村镇火车站西

邮编：266232

电话：0532-82599910

传真：0532-82593000

邮箱：kaifa-ht@ yunlu. com. cn

网址：www. yunlu. com. cn

简介：青岛云路新能源科技有限公司成立于 2007 年，其前身为成立于 1996 年的青岛云路电气有限公司，目前专业从事电磁器件的研发、制造、销售和服务，是国家火炬计划重点高新技术企业。

1. 公司组织结构

公司拥有青岛、珠海、合肥三大生产基地；下设珠海、合肥两家子公司，在青岛城阳设立分公司一家。

2. 公司产业板块结构

公司主要包括家电磁性器件、工业新能源磁性器件、汽车磁性器件三大产业板块。主要产品有微波炉变压器、变频空调电抗器、PFC 电感、EMI 滤波器、光伏变流器专用滤波水冷电抗器、光伏逆变器配套变压器、超高压水冷饱和电抗器、一体成型贴片电感、模块电源等 1000 余种电磁器件产品，2018 年总销售额达 20 亿元。其中，微波炉变压器的生产能力和市场占有率位居世界前三强，变频空调电抗器连续十二年排名国内领先，市场占有率长期保持在 60%以上。

3. 公司研发能力

公司建有山东省企业技术中心一个，设有总面积 1800 平方米的家电、工业及新能源电磁器件研发中心、汽车级磁性元器件实验中心，新建磁性微电子器件研发实验室一个，配套大型仪器设备 100 余台/套。公司拥有一支以国家千人计划、万人计划专家为核心的专业研发队伍，博士、硕士、本科学历的研发人员达到 100 余名，研发团队具有丰富的研发经验和领先的自主创新能力。公司承担多项省市级重点项目，拥有有效授权专利 100 余项，曾获中国专利山东明星企业称号。

4. 公司产品应用客户及认证

公司主要客户为国内外一线家电、新能源品牌企业，产品出口到亚洲、欧洲、北美洲等数十个国家和地区。

公司先后通过 ISO 9001、ISO 14001、IECQ-QC080000、UL、CCEE、TUV、CQC、IAFT 16949 等多项体系认证。

公司在致力于为客户提供精湛一流产品和服务的同时，也让全球两亿以上的用户在使用产品中享受“节能、环保、安全、高效”的快乐。

云路秉承“为人、为学，建设智慧云路”的企业理念，创新务实，以客户、投资方、合作方及社会共赢为宗旨，打造国内最大、世界领先的电磁器件产、学、研基地，做国内外同行先进技术的领跑者。

355. 山东艾诺仪器有限公司

Ainuo

地址：山东省济南市高新技术开发区出口加工区港兴三路 1069 号

邮编：250104

电话：0531-88876586

传真：0531-88876586

邮箱：officesd@ ainuo. com

网址：www. ainuo. com. cn

简介：山东艾诺仪器有限公司位于泉城济南，前身是 1992 年成立的济南正器科技研究所，1998 年变更为山东艾诺仪器有限公司。公司注册资金 3000 万元，厂房面积 9653. 5 平方米，是致力于测量仪器与电源设备的研发生产和销售的高新技术企业。公司围绕家用商用电器、电机、电动工具、低压配电、新能源、航空航天等领域，按照市场及客户需求，研发了电源供应器（变频电源、直流电源、中频电源、航空中频/直流地面电源）、精密测试电源、交直流电子负载等系列产品。公司重视科研投入及科研能力的提升，是山东省级企业技术中心、山东省瞪羚企业、山东省“专精特新”中小企业、济南市特种可编程电源工程实验室。公司产品均具有自主知识产权，至 2020 年底，共授权知识产权 82 项，其中发明专利 5 项，主持制订 1 项国家标准。公司拥有中航工业、中国电子科技集团各研究所、山东航空、博世、飞利浦、美的、格力、山东计量科学研究院等知名客户，客户群优势保证了公司产品和技术输出实施的市场空间和利润份额。公司总资产为 1.2 亿元，2020 年销售收入 1 亿元，正处于高速发展阶段。艾诺人践行以顾客为关注焦点、给顾客持续创造价值的企业文化，为艾诺仪器公司屹立于世界优秀企业之林而努力奋斗！

356. 山东艾瑞得电气有限公司

地址：山东省济南市高新技术开发区工业南路 44 号
邮编：250017
电话：13370513108
传真：0531-83166186
邮箱：yanjifeng0806@ 126. com
网址：www. sderid. com
简介：山东艾瑞得电气是按照股份公司制度规范设立的科技型企业，注册资金 1100 万元，总部设于济南市高新区，成立至今已设立东北、华南、华东三个办事处。

公司致力于现代电力电子技术和产品的研发、制造、销售和服务，主要在电源及小环境供电系统整体解决方案；主营产品有 ERD 系列 UPS、EPS 应急电源、智能节能系列稳压稳频电源、逆变电源等多种产品。

公司目前在国内已设立东北、华南、华东三个办事处，利用区域销售网络完成对目标地区的覆盖，保持快速市场反应能力，以及快速的售前支持能力和本地化售后服务支持能力；同时，加强专业销售队伍和技术支持工程师等配套力量，使之更专业化、系统化、高效化地满足市场订单与项目服务的需求。

公司自成立之后相继获得各级认证，并通过了 ISO 9001：2008 版的质量体系认证。ERD/S 系列稳压电源、EPH/L 不间断电源（UPS）、AND/S 逆变电源等产品在国内得到社会各界广泛认同。在基础交通、政府机关、通信、金融、证券、军队、电力、广电、教育、石油化工、医疗卫生、制造等行业拥有大量的用户和广阔的市场。

357. 山东东泰电子科技有限公司

地址：山东省淄博高新区民祥路以南青龙山路西侧第二个公司
邮编：255100
电话：13969398332
邮箱：dtt@ dtkj. com
网址：www. dtkj. com
简介：公司成立于 2002 年，专业生产锰锌软磁铁氧体磁粉及磁心，从材料开发、磁粉生产、磁芯生产到磁芯喷涂，比较完整的生产链。公司有两个工厂：岭子工厂，厂房面积 12000 平方米；高新区工厂，厂房面积 6000 平方米。总产能为磁粉 4000 吨/年，磁心 3000 吨/年。

2011 年，公司在德国成立产品应用开发办公室，进行大磁心的应用开发推广。2016 年 1 月开始，与欧洲权威研究机构开始合作，进行高端新材料的开发。

358. 山东华天科技集团股份有限公司

HOTEAM山大华天

地址：山东省济南市高新区颖秀路 2600 号
邮编：250101
电话：0531-88879010
传真：0531-88878999
邮箱：huatianwth@ 126. com
网址：www. huatian. com. cn
简介：山东华天科技集团股份有限公司创立于 1991 年，作为一家高新技术企业，始终深耕电力电子领域。现已形成了以“安全电能、绿色电能、智慧电能”为导向，以“研究开发+设备制造+工程服务”三位一体为核心的业务模式，致力于为客户提供全生命周期的系统解决方案。

公司产品包括电能质量综合治理产品、能量回馈装置、试验电源、EPS 电源、智慧消防电子产品、UPS 电源、机房整体解决方案七大类；极具前瞻性的创新产品和应用解决方案，受到众多 500 强企业的青睐和信任，被广泛应用于轨道交通、市政基建、文教体育、医疗卫生、现代人居、汽车制造、钢铁冶金、石油化工等众多领域。

公司专注科技创新，以客户为中心，不断推出行业领先技术。拥有省级企业技术中心、省级工程中心、省级工程实验室，公司研发团队荣获济南市优秀创新团队，凭借雄厚的技术研发实力，先后荣获十余项国家级、省部级科技奖励，承担四十余项国家级、省级科研项目；拥有百余项知识产权，科研实力一直处于行业前列。公司通过了质量、环境、职业健康安全管理体系认证，主导产品获得 CCC、CQC、CE、TLC 认证，多项产品获得国家重点新产品、山东名牌等荣誉，公司也获得山东省瞪羚企业、山东省创新型企业、山东省制造业高端品牌培育企业等荣誉。

359. 山东镭之源激光科技股份有限公司

地址：山东省济南市高新技术开发区颖秀路知慧大厦二楼
邮编：250000

电话：0531-88190005
传真：0531-88190005-814
邮箱：2881582438@ qq. com
网址：www. laserpwr. com

简介：山东镭之源激光科技股份有限公司是一家专业从事电源设备的开发、设计、生产和销售，并为客户提供技术咨询、培训、安装、维修等售前、售后服务的高新技术企业。公司下辖全资子公司两家，分公司一家，拥有总资产超1亿元，员工100余人，年生产各类电源10万多台套。公司于2015年9月30日在全国中小企业股转系统上市（股票代码：833611）。

公司主要产品为激光电源、医疗美容电源系统，系综合利用激光器放电特性和电气电子信息技术的集成创新供电产品及解决方案，包括气体激光电源（如 CO_2、氦氖、CO 等）、固体激光驱动电源（如半导体、YAG 等）、高压电源、开关电源以及其他特种电源一体化解决方案。定制化、智能化、安全性、稳定性是公司产品的主要特点。

公司通过十五年持续的研发投入，不断提升创新能力的同时，凭借在行业内领先地位和技术优势，积极参与各种学术研讨。申请并授权了多项专利，并先后获得 ISO 9001 质量体系认证、欧盟国家 CE 认证等。

多年来，公司坚持“以客为主，甘当配角；竭诚服务，精益求精”的经营宗旨，视质量为生命，诚意接受广大用户的监督，并真诚希望能够成为您事业成功的助手。

360. 山东天岳电子科技有限公司

地址：山东省济南市槐荫区美里湖办事处邹庄南
邮编：250118
电话：15910105929
邮箱：huangzhicheng@ sicc. cc
网址：www. sicc. cc

简介：山东天岳电子科技有限公司成立于2012年12月20日，位于济南市槐荫工业园内，公司于2013年在美国加利福尼亚硅谷组建研发团队，致力于第三代半导体碳化硅芯片、器件及应用装备的研发、生产。目前可批量供应大功率碳化硅基 SBD、碳化硅基 MOSFET 和功率模块，器件主要型号包括 SBD：650～1200V、2～60A；MOSFET：1200V 30～160mΩ。功率模块解决方案包括：3～110kW 全碳化硅电机驱动、15～120kW 充电模块、11～80kW 光伏逆变器模块解决方案。产品广泛应用于光伏、风能、新能源汽车，白色家电等行业。

公司以客户为核心，拥有资深的技术开发团队以解决各种客制化需求的能力，拥有优秀的运营团队提供最专业的服务。

安　徽　省

361. 安徽大学绿色产业创新研究院

地址：安徽省合肥市高新区创业服务中心 B 座 3 楼
邮编：230088
电话：0551-65862316
邮箱：2164368671@ qq. com
网址：http：//lscy. ahu. edu. cn/

简介：安徽大学绿色产业创新研究院（以下简称安大绿研院）是一所聚焦绿色能源、绿色材料、绿色制造、高端智能、文化创意等领域的创新型研究院，也是致力于打造立足合肥、面向安徽、辐射全国的绿色产业技术创新与转化平台、高层次人才培养与引进平台、国际交流合作平台。

安大绿研院以合肥综合科学中心和安徽大学双一流学科建设为契机，借力省院共建，外联中科院系统国家队、内选优质项目和平台，发挥综合学科优势，集成重点研发平台。此外，绿研院将联合高端研发机构，如中科院重庆研究院、长春应化所、自动化所，以及行业龙头企业，如马钢、铜陵有色、江淮汽车等共同承接大院大所转化，创立一批绿色环保领域高新技术研发型公司。

362. 安徽乐图电子科技有限公司

地址：安徽省六安市金寨县金梧桐创业园 B-8 座 3、4 层
邮编：237300
电话：15372076020
邮箱：jianhua. zou@ ledtu. com
网址：www. ledtu. com

简介：乐图科技下辖杭州乐图电子科技有限公司（研发/营销中心）及安徽乐图电子科技有限公司（生产、运营中心），成立于2011年，是专注于高品质 LED 驱动器、控制器、开关电源、新能源充电器等领域产品及解决方案的研发、生产及销售的国家高新技术企业。公司产品获得 CCC、CE、CB、TUV、ENEC、SAA、UL、FCC 等相关认证，广泛应用于 LED 面板灯、吸顶灯、筒灯、射灯、三防灯、支架灯、投光灯、工矿灯、隧道灯等领域，产品深得客户信赖，畅销海内外。

公司高度重视品质及管理体系建设，先后获多项 ISO 体系认证；重视团队建设、研发投入及知识产权保护，申请了大量的国内外发明专利、实用新专利、软著等，获杭州市专利示范企业称号。公司还先后获得国家高新技术企业、浙江科技型中小企业、安徽省民营科技企业、安徽省股权托管交易中心科创板挂牌企业等多项荣誉称号。

363. 合肥博微田村电气有限公司

CETC 合肥博微田村电气有限公司
HEFEI ECRIEE-TAMURA ELECTRIC CO.,LTD.

地址：安徽省合肥市蜀山区高新区天智路 41 号
邮编：230088
电话：0551-62724989
传真：0551-65311615
邮箱：WL@ ecthf. com
网址：www. ecthf. com

简介：公司主营产品是各种民用、工业用系列变压器、电抗器及电感器，主要产品通过 CSA、TUV、CE 和 UL 认证，应用于工业装备、新能源、轨道交通、家用电器、医疗设备、智能电网等领域。

公司依靠中国电子科技集团第 38 研究所的人才优势和科研开发能力，采用国际先进技术，将其应用到产品中。与此同时，在企业管理上还得到了田村在品质管理上的全面指导，用先进的生产管理模式生产高品质的产品，现已经成为富士通、大金、夏普、西门子、飞利浦、GE 能源、施耐德、海尔、格力等世界著名企业的合作伙伴。

公司本着“尊重伙伴，激励创新，体现个人价值，承担社会责任”的企业价值观，以人为本，确立了明确的技术路线图，不断开发新技术、新产品、新工艺，通过技术创新来提高企业核心竞争力，先后通过质量管理、环境管理和职业健康安全管理体系认证；通过国家两化融合管理体系评定；获得国家火炬计划重点高新技术企业、中国电子元件百强企业第 45 名等荣誉；组建了省级企业技术中心、省工程研究中心及省级工业设计中心等研发设计平台，并建立了省级博士后科研工作站；申报国家专利 80 余项，目前拥有有效发明专利 2 项及其他知识产权 61 项。

364. 合肥海瑞弗机房设备有限公司

HAIRF® 海瑞弗

地址：安徽省合肥市长丰双凤经济开发区辉山路以东
邮编：231131
电话：0551-63358563
传真：0551-6335856
邮箱：445733446@ qq. com
网址：www. hairf. com. cn

简介：合肥海瑞弗机房设备有限公司是全球领先的机房制冷系统及关键电源系统供应商。公司旗下主要产品为机房精密空调、UPS、免维护铅酸蓄电池、STS、智能配电系统、雷电防护产品等。

公司采用机房精密空调解决方案、交流不间断电源解决方案、直流不间断电源解决方案、低压配电解决方案、动力环境集中监控解决方案组成了一体化的 IXC/IDC 机房动力系统整体解决方案。

公司专业的系统工程师以及国际化的销售和服务团队遍及墨西哥、俄罗斯、巴基斯坦、阿尔及利亚、印度尼西亚和中国，为四大洲三十多个国家的用户保驾护航。充分满足用户的售前技术支持，设备现场安装调试，以及后期设备运行维护，备件供应等全方位的服务需求。

365. 合肥联信电源有限公司

地址：安徽省合肥市高新区玉兰大道 61 号联信大楼
邮编：230088
电话：0551-65323322
传真：0551-65313339
邮箱：hflx88@ 163. com
网址：www. lianxin. net

简介：合肥联信电源有限公司（以下简称联信）位于合肥国家高新技术开发区，成立于 1997 年 9 月，注册资金 1. 05 亿元，连续五年通过中国消防协会 AAA 信用企业认定。联信以打造应急电源第一品牌为目标，坚持走自主研发与科技创新之路，产品有消防应急照明电源、消防设备动力电源、节能型不间断电源、交直流电源、轨道站台门电源等，广泛运用于文化场馆、医疗卫生、商业综合、学校教育、数据机房、高速交通、高铁地铁、煤化石化和机场车站等各种项目的重要负载，包括应急照明、疏散指示、消防泵、喷淋泵、冷却水泵、排烟风机、消防电梯和防火卷帘门等。联信参与 15 个城市地铁电源投标，中标和配套上海、武汉、广州、深圳、杭州、合肥地铁项目。

产品应用于首都体育馆等 20 个场馆，国家非典实验室等 100 多个医院，北京交通大学 50 多所院校，南京禄口等 12 个机场，安粮城市广场等 50 多个综合体，绩黄高速 50 多条公路隧道，以及石化煤化 40 多个乙二醇、甲醇项目运行。

作为合肥市应急电源工程研究中心，联信向用户提供最优质的 500VA～500kVA 全系列 350 个品种应急电源产品。自主创新电源主机模块化抽屉式工艺设计，延长主机寿命受到用户欢迎，全国最大功率 500kVA 光纤传输应急电源，良好运行多年；应急照明集中控制系统获得国家发明专利证书；与中科大建立紧密的战略合作关系，主编四项工信部产品行业标准。公司成熟、先进、适用、安全、可靠的应急电源产品，行销全国各地！

366. 合肥通用电子技术研究所

地址：安徽省合肥市高新区玉兰大道机电产业园
邮编：230088
电话：0551-65842896
传真：0551-65317880

邮箱： api_power@ 126. com

网址： www. apii. com. cn

简介： 合肥通用下辖通用电子技术研究所和通用电源设备有限公司，位于合肥市高新区机电产业园内，本公司采用科研和生产相结合的方式，科技研发有效地保证了产品技术的领先地位，专业化的生产及时高效的将研发成果转化为电源产品。

公司坚持走“专业定制”之道，秉承“造电源精品，创世界品牌”的企业目标，致力于解决系统设备的馈电问题，为广大客户提供性能稳定的开关电源。从研发生产到服务一次性通过了 GJB 9001A—2001 标准的认证，目前电源在业内以性能稳定而著称，并受到广大客户的青睐和好评，通用电源已广泛应用到自动控制、军工兵器、智能办公、医疗设备以及科研实验等领域，并累计向业界提供了 120 多万台高品质电源。

合肥通用拥有两条生产线，两条装配线，两条产品老化线，一条产品测试线和高低温老化房等，引进国外先进的测试仪、频谱分析仪、多功能电子负载、存储示波器等检测仪器。本着“效益源于质量，质量源于专注”的企业宗旨，严把质量关，强化细化过程管理，精雕细琢，成就完美。

367. 马鞍山豪远电子有限公司

地址： 安徽省马鞍山市当涂县大陇口新街 118 号

邮编： 243155

电话： 0555-6271518

传真： 0555-6271518

邮箱： hy1288@ 126. com

网址： www. haoyuandianzi. com

简介： 马鞍山豪远电子有限公司是一家集各类电源变压器、稳压电源、逆变电源、开关电源等产品的开发、设计、制造、销售、服务于一体的民营高科技企业。公司自 1997 年成立至今，一直秉承以客户为中心，以产品质量为根本的指导思想，在激烈的市场竞争中站稳了脚跟，取得了骄人的成绩。公司先后通过了 ISO 9001：2000 国际质量管理体系认证、中国质量认证中心 CQC 认证、欧盟 CE 认证、环保认证、部分产品已通过 UL 认证，并荣获国家 3. 15 诚信承诺单位、2006 年全国产品质量稳定合格企业、百家知名品牌企业等，经过公司员工的辛勤努力，公司赢得了海内外客商的一致赞誉和好评，产品出口世界各地。

根据公司发展需要 2003 年 10 月公司投资一千多万元在安徽马鞍山建成了占地 22 亩规模庞大的马鞍山豪远电子工业园，形成了以上海总公司为窗口，以马鞍山为生产基地的集团化发展模式。

公司不仅仅是生产产品，更着重于品质与信誉，“以客户为中心，以品质为先驱”是公司的宗旨，希望我们能成为您信赖的合作伙伴。

368. 宁国市裕华电器有限公司

RUVA®

地址： 安徽省宣城市宁国市振宁路 31 号

邮编： 242300

电话： 0563-4183768

传真： 0563-4012888

邮箱： czy@ ngyh. com

网址： www. ngyh. com

简介： 宁国市裕华电器有限公司是一家专注于薄膜电容器和电源滤波器产品的研发、生产、销售及服务于一体的国家级高新技术企业，拥有国内外先进水平的电容器和滤波器生产制造和高精度的试验检测设备。公司已荣获安徽省名牌产品、安徽省著名商标、省认定企业技术中心等荣誉，并先后通过 ISO 9001、IATF 16949、武器装备质量管理体系、TS 22163 铁路质量管理体系认证、ISO 14001 环境管理体系，薄膜电容器和电源滤波器先后取得 CQC、VDE、TUV、UL、CUL、ENEC、AEC-Q200、ISI 等国际权威认证。

公司以贴近市场的技术研发、一流的品质和服务、快速灵活的响应速度获得了众多客户的高度认可和好评，在家用电器、电源、工业控制、汽车电子、绿色能源、轨道交通及电力系统等领域取得了骄人的市场业绩，今后我们将在技术创新上进一步提升，牢牢把握产品占据市场前沿技术制高点，不断加大高端智能制造设备的投入，以期在未来的电容器和滤波器领域处于行业领先位置。

369. 天长市中德电子有限公司

地址： 安徽省天长市天冶路 98 号

邮编： 239300

电话： 0550-7304948

传真： 0550-7306809

邮箱： zdec@ zdec. cn

网址： www. zdec. cn

简介： 天长市中德电子有限公司（以下简称中德电子）坐落于风景秀丽的安徽省天长市经济开发区，公司创建于 1989 年，注册资本 1. 268 亿元，占地 260 余亩，设立 A、B、C 三个厂区拥有标准厂房 12 万平方米，拥有高级管理技术团队。公司先后投入 2000 多万元建立产品研发检测中心，引进一批国内外先进的研发生产检测设备。现为国家高新技术企业、安徽省省级技术中心企业、安徽省著名商标企业、省级专精特新版挂牌企业，天长市“二十强”企业，其综合实力居省内同行业首位，是一家集研发，生产、销售、技术服务为一体的高新科技民营企业。

中德电子牢牢把握稳中求进、科学持续发展的总基调，着力推进企业转型升级和产品结构调整，加大科研投入，创新人才引进和培养，持续开发新材料新产品，采用新工艺和新技术，年产铁氧体磁粉及磁心 20000 余吨，金属粉心 3000 余吨，电磁线 10000 余吨。产品广泛应用于各种电子变压器、电焊机、各类电源、网络通信、充电桩、无线充电、光伏新能源，航空航天、工业互联网、5G 等领域。

中德电子，一个迅速崛起的自主品牌，一个快速发展的高新企业。

中德电子，您最佳的合作伙伴！

370. 中国科学院等离子体物理研究所

地址：安徽省合肥市蜀山区蜀山湖路 350 号（合肥市 1126 信箱）

邮编：230031

电话：0551-65591322

传真：0551-65591310

邮箱：chunhuang@ ipp. ac. cn

网址：www. ipp. cas. cn

简介：中国科学院等离子体物理研究所电源及控制研究室主要从事脉冲电源的研究、开发、运行和维护工作，并为托克马克核聚变装置的运行提供电源。

近年来，研究所致力于高功率脉冲电源技术、超导储能技术、二次换流技术、大功率直流发电机励磁控制等方面的研究，并取得了较为成熟的研究成果和实践经验。研究所主要承担了 EAST、HT-7、HT-6B、HT-6M 等托卡马克装置的磁体电源及辅助加热电源的设计、运行和维护等课题。

目前，研究所拥有一套自主设计的直流断路器型式试验设备，该试验系统主要由四台脉冲发电机组成，该电机单台额定输出电流 50kA，额定电压 500V。多年来，研究所已依据国家标准、欧洲标准和 IEC 标准，多次为众多国内及外企断路器厂家进行型式试验。

研究所的大功率电气设备检测中心于 2017 年 5 月获得中国合格评定国家认可委员会（CNAS）认可。检测范围为：高温超导电流引线电流实验、直流隔离开关短时耐受电流实验和温升试验、直流电抗器暂态故障电流试验和温升试验、半导体开关过电流能力试验和额定电流试验、半导体变流器辅助装置和控制设备性能检查、半导体变流器轻载试验和功能试验、半导体变流器额定电流试验、半导体变流器过电流能力试验、直流母排动热稳定试验和温升试验、封闭母线动热稳定试验和温升试验、L 类直流断路器额定短路分断及关合能力试验、直流开关柜短时电流耐受试验。

截至目前，研究所曾先后获得国家及省部级科技奖 17 次，105 项国家技术专利。此外，还招收相关专业的硕士和博士研究生，至今已培养出两百多名位硕士、博士毕业生，他们大都在国内外高新技术领域的科研院校和企业表现出色。本室现有在读硕博士研究生 41 名。

同时，研究所还与众多企业、国际科研院所和组织保持着紧密的交流和合作，如 ABB 变流器公司、中日核心大学项目，美中磁约束装置研讨组，德国马普学会，通用原子能公司核聚变工作组等。

湖　南　省

371. 长沙明卓电源科技有限公司

地址：湖南省长沙市长沙县长沙经济技术开发区人民东路二段 189 号中部智谷工业园 1 栋 5 楼

邮编：410199

电话：17570317226

传真：0731-86866933

邮箱：gm@ minjon. com. cn

网址：www. minjon. com. cn

简介：长沙明卓电源科技有限公司（以下简称明卓电源）成立于 2009 年，专注于 LED 电源行业，明卓电源在国内主要城市设有品牌服务商，客户遍及全球各个国家及地区。

明卓电源拥有自主产权生产基地，完整稳定的品质管控体系和供应链体系，并通过 ISO 9001 国际质量体系认证和 ISO 14000 环境管理体系认证。自主品牌“MINJON 明卓电源”产品都通过第三方权威实验室机构检测，并获得了 CE、CB、ROHS、FCC 等欧盟认证及中国 CCC 认证。

MINJON 明卓电源坚守“专注精品　品牌价值”的经营理念，并持续优化改善，提升服务质量为客户创造更高价值的产品。

372. 湖南晟和电源科技有限公司

地址：湖南省长沙市其他高新开发区桐梓坡西路 468 号威胜科技园二期工程 11 号厂房 1-8 号

邮编：410205

电话：0731-88619957

传真：0731-88619957

邮箱：seehre@ seehre. com

网址：www. seehre. com

简介：湖南晟和电源科技有限公司成立于 2016 年，是一家专业从事电源整体解决方案研发与应用的高新技术企业。公司重点关注仪器仪表、新能源、轨道交通、音视频、通信、PoE、适配器、充电器等行业客户需求，并为其提供专业而完整的电源技术服务及相关配套产品。公司成立以来，已与威胜集团等行业标杆企业建立了长期战略合作关系，并得到了合作伙伴的高度认可。公司位于长沙高新区，自成立以来，坚持以市场需求为导向，引进多项国内外先进的生产及试验设备，并与多家高校科研院所展开合作。依托于高水平、高学历的专业研发队伍，已成功申报多项自主知识产权的专利技术，所研发的技术解决方案和专业产品在众多领域得到了广泛应用。公司重视产品与服务质量，在同行业中率先通过了 ISO 9001 质量管理体系认证，并按照体系要求运行及持续改进，提升内部管理水平。未来，公司将秉承“电源解决方案与服务专家”的使命，坚持“至诚致精，合作共赢”的经营宗旨，积极倡导电源技术创新，为客户提供优质的电源产品和解决方案，力争成为电源行业标杆。勇于进取，敢于探索，奋力拼搏，大胆创新，相信现在和未来，每一位客户都将因享用我们的电源产品和服务而持久受益！

373. 湖南东方万象科技有限公司

地址：湖南省长沙市芙蓉区万家丽北路 569 号银港水晶城 E4 栋 304 房
邮编：410016
电话：0731-88156696
传真：0731-88156695
邮箱：470798290@ qq. com

简介：湖南东方万象科技有限公司成立于 2006 年 7 月，注册资金 508 万，是计算机机房辅助设备（不间断电源系统、开关电源、低压配电系统、环境监控系统、设备监控系统、机房精密空调）的专业服务商和设备供应商，以向客户提供最好、最专业的服务为宗旨，面向通信、银行、保险、证券、外企、军队系统以及科研院所等重要部门的交换机房、电脑机房和仪器设备机房提供全线产品和其相关的售前售后技术服务。

374. 湖南丰日电源电气股份有限公司

地址：湖南省浏阳市工业园
邮编：410331
电话：0731-83281148
传真：0731-83281113
网址：www. fengri. com

简介：湖南丰日电源电气股份有限公司是国内最早生产蓄电池和直流电源、电气成套设备的专业企业之一，产品注册的“丰日”牌，为中国驰名商标。

公司是国家高新技术企业，成立了化学电源研发中心，并与中南大学等高等大专院校长期合作，共同进行电池、电源新产品的开发创新。拥有 56 项国家级专利，3 项国际专利。

丰日产品经全国 20 余省市通信、电力、铁路、广电、部队、工矿企业等行业数千家单位的多年使用，并与德国西门子、日本东芝公司、美国 GE 公司、法国阿尔斯通、美国 EMD 公司、加拿大庞巴迪等大公司长期合作配套，以其质量稳定、价格合理、服务周到赢得了用户的一致好评和信赖。

公司坚持贯彻“诚信服务顾客、产品件件质优、管理持续改进、铸造丰日品牌”的质量方针，致力于不断革新产品技术，优化生产工艺，严格产品的过程控制。公司通过了 ISO 9001 质量体系和 ISO 14001 环境体系、GB/T 28001—2001 职业健康安全管理体系认证。

375. 湖南华鑫电子科技有限公司

地址：湖南省湘潭市雨湖区二环线
邮编：411100
电话：0731-52338338
传真：0731-52328738
邮箱：2355842968@ qq. com
网址：www. hnhxdz. com

简介：华鑫公司位于风景秀丽的湘江河畔、伟人毛泽东的故乡——湘潭市，是一家集电源产品研发、生产、销售于一体的科技实体公司，拥有一支专业、资深的研发团队和管理队伍。公司旗下产品有“开关电源”“电源适配器”两大类别。产品广泛应用于工业自动化，LED 照明、显示、城市亮化及通信、医疗、矿山等领域。

公司拥有高标准的现代化生产设备设施，先后通过 ISO 9001—2008 国家质量体系认证、国家强制 CCC 质量认证、欧盟国际 CE、韩国 KC 质量认证，并于 2008 年正式吸纳为中国电源学会会员单位。

公司自成立就确立“诚信开拓市场、品质巩固市场、服务决胜市场”的经营方针，和诚信、敬业、创新、卓越的企业精神。不断进取，以高度严谨的敬业态度，致力于成为全球最大的电源供应商。

376. 湖南汇鑫电力成套设备有限公司

地址：湖南省长沙市天心区劳动西路 289 号嘉盛国际广场 2503
邮编：410000
电话：18073115287
邮箱：huixinele@ 163. com
网址：www. hnhxe. com

简介：公司以研发和生产特种电源为主，目前主要产品有 40kHz 中频系列产品，产品主要面向半导体、真空镀膜、等离子清洗及光伏等行业以及电源配套的自动化设备。

377. 湖南科瑞变流电气股份有限公司

KORI 科瑞变流

地址：湖南省株洲市天元区株洲（国家）高新技术开发区黑龙江路 629 号
邮编：412007
电话：0731-28891155
传真：0731-28895831
邮箱：dsq@ kori. cn
网址：www. kori. cn
简介：公司专注于大功率半导体变流设备的研发、设计、制造与服务，是集科研、生产、国际贸易为一体的高端装备制造与服务的科技型企业。已逐步发展为国内整流行业最具规模、技术力量最强的企业之一，也是少数几家具备超大功率整流器制造能力的骨干企业之一。

公司率先通过了欧盟 CE、俄罗斯 GOST、武器装备、ISO 国际质量、环境、职业健康安全等质量管理体系认证。现有厂房建筑面积 2.5 万平方米，固定资产 1.2 亿元，员工 200 余人，集中了众多长期从事大功率半导体变流器、电力及电气自动化工程的优秀科技人才，并有一支由教授、高级工程师带队组成的研发、设计团队。系国家高新技术企业和国家软件企业，拥有完全自主知识产权的核心技术。获各项专利 112 项，软件著作权 39 项，荣获省市科技进步奖 3 项，省级科技成果 1 项，并承担了国家火炬计划项目和国家重点新产品的研制开发。

产品广泛应用于国内外冶金、化工、造纸、电力、交通、石油、矿山、能源、军工、科研等行业，远销五大洲 30 多个国家及地区。各项技术指标均居于国际先进水平，以出众的品质和优良的服务深得用户的信赖和赞誉，向全球提供最优性价比的工业变流装置主要制造商之一。

天　津　市

378. 安晟通（天津）高压电源科技有限公司

地址：天津市东丽区华明大道 20 号五楼
邮编：300000
电话：022-58714976
传真：022-58714976
邮箱：tianjinanshengtong@ 163. com
网址：www. anshengtong. cn
简介：安晟通（天津）高压电源科技有限公司坐落于天津市北方创业园，公司长期致力于高压电源研发、设计，生产工作，产品涉及稳压电源、恒流电源、脉冲电源、专用特种电源等各类军、民两用电源及相关产品，在现有的产品中有多项产品局国内外领先地位，应用领域覆盖军工、航空、航天、兵器、机载、雷达、船舶、通信、科研及仪器仪表、工业控制等众多领域。主要产品有充放电类高压电源、静电纺织设备高压电源、静电喷涂电源、X 射线电源、低压系统供电模块、臭氧高压电源、X 光管高压电源、高压点火电源、电子枪高压电源、等离子高压电源、高精密度模块电源。我们长期与国内多个高校建立横向竖向联合，拥有一支活力四射积极向上并富有创新精神的专业技术团队，为公司的技术研发提供了保证。

公司注册资金 300 万元，企业奉行“以顾客为关注焦点，并根据客户要求量体裁衣”，研制各种高低压电源。“科技领先，优质服务，遵信守约”是公司的企业理念。

公司遵循以人为本、以客户为中心、以市场为导向、以创新为手段的经营思想，依托于科技，以先进、科学、严谨、务实的管理为基础，以规范化、标准化、合理化、高效率为原则、努力建造现代企业制度，力求早日跻身世界先进科技企业的行列。

379. 东文高压电源（天津）股份有限公司

地址：天津市河西区洞庭路 24 号 C 座
邮编：300220
电话：022-24311533
传真：022-24311533
邮箱：sales@ tjindw. com
网址：www. tjindw. com
简介：东文高压电源（天津）股份有限公司，是国家级高新技术企业，坐落于天津市河西区洞庭路 24 号 C 座，占地 4000 多平方米，注册资金 1000 万元，在职员工百余人。公司创办于 1998 年，以高压电源为核心产业，研发生产近千余种军、民两用高压电源。公司产品主要应用于惯性导航、雷达通信、电子对抗、等离子推进及变轨、电磁脉冲、声呐、核探测、激光测距、超声探伤、高端医疗分析和高端精密分析仪器，应用领域覆盖航空、航天、船舶、兵器、仪器仪表、通信、工业控制等领域。

公司已取得军工科研生产的全部四个资质。迄今为止共申请专利 140 余项，已获授权专利 120 余项，其中发明专利 40 余项，并且有多项产品在国家科技部及天津市立项，获得资金支持 。

380. 天津奥林佰斯特自动化技术有限公司

地址：天津市津南区双港镇恒泽产业园 1-2-101（恒生科技园南门）
邮编：300350
电话：022-88231457

传真： 022-88245175

邮箱： aolinbst508@ 126. com

网址： www. albst. cn

简介： 天津奥林佰斯特自动化技术有限公司成立于 2008 年，一直以来，公司以“至信至诚，至高至远”为经营理念，以“急客户所急，想客户所想，客户需求，我们的动力”为服务目标。客户涉及行业汽车，化工，医药、机器人装配等众多行业。

公司代理韩国 FINE SUNTRONIX 电源产品，并建立常规品现货库存。FINE SUNTRONIX 专门生产高可信性、高效率通讯用、产业用开关电源的企业。FINESUNTRONIX 生产 AC-DC 开关电源，DC-DC 电源模块，等 600 余种标准（Standard）开关电源、满足客户要求的各种定制规格（Customized Specification）开关电源等 1000 余种开关电源，以及 Solid State Relay、Noise Filter 等电力电子配件。FINE SUNTRONIX 引进了适合多品种少量生产和变品种变量生产的模块方式（Cell type）生产系统，能够灵活应对客户。FINE SUNTRONIX 所生产的标准产品有长达 5 年质保的产品。

2020 年公司将一如既往地为广大客户提供贴心的服务，让我们共同努力，一起创造美好明天！

381. 天津科华士电源科技有限公司

KEHUASHI

地址： 天津市武清区京滨睿城 10 号楼 1103 室

邮编： 301712

电话： 18920030579

传真： 022-22291354

邮箱： kehuashi@ aliyun. com

网址： www. kehuashi. com

简介： 天津科华士电源科技有限公司（以下简称科华士）是智慧城市、云计算、智能微电网工程、大数据系统解决方案供应商和绿色能源供应商。公司专业致力于 UPS 不间断电源、EPS 应急电源、通信电源、电力一体化电源、逆变电 源、工业节能及电能质量控制系统、微模块一体化机房、机房精密空 调、智能微电网、光数据传输、数据交换、嵌入式软件等高科技产品的研发、销售及售后服务一体的高新技术企业。

科华士长期致力开展科技创新平台建设，与全国多所高校建立起长期战略合作关系，先后成立不间断电源和光伏逆变器工程技术研究中心、通信设备研究中心。已拥有发明专利和实用新型专利及软件著作权，构筑起科华士在业界较强的技术优势、人才优势、品牌优势和其他综合资源优势。

面向未来，科华士将坚定秉承：“责任、诚信、创新、进取”的企业核心价值观和发展理念，持续强化科技创新和自主品牌的建设力度，努力把“科华士”打造成世界知名品牌。

382. 天津市华明合兴机电设备有限公司

地址： 天津市东丽区华明镇南坨工业园区

邮编： 300300

电话： 022-84901298

传真： 022-84900608

邮箱： tjhmhx@ 126. com

网址： www. tjhmhx. com

简介： 天津市华明合兴机电设备有限公司坐落于天津华明高新区，毗邻天津滨海国际机场。公司紧紧抓住国家电力事业建设飞速发展的契机，依靠科技力量，研发生产与低压电器配套相关的高端产品，在国内同行业中居于领先水平，受到用户的广泛赞誉，被称为“低压电器制造专家”。

天津市华明合兴机电设备有限公司成立于 1997 年，占地面积 14000 平方米，建筑面积 7600 平方米，现有员工 150 余人，其中工程技术人员 35 人。公司成立以来，已形成具有自主知识产权的核心技术，顺利通过 ISO 9001 国际质量体系的认证。公司主要产品有：电源自动转换开关、电涌保护器、微型断路器、塑壳断路器、电弧保护断路器、自复式过欠压保护器、控制与保护开关电器、应急电源、电气火灾监控产品、低压电器成套等系列产品，广泛应用于军事基地、重点工业、公安消防、高层楼宇、公益设施等相关行业。产品畅销东北、华北、西北、中南地区和津京两市，销售网络覆盖国内 20 多个省市自治区。

383. 天津市鲲鹏电子有限公司

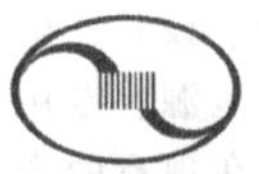

地址： 天津市静海县静海经济开发区金海道 18 号

邮编： 301600

电话： 022-68687673

传真： 022-68680568

邮箱： kunpeng_vip@ 126. com

网址： www. tj-kp. cn

简介： 天津市鲲鹏电子有限公司创建于 1984 年，厂区面积 23000 余平方米，建筑面积 18000 余平方米，毗邻京沪高速，环境优美，交通便利。

公司现有资深设计人员 14 人，其中高级人才 6 名。具有国内、国外同行业先进生产设备 100 余台套，其中电脑自动绕线机 28 台，R 型绕线机 6 台，大型自动箔式绕线设备 5 套，真空浸漆流水线 2 条，全自动真空环氧浇注设备、干燥设备 2 套及与生产配套机械冲压设备 18 台套，各种检测仪器 55 台套。

公司主要产品有 EPS、UPS、变频电源、专用单相、三相变压器、电抗器，其中 SB 三相隔离变压器最大可做到 25000kVA；单相、三相电源变压器、R 型变压器；环形变压器；单相、三相 C 型变压器；各种高频开关变压器和电感器。及按客户要求加工定制各种特殊变压器。

公司生产电力系统配电变压器已获得国家认证。生产SB10、S11、S13、S15等系列油浸变压器、干式变压器、非晶合金变压器和配套电抗器。功率30~25000kVA。在2012年国家质检总局的质量抽查中，产品质量全部达标，获得好评。

公司年产各类变压器、电源模块、稳压电源55万台套以上，铁路智能综合信号电源系统1200台套，产品行销全国。广泛应用于科研、电子、能源、交通、医疗、安防、家用电器、节能产品、光伏风能发电等领域。

企业通过ISO 9000：2008质量管理体系认证和ISO 14000环境管理体系认证。产品通过CQC认证和CE认证。及国家大型企业优秀供应商认证。

2011年公司获得科技型企业称号，2013年、2016年、2019年获得国家高新技术企业称号承接国家科技研发项目，已获得专利19项其中发明专利3项。多次为国家重点工程和出口项目配套，在国内同行业中居领先地位。

鲲鹏人愿与您携手共进，创造美好未来！

384. 中色（天津）特种材料有限公司

地址：天津市西青区中北镇汽车工业园区紫光路86号

邮编：300393

电话：022-87181874

传真：022-87181803

邮箱：cnmctjjs@163.com

网址：http：//tjzs.cnmc.com.cn

简介：中色（天津）特种材料有限公司是隶属于中国有色矿业集团有限公司的全资子公司。公司坐落于中国有色集团天津新材料产业园内，占地17万m^2，年设计产能5.5万吨。形成了以特种有色金属新材料生产加工和技术研发相结合的大型有色金属加工企业。

公司配备有国内先进的铝挤压、铝熔铸、铝深加工及铜加工设备及国际先进的产品理化检测和分析设备，具有国内一流的有色金属新材料研发中心和产品质量理化检测中心，得到多家世界500强企业的技术认证，产品达到国际先进水平。

公司主要产品包括高精度铝合金工业型材及深加工产品，高精度无氧铜深加工产品，特种稀贵金属深加工制品等。项目建成后将形成国内一流的铝合金散热器系列产品、新型电动汽车用高精度铝合金电机壳系列产品、高速列车用铝合金车体材料系列产品、铝合金工业型材系列产品、移动通信直放站特种箱体材料、电动汽车充电新型箱体散热器、特种铝合金齿轮泵体材料、新型LED照明设备散热器；风力发电设备及电力电子设备用的高精度无氧铜母线加工系列产品、高强度黄铜线产品与铜基合金、铜合金焊材系列产品；以及石油化工设备用镍及镍合金材料，新型电池和激光设备专用特种材料等。

河　北　省

385. 北京华信康源电气有限公司

地址：河北省廊坊市固安县北开发区卫星导航港H4-1-3

邮编：065599

电话：010-61240513

传真：010-61240513

邮箱：hxkysales@163.com

网址：www.wellelect.com

简介：北京华信康源电气有限公司，拥有先进的技术、优秀的研发团队和多年的经验，专注于研发、销售高频开关电源和工控系统。产品涵盖电镀电源、电力电源、通信电源、大功率和特大功率电源等诸多类型。子公司映河（廊坊）科技有限公司秉承华信康源之先进技术和多年经验，将高效的制作工艺、严格的标准和科学的管理理念付诸于高频开关电源的研发和生产中；以工匠之精神打造更加优质的产品。

公司始终坚持“创新、诚信、高效”的公司经营理念，在平等互利、诚实互信的基础上不断满足客户需求，提供先进可靠的产品和优质的服务。产品已广泛应用于航空航天、电力、通信系统、PCB电镀、半导体电镀和五金电镀等诸多领域，部分产品已出口马来西亚、新加坡和俄罗斯等国家，受到客户一致好评；

华信康源将以积极的行动、热忱的服务和负责任的态度，期待与您的合作！

386. 盾石磁能科技有限责任公司

地址：河北省石家庄市桥西区西三环西岭集团大院

邮编：050000

电话：13383156950

邮箱：qiuzhiqiang@dscnkj.com

网址：www.dscnkj.com

简介：盾石磁能科技有限责任公司成立于2014年，公司收购源于欧洲最大铀浓缩公司URENCO的飞轮技术公司KT-Si，将世界领先的碳纤维复合材料高速飞轮技术引入国内，具有完全自主知识产权，并实现国产化。公司是国家高新技术企业，在国内建有完备的产品研发、生产制造及测试平台以及成熟的技术团队，是全球唯一商业化生产大功率、快充放、碳纤维复合材料高速飞轮的企业。

2017年，GTR飞轮储能系统获得国家铁路产品质量监督检测中心、中国电力科学院电力工业电力设备及仪表质量检验测试中心权威检测认证。2018 年，GTR 飞轮列入河北省重大技术装备首台套目录。2018 年，产品通过 ISO 9001 质量管理体系认证。2019 年，公司通过 GB/T 29490—2013 知识产权管理体系认证。2019 年，公司“GTR 飞轮储能装置在城市轨道交通应用”项目通过工信部评价，认为技术处于国际先进水平。

盾石磁能科技公司在飞轮技术平台的基础上研发的 GTR 飞轮储能系统、ORC 超低温余热发电系统、磁悬浮离心式鼓风机，三大高端系列产品将广泛应用于先进轨道交通、电力装备、新材料、节能环保、高端装备等行业。

387. 固安县一造电路技术有限公司

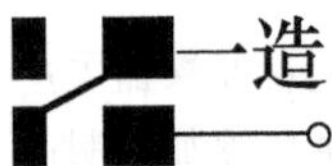

地址：河北省廊坊市固安工业园南区

邮编：065500

邮箱：yexin@ yzsmt. cn

网址：www. yzsmt. cn

简介：固安县一造电路技术有限公司是一家致力于提供从 PCB 制造，原材料采购到表面贴装电子产品一站式制造服务的高新技术企业。37 年的制造经验是产品质量的有力保证，一造电路在同行业中率先提出十年包换的承诺。公司目前拥有七大生产基地，分别位于深圳宝安、廊坊固安、廊坊永清、山东青岛、山东滨州、湖南常德以及湖南益阳。在不断发展壮大线下业务的前提下，公司于 2021 年全面开启网上报价下单系统 www. yzsmt. cn，为客户提供更加方便快捷超高性价比的业务模式。

作为两大主营业务的 PCB 制造及 PCBA 加工均通过了 ISO 9001 及 IATF 16949 质量管理体系，ISO 14001 环境管理体系，OSH 18001 职业健康安全管理体系，其中 PCBA 加工还通过了 GJB 9001C 军工认证。

388. 河北汇能欣源电子技术有限公司

地址：河北省石家庄市鹿泉经济开发区御园路 99 号光谷科技园区 B1 栋

邮编：050051

电话：0311-67361830

传真：0311-67368590

邮箱：hnxy04@ 163. com

网址：www. xypower. net

简介：河北汇能欣源电子技术有限公司于 2004 年 8 月注册成立，是一家拥有着以享受国家津贴的电源专家为代表的科研队伍，以国家级产品可靠实验室为依托，以军用特种高频电源为核心产品的研发、生产、销售、服务为一体的高新技术企业。

公司先后取得及荣获河北省高新技术企业、河北省软件企业、河北省军民融和型企业、质量管理体系认证、武器装备生产三级保密资格单位认证、A 类装备承制单位资格认证，并编入《中国人民解放军装备承制单位名录》。

公司结合多项核心成熟知识产权并引进国内外先进技术，开发生产了多个系列、百余种型号的电源产品，其具有功率密度高、可靠性高、转换效率高、稳压范围宽、抗震性强等特点。广泛配套使用于雷达、航空管制、电子对抗、加速器等军用设备，用户遍及电子、航空航天、船舶、整机工厂等企业和科研机构。

依托可靠技术发展至今，公司产品已成为军工开关电源领域内最强的生产企业之一。公司将继续秉承专业、敬业、务实、创新的发展理念，以技术创新、产品研制、人才培育等市场竞争优势和丰厚的技术力量，不断地为国防发展、社会稳定和企业建设提供更加强有力的技术支持和人才保障。

389. 河北远大电子有限公司

地址：河北省沧州市沧县薛官屯工业园区

邮编：061037

电话：0317-4881666

传真：0317-4889185

邮箱：ydgs8@ 163. com

网址：www. czyuanda. com

简介：河北远大电子有限公司始建于 1996 年，位于河北省沧州市薛官屯乡工业园区，是生产各种非标准电源、电子变压器、电源变压器、煤矿防爆变压器、变频变压器、电抗器、交流电源、交流稳压电源的专业公司。厂区面积 23300 平方米，厂房建筑面积 16800 平方米，有 7 个车间和 1 个研发中心。

公司拥有变压器、电源专业人才，员工 130 人，其中研发人员 18 人，技术人员 20 人，销售人员 8 人，拥有先进的设备和雄厚的技术力量。以及遍及山东、山西、河南、河北、北京、上海、陕西、东北三省等十几个省市的销售网络，煤矿防爆变压器已占到全国市场 65%的份额。

公司荣获纳税功臣称号；获得河北省科技型中小企业称号。并于 2002 年获得了 ISO 9001：2000 质量管理体系认证，2009 年获得了 CE 产品质量认证，公司生产的电源变压器、牵引变压器、控制变压器、高压限流变压器、变频变压器、煤矿防爆变压器、电抗器等产品，随机销往美国、日本、中东等地，并获得了广泛认可和赞誉。创造 100%高可靠、高品质产品是远大公司的质量方针。

公司广交各界朋友，竭诚为客户服务，为客户加工定制特殊产品。公司正在进行的技术开发的新产品主要有三大项：①SH15 系列非晶合金铁芯电力变压器；②SHM 系列全密封电力变压器；③干式电力变压器。其空载损耗比普通变压器的降低约 70%，节能效果十分显著。干式电力变压器也获得了广泛的应用，既环保又安全。该项目 2014 年 1 月份正式投产。

我们与客户共同努力，创造一个实现双赢的美好合作环境！

390. 唐山尚新融大电子产品有限公司

地址： 河北省唐山市滦南县职业教育中心实训基地

邮编： 063500

电话： 0315-4166302

传真： 0315-4166301

邮箱： creativemix@ 126. com

网址： www. creativemix. cn

简介： 唐山尚新融大电子有限公司，创立于 2008 年 4 月。公司分为电力电子事业部、军品及标准事业部、定制批产事业部；三大事业部。尚新融大致力于为军用电源电路、UPS、智能电网、轨道交通、光伏并网逆变器、通信电源提供磁性元器件系统化解决方案。是国内少数同时具备金属磁粉心、非晶纳米晶磁心、平面变压器、电感器、MIL-STD-1553B 总线变压器、平面磁集成滤波器，研制、生产力的综合性科技企业。已通过 ISO 9001 及 GJB 9001B—2009 国军标质量体系认证，通过武器装备制造单位三级保密认证。公司依托磁电结合核心竞争力，为广大客户提供感性器件解决方案！

福　建　省

391. 福州福光电子有限公司

地址： 福建省福州市马尾区马江路 18 号 M9511 工业园 4# 楼五层东侧（自贸试验区内）

邮编： 350000

电话： 0591-83305858

传真： 0591-83375868

邮箱： compangy@ fuguang. com

网址： www. fuguang. com

简介： 福州福光电子有限公司成立于 1993 年，逐步由单一的商贸企业，发展成为专注于仪器仪表的研发、制造、生产、销售，并提供全套测试维护解决方案的高科技企业。产品涉及电源维护、线路线缆、通信网络等工业测试设备领域，销售服务网络覆盖全国各省份和地市，客户遍及移动、电信、联通、电力、铁路、石化、广电、部队及各企业专网等，目前公司注册资金 3600 万元，年仪表销售额近 2 亿元。福光品牌更远销美国、俄罗斯、意大利、西班牙、加拿大、泰国、马来西亚等全球三十多个国家和地区。

392. 凯茂半导体（厦门）有限公司

KALMO 凯茂半导体(厦门)有限公司
KAIMAO SEMICONDUCTOR (XIAMEN) CO.,LTD.

地址： 福建省厦门市海沧区海沧大道 567 号厦门中心大厦 W 座 17 层

邮编： 361026

电话： 0592-6885116

邮箱： sale01@ znwdz. com

网址： www. kalmo. com. cn/

简介： 凯茂半导体（厦门）有限公司，是一家集产品研发、应用方案、定向开发等服务为一体的半导体功率器件综合服务商，面向国内消费及工业电子市场，以功率器件为核心，主导产品为高中低压平面 MOS 管、超结功率 MOS 管、IGBT 单管、Trench FS 型 IGBT、功率模块及碳化硅系列产品等。产品广泛应用于汽车电子、电机驱动、家用电器、LED 照明、开关电源、安防通信、电焊机、变频器、逆变器、工缝、新能源等各市场领域。

393. 厦门恒昌综能自动化有限公司

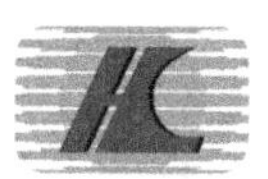

地址： 福建省厦门市集美区汽车工业城（三期）灌口南路 598 号

邮编： 361023

电话： 0592-6368300

传真： 0592-6368308

邮箱： liping-feng@ hcxec. com

网址： www. hcxec. com

简介： 厦门恒昌综能自动化有限公司在原厦门兴厦控恒昌自动化有限公司基础上重新组建而成，是一家致力于为实现“碳达峰、碳中和”目标而提供综合能源集成服务的公司，尤其在直流系统集成、绿色能源微网解决方案、电力系统配网自动化、综合能源系统集成等方面研发、生产、销售和服务的高新技术企业。公司汇聚了各类专业人才，吸收消化国内外先进技术，将专注于在智能电网、储能建设、节能减排等绿色能源建设方面提供更先进、更环保、更可靠完善的全套智能及数字化解决方案。

自公司成立以来，致力于持续自主研发创新，先后开发了拥有自主知识产权，并获得多项国家专利的各类产品，如户外柱上智能断路器、户外智能分界负荷开关；智能交直流一体化电源系统、直流锂电解决方案、新型插框式直流电源屏、小微分布式电源装置、基于总线布置方案的电动机保护装置等。目前广泛应用在各类发电厂、冶金、石化和矿山、国家电网、南方电网、云数据中心、半导体行业、轨道交通、通信行业、城镇建设等各类领域。公司严格按照 ISO 9001 质量管理体系、ISO 14000 环境管理体系及 ISO 45001 职业健康体系要求运作，良好的企业信誉、产品质量和售后服务深得用户信赖，赢得了许多中外客商的好评。

厦门恒昌综能自动化有限公司将秉承“科技创新，顾客满意”的理念，以新技术、高质量的产品和服务为客户创造价值。

394. 中航太克（厦门）电力技术股份有限公司

地址： 福建省厦门市海沧区新乐路 26 号
邮编： 361022
电话： 0592-2999668
传真： 0592-2999669
邮箱： sale@ avic-tech. com. cn
网址： www. avic-tech. com. cn/

简介： 中航太克（厦门）电力技术股份有限公司（以下简称中航太克）始创于 2002 年，是一家专注于工业电源研发、生产、销售和服务的国家高新技术企业，是国内率先同时获得国家核安全局颁发的民用核安全电源设备设计许可证和制造许可证的国产 UPS 制造商，是国内较早生产工业型 UPS、电力 UPS 及新一代绿色工业 UPS 的企业，是国内率先为核电站提供国产 UPS 的企业，深耕工业电源领域十多年，专业向全球客户提供专业可靠的电源解决方案。

中航太克主营产品有 AVR 系列动态电压恢复器、工业 UPS、锂电池储能系统、交直流电源成套设备、逆变器、稳压电源等设备及相关配套产品，广泛应用于核电、电力、石油石化、轨道交通、工业制造、数据中心、化工、海洋工程、医院卫生等领域。

广西壮族自治区

395. 广西吉光电子科技有限公司

JICON
吉光电子 | ELECTRONICS TECHNOLOGY

地址： 广西壮族自治区贺州市平安东路
邮编： 542899
电话： 0774-5132000
传真： 0774-5132111
邮箱： jiconoffice@ jicon. net
网址： www. jicon. net

简介： 广西吉光电子科技有限公司通过 ISO 9001 质量管理体系、ISO 14001 环境管理体系和 GB/T 29490—2013 企业知识产权管理规范认证的高新技术企业、国家知识产权优势企业和自治区企业技术中心，注册资本金 1.25 亿元。

公司一直致力于铝电解电容器的研发、生产和销售，产品覆盖全系列引线式、焊针式和螺栓式铝电解电容器，产品各项性能指标稳定可靠，质量水平居于国内领先地位，部分产品达到国际先进水平，广泛应用于工业变频器、通信电源、UPS 电源、工业焊机、家用电器、电子消费品、汽车电子、风能和太阳能等领域。经过 30 多年的发展，公司拥有注册商标 2 个，软件著作权 1 件，共申报专利 40 件（发明专利 12 件，实用新型 28 件）。

公司将始终坚持“专业、创新、健康、价值”的企业精神和“为顾客创造价值”的经营理念，把“创一流品牌，建一流公司”作为企业的发展目标，力争把公司打造成为技术、产品和服务输出的一流品牌和一流公司。

396. 广西科技大学

地址： 广西壮族自治区柳州市城中区东环大道 268 号
邮编： 545006
电话： 0772-2685979
传真： 0772-2687698
邮箱： zhxh76@ 126. com
网址： www. gxust. edu. cn

简介： 广西科技大学是一所以工为主，专业涵盖工、管、理、医、经、文、法、艺术、教育等 9 大学科门类，直属广西壮族自治区政府管理的普通高等学校。学校坐落在南中国古人类“柳江人”的发祥地、广西工业支柱和广西第二大城市——柳州市。学校现有东环、柳石和柳东 3 个校区，占地面积近 4000 亩；设 16 个二级学院，1 个学部，19 个研究所（中心），2 个直属附属医院，81 个本专科专业；现有教职工 1800 多人，全日制在校学生 29000 余人。学校现有硕士学位授权一级学科 9 个，二级学科 1 个，7 个硕士专业学位授权点，3 个博士学位授予权立项建设学科。

中国电源学会团体会员单位，主要依托电气与信息工程学院（简称“电气学院”），电气学院具有良好的师资队伍，现有教授 19 人，副教授 38 人；具有博士学位 20 余人，在读博士的教师 10 余人。现有“控制科学与工程”一级学科硕士点和“控制工程”专业学位硕士点，开设电气工程及其自动化、自动化、测控技术与仪器、轨道交通信号与控制、机器人工程等 7 个本科专业，现有在校全日制本科生 1800 多名，全日制硕士研究生 120 多名。建有教育部工程研究中心 1 个，广西区重点实验室 1 个，广西高校重点实验室 1 个等科研平台。

397. 桂林斯壮微电子有限责任公司

地址： 广西壮族自治区桂林市国家高新区信息产业园 D-8 号
邮编： 541004
电话： 0773-5858088　5852696　5825199　5852939
传真： 0773-5855299　2183788
邮箱： gsme@ gsme. com. cn; sales@ gsme. com. cn
网址： www. gsme. com. cn

简介： 桂林斯壮微电子有限责任公司以设计、开发、生产各种高性能半导体功率器件为主营业务，目前主要产品有低导通电阻和低栅电荷密度的功率场效应晶体管（Low Rdson、LowQg MOSFET）及低导通电压的肖特基二极管（LowVF）、开关二极管、稳压二极管等桂微牌产品，产品广泛应用于开关电源适配器 UPS、逆变器变频器、移动通信基站、智能家居产品、物联网硬件产品、汽车电子产品、安防系统、智能手机及其附属产品、计算机及其附属产品、小型视听多媒体终端产品等消费类电子信息产品、家用电器、工业自动化控制设备等。

"桂微牌"产品不断提高专业水平，为客户提供高性能和低成本的优质产品，推行"精益求精、卓越品质、客户满意"的品质政策，努力成为客户必备的优质供应链伙伴。

河　南　省

398. 洛阳隆盛科技有限责任公司

隆盛科技 ROSEN ROSEN TECHNOLOGY

地址： 河南省洛阳市西工区凯旋西路 25 号
邮编： 471009
电话： 400-0379-613
传真： 0379-63917137
邮箱： rosen. rosen@ 163. com
网址： www. rosen-tech. com

简介： 洛阳隆盛科技有限责任公司成立于 1996 年 4 月，位于驰名中外的十三朝古都——洛阳，是中国航空工业集团公司洛阳电光设备研究所下属的一家全资子公司。公司成立 20 多年来，专注于设计和制造高效率、高可靠性的电源产品，已经形成了定制电源、模块电源、标准电源、系统电源和 DC-DC 转换器五大电源专业方向，成为国内军品电源领域颇具影响的综合性电源企业。

公司现有员工 330 余人，配套完善的研发、生产、调测以及环境试验中心，总面积约 8000 平方米，年生产能力达近万台套。公司作为河南省的高新技术企业，具备全套的军工产品生产与服务资质。目前已拥有应用于航天、航空、兵器、船舶、雷达、机车、通信等多个领域 10 余种各具优势和特色的系列产品，并持续为 510 多家用户以及多项国家重点工程提供数万台套电源产品，受到军方和用户的一致好评。

"怀凌云之志，铸稳定之源"，隆盛人秉承"用军工技术打造优质电源，以可靠质量赢得用户信赖"的理念，依托成熟的航空技术和多年的电源研发经验，不断努力开拓和超越自我，竭诚为每一位客户提供优质的产品和真诚的服务。

399. 郑州泰普科技有限公司

TOUP泰普®

地址： 河南省郑州市管城回族区郑汴路 39 号 16 号楼 27 层 2709 号
邮编： 450000
电话： 0371-66365172
邮箱： zztpkj@ 163. com
网址： www. hntoup. com

简介： 郑州泰普科技有限公司成立于 2011 年，注册资金 5000 万元，是依托河南省电子规划研究院成立的高新技术企业。公司是中国电器工业协会会员单位、河南省专精特新企业、河南省科技型中小企业、河南省虚拟化专用智能仪器仪表工程中心的发起单位。旗下电动机综合保护装置、多功能测控仪表、无线测温系统、智能防晃电系统、无功补偿装置、有源滤波装置等系列产品在化工、石油、冶金、电力、水泥、市政设施等复杂工业领域广泛应用，为各企业电气设备安全运行奉献一份力量。公司产品在中国石化、葛洲坝集团、大唐电力、中国五矿集团、晋煤集团、中国平煤神马集团、内蒙古包钢集团、山东万达石化、山东清源石化、山东京博石化、山西焦煤集团、湖北三宁化工集团、湖北华强化工集团、河南能源化工集团、江苏新海石化、陕西凯越煤化等大型企业客户中使用。

公司秉承"以真诚的心做人，以感恩的心做事"的企业精神，不断提升，不懈创新，以雄厚的企业实力、卓越的生产研发能力、完善的售后服务，竭诚为广大客户提供安全、智能化的电力设备及配用电一站式的系统解决方案。

400. 中国空空导弹研究院

地址：河南省洛阳市西工区解放路 166 号
邮编：471099
电话：0379-63383147
传真：0379-63937441
邮箱：zhangguoqiang8386@ 163. com
简介：中国空空导弹研究院隶属于中国航空工业集团，坐落于古都洛阳，是国家专业从事空空导弹、发射装置、地面检测设备和机载光电设备及其派生型产品研制开发及批量生产的研究发展基地，是国家重点科研院所之一。研究领域覆盖导弹总体设计与制导、自动控制、无线电、红外、激光、微波、计算机、通信、精密机械、火箭发动机、信号处理、机械设计与制造等。

研究院其下属的伺服系统事业部致力于先进伺服系统、电源系统的研制开发，可为用户提供伺服系统、电源系统及相关测试系统的技术开发和产品研制服务，现有设计人员近百名，硕士及以上学历 70 余人，博士 5 人，高级职称 40 余人，专业覆盖机械结构、电力电子、软件工程、联合仿真与试验评估等技术领域，拥有各类设计开发工具及试验测试设备 500 余台套，在伺服系统、电源系统以及相关测试设备等方面具有雄厚的技术实力和广泛的合作意愿。经过 50 余年的发展，事业部在伺服系统、电源系统设计制造和测试评估领域积累了丰富的经验，并收获了丰硕的成果。先后承担了 20 余项国家重大科研装备项目伺服系统和电源系统的研制工作，获国家科学技术进步二等奖、国防科技技术进步一等奖多项，集团科技成果奖 20 余项，拥有专利 20 余项，主编了国军标及航标多项。

湖　北　省

401. 武汉武新电气科技股份有限公司

Woostar
武新电气

地址：湖北省武汉市黄陂区武湖工业园汉施公路立山路
邮编：430345
电话：13721073025
传真：027-82341251
邮箱：fsaagd@ 163. com
网址：www. woostar. cn
简介：武汉武新电气科技股份有限公司是专注电力电子变换与控制装备研发及应用的国家高新技术企业，成立于 1995 年，位于武汉“长江新城”核心区，占地 4 万余平方米。公司于 2015 年登录“新三板”（股票代码：832349）。

公司致力于为商业伙伴提供电能质量控制装备（SVG 静止无功发生器、APF 有源滤波、LBD 有源不平衡补偿、MEC 电能质量综合优化模块等）、微电网控制装备与系统（光伏发电与电动汽车充电系统）、智能配网成套电气设备及智慧能源管理云平台解决方案，用户遍及各地，在行业内享有较高声誉。

公司拥有 100 余人研发技术团队，先进的高、低压电力电子全载试验平台，立足自主创新，获得数十项专利及软件版权，并与清华大学、华中科大有着紧密的合作关系，是中国电源学会会员单位。武新电气坚持产品领先战略，先后获国家火炬计划项目、中央预算内电能质量产业化投资项目，获批省工程研究中心等五个省级研发平台、省著名商标等荣誉；产品通过了 3C 认证、CGC 认证、CQC 认证、零电压穿越及电网适应性等多项国内外产品认证及检验，并参与行业标准制定，力求持续领先。

公司坚持亲近客户的经营理念，提供基于赋能模式的快速响应和远程服务，持续为商业伙伴带来超值回报，以崭新形象与商业伙伴共谋发展。

402. 武汉新瑞科电气技术有限公司

地址：湖北省武汉市东湖新技术开发区财富一路 8 号
邮编：430205
电话：027-87166123
传真：027-87166933
邮箱：bob_wang@ 126. com
网址：www. newrock. com. cn
简介：武汉新瑞科电气技术有限公司成立于 2000 年，位于武汉市东湖开发区东二产业园内，是集研发、生产、销售为一体的高新技术企业。公司占地 13 亩，拥有现代化的生产厂房和专业的生产及检验设备，现有员工 70 余人，是中国电源学会会员单位，武汉电源学会秘书处挂靠单位，拥有 ISO 9001：2000 质量管理体系认证，是多家军工企业的合格分承制方。公司设有三个事业部：电子元器件事业部、特种变压器事业部及电源事业部。公司在温州、深圳等地设立办事处，并在香港成立子公司，服务遍及全球客户。

公司的电子元器件事业部一直致力于功率半导体及其配套的电力电子元器件的代理销售，包括 IGBT 模块、晶闸管、整流桥、LEM 传感器、台湾 SUNON 风扇、铃木电解电容等；特种变压器事业部长期为广大科研院所及电源设备厂家设计、生产多种特殊用途和特殊要求的变压器和电感产品；电源事业部主要生产特种用途的逆变电源、充电机等电源产品。

403. 武汉永力科技股份有限公司

地址： 湖北省武汉东湖新技术开发区流芳园南路 19 号永力产业园
邮编： 430223
电话： 027-87927990；87927991；87927992
传真： 027-87927916
邮箱： yl@ ylpower. com
网址： www. ylpower. com
简介： 武汉永力科技股份有限公司成立于 2000 年 9 月，位于武汉"中国光谷"，是一家专业从事电源技术的研究和应用的高新技术企业。公司拥有移相式全桥软开关变换技术、三相有源功率因数校正技术、大功率恒流并联均流技术、射频环境的抗干扰技术、计算机控制技术等多项核心技术及专利，可为客户量身定制 AC-DC、DC-DC、DC-AC 系列电源产品。

公司产品具有体积小、重量轻、效率高、可靠性强、绿色环保等显著特点，特别是大功率通信发射机电源、干扰发射机电源、雷达发射机电源、船舶压载水环保处理设备配套电源等产品，其电磁兼容性、抗干扰能力和环境适应性方面，多项指标优于国内同类产品，获得了用户的广泛好评，被重点应用于军队武器装备系统、重大国防科研项目及中央预算内投资项目。

公司是多家科研院所及企业的军用装备、民用设备配套物资合格供方。公司致力于将科技与应用工程完美结合，为客户提供最有竞争力的产品技术解决方案。

四　川　省

404. 成都顺通电气有限公司

地址： 四川省成都市龙泉驿区界牌工业园区
邮编： 610100
电话： 028-84854598
传真： 028-84859059
邮箱： cdstdq@ vip. 163. com
简介： 成都顺通电气有限公司坐落在国家级成都经济技术开发区内，是一家通过了 ISO 9001 质量管理体系认证，并专业致力于直流电源系统、低压成套开关设备、消防应急电源系统的研究、开发、生产和销售的高新技术企业。公司与电子科大、佛山大学等高校紧密长期合作，成立了"电子科大顺通电气技术研发中心"。现拥有了成熟的产品研发、生产组织、市场营销和服务的能力，并能根据顾客的要求提供个性化的成熟的产品解决方案。

公司自行研发的具有自主知识产权的消防应急电源系统已一次性通过了国家消防电子产品质量监督检验中心（沈阳）的型式检验，并取得了国家公安部消防评定中心（北京）颁发的产品型式认可证书；公司生产低压成套开关设备（SP 系列产品）已通过了中国质量认证中心的型式检验，并取得了中国国家强制性产品认证证书（CCC 产品认证）；公司生产的 GZDW 微机型高频开关直流电源系统也已一次性通过了国家继电器质量监督检验中心的型式检验，并取得了 GZDW 微机型高频开关直流电源系统产品型号使用证书及四川省经委颁发的产品鉴定证书及已取得国家知识产权局的专利证书，同时被艾默生网络能源有限公司认证为电力电源合作厂等，使顺通公司的电源产品具备了推向市场，服务社会的良好条件。

405. 成都光电传感技术研究所有限公司

地址： 四川省成都市高新区高朋东路 5 号 3 栋 E 座 2 楼
邮编： 610000
电话： 18980016207
传真： 028-85228570
邮箱： 21098934@ qq. com
网址： www. cdgdcgjs. com
简介： 成都光电传感技术研究所有限公司由中科院的高级技术科研人员组成，成立于 1992 年，2015 年由集体所有制企业，改制为股份制有限公司，注册资本 3000 万，地处成都市高新区科技工业园。公司历年来以高科技电力电子产品为主题，以军工、国防为服务目标，关注国际电力电子发展的新技术、新材料，着眼我国军工、航空、航天领域的应用与提高，先后为空军、海军、陆军、航天武器装备配套各型电力电子产品，遍布祖国大江南北，似哨兵坚守神州大地。多种型号产品随武器装备出口海外。

406. 四川英杰电气股份有限公司

地址： 四川省德阳市旌阳区金沙江西路 686 号
邮编： 618000
电话： 0838-6930000
传真： 0838-2900985
邮箱： injet@ injet. cn
网址： www. injet. cn
简介： 四川英杰电气股份有限公司成立于 1996 年，是一家专业的工业电源设计及制造企业，于 2020 年 2 月 13 日在深交所创业板上市（股票代码：300820），拥有蔚宇电气和英杰晨冉两家全资子公司。

公司是国家高新技术企业、国家知识产权优势企业、国家专精特新"小巨人"企业、四川省首批百家优秀民营企业、四川省守合同重信用企业，公司建立有省级企业技术中心、市级工程技术研究中心、市级院士专家工作站等科研平台。

20多年来，公司始终以自主研发、持续创新为核心，以“提供优质的创新产品和服务，为客户创造更大价值”为使命，专注于以功率控制电源、特种电源为代表的工业电源设备的设计制造，目前主要产品包括晶闸管功率控制器、编程直流电源、高频直流电源、感应加热电源、高压直流电源、单晶炉电源、多晶硅还原炉电源、有源电力滤波器等。产品广泛应用于石油、化工、冶金、机械、建材等传统行业以及光伏、核电、半导体、环保等新兴行业。

公司位于具有中国“西部鲁尔”之称的中国重大技术装备制造业基地、联合国清洁技术与再生能源装备制造业国际示范城市——四川省德阳市，公司占地80余亩。公司以技术创新为核心，以质量提升为突破，持续开展管理优化，提升公司综合实力和核心竞争力，为客户提供优质的产品和高效的服务，创“英杰”品牌，立志成为一流的设备制造商。

其 他

407. 大连芯冠科技有限公司

地址： 辽宁省大连市高新技术产业园区信达街57号工业产业设计园7号楼

邮编： 116023

电话： 0411-39056676

邮箱： xg@ xinguanchn. com

网址： www. xinguanchn. com

简介： 大连芯冠科技有限公司是一家由海外归国团队创立的半导体高新技术企业，2016年3月17日成立于大连高新区，注册资本8503万元。公司采用整合设计与制造（IDM）的商业模式，主要从事第三代半导体硅基氮化镓外延材料及电力电子器件的研发、设计、生产和销售，产品应用于电源管理、太阳能逆变器、电动汽车及工业马达驱动等领域。公司已建成首条6英寸硅基氮化镓外延及功率器件晶圆生产线。2019年3月，芯冠科技在国内率先推出符合产业化标准的650伏硅基氮化镓功率器件产品（通过1000小时HTRB可靠性测试），并正式投放市场。公司已与国内多家半导体功率器件及下游电源厂商展开深入合作，开发基于氮化镓器件的新一代各类电源产品，包括新能源汽车车载充电机、数据中心服务器电源和高端电机驱动等。

公司自成立以来得到了国家、省、市各级政府的认可和支持，包括第八批中国海创工程一等奖、2017年大连市科技人才创业支持计划、2017年辽宁省第十一批“百千万人才工程”、2018年第七届中国创新创业大赛先进制造行业总决赛优秀企业以及国际第三代半导体专业赛南部赛区第一名、2018年“兴辽英才计划”创新领军。

408. 航天长峰朝阳电源有限公司

4NIC® 朝阳电源

地址： 辽宁省朝阳市双塔区龙泉大街北段333A号

邮编： 122000

电话： 0421-2811440

传真： 0421-2828501

邮箱： htcydy@ 4nic. com. cn

网址： www. 4nic. com. cn

简介： 航天长峰朝阳电源有限公司是北京航天长峰股份有限公司（股票代码600855）的全资子公司，注册资本11760万元，公司位于辽宁省朝阳市双塔区龙泉大街北段333A号，厂区占地面积16万平方米，建筑面积约54000平方米。

航天长峰朝阳电源有限公司前身是朝阳市电源有限公司成立于1986年，是国内电源行业的专业科研生产企业，具有33年的电源设计和研制生产经验，公司为高新技术企业，拥有两个省级研发中心，即省科技厅批准组建的辽宁省企业工程技术研究中心及省经信委批准组建的企业技术中心，拥有多项自主知识产权支撑电源产品技术体系，以“4NIC朝阳电源”及”CASIC中国航天科工集团”为品牌，生产30多个系列上万余品种军民两用稳压电源，产品广泛应用于航空、航天、兵器、船舶、机载、弹载、雷达、机车、通信、工控及科研等领域，尤其在高可靠性的军工领域发挥着不可替代的作用，为国家的国防建设和经济建设做出了卓越贡献。

公司在国内主要城市设有30个办事处，实施“朝阳电源就在您身边”服务理念，奉行“以顾客为关注焦点，量体裁衣做电源”的经营战略，满足个性化需求。

409. 力高仪器有限公司

地址： 香港新界沙田火炭山尾街31-35号华乐工业中心二期E座5楼2室

电话： +852-27640603

邮箱： hong@ miko. com. cn

网址： www. miko-kings. com

简介： 力高仪器有限公司（以下简称力高），创建于1980年。力高是一家以香港及中国内地为基地的先进电子仪器代理公司。在过去岁月中，公司全力从事电子测试仪器销售行业。

公司应用范围广泛覆盖电讯、电源、数据通信、无线通信技术、音响及教育等各类市场。

410. 六和电子（江西）有限公司

地址：江西省宜春市经济技术开发区宜春大道 705 号
邮编：336000
电话：0795-3668860
传真：0795-3668383
邮箱：sales1@ nistronics. cn
网址：www. nistronics. cn
简介：六和电子（江西）有限公司于 2005 年正式运营投产，是专业生产有机薄膜电容器的国家高新技术企业，中国电子元件行业协会电容器分会有机专业委员会副会长单位。公司通过了 IATF 16949、ISO 9001 质量管理体系、ISO 14001 环境管理体系、ISO 45001 职业健康安全管理体系，多体系的有效结合提升企业的核心竞争力，为公司的发展打下夯实的基础。

公司集薄膜电容器和薄膜电容器用材料研发、生产、销售为一体，依托企业组建的“国家级检测中心”“薄膜电容器工程技术研究中心”和公司管理团队在电容器行业的资深经历，每年投入巨额资金研发新产品、新装备，取得了大量科研成果。目前公司有行业领先的自动化生产设备、设有镀膜、注塑、模具生产车间，及齐全、高精的检测设备，为产品的研发、检测及分析提供了强有力的支撑。公司拥有使得产品质量始终居于行业较高水平，深受客户信任。

公司保持每年五项以上技术专利的技术储备及两项以上新产品投放市场，产品小型化、耐高温、低噪音、双 85 性能处于行业的领先水平，2020 年公司研发的 125℃金属化聚丙烯薄膜抗干扰电容器（X2）、高稳定性（满足 PCT/双 85/强制阻燃要求）安规电容、全机贴表面安装回流焊电容在业内具有引领性，产品广泛运工业、汽车、充电桩、新能源、家电、电源、照明、音响、智能电表及高精度传感器等领域。

411. 勤发电子股份有限公司

地址：台湾省新北市汐止区大同路一段 239 号 11 楼，台湾
邮编：221
电话：+886-2-26478100
传真：+886-2-26478200
邮箱：helen@ chinfa. com
网址：www. chinfa. com
简介：勤发电子自 1985 年创立以来，是一家取得 ISO 9001、UL、TUV 认证的公司，在秉持着不断地创新思考、成为世界级全方位解决方案的翘楚、满足客户的需求及长期经营的理念。所有交换式电源供应器产品皆自行研发设计与生产，不论在技术研发、质量稳定度或降低成本上，以多年的经验来满足客户对于交换式电源供应器的各种要求，并追求更卓越效能的交换式电源供应器。

AC-DC power module：3～40W. AC-DC DIN Rail mountable power supply：5～960W. DC-DC DIN Rail mountable power supply：15～40W. AC-DC DIN Rail compact size power supply：120～480W. AC-DC enclosed power supply：20～150W. Battery charger：30W&60W. DC UPS controller：30A. Redundant module：10A&20A.

412. 山西艾德尔电气设备有限公司

地址：山西省长治市高新区太行北路 188 号
邮编：046000
电话：0355-2073733
邮箱：zhaowenjin@ ideal. onaliyun. com
网址：www. sxideal. com
简介：山西艾德尔电气设备成立于 2016 年，主要产品分两块，①PDM 的研发、设计、生产和销售；②三社 SIC MOSFET 的代理销售以及功率组建的设计和生产。

413. 陕西柯蓝电子有限公司

CRIANE 柯蓝电子

地址：陕西省西安市高新区草堂科技产业基地秦岭大道西 2 号科技企业加速器 11 号楼 3C
邮编：710075
电话：029-65659353
传真：029-65659354
邮箱：Luhuan@ xaguanggu. com
网址：www. criane. com
简介：陕西柯蓝电子有限公司成立于 2003 年 12 月，是一家专业从事通信测试维护系列设备的设计、开发、生产、销售、维修和技术服务的公司。公司注册资金 1000 万元。公司产品主要包括通信用蓄电池测试维护类仪表、光纤通信测试维护类仪器仪表、后备电源油机测试维护设备、集中化智能化的监测系统等，并具有完全自主产权。公司是一家拥有核心技术、前沿技术、管理正规、质量可靠、信誉良好的国内规模较大、品种较齐全的通信设备智能检测、信号传输、光缆测量设备行业的领先企业。公司对售出产品一律实行半年内包换新机，五年内免费维修，终身技术服务等服务政策。柯蓝电子产品已经在全国各电信运营商、电力系统、通信专网、石油煤炭、金融系统、交通系统、公安系统及大型工矿企业、全军各军区、各兵种等行业领域广泛应用。相信通过我们的创新和努力，将更好地为用户提供更优质的产品、先进的技术和全面的服务！

414. 天水七四九电子有限公司

地址：甘肃省天水市泰州区双桥路 14 号
邮编：741000
电话：0938-8631053
传真：0939-8214627
网址：www. ts749. cn
简介：天水七四九电子有限公司是由原天水永红器材厂改制重组的高新技术企业。公司前身国营永红器材厂 1969 年始建于甘肃省秦安县，1995 年整体搬迁至甘肃省天水市。公司占地面积 16675 平方米，总资产 1.15 亿元，拥有各种仪器仪表 768 台套。现有职工 306 人，专业技术人员 95 人。公司是国内最早研制生产集成电路的企业之一，主要产品有：单片集成电路 、混合集成电路、电源模块（包括厚膜化电源）三大类产品 600 多个品种，产品以其优良的品质广泛应用于航空、航天、兵器、船舶、电子、通信及自动化领域。曾为“长征系列”火箭、“风云”卫星、“嫦娥”探月工程、“神舟”号宇宙飞船等多个重点工程提供过高质量的产品，曾荣获“省优”“ 部优”及“国家重点新产品”称号。

415. 西安灵枫源电子科技有限公司

地址：陕西省西安市雁塔区雁翔路 99 号
邮编：710049
电话：13096923051
邮箱：znn@ xjtu. edu. cn
网址：www. hvpulse. cn
简介：西安灵枫源电子科技有限公司是一家专业研发和销售高压脉冲电源及放电装置的科技公司，其中，所开发的单极性方波正脉冲和负脉冲、以及双极性方波正负脉冲的全部参数，如脉冲的上升/下降沿、幅度、频率、占空比，输出脉冲数等全部可调，是一种性能独特的高压脉冲源。

公司技术背景为西安交通大学电子物理与器件教育部重点实验室，在各种特殊高压脉冲波形的控制和 MOSFET 器件驱动等方面有 20 余年的技术积累，为使多年的研究成果能够为更多的研究人员服务，在自用的若干技术基础上开发了系列脉冲源，欢迎选购和技术交流。

416. 中国科学院近代物理研究所

地址：甘肃省兰州市南昌路 509 号
邮编：730000
电话：0931-4969563
传真：0931-4969560
网址：www. impcas. ac. cn
简介：中国科学院近代物理研究所创建于 1957 年，以重离子核物理基础研究和相关领域的交叉研究为主要方向，相应发展加速器物理与技术及核技术。60 多年来，中科院近代物理研究所已成为国际上有较高知名度的中、低能重离子物理研究中心之一。与此同时，兰州重离子加速器（HIRFL）也发展成为我国规模最大、加速离子种类最多、能量最高的重离子研究装置，主要技术指标达到国际先进水平。

中国科学院近代物理研究所电源室负责兰州重离子加速器（HIRFL）励磁电源系统以及供配电系统的设计、运行、维护工作。60 多年来，近代物理研究所电源技术在大功率高稳定度直流稳流电源技术，大功率脉冲开关电源技术，以及特种电源技术方面形成自己鲜明的特色。研究所电源技术由直流输出发展到脉冲输出，由慢脉冲发展到快脉冲，由模拟控制发展到全数字控制，电源性能不断提高，满足了重离子加速器的发展需要。

会员企业按主要产品索引

通用开关电源（105）

1. 安晟通（天津）高压电源科技有限公司
2. 北京动力源科技股份有限公司
3. 北京航天星瑞电子科技有限公司
4. 北京华信康源电气有限公司
5. 北京汇众电源技术有限责任公司
6. 北京京仪椿树整流器有限责任公司
7. 北京铭电龙科技有限公司
8. 北京中天汇科电子技术有限责任公司
9. 长城电源技术有限公司
10. 常州市创联电源科技股份有限公司
11. 常州市武进红光无线电有限公司
12. 常州同惠电子股份有限公司
13. 成都光电传感技术研究所有限公司
14. 登钛电子技术（上海）有限公司
15. 东电化兰达（中国）电子有限公司
16. 东莞昂迪电子科技有限公司
17. 东莞铭普光磁股份有限公司
18. 东莞市必德电子科技有限公司
19. 佛山市汉毅电子技术有限公司
20. 佛山市南海赛威科技技术有限公司
21. 佛山市锐霸电子有限公司
22. 佛山市顺德区冠宇达电源有限公司
23. 固纬电子（苏州）有限公司
24. 广东金华达电子有限公司
25. 广东南方宏明电子科技股份有限公司
26. 广州金升阳科技有限公司
27. 广州科谷动力电气有限公司
28. 广州市昌菱电气有限公司
29. 广州旺马电子科技有限公司
30. 海湾电子（山东）有限公司
31. 杭州博睿电子科技有限公司
32. 杭州精日科技有限公司
33. 杭州铁城信息科技有限公司
34. 合肥华耀电子工业有限公司
35. 合肥通用电子技术研究所
36. 河北汇能欣源电子技术有限公司
37. 湖南晟和电源科技有限公司
38. 湖南华鑫电子科技有限公司
39. 湖南科瑞变流电气股份有限公司
40. 华东微电子技术研究所
41. 辉碧电子（东莞）有限公司广州分公司
42. 惠州三华工业有限公司
43. 惠州志顺电子实业有限公司
44. 立讯精密工业股份有限公司
45. 溧阳市华元电源设备厂
46. 罗德与施瓦茨（中国）科技有限公司
47. 明纬（广州）电子有限公司
48. 普尔世贸易（苏州）有限公司
49. 青岛海信日立空调系统有限公司
50. 全天自动化能源科技（东莞）有限公司
51. 赛尔康技术（深圳）有限公司
52. 上海申睿电气有限公司
53. 上海唯力科技有限公司
54. 上海维安半导体有限公司
55. 深圳华德电子有限公司
56. 深圳可立克科技股份有限公司
57. 深圳蓝信电气有限公司
58. 深圳麦格米特电气股份有限公司
59. 深圳欧陆通电子股份有限公司
60. 深圳青铜剑技术有限公司
61. 深圳盛世新能源科技有限公司
62. 深圳市柏瑞凯电子科技股份有限公司
63. 深圳市必易微电子股份有限公司
64. 深圳市航嘉驰源电气股份有限公司
65. 深圳市皓文电子有限公司
66. 深圳市金威源科技股份有限公司
67. 深圳市京泉华科技股份有限公司
68. 深圳市巨鼎电子有限公司
69. 深圳市库马克新技术股份有限公司
70. 深圳市力生美半导体股份有限公司
71. 深圳市洛仑兹技术有限公司
72. 深圳市普德新星电源技术有限公司
73. 深圳市瑞必达科技有限公司
74. 深圳市瑞晶实业有限公司
75. 深圳市威日科技有限公司
76. 深圳市新能力科技有限公司
77. 深圳市知用电子有限公司
78. 深圳市中电熊猫展盛科技有限公司
79. 深圳市卓越至高电子有限公司
80. 深圳威迈斯新能源股份有限公司
81. 深圳英飞源技术有限公司
82. 思瑞浦微电子科技（苏州）股份有限公司
83. 思源清能电气电子有限公司
84. 四川爱创科技有限公司
85. 四川英杰电气股份有限公司
86. 苏州东灿光电科技有限公司
87. 苏州量芯微半导体有限公司
88. 台达电子企业管理（上海）有限公司
89. 太仓电威光电有限公司
90. 天宝集团控股有限公司
91. 天津奥林佰斯特自动化技术有限公司
92. 天津市华明合兴机电设备有限公司
93. 威尔克通信实验室
94. 武汉永力科技股份有限公司
95. 协丰万佳科技（深圳）有限公司

96. 亚源科技股份有限公司
97. 张家港市电源设备厂
98. 浙江德力西电器有限公司
99. 浙江宏胜光电科技有限公司
100. 浙江嘉科电子有限公司
101. 浙江榆阳电子有限公司
102. 中山市景荣电子有限公司
103. 珠海市海威尔电器有限公司
104. 珠海泰坦科技股份有限公司
105. 珠海云充科技有限公司

UPS（74）

1. 艾普斯电源（苏州）有限公司
2. 安徽博微智能电气有限公司
3. 百纳德（扬州）电能系统股份有限公司
4. 北京动力源科技股份有限公司
5. 北京恒电电源设备有限公司
6. 北京韶光科技有限公司
7. 北京银星通达科技开发有限责任公司
8. 北京元十电子科技有限公司
9. 重庆荣凯川仪仪表有限公司
10. 登钛电子技术（上海）有限公司
11. 东莞市百稳电气有限公司
12. 盾石磁能科技有限责任公司
13. 佛山市力迅电子有限公司
14. 广东宝星新能科技有限公司
15. 广东创电科技有限公司
16. 广东志成冠军集团有限公司
17. 广州东芝白云菱机电力电子有限公司
18. 广州市昌菱电气有限公司
19. 广州市锦路电气设备有限公司
20. 杭州奥能电源设备有限公司
21. 杭州精日科技有限公司
22. 航天柏克（广东）科技有限公司
23. 航天长峰朝阳电源有限公司
24. 合肥海瑞弗机房设备有限公司
25. 合肥联信电源有限公司
26. 赫能（苏州）新能源科技有限公司
27. 弘乐集团有限公司
28. 鸿宝电源有限公司
29. 湖南东方万象科技有限公司
30. 湖南丰日电源电气股份有限公司
31. 华康泰克信息技术（北京）有限公司
32. 华为技术有限公司
33. 辉碧电子（东莞）有限公司广州分公司
34. 惠州志顺电子实业有限公司
35. 科华数据股份有限公司
36. 雷诺士（常州）电子有限公司
37. 理士国际技术有限公司
38. 立讯精密工业股份有限公司
39. 普尔世贸易（苏州）有限公司
40. 青岛乾程科技股份有限公司
41. 山东艾瑞得电气有限公司
42. 山东华天科技集团股份有限公司
43. 山顿电子有限公司
44. 山特电子（深圳）有限公司
45. 上海华翌电气有限公司
46. 深圳奥特迅电力设备股份有限公司
47. 深圳科士达科技股份有限公司
48. 深圳蓝信电气有限公司
49. 深圳市比亚迪锂电池有限公司
50. 深圳市捷益达电子有限公司
51. 深圳市京泉华科技股份有限公司
52. 深圳市商宇电子科技有限公司
53. 深圳市新能力科技有限公司
54. 深圳市英威腾电源有限公司
55. 深圳市振华微电子有限公司
56. 深圳市智胜新电子技术有限公司
57. 深圳市中电熊猫展盛科技有限公司
58. 深圳易通技术股份有限公司
59. 苏州西伊加梯电源技术有限公司
60. 天津科华士电源科技有限公司
61. 威尔克通信实验室
62. 维谛技术有限公司
63. 厦门恒昌综能自动化有限公司
64. 厦门市爱维达电子有限公司
65. 厦门市三安集成电路有限公司
66. 先控捷联电气股份有限公司
67. 伊顿电源（上海）有限公司
68. 易事特集团股份有限公司
69. 英富美（深圳）科技有限公司
70. 浙江德力西电器有限公司
71. 中川电子科技有限公司
72. 中航太克（厦门）电力技术股份有限公司
73. 中兴通讯股份有限公司
74. 珠海山特电子有限公司

模块电源（73）

1. 安晟通（天津）高压电源科技有限公司
2. 安徽博微智能电气有限公司
3. 北京创四方电子集团股份有限公司
4. 北京低碳清洁能源研究院
5. 北京航天星瑞电子科技有限公司
6. 北京汇众电源技术有限责任公司
7. 北京铭电龙科技有限公司
8. 北京韶光科技有限公司
9. 北京新雷能科技股份有限公司
10. 北京银星通达科技开发有限责任公司
11. 常州市武进红光无线电有限公司
12. 成都光电传感技术研究所有限公司
13. 成都航域卓越电子技术有限公司
14. 登钛电子技术（上海）有限公司
15. 东电化兰达（中国）电子有限公司
16. 东文高压电源（天津）股份有限公司

17. 佛山市顺德区冠宇达电源有限公司
18. 广东志成冠军集团有限公司
19. 广州高雅信息科技有限公司
20. 广州健特电子有限公司
21. 广州金升阳科技有限公司
22. 广州致远电子有限公司
23. 杭州奥能电源设备有限公司
24. 杭州博睿电子科技有限公司
25. 航天长峰朝阳电源有限公司
26. 合肥华耀电子工业有限公司
27. 河北汇能欣源电子技术有限公司
28. 湖南晟和电源科技有限公司
29. 华东微电子技术研究所
30. 华为技术有限公司
31. 辉碧电子（东莞）有限公司广州分公司
32. 惠州三华工业有限公司
33. 乐健科技（珠海）有限公司
34. 雷诺士（常州）电子有限公司
35. 洛阳隆盛科技有限责任公司
36. 明纬（广州）电子有限公司
37. 勤发电子股份有限公司
38. 青岛航天半导体研究所有限公司
39. 山东镭之源激光科技股份有限公司
40. 山顿电子有限公司
41. 上海大周信息科技有限公司
42. 上海唯力科技有限公司
43. 上海维安半导体有限公司
44. 深圳盛世新能源科技有限公司
45. 深圳市安托山技术有限公司
46. 深圳市皓文电子有限公司
47. 深圳市金威源科技股份有限公司
48. 深圳市洛仑兹技术有限公司
49. 深圳市普德新星电源技术有限公司
50. 深圳市三和电力科技有限公司
51. 深圳市斯康达电子有限公司
52. 深圳市新能力科技有限公司
53. 深圳市英威腾电源有限公司
54. 深圳市振华微电子有限公司
55. 深圳中瀚蓝盾技术有限公司
56. 石家庄通合电子科技股份有限公司
57. 思瑞浦微电子科技（苏州）股份有限公司
58. 思源清能电气电子有限公司
59. 四川英杰电气股份有限公司
60. 苏州西伊加梯电源技术有限公司
61. 天宝集团控股有限公司
62. 天津市鲲鹏电子有限公司
63. 天水七四九电子有限公司
64. 武汉永力科技股份有限公司
65. 厦门市爱维达电子有限公司
66. 西安伟京电子制造有限公司
67. 协丰万佳科技（深圳）有限公司
68. 张家港市电源设备厂
69. 浙江嘉科电子有限公司
70. 中国空空导弹研究院
71. 中航太克（厦门）电力技术股份有限公司
72. 中兴通讯股份有限公司
73. 珠海市海威尔电器有限公司

通信电源（66）

1. 北京动力源科技股份有限公司
2. 北京中天汇科电子技术有限责任公司
3. 长城电源技术有限公司
4. 成都光电传感技术研究所有限公司
5. 东电化兰达（中国）电子有限公司
6. 东莞昂迪电子科技有限公司
7. 东莞铭普光磁股份有限公司
8. 东莞市石龙富华电子有限公司
9. 广东金华达电子有限公司
10. 广东南方宏明电子科技股份有限公司
11. 广东顺德三扬科技股份有限公司
12. 广州市锦路电气设备有限公司
13. 杭州博睿电子科技有限公司
14. 杭州中恒电气股份有限公司
15. 合肥联信电源有限公司
16. 湖南丰日电源电气股份有限公司
17. 华康泰克信息技术（北京）有限公司
18. 华为技术有限公司
19. 惠州三华工业有限公司
20. 科华数据股份有限公司
21. 雷诺士（常州）电子有限公司
22. 理士国际技术有限公司
23. 立讯精密工业股份有限公司
24. 勤发电子股份有限公司
25. 山东镭之源激光科技股份有限公司
26. 山顿电子有限公司
27. 上海科泰电源股份有限公司
28. 上海申睿电气有限公司
29. 上海维安半导体有限公司
30. 深圳奥特迅电力设备股份有限公司
31. 深圳华德电子有限公司
32. 深圳可立克科技股份有限公司
33. 深圳麦格米特电气股份有限公司
34. 深圳欧陆通电子股份有限公司
35. 深圳市安托山技术有限公司
36. 深圳市柏瑞凯电子科技股份有限公司
37. 深圳市北汉科技有限公司
38. 深圳市比亚迪锂电池有限公司
39. 深圳市东辰科技有限公司
40. 深圳市航嘉驰源电气股份有限公司
41. 深圳市金威源科技股份有限公司
42. 深圳市巨鼎电子有限公司
43. 深圳市洛仑兹技术有限公司
44. 深圳市普德新星电源技术有限公司

45. 深圳市瑞晶实业有限公司
46. 深圳市英可瑞科技股份有限公司
47. 深圳市英威腾电源有限公司
48. 深圳市卓越至高电子有限公司
49. 深圳威迈斯新能源股份有限公司
50. 深圳易通技术股份有限公司
51. 思瑞浦微电子科技（苏州）股份有限公司
52. 苏州东灿光电科技有限公司
53. 苏州西伊加梯电源技术有限公司
54. 台达电子企业管理（上海）有限公司
55. 威尔克通信实验室
56. 维谛技术有限公司
57. 武汉永力科技股份有限公司
58. 厦门恒昌综能自动化有限公司
59. 厦门市爱维达电子有限公司
60. 亚源科技股份有限公司
61. 易事特集团股份有限公司
62. 浙江嘉科电子有限公司
63. 浙江榆阳电子有限公司
64. 中山市景荣电子有限公司
65. 中兴通讯股份有限公司
66. 珠海市海威尔电器有限公司

新能源电源（光伏逆变器、风力变流器等）（66）

1. 爱士惟新能源技术（江苏）有限公司
2. 安泰科技股份有限公司非晶制品分公司
3. 北京柏艾斯科技有限公司
4. 北京低碳清洁能源研究院
5. 北京恒电电源设备有限公司
6. 北京元十电子科技有限公司
7. 东莞立德电子有限公司
8. 佛山市顺德区伊戈尔电力科技有限公司
9. 广东宝星新能科技有限公司
10. 广东创电科技有限公司
11. 广东南方宏明电子科技股份有限公司
12. 广东省古瑞瓦特新能源有限公司
13. 广东顺德三扬科技股份有限公司
14. 杭州铁城信息科技有限公司
15. 航天柏克（广东）科技有限公司
16. 合肥科威尔电源系统股份有限公司
17. 湖南晟和电源科技有限公司
18. 华为技术有限公司
19. 科华数据股份有限公司
20. 乐健科技（珠海）有限公司
21. 明纬（广州）电子有限公司
22. 南京国臣直流配电科技有限公司
23. 宁夏银利电气股份有限公司
24. 青岛鼎信通讯股份有限公司
25. 青岛乾程科技股份有限公司
26. 赛尔康技术（深圳）有限公司
27. 上海大周信息科技有限公司
28. 上海电气电力电子有限公司
29. 上海申睿电气有限公司
30. 上海稳利达科技股份有限公司
31. 上海伊意亿新能源科技有限公司
32. 深圳科士达科技股份有限公司
33. 深圳麦格米特电气股份有限公司
34. 深圳盛世新能源科技有限公司
35. 深圳市安托山技术有限公司
36. 深圳市北汉科技有限公司
37. 深圳市东辰科技有限公司
38. 深圳市皓文电子有限公司
39. 深圳市禾望电气股份有限公司
40. 深圳市汇川技术股份有限公司
41. 深圳市捷益达电子有限公司
42. 深圳市康奈特电子有限公司
43. 深圳市瑞必达科技有限公司
44. 深圳市威日科技有限公司
45. 深圳市智胜新电子技术有限公司
46. 深圳市中电熊猫展盛科技有限公司
47. 深圳威迈斯新能源股份有限公司
48. 深圳易通技术股份有限公司
49. 深圳英飞源技术有限公司
50. 石家庄通合电子科技股份有限公司
51. 苏州东灿光电科技有限公司
52. 苏州腾冉电气设备股份有限公司
53. 台达电子企业管理（上海）有限公司
54. 天宝集团控股有限公司
55. 田村（中国）企业管理有限公司
56. 维谛技术有限公司
57. 厦门市爱维达电子有限公司
58. 厦门市三安集成电路有限公司
59. 先控捷联电气股份有限公司
60. 亚源科技股份有限公司
61. 阳光电源股份有限公司
62. 易事特集团股份有限公司
63. 英富美（深圳）科技有限公司
64. 中色（天津）特种材料有限公司
65. 中兴通讯股份有限公司
66. 珠海格力电器股份有限公司

特种电源（55）

1. 爱士惟新能源技术（江苏）有限公司
2. 安晟通（天津）高压电源科技有限公司
3. 安徽博微智能电气有限公司
4. 安泰科技股份有限公司非晶制品分公司
5. 北京创四方电子集团股份有限公司
6. 北京航天星瑞电子科技有限公司
7. 北京恒电电源设备有限公司
8. 北京汇众电源技术有限责任公司
9. 北京京仪椿树整流器有限责任公司
10. 北京铭电龙科技有限公司
11. 北京长城电子装备有限责任公司
12. 常州市创联电源科技股份有限公司

13. 成都光电传感技术研究所有限公司
14. 成都航域卓越电子技术有限公司
15. 成都金创立科技有限责任公司
16. 东电化兰达（中国）电子有限公司
17. 东文高压电源（天津）股份有限公司
18. 广东创电科技有限公司
19. 广东顺德三扬科技股份有限公司
20. 广东志成冠军集团有限公司
21. 杭州飞仕得科技有限公司
22. 杭州精日科技有限公司
23. 杭州远方仪器有限公司
24. 航天柏克（广东）科技有限公司
25. 航天长峰朝阳电源有限公司
26. 合肥华耀电子工业有限公司
27. 合肥科威尔电源系统股份有限公司
28. 河北汇能欣源电子技术有限公司
29. 核工业理化工程研究院
30. 湖南科瑞变流电气股份有限公司
31. 乐健科技（珠海）有限公司
32. 溧阳市华元电源设备厂
33. 南京国臣直流配电科技有限公司
34. 山东华天科技集团股份有限公司
35. 山东镭之源激光科技股份有限公司
36. 上海航裕电源科技有限公司
37. 深圳华德电子有限公司
38. 深圳市皓文电子有限公司
39. 深圳市洛仑兹技术有限公司
40. 深圳市瑞必达科技有限公司
41. 深圳市振华微电子有限公司
42. 深圳市卓越至高电子有限公司
43. 深圳英飞源技术有限公司
44. 深圳中瀚蓝盾技术有限公司
45. 四川英杰电气股份有限公司
46. 苏州市申浦电源设备厂
47. 太仓电威光电有限公司
48. 武汉新瑞科电气技术有限公司
49. 武汉永力科技股份有限公司
50. 西安爱科赛博电气股份有限公司
51. 西安灵枫源电子科技有限公司
52. 西安伟京电子制造有限公司
53. 西安翌飞核能装备股份有限公司
54. 浙江大维高新技术股份有限公司
55. 浙江嘉科电子有限公司

其他（48）

1. 北京机械设备研究所
2. 北京英博电气股份有限公司
3. 北京纵横机电科技有限公司
4. 成都金创立科技有限责任公司
5. 东莞市奥海科技股份有限公司
6. 东莞市石龙富华电子有限公司
7. 盾石磁能科技有限责任公司
8. 弗迪动力有限公司电源工厂
9. 佛山市禅城区华南电源创新科技园投资管理有限公司
10. 固纬电子（苏州）有限公司
11. 广东大比特资讯广告发展有限公司
12. 广东全宝科技股份有限公司
13. 广州德肯电子股份有限公司
14. 杭州飞仕得科技有限公司
15. 杭州祥博传热科技股份有限公司
16. 杭州易泰达科技有限公司
17. 湖南东方万象科技有限公司
18. 湖南科瑞变流电气股份有限公司
19. 华润微电子有限公司
20. 六和电子（江西）有限公司
21. 美尔森电气保护系统（上海）有限公司
22. 宁波博威合金材料股份有限公司
23. 青岛乾程科技股份有限公司
24. 上海超群无损检测设备有限责任公司
25. 上海雷卯电子科技有限公司
26. 上海远宽能源科技有限公司
27. 上海灼日新材料科技有限公司
28. 深圳罗马仕科技有限公司
29. 深圳青铜剑技术有限公司
30. 深圳市铂科新材料股份有限公司
31. 深圳市迪比科电子科技有限公司
32. 深圳市航智精密电子有限公司
33. 深圳市华天启科技有限公司
34. 深圳市汇川技术股份有限公司
35. 深圳市兴龙辉科技有限公司
36. 深圳欣锐科技股份有限公司
37. 苏州腾冉电气设备股份有限公司
38. 温州大学
39. 武汉武新电气科技股份有限公司
40. 英飞凌科技（中国）有限公司
41. 浙江大华技术股份有限公司
42. 浙江巨磁智能技术有限公司
43. 浙江榆阳电子有限公司
44. 浙江长春电器有限公司
45. 中国科学院等离子体物理研究所
46. 中国科学院近代物理研究所
47. 中国空空导弹研究院
48. 中航太克（厦门）电力技术股份有限公司

稳压电源（器）（46）

1. 艾普斯电源（苏州）有限公司
2. 安晟通（天津）高压电源科技有限公司
3. 百纳德（扬州）电能系统股份有限公司
4. 柏拉图（上海）电力有限公司
5. 北京大华无线电仪器有限责任公司
6. 东莞市百稳电气有限公司
7. 东文高压电源（天津）股份有限公司
8. 盾石磁能科技有限责任公司

9. 佛山市汉毅电子技术有限公司
10. 佛山市顺德区冠宇达电源有限公司
11. 广州德肯电子股份有限公司
12. 广州金升阳科技有限公司
13. 海丰县中联电子厂有限公司
14. 杭州精日科技有限公司
15. 杭州远方仪器有限公司
16. 航天长峰朝阳电源有限公司
17. 合肥通用电子技术研究所
18. 河北汇能欣源电子技术有限公司
19. 弘乐集团有限公司
20. 鸿宝电源有限公司
21. 惠州三华工业有限公司
22. 江苏宏微科技股份有限公司
23. 马鞍山豪远电子有限公司
24. 普尔世贸易（苏州）有限公司
25. 青岛鼎信通讯股份有限公司
26. 山东艾瑞得电气有限公司
27. 山东镭之源激光科技股份有限公司
28. 上海华翌电气有限公司
29. 上海全力电器有限公司
30. 上海稳利达科技股份有限公司
31. 深圳欧陆通电子股份有限公司
32. 深圳市巨鼎电子有限公司
33. 深圳市力生美半导体股份有限公司
34. 深圳市瑞必达科技有限公司
35. 苏州市申浦电源设备厂
36. 天津科华士电源科技有限公司
37. 天津市鲲鹏电子有限公司
38. 温州现代集团有限公司
39. 协丰万佳科技（深圳）有限公司
40. 英飞特电子（杭州）股份有限公司
41. 张家港市电源设备厂
42. 浙江德力西电器有限公司
43. 中川电子科技有限公司
44. 中航太克（厦门）电力技术股份有限公司
45. 中山市景荣电子有限公司
46. 珠海山特电子有限公司

照明电源、LED 驱动电源（41）

1. 长城电源技术有限公司
2. 常州市创联电源科技股份有限公司
3. 常州市武进红光无线电有限公司
4. 东莞立德电子有限公司
5. 东莞铭普光磁股份有限公司
6. 东莞市石龙富华电子有限公司
7. 佛山市汉毅电子技术有限公司
8. 佛山市南海赛威科技技术有限公司
9. 佛山市锐霸电子有限公司
10. 佛山市顺德区冠宇达电源有限公司
11. 佛山市顺德区伊戈尔电力科技有限公司
12. 广东金华达电子有限公司
13. 广东南方宏明电子科技股份有限公司
14. 广州旺马电子科技有限公司
15. 海湾电子（山东）有限公司
16. 杭州博睿电子科技有限公司
17. 合肥华耀电子工业有限公司
18. 湖南华鑫电子科技有限公司
19. 马鞍山豪远电子有限公司
20. 明纬（广州）电子有限公司
21. 宁波赛耐比光电科技有限公司
22. 赛尔康技术（深圳）有限公司
23. 上海申睿电气有限公司
24. 上海稳利达科技股份有限公司
25. 深圳麦格米特电气股份有限公司
26. 深圳市安托山技术有限公司
27. 深圳市比亚迪锂电池有限公司
28. 深圳市必易微电子股份有限公司
29. 深圳市东辰科技有限公司
30. 深圳市航嘉驰源电气股份有限公司
31. 深圳市金威源科技股份有限公司
32. 深圳市巨鼎电子有限公司
33. 深圳市普德新星电源技术有限公司
34. 深圳市中电熊猫展盛科技有限公司
35. 深圳市卓越至高电子有限公司
36. 苏州东灿光电科技有限公司
37. 太仓电威光电有限公司
38. 天宝集团控股有限公司
39. 亚源科技股份有限公司
40. 英飞特电子（杭州）股份有限公司
41. 浙江榆阳电子有限公司

功率器件（37）

1. 北京韶光科技有限公司
2. 北京世纪金光半导体有限公司
3. 成都航域卓越电子技术有限公司
4. 大连芯冠科技有限公司
5. 广东新成科技实业有限公司
6. 广州华工科技开发有限公司
7. 广州科谷动力电气有限公司
8. 广州欧颂电子科技有限公司
9. 桂林斯壮微电子有限责任公司
10. 华润微电子有限公司
11. 济南晶恒电子有限责任公司
12. 江苏宏微科技股份有限公司
13. 凯茂半导体（厦门）有限公司
14. 乐健科技（珠海）有限公司
15. 龙腾半导体股份有限公司
16. 南京时恒电子科技有限公司
17. 青岛航天半导体研究所有限公司
18. 上海科锐光电发展有限公司
19. 上海临港电力电子研究有限公司
20. 上海瞻芯电子科技有限公司
21. 上海众韩电子科技有限公司

22. 深圳基本半导体有限公司
23. 深圳尚阳通科技有限公司
24. 深圳市北汉科技有限公司
25. 深圳市铂科新材料股份有限公司
26. 深圳市飞尼奥科技有限公司
27. 深圳市康奈特电子有限公司
28. 深圳市力生美半导体股份有限公司
29. 深圳市鹏源电子有限公司
30. 苏州锴威特半导体股份有限公司
31. 苏州量芯微半导体有限公司
32. 无锡芯朋微电子股份有限公司
33. 无锡新洁能股份有限公司
34. 武汉新瑞科电气技术有限公司
35. 厦门市三安集成电路有限公司
36. 英飞凌科技（中国）有限公司
37. 珠海格力电器股份有限公司

变频电源（器）（35）

1. 艾普斯电源（苏州）有限公司
2. 北京低碳清洁能源研究院
3. 北京航天星瑞电子科技有限公司
4. 北京京仪椿树整流器有限责任公司
5. 佛山市顺德区伊戈尔电力科技有限公司
6. 广东创电科技有限公司
7. 广州东芝白云菱机电力电子有限公司
8. 海湾电子（山东）有限公司
9. 杭州铁城信息科技有限公司
10. 杭州远方仪器有限公司
11. 合肥科威尔电源系统股份有限公司
12. 核工业理化工程研究院
13. 勤发电子股份有限公司
14. 青岛海信日立空调系统有限公司
15. 青岛威控电气有限公司
16. 全天自动化能源科技（东莞）有限公司
17. 山东艾瑞得电气有限公司
18. 上海航裕电源科技有限公司
19. 上海众韩电子科技有限公司
20. 深圳市汇川技术股份有限公司
21. 深圳市康奈特电子有限公司
22. 深圳市库马克新技术股份有限公司
23. 深圳市知用电子有限公司
24. 深圳市智胜新电子技术有限公司
25. 四川爱创科技有限公司
26. 苏州市申浦电源设备厂
27. 台达电子企业管理（上海）有限公司
28. 天津市鲲鹏电子有限公司
29. 西安爱科赛博电气股份有限公司
30. 英富美（深圳）科技有限公司
31. 张家港市电源设备厂
32. 浙江海利普电子科技有限公司
33. 中国船舶重工集团公司第七一一研究所
34. 中冶赛迪工程技术股份有限公司
35. 珠海泰坦科技股份有限公司

EPS（31）

1. 爱士惟新能源技术（江苏）有限公司
2. 百纳德（扬州）电能系统股份有限公司
3. 北京动力源科技股份有限公司
4. 北京银星通达科技开发有限责任公司
5. 常州市武进红光无线电有限公司
6. 成都顺通电气有限公司
7. 重庆荣凯川仪仪表有限公司
8. 东莞市百稳电气有限公司
9. 广东宝星新能科技有限公司
10. 广州市锦路电气设备有限公司
11. 航天柏克（广东）科技有限公司
12. 合肥联信电源有限公司
13. 赫能（苏州）新能源科技有限公司
14. 鸿宝电源有限公司
15. 科华数据股份有限公司
16. 雷诺士（常州）电子有限公司
17. 南京国臣直流配电科技有限公司
18. 赛尔康技术（深圳）有限公司
19. 山东艾瑞得电气有限公司
20. 山东华天科技集团股份有限公司
21. 上海华翌电气有限公司
22. 深圳华德电子有限公司
23. 深圳市捷益达电子有限公司
24. 深圳市商宇电子科技有限公司
25. 深圳市英威腾电源有限公司
26. 天津科华士电源科技有限公司
27. 天津市华明合兴机电设备有限公司
28. 易事特集团股份有限公司
29. 英富美（深圳）科技有限公司
30. 浙江德力西电器有限公司
31. 中川电子科技有限公司

电源测试设备（29）

1. 艾德克斯电子有限公司
2. 艾普斯电源（苏州）有限公司
3. 北京柏艾斯科技有限公司
4. 北京大华无线电仪器有限责任公司
5. 北京森社电子有限公司
6. 常州同惠电子股份有限公司
7. 固纬电子（苏州）有限公司
8. 广州德肯电子股份有限公司
9. 广州致远电子有限公司
10. 杭州飞仕得科技有限公司
11. 杭州远方仪器有限公司
12. 合肥科威尔电源系统股份有限公司
13. 江西艾特磁材有限公司
14. 罗德与施瓦茨（中国）科技有限公司
15. 敏业信息科技（上海）有限公司
16. 全天自动化能源科技（东莞）有限公司
17. 陕西柯蓝电子有限公司

18. 上海航裕电源科技有限公司
19. 上海科梁信息工程股份有限公司
20. 上海远宽能源科技有限公司
21. 深圳青铜剑技术有限公司
22. 深圳市北汉科技有限公司
23. 深圳市航智精密电子有限公司
24. 深圳市斯康达电子有限公司
25. 深圳市知用电子有限公司
26. 深圳市中科源电子有限公司
27. 威尔克通信实验室
28. 西安爱科赛博电气股份有限公司
29. 中国空空导弹研究院

蓄电池（27）

1. 百纳德（扬州）电能系统股份有限公司
2. 北京柏艾斯科技有限公司
3. 北京银星通达科技开发有限责任公司
4. 佛山市力迅电子有限公司
5. 福州福光电子有限公司
6. 广东宝星新能科技有限公司
7. 广东力科新能源有限公司
8. 广东省古瑞瓦特新能源有限公司
9. 广东志成冠军集团有限公司
10. 广州市昌菱电气有限公司
11. 广州市锦路电气设备有限公司
12. 合肥海瑞弗机房设备有限公司
13. 赫能（苏州）新能源科技有限公司
14. 鸿宝电源有限公司
15. 湖南丰日电源电气股份有限公司
16. 理士国际技术有限公司
17. 山特电子（深圳）有限公司
18. 深圳科士达科技股份有限公司
19. 深圳市比亚迪锂电池有限公司
20. 深圳市商宇电子科技有限公司
21. 天津科华士电源科技有限公司
22. 先控捷联电气股份有限公司
23. 伊顿电源（上海）有限公司
24. 浙江创力电子股份有限公司
25. 中川电子科技有限公司
26. 珠海山特电子有限公司
27. 珠海泰坦科技股份有限公司

电子变压器（24）

1. 北京创四方电子集团股份有限公司
2. 东莞立德电子有限公司
3. 东莞铭普光磁股份有限公司
4. 东莞市必德电子科技有限公司
5. 广州德珑磁电科技股份有限公司
6. 合肥博微田村电气有限公司
7. 河北远大电子有限公司
8. 江苏宏微科技股份有限公司
9. 临沂昱通新能源科技有限公司
10. 马鞍山豪远电子有限公司
11. 青岛鼎信通讯股份有限公司
12. 青岛云路新能源科技有限公司
13. 上海全力电器有限公司
14. 深圳可立克科技股份有限公司
15. 深圳市京泉华科技股份有限公司
16. 深圳市库马克新技术股份有限公司
17. 苏州腾冉电气设备股份有限公司
18. 天津市鲲鹏电子有限公司
19. 温州现代集团有限公司
20. 武汉新瑞科电气技术有限公司
21. 英飞特电子（杭州）股份有限公司
22. 中色（天津）特种材料有限公司
23. 珠海市海威尔电器有限公司
24. 专顺电机（惠州）有限公司

半导体集成电路（23）

1. 昂宝电子（上海）有限公司
2. 北京铭电龙科技有限公司
3. 成都航域卓越电子技术有限公司
4. 佛山市南海赛威科技技术有限公司
5. 桂林斯壮微电子有限责任公司
6. 湖南晟和电源科技有限公司
7. 华润微电子有限公司
8. 江苏宏微科技股份有限公司
9. 青岛航天半导体研究所有限公司
10. 上海临港电力电子研究有限公司
11. 上海唯力科技有限公司
12. 上海瞻芯电子科技有限公司
13. 深圳青铜剑技术有限公司
14. 深圳市必易微电子股份有限公司
15. 深圳市力生美半导体股份有限公司
16. 深圳市鹏源电子有限公司
17. 苏州锴威特半导体股份有限公司
18. 苏州量芯微半导体有限公司
19. 无锡芯朋微电子股份有限公司
20. 无锡新洁能股份有限公司
21. 厦门市三安集成电路有限公司
22. 英飞凌科技（中国）有限公司
23. 珠海格力电器股份有限公司

直流屏、电力操作电源（23）

1. 爱士惟新能源技术（江苏）有限公司
2. 北京柏艾斯科技有限公司
3. 北京恒电电源设备有限公司
4. 北京智源新能电气科技有限公司
5. 成都顺通电气有限公司
6. 重庆荣凯川仪仪表有限公司
7. 杭州奥能电源设备有限公司
8. 杭州中恒电气股份有限公司
9. 合肥联信电源有限公司
10. 湖南丰日电源电气股份有限公司
11. 美尔森电气保护系统（上海）有限公司
12. 南京国臣直流配电科技有限公司

13. 勤发电子股份有限公司
14. 上海电气电力电子有限公司
15. 深圳奥特迅电力设备股份有限公司
16. 深圳蓝信电气有限公司
17. 深圳市三和电力科技有限公司
18. 深圳市商宇电子科技有限公司
19. 深圳市英可瑞科技股份有限公司
20. 石家庄通合电子科技股份有限公司
21. 厦门恒昌综能自动化有限公司
22. 中国船舶重工集团公司第七一一研究所
23. 珠海泰坦科技股份有限公司

电焊机、充电机、电镀电源（22）

1. 北京华信康源电气有限公司
2. 北京京仪椿树整流器有限责任公司
3. 北京韶光科技有限公司
4. 东莞昂迪电子科技有限公司
5. 广东顺德三扬科技股份有限公司
6. 海丰县中联电子厂有限公司
7. 杭州奥能电源设备有限公司
8. 杭州铁城信息科技有限公司
9. 惠州志顺电子实业有限公司
10. 宁波赛耐比光电科技有限公司
11. 青岛乾程科技股份有限公司
12. 上海全力电器有限公司
13. 深圳盛世新能源科技有限公司
14. 深圳市振华微电子有限公司
15. 深圳市智胜新电子技术有限公司
16. 深圳威迈斯新能源股份有限公司
17. 深圳英飞源技术有限公司
18. 石家庄通合电子科技股份有限公司
19. 四川英杰电气股份有限公司
20. 苏州市申浦电源设备厂
21. 厦门恒昌综能自动化有限公司
22. 珠海云充科技有限公司

电容器（22）

1. 北京英博电气股份有限公司
2. 北京元十电子科技有限公司
3. 常州华威电子有限公司
4. 东莞宏强电子有限公司
5. 东莞市奥海科技股份有限公司
6. 东莞市瓷谷电子科技有限公司
7. 东莞市捷容薄膜科技有限公司
8. 广东丰明电子科技有限公司
9. 广东新成科技实业有限公司
10. 广州华工科技开发有限公司
11. 六和电子（江西）有限公司
12. 南京天正容光达电子销售有限公司
13. 南通新三能电子有限公司
14. 宁国市裕华电器有限公司
15. 上海鹰峰电子科技股份有限公司
16. 上海众韩电子科技有限公司
17. 深圳市柏瑞凯电子科技股份有限公司
18. 深圳市创容新能源有限公司
19. 深圳市鹏源电子有限公司
20. 深圳市三和电力科技有限公司
21. 扬州凯普科技有限公司
22. 珠海格力电器股份有限公司

电抗器（18）

1. 北京创四方电子集团股份有限公司
2. 北京英博电气股份有限公司
3. 东莞立德电子有限公司
4. 佛山市顺德区伊戈尔电力科技有限公司
5. 合肥博微田村电气有限公司
6. 江苏坚力电子科技股份有限公司
7. 马鞍山豪远电子有限公司
8. 敏业信息科技（上海）有限公司
9. 宁夏银利电气股份有限公司
10. 青岛云路新能源科技有限公司
11. 上海稳利达科技股份有限公司
12. 上海鹰峰电子科技股份有限公司
13. 深圳市京泉华科技股份有限公司
14. 深圳市三和电力科技有限公司
15. 田村（中国）企业管理有限公司
16. 温州现代集团有限公司
17. 浙江东睦科达磁电有限公司
18. 专顺电机（惠州）有限公司

滤波器（18）

1. 柏拉图（上海）电力有限公司
2. 北京新雷能科技股份有限公司
3. 北京英博电气股份有限公司
4. 北京智源新能电气科技有限公司
5. 登钛电子技术（上海）有限公司
6. 广州德珑磁电科技股份有限公司
7. 广州金升阳科技有限公司
8. 江苏坚力电子科技股份有限公司
9. 江西艾特磁材有限公司
10. 临沂昱通新能源科技有限公司
11. 宁国市裕华电器有限公司
12. 青岛鼎信通讯股份有限公司
13. 青岛云路新能源科技有限公司
14. 山东华天科技集团股份有限公司
15. 上海鹰峰电子科技股份有限公司
16. 唐山尚新融大电子产品有限公司
17. 温州现代集团有限公司
18. 西安爱科赛博电气股份有限公司

磁性元件/材料（17）

1. 安泰科技股份有限公司非晶制品分公司
2. 东莞市必德电子科技有限公司
3. 广州德珑磁电科技股份有限公司
4. 江西艾特磁材有限公司
5. 临沂昱通新能源科技有限公司
6. 敏业信息科技（上海）有限公司

7. 宁夏银利电气股份有限公司
8. 深圳市铂科新材料股份有限公司
9. 深圳市鹏源电子有限公司
10. 深圳市威日科技有限公司
11. 唐山尚新融大电子产品有限公司
12. 天长市中德电子有限公司
13. 田村（中国）企业管理有限公司
14. 越峰电子（昆山）有限公司
15. 浙江东睦科达磁电有限公司
16. 专顺电机（惠州）有限公司
17. 浙江创力电子股份有限公司

电感器（17）

1. 安泰科技股份有限公司非晶制品分公司
2. 东莞市必德电子科技有限公司
3. 广州德珑磁电科技股份有限公司
4. 合肥博微田村电气有限公司
5. 临沂昱通新能源科技有限公司
6. 敏业信息科技（上海）有限公司
7. 宁夏银利电气股份有限公司
8. 青岛云路新能源科技有限公司
9. 上海众韩电子科技有限公司
10. 深圳可立克科技股份有限公司
11. 深圳市铂科新材料股份有限公司
12. 苏州腾冉电气设备股份有限公司
13. 唐山尚新融大电子产品有限公司
14. 田村（中国）企业管理有限公司
15. 武汉新瑞科电气技术有限公司
16. 浙江东睦科达磁电有限公司
17. 专顺电机（惠州）有限公司

电源配套设备（自动化设备、SMT设备、绕线机等）（17）

1. 柏拉图（上海）电力有限公司
2. 北京森社电子有限公司
3. 佛山市南海区平洲广日电子机械有限公司
4. 固纬电子（苏州）有限公司
5. 广州德肯电子股份有限公司
6. 广州市昌菱电气有限公司
7. 深圳市康奈特电子有限公司
8. 深圳市库马克新技术股份有限公司
9. 深圳市斯康达电子有限公司
10. 深圳市新能力科技有限公司
11. 深圳市知用电子有限公司
12. 深圳市中科源电子有限公司
13. 思源清能电气电子有限公司
14. 四川爱创科技有限公司
15. 唐山尚新融大电子产品有限公司
16. 天津市华明合兴机电设备有限公司
17. 浙江创力电子股份有限公司

PC、服务器电源（15）

1. 长城电源技术有限公司
2. 东莞市奥海科技股份有限公司
3. 东莞市金河田实业有限公司
4. 海湾电子（山东）有限公司
5. 立讯精密工业股份有限公司
6. 山顿电子有限公司
7. 上海维安半导体有限公司
8. 深圳欧陆通电子股份有限公司
9. 深圳市柏瑞凯电子科技股份有限公司
10. 深圳市东辰科技有限公司
11. 深圳市航嘉驰源电气股份有限公司
12. 思瑞浦微电子科技（苏州）股份有限公司
13. 四川爱创科技有限公司
14. 维谛技术有限公司
15. 协丰万佳科技（深圳）有限公司

电阻器（8）

1. 东莞市瓷谷电子科技有限公司
2. 东莞市捷容薄膜科技有限公司
3. 广东新成科技实业有限公司
4. 江苏兴顺电子有限公司
5. 南京时恒电子科技有限公司
6. 上海鹰峰电子科技股份有限公司
7. 深圳市嘉莹达电子有限公司
8. 厦门赛尔特电子有限公司

机壳、机柜（5）

1. 东莞市百稳电气有限公司
2. 弘乐集团有限公司
3. 先控捷联电气股份有限公司
4. 伊顿电源（上海）有限公司
5. 中色（天津）特种材料有限公司

胶（3）

1. 广州回天新材料有限公司
2. 上海灼日新材料科技有限公司
3. 深圳市华天启科技有限公司

风扇、风机等散热设备（1）

中色（天津）特种材料有限公司

绝缘材料（1）

深圳市华天启科技有限公司

第八篇　电源重点工程项目应用案例及相关产品

2020 年电源重点工程项目应用案例

1. 珠海国际货柜码头有限公司船舶岸基电源系统项目

参与单位：

广东志成冠军集团有限公司

地址：东莞市塘厦镇田心工业区

电话：0769-87725486 传真：0769-87927259

Email：liux@ zhicheng-champion. com

网址：www. zhicheng-champion. com

主要产品：

船舶岸基电源系统

项目概况：

本项目内容为珠海港高栏港区集装箱码头船舶岸基电源系统采购项目的设备购置及设备安装总承包，包含并不限于船舶岸基电源系统施工设计（含审核评审）、制造、装配、运输、保险、装卸、现场保管、现场安装、调试、检测、人员培训、现场服务、竣工验收、随机工具、备件、相关技术资料、质量保证期及售后服务。并包含移动式变频变压站建设、岸基电源系统变电所内改造、变电所至变频变压站以及变电所至高压岸基电源系统接电箱等的电缆管路改造和电缆敷设、高压岸基电源系统接电箱基础改造等土建、水工工程。整个项目共有两期工程，主要涉及珠海港高栏港区集装箱码头二期工程的1#~7#泊位。1#泊位为10万t（吨）级集装箱泊位，2#、3#泊位均为5万t（吨）级集装箱泊位，4#泊位为4万t（吨）级件杂货泊位，5#、6#泊位均为3万t（吨）级件杂货泊位，7#泊位为1万t（吨）级件杂货泊位。码头泊岸总长为1826m、宽39m。含3套2MVA移动式船舶岸基电源系统，项目总金额为21199453.00元。

产品应用概况/解决方案：

本次岸基电源系统建设工程拟建设3套2MVA移动式高压船舶岸基电源系统设施，用以向1#~4#泊位的靠港船舶提供AC6.6kV/60Hz，6kV/50Hz的岸基电源系统。本次建设的1套2MVA移动式船舶岸基电源系统的电源引自后方中心变电所，电压等级为10kV，每套移动式船舶岸基电源系统供电容量最大为2MVA。增设提供岸基电源系统所需的高低压配电柜、变压器、变频变压电源、岸基电源系统接电箱等电气设备，敷设变电所至变频站以及码头前沿岸基电源系统接电箱的相关电缆。在原有的设备中新增远程监控系统，新建的船舶岸基电源系统配置PLC控制系统，用于监控码头岸基电源系统电源的运行，并负责将运行状态通过光纤以太网传送到位于中控室的数据服务器和操作员站。船舶岸基电源系统监控系统主要包括PLC控制系统、操作员站、数据服务器、通信网络和工业电视等相关设备。

高-低-高方案(低压船舶岸基电源系统)

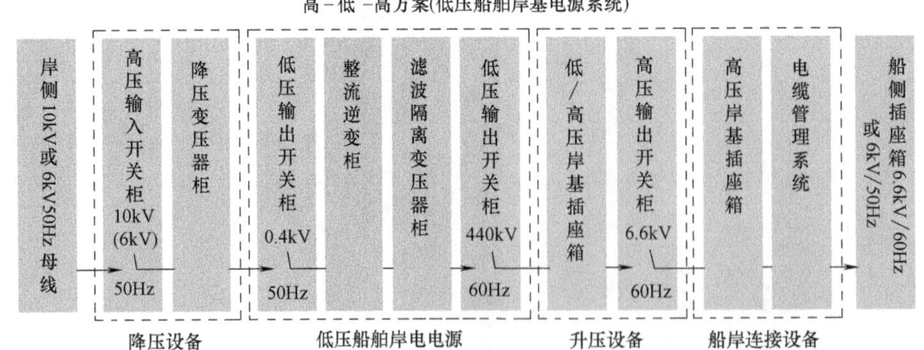

产品优势及应用成果：

产品优势：

1）本项目所用系统组件均为国内外知名品牌产品，从而使系统的安全可靠性和稳定性能得到很好的保证。核心元器件变频电源采用了目前国际技术一流的西门子公司专门针对岸基电源系统开发研制并在国外具有成熟案例的岸基电源专用变频电源，其他重要组件也采用了质量上乘、业内口碑良好的国内外知名品牌。

2）部分系统组件的质量、功能或效果甚至超过合同的技术要求或超过预期：岸基电源系统二期可与一期岸基电源系统互为备用，也可实现并联扩容，容量达到 6000kVA，可满足泊位靠泊的 20 万 t（吨）级集装箱船用电，这对码头来说意义重大。

3）增加监控系统，高栏国际货运码头有限公司船舶岸基电源系统二期工程项目在 2#配电室箱变增加了监控室，由我方志成冠军来完善监控系统，让连船数据更加智能化，配置的监控系统也大大地提升了整个系统的安全性和稳定性，大大地方便了现场人员的操作，使整个系统更加完善。

4）岸基电源和船舶电源一键并网技术：冠军低压岸基电源给靠港船舶供电时，可实现船舶电源与岸基电源之间的无缝切换，船舶不需停电，岸基电源系统电源具有同步追踪锁相功能，在岸基电源输出和船载柴油发电机所发电的电压、相位、频率同步后，切入为船舶用电设备供电。这样既能保证船上的用电设备安全，又能平滑地同步切换，实现先通后断的上次供电要求。

应用成果：

本项目的建设不光具有很高的经济效益，根据测算，使用岸基电源替代船舶燃油后，单艘大船在港期间将减少能源消耗（折标煤）3.4t 标煤；还具有很好的社会效益，本项目的建设将有助于节能减排，根据测算，使用岸基电源替代船舶燃油后，单艘大船在港期间平均减少 SO_x、NO_x、CO_x 和烟尘等污染物排放约 1.23t，能很好地改善港口城市环境质量，对在港区周边工作和生活的人群健康具有积极的意义。同时，项目的实施有助于改善港口区域配套环境，促进就业。本项目有助于推动港口企业的技术进步和科技创新。通过利用码头岸基电源替代船舶用柴油发电，达到节能减排、改善港区环境质量、降低船舶运营成本的效果，也有助于提高码头的服务水平，具有积极的推广和示范作用。珠海港作为我国华南地区集装箱干线港和全球第三大集装箱港口，每年到港货运海船约为 2.7 万艘次，其中集装箱船舶超过 1.6 万艘次。随着码头岸基电源项目的逐渐推广和运用，将有效地提高珠海港的整体服务水平，促进整个港口行业的技术进步，有助于珠海港在我国沿海港口中率先发展成为“具有竞争办推动力、环境友好、安全可靠、可持续发展”的现代化港口。

2. 世纪互联苏州国科数据中心

参与单位：

华为技术有限公司

地址：广东省深圳市龙岗区坂田华为基地 H3

电话：0755-28780808　传真：0755-89550100

Email：jiangghuanghui@ huawei. com

网址：www. huawei. com

主要产品：

华为模块化 UPS+智能锂电

项目概况：

世纪互联是一家具有全球重要影响力的网络空间基础设施服务商，拥有超过 30000 个机柜。作为国内领先的数据中心运营商，持续提升服务质量，追求有效创新的解决方案是世纪互联快速发展的宗旨。华为面向世纪互联提供智能锂电 UPS 解决方案，通过极简、绿色、智能、安全的理念，帮助客户打造兼具高效与可靠性的创新型数据中心。

产品应用概况/解决方案：

1）华为技术有限公司的智能锂电 UPS，端到端节省占地面积为 50%以上。华为技术有限公司的 UPS 采用高密度模块化设计，而智能锂电（SmartLi）采用环保的高密度磷酸铁锂电芯，能量密度是铅酸电池的 3 倍，500kW UPS 备电 10min，相对于传统铅酸及塔式 UPS 方案，端到端节省占地面积为 50%以上。

2）锂电寿命长，生命周期 TCO 更优。铅酸电池寿命一般为 4~7 年，在 UPS 的生命周期内铅酸电池至少需更换一次，而智能锂电 10 年内无须更换，是铅酸电池寿命的 2~3 倍，降低了数据中心的运营成本。

3）分钟级的在线维护，提升运维效率。智能锂电 UPS 全模块化设计，功率模块、监控模块、旁路模块均支持热插拔，智能锂电模块也可插拔，实现分钟级的更换维护，提升运维效率。

4）AI 加持，变被动响应为预测性维护，提升可靠性。智能锂电 UPS 采用 AI 手段，实现对电容寿命、风扇寿命、关键节点温度，电池容量等参数进行 AI 预测，变被动为主动 AI 预测性维护。

5）支持新旧电池混并，灵活扩容，降低初期投资。智能锂电池 SmartLi 具备智能的主动均流技术，支持新旧电池组混并，搭配华为模块化 UPS，支持功率和备电在线分期扩容，真正支撑业务按需部署，降低初期投资。

产品优势及应用成果：

采用华为智能锂电池 UPS 整体解决方案，使端到端的供电占地面积节省了 50%以上，出柜率提升了 10%，可以部署更多的 IT 机柜，实现更多的营业收入。模块化 UPS 效率高，而且具有智能休眠功能，低载高效，每年可节省电费上百万元。

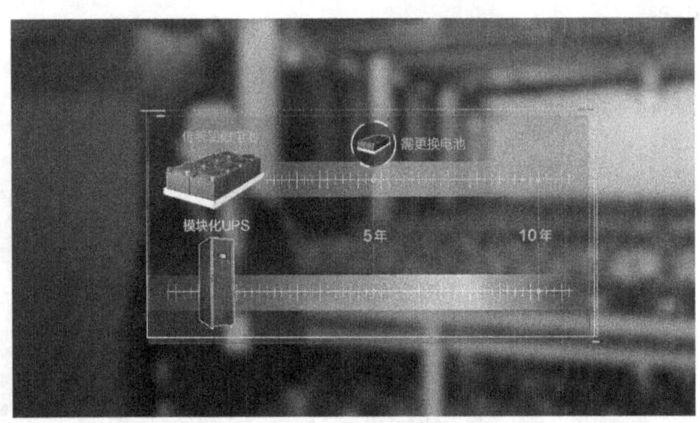

3. 上海悦科大数据产业园二期工程微模块设备及安装服务采购项目

参与单位：

科华数据股份有限公司

地址：厦门火炬高新区火炬园马垄路 457 号

电话：0592-5160516

Email：chenyusc@ kehua. com

网址：www. kehua. com. cn

主要产品：

数据中心、高端电源、新能源产品

项目概况：

上海悦科通讯有限公司大数据产业园二期建筑面积为 15783m^2，建筑造价 1500 万元。科华数据股份有限公司为该云计算中心快速部署微模块产品解决方案，并提供电气、暖通等专业的数据中心整体产品。

产品应用概况/解决方案：

该项目采用 BIM（Building Information Modeling，建筑信息模型）技术指导施工，平均 6 人/7 天/1 套完成微模块安装布局，实现快速交付，满足客户快速上架、投产应用的核心需求。

项目采用一路市电+一路高压直流供电方案，供电效率提升到 98%以上，为数据中心的不间断运行提供高可靠动力保障。

科华数据股份有限公司预制化微模块系统及节能型集装箱数据中心能够保障核心设备的高效运行，高度匹配悦科通信建设高效能、高可靠数据中心的需求，满足高端互联网客户的严苛标准，帮助用户对云计算中心整体性能实现可控、可预知。

产品优势及应用成果：

科华数据股份有限公司微模块系统优势：

1）高可靠性标准模块，系统稳定度高，保障重要业务连续性；

2）快捷交付，统筹规划、工厂预制，缩短建设周期；

3）高集成设计，可根据客户需求配置不同规模体系；

4）分期建设，降低初期投资；

5）单模块 PUE 低于 1.5 绿色节能；

6）易扩展性，快速响应业务需求变化；

7）智能运维，精细化运维。

目前，凭借超过 10 年的数据中心规划建设与运营服务经验，科华数据股份有限公司已为全球多家领先运营商、中国领先的互联网公司，以及国有六大银行、国家工商总局、中国航天二院等客户部署模块化数据中心，得到普遍的信任和认可。

4. 广州港股份有限公司南沙集装箱码头分公司

参与单位：

深圳市汇川技术股份有限公司

地址：深圳市宝安区宝城 70 区留仙二路鸿威工业园 E 栋

电话：0755-29799595　传真：0755-29619897

Email：xuchangsheng@ inovance. com

网址：www. inovance. com

主要产品：

MD880P 变频电源产品

项目概况：

新增船舶岸基电源系统统一采用高-低-高整流逆变、高压上船方式。在 1#变电站船舶岸基电源室内以及 1#变电站室外堆场内新增两套容量为 3MVA 的船舶岸基电源系统，两套岸基电源系统实现互为备用。

产品应用概况/解决方案：

1）新增船舶岸基电源系统统一采用高-低-高整流逆变、高压上船方式。在 1#变电站船舶岸基电源室内以及 1#

变电站室外堆场内新增两套容量为 3MVA 的船舶岸基电源系统，两套岸基电源系统实现互为备用。在 11#～13#泊位前沿设置四个岸边插座箱，提供 6.6kV/60Hz 和 6kV/50Hz 电压等级电源，向靠泊集装箱船舶供电。同时将 14#～16#泊位原有地下暗装的四台立式岸基电源箱拆除并改造为卧式结构后进行地面明装，项目完成后能实现码头所有泊位岸基电源全覆盖。岸基电源系统在与船舶电源连接、退出及转换过程中要求船舶不断电，实现无缝切换；满足进行现场和远程监控管理要求；符合节能、环保、安全等要求，具备较高的过载能力、抗冲击能力及规范的包含逆功率保护在内的安全保护系统。

2）一套布置在 1#变电所船舶岸基电源室内，配置为：1 套整流逆变系统设备、1 台降压变压器、1 台升压变压器（升压变压器低压侧与变频电源出线侧之间需采用 4000A 插接封闭铜母线槽连接，长度约为 14m，2000A 插接封闭铜母线槽为 3m，母线插接箱共 3 个）、1 面 6.6kV 进线柜、2 面 6.6kV 出线柜、1 面母联柜、1 面接地电阻柜、1 面提升辅柜，1 套电力监控系统设备、1 面低压配电箱、电房配套 4 台 10 匹空调、电气照明、消防设备、一次模拟图版、地面环氧地坪漆油漆等；另一套以箱式电站形式布置在 1#变电所旁建成的混凝土基础上，电源站内配置为：1 面 10kV 进线柜、一套整流逆变系统设备、1 台降压变压器、1 台隔离（升压）变压器、1 面 6.6kV 进线柜、2 面 6.6kV 出线柜、1 面母联柜、1 面接地电阻柜、1 面直流屏、1 套电力综合自动化系统（含视频监控）、1 面低压配电箱、4 台 10 匹空调（精密空调机）以及配套电气照明、消防设备等。

产品优势及应用成果：

1）变频电源单元装置应采用低压四象限整流、四象限逆变，并应用成熟的岸基电源专用的变频单元。

2）变频电源单元的功率单元组建为模块化设计，方便从机架上抽出、移动和更换。所有单元可以互换，便于维护。允许灵活安排变频电源的维修及故障模块的更换，允许在线维护，并考虑今后扩容的需要。

3）变频电源输出谐波电压和谐波电流含量优于 GB/T 14549—1993《电能质量　公用电网谐波》技术要求，输出电压总谐波失真度 THD≤3%，输出各次谐波电流≤标准要求。

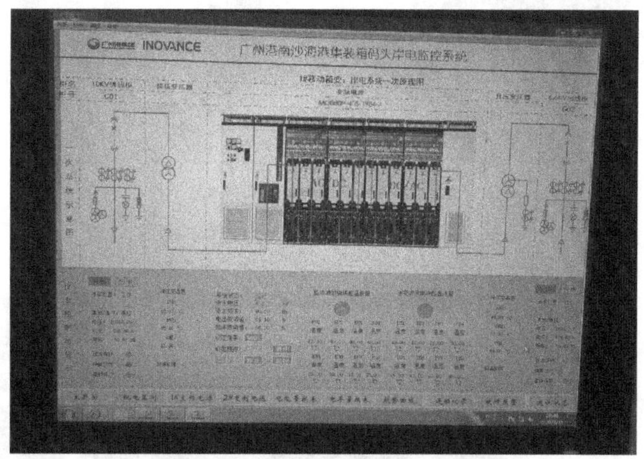

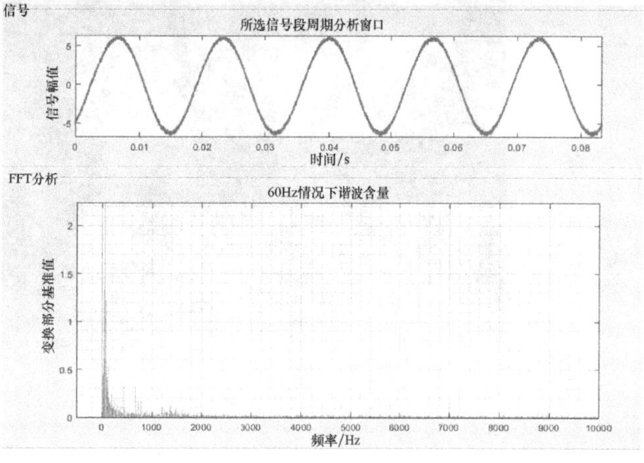

5. 湛江港口矿物传送带

参与单位：

深圳市汇川技术股份有限公司

地址：深圳市宝安区宝城 70 区留仙二路鸿威工业园 E 栋

电话：0755-29799595　传真：0755-29619897

Email：xuchangsheng@ inovance. com

网址：www. inovance. com

主要产品：

MD500 高性能矢量变频器

项目概况：

湛江现场一共有三条带式输送机，其中 SP3 采用了汇川变频器带长距离输电线路永磁同步电动机方案。上位机 PLC 通过通信给汇川变频器发送控制指令，汇川变频器输出安装正弦波电抗器，经 680m 长输电线路连接远程的电动机，实现设备的正常工作。

产品应用概况/解决方案：

运输矿石的运输船停靠在港口，经抓料机将矿石卸载在岸边的临时堆料场。再由取料机送上 SP1 传送带，SP1 传送带向右运行，到尽头后将矿石送上 SP3 传送带，SP3 传送带尽头将矿石送上 SP5 传送带。SP5 传送带尽头将矿石堆入堆料厂或者送入火车。SP3、SP5 传送带为汇川方案，2020 年开始改造并试运行。其中，SP3 传送带用单台永磁同步电动机拖动，电动机由汇川 MD500-PLUS 变频器驱动，采用 PMVVC 控制方式。SP5 传送带用两台永磁同步电动机同时拖动，电动机由两台汇川 MD500E 变频器主从模式运行驱动，采用 SVC 控制方式。汇川方案解决了变频器和电动机之间输电距离长、传送物料多、电动机输出转矩大等难点。

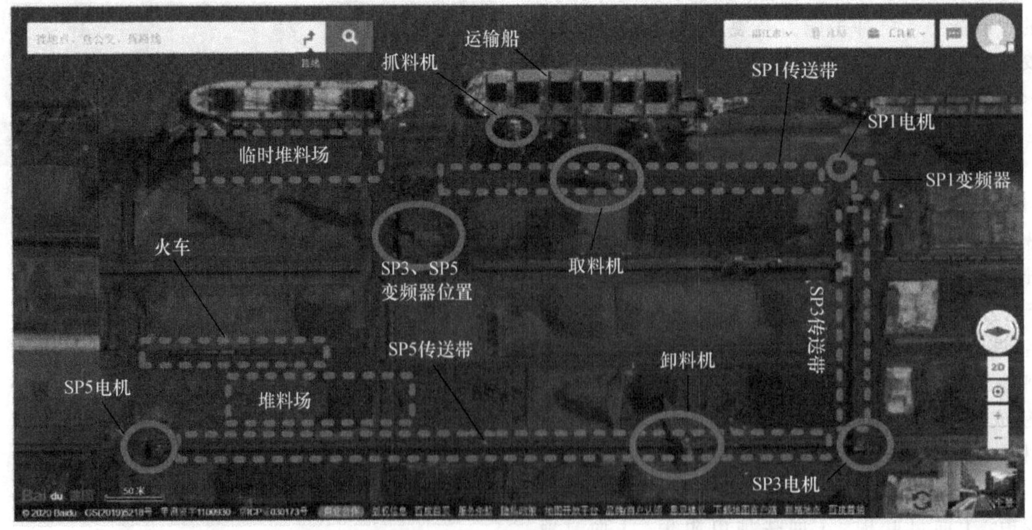

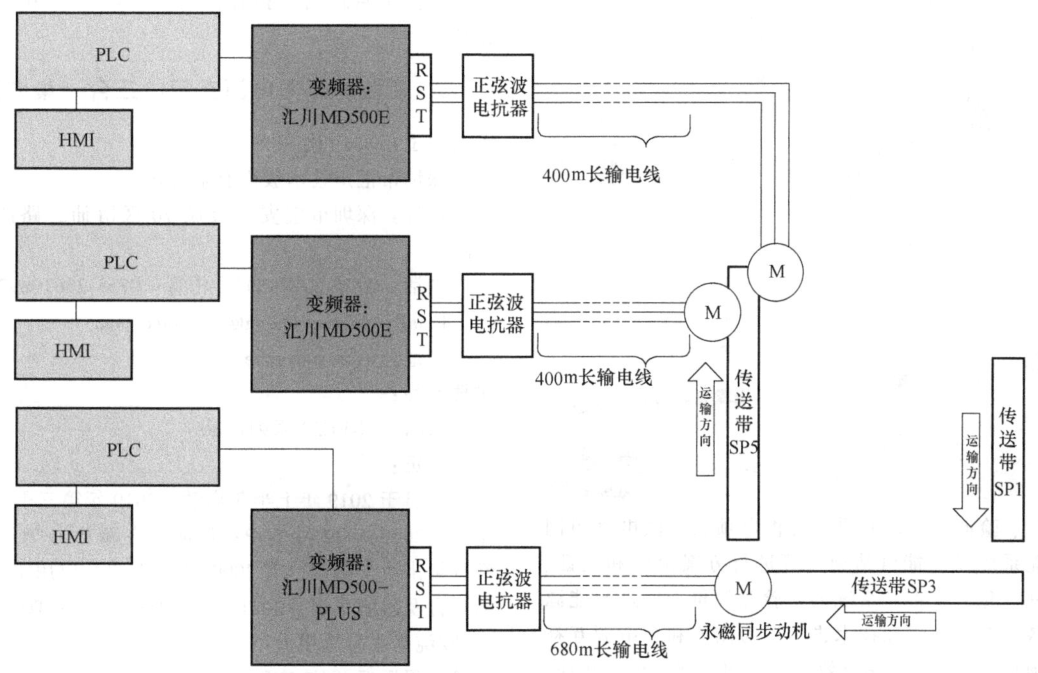

产品优势及应用成果：

汇川方案的优势为：

1）变频器输出侧可带长距离输电线路，不必在电动机附近专门搭建控制室，变频器安装在远处的集中控制室内。

2）SVC 算法性能优良，可在无编码器的情况下，实现与普通变频器 FVC 算法相同的控制效果。

3）专门针对同步机的 PMVVC 算法性能优良，可在无闭环、对电动机参数精度要求不高的情况下，实现与普通变频器 SVC 算法相同的控制效果。

4）PMVVC 算法的低速闭环电流可大幅度提升电动机起动时的输出转矩。

5）主从控制算法性能优良，实现负荷分配均匀稳定。

6）永磁同步电动机无需转子电流，节能效果可达 15%～20%。

7）20 对极永磁同步电动机可实现超低速运行，无需减速器，减少了对减速箱的维护。

6. 常德百兆瓦级多电源融合技术实验验证平台项目

参与单位：

深圳市汇川技术股份有限公司

地址：深圳市宝安区宝城 70 区留仙二路鸿威工业园 E 栋

电话：0755-29799595　传真：0755-29619897

Email：xuchangsheng@ inovance. com

网址：www. inovance. com

主要产品：

IES1000 系列储能变流器

项目概况：

2019 年 10 月 21 日，湖南常德经开区举行移动储能产业园项目暨百兆瓦级多电源实验验证平台投资建设签约仪式。其中移动储能产业园项目计划投资 30 亿元人民币，选址在常德经开区军民融合产业园内，建设以电动汽车产业、应急供电和特需供电为服务目标，形成包括锂电池包生产线、移动充电车生产、电池管理系统（BMS）和发动机管理系统（EMS）生产、小型燃气轮机发电车生产、移动储能电站生产、即时能源服务网络服务总部等全链条的产业体系。力争建成投入运营后，年销售额达到 50 亿元以上，年税收 2 亿元以上。

其中百兆瓦级多电源融合技术实验验证平台项目计划投资 1.6 亿元，该项目集电化学储能、氢储能、光伏发电以及燃气发电等多电源融合技术实验验证。

产品应用概况/解决方案：

该项目建成后将成为全球率先能够完成对百兆瓦级储能和多能互补微电网进行实验验证的平台，实现新能源设备、储能设备、储能监控系统、BMS、EMS、多电源无缝切换、黑启动、微电网设计组网、储能电站设计搭建等进行

实验、运行、验证；对多电源互补供电项目、微电网组网项目、储能系统及储能电站项目等进行方案论证和实证、设计验证和优化、设备与系统的实验和评价；促进新能源和储能设备与系统可研和技术进步，为储能和多电源互补及微电网项目投资提供科学有效的支撑和前期评价与实证，填补了国内外大规模储能的百兆瓦多电源融合实验验证技术与平台的空白。

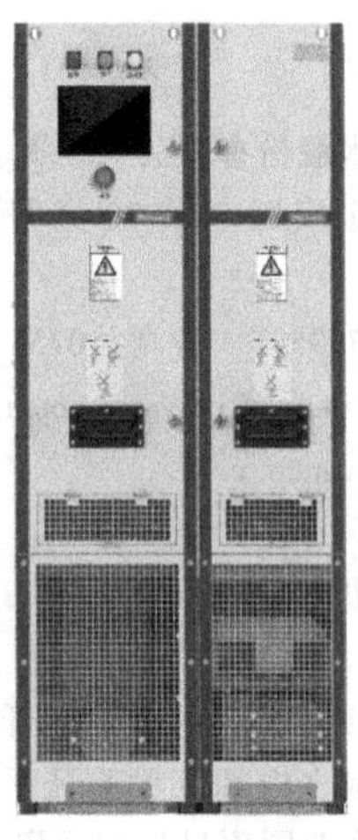

产品优势及应用成果：

1）高效、经济；

2）三电平拓扑、最高效率为 99%、单机功率为 500kW/630kW；

3）独立模块化架构、便捷维护；

4）体积小、初投低；

5）模块化销售、集成优势分享；

6）智能、友好；

7）快速功率响应、±100%充放电转换 20ms、调度更快速；

8）集成 EMS、电池维护功能、主动能量调节、延长电池使用寿命；

9）通信链路时间短、选择多样；

10）通信端口：RS485、Ethernet、EtherCAT、CAN、ProfiNet；

11）支持 IEC61850 规约、光纤通信；

12）主回路电气拓扑：主功率电路采用 T 型三电平拓扑。

7. 新能源汽车电源充配电三合一集成应用项目

参与单位：

深圳市汇川技术股份有限公司

地址：深圳市宝安区宝城 70 区留仙二路鸿威工业园 E 栋

电话：0755-29799595　传真：0755-29619897

Email：xuchangsheng@ inovance. com

网址：www. inovance. com

主要产品：

CHACON-PC32 系列产品

项目概况：

项目于 2019 年上半年启动，2019 年第三季度客户成功定点，2020 年 12 月 SOP；目前已在新势力 TOP 客户中正常批量出货，陆续已有 2000+发至客户，应用于客户已量产的平台及旗舰车型，2021 年 Q3 即将在国内 TOP3 主机厂新混动/纯动平台应用上市。

产品应用概况/解决方案：

随着新能源汽车行业的快速发展，国内外对电源产品的需求高涨，新能源汽车的电源使用场景覆盖不断增加，为了解决客户充配电的需求，在满足车载充电效率高，热损耗低的前提下，电源应对的便利性和灵活性将是未来的发展趋势；公司新一代电源三合一高集成产品具备双向放电功能，满足消费者更多使用需求，在实际应用中 OBC 反向放电可实现稳定输出 AC 220V 电源，满足驾驶外的生活用电需求；同步 DC-DC 可将动力电池高电压转变为整车低电压供电需求（车内照明、电动机控制器电源、雨刮器等）；科学合理的电量配置能力，电池包合理输出电流给 MCU、电动机控制器、电加热、空调压缩机正常工作，同时也支持电池包的直流大电流充电、配电，为用户在电源的多元化应用上提供更多可能。

产品优势及应用成果：

产品优势：使用车规级器件，稳定性高、可靠性高，支持双向工作，可充电、放电，产品支持 AUTOSAR 软件架构，具备功能安全定制开发功能，输出控制稳定，高度集成，小型化、轻量化设计，空间占用小，功率密度高，支持 UDS 诊断和 UDS 程序升级，支持 CAN2. 0 和 CAN-FD，使用寿命长（15 年或 300000km）。

应用成果：覆盖传统主机厂 50%TOP 客户，主推平台车型已成功应用，部分车型已上市，覆盖业内新兴汽车制造业 20%TOP 客户，平台旗舰车型已问世，整车预计 2021 年出货 3W+。

8. 青海省海南州特高压外送基地电源配置项目

参与单位：

阳光电源股份有限公司

地址：安徽省合肥市高新区习友路 1699 号

电话：0551-65327878

Email：sales@ sungrowpower. com

网址：www.sungrowpower.com

主要产品：

光伏逆变器、风电变流器、储能系统、水面光伏系统、新能源汽车驱动系统、充电设备、智慧能源运维服务等

项目概况：

该项目是短时间内建成的大规模新能源发电项目，项目位于青海省海南州，是中国特高压“西电东送”工程的重要一环，可提高西部新能源消纳能力，平滑电力输出，提升特高压输电线稳态输送能力，便于从中国西部地区向人口密集的东部地区送电。

产品应用概况/解决方案：

黄河水电公司负责建设了该项目2.2GW光伏及配套的储能电站，阳光电源股份有限公司提供了近900MW的1500V光伏系统解决方案（SG225HX），并为配套的202.86MW/202.86MW·h光储融合项目提供了整套一体化解决方案，高度集成PCS、锂电池系统、EMS等核心设备，能够快速交付，减少调试工作；嵌入子阵能量管理功能，控制光储平滑输出，提高光功率预测精度，提高消纳；定制光储交流低压耦合方案，降低系统成本，提高变压器利用率。此外，灵活搭建光储微电网系统，解决前期施工无电问题，缩短施工周期。

产品优势及应用成果：

1. 高效发电

1）最大效率为99.01%，中国效率为98.52%；

2）12路MPPT设计，复杂应用场景提升发电量；

3）单串最大直流为15A，支持大功率为500Wp以上双面组件接入；

4）集成PID防护及修复，提升系统发电量。

2. 节省投资

1）支持组串二汇一接入，节省直流线缆成本；

2）支持铝线接入，节省交流线缆成本；

3）支持PLC通信，节省通信线缆及施工成本；

4）集成跟踪电源及通信接口，节省线缆及施工成本。

3. 安全可靠

1）整机IP66防护等级，防腐等级C5设计，适应各种恶劣环境；

2）IP68智能风扇散热，低温升，长寿命。

4. 智慧友好

1）组串检测及I-V扫描，精确定位异常组串；

2）交直流双电源冗余设计，24小时状态监控；

3）有功满载时功率因数可达0.9，支持夜间SVG功能。

9. 腾讯T-Base项目群

参与单位：

中兴通讯股份有限公司

地址：深圳市南山区西丽留仙大道中兴通讯工业园

电话：0755-26774170

Email：li.li51@zte.com.cn

网址：www.zte.com.cn

主要产品：

中兴通讯ZEGO仓储式全模块数据中心

项目概况：

T-Base是腾讯超大型数据中心园区产品解决方案。为了支持全国的业务发展，腾讯在华南、华东和华北规划了多个大型T-Base数据中心园区。

2020年，中兴通讯股份有限公司陆续为腾讯交付了清远云数据中心，仪征云数据中心和怀来云数据中心，提供项目深化设计、项目机电总集成和设备交付等服务。

产品应用概况/解决方案：

中兴通讯股份有限公司ZEGO全模块数据中心是指数据中心通过预先设计，同时系统（包含硬件和软件在内）在出厂前预先完成组装、集成和测试，从而缩短施工现场部署时间，提高性能的可预见性的系统组态。

ZEGO基于全模块理念设计，可以根据客户需要，进行不同模块的设计组合，实现不同密度的灵活设计。系统分为配电系统（UPS模块、高压直流模块、低压模块、中压模块、柴发模块）；制冷系统（制冷模块、AHU模块、蓄

冷模块)；IT 系统（IT 模块)；辅助系统（NOC 模块、办公模块等)。

典型应用场景：

1）拥有闲置空间：比如一处空仓库，不但可以利用闲置空间，还能避免新建建筑可能引起的工期延误和施工成本。

2）时间紧迫的新建项目：来自时间成本压力，用户期望尽早交付。

3）多租户设计数据中心情况：需要将 IT 设施按租户分区操作，并扩展电源系统和制冷系统资源。

4）数据中心希望以“分阶段”“可重复”的方式部署设备。

5）在租赁场地上运行的数据中心，租赁业务可以使得客户不需要浪费资金用于固定资产投资。

产品优势及应用成果：

全模块数据中心是一种预先设计、组装和集成，且事先测试过的数据中心物理基础设施系统（电源、制冷系统等)，它们作为标准化“即插即用式”模块被运输到数据中心现场。由于模块化的供配电系统和制冷系统是以标准化方式建设和安装数据中心物理基础设施的，因此可以大幅地节省成本。

全模块数据中心与传统数据中心相比，在部署时间、节能效果、设计方式、部署密度和运行效率等方面都具有非常明显的优势。详细情况可以通过下图进行对比：

全模块数据中心对比		
部署时间	以1000个机架为例，可以在4.5个月内完成设计、交付、安装及运行	通常需要12个月以上
PUE	可做到1.2X	1.6左右
设计	通过模型设定，工厂预制完成所有模块组装及测试	设备采购后发货在现场把每个设备拼装，安装过程和传统数据中心无异。只能做到标准化设计，无法达到标准化预制
部署密度	可以通过两层堆叠，有效利用厂房空间，提升机架部署密度	单层设计，无法堆叠，密度低
运行效率	基础设施模块采用标准化和模块化的内部组件，可以按照预期设定PUE，实现模块最佳效率	复杂的定制化及安装过程会造成系统运行不佳，降低效率

10. “十三五”总体规划建设项目——数据机房建设

参与单位：

安徽博微智能电气有限公司

地址：安徽省合肥市高新技术开发区香樟大道 168 号

电话：0551-62724715

Email：ivy@ ecthf. com

网址：www. ecrieepower. com

主要产品：

BWM50 高功率密度模块化 UPS

项目概况：

电科院“十三五”总体规划建设项目——数据机房建设主要作为电科院数据基础环境支撑使用，为整个数字电科提供强有力的数据汇集存储、分析处理、交换共享等能力支撑。因业务需要，本次需建设两类主机房，分别为屏蔽机房和非屏蔽机房，屏蔽机房主要负责支撑数字电科涉密业务数据处理，总机柜承载需求不少于 76 台（含）标准机柜和 9 台（含）网络布线柜。非屏蔽机房主要负责处理数字电科非涉密业务数据处理，总机柜承载需求不少于 88 台（含）标准机柜和 8 台（含）网络布线柜。进线间配置不少于两台（含）网络布线柜，其他辅助区和支持区配套机房使用需求及运维人员办公需求进行配置。一方面，建成后的机房作为信息传输的枢纽，提供可靠的、高品质的机房环境，提供符合国际、国家各项有关标准及规范的优秀技术场地；另一方面，还需满足各种电子设备对温度、湿度、洁净度、电磁场强度、噪声干扰、安全保安、防漏、电源质量、振动、防雷和接地等的要求。

产品应用概况/解决方案：

配电系统频率：

50Hz，电压：380V/220V，相数：三相五线制/单相三线制。市电一部分为机房市电电源供电，另一部分给 UPS 供电，经 UPS 稳频、稳压、调整电压波形后为计算机及其相关网络设备供电，同时由 UPS 为后备电池充电；当遇到市电供电线路断电时，UPS 后备电池立即放电，经 UPS 逆变后给计算机设备不间断供电。机房区的照明、空调、维修系统供电为市电直接供电，不同相位需合理分配均衡负载。配电柜绝缘性能应符合国家标准 GB 50150—2016 电气设备交接试验标准中的要求，不小于 0.5MΩ。

产品优势及应用成果：

5G 时代，更快速度更大容量的网络有望带来更多的数据，数据中心将会对机房布局进行柔性扩容，为后期 5G 设

备替换旧设备留下足够的空间，全新的网络架构以及新增应用场景需求（低延时高可靠通信）有望带动运营商边缘数据中心的建设。那么，未来高效的供电技术方案发展无疑是潜力巨大的。目前，主流的数据中心电源系统就是UPS不间断电源。近年来，随着大数据、云计算等技术的快速发展，传统的数据中心系统也在飞速变革。越来越多的用户已经或正在考虑使用模块化UPS建设新的数据中心，为迎合绿色、高效、易扩容、易维护等新的用户需求，各厂家都陆续推出大容量模块化UPS。

BWM503/3系列UPS扩容项目旨在满足当前和未来市场对数字阵列UPS的不断需求，为用户提供更加可靠、弹性、高效的供电保障。在BWM系列技术积累的基础上，将单机最大可扩容至1500kVA。融合设计相比传统并机方案可为客户节约40%空间；效率满载可达到96%，更加匹配数据中心真实业务场景。

本产品涉及技术范围：分立器件代替开关管模块；PFC与INV单相模块化设计；内部结构背靠背分布；功率模块双DSP通信从McBSP改为SPI，节省了芯片资源，简单、稳定；IGBT功率模块应用及驱动技术的研究；大容量磷酸铁锂电池在UPS中串联集成技术的研究；兼容锂电池系统；先进的并联均流控制技术；基于CAN总线的多机混合主从并机系统研究。

11. 河源市新陆新材料工商业电站

参与单位：

广东省古瑞瓦特新能源有限公司

地址：广东省深圳市宝安光明路28号古瑞瓦特工业园

电话：4009313122

Email：China@ growatt. com

网址：www. growatt. com

主要产品：

太阳能并网逆变器、离网及储能逆变器

项目概况：

本项目总装机容量为3.32MW，布置在公司厂房屋顶，全部采用39台古瑞瓦特新能源有限公司智能商用逆变器MAX系列，于2020年4月30日并网，运行以来，日发电量最高达1.9万kW·h，预计年发电量超360万kW·h，每年可节约标准煤1440余t，减少CO排放3589余t。

产品应用概况/解决方案：

光伏逆变器是光伏电站发电效率、电能质量、环境适应性，以及智能化运维的关键所在。针对该项目的环境和要求，古瑞瓦特新能源有限公司通过科学设计实现资源与系统的主动优化匹配，提供了一站式智慧能源解决方案，从项目评估到系统设计、设备选型、运营维护等提供全方位专业化服务。该项目全部采用古瑞瓦特新能源有限公司智能逆变器MAX系列，配备智慧能源解决方案。公司负载多，用电量大，采用“自发自用、余电上网”的模式，自用电比例超过85%，每年可为工厂带来电费收入200多万元，利用闲置屋顶资源实施分布式光伏发电，对于企业及当地的环境保护，减少大气污染具有积极的作用，实现经济效益和环境效益双提升。

产品优势及应用成果：

采用6路MPPT，组串失配损失更少；无直流熔丝，消除易损件，免维护设计；AFCI保护，准确分辨直流侧拉弧信号，及时做出处理，避免火灾；智能I-V曲线扫描，主动诊断分析组串状态信息，电网侧故障录播功能，能实现远程、快速、精确的故障定位，根据故障类型，采取相应的措施。采用双DSP、CPLD、ARM等四“核芯”结构，逆变器可以实现更多更复杂的功能，运行速度更快，处理故障更专业，安全性能更可靠，最高效率可达99.05%。古瑞瓦特新能源有限公司的MAX系列智能逆变器通过了严苛的、长期可靠性测试和环境适应性测试，在实践中表现出优异的高效发电性能。由于该公司生产材料主要为石材产品，产生的灰尘较大，因此楼面光伏安装采用在彩钢瓦上立支架的方式安装，在保证最佳倾角的同时，又便于雨水对光伏面板进行清洗，能够更好地防止积尘。搭配高效的古瑞瓦特新能源有限公司的 MAX 系列及智慧能源管理系统，通过手机 App，可随时监测光伏项目的运行情况，从根本上使发电系统最大限度地提高了系统发电量，降低了运维成本。

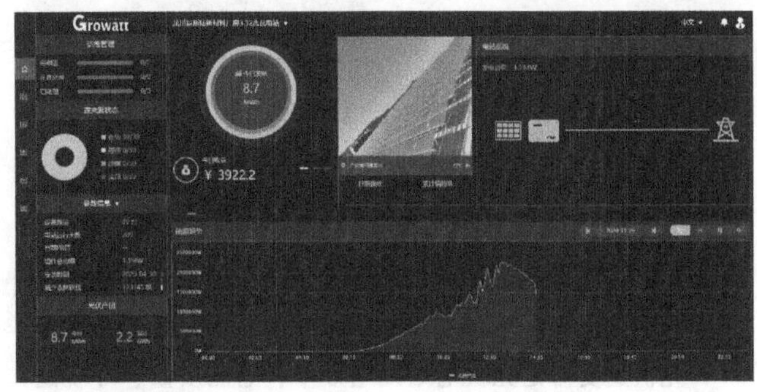

12. 郑万高铁

参与单位：

航天柏克（广东）科技有限公司

地址：广东省佛山市张槎一路 115 号 4 座

电话：0757-82207158 传真：0757-82207159

Email：yt@ baykee. net

网址：www. baykee. net

主要产品：

军民两用 UPS、EPS 应急电源、模块化数据中心、逆变器、充电桩、储能设备、精密空调、智能配电、APF 有源滤波器、动环监控等同源产品的尖端技术

项目概况：

郑万高铁连接郑州市与重庆市，是中国“八纵八横”高速铁路网的重要组成部分，全线 818 千米，是我国第一条桥隧比超过 90% 的复杂险峻山区高铁，预计 2022 年建成通车。届时从重庆到郑州只需 5h（小时），极大地缩短了重庆与华中、华北等地的时空距离，对促进区域协调发展，推动我国西部大开发战略实施具有重要意义。

产品应用概况/解决方案：

轨道交通属于高度复杂的大系统，由轨道路线、车站、维护检修基地、供配电、通信信号和指挥控制中心等组成。航天柏克（广东）科技有限公司（简称航天柏克）在轨道交通供电领域持续深耕，致力于该领域系列产品的研发、产业化和服务，为客户提供全方位的整体系统集成解决方案。航天柏克工程技术团队多次深入郑万高铁现场考察，基于负载特征描述和供电实际环境，为其制定铁路专用应急电源方案，确保供电可靠性与稳定性。该方案采用高效 IGBT 逆变、先进的 DSP 全数字控制、人工智能、云网管理、在线实时预警和故障隔离等先进技术，极大地提升了产品的综合技术性能，全系列产品已经过高寒、高盐、高温、高湿和高风沙等恶劣环境的验证，高可靠性和高稳定得到用户的一致认可。

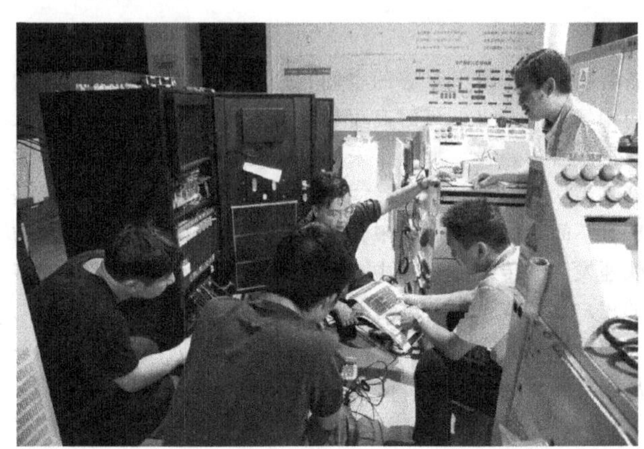

产品优势及应用成果：

航天柏克系列 EPS 采用先进的数字化控制技术，具有语音报警功能，人性化的触摸式彩色大屏幕 LCD 中英文显示，采用高速数字化微处理器技术、可编程逻辑器件（CPLD）、第六代低损耗大功率 IGBT 和静态开关扛鼎演绎了数字时代的经典传奇，容量之大、可靠性之高、性能之稳定均居国际一流水平。

航天柏克系列 EPS 全面突破了模拟电路时代的技术瓶颈，数字化控制技术与高精度 SMD 技术保证其 100% 适应各种电网环境，单机容量从 0.5～600kVA，广泛应用于通信、银行、证券、交通、电力、工业和市政等行业。

13. 山东恒安纸业四期产线配电稳压系统

参与单位：

鸿宝电源有限公司

地址：浙江省乐清市象阳工业区

电话：0577-62762615　传真：0577-62777738

Email：774058299@ qq. com

网址：www. hossoni. com

主要产品：

SJW 系列微电脑无触点补偿式电力稳压器

项目概况：

山东恒安纸业新上四期工程是集造纸、后加工和智能立体仓为一体的高档生活用纸项目，项目总投资 10 亿元人民币。

1）生产环境安全要求高，传统的柱式补偿式电力稳压器属于有碳刷触点接触，触点温升高甚至有火花产生，而生产材料及产成品均属于易燃纸品，存在安全隐患。

2）生产设备频繁起动且起动电流大，造成电网电压波动大，传统的柱式补偿式电力稳压器响应时间及电压调整速度无法保证生产设备的正常运行。

3）生产设备开机 24 小时连续运行，传统的柱式补偿式电力稳压器属于机械调压稳压模式，机械噪声及磨损大，产品可靠性低。

产品应用概况/解决方案：

综合以上造纸及后期加工产线的特殊性，公司在多年生产的补偿式电力稳压器的基础上，进行工艺升级，成功研制并生产出造纸产线专用的微电脑无触点补偿式电力稳压器，对稳压器做了优化改进如下：

1）优化无触点稳压器的柜体工艺，外壳防护等级达到 IP42 以上，对机内关键部位增加风机散热，实现了稳压器使用安全高等级。

2）采用最新的 DSP 运算计量芯片控制技术、快速交流采样技术、有效值校正技术、电流过零切换技术和快速补偿稳压技术，将智能仪表、快速稳压和故障诊断结合在一起，使稳压器实现安全、高效、精密。

3）提高无触点稳压器的模块组电流等级、实现稳压器耐受动力负载频繁起动冲击不损坏，保证负载设备正常运行。

产品优势及应用成果：

1）高效率：有效功率达到 99%以上。

2）高精度：稳压精度（±1%～±5%可调）。

3）稳压模式可调：根据使用要求，同调及分调两种稳压模式可调。

4）智能仪表显示：智能仪表实时显示电流、电压、功率等。

5）高速反应：稳压反应速度在 40ms 以内。

6）无畸变：采用电流过零切换技术，输出波形无畸变。

7）损耗低：电力损耗小于 0.5%，节省大量电费。

8）保护功能齐全：设有过电压、欠电压、过载、短路等故障显示及保护功能。

9）预置功能强：保护限值可以任意设定。

10）过载能力强：可在 100%额定条件下连续使用，可承受瞬时过载不损坏。

11）适用性强：可在各种恶劣电网及复杂负载情况下，连续稳定工作。

14. 某雷达供电系统的模块电源国产化解决方案

参与单位：

连云港杰瑞电子有限公司

地址：连云港市圣湖路 18 号

电话：0518-85981728　传真：0518-85981799

Email：jari-e@ 163. com

网址：www. jariec. com

主要产品：

对标 VICOR 二代国产化电源

项目概况：

某单位某型号雷达系统需要一批国产化电源，作为 VICOR 公司产品的国产化替代使用，要求性能指标兼容性良好，效率较 VICOR 公司产品有所提升、发热量更小、运行稳定可靠。

产品应用概况/解决方案：

应用概况：该单位雷达供电系统项目给电源模块留出的空间小、散热条件苛刻，并且雷达供电系统所需的功率很高，要求电源模块具有极高的功率密度以及变换效率。

解决方案：公司对标 VICOR 二代电源模块，采用自主专利拓扑结构，先进的旋转灌封工艺，灌封胶散热性优异，从技术到生产完全自主可控。公司对标 VICOR 二代电源模谱系齐全，能够实现系列化替代进口 VICOR 产品，该单位雷达系统所需的 12 款电源，公司产品可以全部实现原位替代。这大大简化了该项目繁琐的验证流程，缩短了研制时间，实现快速交付。

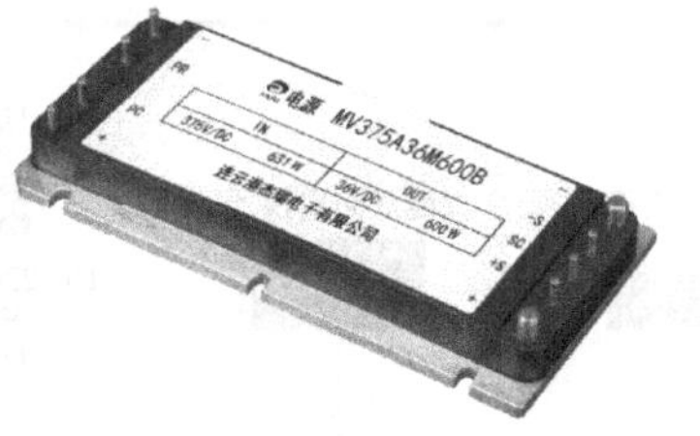

产品优势及应用成果：

产品优势：

1）效率较国外竞品高 5%以上；

2）全砖模块功率较竞品高 100W，且功率曲线更平坦；

3）产品谱系齐全、系列化；

4）技术、工艺成熟、交付周期短、产量高；

5）原位替代国外产品、简化客户繁琐的验证流程、缩短研发周期、提高效率。

应用成果：根据客户反映，公司电源在雷达系统项目上应用情况良好，运行稳定可靠，保证了雷达系统的技战术达到最高水平。公司是国内一家实现系列化替代 VICOR 二代电源的厂家，且为多家军工单位国产化替代的首选，广泛应用于航空航天、船舶、兵器以及工业控制领域。

15. 国家能源集团 CIGS-BIPV 光储直柔建筑项目

参与单位：

南京国臣直流配电科技有限公司

地址：南京市江宁区福英路 1001 号联东 U 谷南京国际港 9 号楼

电话：025-84488904

Email：guochen@ gc-bank. com

网址：www. gc-bank. com

主要产品：

光伏系列、储能系列、并网系列、整流 AC-DC、DC-DC 电源系列、直来电盒、剩余电流保护、低压值流主动安全监控装置、直流系统主动式综合保护、一体化保护、直流线路保护、母线差动保护、绝缘监测、集中式剩余电流保护、备自投测控装置、交直流综合保护、电压暂态监测仪、直流综合测控装置、电池巡检仪、协调控制器

项目概况：

CIGS-BIPV 光储直柔建筑位于北京昌平区未来科学城低碳研究院园区内。该示范项目集研发、集控和展示等三大功能于一体，高度整合国内外先进的多能耦合、铜铟镓硒薄膜光伏建筑一体化、绿色建筑与楼宇直流供电等系统，打造成“互联网+CIGS-BIPV+楼宇直流智能化”的近零能耗智慧建筑。项目占地面积约 1000m^2，建筑面积 1063m^2。主体建筑旁附建一座展示塔，高 18.3m。

产品应用概况/解决方案：

该直流系统为单极性悬浮系统，采用两级供电电压等级，其中母线电压等级 DC 750V，负载回路电压等级 DC 220V。交流容量 150kW（双向），光伏 150kW，储能 356kW · h，负载容量 100kW（覆盖空调、照明、插座、充电桩、光伏农业电源、西侧大屏电源、北侧大屏电源、云平台电源、自动化系统电源、自动化设备电源、楼控控制柜等。涉及产品包含光伏变换器、储能变换器、DC-DC 变换器、直流配电保护、储能、储能管理系统、并网设备、能量调度协调控制器、直流配电监控系统等。

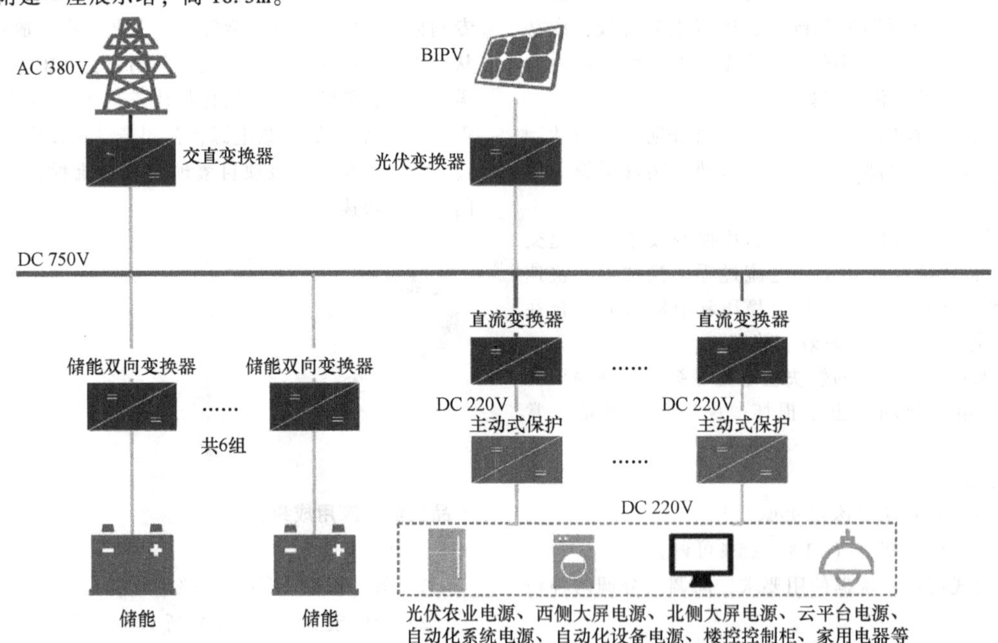

产品优势及应用成果：

1）交流电网、光伏、储能多能源接入，为楼宇的供电可靠性提供保障；

2）母线电压采用 DC 750V 输送，减少线路损耗，提高供电效率；

3）储能系统单独配置管理系统，使储能系统一直工作在最优状态；

4）储能的便捷接入/优质实现谷储峰用电并解决电网暂降和中断时的问题，保证了重要负载可靠供电；

5）主动式保护技术使用电得到了安全保障，在线路发生短路时主动式保护模块 μs 级瞬间切除负载；

6）光伏发电多余电量可输送给电网，创造经济效益；

7）直流配电系统让用电设备节能效果得到最大发挥。

16. 吉林广电新媒体数据中心机房三期扩建项目

参与单位：

深圳市英威腾电源有限公司

地址：深圳市光明区马田街道松白路英威腾光明科技大厦A座5楼

电话：0755-23535023　传真：0755-26782664

Email：liufeng0361@ invt. com. cn

网址：www. invt-power. com. cn

主要产品：

UPS、蓄电池、空调、配电柜、密封通道、动力环境监控

项目概况：

吉林广电新媒体数据中心机房三期扩建项目已由上级主管部门批准建设，配电机房由大厦配电室引至机房市电ATS柜，为达到节能减排效果，所有UPS设备均采用高效

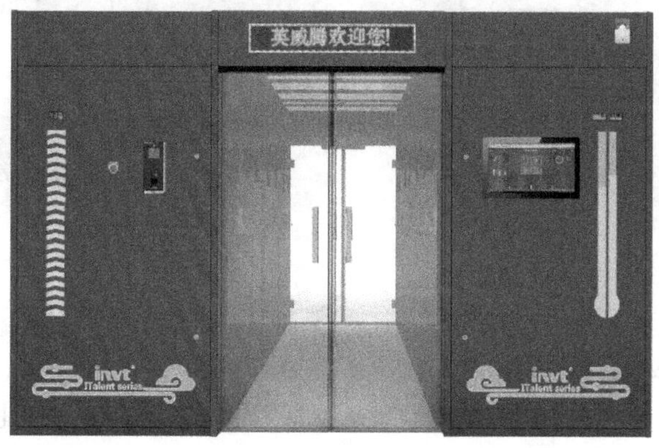

模块化UPS，空调设备均采用列间级空调制冷，靠近热源安装，气流路径短，冷量损失小，采用封闭冷通道设计的微模块一体化数据中心，灵活部署，统一管理。

产品应用概况/解决方案：

鉴于吉林广电前两期项目，由公司供货的相关产品可靠平稳运行，高效节能，获得了用户的一致认可，三期扩建项目依然采用了我司数套腾智微模块一体化数据中心解决方案，以及配套服务器机柜及通道封闭组件，根据项目现场实际情况，部分标准机柜对面采用钢化玻璃幕墙，单独玻璃框架加钢化玻璃设计，便于后续扩容机柜时的拆卸；采用模块化UPS系统2N双母线架构以及配套蓄电池组；列间精密空调靠近热源安装、气流路径短，冷量损失小，并在UPS配电间配置房间级精密空调制冷等。

产品优势及应用成果：

本项目数据中心机房采用公司多套 180kVA 模块化 UPS 系统，所有功率模块均支持在线热插拔，极大地方便现场维护及安装扩容，UPS 系统主机配置 10 英寸以上彩色 LCD 触摸显示屏，人机界面十分友好，信息量大，操作方便。超宽电压输入范围，高输入功率因数，低输入谐波，对电网污染更小。UPS 系统支持智能休眠模式，当模块的负载率小于休眠负载级别时，控制器根据当前负载量决定进入休眠模式的模块数量，并根据所设置的轮休时间进行休眠轮换，为用户节省能耗，真正实现绿色节能，同时提高系统综合使用寿命。

同时根据现场实际情况，按需定制，灵活部署，采用了多套腾智双排微模块，封闭冷通道设计，绿色节能，安全可靠。英威腾微模块数据中心从各个子系统到整体架构的设计都采用模块化、预制化设计，以及封闭冷热通道、模块化 UPS、列间制冷等多种节能技术的联合应用，真正实现绿色节能高效运行。

17. 湖北黄石光储充一体化充电站

参与单位：

万帮数字能源股份有限公司

地址：江苏省常州市武进高新区龙惠路 39 号

电话：400-8280-768

Email：starcharge@ wanbangauto. com

网址：www. starcharge. com

主要产品：

7kW 互联网二代智能交流充电桩、7kW 互联网三代智能交流充电桩、75～90kW 电动汽车直流一体机（双枪）、180kW 双枪直流一体机、120～360kW 分体式直流充电机、智能下压式充电弓系统、500kW 大功率液冷充电系统

项目概况：

湖北黄石地区集光、储、充、能源管理为一体的综合客运站在黄石成功投运，该项目由国网湖北黄石供电公司投资，星星充电负责提供光储充一体化解决方案。

产品应用概况/解决方案：

该项目利用黄石客运枢纽站的停车场进行建设，将光伏阵列安装在车棚顶部，由光伏车棚发电系统、新能源汽车充电站、智能能源管理系统、储能电池系统等综合组成。

星星充电提供的解决方案以最优化系统集成为设计原则，在保证系统安全、高效运行的前提下，找到投资和产出的最优比，同时，智慧能源管理平台充分打通了“源网荷储充”数据信息，精准调节电网、光伏、储能三种供电模式，有效提升用电效率，提供自发自用、峰谷套利、需量控制、防逆流、功率分配等五大功能，真正实现新能源车使用新能源电。

产品优势及应用成果：

星星充电在该充电场站投建了多台 360kW 直流充电

桩，能够满足多辆新能源汽车同时充电的需求。据悉，该项目的光伏发电系统预计每年可贡献清洁能源电量 10 万 kW · h，等同节省 38t（吨）标准煤，减少二氧化碳排放约 100t。光伏发电系统与车棚建筑有机结合，实现从被动节能到主动产能的转变，有效降低建筑投资成本约 20%。

相较于传统配电网电能供给型充电站，光储充一体化充电场站有利于推动区域电网削峰填谷、多能互补，降低电动汽车大功率充电对配电网的冲击，实现能源供给的高效率、清洁化和智能化，并充分利用清洁能源，助力国家碳中和战略。

18. 上海电器科学研究所（集团）低压交直流装置

参与单位：

西安爱科赛博电气股份有限公司

地址：陕西省西安市高新区信息大道 12 号

电话：029-85691870　传真：029-85692080

Email：sales@ cnaction. com

网址：www. cnaction. com

主要产品：

电网模拟源、直流模拟源

项目概况：

电网模拟电源可模拟电网的扰动特性用于光伏逆变器和储能变流器等并网产品的过电压、欠电压、过频、欠频、高/低电压穿越（零穿越）、谐波注入及电网电压闪变等测试；同时可满足光伏发电虚拟同步发电机的惯量特性测试、一次调频等测试。

直流模拟电源具有太阳能电池 I-V 模拟功能和程控直流源功能（含恒压模式，恒流模式和恒功率模式），可以模拟不同类型、不同环境条件下太阳电池阵列 I-V 曲线，用于光伏逆变器和储能变流器等产品电性能测试、静态和动态 MPPT（Maximum Power Point Tracking，最大功率点跟踪）效能测试；同时具有电子负载功能，能量回馈电网，能够模拟多种电池特性曲线，满足储能变流器的性能测试需求；此外，直流模拟电源还具备充放电一体机功能，满足动力电池组或储能电池的充放电特性测试。

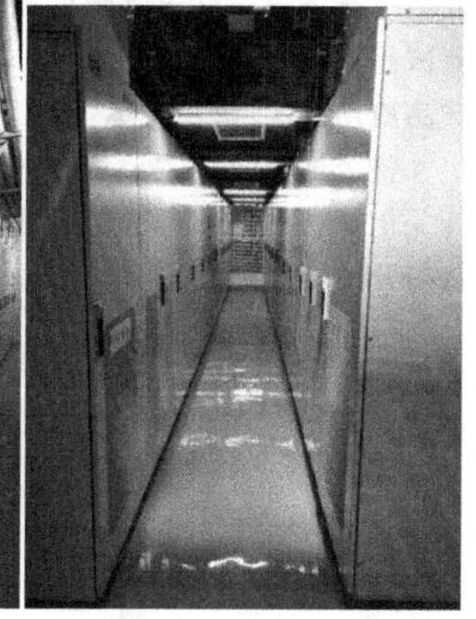

产品应用概况/解决方案：

系统配置：

1）电网模拟源单台容量 1.3MVA，直流模拟电源单台容量 1MW；

2）电网模拟源 3 台，直流模拟源 4 台。

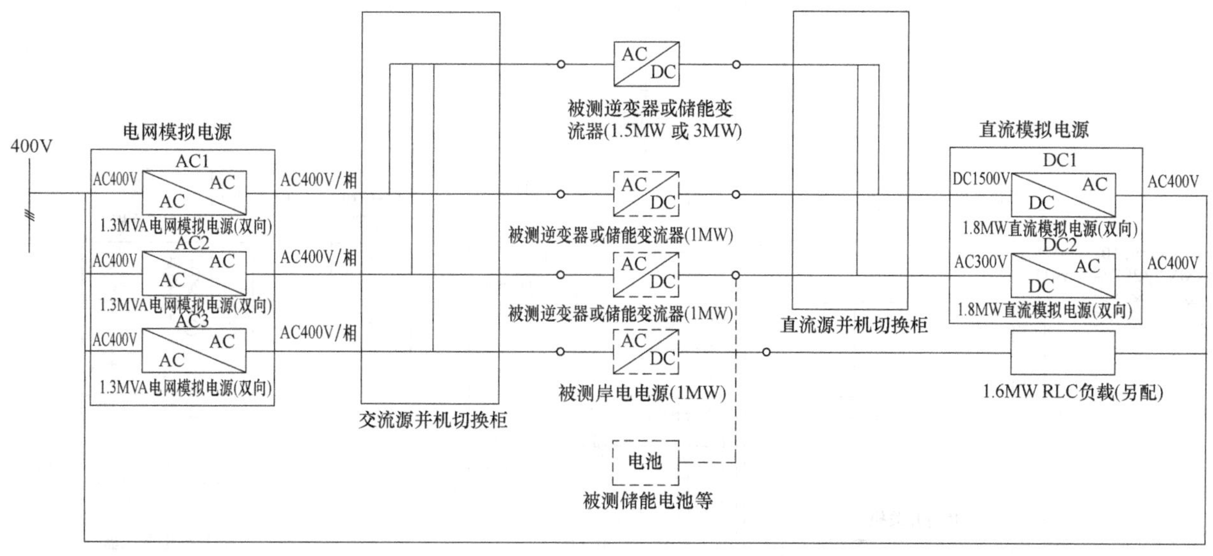

产品优势及应用成果：

产品优势：

1）国内目前最大的低压测试平台；

2）电网模拟源可 2 台、3 台并联输出，满足大功率的测试；

3）4 台直流模拟电源可任意并联及 2 台串联使用，满足大功率的测试；

4）4 台直流模拟电源可 2 台串联或 2 串 2 并输出，满足大功率、高电压的测试。

19. 上海电器科学研究所（集团）中压电网适应性装置

参与单位：

西安爱科赛博电气股份有限公司

地址：陕西省西安市高新区信息大道 12 号

电话：029-85691870　传真：029-85692080

Email：sales@ cnaction. com

网址：www. cnaction. com

主要产品：

电网适应性试验装置

项目概况：

电网适应性试验装置用于模拟产生电网电压偏差、频率偏差、三相电压不平衡、电压波动及闪变、频率波动、电网谐波及间谐波等电网扰动，并可模拟电网故障产生电压跌落和升高，可分别用于电压适应性测试、频率适应性测试、不平衡适应性测试、闪变适应性测试、谐波适应性测试、间谐波适应性测试、虚拟同步机功能测试，以及高/低电压穿越等，可同时满足实验室测试及电站现场的移动测试需求。

产品应用概况/解决方案：

整个试验装置主要由输入开关柜、输出开关柜、旁路开关柜、功率柜、降压变压器、升压变压器、站用变压器、负荷开关柜，集装箱等电气元件组成，试验装置一次系统单线图如下图所示：

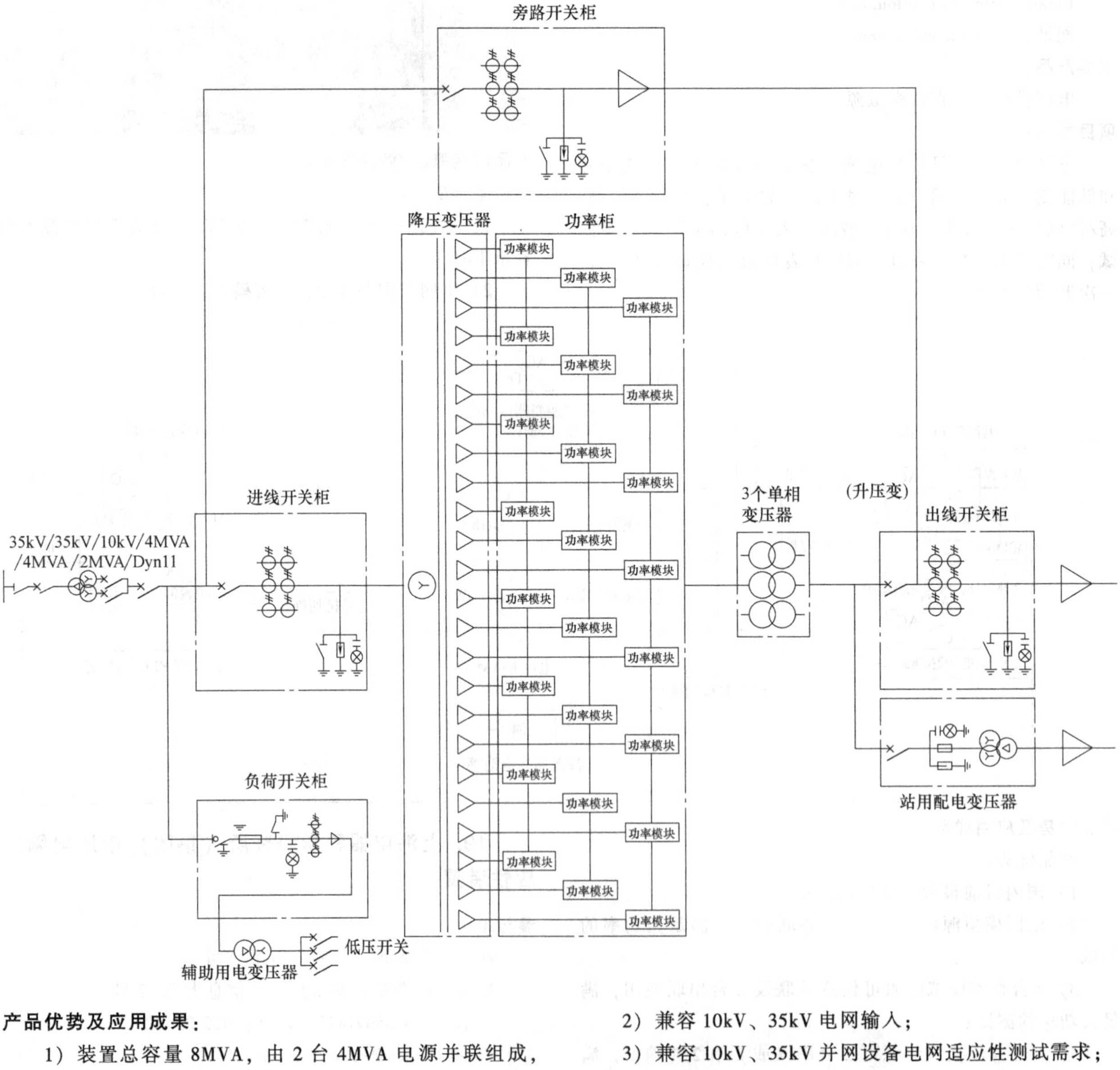

旁路开关柜
降压变压器
功率柜
功率模块
进线开关柜
35kV/35kV/10kV/4MVA
/4MVA/2MVA/Dyn11
3个单相
变压器
(升压变)
出线开关柜
站用配电变压器
负荷开关柜
辅助用电变压器
低压开关

产品优势及应用成果：

1）装置总容量 8MVA，由 2 台 4MVA 电源并联组成，4MVA 电源可单独使用；

2）兼容 10kV、35kV 电网输入；

3）兼容 10kV、35kV 并网设备电网适应性测试需求；

4）满足实验室测试及电站现场的移动测试需求。

20. 西高院新能源电力电子实验室（青岛）

参与单位：

西安爱科赛博电气股份有限公司
地址：陕西省西安市高新区信息大道 12 号
电话：029-85691870　传真：029-85692080
Email：sales@ cnaction. com
网址：www. cnaction. com

主要产品：

新能源电力电子装置试验系统

项目概况：

新能源电力电子装置试验系统建设项目，我司承接工程总承包，系统可满足 1MW 及以下容量 50Hz 和 60Hz 光伏逆变器及储能变流器、汽车充电桩型式试验需求的试验平台，同时预留 1.5MW 光伏逆变器试验所需的设备扩容及系统接口需求，为更大容量的单机光伏逆变器的试验预留升级空间。2.25MVA 交流电网模拟电源。

产品应用概况/解决方案：

整个系统包含 2.25MVA、150kVA、15kVA 电网模拟源，1.5MW、150kW、15kW 直流模拟源，多个配电开关，系统的控制、监控及自动化测试系统，系统拓扑图如下：

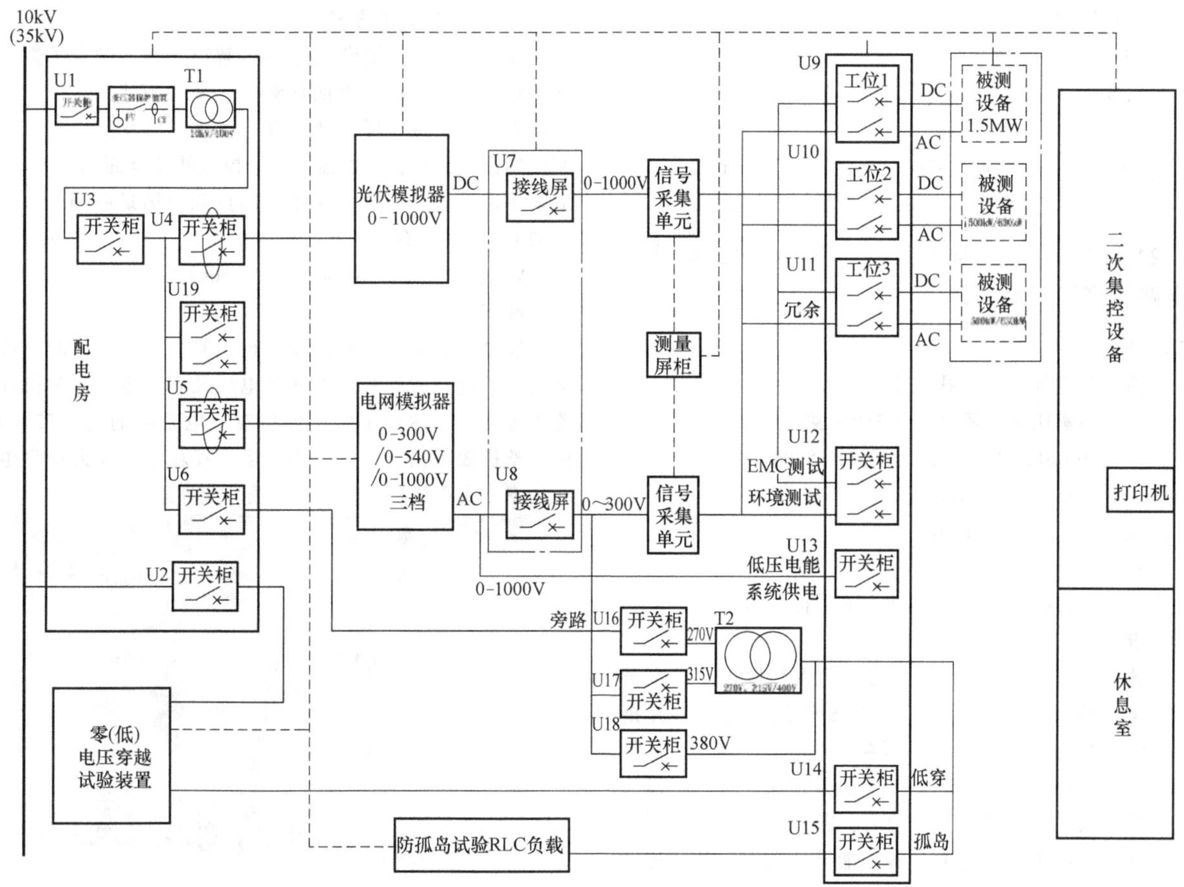

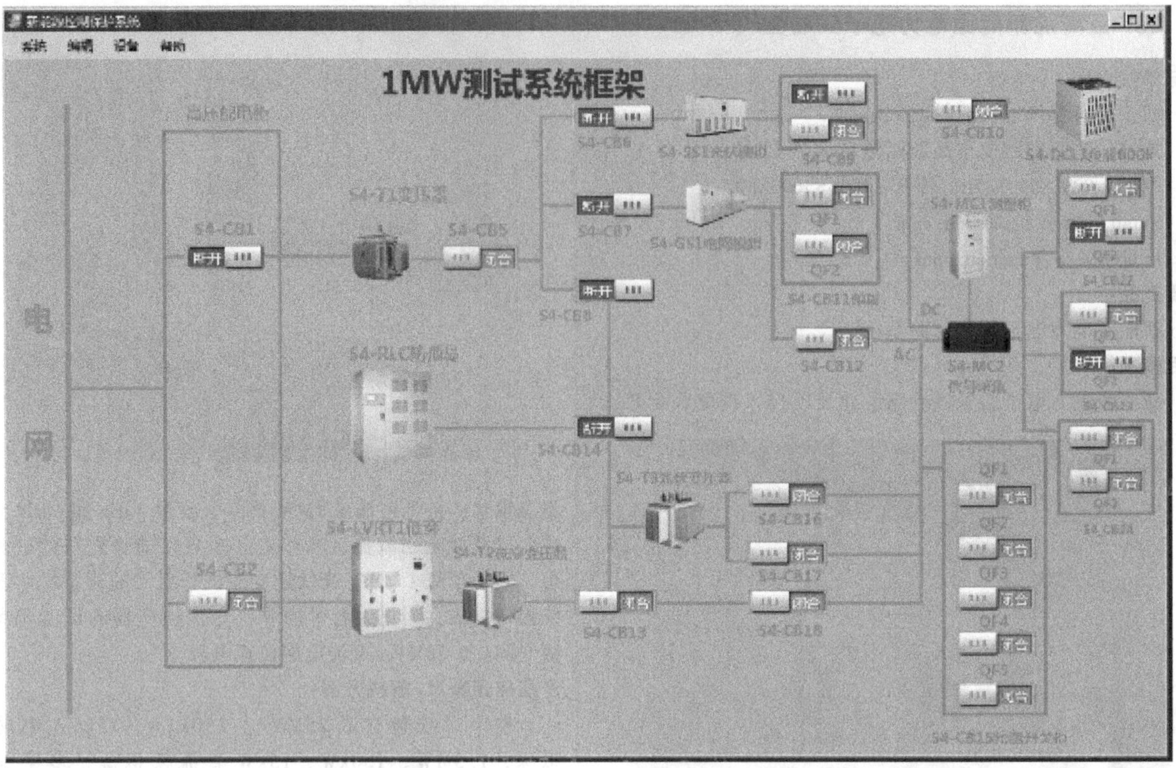

产品优势及应用成果：

产品优势：

1）全面的新能源电力电子装置测试系统解决方案；

2）自动化测试系统，可无人值守进行标准化测试；

3）2.25MVA 电网模拟源业绩单体电源容量最大；

应用成果（申请实用新型专利）：

1）一种新能源电池测试系统；

2）多个电压等级输出的兆瓦级电网模拟装置；

3）一种复合型低电压穿越试验装置。

21. 广州粤芯半导体技术有限公司 12 英寸集成电路生产线二期项目

参与单位：

先控捷联电气股份有限公司

地址：石家庄高新区湘江道 319 号第 14、15 幢

电话：400-612-9189　传真：0311-85903718

Email：scu@ scupower. com

网址：www. scupower. cn

主要产品：

UPS（不间断电源）、微模块、充电桩、储能设备

项目概况：

广州粤芯半导体技术有限公司（简称粤芯电子）12 英寸集成电路生产线二期建设，对 UPS 产品进行了公开招标。"粤芯电子新厂区进口日本设备，对电压有更加严格的要求，一点微小的电力闪断或故障都会影响整个生产线的运行，造成极大的经济损失。加之，通常工业生产线环境相对恶劣，一些大型的电力设备可能导致电网浪涌、过电压、瞬间电流冲击等，影响整个电网质量。

面对粤芯电子特殊应用场景的严苛需求，先控捷联电气股份有限公司（简称先控电气）科研人员遵循"节能、绿色、环保"的理念，提供了工业级模块化 UPS 解决方案。

产品应用概况/解决方案：

先控电气工业级模块化 UPS 解决方案，融合了数字技术和新型半导体技术上的优势推出新型模块化 UPS，具有高输入功率因数、低谐波失真、高效率以及高稳定性和可靠性的优点，配合功能强大的监控软件及全面的通信界面，适合精密设备及机构，保障关键负载的场景应用。方案包含的具体设备有：2 套 300kVA 模块化 UPS 系统、1 套 400kVA 模块化 UPS 系统、8 套 650kVA 模块化 UPS 系统，以及配套设施。

经过粤芯电子的测试和运行检验，公司提供的解决方案满足了过载时间长、零地线电压几乎为零、超强抗冲击能力等标准，达到了生产设备对供电系统的高标准要求。同时整机效率高、发热量小、运行损耗小，大大提高电能利用率，实现绿色节能的可持续发展理念。

产品优势及应用成果：

1. 卓越的可靠性

1）多重冗余措施，完善的故障隔离保护；

2）DSP 数字控制技术；

3）冷热风道隔离技术，提高可靠性和散热效率；

4）无主从并联、多级分散式控制技术；

5）所有功率模块共享电池组；

6）自适应锂电系统，完善的电池管理功能；

2. 优异的节能性

1）整机效率大于 96%（AC-AC），逆变效率大于 98%（DC-AC），IECO 节能模式效率达 99%；

2）交流输入采用连续电流模式（CCM）运行，输入电流谐波（THDI）小于 3%，输入功率因数（PF）大于 0.99，减少对电网干扰（RFI/EMI）；

3）输出功率因数为 1，带载能力大幅增强；

4）模块休眠功能，自动调节工作模块数；

3. 极高的可用性

1）模块化热插拔设计，根据用户需求进行在线升级扩容及维护，维护时间<5min；

2）满足 2N、N+1、Δ2N 等供电方案要求；

3）任一功率模块均具有输入、输出和充电功率的平衡分配功能；

4）符合行业规范要求的外形结构，设备体积小，重量轻，满足普通楼宇承重要求；

5）前进风、后出风或顶出风，靠墙安装节省空间；

6）油机软起动功能；

7）具备储能功能。

22. 太原市中心医院不间断电源采购项目

参与单位：

易事特集团股份有限公司

地址：广东省东莞市松山湖科技产业园区工业北路 6 号

电话：0769-22897777　传真：0769-87882853

Email：wangl@ eastups. com

网址：www. eastups. com

主要产品：

UPS、蓄电池等

项目概况：

太原市中心医院迁建项目位于太原市汾东商务区，西邻汾东南路，北靠市政十号线，南邻市政十二号线，东靠太茅东巷，总用地面积 216323. 4m^2，总建筑面积 284121. 48m^2。该迁建医院由门急诊医技住院综合楼、感染疾病楼和科研教学行政综合楼等组成，共设置有 1500 张床位。

本项目采购范围为太原市中心医院迁建项目血透室、急诊手术室、抢救室等区域不间断电源设备。

产品应用概况/解决方案：

此次项目主要的应用场合有医院血透室、急诊手术室、抢救室、麻醉恢复室、安防总控中心等，考虑到安全性及可靠性，根据客户要求选用易事特集团股份有限公司自主研发的 EA890 系列三进三出高性能、高可靠 UPS，此款产品采用了全球顶尖品牌的器件设计、高可靠性的全数字化处理技术、智能化人机对话界面，以及强大的智能网络管理，为当今医院医疗设备、集中式服务器机房、网络管理中心、计算机中心，以及各种先进的工业自动化设备提供可靠的电源保护。本次项目总共供货有 18 套 UPS 及配套设备，包含了 EA8930、EA8960、EA8980、EA89100、EA89120、EA89300 等 30～300kVA 各个功率段的，蓄电池按照恒功率满载后备 30min 配置。

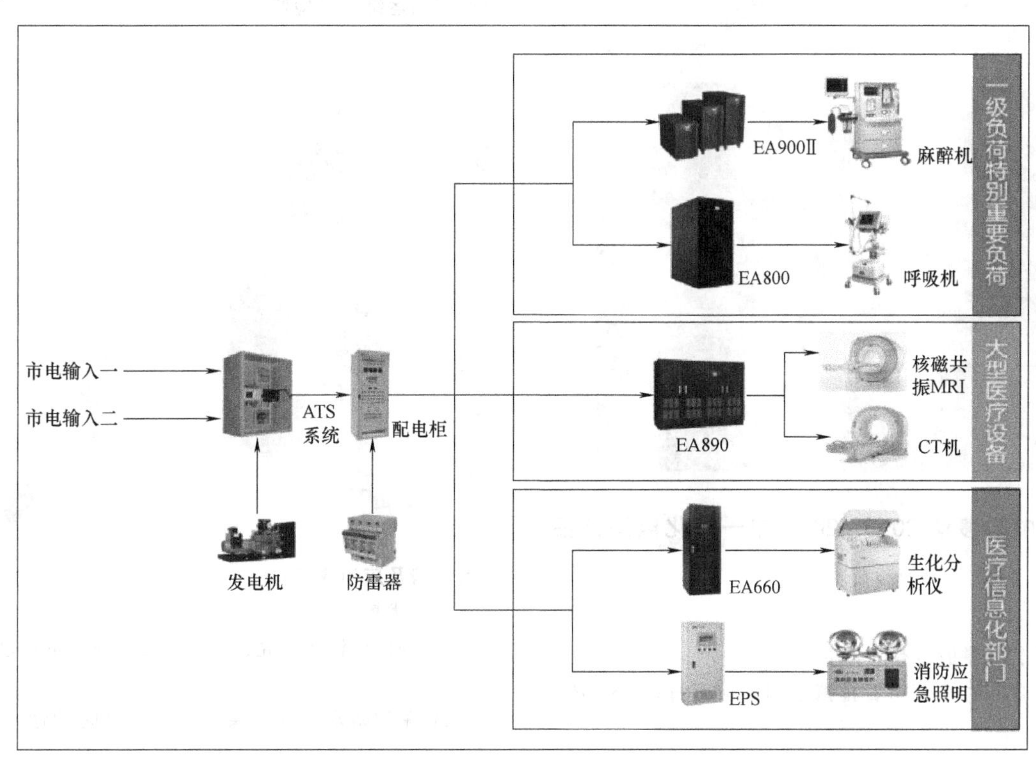

产品优势及应用成果：

1. 产品基本特点

1）采用全球一流品牌器件设计；

2）全数字化（DSP）控制技术，系统更加快速、精准、稳定、可靠；

3）采用IGBT三电平整流技术，高输入功率因数，低谐波电流，实现真正的绿色节能；

4）标配输出DZn隔离变压器，提供设备的抗冲击和不平衡带载能力；

5）采用独特的风道设计，散热系统采用离心风机；

6）先进的电池智能管理技术，延长电池使用寿命；

7）友好人机界面，5.7英寸超大触摸屏，历史记录1万条，便于操作管理；

8）全正面维护，可靠墙安装。

2. 产品技术优势

1）采用全球顶尖品牌器件设计，如DSP、IGBT、SCR、电容、风扇等器件；

2）辅助电源板采用1+1冗余设计；

3）采用IGBT整流技术（绿色环保，降低采购成本）；

4）电池智能化管理功能（有效延长电池使用寿命）；

5）采用内模块化设计，现场维护方便快捷；

6）UPS主机同时兼容铅酸和锂电池，全方位满足市场需求。

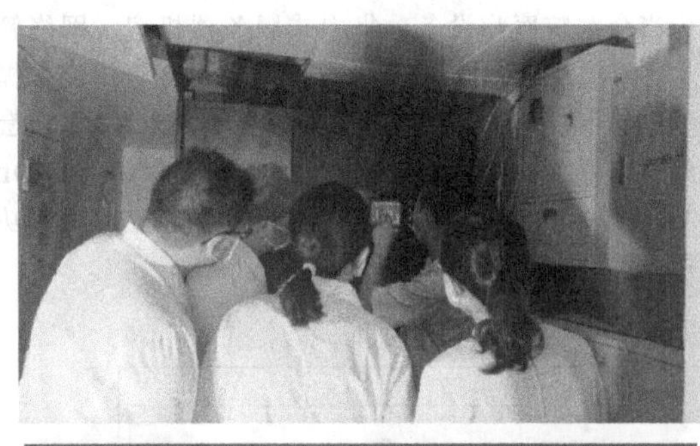

23. 中国移动2019~2020年一体化电源产品集中采购

参与单位：

东莞铭普光磁股份有限公司

地址：广东省东莞市石排镇东园大道石排段157号1号楼

电话：0769-86921000 传真：0769-81701563

Email：tao. ping@ mnc-tek. com. cn

网址：www. mnc-tek. com

主要产品：

户外一体化电源

项目概况：

中国移动2019~2020年一体化电源产品集中采购项目，采购规模约53873套，采购满足期为1年。项目总预算不含税金额约8.5亿元，分为3个标包。公司一体化电源产品，中标2kW和3kW的2个标包项目，并于2020年完成中标份额的供货。

产品应用概况/解决方案：

公司的5G基站用通信电源产品户外一体化电源，产品容量覆盖从0.8~6kW，已达成800W/1200W/1500W/2000W/3000W/4000W/6000W系列化产品，同时可搭配独立的锂电池组使用。一体化电源产品，采用压铸铝外壳和防水接头，采用自冷散热设计，防护性能高，基本无环境噪声。一体化电源产品，可配备4G或NB物联网通信接口，可方便与运营商动环平台连接，并可提供蓝牙接口，方便现场运维人员检修。

产品优势及应用成果：

产品优势：

1）采用压铸铝外壳，抗腐蚀性能强，重量轻，可1人建站；

2）采用防水直插接头，使得整机防护性能达到IP65

以上，户外使用防护性能好；直插接头连接方便现场施工人员快捷接线；

3）自冷式散热设计，工作噪声基本可忽略，避免通信基站设备噪声扰民的投诉；

4）可采用壁挂、抱杆、旗装、落地等多种安装方式，可适用安装于户外楼顶、灯杆、外墙，室内的井道、楼梯间等恶劣环境；

5）产品容量覆盖从 0.8～6kW，已达成 800W/1200W/1500W/2000W/3000W/4000W/6000W 系列化产品，并可通过并机模式扩容；

6）可配套压铸铝外壳箱体的 50AH 锂电组做备电使用，并可扩容锂电池组，增加备电时间；

7）一体化电源单元整机效率≥95%；

8）可配套 4G 或 NB 物联网通信，连接运营商动环中心，也可配套蓝牙通信，方便运维人员现场维护。

应用成果：

已在中国移动公司以下地区供货：广东、湖北、湖南、江苏、青海、广西、贵州、黑龙江、江西、山东、重庆。同时一体化电源产品也供应给国内其他政企客户。

24. 中国移动 2020～2021 年组合式开关电源产品集中采购

参与单位：

东莞铭普光磁股份有限公司

地址：广东省东莞市石排镇东园大道石排段 157 号 1 号楼

电话：0769-86921000　传真：0769-81701563

Email：tao.ping@mnc-tek.com.cn

网址：www.mnc-tek.com

主要产品：

组合式开关电源

项目概况：

中国移动 2020～2021 年组合式开关电源产品集中采购项目，采购规模约 37544 套，采购满足期为 1 年。项目总预算不含税金额约 6.4 亿元，分为 1000A、600A、300A 三种容量产品。

产品应用概况/解决方案：

公司的 5G 基站用通信电源产品组合式开关电源，产品容量覆盖从 300～1000A，同时 300A 系统可选择内置电池组的柜体规格。组合式开关电源采用 50A 1U 高度的高效整流模块，模块最高效率≥96%。交流输入可根据用户需求定制单路/手动双路/自动双路三种形式，直流配电根据用户需求定制二次下电功能，并可定制配电路数和容量。配套的监控模块可通过 RS 485 通信接口连接运营商动环集中监控。系统具备休眠、削峰填谷等节能功能。

产品优势及应用成果：

产品优势：

1）采用行业标准机柜尺寸，方便安装；

2）机柜进行特定的散热风道设计，可有效、快速地排出整流模块工作热量；

3）采用 50A 1U 高度的高效整流模块，模块最高效率≥96%，具有功率密度高、体积小的优点，可以提供更多配电空间；

4）整流模块采用智能风扇散热，根据负载量调整风扇转速，保证模块寿命，减少噪声；

5）灵活的交直流配电规格，可根据用户需求进行定制；

6）智能化的蓄电池管理功能，精密的电池充放电控制、温度补偿功能，有效提供配套的电池组寿命；

7）系统具备休眠、削峰填谷的环保节能功能；

8）监控模块具备 RS485 和 LAN 接口，可连接运营商动环中心进行远程监测。

应用成果：

已在中国移动公司以下地区供货：甘肃、黑龙江、湖南、江苏、江西、四川、广东、重庆、河南。同时组合式电源产品也供应给国内其他政企客户。

25. 中国移动 2020～2021 年开关电源产品集中采购-壁挂式电源

参与单位：

东莞铭普光磁股份有限公司

地址：广东省东莞市石排镇东园大道石排段 157 号 1 号楼

电话：0769-86921000 传真：0769-81701563

Email：tao. ping@ mnc-tek. com. cn

网址：www. mnc-tek. com

主要产品：

壁挂式开关电源

项目概况：

中国移动 2020～2021 年开关电源产品集中采购-壁挂式电源项目，采购规模约 33752 套，采购满足期为 1 年。项目总预算不含税金额约 1.06 亿元，分为 200A、150A、60A 三种容量产品。

产品应用概况/解决方案：

公司的 5G 基站用通信电源产品壁挂式开关电源，产品容量覆盖从 60～200A，同时 60A 系统可选择内置电池组的箱体规格。200A 和 150A 容量的壁挂式开关电源采用 50A 1U 高度的高效整流模块，模块最高效率≥96%。60A 容量的壁挂式开关电源采用 30A1U 高度的高效整流模块，模块最高效率≥96%。壁挂式电源分为室外型和室内型两种箱体规格。交流配电可根据用户需求定制三种形式，直流配电根据用户需求定制二次下电功能，并可定制配电路数和容量。配套的监控模块可通过 RS 485 通信接口和 LAN 连接运营商动环集中监控。

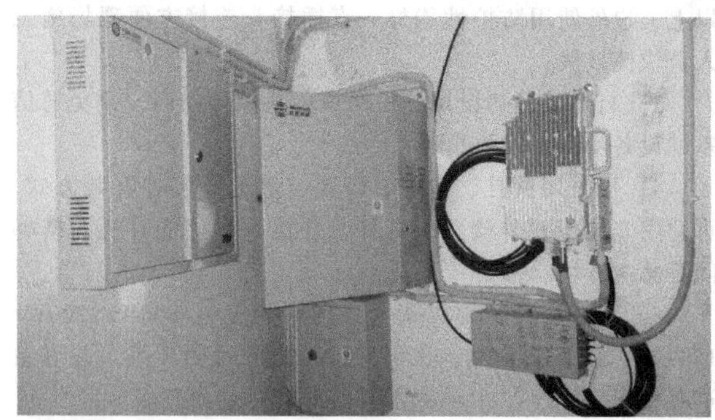

产品优势及应用成果：

产品优势：

1）箱体尺寸根据标准配电设计，体积尽量小，占用空间小，方便安装；

2）箱体分为室外型和室内型两种，可适用安装于户外楼顶、灯杆、外墙，室内的井道、楼梯间等恶劣环境；

3）具有壁挂、抱杆、落地等多种安装方式可选择；

4）60A 箱体可内置铅酸或铁锂电池组；

5）机柜进行特定的散热风道设计，可有效、快速地排出整流模块工作热量；

6）采用 50A 1U 高度和 30A 1U 高度的高效整流模块，模块最高效率≥96%，具有功率密度高、体积小的优点，可以提供更多配电空间；

7）整流模块采用智能风扇散热，根据负载量调整风扇转速，保证模块寿命，减少噪声；

8）灵活的交直流配电规格，可根据用户需求进行定制；

9）智能化的蓄电池管理功能，精密的电池充放电控制、温度补偿功能，有效提供配套的电池组寿命；

10）系统具备休眠、削峰填谷的环保节能功能；

11）监控模块具备 RS485 和 LAN 接口，可连接运营商动环中心进行远程监测。

应用成果：

已在中国移动公司以下地区供货：江苏、浙江、福建、河南、湖南、广东、广西、四川、贵州、甘肃，同时壁挂式电源产品也供应给国内其他政企客户。

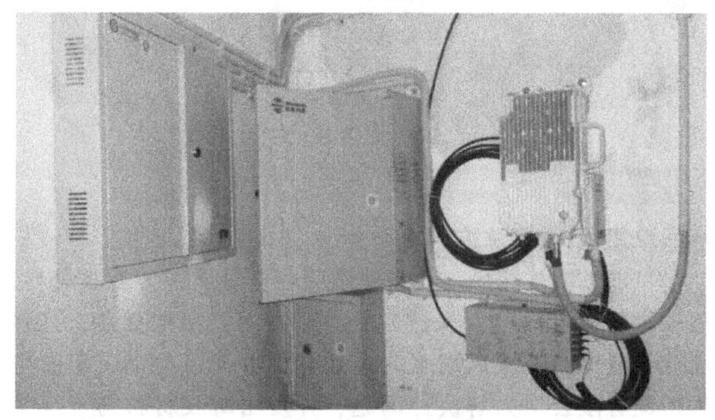

26. 中国铁塔股份有限公司阿坝州分公司2020年上半年太阳能新能源采购项目

参与单位：

东莞铭普光磁股份有限公司

地址：广东省东莞市石排镇东园大道石排段157号1号楼

电话：0769-86921000　传真：0769-81701563

Email：tao.ping@ mnc-tek. com. cn

网址：www. mnc-tek. com

主要产品：

太阳能控制系统、太阳能电池板、钛酸锂电池组

项目概况：

中国铁塔股份有限公司阿坝州分公司2020年上半年太阳能新能源采购项目，本项目工程由中国铁塔阿坝州分公司投资建设，由安徽省电信规划设计院有限公司设计，由重庆鼎信建设监理有限公司监理，由东莞铭普光磁股份有限公司负责提供太阳能电源配套产品并实施工程。

产品应用概况/解决方案：

中国铁塔股份有限公司阿坝州分公司2020年上半年太阳能新能源项目工程：由红原、小金、壤塘等业务地区组成，该项目地处于四川北部高原地带，地广人稀，电力供电系统欠发达，但太阳能资源非常丰富，为解决该地区通信供电问题从而引入新能源方案，项目设计工程量为总工程量8个站点，每个站点安装太阳能电池组件容量为16200Wp，钛酸锂电池组48/500Ah。MEH048-601C8404室外型一体化光电互补太阳能控制机柜8台，室外型钛酸锂电池控制柜16台，360Wp单晶硅太阳能电池组件共360块，合计129600Wp。

产品优势及应用成果：

1）系统和模块均是依据中国通信行业标准设计生产的电源产品；

2）灵活的模块化设计与统一管理的一体化设计相结合；

3）系统组成和搭配多样，系统扩展和扩容方便；

4）模块采用无损热插拔技术，易于维护、更换和扩展；

5）光伏最大功率点跟踪速度快，精度高；

6）模块间各自功能独立、自保护独立，也接受统一管理和调配，使得系统更加安全可靠；

7）系统和功率模块的电转换效率高，大于97%；

8）完善的蓄电池和负载智能管理功能；

9）完善的系统监控和保护功能；

10）人性化和更具视觉效果的人机交互界面。

27. 某知名服务器企业 1U 服务器风扇项目

参与单位：

宁波生久柜锁有限公司

地址：浙江省宁波市余姚市大隐镇生久环路 1 号

电话：0574-62913088 传真：0574-62914008

Email：mk@ shengjiu. com 网址：www. shengjiu. com

主要产品：

风扇、柜锁、电子锁、通信附件

项目概况：

服务器作为网络上一种为客户端计算机提供各种服务的高可用性计算机，稳定性是评判其综合性能的一个重要因素，而振动性能是衡量电子设备可靠性的主要指标之一。因此，服务器的振动特性及散热设计是服务器设计过程中的重要环节。

高密度是现今储存系统服务器的发展趋势，寻求在限的空间内达到最高的容量，同时也产生了结构强度，振动与散热方面的问题，当服务器运作时，高速运转的风扇振动会影响到硬盘的读取，造成硬盘读取效率的降低甚至资料读取失败。

产品应用概况/解决方案：

目前，散热用风扇一般使用的扇框材质皆为塑胶材料，塑胶材料构成的扇框虽然质轻，但是一旦扇框变薄，其强度就会减弱，造成风扇在高速运转下会产生振动，宁波生久柜锁有限公司为解决此问题，开发出塑胶材料与金属结合的扇框，增加了扇框刚性，除有效地降低了振动量产生外，半金属扇框还能有效地导热，增加马达寿命。

产品优势及应用成果：

配合某服务器企业降低风扇振动的需求，宁波生久柜锁有限公司使用半金属扇框的设计，经过与竞品 LCP 扇框的对比，通过数据可以明显地看到，半金属扇框的设计能够有效地降低风扇的振动，对不同塑胶材料去验证不同的变化，发现弯曲模量的不同除了能够确定扇框抗变形强度增强后，对风扇振动的下降有帮助，协助客户解决了风扇振动导致硬盘失效的问题。

振动/G 扇框材质	转速/(r/min)	
	28000	32000
生久增强型	0.41	1.42
LCP 增强型	0. 72	2. 12
PBT	2. 64	3. 56

28. 邵阳隆回低电压台区低电压治理

参与单位：

青岛鼎信通讯股份有限公司

地址：青岛市城阳区华贯路 858 号

电话：0532-55523196 传真：0532-55523368

Email：zonggongban@ topscomm. com

网址：www. topscomm. com

主要产品：

电力电子式稳压源

项目概况：

邵阳隆回存在大量低电压台区，由于线路过长，线路等效电阻和电感较大，负载电流在线路上形成较大的压降，导致线路末端用户电压偏低。针对典型台区进行治理，该台区末端分支长约 600m，末端 13 户用户电压在 180V 左右，春节期间用户电压低至 150V。

产品应用概况/解决方案：

通过在线路上安装电力电子式稳压源，实现将末端电压抬升至合理范围。设备主要由隔离变压器、调压器、旁路单元等组成。具有两种工作模式，分别为旁路模式和自动调压模式。当负载电压高于 198V（可设置），治理设备运行在旁路模式。此时旁路开关闭合，电压通过旁路开关直接给负载供电。在设备进入旁路状态时，控制晶闸管、接触器同时进入旁路，导通时间 μs 级。当电压低于 198V，治理设备工作在调压模式。通过调压器装置叠加一部分电压到电网电压上，为负载供电。

产品优势及应用成果：

1）采用电力电子型调压模块，无档位限制，有效地解决了传统 LVR 档位切换慢导致的负载瞬时欠电压、过电压问题。

2）调压模块自然散热设计，免维护。

3）具备无功补偿、谐波治理等功能。

4）智能控制，具备过电压、过电流、过温等多种保护功能

5）支持手机 App 监控，支持远程监控。

当负载电压高于 198V（可设置），治理设备运行在旁路模式。此时旁路开关闭合，电压通过旁路开关直接给负载供电。在设备进入旁路状态时，控制晶闸管、接触器同时进入旁路，导通时间 μs 级。当电压低于 198V，治理设备工作在调压模式。通过调压器装置叠加一部分电压到电网电压上，为负载供电。经过设备上线后，低电压的用户电压恢复到正常电压范围

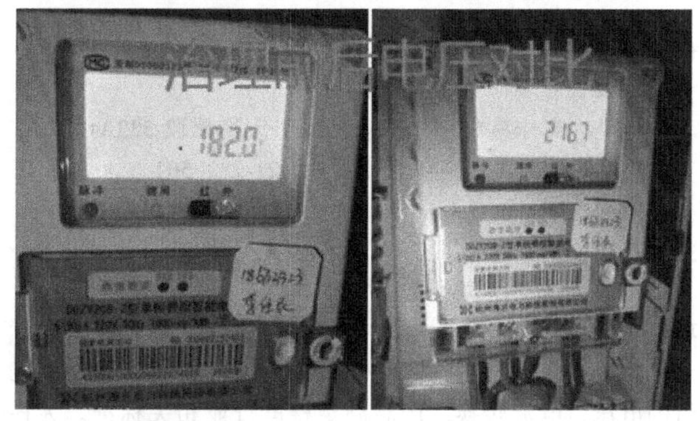

29. 甘肃黑崖子项目

参与单位：

上海电气电力电子有限公司

地址：上海市宝山区富桥路 66 号

电话：021-33713200　传真：021-33713262

Email：dldz_sales@ shanghai-electric. com

网址：www. shanghai-electric. com

主要产品：

X MW 双馈风电变流器：DFIG CON-2100

项目概况：

中国广核集团有限公司设立在甘肃省玉门黑崖子的风场，拥有 25 台 2MW 风机，年发电 3800h，创甘肃省整体纪录。

产品应用概况/解决方案：

公司产品具备 1.25～4MW 风冷/水冷双馈、1.5～8MW 全功率，全系列变流器产品；高可靠设计方案，抗冲击和过载能力强，数智化驱动，其中海上变流器能适应海上苛刻的应用环境；灵活的控制算法，自适应调配功率模块，适应最严电网故障穿越，有效适应弱电网，适配同步/异步发电机；完善的变流器监控软件可实现单台变流器及区域变流器组的远程实时监控、故障诊断、远程在线升级等。为客户定制的风场全套电气解决方案，满足客户个性化需求，从创建到实施高效且充满活力。

产品优势及应用成果：

云南罗平山 1.25MW 风电变流器，高原型，罗平山海拔为 3800m，地处洱源之巅，风景秀丽，一至三期共装机 150MW，当年成功并网后成为全球海拔最高的风场；东海大桥 3.6MW 风电变流器，海上盐雾型，地处临港新城至洋山深水港的东海大桥两侧 1000m 以外沿线，单项目装机 100MW；3.6MW 利用技术创新首次成功应用于海上项目，完全符合国家相关标准；同时为今后更大容量的风电变流器在海上的应用提供可靠经验；甘肃民勤单项目装机容量为 200MW，地处甘肃省金昌市民勤地区，常年干燥，风沙肆虐，夏天温度高，早晚温差大，冬天温度低，环境恶劣，对机组的安装调试运维提出挑战；新疆柴窝堡，地处天山脚下，背靠盐湖，是全国著名的风口之一，最大风速为 34m/s，瞬间最大风速超过 40m/s，设备安全稳定运行，变流器可利用率接近 99.99%。

30. 重庆两江四岸亮化

参与单位：

英飞特电子（杭州）股份有限公司

地址：浙江省杭州市滨江区江虹路 459 号英飞特科技园

电话：0571-56565800　传真：0571-86601139

Email：brucewang@ inventronics-co. com

网址：https：//cn. inventronics-co. com/

主要产品：

EBV 景观照明系列

项目概况：

重庆提出将城市夜景作为特色旅游品牌打造，重点推进“两江四岸”及渝航大道沿线等区域的景观照明品质提升。

产品应用概况/解决方案：

EBV-350WSxxxSV 系列为恒压驱动器产品，其输入电压

为 176～305Vac，且具有超高的功率因数。此系列产品是专为建筑照明、装饰照明及标识照明等应用而设计。高效及良好的散热，极大地提高了产品的可靠性，并延长了产品的寿命。全方位的保护，包括防雷保护、过电流保护、过电压保护、短路保护及过温保护，更是保证了此款产品的无障碍运转。公司驱动电源的品质保证，源自于专注，源自于 14 年来在 LED 驱动电源领域的坚守与不断耕耘。

产品优势及应用成果：

产品优势：全灌胶防水设计（IP67）；恒压输出；效率高达 93.5%；防雷保护：差模 4kV，共模 6kV。

应用成果：重庆提出将城市夜景灯饰作为特色旅游品牌来打造，着力打造“立体山城”“光影江城”“魅力桥都”等重庆夜景名片。公司产品在推进“两江四岸”及渝航大道沿线等区域的景观照明项目中，保证了电源的高品质的，为建成“两江四岸”核心区景观照明总控中心和智能灯饰系统一把闸刀”管理提供了技术支撑。公司作为 LED 驱动电源领域的龙头企业，积极践行“碳中和”目标，加强技术创新，提高产品转换效率，促进节能减排，不断推进绿色照明的发展。

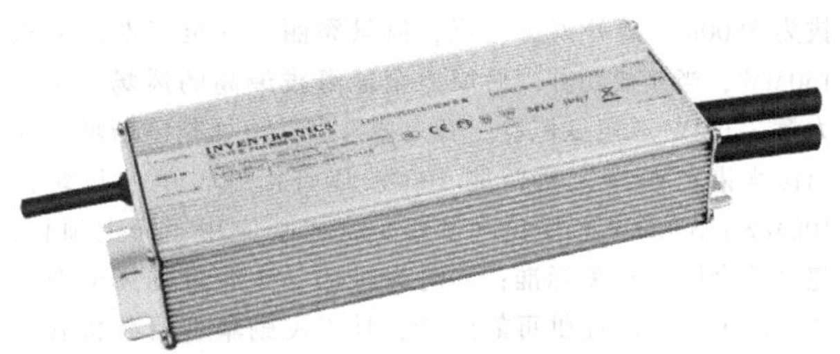

31. 青海省海东市海东大道一号大桥照明亮化工程

参与单位：

常州市创联电源科技股份有限公司

地址：江苏省常州市钟楼区童子河西路 8 号

电话：0519-85215050 传真：0519-85215050

Email：chen.c@cl-power.com

网址：www.cl-power.com

主要产品：

照明亮化电源

项目概况：

海东大道一号大桥——这座雄伟壮观的双索面组合梁斜拉桥，独特的独塔双索面不对称斜拉体系，大气庄重的“中国尊”造型，连接着青海省海东市乐都区中心城区与职教城片区。海东大道一号大桥位于海东市乐都区碾伯镇，项目总投资 3.6 亿元，工期 912 天，桥梁全长 1198m，主塔高度 128m，主桥是一座独塔双索面组合梁斜拉桥，辅跨为预应力混凝土结构。桥梁上跨民小一级公路、兰青铁路、鲁大复线、湟水河、卫民路，南接 109 国道，是连接海东市乐都区中心城区与职教城片区的重要工程，是乐都区朝阳山片区重要的地标性建筑。

产品应用概况/解决方案：

海东大道一号大桥的照明设计在满足交通功能的同时，也创造性地满足了大桥的警示和景观亮化要求。大桥的警示和景观亮化工程采用了创联电源 CV-400FRK 系列电源。该系列产品是一款带风机强制冷却型 400W 的防雨电源，经过国家 3C 认证。输入电压范围：AC176～264V，输出电压有 12V、24V 等，可适用于 LED 灯带照明、LED 发光字、LED 标识、LED 广告牌等领域。创联 CV-400FRK 系列电源采用型材外壳防雨设计，超高的效率，紧凑的外壳，良好的散热功能，保障了本系列产品可长期稳定地工作。

32. 核电站电源项目

参与单位：

航天长峰朝阳电源有限公司

地址：辽宁省朝阳市双塔区龙泉大街北段 333A

电话：0421-2811440 传真：0421-2828501

Email：htcydy@4nic.com.cn 网址：www.4nic.com.cn

主要产品：

集成一体化电源、模块电源

项目概况：

集成一体化电源、模块电源用于国内某核电站供电机组的电压、电流转换。产品满足核电行业相关标准。为核电站提供安全、可靠、稳定的电能供应。目前，10 多种产品已完成定型，形成产业化规模。

产品应用概况/解决方案：

集成一体化电源、模块电源广泛应用于航空航天、军工兵器、舰船船舶，轨道交通、医疗仪器、矿山冶炼、核电风能等各种领域。航天电源提供一站式供电解决方案，可整体提供供电电源系统、单体电源、模块电源等，可全面与整个电气系统兼容。电磁兼容性设计满足国家标准、国家军用标准和行业标准的有关要求。产品采用集成一体化工艺结构设计，有效应对恶劣环境的应用需求。

产品采用零电压、零电流、数字信号控制等先进技术，性能指标处于国内领先水平。

产品优势及应用成果：

4NIC系列集成一体化电源，将集成芯片、DC/DC变换器模块、电阻器、电容器等各类元器件集成在金属外壳内，形成集滤波、保护和通信等功能于一体的电源产品，用户只需连接输入输出接口即可开机使用，无需外围滤波、保护等辅助电路。采用实体灌封、三防漆喷涂等防护工艺对内部电路进行封固和三防处理，对各种恶劣的自然环境和机械环境具有很强的适应性。集成一体化电源产品无需校准和维护，可以在长期无人值守重要场合连续工作。4NIC系列模块电源采用印制板、铝基板SMT工艺，分为五面金属屏蔽外壳、六面金属屏蔽外壳以及铝基板塑料外壳等多种封装结构，内部灌封硅胶或空封，内部电路结构紧凑，功率密度大，可以实现非隔离或隔离降压、升压和稳压等功率变换功能。模块电源配合保护、滤波等外围电路即可实现独立全面的电源功能。电性能参数也可根据需要灵活多样配置，外形可以为工业标准砖型、兼容国外产品系列外形以及根据使用要求特殊订制的外形。

33. 长江上游区域大数据中心暨宜宾市大数据产业园（一期）

参与单位：

理士国际技术有限公司

地址：深圳市宝安区福海街道和平社区展景路83号会展湾中港广场6栋A座14楼

电话：0755-86036063

Email：ds@ leoch. com 网址：www. leoch. com

主要产品：

高功率电池（2V、12V）

项目概况：

长江上游区域大数据中心暨宜宾市大数据产业园（一期），配套蓄电池规格有500W、1000W、2000W等共64组600余万元。

产品应用概况/解决方案：

长江上游区域大数据中心项目同时作为“云锦天府-川南大数据中心”和“中国电信-国际业务大数据中心”。此次长江上游区域大数据中心正位于云锦天府·川南大数据中心的核心区域，项目将立足川南、面向西部、服务全国、辐射全球，重点承接5G等新一代数字技术巨量应用数据和高清视频业务，围绕打造“一带一路”南向国际节点开展国际数据服务，吸引东南亚以及海外的大量客户，构建成为四川省领先、位居中西部地区第一方阵的信息枢纽中心、流量汇聚中心和网络节点中心。长江上游区域大数据中心暨大数据产业园规划总建筑面积约25万m^2，总投资约30亿元，包括大数据中心机房、大数据产业园办公楼及相应配套设施。公司主要解决数据中心机房UPS配套电源。主要解决涉及产品规格为500W、1000W、2000W等，解决数据中心机房后备电源问题。产品安全、稳定、性能好，可以完全和配套电源相匹配。

产品优势及应用成果：

产品在使用过程失水少，电池寿命长，且产品专为功率型设计，功率密度系数高，且各部件过电流能力更强；为了产品安全可靠，极柱采用多层密封专利技术，端子密封可靠；产品在生产过程，对过程质量严格把关，确保产品一致性的同时，降低产品自放电低，浮充期间能耗小。产品组满足 YD5083-2005 及 YD5096-2005 规范的抗震性能要求，并取得电信设备抗震性能检测合格证，并满足设备安装地点的抗震设防要求。蓄电池组的结构设计有利于自然通风和散热，解决充放电过程产品的散热问题。产品严格按数据机房要求配置，可以满足大功率放电要求，产品功率输出稳定、安全、可靠。

34. 长沙理工大学——基于模型开发的直流微电网示范项目

参与单位：

南京研旭电气科技有限公司

地址：南京市浦口高新区新科一路 6 号

电话：025-58747116

Email：njyanxu@ vip. qq. com　网址：www. njyxdq. com

主要产品：

基于模型开发的直流微电网项目

项目概况：

该项目为公司与长沙理工大学共建项目，旨在建立一套完整的多生态能源互补的能源互联网科研项目，一期项目以风光储等常见分布式能源为主，辅以各种负载，线路阻抗等搭建出一套可完整自愈的微电网系统框架。

产品应用概况/解决方案：

配置包含光伏、风电、储能、智能用电、可控模拟负载等多种能源形式的互联网实验平台，进行相关的科研与教学实验。后期会在此基础上接入其他能源设备，不仅仅限于电能，而是多生态能源的组合。依托本实验平台，可以完成《电力电子技术》《电力系统分析》《供配电技术》《电力系统继电保护》《电机控制技术》《新能源发电技术》《配电网络》等教学实验，还可以完成相关课程的课程设计、专业综合设计、实践创新设计、毕业设计和生产实习；同时，该平台可作为“大学生电子设计大赛”“大学生挑战杯”“互联网+大学生创新创业大赛”等竞赛的实训平台。此外，依托该平台还可以开展与分布式电源并网和微电网系统相关的科研工作，培养一批面向智能微电网、新能源发电领域前沿科技的人才，满足当前国内新能源发电产业的需求。

产品优势及应用成果：

1）引入数字和物理相结合的仿真理念，既具备真实的 DSP（Digital Signal Processing）控制器，同时又增加了快速原型控制器（Rapid Control Prototyping，RCP），实现了 PRCP 的混合控制。用户既可以使用实际控制器通过 C 代码进行控制，又可以使用 RCP 控制器通过 Simulink 模型直接控制。

2）此项目中 RCP 控制器不单单是独立的单机使用（大多数的 RCP 控制器是脱系统使用单独验证算法使用），而是参与了融入了整个微电网系统中，根据时间尺度的不同，用户可以选择通过通信层或者就地端控制。

3）组态化的 SCADA（Supervisory Control And Data Acquisition）监控系统，公司组态的 SCADA 系统首次亮相，用户可以根据需求自行拖拽元件组成完整拓扑系统，图形化的操作界面，二次开发更为便捷。告别了繁琐的底层驱动，在后期新增设备节点时，不用过多的关注底层相关信息，不用关注每台设备的该如何与之通信、有强大的通信管理机制，屏蔽所有设备的底层操作过程。

4）开源的调度控制策略，采用 Labview 软件编写，整体的调度策略可以组合更改，组态式图形化的界面操作，可随意搭配，用户可基于原有框架，开发各种应用。

5）开放部分一次侧设备的软硬件资料，包括板级硬件图样以及软件驱动源代码、算法源代码等，RCP 控制部分开放 Matlab 的控制模型。提供完整的基础开发平台，提供详细而丰富的培训课程，使用户可快速入门并掌握整体系统，大大提高科研实验的效率。

35. 地质勘探专用仪器供电极低纹波电源

参与单位：

上海责允电子科技有限公司

地址：上海市嘉定区曹安公路 5588 号

电话：021-59167280　传真：021-59553702

Email：zeyun@ zeyun021. com

网址：www. zeyun021. com

主要产品：

AC-DC 模块电源、DC-DC 模块电源、DC-AC 逆变模块电源、AC-AC 中频模块电源、恒流恒压充电电源、极低纹波电源等

项目概况：

水电物探行业对于勘探时所用仪器的抗干扰性非常之高，对于市面上常规的1%纹波噪声的电源无法满足其正常需求。上海责允电子科技有限公司研发的极低纹波系列电源，对于电源多路之间的相互干扰做到了屏蔽和优化。同时，对于客户负载干扰的屏蔽也做到了足够优秀，纹波低至10mV以内。

公司始终以“质量第一，信誉第一，客户至上”为企业理念，每一个产品从内在品质到外观工艺都力求精湛，竭诚为广大用户提供一流的产品和服务。

上海责允科技，您的满意，我的责任！

产品应用概况/解决方案：

北京某物探公司作为行业内的佼佼者，在我国物探行业属于领头羊企业，在其多个实际项目中多批次、大规模地采购了我公司的ZDK系列产品的定制款，将DC±5V、DC5V、DC12V、DC±13V总共六路不同的电压和功率需求集成在一款电源内，在考虑本身多路之间干扰问题的基础上还要兼顾纹波特性，同时客户还提出了几路之间的共地特性要求，更是难上加难。在设计之初，考虑到尺寸、散热问题，放弃原本的散热片设计，转而采用端子式贴壳安装传导散热的模式，将器件全部采用贴片式设计，尽可能地节约体积和减少散热。最终在不到一个月的时间内就向甲方提交了样品并且一次性通过，原本15mV的设计要求也超额完成做到了7mV，完美地达到了客户的设计需求。

产品优势及应用成果：

公司通过ISO 9001—2015和ISO 9001—2008质量体系认证，产品性能通过EMC LVD CE认证及RoHS环保认证，部分产品符合UL TUV CCC国际认证标准。产品主要包括：AC-DC模块电源、DC-DC模块电源、DC-AC逆变模块电源、AC-AC中频模块电源、恒流恒压充电电源、极低纹波电源等。其中采取自然冷却方式的模块电源功率范围涵盖了1～10kW，采用风冷系列的开关电源功率范围涵盖了10～50kW，均有标准成熟产品，产品规格达数千种。公司除了生产各种标准电源产品外，还为客户提供定制研发非标电源产品，满足各个领域的不同需求，广泛应用于军工装备，轨道交通，电力控制，通信器材，医疗设备，仪器仪表，安防监控，汽车电子及光伏等领域。

36. 全国首个8K超高清LED显示解决方案

参与单位：

深圳市普德新星电源技术有限公司

地址：深圳市宝安区西乡街道宝田二路6号雍华源商务大厦9-10楼

电话：0755-86051278　传真：0755-86051389

Email：mkt@ kondawei. com

网址：www. powerld. com. cn

主要产品：

开关电源

项目概况：

公司提供最新的电源方案，助力诺瓦8K超高清LED视频处理器；提供60W（PS-60-C5Ⅲ），120W（PS-120-12Ⅲ）电源应用方案，此电源采用业界最新技术，高效率，小体积4″×2″外形，保护功能齐全：输出短路/过载/过电流/过电压保护/过温保护，目前在多家LED行业使用。

产品应用概况/解决方案：

随着8K序幕的拉开，LED高清显示器产业势不可挡，前景无限，诺瓦推出的全球首个8K超高清LED显示器解决方案。该方案的核心是诺瓦科技最新旗舰产品CX80，单口8K@ 60Hz 4∶4∶4无需拼接。发布会现场北京与深圳联动完美实现超远距离8K+5G传输显示，8K超清画面信号从北京直达深圳上海，穿越千山万水，将纤毫毕现的细节，绚丽夺目的色彩实时呈现在深圳星河COCO Park超级户外大屏上，带来超乎想象的视听沉浸体验。

产品优势及应用成果：

中国率先开展8K电视节目在全国9个城市30块超级户外大屏成功试播，有力展示了中国科技硬实力。央视特别报道，工信部、广电总局、广电总台及中国超高清视频产业联盟机构发布 8K 技术白皮书及指南、规范、标准。2021 年央视春晚主会场，诺瓦科技点靓数千平方 LED 显示屏，流光溢彩，如梦似幻想一幅幅花卷不断演进，变换带给观众穿越在绮梦之中。春晚现场 8K 大屏实时直播，为全国观众带来一场震撼的超高清视觉盛宴。

37. 2020 年克钻无功补偿及谐波抑制租赁项目

参与单位：

武汉武新电气科技股份有限公司

地址：武汉市黄陂区武湖工业园汉施公路立山路

电话：4008271995

Email：fsaagd@163.com　网址：www.woostar.cn

主要产品：

1）WX-SVG　6kV/10kV/35kV 高压静止无功发生器；

2）WX-MEC-D 0.69kV 电能质量综合治理装置；

3）WXBTS 系列集装箱光伏发电站；

4）WXSSL-500 系列光伏逆变器。

项目概况：

克钻无功补偿及谐波抑制租赁项目地点位于新疆克拉玛依各大油井。公司提供油井专用的整套无功补偿装置供客户租赁使用。油井在钻井过程中无功需求巨大，容易引起供电网路电压剧烈波动，传统的补偿方式无法满足现场实时补偿需求。公司在高压直挂技术基础上，根据客户需求，研发对应的低压 600V 多机并联型水冷 SVG。

产品应用概况/解决方案：

产品应用概况：目前，新疆克拉玛依现场共有七套箱式无功补偿装置 SVG 供客户租赁使用，单套总的无功容量为 2.4Mvar，无论是设备响应速度还是稳定性都获得井队的一致好评。

解决方案：

1）不同于一般的风冷方式，公司采用整机功率模块水冷散热，集装箱内部非常安静，设备使用环境良好；

2）采用 10kV 直挂型 SVG 技术基础，响应速度快，安全稳定；

3）一站式安装调试，便于运输和使用；

4）独有的无功+谐波抑制算法，能有效地滤波系统谐波电流，提高用电网质量。

产品优势及应用成果：

产品优势：

1）设备采用三台 600V/0.8M 并联实现大功率输出，主从同步保证并网畸变率极小；

2）整套设备采用水冷系统进行热交换，提高设备稳定性；

3）集装箱水冷一体化，设备随钻井平台移动方便，二次接线简单，便于即装即用；

4）设备起停操作方便简单，支持一键起动，偶发故障自动重起，便于现场零基础人员学习使用。

应用成果：

1）油井现场用电电能质量提高，满足生产需要；

2）至今为止设备已经产生 100 万元+的实际收益。

38. 山东盛阳金属科技股份有限公司高压除鳞泵

参与单位：

中冶赛迪工程技术股份有限公司

地址：重庆市渝中区双钢路 1 号

电话：023-63548131　传真：023-63547777

Email：dqqd.bpsq@cisdi.com.cn

网址：中冶赛迪工程技术股份有限公司

主要产品：

MVC1200 系列高压变频器

项目概况：

山东盛阳金属科技股份有限公司 1700mm 热轧高压水除鳞系统采用中冶赛迪工程技术股份有限公司的电气 MVC1200-10k/350 除鳞泵专用高压变频器，负载电动机 10kV/4500kW。

产品应用概况/解决方案：

节能效果表（年运行 8000h）

工况		实际功率/kW	年运行时间/h	年耗电/(kW·h)	总耗电/(kW·h)
改造后	工况一	3186	3200	10195200	16687200
	工况二	1354	4800	6492000	
改造前	工况一	3550	3200	11360000	21584000
	工况二	2130	4800	10224000	
节能效果汇总	年节电量 4896800kW·h,节电率 22.7%,约合 240 万元				

产品优势及应用成果：

山东盛阳金属科技股份有限公司 1700mm 热轧高压水除鳞系统采用中冶赛迪工程技术股份有限公司的电气 MVC1200-10k/350 除鳞泵专用高压变频器，负载电动机 10kV/4500kW。该系统改造前并联使用 5 台 710kW 水泵，通过增减泵的数量来调节出水压力，生产方式的落后导致压力控制不连续、泵系统磨损严重、维护费用高昂。

系统改造后，采用 1 台 4500kW 水泵替代过去的 5 台泵。新系统 15~50Hz 升速时间为 8s，50~15Hz 降速时间为 20s，优异的调速性能使系统振动减小，水泵寿命延长，生产自动化水平得到大幅提高，每年为用户节省了 90 万元的维护费用和 240 万元的电费。

2020 年电源产品主要应用市场目录

产品名称	上市时间	公司名称	2020 年度销售额	技术特点	产品图片
1. 金融/数据中心					
BWM50 高功率密度 UPS(50kW～1.5MW)	2020 年	安徽博微智能电气有限公司	3000 万元	先进的磁性元件,降低体积;成熟拓扑,提高稳定性;优秀风道设计,提高功率密度;先进算法,带来优异性能	
POE35	2018 年	东莞市石龙富华电子有限公司	未统计	为网络设备供电并传输数据	
数据中心关键基础设施一体化解决方案	2018 年	深圳市英威腾电源有限公司	未统计	数据中心一体化解决方案,将工程产品化、标准化设计,随需配置,灵活部署,绿色节能,安全可靠	
CMS 系列模块化 UPS 系统	2006 年	先控捷联电气股份有限公司	未统计	输出功率因数 1,输入电流谐波<3%,输入功率因数>0.99;多重冗余;冷热风道隔离;油机软启动;储能	
模块化数据中心	2016 年	先控捷联电气股份有限公司	未统计	模块化结构可快速部署,弹性扩容;PUE 值小于 1.2～1.5,降低能耗;根据需求提供定制化解决方案	
SE4028	2019 年	宁波生久柜锁有限公司	未统计	SE4028 已完成 IP68 设计,可满足任何环境下使用	

（续）

产品名称	上市时间	公司名称	2020 年度销售额	技术特点	产品图片
1. 金融/数据中心					
2000W 数字化电源	2020 年	深圳欧陆通电子股份有限公司	未统计	整机效率 80plus 白金；双 DSP 数字化控制；高功率密度(185mm CRPS)	
800W/550W 数字化 CRPS 电源	2020 年	深圳欧陆通电子股份有限公司	未统计	整机效率 80plus 白金；双 DSP 数字化控制；雷击 CM：+/-2kV，DM：+/-2kV	
双网口千兆 PoE 电源	2020 年	深圳欧陆通电子股份有限公司	未统计	采用网络通用端口供电，同时高达千兆速率的数据传输，高强度防雷击，具有电源的各种保护功能	
开板 5G 通信 PoE 电源	2020 年	深圳欧陆通电子股份有限公司	未统计	支持 AC 全电压输入和 DC 电压输入，6.6kV 超高雷击抗击；双路全隔离输出，具备 PMBUS 功能	
高功率电池(2V、12V)	2014 年	理士国际技术有限公司	未统计	采用纯铅技术，电池浮充设计寿命更长；功率型设计，功率密度系数高，且各部件过电流能力更强	
PSL25-12A	2018 年	深圳市普德新星电源技术有限公司	4000 万元	体积小、效率高、性能稳定、使用寿命长	

（续）

产品名称	上市时间	公司名称	2020 年度销售额	技术特点	产品图片
2. 工业/自动化					
MX300D 系列 IGBT 动态测试系统	2020 年	合肥科威尔电源系统股份有限公司	390 万元	可用于评估 IGBT 动态参数特性，开通、关断、二极管反向恢复特性以及短路安全工作区和反偏安全工作区等	
储能双向变换器	2007 年	南京国臣直流配电科技有限公司	未统计	效率高、能耗小；宽输入输出电压范围；热插拔方便使用	
450W ATX 电源	2020 年	深圳欧陆通电子股份有限公司	未统计	EMI Class B；整机效率 80plus 金牌；支持 PMBUS 通信	
MVC1200 系列高压变频器	2010 年	中冶赛迪工程技术股份有限公司	6000 万元	高度集成，防尘高效；保护完善，操作安全；远程维护，生产无忧；设计紧凑，机型多样	
多通道可编程线性直流电源 TH6400 系列	2018 年	常州同惠电子股份有限公司	未统计	超小体积、中英文操作、多参数同时显示、高精度、高稳定性、低涟波、低噪声、可通过 U 盘升级仪器固件	
穿线磁珠	2011 年	东莞市必德电子科技有限公司	3000 万元	国内最具规模的编带磁珠（RH）电感器及优质工字型电感制造商	
3. 制造、加工及表面处理					
KWBW25N120-F4EG	2020 年	江苏中科君芯科技有限公司	未统计	采用新的沟槽场截止型 IGBT 芯片，良好的参数一致性，低开关损耗，易于并联使用，高可靠性和热稳定性	

（续）

产品名称	上市时间	公司名称	2020年度销售额	技术特点	产品图片
3. 制造、加工及表面处理					
KWBW40N120-F4EG	2020年	江苏中科君芯科技有限公司	未统计	采用新的沟槽场截止型IGBT芯片，良好的参数一致性，低开关损耗，易于并联使用，高可靠性和热稳定性	
KWRFF40R12-SWM	2017年	江苏中科君芯科技有限公司	未统计	采用新的沟槽场截止型IGBT芯片，良好的参数一致性，低开关损耗，易于并联使用，高可靠性和热稳定性	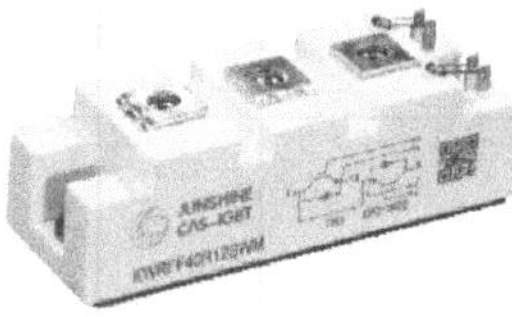
KWRFF50R12-SWM	2017年	江苏中科君芯科技有限公司	未统计	采用新的沟槽场截止型IGBT芯片，良好的参数一致性，低开关损耗，易于并联使用，高可靠性和热稳定性	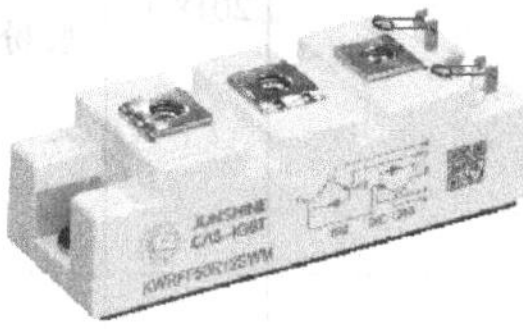
KWRFF75R12-SWM	2017年	江苏中科君芯科技有限公司	未统计	采用新的沟槽场截止型IGBT芯片，良好的参数一致性，低开关损耗，易于并联使用，高可靠性和热稳定性	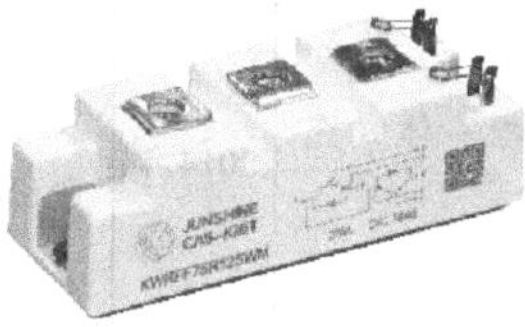
KWRFF100R12-F2BM	2020年	江苏中科君芯科技有限公司	未统计	采用新的沟槽场截止型IGBT芯片，良好的参数一致性，低开关损耗，易于并联使用，高可靠性和热稳定性	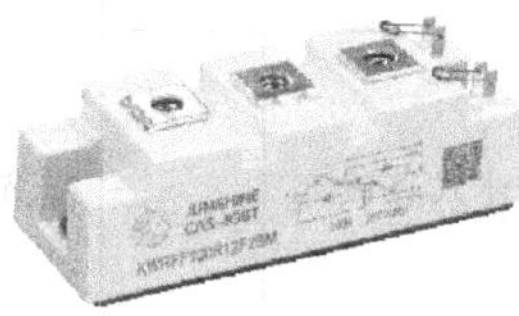
KWKFF150R12-F2DM	2020年	江苏中科君芯科技有限公司	未统计	采用新的沟槽场截止型IGBT芯片，良好的参数一致性，低开关损耗，易于并联使用，高可靠性和热稳定性	
4. 充电桩/站					
液冷30kW充电模块	2018年	北京动力源科技股份有限公司	未统计	功率密度高、防护等级高、效率高、环境适应性强、寿命长等特点，综合性能指标达到国际先进水平	
分体式直流充电桩	2019年	北京动力源科技股份有限公司	未统计	防护等级高、功率密度高、全电压范围效率高、功率因数高、环境适应性强、寿命长，由充电主机和分体桩组成	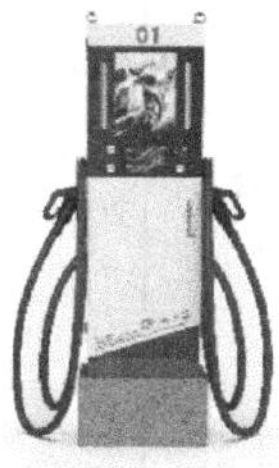

（续）

产品名称	上市时间	公司名称	2020年度销售额	技术特点	产品图片
4. 充电桩/站					
交流充电桩	2019年	北京动力源科技股份有限公司	无统计	人性化设计操作简单，多种充电模式，精确计量，智能充电终端，可非接触式支付，灵活通信，人机交互	
180kW 双枪直流一体机	2018年	万帮数字能源股份有限公司	未统计	大功率低功耗，充电更快；超宽电压适用性强；颜值升级，高清触摸屏；智能散热，噪声可控	
双枪一体式充电桩	2014年	先控捷联电气股份有限公司	未统计	宽电压输入范围，整机效率>95.5%，输入功率因数>0.99，冷热风道分离，支持双枪同时为一台车充电	
分体式直流充电系统	2014年	先控捷联电气股份有限公司	未统计	高低压兼容充电，支持多路输出，智能功率分配，VIN自识别充电，冷热风道分离	
KWKFF300R12-S3BM	2020年	江苏中科君芯科技有限公司	未统计	高性能超大电流密度IGBT（DCS-IGBT）芯片产品	
KWBW60N65-F4EG	2020年	江苏中科君芯科技有限公司	未统计	采用沟槽栅场截止（Trench+FS）技术，低Vce，开关曲线平滑，易于并联使用	
5. 新能源					
智慧综合供能 iPowerCube	2020年	华为技术有限公司	未统计	风光油电储一体、交直流全制式可靠供电，快速部署，TCO优质	

（续）

产品名称	上市时间	公司名称	2020年度销售额	技术特点	产品图片
5. 新能源					
IES1000系列储能变流器	2020年	深圳市汇川技术股份有限公司	2000万元	三电平拓扑;小体积,更高功率密度;独立模块化架构;大容量通信快速性	
PC32 6.6kW OBC +3kW DC-DC+PDU	2020年	深圳市汇川技术股份有限公司	未统计	全车规设计,支持双向工作,支持AUTOSAR软件、UDS诊断、UDS程序、CAN 2.0	
SG225HX	2019年	阳光电源股份有限公司	未统计	最大效率为99.01%,12路MPPT设计,单串最大直流为15A,支持500Wp以上双面组件接入	
SG3125HV	2020年	阳光电源股份有限公司	未统计	中国效率98.55%,无需加装SVG装置,100MW节省600万,预留储能接口,光储升级更便捷	
隔离型变流器	2017年	安徽中科海奥电气股份有限公司	1434.2万元	高功率光电驱动技术,有效隔离强磁场干扰,隔离式双向直流变换,满足多场景应用	隔离型
非隔离型变流器	2017年	安徽中科海奥电气股份有限公司	679.2万元	全程软开关非隔离双向直流变换,ZVS全功率软开关技术,保证高功率运行时热稳定	非隔离型
功率优化器	2018年	北京动力源科技股份有限公司	未统计	组件级MPPT调节,高效;载波通信实现组件状态监控;可对光储系统直流电池充电;输出电压和串联数可变	

（续）

产品名称	上市时间	公司名称	2020年度销售额	技术特点	产品图片
5. 新能源					
50kWAC-DC 储能模块	2018年	北京动力源科技股份有限公司	未统计	DSP全数字控制，转换效率高；标准模块化设计，扩展方便，电池分组控制；并离网运行模式快速切换	
5kW 光伏逆变器	2017年	北京动力源科技股份有限公司	未统计	两路独立PC输入，电压范围宽，适应复杂环境；支持远程监控，多种通信；多机并联智能电网适应，自冷却	
光储一体机	2019年	北京动力源科技股份有限公司	未统计	兼容铅酸锂电；智能管理；支持手机APP，动力云智能运维平台，并离网储能备电四模式自动切换，应用灵活	
集成电源4.0	2020年	弗迪动力有限公司电源工厂	未统计	SiC器件+软开关技术；磁集成技术；电路深度集成；立体水道散热	
智能逆变器 MAX 175~230KTL3 HV	2020年	广东省古瑞瓦特新能源有限公司	未统计	效率高达99%，15路MPPT；高容配比设计；IP66等安全防护；高精度组串监控，智能IV曲线扫描	
MIN 2500-6000 TL-XH	2019年	广东省古瑞瓦特新能源有限公司	未统计	预留储能接口，无需额外改造成本，可实现并离网运行；精致美观；直流1.4倍超配，智能监控运维	
FCTS-M 系列燃料电池发动机测试系统	2017年	合肥科威尔电源系统股份有限公司	3988万元	可用于燃料电池发动机的功能及性能测试，为其研发和品质检验提供稳定、安全、可靠的一体化测试平台	

（续）

产品名称	上市时间	公司名称	2020年度销售额	技术特点	产品图片
5. 新能源					
光伏变换器	2011年	南京国臣直流配电科技有限公司	未统计	采用峰值功率跟踪技术实现光伏最大功率输出、超宽的输入输出电压范围、主动防止触电隔离技术、抽屉化结构	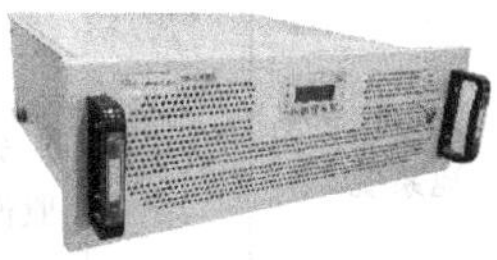
直流一体化保护	2017年	南京国臣直流配电科技有限公司	未统计	GC-YF600系列中低压直流配电保护单元融合了直流微机保护装置、直流断路器和直流互感器等设备	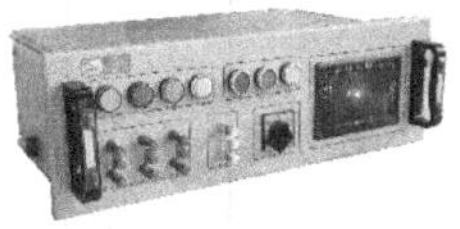
TH20F10025C7型充电模块	2020年	石家庄通合电子科技股份有限公司	未统计	解决了宽范围恒功率的散热等问题，外形尺寸等均符合国家电网有限公司电动汽车充电设备标准化设计方案	
PRE系列双向可编程交流电源	2013年	西安爱科赛博电气股份有限公司	未统计	PRE具备“回收式电网模拟源”的能量回收和“可编程交流电源”的高基波带宽及可编程功能	
PAC系列可编程交流电源	2018年	西安爱科赛博电气股份有限公司	未统计	PAC具备高基波带宽及可编程功能，并将部分输出指标提升至全新高度，使应用测试更加精准、便捷	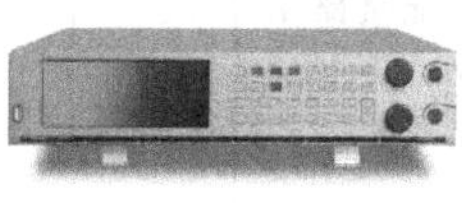
PDC系列高精度可编程直流电源	2017年	西安爱科赛博电气股份有限公司	未统计	PDC系列高精度可编程直流电源以极高的功率密度、灵活的配置在工业、实验室、OEM应用中有更好的表现	
PRD系列双向可编程直流电源	2021年	西安爱科赛博电气股份有限公司	未统计	采用高功率密度设计，3U功率等级达30kW，电压2050V，全新设计的数字矩阵并联系统可扩容至3MW	
高效一体化多功能变流器	2018年	先控捷联电气股份有限公司	未统计	谷电峰用，降低成本；高功率密度，并离网不间断切换，模块化组串式，无缝对接新能源，全范围无功支撑	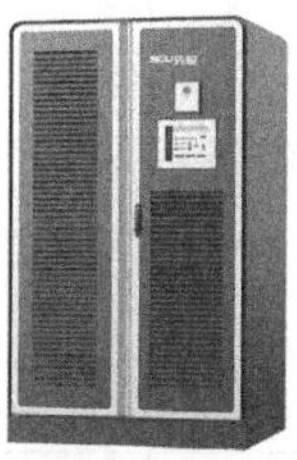
GRES静态发电机综合能源一体化电源解决方案	2019年	先控捷联电气股份有限公司	未统计	不间断供电，动态增容，并离网无缝切换，削峰填谷-创造更多价值，提升电能质量-节省电能补偿设备投资	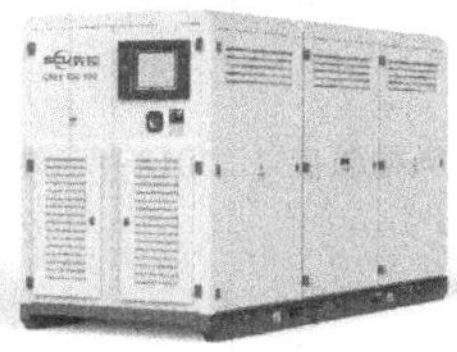

（续）

产品名称	上市时间	公司名称	2020年度销售额	技术特点	产品图片
5. 新能源					
锂电池系统	2018年	先控捷联电气股份有限公司	未统计	体积小、重量轻、寿命长，充放倍率高，三级BMS设计，采用行业顶级电芯，能量转移式主动均衡	
TG600HF12M1-G3A00	2019年	株洲中车时代半导体有限公司	未统计	芯片性能达到国内领先水平，具备低损耗、高工作结温、高可靠性等优点	
MEJ048系列控制逆变一体机	2018年	东莞铭普光磁股份有限公司	未统计	太阳能和市电双输入；直流和交流双输出；工作电压12V/24V/48V自适应；设备形式紧凑且多样	
基于能量路由器的10kV一体化充电站	2020年	青岛鼎信通讯股份有限公司	未统计	高功率密度一体化设计；全工况高效率运行；全系统状态感知、大数据故障预测、关键器件在线绝缘监测	
2.X MW双馈风电变流器DFIG CON-2100	2010年	上海电气电力电子有限公司	310万元	拥有新的专利技术产品和强大的研发能力，采取先进技术和自主研发满足当前风电领域国家科技发展的要求	
阻抗扫描仪	2018年	上海科梁信息工程股份有限公司	未统计	通过扰动注入、信号处理和阻抗绘制得到电力电子设备阻抗曲线，更有效地检验实际控制器的阻抗优化设计效果	
单电机控制器	2018年	上海临港电力电子研究有限公司	未统计	适用于物流以及乘用车	

（续）

产品名称	上市时间	公司名称	2020年度销售额	技术特点	产品图片
5. 新能源					
双电机控制器	2017年	上海临港电力电子研究有限公司	未统计	面向A级及以上PHEV用高性能双电机控制器	
SiCPACK650V/400A	2017年	上海临港电力电子研究有限公司	未统计	面向轻量级电动汽车电驱应用的紧凑型、高可靠IGBT模块	
DrivePACK 650V/600A	2018年	上海临港电力电子研究有限公司	未统计	面向中大功率电动汽车电驱应用的高可靠IGBT模板	
DrivePACK 750V/820A	2020年	上海临港电力电子研究有限公司	未统计	搭载全球新一代顶尖芯片的高可靠IGBT模块	
DrivePACK 1200V/450A	2019年	上海临港电力电子研究有限公司	未统计	面向大功率电动汽车高压电驱应用的高可靠IGBT模块	
SiCPACK 1200V/285A	2017年	上海临港电力电子研究有限公司	未统计	面向轻量级电动汽车电驱应用的紧凑型、高可靠SiC MOSFET模块	
EcoPACK 1200V/750A	2018年	上海临港电力电子研究有限公司	未统计	面向光伏邻域高可靠性大功率IGBT模块	
铁镍磁粉心NPH-LH系列	2020年	深圳市铂科新材料股份有限公司	未统计	具有低损耗、出色的温度稳定性、不含镍等特性	

（续）

产品名称	上市时间	公司名称	2020年度销售额	技术特点	产品图片
5. 新能源					
INPPCS 储能变流器	2017年	北京英博电气股份有限公司	未统计	INPPCS具备并离网无缝切换功能，支持多种电池类型，完善的变流器及电池保护	
储能电池（2V、12V）	2005年	理士国际技术有限公司	未统计	采用超级炭技术，PSOC状态下循环性能更优越，60% SOC循环次数超4000次；优异的充电接受能力	
程控直流电源-DSP系列	2016年	深圳市斯康达电子有限公司	未统计	定功率架构，电压/电流输出范围更广；可编程模拟特殊电压变化波形；完善保护功能：过电压、限电流、过温	
6. 电信/基站					
模块化电源ZXDU98 B601	2020年	中兴通讯股份有限公司	未统计	模块化电源支持多用户共享和灵活扩容，具有多用户计量管理、差异化备电等多种智能管理功能	
微站电源	2020年	北京动力源科技股份有限公司	未统计	自冷型模块化电源，体积小简化基站建站，节约站点制冷能耗，适应5G站点建设需要	
HB48200E-F嵌入式电源系统	2020年	鸿宝电源有限公司	未统计	系统采用自动均流冗余技术，可实现智能并机输出，并支持电源模块热拔插，方便维护	
MER048R系列组合式通信开关电源	2015年	东莞铭普光磁股份有限公司	未统计	容量最大为1000A，可选配内置电池和直流多级下电及计量功能，机柜高度尺寸可根据用户安装场合定制	

（续）

产品名称	上市时间	公司名称	2020年度销售额	技术特点	产品图片
6. 电信/基站					
MER048W系列壁挂式通信开关电源	2015年	东莞铭普光磁股份有限公司	未统计	容量最大为200A，可适用于室外和室内，壁挂/抱杆/落地安装，可内置电池，选配直流多级下电及计量功能	
MER048E系列嵌入式式通信开关电源	2015年	东莞铭普光磁股份有限公司	未统计	容量最大为600A，高功率密度插框，可选多级下电及计量功能，可定制削峰填谷、错峰用电、光伏叠加功能	
MER048X系列户外一体化式通信开关电源	2019年	东莞铭普光磁股份有限公司	未统计	容量最大为6kW，压铸铝外壳，4G或NB模式无线通信，可配套锂电单元，可壁挂/抱杆/旗装/落地安装	
MED057系列直流-直流变换通信开关电源	2019年	东莞铭普光磁股份有限公司	未统计	容量最大为120A，变换模块独立工作，19英寸1U高度可适用于机房通信机柜和室外机柜	
MER048X系列户外电源系统	2015年	东莞铭普光磁股份有限公司	未统计	配套插框电源容量最大为600A，可配套电源柜、设备柜、电池柜，可选配空调/热交换/风冷等散热系统	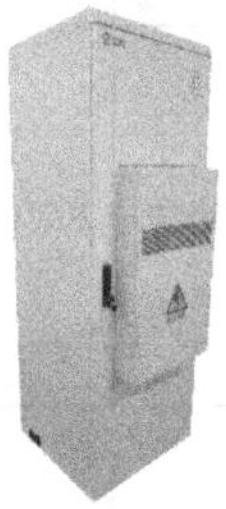
MEH048系列通信用混合能源管理系统	2019年	东莞铭普光磁股份有限公司	未统计	一体化集成和模块化部件设计；智能管理多种能源，系统灵活多样；高效率、高功率密度、高可靠性	

（续）

产品名称	上市时间	公司名称	2020年度销售额	技术特点	产品图片
6. 电信/基站					
MEP048系列通信用太阳能控制器	2015年	东莞铭普光磁股份有限公司	未统计	满足通信行标；模块化设计；宽输入范围；MPPT追踪精度高、速度快；转换效率高；可无电池启动供电	
低损耗气雾法铁硅铝ETG2700-60L-15	2019年	江西艾特磁材有限公司	130万	保留破碎法铁硅铝同等DC偏置的同时损耗降低40%。适用于对高效率、发热低的高标准要求电源产品使用	
EEG321645B-090	2020年	江西艾特磁材有限公司	2021年预测400万	保留损耗低特性的同时，100奥斯特时DC偏置达到56%。第一个在华为通信电源测试通过并已开始量产	
超结MOSFET	2020年	龙腾半导体股份有限公司	未统计	具有极低的导通电阻和栅极电荷，显著降低导通和开关耗损，特别适用于高功率密度和高效率电力电子变换系统	
1500W通信电源	2020年	深圳欧陆通电子股份有限公司	未统计	低压直流输入；EMI Class B；5kA雷击浪涌防护设计；侧向风流散热设计	
1512W通信电源	2020年	深圳欧陆通电子股份有限公司	未统计	20kA雷击浪涌防护设计；无风自然散热设计；支持70℃环境温度工作	
600W/920W/1600W数字通信电源	2020年	深圳欧陆通电子股份有限公司	未统计	雷击CM：+/-6kV，DM：+/-6kV；-40℃环境下可工作；支持2倍或1.5倍功率峰值工作	

（续）

产品名称	上市时间	公司名称	2020 年度销售额	技术特点	产品图片
6. 电信/基站					
冗余式 5G 通信 PoE 电源	2020 年	深圳欧陆通电子股份有限公司	未统计	具有远程智能控制，智能温控风扇控制，在线人机交互等功能，具备 PMBUS 功能	
网络语音通信电源适配器	2020 年	深圳欧陆通电子股份有限公司	未统计	内置高精度温度保护线路，能在异常状态时快速进入保护；具备高可靠性/低漏电流/EMI 干扰小等特点	
ADSL-QLN 网络电源	2020 年	深圳欧陆通电子股份有限公司	未统计	符合 ADSL-QLN，PLC 网络标准，对网关终端机数据传输快干扰小	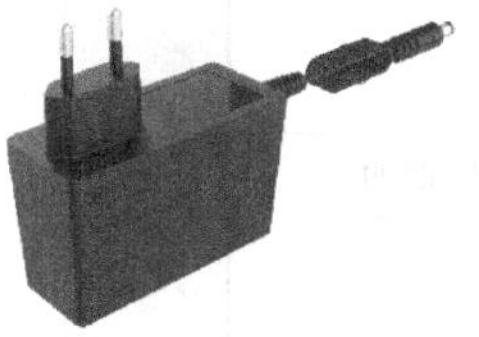
通用模块电源	1997 年	北京新雷能科技股份有限公司	未统计	高效率；高功率密度；工业标准尺寸，兼容性好；使用方便	
整流器	2009 年	北京新雷能科技股份有限公司	未统计	全数字控制；标准 1U 高度；交流输入；输出电压 24V/48V；输出电流 15A ~100A	
大功率电源系统	1999 年	北京新雷能科技股份有限公司	未统计	由模块单元、监控单元及配电单元组成，可根据功率需要灵活配置模块单元数量及配电设计，智能监控和电池管理	
通信电池（2V、12V）	1999 年	理士国际技术有限公司	未统计	多元合金板栅，失水少，电池寿命长；极柱采用多层密封专利技术，端子密封可靠；自放电低，浮充期间能耗小	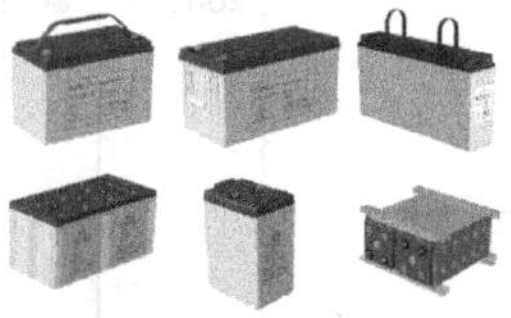
锂离子电池（10~200Ah）	2018 年	理士国际技术有限公司	未统计	采用磷酸亚铁锂电池系统，比能量高、体积小、循环寿命长等特点；采用一体化设计，即插即用，使用方便	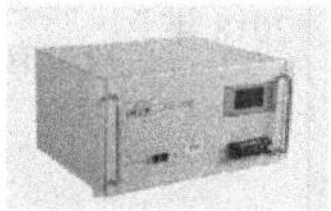 

（续）

产品名称	上市时间	公司名称	2020 年度销售额	技术特点	产品图片
6. 电信/基站					
DDR 终端电压稳压器 TPL51200	2020 年	思瑞浦微电子科技（苏州）股份有限公司	未统计	具有 3A 灌/拉电流能力，针对 DDR 应用进行优化，支持负载电流快速响应和输出陶瓷小电容	
500mA 高 PSRR 低噪声低压差线性稳压器 TPL9053	2020 年	思瑞浦微电子科技（苏州）股份有限公司	未统计	支持最大 500mA 输出电流，5.7μVRMS 输出噪声，0.6V～5.3V 可调输出电压	
7. 照明					
SNP100-24VF-1	2017 年	宁波赛耐比光电科技有限公司	1000 万元	此款产品电路中设计有短路、过载和过温保护功能，符合 CLASS 2 要求，寿命达 30000h 以上	
LED 照明驱动芯片	2014 年	深圳市必易微电子股份有限公司	未统计	行业领先的照明 IC 供应商，解决方案覆盖绝大多数照明应用，产品设计简单、控制精准、稳定可靠性高	
智慧电源 EUM 系列	2019 年	英飞特电子（杭州）股份有限公司	24677.78 万元	紧凑型外壳设计，散热性能优异；采用多国认证线材；IP66/IP67 且适用于潮湿及多水环境；高防雷保护	
A-200AF 系列产品	2005 年	常州市创联电源科技股份有限公司	未统计	采用双管正激式电路、同步整流技术、进口 IC；稳定可靠——100%满载老化；自带抖频功能设计	
高导热低热阻汽车用 K 系列金属基覆铜板及线路板	2018 年	广东全宝科技股份有限公司	未统计	超低热阻、高耐热性及高绝缘层可靠性，符合汽车用电子材料测试要求	

（续）

产品名称	上市时间	公司名称	2020 年度销售额	技术特点	产品图片
7. 照明					
T 系列	2020 年	长沙明卓电源科技有限公司	未统计	采用自主设计新型外观，产品尺寸小；采用双边同步整流，电源效率高；无风扇静音设计	
8. 轨道交通					
EPS 电源	2007 年	航天柏克（广东）科技有限公司	35000 万元	根据用户用电要求进行工作状态设置；语音报警功能；具有维修保护功能；一种掉电控制转换电路发明专利	
复兴号牵引产品 TKD500	2017 年	北京纵横机电科技有限公司	未统计	集成了变流技术、电力电子技术、网络控制技术，国内领先，自主化设计、主辅一体化设计	
HV1027P	2015 年	杭州飞仕得科技有限公司	未统计	针对 IHV 封装开发的即插即用型驱动，可靠性高、EMC 特性良好，能同时适用于两电平及多电平变流器	
蓄电池组健康管理及智能维护系统	2006 年	珠海朗尔电气有限公司	7000 万元	实现蓄电池组坏一节换一节的理想维护，打破坏一节换一组传统维护模式，为每一节蓄电池提供一个预警系统	
铁路模块电源	1997 年	北京新雷能科技股份有限公司	未统计	高效率；宽输入范围；标准尺寸；环境适应性强；符合铁路相关应用标准	
轨道交通（2V、12V）	2008 年	理士国际技术有限公司	未统计	特殊电解液配方，可有效减缓电解液分层，延长电池寿命，机车运行 160 万 km 以上（25℃）	

（续）

产品名称	上市时间	公司名称	2020年度销售额	技术特点	产品图片
9. 车载驱动					
燃料电池 DC-DC 变换器	2018年	北京动力源科技股份有限公司	未统计	输入输出端电气隔离、系统瞬态响应快、谐振软开关技术、升压变比 1：12、功率密度高、适配多类型电堆	
车载降压 DC-DC 变换器	2019年	北京动力源科技股份有限公司	未统计	为负载提供电能，同时为蓄电池充电。输出电压稳定、转换效率高，具备保护功能可靠性高；智能灵活，安全高效	
电机控制器	2019年	北京动力源科技股份有限公司	未统计	全数字化控制系统，算法优异、灵活，充分发挥功率电路性能，安全高效	
车载电源	2019年	北京动力源科技股份有限公司	未统计	集车载充电机和 DC-DC 电源变换器于一体，输出电压可定制，支持整车故障诊断，全数字化控制系统，算法灵活	
六合一控制器	2019年	北京动力源科技股份有限公司	未统计	控制器、油泵 DCAC、气泵 DCA、CDCDC 等集成，功能全接线少，算法优，高效安全	
1700V 3Ω SiC Mosfet（P3M173K）	2020年	派恩杰半导体（杭州）有限公司	未统计	耐更高电压，更小 Rds(on)，更为简单反激电路实现，设计更简单，驱动设计更容易，缩短开发周期	
动力电池（6V、8V、12V）	2010年	理士国际技术有限公司	未统计	采用稀土合金，抗蠕变、耐腐蚀，深循环能优越；采用特殊铅膏配方，4BS 技术，循环寿命长	

（续）

产品名称	上市时间	公司名称	2020 年度销售额	技术特点	产品图片
10. 计算机/消费电子					
适配器充电器驱动控制芯片	2014 年	深圳市必易微电子股份有限公司	未统计	通用产品功率覆盖宽 2~65W，可提供原边主控和副边同步整流整套方案，国内领先的快充电源芯片方案公司	
家电电源管理芯片	2014 年	深圳市必易微电子股份有限公司	未统计	国内领先的家电电源芯片方案公司，芯片应用简单，输出电压控制精度高、噪声低、纹波小，功率覆盖至 65W	
电机驱动芯片	2020 年	深圳市必易微电子股份有限公司	未统计	行业首创单级功率器件集成的交流电机驱动模块方案，具备无级调速、调速范围宽、低噪声、高功率因数的特点	
YD-AS-604TC-PD20W 移动电源	2020 年	深圳市迪比科电子科技有限公司	未统计	公司致力于运用新的科技及创意，开发生产外观精致、品质优良、节能环保的绿色新能源产品	
GaN 氮化镓快充充电器	2020 年	东莞铭普光磁股份有限公司	未统计	该产品使用第 3 代氮化镓功率器件，体积得以缩小，重量更轻。最大功率 65W，可同时为多设备进行充电	
PD 20W 充电器	2020 年	东莞铭普光磁股份有限公司	未统计	USB-C 口支持 QC3.0、AFC、FCP、PD3.0 和 PPS 多个快充协议，可适配多种终端设备	

（续）

产品名称	上市时间	公司名称	2020 年度销售额	技术特点	产品图片
10. 计算机/消费电子					
QC 3.0 18W 充电器	2020 年	东莞铭普光磁股份有限公司	未统计	该产品内部采用 PWM 和 QC3.0 协议芯片，输出同步整流保证效率，固态电容保证寿命和纹波，多重保护	
电源适配器	2019 年	东莞铭普光磁股份有限公司	未统计	该充电器搭载了智能识别芯片，可以智能调节电流，具有过温、过电压、过电流、短路等多种安全防护设计	
电源适配器	2020 年	东莞铭普光磁股份有限公司	未统计	该产品采用宽电压输入设计，多重安全保护，满足六级能效标准，为 IT、A/V 类设备提供灵活的解决方案	
电源适配器	2020 年	东莞铭普光磁股份有限公司	未统计	该产品采用宽电压输入设计，多重安全保护，满足六级能效标准，为 IT、A/V 类设备提供灵活的解决方案	
电源适配器	2020 年	东莞铭普光磁股份有限公司	未统计	该产品采用宽输入设计，提供过电压、过电流、短路和防雷击保护，满足六级能效标准，适用于 IT、A/V 等终端	
开放式电源适配器	2020 年	东莞铭普光磁股份有限公司	未统计	该产品采用宽电压输入设计，提供多种保护，满足六级能效标准，主要用于 IT、A/V 等设备，定制化设计	
开放式电源适配器	2020 年	东莞铭普光磁股份有限公司	未统计	该产品采用 AC90 ~ 264V 输入设计，提供过电压、过电流、短路保护。具有高效率，低功耗特点，定制化设计	

（续）

产品名称	上市时间	公司名称	2020年度销售额	技术特点	产品图片
10. 计算机/消费电子					
电源适配器	2020年	东莞铭普光磁股份有限公司	未统计	该产品是一个独立的外部电源适配器，多重保护设计，可为各种便携式和桌面应用提供灵活的电源解决方案	
中低压SGT MOSFET	2020年	龙腾半导体股份有限公司	未统计	低导通电阻，优异的栅电荷及输出电荷，兼具低反向恢复电荷和软二极管特性，帮助电源设计实现高功率密度	
中低压SGT MOSFET	2020年	龙腾半导体股份有限公司	未统计	低导通电阻，优异的栅电荷及输出电荷，兼具低反向恢复电荷和软二极管特性，帮助电源设计实现高功率密度	
显示器电源适配器	2020年	深圳欧陆通电子股份有限公司	未统计	全电压输入功率密度高，具备高AC电压450V的冲击，可应对全球电网不稳定地区的使用	
超薄大功率适配器	2020年	深圳欧陆通电子股份有限公司	未统计	过电压、欠电压、过温等多重保护功能，达到业界大功率适配器最小厚度	
Emark识别PD电源	2020年	深圳欧陆通电子股份有限公司	未统计	采用了GaN（氮化镓）器件技术，支持PD 3.0协议，自带Emark识别功能	
网络音响二合一电源	2020年	深圳欧陆通电子股份有限公司	未统计	具有音频/音响类负载输出正弦波电流能力，高音质，瞬间响应电流为正常输出最大电流的两倍	

（续）

产品名称	上市时间	公司名称	2020年度销售额	技术特点	产品图片
10. 计算机/消费电子					
300mA 超低噪声低压差线性稳压器 TPL9032	2020年	思瑞浦微电子科技(苏州)股份有限公司	未统计	支持最大 300mA 输出电流,8.6μVRMS 输出噪声,0.9~5.0V 固定输出电压	
UPS 电源	1999年	珠海山特电子有限公司	未统计	本产品特点:先进的 DSP 控制技术;有源输入功率因数校正;频率自适应系统;超宽输入电压范围等特点	
11. 航空航天					
相控阵雷达供电电源	2017年	连云港杰瑞电子有限公司	2000万元	较传统储能式供电电源体积缩小 2/3,打破传统 T/R 组件电源对电解电容的依赖,大幅提高了系统可靠性	
DH17800A 系列大功率可编程直流电源	2019年	北京大华无线电仪器有限责任公司	未统计	15kW/3U 功率密度,电压最高可达 1500V。适用于新能源、光伏太阳能、ATE 等领域的测试	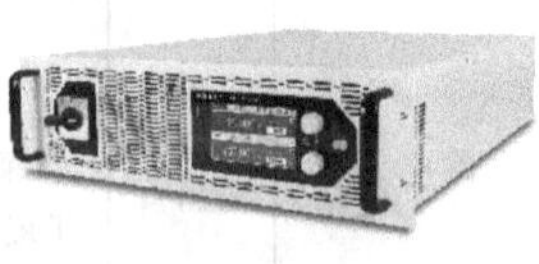
DH1799 系列可编程直流电源	2015年	北京大华无线电仪器有限责任公司	未统计	单机功率最高为 1500W,支持并联扩展,采用标准 1U 机箱,便于上架使用	
航天专用模块电源	1999年	北京新雷能科技股份有限公司	未统计	宽应用温度范围(-55~+105℃);适应严酷应用环境;单路或多路输出;全金属屏蔽	
厚膜混合集成电路模块电源	2006年	北京新雷能科技股份有限公司	未统计	宽应用温度范围(-55~+125℃);裸芯片键合工艺;金属气密封装;可长存储;适应严酷应用环境	

（续）

产品名称	上市时间	公司名称	2020 年度销售额	技术特点	产品图片
11. 航空航天					
特种定制电源	1999 年	北京新雷能科技股份有限公司	未统计	满足用户空间需求，定制外形和接口服务；多种保护和附加功能可选；良好的 ECM 特性；适用于特种应用环境	
模块组合集成电源	1999 年	北京新雷能科技股份有限公司	未统计	模块自由搭建组合、开发周期短；输入输出宽范围可选；外形接口方式多样；快速灵活响应用户需求	
4NIC-DC 系列直流转换器	2019 年	航天长峰朝阳电源有限公司	未统计	可靠性高、性能稳定、环境适应能力强，一体化供电设计	
12. 传统能源/环保/特种行业					
岸电电源	2019 年	广东志成冠军集团有限公司	4500 万元	均具有以下技术领先优势：大功率、逆变器采用模块化模式、支持多机并联的应用、绿色环保	
核电厂 1E 级 UPS	2015 年	科华数据股份有限公司	约 2000 万元	成熟的十二脉冲相控整流+IGBT 逆变技术，输入、输出完全电气隔离，满足核电厂核岛环境的设计要求	
HD90P 系列高压变频电源	2015 年	深圳市汇川技术股份有限公司	5000 万元	使用变压器投切涌流智能穿越、智能逆功率、稳定负载转移、电源稳态、低谐波等控制技术，集装箱房体设计	
综合能源实时仿真与测试系统	2018 年	上海科梁信息工程股份有限公司	未统计	基于实时仿真技术，集合热能、电能等多领域能源，进行建模与分析、能量管理、需求侧管理与需求响应	
继电保护/电力操作电源	1998 年	北京新雷能科技股份有限公司	未统计	由系统各配电单元组成，可根据功率需要灵活配置模块单元数量及配电设计	

（续）

产品名称	上市时间	公司名称	2020 年度销售额	技术特点	产品图片
12. 传统能源/环保/特种行业					
工业定制电源	1997 年	北京新雷能科技股份有限公司	未统计	用户定制外形规格；转换效率高；宽输入电压范围；输入过欠电压保护；单路或多路输出；多重保护功能	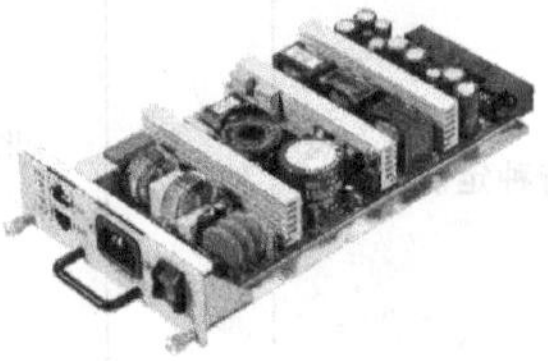
车灯 HID 电子式安定器 EP8035DC-US-BB16JM-PR	2004 年	太仓电威光电有限公司	500 万元	HID 车用电子式安器，超薄型设计，全方位保护功能，安全可靠；数字控制负载变化可自动调整电源工作状态	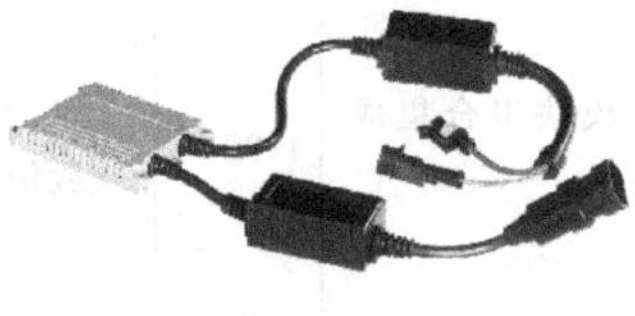
舞台/影视/杀菌系列大功率电子镇流器	2006 年	太仓电威光电有限公司	600 万元	内置恒功率电路，具有数字模拟调光方式，调光范围 50%～100%，输出开路短路等功能	
0.6～35kV 高压链式 SVG	2012 年	武汉武新电气科技股份有限公司	2000 万元	设备响应速度快；无功补偿效果好；无功补偿模式无缝切换	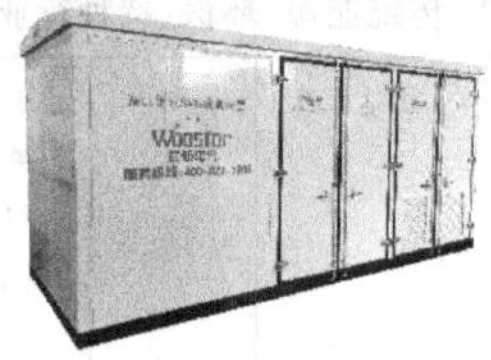
13. 通用产品					
模块化 UPS	2017 年	广东志成冠军集团有限公司	4000 万元	输入功率因数高、体积小、容量扩展性好、效率高、热插拔、电池节数动态可调、绿色环保、可靠性高	
智慧魔盒电源 iMagicPower	2020 年	华为技术有限公司	未统计	多能源融合，全制式供电平台；模块化架构，灵活开放；部件 N+1 备份，安全可靠	
KR 系列 UPS（1～1200kVA）	2005 年	科华数据股份有限公司	约 32000 万元	为负载提供高质量的电源保障，避免输入端因电网异常给负载设备带来的影响；提供安全、稳定、纯净的绿色电源	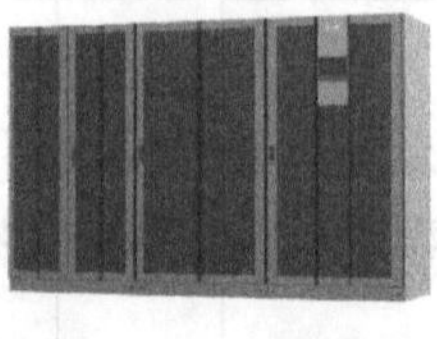

（续）

产品名称	上市时间	公司名称	2020 年度销售额	技术特点	产品图片
13. 通用产品					
MR 系列 UPS（25~1250kVA）	2010 年	科华数据股份有限公司	约 13000 万元	采用先进的三电平逆变技术、可靠的冗余设计，高效率、高功率密度、易于扩展、按需扩容、占地面积小	
ZL 系列高压直流电源系统	2008 年	科华数据股份有限公司	约 6200 万元	模块化设计、全数字化控制技术，具备自动休眠和电池的智能化管理功能，包括 240V、336V 两种电压制式	
WiseMDC 慧系列模块化数据中心	2012 年	科华数据股份有限公司	约 13500 万元	高标准设计，整合 IT 机柜、配电和制冷单元、封闭组件、布线、综合运维等功能独立的单元，实现完整功能	
MD200	2015 年	深圳市汇川技术股份有限公司	12000 万元	体积小输出大，6 年超过 80 万台市场检验，运行稳定可靠，支持 DIN 导轨安装，5 个功能码设置满足客户应用	
MD310	2012 年	深圳市汇川技术股份有限公司	13300 万元	先进的同步、异步矢量算法，设备小巧易用；瞬停不停、过励磁、180% 0.5Hz 起动转矩，设备动静自如	
MD290	2014 年	深圳市汇川技术股份有限公司	24000 万元	风机、水泵应用节能模式，大幅降低电费成本转速跟踪，瞬停不停，过励磁控制等助力设备平稳运行	

（续）

产品名称	上市时间	公司名称	2020年度销售额	技术特点	产品图片
13. 通用产品					
MD500	2014年	深圳市汇川技术股份有限公司	35000万元	基于先进的控制算法，SVC实现150%输出转矩；密封结构、加厚三防漆使陶瓷金属粉尘、高温高湿可靠运行	
MD810	2016年	深圳市汇川技术股份有限公司	11000万元	支持多种编码器类型，全总线支持，高柜体利用率，变频伺服一体化应用，电气一体化成柜可实现移动机载	
后备式UPS系列电源	2016年	北京动力源科技股份有限公司	未统计	采用成熟数控电路、模块化智能控制逆变器、功率因数矫正技术、智能风冷、自主均流技术	
15～1000W AC-DC机壳开关电源LM/LMF系列	2018年	广州金升阳科技有限公司	未统计	输入电压范围AC85～305V，工作温度范围-30～+70℃，隔离耐压AC4000V	
120～550W高功率密度AC/DC电源LOF系列	2020年	广州金升阳科技有限公司	未统计	1.7W/cm^{3}超高功率密度，超低接触漏电流<0.1mA，2xMOPP绝缘等级	
30～480W高性价比导轨电源LI/LIF系列	2007年	广州金升阳科技有限公司	未统计	CE/CB/UL/ATEX/IECEx认证，35mm标准安装方式，体积小巧，满足不同环境应用需求	
UPS不间断电源（EA890系列）	2013年	易事特集团股份有限公司	未统计	兼容铅酸电池和铁锂电池，适应不同类型的电池配置需求	

（续）

产品名称	上市时间	公司名称	2020年度销售额	技术特点	产品图片
13. 通用产品					
UPS不间断电源（EA990系列）	2013年	易事特集团股份有限公司	未统计	输出功率因数为1；系统效率高达96%，业界领先；自老化功能，兼容铅酸和锂电池	
GM42系列电源适配器	2016年	佛山市顺德区冠宇达电源有限公司	未统计	此款电源采用我公司专利技术制造，在防水方面具有良好的性能，具有很强的市场竞争力	GM42-XXXYYY-ZU
GM95系列电源适配器	2016年	佛山市顺德区冠宇达电源有限公司	未统计	此款产品在能效上能做到欧洲、美国、韩国等能效六级，能同时满足各个行业领域的电源特性，认证齐全	
GM60	2016年	佛山市顺德区冠宇达电源有限公司	未统计	此款产品在能效上能做到欧洲、美国、韩国等能效六级，能同时满足各个行业领域的电源特性，认证齐全	
HQ-M（R）系列模块化UPS	2017年	厦门市爱维达电子有限公司	5849.87万元	采用先进的三电平逆变技术，功率模块双DSP数字化控制，业界首创UPS主机集成BMS电池管理功能	
HQ-G（R）系列高频UPS	2017年	厦门市爱维达电子有限公司	4524.53万元	采用全数字化控制技术和新的高频电源变换技术，集交流稳压、后备电源、尖峰浪涌吸收等多功能为一体	

（续）

产品名称	上市时间	公司名称	2020 年度销售额	技术特点	产品图片
13. 通用产品					
便携式风扇充电器	2020 年	深圳欧陆通电子股份有限公司	未统计	采用高精度恒流恒压线路，双 Y 串联设计，符合 EN60335 安规标准	
铝电解电容器	1987 年	常州华威电子有限公司	54560 万元	产品系列齐全，具有高电压、大容量、耐大纹波电流、小型化等多重优势，可以满足多个应用场景的要求	
高精度差分探头 N1070Apro(50MHz, 0.5%精度, 7kV, 保修 3 年)	2019 年	广州德肯电子股份有限公司	未统计	0.5%超高精度，电池或者电源适配器供电均可，保修 3 年，兼容市面上任何品牌示波器	
PT-350(50MHz, 60A) 高频电流探头	2020 年	广州德肯电子股份有限公司	未统计	1%超高精度，保修 3 年，兼容市面上任何品牌示波器，整套产品包含供电电源，性能稳定	
高压差分探头 PT-5240 (20MHz, 40kV)	2015 年	广州德肯电子股份有限公司	未统计	行业内测试最高电压的差分探头，40kV 高电压	
高频电流探头	2011 年	深圳市知用电子有限公司	1000 万元	交直流，高带宽；高精度，精度高达 1%；双量程方便小电流测量；自动消磁调零功能；声光过流报警 BNC 输出	

（续）

产品名称	上市时间	公司名称	2020年度销售额	技术特点	产品图片
13. 通用产品					
接收机	2016年	深圳市知用电子有限公司	1000万元	全数字化预认证级时域接收机，完全符合 CISPR16-1-1 标准，测量速度极快，精度高，稳定性好	
14. 电源配套产品					
非晶/纳米晶材料及制品	2000年	安泰科技股份有限公司非晶制品分公司	31293万元	兼备铁基非晶合金的高饱和磁感应强度(Bs)和钴基非晶合金的高磁导率、低矫顽力和低损耗	
UES24LCP1-SPA	2019年	东莞市石龙富华电子有限公司	未统计	防水、满足家用医疗标准、IP22、2MOPP	
对标 VICOR 二代国产化电源	2016年	连云港杰瑞电子有限公司	30000万元	实现与对标产品原位替代，为国内领先，可大大简化客户繁琐的验证过程，为军用模块化电源国产化替代的首选	
军用高可靠加固计算机电源	2010年	连云港杰瑞电子有限公司	未统计	功率高达 1500W，效率高达 92%，处于行业领先水平	
非晶纳米晶磁心与电感	2005年	江西大有科技有限公司	6000万元	具备完整的产供销链条与强大的材料研发能力，已开发 1K107F\1K107G\1K107H 系列带材	

（续）

产品名称	上市时间	公司名称	2020 年度销售额	技术特点	产品图片
14. 电源配套产品					
电力电子式稳压源	2019 年	青岛鼎信通讯股份有限公司	未统计	调压范围大；效率高，损耗小；散热设计免维护；载波通信无干扰；无功补偿、谐波治理；智能保护；远程监控	
低压有源电力滤波器	2019 年	青岛鼎信通讯股份有限公司	1200 万元	功率密度大、效率高、损耗小、响应快、补偿效果好、电网适应性好、相序自适应、抗干扰强、环境适应能力强	机架式AOF模块 超薄式APF模块 机柜式APF
多口输出氮化镓 PD 电源	2020 年	深圳欧陆通电子股份有限公司	未统计	适用多种终端产品的 PD 快充电源，输出端口智能识别并独立运行；运用高度集成氮化镓方案	
Trenchstop™5 650V 产品系列（IKW75N65EH5，IKW75N65ES5，IKW75N65EL5…）	2013 年	英飞凌科技（中国）有限公司	未统计	Trenchstop™5 IGBT：极低的导通和开关损耗，改善效率，降低成本，提高功率密度	Infineon
ASAAC 系列电源	2016 年	浙江嘉科电子有限公司	未统计	采用 CAN 总线通信，实时上传模块工作状态，改善脉冲负载响应，解决供电电压失调的问题	
高导热、高耐压电源用 S 系列金属基覆铜板及线路板	2010 年	广东全宝科技股份有限公司	未统计	高导热、高耐压及高绝缘层可靠性，符合电源行业可靠性测试要求	铝/铜/铁/不锈钢基覆铜板 电源用金属基线路板
KWRFF 100R07F2BP	2020 年	江苏中科君芯科技有限公司	未统计	采用新的沟槽栅场截止型 IGBT 芯片，高可靠性及热稳定性，良好的参数一致性	

（续）

产品名称	上市时间	公司名称	2020年度销售额	技术特点	产品图片
14. 电源配套产品					
YXSPACE-SP6000	2019年	南京研旭电气科技有限公司	200万元	外扩插卡式结构，高端DSP+FPGA架构，处理能力高达3648MIPS，具有HIL功能	
YXSPACE-SP2000	2019年	南京研旭电气科技有限公司	300万元	外扩插卡式结构，双核DSP+FPGA多核控制器，灵活可定制硬件接口，组态化监控软件界面	
极低电源模块	2015年	上海责允电子科技有限公司	200万元	体积小，重量轻，纹波低，稳定高效，可定制多路。相较于1%的业内标准我公司产品可低至0.2%	
650V 50A　IGBT SRE50N065FSUD6T-G	2018年	深圳尚阳通科技有限公司	500万元	采用CS Trench FS技术和小Pitch结构，实现极低Vce-sat与Eoff平衡和增强的鲁棒性	
稳压器	2017年	中山市电星电器实业有限公司	4700万元	稳定电压输出使家用电器产品可以顺利运行，不会因为电压起伏过大而损坏，从而延长电器使用寿命	

2020年代表性电源产品介绍

CHESHING CHAMPION

广东志成冠军集团有限公司
地址：东莞市塘厦镇田心工业区
邮编：523718
电话：0769-87725486
传真：0769-87927259
网址：www.zhicheng-champion.com/
E-mail：liux@zhicheng-champion.com

岸电电源系统

2020年销售额：4500万元

产品简介：

岸电电源系统是指具有变频变压能力或具备多频多压能力的船舶岸电，安放于港口码头，为集装箱、客滚船、邮船、客运、干散货船及各种专用船舶等提供供电服务，分为高压（或称中压）船舶岸电和低压船舶岸电。具有V/F分离控制；恒频稳压输出；一键并网，软件逆功率控制；逆变器采用模块化模式和支持多机并联的应用等特点。

产品创新性：

在模块化级联高压大功率双向岸电电源拓扑结构、高精度输出和高质量输入、效率优化与可靠性管控等三个方面形成了多项创新技术，主要是在集成创新方面：

● 提出了模块化级联高压大功率双向岸电电源拓扑结构，具有功率单元模块化设计、冗余旁路、低压器件实现高压应用等优点，解决了岸电向港口船舶进行高可靠性、高功率密度、稳定高效供电的难题。该结构前级为三相PWM整流，后级为单相逆变器级联结构，输出为多电平电压，控制性能好。

● 提出了模块化级联高压大功率双向岸电电源状态反馈+重复控制的高精度输出复合控制方法，有效提高了岸电电源对负载变化的适应性以及输出电压的控制精度；提出了模块化级联高压大功率双向岸电电源输入电流自抗扰无差拍控制方法，有效提高了岸电电源系统对电网电压波动、畸变的抗扰性。解决了港口岸电兆瓦级岸电供电装备功率因数低、谐波影响较大和动态响应速度较慢的难题。

● 提出了模块化级联高压大功率双向岸电电源高效可靠运行控制方法，包括自适应零序电压注入的效率优化及功率模块热应力平衡模型预测控制，有效地降低了兆瓦级岸电供电装备的运行损耗，解决了岸电电源装备因功率模块热应力不均导致的热可靠性问题。

产品面向市场：

环保/节能，特种行业。

主要参数：

低压岸电电源主要技术指标

型号	CP-SPS 300	CP-SPS 400	CP-SPS 500	CP-SPS 630	CP-SPS 800	CP-SPS 1000	CP-SPS 1200	CP-SPS 1600	CP-SPS 2000
额定容量/kVA	300	400	500	630	800	1000	1200	1600	2000
输入电压/V	0.4kV±10%或10kV±10%								
输入频率/Hz	50Hz±10%								
输出功率	240	320	400	500	640	800	960	1280	1600
负载功率因数（cosφ）	0.8								
输出电压/V	440V～460V，可调（可现场设置）								
输出电压稳定度	<±2%								
额定输出电流/A	380	500	650	800	1050	1300	1570	2100	2600
输出频率稳定度/Hz	<0.2Hz								
输出波形失真度	正弦波≤5%								
耐电强度	输入输出对外壳2500V正弦波1min，无击穿								
防护型式	IP22								
绝缘等级	B级								
热态绝缘	>2M								
运行环境	-20～45℃相对湿度≤95%								
冷却方式	风冷								
过载能力	110%负荷（<1h）								
噪声	<75dB（A）								
安装海拔	<1000m								

华为电力模块（PowerPod）

华为技术有限公司
地址：广东省深圳市龙岗区坂田华为基地H3
邮编：518129
电话：0755-28780808
传真：0755-89550100
网址：www.huawei.com
E-mail：jiangghuanghui@huawei.com

产品简介：

华为电力模块（PowerPod）融合了从中压变压器到负载馈线端的全功率链路，为大型数据中心提供MW级的供、配、备电一体化解决方案。通过一体化设计、高密部件集成，减少电力系统占地；通过预制化、去工程化，降低交付复杂度，缩短部署工期；通过iPower智能特性，实现全链可视管理和预测性维护，保障系统运行安全。电力模块是大型数据中心供配电系统的首选方案。

产品创新性：

● 极简

工程产品化：设计、采购、交付简单；

产品预制化：质量可控，交付工期 2月→2周；

部件模块化：支持热插拔，维护简单。

● 绿色

融合高密化：1列1路电，占地↓ 30%+；

供电高效化：链路效率高达95.5%。

● 智能&安全

全链可视化：实时监控，易管理；

200+温度测点全链路覆盖，AI预警低载高温；

关键部件寿命预测、开关在线整定；

声音图像识别，AI故障预警。

产品面向市场：

金融/数据中心。

应用场景：

● 大型传统楼宇数据中心的室内供配电系统；

● 大型预制模块化数据中心的预制电力模块。

主要参数：

项目		2.4MVA电力模块（室内）	2.0MVA电力模块（室内）	1.6MVA电力模块（室内	1.2MVA电力模块（室内）
供配电	电源输入	三相四线+PE,AC 380V/AC 400V/AC 415V 50/60Hz			
	变压器	2500kVA	2000kVA	1600kVA	1250kVA
	SVG无功补偿	500kVar	400kVar	300kVar	250kVar
	UPS	UPS5000-H-1200kVA*2PCS	UPS5000H-1000k*2PCS	UPS5000H-1600k*1PCS	UPS5000H-1200k*1PCS
	支路馈线	馈线柜（7*400A 3P）3PCS	馈线柜（7*400A 3P）3PCS	馈线柜（7*400A 3P）2PCS	馈线柜（7*400A 3P）2PCS
监控	监控系统	ECC集中管理			
结构	外部尺寸（高×宽×深）（不含底座）	3002mm×12800mm×1650mm	3002mm×12700mm×1650mm	2475mm×9300mm×1500mm	2475mm×8350mm×1450mm
	安装形式	• 直接落地安装（不带底座） • 散发现场安装，底座支持现场就位			
环境要求	环境温度	0～+40℃			
	存储温度	-40~+70℃			
	环境湿度	≤95%RH（无凝露）			
	应用环境	A类环境			
	海拔要求	0～4000m，1000m以上按照行业标准降额			

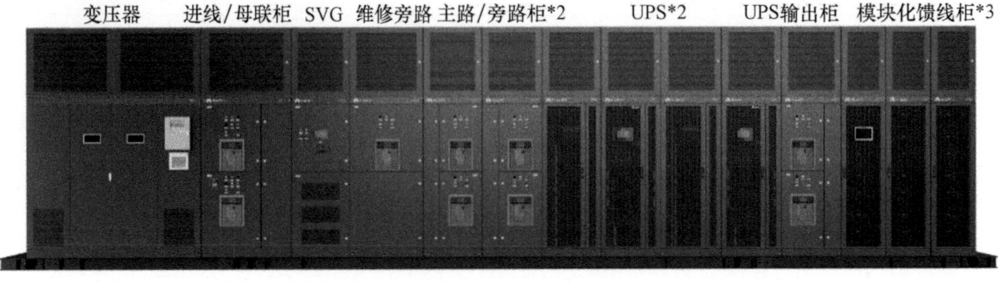

科华数据股份有限公司
地址：厦门火炬高新区火炬园马垄路457号
邮编：361006
电话：0592-5160516
传真：0592-5162166
网址：www.kehua.com.cn
E-mail：chenyusc@kehua.com

MR系列三进三出UPS

2020年销售额：约13000万元

产品简介：

MR系列三进三出UPS，模块功率为25/50/100/125kW/kVA,额定电压为380Vac，额定功率为50Hz，采用先进的三电平逆变技术，从部件到整机采用可靠的冗余设计，具有高效率、高功率密度、易于扩展、按需扩容和占地面积小优点，为负载提供可靠、稳定、纯净的绿色电能。

125kW功率模块是业内领先功率密度的模块。

产品创新性：

- 采用新的IGBT整流技术，超低输入电流谐波，消除对电网污染，减少功率因数补偿、谐波治理成本，降低线缆损耗。同时既保护负载，也保护电网。
- 输入功率因数大于0.99，提高电能利用率，减少UPS前端配电损耗，降低客户投入成本。
- 整机效率高达97%，极大地节省了能耗（UPS自身耗热和空调耗能），减少了运行成本。
- 输出功率因数默认1.0，同等设备投入成本，获得更大有功输出，具有更高性价比，满足不同应用场景对高输出功率因数的需求。
- 市电质量较高时，可使用ECO经济模式为负载供电，整机效率高达99%，节能效益显著。

产品面向市场：

金融/数据中心，电信/基站，轨道交通，计算机， 政府，税务，教育，能源。

主要参数：

主要技术指标		MR33系列模块化UPS
系统特性	功率密度	25/50/100/125kW@3U
	系统最大功率	1250kVA
	系统效率	高达97%
输入特性	输入电压范围	AC 138~485V
	电流谐波含量	<3%
	输入功率因数	>0.99
	输入频率范围	40~70Hz
输出特性	输出电压	380/400/415±1%
	输出频率	50/60±0.1%
	THDv	线性负载≤1%，非线性负载≤4%
	电压动态瞬变范围	<3%
	电压瞬变恢复时间	20ms

山特城堡系列不间断电源

2020年销售额：超过6亿元

山特电子（深圳）有限公司
地址：深圳宝安72区宝石路8号
邮编：518101
电话：0755-27572666
传真：0755-27572730
网址：www.santak.com.cn
E-mail：4008303938@santak.com

产品简介：

产品涵盖1～200kVA，系列产品畅销市场超过20年。有效地解决了9种电力问题（断电、市电电压过高或过低、电压瞬间跌落或减幅震荡、高压脉冲、电压波动、浪涌电压、谐波失真、杂波干扰、频率波动）的基础上，大幅提高了其在可靠性、高效性、适应性和灵活性等方面的表现，全方位地满足了用户对稳定且不间断电力的需求。

产品创新性：

- 输出免变压器升压；
- 无电池中线技术应用；
- 无线并联技术。

产品面向市场：

金融/数据中心、电信/基站、工业/自动化、制造、加工及表面处理、照明、轨道交通、充电桩/站、车载驱动、传统能源/电力操作、新能源、计算机、消费电子、航空航天、安防、环保/节能、特种行业。

主要参数：

C6-10kVA技术参数

<table>
<tr><th colspan="3">型号</th><th>6K</th><th>6KS</th><th>10K</th><th>10KS</th></tr>
<tr><td>容量</td><td colspan="2">VA/W</td><td colspan="2">5400W/6000VA</td><td colspan="2">9000W/10000VA</td></tr>
<tr><td rowspan="5">输入</td><td colspan="2">电压范围</td><td colspan="4">AC 120~275V</td></tr>
<tr><td colspan="2">频率范围</td><td colspan="4">40~70Hz</td></tr>
<tr><td colspan="2">连接</td><td colspan="4">单相二线+接地</td></tr>
<tr><td colspan="2">THDI/输入谐波失真</td><td colspan="4"><5%非线性满载</td></tr>
<tr><td colspan="2">输入功率因数</td><td colspan="4">≥0.99</td></tr>
<tr><td rowspan="9">输出</td><td colspan="2">输出电压</td><td colspan="4">AC 220V</td></tr>
<tr><td colspan="2">输出精度</td><td colspan="4">±1%</td></tr>
<tr><td colspan="2">连接</td><td colspan="4">单相二线+接地</td></tr>
<tr><td colspan="2">输出频率</td><td colspan="4">50/60Hz±0.2Hz</td></tr>
<tr><td colspan="2" rowspan="2">输出谐波失真</td><td colspan="4"><2% THD线性负载</td></tr>
<tr><td colspan="4"><4% THD非线性负载</td></tr>
<tr><td colspan="2">输出波形</td><td colspan="4">纯净正弦输出</td></tr>
<tr><td rowspan="2">过载能力</td><td>市电模式</td><td colspan="4" rowspan="2">1min@105%～125%负载
30s@125%~150%负载
0.5s@>150%负载</td></tr>
<tr><td>电池模式</td></tr>
<tr><td rowspan="2">整机效率</td><td colspan="2">市电模式</td><td colspan="2">Up to 94%</td><td colspan="2">Up to 94%</td></tr>
<tr><td colspan="2">ECO高效模式</td><td colspan="2">Up to 98%</td><td colspan="2">Up to 98%</td></tr>
<tr><td rowspan="4">电池及充电参数</td><td colspan="2">电池节数</td><td>15PCS</td><td>16PCS</td><td>16PCS</td><td>16PCS</td></tr>
<tr><td colspan="2">电池类型</td><td>12V/7Ah</td><td rowspan="3">取决于用户需求和配置</td><td>12V/9Ah</td><td rowspan="3">取决于用户需求和配置</td></tr>
<tr><td colspan="2">后备时间</td><td>>4min</td><td>>3min</td></tr>
<tr><td colspan="2">回充时间</td><td>5h回充90%</td><td>5h回充90%</td></tr>
<tr><td>显示</td><td colspan="2">液晶</td><td colspan="4">负载/电量/输入/输出/运行模式</td></tr>
<tr><td rowspan="2">物理参数</td><td colspan="2">尺寸/(WxDxH)mm</td><td>248*500*565</td><td>212*500*420</td><td>248*500*565</td><td>212*500*420</td></tr>
<tr><td colspan="2">重量/kg</td><td>59</td><td>14</td><td>62</td><td>16</td></tr>
</table>

Huntkey航嘉

深圳市航嘉驰源电气股份有限公司
地址：深圳市龙岗区坂田街道雪象村航嘉工业园
邮编：518129
电话：0755-89606837
网址：www.huntkey.com
E-mail：sales@huntkey.net

MVP K750

2020年销售额：2000万元

产品简介：

额定功率750W，首款通过CQC双认证的电源产品，通过80PLUS金牌认证。采用成熟的LLC谐振&SR同步整流&DC-DC拓扑架构，高效节能。全模组输出，配备全黑网管模组线材，美观耐用。CPU线长650mm，支持机箱走背线，双8PIN/8+4PIN供电，满足新十一代CPU供电需求。 智能温控设计，静音液压风扇让玩游戏更安静。独创60s延时冷却，避免高负载使用之后突然关机带来的硬件损坏。支持全幅电压AC 90～264V，有效避免电网不稳带来的宕机风险。

产品创新性：

- 采用独创的60s延时冷却技术，避免高负载使用之后突然关机带来的硬件损耗。
- 更加成熟的LLC谐振&SR同步整流&DC-DC拓扑架构，更好地兼容市面上各品牌主板。

产品面向市场：

计算机、安防、环保/节能。

主要参数：

Huntkey航嘉

原生支持双 8pin/8+4pin 旗舰级主板

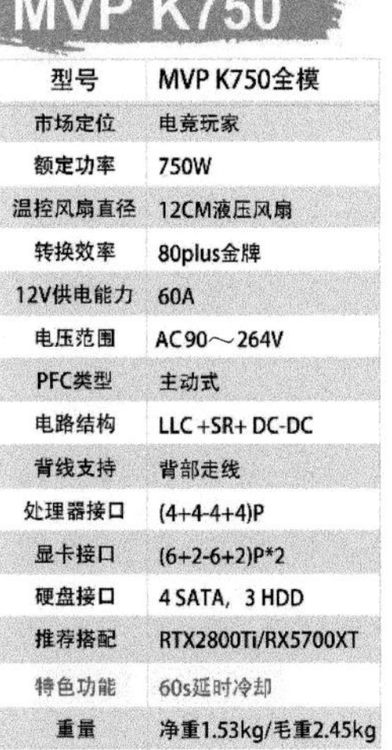
MVP K750

型号	MVP K750全模
市场定位	电竞玩家
额定功率	750W
温控风扇直径	12CM液压风扇
转换效率	80plus金牌
12V供电能力	60A
电压范围	AC 90～264V
PFC类型	主动式
电路结构	LLC +SR+ DC-DC
背线支持	背部走线
处理器接口	(4+4-4+4)P
显卡接口	(6+2-6+2)P*2
硬盘接口	4 SATA，3 HDD
推荐搭配	RTX2800Ti/RX5700XT
特色功能	60s延时冷却
重量	净重1.53kg/毛重2.45kg
最小包装数	6PCS

汇川 IES1000系列储能变流器

深圳市汇川技术股份有限公司
地址：深圳市宝安区宝城70区留仙二路鸿威工业园E栋
邮编：518101
电话：0755-29799595
传真：0755-29619897
网址：www.inovance.com
E-mail：xuchangsheng@inovance.com

INOVANCE
汇川技术

2020年销售额：2000万元

产品简介：

IES1000 系列储能变流器主要功能是实现蓄电池与电网之间的能量交换，对蓄电池进行充放电的控制和管理。在并网系统中，变流器主要运行在电流源（P/Q）模式，实现对电网的削峰填谷、调频调峰、有功储备以及无功支撑。同时，变流器也支持恒压、恒流和恒功率的多种充放电模式。

产品创新性：

汇川技术通过新型结构专利设计的分体式架构，PCS主体可分为功率单元和滤波单元，具备功率密度高，安装及维护便捷、系统损耗小等特点。

产品面向市场：

新能源。

主要参数：

型号		IES1000-M-04/830
直流侧参数	最大直流功率/kW	693
	直流侧最大电流/A	1195
	直流电压工作范围/V	550～1000
交流参数（并网）	额定功率/kW	630
	额定输出电流	957
	额定电网电压/V	380
	额定电网频率/Hz	50/60
交流参数（离网）	额定输出电压/V	380
	电压总谐波畸变率（%）	<3%（线性负载）
	额定输出频率/Hz	50/60
系统	最大效率	99%
	允许环境温度/℃	-25℃～+65℃（超过55℃需降额）
	最大工作海拔/m	5000（>3000降额）
	尺寸（宽×深×高）/mm	700*600*1800
	质量/kg	550
	防护等级	IP20
显示和通信	EMS通信方式	Modbus RTU（RS485）/Modbus TCP（Ethernet）
	BMS通信方式	Modbus RTU（RS485）/CANopen（CAN2.0B）/Modbus TCP（Ethernet，选配）
	4G物联网模块（选配）	Modbus RTU（RS485）

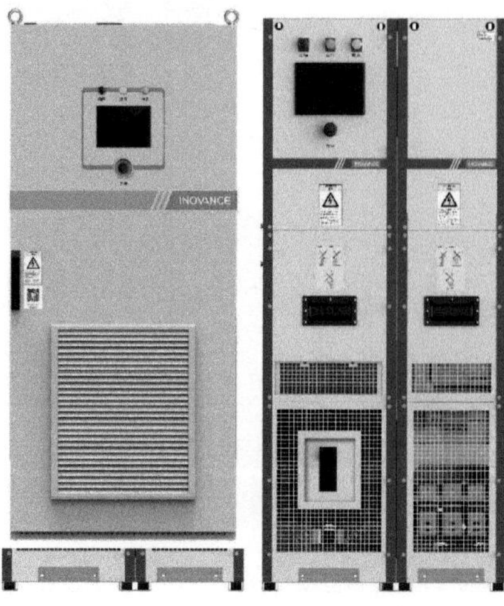

阳光电源
SUNGROW

阳光电源股份有限公司
地址：安徽省合肥市高新区习友路1699号
邮编：230088
电话：0551-65327878
网址：www.sungrowpower.com
E-mail：sales@sungrowpower.com

SG225HX

产品简介：

SG225HX为全球极大功率的1500V组串逆变器，由多项核心专利技术打造而成，具有少投资、多发电、高防护、低运维等性能优势，让客户以更少的投资发更多的电，堪称平价上网利器。

产品创新性：

● 该产品最大输出功率为248kW，是目前全球功率极大的1500V组串逆变器，新品电压等级和功率的提高，也使得系统逆变器、变压器等设备的投资成本大幅度降低。

● 通过创新的电路拓扑、高集成度的半导体模块以及专利控制算法等先进技术，同等功率下，新品体积更小、重量更轻，非常适合安装维护困难的复杂应用环境。

● 沿用了阳光电源股份有限公司的智能风冷技术，可将逆变器内部环境温度及核心部件温度降低10～25℃，低温升、长寿命。

● 新品最大效率为99%，12路MPPT设计，可保障光伏电站在各种复杂应用场景中提升发电量。

● 整机IP66防护和C5防腐的高防护等级设计，可轻松地应对各种恶劣环境，故障率更低，降低运维成本。

产品面向市场：

新能源。

主要参数：

产品型号	SG225HX
输入（直流）	
最大输入电压/V	1500
最小输入电压/起动电压/V	500/500
额定输入电压/V	1080
MPPT电压范围/V	500~1500
满载MPPT电压范围/V	860~1300
MPPT数量	12
每路MPPT最大输入组串数	2
最大输入电流/A	312（12×26A）
输入端子最大允许电流/A	30
最大直流短路电流/A	480（12×40A）
输出（交流）	
额定输出功率/kW	225
最大输出功率/kW	247.5
最大输出视在功率/kVA	247.5
最大输出电流/A	178.7
额定电网电压/V	3/PE，800
电网电压范围/V	640~920
额定电网频率/Hz	50/60
电网频率范围/Hz	45～55/55～65
总电流波形畸变率	<3%（额定功率下）
直流分量	<0.5%In
功率因数	>0.99（额定功率下）
功率因数可调范围	0.8超前～0.8滞后
馈电相数/输出端相数	3/3
效率	
最大效率	99.01%
中国效率	98.52%

-48V直流电源系列

中兴通讯股份有限公司
地址：深圳市南山区西丽留仙大道中兴通讯工业园
邮编：518055
电话：0755-26770000
网址：www.zte.com.cn
E-mail：li.li51@zte.com.cn

ZTE中兴

产品简介：

中兴通讯股份有限公司提供全系列的-48V电源系统，容量从600W~240kW，结构形式包括组合式、嵌入式、壁挂式、分立式等，满足各种容量及各种场景对直流电源的需求。

中兴通讯股份有限公司提供的直流电源系统具备高可靠性、高效率、高功率密度的特点。产品经过严格的实验室检验和长期的市场应用，近30年持续不间断的产品研发投入和市场应用，确保了产品的可靠性。

产品创新性：

- 新一代3000W的模块峰值效率高达98.1%，功率密度高度为50W/in3，行业领先；
- 新一代4000W模块，功率密度更高，可与3000W模块混插兼容；
- 新一代室外Pad电源，IP防护等级达到IP66，行业领先；
- 模块化电源，支持多用户共享，灵活扩容，具有多用户计量管理、差异化备电等多种智能管理功能。

产品面向市场：

电信/基站，轨道交通。

主要参数：

参数		描述
型号	版本号	ZXDU68 T601
配置	整流器	ZX3000，最大安装12个
系统	系统容量	600A
	机柜尺寸（高×宽×深）	1600mm×600mm×400mm
交流输入	输入制式	三相五线制（L1/L2/L3/N/PE）
	输入电压范围	相电压AC 85~295V（AC 176V~295V可带满载）
	交流防雷	C级，标称通流量20kA，最大通流量40kA（8/20μs）
直流输出	额定输出电压	-58~-42V（可调）
	整流器效率	≥96%
	直流输出（标配）	•一次下电：6×160A（熔丝）、6×100A（熔丝）、8×63A MCB、2×32A MCB •二次下电：2×32A MCB、4×16A MCB
	蓄电池分路	2路×500A（熔丝）

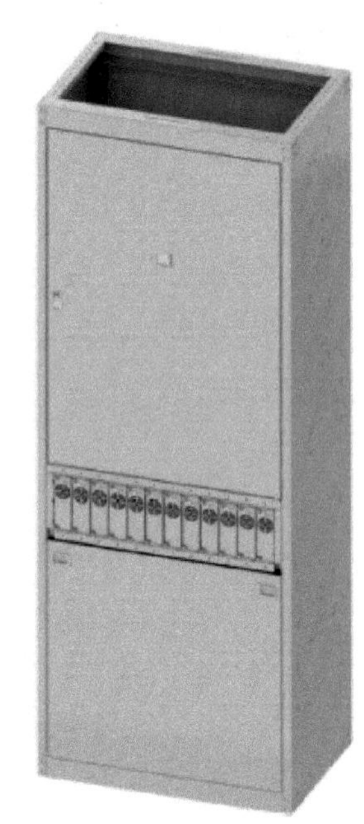

CETC 安徽博微智能电气有限公司
CETC ECRIEEPOWER (ANHUI) CO.,LTD.

安徽博微智能电气有限公司
地址：安徽省合肥市高新技术开发区香樟大道168号
邮编：230088
电话：0551-62724715
网址：www.ecrieepower.com/
E-mail：ivy@ecthf.com

BWM50系列高功率密度模块化UPS（50kW～1.5MW）

2020年销售额：3000万元

产品简介：

BWM50系列高功率密度模块化UPS电源结合了传统塔式机型的技术特点与现代机房模块化的需求，在实现模块化设计的同时，保证了系统的高可靠性。该系列产品各项性能指标均达到国际领先水平，拥有极高的性价比，是各行业高可靠供电需求的最佳选择。公司在BWM系列模块化UPS技术积累的基础上，发展了BWM50系列UPS，并将单机最大可扩容至1500kVA。融合设计相比传统并机方案可为客户节约40%空间；效率满载可达到96%，更加匹配数据中心真实业务场景。目前，产品覆盖功率段为50～1500kVA。

产品创新性：

- 分立器件代替开关管模块；
- PFC与INV单相模块化设计；
- 内部结构背靠背分布；
- 功率模块双DSP通信从McBSP改为SPI，节省了芯片资源，简单、稳定；
- IGBT功率模块应用及驱动技术的研究；
- 大容量磷酸铁锂电池在UPS中串联集成技术的研究；
- 兼容锂电池系统；
- 先进的并联均流控制技术；
- 基于CAN总线的多机混合主从并机系统研究。

产品面向市场：

金融/数据中心，轨道交通。

主要参数：

（非线性负载）；<3% 100%（不平衡负载）
额定频率　50/60Hz
过载能力　105%～125%：10min；125%～150%：1min；＞150%：200ms。
系统效率　AC-AC模式　>93%
并机指标　空载环流　<3A
模块并联最大数量　10
机柜并联最大数量　3
监控接口　RS232，USB，RS485　SNMP卡（选配）
环境　环境温度　0~45℃
相对湿度　0～95%（不凝结）
噪声< 65dB（1m）
海拔　≤1500m

高功率变流器

2020年销售额：11720.8万元

安徽中科海奥电气股份有限公司
地址：合肥市高新区2666号创新院4楼
邮编：230088
电话：0551-65379402
网址：www.cashiau.com
E-mail：sales@hiau-et.com

产品简介：

用于微电网系统内部，是发电、储能、配电和用电各端口的桥梁。分为隔离型和非隔离型。系统最高电压为1500V（高压可定制），能量双向传输，恒流、恒压、恒功率和MPPT模式可在线配置、智能切换，适应不同应用场景。

产品创新性：

- 高功率光电驱动技术，有效隔离强磁场干扰；
- 10KV一体化斩波技术，专为MW级系统设计；
- 全程软开关非隔离双向直流变换，ZVS全功率软开关技术；
- 隔离式双向直流变换，三相LLC直流变压器技术；
- 多电平多拓扑技术，满足交直流双向、直流双向以及不同功率等级、强流、高压的多场景应用；
- 内置总线技术，多模式控制：集成恒压、恒流、恒功率控制功能于一体，使用灵活；
- 热管/对流热设计，保证高功率运行时热稳定。

产品面向市场：

金融/数据中心，充电桩/站，新能源，环保/节能。

主要参数：

高功率变流器系列

主要参数	型号	HIDC-P100	HIDC-P250	HIDC-P500	HIDC-P1000
光伏接入参数	光伏额定功率/kW	110	275	550	1100
	光伏最大开路电压/V	1000			
	光伏额定功率/V MPPT电压范围	DC 480~800			
电池充放电参数	电池工作电压范围/V	352～800			
	电池最大充电功率/kW	150	375	750	1500
	电池最大放电功率/kW	110	275	550	1100
	控制精度	电池电流控制精度±5%；电池电压控制精度±2%			
	电流响应时间/ms	<200			
交流输出参数	额定电压/V	AC 400（50Hz±3%）			
	最大交流输出功率/kVA	110	275	550	1100
	最大交流输入功率/kVA	200	400	800	1600
	功率因数	0.8滞后-0.8超前			
	谐波	THDi<3%；THDu≤2%			
其他参数	运行温度范围	-25~+55℃			
	湿度	0%～95%无冷凝			
	最高海拔	6000m（3000m以上降额）			
	内置隔离变压器	具有			
	其他配置	智能风冷、触摸LCD、RS485/CAN			

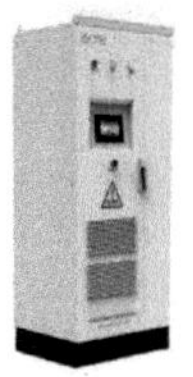

非隔离型

隔离型

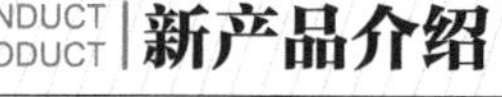

安泰科技股份有限公司 非晶制品分公司
地址：北京市海淀区永丰基地永澄北路10号B区
邮编：100094
电话：010-58712641
传真：010-58712642
网址：www.atmcn.com/fjjssyb/
E-mail：nano@atmcn.com

纳米晶超薄带材，汽车共模电感产品

2020年销售额：20022万元

产品简介：

2020年全球电动汽车销量首次突破300万辆，同比增长了41%；分公司针对电动汽车市场提前布局的纳米晶超薄带和高端纳米晶共模电感产品，基于超薄带制备的高阻抗纳米晶共模电感铁心及器件高阻抗优势更加明显；汽车共模电感产品严格按照汽车IATF16949体系全流程执行，全自动化流水生产线完全保证了产品的一致性和高可靠性，目前已经给全球90%以上的电动汽车生产企业及其一级供应商供应纳米晶共模电感产品，并形成了战略合作开发。

产品创新性：

- 带材厚度12~14μm；
- 优异的高频阻抗特性；
- 高低温环境下产品性能更加稳定。

产品面向市场：

轨道交通，充电桩/站，新能源，消费电子，环保/节能，工业电源、电力电气。

主要参数：

材料牌号	居里温度	晶化温度	密度/（g/cm^3）	电阻率/（μΩ·cm）	饱和磁感应强度/T	饱和磁致伸缩系数
1K107系列	约570℃	约530℃	7.20	120	1.25	$<1\times10^{-6}$
低磁导	约560℃	约510℃	7.20	120	1.10~1.30	$<1\times10^{-6}$

智能换电柜

北京动力源科技股份有限公司
地址：北京丰台科技园区星火路8号
邮编：100070
电话：010-83682266
网址：www.dpc.com.cn
E-mail：dpczl@dpc.com.cn

2020年销售额：11000万元

产品简介：

智能换电柜是为解决传统电动车充电难、充电慢、充电不安全而推出的智能换电设备，真正做到了随到、随换、随走，有效节约了外卖骑手配送时间，提升外卖配送效率，为外卖行业发展提供助力。智能换电柜将物联网技术和锂电池BMS管理技术进行整合，将原有用户自行充电的模式升级至在遍布城市的换电柜集中换电模式，解决了国内超过3.5亿辆电动车的电池充电问题。

产品创新性：

- 速度快：换电仅需10s，无须等待，即刻出发；
- 操作便捷：APP扫码换电，轻松一扫，简单方便；
- 安全性高：内置消防灭火装置、水浸烟感温度等传感器，远离充电不当带来的安全隐患，为骑行过程保驾护航；
- 电池维护：提供电池统一维护及保养服务，无须考虑购买新电池及废旧电池更换等问题；
- 换电方式：智能换电系统；
- 电池保管：GPS+GPRS双重定位，一切尽在掌握中；
- 充电架构：两级电源结构，AC-DC、DC-DC，可实现市电中断时反向供电，ms级切换；
- 充电控制：每路充电独立智能调节，延长电池寿命，支持快充；
- 电压适配：电压适配范围广，满足交流154~286V区间正常使用；
- 保护功能：具备过电压、过电流、过温、短路等保护功能；
- 视频监控：配有高清摄像头，可远程实时地观察运行状态。

产品面向市场：

充电桩。

主要参数：

外形尺寸：1200mm*1800mm*600mm（宽*高*深）
防护等级：IP55
交流输入范围：AC154~285V频率范围：45~61Hz
直流输出范围：DC40~75V稳压精度：±0.6%
整机功率：9kW
效率：≥94%
噪声：≯55dB
电源系统平均间隔故障时间（MTBF）：80000h

东莞市奥海科技股份有限公司
地址：东莞市塘厦镇蛟乙塘振龙东路6号奥海科技园
邮编：523000
电话：0769-89290871
网址：www.aohaichina.com
E-mail：lhb@aohaichina.com

快充充电器系列

2020年销售额：294500万元

产品简介：

● PD20W充电器：核心芯片，不伤电池；内置PD认证协议芯片，输出稳定直流电压；Mini体积；PC防火阻燃材料一体而成，耐高温不怕摔、经久耐用；

● GaN 45W充电器：氮化镓（GaN）充电器，全面适配主流机型；支持大多数手机的快充协议；

● PD65W充电器：智能识别PD快充；MacBook 2.1h充满；iPhone 12 30min充50%；ipad pro 45min充50%。

产品创新性：

● PD20W充电器：30min充满iPhone12手机50%以上电量，是普通充电器的3倍。

● GaN 45W充电器：GaN 黑科技，小身材大能量。

● PD 65W充电器：90°可折叠插脚易收纳；内置高效智能控制IC，可识别并稳定输出设备所需电流。

产品面向市场： 消费电子。

主要参数：

名称	输入参数	输出参数	产品净重
PD20W充电器	AC 90~264V	5V/3A，9V/2.23A，12V/1.67A，3.3~5.9V/3A，3.3~11V/2.2A（20WMax）	46.75g
GaN 45W充电器	AC 90~264V	5V/3A，9V/3A，15V/3A，20V/2.25A，3.3~16V/3A(45W Max)，3.3~21V/2A(45W Max)	70.78g
PD65W充电器	AC 90~264V	5V/3A，9V/3A，12V/3A，15V/3A，20V/3.25A，3.3~21V/3A	139.29g

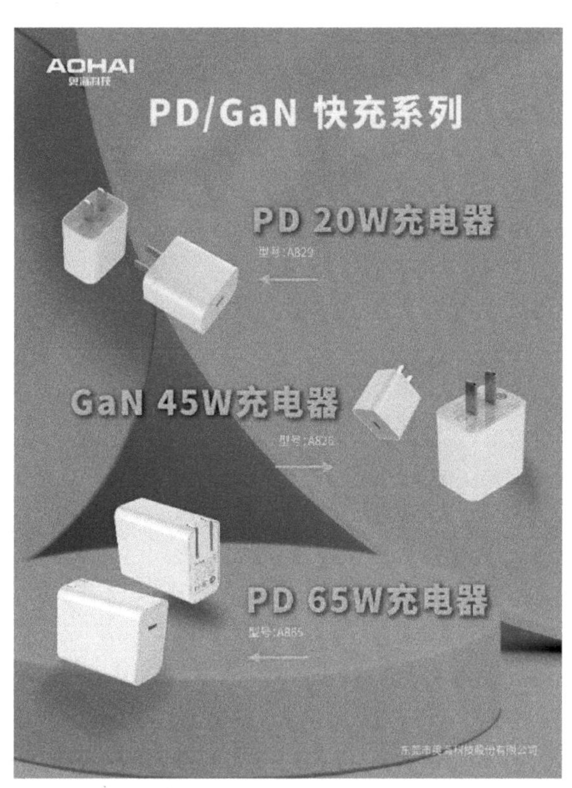

医疗设备电源&通信设备电源

东莞市石龙富华电子有限公司
地址：广东省东莞市石龙镇新城区黄洲祥龙路富华电子工业园
邮编：523326
电话：0769-86022222
传真：0769-86023333
网址：www.fuhua-cn.com
E-mail：fuhua@fuhua-cn.com

产品简介：

医疗电源功率涵盖5~200W，35个系列产品。符合六级能效，满足家用医疗标准，IP42，可达2MOPP标准，认证齐全，插墙式/桌面式可选，广泛应用于各类医疗器械设备。

通信设备类电源功率涵盖5~200W，76个系列产品，符合六级能效，适用于资讯/通信类设备，如手机、机顶盒、网通产品等。

产品创新性：

引领医疗电源适配器技术前沿，最高防水要求为IP42、2MOPP，宽输入电压范围AC80~264V等。

产品面向市场：金融/数据中心，电信/基站，工业/自动化，照明。

主要参数：

POE35	UES24LCP1	UES100LZ
产品特点	产品特点	产品特点
符合IEEE802.3af/at标准 兼容10/100/1000（Mbps）数据传输， 内置网络转换接头	符合通信、医疗安全认证 2 MOPP隔离保护 DOE Efficiercy Level V1 CoC V5 Tier2（2016） 待机功耗≤0.075W 6.1V到62V输出，最高24W 工作海拔5000m 配多种可换式AC插脚	氮化镓技术（GaN Charger） 涵盖短路保护、过电流保护、过电压保护、过温保护 高能效超低待机功耗，符合六级能效； Type-C支持PD3.0、PPS快充协议 GaN高频开关技术 符合医疗及通信类标准 输入对输出2MOPP设计 漏电流小于100μA
电气规格		
输入电压：AC 90~264V		
输入电流：1.0A		
机械规格		
172mm（长）；62mm（宽）；30.6mm（高）		
安规标准		
cULus（UL62368-1）、CCC（GB4943.1）、TUV-PSE（J62368-1），CB（IEC62368-1），CE(EN62368-1)、BSMI（CNS14336-1）、EAC(IEC62368-1)、BIS(IEC60950-1)、RCM（AS/NZS62368.1）	电气规格	电气规格
	输入电压：AC80~264V	输入电压：AC 90~264V
	输入电流：0.5A	输入电流：1.7A
	机械规格	机械规格
	90.5mm（长）;33.5mm（宽）；58.5mm（高）	89mm（长）；61.5mm（宽）；30.5mm（高）
	安规标准	安规标准
	CB（IEC62368-1）、cULus（ANSI/AAMI ES60601-1/60601-1-11）、TUV（EN60601-1/EN60601-1-11/EN62368）、CCC（GB4943.1）、PSE（J62368-1）、KC（K60950-1）、RCM（AS/NES62368）	CE（EN62368.1）、CCC（GB4943.1）、CB（IEC60601-1）

弗迪动力有限公司电源工厂
地址：深圳市坪山新区坑梓街道深汕路1301号
邮编：518118
电话：0755-89888888
传真：0755-89888888
网址：www.byd.com.cn

集成电源4.0

产品简介：

产品全新第四代深度集成技术，提供更优的充放电系统解决方案，核心技术指标对标行业一线。实现产品体积更小、重量更轻、效率更高，一芯多用适配混合动力\纯电动车型。

产品创新性：

- SiC器件+软开关技术；
- 磁集成技术；
- 电路深度集成；
- 立体水道散热。

产品面向市场：

新能源。

主要参数：

项目	参数
功率密度	1.6kW/L
效率	95%
体积	4.2L
重量	7.5kg

逆变器

2020年销售额：200000万元

广东省古瑞瓦特新能源有限公司
地址：惠州市平潭镇房坑村
邮编：516000
电话：0752-3263600
网址：www.growatt.com
E-mail：info@growatt.com

GROWATT 古 瑞 瓦 特

产品简介：

广东省古瑞瓦特新能源有限公司是一家专注于研发和制造太阳能并网、离网、储能逆变器及用户侧智慧能源管理解决方案的新能源企业。太阳能并网逆变器功率覆盖750W~250kW，离网及储能逆变器功率覆盖1~30kW，产品适用于户用、商用、光伏扶贫、大型地面电站及各类储能电站场景，并已在全球广泛应用。

产品创新性：

新推出的光伏并网逆变器储备了扩展为储能逆变器功能，用户可以在储能电池成本降低时，将系统升级为储能系统。

产品面向市场：

充电桩/站，新能源。

主要参数：

	MAX 60KTL 3LV	MAX 70KTL 3LV	MAX 80KTL 3LV	MAX 60KTL 3MV	MAX 70KTL 3MV	MAX 80KTL 3MV
输入数据（直流）						
最大直流输入功率/W	78000	91000	104000	78000	91000	104000
最大直流输入电压/V	1100	1100	1100	1100	1100	1100
启动电压/V	250	250	250	250	250	250
MPPT工作电压范围/V /额定输入电压/V	200~1000/585	200~1000/600	200~1000/600	200~1000/700	200~1000/700	200~1000/700
各MPPT最大输入电流/A	26	26	26	26	26	26
MPPT数量/每路MPPT组串数	6/2	6/2	7/2	6/2	6/2	7/2
输出数据（交流）						
额定交流输出功率/W	60000	70000	80000	60000	70000	80000
最大交流输出功率/A	66600	77700	88800	66600	77700	88800
最大交流输出电流/A	97	113	129	81	94	107

金升阳 MORNSUN®

广州金升阳科技有限公司
地址：广州市黄埔区南云四路8号
邮编：510663
电话：020-38601850
网址：www.mornsun.cn
E-mail：market320@mornsun.cn

305全工况机壳开关电源 LM（F）xx-23B系列

产品简介：

广州金升阳科技有限公司推出的“305全工况”机壳开关电源LM（F）xx-23Bxx系列，输入电压范围宽至AC85~305V，功率段覆盖15~320W，满足多样应用场景对功率的不同需求。该系列产品高度优于行业水平，仅25mm。同时，该系列具有隔离电压高达AC4000V、空载功耗低至0.5W、效率高达88%等优势，采用双Y设计，符合IEC/EN/UL62368/CCC认证标准，安全可靠。

产品创新性：

“305全工况”系列机壳开关电源产品除满足一般环境正常使用条件外，还可长期适用于对输入电压、温度、湿度、海拔、电磁干扰等方面有更高要求的恶劣环境或特殊环境。主要工况如下：

● 电压波动工况

电压输入范围为AC85～305V/DC100～430V，解决使用常规AC85～264V输入产品应用时的三大痛点：

◇满足全球通用电压要求，AC110/220/277V等标准电压均适用，符合设备出口海外需要；

◇解决电网配电或发电机供电等情况下出现电压波动而导致常规电源失效问题；

◇在输入瞬态高电压时（如：设备启动关断时输入电压超过AC264V）也能正常工作。

● 海拔工况

满足5000m海拔应用，产品通过模拟测试验证：高/低温海拔试验、长期老化试验等。

● 电磁干扰工况

◇EMI 满足CLASS B，并留有一定余量，对外干扰小，减少对人体的危害和其他设备的干扰；

◇浪涌抗扰度高达4kV，抗干扰能力强，适应恶劣环境应用。

● 高低温工况

工作温度范围宽至-30℃～+70℃。低温至-30℃环境下，产品仍可满负载工作，启机能力强；高温至70℃环境下，产品元器件温升低，使用寿命长。

为了满足多样环境的应用需要，公司同步推出了拓展型号：

LMxx-23Bxx-Q：三防漆工艺，具有优越的绝缘、防潮、防漏电、防震、防尘、防腐蚀、防老化、耐电晕等性能，适用于严苛的工业环境；

LMxx-23Bxx-C：带端子盖，可以防止人体误接触端子。

产品面向市场：电信/基站，工业/自动化，制造、加工及表面处理，照明，轨道交通，充电桩/站，传统能源/电力操作，新能源，航空航天，安防，环保/节能。

主要参数：

●输入电压范围：AC85～305V/ DC100～430V
● 交直流两用（同一端子输入电压）
● 工作温度范围：-30～+70℃
● 效率高达90.5%
● 空载功耗< 0.5W
● AC4000V 高隔离电压
● 输出短路、过电流、过电压保护
● CE、CB、CCC、UL认证
● 可承受AC335V 输入浪涌电压5s
● 过电压等级 Ⅲ（符合EN61558）
● 满足5000m 海拔应用

EPS电源

2020年销售额：3279万元

航天柏克（广东）科技有限公司
地址：广东省佛山市张槎一路115号4座
邮编：528000
电话：0757-82207158
传真：0757-82207159
网址：www.baykee.net
E-mail：yt@baykee.net

产品简介：

航天柏克（广东）科技有限公司系列EPS采用先进的数字化控制技术，具有语音报警功能，人性化的触摸式彩屏大屏幕LCD中英文显示，采用高速数字化微处理器技术、可编程逻辑器件（CPLD）、第六代低损耗大功率IGBT 和静态开关扛鼎演绎了数字时代的经典传奇，容量之大、可靠性之高、性能之稳定均居国际领先水平。

公司的系列EPS全面突破了模拟电路时代的技术瓶颈，数字化控制技术与高精度SMD技术保证其100%适应各种电网环境，单机容量从0.5～600kVA，广泛应用于通信、银行、证券、交通、电力、工业、市政等行业。

六大技术结晶突破行业功率极限；全数字化控制技术，先进的数字电路系统超稳定运行；电池智能化管理，耐用省心；智能侦测系统全程守护；高精度SMD 技术，耐高温、准确度高、滤波性能极好，整机性能更加稳定，更牢固耐用，使用寿命增加了80%；超清晰界面信息处理技术；环保节能关键性技术。

产品创新性：

可根据用户用电要求对EPS进行工作状态设置，用户可选UPS工作模式、ECO节能工作模式、EPS工作模式；具有语音报警功能；具有维修保护功能的EPS电源，防止维修开关由于误操作而影响设备正常运行；一种掉电控制转换电路发明专利，该技术使EPS在市电旁路输出模式转逆变输出模式时的转换时间为1.2ms，行业内转换时间最小。

产品面向市场：金融/数据中心，电信/基站，工业/自动化，照明，轨道交通，传统能源/电力操作，新能源，计算机，航空航天，安防，环保/节能，特种行业。

主要参数：

规格型号	BK-D/FEPS-BKS系列							
	10kVA	3kVA	20kVA	37kVA	45kVA	55kVA	80kVA	100kVA
输入电压、频率	相电源 AC187~242V,50Hz±5%	相电源AC187～242V（线电压AC323~418V），50Hz±5%						
应急输出电压、频率	相电压220V±3%， 50Hz±0.5%	相电压220V±3%（线电压380V±3%），50Hz±0.5%						
应急输出波形	正弦波，失真度<3%（线性负载）							
动态瞬变特性	动态瞬变范围小于±10%，瞬变恢复时间<20ms							
过载保护	应急输出超载大于125%时延时1分钟保护，超载大于150%时立即保护							
转换时间	由电网供电转为本电源供电<250ms；可特制转换时间1.2ms							
电源效率	应急供电时>90%，电网供电时接近100%							
转换功能	具有手动和自动转换功能							
联动控制功能	外部接入24V联动控制信号，转为应急供电模式							
强制起动	起动强制启动开关后，工作在应急模式，同时电池低电压保护被关闭							
保护	输出短路/过载/过欠电压/过温等保护，缺相可运行，具备声光报警							
显示	LED显示：主电运行指示、应急运行指示、充电运行指示和故障指示 LCD显示：输入/输出电压、输出电流、逆变电压、频率、输出电流、电池组电压、温度工作模式、流程图、当前工作状态、事件记录和系统信息等							
运行环境温度	温度0～40℃							
相对湿度	0～90%无凝露							
标称电池电压	DC192V	DC48V	DC384V					
充电电压	DC220.8V	DC55.2V	DC441V					
计算机通信接口	RS485							
外形尺寸/mm	800W*800D*1800H	850W*450D*1250H	800W*800D*1800H				980W*800D*1800H	
重量/kg	245	94	340	501	554	593	766	826

合肥科威尔电源系统股份有限公司
地址：合肥市高新区大龙山路8号
邮编：230088
电话：0551-65837951
传真：0551-65837953
网址：www.kewell.com.cn
E-mail：ir@kewell.com.cn

EVS系列 电池模拟器

2020年销售额：6486万元

产品简介：

EVS系列电池模拟器具有高精度及高动态响应特性，并具有向电网回馈能量的功能。产品输出具备模拟多种电池的充放电的特性。产品采用全数字控制，控制精度高、响应速度快、输出调节范围广。输出具有可编程功能，通过不同的控制软件可用多种场合使用。可模拟电池输出特性、电池充放电。电源可让用户选择模拟电池的类型、串联节数、并联节数及SOC指标，从而全面模拟电池的输出特性，包括了电池放电过程中电池内阻特性变化的过程。

产品创新性：

公司以光伏行业中积累的馈网技术，结合新能源汽车动力总成测试需求，于2014年在电动车辆行业推出EVS系列电池模拟器产品，为检验电动车辆电机和控制器的性能提供关键测试设备，改变了行业内以Digatron（德国）、Bitrode（美国）等进口品牌为主、供应渠道单一的行业状况，实现了测试设备的国产化。

产品面向市场：

工业/自动化，充电桩/站，车载驱动，新能源，航空航天，特种行业。

产品特点：

- 高精度；电压、电流准确度0.1%FS
- 高动态特性；10%～90%突加载输出电压响应时间≤3ms；+90%～−90%切换≤6ms
- 输出可以模拟多种电池特性、可设置不同串并联节数、不同SOC下电池的充放电特性
- 可自定义电池模型
- IGBT式电路方式，纯数字化，工频隔离电源
- 可将能量回馈电网；同时具有电源、负载两种特性
- 产品电路结构采用PWM整流加DC-DC双级电路，能实现输出的电压范围宽、精度高、动态响应快的特点
- 采用PWM整流+PWM逆变原理，功率因数>0.99。THD和注入谐波电流高于国标GB/T 14549—1993电能质量公用电网谐波要求
- 输出具有恒压限流、恒压限功率模式
- 具有本地操作、远程操作功能
- 严格的系统热设计，低温升，长寿命
- 通信接口：RS485/CAN/LAN

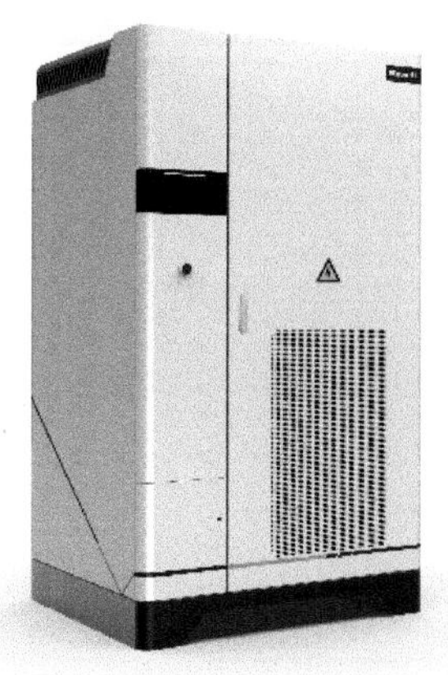

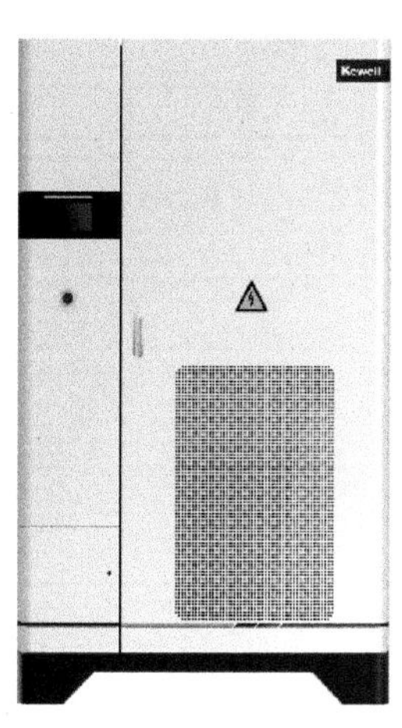

DJW、SJW-WB系列微电脑无触点补偿式电力稳压器

2020年销售额：20012万元

鸿宝电源有限公司
地址：浙江省乐清市象阳工业区
邮编：325619
电话：0577-62762615
传真：0577-62777738
网址：www.hossoni.com
E-mail：774058299@qq.com

产品简介：

SJW系列微电脑无触点补偿式电力稳压器，采用高速DSP芯片为控制核心，利用运算计量控制技术、快速交流采样技术、有效值校正技术、电流过零切换技术和快速补偿稳压技术，将智能仪表、快速稳压和故障诊断结合在一起，实现了全无触点控制，使得产品精密安全、高效、节能、环保。

产品广泛应用于工业、交通、邮电、国防、铁路、科研等领域的大型机电设备、金属加工设备、生产流水线、电梯、医疗器械、刺绣轻纺设备、空调、广播电视、家用电器及大楼照明等需要稳定电压的用电环境中。

产品创新性：

采用DSP芯片作为主控核心全数字化控制，采用电力电子器件全无触点调压，稳压精度可达±1%，响应速度可高达40ms，有效功率可达99%，采用过零电流切换技术使得输出波形无畸变无断流无浪涌等。

产品面向市场：

金融/数据中心，电信/基站，工业/自动化，制造、加工及表面处理，照明，轨道交通，传统能源/电力操作，新能源，计算机，消费电子。

主要参数：

说明附录：

产品主要技术参数：

产品型号：	SJW-WB***VA	
额定容量：	50~1000kVA	
相数：	三相	
输入稳压范围：	□220V □380V □400V 其他：	□±15% □±20% □±25% □±30% 其他：
输出电压：	□220V □380V □400V 其他：	
稳压精度：	□±1% □±3% □±5% （可设置）	
效率：	≥98%	
频率：	50Hz/60Hz	
响应时间：	<40ms	
绝缘等级：	E级	
绝缘电阻：	整机对地绝缘电阻>5MΩ	
绝缘强度：	AC2500V/1min无飞弧放电、无击穿	
输出波形：	输出波形无畸变，无谐波增量	
瞬时过载能力：	2倍额定电流	
显示方式：	LCD显示	
工作方式：	长期连续运行	
保护功能：	过载、过电压、欠电压、短路、缺相、相序、过温	
散热方式：	强迫风冷	

连云港杰瑞电子有限公司
地址：连云港市圣湖路18号
邮编：222061
电话：0518-85981728
传真：0518-85981799
网址：www.jariec.com
E-mail：jari-ec@163.com

对标VICOR二代国产化电源

2020年销售额：30000万元

产品简介：

公司从2013年开始开展对标VICOR二代系列产品的对标研制工作，持续7年时间，研发投入4000余万，成功研发了MV24、MV300、MV375、MμRAM、M-ARM等系列化产品，实现了对VICOR产品从输入到输出一整套国产化替代方案。该系列电源可实现与对标产品原位替代，为国内领先，可大大简化客户繁琐的验证过程，为军用模块化电源国产化替代的首选。

产品创新性：

电源采用自主专利变频控制拓扑电路，先进的功率处理控制以及封装技术，具有高效率、高功率密度、低噪声等优点。电源保护功能齐全，设计制造满足SJ20668-1998《微电路模块总规范》，广泛应用于航空、航天、船舶、兵器、工业控制等领域。

产品面向市场：工业/自动化，车载驱动，新能源，计算机，航空航天。

主要参数：

参数	指标	单位	备注
输出电压精度	±1	%Vout（标称）	标称输入电压，满载，25℃
源效应	±0.2	%Vout（标称）	最低输入电压到最高输入电压，满载
负载效应	±0.2	%Vout（标称）	空载到满载，标称输入
温度系数	0.02	%/℃	-55~100℃
均流精度	±5	%	30%~100%满载
效率（高达）	92	%	标称输入电压，满载，25℃
输出调压可调范围	75~110	%Vout（标称）	无假负载要求
PC端工作电压	5.75	V	典型值
PR端驱动能力	≥6	只	PR端直接相连
SC端基准电压	1.23	V	典型值
隔离电压	3000	V_{AC}	输入到输出
过热保护点（基板）	105	℃	典型值
工作温度（基板）	-55~100	℃	
存储温度	-65~125	℃	
最大输出功率	600	W	全砖
最大输出功率	300	W	半砖
最大输出功率	150	W	微砖

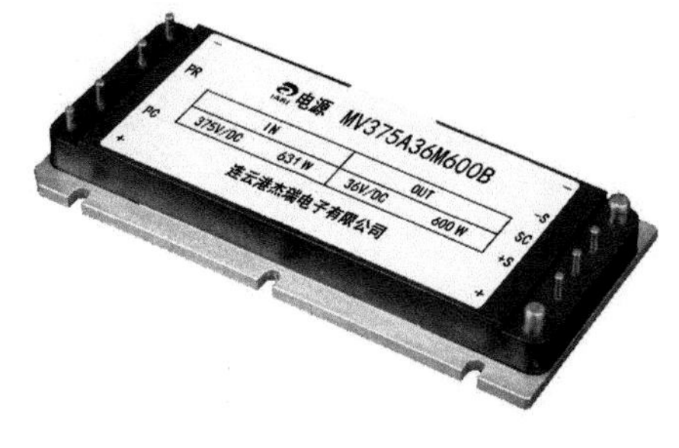

直流一体化保护

2020年销售额：2000万元

南京国臣直流配电科技有限公司
地址：南京市江宁区福英路1001号联东U谷南京国际港9号楼
邮编：211100
电话：025-84488904
网址：www.gc-bank.com
E-mail：guochen@gc-bank.com

产品简介：

微机型继电保护装置是目前电力行业广为接受和运行的主流继电保护设备，它以高速微处理器或DSP系统为核心，融入信号变换、采样、计算、逻辑判断、执行信号输出及其他通信和信息管理等辅助功能，实现对电力系统的故障预警和快速隔离。GC-YF600系列中低压直流配电保护单元融合了直流微机保护装置、直流断路器和直流互感器等设备，符合电力电气设备一、二次设备融合、小型化、智能化的未来发展趋势。

产品创新性：

适用于中低压直流支路（进线、馈出）故障保护。可根据所接负载（电源）特性，配置保护功能如下：电流速断保护，二段di/dt电流上升率保护，电流增量保护，二段低压过电流保护，二段过负载保护，电流积分保护，逆功率保护，过电压保护，低（欠）电压保护，接地漏电流保护，合闸自检保护，开入量联锁保护。

以上第1~第6保护功能均可配置成正方向或反方向或不带方向

产品面向市场：

金融/数据中心，电信/基站，工业/自动化，制造、加工及表面处理，照明，轨道交通，充电桩/站，传统能源/电力操作，新能源，环保/节能。

主要参数：

序号	项目	参数指标
1	电流整定范围	0.08In~5.00In
2	电压整定范围	0.1Un~1.2.00Un
3	短延时时间定值整定范围	0.000~1.000s
4	长延时时间定值整定范围	1.000~600.000s
5	直流电流、电压测量精度	额定值0.2级
6	直流功率、电度测量精度	额定值0.5级
7	电流动作值误差	电流整定在0.08In~5In时，电流动作值误差不超过±3%
8	动作时间	速断动作时间<3ms（去除机构动作时间，机构动作时间<10ms），短延时段动作值平均误差不超过10ms；长延时不超过40ms
9	事件记录分辨率	≤2ms
10	外形尺寸/mm	587.2×187.2×583.5
11	电RS485端口	屏蔽双绞线接口，Modbus RTU协议
12	电以太网端口	RJ5接口，Modbus/TCP协议，网络103协议，可支持Goose协议（订货说明）

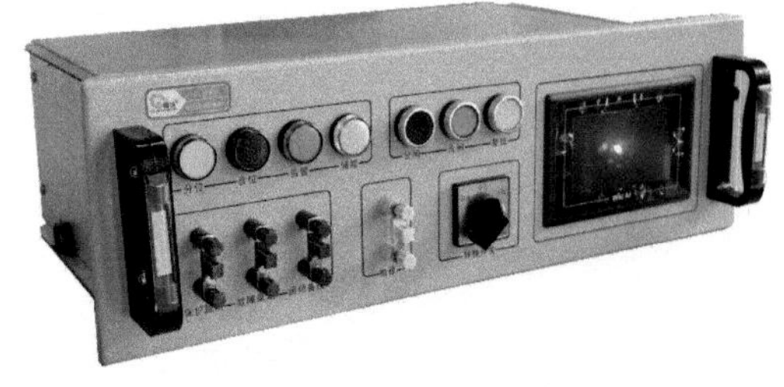

宁波赛耐比光电科技有限公司
地址：宁波市高新区科达路56号
邮编：315100
电话：0574-27905181
传真：0574-27902591
网址：www.snappy.cn
E-mail：1084672743@qq.com

SNP100-VF-1/ SNP 100-VF-1S

2020年销售额：1000万元

产品简介：

LED 驱动电源，长条超薄型设计，厚度仅有18mm，广泛应用在各类广告灯箱、广告牌、霓虹灯等领域。也可以被应用在户内各类橱柜家具线型灯具领域。超薄条形设计可以极大地节省安装的空间

产品创新性：

此款产品性价比颇高，电路中设计有短路，过载和过温保护功能。产品符合CLASS 2要求，寿命达30000h以上。

产品面向市场：

照明，环保/节能。

主要参数：

型号	电压/V	负载/W	电流/A	功率因数	环境温度/℃	表面温度/℃	长×宽×高/mm
SNP 100-12VF-1	12	0～100	8.33	≥0.9	45	85	320.6×30×18.2
SNP 100-24VF-1	24	0～100	4.17	≥0.9	45	85	320.6×30×18.2
SNP 100-12VF-1S	12	0～100	8.33	≥0.9	45	85	320.6×30×18.2
SNP 100-24VF-1S	24	0～100	4.17	≥0.9	45	85	320.6×30×18.2

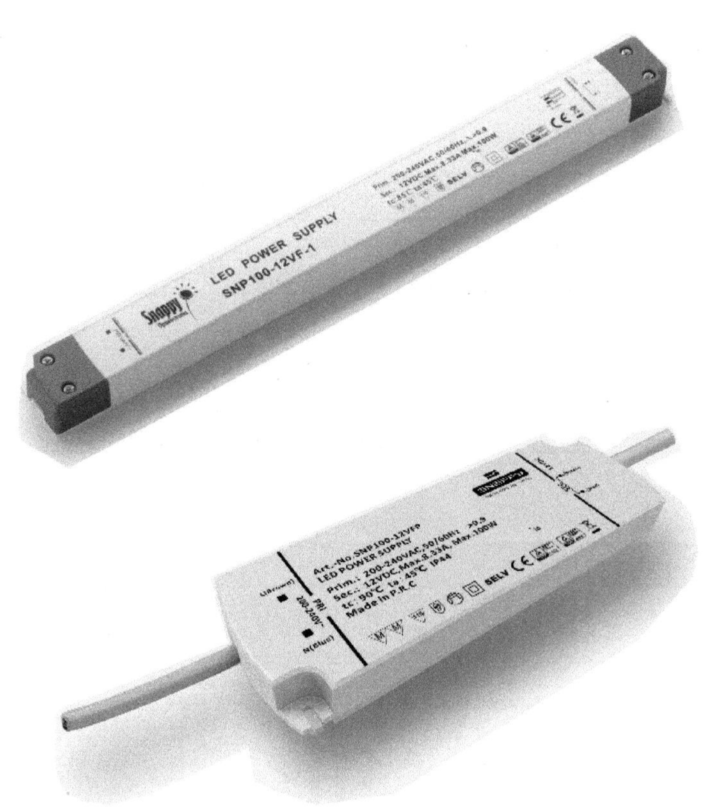

FIEPOS分布式电源

普尔世贸易（苏州）有限公司
地址：江苏省苏州工业园区兴浦路瑞恩巷1号
邮编：215126
电话：0512-62881820
传真：0512-62881806
网址：www.pulspower.cn

2020年销售额：10000万元

产品简介：

PULS普尔世贸易（苏州）有限公司是一家完全专注于研发和生产DIN导轨电源的公司，是工控电源、DIN导轨电源、直流不间断电源、缓冲模块和冗余模块等产品的世界级技术领导者，致力于在电源行业内设立电源转换效率和产品质量标杆。公司产品的设计研发在德国，绿色环保的生产和物流基地位于欧洲的捷克和中国的苏州，通过遍布世界各地的子公司和合作伙伴服务全球用户。

公司的产品系列包括FIEPOS分布式现场电源、DIMENSION概念型系列、PIANO比亚诺系列与MiniLine迷你型系列等，种类涵盖AC-DC电源、DC-DC转换电源、DC-UPS直流不间断电源、缓冲模块、冗余模块、智能回路保护模块等，功率范围覆盖15～1000W，可广泛应用于工厂自动化、过程控制、机械制造、能源以及轨道交通等领域。

产品创新性：

- 面电控柜安装，可分布式灵活应用于现场；
- 具备IP54、IP65或IP67高防护等级；
- 高效的300W和500W输出功率；
- 提供选择性电流分配的限流输出版本；
- 多种插头连接器可选；
- IO-Link作为通信接口版本；
- 解耦MOSFET版本支持组建冗余系统或并联增强功率。

产品面向市场：工业/自动化，制造、加工及表面处理，轨道交通，新能源，物流仓储自动化。

主要参数：

	1PH	1PH（高压）	3PH	3PH
	300W	500W	300W	500W
额定输出电压/V	24	24	24	24
额定输出功率/W	300	500	300	500
额定交流输入电压/V	AC100～240（-15%～+10%）	AC200～240（-15%～+10%）	AC380～480（-15%～+15%）	AC380～480（-15%～+15%）
转换效率	>95%	>95%	>95%	>95%
预期使用寿命	40℃环境温度时，>50000h	40℃环境温度时，>50000h	40℃环境温度时，100000h	40℃环境温度时，74000h
断电保持时间	AC230V时24ms	AC230V时24ms	AC400V时23ms	AC400V时24ms
工作温度	-25～70℃	-25～70℃	-25～70℃	-25～70℃
尺寸宽×高×深/mm	182×183×57	182×183×57	182×183×57	182×183×57
重量/g	<1200	<1200	<1200	<1200

深圳市必易微电子股份有限公司
地址：深圳市南山区西丽街道国际创新谷（万科云城）三期 8 栋 A 座 3303
邮编：518055
电话：0755-82042689
网址：www.kiwiinst.com
E-mail：marketing@kiwiinst.com

2020年销售额：1200万元

产品简介：

KP22308WGA+KP41262SGA是针对PD 20W快充应用而专门设计的高效率、高可靠性、高集成度的电源管理芯片方案，KP22308WGA是基于隔离反激电源架构的高压启动准谐振驱动控制芯片，KP41262SGA是兼容断续模式和临界模式的高效率同步整流芯片，两者均内置高压MOSFET于贴片封装体内，节省了PCB设计空间和生产成本。

KP22308WGA主要特征：集成高压起动功能；内置650V 的功率MOS；超低起动和工作电流，待机功耗<30mW；最高开关频率80kHz，轻载降频和打嗝模式；VDD供电范围8～40V，适合宽输出电压应用；准谐振工作模式；集成EMI优化技术；集成自恢复模式的保护功能；VDD过电压/欠电压保护（VDD OVP/UVLO）；输出过电压（OVP）；输入过电压/欠电压保护（LOVP/BOP）；片内过热保护（OTP）；逐周期电流限制（OCP）；异常过电流保护（AOCP）；输出短路保护（SCP）；输出过载保护（OLP）；输出过电流保护（SOCP）；前沿消隐（LEB）；封装类型ASOP-6。

KP41262SGA主要特征：反激拓扑副边同步整流功率开关；支持High Side和Low Side配置；支持断续工作模式（DCM）和准谐振工作模式（QR）；内置VDD高压供电模块，无需VDD辅助绕组供电；VDD双供电方式，降低供电损耗；精准的SR MOSFET关断控制；<300μA超低静态电流；内置60V功率 MOSFET；内部集成保护；VDD欠电压保护（UVLO）；VDD电压钳位（>5mA钳位电流）；封装类型 SOP-8。

产品创新性：

- 创新的ASOP-6封装，单边一体成型的引脚增大了散热接触面，封装热阻低，内部可集成大电流高压MOSFET应用于30W以下的快充市场。
- 创新的空载优化技术，系统待机状态下芯片工作电流大大降低，20W应用的空载损耗可以满足20mW以内。
- 创新的过电流保护技术，解决了准谐振系统中高低压输入下最大功率点差异大的问题

产品面向市场： 计算机，消费电子。

主要参数：

产品型号	封装	内置MOS	推荐功率	VDD电压	启动方式	最高频率	待机	输入保护	恒功率
KP22308WGA	ASOP6	650V1.0R	20～22.5W	8～40V	高压起动	80kHz	<30mW	BOP、OVP	有
产品型号	封装	MOSFET耐压	MOSFET内阻	最大输出电流	工作模式	最高频率	原边搭配	配置方式	状态
KP41262SGA	SOP-8	60V	8mohm	3A	DCM\QR	200kHz	PSR\SSR	高侧、低侧	量产

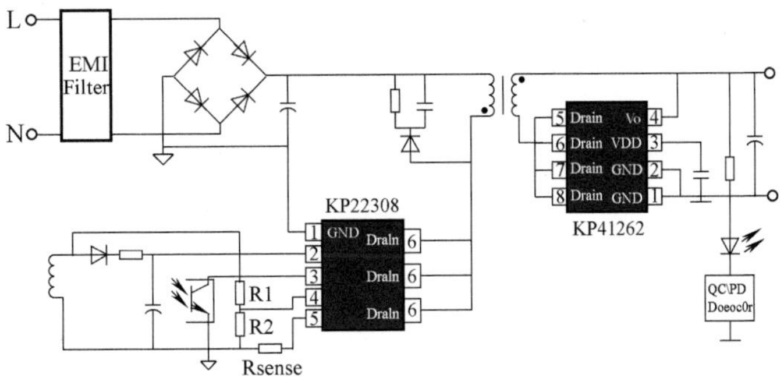

LS-076LMT带线移动电源

2020年销售额：10000万元

深圳市迪比科电子科技有限公司
地址：深圳市龙华新区大浪华荣路霖源工业区A-B栋
邮编：518109
电话：0755-61861886
传真：0755-61569387
网址：DBK.com
E-mail：huanghaitao@dbk.com

产品简介：

"聚合物电芯及充电器、数码摄像机/数码照相机电池/移动电源及充电器，智能手机电池及充电器和数码周边配件；其中，多项产品获得了国家专利，并顺利通过了中国CQC认证、欧盟CE认证、美国FCC认证等多项权威认证品质

产品面向市场：

工业/自动化，制造、加工及表面处理，新能源，消费电子，环保/节能。

主要参数：

输出参数:1*Micro+1*Type-C接口充电线；1*Lighting接口充电线；1*USB A接口。

- 同时输出5V总电流为：2A（Max），最大输出功率为10W。
- 只有一个端口输出时：

◇ USB A端带载CC=2.0A，输出电压为：4.6~5.25V；
◇ Micro充电线带载CC=2.0A，输出电压为：4.6~5.25V；
◇ Type-C充电线带载CC=2.0A，输出电压为：4.6~5.25V；
◇ 1*Lighting充电线带载CC=2.0A，输出电压为：4.6~5.25V。

充电参数：

◇ Micro USB端口输入DC 5V，充电电流：2A MAX；
◇ 触点充电输入DC 5V，充电电流：2A MAX。

invt 深圳市英威腾电源有限公司
INVT POWER SYSTEM (SHENZHEN)CO.,LTD.

深圳市英威腾电源有限公司
地址：深圳市光明区马田街道松白路英威腾光明科技大厦
邮编：518106
电话：0755-23535154
传真：86-755-26782664
网址：www.invt-power.com.cn
E-mail：donglanting@invt.com.cn

RM系列模块化UPS

2020年销售额：42203.29万元

产品简介：

RM主机柜具有丰富的模块产品线25kVA/30kVA，功率模块高度仅3U。系统主机配置10.4英寸彩色大触摸LCD显示屏。核心功率器件采用集成封装IGBT模块。热插拔静态旁路监控模块。超宽电压输入范围，高输入功率因数。全数字化控制、远程EPO功能。维护“零门槛”、电池冷启功能。

产品创新性：

● RM主机柜系统设置为智能休眠模式后，当模块的负载率小于休眠负载级别时，控制器根据当前负载量来决定进入休眠模式的模块数量，并根据所设置的轮休时间进行休眠轮换，为您节省能耗真正实现绿色节能，同时提高系统综合使用寿命。

● RM模块化UPS通过设置自主老化模式即可进行系统满载测试。为您省去租用超大负载箱、负载箱工程施工等烦恼，轻松为您实现绿色带载测试及快速工程验收。

产品面向市场：

金融/数据中心，电信/基站，轨道交通，新能源，航空航天，安防，环保/节能，政府，金融，通信，教育，交通，气象，广播电视，工商税务，医疗卫生，能源电。

主要参数：

● RM系列模块化UPS电源是业界前列的全数字化电源产品，集中了电力电子与自动控制领域现今的技术成果，拥有近三十项专利，使得关键设备的供电可靠性、可用性、可维护性得到了突破性的提高。

● RM系列模块化UPS电源结合了传统塔式机型的技术特点与现代机房模块化的需求，在实现模块化设计的同时，保证了系统的高可靠性。该系列产品各项性能指标均达到国际先进水平，拥有极高的性价比，是各行业高可靠供电需求的理想选择。

RM产品提供单机柜系统10~600kVA功率段，并柜系统容量最大可以实现1500kVA的容量配置。

三合一车载电源系统：无线充电系统；多合一驱动总成系统

2020年销售额：64，083.12万元

深圳威迈斯新能源股份有限公司
地址：深圳市南山区科技园北区高新北六道银河风云大厦5楼
邮编：518057
电话：0755-86020080
传真：0755-86137676
网址：www.vmaxpower.com.cn
E-mail：sales@vmaxpower.com.cn

产品简介：

公司的三合一车载电源系统将传统的6.6kW双向OBC、2.5kWDC及PDU进行系统级集成，配合先进的专利3D水道设计，使得产品体积减小30%、重量减轻25%，成本降低25%，实现整车充电系统布局安装易操作维护。

公司的电动汽车高压电池无线充电系统，具备高效、可靠的无线功率传输能力，同时搭载了异物检测和活体保护功能，能够高效通信及精确定位，是实现自动驾驶中自动充电的首选解决方案。

公司的多合一驱动总成系统搭载全新一代多核微处理器，集成高性能计算能力，基于AUTOSAR软件平台和功能安全设计，实现动力域多功能软件协同控制、以太网传输、车辆OTA智能升级以及网络信息安全防护等产品优势。具备高集成化、高效率和低成本的特点。能够为客户在功能拓展、整机集成、轻量化和成本控制等多个方面带来收益，代表了新能源三电技术未来的发展方向。

产品创新性：

- 高度集成；
- 自动化生产。

产品面向市场：

充电桩/站，车载驱动，新能源。

主要参数：

三合一车载电源系统：
- 充电输出6.6kW
- 逆变输出6.6kva max
- DC-DC输出2.5kW
- DC水冷400V电压平台

多合一驱动总成系统：
- 水冷DC400V/800V电压平台
- 最大200kW驱动峰值功率
- 最大集成44kW三相交流大功率充电
- DC-DC 输出3kW
- ASIL C功能安全
- 支持9.07/10.04/11.84齿速比
- 可选配功率分配和电驻车单元

无线充电系统：
- 包含桩端、地端、车端
- DC400V电压平台10kW输出
- 典型效率90.5%
- Wi-Fi通信

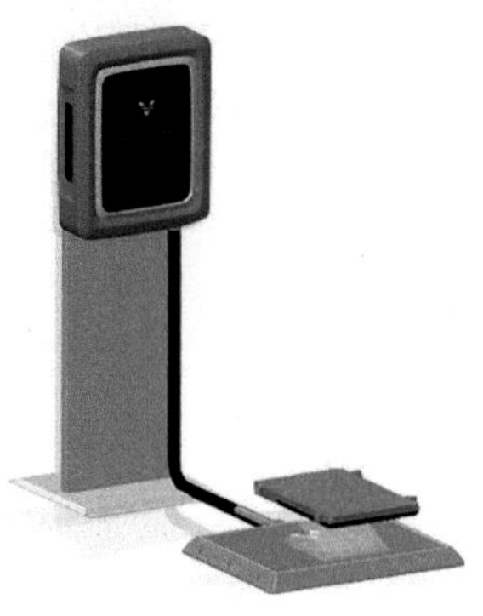

深圳英飞源技术有限公司
地址：深圳市宝安区石岩街道塘头一号路 领亚智慧谷春生楼一楼
邮编：518108
电话：0755-86574800
传真：0755-86588721
网址：cn.infypower.com
E-mail：sales01@infypower.cn

AnyConvert智能双向变换模块

2020年销售额：3000万元以上

产品简介：

AnyConvert智能双向变换模块是专为满足V2G/V2X、储充、退役电池梯次利用和具有多种电能输入的微电网中的双向变换应用而设计的一款双向交直流变换模块，具有恒功率电压范围宽、高效率、高功率因数、高功率密度、电磁辐射和干扰极小、高可靠性等优点，达到国际领先水平。

产品创新性：

- 独特创新的双向变换功能：同一模块实现AC-DC和DC-AC双向变换功能，潮流方向变化时可平滑过渡。
- 内置高频隔离变压器：保障双向变换模块的高可靠性。
- 内置专利智能放电电路：自动泄放残留电荷，简化系统设计，提高系统可靠性。
- 全负载范围高效率：全负载范围高效率运行，比业界产品最高效率点在低载区且满载充电时反而低效率的运行模式，更节能。
- 具有防电池电流反灌保护功能：有效保护电池，同时确保系统可靠安全运行。

产品面向市场：

工业/自动化，制造、加工及表面处理，充电桩/站，新能源，环保/节能，特种行业。

主要参数：

1）超宽温度范围：−40～+75℃，55℃以上降额输出，适应各种场景下的应用。
2）超宽输入电压范围：AC260～530V，适应各种不同的电网环境，DC300～750V，满足多种电池组输入的应用场景。
3）节能环保：全负载范围高效率运行和超低待机功耗，效率高达96%，有效降低电能损耗，实现节能环保。
4）功率密度高：32.81W/in^3，节省系统内空间，减少占地面积。
5）双CAN通信接口设计：可以对接BMS。

TH20F10025C7型充电模块

石家庄通合电子科技股份有限公司
地址：石家庄高新区漓江道350号
邮编：050000
电话：0311-66685604
网址：www.sjzthdz.com/
E-mail：caojianglei@sjzthdz.com

产品简介：

随着纯电动汽车保有量的不断增加，充电站的运营也经历了从“闲置多，充电少”到“充电车位一位难求”的转变，伴随着充电量的不断增加，充电运营商也对直接关系到运营成本的充电效率问题更加关心。公司自主研发的TH20F10025C7型充电模块充分考虑未来大功率充电对高电压平台、专用车辆对低压大电流等不同种类充电需求的兼容性问题，将输出电压范围扩展至200～1000V，恒功率范围扩展至250～1000V，提升了充电运营商在不同场景应对不同车型充电需求的便利性。

产品创新性：

该产品通过电路结构、绕制件工艺等微创新，在同等尺寸下解决了宽范围恒功率带来的散热和可靠性问题，同时外形尺寸、通信协议、接插件等均满足“国家电网有限公司电动汽车充电设备标准化设计方案”的要求。

产品面向市场：

新能源。

主要参数：

20kW模块

TH20F10025C7（输入特性）

工作电压（AC）	266～494V，额定电压380V（±30%）
输入频率/Hz	45～55
功率因数	满载≥0.99
谐波含量	满载≤5%
待机功耗	<10W

TH20F10025C7（输出特性）

输出电压范围（DC）	200～1000V
输出最大电流/A	80
输出恒功率区间	输出DC250～1000V时，输出恒功率20kW
稳压精度	≤±0.5%
稳流精度	≤±1%（负载电流在20%~100%范围内）
输出纹波有效值系数	≤±0.5%
并机不均流度	≤±5%（并机平均电流需大于5A）
峰值效率	≥96.4%
软起动时间（s）	3~8
输出防倒灌 支持	
通信总线协议	CAN

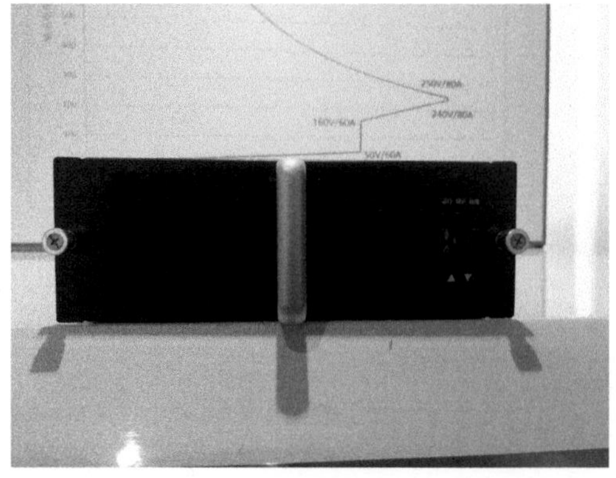

万帮数字能源股份有限公司
地址：江苏省常州市武进国家高新技术产业开发区龙惠路39号
邮编：213000
电话：0519-83331376
网址：www.starcharge.com
E-mail：dh@wanbangauto.com

星星充电180kW双枪直流一体机

产品简介：

星星充电180kW双枪直流一体机是新款大功率快充式充电桩。

产品创新性：

- 大功率低功耗，充电更快；
- 多模块智能调度，超宽电压适用性强；
- 颜值升级，高清触摸屏，交互更友好；
- 枪线抢托设计升级，女性用户能轻易操作；
- 智能散热，噪声可控；
- 云端互联主动防控，充电更安全。

产品面向市场：

制造、加工及表面处理，充电桩/站，新能源，环保/节能。

主要参数：

名称	参数
输入电压	AC380V±15%　50Hz
输出电压调节范围	DC200~1000V（300~1000V恒功率）
最大输出电流	2*250A（双枪250A）
最大输出功率	180kW
效率	96%
充电模式	单枪满功率输出，双枪同充半功率
BMS电源电压	12/24V
启动方式	手动、刷卡、扫码
通信接口	标记：4G、RS485、CAN，以太网选配
保护功能	输入、输出过欠电压，经路、过电流保护，漏电保护，过温保护，电池反接保护，绝缘检测、环境检测功能
工作环境温度	-20~+50℃
防护等级	IP54（关门状态）
噪声	65dB
外形尺寸/mm	800×700×2000

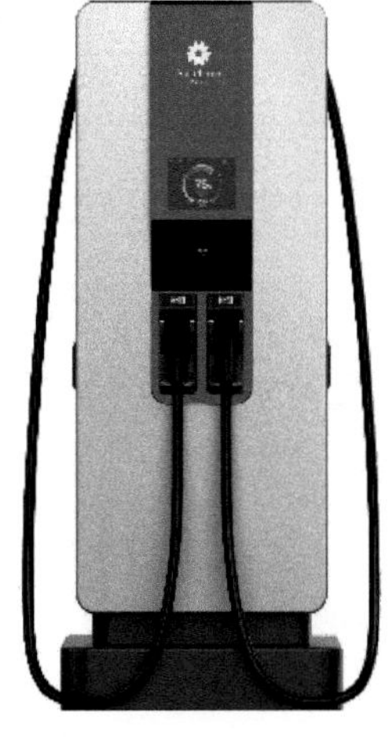

PN8211带高压启动模块多模式交直流转换控制芯片

2020年销售额：200万元

无锡芯朋微电子股份有限公司
地址：江苏省无锡市新吴区龙山路 2号融智大厦E座 24层
邮编：214028
电话：0510-85217718
网址：www.chipown.com
E-mail：sales-xp@chipown.com.cn

产品简介：

PN8211内部集成了电流模式控制器和高压启动模块，专用于高性能宽输出快速充电器。PN8211通过检测输入电压、输出电压和负载变化自适应切换PWM、强制DCM、PFM和BM工作模式，多模式调制技术和特殊器件低功耗结构技术实现了超低的待机功耗、全电压范围下的最佳效率。频率调制技术和Soft-Driver技术充分保证系统的良好EMI表现。强制DCM模式可以避免市电高压下开关变换器进入CCM模式工作，从而降低次级整流管或同步整流电压应力，降低整体方案成本。

同时，PN8211还提供了极为全面和性能优异的智能化保护功能，包括输入欠电压保护、输入过电压保护、输出欠电压保护、输出过电压保护、过温保护、次级整流管短路保护、逐周期过电流保护、过载保护等功能。

产品创新性：

- 内置800V高压启动电路；
- 8~57V宽供电电压，适合宽输出电压应用；
- PWM、强制DCM、PFM和BM多模式提高效率；
- 空载待机功耗<55 mW @230VAC；
- 优异全面的保护功能：

◇ 过温保护（OTP）；
◇ 输入欠电压及过电压保护；
◇ 输出欠电压及过电压保护；
◇ 逐周期过电流保护（OCP）；
◇ 输出短路保护；
◇ DMG电阻短路保护；
◇ 二次侧整流管短路保护；
◇ 过载保护（OLP）。

产品面向市场

消费电子。

主要参数：

交直流隔离式次级反馈开关电源控制芯片

产品	特性	待机功耗	工作电流	V_{DD}工作电压范围	V_{DD}过电压保护点	典型输出功率	频率	封装	备注
PN8211	PWM Controller	<50mW	1.6mA	9~57V	60V	65W	110kHz（Max）	SOP7	HV Start-up

西安爱科赛博电气股份有限公司
地址：陕西省西安市高新区信息大道12号
邮编：710119
电话：13379224530
网址：www.cnaction.com
E-mail：sales@cnaction.com

PRD系列双向可编程直流电源

2020年销售额：未统计

产品简介：

PRD系列双向可编程直流电源采用高功率密度设计，3U体积内功率等级可达30kW，电压达2050V，全新设计的数字矩阵并联系统轻松扩容达3MW容量。

产品创新性：

PRD内置独立高精度电压、电流测量系统，性能媲美6位半电压表，节省了高压高精度直流电压表、高精度电流表、功率表、阻抗计。

PRD采用全新编程理念，直达源、载本质，丰富的编程接口、易用的编程功能可解决众多产品研发、测试、产线、质检等全部产品过程的个性需求。

PRD可提供快至微秒量级的动态性能，将直流产品测试提升至全新高度，实验室内即可模拟现场异常工况。

产品面向市场：

工业/自动化，新能源，特种行业。

主要参数：

- 更高功率密度：3U/30kW
- 大宽高比触摸屏，显示更多内容
- 高达6位半的给定、测量系统
- 电压、电流精确至mV/mA级
- 功率分辨率高达0.1W，效率计算更真实
- 小于100μs级的动态响应时间
- 数字矩阵式并联系统，扩容不降低精度
- 全面涵盖PV模拟源、电池测试、电池模拟、汽车标准测试等行业研发、中试、产线应用

CMS系列模块化UPS系统

2020年销售额：21000万元

先控捷联电气股份有限公司
地址：石家庄高新区湘江道319号第14、15幢
邮编：050035
电话：400-612-9189
传真：0311-85903718
网址：www.scupower.cn
E-mail：scu@scupower.com

产品简介：

CMS 系列数据中心（IDC）专用模块化UPS，是先控电气股份有限公司（简称先控电气）遵循“节能、绿色、环保”的新概念而推向市场的一款高端模块化 UPS 产品，在传统模块化UPS 的基础上增设智能型的电源保护单元、开发出模块冷热风道隔离技术、优化设备整体布局，并且采用了平均电流控制整流技术、顺位主从同步控制技术、多级分散式控制技术和三阶正弦波逆变等多项新概念技术，在大幅提高了设备的可用性、可靠性的基础上降低了设备的投资、运营、维护成本。

CMS系列模块化UPS是先控电气融合了在数字技术和新型半导体技术上的优势推出的新型模块化UPS，可全面消除各类电网问题对关键负载的影响。系统采用 15kVA、25kVA、50kVA、75kVA不间断电源模块，具有极高的功率密度及可靠高效、智能灵活的特点，可为客户大、中、小型供电场景提供理想的供电保护。

产品创新性：

- 卓越的可靠性：
  多重冗余措施，完善的故障隔离保护；
  DSP数字控制技术；
  冷热风道隔离技术，提高可靠性和散热效率；
  无主从并联、多级分散式控制技术。
  所有功率模块共享电池组；
  自适应锂电系统，完善的电池管理功能。
- 优异的节能性：
  整机效率大于 96%（AC-AC），逆变效率大于 98%（DC-AC），IECO节能模式效率达99%；
  交流输入采用连续电流模式（CCM）运行，输入电流谐波（THDI）小于 3%，输入功率因数（PF）大于 0.99，减少对电网干扰（RFI/EMI）；
  输出功率因数为1，带载能力大幅增强；
  模块休眠功能，自动调节工作模块数。
- 极高的可用性：
  模块化热插拔设计，根据用户需求进行在线升级扩容及维护，维护时间<5min；
  满足2N、N+1、Δ2N等供电方案要求；
  任一功率模块均具有输入、输出和充电功率的平衡分配功能；
  符合行业规范要求的外形结构，设备体积小，重量轻，满足普通楼宇承重要求；
  前进风后出风或顶出风，靠墙安装节省空间；
  油机软启动功能；
  具备储能功能。

产品面向市场：

金融/数据中心，电信/基站，工业/自动化，轨道交通，传统能源/电力操作。

主要参数：

市电输入	输入方式	3Ph+N+PE	交流输出	输出功率因数	1
	额定输入电压	AC380V/220V、AC400V/230V、AC415V/240V		输出电压	AC380V/220V、AC400V/230V、AC415V/240V
	输入频率	50Hz±10%、60Hz±10%			
	输入功率因数	≥0.99		过载能力	125%的额定负载，运行10min
直流输入	额定输入电压	±DC240V		整机效率	≥96%
	输入电压范围	±160~±330V		通讯功能	Modbus、SNMP、干接点

始于1989年 | 股票代码:300376

易事特集团股份有限公司
地址：广东省东莞市松山湖科技产业园区工业北路6号
邮编：523808
电话：0769-22897777
传真：0769-87882853
网址：www.eastups.com
E-mail：wangl@eastups.com

UPS不间断电源

2020年销售额：5600万元

产品简介：

EA660系列25～200kVA产品是易事特集团股份有限公司集最新研发成果和应用经验，设计、制造的新一代三进三出高端UPS电源，采用先进的双核DSP数字化控制技术，有效地提升了产品性能和系统可靠性，采用模块化设计理念，功率模块、旁路模块、监控模块均可支持热插拔，并实现更高功率密度的集成和小型化。此系列产品电气性能优异，软硬件保护功能完善，能适应不同的电网环境，可以为各种负载提供安全可靠的电源保障。EA660系列 UPS采用7英寸触摸屏LCD设计及菜单式架构，通过LCD可以监控UPS的各种信息，使所有操作一目了然。

产品创新性：

- 双核DSP数字化技术，整流和逆变采用双DSP控制；
- 输出功率因数为1；
- 模块化设计，所有模块支持热插拔；
- 系统效率高达96%，业界领先；
- 任何一路风扇损坏可带35%负载，容错能力强；
- 支持±15~±23节电池节数任意设置；
- 智能休眠；
- 自老化；
- 兼容铅酸和锂电池。

产品面向市场：

金融/数据中心，电信/基站，工业/自动化，制造、加工及表面处理，照明，轨道交通，车载驱动，传统能源/电力操作，新能源，计算机，消费电子，航空航天，安防，环保/节能，特种行业。

主要参数：

型号	EA66100	EA66200
系统机柜额定容量	100kVA	200kVA
输入额定电压	AC380V/400V/415V	
输入电压可变范围	AC305~485V（不降额）；AC138~305V（40%~100%负载之间线性降额）	
输入频率变化范围	40~70Hz	
输入功率因数	≥0.99	
电池节数	12V电池40节（双数30~46节可设）	
输出额定电压	AC380V/400V/415V	
输出电压稳压精度	±1%	
输出功率因数	1	
逆变过载能力	105%＜负载≤110%，60min后转旁路；110%＜负载≤125%，10min后转旁路；	
系统效率	在线模式：96%，ECO模式：99%	
保护功能	输出短路保护、输出过载保护、过温保护、电池低电压保护、输出过欠电压保护、风扇故障保护等	
通信接口	标配：RS232、USB、RS485、SNMP卡功能；选配：WiFi卡、GPRS卡、短信报警器	
运行温度	0~40℃	
防护等级	IP20	
噪声	≤65dB	
机柜尺寸（宽×深×高）/mm	600×850×1200	600×850×2000

IGBT、IGCT等功率半导体电源产品

2020年销售额：未统计

株洲中车时代半导体有限公司
地址：湖南省株洲市石峰区田心高科园半导体三线办公大楼
邮编：412001
电话：0731-28498238
传真：0731-28492242
网址：www.sbu.crrczic.com
E-mail：huangda3@csrzic.com

株洲中车时代半导体有限公司
ZHUZHOU CRRC TIMES SEMICONDUCTOR CO., LTD.

产品简介：

IGBT模块是由IGBT（绝缘栅双极型晶体管芯片）与FWD（续流二极管芯片）通过特定的电路桥接封装而成的模块化半导体产品；封装后的IGBT模块直接应用于变频器、UPS不间断电源等设备上;集成门极换流晶闸管IGCT将IGBT与GTO的优点结合起来，其容量与GTO相当，但开关速度是GTO的10倍，而且可以省去GTO应用是庞大而复杂的缓冲电路，只不过其所需的驱动功率仍然很大。目前，IGCT正在与IGBT以及其他新型器件激烈竞争，试图最终取代GTO在大功率场合的位置。

产品创新性：

● 发明IGBT “U”形元胞结构、三维网格元胞栅电阻结构，攻克IGBT易闩锁、动态不均流的技术难题，实现IGBT安全稳定工作。

● 发明正面空穴双重拦截技术，同步优化导通与关断损耗，提高芯片电流容量，增强发射极电子注入效率，有效提高IGBT正面电子、空穴浓度。

● 发明“环+区+P总线”终端结构及半绝缘含氧多晶硅（SIPOS）工艺方法，突破IGBT高耐压难题。

产品面向市场：

工业/自动化，轨道交通，新能源，环保/节能。

主要参数：

导通压降典型值、寿命循环次数等。

东莞铭普光磁股份有限公司
地址：广东省东莞市石排镇东园大道石排段157号1号楼
邮编：523330
电话：0769-86921000
传真：0769-81701563
网址：www.mnc-tek.com
E-mail：tao.ping@mnc-tek.com.cn

智能高密度嵌入式电源

产品简介：

本产品为嵌入式通信电源，用于安装在通信机柜内为通信设备供电。本产品可分为基础电源框和扩展整流框两部分。基础电源框可安装6个48V/75A 1U高度高效整流模块，系统容量为450A，配有监控模块、交流配电单元和多用户直流配电单元，分别由各自的断路器保护，正面操作、接线。选配的扩展整流框，可增加系统容量至600A。也可选配扩展配电框，增加用户输出配置。600A容量的5用户配电产品，高度可在7U以内。

产品创新性：

- 高功率密度嵌入式电源：
  - ◇ 基础单元450A容量，高度为5U；
  - ◇ 扩展整流框150A容量，高度为1U。
- 高功率密度高效率整流模块：
  - ◇ 整流模块容量为75A，模块功率密度≥3.6W/cm^3，大于市场上常规的50A容量模块的功率密度；
  - ◇ 整流模块最高效率≥96%。
- 多用户配电和下电控制：
  - ◇ 基础单元可配置4用户配电，可通过扩展配电单元增加用户配电；
  - ◇ 用户配电可按负载重要性、交流状态、交流停电时长等因素分级下电；
  - ◇ 采用1U高新型断路器，大幅压缩配电单元占用空间。
- 具备RS485和LAN智能接口，可接入动环集中监控系统。
- 具有全面的环保节能功能：
  - ◇ 市电削峰：利用电源限功率输入，结合基站通信设备负载波动情况实现削峰功能；
  - ◇ 错峰用电：根据每天峰谷电价情况设置错峰用电功能，实现谷时使用外市电，峰时使用电池放电(不使用市电)的功能；
  - ◇ 叠光功能：通过整流模块和太阳能模块槽位混插，快速实现叠光的功能，统一由监控模块实行管理；
  - ◇ 计量功能：交直流配电单元具备电度计量功能。

产品面向市场：

电信/基站，新能源。

主要参数：

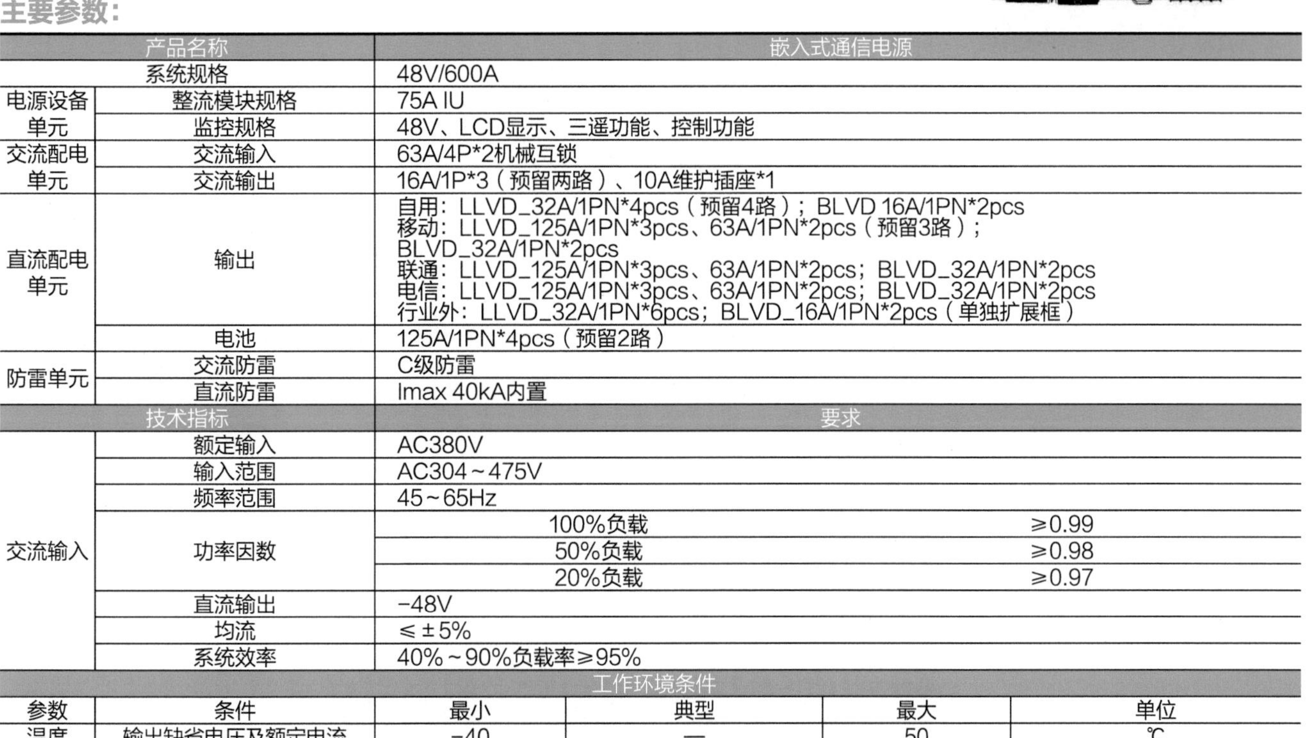

产品名称		嵌入式通信电源
	系统规格	48V/600A
电源设备单元	整流模块规格	75A IU
	监控规格	48V、LCD显示、三遥功能、控制功能
交流配电单元	交流输入	63A/4P*2机械互锁
	交流输出	16A/1P*3（预留两路）、10A维护插座*1
直流配电单元	输出	自用：LLVD_32A/1PN*4pcs（预留4路）；BLVD 16A/1PN*2pcs 移动：LLVD_125A/1PN*3pcs、63A/1PN*2pcs（预留3路）；BLVD_32A/1PN*2pcs 联通：LLVD_125A/1PN*3pcs、63A/1PN*2pcs；BLVD_32A/1PN*2pcs 电信：LLVD_125A/1PN*3pcs、63A/1PN*2pcs；BLVD_32A/1PN*2pcs 行业外：LLVD_32A/1PN*6pcs；BLVD_16A/1PN*2pcs（单独扩展框）
	电池	125A/1PN*4pcs（预留2路）
防雷单元	交流防雷	C级防雷
	直流防雷	Imax 40kA内置

技术指标		要求	
交流输入	额定输入	AC380V	
	输入范围	AC304～475V	
	频率范围	45～65Hz	
	功率因数	100%负载	≥0.99
		50%负载	≥0.98
		20%负载	≥0.97
	直流输出	-48V	
	均流	≤±5%	
	系统效率	40%～90%负载率≥95%	

工作环境条件					
参数	条件	最小	典型	最大	单位
温度	输出缺省电压及额定电流	-40	—	50	℃
湿度	无凝露	5	—	90	%
海拔	2000m以上须降容使用	0	2000	—	m

智能升压电源系统（DC-57V）

东莞铭普光磁股份有限公司
地址：广东省东莞市石排镇东园大道石排段157号1号楼
邮编：523330
电话：0769-86921000
传真：0769-81701563
网址：www.mnc-tek.com
E-mail：tao.ping@mnc-tek.com.cn

产品简介：

智能升压电源系统（DC-57V）为东莞铭普光磁股份有限公司研制的直流-直流电源变换系统。该系统采用标准19英寸1U高的插框机架形式，可以安装在通信机柜。该系统把标称-48V直流电源变换成稳定的-57V直流电源输出。系统由3个直流-直流变换模块组成，提供3路独立的-57V直流输出，用于大功率-48V基站通信负载的拉远供电，例如4G基站的RRU设备和5G基站的AAU设备。每路-57V直流输出容量为40A，并且可以提供30A的-48V旁路输出。

产品创新性：

- 模块化设计，直流-直流变换模块可热插拔，每个变换模块独立工作，不受其他模块影响；
- 1U高度插框，可适用于安装在机房内19英寸通信机柜或户外机柜中；全正面操作，输入和输出接线均在正面；
- 每个模块具有两路输出，一路为DC-57V/40A输出，另一路为DC-48V旁路直通输出，输出电流30A；
- 变换模块采用风扇强制散热，极大提供模块寿命；
- 模块输入端并联，输出端独立，输出采用快速接线端子，方便电缆连接；
- 具有RS485通信接口，方便远程集中监控检测；
- 变换模块最高效率≥96%；
- 系统DC-48V额定输入电流可达到300A。

产品面向市场： 电信/基站。

主要参数：

工作环境条件					
指标	条件	最小	典型	最大	单位
温度	输出缺省电压及额定电流	-40	—	55	℃
湿度	无凝露	0	—	95	%
海拔	每升高200m使用温度降低1℃	0	2000	—	m
系统指标	技术参数				
输入电压范围/V	DC-58.5～-43				
输出电压范围/V	DC-57（-59～-57）需出厂前设置				
输出总电流/A	40×3（-57V）+30×3（旁路直通-48V）				
模块指标	技术参数				
输入电压范围/V	DC-58.5～-43				
额定输出电流/A	40				
最大输出电流/A	42				
额定输出功率/W	2400				
效率	96%（-54V输入，-57V输出，60%～70%负载）				
接口					
输入	输入端可接2组电缆，额定输入电流达到300A；				
输出	每个模块1组输出；40A（57V）；1组旁路输出；30A（48V）				
通信	1组RS485接口				
机械特性					
宽/mm	深/mm	高/mm	重量/kg	可闻噪声/dBA	
482.6	360	44	12	<55	

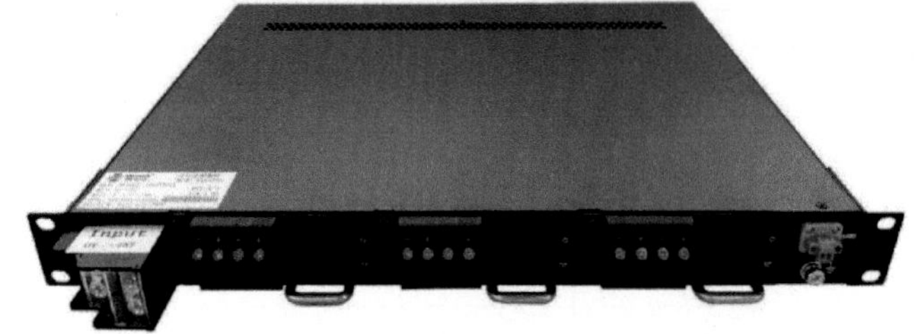

生久集团 SHENGJIU GROUP

宁波生久柜锁有限公司
地址：浙江省宁波市余姚市大隐镇生久环路1号
邮编：315000
电话：0574-62913088
传真：0574-62914008
网址：www.shengjiu.com
E-mail：mk@shengjiu.com

SE4028

2020年销售额：10879.5万元

产品简介：

生久SE4028风扇具有高风量、高效率、高寿命的特点，在变频器，工控设备，通信上有广泛应用。

产品创新性：

SE4028已完成IP68设计，可满足任何环境下使用。

产品面向市场：

金融/数据中心，电信/基站，工业/自动化，制造、加工及表面处理，照明，轨道交通，充电桩/站，车载驱动，传统能源/电力操作，新能源，计算机，消费电子，航空航天，安防，环保/节能，特种行业。

主要参数：

型号/MODEL	轴承类型	额定电压	电压范围	额定电流	额定输入功率	转速	最大流量		最大静压		噪声
PART NO.	B.S.R.	VDC	VDC	Amp	Watt	RPM	CFM	m^3/H	mmH2O	INH2O	dB-A
SE4028-X	B	12	7~13.2	0.18	2.16	10000	13.4	22.7	19.78	0.78	42.1
SE4028-E	B	12	7~13.2	0.3	3.60	13000	17.3	29.3	31.67	1.25	47.8
SE4028-L	B	12	7~13.2	0.5	6.00	16000	20.8	35.3	46.82	1.84	52.3
SE4028-M	B	12	7~13.2	0.68	8.16	18000	23.3	39.6	56.43	2.22	54.9
SE4028-H	B	12	7~13.2	0.95	11.40	20000	26.1	44.3	65.64	2.58	57.2
SE4028-U	B	12	7~13.2	1.2	14.40	23000	30.6	52.0	86.18	3.39	60.2
SE4028-S	B	12	7~13.2	1.5	18.00	25000	33.4	56.7	111.64	4.40	62.0

MVC1200系列高压变频器

2020年销售额：6000万元

中冶赛迪工程技术股份有限公司
地址：重庆市渝中区双钢路1号
邮编：400013
电话：023-63548131
传真：023-63547777
网址：www.cisdi.com.cn
E-mail：dqqd.bpsq@cisdi.com.cn

产品简介：

MVC1200系列高压变频器是一款新型高效节能型变频器，采用新一代IGBT功率器件和大规模集成电路芯片全数字控制，直接高-高变换方式，多电平串联倍压的技术方案，先进的优控制算法，实现了优质的可变频变压（VVVF）的正弦电压和正弦电流的完美输出。

产品创新性：

- 高度集成，防尘高效；
- 保护完善，操作安全；
- 远程维护，生产无忧；
- 设计紧凑，机型多样。

产品面向市场： 工业/自动化。

主要参数：

序号	名称	参数值	序号	名称	参数值
1	调制技术	最优的PWM控制技术，直接高-高方式	16	模拟量输入	4~20mA，2路（可扩展）
2	逆变类型	单元串联H桥电压型逆变	17	模拟量输出	4~20mA，2 路（可扩展）
3	输入电压	6kV/10kV	18	标准控制连接	与DCS硬连接
4	系统输入频率	45~55Hz	19	开关量输入	4（干接点，可扩展）
5	每相串联单元数	5级/8级（可根据用户要求定制）	20	开关量输出	4（干接点，可扩展）
6	整流脉冲数	30/48脉冲整流	21	人机界面	图形化中文显示触摸屏
7	控制电源	AC 220，2kVA	22	运行环境	室内，-10~45℃
8	输入功率因数	≥0.96（额定负载下）	23	冷却方式	强制风冷
9	系统效率	≥97%（整机），≥98%（变频部分）	24	噪声等级	≤75dB
10	输入谐波	<3%，满足 IEEE519-2014 和 GB/T 14549—1993电能质量公用电网谐波	25	环境湿度	<95%，无凝露
11	对电网电压波动的敏感度	±10% 满载运行，-35%~-10%，可长期降额运行	26	安装海拔	<1000m，1000m以上，每增加100m降额1%运行
12	输出频率范围	0~120Hz	27	防护等级	IP31
13	频率分辨率	0.01Hz	28	维护方式	单面维护/双面维护
14	过载能力	120%时60s，150%时5s，200%立即保护	29	柜体颜色	RAL7032（或根据用户提供色标定制）
15	运行象限	2象限	30		

理士国际技术有限公司
地址：深圳市宝安区福海街道和平社区展景路83号会展湾中港广场6栋A座14楼
邮编：518000
电话：0755-86036063
网址：www.leoch.com
E-mail：ds@leoch.com

阀控密封铅酸蓄电池、锂离子电池

2020年销售额：1614368万元

产品简介：

理士国际技术有限公司多年专注于阀控密封铅酸蓄电池、锂电池领域，为运营商客户、企业客户和消费者提供有竞争力的解决方案、产品和服务，研发制造的备用型、起动型、动力型全系列蓄电池同类产品在全球竞争中具有竞争力和影响力，并获得900+关于蓄电池专利。产品广泛应用于通信、电力、广电、铁路、新能源、数据中心、UPS、应急灯、安防、报警、园艺工具、汽车、摩托车、高尔夫球车、叉车、电动车、童车等十几个相关产业。在国内蓄电池行业处于领先地位。

产品创新性：

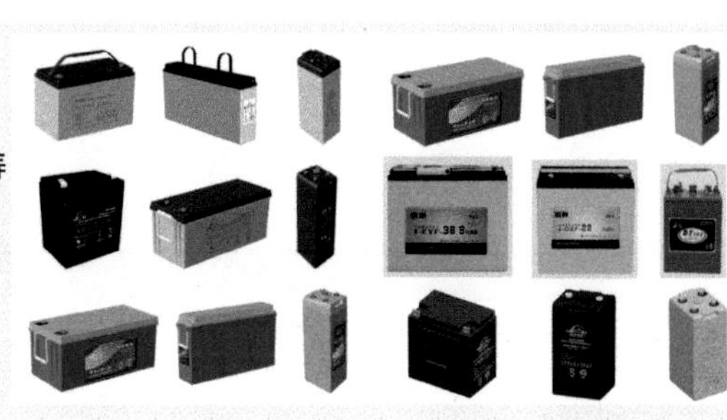

● 阀控密封铅酸蓄电池：
◇ 循环性能：特殊的板栅结构设计，使得铅膏和板栅能更好地结合，使用寿命更长；
◇ 安全性：采用专利密封技术，端子密封可靠；
◇ 采用纯铅技术，电池浮充设计寿命更长；
◇ 采用新型的铅碳技术，电池PSOC循环能力更高；
◇ 采用胶体技术，减缓酸分层，电池循环能力更强；
◇ 正、负极铅膏中加入特殊添加剂，活性物质利用率高，电池比能量更高。
● 锂离子电池：
◇ 产品采用铝合金箱方案，强度高，外观美观，配置有拉杆式滑轮，搬运方便；
◇ 产品配置有标准接口，分别有交流输入，交流输出，直流输出功能，满足不同场景下交流或直流负载的使用与备电要求；
◇ 系统直流输出具有防反接功能，使用安全可靠；
◇ 采用磷酸亚铁锂电池系统，具有比能量高、体积小、重量轻、循环寿命长等特点；
◇ 产品系统采用一体化设计，即插即用，现场安装、使用方便。

产品面向市场：

金融/数据中心，电信/基站，照明，轨道交通，车载驱动，新能源，消费电子，安防，环保/节能，特种行业。

主要参数：

序号	产品名称	基本参数	技术特点
1	通信电池	2V系列：200～3000Ah 12V系列：100～250Ah	1）板栅采用多元合金，失水少，电池寿命长 2）极柱采用多层密封专利技术，端子密封可靠 3）自放电低，浮充期间能耗小 4）专利一体化阀设计，一致性更好
2	高功率电池	2V系列：500～2900W/cell 12系列：24～820W/cell	1）采用纯铅技术，电池浮充设计寿命更长 2）功率型设计，功率密封系数高，且各部件过电流能力更强 3）极柱采用多层密封专利技术，端子密封可靠 4）自动化生产，电池一致性更高
3	储能电池	2V系列：200～1000Ah 12V系列：80～200Ah	1）采用新型的铅碳技术，电池PSOC循环能力更高 2）集胶体和AGM技术于一体，电池寿命更长 3）电池卧放结构设计，电池寿命更长 4）模块化设计，结构紧凑，安装维护方便，减少安装面积和占用空间
4	动力电池	6V/12V系列：12～400Ah	1）自放电低，较好的容量储存 2）板栅采用稀土合金，循环性能卓越 3）特殊的板栅设计及铅膏配方，提高电池充电接受能力 4）采用胶体电解液，减缓使用过程电解液分层，使用寿命长
5	轨道交通电池	60～500Ah	1）设计寿命：机车运行160万千米以上（25℃） 2）特殊电解液配方，可有效减缓电解液分层，延长电池寿命 3）优异的充电接受能力 4）专利一体化阀体设计，产品一致性更好
6	锂电池	10～200Ah	1）循环使用次数高，普通款80%DOD循环3000次，100%DOD循环2000次；C款（高循环）80%DOD循环寿命可达5000次，100%DOD可达3500次 2）低自放电率，每月≤2%，无记忆效应 3）快速充电性能优，1C快充，一小时充足95%的额定容量

耐高温金属化聚丙烯薄膜抗干扰电容器（X2）

2020年销售额：19413万元

六和电子（江西）有限公司
地址：江西省宜春市经济技术开发区宜春大道705号
邮编：336000
电话：0795-3668860
传真：07953668383
网址：www.nistronics.cn
E-mail：sales1@nistronics.cn

产品简介：

耐高温X2安规电容器，工作温度为125℃，可长期工作于高温环境下，可靠性高，产品通过了UL、VDE、ENEC、KC、CB、CQC认证。

产品创新性：

耐高温，最高工作温度可达125℃。

产品面向市场：

电信/基站，工业/自动化，照明，轨道交通，充电桩/站，车载驱动，传统能源/电力操作，新能源，计算机，消费电子，航空航天，安防，环保/节能，特种行业。

主要参数：

气候类别	55/125/56/B
工作温度	-55~+125℃
额定电压	AC275V/310V
容量范围	0.01~4.7μF
容量偏差	K（±10%）、M（±20%）　（1kHz　Voltage≤1V）
耐压	引线间：DC2000V　2s
	引线与外壳间：AC2500V　60s
损耗角正切值	0.001μF<C≤0.47μF:≤0.001（1kHz），≤0.002（10kHz）
	0.47μF<C≤1.0μF:≤0.002（1kHz），≤0.006（10kHz）
	C>1.0μF：≤0.003（1kHz）
绝缘电阻值	CR≤0.33μF：IR≥2500MΩ；CR>0.33μF：IR≥7500Ω 充电电压：100V（20℃，1min）

六和电子（江西）有限公司
地址：江西省宜春市经济技术开发区宜春大道705号
邮编：336000
电话：0795-3668860
传真：0795-3668383
网址：www.nistronics.cn
E-mail：sales1@nistronics.cn

全机贴回流焊电容器

2020年销售额：19413万元

产品简介：

采用特殊的灌装方式和高阻燃耐高温的新材料塑壳，回流焊260℃，高温对产品性能和外观均无影响；采用通孔回流焊特有的安装成型方式，实现全自动贴装机进行自动装配，为客户省去人工插件，节省人工成本；目前开发的系列：安规电容（CQC/VDE/UL/CB/KC认证）、PFC用滤波电容。

产品创新性：

产品可实现SMD安装、260℃高温回流焊，客户整机组装实现全机贴化，省去人工插件、波峰焊及波峰焊后的清洗工作，节约成本。

产品面向市场：

电信/基站，工业/自动化，照明，轨道交通，充电桩/站，车载驱动，传统能源/电力操作，新能源，计算机，消费电子，航空航天，安防，特种行业。

主要参数：

PFC滤波系列

气候类别	40/105/21/B
工作温度	-40～+105℃
额定电压	DC450V/520V
容量范围	0.1～1.0μF
容量偏差	J（±5%）、K（±10%）　（1kHz　Voltage≤1V）
耐压	引线间：1.75Ur（DC）5s
	引线与外壳间：AC 1500V　60s
损耗角正切值	≤0.008（1kHz，20℃）
绝缘电阻值	CR≤0.33μF，≥1500MΩ；CR＞0.33μF，≥5000s 充电电压：100V（20℃，1min）

UE Electronic

Since 1989

ISO13485
EN60601-1 / 60601-1-11
IEC60601-1 / 60601-1-11
ANSI / AAMI ES60601-1 / 60601-1-11

医用电源

UES120DZ-SPA
- 输出电压:11.0~54.0V
- 输出电流:0.01~10.00A

UES180DZ-SPA
- 输出电压:11.0~56.0V
- 输出电流:0.01~12.50A

ES30-SPA-OP
输出电压:5.0~48.0V
输出电流:0.01~6.00A

ES65-SPA-OP
输出电压:5.0~48.0V
输出电流:0.01~10.00A

UES18LCP4-SPA
- 输出电压:5.0~24.0V
- 输出电流:0.01~3.00A

UES24LCP1-SPA
- 输出电压:6.1~52.0V
- 输出电流:0.01~3.00A

UES36LCP1-SPA
- 输出电压:5.0~48.0V
- 输出电流:0.01~5.00A

UES60D1-SPC
- 输出电压:5.0~20.0V
- 输出电流:0.01~3.00A

UES60LCP-SPC
- 输出电压:5.0~20.0V
- 输出电流:0.01~3.00A

邮箱: fuhua@fuhua-cn.com 网址: www.fuhua-cn.com

NISTRONICS (JIANGXI) CO. LTD
六和电子(江西)有限公司

公司介绍

六和电子(江西)有限公司于2005年正式运营投产，是专业生产有机薄膜电容器的国家高新技术企业。厂房面积36000㎡,公司通过了IATF 16949、ISO9001、ISO14001、ISO45001管理体系。并有行业领先的自动化生产设备，设有镀膜、注塑、模具生产车间，齐全、高精的检测设备，为产品的研发、检测及分析提供了强有力的支撑。产品广泛运用通信、工业/自动化、车载驱动、轨道交通、新能源、安防、消费电子、智能电表及高精度传感器等领域。

产品特点

1. 产品系列全、体积小，采用安全膜结构，产品性价比高。
2. 低噪声：特殊的材料、产品制造工艺，噪声可与日系产品媲美。
3. 耐高温：
   125℃耐高温X2安规电容器，已取得UL、VDE、KC、CB、CQC认证；
   140℃耐高温聚酯薄膜电容器；
   260℃表面安装电容器，可实现SMD安装、高温回流焊。
4. 高安全性、高耐湿性、高稳定性（满足PCT/双85/强制阻燃要求）

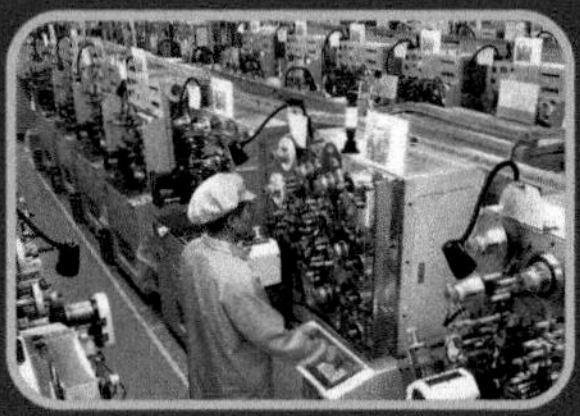

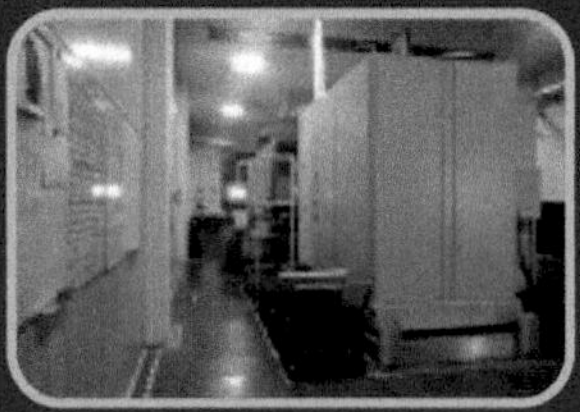

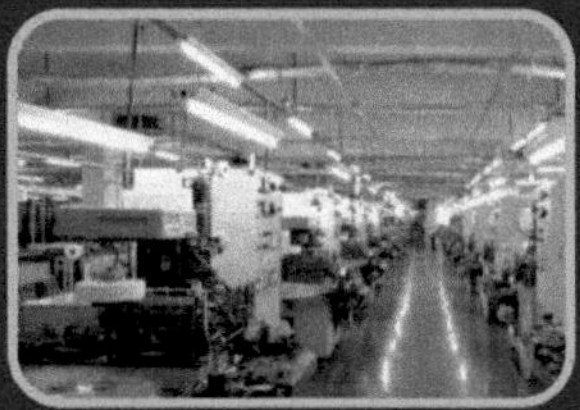

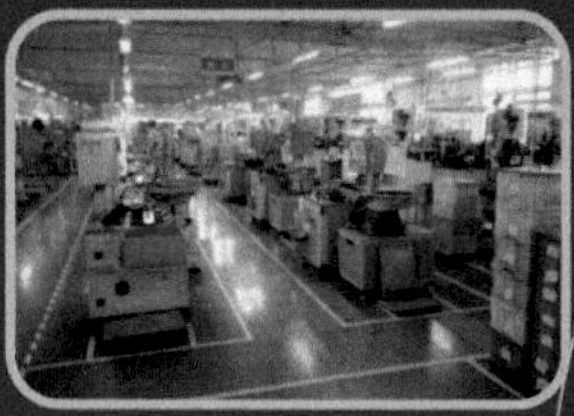

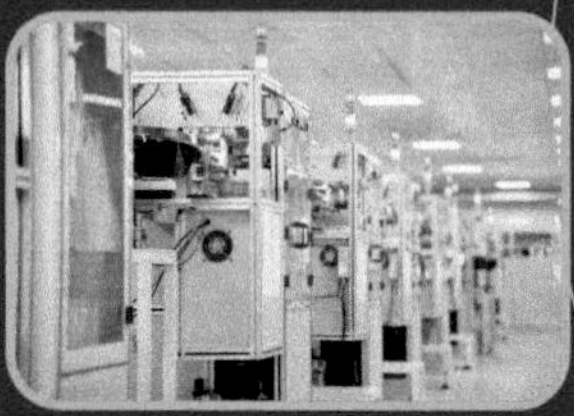

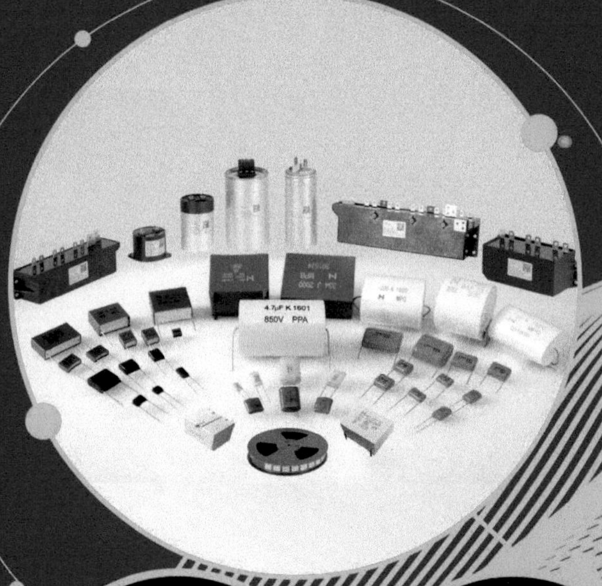

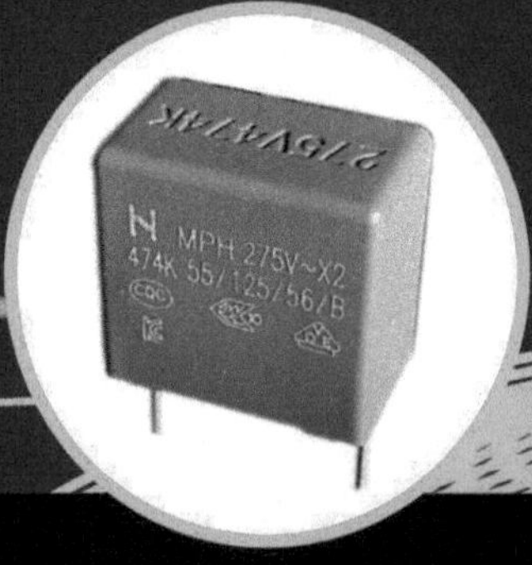

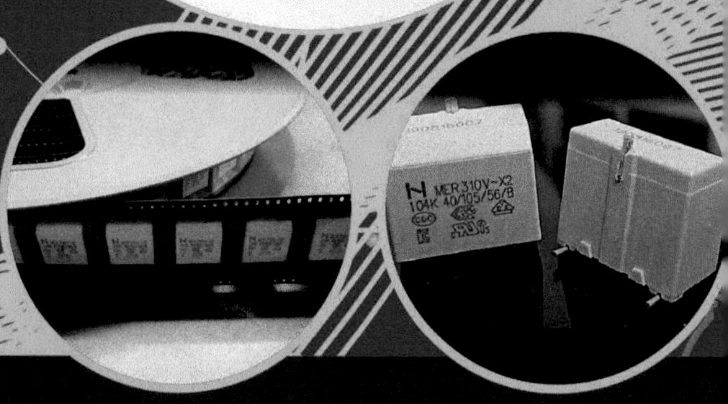

地址：江西省宜春市经济技术开发区宜春大道705号
Add：No.705 Yichun Road, Yichun Economic-Technologic Development Area,Jiangxi Province,China
邮编：336000
Tel：0795-3668585-311 Fax：0795-3668383
Email：sales1@nistronics.cn http://www.nistronics.cn

股票代码：002902

智慧能源 轻松节能

铭普高效能源管理解决方案助您降本增效

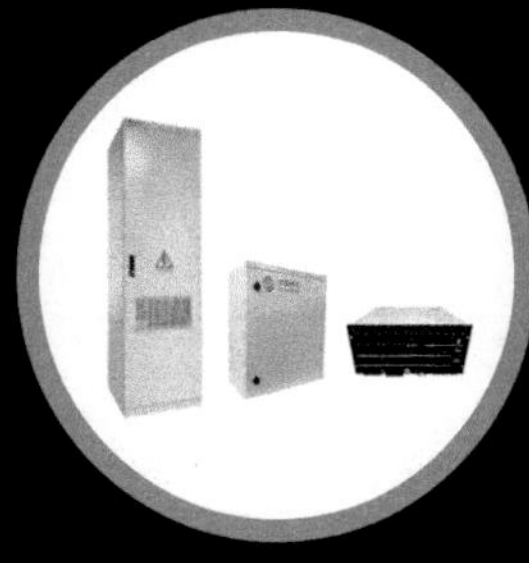

移动通信宏基站电源系统

- 可配套30A/50A/75A容量整流模块
- 可定制交流配电和直流配电
- 交流宽范围输入
- 高效率，模块效率≥96%
- 智能化电池管理、削峰填谷、叠加光伏
- 具有RS485、LAN通信接口
- 落地柜、插框、壁挂箱、室外等多种型式

5G小微基站电源

- 容量有0.8kW/1kW/1.5kW/2kW/3kW/5kW/6kW
  电池容量50Ah
- 兼容交流和高压直流宽电压范围输入
- 整机效率≥96%
- 可选RS485、蓝牙、NB、4G通信
- -40℃～+55℃工作温度范围
- 自然散热，整机IP65防护，免日常维护
- 支持旗装、抱杆、壁挂、落地等安装方式

通信基站用光伏供电系统

- 能同时管理太阳能、风能、市电交流电、燃油发电机交流电、蓄电池等多种能源
- 优先使用太阳能、风能可再生能源
- 电能转换设备均为可并联可热插拔式模块，既可独立工作，也接受唯一系统监控模块的统一管理
- 所有电能转换设备均采用灵活的模块化设计，无损伤热插拔，即插即用，方便容量扩展和系统维护
- 常见48V系统容量200A~1200A
- 系统一体化集成度高，功率密度高
- 模块效率高，光伏模块≥97%，整流模块≥96%，风能模块≥96%
- 光伏模块具有快速最大功率点跟踪（MPPT）功能，精度≥99.3%

通信用直流转换设备

- 336V转48V，240V转48V，48V转24V，48V转57V
- 模块化设计，方便维护及扩容
- 高效率，模块效率≥96%
- 可检测输入、输出电压、电流等
- 具有RS485通信接口，可集中监控管理
- 结构形式可根据客户需求定制

电话：(0086)-769-86921000
传真：(0086)-769-81701563
邮箱：wang.guo.xiong@mnc-tek.com.cn
地址：广东省东莞市石排镇东园大道石排段157号1号楼
网址：www.mnc-energy.com

SANTAK

山特UPS — 信任，源自始终专注

全面保护 用心为安全

山特，始终专注于UPS领域。全心投入，以专业品质与服务换来客户的一致信赖。

请认准山特注册商标：

SANTAK  STK 山特

山特电子（深圳）有限公司

厂址：深圳市宝安72区宝石路8号

咨询热线：400-830-3938 / 800-830 3938

官网：www.santak.com.cn

江西艾特磁材有限公司

致力于成为全球一流软磁材料供应商

公司简介 ABOUT

江西艾特磁材有限公司是国家高新技术企业，专业从事铁硅铝、铁硅、非晶、纳米晶合金软磁磁粉芯及其它复合软磁材料的研发、生产、销售。主要应用于新能源、电子信息领域（5G通信、电动汽车充电桩、太阳能光伏发电等领域）。

开发能力：公司拥有发明专利24项，其中授权14项；实用新型专利25项，其中授权25项；品质及管理：通过了质量（ISO9001）、环境（ISO14001）职业安全健康（OHSAS18001）三个管理体系审核认定，目前正在进行TS16949认证。

产品介绍

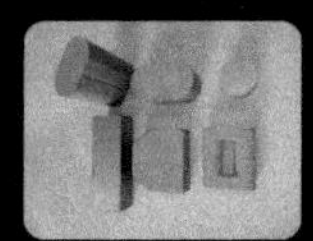
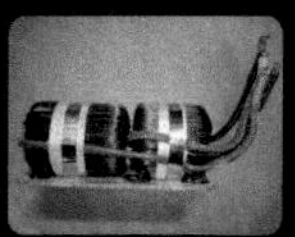
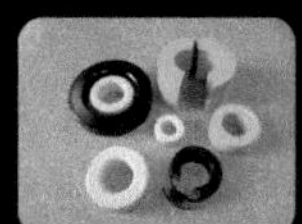

生产地址：江西省宜春市经济技术开发区宜发路中段
电话：0795-3669138 传真：0795-3669789
联系人：李先生18679570078
E-mail：market@etnm.cn
网址：www.etnm.cn
华东办事处：江苏省太仓市双凤镇杨林路8号
联系人：熊先生15579839929
华南办事处：深圳市龙岗区坂田街道坂雪岗大道3010号山水酒店319室
联系人：李先生/19179529199/13613087697

微信扫一扫 > 了解更多

Winline Technology 深圳市永联科技股份有限公司

深圳市永联科技股份有限公司是一家集新能源高端装备研发制造和能源互联网方案提供与建设运营为一体的国家高新技术企业，是国家专精特新“小巨人”企业。公司集结了一批国际顶尖研发人才，打造了一流的研发平台，形成了强大的自主创新能力，申请和取得的发明专利超过100项，在新能源领域研制了一系列创新产品，获得了“国家重点新产品”等荣誉，同时也承担了多项国家和行业标准的编制重任，并参与了中日充电技术相关统一标准的起草编制。

公司产品和服务涉及新能源汽车充电、电动叉车充电、微网储能、高压直流（HVDC）电源、智联系统以及新能源物联网大数据运营平台软件等。

更高功率密度 更宽恒功率范围 更高防护性能 更高转换率 更高可靠性

40 kW AC-DC功率模块UXR100040

- 超宽输出电压范围，50V~1000V；
- 超宽恒功率输出范围，300V~1000V；
- 超宽满功率工作温度范围，-40℃~60℃；
- 超高转换效率，满载效率高于95.5%；
- 超高防护性能，半独立风道设计；
- 通过CE认证和满足RoHS要求。

20 kW 隔离双向DC-DC模块UXC75050B

- 超宽工作电压范围，双侧50V~900V；
- 超宽恒功率工作电压范围，双侧400V~800V；
- 超宽满功率工作温度范围，-40℃~60℃；
- 超高转换效率，满载效率高于98.5%；
- 超高防护性能，半独立风道设计；
- 满足RoHS要求。

服务热线：400 178 5918　公司总机：0755-29016366

网　址：www.szwinline.com　邮　箱：winline@szwinline.com　模块销售热线：范先生 189 3868 1401

地　址：深圳市南山区松白公路百旺信高科技工业园二区七栋永联大厦